Ute Deichmann

Flüchten, Mitmachen, Vergessen

WILEY-VCH

Erlebnis Wissenschaft bei WILEY-VCH

P. Ball
Chemie der Zukunft – Magie oder Design?
1996, ISBN 3-527-29387-6

J. Emsley
Parfum, Portwein, PVC ...
Chemie im Alltag I
1997, ISBN 3-527-29423-6

J. Emsley
Sonne, Sex und Schokolade
Chemie im Alltag II
1999, ISBN 3-527-29774-X

J. Emsley, P. Fell
Wenn Essen krank macht
2000, ISBN 3-527-30261-1

H. Genz
Gedankenexperimente
1999, 3-527-28882-1

H. Hellman
Zoff im Elfenbeinturm
Große Wissenschaftsdispute
2000, ISBN 3-527-29984-X

R. Hoffmann
Sein und Schein
Reflexionen über die Chemie
1997, ISBN 3-527-29418-X

B. H. Kaye
Mit der Wissenschaft auf
Verbrecherjagd
1997, ISBN 3-527-29472-4

F. Krafft
Vorstoß ins Unerkannte
Lexikon großer Naturwissenschaftler
1999, ISBN 3-527-29656-5

O. Krätz
Das Rätselkabinett des Doktor Krätz
1996, ISBN 3-527-29391-4

G. Kreysa
Fusionsfieber
1998, ISBN 3-527-29627-1

J. Koolman, H. Moeller, K.-H. Röhm
(Hrsg.)
Kaffee, Käse, Karies ...
Biochemie im Alltag
1998, ISBN 3-527-29530-5

T. E. Podschun
Sie nannten sie Dolly
Von Klonen, Genen und unserer
Verantwortung
1999, ISBN 3-527-29866-5

H.-J. Quadbeck-Seeger,
A. Fischer (Hrsg.)
Die Babywindel
und 34 andere Chemiegeschichten
2000, ISBN 3-527-30262-X

E. Unger
Auweia Chemie
1998, ISBN 3-527-29538-0

B. Werth
Das Milliarden-Dollar-Molekül
1996, ISBN 3-527-29373-6

K. Wöhrmann, J. Tomiuk, A. Sentker
Früchte der Zukunft?
Grüne Gentechnik
1999, ISBN 3-527-29624-7

Ute Deichmann

Flüchten, Mitmachen, Vergessen

Chemiker und Biochemiker in der NS-Zeit

WILEY-VCH

Weinheim · New York · Chichester · Brisbane · Singapore · Toronto

Dr. Ute Deichmann
Institut für Genetik
Universität Köln
Weyertal 121
50931 Köln

Die Deutsche Bibliothek – CIP-Einheitsaufnahme
Ein Titeldatensatz für diese Publikation
ist bei Der Deutschen Bibliothek erhältlich
ISBN 3-527-30264-6

Gedruckt auf säurefreiem Papier.

Umschlaggestaltung: Grafik-Design Schulz, D-67136 Fußgönnheim
Satz: Text- und Software-Service Manuela Treindl, D-93059 Regensburg
Druck und Bindung: Franz Spiegel Buch GmbH, D-89081 Ulm
Printed in the Federal Republic of Germany

Dank

Dieses Buch wurde als Habilitationsschrift zur Erlangung der Venia legendi von der Mathematisch-Naturwissenschaftlichen Fakultät der Universität zu Köln angenommen. Folgende Personen und Institutionen haben in verschiedener Weise Anteil am Zustandekommen der Arbeit. Ihnen möchte ich an dieser Stelle danken.

Vor allem gilt mein Dank Prof. Benno Müller-Hill. Ich konnte die Arbeit am Institut für Genetik schreiben und wurde von ihm in vielerlei Hinsicht unterstützt: Er begleitete die Arbeit unermüdlich mit Gesprächen, Anregungen und kritischen Kommentaren.

Ich danke folgenden Zeitzeugen, die mir im Gespräch oder brieflich Fragen beantwortet haben:

Dr. Sheldon Atlas, Dr. Alfred Bader, Dr. Theodor Benfey, Prof. Becke-Göhring, Mrs. Chani Bergmann, Prof. Felix Bergmann, Prof. Peter Bergmann (brieflich), Prof. Hans Bethe, Dr. Gerhard Bier, Prof. Leonhard Birkofer, Prof. Konrad Bloch, Prof. Elisabeth Brauer, Prof. Georg Brauer (brieflich), Prof. Theodor Bücher, Prof. Prakash Chandra, Prof. Erwin Chargaff, Prof. Otto Dann, Prof. Georg Denk, Prof. Karl Dimroth, Prof. Frederick Eirich, Prof. Thomas Eisner, Prof. Joseph Fruton (brieflich), Prof. Mel Green, Dr. Hildegard Hamm-Brücher, Prof. Roald Hoffmann, Prof. Lothar Jaenicke, Prof. Walther Jaenicke, Prof. Peter Karlson, Prof. Bernard Katz, Prof. Ephraim Katzir, Prof. Josef Klein, Mrs. Leorah Kroyanker, Mrs. Freda Lipmann, Prof. Werner Maas, Prof. Gottfried Meyerhof (brieflich), Prof. Dan Meyerstein, Edith Molière (brieflich), Prof. Herbert Morawetz, Prof. Saul Patai, Prof. Max Perutz, Prof. Agnes Peterson, Prof. Gerhard Pfleiderer, Prof. Helmut Ringsdorf, Dr. Magda Staudinger, Prof. Salome Waelsch, Margarete Weitzel, Prof. Otto Westphal, Prof. Theodor Wieland, Prof. Bernhard Witkop (brieflich), Prof. Hans G. Zachau.

Weiterhin danke ich:

Prof. Diana Barkan für ihre kritischen und bestärkenden Kommentare zum Manuskript, Dr. Otto Geudtner für vielfältige Unterstützung und moralische Bestärkung, seine Kommentare zum Manuskript und Gespräche über anstehende Fragen, Prof. Henning Hopf für Anregungen und Unterstützung sowie die kritische Durchsicht des Manuskripts, Prof. Christoph Meinel für seine Unterstützung und kritischen Kommentare zum Manuskript, Dr. Anthony Travis für seine große Hilfsbereitschaft, Vorschläge und Diskussionen,

Dr. Brigitte Kisters-Woike, Prof. Ruth Sime, Dr. Ulrich Charpa, Prof. Jeffrey Johnson, Prof. Hans Christoph Lüttgau, Prof. Bernhard Mühlschlegel und Prof. Dietrich Woermann für Diskussionen und die kritische Durchsicht einzelner oder mehrerer Kapitel,

Prof. G. Hohlneicher und Prof. Peter Köll für wertvolle Hinweise und Kritik,

Dr. Carol Troen, Prof. Chaim Gilon, Prof. Vladimir Gontar, Prof. Roald Hoffmann, Prof. Robert Kohler, Prof. Aharon Loewenstein für Gespräche und anregende Diskussionen,

Dr. Sybille Gerstengarbe, Prof. Margit Szöllösi-Janze, Prof. Dov Bahat, Dr. Dieter Hoffmann, Dr. Lothar Meinzer, Dr. Peter Morris, Dr. Rolf-Dieter Müller, Prof. E. Muscholl, Prof. John Spalek, Prof. Ilan Troen und Prof. Mark Walker für wichtige Hinweise.

Den Leiterinnen und Leitern und Mitarbeiterinnen und Mitarbeitern der im Anhang aufgeführten Archive danke ich für ihre freundliche Beratung und Hilfe bei meinen Recherchen. Weiterhin danke ich den Mitarbeitern des Instituts für Genetik in Köln, vor allem Elisabeth Stratmann, die mir u. a. bei der Erstellung der Personenverzeichnisse eine große Hilfe war, des Sidney Edelstein Centers for the History and Philosophy of Science in Jerusalem, der Chemical Heritage Foundation in Philadelphia und ihrem Leiter Prof. Arnold Thackray für die freundliche Aufnahme. Ich danke den Mitarbeiterinnen und Mitarbeitern von Wiley-VCH, insbesondere Frau Dr. Gudrun Walter, für die gute Kooperation.

Mein Dank gilt der Deutschen Forschungsgemeinschaft, die das Forschungsprojekt von September 1993 bis Oktober 1996 und August 1997 bis April 1998 durch die Sachbeihilfen Az Mu 575/8 und von September 1998 bis Juni 2000 durch ein Habilitationsstipendium unterstützt hat, sowie der Sidney Edelstein Foundation, die mir durch ein Stipendium einen Forschungsaufenthalt in Philadelphia und Jerusalem von November 1996 bis Juli 1997 ermöglicht hat.

Inhalt

Dank V

Einleitung 1

KAPITEL 1
Jüdische Wissenschaftler in akademischer Forschung und Lehre in Deutschland bis 1933 17

1.1 Rechtliche Emanzipation und Öffnung der Universitäten für jüdische Hochschullehrer im 19. Jahrhundert 17
1.2 Akademischer Antisemitismus im späten 19. Jahrhundert, Auseinandersetzungen in der Chemie 24
1.3 Jüdische Chemiker von 1871 bis 1914 30
1.4 Jüdische und nichtjüdische Chemiker während des Ersten Weltkriegs 36
1.5 Zunehmende Integration bei gleichzeitig zunehmendem Antisemitismus in der Weimarer Republik 45

KAPITEL 2
Das Jahr 1933:
Die Vertreibung jüdischer Wissenschaftler und das Verhalten nichtjüdischer deutscher Kollegen 53

2.1 Gleichschaltung der Universitäten, Selbstgleichschaltung der Kaiser Wilhelm-Gesellschaft und die Entlassung jüdischer Wissenschaftler 53
2.2 Opfer der Selbstgleichschaltung: Die Entlassung Max Bergmanns und der Rücktritt Fritz Habers 55
2.3 Reaktion nicht betroffener Kollegen auf die Entlassungen und Verfolgungen jüdischer Wissenschaftler 64
2.3.1 Gehorsam und Feigheit 64
2.3.2 Antisemitismus 67
2.3.3 Vorteilnahme und Opportunismus 75

2.3.4 Vereinzelter Nonkonformismus und Hilfe für jüdische Kollegen: Otto Krayer, »der einzige deutsche Gentleman«, Fritz Straßmann, Max Volmer, Heinrich Wieland und Adolf Windaus 80
2.4 Die Fritz-Haber-Gedächtnisfeier 1935 – ein Protest deutscher Professoren gegen den Nationalsozialismus? 92
2.4.1 Die politischen Auseinandersetzungen um die Haber-Gedächtnisfeier 1935; die Haltung der Chemiker 92
2.4.2 Protest einzelner Mitglieder gegen den Vorstand des Vereins deutscher Chemiker 95
2.4.3 Die Teilnehmer der Haber-Gedächtnisfeier 99
2.4.4 Auseinandersetzungen um Haber nach 1945 102

KAPITEL 3
Die Entlassung und Emigration von Chemikern und Biochemikern 105

3.1 Statistische Angaben 105
3.1.1 Zahlen der Entlassungen und Emigrationen; Unterschiede bei verschiedenen Universitäten und Kaiser Wilhelm-Instituten 105
3.1.2 Entlassung und Emigration in verschiedenen chemischen Teildisziplinen und akademischen Positionen 112
3.2 Als Juden bzw. »Nichtarier« entlassene und/oder emigrierte Wissenschaftler 116
3.2.1 Statistische Angaben und einzelne Schicksale 116
3.2.2 Länder der Emigration 130
3.3 Ausschließlich aus politischen oder anderen Gründen entlassene und/ oder emigrierte Wissenschaftler 133
3.4 Auswirkung der Entlassungen und Emigrationen auf die Forschung in Deutschland 138
3.4.1 Wissenschaftlich erfolgreiche Emigranten 138
3.4.2 Biochemie 141
3.4.3 Physikalische Chemie 145
3.4.4 Theoretische Organische Chemie 150

KAPITEL 4
Die wissenschaftliche Bedeutung von Emigranten der Chemie und Biochemie in ihren jeweiligen Zufluchtsländern 161

4.1 Palästina/Israel 161
4.1.1 Einflüsse in der Biochemie 163
4.1.2 Ladislaus Farkas – der Begründer der Physikalischen Chemie 164
4.1.3 Ernst David Bergmann – Einfluß in Organischer Chemie und Politik 167

4.2 USA 173
4.2.1 Einflüsse durch jüngere Emigranten der Biochemie; das Beispiel Rudolf Schoenheimer 173
4.2.2 Die Gründung der akademischen Polymerchemie durch Hermann Mark 181
4.2.3 Geringe Einflüsse durch Emigranten der Organischen, Anorganischen und Physikalischen Chemie 187
4.2.4 Emigranten in der chemischen Industrie 191
4.3 Großbritannien 193
4.4 Schlußfolgerung: Voraussetzung für erfolgreiches Wirken der Emigranten in verschiedenen Ländern und Rückblick auf den Einfluß jüdischer Chemiker in Deutschland. 197

KAPITEL 5
Mitgliedschaft in NSDAP, Karrieren und Forschungsförderung in Chemie und Biochemie 205

5.1 NSDAP-Mitgliedschaft von Chemikern und Biochemikern 205
5.2 Die Einführung des »Führerprinzips« an Universitäten und einige Reaktionen 208
5.3 Die Bedeutung der NSDAP-Mitgliedschaft für Habilitation und Berufung in der Chemie und Biochemie 212
5.4 Die Förderung chemischer und biochemischer Forschung durch die Deutsche Forschungsgemeinschaft bzw. den Reichsforschungsrat 223
5.5 Die am stärksten geförderten Chemiker und Biochemiker und ihre Forschungsgebiete 231
5.6 Finanzierung von Chemikern und Biochemikern an Universitäten und KWIs durch die Industrie 237

KAPITEL 6
Naturstoffchemische und biochemische Forschung im internationalen Vergleich vor dem Hintergrund der Entwicklungen bis 1933 243

6.1 Die Entwicklung der Naturstoffchemie und der Biochemie in Deutschland bis 1933 243
6.1.1 Die institutionelle Entwicklung 243
6.1.2 Polymere Kohlenhydrate und die Auseinandersetzungen um die Existenz der Makromoleküle 249
6.1.3 Proteine 256
6.1.4 Nucleinsäuren 265
6.1.5 Naturfarbstoffe, Alkaloide, Steroide, Vitamine, Hormone 267

6.1.6 Enzyme 272
6.1.7 Biochemie des Intermediärstoffwechsels 277
6.2 Die Entwicklung der Naturstoffchemie und Biochemie in Deutschland von 1933 bis 1945 282
6.2.1 Die institutionelle Entwicklung 282
6.2.2 Proteine und Enzyme 285
6.2.3 Polysaccharide 292
6.2.4 Nucleinsäuren 297
6.2.5 Naturfarbstoffe, Alkaloide 300
6.2.6 Vitamine 302
6.2.7 Hormone 306
6.2.8 Antibiotika, Wuchsstoffe von Mikroorganismen und ihre Antagonisten 308
6.2.9 Biochemie des intermediären Kohlenhydratstoffwechsels 314
6.2.10 Intermediärer Steroid- und Proteinstoffwechsel 322
6.2.11 Immunchemie 324
6.2.12 Biochemische Genetik 329
6.2.13 Biochemische Krebsforschung 336
6.2.14 Nahrungsmittelchemie 348
6.2.15 Biochemische Kriegsforschung an der Reichsuniversität Straßburg 351

KAPITEL 7
Forschung und Karrieren einzelner Chemiker und Biochemiker im nationalsozialistischen Deutschland 357

7.1 Emil Abderhalden und das Aufblühen seiner Abwehrfermentforschung im Nationalsozialismus – der Einfluß fragwürdiger wissenschaftlicher Autoritäten 357
7.2 Wolfgang Ostwald, die Kolloidchemie und die »Rekristallisation, d. h. Reinigung, Stabilisierung, Neuformung« Deutschlands 372
7.2.1 Der Aufstieg Ostwalds zum führenden Kolloidchemiker in Deutschland 373
7.2.2 Ostwalds Karriere und Forschung im Nationalsozialismus 382
7.2.3 Ostwald im Dienste nationalsozialistischer Kulturpropaganda 385
7.2.4 Hintergründe 392
7.3 Hermann Staudinger, Makromoleküle, Industrie und Politik 395
7.3.1 Heideggers mißglückter Versuch, Staudinger 1933 zu entlassen und dessen politische Rehabilitierung 396
7.3.3 Unterstützung Staudingers durch Industrie und DFG, 1933 bis 1945 399
7.3.3 Die Industrie als Vermittler bei Staudingers Auseinandersetzung mit wissenschaftlichen Gegnern nach 1933 402
7.3.4 Staudingers Forschungen von 1933–1945 409

7.4 Richard Kuhns Forschung während des Zweiten Weltkriegs – Befruchtungsstoffe, Sulfonamide und Gaskampfstoffe 415

Kapitel 8
Auswirkungen des Nationalsozialismus auf die Chemie und Biochemie in Deutschland nach 1945 429

8.1 Zur Situation der Chemie und Biochemie seit 1945 429
8.1.1 Zur allgemeinen Situation der Forschung 429
8.1.2 Hochschullehrer der Chemie und Biochemie und Leiter entsprechender Max-Planck-Institute um 1950 433
8.2 Korrespondenz zwischen deutsch-jüdischen Emigranten der Chemie und Biochemie und ihren Kollegen in Deutschland nach 1945 – die Unmöglichkeit einer Normalisierung? 450
8.2.1 Einleitung 450
8.2.2 Aus der Korrespondenz Otto Meyerhofs 454
8.2.3 Otto Meyerhof und Richard Kuhn: »Das Tischtuch ist zerschnitten« 463
8.2.4 Aus der Korrespondenz Carl Neubergs 467
8.2.5 Späte Freundschaft? Anmerkungen zum Briefwechsel zwischen Carl Neuberg und Adolf Butenandt 471
8.2.6 Aus der Korrespondenz von Hans Krebs 476
8.3 Die Rückkehr einzelner Flüchtlinge 480
8.4 Die Nachkriegsauseinandersetzung von Chemikern mit Auschwitz 484
8.4.1 Allgemeines 484
8.4.2 Der Briefwechsel zwischen Primo Levi und »Dr. Müller« 490

Zusammenfassung und Schlußbemerkung 499
1. Jüdische Wissenschaftler in der Chemie und Biochemie in Deutschland und ihre Entlassung 1933 499
2. Förderung chemischer und biochemischer Forschung im Nationalsozialismus 504
3. Naturstoffchemische und biochemische Forschung von 1900 bis 1945, allgemeine Betrachtungen 505
4. Schlußbemerkung 513

Informationen über die akademische Laufbahn der Chemiker und Biochemiker dieser Studie 517

Abkürzungen und Siglen 547

Quellenverzeichnis der Abbildungen 549

Quellen und Literatur 551

Einleitung

»Wenn wir zum Schluß noch einmal den Blick zurückrichten auf die 75 Jahre, die hinter uns liegen, so erkennen wir, in welch bedeutendem Ausmaße die Geschichte der Chemie dieses Zeitraums sich in dem Werdegang und in den Schicksalen der Deutschen Chemischen Gesellschaft widerspiegelt. Wir erkennen, wie im Laufe dieser Zeit die Chemie zu einem Machtfaktor auf unserer Erde hervorgestiegen ist. Wir erkennen aber auch, welch überwältigender Anteil an den Grundlagen der heutigen Chemie jenen Völkern des Abendlandes zukommt, die der Menschheit einen Scheele und Berzelius, einen Lavoisier und Pasteur, einen Avogadro und Cannizarro, einen Liebig und einen Wöhler geschenkt haben. Um den Fortbestand dieses Blutes, um die Weiterentwicklung dieser ihrer Kultur stehen die Völker Europas heute unter den Waffen genau so wie die des alten ostasiatischen Kulturraumes für den ihrigen. Wir gedenken der Männer, in deren Hand das gemeinsame Schicksal liegt: dem Duce, dem Tenno und unserem Führer ein dreifaches Sieg Heil.«

Prof. Richard Kuhn, Präsident der Deutschen Chemischen Gesellschaft und Nobelpreisträger des Jahres 1938, anläßlich des 75jährigen Bestehens der Deutschen Chemischen Gesellschaft im Jahre 1942[1]

Die vorliegende Untersuchung ist ein Versuch, die Auswirkungen des Nationalsozialismus auf die Chemie und Biochemie (im folgenden als (Bio-)Chemie bzw. (Bio-)Chemiker bezeichnet) an Universitäten und Kaiser Wilhelm-Instituten aufzuzeigen. Trotz der zunehmenden Anzahl von Studien über die Entwicklung verschiedener Natur- und Geisteswissenschaften sowie der Medizin in der NS-Zeit war die Chemie bisher nicht Gegenstand einer solchen umfassenden Untersuchung. Auf dieses Desiderat wurde im September 1992 in Aachen auf einer Arbeitstagung der Deutschen Forschungsgemeinschaft zu ihrem Forschungsschwerpunkt »Wissenschaftsemigration« aufmerksam gemacht. Im Mittelpunkt der vorliegenden Darstellung steht die Vertreibung der jüdischen (Bio-)Chemiker und deren wenigen nichtjüdischen Kollegen, die sich als Regimekritiker zu erkennen gaben, von akademischen Institutionen, die Auswirkung der Vertreibungen auf die Forschung in Deutschland und den jeweiligen Zufluchtsländern, ferner die personelle und in Teilgebieten auch inhaltliche Entwicklung der (Bio-)Chemie an Universitäten und Kaiser Wilhelm-Instituten in Deutschland von 1933 bis 1945 vor dem Hintergrund der Geschichte dieser Fächer bis 1933. Anders als in den meisten Studien zum Thema Wissenschaft und Nationalsozialismus werden sowohl die Folgen der

1 Berichte der Deutschen Chemischen Gesellschaft 75 (A), 147, 1942.

Wissenschaftsemigration als auch die wissenschaftiche Entwicklung in Deutschland zur Zeit des Nationalsozialismus untersucht. Die Arbeit ist daher ein Beitrag zur Literatur sowohl über die Wissenschaftsemigration als auch über die Beziehungen von Wissenschaft und Nationalsozialismus.

Wissenschaft und Nationalsozialismus
In Deutschland wurden größere Untersuchungen zum Thema Naturwissenschaft, Technik und Medizin in der NS-Zeit erst seit den 1980er Jahren publiziert. Ein Blick auf die Literatur seit 1945 zeigt, daß zwei grundlegende amerikanische Nachkriegspublikationen über die Rolle einzelner Wissenschaften und Wissenschaftler im Nationalsozialismus nie ins Deutsche übersetzt wurden: Max Weinreichs »Hitler's Professors: The Part of Scholarship in Germany's Crimes against the Jewish People« von 1946, ein Buch, in dem die insbesondere von Anthropologen und Juristen begangenen Verbrechen beleuchtet werden, und Samuel Goudsmits »Alsos« von 1947. Darin führt der Autor das Versagen der deutschen Wissenschaft, insbesondere des Uranprojekts unter Werner Heisenberg, auf Mängel der Wissenschaftsorganisation, Fehler der beteiligten Wissenschaftler und ihre Selbstgefälligkeit zurück. Er wendet sich gegen die Selbstrechtfertigungen Heisenbergs und Carl Friedrich v. Weizsäckers, aus moralischen Gründen auf den Bau einer Atombombe verzichtet zu haben. Diese Thesen der deutschen Physiker wurden zuletzt 1992 widerlegt, durch die seitens der britischen Regierung erfolgte Freigabe der Abschriften von Tonbandaufzeichnungen der Gespräche der nach dem Krieg im englischen Farmhall internierten deutschen Kernphysiker.[2]

Ende der 1970er Jahre leitete der amerikanische Historiker Alan Beyerchen mit seiner Pionierarbeit über die Physik in der NS-Zeit (1977) eine neue Diskussion über das Verhältnis von Wissenschaft und Nationalsozialismus ein, die auch in Deutschland aufgegriffen wurde.[3] Seitdem beschäftigt sich eine Vielzahl von Monographien und Sammelbänden mit Aspekten einzelner Wissenschaften und dem politischen Verhalten ihrer Repräsentanten im Nationalsozialismus. Die Mehrzahl dieser Analysen behandelt die Physik und Medizin. Bei vielen Publikationen, vor allem solchen der 1980er Jahre, stehen die Versuche der Ideologisierung von Wissenschaften im Vordergrund, insbesondere das Aufblühen der antisemitischen »deutschen Physik«.[4] Auch die weitgehend einflußlos gebliebenen Bemühungen zur Schaf-

2 Hoffmann, Dieter (Hrsg.), Operation Epsilon. Die Farm-Hall-Protokolle oder die Angst der Alliierten vor der deutschen Atombombe, Berlin 1993: Rowohlt.

3 Alan Beyerchen, Scientists under Hitler, New Haven 1977: Yale Univ. Press; deutsch: Wissenschaftler unter Hitler. Physiker im 3. Reich, Köln 1980: Kiepenheuer & Witsch.

4 Siehe dazu z. B. Beyerchen, Scientists und Beiträge der folgenden Sammelbände: Herbert Mehrtens und Steffen Richter (Hrsg.), Naturwissenschaft, Technik und NS-Ideologie, Frankfurt 1980: Suhrkamp; Josiane Olff-Nathan (ed.), La Science sous le Troisième Reich, Paris 1993: Editions du Seuil; Christoph Meinel und Peter Voswinckel (Hrsg.), Medizin, Naturwissenschaft, Technik und Nationalsozialismus. Kontinuitäten und Diskontinuitäten, Stuttgart 1994: Verlag für Geschichte der Naturwissenschaften und der Technik.

fung einer »deutschen Chemie« sind Gegenstand mehrerer Studien, u. a. von Martin Bechstedt und Horst Remane, sowie einer umfassenden Darstellung von Markus Vonderau.[5] Die Rassenhygiene sowie die Verbrechen hochrangiger medizinischer Wissenschaftler bilden weitere Schwerpunkte der Untersuchungen über Nationalsozalismus, Wissenschaft und Medizin.[6]

Einige Monographien beleuchten Aspekte der wissenschaftlichen Praxis im Nationalsozialismus oder untersuchen die Entwicklung ganzer Disziplinen.[7] Damit rückte die Frage nach der Kontinuiät und Diskontinuität von Wissenschaft, Technik und Medizin in bezug auf 1933 oder 1945 stärker in den Vordergrund. Diese ist auch das übergreifende Thema zweier Sammelbände, wobei sich die Beiträge in der Regel auf einzelne Institutionen oder Forschungsprojekte beziehen.[8] Hinsichtlich der Chemie zeigt Burghard Weiss die Kontinuität deutscher Großforschung nach 1945: Ein bereits während des Nationalsozialismus für die Kernforschung geplantes Beschleunigungslaboratorium am KWI für Chemie unter Otto Hahn wurde nach dem Krieg Wirklichkeit.[9] Mark Walker hebt die zentrale Rolle hervor,

---

5 Martin Bechstedt, »Gestalthafte Atomlehre«. Zur »Deutschen Chemie« im NS-Staat, in Mehrtens/Richter, S. 142–165; Horst Remane, Conrad Weygand und die »Deutsche Chemie«, in: Meinel/Voswinckel, S. 183–191; Markus Vonderau, ›Deutsche Chemie‹. Der Versuch einer deutschartigen, ganzheitlich-gestalthaft schauenden Naturwissenschaft während der Zeit des Nationalsozialismus, Dissertation im Fachbereich Pharmazie und Lebensmittelchemie der Philipps-Universität Marburg, 1994.

6 Das erste Buch, in dem die Beteiligung namhafter Humangenetiker an der nationalsozialistischen Rassenpolitik konkret aufgezeigt wird, ist Benno Müller-Hill, Tödliche Wissenschaft. Die Aussonderung von Juden, Zigeunern und Geisteskranken 1933–1945 (Reinbek 1984: Rowohlt). Zu der mittlerweile großen Vielzahl von Publikationen zum Thema Rassenhygiene und Rassenpolitik gehören Robert Proctor, Racial Hygiene. Medicine under the Nazis (Cambridge 1988: Harvard Univ. Press); Weingart, Peter, Jürgen Kroll and Kurt Bayertz, Rasse, Blut und Gene. Geschichte der Eugenik und Rassenhygiene in Deutschland (Frankfurt 1988: Suhrkamp); Paul Weindling, Health, Race and German Politics between National Unification and Nazism 1870–1945 (Cambridge 1989: Cambridge Univ. Press).

7 Darunter befinden sich: Ulfried Geuter, Die Professionalisierung der deutschen Psychologie im Nationalsozialismus (Frankfurt 1984: Suhrkamp); Michael Kater, Doctors under Hitler (Chapel Hill and London 1989: Univ. of North Carolina Press); Mark Walker, Die Uranmaschine. Mythos und Wirklichkeit der deutschen Atombombe, Berlin 1990: Siedler; Ute Deichmann, Biologen unter Hitler, Frankfurt 1992: Campus, 1995: Fischer; Science under Hitler, Harvard University Press: 1996).

8 Monika Renneberg und Mark Walker (eds.), Science, Technology and National Socialism, Cambridge 1994: Cambridge Univ. Press); Meinel/Voswinckel (Hrsg.), Medizin, Naturwissenschaft, Technik und Nationalsozialismus.

9 Burghard Weiss, Das Beschleunigerlaboratorium am KWI/MPI für Chemie: Kontinuität deutscher Großforschung, in Meinel/Voswinckel, S. 111–119: ders., The ›Minerva‹-Project. The Accelerator Laboratory at the Kaiser Wilhelm Institute/Max Planck Institute of Chemistry: Continuity in Fundamental Research, in: Renneberg/Walker, S. 271–290.

die der Physikochemiker Paul Harteck und sein Assistent Wilhelm Groth beim deutschen Kernenergieprojekt spielten.[10] Harteck, Berater des Heereswaffenamtes für chemische Sprengstoffe, trug maßgeblich zur Forschung an der Schwerwasserproduktion und der Uranisotopentrennung bei und war einer der Wissenschaftler, die die Entwicklung des gesamten Kernenergieprojekts am stärksten vorantrieben, wobei er bereits 1939 gegenüber der Wehrmacht auf die militärische Anwendung der Kernspaltungskettenreaktion hinwies.

Die mittlerweile für viele Wissenschaften beschriebene Kontinuität der Forschung nach 1933 wurde durch ein politisches Verhalten von Wissenschaftlern ermöglicht, das, wie Mark Walker in bezug auf Physiker feststellte, zwischen Kompromiß und Kollaboration angesiedelt war.[11] Die Untersuchung dieses Verhaltens sowie seine politische und moralische Bewertung ist Gegenstand einer Reihe von Studien, wie die Titel »Kollaborationsverhältnisse«[12] oder »Selbstmobilisierung oder Widerstand«[13] im Nationalsozialismus und im Zweiten Weltkrieg andeuten. Kollaboration und Selbstmobilisierung von Wissenschaftlern sind nicht auf den Nationalsozialismus oder Zweiten Weltkrieg beschränkt, bedeuteten hier aber nicht nur eine Unterstützung des (Angriffs-) Krieges, sondern auch der rassistischen und antisemitischen Politik des Regimes und des Vernichtungskrieges in Osteuropa. Vom praktischen Ergebnis der Forschung her ist dabei allerdings festzuhalten, daß Chemiker im Ersten Weltkrieg und Raketentechniker im Zweiten aus verschiedenen Gründen erfolgreicher waren als Chemiker im Zweiten Weltkrieg.[14]

Bisherige Arbeiten über das politische Verhalten von (Bio-)Chemikern und ihre Beteiligung an Verbrechen betreffen in der Hauptsache die I. G. Farben und ihre Leiter (siehe unten) oder untersuchen das Verhalten einzelner Wissenschaftler. Die Max-Planck-Gesellschaft hat sich durch die Einsetzung einer Präsidentenkommission die Aufgabe gestellt, die Rolle ihrer Vorgängerin KWG und deren Wissenschaftler

---

10 Walker, Die Uranmaschine, S. 30–57, passim.

11 Walker, Die Uranmaschine, S. 100.

12 Herbert Mehrtens, Kollaborationsverhältnisse: Natur- und Technikwissenschaften im NS-Staat und ihre Historie, in Meinel/Voswinckel, S. 13–32.

13 Helmuth Trischler, Self-mobilization or Resistance? Aeronautical Research and National Socialism, in Renneberg/Walker, S. 72–87. Die Bezeichnung »Selbstmobilisierung« wurde zuerst von Karl-Heinz Ludwig für Ingenieure und Techniker beschrieben, siehe dazu Mehrtens, Kollaborationsverhältnisse.

14 Bisher fehlen Untersuchungen darüber, welche Rolle die Vertreibung jüdischer Wissenschaftler, technische Probleme, Fehlentscheidungen der Industrie oder wirtschaftspolitische Zwänge dabei spielten, daß z. B. die kriegswichtige Entwickung von synthetischem Kautschuk (das BUNA-S-Programm) bis 1941 nur langsam voranschritt und auch danach trotz des Einsatzes von Zwangsarbeitern erheblich hinter den USA zurückblieb (siehe dazu Peter J. T. Morris, The American Synthestic Rubber Research Program, Univ. of Pennsylvania Press, S. 1, 7–9). Die erfolglose Suche von Chemikern nach Gegenmitteln gegen die von der I. G. Farben produzierten neuen Nervengase Tabun und Sarin war ein wichtiger Grund für den Nichteinsatz dieser chemischen Waffen (siehe Kapitel 7).

im Nationalsozialismus zu untersuchen.[15] Dabei ist der Nobelpreisträger der Chemie und langjährige Präsident der Max-Planck-Gesellschaft, Adolf Butenandt, in das Zentrum der Aufmerksamkeit gerückt. Peter Karlson hatte in seiner Biographie Butenandt als integre Forscherpersönlichkeit charakterisiert, dem es trotz einiger Kompromisse gelang, seine Arbeit auch während des Nationalsozialismus auf die Wissenschaft zu konzentrieren.[16] Die Tatsache, daß ein Mitarbeiter Butenandts Blut künstlich infizierter KZ-Insassen, das Mengele aus Auschwitz schickte, chemisch untersuchte, läßt jetzt allerdings Vermutungen hinsichtlich Butenandts Mitwisserschaft von den Verbrechen in Auschwitz und von der Kollaboration seines Kollegen Otmar von Verschuer mit Mengele aufkommen.[17]

In ihrer Dissertation über die Kaiser Wilhelm-Gesellschaft in der NS-Zeit hebt die amerikanische Historikerin Kristie Macrakis den Physikochemiker Peter Adolf Thiessen als ein dem Nationalsozialismus besonders stark angepaßtes Mitglied der KWG hervor, an dessen KWI für Physikalische Chemie überwiegend Forschung im Sinne des Vierjahresplans betrieben wurde.[18] Eine Biographie Thiessens wurde von Christina Eibel verfaßt.[19] Einige Biographien beleuchten auch die wissenschaftliche Tätigkeit des Biochemikers und Nobelpreisträgers Otto Warburg, der als einziger »Halbjude« in der NS-Zeit nicht entlassen wurde.[20]

Zu den Chemikern, die als Regimegegner vorgestellt werden, gehören insbesondere Heinrich Wieland und Fritz Straßmann. Nach Bernhard Witkop machte Wieland sein Münchener Institut zwar nicht zu einem »Nest des Widerstandes«, aber

---

[15] Eine Bestandsaufnahme bisheriger Forschung findet sich in Doris Kaufmann, Geschichte der Kaiser-Wilhelm-Gesellschaft im Nationalsozialismus. Bestandsaufnahme und Perspektiven der Forschung, 2000, Wallstein Verlag.

[16] Peter Karlson, Adolf Butenandt. Biochemiker, Hormonforscher, Wissenschaftspolitiker, Stuttgart 1990: Wissenschaftliche Verlagsgesellschaft.

[17] Auf die Untersuchung von Blut aus Auschwitz durch Günther Hillmann am KWI für Biochemie wies Benno Müller-Hill 1984 in seinem Buch Tödliche Wissenschaft hin. Einzelheiten zum derzeitigen Wissensstand finden sich in seinem Aufsatz: Das Blut von Auschwitz und das Schweigen der Gelehrten (in: Doris Kaufmann (Hrsg.), Geschichte der Kaiser-Wilhelm-Gesellschaft Bd. 1, 2000, Wallstein Verlag, S. 189–227.

[18] Kristie Macrakis, Surviving the Swastika, Scientific Research in Nazi Germany, New York, Oxford 1993: Oxford University Press. Eine detailliertere Analyse der Forschung Thiessens findet sich in UD, Kriegsbezogene biologische, biochemische und chemische Forschung an den Kaiser Wilhelm-Instituten für Züchtungsforschung; für Physikalische Chemie und Elektrochemie; für Medizinische Forschung, in: Doris Kaufmann, Geschichte der Kaiser-Wilhelm-Gesellschaft im Nationalsozialismus, S. 231–257.

[19] Christina Eibel, Der Physikochemiker Peter Adolf Thiessen als Wissenschaftsorganisator (1899–1990). Historisches Institut der Universität Stuttgart 1999.

[20] Zu Otto Warburg siehe z. B. Hans Krebs, Otto Warburg, Stuttgart 1979; Petra Werner, Otto Warburg, Von der Zellphysiologie zur Krebsforschung, Berlin 1988: Verlag Neues Leben; Ekkehard Höxtermann und Ulrich Sucker, Otto Warburg, Leipzig 1989: Teubner Verlagsgesellschaft.

zu einer »Oase der Anständigkeit«.[21] Fritz Straßmann lehnte, wie Fritz Krafft darstellt, Kompromisse ab. Er und seine Frau Maria versteckten während des Krieges eine Jüdin bei sich zu Hause.[22] Straßmann wurde dafür posthum mit einem Baum in der Allee der Gerechten in Yad Vashem, Jerusalem, geehrt.[23]

Die vorliegende Studie analysiert verschiedene Ebenen der Kollaboration von (Bio-)Chemikern und ihren Beitrag zur Kriegsforschung – das Anfangszitat deutet die Selbstverständlichkeit des Einsatzes für Hitlers Deutschland während des Krieges an. Im Unterschied zu bisherigen Untersuchungen habe ich auch das Verhalten nicht betroffener Wissenschaftler angesichts der Entlassung ihrer jüdischen Kollegen dargestellt und ihr Schweigen bzw. ihre weitverbreitete Zustimmung analysiert.

Bei der Suche nach Ursachen für das moralische Versagen von Wissenschaftlern, d. h. für ihre fast widerstands- und widerspruchslose Unterstützung des nationalsozialistischen Regimes und des Krieges, wird oft auf das unpolitische Selbstverständnis deutscher Wissenschaftler verwiesen. Dieses habe dazu verleitet, sich nicht für die Folgen des eigenen wissenschaftlichen Handelns verantwortlich zu fühlen. In diesem Zusammenhang wird oft das zuerst von Herbert Mehrtens verwendete Schlagwort der »unverantwortlichen Reinheit« von Naturwissenschaften im Nationalsozialismus zitiert und mit einer Forderung nach politisch verantwortlicher Wissenschaft verbunden.[24] Dieses Konzept ist jedoch für die Chemie nicht hilfreich, da sie sich stets ihrer industriellen und kriegsbezogenen Anwendungsmöglichkeiten bewußt war. Chemiker verwiesen nicht nur auf ihre Erfolge in der Farbenindustrie oder der medizinischen und pharmazeutischen Forschung, z. B. der Vitaminforschung, sondern hoben auch die chemische Giftgasforschung und ihren Kriegseinsatz im Ersten Weltkrieg hervor, letzteres jedenfalls solange Fritz Haber noch als Deutscher in hohem Ansehen stand. Nach dem Inkrafttreten des Vierjahresplans wurden Chemiker verstärkt finanziell unterstützt, wovon auch die Grundlagenforschung profitierte. Daher begrüßten die akademischen Chemiker zum großen Teil ihre Beteiligung an den »neuen nationalen Aufgaben«, darunter der Suche nach dem Ersatz wirtschaftlicher und kriegswichtiger Rohstoffe.

---

21 Bernhard Witkop: Erinnerungen an Heinrich Wieland (1877–1957), Liebigs Annalen der Chemie I – XXXII, 1992. Zu Wieland, siehe Kapitel 2. Peter A. Dorsch setzt sich im Rahmen einer Doktorarbeit an der Universität München mit der Frage auseinander, ob man Wieland dem Widerstand zurechnen kann.

22 Fritz Krafft, Im Schatten der Sensation. Leben und Wirken von Fritz Straßmann, Weinheim 1981: Verlag Chemie.

23 Ruth Lewin Sime, Lise Meitner, A Life in Physics, Berkeley 1996: Univ. of California Press, S. 492.

24 Herbert Mehrtens, Irresponsible Purity: The Political and Moral Structure of Mathematical Sciences in the National Socialist State, in Renneberg/Walker, S. 324–338. Zur Fragwürdigkeit der Forderung nach einer verantwortlichen Wissenschaft siehe Deichmann, An Unholy Alliance, Nature 405, 739, 2000. Darin versuche ich deutlich zu machen, daß in der Biologie während des Nationalsozialismus die Forderung nach verantwortlicher Wissenschaft zur ideologischen und politischen Unterstützung des Regimes führte.

Die enge Verbindung zwischen akademischer Chemie und Industrie zeigt sich auch an dem Versuch der Gesellschaft Deutscher Chemiker, die überwiegend Wissenschaftler und nicht Industriechemiker vertrat, nach dem Krieg die in Nürnberg zu Gefängnisstrafen verurteilten 13 Vorstandsmitglieder der I. G. Farben freizubekommen. Die gegen sie erhobene Hauptanklage vor dem Nürnberger Kriegsgericht betraf die Versklavung und Ermordung von Häftlingen des Konzentrationslagers Auschwitz im I. G. Farben-Werk Auschwitz-Monowitz. Das am 29. Juli 1948 verkündete Urteil stand bereits im Zeichen des Kalten Krieges, in dem Deutschland zum Bündnispartner der Westalliierten wurde, und sah nur Haftstrafen bis zu acht Jahren vor. Gegen dieses Urteil protestierte die Hauptversammlung der Gesellschaft Deutscher Chemiker am 2. September 1948. In einer dort beschlossenen Eingabe bat der Vorstandsrat im Namen der Gesellschaft den Militärgouverneur und Gerichtsherrn der amerikanischen Zone, General Clay, dem Urteil die erforderliche Bestätigung zu versagen. Als Begründung heißt es lediglich: »Wir kennen die Verurteilten durch jahrzehntelange Arbeit als ehrenwerte Männer.«[25]

Zur chemischen Industrieforschung, insbesondere die der I. G. Farbenindustrie, und über das I. G. Farbenwerk in Auschwitz liegt eine Reihe von Untersuchungen vor.[26] Auch in bezug auf die chemische Kriegsforschung kann auf vorhandene Literatur zurückgegriffen werden.[27] Aus diesem Grund und auch wegen des bereits sehr großen Umfangs der vorliegenden Untersuchung habe ich die Industrie und ihre chemische Forschung nicht ausführlich behandelt. Beziehungen zwischen Industrie und Universitäten bzw. KWIs werden dagegen, soweit möglich, aufgezeigt.

Insgesamt ist festzuhalten, daß neben einer zunehmenden Zahl biographischer und autobiographischer Darstellungen und Untersuchungen über die I. G. Farben-

---

25 O. Gerhardt, Das Nürnberger Urteil im Chemieprozeß, Physikalische Blätter 4, 429, 1948.

26 z. B. Joseph Borkin, Die unheilige Allianz der I. G. Farben. Eine Interessengemeinschaft im Dritten Reich, 3. Aufl. Frankfurt 1981; K. Winnacker, Nie den Mut verlieren. Erinnerungen an die Schicksalsjahre der deutschen Chemie, Düsseldorf 1971, Peter J. T. Morris, The Development of Acetylene Chemistry and Synthetic Rubber by I. G. Farbenindustrie Aktiengesellschaft: 1926–1945: Ph. D. Dissertation, University of Oxford 1982; ders., The Technology-Science Interaction: Walter Reppe and Cyclooctatetraene Chemistry, British Journal for the History of Science 25, 145–167, 1992; Peter Hayes, Industry and Ideology. I. G. Farben in the Nazi Era, Cambridge 1987: Cambridge University Press. Eine Magisterarbeit behandelt die Frage der Standortentscheidung des I. G. Farben-Werks in Auschwitz (Florian Schmaltz, Die Entstehung des Konzentrationslagers Auschwitz-Monowitz, FU Berlin, Fachbereich Geschichts- und Kulturwissenschaften 1999). Jeffrey Johnson untersucht die chemische Industrieforschung in Deutschland bis 1939 (The Academic-Industrial Symbiosis in German Chemical Research, 1905–1939, in: John E. Lesch (ed.), The German Chemical Industry in the Twentieth Century, Dordrecht 2000: Kluwer Academic Publishers, S. 15–56.

27 Siehe z. B. G. W. Gellermann, Der Krieg, der nicht stattfand, Koblenz 1986; R.-D. Müller, Die deutschen Gaskriegsvorbereitungen 1919–1945, Militärgeschichtliche Mitteilungen 1, 25–54, 1980.

industrie die Schaffung einer »deutschen Chemie« (trotz der Tatsache, daß sie keinen der Physik auch nur annähernd vergleichbaren Einfluß auf die Wissenschaftspolitik besaß) den Schwerpunkt bisheriger Darstellungen zum Thema (Bio-)Chemie und Nationalsozialismus bildet. Die vorliegende Arbeit ist dagegen der Versuch einer umfassenden Analyse von Forschung, Karrieren und politischem Verhalten von (Bio-)Chemikern aller Universitäten und vieler KWIs.

Wissenschaftsemigration

Auch die Wissenschaftsemigration und ihre Folgen für die (Bio-)Chemie waren bisher nicht Gegenstand einer größeren Untersuchung. Eine Reihe von Sammelbänden beleuchtet das Thema unter verschiedenen Aspekten in bezug auf einzelne Natur- und Geisteswissenschaften. Chemie und Biochemie sind nicht Gegenstand der von Herbert A. Strauss und anderen 1991 herausgegebenen Sammlung verschiedener disziplingeschichtlicher Studien.[28] Die Medizin steht im Mittelpunkt einer Sammlung von Beiträgen zur Emigration aus Berlin; Michael Engel behandelt die Emigration von Biochemikern.[29] Ein großes Kapitel des von Claus-Dieter Krohn und anderen herausgegebenen umfassenden Handbuchs der deutschsprachigen Emigration 1933 bis 1945 ist der Wissenschaftsemigration einzelner Fächer gewidmet.[30] Ein weiteres Kapitel beleuchtet Arbeits- und Lebensbedingungen einzelner Zufluchtsländer. Mitchell Ash und Alfons Söllner stellen in dem von ihnen 1996 herausgegebenen Sammelband den Aspekt des Wissenschaftswandels durch Emigration in den Mittelpunkt, der ihrer Meinung nach in der historischen Forschung den Aspekt des Verlustes für Deutschland bzw. Gewinns für die Aufnahmeländer ersetzen soll. Die (Bio-)Chemie wird in diesem Band nicht untersucht. Klaus Fischer wies bereits 1991 in bezug auf Physiker darauf hin, daß Wissenschaftler, deren Emigration einen großen Verlust für Deutschland bedeutete, oft nach der Emigration keine entsprechende Position erhielten, und daß Personen, die in Deutschland keine oder noch keine einflußreiche Position innehatten, ein großer

---

28 Herbert A. Strauss, Klaus Fischer, Christhard Hoffmann, Alfons Söllner, Die Emigration der Wissenschaften nach 1933. Disziplingeschichtliche Studien, München 1991: K. G. Saur. Regine Erichsen geht in ihrem Beitrag auch auf die große Wirkung deutscher Emigranten der Chemie und Biochemie in der Türkei ein (Die Emigration deutschsprachiger Naturwissenschaftler von 1933 bis 1945 in die Türkei in ihrem sozial- und wissenschaftshistorischen Wirkungszusammenhang, S. 73–104).

29 Michael Engel, Paradigmenwechsel und Exodus, Zellbiologie, Zellchemie und Biochemie in Berlin, in: Akad. d. Wiss. zu Berlin (Hrsg.: W. Fischer, K. Hierholzer, M. Hubenstorf, P. Th. Walther, R. Winau), Exodus von Wissenschaftlern aus Berlin, Forschungsbericht 7, Berlin/N. Y. 1994: de Gruyter, S. 296–341.

30 Claus Dieter Krohn, Patrik von zur Mühlen, Gerhard Paul und Lutz Winkler (Hrsg.), Handbuch der deutschsprachigen Emigration 1933–1945, Darmstadt 1998: Wissenschaftliche Buchgesellschaft. Ein Beitrag der Autorin behandelt die Emigration in der Chemie.

Gewinn für ein Aufnahmeland sein konnten.[31] Die vorliegende Arbeit bestätigt dies für viele (Bio-)Chemiker.

Die beträchtlichen Verluste, die die Wissenschaftsemigration für die Biochemie in Deutschland zur Folge hatte, werden in vielen biographischen und autobiographischen Publikationen[32] sowie einigen neueren Aufsätzen angedeutet. Die Biochemie war damals als eigene naturwissenschaftliche Disziplin noch nicht etabliert, sondern entwickelte sich als Teil der Organischen Chemie sowie im Rahmen medizinischer Fächer. Auch David Nachmansohns 1979 erschienene Monographie, die Kurzbiographien und wissenschaftliche Leistungen bedeutender deutsch-jüdischer Wissenschaftler bis 1933 enthält, läßt vermuten, daß die erzwungene Emigration neben der theoretischen Physik vor allem die Biochemie in Deutschland entscheidend schwächte.[33] Lothar Jaenicke betont ebenfalls den durch den Verlust bedeutender jüdischer Biochemiker entstandenen Niedergang der wissenschaftlichen Leistung nach 1945.[34] Der erwähnte Aufsatz von Michael Engel über die Emigration von Biochemikern aus Berlin zeigt, daß vor allem neuere Forschungsgebiete betroffen waren. Klaus Fischer weist auf die großen Verluste durch Emigration auf dem Gebiet der Röntgenkristallographie organischer Moleküle hin, eines der für die Entstehung der Molekularbiologie entscheidenden Forschungsgebietes.[35]

Die vorliegende Untersuchung zeigt durch den Vergleich der Forschung der Emigranten und anderer Wissenschaftler im Ausland mit den Arbeiten, die während des Nationalsozialismus in Deutschland vorgenommen wurden, daß die Gründe für den nach dem Krieg deutlich werdenden Rückgang der Bedeutung von Teilen der Chemie und Biochemie und die verspätete Entwicklung der Molekularbiologie nur teilweise in der erzwungenen Emigration liegen. Es werden hier auch zum ersten Mal die unterschiedliche Aufnahme und der unterschiedliche Erfolg von Emigranten verschiedener Fächer der (Bio-)Chemie in einzelnen Gastländern vergleichend untersucht.

Nach wie vor bleiben Biographien im Hinblick auf die Frage der Auswirkung der erzwungenen Emigration besonders aufschlußreich. Biographien liegen von eini-

---

[31] Klaus Fischer, Die Emigration von Wissenschaftlern nach 1933, Vierteljahreshefte für Zeitgeschichte 4, 535–549, 1991.

[32] Hierzu gehören die Autobiographien von Hans Krebs und Fritz Lipmann, die Biographie Ernst Boris Chains und die Festschrift für Fritz Lipmann.

[33] David Nachmansohn, German-Jewish Pioneers in Science 1900–1933. Highlights in Atomic Physics, Chemistry, and Biochemistry, New York 1979.

[34] Jaenicke, Lothar, Wieviel Zufälliges doch in der Entwicklung steckt. Als die Physiologische Chemie zur Molekularbiologie wurde. Kritisches zur Geschichte der biochemischen Forschung, in: Robert Gerwin (ed.), Wie die Zukunft Wurzeln schlug, Berlin, Heidelberg, New York 1989: Springer.

[35] Klaus Fischer, Wissenschaftsemigration und Molekulargenetik: Soziale und kognitive Interferenzen im Entstehungsprozeß einer neuen Disziplin, in: H. A. Strauss, Die Emigration der Wissenschaften, S. 105–135.

gen der bedeutendsten Emigranten der (Bio-)Chemie vor, dazu gehören Ernst Boris Chain, Hans Krebs und Fritz Haber; eine Biographie Richard Willstätters ist in Vorbereitung.[36] Die 1996 erschienene Biographie der Physikerin Lise Meitner von Ruth Sime sei besonders hervorgehoben.[37] Sime beschreibt und analysiert die Veränderungen des politischen Klimas für jüdische Wissenschaftler nach 1933 in Deutschland, vor allem in Berlin, die Auswirkungen dieser Veränderungen auf persönliche Beziehungen und die wissenschaftliche Kooperation jüdischer Wissenschaftler mit nichtjüdischen Kollegen. Sie stellt die großen Schwierigkeiten dar, die die Emigration und die Eingliederung im Aufnahmeland Schweden auch für eine international anerkannte Wissenschaftlerin wie Lise Meitner bedeuteten. Die Biographie weist insbesondere auf die Ungerechtigkeit hin, die jüdischen Wissenschaftlern nicht nur während des Nationalsozialismus, sondern oft auch noch nach dem Krieg widerfuhr. Im Falle von Lise Meitner zeigte sich diese darin, daß ihre entscheidende Mitwirkung an der Entdeckung der Kernspaltung 1938 in Deutschland bis vor kurzem fast unbekannt war, da hier die von Otto Hahn verbreitete Version dominierte, diese Entdeckung sei allein ihm (und Fritz Straßmann) zuzuschreiben. Das Buch stellt so auch einen Beitrag zur kritischen Auseinandersetzung mit dem Verhalten Otto Hahns dar, eines der wissenschaftlichen und moralischen »Helden« der deutschen Geschichte der Chemie während des Nationalsozialismus und danach.

Methoden

Der Untersuchung liegen Biographien und Werke der (Bio-)Chemiker zugrunde, die zwischen 1932 und 1945 an allen Universitäten, acht Technischen Hochschulen und sieben Kaiser Wilhelm-Instituten (KWI) in Deutschland und zwischen 1937 und 1945 an Universitäten in Österreich und der Deutschen Universität in Prag tätig waren. Die Auswahl der Personen beschränkt sich auf habilitierte Wissenschaftler an Universitäten und mindestens promovierte an Kaiser Wilhelm-Instituten. Es handelt sich, von wenigen Ausnahmen abgesehen, um Chemiker oder Biochemiker an Universitätsinstituten der Organischen, Anorganischen, Physikalischen Chemie sowie der Physiologischen Chemie, sowie solche an den KWIs für Biochemie, Chemie, Kohlenforschung, Lederforschung, Medizinische Forschung,

---

[36] Ronald W. Clark, The Life of Ernst Chain. Penicillin and Beyond, New York 1985: St. Martin's Press; Frederick L. Holmes, Hans Krebs, Vol. 1: The Formation of a Scientific Life, 1900–1933, Oxford 1991: Oxford University Press; Vol. 2: Architect of Intermediary Metabolism, 1933–1937, Oxford University Press 1993; siehe auch Krebs' Autobiographie: Reminiscences and Reflections, Oxford 1981: Clarendon Press; Dietrich Stoltzenberg, Fritz Haber. Chemiker, Nobelpreisträger, Deutscher, Jude, Weinheim 1994: VCH; Margit Szöllösi-Janze, Fritz Haber 1868–1934. Eine Biographie, München 1998: Beck. Eine Biographie über Richard Willstätter ist von Jonathan Wiesen in Vorbereitung, siehe auch Willstätters Autobiographie: Aus meinem Leben. Von Arbeit, Muße und Freunden, Weinheim 1949: Verlag Chemie.

[37] Ruth Lewin Sime, Lise Meitner.

Physikalische Chemie und Elektrochemie und Zellphysiologie. Ihre Namen befinden sich in den „Informationen über die akademische Laufbahn", und sie bilden die Grundlage der statistischen Untersuchungen. Bei der Analyse der Auswirkungen der Entlassungen und erzwungenen Emigrationen berücksichtige ich auch Personen, die an anderen Institutionen tätig oder nicht habilitiert waren. Dazu gehören z. B. emigrierte Physiker, darunter Hans Hellmann, Walter Heitler und Fritz London, oder Biochemiker, die noch nicht habilitiert waren, wie z. B. Konrad Bloch, Ernst B. Chain oder Hans Krebs. Lebensdaten und Angaben zur Karriere habe ich in der Hauptsache »Kürschners Deutschem Gelehrten Lexikon« der Jahre 1931 bis 1996 sowie den Bänden 5–7 des Poggendorff entnommen.

Mit Ausnahme von Kapitel 1, in dem ich stark auf Sekundärliteratur rekurriere, basiert die Untersuchung überwiegend auf unveröffentlichtem Quellenmaterial aus Archiven, Originalpublikationen sowie der Befragung von Zeitzeugen bei Berücksichtigung der relevanten Sekundärliteratur.

Um herauszufinden, wer entlassen wurde bzw. emigrierte, ging ich von den 535 (Bio-)Chemikern aus, die Anfang 1933 an den genannten Institutionen in Deutschland bzw. Anfang 1938 in Österreich tätig waren. Zunächst stellte ich die Personen zusammen, die in den Vorlesungsverzeichnissen der Universitäten bzw. jährlichen Tätigkeitsberichten der KWG (in »Die Naturwissenschaften«) der nächsten Jahre fehlten, und überprüfte, wer davon eines natürlichen Todes gestorben war. Mit Hilfe von Literatur, darunter dem Biographischen Handbuch der deutschsprachigen Emigration, biographischen und anderen chemiehistorischen Veröffentlichungen, Werken über entlassene und emigrierte jüdische und nichtjüdische (Bio-)Chemiker sowie Material verschiedener Archive identifizierte ich die meisten der Entlassenen und Emigranten. Informationen über Emigranten finden sich u. a. in den Listen der Notgemeinschaft Deutscher Wissenschaftler im Ausland (die hinsichtlich der Emigration teilweise nicht korrekt sind), in Akten der Society for the Protection of Science and Learning der Bodleian Library in Oxford, Akten des Rockefeller Archive Centers in Tarrytown, N. Y., in der Collection of the Emergency Committee in Aid of Displaced European Scholars der New York Public Library, in Akten des Archivs der Max-Planck-Gesellschaft, Berlin, und in Nachlässen von Emigranten. In einigen Fällen konnte die Emigration nur durch den in Veröffentlichungen, die über den Science Citation Index ermittelt wurden, angegebenen Ort festgestellt werden. Informationen über Forschungen von Emigranten konnten dem Rockefeller Archive Center entnommen werden, sowie, soweit vorhanden, biographischen Publikationen, Gesprächen und aufgezeichneten Interviews von Zeitzeugen.

Um eine quantitative Grundlage für die Einschätzung des wissenschaftlichen Einflusses der Forscher zu erhalten, habe ich für insgesamt 654 Personen die Anzahl der Zitate aller Publikationen bis 1954 im Science Citation Index 1945–1954 ermittelt. Einige der Personen dieser Studie waren aufgrund von Namensgleichheit und ähnlichen Fächern nicht eindeutig zu identifizieren. Die Anzahl der Zitate aller Publikationen eines Forschers habe ich als Maßstab für seinen wissenschaftlichen Einfluß benutzt. Die bei dieser Methode auftretenden Fehlerquellen wurden von Peter Weingart und Matthias Winterhager analysiert.[38] Einige Fehler konnte ich vermeiden; so habe ich erkennbare Selbstzitate nicht gewertet und vielzitierte Arbeiten, die sich als nicht reproduzierbar erwiesen oder wissenschaftlich umstritten waren, entsprechend kommentiert. Darüber hinaus habe ich die Zitationsanalyse, soweit möglich, durch Einschätzungen der wissenschaftlichen Leistungen durch Fachkollegen ergänzt.

Nach den Ergebnissen der Studie wurden von den 535 Anfang 1933 in Deutschland bzw. 1938 in Österreich tätigen (Bio-)Chemikern 141 Personen (26 %) entlassen und/oder sie emigrierten, ein Anteil, der doppelt so groß ist wie in der Biologie.[39] Mindestens 87 % der Entlassenen waren Juden bzw. besaßen jüdische Vorfahren. Die Hintergründe für die ungleiche Repräsentanz jüdischer Wissenschaftler in verschiedenen Disziplinen werden in Kapitel 1 diskutiert, das die Geschichte der Beteiligung von Juden an Forschung und Lehre an Universitäten von der Emanzipation bis 1933 aufzeigt. Ich bin mir bewußt, daß Teile dieses Kapitels für Kenner der jüdischen Geschichte in Deutschland keine neuen Fakten und Erkenntnisse enthalten. Die Bedeutung, die jüdische Wissenschaftler in der Chemie und Biochemie in Deutschland bis 1933 besaßen und die Tatsache, daß Studien zum Thema Wissenschaft und Nationalsozialismus die historischen Hintergründe für die starke Repräsentanz von Juden in der Wissenschaft bisher fast nicht behandeln, haben mich bewogen, diese Geschichte unter besonderer Berücksichtung der Chemie hier kurz darzustellen. Eine ausführliche Studie zu diesem Thema wäre wünschenswert.

Die Geschichte des 19. Jahrhunderts zeigt, daß der Antisemitismus auch nach der Abschaffung antijüdischer Gesetze im späten 19. Jahrhundert Universitätskarrieren jüdischer Wissenschaftler erschwerte, daß sich aber Kampagnen mit dem Ziel, Juden wieder aus Universitätsstellen zu entfernen, nicht zuletzt aufgrund des Einflusses liberaler Wissenschaftler, darunter Chemiker, nicht durchsetzten. Dagegen waren nichtjüdische Wissenschaftler im Jahre 1933, als dies zumindest für prominente Vertreter noch keine Gefahr bedeutet hätte, zu einer Stellungnahme gegen die antijüdische Wissenschaftspolitik nicht bereit. Mit Ausnahme von Ro-

[38] Peter Weingart und Matthias Winterhager, Die Vermessung der Forschung – Theorie und Praxis der Wissenschaftsindikatoren, Frankfurt: Campus, 1984.

[39] Mit den gleichen Ausgangsfragen und ähnlichen Methoden wie bei der vorliegenden Arbeit habe ich in meiner Dissertation die Entwicklung der Biologie in der NS-Zeit untersucht (Biologen unter Hitler, Frankfurt 1992: Campus, 1995: Fischer). Im Unterschied dazu werden hier die institutionelle Entwicklung einzelner chemischer Disziplinen, die Bedeutung starrer Strukturen an deutschen Universitäten und die Auswirkungen des Antisemitismus vor 1933 stärker in die Untersuchung mit einbezogen und Forschungsinhalte und -ergebnisse, über den Aspekt des Nationalsozialismus hinausgehend, in größerem ideengeschichtlichen Zusammenhang vorgestellt und analysiert. Außerdem werden Beziehungen zwischen akademischer Forschung und Industrie aufgezeigt.

bert Havemann leisteten (Bio-)Chemiker keinen politischen Widerstand gegen den Nationalsozialismus, aber einige von ihnen, darunter die bereits erwähnten Fritz Straßmann und Heinrich Wieland, sowie Max Volmer, Adolf Windaus und der Pharmakologe Otto Krayer, hoben sich durch nonkonformes Verhalten und Hilfe für jüdische Kollegen deutlich von der Mehrheit ab (Kapitel 2).

Ein Fellowship der Sidney Edelstein Foundation for the History of Science gab mir Gelegenheit zu einem längeren Forschungsaufenthalt (von 1996 bis 1997) in den USA und in Israel, den ich insbesondere zur Untersuchung des Schicksals und des wissenschaftlichen Einflusses ehemaliger deutsch-jüdischer Emigranten der Chemie und Biochemie nutzte. Die Erläuterung und Analyse der Entlassung und Emigration, ihrer Auswirkungen auf die Forschung in Deutschland und in verschiedenen Zufluchtsländern sowie der Reaktionen nichtjüdischer Kollegen in Deutschland nehmen daher einen breiten Raum ein (Kapitel 2 bis 4). Kurze biographische Darstellungen entlassener Wissenschaftler, darunter die von Ernst David Bergmann, Ladislaus Farkas, Fritz Haber, Rudolf Schoenheimer und Hermann Mark, ergänzen die Analyse und dienen dazu, das Schicksal und den späteren Einfluß von Wissenschaftlern im Exil an Beispielen detailreicher aufzuzeigen.

Den größten Teil der Informationen über Mitgliedschaften in der NSDAP, SA und SS habe ich im Berlin Document Center (heute Bundesarchiv) erhalten, wo ich insgesamt 607 nichtentlassene und nichtemigrierte (Bio-)Chemiker auf Mitgliedschaft in NS-Organisationen überprüft habe. Die Unterlagen sind hinsichtlich der Mitgliedschaft in der SA nicht vollständig, hinsichtlich der NSDAP- und SS-Mitgliedschaft zwar weitgehend vollständig, aber auch nicht lückenlos. Die Informationen habe ich durch entsprechende Angaben in Personalakten verschiedener Universitätsarchive sowie des Preußischen Geheimen Staatsarchivs ergänzt (Kapitel 5).

Zur Analyse der Forschungsförderung durch DFG und Reichsforschungsrat sowie von Forschungsinhalten während des Nationalsozialismus in Deutschland habe ich die Beihilfeakten der Notgemeinschaft/DFG im Bundearchiv in Koblenz bearbeitet. 312 von insgesamt 619 daraufhin überprüften, nicht entlassenen und nicht emigrierten (Bio-)Chemikern stellten zwischen 1933 und 1945 mindestens einen Antrag auf Unterstützung. Auch die Akten des Reichsamts für Wirtschaftsausbau, die leider sehr unvollständig sind, befinden sich im Bundesarchiv in Koblenz. Zur Untersuchung der Zuwendungen durch die Industrie wurden Materialien in Archiven der Bayer-Werke, der BASF und von Hoechst konsultiert. Die FIAT-Reviews of German Science (siehe unter Quellen) enthalten detaillierte Angaben über Forschungen während des Krieges. Hier habe ich insbesondere die Bände zur Biochemie und Theoretischen Organischen Chemie herangezogen.

Aufgrund der großen Zahl von Chemikern war es nicht möglich, alle Forschungsinhalte und Ergebnisse von 1933 bis 1945 zu untersuchen. Ich habe stattdessen die institutionelle und inhaltliche Entwicklung der Physiologischen Chemie (Medizinischen Biochemie), der Makromolekularen Chemie und der Naturstoffchemie von 1900 bis 1945 im internationalen Vergleich ausführlich besprochen (Kapitel 6). So lassen sich die institutionellen und personellen Veränderungen seit 1933 verdeutlichen. Es läßt sich auch aufzeigen, wann, auf welchen Gebieten und aus welchen Gründen die in den 1920er Jahren international führende deutsche Naturstoffchemie, Makromolekulare Chemie und Stoffwechselbiochemie von Entwicklungen in den USA und England, an denen jüdische Emigranten teilweise maßgeblich beteiligt waren, überholt wurden. Ich habe verschiedene Fälle wissenschaftlicher Irrtümer und Fälschungen vor allem während der Zeit des Nationalsozialismus erläutert und analysiert. Wenn nennenswerte Informationen vorliegen, beziehe ich die (bio-)chemische Kriegsforschung der aufgeführten Wissenschaftler in die Darstellung mit ein. Wegen des großen Umfangs der Studie habe ich hier auf eine entsprechende Untersuchung anderer chemischer Gebiete, darunter der Präparativen Organischen Chemie, Anorganischen Chemie und weiterer Gebiete der Physikalischen Chemie verzichtet.

Ein Kapitel mit Kurzbiographien von Emil Abderhalden, Wolfgang Ostwald, Hermann Staudinger und Richard Kuhn zur Zeit des Nationalsozialismus beleuchtet charakteristische Aspekte der Persönlichkeiten, ihrer Forschung und Kriegsforschung sowie das unterschiedliche Ausmaß und die verschiedenen Formen und Motive ihrer politischen Anpassung (Kapitel 7). Abderhaldens Forschung ist ein Beispiel dafür, wie unter den Bedingungen des Nationalsozialismus, wo die Macht von Autoritäten gestärkt und Kritik aus dem Ausland in zunehmendem Maße nicht mehr ernst genommen wurde (insbesondere wenn sie von jüdischen Wissenschaftlern stammte), schlechte Wissenschaft bzw. Pseudowissenschaft ungehindert Einfluß gewinnen konnte. Das Beispiel Ostwald zeigt, daß ein bestenfalls mittelmäßiger Wissenschaftler durch parteipolitisches Engagement und Kollaboration, hier insbesondere durch nationalsozialistische Auslandspropaganda, zwar seine Stellung verbessern konnte, aber sich und seiner Forschungsdisziplin (Kolloidchemie) nicht zu dem erhofften größeren Ansehen und einer Institutionalisierung verhelfen konnte, da die entsprechenden Fachvertreter (der Physikalischen Chemie) ihn aus fachlichen Gründen nicht entsprechend unterstützten. Staudingers Fall zeigt, daß selbst ein Wissenschaftler, der in den 1920er Jahren u. a. wegen seiner im Ausland geäußerten Kritik an der Verwendung von Gaskampfstoffen im Ersten Weltkrieg Probleme hatte, zum Ordinarius berufen zu werden, und der 1933 (durch den Freiburger Rektor Heidegger) als Staatsverräter denunziert wurde, nach 1933 in kurzer Zeit völlig rehabilitiert werden konnte. Die politische Vergangenheit war in diesem Fall weniger wichtig als die Tatsache, daß Staudinger zu diesem Zeitpunkt ein international bedeutender Chemiker war, dessen Forschung für die nationalsozialistische Autarkiepolitik vielversprechend erschien, und daß ihn die Industrie, vor allem die I. G. Farben, unterstützte. Staudinger trug durch politisches Wohlverhalten zu seiner Rehabilitierung bei. Richard Kuhn, einem der besten deutschen Naturstoffchemiker, gelang es ohne NSDAP-Mitgliedschaft, ein auch wissenschaftspolitisch sehr einflußreicher Chemiker zu werden. Er ist ein Beispiel für einen hervorragenden Wissenschaftler, der aus Nationalismus und Opportunismus bereit war, seine Forschung und sein Organisationstalent in den Dienst des Nationalsozialismus und Zweiten Weltkrieges zu stellen. Staudinger und Kuhn gehörten zu der großen Zahl deutscher Organiker, die mit einem Nobelpreis ausgezeichnet wurden. Im Unterschied zu ihren Kollegen Wieland und Windaus waren sie aus unterschiedlichen Gründen und in unterschiedlichem Ausmaß zu großen Kompromissen mit den Nationalsozialisten bereit.

In einem abschließenden Kapitel zeige ich Auswirkungen des Nationalsozialismus auf die Chemie und Biochemie nach 1945 auf. Interviews, die ich mit Zeitzeugen geführt habe, sowie verschiedene Dokumente, darunter Korrespondenzen von ehemaligen Emigranten mit ihren in Deutschland gebliebenen Kollegen, machen deutlich, warum eine Normalisierung der Beziehungen deutscher Wissenschaftler mit ihren vertriebenen jüdischen Kollegen nicht stattfand.

Aus den Ausführungen des ersten Kapitels wird ersichtlich, daß es sowohl bei Juden als auch bei Christen in Deutschland zu verschiedenen Zeiten unterschiedliche Vorstellungen darüber gab, wer Jude ist. Daher stelle ich eine kurze Bemerkung zur Verwendung dieser Bezeichnung voran. Bis zum Beginn des 20. Jahrhunderts stellten Juden in Europa eine Minderheit dar, bei der Nationalität und Religion zusammenfielen. Bestrebungen des Reformjudentums im 19. und 20. Jahrhundert, das Judentum auf die Religion zu beschränken, setzten sich unter dem Einfluß des zunehmend rassisch und nicht mehr religiös orientierten Antisemitismus in Deutschland – als dessen Folge oft genug die Taufe nicht vor Diskriminierungen schützte – auch unter Juden nicht durch. Unter anderem als Reaktion darauf, daß sie als Gruppe nicht in die Mehrheitsgesellschaft integriert wurden, hielten Juden zum überwiegenden Teil an einer ethnischen Definition des Judentums, die auch getaufte Juden einbezog, fest. Vor diesem Hintergrund lege ich meinen Ausführungen diese breitere ethnische Definition des Judentums zugrunde, sofern Religionszugehörigkeiten nicht explizit angegeben werden.

KAPITEL 1

Jüdische Wissenschaftler in akademischer Forschung und Lehre in Deutschland bis 1933

1.1 Rechtliche Emanzipation und Öffnung der Universitäten für jüdische Hochschullehrer im 19. Jahrhundert

Bis zum Ende des 18. Jahrhunderts lebten Juden in den deutschen Ländern und anderen europäischen Staaten überwiegend in Ghettos. Ihr Zusammenhalt war dadurch bedingt, daß Nationalität, Religion und ökonomische Funktion eine weitgehende Einheit bildeten. Restriktionen wie Ghettoisierung, Ausschluß von Zünften, Verbot von Landbesitz und Nichtzulassung zu vielen Berufen trugen entscheidend zu einem Zusammengehörigkeitsgefühl bei. Der Zusammenhalt begann seit der zweiten Hälfte des 18. Jahrhunderts durch eine Reihe von Prozessen, die teils innerhalb der jüdischen Gemeinschaften, teils außerhalb stattfanden, allmählich aufzubrechen. Wichtige Faktoren waren die Aufklärung und die wirtschaftliche Entwicklung. Die liberale Atmosphäre, die sich seit der französischen Revolution von Frankreich aus vor allem in Baden und im Rheinland verbreitete, sowie die Tatsache, daß Juden eine wichtige Rolle bei der wirtschaftlichen Entwicklung spielten, führten zu einer langsamen Öffnung der Ghettos und zur rechtlichen Emanzipation. Dies bedeutete eine grundlegende Änderung nicht nur der jüdischen Sozialstruktur, sondern auch des Selbstverständnisses.

Eine Folge der jüdischen Form der Aufklärung, der Haskalah, war die Entstehung des Reformjudentums, in dem die nationale und religiöse Seite des Judentums voneinander getrennt wurden. Die Entstehung eines deutschen Judentums (bzw. eines französischen, holländischen Judentums usw.) wurde dadurch begünstigt, daß die jüdische Kultur im Westen weniger stark unter rabbinischer Kontrolle stand als im Osten und die jüdische Bevölkerung stärkere Kontakte zur nichtjüdischen besaß. Es war das Ideal des aufgeklärten Reformjuden, wie er im 19. Jahrhundert z. B. durch Moses Mendelssohn repräsentiert wurde, ein deutscher Bürger jüdischen Glaubens zu werden und einen Platz in der deutschen Nation auf der Basis religiösen Pluralismus zu erhalten. Wie die folgenden Ausführungen zeigen, standen dieser Vorstellung eine Reihe von rechtlichen und anderen Hindernissen im Wege.

Die Regierungen der deutschen Länder waren im Gegensatz zu Frankreich nicht daran interessiert, das Versprechen der Aufklärung im Hinblick auf die rechtliche Gleichstellung der Juden schnell einzulösen. Durchgreifende Änderungen der Judengesetzgebung in Deutschland erfolgten erst, nachdem Frankreich seiner jüdischen Bevölkerung die volle Emanzipation gewährt hatte: Die französische Nationalversammlung stimmte dem Erlaß einer vollständigen Emanzipation der Juden im September 1791 zu. Als Folge davon fielen in Städten und Dörfern die Mauern zwischen Ghettos oder geschlossenen jüdischen Vierteln und den christlichen Wohngebieten.

Die deutschen Einzelstaaten unterschieden sich in ihrer Judenpolitik erheblich.[1] Viele Reformen, vor allem die weitreichenden in Preußen, wurden nach dem Wiener Kongreß von 1815 wieder rückgängig gemacht. Dort wurden die 39 deutschen Staaten im Deutschen Bund unter Österreichs Leitung zusammengeschlossen, und Metternich setzte sich als führender europäischer Staatsmann für eine Restaurationspolitik gegen liberale Bewegungen ein. So blieben nach 1815 nur noch Reste der preußischen Emanzipationsgesetzgebung erhalten. Juden mußten wieder Schutzzölle errichten, durften weder Land besitzen noch ein Handwerk ausüben und verloren im Jahre 1822 auch das Recht auf akademische Lehrämter. Vorausgegangen waren die unter der Bezeichnung Hep!-Hep!-Sturm (Hierosolyma est perdita = Jerusalem ist verloren) bekannten antijüdischen Ausschreitungen, die von der Universität Würzburg ausgingen und sich auf andere Universitäten ausbreiteten.

Als Berufe, denen Juden nachgehen konnten, blieben solche Geschäfte, auf die die Zünfte keinen Einfluß hatten, sowie der Geldverleih. Für die jüdischen Akademiker bedeutete der Ausschluß von der Laufbahn des Hochschullehrers die schärfste Berufsbeschränkung. Juden stellten nicht erwünschte Konkurrenten bei den mit steigendem Sozialprestige versehenen Professorenämtern dar.[2] Regierungen und Universitäten übten einen offenen Taufdruck aus.

Im Gegensatz zu Frankreich, der Schweiz, Belgien und Dänemark, wo Juden bereits in der ersten Hälfte des 19. Jahrhunderts Professoren werden konnten, wurde in Deutschland erst 1859 ein nichtgetaufter Jude auf ein Ordinariat berufen, der Mathematiker Abraham Stern in Göttingen. In diesem Zusammenhang sei erwähnt, daß der bekannte Naturforscher Alexander von Humboldt sich gegen

---

1 Vorübergehend von der französischen Emanzipationsgesetzgebung betroffen waren die von Frankreich besetzten linksrheinischen Gebiete, darunter das Rheinland, sowie das Königreich Westfalen. In Baden wurden Juden 1809 zu Staatsbürgern, in Preußen durch das Emanzipationsedikt von 1812, das ihnen auch das Recht auf akademische Lehrämter zugestand. In Württemberg beendete das Gesetz von 1828 den Status des geduldeten Schutzjudentums weitgehend, während die bayerische Judenordnung von 1813 keine rechtliche Verbesserung brachte, sondern das Schutzjudentum konservierte. Dieses wurde auch in den Königreichen Sachsen und Hannover erst 1838 bzw. 1842 aufgehoben. Siehe dazu Monika Richarz, Der Eintritt der Juden in die akademischen Berufe, Dissertation Freie Universität Berlin 1970, S. 83 ff.

2 Ibid., S. 206.

diesen Taufdruck aussprach und sich mehrfach mit Erfolg dafür einsetzte, daß Juden unter Beibehaltung ihres religiösen Bekenntnisses akademische Positionen erhielten.[3]

Mit der Schaffung der deutschen Reichsverfassung in der Frankfurter Paulskirche 1848 wurden allen Bürgern und damit auch Juden grundlegende Bürgerrechte auf einer nicht-religiösen Basis zuerkannt. Diese »Grundrechte des deutschen Volkes« wurden in die Verfassungen der meisten deutschen Länder aufgenommen. Dennoch blieben viele Beschränkungen für Juden in der Praxis bestehen. So war es ihnen noch viele Jahre lang nicht erlaubt, außerhalb der ihnen zugewiesenen Bezirke zu wohnen. Und nur wenigen gelang es, Privatdozent oder gar Professor zu werden. Fast alle Universitätssenate (mit Ausnahme von Berlin und Bonn) konnten aufgrund ihrer Statuten Personen aus konfessionellen Gründen ablehnen. Damit konnte auch die Berufung von Katholiken in Gegenden, die von Protestanten dominiert waren, verhindert werden und umgekehrt. Juden hingegen konnten aufgrund ihrer Religionszugehörigkeit an allen Universitäten abgelehnt werden.

Bis zum Jahre 1848 hatten sich 18 jüdische Dozenten ohne vorherige Taufe habilitiert; sieben in der philosophischen, sechs in der medizinischen, fünf in der juristischen Fakultät.[4] Interessanterweise waren unter ihnen keine Naturwissenschaftler und nur ein Mathematiker. Sieben dieser Dozenten wurden bis 1867 auf ein Ordinariat berufen, vier von ihnen erst, nachdem sie sich hatten taufen lassen.

Nach der Gründung des Norddeutschen Bundes im Jahre 1867 wurden weitere noch bestehende Wohnrechts- und Berufswahlbeschränkungen aufgehoben. Juden erhielten allerdings keinen Zugang zu einer Laufbahn als Staatsbeamte, wodurch die beruflichen Möglichkeiten jüdischer Akademiker, insbesondere der Juristen, erheblich eingeschränkt wurden.[5] Obwohl seit 1867 alle religiösen Hindernisse für eine Universitätslaufbahn abgeschafft waren, erreichten Juden ohne Taufe bis zum Ende des 19. Jahrhunderts selten die Position eines ordentlichen Professors. Trotz der eingeschränkten Berufsperspektive als Privatdozent oder außerplanmäßiger Professor – unbezahlte Positionen ohne Beamtenstatus – oder als Arzt oder Rechtsanwalt – freie Berufe – nahm die Zahl jüdischer Studenten und Akademiker in kurzer Zeit stark zu. So versechsfachte sich die Zahl jüdischer Studenten an deutschen Universitäten von 1830 bis 1890.[6] Sie lag im 18. Jahrhundert etwa bei 300, wobei ein Teil von ihnen aus der Habsburger Monarchie oder aus Polen und Rußland kam. In Berlin erreichte der Anteil jüdischer Studenten gegen Ende des 18. Jahrhunderts 10 %, in Königsberg und Frankfurt/Oder sogar etwa 25 %. Der Besuch einer bestimmten Universität durch jüdische Studenten hing davon ab, wie groß die jüdische Gemeinde am Hochschulort war und wie aufgeschlossen die einzelnen

---

3 Peter Honigmann, Alexander von Humboldt und die Juden, Anhang zu: Chaim Selig Slonimski, Zur Freiheit bestimmt, Hrsg. Kurt-Jürgen Maaß, Bonn 1997: Bouvier, S. 47–75.

4 Richarz, Der Eintritt der Juden, S. 208.

5 Ibid., S. 90.

6 Richarz, Der Eintritt der Juden, S. 46.

Hochschulen Juden gegenüberstanden. Der Anteil jüdischer Akademiker und ihre wissenschaftlichen Leistungen wurden schnell weit größer, als es einem jüdischen Bevölkerungsanteil von etwa einem Prozent entsprach. Im folgenden wird der historische Überblick unterbrochen, und es werden einige Gründe für das besondere wissenschaftliche Engagement der Juden aufgezeigt.

Anmerkungen zur Beziehung zwischen jüdischer religiöser Tradition und säkularer Wissenschaft

Wie läßt es sich erklären, daß trotz der Schwierigkeiten, die einer Universitätslaufbahn entgegenstanden, sehr viele Juden in Deutschland in kurzer Zeit erfolgreiche Geistes- und Naturwissenschaftler wurden? Eine oft gegebene Antwort liegt darin, daß die traditionelle jüdische Erziehung durch die Betonung des Lernens und die Denkschulung in der religiösen Ausbildung Erfolge auch in den säkularen Wissenschaften stark begünstigte.[7] Ein anderer Erklärungsversuch weist auf die Tatsache hin, daß Juden in Europa lange Zeit eine gesellschaftliche Randstellung einnahmen, die skeptische Haltungen und damit auch intellektuelle Betätigungen gefördert habe.[8] Hier sei kurz auf die mögliche Bedeutung der religiösen Tradition eingegangen.

Weitgehend unbemerkt von christlichen Gelehrten hatten Juden in den Ghettos einen hohen Standard von religiöser Gelehrsamkeit entwickelt. Lernen besaß in der traditionellen jüdischen Kultur schon immer eine zentrale Bedeutung, die sich auch in der Bezeichnung »Volk des Buches« widerspiegelt.[9] In den Talmud-Thora Schulen und Akademien des Mittelalters (und auch heute) wurden (und werden) Intellekt und dialektisches Denken gefördert. Talentierte junge Männer werden zu neuen Talmudauslegungen ermutigt, solange sie sie begründen können. Oft werden gegenteilige Sichtweisen provoziert und diskutiert. Die jüdische Religion ist im Gegensatz zum Christentum undogmatisch, d. h. nicht auf Glaubensgrundsätzen aufgebaut.

---

7 Die Bedeutung der jüdischen Tradition für Leistungen in der säkularen Wissenschaft wird in einer Vielzahl von Publikationen analysiert, z. B.: Lewis S. Feuer, The Scientific Intellectual. The Psychological and Sociological Origins of Modern Science, New York, London 1963: Basic Books, Inc. Publ., S. 297–318; David Lawrence Preston, Science, Society, and the German Jew: 1870–1933. University of Illinois, Ph. D. 1971, S. 158 ff.; Peter Pulzer, Jews and the German State. The Political History of a Minority, 1948–1933, Oxford, UK, Cambridge, USA 1992: Blackwell; Richarz, Der Eintritt der Juden; Shulamit Volkov, Jüdisches Leben und Antisemitismus im 19. und 20. Jahrhundert, München 1990: C. H. Beck, 2. Auflage 2000 unter dem Titel: Antisemitismus als kultureller Code; dies., Die Juden in Deutschland, 1780–1918, München 1994: Oldenbourg, sowie verschiedene Beiträge in: Deutsch-jüdische Geschichte in der Neuzeit. Dritter Band, München 1997: Beck-Verlag.

8 Diese Erklärung wurde 1919 von dem amerikanischen Soziologen Thorstein Veblen gegeben, siehe dazu Volkov, Antisemitismus als kultureller Code, S. 151 –152.

9 Diese Bezeichnung wurde ursprünglich vom Propheten Mohammed auf Juden und Christen bezogen.

Diese Tradition erwies sich jedoch erst durch die Verbindung mit moderner wissenschaftlicher Denkweise und Methode als außerordentlich fruchtbar für die Wissenschaft.[10] Der Chemiker und Talmudkenner Chaim Gilon betont, daß die talmudische Tradition trotz der Tatsache, daß sie den Intellekt schärft und eine Haltung begünstigt, die für Innovationen offen ist, wissenschaftliches Denken nicht fördere, solange sie nicht säkularisiert werde. Gelehrte des Talmud sind innovativ, aber die Neuerungen müssen sich im Rahmen alter Gesetze bewegen. Ziel des Talmud ist es, die Aussagen der Thora, d. h. der Bibel, dem jeweiligen zeitgenössischen Leben anzupassen. Dazu mußten und müssen die Gelehrten alte Gesetze neu fassen oder auch durch Argumentation neue Gesetze entwickeln. Bei der talmudischen Art zu argumentieren und zu denken werden oft komplizierte und verschlungene Wege eingeschlagen, durch die die Beteiligten klug werden sollen. Viele Diskussionen enden in einer Sackgasse. Dies wird, um es einfach auszudrücken, aus dem Grund akzeptiert, daß der Messias eines Tages kommen und alle entscheidenden Probleme lösen wird.

Ziel der Naturwissenschaft ist es dagegen, die Natur zu erklären, indem Hypothesen aufgestellt und belegt oder widerlegt werden und indem neue Theorien geschaffen werden, wenn sich die alten als nicht geeignet oder falsch herausstellen. Es geht nicht darum, daß Wissenschaftler durch Argumentation innerhalb eines Systems alter Gesetze und Konzepte klug werden. Ein großes Wissen alleine hat nicht den hohen Stellenwert wie in der talmudischen Tradition. Sackgassen sind kein Bestandteil wissenschaftlichen Denkens. Wenn jemand die Lösung eines Problems nicht findet, ist zu erwarten, daß es jemand anderem gelingt.[11]

Unter dem Einfluß der Aufklärung ließ ein großer Teil der bis zu diesem Zeitpunkt frommen, in der Tradition des Talmud erzogenen Juden diese Tradition hinter sich. Ihre Gelehrsamkeit entfaltete sich fortan vor allem auf säkularem Gebiet, darunter auch in den Naturwissenschaften.

Der Soziologe Lewis Feuer untersuchte soziologische und psychologische Faktoren, die im Laufe der Geschichte in verschiedenen Gesellschaften zu Zeiten wissenschaftlicher Blüte geführt haben. Seiner Meinung nach gingen herausragende wissenschaftliche Leistungen in erster Linie aus Perioden der Liberalität hervor, in denen politische Systeme in Verbindung mit Religionen, sei es Judaismus, Katholizismus, Islam oder Protestantismus, keine Macht hatten, Neugierde und damit wissenschaftliche Betätigung zu unterdrücken.[12]

In der jüdischen Geschichte stellte die Öffnung der Ghettos eine solche Voraussetzung für die Erfolge jüdischer Wissenschaftler des 19. und 20. Jahrhunderts dar. Feuer vergleicht den Einsturz der Ghettomauern mit dem Brechen von Dämmen, die Intellekt und Gefühl der Juden bis dahin zurückgehalten hatten.[13] Bei westeu-

---

10 Siehe z. B. Feuer, The Scientific Intellectual, S. 297 ff.

11 Ich danke Prof. Chaim Gilon, Jerusalem, für Informationen und Diskussionen über dieses Thema (Dezember 1994 und Mai 1997).

12 Feuer, The Scientific Intellectual.

13 Ibid., S. 297–309.

ropäischen christlichen Denkern war die Transformation von der religiösen zur wissenschaftlichen Epoche ein mehr oder weniger allmählicher Prozeß, der mehr als zwei Jahrhunderte lang dauerte und in Gesellschaften stattfand, in denen christliche Traditionen dominierten. Im Unterschied dazu vollzog sich diese Transformation bei Juden derselben geographischen Region, d. h. in christlich dominierten und von Judenfeindschaft geprägten Gesellschaften, innerhalb einer Generation. Dieser Sprung von mittelalterlichen Talmudismus zu fortgeschrittenster Wissenschaft brachte in kurzer Zeit eine große Zahl talentierter, in vielen Fällen liberal denkender Natur- und Geisteswissenschaftler hervor, eine Entwicklung, die Lewis Feuer als »wissenschaftliche Revolution unter den Juden« bezeichnet.[14]

Der Chemiker Ernst Boris Chain ist ein Beispiel für einen erfolgreichen Wissenschaftler des 20. Jahrhunderts, in dessen Leistungen sich die säkularisierte jüdische Tradition des Lernens niederschlug. Im Jahre 1945 erhielt er zusammen mit Alexander Fleming und Howard W. Florey den Nobelpreis für einen der bedeutendsten Erfolge der Biochemie des 20. Jahrhunderts, die chemische Isolierung des Penicillins und den Nachweis, daß dieses sich als Chemotherapeutikum verwenden ließ. Chain wurde 1906 in Berlin geboren, seine Mutter war eine deutsche Jüdin, sein Vater ein jüdischer Emigrant aus Rußland. Sein Großvater hatte jede freie Minute zum Studium der Thora und des Talmud benutzt. Chain schrieb rückblickend: »Von beiden Eltern wurde mir ein Grundsatz eingeschärft, der jenseits jeglicher Diskussion stand, nämlich daß die einzig sinnvolle Beschäftigung im Leben geistige Arbeit war; jede Berufsausbildung, die keine Universitätslaufbahn war, war undenkbar.«[15]

Ist es demnach gerechtfertigt, von jüdischen wissenschaftlichen Leistungen zu sprechen? Der israelische Philosoph Yeshayahu Leibowitz widerspricht der Auffassung, daß es sich bei den großen jüdischen Wissenschaftlern um ein Geschenk des Judentums an die Welt handelt.[16] Seiner Meinung nach kann man von jüdischer Kreativität nur in Verbindung mit Thora und Mitzvoth (Gesetzen) sprechen: in praktischen Fragen, in einer halachischen Lebensweise, in religiösen Gedanken aller Art, religiöser Poesie und Philosophie. Dagegen sind die Leistungen von Juden in der Welt nicht spezifisch jüdisch, sondern es sind Leistungen von Menschen, die zufällig als Juden geboren wurden. Entsprechend sieht Leibowitz in Einsteins Werk

---

[14] Ibid., S. 297. Shulamit Volkov sieht in dem Respekt moderner Juden für die Wissenschaft eher ein Anzeichen des Säkularisierungs- und allgemeinen Modernisierungsprozesses und weist darauf hin, daß die bedeutendsten jüdischen Wissenschaftler im Kaiserreich bereits fast alle aus einem säkularen Elternhaus kamen und keinen traditionellen Unterricht erhalten hatten, auch wenn sich unter den Vorfahren Rabbiner und Talmudgelehrte befanden (Antisemitismus als kultureller Code, S. 150). Meiner Meinung nach widerlegt diese Tatsache nicht die Bedeutung der (zunächst religiösen) Tradition des Lernens.

[15] Ronald W. Clark, The Life of Ernst Chain. Penicillin and Beyond, New York 1985: St. Martin's Press, S. 2.

[16] Yeshayahu Leibowitz, Human Values, and the Jewish State, ed. by Eliezer Goldman, Cambridge 1992: Harvard Univ. Press, S. 2.

nichts, das sich aus einer spezifisch jüdischen Herkunft ableiten ließe, oder das sich auf die Zukunft der Juden oder des Judaismus bezöge. »Man kann von Einstein sagen, daß er ein Geschenk der *nichtjüdischen* Welt an das jüdische Volk darstellt. Helmholtz und Mach begründeten das Gedankengebäude, auf dem Einstein seine Theorien aufbaute; Poincaré war sein Mentor in Mathematik; Fitzgerald und Lorentz seine Vorgänger in der Physik.«[17]

Auch der amerikanische Historiker Steven M. Lowenstein hält eine Terminologie, in der von jüdischen Beiträgen zur deutschen Kultur die Rede ist, für inadäquat. Sie impliziere ein kollektives Unternehmen der jüdischen Gemeinschaft, während es sich bei den jüdischen Beiträgen immer um die Beiträge einzelner handele und viele dieser Beiträge keinen jüdischen Inhalt besäßen.[18] Seiner Meinung nach zeigten diese jüdischen »Beiträge« mehr über den Grad der Transformation der jüdischen Bevölkerung sowie ihre Einbeziehung in die und Ausgrenzung aus der deutschen Gesellschaft als über das jüdische »Element« in der deutschen Kultur. Dazu mehr weiter unten.

In den Naturwissenschaften läßt sich ein solches jüdischen Element, anders als die Nationalsozialisten später behaupteten, nicht feststellen. Hier vollzog sich die Akkulturation jüdischer Gelehrsamkeit am schnellsten. Generell ist festzuhalten, daß der schnelle Übergang von einer halachischen Lebensweise zu moderner Wissenschaft große Konflikte innerhalb der jüdischen Gemeinden hervorrief. Die Gründung der Psychoanalyse durch Freud und die Tatsache, daß lange Zeit die meisten seiner Gefolgsleute Juden waren, wird oft als Ergebnis dieses Übergangs und der durch ihn hervorgerufenen psychologischen Probleme angesehen.

Hier kann nicht auf die Literatur zu diesem Thema eingegangen werden. Abschließend sei statt dessen erwähnt, daß nach dem amerikanischen Chemiker und Nobelpreisträger Roald Hoffmann auch der große Prozentsatz von Juden in den exakten Wissenschaften auf die psychologische Wirkung der während der Aufklärung stattfindenden Transformation der jüdischen Gemeinden in Europa zurückgeführt werden kann.[19] Beim Verlassen der Ghettos gaben Juden große Teile ihrer Tradition auf. Sie mußten, so Hoffmann, eine neue Identität finden, die ihre religiöse Überzeugung ersetzte. Auf der einen Seite fanden Juden ein neues geistiges Zentrum in den Idealen von Gerechtigkeit und sozialem Dienst und wurden von Sozialismus und Kommunismus angezogen. Auf der anderen Seite gab es viele Juden, die als alternativen Weg, Sinn in dieser Welt zu finden, das wissenschaftliche Engagement sahen, wobei Wissenschaft häufig Ersatz für Religion wurde. Ähnliches gilt natürlich auch für viele vormals religiöse Christen.

---

17 Ibid., S. 206.

18 Steven M. Lowenstein, Der jüdische Anteil an der deutschen Kultur, in: S. Lowenstein, P. Mendes-Flohr, P. Pulzer und M. Richarz, Deutsch-jüdische Geschichte in der Neuzeit. Dritter Band, München 1997: Beck-Verlag, S. 303.

19 Roald Hoffmann, Science and Judaism, Vortrag am Technion, Haifa, 11.6.1996. Ich danke Prof. Hoffmann für die Überlassung des Manuskripts.

1.2 Akademischer Antisemitismus im späten 19. Jahrhundert, Auseinandersetzungen in der Chemie

Wenn Juden in ihrer Mehrheit die Aufklärung akzeptierten und Teile des Judentums aufgaben, heißt das nicht, daß sie von der christlichen Mehrheit als gleichberechtigte Bürger anerkannt wurden. Die rechtlichen Hürden der jüdischen Emanzipation wurden von Anfang an von einem säkularen Antisemitismus begleitet, der sich unter christlichen Intellektuellen in Deutschland und Frankreich rasch ausbreitete. Dadurch wurden die säkularen jüdischen Intellektuellen nicht als gleichberechtigt akzeptiert.

Nach Paul Johnson »begann die aufkommende europäische Linke in der Nachfolge Voltaires Juden als verdunkelnde Gegenspieler allen menschlichen Fortschritts zu sehen.«[20] Auf der anderen Seite sahen die konservativen Kräfte Juden als homogene Gruppe an, die es darauf abgesehen habe, die traditionelle Ordnung zu zerstören. Trotz des Widerspruchs wurde beiden Thesen Glauben geschenkt. Man kann vermuten, daß die Angst vor Konkurrenz ein bedeutender Faktor beim Aufkommen des modernen Antisemitismus gewesen ist. Paul Johnson faßt zusammen: »... als die Ghettomauern fielen, und die Juden hinaus in die Freiheit zogen, entdeckten sie, daß sie ein neues, weniger greifbares, aber gleichermaßen feindseliges Ghetto der Verdächtigung betraten. Sie hatten alte Behinderungen gegen modernen Antisemitismus eingetauscht.«[21] Dieser Antisemitismus hatte zunächst noch eine starke religiöse Basis, wurde aber im Bürgertum und insbesondere bei Akademikern und Intellektuellen zunehmend säkular, kulturell und rassistisch.

Der säkulare völkische Antisemitismus nahm in Deutschland einige Jahre nach der Reichsgründung im Jahre 1871 stark zu. Dies läßt sich zum Teil auf wirtschaftliche Gründe zurückführen: Juden spielten eine wichtige Rolle bei der ökonomischen Expansion nach 1871, den sogenannten »Gründerjahren«, einer Zeit, in der offener Antisemitismus als vulgär angesehen wurde.[22] Dagegen verbreitete sich in den zwei Jahrzehnten wirtschaftlicher Depression, die Mitte der 1870er Jahre langsam einsetzte, ein virulenter und organisierter Antisemitismus.

Die Publikation einer weiteren (der dritten) Auflage von Wilhelm Marrs antisemitischem Buch »Vom jüdischen Kriegsschauplatz« im Jahre 1879 führte zu der Gründung einer antisemitischen Liga in Berlin. Hofprediger Adolf Stöcker, Mitglied des preußischen Parlaments, startete eine Reihe von demagogischen Reden, in denen er Juden angriff und gesetzliche Maßnahmen mit dem Ziel der Abschaffung gleicher Rechte für Juden forderte.

---

20 Paul Johnson, A History of the Jews, New York 1987: Harper and Row, S. 309 (Übersetzung UD).

21 Ibid., S. 310 (Übersetzung UD).

22 siehe z. B. Kurt Mendelsohn, Walther Nernst und seine Zeit. Aufstieg und Niedergang der deutschen Naturwissenschaften, Weinheim 1973: Physikverlag, S. 40.

Seine Forderungen wurden von Prinz Friedrich, dem späteren Kaiser, und seiner Frau Victoria zurückgewiesen. Beide verabscheuten Antisemitismus. Aber die antisemitische Bewegung breitete sich in der akademischen Welt weiter aus und kulminierte im sogenannten Berliner Antisemitismusstreit, der durch den angesehenen Berliner Historiker Heinrich von Treitschke ausgelöst wurde. Treitschke gehörte zu einer Gruppe von Antisemiten an der Berliner Universität, die nach der Reichsgründung ihre Judenfeindschaft, die sie rassisch und nicht religiös begründeten, in Büchern, Vorträgen und Flugblättern verbreiteten. Treitschke, der durch den Ausspruch »die Juden sind unser Unglück« bekannt wurde, sah den jüdischen Kosmopolitismus als unvereinbar mit deutscher Kultur an. Dabei schätzte er eine kleine Zahl politisch konservativ eingestellter Juden, darunter den Chemiker Alphons Oppenheim und den Juristen Lewin Goldschmidt, als »Ausnahmejuden« persönlich hoch ein. Oppenheim wurde, zehn Jahre nach seiner Habilitation in Berlin, 1877 Ordinarius in Münster; Goldschmidt durfte sich 1854 als ungetaufter Jude weder in Berlin, München, Freiburg oder Wien habilitieren und wurde schließlich in Heidelberg angenommen. Er kritisierte, als mittlerweile bedeutender Handelsrechtslehrer, in einem Brief vom 4. Mai 1881 an seinen Kollegen und Freund von Treitschke dessen Versuch, die Gleichberechtigung der Juden und ihrer Religion in Deutschland de facto zu verhindern. Er schrieb:

»... Die holländischen, italienischen, französischen Juden sind selbstverständlich von einer älteren und intensiveren Liebe für ihren Staat erfüllt, weil er ihnen schon seit Menschenaltern ein menschenwürdiges Dasein und volle Entwicklungsfreiheit garantiert. Daß in Deutschland der Patriotismus sich schwer entwickeln konnte, daß eine Neigung zum Kosmopolitismus Platz griff, wenn draußen die Freiheit, drinnen nur Knechtschaft oder Zurücksetzung zu finden war, ist begreiflich genug. Und dennoch hat in der kurzen Spanne Zeit, in welcher die staatsbürgerlichen Rechte der Juden anerkannt sind, ihre Vaterlandsliebe so mächtige Fortschritte gemacht, daß nur durch eine rückläufige Strömung auch hierin eine Abschwächung eintreten kann.

Nur durch volle rückhaltlose Gleichberechtigung, welche wir übrigens keineswegs, wie Sie meinen, als Geschenk oder als Wohltat entgegennehmen, sondern auf welche wir sittlichen und rechtlichen Anspruch haben, können sich die Schäden, welche Jahrtausende voll Druck und Schmach einer ganz edelen Rasse eingeprägt haben, ausgleichen. Indem Sie dahin wirken, daß die noch keineswegs geschlossene Kluft erheblich erweitert wird, indem Sie, ohne die rechtliche Gleichberechtigung anzutasten, doch deren tatsächliche Durchführung möglichst erschweren, die gesellschaftliche Assimilation verhindern, laden Sie nach meiner Überzeugung einen schweren Vorwurf auf sich. Sie verhindern, was Sie wollen: die Entwicklung eines tüchtigen patriotischen Bürgertums. Sie drängen die von ehrenvollen Stellungen zurückgeschobenen Juden auf die traurige Bahn des ausschließenden Gelderwerbs. ...

Ich acceptiere Ihren christlich-germanischen Staat nicht, da wir kein rein germanisches Volk sind, und das Christentum nicht Staatsreligion sein kann. Die sittliche Seite der Jüdischen Religion haben Sie nicht angegriffen und werden es auch schwerlich können – über Dogmen möchte ich mit Ihnen überhaupt nicht streiten.

Vielleicht begreifen Sie nun, wie schwer ich Ihr Auftreten habe nehmen müssen, wie tief ich mich in der angegriffenen Genossenschaft verletzt gefühlt habe, auch als ›Ausnahme‹.«[23]

Der Brief nimmt spätere Entwicklungen deutlich vorweg. 50 Jahre danach wurde aus der Forderung Treitschkes nach einem christlich-germanischen Staat das »christlich« gestrichen, aber die Christen widersetzten sich, von wenigen Ausnahmen abgesehen, der neuen Dimension der Ausgrenzung und Verfolgung von Juden nach 1933 nicht. Im Jahre 1879 hingegen stimmte eine Reihe einflußreicher Liberaler nicht nur mit Treitschke und seinen Bundesgenossen nicht überein, sondern verurteilte deren Angriffe öffentlich in einer »Erklärung der Notablen«. 73 prominente Berliner unterzeichneten, darunter 17 Kollegen aus Treitschkes Fakultät. Zu den Unterzeichnern gehörten der Historiker Theodor Mommsen, der Mediziner Rudolf Virchow und der Chemiker August Wilhelm v. Hofmann, der 1878 zum Rektor der Berliner Universität gewählt worden war.[24]

Hofmanns liberale politische Einstellung und die Tatsache, daß er gegen die Diskriminierung von Juden eintrat, wurde von anderen Chemikern, insbesondere von Hermann Kolbe, kritisiert. Nach Auffassung Kolbes hatte die 1867 von Hofmann und anderen Chemikern in Berlin gegründete Deutsche Chemische Gesellschaft zu viele Mitglieder, die Juden oder jüdischer Herkunft waren.[25] Er wandte sich am 5.6.1871 an den Präsidenten der Deutschen Chemischen Gesellschaft Adolf v. Baeyer: »Gilt doch die chemische Gesellschaft schon jetzt als Pflegestätte für das Judenthum in der Chemie.«[26] Kolbe war ordentlicher Professor in Leizig und, wie auch Hofmann, einer der angesehensten Organischen Chemiker in Deutschland.

[23] Brief vom 4. Mai 1881, zitiert nach G. v. Ubisch, Lebenserinnerungen, 1955, unveröffentlichtes Manuskript, Universitätsbibliothek Heidelberg, S. 58; L. Goldschmidt war mit v. Ubisch verwandt. Der Brief Goldschmidts wurde zitiert in: L. Goldschmidt, Ein Lebensbild in Briefen, Berlin 1898. Zu den Auseinandersetzungen an der Berliner Universität über die Rolle der Juden in Deutschland siehe Walter Boehlich (Hrsg.), Der Berliner Antisemitismusstreit, Sammlung Insel 6, Frankfurt 1965: Insel Verlag.

[24] Siehe dazu Mendelsohn, Walther Nernst, S. 40; Walter Ruske, 100 Jahre Deutsche Chemische Gesellschaft, Weinheim 1967: Verlag Chemie, S. 48; Alan J. Rocke, The Quiet Revolution. Hermann Kolbe and the Science of Organic Chemistry, University of California Press Berkeley/Los Angeles/ London 1993, S. 358.

[25] Auch wenn es relativ viele jüdische Chemiker und andere Akademiker in Berlin gab, zeigt ein Blick auf die Präsidenten der Deutschen Chemischen Gesellschaft, daß bis 1933, mit Ausnahme von Richard Willstätter, vermutlich keiner ein nicht getaufter Jude war. (Ich habe keine Informationen darüber, ob Alfred Wohl, der 1932 zum Präsidenten gewählt und 1933 zum Rücktritt gezwungen wurde, getauft war oder nicht.) Präsidenten jüdischer Herkunft kamen entweder bereits aus einer christlichen Familie, wie Adolf von Baeyer, dessen Mutter, die selbst getauft war, jüdische Eltern hatte, oder waren selbst konvertiert wie Fritz Haber.

[26] zitiert nach Rocke, The Quiet Revolution, S. 355.

August Wilhelm von Hofmann

Im Gegensatz zu Hofmann war Kolbes politische Einstellung jedoch von starken chauvinistischen Gefühlen geprägt; um 1870 übertrug er seine nationalen Vorurteile gegenüber Frankreich auf Juden.

Kolbes Haß gegen die Berliner Juden wurde 1870 in einer Kontroverse mit der Deutschen Chemischen Gesellschaft offensichtlich. Der Hintergrund des Disputes war wissenschaftlicher Art: Kolbe gehörte zu einer Minderheit europäischer Chemiker, die die aus Frankreich stammende unitarische Typentheorie der Organischen Chemie nicht akzeptierten. Als er sich auf eine Polemik gegen französische Chemiker einließ, erwartete er Unterstützung seitens der Deutschen Chemischen Gesellschaft und war empört, als die »Berichte der deutschen chemischen Gesellschaft« ein Protestschreiben der Russischen Chemischen Gesellschaft gegen die nationalistische Haltung Kolbes und anderer deutscher Chemiker im Rahmen des Berichts des ausländischen Korrespondenten des Journals abdruckte. Die Folge war, daß Kolbe sich nicht nur über die Russische und die Deutsche Chemische Gesellschaft entrüstete, sondern auch über Hofmann und seine jüdischen »Handlanger«.[27] Kolbe übertrug seine Angriffe auf seine deutschen Kollegen gegen die von Kekulé und anderen deutschen Chemikern entwickelte Strukturtheorie, die zur Grundlage der

[27] Ibid., S. 354.

klassischen Organischen Chemie und der Farbenindustrie des späten 19. Jahrhunderts wurde.[28]

Der Einfluß von Kolbes politischer Haltung sowie das Ausmaß des Antisemitismus unter Chemikern in Deutschland Ende des 19. Jahrhunderts läßt sich schwer abschätzen. Elisabeth Vaupel erwähnt Otto N. Witt, seit 1891 Professor für technische Chemie an der Technischen Universität Berlin, als bekannten Antisemiten. Er arbeitete zwar einige Jahre eng mit dem jüdischen Industriechemiker Heinrich Caro (siehe unten) zusammen und betrachtete sich selbst nicht als Antisemiten; lehnte es aber ab, jüdische Assistenten einzustellen. Im Gegensatz dazu war Carl Graebe, seit 1870 Professor für Organische Chemie an der Universität Königsberg, ein liberaler Chemiker, der viele jüdische Studenten und Freunde hatte, Juden gegenüber aber im allgemeinen distanziert war und ihre religiösen Rituale mißbilligte.[29]

Die antisemitische Bewegung des späten 19. Jahrhunderts breitete sich besonders schnell unter den Studenten aus. Im Oktober 1880 begann Bernhard Förster, ein aktiv antisemitischer Lehrer des Berliner Friedrich-Gymnasiums, eine akademische Petition mit radikalen Forderungen nach Beschneidung der Rechte von Juden zu verbreiten. Innerhalb von zwei Jahren erhielt er insgesamt etwa eine Viertelmillion Unterschriften.[30] Bereits im Januar 1881 hatten 1700 Berliner Studenten Försters antisemitische Petition unterschrieben, während eine Gegenpetition nur von 67 Studenten unterschrieben wurde.[31] Gleichzeitig wurde der stark antisemitische Verein

[28] Es ist interessant, daß die Repräsentanten der »Deutschen Chemie« während des Nationalsozialismus, die Kolbes Nationalismus und Antisemitismus teilten, ihm in seiner Ablehnung der Strukturtheorie nicht folgten, im Gegenteil. Der organische Chemiker Conrad Weygand versuchte, ähnlich wie der Physikochemiker Karl-Lothar Wolf, eine deutsche »gestalthafte Atomlehre« zu begründen, die auf Konzepten der Gestaltpsychologie sowie Goethes Morphologie basierte. Weygand bewertete den Erfolg der Strukturtheorie und ihrer Entwicklung zur van't Hoff-Le Belschen Stereochemie in der organischen Chemie und zu Werners Koordinationslehre als einen Triumph der »schauenden Naturforschung« (Martin Bechstedt, »Gestalthafte Atomlehre«– Zur »Deutschen Chemie« im NS-Staat, in: Herbert Mehrtens and Steffen Richter (eds.), Naturwissenschaften, Technik und NS-Ideologie. Beiträge zur Wissenschaftsgeschichte des Dritten Reichs, Frankfurt 1980: Suhrkamp.

[29] Elisabeth Vaupel, Carl Graebe (1841–1927) – Leben, Werk und Wirken im Spiegel seines brieflichen Nachlasses, Dissertation der Fakultät für Chemie und Pharmazie der Ludwig-Maximilians-Universität München, 1987, S. 282, 528.

[30] Rocke, The Quiet Revolution, S. 358, H. F. Peters, Zarathustras Schwester, München 1983: Kindler, S. 94 ff. Förster, der später Elisabeth Nietzsche heiratete, wurde in einigen Zeitungen öffentlich wegen seines starken Antisemitismus kritisiert. Er verlor seine Position, als er die Auflösung des Berliner Stadtrats forderte, dem er unter anderem Korruption vorwarf. Als Bismarck seine Petition ablehnte, verließ Förster Deutschland und gründete die »arische« Kolonie »Neues Deutschland« in Paraguay (Peters, S. 94).

[31] Alan J. Rocke, Pride and Prejudice in Chemistry: Kolbe, Hofmann, and German Antisemitism, in: Yakov Rabkin and Ira Robinson, The Interaction of Scientific and Jewish Cultures in Modern Times, Jewish Studies Vol. 14, Lewinston 1995: The Edwin Mellon Press, S. 127–159 (S. 143).

deutscher Studenten in Berlin gegründet. Obwohl August Wilhelm v. Hofmann als Rektor zunächst verhindern konnte, daß sich dieser Verein an der Universität offiziell etablierte, wurde er schließlich 1881 gezwungen, ihn als registrierte Studentenvereinigung zuzulassen.[32]

Der Verein weitete seine Aktivitäten schnell auf andere Universitäten aus. Man kann davon ausgehen, daß Studenten des 19. und 20. Jahrhunderts in besonderem Maße antisemitisch waren, weil sie die Konkurrenz der leistungsstarken jüdischen Studenten in bezug auf akademische Berufe fürchteten. Es gelang ihnen damals nicht, einen Numerus clausus für jüdische Studenten durchzusetzen, wie er in vielen osteuropäischen Ländern eingeführt wurde. In den 20er Jahren des 20. Jahrhunderts waren es wieder Studenten, die die nationalsozialistische »Revolution« an Universitäten und damit die Austreibung von jüdischen und liberalen Professoren und Kommilitonen vorbereiteten und sowohl durch spontane als auch durch organisierte Aktivitäten seit 1933 unterstützten.[33]

Im 19. Jahrhundert gelang es Treitschke, Stöcker und anderen nicht, die Entstehung eines patriotischen deutsch-jüdischen Bürgertums zu verhindern. Deutsche jüdische und christliche Bürger stimmten nicht nur in Haltungen und Gewohnheiten wie harter Arbeit, Organisation und Pünktlichkeit überein, sondern jüdische religiöse und nichtreligiöse Vertreter des Geisteslebens waren tief in der deutschen philosophischen und literarischen Tradition verwurzelt – ungeachtet der dort verbreiteten antisemitischen Tendenzen – und wurden bekannte Goethe-, Kant-, Hegel- und Nietzscheforscher. Ein Beispiel ist Hermann Cohen (1842–1918), Professor der Philosophie an der Universität Marburg, der sich in der Tradition sowohl von Maimonides als auch Kant sah. Cohen vertrat die Auffassung, daß Deutschland von allen modernen Nationen diejenige war, in der Vernunft und religiöse Gefühle am ehesten vereinigt werden konnten, weil Deutschland mit seinem philosophischen Idealismus, seiner Achtung vor reiner Religion und seinem ethischem Humanismus bereits durch die jüdische Geschichte – das Abendland verdankt seine ethischen Grundsätze weitgehend jüdischen Wurzeln – vorweggenommen worden sei. Cohen lehnte den behaupteten Gegensatz zwischen deutscher Kultur und jüdischem Weltbürgertum als auf Unwissenheit basierenden Unsinn ab.[34]

Eine solche Sicht wurde auch von der überwiegenden Zahl deutsch-jüdischer Naturwissenschaftler geteilt, von denen viele, wie ihre nichtjüdischen Kollegen, Kenntnisse in deutscher und griechischer Philosophie besaßen. Das folgende Zitat des Biochemikers und Nobelpreisträgers Otto Meyerhof, der 1938 in das Exil getrieben wurde, zeigt, wie jüdische Gelehrte selbst nach der Shoah an den universalistischen Inhalten deutscher Kultur festhielten. Meyerhof sprach anläßlich des 200. Geburtstags Goethes bei einem Treffen der Rudolf-Virchow-Gesellschaft 1949

---

32 Rocke, The Quiet Revolution, S. 358.

33 Zur politischen Rolle von Studenten und ihren Organisationen im Dritten Reich siehe Michael Grüttner, Studenten im Dritten Reich, Paderborn 1995: Schöningh.

34 Siehe z. B. Johnson, A History of the Jews, S. 403.

in New York »Über Goethes Methode der Naturforschung«.[35] Die Rede wurde auf Deutsch gehalten:

> »Wenn wir uns hier in der Rudolf-Virchow-Gesellschaft in New York versammelt haben, das Andenken Johann Wolfgang Goethes anläßlich seines 200jährigen Geburtstages zu feiern, so tun viele von uns es mit zwiespältigen Gefühlen. Wir wissen, daß Goethe der Größte war, den die deutsche Erde und der deutsche Geist der Welt geschenkt haben, der lebendige Ausdruck allumfassender Humanität. Wir wissen gleichzeitig, daß das Deutschland unserer Tage dieses Erbe verraten und geschändet hat über jedes vorstellbare Maß hinaus. Ja, daß wir hier fern von der Heimat in einem fremden Weltteil versammelt sind, um Goethe zu feiern, macht uns diese Aufgabe eher leichter, wir knüpfen an sein Weltbürgertum an, an das übernationale, allesdurchdringende Geistige seines Wesens. Wir bewahren so die ungetrübte Flamme seines lebendigen Geistes, wenn auch alle Goethestätten in Trümmern liegen als ein schauriges Symbol dieses Verrates.«

1.3 Jüdische Chemiker von 1871 bis 1914

Die öffentlichen Reaktionen auf Treitschke und die weitere Entwicklung machen deutlich, daß die Mehrheit der nichtjüdischen Deutschen die Emanzipation zwar akzeptiert hatte, sie aber an die Bedingung der freiwilligen Aufgabe aller Charakteristika des Jüdischen geknüpft hatte. Diese Forderung wurde z. B. auch von Theodor Mommsen erhoben, der einer der schärfsten nichtjüdischen Kritiker Treitschkes war und viele jüdische Freunde besaß. Mommsen sah in der Bezeichnung Christentum nicht so sehr den Namen einer Religion, sondern »das einzige Wort, das die Eigenart der heutigen internationalen Zivilisation kennzeichnet, in der viele Millionen über den ganzen aus vielen Nationen bestehenden Erdball sich vereint fühlen.«[36] Trotz seiner Liberalität und Toleranz war Mommsen, wie andere Liberale seiner Zeit, nicht bereit, die Legitimität einer eigenständigen jüdischen Existenz in Deutschland anzuerkennen.[37] Entsprechend erleichterte die Taufe eine akademische Karriere stark, obwohl mit der Verfassung von 1871 alle auf Religion basierenden Restriktionen für ein Lehramt an Universitäten offiziell nicht mehr gültig waren. Auch im Kaiserreich wurde eine Ernennung zum Ordinarius von Juden nur in Ausnahmefällen erreicht. Jüdisch-orthodoxe Hochschullehrer waren eine große Ausnahme; ein Beispiel ist der bedeutende Altphilologe Jacob Bernays, der 1866 Extraordinarius der Universität in Bonn wurde.[38]

[35] Otto Meyerhof, Über Goethes Methode der Naturforschung, Brooklyn 1950: Brooklyn Medical Press, reprinted from Proceedings of the Rudolf Virchow Medical Society VII, 1950, New York.

[36] Zitiert nach Johnson, A History of the Jews, S. 312.

[37] Siehe dazu Volkov, Die Juden in Deutschland, S. 42 ff.

[38] Bernays blieb ein Ordinariat versagt, da er die Taufe ablehnte, siehe Hans I. Bach, Jacob Bernays, Tübingen 174: Mohr (Schriftenreihe Leo Baeck-Institut), S. 96 ff.

Das Anwachsen der Konversionen nach 1880 deutet sowohl eine steigende Assimilationsbereitschaft als auch den durch Antisemitismus ausgeübten Druck an, der in einigen Berufsgruppen besonders groß war. Die Zahl der Konversionen vor 1870 war gering, Schätzungen zufolge ließen sich in Deutschland von 1800 bis 1870 etwa 11000 Juden taufen.[39] Die Zahl der Konversionen im Kaiserreich wird auf höchstens 25000 geschätzt. Es ist bemerkenswert, daß 36 % dieser insgesamt ebenfalls nicht sehr großen Zahl der aus dem Judentum Austretenden Studenten und Akademiker waren. Und in keiner Berufsgruppe gab es einen so großen Anteil von getauften Juden wie bei Privatdozenten und Professoren.[40] Die Tatsache, daß der Zugang von Juden zum Ordinariat vor allem durch das Verhalten der Fakultäten außerordentlich erschwert wurde, zeigt, wieweit die faktische Gleichberechtigung von der juristischen entfernt war.

Die einzelnen akademischen Disziplinen unterschieden sich deutlich im Anteil von Juden, die als Hochschullehrer zugelassen wurden. Geisteswissenschaften, insbesondere die angesehensten Disziplinen der Altphilologie und Geschichte, öffneten sich im 19. Jahrhundert im Vergleich mit den weniger prestigeträchtigen Naturwissenschaften, die zudem von ihrem Charakter her internationale Wissenschaften waren, erst spät für Außenseiter wie Juden (und viel später für Frauen). Juden waren vergleichsweise stark in Ausnahmefächern wie der Islamistik vertreten. Allerdings waren auch einige der bedeutendsten Geisteswissenschaftler des 19. und 20. Jahrhunderts Juden, darunter der erwähnte Altphilogoge Jacob Bernays und der Historiker Harry Bresslau. Unterschiede in der Akzeptanz der jüdischen Minderheit durch Vertreter verschiedener Fächer gab es auch in anderen Ländern. David Hollinger zeigte für die USA, daß Juden, die in größerem Ausmaß erst nach dem Zweiten Weltkrieg Zugang zu Universitätspositionen erhielten, vorher insbesondere von den Geisteswissenschaften ausgeschlossen worden waren.[41]

Juden waren in Deutschland unter Ärzten und Juristen – an Universitäten sowie als Niedergelassene in Praxen – erheblich stärker vertreten als in jeder anderen akademischen Profession. Dies läßt sich teilweise damit erklären, daß in diesen Gebieten Karrieren nicht nur an Universitäten, sondern auch in Privatpraxen und Kanzleien möglich waren. Darüber hinaus war das Studium der Medizin und Jura tief in

---

[39] Die statistischen Angaben zur Konversion finden sich in Monika Richarz, Die Entwicklung der jüdischen Bevölkerung, in: S. Lowenstein, P. Mendes-Flohr, P. Pulzer und M. Richarz, Deutsch-jüdische Geschichte in der Neuzeit. Dritter Band, München 1997: Beck, S. 20–22.

[40] Im Jahre 1875 standen in Deutschland 20 getaufte jüdische Universitätsprofessoren 10 ungetauften gegenüber. 1909 waren 44 Lehrstuhlinhaber getaufte Juden im Gegensatz zu 25 ungetauften (Volkov, Jüdisches Leben und Antisemitismus, S. 156). Nach Monika Richarz waren 1909 etwa 8 % der Studenten, 10 % der Privatdozenten, 7 % der Extraordinarien und nur 2 % der Ordinarien nicht getaufte Juden. 1917 waren es nur noch 1 % der Ordinarien (Richarz, Der Eintritt der Juden, S. 217).

[41] David Hollinger, Science, Jews, and Secular Culture. Studies in Mid-Twentieth-Century American Intellectual History, Princeton 1996: Princeton University Press, S. 8.

der jüdischen Tradition verankert, eine Tatsache, die auch die starke Repräsentanz jüdischer Mediziner und Juristen an amerikanischen Universitäten nach dem Zweiten Weltkrieg erklären könnte.[42]

Neuere Publikationen machen deutlich, daß auch die Chemie eine Disziplin mit einem vergleichsweise hohen Anteil jüdischer Akademiker an Universitäten und in der Industrie war. So spielten Juden eine bedeutende Rolle in der Farbenindustrie, die in Deutschland in der zweiten Hälfte des 19. Jahrhunderts entstand; Beispiele sind Heinrich Caro, August Leonhardt, Ivan Levinstein, Paul Mendelssohn-Bartholdy, Ludwig Mond und Arthur von Weinberg.[43]

Von herausragender Bedeutung für die chemische Industrie im 19. Jahrhundert war Heinrich Caro, wie Anthony Travis und Carsten Reinhardt in ihrer gerade erschienenen Biographie deutlich machen.[44] Caro, 1834 in Poznan, Polen, geboren und 1910 in Dresden gestorben, war der Sohn eines liberalen jüdischen Kornhändlers, der 1842 nach Berlin übersiedelte. Er lebte die meiste Zeit von den Einkünften seiner Ländereien. Die Familie war völlig assimiliert und zum Protestantismus übergetreten. Heinrich Caro, der bereits während seiner Schulzeit ein großes Interesse für die Chemie entwickelt hatte, entschied sich 1850 auch aus praktischen Gesichtspunkten für ein Chemiestudium. In seinen autobiographischen Aufzeichnungen schrieb er: »Ich beschloß also, mich den Naturwissenschaften und besonders der Chemie zu widmen, jener Wissenschaft, die an und für sich anziehend, in der Gegenwart von dem mächtigsten, unberechenbarsten Einfluß auf alle Zweige des gewerblichen Lebens bereits ist und vielmehr noch zu werden verspricht, und zwar entschied ich mich für das Studium der practischen Chemie, wählte also einen Beruf, in dem Tüchtigkeit und Gediegenheit Anerkennung zu erwerben vermag.«[45]

Caro wurde ein kreativer Chemiker, der eine Reihe von neuen Synthesewegen entwickelte; so gelang ihm die erste Synthese von Echtrot, Eosin und Methylenblau und die erste technische Synthese von Alizarin. 1868 wurde er zum Technischen Direktor und einige Jahre später zum Forschungsdirektor der BASF berufen,

---

42 Yakov M. Rabkin, The Interaction of Scientific and Jewish Cultures: An Historical Overview, in: Yakov Rabkin and Ira Robinson, The Interaction of Scientific and Jewish Cultures in Modern Times, Jewish Studies Vol. 14, Lewinston 1995: The Edwin Mellon Press, S. 20. Rabkin zitiert hier eine Studie von S. M. Lipset und C. L. Ladd aus dem Jahre 1960.

43 Anthony S. Travis, The Rainbow Makers. The Origins of the Synthetic Dyestuffs Industry in Western Europe, Lehigh University Press, Bethlehem 1993/Associated University Presses, London and Toronto 1993, S. 233–235; Alan J. Rocke, The Quiet Revolution, S. 350–357.

44 Carsten Reinhardt und Anthony Travis, Heinrich Caro and the Creation of Modern Chemical Industry, Dordrecht 2000: Kluwer Academic Publishers.

45 Anthony Travis, »Ambitious and Glory Hunting … Impractical and Fantastic: »Heinrich Caro at BASF, Technology and Culture 39, 105–115, 1998, S. 109. Ich danke Tony Travis für Einsicht in das deutsche Original.

Heinrich Caro

wo er das erste zentrale Forschungslabor, das sogenannte »Hauptlaboratorium« dieser Firma gründete. In der Folgezeit wurden industrielle Forschungslaboratorien zu einem wesentlichen Bestandteil aller führenden Farbstoff-Fabriken. Caro wurde 1904 als einer der führenden innovativen Farbenforscher und Fabrikanten gefeiert, der die BASF zum bedeutendsten Farbenhersteller Deutschlands gemacht hatte. Er war ein Industriechemiker, der auch als Berater für akademische Institutionen wirkte. So richtete er Victor Meyers neues Laboratorium an der Universität Heidelberg ein, nachdem Meyer dort Nachfolger von Robert Bunsen geworden war (1889).[46]

Wie dieses Beispiel andeutet, besaßen Universitätschemiker in Deutschland enge Beziehungen zu Forschungslaboratorien der Industrie, und die im 19. Jahrhundert schnell expandierende chemische Industrie bot viele neue Berufsmöglichkeiten.[47] Die Tatsache, daß die Chemie eine Wissenschaft mit einer beruflichen Perspektive außerhalb der Universitäten war, trug dazu bei, daß der Anteil jüdischer Studenten und Hochschullehrer in der Chemie deutlich größer war als z. B. in der Biologie.[48] Unter den ersten jüdischen Professoren und Dozenten der Universität Berlin wa-

[46] Anthony Travis, »Ambitious and Glory Hunting … Impractical and Fantastic«: Heinrich Caro at BASF, Technology and Culture 39, 105–115, 1998, S. 109.

[47] Carl Duisberg berichtete 1896, daß in 83 der wichtigsten Chemiekonzerne in Deutschland 68,9 % der Chemiker an Universitäten promoviert hatten (Carl Duisberg, Über die Ausbildung der technischen Chemiker und das zu erstrebende Staatsexamen für dieselben, Angewandte Chemie 9, 97–111, 1896, siehe auch Volkov, Antisemitismus als kultureller Code, S. 227).

[48] Zum Vergleich der Zahlen von jüdischen Chemikern und Biologen siehe Kapitel 3.

ren Chemiker, von denen allerdings vermutlich alle getauft waren: Gustav Magnus, Karl Friedrich Rammelsberg und Franz Leopold Sonnenschein.[49] Albert Ladenburg, der 1874 ordentlicher Professor in Kiel wurde, war vermutlich der erste nicht getaufte Jude, der einen Ruf auf ein Ordinariat für Chemie an einer deutschen Universität erhielt. Ladenburg konvertierte 1889, dem Jahr seiner Berufung an die Universität Breslau, zum Protestantismus.[50]

Nach Jeffrey Johnson führte die Tatsache, daß mit Emil Fischer ein Chemiker der einflußreichste Wissenschaftler bei der Gründung der Kaiser Wilhelm-Gesellschaft im Jahre 1911 wurde, dazu, daß in den Instituten der Gesellschaft ein überproportionaler Anteil von wissenschaftlichen Positionen für Chemiker geschaffen wurde.[51] Fischer, der von antisemitischen Vorurteilen frei war, stimmte auch für die Besetzung einiger Positionen mit jüdischen Wissenschaftlern, dazu gehörten Lise Meitner (die 1917 Leiterin einer selbständigen Physikalischen Abteilung am KWI für Chemie wurde) und Richard Willstätter (der die ihm angebotene Position als Leiter der Organischen Chemie ablehnte, als er 1915 den großen Chemischen Lehrstuhl in München erhielt).[52] Der jüdische Bankier Leopold Koppel, der den Bau des KWI für Physikalische Chemie vollständig finanzierte, war von Fritz Habers Ammoniakarbeiten so beeindruckt, daß er auf Haber als Direktor bestand. Die Preußische Regierung stimmte dieser Wahl zu, nachdem Kulturminister Friedrich Schmidt-Ott in Stockholm den Physikochemiker Svante Arrhenius konsultierte, der ebenfalls Haber (und nicht den auch im Gespräch befindlichen Walther Nernst) empfahl.[53]

Nach einer Analyse von Shulamit Volkov war der Prozentsatz von Chemikern unter den herausragenden deutsch-jüdischen Wissenschaftlern im Kaiserreich doppelt so groß wie der der Physiker; hier ist allerdings zu berücksichtigen, daß es mehr akademische Chemiker gab als Physiker.[54] Unter den 40 jüdischen Wissen-

---

[49] Rocke, The Quiet Revolution, S. 350–351. Magnus, Anorganischer Chemiker und Physiker, wurde 1833 außerordentlicher und 1845 ordentlicher Professor für Physik und Technologie. Rammelsberg wurde 1846 beamteter außerordentlicher Professor und 1874 Ordinarius für Anorganische Chemie, der Privatdozent Franz Leopold Sonnenschein, seit 1869 (unbesoldeter) außerordentlicher Professor, leitete während der 1850er Jahre das beste chemische Laboratorium der Universität.

[50] Ladenburgs Konversion, die auf der Basis der Akzeptanz der Lehren der Bergpredigt beruhte, wurde in Verbindung mit einer Kritik an seiner Rede »Über den Einfluß der Naturwissenschaften auf die Weltanschauung« 1903 u. a. von Althoff stark kritisiert (Allg. Evangel. Luther. Kirchenzeitung Nr. 44, 1903). Ich danke Jeffrey Johnson für diesen Hinweis.

[51] Jeffrey A. Johnson, The Kaiser's Chemists. Science and Modernization in Imperial Germany, Chapel Hill 1990: The Univ. of North Carolina Press, Kapitel 7.

[52] Ibid.

[53] Ibid., S. 124.

[54] Volkov, Antisemitismus als kultureller Code, S. 148. »Jüdisch« bedeutet hier, daß die Eltern nicht getaufte Juden waren.

schaftlern der Physik, Chemie und Medizin, deren Namen im Dictionary of Scientific Biography verzeichnet sind, befinden sich neun Physiker, 18 Chemiker (einschließlich dreier Biochemiker) und 13 Mediziner.[55] Zehn Mitglieder dieser Gruppe waren Nobelpreisträger, darunter die Chemiker Otto Wallach (1920), Richard Willstätter (1915), Fritz Haber (1918), Otto Stern (Nobelpreis für Physik 1943) und der Biochemiker Otto Meyerhof (Nobelpreis für Physiologie und Medizin 1922). Zu den im Kaiserreich aktiven Chemikern und Biochemikern mit jüdischen Vorfahren gehören weiterhin Adolf von Baeyer (1905), dessen Mutter Jüdin war, und Otto Warburg (1931 Nobelpreis für Physiologie und Medizin), dessen Vater Jude war.

Wie weiter unten gezeigt wird, nahm, zumindest in der Chemie, die Zahl und der Anteil von Hochschullehrern und KWI-Forschern, die jüdisch oder jüdischer Abstammung waren, bis 1933 zu. Die zunehmende Integration der jüdischen Bevölkerung in die deutsche Mehrheitsgesellschaft und ihre kulturelle Anpassung kommt in der Gründung des »Zentralverein deutscher Staatsbürger jüdischen Glaubens« während der 1890er Jahre als jüdischer Interessenvertretung zum Ausdruck. Dennoch wurde im Laufe der folgenden innerjüdischen Auseinandersetzungen, zum Teil als Reaktion auf den Antisemitismus des 19. Jahrhunderts, das in dieser Bezeichnung zum Ausdruck kommende Selbstverständnis von Judentum als Konfession zunehmend durch eine breitere, ethnische Auffassung ersetzt, die die Abstammung miteinbezog.[56] Jüdische Traditionen, die oft nicht mehr religiöser Natur waren, wurden in den Familien und unter Freunden fortgesetzt. Der größte Teil der Juden sah sich aber vorbehaltlos als Teil der deutschen Nation. Im Gegensatz zu den jüdischen Einwanderern aus osteuropäischen Ländern gehörte nur ein kleiner Teil (weniger als 10 %) der deutschen Juden zu den Zionisten.

---

55 Bei diesen nach den Kriterien des »Dictionary« ausgewählten herausragenden deutsch-jüdischen Chemikern und Biochemikern handelt es sich um die folgenden Personen (der hauptsächliche Wirkungsort ist in Klammern angegeben): Eugen Bamberger (ETH Zürich), Heinrich Caro (BASF Ludwigshafen), Ernst Cohn-Lassar (Königsberg), Gustav Embden (Frankfurt, nicht Bonn wie bei Volkov angegeben), Herbert Freundlich (KWI für Physikalische Chemie Berlin), Victor Goldschmidt (Göttingen), Fritz Haber (KWI für Physikalische Chemie Berlin), Albert Landenberg (Breslau), Carl Th. Liebermann (Gewerbeakademie Berlin), Georg Lunge (Zürich), Victor Meyer (Heidelberg), Otto Meyerhof (Kiel, KWI für Biologie Berlin, KWI für Medizinische Forschung Heidelberg), Fritz Paneth (Wien, Königsberg), Arthur Rosenheim (Berlin), Otto Stern (Breslau, Hamburg), Moritz Traube (keine Festanstellung), Otto Wallach (Göttingen), Richard Willstätter (ETH Zürich, München) (ibid., S. 163–165).

56 Volkov, Jüdisches Leben und Antisemitismus, S. 144.

1.4 Jüdische und nichtjüdische Chemiker während des Ersten Weltkriegs

Die überwiegende Zahl von Juden und Christen identifizierte sich während des Ersten Weltkriegs mit Deutschlands Politik. Die überproportionale Zahl jüdischer Gefallener belegt den besonderen Patriotismus des jüdischen Bevölkerungsteils. Jeffrey Johnson zeigte, in welchem besonderen Maße Chemiker – jüdische wie nichtjüdische – während des Krieges ihre Forschung in den Dienst der deutschen Kriegspolitik und -wirtschaft stellten.[57]

Die Unterzeichnung des nationalistischen und militaristischen »Aufrufs an die Kulturwelt« im Jahre 1914 durch zahlreiche jüdische Wissenschaftler, Mediziner und andere jüdische Vertreter des Geisteslebens ist ein oft zitiertes Beispiel für die auch unter jüdischen Gelehrten verbreiteten patriotischen Gefühle. In diesem von 93 Vertretern des Geisteslebens unterzeichneten Aufruf, kurz nach der deutschen Invasion in Belgien verfaßt, wurde die Verletzung der belgischen Neutralität und die brutale Zerstörung belgischer Städte als reine Selbstverteidigung dargestellt. Drei der 15 unterzeichnenden Naturwissenschaftler waren Juden oder jüdischer Herkunft: die Chemiker Adolf v. Baeyer, Fritz Haber und Richard Willstätter. Unter den nichtjüdischen unterzeichnenden Naturwissenschaftlern befanden sich die Chemiker Karl Engler, Emil Fischer, Walther Nernst, Wilhelm Ostwald, die Physiker Philipp Lenard, Max Planck, Wilhelm Röntgen und Wilhelm Wien und der Zoologe Ernst Haeckel.

Mir ist nicht bekannt, wie groß der Anteil von Juden unter den Unterzeichnern aus dem Bereich der Medizin, Geisteswissenschaften oder Kultur war. Die folgenden Namen deuten den Bekanntheitsgrad einiger Personen an. Unter den jüdischen Unterzeichnern befanden sich der Medizinnobelpreisträger Paul Ehrlich, der Maler Max Liebermann und der Theaterleiter Max Reinhardt, unter den nichtjüdischen der Komponist Engelbert Humperdinck, der liberale Politiker Friedrich Naumann und der einflußreiche Altphilologe Ulrich von Wilamowitz-Möllendorff.[58]

Ultranationalistische Haltungen fanden sich während des Ersten Weltkriegs bei Wissenschaftlern vieler europäischer Nationen. Mit einer solchen Erklärung und der Unterstützung deutscher Großmachtsansprüche isolierten sich aber deutsche Wissenschaftler in besonderem Maße von ihren europäischen und amerikanischen Kollegen. Der 1891 aus Deutschland in die USA emigrierte Biochemiker Jacques Loeb sah hier Anzeichen für die Verbreitung einer rassistischen Arroganz. Er schrieb am 23. Oktober 1914 an Svante Arrhenius, einen schwedischen Physikochemiker und Nobelpreisträger:

---

[57] J. Johnson, The Kaiser's Chemists, Kapitel 9.

[58] Der Aufruf ist u. a. abgedruckt in Ralph Lutz, Fall of the German Empire 1914–1918, Vol. 1, New York 1969: Octagon Books, S. 74–78.

»Ich habe von mehr als einem Kollegen hier gehört, daß, wenn die Deutschen den Krieg gewinnen, man mit ihnen aufgrund ihrer Arroganz nicht mehr leben können wird. Mir scheint die Wurzel dieses Übels in der Form der Geisteskrankheit zu liegen, die von Philologen und Literaten hervorgebracht wurde, nach der nämlich geistige und moralische Überlegenheit eine Frage der Rasse ist.«[59]

Auch Naturwissenschaftler, Juden und Nichtjuden, verfielen dem nationalen Wahn. Dies sei hier am Beispiel der bedeutenden Chemiker Fritz Haber und Wilhelm Ostwald verdeutlicht. Haber wurde im Ersten Weltkrieg Urheber und Hauptorganisator des Gaskrieges, Ostwald, der 1906 seine Tätigkeit als aktiver Chemiker beendet hatte, unterstützte, wie weiter unten gezeigt wird, die deutsche Politik propagandistisch. Haber, ein Jude, der 1892 zum Protestantismus konvertierte, der 1933 seine Position in Deutschland aufgab und 1934 verbittert im Exil starb, verkörpert mehr als irgendein anderer die Hoffnungen, Karrieren, Erfolge und schließlich das Scheitern von Juden in der deutschen akademischen Welt und ihrem deutschen Vaterland. Daher gebe ich im folgenden – trotz der mittlerweile zahlreichen Publikationen über Fritz Haber – einen kurzen Überblick über seine Karriere, seine Giftgasforschung während des Ersten Weltkrieges und sein wissenschaftspolitisches Engagement vor 1933.[60] Dieser Überblick deutet auch an, in welchem Ausmaß sich Chemiker während des Ersten Weltkrieges für die Kriegsforschung mobilisieren ließen.

Fritz Haber und der Giftgaseinsatz im Ersten Weltkrieg

Fritz Haber, am 9. Dezember 1868 in Breslau geboren, studierte Chemie in Berlin, Heidelberg und an der TH Berlin. Nach seiner Promotion im Jahre 1891, einer zusätzlichen Ausbildung in Chemischer Technologie an der E. T. H. Zürich und einer Tätigkeit im väterlichen Farbengroßhandel entschied er sich 1892 für eine akademische Laufbahn. Er begann als freier Mitarbeiter am Institut für Organische Chemie an der Universität Jena, entschloß sich dort, durch die Taufe ein Hindernis für die Hochschullaufbahn zu beseitigen, und wechselte im Jahre 1894, nachdem es ihm trotz mehrfacher Bemühungen nicht gelungen war, in den Kreis des damals bedeutendsten Physikochemikers in Deutschland, Wilhelm Ostwald, aufgenom-

---

[59] J. Loeb an S. Arrhenius, 23. Oktober 1914, J. Loeb collection, Library of Congress, file S. Arrhenius, Übersetzung UD.

[60] Zu Leben und Werk Fritz Habers, siehe Hans Sachsse, Fritz Haber 1868–1934, Chemie in unserer Zeit 2, 145–148, 1968; Johannes Jaenicke, Fritz Haber (1868–1934). Beiträge zu seiner Biographie, Fridericiana-Zeitschrift der Universität Karlsruhe 35, 3–30, 1984; Dietrich Stoltzenberg, Fritz Haber. Chemiker, Nobelpreisträger, Deutscher, Jude, Weinheim 1994: VCH; Adolf-Henning Frucht und Joachim Zepelin, »Die Tragik der verschmähten Liebe«. Die Geschichte des deutsch-jüdischen Physikochemikers und preußischen Professors Fritz Haber, in: Ernst Peter Fischer, Mannheimer Forum 1994/95, München 1995: Piper, S. 63–111; Margit Szöllösi-Janze, Fritz Haber 1868–1934. Eine Biographie, München 1998: Beck.

Fritz Haber, ca. 1928

men zu werden, als Assistent Buntes an die TH in Karlsruhe. Dort wurde er 1906 auf den Lehrstuhl für Physikalische Chemie berufen. Wie bereits erwähnt, wurde er 1911 Direktor des neu gegründeten KWIs für Physikalische Chemie und Elektrochemie in Berlin.

In Karlsruhe arbeitete Haber zunächst auf dem Gebiet der Elektrochemie, dann auf dem der thermischen Gasreaktionen. Seit 1904 untersuchte er das System Stickstoff-Wasserstoff, und es gelang ihm, Ammoniak unter hohem Druck mit Hilfe bestimmter Katalysatoren aus den Elementen zu synthetisieren. Für diese Entdeckung, die als Grundlage des Haber-Bosch-Verfahrens von der BASF großtechnisch angewandt wurde, erhielt Haber 1919 den Nobelpreis des Jahres 1918. Die Ammoniaksynthese bildete nicht nur die Voraussetzung zur Synthese von Stickstoffdünger, sondern ermöglichte während des Ersten Weltkrieges auch die billige Massenproduktion von Nitraten zur Munitionsherstellung im rohstoffarmen Deutschland. Der Hauptnutznießer dieser Erfindung war die BASF.

Im Ersten Weltkrieg wurde Haber aufgrund seines Alters nicht eingezogen, aber nahm – gemäß seiner vielzitierten Devise »Im Frieden der Menschheit, im Kriege dem Vaterland« – als Freiwilliger am Krieg teil. Der Plan des Generalstabs, Belgien und Frankreich in kurzer Zeit zu besetzen, scheiterte, und der Krieg entwickelte sich zu einem Stellungskrieg. Aufgrund der Rohstoffknappheit und der befürchteten Munitionskrise richtete der Generalstab daher eine Kriegsrohstoffbehörde im Kriegsministerium ein; Haber wurde Berater, später chemisch-technischer Beirat im Ministerium. Die Militärs hofften darüber hinaus, mit Hilfe der zunächst von

Walther Nernst, dann Fritz Haber und anderen Chemikern eingesetzten chemischen Kampfstoffe die Erstarrung des Stellungskriegs zu durchbrechen. Habers zunehmende Verantwortung im Gaskrieg führte zu einer Institutionalisierung seiner Funktion. 1915 wurde er zum Leiter einer Zentralstelle für Fragen der Chemie in der Fußartillerieabteilung ernannt, die 1916 zur selbständigen Chemischen Abteilung A 10 ausgebaut wurde.[61]

Haber, mittlerweile zum Hauptmann ernannt, wurde für die Koordinierung der Kampfstoffkriegsführung zuständig. Die aus Zwischenprodukten der Industrie wie Chlor und Phosgen bestehenden und von Haber und anderen Chemikern neuentwickelten chemischen Waffen wie z. B. Lost, Diphosgen und Chlorpikrin wurden unter seiner Leitung eingesetzt; der erste große Angriff mit Chlorgas fand am 22. April 1915 in Ypern statt. Haber erhielt die Unterstützung anderer prominenter deutscher Professoren; so waren James Franck, Hans Geiger, W. Madelung und der Neurologe W. Westphal als Mitglieder der Gastruppe Habers an der Erprobung und am Einsatz von Gas beteiligt. Der Einsatz von Giftgas war völkerrechtswidrig und widersprach der Haager Landkriegsordnung von 1907.[62]

Auf Seiten der Industrie tat sich der Generaldirektor der Farbenfabriken Bayer und spätere Aufsichtsratsvorsitzende der I. G. Farben, Carl Duisberg, bei der Entwicklung chemischer Kampfstoffe besonders hervor. Um die durch die Blockade und die Einschränkung des Konsums der Bevölkerung nicht ausgelasteten Anlagen für Kriegszwecke auszunutzen, schlug er dem Generalstab den Einsatz giftiger Zwischenprodukte der organischen Synthese wie Chlor und Phosgen vor.[63] Lost (Gelbkreuz oder Senfgas) wurde 1916 von dem Bayer-Chemiker Lommel und dem Mitarbeiter des Kaiser Wilhelm-Instituts für Physikalische Chemie Steinkopf entwickelt (daher die Bezeichnung Lost). Auch die BASF, Hoechst und andere Firmen beteiligten sich an der Produktion von Kampfstoffen.

Unter Habers Führung wurden die Kampfstoffarbeiten im Kaiser Wilhelm-Institut für Physikalische Chemie und Elektrochemie 1915 intensiviert, und seit 1916 arbeitete das Institut nur noch für die Heeresverwaltung, die alle Kosten übernahm.[64] Die dem Institut angeschlossenen Abteilungen befanden sich nicht nur auf dem Gelände des eigentlichen Haberschen Instituts, sondern nahmen auch einen großen Teil des Kaiser Wilhelm-Instituts für Chemie sowie Räume des Kaiser Wilhelm-Instituts für Biologie in Anspruch. Am Ende des Krieges arbeiteten

[61] Zur Rolle Habers im Kriegsministerium siehe Szöllösi-Janze, Fritz Haber, S. 267–270.
[62] Stoltzenberg, Fritz Haber, S. 245; siehe auch die Schilderungen Otto Hahns über seinen Frontdienst in Habers Spezialtruppe für den Gaskampf (Otto Hahn, Mein Leben, München 1968, S. 117–129).
[63] Frucht/Zepelin, Die Tragik, S. 87.
[64] Stoltzenberg, Fritz Haber, S. 252.

fast 150 Akademiker in Habers Organisation, die in neun Abteilungen gegliedert war.[65]

Ebenfalls auf dem Kampfstoffgebiet tätig waren Emil Fischer, Walther Nernst und Richard Willstätter, letzterer war an der Entwicklung eines Füllstoffs für Gasmaskenfilter beteiligt. Nernst arbeitete an Druckgaserzeugern für die pneumatischen Minenwerfer, mit denen Gaskampfstoffe abgeschossen werden sollten. In Zusammenarbeit mit Experten des Militärs und Carl Duisberg testete er auf dem Schießplatz Wahn bei Köln Minen, die mit verschiedenen Gaskampfstoffen, darunter Phosgen, gefüllt waren.[66] Zu den von der Firma Bayer produzierten Kampfstoffen gehörte Tetranitromethan, der sogenannte T-Stoff, ein hochgiftiger, leichtflüchtiger Stoff, der in verunreinigter Form hochexplosiv war.[67] Diesen Stoff untersuchten Chemiker im Zweiten Weltkrieg seit etwa 1943 im Hinblick auf seine Eignung als Spezialtreibstoff für Raketen. Die Entwicklung von Gaskampfstoffen schien während des Ersten Weltkrieges als normale chemische Forschung angesehen zu werden und vollzog sich wie die Entwicklung anderer chemischer Produkte in Konkurrenz zu Kollegen. So bemängelten Nernst und Duisberg einige Jahre später, daß ihre während des Ersten Weltkrieges abgefaßten Berichte über die Tests in Wahn nicht im kriegsgeschichtlichen Reichsarchiv archiviert worden waren. Nernst schrieb an Duisberg: »Es sieht fast so aus, als ob eine Conkurrenz unsere Berichte eliminiert hätte?«[68]

Mit Emil Fischer (1902), Fritz Haber (1918), Otto Hahn (1944), Walther Nernst (1920), Heinrich Wieland (1928) und Richard Willstätter (1915) waren sechs (teilweise spätere) Nobelpreisträger der Chemie an der Erforschung oder am Einsatz chemischer Waffen beteiligt. Fritz Haber befand sich in bester Gesellschaft. Die einzige öffentliche Kritik aus den Reihen der Fachkollegen am Einsatz chemischer Kampfstoffe kam von Hermann Staudinger, damals Professor an der ETH Zü-

---

65 Die aus Universitäten, Kaiser Wilhelm-Instituten und der Industrie stammenden Abteilungsleiter waren: Reginald O. Herzog (Gasmaskenproduktion), F. Kerschbaum (Gaskampfmittel, Prüfung fremder Kampfstoffe), H. Pick (Chemie des Gasschutzes), Heinrich Wieland (Darstellung neuer Kampfstoffe), Ferdinand Flury (Toxikologie der Kampfstoffe), Herbert Freundlich (Überwachung der Fabrikation von Atemfiltern), Steinkopf (Überwachung der Produktion von Gasmunition), Poppenburg (Sprengstoffe in Verbindung mit Kampfstoffen), P. Friedländer (Überwachung der Produktion von Kampfstoffen, Zusammenarbeit mit Bayer, BASF, Hoechst, Kahlbaum, Chem. Fabr. Heyden) (ibid., S. 253–254).

66 Bericht Nernsts über Versuche im Mai 1915 mit mittleren Gasgranaten, Bayer-Archiv, 271/1 W. Nernst.

67 C. Duisberg an Walther Nernst, 20.1.1915, Bayer-Archiv, 271/1 W. Nernst.

68 Nernst an Duisberg, 1.9.1934 und Duisberg an Nernst, 4.9.1934, ibid.

69 C. Krüll, »Die Kontroverse Haber-Staudinger um den Einsatz chemischer Waffen im 1. Weltkrieg«, Nachrichtenblatt der deutschen Gesellschaft für Geschichte der Medizin, Naturwissenschaft und Technik e. V. 27, 1977, S. 32; Stoltzenberg, Fritz Haber, S. 313–319.

rich.[69] Außerdem lehnte es Adolf Windaus, Nobelpreisträger des Jahres 1928, ab, auf dem Gebiet des Gaskriegs zu arbeiten.[70]

Als Urheber des Gaskrieges wurde Fritz Haber nach dem Krieg auf die Liste der Kriegsverbrecher gesetzt, die auch die Namen von Carl Duisberg und Walther Nernst enthielt.[71] Während die erste Liste 900 Namen umfaßte, legten die Alliierten im Mai 1920 eine zweite Liste von 45 Namen vor, auf der diejenigen fast aller prominenter Personen, darunter Fritz Habers, fehlten.[72] Im Jahre 1920 konnten gleich sechs Deutsche in Stockholm ihre zwischen 1914 und 1920 verliehenen Nobelpreise in Empfang nehmen; den Preis für Physik: Max von Laue (1914), Max Planck (1918), Johannes Stark (1919); den Preis für Chemie: Richard Willstätter (1915), Fritz Haber (1918) und Walther Nernst (1920). Aus Protest gegen die Tatsache, daß alle deutschen Chemienobelpreisträger am Gaskrieg beteiligt waren, blieben viele Nobelpreisträger der Alliierten der Preisvergabe fern, zwei Franzosen wollten den Preis nicht annehmen, wenn Haber mit ihnen geehrt würde.[73] Es ist bemerkenswert, daß es Fritz Haber war, der im Jahre 1929 als Vorsitzender des *Verbandes Deutscher Chemischer Vereine* mit dem Beitritt zur *Union Internationale de Chimie* die internationale Einbindung der deutschen Chemie wiederherstellte, die 1918 abgebrochen war.[74]

Auch im Frieden setzte Fritz Haber seine Kriegsforschung fort. Zusammen mit der chemischen Industrie war er an der geheimen Weiterentwicklung chemischer Waffen beteiligt.[75] Als bittere Ironie der Geschichte sei die Tatsache erwähnt, daß in der Abteilung von Prof. Ferdinand Flury des Haberschen Instituts das sogenannte Zyklonverfahren zur Rattenschädlingsbekämpfung ausgearbeitet wurde, bei dem Blausäure durch einen Träger stabilisiert und mit einem Warnstoff versetzt wurde.[76] Die Deutsche Gesellschaft für Schädlingsbekämpfung (Degesch) führte Zyklon B Anfang der 1920er Jahre in die Praxis ein; 20 Jahre später wurde es als Vernichtungsmittel in Auschwitz verwendet.

Da die deutsche Wirtschaft den vom Versailler Vertrag geforderten Reparationszahlungen nicht gewachsen war, versuchte Haber sechs Jahre lang intensiv, den Goldgehalt des Meerwassers für die Goldproduktion auszunutzen. Angesichts der um Größenordnungen zu geringen Goldgehalte mußte er dieses Projekt aufgeben.

---

[70] Gutachten der Math. Nat. Fak. vom 1.9.1944, BDC, Akte Adolf Windaus.

[71] Stoltzenberg, Fritz Haber, S. 309.

[72] Joseph Borkin, Die unheilige Allianz der I. G. Farben. Frankfurt 1981: Campus, S. 39.

[73] Borkin, I. G. Farben, S. 38; Stoltzenberg, Fritz Haber, S. 427.

[74] Walter Ruske, 100 Jahre Deutsche Chemische Gesellschaft, Weinheim 1967: Verlag Chemie, S. 135. Im Verband Deutscher Chemischer Vereine schlossen sich 1928 auf Anregung von Alfred Stock die Bunsengesellschaft, der Verein deutscher Chemiker und die Deutsche Chemische Gesellschaft zusammen.

[75] Zu Habers Mitwirkung an der geheimen Aufrüstung Deutschlands mit chemischen Kampfstoffen in den ersten Jahren der Weimarer Republik siehe Szöllösi-Janze, Fritz Haber, S. 467–480.

[76] Stoltzenberg, Fritz Haber, S. 462.

Eine weitere organisatorische Leistung Habers war dagegen bis heute erfolgreich: Zusammen mit dem preußischen Staatsminister Dr. Friedrich Schmidt-Ott hatte er entscheidenden Anteil an der Gründung der Notgemeinschaft der deutschen Wissenschaft als Selbstverwaltungsorgan im Jahre 1920. Die 1936 in Deutsche Forschungsgemeinschaft umbenannte Organisation hatte damals wie heute durch die Vergabe von Sach- und Personalmitteln entscheidende Bedeutung für die Ausführung experimenteller Forschung vor allem an Universitäten. Wissenschaftlich erhielt Habers Institut in der zweiten Hälfte der 1920er Jahre internationales Ansehen durch Arbeiten auf dem Gebiet der Physikalischen Chemie, wobei Haber selbst nicht mehr an nennenswerten Erfolgen beteiligt war. Die drei Abteilungen seines Instituts wurden von Herbert Freundlich (Kolloidchemie), Rudolf Ladenburg (Spektroskopie, Ionenforschung) und Michael Polanyi (chemische Elementarprozesse bei Flammen und anderen Leuchterscheinungen) geleitet.

Habers Schicksal in der NS-Zeit wird in Kapitel 2 besprochen.

Die »Sonntagspredigten« von Wilhelm Ostwald während des Ersten Weltkrieges
Wilhelm Ostwald, am 2.9.1853 in Riga geboren, begründete im 19. Jahrhundert zusammen mit Arrhenius und van't Hoff die Physikalische Chemie als eigenständige chemische Disziplin. Von 1887 bis 1906 war er Ordinarius und Direktor des von ihm gegründeten Institutes für Physikalische Chemie an der Leipziger Universität. Für seine Arbeiten zur Katalyse erhielt er 1909 den Nobelpreis. Ostwald besaß auf Grund seiner wissenschaftlichen Leistung und seiner Persönlichkeit ein hohes Ansehen bei vielen ausländischen Kollegen. Er betrachtete sich selbst als Internationalisten und war in verschiedenen internationalen wissenschaftlichen Organisationen tätig; so war er der deutsche Vertreter der kurz vor dem Ersten Weltkrieg gegründeten Internationalen Assoziation Chemischer Vereine.[77] Als Präsident des Monistenbundes unterstützte er vor dem Krieg eine linksliberale antiklerikale Kampagne in Deutschland.

1914 trat Ostwald dagegen als besonders enthusiastischer Nationalist hervor. So transformierte er seine antiklerikalen monistischen Sonntagspredigten in nationalistische Vorträge zur Unterstützung des Krieges und schließlich eines deutschen Eroberungsfriedens.[78] Ostwalds Tochter Grete beschreibt die Haltung ihres Vaters folgendermaßen: »Auch Wilhelm Ostwald empfand die *deutschen* Aufgaben als die vordringlichsten, womit er die ›kosmopolitischen‹ Monisten enttäuschte, und hielt die Erfüllung des deutschen Intellektuellentraums: Europa unter deutscher Führung, durchaus für möglich und wünschenswert«.[79] Wilhelm Ostwald beklagte sich in mehreren Briefen an Ernst Haeckel über Reaktionen im Monistenbund auf sei-

[77] J. A. Johnson, The Kaiser's Chemists, S. 181.
[78] Ibid., S. 182. Siehe auch Daniel Gasman, The Scientific Origins of National Socialism: Social Darwinism in Ernst Haeckel and the German Monist League, New York 1971: American Elsevier.
[79] Grete Ostwald 1953, S. 137 (Hervorheb. i. O.).

Wilhelm Ostwald

nen politischen Wandel, die ihn schließlich veranlaßten, die Präsidentschaft des Bundes niederzulegen. Am 23.2.1915 schrieb er:

> »...Während ich den einen nicht patriotisch genug bin, gibt es große Gruppen sowie einzelne im Bunde, welche finden, daß wir uns bereits nicht mehr von einem gewöhnlichen Kriegerverein unterscheiden. Namentlich die zahlreichen jüdischen Mitglieder, bei denen ja internationale Tendenzen im Vordergrunde stehen und denen es beim Aufflammen nationaler Strömungen ungemütlich wird, beschweren sich über allzustarken Patriotismus.«[80]

Am 14. Mai 1915 schrieb er Haeckel von seinem Entschluß zurückzutreten, wobei er als Gründe dafür u. a anführte: »Aus Bundeskreisen wird mir zunehmend klar gemacht, daß man mit meiner Stellung zu den großen Fragen des Tages nicht zufrieden ist. Zumal die internationale Judenschaft, die bei uns reichlich vertreten ist, findet meinen Patriotismus übertrieben und rückständig.«[81]

Wie erwähnt, traten viele deutsche Juden, vor allem Chemiker, in besonderem Maße durch Patriotismus hervor. Jüdische und nichtjüdische Kollegen des Auslands kritisierten dagegen Ostwalds nationales Sendungsbewußtsein und seine Legitimierung (sowie die anderer deutscher Gelehrter) der Verletzung der Neutralität Belgiens durch das deutsche Heer. Zu diesen Kollegen gehörten Jacques Loeb und Svante Arrhenius.

Nach der Unterzeichnung des erwähnten »Aufrufs an die Kulturwelt« bemühte sich Ostwald, Loeb, einem ehemaligen Schüler, der mit ihm in enger Verbindung stand, die deutsche Haltung zu erklären. Nicht Deutschland, sondern Belgien selbst habe im Verein mit Frankreich und England durch Vorverhandlungen Belgiens Neutralität verletzt, so daß Deutschlands Einmarsch gerechtfertigt sei. Im deut-

[80] zitiert nach G. Ostwald 1953, S. 138.
[81] Ibid.

schen Militärwesen sah Ostwald »einen Typus der Organisation, also einer höheren Kulturstufe, der, solange das Militär nicht für den Krieg verwendet wird, von ausgeprägtem Nutzen für die Nation ist.«[82] Um seine Ansichten besser zu vermitteln, legte er seinen Briefen an Loeb einige seiner Sonntagspredigten bei. Loeb und Arrhenius, die Ostwald schätzten, waren von dessen Kampagnen enttäuscht und abgestoßen. Loeb schrieb an Arrhenius:

> »Die Menschen in Amerika meinen, daß die deutschen Naturwissenschaftler der Sache Deutschlands schaden, indem sie solche emotionalen Proteste von sich geben anstelle von ruhigen Stellungnahmen, die beide Seiten berücksichtigen. Ich kann wirklich nicht verstehen, wie Ostwald ernsthaft empfehlen kann, wie er es in seiner letzten Sonntagspredigt tat, daß der deutsche Kaiser nach dem Krieg Präsident der Vereinigten Staaten von Europa werden solle. Ich fürchte, daß Deutschland die Bedingungen nicht diktieren wird.«[83]

Arrhenius berichtete von einem Versuch Ostwalds, Schweden für die deutsche Seite zu gewinnen:

> »Ostwald war hier und verbreitete die gewöhnlichen deutschen Dummheiten, daß Deutschland 50 Jahre weiter fortgeschritten sei als die übrige zivilisierte Welt und daß es uns glücklich machen würde durch Einführung der deutschen Organisation. Vielleicht hat er auch angedeutet, daß wir einen großen Profit machen würden, wenn wir auf Deutschlands Seite stehen wollten. Er mißlang vollkommen mit seiner Mission hier, und diejenigen, die ihn am ärgsten überfielen, waren die konservativen deutschfreundlichen Zeitungen.«[84]

In Deutschland lehnte Emil Fischer, selbst einer der Unterzeichner des »Aufrufs an die Kulturwelt« Ostwalds Ultranationalismus scharf ab.[85] Als sich Prof. Peter Klason aus Stockholm über Ostwalds monistische Aktivitäten und seine inoffiziellen Friedensvorschläge beschwerte, antwortete Fischer im Januar 1915, daß Ostwald und andere deutsche Wissenschaftler der deutschen Sache schadeten, indem sie den Eindruck verbreiteten, daß Deutschland grenzenlose Pläne verfolge, was Unsinn sei. Fischer vertrat in diesem Brief und in anderen die Meinung, daß die große Mehrheit der Deutschen gemäßigt und rational sei.[86]

Nach Loeb handelte es sich im Falle von Ostwald und anderen deutschen Wissenschaftlern und Gelehrten nicht nur um einen verbreiteten kriegsbedingten Nationalismus. In bemerkenswerter Hellsichtigkeit schrieb er an Arrhenius:

> »Ich mag Ostwald sehr, aber ich weiß nicht mehr, was ich ihm sagen soll, weil sein Urteil, wie das der meisten Deutschen, völlig obskur ist. Sie scheinen wirklich wahnsinnig zu sein.

[82] Wilhelm Ostwald an Loeb, 6. November 1914, ibid.
[83] Loeb an Arrhenius, 23. Oktober 1914, ibid.
[84] Arrhenius an Loeb, 24. November 1914, ibid.
[85] J. A. Johnson, The Kaiser's Chemists, S. 181–182.
[86] Ibid.

Das ganze Problem kommt daher, daß sie sich mit ihrer Regierung und ihren Diplomaten identifizieren. Ich glaube ernsthaft, daß wir, sobald dieser Krieg vorbei ist, eine Kampagne gegen die rassische Überheblichkeit beginnen müssen, die systematisch in Deutschland, Rußland und möglicherweise anderen Ländern von verantwortungslosen Agitatoren gepflegt und, wenn nicht unterstützt, so doch von ihren Regierungen toleriert wurde.«[87]

Bemerkenswerterweise gehörte Arrhenius nach dem Krieg zu den Wissenschaftlern, die sich am stärksten dafür einsetzten, daß Deutschland wieder in die internationale wissenschaftliche Gemeinschaft zurückkehren konnte. Auch Loeb half deutschen Wissenschaftlern nach dem Krieg. Die gute Beziehung zu Ostwald wurde allerdings nicht wiederhergestellt.[88]

1.5 Zunehmende Integration bei gleichzeitig zunehmendem Antisemitismus in der Weimarer Republik

Die von Loeb vorhergesehene rassische Überheblichkeit äußerte sich nach dem Ersten Weltkrieg in Deutschland u. a. in neuen antisemitischen Strömungen, die sich auch an Universitäten verbreiteten.[89] 1920 wurde der jüdische Außenminister und Industrielle Walther Rathenau von Rechtsradikalen ermordet. In einer ungewöhnlichen Rede verurteilte der neue Rektor der Berliner Universität, Walther Nernst, im Sommer 1922 diese Ermordung, und er rief die akademische Welt und die Studenten dazu auf, Gewalt und Dogmatismus aus dem öffentlichen Leben zu verbannen.[90] Ein oft zitiertes Beispiel für Antisemitismus bei Berufungsfragen ist die kurz nacheinander erfolgende Ablehnung der Berufung dreier jüdischer Wissenschaftler an die Universität München zu Beginn der 1920er Jahre: des Zoologen Richard Goldschmidt, des Geochemikers Viktor Goldschmidt und des Chemikers Stefan Goldschmidt. Diese Ablehnungen veranlaßten den Ordinarius für Organische Chemie der Münchner Universität, Richard Willstätter, 1924 von seiner Position zurückzutreten.[91] Es ist jedoch auch festzuhalten, daß Kollegen und Studen-

---

[87] Loeb an Arrhenius, 14. Dezember 1914, ibid. Loeb bezieht auch die Diskriminierungen von Japanern und Schwarzen in den USA mit ein.

[88] Der intensive Briefwechsel zwischen Ostwald und Loeb endet 1915.

[89] Siehe dazu z. B. Donald L. Niewyck, The Jews in Weimar Germany, Baton Rouge, LA. 1980; Dirk Walter, Antisemitische Kriminalität und Gewalt. Judenfeindschaft in der Weimarer Republik, Bonn 1999: Dietz.

[90] Diana Kormos Barkan, Walther Nernst and the Transition to Modern Physical Science, Cambridge 1998: Cambridge University Press, p. vii.

[91] Siehe dazu die Autobiographie Willstätters (Aus meinem Leben. Von Arbeit, Muße und Freunden, Weinheim 1949: Verlag Chemie). Siehe auch Freddy Litten, Der Rücktritt Richard Willstätters 1924/25 und seine Hintergründe, München 1999, Algorismus: Studien zur Geschichte der Mathematik und Naturwissenschaften, Heft 32.

Richard Willstätter

ten in München wochenlang vergeblich versuchten, ihn zurückzuholen, und daß ihm auch ein Ordinariat in Berlin angeboten wurde.

Der durch den Friedensschluß von Versailles verstärkte Nationalismus führte darüber hinaus zu Angriffen gegen liberale und linksgerichtete Hochschullehrer bzw. verhinderte deren Berufung. Einige Juden waren sowohl von den antiliberalen als auch von den antisemitischen Aktivitäten im Hochschulbereich betroffen. Die Anti-Einstein-Kampagne politisch rechts stehender Aktivisten, darunter zumeist unbedeutende Wissenschaftler, der sich später der Nobelpreisträger Philipp Lenard anschloß, war zwar in erster Linie gegen Einsteins Relativitätstheorie und seine politische Haltung gerichtet, bezog sich aber auch auf ihn als Juden. Eine Reihe von hervorragenden jüdischen Wissenschaftlern erhielten als Liberale und als Juden keine angemessenen Stellen an Universitäten. Dazu gehörten die Biochemiker Leonor Michaelis, Otto Meyerhof und Fritz Lipmann.

Die Diskriminierung liberaler jüdischer Biochemiker vor 1933

Dieser Abschnitt nimmt keine umfassende Würdigung der Leistungen jüdischer Biochemiker in Deutschland vor. Es soll auch nicht der Eindruck erweckt werden, als habe eine Diskriminierung jüdischer Wissenschaftler während der 1920er Jahre ausschließlich in Deutschland stattgefunden.[92] Stattdessen soll hier am Beispiel der Biochemie gezeigt werden, wie eine Kombination von Antisemitismus und Antiliberalismus mit der Starrheit akademischer Strukturen den Rückgang der internationalen Bedeutung eines Forschungsgebietes in Deutschland bereits vor 1933 eingeleitet hat.

[92] z. B. beschreibt David Hollinger antisemitische Behinderungen jüdischer Wissenschaftler in den USA (Science, Jews, and Secular Culture).

In den 1920er Jahren gab es keine naturwissenschaftlichen Institute der Biochemie. Das Fach wurde an Universitäten in der Hauptsache an den nur in geringer Zahl vorhandenen Instituten der Physiologischen Chemie der medizinischen Fakultäten betrieben. Viele bedeutende Biochemiker waren Juden, aber mit Ausnahme von Gustav Embden, dem Sohn eines jüdischen Vaters und einer nichtjüdischen Mutter, wurde kein getaufter oder nichtgetaufter Jude auf einen dieser Lehrstühle berufen.[93] Diese mangelnde berufliche Perspektive führte dazu, daß einige hervorragende jüdische Biochemiker Deutschland bereits vor 1933 verließen.[94]

Leonor Michaelis hatte 1905 eine Stelle als Bakteriologe am Berliner Krankenhaus am Urban angenommen, da er als Jude seine Chancen für eine etablierte akademische Position an der Universität als gering einschätzte.[95] In dem von ihm zusammen mit Peter Rona in diesem Krankenhaus eingerichteten kleinen Forschungslabor führte er grundlegende physikalisch-chemische Untersuchungen an Proteinen und Enzymen aus (zu seiner Forschung siehe Kapitel 6). An der Berliner Universität wurde er 1905 Privatdozent und 1908 außerplanmäßiger Professor, aber er erhielt keine bezahlte Planstelle. Im Jahre 1914 wurde der von Michaelis angestrebte Aufstieg auf eine akademische Stelle in Deutschland durch die wissenschaftliche Widerlegung einer medizinischen Autorität, des Ordinarius Emil Abderhalden in Halle, weiterhin erschwert. Abderhalden behauptete 1909, die Existenz schwangerschaftsspezifischer Abwehrenzyme im Serum schwangerer Hunde, später auch Frauen nachgewiesen zu haben, eine Behauptung, die in Deutschland auf breite Zustimmung seitens vieler seiner Kollegen in der Medizin stieß, und die er trotz mehrfacher experimenteller Widerlegung bis zu seinem Tode im Jahre 1950 aufrechterhielt.[96]

Michaelis wies 1914 als erster Wissenschaftler eindeutig nach, daß diese schwangerschaftsspezifischen Abwehrenzyme nicht existieren. Sein Ergebnis wurde kurze Zeit später in den USA bestätigt. Michaelis schrieb 1921: »Ich habe mir durch meine Opposition gegen die Schwangerschaftsreaktion seine Feindschaft in

---

93 Für die Berufung Embdens zum Direktor des Instituts für vegetative Physiologie an der Universität Frankfurt nach der Gründung der Universität im Jahre 1914 hatte sich der Nobelpreisträger Paul Ehrlich eingesetzt.

94 Der Physiologe Jacques Loeb, der wissenschaftlich insbesondere durch seine physikalisch-chemische Proteinforschung hervortrat, emigrierte bereits 1891 in die USA, wo er Professor an der University of Chicago und später der University of California, Berkeley, wurde. Loeb war unter anderem maßgeblich an der Gründung des Rockefeller Instituts für medizinische Forschung beteiligt (siehe dazu Charles Rasmussen und Rick Tilman, Jacques Loeb. His Science and Social Activism and Their Philosophical Foundations, Philadelphia 1998: American Philosophical Society).

95 Joseph S. Fruton, Contrasts in Scientific Style, Philadelphia 1990: American Philosophical Society, S. 253.

96 Zur Betrugsgeschichte von Abderhaldens Abwehrfementen siehe auch Ute Deichmann/Benno Müller-Hill, The Fraud of Abderhalden's Enzymes, Nature 393, 109–111, 1998 (siehe auch Kapitel 7).

Leonor Michaelis

so hohem Maße zugezogen, daß meine Stellung in Deutschland sicherlich in hohem Maße dadurch gelitten hat. Denn wenn es auch schon viele hier gibt, die ihn durchschauen, so wagt doch niemand etwas gegen ihn zu sagen.«[97]

Michaelis verließ Deutschland, um eine Gastprofessur für Biochemie in Nagoya, Japan, wahrzunehmen.[98] Durch die Vermittlung Jacques Loebs erhielt er 1926 eine Stelle als Dozent an der Johns Hopkins University in den USA und wurde 1929 Mitglied des Rockefeller Instituts für Medizinische Forschung.

Der Mediziner, Chemiker und spätere Nobelpreisträger Fritz Lipmann entschied sich 1932 nach einem Aufenthalt am Rockefeller Institut in New York nicht mehr nach Deutschland zurückzukehren, sondern nach Dänemark zu gehen. Seiner Meinung nach hatte er in Deutschland keine Chance für eine akademische Laufbahn: »...Being Jewish in Germany of 1930 was already a great handicap if one was looking for a university position. Even liberal professors were reluctant to put us on their staffs; they expected trouble.«[99]

Auch dem bereits mehrfach erwähnten Otto Meyerhof blieb der Aufstieg zu einer Abteilungs- oder Institutsleiterstellung an Universitäten verschlossen. Seit 1913

[97] Michaelis an Loeb, 4.3.1921, Loeb papers, Library of Congress, manuscript division.

[98] 1921 war Michaelis' Bewerbung um eine Hochschullehrerstelle an der Universität Lund in Schweden mit der Begründung abgelehnt worden, daß er nicht kolloidchemisch arbeite (Loeb papers, Library of Congress, manuscript division, Loeb an Michaelis, 27.1.1921).

[99] Fritz Lipmann, Wanderings of a Biochemist, New York 1971: John Wiley and Sons, Inc.

war Meyerhof als Dozent und seit 1921 als außerplanmäßiger Professor an dem von Rudolf Höber geleiteten Physiologischen Institut der Universität Kiel tätig. Im Jahre 1922 lehnte die medizinische Fakultät den Vorschlag Höbers ab, Meyerhof zum Leiter der Abteilung für Physiologische Chemie zu berufen.[100] Stattdessen wurde mit August Pütter ein in der Biochemie weitgehend unbekannter Bewerber ernannt. Die Abteilung war im Wintersemester 1923/24 wieder unbesetzt – Pütter wurde nach Heidelberg berufen – und wurde später aufgelöst. Der Frankfurter Physiologe Albrecht Bethe machte in einem Brief an den Präsidenten der KWG, Adolf Harnack, die Diskrepanz zwischen Meyerhofs Leistung und fehlender Karrieremöglichkeit an Universitäten deutlich:

> »... Bei den deutschen Fachgenossen, soweit sie überhaupt den behandelnden Fragen nahestehen, hat M. wohl allgemeine Anerkennung gefunden. Noch mehr ist dies im Ausland, besonders in England und Amerika der Fall. Ich habe noch vor etwa einem Jahr einen Brief von Jacques Loeb, einem der ersten amerikanischen Physiologen erhalten, in welchem er schreibt, man verstünde drüben nicht, daß M. noch immer kein selbständiges Lehramt hätte. Wer die deutschen Verhältnisse kennt, versteht dies allerdings sehr wohl. M. hat zwei Eigenschaften, die ihm trotz aller wissenschaftlichen Vorzüge von manchen nicht leicht verziehen werden: Er ist Jude und Pazifist. So ist er denn auch bei der Neubesetzung der Abteilungsvorsteherstelle am Kieler Institut, die jetzt mit einem Ordinariat verbunden ist, in eigentlich beleidigender Weise übergangen worden. ...«[101]

Meyerhof selbst schrieb an Jacques Loeb,

> »welche schändliche Behandlung mir von der hiesigen Fakultät widerfährt, die mich nicht für würdig erachtet, Nachfolger des emeritierten Professor Klein zu werden, als Abteilungsleiter und persönlicher Ordinarius, unter Vorwänden; in Wahrheit, weil ich Demokrat und Jude bin. Gegen die Liste hat Herr Höber zwar ein Sondervotum für mich abgegeben (auf ersterer bin ich überhaupt nicht enthalten, obgleich ich jahrelang den Posten stellvertretend versehen habe), aber das Ministerium wird von meinen politischen Feinden sehr bearbeitet und kann sich nicht entscheiden. Ich glaube, daß die von Ihnen namhaft gemachten Physiologen die etwaige Rivalität unserer Landsleute in Kauf nehmen würden und besonders Michaelis und ich, die in minderwertigen Stellungen am meisten unter Antisemitismus und Fakultätsdünkel leiden, würden von der darin ausgesprochenen Anerkennung Nutzen haben.«[102]

---

[100] David Nachmansohn, Die große Ära der Wissenschaft in Deutschland 1900 bis 1933. Jüdische und nichtjüdische Pioniere in der Atomphysik, Chemie und Biochemie, aus dem Englischen überarbeitet und erweitert von Professor Dr. Roswitha Schmid, Stuttgart 1988: Wiss. Verl.-Ges., S. 269.

[101] Prof. Albrecht Bethe, Frankfurt, am 15.1.1923 an den Präsidenten der KWG, Prof. Harnack, Arch. MPG I/1A 2273. Der Ordinarius für Physiologie Bethe war Vater des Physikers Hans Bethe.

[102] Meyerhof an Loeb, 10.10.1921, Loeb papers, Library of Congress, manuscript division.

Loeb bot Meyerhof an, für ihn in den USA tätig zu werden. Meyerhof zog es jedoch vor, in Deutschland zu bleiben. Er hatte das Glück, 1923 den Nobelpreis (für 1922) verliehen zu bekommen und damit finanziell unabhängig zu werden. Als er danach ein Angebot der Yale-University erhielt, wandten sich die Direktoren des KWI für Biologie an die Kaiser Wilhelm-Gesellschaft mit der Bitte, eine Abteilung für Meyerhof einzurichten. Jeder war bereit, einen Raum abzugeben, und so konnte Meyerhof 1924 in auch nach damaligen Verhältnissen relativ primitiven Räumen, die über die Stockwerke verteilt waren, seine Abteilung im Kaiser Wilhelm-Institut für Biologie aufbauen.[103] 1929 wurde Meyerhof zum Leiter der Abteilung für Physiologie am KWI für Medizinische Forschung in Heidelberg berufen.

Otto Warburg war Mediziner und Chemiker und leitete seit 1914 eine Forschungsabteilung am KWI für Biologie. Er war nicht an einer Hochschullehrerlaufbahn interessiert. Nach einer Vortragsreise in den USA erhielt er die finanzielle Unterstützung der Rockefeller Foundation für den Bau eines eigenen KWI für Zellphysiologie, das er im Jahre 1931 bezog, dem Jahr, in dem er auch den Nobelpreis erhielt.

Während Meyerhof und Warburg aufgrund des Nobelpreises bzw. der Unterstützung durch die Rockefeller Foundation und der KWG gute Arbeitsbedingungen in KWIs fanden, verließen Michaelis und Lipmann Deutschland, bevor sie von den Nationalsozialisten dazu gezwungen worden wären. Als Juden, Liberale und Vertreter einer exakt naturwissenschaftlich ausgerichteten Biochemie wurden sie trotz herausragender Leitungen nicht auf einen Lehrstuhl der medizinischen Biochemie berufen. Dabei ist interessant, daß eine größere Zahl selbständiger Universitätsinstitute der Physiologischen Chemie in medizinischen Fakultäten erst nach der Entlassung der jüdischen Wissenschaftler 1933 gegründet wurde (siehe Kapitel 6).

Trotz der antisemitischen Vorfälle und Behinderungen wurden Juden, etwa ein Prozent der Bevölkerung, zu einem integralen und einflußreichen Bestandteil von Kultur und Wissenschaft im wilhelminischen Deutschland und der Weimarer Republik. Juden zogen zu einem größeren Prozentsatz in Großstädte als Nichtjuden, was ihre kulturelle Integration förderte. Im Jahre 1925 lebten etwa 30 % der deutschen Juden in Berlin und stellten damit 4,2 % der Berliner Bevölkerung. Um 1933 war bei den Juden der Anteil der Freiberuflichen (46 %) erheblich höher als bei den Nichtjuden (16 %); die Mehrheit der Juden gehörte zur neuen Mittelklasse.[104] Diese Zahlen beziehen sich auf Mitglieder der jüdischen Religionsgemeinschaft, getaufte Juden und nichtjüdische Nachkommen aus Ehen zwischen Juden

---

[103] Nachmansohn, Die große Ära, S. 269.

[104] Im Jahre 1816 lebten 1,31 % der preußischen Juden und 0,85 % der preußischen Nichtjuden in Berlin, während es 1925 30,6 % der Juden und 6,2 % der Nichtjuden waren (Preston, Science, Society, and the German Jew, S. 147).

und Nichtjuden sind nicht eingeschlossen.[105] Die Zahl dieser Ehen nahm nach der Einführung der Zivilehe im Jahre 1875 schnell zu.[106]

Die jüdische Gesellschaft hatte sich während der Kaiserzeit schneller als die nichtjüdische auf die modernen Entwicklungen eingestellt. Nach Volkov näherten sich beide Gesellschaften in der Weimarer Republik einander wieder an. So erfuhr die jüdische Integration in der kurzen Zeit zwischen den Weltkriegen einen neuen Aufschwung, und zwar trotz des gleichzeitig wachsenden Antisemitismus.[107]

Das Jahr 1933 beendete plötzlich die Teilnahme jüdischer Wissenschaftler am akademischen Leben in Deutschland, der erste Schritt einer folgenden generellen Entrechtung.

---

[105] Ehen mit einem jüdischen Partner waren von den christlichen Kirchen traditionell verboten und wurden erst nach der Einführung der Zivilehe im Jahre 1875 möglich, ohne daß einer der Partner konvertieren mußte (Richarz, Die Entwicklung der jüdischen Bevölkerung, S. 19).

[106] In den ersten fünf Jahren nach Einführung der Zivilehe heirateten in Preußen fast 1200 Juden nichtjüdische Partner, während der Zeit des Ersten Weltkrieges waren es über 1000 Juden jährlich. Für Preußen wird die Anzahl von Ehen von Juden außerhalb der jüdischen Gemeinden für die Zeit von 1875 bis 1879 auf 4 % und von 1930 bis 1933 auf 24 % von allen Ehen geschätzt (Pulzer, Jews and the German State, S. 7). Zwischen 1870 und 1930 wird die Zahl der Ehen zwischen Juden und Nichtjuden in Deutschland auf 50000 geschätzt. Die Gesamtzahl der in Deutschland um 1933 lebenden Personen, die aus Ehen zwischen jüdischen und christlichen Partnern hervorgegangen sind, wird auf 150000, in Österreich 1939 auf 24400 geschätzt. Avraham Barkai, Jüdisches Leben unter der Verfolgung, in: A. Barkai, P. Mendes-Flohr und S. M. Lowenstein, Deutsch-jüdische Geschichte in der Neuzeit. Vierter Band, München 1997: Beck, S. 244.

[107] Volkov, Antisemitismus als kultureller Code, S. 145.

Kapitel 2

Das Jahr 1933: Die Vertreibung jüdischer Wissenschaftler und das Verhalten nichtjüdischer deutscher Kollegen

2.1 Gleichschaltung der Universitäten, Selbstgleichschaltung der Kaiser Wilhelm-Gesellschaft und die Entlassung jüdischer Wissenschaftler

Die Vertreibung von Juden und Personen mit liberalen oder linksgerichteten Sympathien aus dem öffentlichen Dienst war eine der ersten Maßnahmen nationalsozialistischer Politik. Die für den öffentlichen Dienst erlassenen Gesetze und Erlasse galten entsprechend für Beamte und Angestellte an Universitäten. Etwas später wurden die antijüdischen Maßnahmen auf freie Berufe, wie Rechtsanwälte und Ärzte, ausgedehnt.

Die Gesetze und Erlasse, die die rechtliche Grundlage der Entlassungen bildeten, sind Gegenstand vieler Publikationen der letzten Jahre und werden daher hier nur kurz erwähnt. Die »Säuberungsmaßnahmen« begannen mit dem Gesetz zur Wiederherstellung des Berufsbeamtentums vom 7.4.1933, nach dem unabhängig von ihrer Religion alle jüdischen oder »nichtarischen« Hochschullehrer – definiert durch mindestens ein jüdisches Großelternteil – und die als ausgesprochen liberal oder linksstehend Geltenden entlassen wurden. Ausnahmeregelungen für jüdische Frontkämpfer und Altbeamte, die Hindenburg zur Voraussetzung für seine Zustimmung zu diesem Gesetz gemacht hatte, wurden nach seinem Tod und dem Inkrafttreten der Nürnberger Gesetze im Herbst 1935 wieder abgeschafft. Nichtjüdische Hochschullehrer, die mit einer Jüdin verheiratet waren – im Fall des Chemikers Hans von Wartenberg war es eine »Halbjüdin« –, wurden in den meisten Fällen 1937 entlassen, die »ultramontanen« papsttreuen Katholiken in den Jahren 1937–1938.

In Österreich traten die deutschen Gesetze kurz nach dem »Anschluß« am 13. März 1938 in Kraft. »Nichtariern« war es nicht erlaubt, den für ein Verbleiben in der Position obligatorischen Eid auf Hitler abzulegen. Sie wurden in den meisten Fällen ebenso wie die politisch unerwünschten Personen, darunter Anhänger der Dollfuss-Schuschnigg-Regierung sowie Mitglieder christlich-sozialer Verbände, im April 1938 entlassen. Die Entlassungen an der Deutschen Universität in Prag wurden teilweise bereits Ende 1938, spätestens aber sofort nach der deutschen Besetzung der Tschechoslowakei im März 1939 vorgenommen.

Die »Säuberung« von Juden und politisch unerwünschten Personen bildeten den ersten Teil der »Gleichschaltung« der Universitäten, eines Prozesses, bei dem diese ihre Unabhängigkeit verloren. Der zweite Teil bestand aus dem im Herbst 1933 eingeführten »Führerprinzip«, wonach die früheren Entscheidungsbefugnisse der Fakultäten bei Habilitation, Beförderung und Berufung auf den Rektor als »Führer« der Universität übertragen wurden (Einzelheiten werden in Kapitel 5 dargestellt).

Die unabhängige Kaiser Wilhelm-Gesellschaft wurde, anders als die meisten privaten und wirtschaftlichen Verbände, 1933 nicht »gleichgeschaltet«. Es fand dagegen ein Prozeß statt, der von ihrem Generaldirektor Friedrich Glum als »Selbstgleichschaltung« bezeichnet wurde: Eine Reihe von jüdischen Wissenschaftlern und Senatsmitgliedern wurde entlassen, bevor entsprechende Gesetze dies verlangten. Glum sah in diesem vorauseilenden Gehorsam später eine erfolgreiche Methode, die »Gleichschaltung« der Gesellschaft im Jahre 1933 und ihre restlose Säuberung von allen Juden zu verhindern: »Als die Gleichschaltung kam, konnten wir sagen, daß wir davon nicht betroffen würden, da wir uns schon gleichgeschaltet hatten.«[1] Zu den Opfern der Selbstgleichschaltung gehörten u. a. die jüdischen Mitarbeiter Fritz Habers am KWI für Physikalische Chemie (siehe unten).

Die KWG verfolgte die Absicht, durch Preisgabe weniger bekannter jüdischer Wissenschaftler einige der bekanntesten von ihnen zu halten. Am 25.4.1933 wurde der Generalverwaltung der KWG durch einen Brief des Reichsinnenministeriums mitgeteilt, daß das Gesetz zur Wiederherstellung des Berufsbeamtentums auch auf Angestellte der KWG anzuwenden sei. Zwei Tage später, am 27.4.1933, verschickte Friedrich Glum die von ihm unterzeichnete Anordnung, »nichtarische« Angestellte der Institute zu entlassen, an alle Direktoren von Kaiser Wilhelm-Instituten, die die Entlassungen ihrer Mitarbeiter selber aussprechen sollten.[2] Die Bestimmungen des Berufsbeamtengesetzes galten allerdings nur für solche KWIs, die zu mindestens 50 % vom Staat finanziert wurden, darunter die KWIs für Biochemie, Medizinische Forschung sowie für Physikalische Chemie und Elektrochemie.

Die prompte Ausführung der Anordnungen der nationalsozialistischen Regierung durch die Generalverwaltung der KWG, das Fehlen auch nur eines Versuchs, mehr als eine Handvoll international anerkannter Wissenschaftler wie Fritz Haber zu halten (auch dabei wurde der gesetzliche Rahmen peinlich genau beachtet[3]),

---

1 Friedrich Glum, Zwischen Wissenschaft, Wirtschaft und Politik. Erlebtes und Erdachtes in vier Reichen, Bonn 1964, S. 443.

2 Archiv der MPG, Abt. 1, Rep. IA, 531/1.

3 Siehe Helmuth Albrecht und Armin Hermann, Die Kaiser-Wilhelm-Gesellschaft im Dritten Reich (1933–1945), in: Rudolf Vierhaus und Bernhard v. Brocke (eds.), Forschung im Spannungsfeld von Politik und Gesellschaft, Geschichte und Struktur der Kaiser-Wilhelm-/Max-Planck-Gesellschaft, Stuttgart 1990: DVA, S. 366 ff.

erscheint heute aus mehrfacher Hinsicht kritikwürdig. Aber auch die damalige Tradition der KWG ließ einen solchen unbedingten Gehorsam gegenüber staatlichen Organen nicht erwarten. Nach Peter-Christian Witt hatte Glum dem Staat der Weimarer Republik dauernd wichtige Informationen, die zur Beurteilung der Verwendung staatlicher Zuschüsse notwendig waren, verweigert.[4]

Dagegen unternahm die KWG dem nationalsozialistischen Staat gegenüber nicht einmal den Versuch, Informationen über die personelle Zusammensetzung der Institute zu verweigern oder auch nur eine Zeitlang zurückzuhalten, um damit den Betroffenen etwas mehr Zeit zu geben, sich nach einer neuen Stelle umzusehen. Als sich z. B. Fritz Haber aus diesem Grund bemühte, die Kündigung seiner fünf jüdischen Assistenten hinauszuzögern, bestand die Generalverwaltung auf strikter Befolgung der gesetzlichen Bestimmungen; die Kündigungen mußten Ende April ausgesprochen werden.

Die Kaiser Wilhelm-Gesellschaft wurde anläßlich der Ernennung des Nachfolgers für den in den Ruhestand getretenen Präsidenten Max Planck im Jahre 1937 offiziell »gleichgeschaltet«. Glum selbst und die noch verbliebenen jüdischen Institutsdirektoren wurden 1937 (Ernst Rabel) und 1938 (Otto Meyerhof und Lise Meitner, Abteilungsleiterin) entlassen (zu Otto Warburg siehe Kapitel 3). Glums Nachfolger Ernst Telschow war Mitglied der NSDAP, Plancks Nachfolger wurde Carl Bosch, der Vorsitzende des Aufsichtsrates der I. G. Farbenindustrie. Die folgenden beiden Fallstudien über die Entlassung Max Bergmanns sowie die Entlassungen an Habers Institut und Habers Rücktritt zeigen, daß die KWG die gesetzlichen Möglichkeiten nicht ausnutzte, um Entlassungen zu verhindern, sondern sich in vorauseilendem Gehorsam an die veränderte politische Situation anpaßte.

2.2 Opfer der Selbstgleichschaltung: Die Entlassung Max Bergmanns und der Rücktritt Fritz Habers

Max Bergmann

Der Proteinforscher und Emil-Fischer-Schüler Max Bergmann war seit 1920 Direktor des KWI für Lederforschung in Dresden und Honorarprofessor an der dortigen TH. Das KWI für Lederforschung basierte auf einer Mischfinanzierung aus öffentlichen und privaten Geldern.[5] Die vorhandenen Quellen lassen vermuten, daß der Staat bei der Finanzierung des KWIs zu weniger als 50 % beteiligt und das Berufsbeamtengesetz somit nicht anzuwenden war. So schrieb der Centralverein

---

[4] Peter-Christian Witt, Wissenschaftsfinanzierung zwischen Inflation und Deflation: Die Kaiser-Wilhelm-Gesellschaft 1918/19 bis 1934/35, In: Vierhaus/Brocke, Forschung im Spannungsfeld, S. 652.

[5] Ibid., S. 619.

der Deutschen Lederindustrie e.V. am 16.5.1933 an die KWG: »Die bisherigen Kosten für das Kaiser Wilhelm-Institut für Lederforschung hat in der Hauptsache die Lederindustrie getragen.«[6] Der Centralverein bat die Gesellschaft, nach Möglichkeiten zu suchen, Max Bergmann in seiner Position zu belassen. Bemerkenswerterweise forderte auch der Vorsitzende der nationalsozialistischen Betriebsorganisation des Instituts, Martin Gierth, die KWG auf, gemeinsam mit dem Centralverein bei der Reichsregierung vorstellig zu werden, falls die KWG ebenfalls der Überzeugung sei, daß »ein Weggang von Herrn Prof. Bergmann für das Institut und die deutsche Lederindustrie ein schwerer Verlust ist.«[7] Eine solche Initiative der KWG fand nicht statt. Die Entlassung Bergmanns als Honorarprofessor wurde auch von seinen Kollegen in der chemischen Abteilung der TH Dresden kommentarlos akzeptiert.[8]

Es gibt keine Hinweise dafür, daß die KWG versucht hätte, Entlassungen am KWI für Lederforschung unter Bezug auf die überwiegend private Finanzierung des Instituts zu verhindern. Stattdessen folgte die KWG nach der Entlassung der jüdischen Assistenten einer Aufforderung des Innenministeriums, zur weiteren Klärung des Schicksals von Max Bergmann zu prüfen, ob dieser das Gehalt während seiner Assistentenzeit bei Emil Fischer (1912–1919) aus staatlichen oder privaten Mitteln bekommen habe. Bergmann erhielt die Mitteilung, daß seine Pensionierung nicht rückgängig gemacht werden könne, und daß der Versuch gemacht werde, ihn trotz seines Ausscheidens aus der Direktorenstelle in einem Anstellungsverhältnis zum Institut zu halten.[9] Diese Entscheidung wurde von der Lederindustrie heftig kritisiert. Carl Freudenberg von der Firma Freudenberg in Weinheim machte als Mitglied der KWG und Vertreter der Lederindustrie in einem Brief an die KWG deutlich, daß die Lederindustrie den »einstimmigen Wunsch« habe, Professor Bergmann als Leiter des Forschungsinstituts der Lederindustrie zu erhalten oder »wenigstens so lange zu erhalten, bis eine geeignete Ersatzkraft, die es in gleicher Qualität zur Zeit nicht gibt, herangebildet werden kann.« Er schrieb in bezug auf die Haltung der KWG:

> »Wir müssen von der Industrieseite her selbstverständlich uns mit den getroffenen Regierungsmaßnahmen abfinden. Wenn also die Sächsische Regierung Professor Berg-

---

[6] Centralverein der Deutschen Lederindustrie e. V. an die KWG, 16.5.1933, Archiv der MPG Abt.1, Rep. 1A/538/2.

[7] Gierth, NSBO, 25.7.1933 an F. Glum, Archiv der MPG, Abt.1, Rep. 1A/538/2.

[8] UA Dresden, A/65, Protokoll der Sitzungsberichte der chemischen Abteilung 1933. Im Protokoll vom 4.5.1933 heißt es lediglich, daß das Ersuchen von Prof. Bergmann, seine Vorlesungen im Sommer ausfallen zu lassen, befürwortend an das Ministerium weitergegeben wurde. Im Gegensatz dazu spricht sich die Abteilung am 15.7. dafür aus, eine Denkschrift gegen die vom Ministerium aus Ersparnisgründen angeregte Vereinigung des organisch-chemischen mit dem Farbchemischen Institut aufzusetzen und an das Ministerium weiterzuleiten.

[9] Glum an Bergmann, 13.9.1933, Archiv der MPG, Abt.1, Rep. 1A/538/2.

Max Bergmann

> mann als Dozenten nicht mehr wünscht, so können wir hierzu gar nichts tun. Ganz anders ist aber die Sache, ob Professor Bergmann Direktor des Kaiser Wilhelm-Instituts bleibt oder nicht. Die Entscheidung hierfür liegt bei der Kaiser Wilhelm-Gesellschaft, die doch bisher in weitgehendster und freundschaftlichster Weise auf die Wünsche der Industrie Rücksicht genommen hat. Es steht nun in jenem Brief – soweit ich ihn im Gedächtnis habe –, daß man Professor Bergmann dem Institut zu erhalten hoffe, wenn auch seine Beibehaltung als Direktor nicht mehr möglich sei. Wenn man einen tüchtigen Mann für eine Arbeit auf längere oder kürzere Zeit benötigt, kann man ihm doch nicht eine derartige Zurücksetzung zumuten.«[10]

Glum antwortete, daß ein Mißverständnis vorliege, Bergmann solle für das in Aussicht genommene Provisorium Direktor bleiben, aber er könne nicht die staatliche Direktorstelle einnehmen, da diese mit dem Beamtenstatus verbunden sei. Bergmann war zu diesem Zeitpunkt allerdings nicht mehr bereit, die Klärung seines Status als provisorischer Institutsleiter abzuwarten, sondern versuchte, in den USA eine neue Stelle zu finden. Glum forderte daraufhin Freudenberg und auch Ordinarien der Organischen Chemie, darunter Freudenbergs Vetter Karl Freudenberg in Heidelberg sowie Heinrich Wieland in München, auf, einen Nachfolger vorzu-

[10] Carl Freudenberg an die KWG, 2.10.1933, Archiv der MPG, Abt.1, Rep. 1A/538/2.

Wolfgang Grassmann, ca. 1936

schlagen. Die Ära Bergmann war vorbei. Der bedeutendste Schüler Emil Fischers auf dem Gebiet der Proteinchemie emigrierte 1933 nach New York, wo er Mitarbeiter und 1939 Leiter einer Abteilung für Proteinchemie am Rockefeller Institute for Medical Research wurde. Auf Vorschlag Wielands wurde Wolfgang Grassmann 1934 als Nachfolger Bergmanns ernannt.

Fritz Haber

Das Verhalten der Generalverwaltung der Kaiser Wilhelm-Gesellschaft zeigte auch im Falle von Fritz Haber und seinen Mitarbeitern, daß sie den Kampf um die jüdischen Mitarbeiter aufgab, bevor er begonnen hatte. Ein Personalreferent im Preußischen Kultusministerium hielt die Wiedereröffnung des Haberschen Instituts nach den Ferien in der bisherigen Zusammensetzung für untragbar. Obwohl es sich nur um eine Warnung handelte, versuchte Staatsminister Schmidt-Ott, der als Vizepräsident der KWG den Präsidenten Max Planck vertrat, welcher in Italien seinen Urlaub verbrachte, daraufhin, Haber von der Notwendigkeit der Entlassung seiner jüdischen Mitarbeiter zu überzeugen.[11] Haber machte deutlich, daß er sich als preußischer Diener seines Staates den entsprechenden Aufforderungen zwar fügen werde, kündigte aber als persönliche Konsequenz sein Ausscheiden aus dem Amt an. Er hielt die Zusammensetzung des ihm unterstellten Instituts für den »wichtigste(n) Gegenstand meiner persönlichen Verantwortlichkeit in meinem Amte.«[12]

[11] Haber an Glum, 29.4.1933, Archiv der MPG, Abt. V, Rep. 13 (Haber-Nachtrag).
[12] Archiv der MPG, Abt. 1, Rep. IA, 541/3.

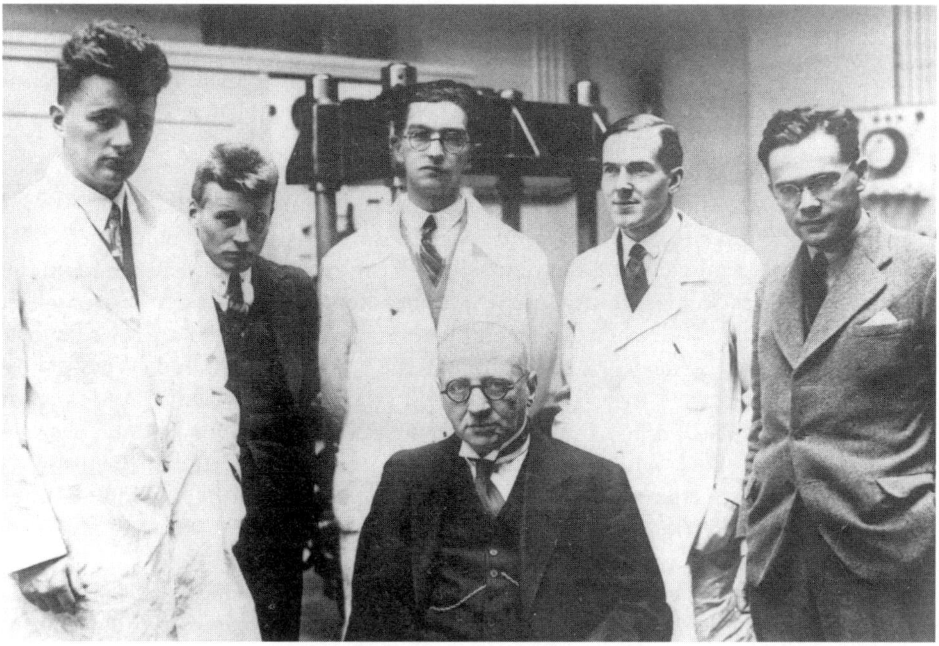

von links: Paul Harteck, Graf von Schweinitz, Paul Goldfinger, Eric Flint, Ladislaus Farkas, Fritz Haber (vorne), um 1930

Die beiden Abteilungsleiter des Instituts, Herbert Freundlich und Michael Polanyi, reichten unter diesem politischen Druck ihre Abschiedsgesuche ein. Obwohl Haber der Auffassung war, daß diese Rücktritte und sein eigener bereits »die denkbar größte Veränderung in der Zusammensetzung des Instituts« bedeuteten, verlangten Schmidt-Ott und Generaldirektor Friedrich Glum weitere Entlassungen, so daß Haber seinen Assistenten Ladislaus Farkas und Leopold Frommer (noch ohne Angabe eines Zeitpunktes) kündigte.

Als er die am 27.4.1933 verschickte Aufforderung Glums erhielt, seine »nichtarischen« Mitarbeiter zu entlassen, zog Haber die angekündigte Konsequenz. Als Frontkämpfer zu diesem Zeitpunkt noch von der Entlassung ausgenommen, schrieb er am 30. April 1933 sein oft zitiertes Abschiedsgesuch an den Preußischen Minister für Wissenschaft, Kunst und Volksbildung. Darin heißt es:

»... Mein Entschluß, meine Verabschiedung zu erbitten, erfließt aus dem Gegensatz der Tradition hinsichtlich der Forschung, in der ich bisher gelebt habe, zu den veränderten Anschauungen, welche Sie, Herr Minister, und Ihr Ministerium als Träger der großen derzeitigen nationalen Bewegung vertreten. Meine Tradition verlangt von mir in einem wissenschaftlichen Amte, daß ich bei der Auswahl von Mitarbeitern nur die fachlichen und charakterlichen Eigenschaften der Bewerber berücksichtige, ohne nach ihrer rassenmäßigen Beschaffenheit zu fragen. Sie werden von einem Manne, der im 65. Lebensjahre steht, keine Änderung der Denkweise erwarten, die ihn in den vergangenen 39 Jahren seines Hochschullebens geleitet hat, und Sie werden verstehen, daß ihn der Stolz, mit dem er seinem deutschen Heimatlande sein Leben lang gedient hat, jetzt diese Bitte um Versetzung in den Ruhestand vorschreibt.«[13]

Die Reaktion des (jüdischen) Herausgebers der »Naturwissenschaften«, Arnold Berliner, zeigt, wie stark ein Teil der jüdischen Wissenschaftler zum damaligen Zeitpunkt noch um die Erhaltung der deutschen Wissenschaft besorgt war und an die Möglichkeit einer Solidarisierung nichtjüdischer Repräsentanten der Wissenschaft mit den entlassenen jüdischen Kollegen glaubte. Berliner schrieb an Max Planck, um seiner »Besorgnis Ausdruck zu geben, daß die KWG sich durch die Verabschiedung Habers vor einen schwierigen Fall gestellt sehen könnte wie die Akademie im Falle Einstein».[14] Aus Sorge um den Ruf der KWG wie auch um Fritz Haber versuchte Berliner, Planck und den Senat der KWG zu veranlassen, den Reichspräsidenten Hindenburg einzuschalten. Er betonte die Sonderstellung, die Haber unter den deutschen Gelehrten einnahm:

»Kein Kriegsteilnehmer unter den deutschen Gelehrten hat auf den Dank des Deutschen Reiches und den des Deutschen Volkes einen so großen und so wohl begründeten Anspruch wie Haber. In der größten Bedrängnis des Reiches war er es, dem die Möglichkeit der Munitionsherstellung zu danken war. Er hat dadurch, daß er den Gaskrieg ermöglicht und organisiert hat, der obersten Heeresleitung eine Waffe von höchster Wirksam-

Arnold Berliner

[13] Archiv der MPG, Abt. 1, Rep. IA, 541/3
[14] A. Berliner, 10.5.1933, an M. Planck Archiv der MPG, Abt.1, Rep. IA, 541/3

keit geschaffen. Er hat durch die Ammoniaksynthese der Landwirtschaft und der Ernährung des Deutschen Volkes einen Dienst geleistet, wie er in der Geschichte einzig dastehen dürfte. Das rechtfertigt meine Ansicht, daß er eine einzigartige Stellung unter den deutschen Gelehrten einnimmt.«[15]

Es ist nicht bekannt, ob die KWG sich bemüht hat, den Reichspräsidenten einzuschalten. Berliner verlor als Jude 1935 seinen Posten. 1942 beging er Selbstmord, als man ihn aus seiner Wohnung in Berlin deportieren wollte.

Trotz Habers gerade 15 Jahre zurückliegendem Kriegseinsatz und seiner wissenschaftlichen Verdienste solidarisierten sich seine national gesonnenen Kollegen und Kampfgefährten aus dem Ersten Weltkrieg nicht mit ihm. Mit Ausnahme eines Besuchs von Max Planck bei Hitler, bei dem er sich offenbar – erfolglos – für Haber einsetzte,[16] sind keine Versuche aus Industrie oder Militär bekannt, Haber für Deutschland zu erhalten. Insgesamt löste Habers Rücktritt in Deutschland kaum Reaktionen aus.[17] Seine tiefe Verletztheit darüber kommt in einem Brief an Richard Willstätter im Mai 1933 zum Ausdruck:

»Ich bin so bitter wie nie zuvor ... Ich bin in einem Maße deutsch gewesen, das ich erst jetzt voll empfinde, und ich empfinde eine unerhörte Widerwärtigkeit darin, daß ich nicht mehr genug arbeiten kann, um mich eines neuen Amtes in einem anderen Lande zu getrauen ... Aus dem ganzen Kreise der I. G. hat sich Niemand gefunden, der mich anläßlich meines Abschiedsgesuchs angesprochen, angeschrieben oder besucht hätte. ... Planck gibt sich jede Mühe, um mir Achtung und Zuneigung zu bekunden.«[18]

Ein wesentlicher Hintergrund für Habers Enttäuschung liegt in seinen jahrzehntelangen Beziehungen zur chemischen Industrie: Habers Entdeckung der Ammoniaksynthese aus den Elementen Wasserstoff und Stickstoff war eine Grundlage des von der BASF großtechnisch angewendeten Haber-Bosch-Verfahrens. Zwischen ihm und der BASF bestand seit 1908 ein Mitarbeitervertrag, und nach der Gründung der I. G. Farbenindustrie AG war er von 1925 bis 1932 Mitglied ihres Aufsichts-

---

15 Ibid.

16 Siehe dazu Helmuth Albrecht, »Max Planck: Mein Besuch bei Adolf Hitler« – Anmerkungen zum Wert einer historischen Quelle, in: H. Albrecht (Hrsg.), Naturwissenschaft und Technik der TH Stuttgart, 1994.

17 Die ängstliche Zurückhaltung auch befreundeter Kollegen zeigt sich deutlich bei Karl-Friedrich Bonhoeffer, Ordinarius in Frankfurt und ehemaliger Mitarbeiter Habers. Er schrieb am 5.5.1933 an Habers Assistenten Paul Harteck, der sich als Stipendiat in England aufhielt: »Was sagst Du, daß nun auch Haber zurückgetreten ist? Ich habe ihm sofort ein paar Worte geschrieben, soweit man das eben tun kann. Vielleicht solltest Du es auch machen, aber man muß natürlich jedes Wort auf die Goldwaage legen.« (Paul Harteck papers, Rensselaer Institute, Troy, Part I MC 17, Box 1).

18 Fritz Stern, Freunde im Widerspruch. Haber und Einstein, in: R. Vierhaus und B. v. Brocke (Hrsg.), Forschung im Spannungsfeld von Politik und Gesellschaft – Geschichte und Struktur der Kaiser-Wilhelm-/Max-Planck-Gesellschaft, Stuttgart 1990: DVA, S. 547.

rats.[19] Im Jahre 1932 schloß die I. G. einen neuen Mitarbeitervertrag mit Haber ab, der vermutlich Ende 1933 nicht erneuert wurde.[20] Nur Carl Bosch, Generaldirektor der I. G., reagierte in einem Brief auf Habers Rücktritt:

> »Sehr verehrter Herr Geheimrat! Ich habe mit großem Bedauern in Berlin hören müssen, wie sehr Sie persönlich von den augenblicklichen Verhältnissen sich bedrückt fühlen. Daß ich selber von mir aus alles Mögliche versucht habe, um die Maßnahmen gegen die Wissenschaftler einigermaßen erträglich zu gestalten, dürfte Ihnen bekannt sein, und ich brauche nicht zu versichern, daß die persönliche Seite der Bewegung mir außerordentlich nahe geht. Es ist allerdings eine harte Aufgabe der Nerven, und bei Ihrem vorgeschrittenen Alter und vor allen Dingen bei Ihrer angegriffenen Gesundheit kann ich verstehen, daß der innere Kampf nicht leicht durchzuführen ist. Sollte ich Ihnen irgendwie nach einer Richtung behilflich sein können, so stehe ich Ihnen selbstverständlich gerne zur Verfügung. Mit der Versicherung meiner aufrichtigen Wertschätzung und mit besten Grüßen, Ihr sehr ergebener«[21]

Haber antwortete: »Sie sind die einzige Stimme, die aus dem Kreis der I. G. Farbenindustrie und des Stickstoffsyndikats zu mir gelangt ist. ... Was die allgemeine Wirkung des Beamtengesetzes auf die wissenschaftlichen Menschen in Deutschland anlagt, so kenne und respektiere ich Ihre Hilfsbereitschaft, die Sie mit Einsatz Ihrer ganzen Person und Ihres Ansehens betätigt haben.«[22] Bei Max von Laue beklagte er sich über die Untreue der I. G., zunächst sei ihm Unterstützung versprochen worden, dann sei das Gegenteil getan worden.[23]

Haber war offensichtlich nicht bekannt, daß die I. G. Farben bereits vor der Machtübernahme Kontakte mit den Nationalsozialisten aufgenommen und im Februar 1933 Hitler durch eine große Wahlkampfspende offiziell unterstützt hatte. Die I. G. wurde im Juni 1933 an dem geheimen Aufbau der nach dem Versailler Vertrag illegalen Luftwaffe beteiligt und konnte, abgesichert durch Verträge mit der Regierung, seit Ende 1933 ihre Produktionskapazität für synthetisches Benzin und Gummi um ein Vielfaches ausbauen.[24]

[19] Carsten Reinhardt, Über Wissenschaft und Wirtschaft. Fritz Habers Zusammenarbeit mit der BASF 1908–1911, in: Helmuth Albrecht (Hrsg.), Naturwissenschaft und Technik in der Geschichte, Stuttgart 1993: GNT-Verlag, S. 287–315.

[20] Archiv der BASF, Akte Haber W1, Aktennotiz Holdermann vom 25.2.1953. Der Vertrag selbst liegt dem Archiv nicht vor.

[21] C. Bosch an F. Haber, 16.6.1933, Archiv der BASF, W1/9.

[22] F. Haber an C. Bosch, 22.6.1933, Archiv der MPG Abt. V, Rep. 13, 911.

[23] Brief vom 9.12.1933, Archiv der MPG Abt.V, Rep. 13, 1101.

[24] Auf Grund der extrem hohen Kosten (der Preis für synthetisches Benzin lag bei 40–50 Pfennig pro Liter, der für Benzin aus Rohöl bei 7 Pfennig) hatte die Produktion von synthetischem Benzin vor der Machtübernahme der Nationalsozialisten und ihrer Politik der Autarkie und Kriegswirtschaft keine wirtschaftlichen Chancen (siehe dazu Joseph Borkin, Die unheilige Allianz der I. G.Farben, Frankfurt 1981: Campus, S. 55, 58–62; Peter J. T. Morris, The Development of Acetylene Chemistry and Synthetic Rubber by I. G. Farbenindustrie Aktiengesellschaft: 1926–1945, Ph. D. Dissertation, University of Oxford).

Verbittert emigrierte Haber im Herbst 1933 nach Cambridge. Vorher kündigte er alle noch verbliebenen Ämter. Er verließ den Vorstand des Verbandes der Deutschen Chemischen Vereine[25], trat im Mai 1933 als Vizepräsident der Notgemeinschaft zurück, ließ sich von der Tätigkeit als stellvertretender Leiter der naturwissenschaftlichen Sektion im wissenschaftlichen Rat der KWG entbinden[26] und schied im Juli aus dem Senat der Gesellschaft aus.

Chaim Weizmann, Professor der Chemie, langjähriger Präsident der Weltzionistenorganisation und später erster Staatspräsident Israels, versuchte, Haber für den Aufbau eines Forschungsinstitutes in Rehovot in Palästina zu gewinnen. Trotz der Tatsache, daß Haber bis zu diesem Zeitpunkt ein klarer Vertreter der jüdischen Integration in die Mehrheitsgesellschaft und völligen Assimilation gewesen war, trug er sich nun mit dem Gedanken, nach Palästina zu gehen. Ende 1933 war er aber gesundheitlich zu einer Palästinareise nicht mehr in der Lage. Er starb plötzlich während einer Reise am 29. Januar 1934 in Basel an einem Herzanfall.

In seinem Testament hatte er bestimmt, daß seine Asche auf dem Friedhof in Dahlem beerdigt werden solle, auf dem auch seine erste Frau Clara beerdigt war. Er hatte es seinem ältesten Sohn Hermann aber freigestellt, seine Asche und die seiner Frau an anderer Stelle zu bestatten, sollte »die judenfeindliche Bewegung in Deutschland« die »Ausführung dieser Anordnung untunlich oder unwillkommen machen«.[27] Die Urne wurde am 29.9.1934 in einem unentgeltlichen Reihengrab auf dem Friedhof Hörnli in Basel beigesetzt; die Urne Clara Habers wurde 1937 auf Gesuch Hermann Habers in demselben Grab beigesetzt. Der Turnus des Grabes wurde zweimal verlängert. 1989 wurden die Urnen in ein von der Max-Planck-Gesellschaft gekauftes kleines Familiengrab desselben Friedhofs verlegt.[28]

Mehrere deutsche Tageszeitungen veröffentlichten kurze Artikel über Haber und seinen Tod. In den Fachzeitschriften erschienen Nachrufe einiger Kollegen.[29] Max Bodenstein würdigte darin nicht nur Habers wissenschaftliche Leistungen, sondern auch die seiner jüdischen Mitarbeiter, darunter Michael Polanyi, Herbert Freundlich, Hans Beutler, Hartmut Kallmann, Eugene Wigner und James Franck. In von Laues Nachruf befindet sich der bemerkenswerte, oft zitierte Passus:

---

[25] Brief Habers vom 27.4.1933, Archiv der MPG, Abt.V, Rep. 13, 1156.

[26] Brief an v. Laue vom 2.5.1933, Archiv der MPG, Abt. V, Rep. 13, 1150.

[27] Dietrich Stoltzenberg, Fritz Haber. Chemiker, Nobelpreisträger, Deutscher, Jude, Weinheim 1994: VCH, S. 639–640.

[28] Auskunft von Friedhofsangestellten am 10.8.1998.

[29] Nachrufe erschienen von Max Bodenstein in der Zeitschrift für Elektrochemie (40, 113–115 (1934)), Max von Laue in Die Naturwissenschaften (22, 97 (1934)), Carl Neuberg in Central-Verlags-Zeitung 8.2.1934, Karl Friedrich Bonhoeffer in der Chemiker-Zeitung (58, 205 (1934)) und Richard Willstätter im Jahrbuch der Bayerischen Akademie der Wissenschaften 1935. Wilhelm Schlenks Gedenkansprache auf der Jahrestagung der Deutschen Chemischen Gesellschaft wurde in den Berichten der deutschen chemischen Gesellschaft 67, A 20 (1934) abgedruckt.

»Themistokles ist in die Geschichte eingegangen nicht als der Verbannte am Hof des Perserkönigs, sondern als der Sieger von Salamis. Haber wird in die Geschichte eingehen als der geniale Erfinder desjenigen Verfahrens, Stickstoff mit Wasserstoff zu verbinden, das der technischen Stickstoffgewinnung aus der Atmosphäre zugrunde liegt, als der Mann, der auf diese Weise, wie es bei der Überreichung des Nobelpreises an ihn hieß, ›ein überaus wichtiges Mittel zur Hebung der Landwirtschaft und des Wohlstands der Menschheit‹ schuf, der Brot aus Luft gewann und einen Triumph errang ›im Dienste seines Landes und der ganzen Menschheit‹.«

Die Zeitschrift Angewandte Chemie, das Organ des Vereins deutscher Chemiker, veröffentlichte dagegen keinen Nachruf auf ihr Ehrenmitglied Fritz Haber. Hier zeigte sich der Anbruch der neuen Epoche am schnellsten.[30]

2.3 Reaktion nicht betroffener Kollegen auf die Entlassungen und Verfolgungen jüdischer Wissenschaftler

Es wird oft gefragt, wie es möglich war, daß die Vertreibung von Juden und Personen mit jüdischen Vorfahren, die sich in den meisten Fällen so stark mit der deutschen Nation und Kultur identifizierten, ohne öffentliche Reaktion seitens der nichtjüdischen Kollegen vor sich ging. Drei Gründe sind meiner Meinung nach für dieses Schweigen und das Fehlen von Solidarität verantwortlich, Gehorsam gegenüber den Maßnahmen des antijüdischen Staates, Antisemitismus und, vor allem, Vorteilnahme.

2.3.1 Gehorsam und Feigheit

Als Beamte waren deutsche Ordinarien zum Gehorsam gegenüber dem Staat verpflichtet. Sie konnten allerdings im Gegensatz zu jüngeren Kollegen ohne feste Position oder in zeitlich begrenztem Anstellungsverhältnis in gewissem Maße Kritik üben, ohne ihre Stellung zu gefährden. So verloren die wenigen Ordinarien, die sich nicht konform verhielten, z. B. Heinrich Wieland, Adolf Windaus und Max Volmer, ihre Stelle nicht. Die große Mehrheit der Professoren und Direktoren befolgte aber die Vorschriften zur Entlassung jüdischer Mitarbeiter genau. Auch die

[30] Es erschien lediglich die bei Todesfällen normale Notiz unter »gestorben« (47, 93 (1934)): »Geh. Reg. Rat Prof. Dr., Dr. der Landwirtschaft e. h., Dr. med. h. c., Dr.-Ing. e. h., Dr. der techn. Wissenschaften e. h. F. Haber, früherer Direktor des K. W. I. für physikalische Chemie und Elektrochemie, Berlin-Dahlem, Ehrenmitglied des Vereins deutscher Chemiker, am 29. Januar im Alter von 66 Jahren auf einer Reise nach Basel.«

wenigen (noch) nicht entlassenen jüdischen Ordinarien oder KWI-Direktoren wurden aufgefordert, ihre jüdischen Mitarbeiter zu entlassen, und kamen dieser Anordnung nach. Otto Meyerhof war meines Wissens nach der einzige Institutsleiter, der die Fragebögen hinsichtlich der Beschäftigung von jüdischen Mitarbeitern nicht vollständig ausfüllte (siehe unten). Fritz Haber Entscheidung, nach der Entlassung seiner jüdischen Mitarbeiter aus Protest selbst zurückzutreten, wurde oben dargestellt.

Karl-Friedrich Bonhoeffer, Ordinarius für Physikalische Chemie an der Universität Frankfurt, ein Bruder des 1945 als Widerstandskämpfer hingerichteten Dietrich Bonhoeffer, ist ein Beispiel für die Bereitschaft zur widerspruchslosen Anpassung auch von Personen, die dem Nationalsozialismus gegenüber kritisch eingestellt waren. (Bonhoeffer wurde nie Mitglied der NSDAP und verschaffte wie eine Reihe anderer Professoren während der ersten Kriegsjahre einigen »Halbjuden« Arbeitsmöglichkeiten an seinem Institut; siehe unten.) Am 18.3.1933 schrieb er an seinen Kollegen Paul Harteck:

> »Die Wahlen sind anders ausgefallen, als ich gedacht habe. Ich versuche, mir einzureden, daß es gut so ist, weil endlich klare Verhältnisse geschaffen sind. Aber ganz sicher ist es mir doch nicht, ob die augenblicklichen Verhältnisse so klar wie die Tatsache der Mehrheit sind. Heute hat man in unserem Gebäude die Hakenkreuzfahne gehißt. Hängt sie auch bei Euch in Dahlem? Ich habe nichts dagegen unternommen, weil ich es für sinnlos halte. Mit den Wölfen muß man heulen. Ich will's versuchen zu lernen, aber leicht ist's nicht. Im übrigen werde ich mich so gut es geht auch innerlich von der Politik zurückziehen.«[31]

Otto Hahn befand sich auf einem Aufenthalt als »non resident lecturer« an der Cornell University in Ithaka (USA), als er durch Briefe und persönliche Kontakte mit Rudolf Ladenburg, der bereits vor 1933 in die USA gezogen war, von der Entlassungswelle erfuhr. Hahn war, wie er dem gerade entlassenen Kollegen Fritz Paneth schrieb, »schmerzlich betroffen« und bemühte sich, Paneth eine Einladung zu Gastvorlesungen in den USA zu verschaffen. Hahn erkannte die Ungeheuerlichkeit der antijüdischen Vorgänge in Deutschland deutlicher als die meisten seiner Kollegen – die Atmosphäre an einer amerikanischen Universität könnte dazu beigetragen haben:

> »Wir nicht ausgewiesenen bzw. beurlaubten Deutschen haben's hier jetzt nicht leicht. Die Weltstimmung ist geschlossen gegen Deutschland, und wir Deutschen können dem nur beistimmen, wenn man uns auf das Absurde der ›Nichtarier‹-Behandlung hinweist. Am 24. April habe ich einen langen Brief an Geh. Rat Planck über meine hiesigen Eindrücke, die Judenfrage betreffend, geschrieben. Damals hoffte ich noch, ich könnte etwas damit erreichen. Heute scheint es mir zweifelhaft. (Einen Durchschlag des Briefes an Planck habe ich an Duisberg geschickt). Ich habe bisher weder von Planck noch von Duisberg eine Antwort.«[32]

---

[31] Paul Harteck papers, Rensselaer Institute, Troy, Part I MC 17, Box 1.
[32] Hahn an Paneth, 11.5.1933, Archiv der MPG Abt. III/45 (Nachlaß Paneth).

Hahn brach seinen Aufenthalt vorzeitig ab, um nach Deutschland zurückzukehren. Seine Hoffnung, Planck und Duisberg zu einer öffentlichen Stellungnahme gegen die Entlassungen zu bewegen, erfüllte sich nicht. In seiner Autobiographie schrieb er viele Jahre später, daß Planck ihm auf seinen Vorschlag, »eine möglichst große Zahl anerkannter deutscher, nichtbetroffener Professoren zusammenzubringen, die einen gemeinsamen Protest gegen die Entlassung jüdischer oder partiell nichtarischer Kollegen verfassen und an den Kultusminister Rust oder sonstige offizielle Stellen schicken sollten«, geantwortet habe: »Wenn heute 30 Professoren aufstehen und sich gegen das Vorgehen der Regierung einsetzen, dann kommen morgen 150 Professoren, die sich mit Hitler solidarisch erklären, weil sie die Stellen haben wollen.«[33]

Weder zu diesem noch zu einem anderen Zeitpunkt protestierten, von ganz wenigen Ausnahmen abgesehen, nichtbetroffene Wissenschaftler gegen die Entlassungen. Plancks Einschätzung traf die Situation sicher genau. Aber die nicht nur widerstandslose, sondern auch weitgehend kommentarlose Unterordnung unter die neuen Gesetze und Verordnungen zum Ausschluß von Juden hatte demoralisierende Folgen.

Jüdische Wissenschaftler reagierten enttäuscht auf die Tatsache, daß ihre nichtjüdischen Kollegen nicht in einer öffentlichen Stellungnahme ihre Solidarität ausdrückten. So schrieb z. B. Fritz Haber im Juni 1933 an seinen Kollegen Georg Bredig, Ordinarius für Physikalische Chemie an der TH Karlsruhe, daß er mittlerweile zu der Auffassung gelangt sei, daß

> »nur der Mißerfolg eine große allgemeine Bewegung ändert, und daß lediglich eine Reihe großer Fehlbesetzungen und die damit verbundene Minderung der deutschen Wissenschaftsgeltung in der Welt die Änderung im Verhalten des gegenwärtigen Staates und [unleserl.] Gelehrten bringen kann, die Du sicherlich erhoffst. Du weißt doch genau, daß alle die arischen Kollegen, die mit den Veränderungen im Hochschulwesen unzufrieden sind, sich außerstande gefunden haben, an einer wichtigen [unleserl.] Stelle eine Gegenmeinung zum Ausdruck zu bringen …«.[34]

Georg Bredig war im Alter von 64 Jahren, kurz vor seiner altersbedingten Emeritierung, vom Rektor zum Rücktritt von seiner Position gedrängt worden.[35] Wie bei Neubesetzungen üblich, wurde die Fakultät unmittelbar nach Bekanntgabe der Entlassungen bzw. »Rücktritte« aufgefordert, Vorschlagslisten einzureichen. Auch Bredig, der wie alle Betroffenen nur noch eine beratende und keine beschließende

[33] Otto Hahn, Mein Leben, München 1968, S. 145. Weitere Hinweise dafür, daß Hahn tatsächlich eine breitere Solidarisierungsaktion initiieren wollte, gibt es nicht. In jedem Fall aber versuchte er, Planck und Duisberg als Repräsentanten der Wissenschaft und Industrie zum Handeln zu bewegen.

[34] Haber an Bredig, 27.6.1933, Archiv der MPG, Abt. V, Rep. 13 (Haber)/945.

[35] Briefwechsel Bredig – Haber im Juni 1933 in Archiv der MPG, Abt. V, Rep. 13 (Haber)/945.

Stimme mehr hatte, wurde um Vorschläge gebeten. Fritz Haber, den er um Namen geeigneter Personen bat, lehnte dies ab: »Nachdem der Rektor sich zum Sprecher derjenigen gemacht hat, die Dich aus Deinem Lehramte entfernen und einen anderen an Deine Stelle setzen wollen, will ich an der Auswahl des anderen nicht mitwirken.«[36] Er begründete dies, ähnlich wie bei seinem eigenen Rücktrittsgesuch, damit, daß er nicht bereit sei, seine Grundsätze zur Auswahl geeigneter Persönlichkeiten zu ändern.

Die nichtjüdischen Eliten schwiegen nicht nur angesichts der Entlassung ihrer jüdischen Kollegen von den regulären Stellen, sondern entfernten sie auch von den Ehrenstellen, bevor entsprechende gesetzliche Regelungen vorlagen. Beispiele sind das Sekretariat Willstätters bei der Bayerischen Akademie der Wissenschaften und das Präsidium (Alfred Wohl) und Vizepräsidium (Arthur Rosenheim) der Deutschen Chemischen Gesellschaft.

Die mit dem Ziel der Vertreibung unerwünschter Wissenschaftler und anderer Personen des öffentlichen Dienstes erlassenen Gesetze und Verordnungen definierten die Personengruppen, die bleiben konnten, und diejenigen, die gehen mußten, genau. Personen, die ihre nichtjüdische Abstammung bis zur Generation ihrer Großeltern nachgewiesen hatten, mußten nichts befürchten, wenn sie nicht für sozialistische und kommunistische Sympathien oder als »Judenfreunde« bekannt geworden waren. Eine explizit liberale oder linke politische Haltung war aber bei Naturwissenschaftlern selten, und oft handelte es sich auch in diesen Fällen um Juden. Sehr wenige nichtjüdische Professoren mußten also befürchten, daß sie entlassen würden – anders als bei den Willkürmaßnahmen in der Sowjetunion unter Stalin, der auch eine große Zahl von Akademikern zum Opfer fiel.

2.3.2 Antisemitismus

Gehorsam und Feigheit können erklären, daß Professoren und Leiter von Kaiser Wilhelm-Instituten nicht zu einer öffentlichen Solidaritätserklärung bereit waren. Das weitgehende Fehlen auch privater Proteste, die wenigen Zeichen von Mitgefühl gegenüber den Entlassenen, und die Tatsache, daß jüdische Studenten, die ins Ausland gingen, es als außergewöhnlich erachteten, wenn sie Hilfe von ihren Doktorvätern oder Mentoren erhielten, deuten aber auch auf einen verbreiteten Antisemitismus hin.

Von wenigen Ausnahmen abgesehen, akzeptierten nichtjüdische deutsche Wissenschaftler aller politischen Richtungen die Tatsache, daß deutsche Kollegen unabhängig von ihrer politischen Überzeugung und wissenschaftlichen Leistung aus ausschließlich rassischen Gründen entlassen wurden, ohne Widerspruch. Dies bedeutet nicht, daß es sich um Nationalsozialisten oder ausgesprochene Antisemiten

[36] Haber an Bredig, 26.6.1933, Archiv der MPG, Abt. V, Rep. 13 (Haber)/945.

handeln mußte. Aber ein gewisses Maß an oft nicht ausgesprochenem Antisemitismus war in der deutschen und österreichischen Akademikerschaft verbreitet. Erwin Chargaff erinnert sich:

> »Der Antisemitismus war in Österreich sehr groß, aber ich selbst habe keine größeren antisemitischen Erfahrungen gemacht. Es war klar, daß man als Jude keine planmäßige Stelle an einer Universität bekommen konnte. Juden hat es gegeben als freie Ärzte, Advokaten und im Finanzgewerbe ... Eine Karriere war in Deutschland vor Hitler viel denkbarer als in Österreich im Gegensatz zu dem, was Goldhagen[37] schreibt ... Goldhagen hat Unrecht. Diese Art von Antisemitismus [eliminatorischer Antisemitismus] hat man in Deutschland vor Hitler nicht gespürt. Was man gespürt hat, waren Fragen wie: ›Sind Sie Mitglied einer schlagenden Verbindung?‹«[38]

Der Antisemitismus des Bürgertums ist Gegenstand vieler Publikationen.[39] Die Bereitwilligkeit, die Entlassungen zu akzeptieren, hing teilweise auch damit zusammen, daß Juden, vor allem in Berlin, auf bestimmten Gebieten wie z. B. der Medizin als zu einflußreich empfunden wurden (zu den Gründen einer starken Repräsentanz jüdischer Wissenschaftler in einigen Fächern und einigen Instituten siehe Kap. 1 und 3). Die meisten nichtjüdischen Hochschullehrer nahmen nicht zur Kenntnis, daß ihre jüdischen Kollegen durch die Vertreibung aus ihren Positionen und durch Gesetze, die sie zu Bürgern zweiter Klasse machten, tief getroffen waren. Auch die zunehmenden antijüdischen Maßnahmen der folgenden Jahre riefen nur bei sehr wenigen Mitgefühl hervor. Helmut Behrens, der während des Nationalsozialismus als Student und Hochschullehrer der Chemie an der TH München tätig war, erinnert sich, daß die antijüdischen Maßnahmen einschließlich der Deportationen für jeden sichtbar waren, daß aber nur wenige seiner Kollegen von ihnen

---

[37] Chargaff bezieht sich auf Daniel J. Goldhagens Buch, Hitler's Willing Executioners, New York 1996: Knopf (in deutscher Übersetzung: Hitlers willige Vollstrecker, Berlin 1996: Siedler).

[38] Prof. Dr. Erwin Chargaff im Gespräch mit UD am 28.1.1997. Chargaff war 1932 von Ludolf Krehl in Betracht gezogen worden für eine Assistentenstelle am Kaiser Wilhelm-Institut für Medizinische Forschung: »Krehl fragte Richard Kuhn, von dem ich es erfuhr, ob ich einer Burschenschaft angehörte. Es muß im September 1932 gewesen sein. Man hat schon etwas gespürt damals. Er fragte nicht direkt, ob ich Jude sei.« Chargaff bekam die Stelle nicht.

[39] Siehe dazu Kap. 1. Nach Saul Friedlander ist zwischen der »cultured Judeophobia«, die die Haltung der Mehrheit der »arischen« Professoren charakterisiere, und der radikalen Form der Judeophobia zu unterscheiden, die sich bei Studenten herausgebildet habe (Nazi Germany and the Jews, Vol.1, New York 1997: HarperCollins, S. 56). Chemiker bestätigten in Gesprächen mit der Autorin, daß die antisemitische Einstellung »damals zum guten Ton in Deutschland und natürlich auch in Wien gehörte« (Prof. Dr. Frederick Eirich, 30.1.1997) oder daß ein gewisser Antisemitismus damals zum deutschen Bürgertum gehörte (Prof. Dr. Walther Jaenicke, am 18.8.1996).

berührt wurden. Einige hätten sogar nach dem Krieg behauptet, überhaupt nichts gewußt zu haben (ein bekanntes Argument jener Zeit).[40]

Der jüdische Physiker James Franck, als Frontkämpfer selbst noch nicht entlassen, machte auf die über die Entlassung hinausgehende Bedeutung des Berufsbeamtengesetzes für Juden aufmerksam. Auszüge seiner am 17. April 1933 gegebenen Erklärung an den Rektor der Universität in Göttingen wurden in der *Göttinger Zeitung* veröffentlicht:

> »Ich habe meine vorgesetzte Behörde gebeten, mich von meinem Amte zu entbinden. Ich werde versuchen, in Deutschland weiter wissenschaftlich zu arbeiten. Wir Deutsche jüdischer Abstammung werden als Fremde und Feinde des Vaterlandes behandelt. Man fordert, daß unsere Kinder in dem Bewußtsein aufwachsen, sich nie als Deutsche bewähren zu dürfen. Wer im Kriege war, soll die Erlaubnis erhalten, weiter dem Staate zu dienen. Ich lehne es ab, von dieser Vergünstigung Gebrauch zu machen, wenn ich auch Verständnis für den Standpunkt derer habe, die es heute für ihre Pflicht halten, auf ihrem Posten auszuharren.«[41]

Viele nichtbetroffene Wissenschaftler nahmen dagegen die hier angesprochenen Folgen des Berufsbeamtengesetzes nicht wahr. So schrieb Heisenberg an Max Born, der sich bereits in England befand, daß Planck bei einem Gespräch mit Hitler die Zusicherung erhalten habe, »daß über das neue Beamtengesetz hinausgehend nichts von der Regierung unternommen werde, das unsere Wissenschaft erschweren könnte.«[42] Born wurde von einigen Bekannten besucht, nachdem eine Göttinger Zeitung eine Liste mit Namen entlassener Beamter, darunter seinem eigenen, veröffentlicht hatte. Er erinnert sich, daß die meisten Besucher echtes Mitgefühl zeigten, aber daß es auch wohlmeinende Bemerkungen gab, über die er sich sehr aufregte. So wollte Alfred Kühn, Ordinarius für Zoologie an der Universität Göttingen und früherer Sozialdemokrat, ihn mit der Überlegung trösten, »daß wir uns ähnlich wie in einem Krieg in einer Krise befinden; wie der eine im Krieg stirbt, während der andere überlebt, so gehörte ich jetzt zu den Verlusten.«[43] Für Kühn war das

---

[40] Behrens, Helmut, Wissenschaft in turbulenter Zeit: Erinnerungen eines Chemikers an die Technische Hochschule München 1933–1953, München 1998: Algorismus – Studien zur Geschichte der Mathematik und Naturwissenschaften, Vol. 25, S. 64.

[41] Zitiert nach Alan Beyerchen, Wissenschaftler unter Hitler. Physiker im 3. Reich, Köln 1980, S. 39. Franck hielt zu diesem Zeitpunkt eine Tätigkeit am KWI für Physikalische Chemie in Berlin noch für möglich.

[42] Heisenberg an Born, 2.6.1933, zitiert nach Helmuth Albrecht, »Max Planck: Mein Besuch bei Adolf Hitler« – Anmerkungen zum Wert einer historischen Quelle, in: H. Albrecht (Hrsg.), Naturwissenschaft und Technik der TH Stuttgart, 1994, S. 46.

[43] Max Born, My Life. Recollections of a Nobel Laureater, London 1978: Taylor and Francis Ltd., S. 251. Kühn wurde 1937 als Nachfolger des entlassenen Richard Goldschmidt Direktor am KWI für Biologie und war nach dem Tode Hans Spemanns (1941) bis in die 1960er Jahre der bedeutendste Zoologe in Deutschland. Weiterhin: Die taktlose Reaktion des jungen Otto Heckmann machte Born wütend; Heckmann, der Borns Vorlesung übernehmen sollte, bat ihn um sein Manuskript.

Berufsbeamtengesetz offensichtlich das Mittel eines unvermeidbaren Krieges gegen die Juden.[44]

In ähnlicher Weise wie Kühn charakterisierte Max Planck die Machtergreifung der Nationalsozialisten und ihre Folgen für die Wissenschaft als eine unvermeidbare Katastrophe. Er schrieb im August 1933 an Haber: »Das einzige, was mir in diesem Gefühl der Niedergeschlagenheit einige Erleichterung schafft, ist der Gedanke, daß wir in einer Katastrophenzeit leben, wie sie jede Revolution mit sich bringt und daß wir vieles, was geschieht, wie ein Naturereignis hinnehmen müssen, ohne uns den Kopf darüber zu zerbrechen, ob es nicht auch anders sein könnte. Vieles, aber nicht alles.«[45]

Der bedeutende Organiker Karl Freudenberg, Ordinarius in Heidelberg, rechtfertigte die Entlassungen als ordnungsgemäß und legitim. Als sein britischer Kollege George Barger, Professor für Chemie an der University of Edinburgh, der vielen Flüchtlingen half, in dem er ihnen Arbeitsmöglichkeiten in seinem Institut verschaffte, die deutsche Entlassungspolitik kritisierte, antwortete Freudenberg:

> »Sie fragen, warum die I. G. [I. G.-Farben] den Kollegen Löwe nicht hält. Ich glaube, daß dieses Werk tut, was es kann, nehme aber an, daß es in dieser Hinsicht gleichfalls nach gewissen Richtlinien verfahren muß, die allen mehr oder weniger öffentlichen Institutionen auferlegt sind. Auch den leisen Vorwurf, den Sie der chemischen Gesellschaft machen, muß ich damit rechtfertigen. Es handelt sich um Anordnungen, nach denen man sich einfach zu richten hat. Daß eine Kur am Leibe des deutschen Volkes nötig war, ist meine feste Überzeugung und wird auch nur von sehr wenigen bestritten. Über den Weg, wie sie ausgeführt wurde, kann man hier im Lande keine langen Betrachtungen anstellen, da es sich einfach um Verfügungen handelt, und es gänzlich einerlei ist, wie der Einzelne dazu steht. Daß im Ausland, das zu diesen Bedingungen eine betrachtende Rolle einnimmt, die Meinungen geteilt sind, ist mir ebenso verständlich, und es steht mit einer loyalen Gesinnung zum neuen Staate in Deutschland in keiner Weise im Widerspruch, wenn wir die Hilfsbereitschaft, die sich insbesondere in England für das Einzelschicksal regt, mit tiefer Dankbarkeit begrüßen. Wir erwarten aber von jedem einzelnen Emigranten, daß er sich seinem alten Vaterland gegenüber loyal verhält.«[46]

Es sei angemerkt, daß die Nationalsozialisten Entlassungen jüdischer Chemiker in der Industrie erst 1937 anordneten, und daß die Deutsche Chemische Gesellschaft ebenfalls erst in diesem Jahre gleichgeschaltet wurde. In den genannten Fällen handelt es sich also um vorauseilenden Gehorsam, nicht um die Befolgung politischer Anordnungen. Freudenbergs Metapher der Kur am Leibe des deutschen Volkes

---

[44] Ibid., S. 252.

[45] M. Planck an F. Haber, 1.8.1933, zitiert nach Dieter Hoffmann, Das Verhältnis der Akademie zu Republik und Diktatur. Max Planck als Sekretar. (In: Wolfram Fischer (Hrsg.), Die Preußische Akademie der Wissenschaften zu Berlin 1914–1945, Berlin 2000: Akademie-Verlag.)

[46] Karl Freudenberg an George Barger, 17.7.1933, K. Freudenberg-Nachlaß, Universitätsarchiv Heidelberg, Rep. 14/111.

Karl Johann Freudenberg, 1935

erinnert an das Säuberungskonzept, das im Nationalsozialismus eine so große Bedeutung erhielt. Hitler versprach, die Probleme, die nach der Meinung vieler Deutscher durch zu viele Parteien und Juden entstanden waren, zu lösen. Die Tatsache, daß er Putschist war und Terror sowie politische Gewalt zur Machtabsicherung benutzte, wurde von einigen zwar kritisiert, stellte aber auch für weite akademische Kreise keinen Hinderungsgrund für ihre bedingungslose Unterstützung dar. So überwog nach Freudenberg »bei den meisten gebildeten Deutschen die Anerkennung für das Geleistete (...). Wir haben eine einheitliche zentrale Regierung von großer Kraft, an deren Spitze ein absolut sauberer Mann steht, der mit großer Energie die Verwaltung vereinfacht.«[47]

Seinem Freund Kurt Hildebrandt gegenüber, einem der Begründer der antisemitischen »Zeitschrift für die gesamte Naturwissenschaft«, wurde Freudenberg deutlicher. Der Naturphilosoph Hildebrandt versuchte, Freudenberg als ständigen Mitarbeiter dieser Zeitschrift zu gewinnen, deren erster Band 1935 erscheinen sollte. Die Zeitschrift war als Gegenpol gegenüber den »Naturwissenschaften« konzipiert, die Hildebrandt als Organ des »reinen Positivismus und Spezialistentum« bezeich-

47 Ibid.

nete; »semitische Mitarbeiter« seien bei der neuen Zeitschrift unterwünscht.[48] Freudenberg war gegenüber der Gründung einer neuen Zeitschrift skeptisch; gleichwohl machte er aus seiner Unzufriedenheit mit den »Naturwissenschaften« kein Hehl. So bemängelte er, daß für Chemiker wenig Anreiz bestände, etwas an die »Naturwissenschaften« zu schicken, da die Chemie in der Redaktion nicht wirksam vertreten sei.[49] Seine weitere Argumentation ist ein Beispiel dafür, wie schnell im Jahre 1934 bei Wissenschaftlern antijüdische Vorurteile zu wecken bzw. zu verstärken waren. Obwohl Freudenberg bekannt war, daß es gerade unter Chemikern viele Juden gab, und Chemiker nach seiner Auffassung nicht ausreichend in der Redaktion der »Naturwissenschaften« vertreten waren, schrieb er: »Es kann sein, daß dieses Manko tatsächlich mit einer Berliner Cliquenbildung, zum Teil semitischen Einschlags, zusammenhängt. Das, was wir alle unter jüdischem Geist verstehen, hasse ich bis auf den Grund, finde es leider aber auch oft genug bei Nichtjuden. Am schönsten wäre es, wenn die ›Naturwissenschaften‹ in einen nichtsemitischen Herausgeberkreis übergingen ...«[50]

Es sei daran erinnert, daß die »Naturwissenschaften« im Jahre 1913 von Arnold Berliner als ein deutsches Gegenstück zur englischen »Nature« gegründet wurde. Berliner hatte Physik studiert und eine Zeitlang in der Industrie gearbeitet, seine Liebe galt der deutschen Kultur.[51] Als Herausgeber gelang es ihm, den »Naturwissenschaften« ein »Nature« vergleichbares Niveau zu geben. Im Sommer 1935 wurde er vom Springer-Verlag als Jude gezwungen, die Redaktion aufzugeben. Es gelang ihm nicht, im Ausland eine neue Stellung zu finden. Wie oben erwähnt, kam er 1942 der Deportation durch Selbstmord zuvor.

Trotz seiner antisemitischen Einstellung unterhielt Freudenberg persönliche Beziehungen zu jüdischen Kollegen – viele Antisemiten waren mit Juden befreundet. Er korrespondierte z. B. zwischen 1919 und 1935 regelmäßig mit Max Bergmann, und beide schätzten einander in wissenschaftlicher wie persönlicher Hinsicht.[52] 1940 schrieb Freudenberg ein positives Gutachten über ein Lehrbuch von Hermann Mark, der 1938 als »Nichtarier« von der Wiener Universität entlassen worden war.[53] Mark schätzte Freudenberg außerordentlich und war ihm nach dem

48 Kurt Hildebrandt an Karl Freudenberg, 10.11.1934, Freudenberg-Nachlaß, Universitätsarchiv Heidelberg, Rep. 14. Hildebrandt und Freudenberg duzen sich.

49 Freudenberg an Hildebrandt, 23.1.1934, ibid.

50 Ibid.

51 Max von Laue, Arnold Berliner 26.12.1862–22.3.1942, Die Naturwissenschaften 33, 257–258, 1946.

52 Korrespondenzen mit Bergmann im Freudenberg-Nachlaß, Universitätsarchiv Heidelberg, Rep. 14.

53 Freudenberg, Karl, »Buchbesprechungen«: Meyer, K. H. und H. Mark: Hochpolymere Chemie. Ein Lehr- und Handbuch für Chemiker und Biologen. Bd. I. H. Mark: Allgemeine Grundlagen der hochpolymeren Chemie, Leipzig 1940, Die Naturwissenschaften 28, 579, 1940.

Paul Harteck (*oben links*), Karl-Friedrich Bonhoeffer (*oben rechts*), Ladislaus Farkas (*unten links*), Adalbert Farkas (*unten rechts*), vor 1930

Krieg behilflich (siehe Kapitel 4). Freudenberg wurde kein Mitglied der NSDAP, seine Tochter war mit einem Juden verheiratet. Trotzdem begrüßte er die Entlassung seiner jüdischen Kollegen als notwendiges Heilmittel für deutsche Probleme.

Eine umfangreiche Korrespondenz der beiden nichtjüdischen Physikochemiker Paul Harteck, bis 1933 Assistent Fritz Habers, und Karl-Friedrich Bonhoeffer, Ordinarius an der Universität Frankfurt, beleuchtet die Änderung der Atmosphäre an Universitäten und KWIs im Jahre 1933.[54] Wie der bereits erwähnte Bonhoeffer wurde auch Harteck kein Mitglied der NSDAP. Aus der Korrespondenz geht hervor, daß Hartecks jüdische Kollegen am KWI für Physikalische Chemie bereits 1932 über die politische Entwicklung besorgt waren. Harteck teilte ihre Bedenken trotz seiner Abneigung gegenüber der nationalsozialistischen Bewegung nicht. Er schrieb am 6.3.1932: »Hier zu Lande haben gewisse Leute eine große Angst vor Hitler und (obwohl) mir diese Leute in politischer Beziehung sehr unsympathisch sind, weiß ich eigentlich nicht recht, ob man nicht Hitler wählen sollte.«

Bonhoeffer und Harteck betrachteten ihre jüdischen Kollegen bis 1933 als Deutsche. So schrieb Bonhoeffer am 6.1.1933: »Heute hat mich hier Stern besucht. Er

[54] Paul Harteck papers, Rensselaer Institute, Troy, Part I MC 17, Box 1. Die folgenden Briefzitate stammen aus dieser Korrespondenz.

hat sehr viel Interessantes erzählt. Ich glaube doch, daß er jetzt unser bester Mann ist. Er war mit Langmuir in St. Moritz zusammen. Er hat Molekularstrahlversuche mit Para- und Orthowasserstoff gemacht, kann die Rotationszustände magnetisch aufspalten (!) und findet Orthowasserstoff viel magnetischer als Para, der im Grundzustand (fast?) unmagnetisch ist … Er macht sehr viel schöne Sachen, sodaß ich Lust hätte, mal nach Hamburg zu fahren, wozu er mich intensiv eingeladen hat.« »Unser« bezieht sich hier auf die deutschen Physikochemiker. Otto Stern wurde kurz darauf als Jude entlassen und emigrierte in die USA; 1943 erhielt er den Nobelpreis. Im April 1933, kurz nach dem Inkrafttreten des Gesetzes zur Wiederherstellung des Berufsbeamtentums, schrieb Bonhoeffer dagegen: »Schreib mir mal, wie's am K. W. I. steht. Ich hatte doch nicht gedacht, daß der Antisemitismus hier solche ordinären Formen annehmen würde, und wenn ich mich auch oft über die Juden geärgert habe: Diese Methoden sind doch für uns etwas beschämend …« Der geänderte Gebrauch von »uns« in den beiden Briefen deutet eine Distanzierung der deutschen wissenschaftlichen Gemeinschaft von Juden bereits im April 1933 an.

Auch wenn Bonhoeffer und Harteck freundschaftliche Beziehungen zu einigen entlassenen Kollegen aufrechthielten, lehnten sie es ab, wie der folgende Brief Hartecks vom 16.4.1933 zeigt, in irgendeiner Form ihre Solidarität zu bekunden: »… laß Dir von gewesenen Institutsmitgliedern nichts einreden. Eine derartige Redensart von ihnen ist ›auch die anständigen Arier müßten sich ihrer annehmen und mit ihnen conform gehen‹.« Bei den gewesenen Institutsmitgliedern handelt es sich um die entlassenen Mitarbeiter des KWI für Physikalische Chemie. Ein Brief vom 5.5.1933 macht Hartecks fehlendes Verständnis für seine entlassenen Kollegen und seinen Antisemitismus besonders deutlich. Harteck verbrachte das Jahr 1933 als Stipendiat an Rutherfords Institut in Cambridge: »In London sammeln sich die Juden und ½ und ¼ Juden Deutschlands. Falls diese Leute jemals Sympathien für Deutschland gehabt haben sollten, es können diese nur ganz oberflächlich gewesen sein, denn jetzt merkt man wirklich gar nichts mehr davon.«

Bonhoeffer berichtete Harteck über ein weiteres Resultat des Berufsbeamtengesetzes: Denunziationen von Institutsmitgliedern. Er war empört, als jemand Harteck für »nicht ganz rein« hält und bemühte sich, die Situation richtigzustellen. Da die Bezeichnung Emigrant mittlerweile eine negative Bedeutung erhalten hatte, riet Bonhoeffer Harteck am 18.11.1933, möglichst schnell nach Deutschland zurückzukommen: »Ich halte es allerdings für gefährlich, wenn Du so ins Blaue hinein bei Rutherford bleibst. Du kommst dann unverschuldet in eine Situation wie die Emigranten.« Der Wortlaut legt die Möglichkeit nahe, daß Bonhoeffer – unbewußt – von einer Schuld der Emigranten ausging.

Habers Rücktritt eröffnete neue Möglichkeiten für Kollegen: Sowohl Bonhoeffer, von Haber favorisiert, als auch Arnold Eucken machten sich Hoffnung auf seine Nachfolge. Stattdessen wurde Gerhart Jander (später Adolf Thiessen) zum Direktor ernannt, der am 3.11.1933 allen noch nicht entlassenen Mitarbeitern kündigte, darunter auch Harteck. Bonhoeffer, der sich bereits vorher bemühte, Harteck zu helfen, schrieb ihm am 22.6.1933, »es werden also gleichzeitig viele Stellen frei;

eigentlich müßtest Du davon eine kriegen« und teilte ihm am 7.7.1933 mit, daß mittlerweile sechs Lehrstühle für Physikalische Chemie durch Entlassungen freigeworden seien. Harteck bekam einen dieser Lehrstühle: Er wurde 1934 Nachfolger Otto Sterns in Hamburg.

2.3.3 Vorteilnahme und Opportunismus

Paul Harteck ist einer von vielen jungen nichtjüdischen Wissenschaftlern, die in der Chemie, wie in anderen Disziplinen, in die freigewordenen Stellen innerhalb einer kurzen Zeit nachrückten. Diese Tatsache förderte vor dem Hintergrund der großen Arbeitslosigkeit von Akademikern, die in der Chemie durch den Abbau von Stellen in der Industrie als Folge der ökonomischen Depression verschärft wurde, die Akzeptanz nationalsozialistischer Politik. Daß so viele junge Akademiker von der Vertreibung ihrer jüdischen Kollegen profitierten, war vielleicht der wichtigste Grund für ihr Schweigen bzw. ihre Zustimmung zur nationalsozialistischen Entlassungspolitik. Auch die Stärke der nationalsozialistischen Bewegung unter den Studenten bereits vor 1933 läßt sich wie ihr Antisemitismus Ende des 19. Jahrhunderts durch die Konkurrenz der jüdischen Kollegen erklären, die sich oft durch hervorragende Leistungen auszeichneten. Diejenigen, die sich um eine Stelle bemühten, versuchten ihre Chancen zu erhöhen, indem sie andere als Juden, Halbjuden oder Judenfreund denunzierten und in die NSDAP bzw. eine ihrer Gliederungen eintraten. So kennzeichneten nach dem Inkrafttreten des Berufsbeamtengesetzes Denunziationen die Atmosphäre an vielen Instituten.

Viele junge Chemiker waren 1933 von den führenden nationalsozialistischen Politikern begeistert und hatten Hoffnung auf eine Verbesserung der Stellenlage. So kommentierte Georg Denk, der sich 1944 an der TH Karlsruhe habilitierte, die Entscheidung des Vereins deutscher Chemiker, bereits 1933 Mitglied des Reichsbunds Deutscher Technik zu werden und auf diese Weise Politik und Ideologie des Nationalsozialismus zu unterstützen: »Dabei muß man berücksichtigen, daß 1933 die auch für Chemiker schlimme Arbeitslosigkeit verschwand; zum einen durch den Aufbau der Wehrmacht und des freiwilligen Arbeitsdienstes, zum anderen durch den Aufschwung der chemischen Industrie. Man hat anerkannt, daß etwas passierte.«[55]

Richard Kuhn, Leiter des Instituts für Chemie des KWI für Medizinische Forschung, ist ein Beispiel für einen Akademiker, der jüdische Mitarbeiter denunzierte, um nicht die kleinsten Nachteile oder einen schlechten Ruf des Instituts in Kauf

---

[55] Prof. Dr. Georg Denk im Gespäch mit UD, Karlsruhe 12.4.1994. Nach Grüttner (Studenten im Dritten Reich, S. 29) lag eine wesentliche Ursache des studentischen Antisemitismus in der Furcht vor der Konkurrenz durch jüdische Studenten auf dem akademischen Arbeitsmarkt. Es ist anzunehmen, daß bei vielen Studenten seit 1933 die realistische Erwartung, jüdischen Akademikern die Stelle wegzunehmen, hinzukam.

zu nehmen; es gibt keine Hinweise darauf, daß Kuhn Antisemit war. Otto Meyerhof, der das Institut für Physiologie an diesem KWI leitete, ließ die Fragebögen seiner jüdischen Mitarbeiter in den Fällen, in denen sie noch keine neue Stelle gefunden hatten, nicht vollständig ausfüllen. Die Tatsache, daß er noch 1936 jüdische Mitarbeiter beschäftigte, wurde von Kuhn bemerkt und an die Zentralverwaltung der KWG weitergegeben:

> »Sehr geehrter Herr Professor Glum!
> 1. Physiologie. Eine Anfrage der Staatspolizei gibt mir Veranlassung Sie zu bitten, die Fragebogen der an unserem Institut für Physiologie Arbeitenden genau überprüfen zu lassen. Ich habe Herrn Prof. Meyerhof seinerzeit erklärt, daß ich nicht beabsichtige, eine Kontrolle über die Auswahl seiner Mitarbeiter auszuüben. Dies gelte aber nur unter der Voraussetzung, daß er in jedem Falle ordnungsgemäß ausgefüllte Fragebogen an die Generalverwaltung nach Berlin einsende. Angeblich sind zur Zeit bei Herrn Prof. Meyerhof wieder 3 Personen nicht-arischer Abstammung im Institut beschäftigt (Herr Lehmann, Frl. Hirsch und eine weitere Dame, die ich noch nicht kenne), ein Umstand, der Erörterungen über die Kaiser Wilhelm-Gesellschaft im ganzen und über das Heidelberger Institut im besonderen nach sich zieht. Ich möchte Ihnen vorschlagen nach Durchsicht der Fragebogen Herrn Prof. Meyerhof genaue Richtlinien zu geben, an die er sich bei der Auswahl seines Mitarbeiterkreises halten soll.[...]«[56]

Selbstverständlich wurden diese drei Personen sofort entlassen oder sie verloren ihre Arbeitsmöglichkeit. Hermann Lehmann war als Forschungsassistent bei Otto Meyerhof ohne Bezahlung tätig und emigrierte 1936 nach England. Er erfuhr erst 1984 aus Benno Müller-Hills Buch *Tödliche Wissenschaft* von der Denunziation Kuhns.[57] 1938 wurde auch Meyerhof als einer der letzten jüdischen Wissenschaftler von der KWG entlassen. Er emigrierte zunächst nach Frankreich und 1940 über Portugal in die USA. Kuhn, selbst kein NSDAP-Mitglied, wurde ein sehr einflußreicher Chemiker im Dritten Reich (siehe Abschnitt 7.4).

Der Aufstieg junger Wissenschaftler als Folge der Entlassungen hatte an einigen Instituten innerhalb kurzer Zeit eine Verjüngung des Lehrkörpers zur Folge (Tabelle 2.1). Dies führte nicht nur zu einer Loyalität dieser jungen Akademiker gegenüber dem NS-Staat, sondern wurde insbesondere auch von den Studenten begrüßt. In der Tabelle werden nur Ordinarien, (beamtete) Extraordinarien sowie Direktoren von KWIs berücksichtigt (die in der Regel als Honorarprofessoren Lehrverpflichtungen an Universitäten wahrnahmen). Der Altersunterschied zwischen der Personengruppe der Entlassenen und derjenigen ihrer Nachfolger beträgt im Schnitt 15,6 Jahre. Die Tabelle zeigt darüber hinaus, daß der größte Teil der nachrückenden Chemiker Mitglied einer nationalsozialistischen Organisation war, daß diese Mitgliedschaft aber keine notwendige Voraussetzung für eine Karriere in der NS-Zeit war. (Der Anteil sowie die Bedeutung der Parteimitgliedschaft in der Chemie für eine Karriere werden in Kapitel 5 näher untersucht.)

[56] R. Kuhn, 27.4.1936, an F. Glum, Archiv der MPG, Abt.1, Rep. IA 540/2
[57] Persönliche Mitteilung von B. Müller-Hill, August 1998.

Tabelle 2.1 Lehrstuhlinhaber der Chemie und Physiologischen Chemie sowie Direktoren entsprechender Kaiser Wilhelm-Institute, die als Juden bzw. Personen mit jüdischen Vorfahren oder nichtjüdische Personen mit einer jüdischen Ehefrau (*) entlassen wurden und ihre Nachfolger. o. Prof.: Ordinarius; bao. Prof.: beamteter außerordentlicher Professor; Dir.: Direktor eines Kaiser Wilhelm-Instituts; KWI: Kaiser Wilhelm-Institut; OC, AC, PC: Organische, Anorganische, Physikalische Chemie; m. BC: Physiologische Chemie.

Name	Position	Fach	geb.	Nachfolger	geb.	NSDAP, SA
Max Bergmann	Dir. KWI Lederforschung	OC	1886	W. Grassmann	1898	–, 33
Julius v. Braun	o. Prof. U. Frankfurt	AC	1875	W. Jander	1898	25, 23
Gustav Bredig	o. Prof. TH Karlsruhe	PC	1868	L. Ebert	1894	–
Gustav Embden	o. Prof. U. Frankfurt	m. BC	1874	K. Felix	1888	–, ja
Walter Fuchs	o. Prof. TH Aachen	TC	1891	K. Kellermann	1893	?
Kasimir Fajans	o. Prof. U. München	PC	1885	K. Clusius	1903	–
Otto Fürth	o. Prof. U. Wien	m. BC	1867	H. Barrenscheen	1887	33, 34
Stefan Goldschmidt	o. Prof. TH Karlsruhe	OC	1889	R. Criegee	1902	–
Fritz Haber	Dir. KWI Physik. Chemie	PC	1868	P. A. Thiessen	1899	33, 22
Georg v. Hevesy	o. Prof. U. Freiburg	PC	1885	W. Noddack	1893	–
Bruno Kisch	o. Prof. U. Köln	m. BC	1890	E. Klenk	1896	33
Carl Neuberg	Dir. KWI Biochem.	BC	1877	A. Butenandt	1903	36
Fritz Paneth	o. Prof. U. Königsberg	AC	1887	R. Schwarz	1887	33
Wilhelm Prandtl*	bao. Prof. U. München	AC	1878	E. Wiberg	1901	33
Ernst Riesenfeld	bao. Prof. U. Berlin	PC	1877	E. Landt	1900	32
Franz Simon	o. Prof. TH Breslau	PC	1893	R. Suhrmann	1895	33
Otto Stern	o. Prof. U. Hamburg	PC	1888	P. Harteck	1902	–
Carl Tubandt*	o. Prof. U. Halle	PC	1878	KL Wolf	1901	33
Lothar Woehler	o. Prof. TH Darmstadt	AC	1870	E. Zintl	1898	–

Einige Reaktionen von Betroffenen und aus dem Ausland

Die Betroffenen selbst sowie zahlreiche Beobachter im Ausland kritisierten die Entlassungen sowie das Schweigen und die Anpassung der überwiegenden Mehrheit der deutschen Professoren stark. Zu den stärksten Kritikern gehörte Albert Einstein, der am 30.5.1933 aus Oxford an Max Born schrieb: »Ich glaube, Du weißt, daß ich nie besonders günstig über die Deutschen dachte (in moralischer und politischer Beziehung). Ich muß aber gestehen, daß sie mich doch einigermaßen überrascht haben durch den Grad ihrer Brutalität und – Feigheit.«[58] Einsteins Brief an Thomas Mann, der sich auf einer Reise in Westeuropa im Frühjahr 1933 entschied, nicht mehr nach Deutschland zurückzukehren, zeigt, wie selten eine solche klare Ablehnung des Nationalsozialismus unter nichtjüdischen Deutschen war:

58 Einstein an Born, 30.5.1933, in: Albert Einstein. Max Born. Briefwechsel 1916–1955, München 1967, Neuauflage 1991: Nymphenburger Verlagsges., S. 157.

»Es drängt mich, Ihnen etwas ganz Selbstverständliches zu sagen: Ihre und Ihres Bruders verantwortungsbewußte Haltung war einer der wenigen Lichtblicke in dem Geschehen, das sich in letzter Zeit in Deutschland abgespielt hat. Die übrigen zu geistiger Führung Berufenen haben nicht den Mut und die Charakterstärke aufgebracht, einen deutlichen Trennungsstrich zu ziehen zwischen sich und denen, welche aufgrund von Mitteln der Gewalt heute den Staat vertreten.«[59]

Thomas Mann antwortete, daß »wohl wirklich ungewöhnlich Falsches und Böses geschehen« mußte, damit jemand wie er sich genötigt fühlen würde, Deutschland zu verlassen. Und falsch und böse sei denn auch nach seiner tiefsten Überzeugung diese ganze

»›Deutsche Revolution‹. Es fehlen ihr alle Eigenschaften, die den echten Revolutionen, und seien sie noch so blutig gewesen, die Sympathie der Welt gewonnen haben. Sie ist ihrem Wesen nach *nicht* ›Erhebung‹, was ihre Träger auch sagen und schreien mögen, sondern Haß, Rache, gemeine Totschlagelust und kleinbürgerliche Seelenmesquinerie. Es kann nichts Gutes von dort kommen, ich glaube es nimmermehr, weder für Deutschland noch für die Welt ...«.[60]

Otto Meyerhof schrieb am 25.5.1933 an den mit ihm befreundeten Physiologen Archibald Vivian Hill in London: »... Die Professoren schämen sich, ebenso wie die konservativen Gesellschaftskreise, über die Austreibung der ›Nichtarier‹, aber zeichnen sich durch ein ungewöhnliches Maß an Feigheit aus, und daher hat das In- und Ausland vergeblich auf einen Protest des Geistes gegen das ›Institut‹ gewartet ...«[61] In Richard Willstätters zu Beginn des Krieges verfaßter (und 1949 veröffentlichter) Autobiographie heißt es:[62] »Das deutsche Volk hat dem rohesten, räuberischen und grausamen Antisemitismus freies Spiel gelassen, dessen Voraussetzung die Zustimmung und die Duldung von Tausenden Vorteilsuchender und von Millionen Schwacher und Feiger gewesen ist. In der Schwäche standen von Anbeginn die Universitäten und gelehrten Gesellschaften voran.« Noch deutlicher drückte sich der 1935 als »Nichtarier« entlassene Romanist und Institutsdirektor an der TH Dresden, Victor Klemperer, in seinen Tagebüchern aus. Aus Enttäuschung über die ausnahmslose politische und ideologische Anpassung seiner früheren Kollegen schrieb er 1936 und 1937: »Und die Intelligenz und die Wissenschaft prostituiert sich.«[63] »Wenn es einmal anders käme, und das Schicksal der Besiegten läge in meiner Hand, so ließe ich alles Volk laufen und sogar etliche von den Führern,

---

[59] Albert Einstein an Thomas Mann, 29.4.1933, A. Einstein Archives, Hebrew Univ. Jerusalem.

[60] Thomas Mann an Albert Einstein, 15.5.1933, ibid, Hervorhebung i. O.

[61] Collection SPSL, file Otto Meyerhof, Bodleian Library, Oxford.

[62] Richard Willstätter, Aus meinem Leben, 1949, S. 397.

[63] Victor Klemperer, Ich will Zeugnis ablegen bis zum letzten. Tagebücher 1933–1941, Berlin 1995: Aufbau-Verlag, Eintrag vom 12.9.1937, S. 378.

die es vielleicht doch ehrlich gemeint haben könnten und nicht wußten, was sie taten. Aber die Intellektuellen ließe ich alle aufhängen, und die Professoren einen Meter höher als die anderen ...«[64]

In Holland verfaßten 75 Persönlichkeiten, darunter viele Professoren im Juli 1933 eine bemerkenswert weitsichtige Erklärung, die in Zeitungen in und außerhalb Hollands publiziert wurde. Darin heißt es:

»Wir Vertreter der verschiedensten Kreise des niederländischen Volkes, nicht jüdischen Ursprungs, die wir davon überzeugt sind, daß die Entrechtung und Knechtung der Juden in Deutschland unablässig anhält und, wie sich aus den offiziellen Mitteilungen durch die Presse und den Rundfunk zeigt, fortdauern werden, bis dem Teil des deutschen Volkes, der jüdischen Stammes ist, jede Existenzmöglichkeit genommen sein wird, sprechen hierbei unsere tiefste Empörung aus über Taten, die wir bisher nicht für möglich gehalten hätten, weil diese einen schmachvollen Rückfall einer mit Mühe errungenen Kultur bedeuten und Europa zurückführen zu den primitivsten und barbarischsten Zeiten. ... Gegen diese offizielle Schändung des Rechtes und der Moral, die im Herzen Europas vor sich geht, und welche eine ebensogroße Beschämung wie eine tiefe Beleidigung bedeuten für unsere ganze Rasse, für die ganze Menschheit, ist es, daß wir ohne irgendwelche politische Absicht, Protest erheben in eigenem Namen und in dem Tausender Niederländer, die mit uns einig sind in der Empfindung des Abscheus und der Trauer wegen der Ereignisse, die bei einem benachbarten Kulturvolk, in seiner Verblendung und in seinem Unglück jetzt geschehen.«[65]

In seiner Huxley Memorial Lecture vom November 1933, die in *Nature* abgedruckt wurde, machte der oben erwähnte A. V. Hill auf die Situation von Männern und Frauen der Wissenschaft in Deutschland aufmerksam, die aus Gründen der Rasse oder Meinungsfreiheit verfolgt oder entlassen wurden.[66] Er rief zu Spenden für den Academic Assistance Council auf, der englischen Hilfsorganisation für diese Flüchtlinge. Hill brachte seine Verachtung und Spott für die deutschen »Säuberungen« auch auf andere Weise zum Ausdruck. Bernhard Katz, der ihn als junger Emigrant 1934 aufsuchte, erinnert sich, daß Hill in seinem Laboratorium einige spezielle, aus Deutschland importierte Gegenstände ausgestellt hatte. Darunter befand sich eine Spielzeugfigur Hitlers mit Braunhemd-Uniform, Hakenkreuz und bewegbarem salutierendem Arm. »This was to make people like me ›feel at home‹«, wurde Katz mitgeteilt.[67] Offiziellen Besuchern aus Deutschland gab Hill allerdings die Erklä-

[64] Ibid., Eintrag vom 16.8.1936, S. 296.

[65] Zitiert aus einer Abschrift dieser Kundgebung, die der KWG vom Preußischen Kultusministerium als ein Beispiel für viele antideutsche Proteste am 9.12.1933 zugeschickt wurde (Archiv der MPG, Abt. 1, Rep.1a/532/1).

[66] A. V. Hill, International Status and Obligations of Science, Nature 23 Dec. 1933, 952–954.

[67] Bernard Katz, Reminiscences of a Physiologist, 50 Years Later, J. Physiology 370, 1986, S. 3.

rung, daß er diese Statue als Zeichen der Dankbarkeit für die wissenschaftlichen Mitarbeiter aufgestellt habe, die Hitler ihm geschickt habe.[68]

2.3.4 Vereinzelter Nonkonformismus und Hilfe für jüdische Kollegen: Otto Krayer, »der einzige deutsche Gentleman«, Fritz Straßmann, Max Volmer, Heinrich Wieland und Adolf Windaus

Einige Chemiker unterschieden sich in ihrem Verhalten gegenüber ihren jüdischen Kollegen und Schülern deutlich von der großen Mehrheit der Akademiker. Otto Krayer, Fritz Straßmann, Max Volmer, Adolf Windaus und Heinrich Wieland zeichneten sich in besonderem Maße durch Mitmenschlichkeit und Zivilcourage aus. Ihr Handeln war, wie auch die Hilfsbereitschaft Max Bodensteins, kein Akt politischen Widerstands gegen den nationalsozialistischen Staat, sondern Resultat individueller Entscheidungen auf der Basis allgemeiner ethischer Prinzipien.[69]

Otto Krayer

Der Pharmakologe Otto Krayer lehnte als einziger der nichtjüdischen Wissenschaftler eine Stelle ab, die durch die Vertreibung eines jüdischen Kollegen freigeworden war. Er hatte sich 1929 am Institut für Pharmakologie in Berlin habilitiert und wurde dort 1932 apl. Professor. Während eines Gastaufenthaltes am Göttinger Institut für Physiologie erhielt er einen Ruf auf den Lehrstuhl für Pharmakologie in Düsseldorf als Nachfolger des jüdischen Pharmakologen Philipp Ellinger. Krayer lehnte den Ruf nicht nur ab, sondern machte darüber hinaus die Gründe für seine Entscheidung in einem Brief an das Preußische Ministerium für Wissenschaft, Kunst- und Volksbildung vom 15.6.1933 publik. Aus diesem bemerkenswerten Brief geht hervor, daß Krayer nicht eine offene politische Demonstration im Sinne hatte, sondern individuell protestierte, um seinen ethischen Überzeugungen treu zu bleiben. Er schrieb:

> »... Abgesehen von unwichtigen sachlichen Erwägungen war der Hauptgrund meines Zögerns der, daß ich die Ausschaltung der jüdischen Wissenschaftler als ein Unrecht empfinde, dessen Notwendigkeit ich nicht einsehen kann, da sie, wie mir scheint, mit

---

[68] Ibid., Wolfgang Ostwald erwähnt in seinem Bericht an die DFG über eine Englandreise eine entsprechende Bemerkung Hills (BAK, DFG-Akte Ostwald).

[69] Bodenstein schätzte trotz seiner grundsätzlich ablehnenden Haltung die antimaterialistische Grundeinstellung, die den Nationalsozialismus seiner Meinung nach kennzeichnete (Prof. Dr. Dr. h. c. Theodor Bücher im Gespräch mit UD, München, 14.6.1994). Über Windaus heißt es in einem politischen Gutachten einer Göttinger Ortsgruppe vom September 1941, in dem seine politische Zuverlässigkeit bejaht wird: »Lehnte früher und heute den Nationalsozialismus ab. War früher Demokrat, bewundert die Energie, mit der der Nationalsozialismus arbeitet.« (BDC, PK-Akte Windaus). Ein Chemiker, der dem politischen Widerstand angehörte, war Robert Havemann, siehe Kapitel 3.3.

Otto Krayer

außerhalb der Sphäre der Wissenschaft liegenden Gründen gestützt wird. Diese Empfindung des Unrechts ist ein ethisches Phänomen. Es ist in der Struktur meiner Persönlichkeit begründet und keine äußerliche Konstruktion. ...«[70]

Krayers Entscheidung führte zu seiner sofortigen Entlassung und dem Verlust aller akademischen Privilegien. Es wurde ihm verboten, Universitäten zu betreten und staatliche Bibliotheken zu benutzen. An seinen Institutsdirektor in Berlin, Wolfgang Heubner, schrieb Krayer am 13.7.1933: »... Ich bin mir vollkommen klar darüber, daß die Maßnahme des Ministeriums eine politische Maßnahme ist. Mich trifft sie nicht als politisches Subjekt, sondern als moralisches Subjekt, dessen Handeln vor dem Forum der Ethik zu verantworten ist ...«[71] Nach Erwin Chargaff

[70] U. Trendelenburg, Otto Krayer (22.10.1899 bis 18.3.1982) und das ›Gesetz zur Wiederherstellung des Berufsbeamtentums‹ (April 1933), DGPT Mitteilungen Nr. 16, Februar 1995, 33–34; der Brief Krayers wurde in englischer Übersetzung von Avram Goldstein zitiert (Otto Krayer. October 22, 1899–March 18, 1982, Biographical Memoirs, Nat. Acad. of Sciences Vol. 57, New York 1987, 151–225).

[71] Trendelenburg, Otto Krayer. Auch der Dirigent Fritz Busch lehnte es ab, einem jüdischen Kollegen den Platz wegzunehmen, nachdem ihm weitere Auftritte in der Dresdner Oper durch NSDAP- und SA Aktivisten unmöglich gemacht worden waren, und Göring ihm darauf hin eine Stelle in Berlin anbot (Fritz Busch, Aus dem Leben eines Musikers, Zürich 1949, Rascher-Verlag, S. 204).

hinterließ Krayers Haltung in England einen tiefen Eindruck, und der Pharmakologe Sir Henry Dale nannte ihn »the only German gentleman.«[72] Ende 1933 verließ Krayer Deutschland, um einer Einladung an das Department of Pharmacology am University College London zu folgen. 1934 übernahm er das Pharmakologische Institut der Amerikanischen Universität in Beirut, und 1937 nahm er einen Ruf zum Professor und Direktor des Pharmakologischen Instituts der Harvard Medical School an, wo er bis zu seinem Tode im Jahre 1982 tätig war.

Hilfe für entlassene Kollegen und Schüler

Einige wenige ehemalige Emigranten betonen, daß sie nach ihrer Entlassung Hilfe seitens bestimmter Institutsleiter erhielten. So gab Max Bodenstein, Ordinarius für Physikalische Chemie in Berlin, den Kontakt mit seinen jüdischen Kollegen nicht auf und versuchte, einigen von ihnen nach ihrer Entlassung zu helfen. Die vom KWI für Physikalische Chemie entlassenen Wissenschaftler Hans Beutler und Kurt Wohl durften bis zu Bodensteins Emeritierung 1935 in dessen Institut weiter arbeiten. Felix Bergmann, der Ende 1933 in Berlin in Chemie promoviert wurde, danach nach Palästina emigrierte und später in Israel Professor an der Hadassah Medical School wurde, erinnert sich, daß Max Bodenstein 1933 keinen jüdischen Studenten durch das Examen fallen ließ, weil er wußte, daß dieser in dem Fall keine Chance hatte, im Ausland eine Stelle zu bekommen.[73] 1934 würdigte Bodenstein in seinem Nachruf auf Fritz Haber auch die wissenschaftlichen Leistungen von dessen jüdischen bzw. »nichtarischen« Abteilungsleitern und Mitarbeitern, darunter Michael Polanyi, Herbert Freundlich, Hans Beutler, Hartmut Kallmann, Eugene Wigner and James Franck.[74]

Konrad Bloch, 1933 Student in München, betonte, daß Hans Fischer, ordentlicher Professor an der TH München und Nobelpreisträger, »an ardent patriot but not a Nazi and impeccably fair to all of his students«, ihm eine Stelle als Forschungsassistent im Schweizerischen Höhenforschungs-Institut (Davos) vermittelte.[75] Fischers Empfehlungsschreiben hätten ihm außerdem später Türen in den USA geöffnet. Nach Salome Glücksohn-Waelsch war Ludwig Aschoff, Ordinarius für Pathologie, der einzige Professor in Freiburg, der Juden half.[76] So vermittelte Aschoff seinem Assistenten Rudolf Schönheimer über den ihm bekannten Präsidenten der Macy-Foundation, Ludwig Kast, eine Stelle als Forschungsassistent an der Abteilung für Biochemie der Columbia School of Physicians and Surgeons in New York.

---

72 Prof. Dr. Erwin Chargaff im Gespräch mit UD, New York City, 28. Januar 1997.

73 Prof. Dr. Felix Bergmann im Gespräch mit UD, Jerusalem, 27. Dezember 1994.

74 Max Bodenstein, Nachruf auf Fritz Haber, Zeitschrift für Elektrochemie 40, 113–115, 1934.

75 Konrad Bloch, Summing up, Ann. Rev. Biochem. 56, 1987, S. 3.

76 Persönliche Mitteilung von Salome Glücksohn-Waelsch, 21.1.1991.

Adolf Windaus

Adolf Windaus

An dem von Adolf Windaus geleiteten Institut für Organische Chemie in Göttingen versuchte eine Gruppe nationalsozialistischer Studenten und Doktoranden, den einzigen jüdischen Doktoranden des Instituts, Klaus Neisser, zu vertreiben. Studenten und Mitarbeiter, die Neisser unterstützten, wurden von anderen bei der SA als Judenfreunde angezeigt. Windaus wollte die auf diese Weise hervorgerufenen Spannungen am Institut nicht tolerieren. Im November 1935 schrieb er an das Reichserziehungsministerium, er würde, wenn er sicher wäre, die Unterstützung des Herrn Ministers zu finden, gegen diejenigen, die er für die Ruhestörer im Institut hielt, energisch vorgehen. »Ich bezweifle aber, daß ich damit im Sinne des Ministeriums handeln würde, und es ist nicht meine Absicht, mich in Gegensatz zu meiner vorgesetzten Behörde zu stellen.«[77] Ähnlich wie Haber sah Windaus als Beamter nur im Rücktritt einen Ausweg. Er schrieb:

> »Ich bin zu alt, um die ethischen Anschauungen, in denen ich aufgewachsen bin, noch ändern zu können. Da es mir unmöglich ist unter den gegebenen Umständen in Göttingen wissenschaftlich weiter zu arbeiten, halte ich es für das Richtige, meinen Platz zu räumen und ihn frei zu machen für einen Mann, der die jetzige Entwicklung und die Jugend besser versteht als ich.«[78]

Windaus bat um seine Entpflichtung zum 1.4.1936. Anders als bei Haber kam das Ministerium Windaus entgegen, indem es auf seine Bedingungen einging: die Hauptaktivisten mußten die Universität wechseln. Windaus, der übrigens nie mit dem Hitlergruß grüßte, und der offen bekannte, daß er die damaligen politischen Entwicklungen ablehnte, wurde überredet, weiter im Amt zu bleiben. Den Wissenschaftspolitikern war in diesem Falle die Fortführung der weltweit aner-

---

[77] BDC, REM Akte Windaus, Windaus an das REM, 2. November 1935.

[78] Ibid.

kannten chemischen Forschungen des Nobelpreisträgers Windaus wichtiger als die Erfüllung der politisch-ideologischen Forderungen der Studenten. Klaus Neisser emigrierte nach seiner Promotion 1935 nach Brasilien.

Heinrich Wieland

Auch der Nobelpreisträger Heinrich Wieland, Leiter des Instituts für Organische Chemie der Universität München, trat durch seine antinationalsozialistische Haltung hervor.[79] So entfernte er – ein oft zitiertes Beispiel – seine eigene Büste und die Adolf von Baeyers aus dem Chemischen Institut, nachdem die seines Vorgängers Richard Willstätter durch Nationalsozialisten beiseitegeschafft worden war. Am Tag nach der Reichspogromnacht ging Wieland zu Willstätter, um sich nach dessen Wohlergehen zu erkundigen. Während des Zweiten Weltkriegs gab er einer Reihe von Doktoranden und Laboranten, die »Halbjuden« waren, in seinem Institut Forschungs- und Arbeitsmöglichkeiten, darunter Hildegard Brücher (später Hamm-Brücher) und Bernhard Witkop. Auch Studenten, die der Weißen Rose nahestanden, arbeiteten eine Zeitlang an seinem Institut. Im Oktober 1944 fuhr Wieland zum Volksgerichtshofprozeß gegen vier Studenten seines Instituts nach Donauwörth, wo er mit den Angeklagten sprach und als Entlastungszeuge aussagte.

Hildegard Hamm-Brücher studierte von 1940 bis 1945 Chemie in München, wo sie im Jahre 1945 unter Heinrich Wieland promovierte. In einem Gespräch berichtete sie mir über die damalige Zeit folgendes.[80] Sie hatte sich direkt nach dem Abitur zum Arbeitsdienst gemeldet, für Studentinnen eine Voraussetzung für das Studium. Als sie ihren Wunsch zum Chemiestudium bekundete, wurde sie aus dem Arbeitsdienst entlassen. Chemiker galten ähnlich wie Mediziner – auch für das Medizinstudium wurden Frauen aus dem Arbeitsdienst entlassen – während des Krieges als wichtig für das Deutsche Reich. Der Dekan der Philosophischen Fakultät II, Wüst, ließ sie nur unter der Bedingung zum Studium zu, daß der Institutsleiter seine Zustimmung geben würde. Da Professor Wieland einverstanden war, konnte sie Anfang 1940 regulär mit dem Studium anfangen. Als weiterer Pluspunkt kam ihr möglicherweise die Tatsache zur Hilfe, daß ihr Vater hochdekorierter Frontkämpfer im Ersten Weltkrieg war. Als Wieland sie nach ihrem Staatsexamen 1942 fragte, ob sie bei ihm promovieren wolle, betrachtete sie dies als große Auszeichung, nicht nur weil er damit ihre Leistungen anerkannte – sie hatte Vordiplom und Staatsexamen mit Auszeichnung bestanden – sondern auch weil er

[79] Zu Wielands politischer Haltung siehe: H. Hamm-Brücher und G. Freise in: Chemiker im Gespräch: Erinnerungen an Heinrich Wieland, Chemie in unserer Zeit 11, 143–149, 1977; Bernhard Witkop, Erinnerungen an Heinrich Wieland (1877–1957), Liebigs Annalen der Chemie, I – XXXII, 1992; ders., Heinrich Wieland Centennial: His Lifework and His Legacy Today, Angewandte Chemie Int. Ed.16, 559–572, 1977; ders., Heinrich Wieland hundert Jahre: Sein Werk und Vermächtnis heute, Angewandte Chemie 89, 575–589, 1977.

[80] Frau Dr. H. Hamm-Brücher in einem Gespräch mit UD in Köln am 10.10.1994.

Heinrich Wieland

sonst bei Frauen an den Fähigkeiten zu wissenschaftlicher Arbeit zweifelte. Damals gab es zwei Ausnahmen. Vor Hildegard Brücher hatte Elisabeth Dane bei ihm promoviert, die danach Privatdozentin und Wielands langjähige Assistentin wurde.

Dr. Hamm-Brücher hält Wieland für eine ganz große Ausnahme unter den damaligen Institutsleitern der Universität München. Ihrer Meinung nach war er eine in jeder Hinsicht integre Persönlichkeit und wahrscheinlich einer der wenigen aufrechten Anti-Nazis. Für sie selbst erwies es sich schließlich als Lebensrettung, daß sie bei ihm unterkommen konnte: 1943 fanden wegen der Flugblätter der Weißen Rose die ersten Durchsuchungen und Verhöre durch die Gestapo in der Universität und auch im Chemischen Staatslaboratorium statt. Hildegard Hamm-Brücher:

> »In diesem Zusammenhang tauchte auch mein Name auf, obwohl ich bei politischen Aktionen weder beteiligt noch eingeweiht war. Einige Studenten unseres Institutes waren mit Studenten der erst später so benannten Weißen Rose bekannt. Da ich damals mit Lungenentzündung im Bett lag, wandte sich die Gestapo an Wieland. Der erklärte, daß ich nichts mit diesen Aktionen zu tun hatte, daß ich schon deshalb nichts damit zu tun haben könnte, weil ich völlig mit wissenschaftlicher Forschung beschäftigt sei (die als ›kriegswichtig‹ galt, es aber nicht war) – und keine Zeit für andere Dinge hätte. Ich betrieb ganz normale Doktorandenforschung und analysierte die Nebensterine der Hefe. Wieland gelang es, die Gestapo von meiner politischen Harmlosigkeit zu überzeugen, und ich wurde infolgedessen nicht verhört oder gar verhaftet, wohl aber zum Wintersemester 1943 zwangsexmatrikuliert. Wieland ließ mich jedoch in seinem Privatlabor weiterarbeiten, und so gelang es mir, meine Doktorarbeit bis Kriegsende 1945 abzuschließen. Ich bin Wieland für seine Unterstützung lebenslang sehr dankbar.«[81]

Nach Bernhard Witkop, der 1942 als »Halbjude« ebenfalls eine Zeitlang in Wielands Privatlabor gearbeitet hatte, wurde Wielands Institut zwar nicht ein »Nest des

[81] Ibid.

Widerstandes«, aber eine »Oase der Anständigkeit«.[82] Witkop mußte sich gegen Ende des Krieges auf einem Bauernhof in Südbayern verstecken; 1947 setzte er seinen bereits vor dem Krieg gefaßten Entschluß um, in die USA zu emigrieren; dort wurde er Assistant Professor für Chemie an der Harvard University, später Wissenschaftler am National Institute of Health.[83]

Beschäftigung von »Halbjuden« während des Krieges

Außer Wieland gaben einige andere Ordinarien der Chemie »halbjüdischen« Studenten oder Mitarbeitern während der ersten Kriegsjahre Arbeitsmöglichkeiten an ihrem Institut. Dazu gehörten auch NSDAP-Mitglieder wie Otto Westphal und Egon Wiberg. Westphal, der 1941 Leiter der biochemischen Abteilung am chemischen Istitut in Göttingen wurde, beschäftigte dort nach eigenen Angaben fünf »halb- und viertel-jüdische« Mitarbeiter, darunter Otto Lüderitz, Fritz Bister und Botho Kickhöfen.[84] An Wibergs Anorganisch-Chemischem Institut in München war Hans Leipelt tätig, ein Mitglied der Weißen Rose, der eine jüdische Mutter hatte. Leipelt, ein politischer Kämpfer, wurde erst gefaßt, als er Geld für die mittellose Witwe des als Mitglied der Weißen Rose hingerichteten Professors Kurt Huber sammelte. Leipelt wurde deshalb noch Anfang 1945 hingerichtet.

Auch Hermann Staudinger gab einigen »Halbjuden« die Möglichkeit, ihr Studium fortzusetzen, darunter Hans Batzer, der zusammen mit seiner jüdischen Mutter gegen Kriegsende vom schweizer Konsulat aufgenommen wurde, und Gerhard Bier.[85] Bier, dessen Mutter Jüdin war, wurde im Juni 1939 das Medizinstudium verboten. Als er aus dem gleichen Grund 1940 von der Wehrmacht als Sanitäter entlassen wurde, begann er in Freiburg, Chemie zu studieren. 1942 wurde ihm das Studium verboten, aber Rektor Süß und Prof. Staudinger ermöglichten es ihm, noch einige Monate zu bleiben, um sein Diplom abzulegen. Dr. Bier:

> »Es gab eine Bestimmung, nach der ›Halbjuden‹ nicht Medizin und Jura und auch nicht für das Lehramt studieren durften. So blieben nur die Naturwissenschaften übrig. Es gab außer mir eine Reihe anderer ›Halbjuden‹, die Chemie studierten. Nach dem Diplomexamen sagte Staudinger mir, wenn Sie wollen, kann ich mich erkundigen, ob Sie hier arbeiten können. Er rief bei der zuständigen militärischen Forschungsbehörde an und erhielt die Genehmigung, mich als wissenschaftliche Fachkraft für kriegswichtige Arbeiten im makromolekularen Forschungsinstitut einzusetzen. Ich wurde als wissenschaftliche Hilfskraft bezahlt, d. h. mit 100 RM pro Monat.«

Dr. Bier floh 1944 nach einer Warnung in die Schweiz.

---

[82] Witkop, Erinnerungen an Heinrich Wieland, S. IV.

[83] B. Witkop, Stepping Stones – Building Bridges, S. 18–22. Ich danke Prof. Witkop für die Überlassung von Auszügen aus seinem Manuskript.

[84] Persönliche Mitteilung von Prof. Dr. Otto Westphal, Montreux, 28.8.1996.

[85] Persönliche Mitteilung von Dr. Gerhard Bier, Freiburg, 18.9.1996.

Auch bei anderen Freiburger Professoren waren »Halbjuden« beschäftigt, z. B. arbeitete W. Lüttke bei Prof. Mecke in der Physikalischen Chemie in einem an den Bodensee ausgelagerten Institut. Haborth und W. Happe waren bei Prof. Wittig in der Organischen Chemie und Marianne Goecke bei Dr. Elfriede Husemann tätig.[86]

Auch die Erfahrungen Lothar und Walther Jaenickes, deren Mutter Jüdin war, verdeutlichen die Bedeutung einzelner Personen für ihr Schicksal. So hing z. B. die Studienerlaubnis für »Halbjuden« oft von Entscheidungen einzelner ab. Im Falle von Lothar Jaenicke, der in Marburg Botanik (bei Peter Clausen) und Chemie (bei Hans Meerwein) studierte, entschied der Universitätsinspektor, seine Studienerlaubnis bis 1943 immer wieder zu erneuern, obwohl Jaenicke offiziell nur Gasthörer sein durfte. Als ihm 1943 die Einberufung zur »Organisation Todt«, d. h. zur Zwangsarbeitertätigkeit bevorstand, vermittelte ihn Prof. Meerwein über Prof. Schoeller zu Schering, wo Jaenicke zwei Jahre lang als Laborant arbeitete. 1945 nahm Meerwein den Kontakt mit ihm wieder auf, und Jaenicke ging zurück nach Marburg, wo er sein Diplom in Chemie ablegte.[87] Er beschreibt Meerwein als einen Mann des Anstandes, der zwar wie seine Kollegen obrigkeitshörig war, aber nur widerwillig mitmachte.

Walther Jaenicke, der Physik und Chemie in Gießen und Leipzig studierte, mußte 1940 das Studium offiziell abbrechen:[88]

»Ich wurde in meinem Wohnort Frankfurt als Student nicht angenommen, obwohl das Studium damals für ›Halbjuden‹ offiziell noch nicht verboten war. Der Rektor, ein Herr Platzhoff, wies in der Ablehnung meines Antrages zynisch auf die besondere Stellung hin, die Juden in der Stadt einnahmen. Ich habe mich damals gefragt, ob er wohl damit die Gründung und Finanzierung der Universität und anderer Bildungseinrichtungen zum erheblichen Teil durch Juden meinte. (Die Straße, in der sich das Rektorat befand, trug damals noch den Namen eines von ihnen!) In Gießen wurde ich angenommen. Wie es bei kleinen Universitäten häufig vorkam, waren fast alle Universitätsangehörigen dort in der Partei. Aber ich durfte studieren. Bei Kriegsbeginn wurde bei den im Westen gelegenen Universitäten der Lehrbetrieb geschlossen, und so bin ich im WS 1939 nach Leipzig gegangen, wo ich wieder regulär studiert habe und sogar Vorlesungsassistent bei Kautsky wurde.«

»Im SS 1940 wurde ich dann hinausgeworfen. Da mein Bescheid etwas wohlwollender als bei anderen formuliert war, habe ich etwas später versucht, einen erneuten Antrag zu stellen. Hier machte ich die gute Erfahrung, daß Bonhoeffer, Hund, Kautsky und sogar Helferich, der mich kaum kannte, meinen Antrag ohne zu zögern in ausführlichen Gutachten befürworteten. Ich bin damals zu Hund, nicht zu Heisenberg gegangen. Wenn ich mir heute den Grund überlege, war es wohl ein Gefühl, es würde ihm nicht so ganz recht sein, und er würde mich auch wohl für zu unbedeutend für ein solches Engagement halten. Inzwischen habe ich durch das Buch von Kleint und Wiemers erfahren, daß Heisenberg noch 1943 nach Krakau zum Generalgouverneur Frank gefahren ist, um

86 Ibid.
87 Prof. Dr. Lothar Jaenicke im Gespräch mit UD in Köln, 19.2.1999.
88 Prof. Dr. Walther Jaenicke im Gespräch mit UD in Erlangen, 18.8.1996.

von ihm die Kopernikusmedaille in Empfang zu nehmen und am Institut für deutsche Ostarbeit Vorträge zu halten. Das kann ich nicht verstehen, und es war sicherlich nicht nötig. Aber trotz allem, Heisenberg war ein Genie und persönlich sehr eindrucksvoll.«

»Mein Gesuch war erfolglos. Der damalige Rektor, Berve, bei dem Bonhoeffer vorsprach, weigerte sich, den Antrag und die Gutachten zu lesen, geschweige denn weiterzuleiten. Nach meiner Zwangsexmatrikulation erhielt ich einen Gestellungsbefehl. Dies lag augenscheinlich daran, daß durch ein Versehen meine Akten keinen Hinweis auf meine Abstammung enthielten. Freunde und Bekannte rieten mir, Kriegsdienst zu leisten und meinten, dies würde später meine Chancen erhöhen. Ich war aber zu erbost über meinen Rausschmiß und ließ meine Unterlagen berichtigen. Darauf erhielt ich den Vermerk kriegsverwendungsfähig, n. z. V. [nicht zu verwenden], für Eingeweihte gleichbedeutend mit ›Nichtarier‹.«

»Bei meiner Exmatrikulation hatte ich das große Glück, einem wohlwollenden Universitätsbeamten zu begegnen, der mir, als ich darauf bestand, meine Studiengebühr zurück zu erhalten, den Vorschlag machte, mir für den Rest des Semesters einen Hörerschein zu geben. Diesen bekam ich dann jahrelang ohne weitere Nachprüfung erneuert. So habe ich als Gasthörer studiert, und K. F. Bonhoeffer ließ mich in seinem Institut arbeiten, wobei er mich zuvor lächelnd darauf hinwies, auf wen ich besonders achten solle, z. B. auf Prof. Wo. Ostwald. So gewarnt konnte ich eine Arbeit auf dem Gebiet der Elektrochemie anfertigen, die später als Doktorarbeit anerkannt wurde, obwohl sie bereits (zusammen mit K. F. Bonhoeffer) publiziert war.«

»1943 wurde ein Verbleib an der Universität zu gefährlich. Ich habe dann für Dr. Goebbels gearbeitet, indem ich zur Studiengesellschaft für angewandte Physik gegangen bin. Dort wurden angeblich kriegswichtige Tätigkeiten ausgeführt. Bemerkenswert war, daß dort außer mir eine Reihe anderer ›Nichtarier‹ beschäftigt war. Ende 1944 bekam ich Differenzen mit meinem Chef (Dr. Maetzig, ebenfalls ›Halbjude‹) und wurde in ein anderes, ähnliches Labor versetzt, das in ein thüringisches Dorf verlagert war. Als ich dort noch im Februar für einen Fronteinsatz im Osten ausgewählt wurde, gelang es meinem damaligen Chef Dr. Hollmann, mich im letzten Augenblick frei zu bekommen. So überlebte ich den Krieg.«

Außer Walther Jaenicke war Heinz Gerischer eine Zeitlang an Bonhoeffers Institut tätig. Dazu Jaenicke:

»Heinz Gerischer war ebenfalls ›Halbjude‹ und hat viel Tragisches in seiner Familie erlebt. Er war zwei Jahre älter als ich und wurde noch eingezogen, machte den Frankreichfeldzug mit, wurde danach, wie alle ›Halbjuden‹, entlassen, durfte aber im Gegensatz zu mir als Kriegsteilnehmer offiziell studieren. Er wurde später ein weltberühmter Elektrochemiker, dessen Arbeiten unter anderem den Weg zur Elektrochemie von Halbleitern eröffneten. Wir waren sehr befreundet und arbeiteten als Diplomanden und Doktoranden von Bonhoeffer damals in demselben Zimmer. Gerischer wurde 1944 von der Organisation Todt eingezogen, kam als Zwangsarbeiter in ein Werk im Harz und kehrte erst nach Kriegsende nach Leipzig zurück, wo er etwa zum gleichen Zeitpunkt wie ich promovierte. Er hat nie von seinen Erlebnissen erzählt.«[89]

[89] Ibid.

Einen detaillierten Einblick in das Schicksal eines »Halbjuden« an der Universität der Kleinstadt Gießen nach 1933 und sogar noch nach 1945 vermittelt der bemerkenswerte autobiographische Bericht des Mediziners Werner Schmidt, der über seine Erfahrungen an verschiedenen Universitätskliniken schrieb:

> »Diejenigen Männer der Wissenschaft, die in diesen Jahren meinen Weg begleiteten und Zeugen dessen wurden, was sich da zusammenbraute, somit das Unheil erkannten und die erforderlichen Konsequenzen zogen, sind bekannt: Prof. Ferdinand Wagenseil in Gießen und Prof. J. Heine in Hamburg. Alle anderen haben, wenn nicht mitgetan, so sich doch mehr oder minder rasch arrangiert.« [90]

Fritz Straßmann

Fritz Straßmann wurde als einziger deutscher Chemiker mit einem Baum in der Allee der Gerechten in Yad Vashem, Jerusalem, geehrt.[91] Straßmann wurde nie Mitglied einer nationalsozialistischen Organisation, er trat sogar 1933 aus dem gleichgeschalteten Verein deutscher Chemiker aus.[92] Seit 1929 war er am KWI für

Fritz Straßmann

[90] Werner Schmidt, Leben an Grenzen. Autobiographischer Bericht eines Mediziners aus dunkler Zeit, Suhrkamp 1993, S. 294.

[91] Ruth Lewin Sime, Lise Meitner, A Life in Physics, Berkeley 1996: Univ. of California Press, S. 492. Straßmann wurde im Jahre 1986, nach seinem Tode, geehrt.

[92] Zu Straßmanns politischem Verhalten in der NS-Zeit siehe: Fritz Krafft, Im Schatten der Sensation. Leben und Wirken von Fritz Straßmann, Weinheim 1981: Verlag Chemie, S. 40–46.

Chemie tätig, zunächst als Stipendiat der Notgemeinschaft, seit 1935 als Assistent. 1934 zerschlug sich ein für ihn günstiges Angebot der Deutschen Solvay AG, Bernburg, da er es ablehnte, einer NS-Organisation beizutreten. Straßmann führte 1938 zusammen mit Otto Hahn die bekannten Experimente zur Kernspaltung durch. Da seine antinationalsozialistische Haltung bekannt war, lehnte die Universität Berlin sein Habilitationsgesuch im Jahre 1941 ab.[93] Im Jahre 1943 versteckten Straßmann und seine Frau Maria die jüdische Pianistin Andrea Wolffenstein in ihrer Wohnung. Sie riskierten damit nicht nur ihr eigenes Leben, sondern auch das ihres dreijährigen Sohnes. Andrea Wolffenstein überlebte.[94]

Max Volmer
Die Hilfe Max Volmers für einen ehemaligen jüdischen Mitarbeiter verdeutlicht die ausweglose Situation der Juden, die Anfang der 1940er Jahre noch in Deutschland waren. Volmer, seit 1922 Ordinarius für Physikalische Chemie an der TH Berlin, galt als politisch unzuverlässig, blieb aber bis Kriegsende in seiner Position. Seine von der Preußischen Akademie der Wissenschaften vollzogene Wahl zum ordentlichen Mitglied der physikalisch-mathematischen Klasse wurde allerdings im September 1938 vom Reichserziehungsminister Rust mit der Begründung annulliert: »Zur Repräsentation des nationalsozialistischen Staates ist die politische Haltung Volmers nicht klar genug.«[95]

Im Jahre 1943 wurde dem SD bekannt, daß Volmer 1937/1938 seinen ehemaligen jüdischen Assistenten Heinz Briske mit dem Tippen eines Manuskripts beauftragt und ihn 1942 zweimal in seiner Wohnung empfangen hatte. Aus diesem Grund wurde am 30.6.1943 ein Dienststrafverfahren gegen Volmer eingeleitet, in dessen Verlauf sich folgendes herausstellte[96]: Briske, der bei Volmer studiert und 1933 promoviert hatte, war bis zu seiner Entlassung 1934 Volmers Assistent. Um Briske finanziell zu unterstützen, gab ihm Volmer 1937 eine Schreibarbeit. Im November 1942 suchte Briske »in einem Zustand hochgradiger Verzweiflung« Volmer überraschend in seiner Wohnung auf. Er war von der Deportation (»Evakuierung«) und damit der Trennung von seiner Frau und seinen Kindern bedroht, hatte deshalb die Absicht, ins Ausland zu fliehen und bat Volmer um Rat und um Hilfe bei der Unterbringung seiner Kinder. (Daraus ist zu entnehmen, daß Briskes Frau keine Jüdin war.) Volmer besprach mit Briske, an welche Studienkollegen er sich möglicherweise mit der Bitte um Hilfe wenden könnte, und er wollte mit seiner Frau ein Unterkommen für Briskes Kinder suchen. Beim zweiten Besuch teilte Briske Volmer mit, daß er den Plan zur Flucht aufgegeben habe und beabsichtige, sich in Berlin bei Verwandten zu verstecken. Für seine Kinder habe er ein Unterkommen gefunden. Da diese auf besondere Zuteilungen verzichten mußten, die Kindern sonst

[93] Ibid., S. 46.
[94] Ibid.
[95] REM, 17.9.1938, BDC, REM-Akte Volmer.
[96] Aus der Begründung des Urteils des Dienststrafverfahrens, 7.8.1944, BDC, REM-Akte Volmer.

Max Volmer

zustanden, gab ihm Frau Volmer, die dieses Mal anwesend war, ein Päckchen mit Lebensmitteln.

Volmer begründete sein Verhalten gegenüber der Dienststrafkammer Berlin folgendermaßen:

> »Der Beweggrund zu meiner Handlung war ausschließlich das Mitleid mit einem Menschen, der sich mir gegenüber immer bescheiden und fleißig gezeigt hatte, und der hoffte, durch absolut korrektes Verhalten und Zurverfügungstellen seiner Arbeitskraft sich im Land erhalten zu können. Er wandte sich an mich in äußerster Verzeiflung, weil ihm – wie allen Institutsangehörigen – bekannt war, daß ich stets für meine Schüler und Mitarbeiter nach Möglichkeit gesorgt habe. Daß mir mein durch Mitleid diktiertes Verhalten als Beihilfe zum Versuch einer Durchkreuzung staatlicher Maßnahmen gedeutet werden könne, war mir nicht bewußt ...«

Am 13.7.1944 wurde das Urteil gesprochen: »Der Beschuldigte wird zur Gehaltskürzung von einem Fünftel auf die Dauer von zwei Jahren verurteilt. Er hat die Kosten des Verfahrens zu tragen.« In der Begründung heißt es:

> »... Diese [Volmers] Handlungsweise rechtfertigt die Verhängung der Höchststrafe. Die Dienststrafkammer hat jedoch Strafmilderungsgründe berücksichtigt. Sie hat dem Beschuldigten zu Gute gehalten, daß der einzige Beweggrund für ihn Mitleid mit seinem früheren Assistenten gewesen ist. Er hat auch nicht aus feindlicher Einstellung gegen den Staat und daher auch nicht aus oppositioneller Geisteshaltung gegen § 3 Abs. 3 D. B. G. gehandelt. Der ihm in der Einleitungsverfügung gemachte Vorwurf, dem Juden bei dessen Plan, sich den Evakuierungsmaßnahmen durch die Flucht zu entziehen, Rat und

Hilfe geleistet zu haben, trifft in dieser Fassung nicht zu. Nach übereinstimmenden Zeugenaussagen hat der Jude Briske einen derartigen Rat nicht erhalten. Die Anschuldigungsschrift hält daher auch den Vorwurf in dieser Formulierung nicht aufrecht. Weiterhin waren die langjährigen Verdienste des Beschuldigten als Beamter – besonders als Wissenschaftler – strafmildernd zu berücksichtigen. ...«[97]

Weitere Hilfeleistungen dieser Art durch Chemiker sind mir nicht bekannt.

Über das weitere Schicksal Briskes läßt sich diesen Akten nichts entnehmen. Nach Auskunft von Dr. Simon (Centrum Judaicum, Berlin) wurde Briske (vermutlich am 21. Dezember) 1942 inhaftiert. Er wurde mit dem 37. Transport am 19. April 1943 nach Auschwitz deportiert und starb am 22. Februar 1945 in Buchenwald. Er war also zum Zeitpunkt der Einleitung des Dienststrafverfahrens gegen Volmer bereits deportiert worden.

2.4 Die Fritz-Haber-Gedächtnisfeier 1935 – ein Protest deutscher Professoren gegen den Nationalsozialismus?[98]

2.4.1 Die politischen Auseinandersetzungen um die Haber-Gedächtnisfeier 1935; die Haltung der Chemiker

Die Gedächtnisfeier zur ersten Wiederkehr von Habers Todestag wird oft als einzigartige Demonstration des Protests deutscher Wissenschaftler gegen das NS-Regime genannt. Die Feier, die am 29. Januar 1935 im Harnack-Haus stattfand, wurde von der KWG in Gemeinschaft mit der Deutschen Chemischen Gesellschaft und der Deutschen Physikalischen Gesellschaft organisiert. Max Planck selbst übernahm die Vorbereitungen. Geplant waren einleitende Worte Plancks und zwei Gedächtnisreden Otto Hahns und Karl-Friedrich Bonhoeffers. Planck hatte auch Habers Sohn Hermann und andere Familienangehörige eingeladen. Hermann Haber lehnte die Teilnahme allerdings ab. In einem Brief an Prof. Coates in England begründeten Hermann und seine Frau Margarethe Haber ihre Entscheidung: »Wir finden – was wir nicht schreiben konnten [in der offiziellen Absage] – daß man kein Recht hat, Menschen *tot* zu feiern, die man *lebend* auch heute nicht dulden würde.« (Hervorhebung i. O.)

Am 15.1.1935, kurz nachdem die Einladungen bei den Empfängern eingetroffen waren, verbot der Reichs- und Preußische Kultusminister Rust allen seinem Dienstbereich unterstellten Beamten und Angestellten die Teilnahme. In der Be-

97 Ibid. Das Urteil wurde unterzeichnet von v. Krosigk, Dr. von Chappuis und Büssow.

98 Dieses Teilkapitel erschien in veränderter Form in *Chemie in unserer Zeit* 30, 141–149, 1996.

gründung heißt es, Haber habe in seinem Antrag auf Entlassung seine innere Einstellung gegen den heutigen Staat zum Ausdruck gebracht, darüber hinaus müsse das Vorhaben einer Haber-Gedächtnisfeier als Herausforderung des nationalsozialistischen Staates aufgefaßt werden, da eine solche nur bei den »größten Deutschen« üblich sei. Planck versuchte daraufhin, bei Rust die Aufhebung des Verbots zu erreichen.[99] In seinem Brief heißt es:

> »... Die Kaiser Wilhelm-Gesellschaft zur Förderung der Wissenschaften hat von ihrer positiven Einstellung zum heutigen Staat und ihrem Treuebekenntnis zum Führer und seiner Regierung häufig genug durch Wort und Tat Zeugnis abgelegt, um für sich das Vertrauen beanspruchen zu dürfen, daß bei ihrer in Aussicht genommenen Veranstaltung auf das Peinlichste jede Wendung vermieden wird, welche zu irgend welchen Mißdeutungen Anlaß geben könnte ...«

Rust erkannte Plancks Einstellung an. Er betonte in seiner Antwort außerdem die besondere Rolle, die der Kaiser Wilhelm-Gesellschaft im nationalsozialistischen Staat zukomme:

> »Wenn die Preußische Akademie der Wissenschaften am 28. Juni 1934 dem Andenken Habers eine besondere Gedächtnis*rede* widmen konnte, so konnte das allenfalls hingehen, als in der Preußischen Akademie der Wissenschaften bedeutende Denker und Forscher des In- und *Auslandes*, ohne Rücksicht auf Nationalität und Rasse, zusammengefaßt worden sind. Die Kaiser Wilhelm-Gesellschaft stellt dagegen eines der vornehmsten Institute *deutscher* Forschung dar, von dem die deutsche Öffentlichkeit erwartet, daß es sich auch in jedem einzelnen Fall öffentlichen Hervortretens mit den Grundsätzen des nationalsozialistischen Staates im Einklange befindet. Ich erkenne gerne an, daß Sie, Herr Präsident, von Ihrer positiven Einstellung zum heutigen Staate und zum Führer jederzeit durch Wort und Tat Zeugnis abzulegen bereit sind. Ich bedaure jedoch, daß die geplante Gedächtnisfeier für Fritz Haber den gegenteiligen Eindruck hervorrufen konnte. Professor Haber ist am 30. April 1933 deswegen aus dem Amte geschieden, weil er sich in Gegensatz zum nationalsozialistischen Staate stellte. ...«[100] (Hervorhebung i. O.)

Rust hob das Verbot der Feier nicht generell auf, er wollte aber »mit Rücksicht darauf, daß die Presse des In- und Auslandes bereits auf die Angelegenheit aufmerksam geworden ist, daß ausländische Teilnehmer zu der Feier erwartet werden, und daß schließlich die Kaiser Wilhelm-Gesellschaft private Mitglieder in ihren Reihen zählt«, Planck anheimstellen, »die Veranstaltung als rein interne und private Feier der Kaiser Wilhelm-Gesellschaft stattfinden zu lassen. ...« Die Tagespresse

---

[99] Brief Plancks an Rust vom 18.1.1935, Archiv der MPG, Abt. V, Rep. 13, 1850. Dieser Brief wurde, soweit bekannt, in keiner Publikation über Haber zitiert. Otto Hahn gibt in seinen Erinnerungen an die Gedächtnisfeier an, daß ihm dieser Brief »leider nicht mehr zugänglich« sei (Mitteilungen aus der MPG 1, S. 8, 1960).

[100] Brief Rusts an Planck vom 24.1.1935, Archivmaterial der Gesellschaft Deutscher Chemiker (GDCh) Frankfurt, Mappe chemische Erinnerungen.

sollte nicht darüber berichten. Rust ersuchte Planck um Vorlage einer »Liste derjenigen Professoren, die in ihrer Eigenschaft als Mitglieder der Kaiser Wilhelm-Gesellschaft bzw. der Deutschen Chemischen Gesellschaft oder der Deutschen Physikalischen Gesellschaft ihr Erscheinen in Aussicht gestellt haben sollten. Ich behalte mir vor, den namhaft gemachten Professoren Dispens von dem Erlaß zu erteilen, wenn sie besonderen Wert darauf legen.«

Planck ließ Abschriften dieses Schreibens durch Eilboten an die im Brief genannten Gesellschaften, die Direktoren sämtlicher Kaiser Wilhelm-Institute und auswärtigen wissenschaftlichen Mitglieder der Kaiser Wilhelm-Institute, den vorsitzenden Sekretar der Akademie der Wissenschaften und den Rektor der Universität Berlin verteilen.

Das Verhalten der Deutschen Chemischen Gesellschaft (DChG) und des Vereins deutscher Chemiker (V. d. Ch.) angesichts der Tatsache, daß der deutsche Wissenschaftsminister die Abhaltung einer Gedächtnisfeier für ihren berühmten Fachvertreter und ihr Ehrenmitglied Fritz Haber auf diese Weise erschwerte, ist eine Betrachtung wert.

Die DChG, die 1933 nicht offiziell gleichgeschaltet wurde, hatte in vorauseilendem Gehorsam den 1932 zum Präsidenten gewählten Alfred Wohl, weil er Jude war, nach nur einjähriger Amtszeit durch Karl Andreas Hofmann ersetzt. Hofmann hielt es für zu spät, allen Mitgliedern der DChG von dem Schreiben des Ministers Kenntnis zu geben, aber er ließ die Berliner Vorstandsmitglieder von der Möglichkeit des Dispenses informieren.[101] Eine spätere Anfrage zeigt, daß kein Dispens erteilt wurde; die folgenden Zitate lassen vermuten, daß zumindest die Vorstandsmitglieder auch keinen beantragt haben. So schrieb Prof. Erich Tiede an Hofmann, daß ihm »unter den veränderten Umständen eine Teilnahme der Deutschen Chemischen Gesellschaft an der Feier, falls sie wirklich doch abgehalten werden sollte, nicht als richtig erscheint. Ein Verzicht, der den beamteten Mitgliedern des Vorstandes besonders des engeren Vorstandes peinliche Überlegungen ersparen würde, ist nach meiner Ansicht auch deshalb vertretbar, weil wir bereits in unserer Gesellschaft in einer weihevollen Stunde am 12. Februar 1934 Habers in würdigster Weise gedacht haben. ... Natürlich liegt die Entscheidung, ob die Chemische Gesellschaft jetzt sich noch entscheiden soll, in Ihrer Hand. Für mich persönlich kommt eine Teilnahme unter Beantragung eines Dispenses nicht mehr in Frage.« Tiede ergänzte, daß auch Prof. Leuchs, der »durch seinen Unfall am Ausgehen und am Schreiben verhindert ist,« darum bittet, »ihn jedenfalls nicht auf die Liste der etwa für ein Dispens-Gesuch in Frage kommenden Vorstandsmitglieder zu setzen«.

Soweit ich feststellen konnte, war Adolf Windaus das einzige Mitglied der Gesellschaft, das versuchte, einen Dispens zu erhalten; sein Gesuch wurde allerdings abgelehnt. Auf dem Programm der Feier erschien die Deutsche Chemische Gesellschaft, deren Präsident Haber von 1922–1924 war, als miteinladend.

[101] Schreiben Hofmanns an Binz vom 26.1.1935; der hier zitierte Briefwechsel findet sich in Materialien der GDCh, Mappe Chemische Erinnerungen.

Während die DChG in erster Linie die Wissenschaftsorganisation der deutschen Chemiker war, galt der V. d. Ch. vornehmlich als ihre Standesorganisation. Vorsitzender war seit 1929 Prof. Paul Duden, Vorstandsmitglied bei Hoechst. Im Gegensatz zur DChG führte der Verein im Juni 1933 das Führerprinzip ein; Prof. Duden wurde vom Vereinsvorstand am 7.6.1933 zum »Führer« des Vereins ernannt.[102] 1934 schloß sich der Verein der Reichsgemeinschaft der technisch-wissenschaftlichen Arbeit (RTA) an, einem Zusammenschluß einiger von Nationalsozialisten geleiteter technisch-wissenschaftlicher Vereine unter Dr. Ing. Fritz Todt.[103] Todt war damals Leiter des Hauptamtes Technik der NSDAP und wurde 1940 Reichsminister für Bewaffnung und Munition.

Der Verein deutscher Chemiker leistete sich einen Beitrag besonderer Art zur Fritz-Haber-Gedächtnisfeier: Er verbot seinen Mitgliedern die Teilnahme. Allen Mitgliedern wurden am 25. Januar 1935 Karten mit folgendem Wortlaut zugeschickt: »Gemäß Verfügung des Präsidenten der RTA, Herrn Dr. Ing. Todt, ist die Teilnahme an der Gedächtnisfeier für Fritz Haber am 29. Januar 1935 im Harnackhaus allen Mitgliedern des Vereins deutscher Chemiker e. V. untersagt.«[104] Es kann also nicht die Rede davon ein, daß die Repräsentanten der Chemie die Fritz-Haber-Gedächtnisfeier als Protest gegen den Nationalsozialismus benutzten.

2.4.2 Protest einzelner Mitglieder gegen den Vorstand des Vereins deutscher Chemiker

Zur Ehrenrettung der deutschen Chemiker sei aber festgehalten, daß es tatsächlich Protest gab. Dieser richtete sich allerdings nicht gegen die nationalsozialistische Regierung, sondern gegen den Vorstand des Vereins deutscher Chemiker. Das von diesem erlassene Verbot, an der Gedächtnisfeier teilzunehmen, löste eine Vielzahl von Protestschreiben und sogar Austritte aus, die den Verein zur Stellungnahme und zu einer sich mehr als zwei Monate lang hinziehenden Korrespondenz zwangen. Mitglieder des Vereins protestierten nicht nur deshalb, weil sie sich durch ein solches Verbot unrechtmäßig gemaßregelt fühlten, sondern auch, weil sie nicht einsahen, daß eine Feier für diesen hervorragenden deutschen Gelehrten und Pa-

---

[102] Angewandte Chemie 46, 789, 1933.

[103] Aufzeichnungen und Materialien, die von Dr. H. Ramstetter über den V. d. Ch. geschrieben bzw. zusammengestellt wurden. Sie befinden sich in der Geschäftsstelle der GDCh. Siehe auch W. Ruske, 100 Jahre Deutsche Chemische Gesellschaft, Weinheim 1967: Verlag Chemie, S. 152.

[104] Diese und alle folgende Zitate, die Haber-Feier betreffend, wurden Materialien in der Geschäftsstelle der GDCh in Frankfurt, Mappe Chemische Erinnerungen entnommen. In den meisten der zitierten Briefe waren die Vornamen nicht angegeben. Sie wurden teilweise durch Informationen aus dem Bayer-Archiv, Leverkusen, ergänzt.

trioten verboten sein sollte. Unter den Schreiben, die direkt an den Vorstand in Berlin gerichtet wurden, befanden sich folgende:

»Hätte ich rechtzeitig von der Feier erfahren und die Absicht gehabt, an ihr teilzunehmen, so würde ich mich durch die Karte nicht von der Teilnahme abhalten lassen. ...« (Geh. Reg. Rat Dr. Karl Süvern, 31.1.1935). Nur seine mehr als 40jährige Zugehörigkeit zum Verein hindere ihn daran auszutreten, »trotz der durch das Verbot zum Ausdruck gebrachten Mißachtung eines großen Toten und des Mangels an Dankbarkeit gegenüber einem Manne, dem Deutschland auch heute noch viel verdankt.« Ähnlich reagierte Dr. Löhmann (7.2.1935): »... bitte ich höfl. um eine Mitteilung, aus welchem Grunde dieses Verbot ergangen ist. Es scheint ohne weiteres vollkommen unverständlich, da Herr Geheimrat Haber nicht nur zu den bedeutendsten Chemikern Deutschlands gehörte, sondern auf Grund seiner einzigartigen Leistungen in der ganzen Welt anerkannt wurde.« Dr. Karl Bittner aus Wien erklärte am 12.2. seinen Austritt aus dem Verein.

Der Vorstand sah sich zumindest in einigen Fällen zu Antwortschreiben veranlaßt. Süverns Vorwürfe wurden in einem längeren Schreiben vom 15.2.1935 »aufs Entschiedendste« zurückgewiesen. Das Verhalten des Vorstandes wurde damit begründet, daß es eine Forderung der Disziplin sei, die Anordnung des Leiters der RTA, Dr. Todt, kritiklos an die Mitglieder weiterzugeben. Im übrigen bedauere der Vorstand den wenig glücklichen Verlauf der Angelegenheit. Eine durch Bittner angeregte Anfrage des Bezirksvereins Österreich des V. d. Ch. in Berlin wurde damit beantwortet, daß »das Verbot *nicht* deshalb erfolgte, weil Haber Jude war, sondern weil er in Opposition zum neuen Reich seine Ämter niederlegte.« (15.2.1935, Hervorhebung i. O.)

Im Oberrheinischen Bezirksverein des V. d. Ch. rief das Verbot zur Teilnahme an der Haber-Feier erhebliche Unruhe hervor, wie der 1. Vorsitzende Dr. Hans Wolf dem Verein am 13. Februar 1935 mitteilte. Es seien vor allem Chemiker, »die sich, bewußt oder unbewußt, ohne jeden vernünftigen Grund in Gegensatz zur gegenwärtigen Regierung stellten.« Wolf hielt es für notwendig, die Angelegenheit nicht weiter öffentlich zu behandeln.

Besonders gut dokumentiert sind diese Vorgänge für den Bezirksverein Rheinland. Dort gingen bis Mitte Februar mehr als zehn Einsprüche dieser Art ein, alle von promovierten Chemikern vermutlich aus der Industrie, keiner von einem Hochschullehrer. Einige dieser Schreiben seien hier auszugsweise zitiert: »Zurückgesandt, weil ich es ablehnen muß, derartige Weisungen anzunehmen« (Dr. Hans Niedeggen). »Kenntnis genommen, aber mit Befremden, Begründung fehlt zum Verständnis! Zurück an den Vorstand« (Dr. Hess). »Aufgrund welcher Satzungsbestimmungen hält sich der Verein für befugt, derartige, in das Privatleben der Mitglieder eingreifende Verfügungen zu erlassen« (Dr. Erich Mayer). »Für Mitglieder einer freien Organisation ist mir ein solches lapidares Verbot nicht mehr erklärlich, zumal es sich in diesem Fall um die Ehrung eines Mannes handelt, dem Deutschland die Fortführung des Krieges um fast 2 Jahre verdankt. Ich wäre Ihnen dankbar, wenn Sie mir angeben könnten, auf Grund welches Satzungsparagraphen dem Verein die Möglichkeit eines Eingriffes in Gestalt eines Verbots dem Einzelmitglied gegenüber gegeben ist.« (Dr. Kurt Zimmermann) »Mit tiefer Entrüstung sende ich dem Verein deutscher Chemiker die Mitteilung betr. Fritz-Haber Gedächtnisfeier zurück. Inhalt und Form sind derart grotesk, daß man keinen Ausdruck dafür finden kann.« (Dr. Heinz Clingestein)

Dr. Albert Gundlach und Dr. Leonhardt wiesen auf den Unwillen vieler Mitglieder im Bezirksverein Rheinland hin, insbesondere, »daß man es nicht verstehen kann, daß Herr Prof. Duden nicht Mittel und Wege fand, um Herrn Dr. Ing. Todt rechtzeitig klarzumachen, welches Ansehen Haber doch aufgrund seiner gewaltigen Leistungen hatte, und welch unglückliche Wirkung ein in dieser Form abgefaßtes Verbot zur Folge haben müßte.« Dr. Otto Müller zitierte aus Richard Wagners Meistersingern: »Verachtet mir die Meister nicht und ehret ihre Kunst« und bekannte sich unter Hinweis auf die Bedeutung von Haber, Paul Ehrlich und Richard Willstätter zum universalistischen Leistungsprinzip, gegen das in Deutschland seit 1933 durch die Entlassung jüdischer Wissenschaftler und ihren Ausschluß von wissenschaftlicher Kooperation in fundamentaler Weise verstoßen wurde: »Wir können nicht fragen, ist der Mann Jude und Christ, sondern wir fragen, was hat er geleistet?«

Die Vorstandsmitglieder reagierten unterschiedlich. Duden und Dr. Kurt Stantien (seit 1929 Mitglied der NSDAP) waren dagegen, die Gründe für das Verbot der Haberfeier noch einmal aufzurollen. Sie wollten die Sache auf sich beruhen lassen. Im Gegensatz dazu vertrat der 1934 von Duden zum Vorsitzenden des Bezirksvereins Rheinland ernannte Dr. Walter Schieber die Meinung, daß der Leiter des Vereins durch den ganzen Hergang bloßgestellt sei und kündigte an, daß er sein Amt zur Verfügung stellen müsse, wenn von seiten des Hauptvereins nichts erfolge. Es sei erwähnt, daß Schieber seit 1931 NSDAP-Mitglied war und später auch Mitglied der SS wurde, bei der er bis zum Oberführer aufstieg. Er arbeitete im Spinnfaserwerk Dormagen der I. G. Farben. Während des Krieges produzierte er in der von ihm betriebenen Anlage in Wilshausen bei Arnsberg aus Abfällen der Cellulosefabrik eine künstliche Wurst, die, teilweise mit Todesfolgen, in Ernährungsversuchen an KZ-Häftlingen getestet wurde.[105] Schieber erhielt auf seine Rücktrittsankündigung ein Schreiben von Stantien, in dem dieser auf das Führerprinzip verwies:

> »Auch Herr Professor Duden ist der Ansicht, daß Sie Ihren Mitgliedern, die den Verein als reine Privateinrichtung auffassen, klar machen sollten, daß der Verein deutscher Chemiker als Mitgliedsverein der RTA durchaus offiziösen Charakter hat und als Berufsvertretung der deutschen Chemiker anzusehen ist. Im Dritten Reich haben sich eben unsere Mitglieder den Anordnungen der vom Führer bestellten Organe zu fügen.«

Es ist nicht dokumentiert, ob andere Mitglieder des Vereinsvorstands zu dieser Auffassung ihres Präsidenten bzw. zu dem Teilnahmeverbot an der Haber-Feier Stellung bezogen haben.[106]

[105] Ernst Klee, Auschwitz, die NS-Medizin und ihre Opfer, Frankfurt 1997: Fischer, S. 183, siehe auch Abschnitt 6.2.14.

[106] Dem Vorstand gehörten damals abgesehen von Duden, Stantien und Wolf u. a. an: Dr. Theo Goldschmidt, Prof. Burckhardt Helferich, Dr. H. Kretschmer, Prof. Rudolf Pummerer und Prof. Otto Ruff, siehe Angewandte Chemie 1934, 47, 377.

Unter Absprache mit dem Vorstand verschickte Schieber am 24. März 1935 ein Rundschreiben an seine Mitglieder »zur Erledigung der in großer Zahl eingegangenen Anfragen«. Darin heißt es weiter:

»Wir halten es im ureigensten Interesse der Chemiker für notwendig, daß die Angelegenheit öffentlich nicht weiter behandelt wird, da mit der stattgehabten politischen Demonstration der Stand der deutschen Chemiker schon genügend belastet ist. Wir hätten aber erwarten dürfen, daß die Mitglieder des Vereins ihre Vorwürfe der Mißachtung eines großen Toten und Mangel an Dankbarkeit nicht ohne Prüfung der für das Verbot maßgebenden Gründe erheben würden.«

Gehorsam erklärte Schieber seinen Mitgliedern das ihm von Stantien und Duden mitgeteilte Disziplingebot: »Was den Verein deutscher Chemiker anbelangt, so war es nicht seine Aufgabe, hierzu [zu dem vom Präsidenten der RTA Todt ausgesprochenen Verbot] in irgend einer Form kritisch Stellung zu nehmen, sondern eine Forderung der Disziplin, diese Anordnung an seine Mitglieder weiterzugeben.« Schieber kündigte an, die Mitglieder, die sich nicht in rein sachlicher Weise an ihn gewandt haben, sondern »die sich in Beschimpfungen gegen die Führer der deutschen Chemiker und der deutschen Techniker insgesamt in solch unmöglicher Form ergingen«, »durch persönliche Schreiben befristet zur bedingungslosen Zurücknahme ihrer Angriffe aufzufordern«. Er hoffte, durch dieses Rundschreiben die »unerfreuliche Angelegenheit« endlich zum Abschluß gebracht zu haben.

Die angekündigten persönlichen Schreiben Schiebers sowie Antworten darauf waren in den Unterlagen nicht zu finden. Aber es gab zumindest eine weitere, bemerkenswerte Reaktion: Dr. Kurt Zimmermann aus Wuppertal schrieb am 5. April 1935:

»Leider kann ich den Schlußstrich unter diese sehr ›unerfreuliche‹ Angelegenheit – allerdings nicht in Bezug auf die Veranstaltung der Feier, sondern auf den Vorgang innerhalb unseres Vereins durch ein befehlsmäßiges Verbot gegenüber persönlich freien Mitgliedern – so lange nicht ziehen, ehe nicht *völlige* Klarheit geschaffen ist. Ich bitte daher, folgende Fragen zu beantworten:

1. Haben die amtierenden Organe des V. d. Ch. das Recht, in persönliche Entscheidungen der *einzelnen* Mitglieder einzugreifen?
2. Wenn ja: in welchem § der Satzung ist dieses Recht verankert?
3. Wenn nein: wie gedenkt man solchen Satzungswidrigkeiten in Zukunft vorzubeugen?«

Es folgen Bemerkungen zu einzelnen Stellen des Schreibens von Schieber:

»Wieso ist der Stand der deutschen Chemiker durch eine Erinnerungsfeier, die kein Mensch für eine politische ansah, oder durch sie eine politische Auswirkung erwartete, schon ›genügend belastet‹? ... Was heißt ferner: es liegt in ›ureigenstem‹ Interesse usw.? Ich habe als Frontsoldat z. B. keinen Anlaß, über den großen Berufskollegen Geh. rat. Prof. Dr. Haber, im Range eines Majors d. R. im Weltkrieg, Organisator des ersten Gasangriffes, den mitzumachen ich die Ehre hatte, usw., nicht zu sprechen; Sie selbst bezeichnen ihn ja auch als ›großen Toten‹. Ich vertrete – ich möchte hier die Bemerkung einschalten, daß ich seit der Zeit, in der ich das Denken lernte, Judengegner bin – sogar die Meinung, daß man diesen Mann nicht nur wissenschaftlich achten muß, sondern auch menschlich, weil er m. E. nicht ›in Opposition‹ zum nationalsozialistischen Staat seine Ämter niedergelegt und Deutschland verlassen hat, sondern als Mann die Konsequenzen gezogen hat, die ein Mensch mit Ehrgefühl in seiner Lage ziehen muß. Und vor ›Anständigkeit‹ und ›Ehrenhaftigkeit‹ habe ich immer noch ›Achtung‹, auch wenn der Betreffende kein Volksgenosse ist. ...«

Eine Würdigung des Rücktritts Habers findet sich in keinem der veröffentlichten Nachrufe. Ich habe keine stringente Erklärung dafür, warum dieser sich antisemitisch äußernde Chemiker und einige andere Industriechemiker im Gegensatz zu Chemikern an Universitäten und Kaiser Wilhelm-Instituten deutlich gegen ihren Vereinsvorstand protestierten. Die Mehrheit des Vereins bestand zwar aus Industriechemikern, aber eine größere Zahl von Privatdozenten und Professoren, darunter Theodor Bersin, Walter Hückel, Richard Kuhn und Wolfgang Ostwald, war ebenfalls Mitglied. Ein Protest ließ sich vermutlich nicht mit der Tradition des Gehorsams im deutschen Beamtentum vereinbaren. Darüber hinaus hatten Assistenten und Privatdozenten wahrscheinlich Angst, nicht befördert zu werden. In diesem Zusammenhang ist die Frage von Bedeutung, wer tatsächlich an der Gedächtnisfeier teilnahm.

2.4.3 Die Teilnehmer der Haber-Gedächtnisfeier

Erinnerungen Otto Hahns läßt sich entnehmen, daß der große Saal des Harnack-Hauses vollbesetzt war – zum größten Teil mit Frauen von Berliner Professoren, Mitgliedern der KWG und persönlichen Freunden Fritz Habers.[107] Max Planck eröffnete die Feier mit dem Hitlergruß und einführenden Worten.[108] Zwei Gedenkreden wurden von Otto Hahn und Oberst a. D. Joseph Koeth gehalten. Koeth war während des Ersten Weltkrieges Leiter der Abteilung für Rohstoffe des Preußischen Kriegsministeriums und seit dieser Zeit mit Haber bekannt, der die Abteilung für chemische Kriegsführung leitete.[109] Nach Hahn hatte der damalige Rektor

[107] O. Hahn, Zur Erinnerung an die Haber-Gedächtnisfeier vor 25 Jahren am 29. Januar 1935 im Harnack-Haus in Berlin Dahlem, Mitteilungen aus der MPG 1, 3–13, 1960. Dokumente mit den Namen aller Teilnehmer an der Feier konnten in den Archiven nicht gefunden werden.

[108] R. Willstätter, Aus meinem Leben. Von Arbeit, Muße und Freunden, Weinheim 1949, S. 277.

[109] O. Hahn, zur Erinnerung; J. Jaenicke, Brief an Otto Hahn, 12.12.1959, Archiv der MPG, Abt. V, Rep. 13, A 11.

der Berliner Universität, Eugen Fischer, der gleichzeitig Direktor des Kaiser Wilhelm-Instituts für Anthropologie war, ihn einige Tage vor der Feier angerufen, um ihm die geplante Rede zu verbieten. Da Hahn aber aus der philosophischen Fakultät ausgeschieden war, der Universität also nicht mehr angehörte, war Fischer nicht mehr weisungsbefugt.

Karl-Friedrich Bonhoeffer wurde untersagt, die geplante Gedächtnisrede zu halten, stattdessen las Hahn den Text vor. Richard Willstätter nahm an der Feier teil, er war, wie erwähnt, bereits im Jahre 1924 als Protest gegen mehrere antisemitische Vorfälle bei Berufungen an der Universität München von seiner Position als Ordinarius zurückgetreten. Ihm fiel auf, daß kein Wissenschaftler des KWI für Physikalische Chemie, das kommissarisch von Gerhart Jander geleitet wurde, erschienen war. Während Hahn sich erinnert, daß Verwandte von Haber anwesend waren, war dies nach Johannes Jaenicke nicht der Fall.[110]

Nach Hahn und Willstätter waren außerdem folgende Personen anwesend: Geheimrat Carl Bosch, Arthur von Weinberg, Direktor Kühne und andere leitende Herren der I. G. Farbenindustrie, die von Bosch aufgefordert worden waren zu kommen, Exzellenz Schmidt-Ott, Dr. A. Petersen und Dr. Johannes Jaenicke von der Metallgesellschaft aus Frankfurt, Wolfgang Heubner und Elisabeth Schiemann von der Universität Berlin, sowie Lise Meitner, Fritz Straßmann und Max Delbrück vom Kaiser Wilhelm-Institut für Chemie. Georg Melchers, Assistent am KWI für Biologie nahm ebenfalls an der Feier teil, ohne um Erlaubnis zu fragen.[111] Heubner, Ordinarius für Pharmakologie, war für seine antinationalsozialistische Haltung bekannt. Elisabeth Schiemann, außerordentliche Professorin für Botanik, unterwarf sich im Gegensatz zu Kollegen, die wie sie keine Nationalsozialisten waren, auch in anderen Situationen bestimmten Forderungen des Regimes nicht.[112] Die Teilnahme an der Veranstaltung brachte ihr keine beruflichen Nachteile.

Aus dem oben zitierten Briefwechsel des Vereins deutscher Chemiker geht hervor, daß Prof. Hermann Mark aus Wien (er wurde 1938 entlassen) und Prof. Friedrich Franz Nord aus Berlin ebenfalls an der Feier teilnahmen. Der Enzymchemiker Nord, der ein biochemisches Laboratorium am Hygiene-Institut der Universität Berlin leitete, war eine starke Persönlichkeit, die sich nichts vorschreiben ließ, insbesondere nicht von der NSDAP.[113] Er war nicht jüdisch, verließ aber Deutschland

[110] J. Jaenicke, ibid.

[111] Persönliche Mitteilung von Prof. Georg Melchers an Prof. Benno Müller-Hill.

[112] Elisabeth Schiemann nahm z. B. nicht an Aufmärschen zum 1. Mai teil und zitierte in Vorlesungen jüdische und russische Autoren (A. Lang, Elisabeth Schiemann – Life and Career of a Woman Scientist in Berlin, Englera 7, 17–28, 1987). Vermutlich weil sie die Dissertation eines NSDAP-Mitglieds nicht akzeptierte, wurde ihr 1940 die Lehrbefugnis entzogen (siehe Deichmann, Biologen, S. 47).

[113] Nach Angaben von HMM von der Rockefeller Foundation befand sich Nord »in bad graces of the Nazi Party«, wegen seines mutigen Auftretens und seiner dezidierten Meinungen, die er nicht verbarg (29. Sept.1938, RAC, RF, RG 1.1 Series 200D, Box 139, Fldr. 1717).

1938, nachdem er mehrfach in Konflikt mit den Nationalsozialisten gekommen war.[114] Er emigrierte in die USA, wo er Professor an der Fordham University in New York wurde. Ein weiterer Teilnehmer an der Feier war Habers ehemaliger Mitarbeiter Hans Eisner, der bereits nach Spanien emigriert war. Trotz seiner antimilitaristischen und liberalen politischen Einstellung verehrte er Fritz Haber so sehr, daß er zur Feier nach Berlin zurückkam.[115]

Inwieweit stellte also die Haber-Feier einen Protest der Professoren gegen das nationalsozialistische Regime dar? Die vorliegenden Informationen zeigen, daß, von wenigen Ausnahmen abgesehen, Hochschullehrer keinen Versuch unternommen haben, die vorhandene legale Möglichkeit des Dispensantrags zu nutzen, um an der Feier teilnehmen zu können, geschweige denn unter Mißachtung entsprechender Verbote einfach zu erscheinen.

Man kann nur darüber spekulieren, ob die Haber-Feier zu einer wirklichen Protestveranstaltung hätte werden können, wenn alle seine Kollegen von Universitäten, Kaiser Wilhelm-Instituten und Industrie, die mit ihm in der Forschung und Ausführung des Gaskampfs kooperiert hatten und die seine deutsch-nationale Überzeugung teilten, erschienen wären oder zumindest durch Beantragung eines Dispenses ihre Treue zu Haber und zu ihrer nationalen Überzeugung gezeigt hätten. Letztere führte aber in den meisten Fällen zur Duldung oder aktiven Unterstützung der neuen Machthaber, ähnlich wie sie im Kaiserreich und während des Ersten Weltkrieges zur vollständigen Identifizierung mit der Regierung geführt hatte. Chemiker stellten 1933 in ihrer Bereitschaft zur Anpassung keine Ausnahme unter den deutschen Eliten dar. In dieser Hinsicht ist es bemerkenswert, daß es sich bei dem einzigen Hochschullehrer der Chemie, der sich um einen Dispens zur Teilnahme an der Haber-Gedächtnisfeier bemühte, um Adolf Windaus handelte, einen Wissenschaftler, der 1914 als einer der wenigen seine Beteiligung an der Giftgasforschung abgelehnt hatte. So besehen, symbolisierte die Haber-Feier durch das Fernbleiben des größten Teils der Eliten aus Wissenschaft und Industrie den vollzogenen Wechsel des alten Nationalismus, der Juden mit einschloß und es einem Wissenschaftler wie Haber erlaubte, Giftgase für die Nation zu entwickeln und

---

[114] Nach Freda Hall Lipmann weigerte sich Nord z. B., die Hakenkreuzflagge zu hissen, und verließ Deutschland, nachdem er gewarnt worden war, daß er verhaftet werden sollte (persönliche Mitteilung, New York City, 27 November 1996).

[115] Prof. Thomas Eisner, der Sohn Hans Eisners, im Gespräch mit UD, Cornell University, Ithaka, 24. November 1996. Prof. Eisner erinnert sich gut an die Verehrung seines Vaters für Fritz Haber, die nicht so leicht zu verstehen war, weil Hans Eisner weder ein deutscher Nationalist noch Militarist war. Er meinte: »My father was politically very liberal. I always wondered that he never talked about Fritz Haber's gas warfare work in WWI. He had nothing to do with it himself but he certainly knew about it. My father tended not to dwell on the negative but always to emphasize the positive. He was basically an optimist. He remained devoted to Fritz Haber all his life. Thus, already in Spain, he went back to Berlin in 1935 in order to attend the Haber memorial ceremony. The devotion he had to Haber was a dilemma. He somehow separated this person into two, because there was no way that he could have sanctioned what Haber did in WWI.«

einzusetzen, und einem neuen Nationalismus, in dem es für Juden unabhängig von ihrer politischen Überzeugung keinen Platz mehr gab, nicht einmal in der Erinnerung an Schlachtfelder der Vergangenheit.

2.4.4 Auseinandersetzungen um Haber nach 1945

Eine Neubewertung des Wissenschaftlers und Wissenschaftspolitikers Fritz Haber unter Einbeziehung seiner Rolle bei der Kampfgasforschung im Ersten Weltkrieg und der Würdigung seines Verhaltens im Nationalsozialismus wurde nach 1945 zunächst nicht vorgenommen. Die KWG bemühte sich stattdessen, Fritz Haber als großen deutschen Wissenschaftler zu rehabilitieren, indem sie am 2.2.1946 im Kaiser Wilhelm-Institut für Physikalische Chemie in Berlin eine Gedenkfeier zu seinem 12. Todestag organisierte. Die Namen der Anwesenden sind nicht bekannt. Die Gedenkrede hielt Habers ehemaliger Mitarbeiter Hartmut Kallmann, der aufgrund der Tatsache, daß er zwei jüdische Großeltern hatte, 1933 entlassen worden war. Kallmann hatte durch die Vermittlung von Carl Bosch bei der I. G. Farben einen Patentvertrag erhalten und blieb in Deutschland.[116] Dieser Vertrag wurde 1939 gekündigt, und es gelang Kallmann nicht mehr, eine Stelle im Ausland zu bekommen.[117] Er überlebte den Nationalsozialismus unter schwierigen Bedingungen – er selbst verbrachte nur drei Tage in einem Lager, mußte aber mitansehen, daß seine Eltern zu Tode gequält wurden.[118] 1945 wurde er wieder Abteilungsleiter des KWI.

Kallmann erwähnte Habers Rolle im Gaskrieg nicht. Er würdigte Haber als Forscher, Institutsleiter, Lehrer, dessen Schüler mittlerweile in allen Teilen der Welt anzutreffen seien, und als charakterstarke Persönlichkeit, die 1933 getreu seinen wissenschaftlichen Prinzipien sein Abschiedsgesuch eingereicht hatte. Haber habe es abgelehnt, von seiner Haltung abzurücken, seine »Mitarbeiter nach dem Verstande und dem Charakter und nicht nach der Großmutter« auszuwählen.[119] Kallmann hatte sogar im Jahre 1946 Schwierigkeiten, diese Rede zu publizieren.[120] Er bemühte sich, eine Stelle im Ausland zu finden, denn in Deutschland litt er, wie aus einem Brief Michael Polanyis hervorgeht, sowohl wegen der früheren Verfolgungen als auch auf Grund der nach wie vor vorhandenen nationalsozialistischen Mentalität.[121] Er emigrierte um 1949 in die USA.

---

[116] Burghard Weiss, Höchste Spannung. Fritz Haber, Hartmut Kallmann und das »Tandem-Prinzip«. Ein frühes Kapitel der Beschleuniger-Geschichte, Kultur und Technik 1, 42–49, 1997.

[117] ms SPSL, file Hartmut Kallmann.

[118] Ich danke Dieter Hoffmann, Berlin, für Informationen über Kallmann.

[119] H. Kallmann, Dem Andenken von Fritz Haber, Archiv der MPG, Abt. V, Rep. 13/1285.

[120] H. Kallmann an Prof. J. E. Coates, 28.5.1947, Archiv der MPG, Abt. V, Rep. 13/1387.

[121] M. Polanyi an die Society for the Protection of Science and Learning, 9.12.1947, ms SPSL.

Anläßlich der Vierzig-Jahrfeier des KWI für Physikalische Chemie und Elektrochemie am 9. Dezember 1952, fast 19 Jahre nach Habers Tod, wurde eine Gedenktafel für Fritz Haber im Treppenhaus des Hauptgebäudes enthüllt.[122] Die »materiellen Mittel« wurden von der BASF und der Metallgesellschaft gestiftet, die durch die Direktionsmitglieder Dr. Göggel und Dr. J. Jaenicke bei der Feier vertreten waren. Auch die Gesellschaft Deutscher Chemiker und die Bunsengesellschaft stifteten Beiträge und waren diesmal repräsentiert, und zwar durch die Professoren J. D'Ans und K. F. Bonhoeffer. Der Wortlaut der Reden von Max v. Laue, Bonhoeffer, D'Ans und Göggel erschien in der Zeitschrift für Elektrochemie. Das Institut wurde 1953 in Fritz-Haber-Institut der Max-Planck-Gesellschaft umbenannt.

In den 1960er Jahren erschienen in der DDR kleinere Artikel, in denen Habers enge Zusammenarbeit mit Industrie und Staatsmacht kritisiert wurde.[123] In der Bundesrepublik wurde 1984 eine Arbeit über Haber mit neuem dokumentarischen Material zusammengetragen.[124] Die MPG initiierte in den 1980er Jahren eine größere Studie über Fritz Haber, die allerdings trotz der Materialfülle abgebrochen wurde, da sie politisch nicht opportun war.[125] Zur gleichen Zeit wurde Haber in einer Publikation über die Geschichte der I. G. Farben und ihre Väter als »Professor für Gastod und Chemie« und als »Giftgaskämpfer, der sich um die Farbenfabriken so verdient gemacht hatte«, charakterisiert.[126] Erst 1994 und 1998 erschienen zwei umfangreiche Biographien über Haber, die den Anspruch erheben, keine Gesichtspunkte auszulassen.[127]

Nach diesem Exkurs über die spätere Auseinandersetzung um Fritz Haber seien nun in den folgenden zwei Kapiteln die Entlassungen und Emigrationen in der Chemie und Biochemie und ihre Auswirkungen genauer untersucht.

---

[122] M. v. Laue, Vierzig-Jahrfeier des Kaiser Wilhelm-Instituts für Physikalische Chemie und Elektrochemie in Berlin-Dahlem, Mitteilungen aus der MPG 5, 38–42, 1953.

[123] Siehe dazu Szöllösi-Janze, Fritz Haber, 1868–1934. Eine Biographie, München 1998: Beck, S. 16 f.

[124] Johannes Jaenicke, Fritz Haber (1868–1934). Beiträge zu seiner Biographie, Fridericiana – Zeitschrift der Universität Karlsruhe 35, 3–30, 1984.

[125] Adolf-Henning Frucht in einem Gespräch mit Benno Müller-Hill, Köln, 23 März 1986.

[126] Otto Köhler, … und heute die ganze Welt. Die Geschichte der I. G. Farben und ihrer Väter. Hamburg, Zürich 1980: Rasch und Röhrig.

[127] Stoltzenberg, Fritz Haber; Szöllösi-Janze, Fritz Haber.

Kapitel 3
Die Entlassung und Emigration von Chemikern und Biochemikern

3.1 Statistische Angaben

3.1.1 Zahlen der Entlassungen und Emigrationen; Unterschiede bei verschiedenen Universitäten und Kaiser Wilhelm-Instituten

Meine Analyse basiert auf den Biographien von habilitierten (Bio-)Chemikern, die Anfang 1933 bzw. Anfang 1938 an allen deutschen und österreichischen Universitäten, der Deutschen Universität in Prag und acht Technischen Hochschulen tätig waren, oder die 1933 mindestens promovierte Wissenschaftler an Kaiser Wilhelm-Instituten waren, insgesamt 535 Personen. Es war nicht in allen Fällen möglich, Einzelheiten über das Schicksal der Wissenschaftler nach 1933 in Erfahrung zu bringen. Nach bisherigem Kenntnisstand wurden 129 (24,1 %) von ihnen zwischen 1933 und 1939 entlassen, und mindestens 108 (20,1 %) emigrierten. 12 dieser Emigranten wurden nicht entlassen, sondern wurden entweder zum »freiwilligen« Rücktritt gedrängt oder emigrierten aus anderen Gründen. Die Gesamtzahl der von Universitäten und Kaiser Wilhelm-Instituten vertriebenen (entlassenen und/oder emigrierten) Chemiker beträgt daher 141 (26,3 %). Mindestens 123 (87,2 % von ihnen) mußten ihre Position nach damaligem Sprachgebrauch aus rassischen Gründen aufgeben, sechs von ihnen waren selbst keine Juden oder »Nichtarier«, aber mit einer Jüdin verheiratet.

Einige der jüdischen oder »nichtarischen« Wissenschaftler galten auch aus politischen Gründen als untragbar. So waren die Professoren Walter Fuchs (TH Aachen) und David Holde (TH Berlin) Mitglieder der sozialdemokratischen Partei, letzterer gehörte auch der Liga für Menschenrechte an, und Professor Isidor Traube (TH Berlin) war Ende der 1920er Jahre öffentlich für den liberalen Heidelberger Professor Gumbel eingetreten. Wilhelm Prandtl, Extraordinarius an der Universität in München, war als sehr christlicher (katholischer) Mann bekannt, der den deutschen Gruß nie erwiderte. Als ihm die Einladung zum Besuch einer Parteiveranstaltung überbracht wurde, habe er erklärt, er habe mit der Partei nichts zu tun.[1] Er wurde 1937 allerdings nicht wegen seiner politischen Haltung entlassen, sondern weil seine Frau Jüdin war. Nach vorliegenden Informationen mußte sie Zwangsarbeit leisten; sie entkam im Februar 1945 aufgrund ihres schlechten Gesundheitszustandes der Deportation nach Theresienstadt.[2]

In sieben Fällen konnte ich die Gründe der Entlassung und Emigration bisher nicht feststellen, vermutlich handelt es sich in einigen Fällen auch um »rassische« Gründe. Sechs Personen (etwa vier Prozent der (Bio-)Chemiker, die ihre Stellen verloren) wurden aus ausschließlich politischen Gründen entlassen, zwei von ihnen nach einiger Zeit wieder eingestellt. (Zu den Namen der Entlassenen und Emigranten siehe Tabellen 3.5 und 3.7.)

Die Verluste in der (Bio-)Chemie (26 % Entlassungen und/oder Emigrationen und 20 % Emigrationen) waren deutlich höher als in der Biologie, wo 13 % entlassen wurden und 10 % emigrierten.[3] Wegen der Verwendung unterschiedlicher Kriterien variieren entsprechende Daten für die Physik zwischen 15,5 % und 25 %.[4] Die Entlassungs- und Emigrationsquoten in der (Bio-)Chemie sind demnach mindestens so groß wie in der Physik. Sie waren bedingt durch eine im Vergleich mit der Biologie große Beteiligung jüdischer Wissenschaftler an der akademischen Chemie und hingen mit den beruflichen Perspektiven akademischer Chemiker in der seit Mitte des 19. Jahrhunderts schnell expandierenden chemischen Industrie zusammen (siehe Kapitel 1). Viele jüdische Studenten studierten Chemie, um eine Karriere in der Industrie, teilweise der väterlichen Firma, zu beginnen und blieben dann zum Teil als Hochschullehrer – oft ohne feste Stelle als Privatdozent oder außerplanmäßiger Professor – an Universitäten oder gingen als Forscher, manchmal parallel zu einer Industrietätigkeit, an Kaiser Wilhelm-Institute. Die Väter der Nobelpreisträger Fritz Haber, Georg v. Hevesy und Ernst Boris Chain gründeten

---

1 BDC, REM Akte W. Prandtl, Gesamturteil der NSDAP-Gauleitung München vom 19.10.1938.

2 Information von Prof. Dr. Laetitia Boehm, UA München, 6.3.1996.

3 Ute Deichmann, Biologen unter Hitler, Frankfurt 1995: Fischer, S. 48.

4 Zur Physik siehe Alan Beyerchen, Wissenschaftler unter Hitler. Physiker im 3. Reich, Köln 1980, S. 75; Klaus Fischer, Der quantitative Beitrag der nach 1933 emigrierten Naturwissenschaftler zur deutschsprachigen physikalischen Forschung, in: Berichte zur Wissenschaftsgeschichte 11, 83–104, 1988. Nach Beyerchen wurden mindestens 25 % aller Physiker entlassen, nach Fischer emigrierten 15,5 % der Hochschullehrer der Physik. Diese Zahlen beziehen sich nur auf Deutschland. Geht man davon aus, daß, wie in der Chemie, mindestens 85 % der Entlassenen und Emigranten Juden bzw. »Nichtarier« waren, und daß ca. 20 % der Entlassenen nicht emigrierten, käme man auf einen Anteil jüdischer (»nichtarischer«) Physiker unter den Physikern in Deutschland, der zwischen 16 % und 20 % liegt. Zur Unzulänglichkeit der Zahlen in »Die Entwicklung des Lehrkörpers der deutschen Universitäten und Hochschulen 1864–1954« (Christian von Ferber, Göttingen 1956) in bezug auf die Ermittlung von Entlassungen 1933 bis 1938 siehe Klaus Fischer, Der quantitative Beitrag der nach 1933 emigrierten Naturwissenschaftler.

und betrieben eigene chemische Fabriken, der letztere wuchs, wie er später schrieb, »in einer Atmosphäre der chemischen Industrie und chemischen Forschung« auf.[5] Erwin Chargaff erinnert sich an die Situation an österreichischen Universitäten in den 1920er Jahren und seine Entscheidung, Chemie zu studieren: »Es war klar, daß man als Jude keine planmäßige Stelle an einer Universität bekommen konnte. Juden hat es gegeben als freie Ärzte, Advokaten und im Finanzgewerbe.«[6] Chargaff studierte Chemie, denn »ich habe mir ausgerechnet, daß die Chemie die Wissenschaft ist, die am ehesten eine Anstellung ermöglichte, entweder im Lehrbetrieb, in der Forschung oder der Industrie. Das hat sich dann als wahr erwiesen.«[7]

Verschiedene Institutionen waren in unterschiedlichem Ausmaß von den Verlusten betroffen, wie es für die Gesamtzahl der Entlassungen an Universitäten bereits 1937 von dem amerikanischen Soziologen Edsall Hartshorne gezeigt wurde.[8] In Tabelle 3.1 werden die Verluste an Universitäten und THs für die Chemie und Biochemie im Vergleich mit den von Hartshorne ermittelten Verlusten bei allen Hochschullehrern dargestellt; wie in meiner Studie sind auch bei Hartshorne nur habilitierte Hochschullehrer berücksichtigt.

Die Ergebnisse meiner Untersuchung bestätigen in vielen Fällen die Ergebnisse Hartshornes hinsichtlich der Höhe der Entlassungen an einzelnen Universitäten: Die Universitäten in Berlin und Frankfurt weisen den höchsten Prozentsatz von Verlusten auf, ebenso die (von Hartshorne nicht einbezogene) TH Berlin. Auch in Wien gab es bei (Bio-)Chemikern einen großen Prozentsatz an Entlassungen. Die Gesamtverluste an deutschen Universitäten nehmen ab in der Reihenfolge Heidelberg, Breslau, Göttingen, Freiburg, Hamburg, Köln. Vergleichsweise viele Verluste in der Chemie gab es auch an der Universität München und an allen Technischen Hochschulen. Auf der anderen Seite des Spektrums befinden sich die Universitäten in Rostock und Tübingen, an denen praktisch keine Entlassungen stattfanden. Aufgrund der geringen Personenzahl an kleinen und mittleren Universitäten sind die Prozentzahlen für die (Bio-)Chemie nur als Tendenz und nicht als gesicherte statistische Aussage zu bewerten.

Bei der Analyse dieser Daten sollte noch einmal in Erinnerung gerufen werden, daß es sich bei der großen Mehrheit der Entlassenen um Juden oder Personen jüdischer Abstammung handelt, und daß praktisch kein »Nichtarier« seine Stelle behielt. Die Zahlen deuten daher den jeweiligen Prozentsatz von Juden und Personen jüdischer Abstammung aller politischen Richtungen an. Berlin, Frankfurt und Wien waren Städte mit großen jüdischen Gemeinden und entsprechend mit vergleichsweise großem Anteil jüdischer Studenten und Hochschullehrer. Die Frank-

---

5 Ronald W. Clark, The Life of Ernst Chain. Penicillin and Beyond, New York 1985: St. Martin's Press, S. 2.

6 E. Chargaff im Gespräch mit UD, New York, 27. Januar 1997.

7 Ibid.

8 Hartshorne, Edsall Y., The German Universities and National Socialism, London 1937: Unwin Brothers Ltd.

Tabelle 3.1 Prozentuale Verluste bei Hochschullehrern insgesamt und bei (Bio-)Chemikern an verschiedenen Universitäten. Die Zahlen für Hochschullehrer insgesamt wurden der Untersuchung von Hartshorne (1937, S. 94) entnommen, die nur einen Teil der Universitäten umfaßt. Auch hier werden nichthabilitierte Assistenten nicht berücksichtigt. Die Daten für (Bio-)Chemiker stammen aus meiner eigenen Analyse. Einige Technische Hochschulen (z. B. die TH Wien) werden nicht aufgeführt.

Universität (U.) oder TH	Anzahl der Hochschullehrer 32/33	Anzahl der Entlassungen	Verlust insgesamt in Prozent	Anzahl hier berücksichtigter (Bio-) Chemiker Anfang 33	Anzahl der Entlassungen/ Emigrationen der (Bio-) Chemiker	Verlust bei (Bio-) Chemikern in Prozent
U. Berlin	746	242	32,4	39	21	53,8
U. Frankfurt	334	108	32,3	19	8	42,1
U. Heidelberg	247	60	24,3	18	3	16,6
U. Breslau	311	68	21,9	9	3	33,3
U. Göttingen	238	45	18,9	14	2	14,2
U. Freiburg	202	38	18,8	10	3	30,0
U. Hamburg	302	56	18,5	11	2	18,1
U. Köln	241	43	17,4	5	1	20,0
U. Kiel	207	25	12,1	10	1	10,0
U. Leipzig	379	43	11,4	20	3	15,0
U. Königsberg	203	23	11,3	6	1	16,6
U. Halle	220	22	10,0	6	2	33,3
U. Greifswald	144	14	9,7	7	0	0
U. Marburg	172	15	8,7	9	0	0
U. Jena	199	17	8,5	8	0	0
U. München	387	32	8,3	14	3	21,4
U. Bonn	309	24	7,8	15	2	13,3
U. Erlangen	115	8	7,0	9	1	11,1
U. Rostock	120	5	4,2	7	0	0
U. Tübingen	185	3	1,6	9	1	11,1
U. Gießen	*			9	0	0
U. Münster	*			9	0	0
U. Würzburg	*			9	1	11,1
TH Berlin	*			27	13	48,1
TH Breslau	*			6	1	16,6
TH Darmstadt	*			7	2	28,5
TH Karlsruhe	*			6	2	33,3
TH München	*			11	3	27,2
U. Wien	*			25	10	40,0
U. Graz	*			11	1	9,0
U. Innsbruck	*			8	0	0
U. Prag	*			15	3	20,0

* Keine Angaben vorhanden

furter Universität war kurz vor dem Ersten Weltkrieg als Reformuniversität unter starker finanzieller Beteiligung jüdischer Privatstiftungen gegründet worden, so daß Bewerber für Professuren, die liberal und/oder jüdisch waren, nicht so leicht abgelehnt werden konnten wie an anderen Universitäten.

Freiburg und Heidelberg waren damals relativ liberale badische Städte und die Universitäten weniger antisemitisch als diejenigen in Orten ähnlicher Größe. Auch die Universität Köln wies einen relativ großen Anteil an (meist getauften) jüdischen Hochschullehrern auf. In Rostock und Tübingen gab es praktisch keine jüdischen oder linksgerichteten Hochschullehrer. Der Tübinger Ordinarius für Botanik, Ernst Lehmann, wies 1935 stolz darauf hin, daß Tübingen bereits vor 1933 »judenrein« war: »Jüdische Professoren hat Tübingen ja ohne viel Worte davon zu machen stets von sich fern zu halten gewußt.«[9]

Tabelle 3.1 weist auch auf Unterschiede zwischen dem prozentualen Gesamtverlust und dem Verlust in der (Bio-)Chemie an den einzelnen Universitäten hin, die die Autonomie der Fakultäten bei Berufungen widerspiegeln. Die Universität Göttingen ist für ihre herausragenden jüdischen Physiker und Mathematiker bekannt, die vermutlich den hohen Prozentsatz der Entlassungen erklären; im Gegensatz dazu gab es keine jüdischen Biologen und Chemiker. In der Physiologischen Chemie wurde der apl. Professor Rudolf Ehrenberg von seiner Oberassistentenstelle entlassen, weil sein Vater Jude war. Er konnte seine Forschung in gewissem Ausmaß unter dem Physiologen Hermann Rein fortsetzen und war seit 1945 wieder als apl. Professor in Göttingen tätig.[10] Der Ordinarius für Anorganische Chemie, Hans von Wartenberg, wurde entlassen, weil seine Frau »Halbjüdin« war. Umgekehrt war der Prozentsatz der Entlassungen (8 %) an der Universität München insgesamt gering, betrug aber in der Chemie 21 %. Von 14 Chemikern wurden drei entlassen: Kasimir Fajans, Ordinarius für Physikalische Chemie, der Jude war, der Extraordinarius Wilhelm Prandtl, ein Katholik, dessen Frau jüdisch war und der apl. Professor Georg Maria Schwab, ebenfalls Katholik, der einen jüdischen Vater hatte.

Große Unterschiede gab es auch bei den Entlassungen von verschiedenen KWIs. Am stärksten betroffen war das KWI für Physikalische Chemie und Elektrochemie: Dessen Direktor Fritz Haber, die beiden Abteilungsleiter und ein großer Teil der Assistenten und anderen wissenschaftlichen Mitarbeiter wurden entlassen oder traten unter politischem Druck zurück. Ein Grund für den großen Prozentsatz von Juden unter Habers Mitarbeitern liegt darin, daß seine qualifizierten nichtjüdischen Mitarbeiter es leichter hatten, Professorenstellen zu erhalten. Ein Beispiel ist Karl-Friedrich Bonhoeffer, der nach siebenjähriger Tätigkeit als Habers Assistent 1930 als Ordinarius nach Frankfurt berufen wurde, während Herbert Freundlich und Michael Polanyi trotz ihrer anerkannten Leistungen und Fähigkeiten in Deutschland keine Professuren erhielten. Unter Habers jüdischen Mitarbeitern befanden sich auch

---

9 Ernst Lehmann, Die Biologie an der Zeitenwende, Der Biologe 4, 375–381, 1935.

10 Information von Prof. Maria Ehrenberg, Göttingen, und Nachruf auf Rudolf Ehrenberg von Hans-Heinrich Voigt, Rektor der Universität Göttingen, Juli 1969.

solche, die wie z. B. Hans Eisner in der Industrie tätig waren und am KWI keine bezahlte Stelle, sondern nur einen Laborplatz hatten. Ein weiterer Grund dafür, daß an diesem KWI der Anteil jüdischer Wissenschaftler besonders hoch war, mag darin gelegen haben, daß andere KWIs, an denen angewandte chemische Forschung betrieben wurde, so gut wie keine jüdischen Wissenschaftler beschäftigten. Da keine formalen Bewerbungen existieren, läßt sich hier keine Aussage über die Bewerbung jüdischer Wissenschaftler um Stellen an diesen Instituten machen. Es ist jedoch auffallend, daß die KWIs für Eisenforschung, Kohlenforschung, Metallforschung und, von Waldemar Weyl abgesehen, Silikatforschung von den Entlassungen fast nicht betroffen waren.[11] Auch am KWI für Chemie gab es keine jüdischen Chemiker; hier wurde die Leiterin der Abteilung für Physik, Lise Meitner, entlassen.[12]

Am KWI für Medizinische Forschung wurde eine Reihe von jüdischen Assistenten und Mitarbeitern entlassen, darunter Edgar Lederer und Albert Wassermann in der von Richard Kuhn geleiteten Abteilung für Chemie, Hermann Blaschko, Hans Laser (und Hermann Lehmann, der keine Stelle, sondern nur einen Laborplatz hatte) in Otto Meyerhofs Abteilung für Physiologie. Die Abteilung wurde nach Meyerhofs Entlassung 1938 aufgelöst. Seine nichtjüdischen Mitarbeiter, darunter Karl Lohmann und Paul Ohlmeyer, erhielten Universitätsstellen, Wilhelm Kießling mußte eine Stelle in der Industrie annehmen (Boehringer Ingelheim). Auch das KWI für Faserstoffchemie wurde nach der Entlassung des jüdischen Direktors Reginald Herzog 1933 aufgelöst.

Der Direktor des KWI für Biochemie, Carl Neuberg, wurde 1934 entlassen, der größte Teil seiner nichtjüdischen Mitarbeiter verlor seine Stellen, als Neubergs Nachfolger Adolf Butenandt seine eigenen Leute mitbrachte. Neubergs Assistent Hans Gaffron wurde als Gast von Fritz v. Wettstein an das KWI für Biologie übernommen und emigrierte 1937 in die USA. Maria Kobel, Neubergs langjährige Leiterin der Abteilung für Tabakforschung des KWI, erhielt erst einige Zeit nach ihrer Entlassung eine bescheidene Stelle in der Industrie.[13]

Max Bergmann, der Direktor des KWI für Lederforschung in Dresden, wurde zusammen mit einigen Assistenten und Mitarbeitern, darunter Hans Schleich und Ludwig Seligsberger, 1933 entlassen. Bergmann emigrierte in die USA, sein langjähriger Mitarbeiter und Leiter der Abteilung für Organische Chemie, der Grieche

[11] Albrecht/Hermann, Die Kaiser-Wilhelm-Gesellschaft, S. 364–367. Diese Tatsache stimmt mit der unterschiedlichen Einstellungspraxis von Juden in verschiedenen Branchen der Industrie überein: Seit dem 19. Jahrhundert waren Juden in der Montanindustrie und im Werkzeugbau im Gegensatz zur Leichtindustrie, Konsumgüterindustrie und, später, chemischen Industrie deutlich unterrepräsentiert. (Shulamit Volkov, Die Juden in Deutschland, 1780–1918, München 1994: Oldenbourg, S. 42.)

[12] Zu Lise Meitner siehe Ruth L. Sime, Lise Meitner, A Life in Physics, Berkeley 1996: Univ. of California Press.

[13] Für Kobel war die Entlassung finanziell sehr belastend, da sie als Älteste von zehn Geschwistern für deren Ausbildung verantwortlich war (Archiv der MPG, Akten des KWI für Biochemie).

Otto Warburg

Leonidas Zervas, folgte ihm. Otto Warburg, Direktor des KWI für Zellphysiologie, dessen Vater Jude war, wurde als einziger »Nichtarier« nicht entlassen. Warburgs KWI war 1931 mit den Mitteln einer von der Rockefeller Foundation gegründeten Stiftung gebaut worden, die auch für einen großen Teil der laufenden Mittel aufkam. Darüber hinaus wurde Warburg durch hochrangige NS-Politiker geschützt (gelegentlich wird in diesem Zusammenhang auf die Hoffnung Hitlers und Görings auf die Entwicklung eines Krebsmittels verwiesen). So arrangierte Göring eine »Neuberechnung« von Warburgs Abstammung und machte ihn damit von einem »Halbjuden« zu einem »Vierteljuden«. 1941 konnte der Leiter von Hitlers Reichskanzlei, Philipp Bouhler, die von der KWG auf Betreiben Rudolf Mentzels bereits ausgesprochene Kündigung verhindern. Bouhler wurde von der Ehefrau eines mit Warburg befreundeten Kollegen, des Laborleiters der Berliner Schering AG Walter Schoeller, auf Warburg aufmerksam gemacht. Frau Schoeller war eine Schwägerin Bouhlers. Bouhler beauftragte seinen Stabsleiter Viktor Brack mit der Revision des Falles Warburg, und dieser erreichte innerhalb weniger Wochen, daß die Entlassung zurückgezogen wurde. Bouhler half Warburg auch 1943, als er auf Grund einer Denunziation aus dem eigenen Institut in große Schwierigkeiten kam.[14] War-

[14] Helmuth Albrecht und Armin Hermann, Die Kaiser-Wilhelm-Gesellschaft im Dritten Reich (1933–1945), in: Rudolf Vierhaus und Bernhard v. Brocke (Hrsg.), Forschung im Spannungsfeld von Politik und Gesellschaft, Geschichte und Struktur der Kaiser-Wilhelm-/Max-Planck-Gesellschaft, Stuttgart 1990: DVA, S. 371; Theodor Bücher im Gespräch mit UD, München, 14.6.1994.

burg revanchierte sich 1947, indem er sich in einer eidesstattlichen Erklärung bei den Nürnberger Prozessen für Brack einsetzte.[15]

3.1.2 Entlassung und Emigration in verschiedenen chemischen Teildisziplinen und akademischen Positionen

Die Zuordnung der Fächer wurde in den meisten Fällen nach der jeweiligen Institution vorgenommen, in der die Betreffenden tätig waren. So wurden Biochemiker, die als Mediziner in medizinischen Institutionen tätig waren, darunter Gustav Embden und Otto Meyerhof, zu den Medizinischen Biochemikern gezählt. Chemiker, die biochemische Forschung in Instituten der Organischen Chemie oder den KWIs für Biochemie oder Zellphysiologie betrieben, wurden unter »Organische Chemie« berücksichtigt, darunter Carl Neuberg und Erwin Haas; eine klare Abgrenzung zwischen Biochemie und Organischer Chemie läßt sich für diese Zeit nicht vornehmen.

Die Verluste durch Entlassung und/oder Emigration in den relativ neuen interdisziplinären Gebieten der Physikalischen Chemie und Medizinischen Biochemie, 36 % bzw. 33 %, waren erheblich größer als in der Organischen und Anorganischen Chemie mit etwa 23 % (Tabelle 3.2). In ähnlicher Weise unterscheiden sich

Tabelle 3.2 Verluste in einzelnen chemischen Disziplinen durch Entlassung und/oder Emigration

Fach	Anzahl der Vertreter dieses Faches bei 535 Anfang 1933 in Deutschland bzw. 1938 in Österreich tätigen (Bio-)Chemikern (Anteil in % von 535)	Anzahl (prozentualer Anteil) der Vertreter dieses Faches, die entlassen wurden und/oder emigrierten	Anzahl (prozentualer Anteil) der Vertreter dieses Faches, die emigrierten
Organische Chemie*	168 (31,4)	39 (23,2)	30 (17,8)
Physikalische Chemie	136 (25,4)	49 (36,0)	45 (33,0)
Anorganische Chemie	79 (14,8)	18 (22,7)	7 (8,8)
Medizinische Biochemie	63 (11,8)	21 (33,3)	18 (27,6)
Technische Chemie	46 (8,6)	6 (11,1)	4 (8,6)
Pharmakologie	17 (3,1)	5 (29,4)	4 (23,5)
Andere	26 (4,8)	3 (11,5)	0
Summe	535 (100)	141	108

* einschließlich nichtmedizinischer Biochemie

[15] B. Müller-Hill, Tödliche Wissenschaft, S. 32. Viktor Brack wurde 1948 wegen seiner Beteiligung an der Vernichtung der Geisteskranken und Juden hingerichtet.

die Verluste durch die Emigration: 33 % in Physikalischer Chemie, 27 % in Medizinischer Biochemie, 18 % in Organischer Chemie und 9 % in Anorganischer Chemie.

Die Physikalische Chemie war damals noch ein vergleichsweise wenig angesehenes Fach, das an Universitäten eine geringere Ausstattung besaß als die Organische Chemie und auf Grund ihrer relativen Marginalisierung einer begabten Minderheit wie den Juden eher Chancen für einen Aufstieg bot. Auch die Medizinische Biochemie war (als Physiologische Chemie) noch während der 1920er Jahre eine der am stärksten an den Rand gedrängten Disziplinen innerhalb der Medizinischen Fakultäten. Anfang der 1930er Jahre gab es nur wenige Lehrstühle, und erst 1932 wurde das Fach als Prüfungsfach anerkannt. Jüdische Biochemiker waren auch an verschiedenen KWIs oder im Rahmen anderer Universitätsinstitute der Medizin tätig, z. B. der Pathologie. Während Juden, mit Ausnahme von Gustav Embden (sein Vater war Jude), kein Ordinariat der Physiologischen Chemie erhielten, machten sie in den 1920er Jahren als Leiter verschiedener KWIs Biochemie zum Forschungsschwerpunkt, so zum Beispiel Max Bergmann, Otto Meyerhof, Carl Neuberg und Otto Warburg, eine Tatsache, die zum großen Prozentsatz der entlassenen Biochemiker beitrug.

Verschiedene akademische Positionen waren unterschiedlich stark von den Entlassungen/Emigrationen betroffen (Tabelle 3.3). Bei den Ordinarien liegen die Verluste durch Entlassung/Emigration (24 %) knapp unter den Gesamtverlusten in der (Bio-)Chemie (26 %), die Verluste durch Emigration (14 %) dagegen deutlich niedriger als die Gesamtverluste (20 %). Zwei der entlassenen 35 Ordinarien wurden nach einiger Zeit wieder eingestellt, zwei weitere erhielten Forschungsmöglichkeiten an anderen Instituten, und einer ging in die Industrie. Unter nichtbeamteten Professoren (32 %), nichthabilitierten Wissenschaftlern an KWIs (32 %)

Tabelle 3.3 Akademische Positionen aller (Bio-)Chemiker in Deutschland Anfang 1933 und Österreich/Prag 1938 und derjenigen, die entlassenen wurden und/oder emigrierten

Akademische Position 1933/1938	Anzahl aller 1933 bzw. 1938 in dieser Position befindlichen (Bio-)Chemiker	Davon entlassen und/oder emigriert (Prozentsatz der Verluste in dieser Position durch Entlassung und/oder Emigration)	Davon emigriert (Prozentsatz der Verluste in dieser Position durch Emigration)
ord. Professor	142	35 (24,6)	21 (14,7)
beamteter ao. Professor	28	3 (10,7)	2 (7,1)
nicht beamteter apl. Professor	111	36 (32,4)	25 (22,5)
Privatdozent	156	34 (21,7)	29 (18,5)
Honorarprofessor	15	6 (40,0)	5 (33,3)
nicht habilitiert (an KWIs)	83	27 (32,5)	26 (31,3)
Summe	535	141	108

sowie Honorarprofessoren (40 %) waren die Verluste durch Entlassung/Emigration deutlich höher als im Durchschnitt der (Bio-)Chemie.

Nichtbeamtete Professoren hatten keine im Etat enthaltenen Stellen, sondern mußten sich aus anderen Quellen finanzieren, z. B. durch Assistentenstellen, Vorlesungsgelder oder privat. Juden waren hier seit dem Beginn ihrer Partizipation am deutschen Universitätsleben stärker vertreten als in den beamteten Positionen, da der Zugang zu diesen, auch als er gesetzlich möglich wurde, durch Diskriminierung erschwert war. Ein hoher Prozentsatz von Entlassungen zeigt sich auch bei nichthabilitierten Personen an KWIs, bei denen es sich überwiegend um junge Wissenschaftler handelte, die entweder auf Assistentenstellen, als Stipendiaten oder auch unentgeltlich tätig waren. Der Aufstieg zum Abteilungsleiter war an bestimmten KWIs für einen jüdischen Wissenschaftler häufig leichter als eine Universitätskarriere. Fünf der sechs »nichtarischen« Honorarprofessoren waren Direktoren oder Abteilungsleiter an KWIs: Max Bergmann (Lederforschung), Reginald Herzog (Faserstoffchemie), Carl Neuberg (Biochemie) und Otto Meyerhof (KWI für Medizinische Forschung) sowie Herbert Freundlich (Physikalische Chemie). Wie oben angeführt, beschäftigte eine große Zahl von chemisch-technischen KWIs keine jüdischen Wissenschaftler.

Der Prozentsatz der Entlassungen war bei Privatdozenten (21,7 %) geringer als im Durchschnitt der (Bio-)Chemie. Möglicherweise ging angesichts der Wirtschaftskrise Ende der 1920er Jahre der Anteil der Juden, die eine akademische Karriere als aussichtsreich ansahen, gegenüber den früheren Jahren zurück. Es ist allerdings nicht bekannt, ob Juden Ende der 1920er Jahre vermehrt Stellen in der chemischen Industrie suchten oder sich selbständig machten.

Da die Religionszugehörigkeiten in vielen Fällen nicht bekannt sind, läßt sich die Frage nach dem Anteil von Juden und der Bedeutung der Konversion für eine Beamtenstelle in dieser Studie nicht befriedigend beantworten.[16] 26 der 34 Ordinarien, die ihre Stelle verloren, wurden entlassen, weil sie Juden waren oder jüdische Vorfahren hatten (Tabelle 3.4). Viele von ihnen waren Physikochemiker. So wurden von 31 Ordinarien der Physikalischen Chemie an deutschen Universitäten und Technischen Hochschulen, österreichischen Universitäten sowie der Deutschen Universität in Prag neun (29 %) entlassen, weil sie Juden waren oder jüdische Vorfahren hatten. Nach vorliegenden Informationen gehörten zehn der 26 Ordinarien der jüdischen Religionsgemeinschaft an, sieben waren protestantisch und einer katholisch. Mindestens drei hatten ein nichtjüdisches Elternteil. Demnach waren mindestens 7 % der Ordinarien der (Bio-)Chemie (Anfang 1933 in Deutschland bzw. 1938 in Österreich und der Deutschen Universität in Prag) der Religion nach Juden. Diese Zahl liegt deutlich höher als der von Monika Richarz für den Beginn

[16] Sie wurden, soweit sie nicht im Handbuch der deutschsprachigen Emigration oder biographischen Darstellungen verzeichnet waren, Personalakten des REM, Dokumenten des ms SPSL und Nachlässen entnommen. Eine weitere Quelle, die hier nicht benutzt wurde, stellen die Lebensläufe in den Dissertationen der betreffenden Wissenschaftler dar.

Tabelle 3.4 Als Juden oder wegen jüdischer Abstammung in Deutschland seit 1933 und in Österreich seit 1938 entlassene und/oder emigrierte ordentliche Professoren; Abtl.: Abteilungsleiter (im Unterschied zu Institutsleiter)

Name	Fach	Universität/TH
Fritz Arndt (Abtl.)	Organische Chemie	Univ. Breslau
Wilhelm Traube (Abtl.)	Organische Chemie	Univ. Berlin
[Richard Willstätter (Rücktritt 1924)]	Organische Chemie	Univ. München
Fritz Haber	Physikalische Chemie	Univ. Berlin
Georg v. Hevesy	Physikalische Chemie	Univ. Freiburg
Kasimir Fajans	Physikalische Chemie	Univ. München
Otto Stern	Physikalische Chemie	Univ. Hamburg
Julius v. Braun	Anorganische Chemie	Univ. Frankfurt
Fritz Paneth	Anorganische Chemie	Univ. Königsberg
Gustav Embden	Medizinische Biochemie	Univ. Frankfurt
Bruno Kisch (Abtl.)	Medizinische Biochemie	Univ. Köln
Felix Ehrlich	Landwirtschaftliche Biochemie	Univ. Breslau
Werner Lipschitz	Pharmakologie	Univ. Frankfurt
Stefan Goldschmidt (Abtl.)	Organische Chemie	TH Karlsruhe
Fritz Straus	Organische Chemie	TH Breslau
Alfred Wohl	Organische Chemie	TH Danzig
Gustav Bredig	Physikalische Chemie	TH Karlsruhe
Franz Simon	Physikalische Chemie	TH Breslau
Lothar Wöhler	Anorganische Chemie	TH Darmstadt
Walther Fuchs	Technische Chemie	TH Aachen
Ernst Berl	Technische Chemie	TH Darmstadt
Hermann Mark	Physikalische Chemie	Univ. Wien
Wolfgang Pauli	Physikalische Chemie	Univ. Wien
Emil Abel	Physikalische Chemie	TH Wien
Otto Fürth	Medizinische Biochemie	Univ. Wien
Otto Loewi	Pharmakologie	Univ. Graz
Albin Kurtenacker	Anorganische Chemie	TH Brünn

des Jahrhunderts ermittelte Prozentsatz jüdischer (nicht getaufter) Ordinarien an deutschen Universitäten, der 1909 2 % und 1917 1 % betrug.[17] Bei diesem Vergleich ist allerdings zu berücksichtigen, daß fünf der zehn jüdischen Ordinarien Lehrstuhlinhaber an einer TH waren (Abel, Berl, Bredig, Fuchs und Simon), einer kein Lehrstuhlinhaber, sondern Abteilungsleiter war (Kisch), zwei Universitätsordinariate für Physikalische Chemie (Fajans und Stern) und zwei für Pharmakologie (diese Zahl ist nicht vollständig) innehatten. (Ein Vergleich mit anderen Fä-

---

[17] Monika Richarz, Der Eintritt der Juden in die akademischen Berufe, Dissertation Freie Universität Berlin: 1970, S. 217.

chern läßt sich hier nicht vornehmen, da entsprechende Untersuchungen nicht vorliegen.) Technische Hochschulen waren weniger angesehen, Institute der Physikalischen Chemie waren, wie bereits erwähnt, in der Regel kleiner und schlechter ausgestattet als die großen chemischen Institute, die damals meistens von einem ordentlichen Professor der Organischen Chemie geleitet wurden. Von diesen Institutsleitern wurde niemand entlassen; unter ihnen befand sich kein Jude oder »Nichtarier«. Der einzige Jude, der vor 1933 eine solche Position bekleidet hatte, war Richard Willstätter.

3.2 Als Juden bzw. »Nichtarier« entlassene und/oder emigrierte Wissenschaftler

3.2.1 Statistische Angaben und einzelne Schicksale

123 der entlassenen und/oder emigrierten 141 (Bio-)Chemiker waren aus rassischen Gründen betroffen. Sie waren entweder Juden, hatten eine jüdische Abstammung oder waren mit einer Jüdin verheiratet, oder, im Falle Hans von Wartenbergs, einer »Halbjüdin«.[18] 98 von ihnen emigrierten mit Sicherheit, in einigen weiteren Fällen ist über das Schicksal nach der Emigration nichts bekannt (siehe Tabelle 3.5). Eine Reihe bedeutender Emigranten, darunter Konrad Bloch, Ernst B. Chain, Erwin Chargaff, Hans Krebs und Max Perutz waren zum Zeitpunkt der Entlassung noch keine Privatdozenten und keine Forscher an KWIs. Sie wurden daher im statistischen Teil (Abschnitt 3.1) nicht berücksichtigt, aber bei den folgenden Darstellungen mit einbezogen.

---

[18] Information von Dr. Hunger, UA Göttingen, vom 10.7.1998. v. Wartenberg konnte im kleinen Rahmen weiterarbeiten und wurde nach dem Krieg wieder in seine Stelle eingesetzt. Siehe auch Karl Ziegler, H. v. Wartenberg zum 70. Geburtstag, Angewandte Chemie 62, 179, 1950. Es ist unklar, inwieweit die Entlassung v. Wartenbergs lokal entschieden wurde. Jedenfalls entschied das REM, daß der Kölner Physikochemiker Robert Wintgen, ebenfalls mit einer »Halbjüdin« verheiratet, nicht als jüdisch-versippt zu gelten habe und daher nicht unter den Runderlaß betr. »jüdisch versippte Beamte« vom 19.4.1937 fiel (REM, 29.6.1937, UA Köln, Pers. akte R. Wintgen.). Wintgen wurde in der Folgezeit dennoch behelligt. Der Kölner Gaurasseinspektor Toni Merzenich denunzierte ihn am 25.9.1941 als mit einer »Halbjüdin« verheirateten »prosemitisch« eingestellten Hochschullehrer beim Rassenpolitischen Amt in Berlin. Er teilte dem Kölner Oberbürgermeister am 29.10. mit, daß die Angelegenheit Wintgen »wegen seiner weiteren Betätigung an der Universität Köln« dem Leiter des Amtes, Prof. Gross, vorgelegt worden sei (ibid.). Dieser hielt offenbar eine Entlassung nicht für nötig.

Im Vordergrund bisheriger Darstellungen über deutsche und österreichische Emigranten in (Bio-)Chemie stehen Beschreibungen erfolgreicher Wissenschaftler, die in den USA oder England Karriere machten und den Nobelpreis erhielten.[19] Diese Gruppe von Emigranten, auf die ich weiter unten eingehen werde, war für die Entwicklung der (Bio-)Chemie zweifellos von großer Bedeutung, machte aber nur einen Teil der entlassenen und emigrierten Chemiker aus. Am anderen Ende des Spektrums stehen diejenigen, die ohne Stelle in Deutschland bzw. Österreich blieben und unter dem zunehmenden Antisemitismus litten, und vor allem diejenigen, die entweder in Deutschland oder nach ihrer Flucht im Ausland von den Nationalsozialisten ermordet wurden oder Selbstmord begingen.

Der international anerkannte Biochemiker Gustav Embden, dessen Vater Jude war, war seit der Gründung der Frankfurter Universität im Jahre 1915 dort Ordinarius und Direktor des Instituts für Vegetative Physiologie. Am 25. Juli 1933 ist er »plötzlich verstorben.«[20] Sein Schüler Emil Lehnartz spricht von einem plötzlichen Tod durch Herzschlag.[21] In der Personalakte Embdens ist vermerkt, daß Embden im Sommer 1933 auf eigenen Wunsch Urlaub erteilt wurde (ein Datum ist nicht angegeben), damit er in einem Sanatorium in Nassau seine Gesundheit wie-

Gustav Embden

[19] Siehe z. B. David Nachmansohn, German-Jewish Pioneers in Science 1900–1933, New York 1979.

[20] Auskunft des Personalarchivs der Universität Frankfurt.

[21] Lehnartz an Prof. O'Brien, 26.7.1933, ms SPSL 482/1.

Tabelle 3.5 Die Entlassung und Emigration von Chemikern und Biochemikern aus rassischen Gründen. Unter »erste Stelle« sind eindeutig befristete Stellen an Universitäten nicht angegeben. Bei den Industriestellen kann es sich um kurzfristige oder langfristige Beschäftigungsverhältnisse handeln. Abtl.: Abteilungsleiter; w. Mitarb.: wissenschaftlicher Mitarbeiter.

Name	Position	Institution 1933 bzw. 1938	Fach	Nobel-preis	Entlassung/ Emigration
Abel, Emil	ord. Prof.	TH Wien	Physik. Chemie		1938/1938
Arndt, Fritz	ord. Prof.	Univ. Breslau	Organ. Chemie		1933/1933
Bergel, Franz	Priv. doz.	Univ. Freiburg	Organ. Chemie		1933/1933
Bergmann, Ernst D.	Priv. doz.	Univ. Berlin	Organ. Chemie		1933/1933
Bergmann, Max	Direktor	KWI Lederforschung	Organ. Chemie		1933/1933
Berl, Ernst	ord. Prof.	TH Darmstadt	Techn. Chemie		1933/1934
Beutler, Hans	w. Mitarb. KWI/Priv. doz.	KWI Physik. Chemie	Physik. Chemie		1933/1935
Bikerman, Jacob J.	w. Mitarb.	KWI Physik. Chemie	Physik. Chemie		1933/1936
Blaschko, Hermann	w. Mitarb.	KWI Med. Forschung	Med. Biochemie		1933/1933
Bloch, Konrad	Doktorand	TH München	Organ. Chemie	1964	1933/1933
Braun, Julius von	ord. Prof.	Univ. Frankfurt	Anorg. Chemie		1935/–
Bredig, Georg	ord. Prof.	TH Karlsruhe	Physik. Chemie		1934/1939
Cassel, Hans	Priv. doz.	TH Berlin	Physik. Chemie		1933/1933
Chain, Ernst B.	w. Mitarb.	Univ. Berlin, Pathol.	Organ. Chemie	1945	1933/1933
Chargaff, Erwin	Assistent	Univ. Berlin, Hyg. Inst.	Organ. Chemie		1933/1933
Drucker, Carl	apl. Prof.	Univ. Leipzig	Physik. Chemie		1933/1934
Ehrenberg, Rudolf	apl. Prof.	Univ. Göttingen	Med. Biochemie		1936/–
Ehrlich, Felix	ord. Prof.	Univ. Breslau	Landw. Biochem.		1935/–
Eirich, Frederick R.	Priv. doz.	Univ. Wien	Physik. Chemie		1938/1938
Eisner, Hans	w. Mitarb.	KWI Physik. Chemie	Techn. Chemie		1933/1933
Embden, Gustav	ord. Prof.	Univ. Frankfurt	Med. Biochemie		1933/–
Epstein, Friedrich	w. Mitarb.	KWI Physik. Chemie	Physik. Chemie		1933/1933
Estermann, Immanuel	Priv. doz.	Univ. Hamburg	Physik. Chemie		1933/1933
Ettisch, Georg	Assistent	KWI Physik. Chemie	Med. Biochemie		1933/1934
Fajans, Kasimir	ord. Prof.	Univ. München	Physik. Chemie		1935/1935
Farkas, Ladislaus	Assistent	KWI Physik. Chemie	Physik. Chemie		1933/1933
Feigl, Fritz	apl. Prof.	Univ. Wien	Anorg. Chemie		1938/1938
Fränkel, Sigismund	apl. Prof.	Univ. Wien	Med. Biochemie		1938/1939
Fraenkel, Walter	apl. Prof.	Univ. Frankfurt	Physik. Chemie		1933/1939
Freund, Ernst	apl. Prof.	Univ. Wien	Med. Biochemie		1938/1938
Freundlich, Herbert Max F.	Abtl. KWI/ Hon. Prof.	KWI Physik. Chemie	Physik. Chemie		(1933)/1933
Friedländer, Erich	Priv. doz.	KWI Physik. Chemie	Physik. Chemie		1933/1933
Fröhlich, Hermann	w. Mitarb.	TH Berlin	Organ. Chemie		1933/1933
Frommer, Leopold	Assistent	KWI Physik. Chemie	Physik. Chemie		1933/1934

Tabelle 3.5 Fortsetzung.

Nachfolger	Länder der Emigration bis 1945	erste Stelle (bis 1945)	Rückkehr an Institution in Deutschland oder Österreich
	U. K.	Industrie	
	U. K.; Türkei	Univ. Istanbul	1957 Hon. P. Hamburg
	U. K.	Industrie	
	Palästina	Weizmann Inst.	
W. Grassmann	USA	Rockefeller Inst. N. Y.	
	USA	Carnegie Inst. Pittsburgh	
	USA	–	
	U. K.	Industrie	
	U. K.	Oxford Univ.	
	Schweiz, USA	Columbia Univ.	
W. Jander			
L. Ebert	USA	–	
	USA	Industrie	
	U. K.	Oxford Univ.	
	Frankreich, USA	Columbia Univ.	
	Schweden	–	
E. Lehnartz			U. Göttingen
	U. K.; Australien; U. K.	Univ. Cambridge	
	Spanien; Argent.; Uruguay	Spanien, Industrie	
K. Felix			
	Schweiz	–	
	U. K.; USA	Carnegie Inst. Pittsbu.	
	Portugal	Forsch. Inst. Lissabon	
K. Clusius	U. K.; USA	Univ. Michigan	
	U. K.; Palästina	Hebrew U. Jerusalem	
	Belgien; Portugal; Brasilien	Brasilien, Labor. Landwirt. Ministerium	
	Schweiz	–	
	U. K.; USA	–	
	U. K.	Pearson Res. Found.	
	U. K.; USA	Univ. Minnesota	
	Frankreich; Spanien	–	
	USA	Industrie	
	U. K.	Industrie	

Tabelle 3.5 Fortsetzung.

Name	Position	Institution 1933 bzw. 1938	Fach	Nobelpreis	Entlassung/ Emigration
Fuchs, Walter	ord. Prof.	TH Aachen	Techn. Chemie		1933/1933
Fürth, Otto	ord. Prof.	Univ. Wien	Med. Biochemie		1938/–
Gerngroß, Otto	apl. Prof.	TH Berlin	Organ. Chemie		1933/1938
Goldfinger, Paul	w. Mitarb.	KWI Physik. Chemie	Physik. Chemie		1933/1933
Goldschmidt, Stefan	ord. Prof.	TH Karlsruhe	Organ. Chemie		1935/1938
Groß, Philipp	apl. Prof.	Univ. Wien	Physik. Chemie		1938/1937
Guggenheimer, Kurt	w. Mitarb.	KWI Physik. Chemie	Physik. Chemie		1933/1933
Haas, Erwin	w. Mitarb.	KWI Zellphysiologie	Biochemie		1938/1938
Haber, Fritz	Dir. KWI/ ord. Prof.	KWI Physik. Chemie	Physik. Chemie	1918	(1933)/1933
Hahn, Friedrich	apl. Prof.	Univ. Frankfurt	Anorg. Chemie		1933/1933
Haurowitz, Felix	apl. Prof.	Univ. Prag	Med. Biochemie		1938/1939
Heller, Wilfried	w. Mitarb.	KWI Physik. Chemie	Physik. Chemie		1933/1933
Herzog, Reginald Oliver	Direktor	KWI Faserstoffchem.	Organ. Chemie		1933/1934
Hevesy, Georg Karl von	ord. Prof.	Univ. Freiburg	Physik. Chemie	1943	(1934)/1934
Heymann, Erich	Priv. doz.	Univ. Frankfurt	Physik. Chemie		1933/1934
Hoffer, Max	Assistent	KWI Med. Forschung	Organ. Chemie		1933/1934
Holde, David	apl. Prof.	TH Berlin	Techn. Chemie		1933/–
Jacobsohn, Kurt[1]	w. Mitarb.	KWI Biochemie	Med. Biochemie		1933/1935?
Kallmann, Hartmut	Abtl. KWI/ Priv. doz.	KWI Physik. Chemie	Physik. Chemie		1933/–**
Kisch, Bruno	ord. Prof.	Univ. Köln	Med. Biochemie		1934/1938
Kohn, Moritz	apl. Prof.	Univ. Wien	Organ. Chemie		1938/1941
Koppel, Ivan	apl. Prof.	Univ. Berlin	Organ. Chemie		1933/?
Kornfeld, Gertrud	Priv. doz.	Univ. Berlin	Physik. Chemie		1933/1933
Krebs, Hans	Assistent	Univ. Freiburg	Med. Biochemie	1953	1933/1933
Kröpelin, Hans	Priv. doz.	Univ. Erlangen	Physik. Chemie		1936/1936
Kurtenacker, Albin	ord. Prof.	TH Brünn	Organ. Chemie		1939/?
Lange*, Willy	Priv. doz.	Univ. Berlin	Organ. Chemie		1935/1939
Laser, Hans	Assistent	KWI Med. Forschung	Med. Biochemie		1933/1934
Lederer, Edgar	Assistent	KWI Med. Forschung	Organ. Chemie		1933/1933
Lehmann, Hermann	w. Mitarb.	KWI Med. Forschung	Med. Biochemie		1936/1936
Lemberg, Rudolf	Priv. doz.	Univ. Heidelberg	Organ. Chemie		1933/1933
Levi, Hilde	w. Mitarb.	KWI Physik. Chemie	Physik. Chemie		1933/1933
Lieben, Fritz	apl. Prof.	Univ. Wien	Med. Biochemie		1938/1940
Liebermann, Hans	apl. Prof.	TH Berlin	Organ. Chemie		1934/–
Lipmann, Fritz	w. Mitarb.	KWI Med. Forschung	Med. Biochemie	1953	–/1932

Tabelle 3.5 Fortsetzung.

Nachfolger	Länder der Emigration bis 1945	erste Stelle (bis 1945)	Rückkehr an Institution in Deutschland oder Österreich
K. Kellermann	CSSR, U. K., USA	–	1949 TH Aachen
Barrenscheen			
	Türkei; Palästina	–	
	Belgien	Industrie	
R. Criegee	Niederlande	Industrie	1947 TH München
	Türkei; U. K.	U. K., Industrie	
	Frankreich, U. K.	?	
	USA	Univ. Chicago	
P. A. Thiessen	U. K.	Cambridge Univ.	
	Frankreich; Ecuador; ...; Mexiko	Industrie	
	Türkei	Univ. Istanbul	
	Frankreich, USA	–	
	Türkei	Univ. Istanbul	
W. Noddack	Dänemark; Schweden	Univ. Kopenhagen	
	U. K.; Australien	Melbourne Univ.	
	Schweiz	Industrie	
	Palästina	Industrie	
E. Klenk	USA	Yeshiva Univ. N. Y.	
	Cuba; USA	Industrie	
	U. K.; Österreich; USA	USA, Industrie	
	U. K.	Univ. Sheffield	
	Türkei, Deutschl. Industrie	Univ. Istanbul	1946 TH Braunschweig
	USA	Industrie	
	U. K.	Molteno Institute	
	Frankr.; UdSSR, Frankr.	CNRS	
	U. K.	Cambridge Univ.	
	U. K.; Australien	Royal Hosp. Sidney	
	Dänemark	Univ. Kopenhagen	
	Belgien; Portugal; USA	–	
	Dänemark; USA	Carlsberg Biol. Inst. Kopenhagen	

Tabelle 3.5 Fortsetzung.

Name	Position	Institution 1933 bzw. 1938	Fach	Nobel-preis	Entlassung/ Emigration
Lipschitz (Lindley), Werner	ord. Prof.	Univ. Frankfurt	Pharmakologie		1933/1933
Löwenbein, Adalbert	Priv. doz.	TH Berlin	Organ. Chemie		1933/1933
Loewi, Otto	ord. Prof.	Univ. Graz	Pharmakologie	1936	1938/1938
Mark, Hermann Franz	ord. Prof.	Univ. Wien	Physik. Chemie		1938/1938
Marx, Walter	w. Mitarb.	KWI Med. Forschung	Organ. Chemie		1933/1934
Mayer, Fritz	Hon. Prof.	Univ. Frankfurt	Organ. Chemie		1933/?
Meyer, Karl	w. Mitarb.	KWI Med. Forschung	Med. Biochemie		1933?/1935
Meyer, Richard	apl. Prof.	Univ. Berlin	Organ. Chemie		1933/?
Meyerhof, Otto	Abtl.	KWI Med. Forschung	Med. Biochemie	1923	1938/1938
Neuberg, Carl	Direktor	KWI Biochemie	Biochemie		1934/1938
Oppenheimer, Carl	apl. Prof.	LwH Berlin	Med. Biochemie		1936/1938
Paneth, Fritz	ord. Prof.	Univ. Königsberg	Organ. Chemie		1933/1933
Pauli, Wolfgang Josef	ord. Prof.	Univ. Wien	Physik. Chemie		1938/1938
Perutz, Max	Student	Univ. Wien	Organ. Chemie	1962	–/1936
Polanyi, Michael	Abtl. KWI/ apl. Prof.	KWI Physik. Chemie	Physik. Chemie		(1933)/1933
Pollak, Jacob[2]	apl. Prof.	Univ. Wien	Organ. Chemie		1938/–
Prandtl*, Wilhelm	bao. Prof.	Univ. München	Organ. Chemie		1937/–
Pringsheim, Hans	apl. Prof.	Univ. Berlin	Organ. Chemie		1933/1933
Raudnitz, Harry	Priv. doz.	Univ. Prag	Organ. Chemie		1939/1939?
Redlich, Otto	apl. Prof.	TH Wien	Physik. Chemie		1938/1938
Reis, Alfred	apl. Prof.	TH Berlin	Physik. Chemie		1933/1933
Rheinboldt, Heinrich	apl. Prof.	Univ. Bonn	Organ. Chem		1933/1934
Riesenfeld, Ernst	bao. Prof.	Univ. Berlin	Organ. Chemie		1936/1936
Rona, Peter	apl. Prof.	Univ. Berlin	Med. Biochemie		1933/1938
Rosen, Boris	w. Mitarb.	KWI Physik. Chemie	Physik. Chemie		1933/1933
Rosenheim, Arthur	apl. Prof.	Univ. Berlin	Physik. Chemie		1933/?
Rothschild, Paul	w. Mitarb.	KWI Med. Forschung	Med. Biochemie		1933/1934
Schiemann, Günther	Priv. doz.	TH Hannover	Organ. Chemie		1935/–**
Schleich, Hans	w. Mitarb.	KWI Lederforschung	Organ. Chemie		1933?/?
Schönberg, Alexander	apl. Prof.	TH Berlin	Organ. Chemie		1934/1934
Schönheimer, Rudolf	Priv. doz.	Univ. Freiburg	Med. Biochemie		1933/1933
Schwab, Georg-Maria	apl. Prof.	Univ. München	Physik. Chemie		1938/1939
Seidel, Felix	apl. Prof.	Univ. Tübingen	Organ. Chemie		1941/– **
Seligsberger, Ludwig	w. Mitarb.	KWI Lederforschung	Organ. Chemie		1934/1934
Simon, Ernst Eytan	Assistent	KWI Biochemie	Biochemie		1933/1933
Simon, Franz	ord. Prof.	TH Breslau	Physik. Chemie		1933/1933

Tabelle 3.5 Fortsetzung.

Nachfolger	Länder der Emigration bis 1945	erste Stelle (bis 1945)	Rückkehr an Institution in Deutschland oder Österreich
	Türkei; USA	USA, Industrie	
	CSSR; U. K.	–	
	USA	Univ. College N. Y.	
L. Ebert	Kanada; USA	Kanada, Industrie	
	USA	–	
	USA	?	
	Frankreich; USA	Paris, Inst. Biol. Phys. Chim.	
A. Butenandt	Niederlande; Palästina; US	–	
	Niederlande	–	
R. Schwarz	U. K.; Canada; U. K.	Durham Univ.	1953 MPI Mainz
	Schweiz	–	
	U. K.	Lab. Molec. Biol., Cambridge	
	U. K.	Univ. Manchester	
E. Wiberg			
	Frankreich; Schweiz	–	
	42 U. K.	Manchester?	
	USA	?	
	Frankreich; USA	Cooper Univ. Inst. of Techn., N. Y.	
	Brasilien	Univ. Sao Paulo	
P. Günther	Schweden	–	
	Ungarn	–	
	Belgien	?	
	CSSR?		
	U. K.	als Arzt	
	U. K.; Ägypten	Univ. Kairo	
	USA	Columbia Univ., N. Y.	
	Griechenland	–	1950 U. München
	Türkei, USA	USA, Industrie	
	Frankreich; Palästina	Weizmann Inst.	
R. Suhrmann	U. K.	Oxford Univ.	

Tabelle 3.5 Fortsetzung.

Name	Position	Institution 1933 bzw. 1938	Fach	Nobel-preis	Entlassung/ Emigration
Skraup, Siegfried[3]	apl. Prof.	Univ. Würzburg	Organ. Chemie		1939/– **
Slotta*, Karl Heinrich	Priv. doz.	Univ. Breslau	Pharmakologie		1935/1935
Söllner, Karl	Assistent	KWI Physik. Chemie	Physik. Chemie		1933/1933
Speyer, Edmund	apl. Prof.	Univ. Frankfurt	Organ. Chemie		1933/?
Stammreich, Hans	Oberass.	TH Berlin	Physik. Chemie		1933/1933
Steiner, Werner	Priv. doz.	Univ. Berlin	Physik. Chemie		1933/1933
Stern*, Adolf	Priv. doz.	TH München	Physik. Chemie		1933/1933
Stern, Otto	ord. Prof.	Univ. Hamburg	Physik. Chemie	1943	1933/1933
Straus, Fritz[4]	ord. Prof.	TH Breslau	Organ. Chemie		1936/1939
Traube, Isidor	apl. Prof.	TH Berlin	Physik. Chemie		1933/1934
Traube, Wilhelm	ord. Prof.	Univ. Berlin	Organ. Chemie		1934/–
Tubandt*, Carl	ord. Prof.	Univ. Halle	Physik. Chemie		1937/–
Waelsch, Heinrich B.	Priv. doz.	Univ. Prag	Med. Biochemie		1938/1938
Wartenberg*, Hans von	ord. Prof.	Univ. Göttingen	Organ. Chemie		1937/–
Wassermann, Albert	Assistent	KWI Med. Forschung	Organ. Chemie		1933/1933
Weigert, Fritz	bao. Prof.	Univ. Leipzig	Physik. Chemie		1935/1935
Weiss, Joseph J.	Assistent	KWI Physik. Chemie	Physik. Chemie		1933/1933
Weißberger, Arnold	Priv. doz.	Univ. Leipzig	Organ. Chemie		1933/1933
Wertheimer, Ernst	apl. Prof.	Univ. Halle	Med. Biochemie		1934/1934
Willstätter, Richard[5]	ord. Prof.		Organ. Chemie	1915	1934/1939
Wöhler, Lothar	ord. Prof.	TH Darmstadt	Organ. Chemie		1933/–
Wohl, Alfred	ord. Prof.	TH Danzig	Organ. Chemie		1933/1933
Wohl, Kurt	Priv. doz.	Univ. Berlin	Physik. Chemie		1935/1939
Wolf, Ludwig	apl. Prof.	Univ. Berlin	Organ. Chemie		1933/1933
Zocher*, Hans	ord. Prof.	TH Prag	Physik. Chemie		1939/– **

(1933): 1933 »freiwillig« gekündigt.

* nichtjüdische Personen, die entlassen wurden, weil sie mit einer Jüdin verheiratet waren

** Personen, die nach ihrer Entlassung eine Zeitlang in der Industrie in Deutschland oder Prag tätig waren.

Tabelle 3.5 Fortsetzung.

Nachfolger	Länder der Emigration bis 1945	erste Stelle (bis 1945)	Rückkehr an Institution in Deutschland oder Österreich
			1946 U. Würzburg
O. Neunhöffer	Brasilien	Industrie	
	U. K.; USA	Cornell Univ.	
	Frankreich, Belgien, Persien, Palästina, Portugal, Brasilien	Univ. Sao Paulo	
	U. K.	?	
	USA	Staten Island Comm. College., N. Y.	
P. Harteck	USA	Carnegie Inst. Pittsburgh	
	USA	–	
	U. K.	–	
K. L. Wolf			
	USA	Columbia Univ.	
	U. K.	Univ. Coll. London	
	U. K.	Univ. Glasgow	
	U. K.	Kings Coll. U. Durham	
	U. K.; USA	USA, Industrie	
	Palästina	Hebrew Univ.	
	Schweiz	–	
E. Zintl			
A. Butenandt	Schweden	–	
	U. K.; USA	Princeton Univ.	
	?	?	

1) Jacobsohn verließ das KWI für Biochemie 1929, um eine kleine Abteilung für biologische Chemie an einem Forschungsinstitut in Lissabon aufzubauen. Sein Vierjahresvertrag in Lissabon wurde 1933 als Folge der antijüdischen Maßnahmen in eine unbefristete Stelle umgewandelt.
2) Jacob Pollak wurde nach Theresienstadt deportiert und dort 1942 ermordet.
3) Die Entlassung erfolgte erst 1939, da Skraup die Abstammungsunterlagen nicht beschaffen konnte.
4) Straus wurde 1933 entlassen, dann aufgrund des Frontkämpferparagraphen wieder eingestellt, dabei als Extraordinarius an die Universität in Berlin transferiert. Dort wurde er 1936 entlassen.
5) Willstätter betrieb seit seinem Rücktritt 1924 Forschung in seinem Privatlabor in München.

derherstellen könne. Das Gerücht, Embden sei in einem KZ gestorben, entspreche nicht der Wahrheit. Nach Angaben eines ehemaligen Studenten sollte Embden »zu Beginn des Sommersemesters 1933 durch Machenschaften nationalsozialistischer Studenten die Leitung des physiologischen Instituts genommen werden«. Embden »starb wenige Wochen danach am Herzschlag als Folge der erlittenen Aufregungen.«[22]

Hans Liebermann, ao. Professor für Organische Chemie an der TH Berlin, blieb nach seiner Entlassung in Berlin. Er beging im September 1938 Selbstmord.[23] Wilhelm Traube war bis zu seiner Entlassung im Jahre 1934 ordentlicher Professor und Abteilungsleiter am Chemischen Institut der Universität in Berlin. Er blieb in Berlin, wo er 1942 verhaftet wurde. Im September 1942 wurde er von der Gestapo ermordet. Auf dem Anmeldeformular des Friedhofs der jüdischen Gemeinde in Berlin-Weißensee, wo Traube trotz seiner evangelischen Religion beerdigt werden mußte, findet sich der Hinweis, daß er am 28.9.1942 vom Polizeigefängnis am Alexanderplatz abgeholt werden müsse.[24] Der Universitätskurator erfuhr erst im Januar 1943 von Traubes Tod. Er reagierte wie in vielen anderen Fällen mit bürokratischer Exaktheit, indem er den zuviel gezahlten Ruhegehaltsbetrag von der Bank zurückforderte.[25] Im Jahre 1942 begannen die Deportationen der Berliner Juden. Arnold Berliner, der Gründer und frühere Chefredakteur des bedeutendsten deutschen und bis in die 1930er Jahre international führenden wissenschaftlichen Journals »Die Naturwissenschaften«, beging Selbstmord, als man ihn aufforderte, seine Wohnung in Berlin im Juni 1942 zu verlassen.[26] Max von Laue war einer der wenigen nichtjüdischen Wissenschaftler, die seine starke Erregung und seine Betroffenheit über die Deportationen und Selbstmorde von Kollegen und Freunden, darunter die Physikochemikerin A. Byk, die Frau des Entdeckers der Kanalstrahlen Eugen Goldstein, und Traube, in Briefen zum Ausdruck brachten.[27]

---

[22] Dr. med. Hoffmann-Wülfing an den Rektor der Universität Frankfurt, 9.1.1947, UA Frankfurt, Rektorat, Personalakte G. Embden.

[23] Auskunft von Dr. Simon, Centrum Judaicum in Berlin.

[24] Archiv des Centrum Judaicum, Berlin. Nach Auskunft von Dr. Simon wurde Traube im Gegensatz zur Angabe in Fruton (1990, S. 401) am 28.9.1942 nicht in seiner Wohnung von Nationalsozialisten ermordet, sondern später von der Gestapo.

[25] Arch. der Humboldt-Univ., T87.

[26] Nachruf von Max von Laue in Die Naturwissenschaften 33, 17–18, 1946. Der Verlag kündigte Berliner 1935 nach 22 Jahren Tätigkeit als Chefredakteur.

[27] Ruth Sime, Lise Meitner, S. 297. Prof. Theodor Bücher erzählte mir von einem Vorfall, der sich während seines Rigorosums bei Max Bodenstein ereignete, das 1941 stattfand, als Juden die Auflage erhalten hatten, den Judenstern zu tragen. Max v. Laue sei höchst erregt in die Prüfung, die in Bodensteins Wohnung stattfand, hineingeplatzt: »Die alten Herren vergaßen wohl meine Gegenwart, hielten mich als Mitarbeiter Warburgs auch für ein ›Familienmitglied‹. Um der Schande zu entgehen, hatten sich loyale deutsche Männer und Frauen das Leben genommen: ›Der hat sich umgebracht, der und der auch‹, hörte ich die ganze Zeit, wobei ich mich nicht mehr an Namen erinnere. Beide redeten ohne Rücksicht darauf, daß ich da saß, vielleicht haben sie es auch vergessen.« (Gespräch mit UD, München, 14.6.1994).

Der Biochemiker Carl Oppenheimer war von 1908 bis zu seiner Entlassung 1935 Professor an der Landwirtschaftlichen Hochschule in Berlin. 1922 gründete er das Zentralblatt für Biochemie und Biophysik. Nach seiner Entlassung emigrierte er 1936 nach Holland, wo er 1938 die Leitung der landwirtschaftlichen Abteilung einer Firma in Den Haag übernahm. Am 24.12.1941 starb er; aller Wahrscheinlichkeit nach wurde er von Nationalsozialisten ermordet.[28]

Peter Rona wurde 1933 von seiner Position als ao. Professor für Physiologische Chemie der Universität in Berlin und Leiter der chemischen Abteilung des Pathologischen Instituts entlassen. Da er aus Budapest stammte, zog er 1934 nach Ungarn. Nach der deutschen Besetzung mußte er zusammen mit anderen in ein sogenanntes Judenhaus ziehen. 1944 wurde Rona durch die schwedische Botschaft in Budapest vor der Deportation geschützt. Kurze Zeit darauf – das genaue Datum ist nicht bekannt – starben sowohl er als auch seine Frau. Es konnte nicht geklärt werden, ob sie ermordet wurden oder Selbstmord begingen. Der Direktor des KWI für Faserstoffchemie, Reginald Herzog, emigrierte nach seiner Entlassung 1933 in die Türkei. Er beging 1935 auf einer Reise in Zürich Selbstmord.

Reginald Oliver Herzog, ca. 1910

[28] Joseph S. Fruton, Contrasts in Scientific Style, Philadelphia: American Philosophical Society 1990, S. 393.

Arthur von Weinberg

In der chemischen Industrie waren, wie oben erwähnt, seit dem 19. Jahrhundert viele jüdische Chemiker tätig. Die Entlassungen in der Industrie wurden in der Regel einige Jahre später vorgenommen als an Universitäten (um 1937). Vielen der Betroffenen gelang es daher nicht mehr, rechtzeitig aus Deutschland herauszukommen, so daß einige deportiert und in KZs ermordet wurden. Eine umfassende Untersuchung des Schicksals jüdischer Industriechemiker nach 1933 konnte hier nicht vorgenommen werden; es seien nur einige Beipiele erwähnt. Arthur v. Weinberg (1860–1943), Schüler Adolf v. Baeyers, wurde einer der Pioniere der deutschen Farbenindustrie.[29] Viele Jahre lang war er Leiter der Cassella Farben, und nach der Gründung der I. G. Farbenindustrie im Jahre 1925, der er Cassella einfügte, war er bis 1935 Mitglied des I. G. Aufsichtsrates. Er gehörte zu den Mitbegründern der Frankfurter Universität im Jahre 1919, wurde eines der tatkräftigsten Mitglieder des Kuratoriums und Präsident der Freunde und Förderer dieser Universität. Nach der Reichspogromnacht 1938 zog er sich auf den bayrischen Besitz seines Schwiegersohns, des Grafen Spreti, zurück. Als 82jähriger wurde er dort am 2.6.1942 auf Veranlassung des örtlichen Gauleiters verhaftet und in das KZ Theresienstadt gebracht, wo er am 20.3.1943 nach einer Operation starb.

[29] Siehe dazu Heinrich Ritter und Werner Zerweck, Arthur von Weinberg. 1860–1943, Chemische Berichte 89, 1956, XIX – XLI.

Die folgenden Angaben über die Industriechemiker Ferdinand Münz (1888–1969), Ludwig Taub (1877–1956), Max Weiler (1872–1942) und Edgar Zwergel (1885–1941) stammen aus dem Bayer-Archiv, Leverkusen. Münz, seit 1914 Chemiker bei Cassella, wurde 1927 ins Wissenschaftliche Hauptlaboratorium der I. G. nach Leverkusen versetzt, wo er zahlreiche Verfahren zur Fixierung direkter Färbungen auf der Faser entwickelte. Ein von ihm angemeldetes Patent zur Entwicklung von Wasserenthärtungsmitteln auf der Basis von Nitriloessigsäuren mußte ohne Namensnennung erscheinen. Münz wurde Anfang 1945 in das KZ Theresienstadt deportiert, er überlebte und trat Ende 1945 bei Bayer ein, wo er die Arbeit im Wissenschaftlichen Hauptlaboratorium fortsetzte.

Ludwig Taub trat 1906 als Chemiker in die pharmazeutisch-wissenschaftliche Abteilung der Bayer-Werke ein und war an der Erfindung zahlreicher pharmazeutischer Präparate beteiligt. Er wurde als Jude 1936 vorzeitig pensioniert und emigrierte nach Rehovot, Palästina (später Israel). Sein Sohn William Taub wurde Wissenschaftler am Weizmann Institute of Science in Rehovot.

Der aus Brakel stammende Max Weiler war seit 1909 in der Rosanilinfarbenabteilung der Bayer-Werke in Elberfeld tätig. Er wurde am 1. Januar 1933 pensioniert und später in das Ghetto Lodz (Litzmannstadt) deportiert, wo er nach Angaben der Gestapo am 18.5.1942 starb (die Todesursache wurde nicht genannt). Der I. G. Farben-Chemiker Edgar Zwergel war seit 1933 bei der Pharmazeutischen Abteilung der I. G. Farben-Vertretung in Amsterdam, Handelmaatschaapij »Nedigepha«, tätig. Er wurde 1939 pensioniert, trat aber bereits 1938 aus der Firma aus. Die Pension konnte (aus nicht genannten Gründen) nicht nach Holland überwiesen werden. Zwergel starb am 26.12.1941, es ist nicht bekannt, ob er nach der deutschen Invasion und Besetzung der Niederlande ermordet wurde.

Der Physikochemiker und Pionier angewandter Metallurgie Benno Strauß war seit 1899 Leiter des physikalischen Versuchslaboratoriums der Fa. Friedrich Krupp in Essen. In seinem Labor wurden u. a. nichtrostende Stahle entwickelt. Strauß wurde als Jude vorzeitig in den Ruhestand versetzt und starb 1944 in dem Zwangsarbeitslager Vorwohle (jetzt Eschershausen).[30] John Eggert, in Berlin für Physikalische Chemie habilitiert, war seit 1921 bei der Agfa tätig, wo er Leiter des wissenschaftlichen Zentrallaboratoriums in Wolfen wurde. 1937 wurde ihm wegen der jüdischen Abstammung seiner Frau die Lehrbefugnis entzogen. Eggert wurde 1946 Ordinarius an der TH München und nahm 1947 den Ruf auf den Lehrstuhl für Photographie der ETH Zürich an.[31] Manfred Gill und Peter Löhnert untersuchten das Schicksal der jüdischen Chemiker in der Filmfabrik in Wolfen.[32] Mindestens 25 der 122 aus rassischen Gründen vertriebenen Personen starben bis 1945, zehn von ihnen in Deutschland und 15 in der Emigration; viele Schicksale sind noch unbekannt.

---

30 Walther Jaenicke, 100 Jahre Bunsen-Gesellschaft 1894–1994, Darmstadt 1994: Steinkopff, S. 219.

31 Ibid., S. 212.

32 Manfred Gill und Peter Löhnert, Jüdische Chemiker aus Dessau in der Filmfabrik Wolfen, Schriftenreihe der Moses-Mendelssohn-Gesellschaft e. V., Dessau 1997.

3.2.2 Länder der Emigration

Die vorliegenden Informationen machen deutlich, daß 66 von 102 Emigranten (65 %) zunächst in Westeuropa blieben, wobei Großbritannien mit etwa einem Drittel mit Abstand die meisten von ihnen aufnahm (siehe Tabelle 3.6). Die USA war das zweithäufigste Aufnahmeland, gefolgt von Frankreich, der Türkei und der Schweiz. Zum großen Teil blieben die Emigranten nicht in dem Land, in dem sie zunächst Aufnahme gefunden hatten. Das gilt vor allem für Großbritannien, wo die von britischen Wissenschaftlern 1933 gegründete Hilfsorganisation für entlassene Wissenschaftler (Academic Assistence Council, später umbenannt in Society for the Protection of Science and Learning) befristete Arbeitsverträge vermittelte, aber auch durch die Bezahlung von Gastvorträgen die weitere Emigration vor allem in die USA unterstützte. Ende der 1930er Jahre setzte mit dem Beginn des Zweiten Weltkrieges und der anschließenden deutschen Besetzung eines Teiles von Europa eine zweite Emigrationswelle ein, die vor allem zur Auswanderung in die USA, aber in einzelnen Fällen auch nach Palästina, Australien, Südamerika und in andere Länder führte.

Wie aus den Tabellen 3.5 und 3.6 hervorgeht, erhielten 47 der 102 »nichtarischen« Emigranten (46 %) bis 1945 eine Stelle an Universitäten, 22 in der Industrie (21,5 %). In einer Reihe von Fällen konnte nicht geklärt werden, ob es sich um Dauerstellen handelte; Industriestellen waren oft befristet und bestanden zum Teil nur aus Beraterverträgen. Mindestens ein Drittel der nach damaligem Sprachgebrauch als »Nichtarier« zur Emigration gezwungenen Personen erhielt nach der Emigration keine Stelle mehr. Trotz der Tatsache, daß einige (vor allem ältere) Wissenschaftler in die Schweiz emigrierten, bekam dort kein »nichtarischer« Emigrant eine Universitätsstelle.

Insbesondere ältere Emigranten kamen oft in materielle Bedrängnis. Zu ihnen gehörten Hans Pringsheim (1876–1942) und Isidor Traube (1860–1943). Der apl. Professor für Organische Chemie an der Universität in Berlin, Hans Pringsheim, zog nach seiner Entlassung 1933 zunächst nach Paris und dann nach Genf. Seit 1935 war er ohne eine finanzielle Unterstützung. Er plante, mit finanzieller Hilfe der Society for the Protection of Science and Learning (SPSL) entweder eine vierte Auflage seines Buches »Die Polysaccharide« auf Englisch herauszugeben (die dritte war 1931 auf Deutsch erschienen) oder in Zusammenarbeit mit anderen ein Handbuch für Zuckerchemie zu publizieren.[33] Seine Arbeiten waren aber nicht mehr aktuell. Die SPSL entschied, ihm wegen seines Alters, und weil seine wissenschaftlichen Arbeiten von Gutachtern nicht als »first class« eingestuft wurden, keine weitere Unterstützung zu gewähren.

Isidor Traube, apl. Professor für Physikalische Chemie an der TH Berlin, emigrierte nach seiner Entlassung nach England, wo der Academic Assistance Council ihn von 1934 bis Februar 1935 finanziell unterstützte.[34] Seine anschließende Tä-

[33] ms SPSL 537/4, Korrespondenz Pringsheim – SPSL im Jahre 1939.
[34] ms SPSL 559/4, Traube an AAC, 25.3.1936.

Tabelle 3.6 Länder, in die (Bio-)Chemiker emigrierten, die aus »rassischen« Gründen vertrieben worden waren (bis 1945)

Länder der Emigration	**Erstes Land der Emigration:**	**Letztes Emigrationsland bis 1945:**		
	Anzahl von Emigranten	Anzahl von Emigranten	davon auf Positionen an Univ.	auf Industrie- oder anderen Stellen
United Kingdom	35	25	13	6
USA	19	39	18	9
Frankreich	9	1	1	
Türkei	7	4	4	
Schweiz	6	6?		
Palästina	3	6	4	1
Belgien	4	2		1
Schweden	3	4	1	
Dänemark	3	1	1	
Holland	3	2		1
Griechenland	1	1		
Kanada	1	–		
Spanien	1	1		
Portugal	1	1	1	
Ungarn	1	1		
CSSR	2	–		
Kuba	1	–		
Brasilien	2	3	1	2
Uruguay	–	1		1
Mexiko	–	1		1
Ägypten	–	1	1	
Australien		2	2	
Summe	102	102	47	22

tigkeit bei den Imperial Chemical Industries in Edinburgh wurde Ende 1936 gekündigt. Traube war Kolloidchemiker, der bereits zu einem frühen Zeitpunkt die Gesetzmäßigkeiten verdünnter Lösungen mit denen von Gasen in Beziehung gesetzt hatte; seine Hypothese, daß Oberflächenphänomene auf Flüssigkeiten zweidimensionalen Analogien von Gasgesetzen entsprechen, wurde als Traube-Regel bekannt. Zum Zeitpunkt seiner Entlassung war er zu alt, um eine Stelle zu bekommen. In einem Schreiben des Academic Assistance Council vom November 1936 heißt es: »Traube ist 76 Jahre alt, und obwohl er hoch angesehen ist (›Vater der Kolloidchemie‹), ist er nicht länger in der Lage, wissenschaftlich effektiv zu arbeiten und praktisch ein Fall für Wohltätigkeitsorganisationen.«[35]

[35] ms SPSL 559/4, AAC an Otto M.Schiff, 28.11.1936 (Übersetzung UD).

Alexander Schönberg

Traube hatte eine Reihe von Familienangehörigen zu versorgen. Um seine Tochter besorgt, die in Deutschland gerade ihr Studium der Physikalischen Chemie beendet hatte, wandte er sich an Chaim Weizmann, der aber außerstande war, ihm zu helfen.[36] Der AAC gewährte Traube 1936 eine weitere kleine finanzielle Unterstützung für ein Jahr, und im Jahre 1941 bekam er noch einmal eine finanzielle Hilfe von den Imperial Chemical Industries. Er starb 1943 in Edinburgh.

Alexander Schönbergs Erfahrungen in Ägypten zeigen, daß die Emigranten gelegentlich auch in anderen Erdteilen Probleme durch Ansprüche »arischer Herrenmenschen« aus Deutschland bekommen konnten. Mark v. Stackelberg, seit 1933 Mitglied der NSDAP und SA und seit 1936 apl. Professor für Physikalische Chemie an der Universität Bonn, bewarb sich 1938 auf eine Professur an der Universität in Kairo.[37] Leiter der chemischen Abteilung dieser Universität war Professor Alexander Schönberg, der 1934 als »Nichtarier« von seiner Position als apl. Professor für Organische Chemie an der TH Berlin entlassen wurde und zunächst nach Großbritannien emigrierte. 1937 wurde er Professor für Organische Chemie an der Kairoer Universität und etwas später Direktor des Chemischen Instituts. Neben seiner Forschung, mit der er eine Grundlage der Präparativen Organischen Photochemie schuf, war er maßgeblich an der Entwicklung einer modernen Chemieausbildung in Ägypten beteiligt.

Als v. Stackelberg den »Prospectus« der Kairoer Universität erhielt und daraus entnahm, daß Schönberg aus Berlin stammte, wurde er mißtrauisch. Er fragte beim Reichserziehungsministerium an, ob Schönberg etwa jüdischer Emigrant sei, und bat die deutsche Gesandtschaft in Kairo um Auskunft darüber, ob der Dekan »in

[36] Briefwechsel Traube-Weizmann 1935–1936, The Weizmann-Archives, Rehovot.

[37] Diese und die folgenden Angaben sind der Personalakte v. Stackelbergs im UA Bonn entnommen.

Anbetracht dessen, daß Araber und Juden sich in Palästina in den Haaren liegen, Verständnis dafür hätte, wenn ich verlangen würde, einem Juden nicht subordiniert, sondern allenfalls coordiniert zu sein?«[38] Das Reichserziehungsministerium stellte daraufhin in einem Schreiben an das Auswärtige Amt – mit Abschrift an v. Stackelberg – klar, daß Schönberg zwei, möglicherweise drei jüdische Großeltern besitze und entschied: »Eine Unterstellung des Prof. Dr. von Stackelberg unter Prof. Dr. Schönberg kommt keinesfalls in Frage. Zumindest muß Prof. von Stackelberg der gleiche Rang wie Schönberg zugesichert werden.«[39]

Die Verantwortlichen in Ägypten waren von den Vorschlägen aus Deutschland offensichtlich nicht überzeugt. v. Stackelberg blieb apl. Professor in Bonn. Im Urteil des Entnazifizierungsberufungsausschusses von 1949 heißt es über ihn:

> »In persönlicher Vernehmung konnte der Betroffene glaubhaft machen, daß er sich dem Nationalsozialismus ursprünglich angeschlossen hat aus Begeisterung und Überzeugung. Er hat jedoch nicht kritiklos alles gebilligt. ... Die Kammer hat vom Betroffenen den Eindruck eines lauteren Charakters, der sich stets bemüht hat, seine Überzeugung und sein Gewissen zur Richtschnur seines Handelns zu machen. Der politische Irrtum kann ihm nicht zur Last gelegt werden. Der Betroffene mag als voll entlastet angesehen werden.«[40]

Schönberg wurde 1957 wegen Erreichung der Altersgrenze in Kairo entlassen und ging zurück nach Berlin. Er mußte seinen Anspruch auf den Status eines emeritierten ordentlichen Professors an seiner alten Hochschule, der jetzigen Technischen Universität in Berlin, durch ein gerichtliches Wiedergutmachungsverfahren erstreiten.[41]

3.3 Ausschließlich aus politischen oder anderen Gründen entlassene und/oder emigrierte Wissenschaftler

Achtzehn nichtjüdische (Bio-)Chemiker wurden aus politischen Gründen entlassen oder emigrierten aus anderen Gründen; 10 (55 %) von ihnen emigrierten (Tabelle 3.7). Eingeschlossen sind dabei auch Personen, die bereits vor 1933 im Ausland waren und danach nicht zurückkehrten: Hermann O. L. Fischer, ein Sohn Emil Fischers, Privatdozent in Berlin, wechselte 1932 an die Universität Basel und wurde 1937 Professor in Toronto; Erich Baer, bis 1932 Assistent am KWI für Phy-

---

38 Ibid., v. Stackelberg, 12.9.1938 an die Deutsche Gesandtschaft in Kairo.
39 Ibid., Schreiben des REM vom 28.9.1938.
40 Ibid., Urteil vom 15.9.1949.
41 E. Singer, Alexander Schönberg 1892–1985, Chem. Ber. 120, I – XIX, 1987.

Tabelle 3.7 Entlassung und Emigration von Chemikern und Biochemikern aus (rein) politischen, anderen oder unbekannten Gründen

Name	Vorname	Position	Institution 1933 bzw. 1938	Fach	Entlassung/ Emigration	Grund	Länder der Emigration	erste feste Stelle	Rückkehr an eine Institution in Dtl.
Baer**	Erich Eugen F.	Assistent	KWI Physik. Chem.	Organ. Chem.	–/1932	anderer	Schweiz; Kanada	Univ. Toronto	
Beck	Walter	w. Mitarb.	KWI Physik. Chem.	Techn. Chem.	1933/1933	unbekannt	U. K.; Polen		
Fischer**	Hermann Otto L.	Priv. doz.	Univ. Berlin	Organ. Chem.	–/1932	anderer	Schweiz; Kanada	Univ. Toronto	
Fries	Karl	ord. Prof.	TH Braunschweig	Organ. Chem.	1938/–	politisch			
Gaffron*	Hans	Assistent	KWI Biochemie	Biochemie	–/1937	anderer	USA	Univ. of Chicago	
Heller	Kurt	Priv. doz.	Dt. Univ. Prag	Anorg. Chem.	1938/–	unbekannt			
John	Hanns	apl. Prof.	Dt. Univ. Prag	Pharmakologie	1939/–	unbekannt			
Klemenc	Alfons	ord. Prof.	Univ. Wien	Anorg. Chem.	1939/–	politisch	1942 wiedereingestellt		
Krayer	Otto Hermann	apl. Prof.	Univ. Göttingen	Pharmakologie	1933/1933	politisch	U. K.; Libanon; USA	Harvard Med. School	
Kuhn**	Werner	ord. Prof.	Univ. Kiel	Physik. Chem.	–/1939	anderer	Schweiz	Univ. Basel	
Liebknecht	Otto	Priv. doz.	Univ. Berlin	Techn. Chem.	1935/–	unbekannt			
Müller	Wolf-Johannes	ord. Prof.	TH Wien	Physik. Chem.	1938/–	politisch	1939 wiedereingestellt		
Oberhauser	Ferdinand	Priv. doz.	TH München	Anorg. Chem.	?/1933?	unbekannt	Chile	Santiago	
Schmid	Hans	Priv. doz.	TH München	Anorg. Chem.	1937/–	unbekannt			
Terres	Ernst	Hon. Prof.	TH Berlin	Techn. Chem.	1933/–	politisch			1948 TH Karlsruhe
Winterstein	Alfred	Priv. doz.	Univ. Heidelberg	Organ. Chem.	?/1933?	unbekannt	Schweiz	Univ.(?) Basel	
Wizinger-Aust	Robert Karl	apl. Prof.	Univ. Bonn	Organ. Chem.	1938/1938	politisch	Schweiz	Univ. Basel	
Zervas	Leonidas	Abtl.	KWI Lederforschung	Organ. Chem.	1934/1934	anderer	USA, Griechenl.	Univ. Athen	

* Hans Gaffron verlor seine Stelle als Assistent am KWI für Biochemie, als Adolf Butenandt nach der Entlassung von Carl Neuberg Direktor des Institutes wurde. Durch die Vermittlung von Fritz v. Wettstein konnte Gaffron seine Forschungen mit einem Zwei-Jahres-Vertrag als Gast am KWI für Biologie fortsetzen. Da es v. Wettstein nicht gelang, ein Stipendium oder eine feste Stelle in Deutschland für ihn zu bekommen, entschied Gaffron, als er mit Hilfe eines Stipendiums der Rockefeller Foundation in Hopkins Marine Station arbeitete, nicht mehr nach Deutschland zurückzukehren (Archiv der MPG, I. Abt. Rep.1A/1538).

** Wurden nicht entlassen, sondern emigrierten aus verschiedenen anderen Gründen, siehe Text.

sikalische Chemie (?), folgte Fischer nach Basel und Toronto.[42] Auch Werner Kuhn wurde nicht entlassen. Als schweizerischer Bürger lebte er seit 1927 in Deutschland, wo er 1936 Ordinarius für Physikalische Chemie an der Universität Kiel wurde. 1939 nahm er einen Ruf an die Universität Basel an, dabei spielte die zunehmende Wahrscheinlichkeit eines europäischen Krieges eine entscheidende Rolle.[43]

Politische bzw. weltanschauliche Gründe führten zur Entlassung folgender Wissenschaftler: Otto Krayer hatte es, wie oben dargestellt, aus moralischen Gründen abgelehnt, die Stelle eines entlassenen jüdischen Emigranten anzunehmen. Der Organiker Karl Fries, ord. Professor und seit 1913 Leiter des chemischen Instituts der TH Braunschweig, wurde 1938 im Alter von 63 Jahren vorzeitig emeritiert. Nach Prof. H. Hopf hatte sich Fries, »ein gläubiger Katholik, der Habilitation eines jungen Chemikers widersetzt, weil er von dessen fachlichen Qualitäten nicht überzeugt war. Da dieser aber glühender und wichtiger lokaler Nationalsozialist war, wurde Fries zwangsemeritiert.«[44] Er ging daraufhin nach Marburg – Prof. Meerwein war sein Freund –, wo er noch viele Jahre im Praktikum auf einem kleinen Platz arbeitete.[45] Sein Nachfolger in Braunschweig wurde das SS-Mitglied Hermann Friese. Wolf-Johannes Müller, seit 1926 Ordinarius für Physikalische Chemie an der TH Wien, wurde 1938 entlassen, weil er als »Judenfreund« galt. Es gelang ihm aber, nach etwa einem Jahr auf seine alte Stelle zurückzukehren. Kurz darauf, im Dezember 1941, starb er.

Robert Wizinger-Aust, apl. Professor für Organische Chemie und Technologie an der Universität Bonn, galt weltanschaulich als Hochschullehrer als nicht mehr tragbar. Die Dozentenschaft warf ihm vor, ultramontan stark gebunden zu sein, das heißt eine dem Papst hörige Richtung des Katholizismus zu vertreten, aus der sich automatisch eine Ablehnung des Nationalsozialismus ergebe.[46] Er wurde im

---

[42] Seine Tochter, die Historikerin Dr. Agnes Peterson, hält es für durchaus möglich, daß bei Fischers Entscheidung, 1932 nach Basel zu gehen, politische Gründe eine Rolle gespielt haben, er sei zeit seines Lebens politisch sensibel gewesen. Eine gute Beziehung habe er vor und nach der Emigration zu Max Bergmann gehabt, den er während der gemeinsamen Zeit im Labor Emil Fischers kennengelernt habe (persönliche Mitteilung von Prof. A. Peterson, Washington, 13.11.1996). Der Nachlaß Max Bergmanns in der American Philosophical Society enthält einen Briefwechsel zwischen Bergmann und Fischer.

[43] Peter J. T. Morris, Polymer Pioneers. A Popular History of the Science and Technology of Large Molecules, Philadelphia 1986: Center for History of Chemistry.

[44] Persönliche Mitteilung von Prof. Henning Hopf, 13.8.1999. Fries, nach dem die Fries-Umlagerung benannt ist, bestand auch darauf, daß in einem Labor die Hakenkreuzfahne entfernt wurde. Um heutige Studenten an Fries und sein Verhalten zu erinnern, nannte Prof. Hopf eines der Braunschweiger Praktikumslaboratorien Fries-Saal.

[45] Ibid. Nach Prof. Hopf wurde die TH Braunschweig nach 1933 besonders gründlich gereinigt, weil sie Hitler die Berufung auf eine Professur für politische Wissenschaften verweigert hatte (das Land Braunschweig hatte seit 1930 eine Koalitionsregierung aus Nationalsozialisten und Bürgerlichen).

[46] Gutachten der Dozentenschaft der Universität Bonn vom 19.7.1937, UA Bonn, Personalakte R. Wizinger.

August 1938 entlassen. Wizinger, der politisch stark deutschnational eingestellt war, als Elsässer seine Heimat 1919 freiwillig verlassen hatte und sich für das Deutschtum Elsaß-Lothringens eingesetzt hatte, emigrierte in die Schweiz, wo er Hochschullehrer an der E. T. H. in Zürich wurde.

Die (Bio-)Chemiker Robert Havemann und Georg Groscurth leisteten als Kommunisten politischen Widerstand.[47] Havemann studierte Chemie in München und Berlin und führte Forschungen für seine Doktorarbeit an Habers KWI für Physikalische Chemie aus. Offensichtlich versuchte auch Havemann, zur Zeit der Entlassung der jüdischen Mitarbeiter des Instituts, berufliche Vorteile wahrzunehmen.[48] Mit welchen Motiven er Haber, Freundlich, Kallmann, Polanyi und Söllner im Sommer 1933 wegen angeblich beabsichtigten unkorrekten Geschäftsgebahrens beim Preußischen Kultusministerium denunzierte, kann hier nicht geklärt werden. Havemann mußte das Institut wie die anderen noch verbliebenen nichtjüdischen Mitarbeiter Habers Ende 1933 verlassen, nachdem das Ministerium Gerhart Jander als Institutsleiter eingesetzt hatte. Havemann und Groscurth, der 1932 Mitarbeiter Habers gewesen war, waren danach als Stipendiaten der Notgemeinschaft (DFG) am Berliner Krankenhaus Moabit tätig, wo sie Untersuchungen über Hämoglobin ausführten. 1937 wurde Havemann Assistent an dem von Wolfgang Heubner geleiteten Pharmakologischen Institut der Universität Berlin. Bei Kriegsbeginn wurde er für die Durchführung kriegswichtiger Forschungen, die das pharmakologische Institut für das Heereswaffenamt betrieb, uk gestellt, und im Dezember 1941 beantragte der Universitätskurator eine Verlängerung der uk-Stellung, die offenbar genehmigt wurde.[49]

Havemann, der seit 1931 für den Kominternapparat in Deutschland arbeitete, schloß sich im Sommer 1933 der Widerstandsgruppe »Neu Beginnen« an.[50] 1942 gründete er zusammen mit Groscurth die Widerstandsgruppe »Europäische Union«, in deren Rahmen Kontakte zu Fremdarbeitern und untergetauchten Juden aufgenommen wurden, um ihnen mit Lebensmittelkarten und anderen amtlichen Dokumenten zu helfen.[51] Außerdem wurde antifaschistische Propaganda betrieben.

---

[47] Siehe dazu Robert Havemann, Fragen, Antworten, Fragen. Aus der Biographie eines deutschen Marxisten, Neuausgabe München 1990: Piper, insbesondere S. 81–92; Dieter Hoffmann, Robert Havemann – eine deutsche Biographie, Nachwort zu Havemann, Fragen. Havemann und Groscurth waren noch keine Hochschullehrer und werden daher in der Statistik nicht berücksichtigt.

[48] Margit Szöllösi-Janze, Fritz Haber 1868–1934. Eine Biographie, München 1999, S. 669–673.

[49] Der Universitätskurator der Berliner Universität an das Wehrbezirkskommando Berlin X, 11. Dezember 1941, Preußisches Geheimes Staatsarchiv, Berlin, 1. HA, Rep.76, Nr. 290.

[50] Hoffmann, Robert Havemann, S. 282.

[51] Ibid., S. 283.

Die Gruppe wurde 1943 denunziert, und viele ihrer Mitglieder, darunter Havemann und Groscurth, zum Tode verurteilt. Während Groscurth am 8. Mai 1944 hingerichtet wurde, erhielt Havemann zunächst für ein halbes Jahr Vollstreckungsaufschub, der mehrfach verlängert wurde. Havemann sollte in einem eigens für ihn eingerichteten Laboratorium des Zuchthauses in Brandenburg chemisch-analytische Forschungen zum Giftgasnachweis für das Heereswaffenamt ausführen.[52] Er verdankte es nach eigener Angabe in erster Linie den Professoren Wolfgang Wirth, Oberstarzt im Heereswaffenamt, Paul Günther, Direktor des Physikalisch-Chemischen Instituts und Wolfgang Heubner, Direktor des Pharmakologischen Instituts, daß der Plan, ihn unter dem Vorwand seiner Unentbehrlichkeit für kriegswichtige Forschungen zu retten, glückte.[53] Aufgrund seiner Unerschrokkenheit gelang es Havemann, das Laboratorium zu einem Zentrum des Widerstandes innerhalb des Zuchthauses zu machen.

Nach dem Krieg war Havemann für kurze Zeit Präsident der Kaiser Wilhelm-Gesellschaft, als Kommunist galt er aber den Institutsdirektoren und Max Planck als nicht tragbar. 1952 wurde er Professor und Direktor des Physikalisch-Chemischen Instituts an der Humboldt-Universität. Auch in der DDR wurde der Nonkonformist und kritische Intellektuelle zunehmend zum Dissidenten. Nach einer kritischen Vorlesungsreihe »Dialektik ohne Dogma?« wurde er entlassen und mit jahrzehntelangem Berufs- und Publikationsverbot belegt. Die Anti-Havemann-Kampagne führte zur Streichung Havemanns aus der Mitgliederliste der Akademie der Wissenschaften und erreichte ihren Höhepunkt 1976, als Havemann nach der Ausbürgerung Wolf Biermanns öffentlich für seinen Freund eintrat, woraufhin Havemann fast zwei Jahre lang mit Hausarrest bestraft wurde. 1982 starb er, 72jährig, in seinem ständig überwachten Haus in Grünheide bei Berlin.

Die zehn nichtjüdischen Chemiker, die seit 1933 (bzw. 1932) Deutschland verließen, emigrierten zunächst in die Schweiz, England und die USA; Oberhauser, der bereits vor 1933 für einen Aufenthalt in Chile beurlaubt war, kehrte nicht zurück.

Neun der zehn Personen erhielten sofort oder relativ kurze Zeit nach ihrer Emigration eine Stelle an einer Universität im Ausland. Offensichtlich verließen nur diejenigen Deutschland, die eine Stelle in Aussicht hatten. Drei erhielten eine Stelle in der Schweiz, zwei in den USA, zwei in Kanada, einer in Griechenland (Zervas war Grieche) und Oberhauser in Chile. Über das Schicksal Walter Becks konnte ich keine weiteren Informationen erhalten. Nach dem Krieg soll er sich nach Angaben der Society for the Protection of Science and Learning in Amsterdam aufgehalten haben.

52 Hoffmann, Robert Havemann, S. 284.
53 Havemann, Fragen, S. 83.

3.4 Auswirkung der Entlassungen und Emigrationen auf die Forschung in Deutschland

Ein Vergleich der Anzahl der Zitate von Emigranten und Nichtemigranten im Science Citation Index von 1945–1954 zeigt, daß die Verluste für die Wissenschaft in Deutschland stärker waren als nach der Anzahl der Entlassungen und Emigrationen zu vermuten wäre: Nichtemigranten werden im Durchschnitt 150 mal, Emigranten 360 mal zitiert, d. h. 2,4 mal mehr.[54] Verschiedene chemische Fächer waren, wie bereits oben gezeigt, unterschiedlich stark durch Entlassungen und Emigrationen betroffen. Als Grundlage für eine Einschätzung der Auswirkungen der Verluste für Deutschland soll im folgenden in Ergänzung zu diesen quantitativen Untersuchungen geklärt werden, welche Emigranten vor und nach ihrer Emigration herausragende wissenschaftliche Bedeutung hatten, und ob durch die Emigration ganze Forschungsgebiete verlorengingen.

3.4.1 Wissenschaftlich erfolgreiche Emigranten

Wählt man als Maßstab den Nobelpreis und die Anzahl der Zitate im Science Citation Index, sind die in Tabelle 3.8 aufgeführten (Bio-)Chemiker (einschließlich Pharmakologen) unter den Emigranten wissenschaftlich am einflußreichsten. Es fällt auf, daß die Nobelpreisträger Fritz Haber und Otto Stern wenig zitiert werden. Bei Haber ist dies wohl darauf zurückzuführen, daß er seine bedeutendsten Arbeiten zu Beginn des Jahrhunderts veröffentlichte und so weit zurückliegende Publikationen selten zitiert werden. Otto Stern gehörte zu den wenigen Institutsleitern, die ihren Namen nicht auf die Publikationen ihrer Schüler und Mitarbeiter setzten (damals in der Regel als ersten Autor), so daß er selbst nicht häufig zitiert wurde. Darüber hinaus waren, wie unten ausgeführt wird, auf seinem Forschungsgebiet nur wenige Wissenschaftler tätig. Auch der Biochemiker Gustav Embden wurde trotz seiner Bedeutung selten zitiert.

Fritz Lipmann und Leonor Michaelis verließen Deutschland, bevor die Nationalsozialisten an die Macht kamen, aber beide verloren erst danach ihre deutsche Staatsbürgerschaft und die Möglichkeit, zurückzukehren (Michaelis' Name stand bis Mitte der 1930er Jahre im Berliner Vorlesungsverzeichnis). Außer Werner Kuhn sind alle in der Tabelle aufgeführten Personen Juden bzw. jüdischer Abstammung.

---

[54] Probleme hinsichtlich der Aussagekraft und methodischer Schwächen bei der Benutzung des Science Citation Index werden in der Einleitung unter »Methoden« diskutiert. Trotz vieler Vorbehalte scheint eine Zitationsanalyse als <u>eine</u> Basis für die Einschätzung des wissenschaftlichen Einflusses von Personen, die ähnliche Disziplinen vertreten, gerechtfertigt.

Tabelle 3.8 Die 25 emigrierten (Bio-)Chemiker, die die meisten Zitate im Science Citation Index 1945–1954 (abzüglich erkennbarer Eigenzitate) und/oder einen Nobelpreis erhielten. (Zum Vergleich mit den Nichtemigranten siehe Tabelle 5.4 in Kapitel 5).

Name	Fach	Zitate	Nobelpreis
Max Bergmann	Chemie/Biochemie	1880	
Hermann K. Blaschko	Biochemie	654	
Konrad Bloch	Chemie/Biochemie	1169	1964
Ernst Boris Chain	Chemie/Biochemie	588	1945
Erwin Chargaff	Chemie/Biochemie	1424	
Felix Haurowitz	Biochemie	671	
Hans Krebs	Biochemie	2529	1953
Fritz Lipmann	Biochemie/Chemie	1783	1953
Otto Loewi	Pharmakologie/Biochemie	513	1936
Otto Meyerhof	Biochemie	1467	1923
Leonor Michaelis	Biochemie	1703	
David Nachmansohn	Biochemie	1492	
Carl Neuberg	Chemie/Biochemie	1221	
Max Perutz	Chemie/Biochemie	352	1962
Rudolf Schönheimer	Biochemie	1508	
Richard Willstätter	Chemie/Biochemie	1556	1915
Fritz Arndt	Organische Chemie	629	
Ernst D. Bergmann	Organische Chemie	688	
Rudolf Lemberg	Organische Chemie	645	
Fritz Haber	Physikalische Chemie	419	1918
Georg von Hevesy	Physikalische Chemie	1383	1943
Werner Kuhn	Physikalische Chemie	1449	
Hermann F. Mark	Physikalische Chemie	661	
Otto Stern	Physikalische Chemie	98	1943
Joseph J. Weiss	Physikalische Chemie	742	

Es sollte erwähnt werden, daß auch der spanische Biochemiker Severo Ochoa damals in Deutschland tätig war; er arbeitete von 1929 bis 1931 und von 1936 bis 1937 als Forschungsassistent bei Meyerhof. Da Meyerhof während Ochoas zweitem Heidelberger Aufenthalt seine Emigration plante, wollte Ochoa nicht länger in Heidelberg bleiben.[55] Meyerhof vermittelte ihm durch seinen Freund Archibald V. Hill 1937 einen sechsmonatigen Forschungsplatz am Marine Biological Laboratory in Plymouth, England. Nach einer weiteren Forschungsstelle in Oxford ent-

[55] Severo Ochoa, The Pursuit of a Hobby, Annual Review of Biochemistry 49, 1–30, 1980.

schied Ochoa 1940, in die USA zu emigrieren, wo er am Laboratorium von Gerty und Carl Cori an der Washington School for Medicine in St. Louis seine erste Stelle fand. Die beide 1896 in Prag geborenen Coris waren nach einer kurzen Tätigkeit als Biochemiker in Prag und Wien 1922 in die USA emigriert, wo Carl Cori 1931 Professor an der Washington School in St. Louis wurde. Gerty Cori, zunächst als Mitarbeiterin ihres Mannes tätig, wurde 1947 dort Professorin für Biochemie. Für die Aufklärung des Stoffwechselcyclus, in dem Glykogen zu Glucose abgebaut und wieder regeneriert wird (Gluconeogenese), erhielten Gerty und Carl Cori 1947 den Nobelpreis für Physiologie. Ochoa, dessen Forschungsschwerpunkt sich später auf die Molekularbiologie verlagerte, übte nach dem Krieg einen großen Einfluß auf Entwicklung der Biochemie und Molekularbiologie in Spanien aus.[56] Sein wissenschaftlicher Erfolg drückt sich auch in der großen Anzahl von Zitaten (1130) aus sowie in der Verleihung des Nobelpreises (1959).

Statistisch hier nicht berücksichtigt sind Physiker, die auf dem Gebiet der Physikalischen Chemie arbeiteten, aber an Instituten der Physik tätig waren. Ein Beispiel ist Peter Debye, Direktor des KWI für Physik, der 1936 den Nobelpreis für Chemie auf Grund seiner Beiträge zur Kenntnis der Molekülstruktur erhielt, die er durch Arbeiten über Dipolmomente und die Beugung von Röntgenstrahlen und Elektronen in Gasen gewonnen hatte. 1940 wurde das Institut vom Kriegsministerium übernommen und seine Forschungen auf mögliche Anwendungen der Kernenergie zum Bau eines Atomreaktors bzw. einer Atombombe ausgerichtet. Debye wurde aufgefordert, die deutsche Staatsangehörigkeit anzunehmen, er zog es aber vor, sich beurlauben zu lassen, nichr mehr nach Deutschland zurückzukehren und in die USA zu emigrieren.

Wie diese Liste der Emigranten andeutet, waren Physikalische Chemie und Biochemie von den Entlassungen und Emigrationen damals oder später international bedeutender Wissenschaftler in besonderem Maße betroffen. Auf diesen Gebieten war Deutschland noch in den 1920er Jahren international führend (wobei diese Position in der Physikalischen Chemie durch Entwicklungen in den USA zunehmend in Frage gestellt wurde). Auch wenn führende Physikochemiker, darunter Max Bodenstein, Karl-Friedrich Bonhoeffer, Arnold Eucken, Max Volmer und Carl Wagner, nicht zur Emigration gezwungen wurden, gab es, wie unten dargestellt, in einzelnen Bereichen starke Verluste. Die Kolloquien im Haberschen KWI bildeten einen Ort interdisziplinären Austausches von internationalem Interesse, so daß mit der Emigration Habers und der völligen personellen Umstrukturierung seines Instituts Deutschland eines seiner physikalisch-chemischen Zentren verlor.

Auch einzelne hervorragende Organiker emigrierten. Allerdings blieben die bedeutendsten Organiker, darunter die damaligen oder späteren Nobelpreisträger Kurt Alder, Adolf Butenandt, Otto Diels, Hans Fischer, Richard Kuhn, Hermann Staudinger, Heinrich Wieland, Adolf Windaus und Karl Ziegler, in Deutschland (siehe Kapitel 5). Im folgenden werden die Auswirkungen der Verluste in der Bio-

[56] María Jesús Santesmases, Severo Ochoa and the Biomedical Sciences in Spain under Franco, 1959–1975, Isis 91, 2000.

chemie bzw. den einzelnen chemischen Disziplinen auch unter Berücksichtigung der seit 1933 in Deutschland betriebenen Forschungen genauer analysiert.

3.4.2 Biochemie

Am einschneidendsten und bisher am ausführlichsten untersucht und beschrieben sind die Verluste in der Biochemie, insbesondere der Biochemie des Intermediärstoffwechsels.[57] Durch den Tod Gustav Embdens sowie die Emigration von Max Bergmann, Otto Meyerhof, Carl Neuberg, Carl Oppenheimer und Leonor Michaelis, der Deutschland bereits in den 1920er Jahren verlassen hatte, verlor Deutschland führende Vertreter der Biochemie mit Ausnahme von Otto Warburg und Franz Knoop. Embden, Meyerhof und Neuberg hatten maßgeblichen Anteil an der Aufklärung der ersten intermediären Stoffwechselketten und -cyclen, die nach 1910 mit den Untersuchungen der Reaktionen der Glykolyse und Gärung begann.

Meyerhof, Leiter der Abteilung für Physiologie des KWI für Medizinische Forschung, wurde als einer der letzten jüdischen Wissenschaftler 1938 von der KWG entlassen. Er hatte sich seit 1935 erfolglos darum bemüht, eine geeignete Stelle in England oder der Schweiz, notfalls auch den USA zu finden.[58] 1938 gelang es ihm noch vor dem Pogrom, nach Frankreich zu emigrieren, wo er eine Stelle als *directeur* am Institut de Biologie Physico-Chimique erhielt. 1940 floh er über Spanien in die USA, wo er Gastprofessor für Physiologische Chemie an der University of Pennsylvania in Philadelphia wurde. Hier veröffentlichte er noch mehr als 50 Arbeiten, unter anderem über das Enzym ATPase. Er starb im Jahre 1951 nach einem Herzanfall. Meyerhofs Vertreibung führte nicht nur zum Verlust eines hervorragenden Wissenschaftlers, sondern auch zur Auflösung eines der damals international bedeutendsten Forschungszentren der Biochemie. Junge Biochemiker aus der ganzen Welt waren daran interessiert, eine Zeitlang bei ihm zu arbeiten.

Die Peptid- und Proteinchemie, von Emil Fischer begründet, verlor mit Max Bergmann ihren damals bedeutendsten Vertreter in Deutschland. Bergmann errichtete am Rockefeller Institute for Medical Research in New York eine der international führenden Schulen der Peptidforschung. Seinen Schülern und Mitarbei-

---

[57] Zu den Auswirkungen der erzwungenen Emigration auf die Biochemie siehe David Nachmansohn, German-Jewish Pioneers in Science 1900–1933, New York 1979; Lothar Jaenicke, Wieviel Zufälliges doch in der Entwicklung steckt. Als die Physiologische Chemie zur Molekularbiologie wurde. Kritisches zur Geschichte der biochemischen Forschung, in: Robert Gerwin (ed.), Wie die Zukunft Wurzeln schlug, Berlin, Heidelberg, New York 1989; Michael Engel, Paradigmenwechsel und Exodus, Zellbiologie, Zellchemie und Biochemie in Berlin, in: Akad. d. Wiss. zu Berlin (Hrsg.: W. Fischer, K. Hierholzer, M. Hubenstorf, P. Th. Walther, R. Winau), Exodus von Wissenschaftlern aus Berlin, Forschungsbericht 7, Berlin/N. Y. 1994: de Gruyter, S. 296–341.

[58] ms. SPSL, Akte Otto Meyerhof.

Otto Meyerhof, 1949

tern gelang später der Durchbruch in der Methodik der Trennung und Analyse von Aminosäuren durch Chromatographie (siehe Kapitel 6).

In der nächsten Generation sind die Verluste durch die Emigration von Konrad Bloch, Ernst Chain, Erwin Chargaff, Hans Krebs, Fritz Lipmann und Rudolf Schönheimer noch deutlicher. In Deutschland blieben Feodor Lynen und Carl Martius. Wesentliche Beiträge zur Aufklärung biochemischer Reaktionen und Mechanismen des intermediären Stoffwechsels nach 1933 stammten von deutsch-jüdischen Emigranten, insbesondere von Fritz Lipmann und Rudolf Schönheimer in den USA und Hans Krebs in England. Die biochemische Forschung deutsch-jüdischer Emigranten und die Forschung in Deutschland nach 1933 werden in den Kapiteln 4 und 6 ausführlich dargestellt. Die folgende Analyse faßt die Ergebnisse dieser Untersuchungen in bezug auf die Auswirkungen der Emigration auf die Biochemie in Deutschland zusammen.

Ausgangspunkt war der durch einige Studien über die Emigration in der Biochemie vermittelte Eindruck, intermediäre Stoffwechselbiochemie sowie Proteinforschung seien als Folge der erzwungenen Emigration jüdischer Biochemiker völlig aus Deutschland verschwunden.[59] Meine Analyse der biochemischen Forschung in Deutschland zeigt, daß der Niedergang der Biochemie in Deutschland nicht nur auf die Emigration hervorragender jüdischer Wissenschaftler zurückgeführt wer-

[59] So z. B. Nachmansohn, German-Jewish Pioneers und Engel, Paradigmenwechsel.

den kann, sondern daß auch Besonderheiten der deutschen Universitätsstrukturen hier eine große Rolle spielten. So wurde in Deutschland nach 1933 sowohl international bedeutende naturstoffchemische Forschung betrieben, darunter die Hormon- und Vitaminarbeiten Adolf Butenandts und Richard Kuhns, sondern auch Protein- und Enzymforschung (Wolfgang Grassmann, Otto Warburg) sowie Forschungen, die zur Aufklärung intermediärer Stoffwechselcyclen beitrugen (Franz Knoop, Carl Martius, Karl Lohmann, Robert Sonderhoff, der dazu wie Schönheimer das schwere Wasserstoffisotop Deuterium benutzte). Grassmann gab die Grundlagenforschung Mitte der 1930er Jahre größtenteils zugunsten von anwendungsorientierter Forschung auf. Otto Warburg setzte Forschungen zur Konstitution von Enzymen des Intermediärstoffwechsels, die international führend waren, bis Kriegsende fort, war allerdings in Deutschland weitgehend isoliert. Arbeiten zur Aufklärung von Stoffwechselcyclen wurden trotz ihrer Bedeutung nicht mit Nachdruck und großer finanzieller Unterstützung betrieben. Sie besaßen ein hohes Niveau hinsichtlich der Analyse der beteiligten chemischen Reaktionen, waren aber nicht in Hypothesen hinsichtlich größerer biologischer Zusammenhänge eingebunden, wie es bei Krebs und Schönheimer der Fall war. Diese Forschungen wurden von Entwicklungen in England und den USA, an denen deutsch-jüdische Emigranten maßgeblichen Anteil hatten, überholt.

Die Röntgenstrukturanalyse organischer Makromoleküle wurde in mehreren deutschen Instituten und Laboratorien betrieben, z. B. von Otto Kratky am KWI für Physikalische Chemie und Rudolf Brill im Forschungslabor der I. G. Farben in Oppau. Diese Forschung war allerdings fast ausschließlich auf technisch verwertbare Makromoleküle ausgerichtet, darunter Cellulose und Seide, und nicht wie in England bis zum Ende des Krieges, z. B. durch Arbeiten von John D. Bernal und Dorothy Crowfoot-Hodgkin und danach u. a. von Max Perutz, auf die Strukturaufklärung biologisch bedeutender Proteine.

Bei der Forschung an bakteriostatischen Stoffen standen in Deutschland solche über synthetische Sulfonamidderivate und deren Wirkungsmechanismus im Vordergrund. Leonhard Birkofer entwickelte bei Richard Kuhn ein allerdings nur lokal wirksames Bakteriostatikum. Mikrobiell erzeugte Antibiotika wie Penicillin waren seit ca. 1943 Gegenstand der Forschung u. a. von Adolf Windaus, Heinrich Wieland und Adolf Butenandt. Sofern Ergebnisse vorliegen, waren sie, wie in Kapitel 6 ausführlich dargestellt, bereits durch Entwicklungen in den USA und England überholt.

Was waren die Gründe dafür, daß dieses neue praktisch relevante Gebiet in Deutschland nicht mit größerem Erfolg betrieben wurde? Es scheint, daß Wissenschaftler, DFG/RFR und auch die Industrie das Projekt nicht mit dem Nachdruck vorangetrieben haben, der notwendig gewesen wäre, um mit den Entwicklungen in England und USA Schritt zu halten (siehe Kapitel 6). Ähnliches galt auch für die Verwendung von Deuterium als Indikator bei Untersuchungen intermediärer Stoffwechselcyclen. Die bedeutendsten Naturstoffchemiker Butenandt, Kuhn, H. Fischer, Wieland und Windaus führten in der Hauptsache ihre synthetischen Arbeiten fort oder betrieben wie Butenandt Krebsforschung. Medizinische Biochemiker waren an Antibiotikaforschung wenig interessiert, und ihre Forschungen über Fragen der intermediären Stoffwechselbiochemie erbrachten (mit Ausnahme der Arbeiten Knoops) keine nenneswerten Ergebnisse. Hervorragende junge jüdische Biochemiker wie Chain, Lipmann und Schönheimer wurden vertrieben. Insbesondere Chain zeichnete sich nicht nur durch seine Leistungen als Chemiker aus, sondern auch durch seine Tatkraft und Beharrlichkeit bei der Durchsetzung einer als richtig erkannten Idee. In England fand er trotz anfänglicher Probleme materielle und ideelle Unterstützung, die es ihm ermöglichten, die Idee, Penicillin als antibakterielles Heilmittel zu entwickeln, in Zusammenarbeit mit Kollegen praktisch umzusetzen. In Deutschland wäre dies aller Wahrscheinlichkeit nach aufgrund der starren akademischen Strukturen an Universitäten und KWIs nicht möglich gewesen.

Ähnlich günstige Verhältnisse ermöglichten es Schönheimer, sein noch in Deutschland entwickeltes neues Konzept der Untersuchung der intermediären Synthese und des Abbaus des bis dahin als inert angesehenen Cholesterins experimentell umzusetzen. Der Leiter seines biochemischen Institutes an der Columbia University, Hans T. Clarke (selbst nicht auf diesem Gebiet tätig), hatte den Weitblick, Schönheimer mit Hilfe von Stiftungen die notwendigen Mittel für die biochemische Forschung mit Deuterium zur Verfügung zu stellen. In Deutschland hätte Schönheimer eine solche Möglichkeit vermutlich nicht gehabt, ohne Ordinarius oder Extraordinarius bzw. Abteilungsleiter oder Direktor eines KWIs zu sein. Junge biochemisch arbeitende Chemiker in Deutschland, darunter Lynen, Martius und Sonderhoff, konnten ihre neuen Forschungsansätze nicht mit einer entsprechenden Unterstützung selbständig ausbauen. Lohmann mußte als Chemiker erst zusätzlich Medizin studieren, bevor er sich auf einen Lehrstuhl der Medizinischen Biochemie bewerben konnte. Diese Starrheit der akademischen Traditionen trug in Verbindung mit dem geringen Niveau der Forschung in der Medizinischen Biochemie nach der erzwungenen Emigration der jüdischen Kollegen zum Niedergang der Biochemie in Deutschland bei. Die Nationalsozialisten beschleunigten diesen Prozess mit ihrer Politik der Vertreibung jüdischer Wissenschaftler in ungeheurem Ausmaß.

Chemiker, die während des Nationalsozialismus oder danach aktive Wissenschaftler in Deutschland waren, heben in Gesprächen über Auswirkungen des Nationalsozialismus die Verluste in der Biochemie hervor. Zu ihnen gehören drei Wissenschaftler, die entweder direkt nach 1945 (Bücher und Wieland) oder später (Pfleiderer) am Wiederaufbau der Biochemie in Deutschland beteiligt waren:

> »Im Nazireich hat die chemische Forschung wenig Dirigismus oder Verluste erfahren im Gegensatz zur Biochemie, die durch die Emigration der wichtigsten jüdischen Biochemiker (z. B. Meyerhof, Lipmann, Bloch, Schönheimer u. a.) gegenüber den angelsächsischen fast uneinholbare Verluste erlitten hat.« (Theodor Wieland)[60]
>
> »In der eigentlichen Chemie war der Einbruch nicht groß, wohl aber in der Biochemie. Da haben wir nach dem Krieg auf vielen Gebieten neu anfangen müssen.« (Theodor Bücher)[61]

60 Prof. Dr. Theodor Wieland im Gespräch mit UD, Heidelberg, 22.6.1994.
61 Prof. Dr. Dr. h. c. Theodor Bücher im Gespräch mit UD, München, 14.6.1994.

»Es gab nur einen wirklichen Biochemiker bei uns, das war Lynen, den ich für den bedeutendsten deutschen Biochemiker nach dem Krieg halte. Er war, um diesen Ausdruck zu verwenden, der Star der modernen Biochemie, nicht Butenandt. Kuhn hatte sich von der Biochemie wieder mehr zu synthetischen Arbeiten (Azulene, Kumulene) entfernt. Wenn man diese Situation mit der der 1920er Jahre vergleicht, wo an vielen Stellen in diesem Land Zentren der Biochemie existierten, zu denen Wissenschaftler aus der ganzen Welt kamen, muß man sagen, daß die deutsche Biochemie von den Nationalsozialisten durch ihre Entlassungen kaputt gemacht worden ist.« (Gerhard Pfleiderer)[62]

3.4.3 Physikalische Chemie

Einer der bedeutendsten Physikochemiker in Deutschland war Anfang der 1930er Jahre Georg v. Hevesy. Er stammte aus einer angesehenen ungarisch-jüdischen Familie und studierte Mathematik, Physik und Chemie in Budapest, Berlin und Freiburg. 1910 kam er als Assistent zu Fritz Haber an die TH Karlsruhe. Seine zentrale Idee, radioaktive Elemente als Indikatoren einzusetzen, hatte er bereits 1911 während eines Forschungsaufenthaltes bei Ernest Rutherford in Manchester, wo er sie als Indikatoren in der analytischen Chemie verwendete.[63] 1913 ging er an das Radiuminstitut der österreichischen Akademie der Wissenschaften in Wien, wo er sich habilitierte und das Konzept radioaktiver Indikatoren zusammen mit Fritz Paneth weiterentwickelte. Niels Bohr lud v. Hevesy, der nach dem Ersten Weltkrieg wieder in Budapest war, 1920 nach Kopenhagen ein, wo er 1923 zusammen mit dem Holländer Dirk Coster das Element 72 (Hafnium) entdeckte. Ihnen gelang der Nachweis, daß es im Gegensatz zu den Voraussagen französischer und englischer Wissenschaftler nicht zu den seltenen Erden gehörte, sondern mit Zirkonium verwandt war, eine experimentelle Bestätigung von Bohrs Theorie über den Atombau und das Periodensystem. In Kopenhagen führte v. Hevesy seine ersten Versuche mit radioaktiven Isotopen in lebenden Organismen aus, und 1923 benutzte er das Bleiisotop ^{208}Pb (damals Thorium D) als Indikator für die Untersuchung der Absorption und Wanderung von Blei in Pflanzen.[64]

Im Jahre 1926 nahm v. Hevesy die Position als planmäßiger außerordentlicher Professor mit den Rechten eines Ordinarius der Universität Freiburg an. 1932 erhielt er das Ordinariat für Physikalische Chemie. Er arbeitete in Freiburg zunächst über Hafnium und seltene Erden, perfektionierte die Röntgenstrahlanalyse durch Verwendung fluoreszierender Strahlung und suchte nach weiteren radioaktiven

[62] Prof. Dr. Gerhard Pfleiderer im Gespräch mit UD, Stuttgart-Botnang, 21.9.1995

[63] Zu Leben und Werk v. Hevesys siehe Hilde Levi, George de Hevesy. Life and Work. Bristol 1985: Adam Hilger Ltd.

[64] George de Hevesy, The Absorption and Translocation of Lead by Plants. A Contribution to the Application of the Method of Radioactive Indicators in the Investigation of the Change of Substance in Plants, Biochemical Journal 17, 439–445, 1923.

Georg von Hevesy, ca. 1955–1960

Elementen, vor allem unter den seltenen Erden. Nur wenige Arbeiten dieser Periode beschäftigen sich mit der Anwendung der Indikatormethode auf biologische Probleme, da die Toxizität der als Indikatoren damals ausschließlich vorhandenen Schwermetallisotope ihre Anwendung in Biologie oder Medizin stark einschränkte.

Die Rockefeller Foundation, die ihn von 1931 bis 1934 unterstützte, und der Staat Baden finanzierten den großzügigen Ausbau von v. Hevesys Institut.[65] v. Hevesy sah Freiburg jetzt völlig als seine Heimat an.[66] Die Entdeckung der (von Rutherford theoretisch vorausgesagten) Neutronen durch Chadwick 1932 und die Experimente Enrico Fermis (Nobelpreis 1938), der 1934 durch Beschuß von Elementen mit langsamen Neutronen künstliche radioaktive Elemente erzeugte, machten es möglich, radioaktive Isotope leichter und damit biologisch interessanter Elemente zu produzieren, z. B. von Phosphor, und v. Hevesy begann noch in Freiburg, diese künstlichen radioaktiven Isotope für biologische Probleme zu verwenden.

Im April 1933 wurde v. Hevesy wegen seiner jüdischen Abstammung – er selbst war Katholik – zunächst beurlaubt, diese Beurlaubung dann im August rückgängig gemacht, offenbar wegen seines Kriegsdienstes im Ersten Weltkrieg.[67] Angesichts der politischen Entwicklungen entschied er im Juli 1934, kurz bevor er ent-

[65] Ca. $ 100.000, RAC, Rockefeller Foundation, Box 13, fldr 119.
[66] Levi, George de Hevesy, S. 66.
[67] UA Freiburg, B24/1378.

mann 1933 als Juden Deutschland verlassen mußten – sie erhielten Stellen an der Universität Pittsburgh (USA) –, wurde diese Forschung, die mit einem großen experimentellen Aufwand verbunden war, in Deutschland nicht fortgesetzt.

Stern erhielt 1943 den Nobelpreis für die Entwicklung der Molekularstrahlmethode und die Entdeckung des magnetischen Moments des Protons. Das Zentrum der Forschung über kernmagnetische Momente verlagerte sich an die Columbia-University in New York, wo Isidor Rabi, der ein Jahr als Postdoktorand in Hamburg verbracht hatte, neue Molekularstrahlmethoden entwickelte und eine Schule gründete, die später zur Entwicklung der Resonanzmethode zur exakten Bestimmung magnetischer Eigenschaften von Elementarteilchen führte.[72] Dafür wurde Rabi 1944 mit dem Nobelpreis ausgezeichnet. Viele Jahre später, nach dem Zweiten Weltkrieg, wurde dieses Forschungsgebiet durch Hans Kopfermann wieder nach Deutschland zurückgeholt.

Die erzwungene Emigration in der Physikalischen Chemie beeinflußte auch das Gebiet der makromolekularen Chemie oder Polymerchemie. Pionier dieser Forschung war Hermann Staudinger, Professor für Organische Chemie der Freiburger Universität, der Mitte der 1920er Jahre die Existenz von Makromolekülen durch Methoden der Organischen Chemie bewies und dieses Konzept gegen die anfangs fast totale Ablehnung seitens seiner Kollegen durchsetzte. Staudinger erhielt dafür 1953 den Nobelpreis. Im Gegensatz zu Staudinger, der Polymerchemie ausschließlich als Teil der Organischen Chemie betrachtete, entwickelte Hermann Mark physikalisch-chemische Methoden zur Untersuchung der Polymere. Er gründete 1927 eine interdisziplinäre Arbeitsgruppe im Zentrallabor der I. G. Farben in Ludwigshafen und errichtete ein Lehr- und Forschungsprogramm der Polymerchemie an der Universität Wien, wo er 1932 Professor für Physikalische Chemie wurde.

1938 wurde Mark entlassen (er hatte einen jüdischen Vater) und emigrierte zunächst in die Schweiz, dann nach Kanada und die USA (siehe Kapitel 4). Viele seiner Mitarbeiter, die am Aufbau der Polymerchemie beteiligt waren, darunter Organiker, Mathematiker und Physiker, wurden ebenfalls entlassen. Werner Kuhn, seit 1936 Ordinarius für Physikalische Chemie in Kiel, wurde nicht entlassen, sondern verließ Deutschland, wie oben ausgeführt, aus anderen Gründen. Kuhn hatte 1934 das erste statistisch-mechanische Modell für die Viskosität von Polymerlösungen entwickelt, bei dem er vom statistischen Knäuel als wahrscheinlicher Gestalt von Makromolekülen in Lösung ausging. 1936 gelang es ihm, mit Hilfe dieses Modells Eigenschaften von Polymeren zu erklären. Dieses Gebiet wurde anschließend vor allem von Paul J. Flory in den USA (Nobelpreis 1974) theoretisch und praktisch ausgebaut.

---

[72] Rabi war auch an der Entwicklung des Radar und der Atombombe beteiligt, und seine Arbeiten zur Bestimmung der Eigenschaften von Atomen und Atomkernen führten zur Erfindung des Lasers und der Atomuhr. Paul Forman betont die Bedeutung, die Otto Sterns Pionierarbeiten für Rabi gehabt haben (Paul Forman, Molecular Beam Measurements of Nuclear Moments before Magnetic Resonance. Part I: I. Rabi and Deflecting Magnets to 1938, Annals of Science 55, 111–160, 1998, p. 112.).

Die Emigration Marks und vieler seiner Mitarbeiter und der Weggang Kuhns in die Schweiz hatten Stagnation und Rückschritt in der akademischen Polymerchemie in Deutschland und Österreich zur Folge. Staudinger etablierte kein interdisziplinäres Lehr- und Forschungsprogramm; niemand außer ihm hielt in Freiburg Vorlesungen über makromolekulare Chemie, und seine Forschungen in den 1930er und 1940er Jahren bestätigten, soweit es sich um Grundlagenforschung handelte, im wesentlichen die makromolekulare Natur vieler Faserstoffe. Er akzeptierte den physikalisch-chemischen Nachweis der Flexibilität linearer Makromoleküle nicht. Noch in den 1950er Jahren hielt er an seinem Konzept fest, Makromoleküle seien starre, stäbchenähnliche Gebilde. Ebensowenig akzeptierte er die Änderungen an und Ergänzungen zu seinem Gesetz über die Beziehung zwischen Molekülgröße und Viskosität. Auch wenn es in Deutschland gute Physikochemiker in der Polymerchemie gab, darunter Günther V. Schulz, erhielt dieses Gebiet erst Jahrzehnte nach dem Zweiten Weltkrieg einigen Einfluß in der akademischen Chemie.[73]

Nach Helmut Ringsdorf, Polymerchemiker und Schüler Staudingers, der 1959 auf Vermittlung Marks eine Postdoktorandenstelle an dessen Institut in Brooklyn erhielt, war

> »das Freiburger Institut in den 50er Jahren nicht mehr weltführend auf dem Polymergebiet. Die Arbeiten waren zwar solide, aber meist klassisch. Hermann Staudinger als Chef des Instituts hielt sicher noch zu sehr an seiner alten virulenten und schweren Kampfzeit der 1920er Jahre fest. Hermann Mark hatte dagegen nach dem Krieg in den USA die Makromolekulare Chemie auf breiter Basis aktiviert. Er hat Physiker, Chemiker und Technologen zusammengebracht und so eine moderne Version der Polymer Science entwickelt und damit das Brooklyner Institut zu seiner damals hohen, internationalen Bedeutung geführt. Im Staudinger'schen Institut vollzog sich diese Entwicklung etwas langsamer, und ich bin froh, in den 60er Jahren in beiden Welten gestanden zu haben. Ich habe erst in Brooklyn gelernt, was es in der Polymer-Chemie an neuen Entwicklungen gab. Viele der Industriekontakte, die später für unsere Arbeitsgruppen wichtig waren, wurden auch schon durch Hermann Mark und C. G. Overberger in Brooklyn angelegt.«[74]

3.4.4 Theoretische Organische Chemie

Auch wenn einige bedeutende Organiker und Anorganiker zur Emigration gezwungen wurden, erfuhren diese Fächer auf ihren klassischen Gebieten keine spürbaren Einschnitte. Wie sah es in der Theoretischen Organischen Chemie aus, die seit den 1920er Jahren, teilweise durch die Übernahme von Konzepten der Theoretischen

[73] Siehe Literatur in Kapitel 7. Für ergänzende Informationen über Staudinger danke ich den Professoren Frederick Eirich, Herbert Morawetz, Helmut Ringsdorf und Dr. Magda Staudinger.

[74] Persönliche Mitteilung von Prof. Dr. Helmut Ringsdorf, 13.10.2000.

Physik, zum ersten Mal Erklärungen für Reaktionsmechanismen und chemische Bindungen bot?

Als erste physikalisch-chemische Theorie der chemischen Bindung wurde die Elektronentheorie der Valenz zwischen 1916 und 1919 von dem amerikanischen Physikochemiker Gilbert N. Lewis entwickelt und von seinem Kollegen Irving Langmuir popularisiert.[75] Etwa gleichzeitig hatte der deutsche Physiker Walther Kossel Valenzkräfte physikalisch durch elektrostatische Kräfte gedeutet; er konnte damit allerdings nur Ionenbindungen (Oktettregel) erklären. Anders als in England, wo Chemiker Lewis' Theorie bald aufgriffen, und wo sich, daraus resultierend, während der 1920er Jahre eine Fachrichtung der Physikalisch-Organischen Chemie entwickelte, blieb diese Theorie bei Chemikern in Deutschland lange Zeit fast unbekannt.[76]

Zu den wenigen Organikern in Deutschland, die sich mit theoretischen Fragen, die chemische Bindung betreffend, auseinandersetzte, gehörte Fritz Arndt, seit 1919 apl. Professor und seit 1928 Ordinarius für Organische Chemie in Breslau. Er wurde 1933 als »Nichtarier« entlassen und emigrierte in die Türkei. Arndt versuchte seit 1911, die Widersprüche zu klären, die sich aus dem Nebeneinanderbestehen der klassischen Valenzlehre und der Arrheniusschen Theorie der »elektrolytischen Dissoziation« in wässriger Lösung ergaben.[77] Eine erste Möglichkeit boten die Arbeiten von Lewis und Langmuir, die Arndt in seiner experimentellen Forschung anwandte. Dabei machte er allerdings die Erfahrung, daß theoretische Arbeiten nicht ausreichten, um den Erwartungen gerecht zu werden, die an einen Professor gestellt wurden. Als er 1920 nach fünfjähriger Tätigkeit als Professor in Istanbul als apl. Professor nach Breslau zurückkehrte, meinte sein Institutsleiter Heinrich Biltz: »Das mit der Theorie ist ja alles ganz schön, aber Sie müssen sofort experimentelle Arbeiten bringen, um Ihrer Professur gerecht zu werden.«[78] Arndt war ein guter Experimentator. Die während der folgenden Jahre mit Bernd Eistert vorgenommenen Untersuchungen der Reaktion von o-Nitrobenzaldehyd mit Diazomethan führten zur *Arndt-Eistertschen Reaktion* des Carbonsäureaufbaus. Mit seinen theoreti-

---

[75] In Lewis' weitverbreitetem Lehrbuch »Valence and the Structure of Atoms and Molecules« (New York 1923) wurde die Vorstellung der chemischen Bindung als gemeinsamem Elektronenpaar für Chemiker plausibel dargestellt.

[76] So Walter Hückel in Naturforschung und Medizin in Deutschland 1939–1946, Berlin 1953, Bd. 34, Theoretische Organische Chemie, Einleitung. Ein Grund dafür war die Barriere für wissenschaftlichen Austausch während und nach dem Ersten Weltkrieg. Der Chemiehistoriker William Brock führte die verspätete Aufnahme der Elektronentheorie auf den großen Erfolg der synthetischen Organischen Chemie zurück, die die Forschungsaktivitäten bis zum Ersten Weltkrieg dominierte. Außerdem verweist er auf die ablehnende Haltung gegenüber jeglicher Theorie, die von führenden deutschen Vertretern der Organischen Chemie, darunter Bunsen, Kolbe, v. Baeyer und Fischer, verbreitet wurde (Brock 1992, S. 484–487). Ein weiterer Empiriker, der Spekulationen ablehnte, war Windaus.

[77] W. Walter und B. Eistert, Fritz Arndt 1885–1969, Chemische Berichte 108, 1975, I–XLIV.

[78] Ibid., S. XII.

Fritz Arndt

schen Arbeiten trug Arndt darüber hinaus zur Ausarbeitung der Elektronentheorie der chemischen Bindung bei.

Der englische Chemiker Christopher Ingold hatte 1926 die Lehre vom Zwischenzustand zwischen Grenzformeln eines Moleküls aufgestellt, die sich nur durch die Anordnung der Bindungen unterscheiden. Er bezeichnete diese Erscheinung als »Mesomerie«. Arndt nahm 1930 eine klare Abgrenzung zwischen diesem Begriff und dem der Tautomerie vor (die zu einem Gleichgewicht führende Umwandlung einer chemischen Verbindung in eine isomere Verbindung, die sich von der ersten durch den Sitz eines Atoms und durch die Anordnung der Bindungen, d. h. der Elektronenpaare, unterscheidet). Mit vielen Schülern untersuchte Arndt nach seiner Emigration in der Türkei tautomeriefähige Systeme, wobei sich die Methylierung mit Diazomethan als gutes Hilfsmittel erwies. Diese Untersuchungen führten ihn später zur Unterscheidung von statischer und dynamischer Acidität.[79]

Arndts langjähriger Mitarbeiter Bernd Eistert, der auch nach Arndts Emigration mit diesem in Verbindung blieb – sie publizierten bis 1941 eine Reihe von gemeinsamen Arbeiten in den »Berichten« –, lernte die Mesomerielehre durch Arndt kennen. Eisterts 1938 veröffentlichtes Lehrbuch »Tautomerie und Mesomerie« wurde ein Standardwerk.[80] Eistert wollte, wie er im Vorwort angibt, mit diesem Buch ein »chemisches Gegengewicht« zu dem Buch »Grundzüge der Theorie ungesättigter und aromatischer Verbindungen« des Physikers Erich Hückel schaffen, dem er für Diskussionen und Hinweise dankt. Er bedankt sich darin auch (im Februar 1938) bei Fritz Arndt:

---

[79] Walter und Eistert, Fritz Arndt.

[80] Bernd Eistert, Tautomerie und Mesomerie. Gleichgewicht und Resonanz, Stuttgart 1938: Ferdinand Enke.

»Vieles von dem Inhalt der vorliegenden Arbeit ist eine Frucht des Gedankenaustausches, der mich seit Jahren mit meinem Lehrer Fritz Arndt verbindet. Arndt hat ja zur Entwicklung der Elektronentheorie wertvollstes experimentelles Material beigetragen, vor allem aber unerbittlich die Klärung der Begriffe vorangetrieben. Für alle unsere Zusammenarbeit danke ich ihm auch an dieser Stelle auf das herzlichste.«

Eistert vertritt in seinem Buch die Auffassung, daß Arndt den grundsätzlichen Unterschied zwischen Mesomerie und Tautomerie auch in den Voraussetzungen klar erkannt hat, und daß diese Erscheinung nicht, wie Sidgwick annimmt (1937), erst der Quantenphysik zu verdanken sei. Auch Ingold sei vor der Quantentheorie zur Aufstellung des Mesomeriebegriffs gekommen: »The stable state of an (unsaturated) system is really intermediate between the formally non-polar and the dipolar forms.«[81] Eistert hebt hervor, daß die quantentheoretische Behandlung der ungesättigten organischen Verbindungen, zunächst ohne Verbindung mit den von chemischer Seite entwickelten elektronentheoretischen Vorstellungen, zur Rechtfertigung und Erweiterung dieser Vorstellungen geführt habe. Das Ergebnis der quantentheoretischen Rechnungen sei in den Grundzügen das gleiche wie das aus der chemischen Elektronentheorie gefolgerte: An jedem Zustand eines ungesättigten Moleküls sind mehrere Strukturen beteiligt, die sich durch die Elektronenanordnung voneinander unterscheiden. Bei ungesättigten Verbindungen kommt einem Formelbild also keine reale Existenz und kein realer Energiegehalt zu. Formelbilder sind hier nur sinnvoll als Mittel zur eingrenzenden Beschreibung des wirklichen, nicht formulierbaren mesomeren Zustandes.[82]

Die Tatsache, daß Eistert die Elektronentheorie anerkannte, die Bedeutung der Quantentheorie für die Chemie dagegen relativierte, stellte eine unter Chemikern verbreitete Sichtweise nicht nur in Deutschland dar und hat nichts mit der in nationalsozialistischen Kreisen verbreiteten Ablehnung von Quantentheorie (und Relativitätstheorie) als jüdischer Wissenschaft zu tun.[83]

Bernd Eistert trug durch sein Buch dazu bei, die Kenntnis über die Elektronentheorie der chemischen Bindung, die, von vielen Organikern noch nicht akzep-

[81] Ibid., S. 72, Englisch i. O., Eistert bezieht sich auf C. K. and E. H. Ingold, Journal Chem. Soc. London 1926, p. 1310.

[82] Ibid., S. 69 ff. Eistert zitiert in diesem Kontext E. Hückel, O. Schmidt, erwähnt aber auch Pauli.

[83] Der amerikanische Wissenschaftshistoriker Robert Kohler stellte in seiner Analyse der Ursprünge der Elektronentheorie der chemischen Bindung fest, daß Lewis' (nicht auf Quantenmechanik basierende) Theorie des gemeinsamen Elektronenpaares (zumindest in England und den USA) von Organikern mit zunehmendem Erfolg angewendet wurde. Die Interpretationen der Reaktionsmechanismen, die in den englischen Schulen von A. Lapworth, T. M. Lowry, C. K. Ingold, and R. Robinson begonnen wurden, wären ohne diese Theorie nicht sehr weit gekommen, und die Anwendung der Quantentheorie auf die Theorie der chemischen Bindung in den späten 20er Jahren hätte auf erheblich unsichererem Grund beginnen müssen (Robert E. Kohler, The Origins of G. N. Lewis's Theory of the Shared Bond, Historical Studies in the Physical Sciences 3, 343–376, 1971).

tiert, im Begriff war, die Strukturlehre zu ersetzen, in Deutschland zu verbreiten.[84] Er war zu diesem Zeitpunkt selbst kein Hochschullehrer, sondern bei der I. G. Farben in Ludwigshafen tätig. Die Würdigung seines Lehrers Arndt im Vorwort und die Hervorhebung von dessen Beiträgen zur Elektronentheorie im inhaltlichen Teil seines Buches wirkte sich nicht negativ auf seine spätere akademische Karriere aus: Er habilitierte sich 1943 an der TH Darmstadt.

Entlassung von Physikern

Die entscheidenden Erklärungen der Grundlagen der chemischen Bindung kamen Ende der 1920er Jahre aus der Quantenmechanik. Die erzwungene Emigration Theoretischer Physiker hatte den Verlust von Wissenschaftlern zur Folge, die zu den Pionieren der Quantenchemie gehören. Bekannte Beispiele sind die Theoretischen Physiker Walter Heitler, Privatdozent an der Universität Göttingen, und Fritz London, Assistent Erwin Schrödingers und Privatdozent an der Universität Berlin. 1927 beschrieben beide die kovalente Bindung des Wasserstoffatoms auf der Basis von Schrödingers Wellenmechanik und berechneten ihre Bindungsenergie mit hoher Genauigkeit (Heitler-London-Methode). Sie trugen so maßgeblich zur quantenmechanischen Erklärung chemischer Bindungskräfte bei.

Diese Erklärungen wurden aber von Chemikern, die in den meisten Fällen keine ausreichende mathematische Ausbildung besaßen, nicht zur Kenntnis genommen. 1933 wurden Heitler und London als Juden (nach der Definition der Nationalsozialisten) entlassen, beide emigrierten zunächst nach England. Heitler ging 1941 nach Irland, wo er auf Empfehlung Schrödingers Professor am Institute for Advanced Studies in Dublin wurde; 1949 nahm er einen Ruf zum Professor für Theoretische Physik an die Universität in Zürich an. London emigrierte 1936 nach Frankreich und 1939 in die USA, wo er Professor für Theoretische Chemie, später Chemische Physik an der Duke University wurde.[85]

Von besonderem Interesse für die Entwicklung der Quantenchemie in Deutschland während der 1930er Jahre ist der Physiker Hans Hellmann, der 1929 an der TH Stuttgart promoviert wurde, danach als Assistent am Institut für Theoretische Physik der TH Hannover arbeitete und seit 1932 als Dozent für Physik an der Tierärztlichen Hochschule in Hannover tätig war. Im Herbst 1933 lehnte das Preußische Kultusministerium Hellmanns Habilitation ab, weil seine Frau, Viktoria Hellmann-Bernstein, Jüdin war.[86] Daraufhin wurde ihm zum 31.3.1934 seine Lehr-

[84] Auch Walther Hückels Lehrbuch »Theoretische Grundlagen der organischen Chemie« von 1931 wurde während des Nationalsozialismus in vier weiteren Auflagen veröffentlicht.

[85] Siehe Kostas Gavroglu, Fritz London, A Scientific Biography, Cambridge Univ. Press 1995.

[86] Zu Hellmanns Leben und Forschung siehe W. H. E. Schwarz et al, Hans G. A. Hellmann (1903–1938). I. Ein deutscher Pionier der Quantenchemie in Moskau, Bunsenmagazin 1, 10–21, 1999 und W. H. E. Schwarz et al., Hans G. A. Hellmann (1903–1938), II. Ein deutscher Pionier der Quantenchemie in Moskau. Bunsenmagazin 2, 60–70, 1999. Zu Hellmanns Entlassung siehe auch Michael Schimanski, Die Tierärztliche Hochschule Hannover im Nationalsozialismus, Dissertation an der Tierärztlichen Hochschule Hannover, Medizinische Fakultät, 1997, S. 133–135.

tätigkeit an der Tierärztlichen Hochschule gekündigt. Er emigrierte mit seiner Familie in die UdSSR, die Heimat seiner Frau, und wurde im Mai 1934 Professor am Karpow-Institut für Physikalische Chemie in Moskau, wo er eine Arbeitsgruppe für Quantenchemie leitete.

Einige Jahre lang arbeitete er unter sehr guten Bedingungen, und am Karpow-Institut, einem der bedeutendsten naturwissenschaftlichen Institute der UdSSR mit hohem internationalen Ansehen, fand er den wissenschaftlichen Konnex, den er brauchte. Ostern 1937 schrieb er an seine Verwandten in Deutschland, daß er in einigen Jahren Leiter einer eigenen Abteilung für Quantenchemie in einem Institut der Akademie der Wissenschaften werden sollte. Im Dezember 1937 hatte sich die politische Lage jedoch erheblich verschlechtert, und Hellmann schrieb, daß er sich scheue, einen allzu lebhaften Briefwechsel mit dem Ausland zu führen. Im März 1938 wurde er unter Spionageverdacht in seiner Wohnung verhaftet und am 29. Mai 1938 im Alter von 34 Jahren erschossen.[87]

Hellmann trug vor allem durch zwei Publikationen zur Quantenchemie in Deutschland bei. Neben einer Reihe von Beiträgen in physikalischen Zeitschriften veröffentlichte er 1934, zusammen mit Wilhelm Jost, apl. Professor für Physikalische Chemie an der TH Hannover, einen Artikel mit dem Titel »Zum Verständnis der ›chemischen Kräfte‹ nach der Quantenmechanik«, einem Bericht Josts über eine theoretische Arbeit von Hellmann, der aus ausführlichen persönlichen Diskussionen im Winter 1933/34 hervorgegangen war.[88] Hellmann war zum Zeitpunkt der Veröffentlichung bereits emigriert. Um Chemikern die Notwendigkeit der Quantenmechanik für das Verständnis der (kovalenten) chemischen Bindung verständlich zu machen, greifen die Autoren nicht auf die mathematisch überaus komplizierte Wellenmechanik Schrödingers zurück, sondern bemühen sich um eine Darstellung, die ein anschauliches Verständnis der Quantentheorie unter Hervorhebung der qualitativen Seite der Frage ermöglicht. Die wesentlichen Gedanken seien im folgenden vorgestellt.

Ausgehend von Überlegungen von Lenz und Jensen (1932) hatte Hellmann gezeigt, daß sich sämtliche Wechselwirkungen zwischen Atomen und Ionen, die homöopolaren (d. h. in kovalenten Bindungen bestehenden) eingeschlossen, qualitativ anschaulich mit Hilfe der Quantenmechanik deuten lassen.[89] Dabei benutzte er lediglich die statistischen Aussagen der Theorie, ohne Schrödingers Wellenmechanik heranzuziehen. Eine zentrale Bedeutung messen Hellmann und Jost dem Pauliprinzip zu (»eines der fundamentalsten Naturgesetze für den Aufbau der Welt aus positiven und negativen Ladungen«), das sich nicht aus Sätzen der klassischen Physik folgern läßt, sondern eine zusätzliche Annahme zur Erklärung der spek-

---

87 Aus der NKWD-Akte Hellmanns geht hervor, daß Hellmann ein erzwungenes Geständnis über seine Spionagetätigkeit abgelegt hatte (Schwarz et al.).

88 Hans Hellmann und Wilhelm Jost, Zum Verständnis der »chemischen Kräfte« nach der Quantenmechanik, Zs. f. Elektrochemie und angewandte physikalische Chemie 40, 806–814, 1934.

89 Jost nennt als Quelle: Zs. f. Physik 85, 180, 1933.

troskopischen Beobachtungen ist. (Das Pauliprinzip besagt in seiner einfachsten Form, daß in einem Atom keine zwei Elektronen vorkommen können, die in allen vier Quantenzahlen übereinstimmen. Die Elektronen eines Elektronenpaares müssen sich daher in ihrer Spinquantenzahl unterscheiden).

Während für das Verständnis der Ionenbindung bereits ein primitives Modell der elektrostatischen Anziehung bzw. Abstoßung genüge, lasse sich die homöopolare Bindung erst mit Hilfe des Pauliprinzips erklären. Dieses setzt, zusammen mit der Heisenbergschen Unschärferelation, die Existenz einer kinetischen Nullpunktsenergie für Elektronen in Atomen, Ionen oder Molekülen voraus, die von der Elektronendichte abhängt und immer von derselben Größenordnung ist wie die potentielle Energie der Elektronen. Die Änderungen dieser kinetischen Nullpunktsenergie bei Änderung der Elektronendichte, z. B. bei der Zusammenführung von zwei Atomen, sind es, die für alles »Nichtklassische«(z. B. die Wechselwirkung zwischen Atomen) verantwortlich sind. Je höher die Dichte der Elektronen ist, desto größer wird ihre mittlere kinetische Nullpunktsenergie, d. h. desto höhere Absolutwerte der Geschwindigkeit müssen erreicht werden, um eine hinreichende Anzahl von Zellen (für je zwei Elektronen) bereitzustellen.

Das Zustandekommen der homöopolaren Bindung, z. B. in einem H_2-Molekül, erklären sie folgendermaßen: Sobald infolge der Annäherung zweier Atome die Übergangswahrscheinlichkeit für Elektronen groß wird, steht jedem Elektron das Volumen jedes Atoms, d. h. ein doppelt so großes Volumen wie vorher, zur Verfügung, und wenn die Spins antiparallel sind, stören sich die Elektronen auch nicht. Mit der Zunahme des Volumens ist eine Abnahme der Geschwindigkeit und damit der kinetischen Nullpunktsenergie für jedes der beiden Elektronen verbunden: Eine Abnahme der Energie beim Zusammenführen der Atome bedeutet aber Bindung. Energie wird nach außen abgegeben, das Molekül hat eine positive Bildungswärme und kann nur durch Arbeitsaufwand wieder gespalten werden.

Obwohl Gleichungen und Formeln der kinetischen Nullpunktsenergie von Elektronen nur im Anhang verwendet werden, fand auch dieser Artikel wenig Resonanz. Die zweite bedeutende Publikation Hellmanns in deutscher Sprache ist ein Lehrbuch mit dem Titel »Einführung in die Quantenchemie«, das auf seinen am Karpow-Institut gehaltenen Vorlesungen basierte und 1937 in Österreich veröffentlicht wurde.[90] Wie er in seinem Vorwort ausführte, hatte er mit dem ersten Kapitel, unterstützt von Prof. Jost, noch in Deutschland begonnen. Das Buch präsentiert die Arbeiten führender Naturwissenschaftler und Mathematiker über Anwendungen von quantentheoretischen Konzepten auf grundlegende Probleme der Theoretischen Chemie, wie Atom- und Molekülorbitale und die Natur der chemischen Bindung. Besprochen werden (abgesehen von Hellmanns eigenen Arbeiten) Arbeiten von Walter Heitler, Erich Hückel, Friedrich Hund, Robert S. Mulliken,

[90] Hans Hellmann, Einführung in die Quantenchemie, Leipzig und Wien 1937: Deuticke-Verlag. Prof. Roald Hoffmann machte mich auf Hellmann aufmerksam und zeigte mir sein Lehrbuch.

Wolfgang Pauli, Linus Pauling, Edward Teller, Hermann Weyl und vielen anderen. Es ist nicht bekannt, in welchem Maße das Buch in Deutschland und Österreich für die Lehre benutzt wurde. Die Bezeichnung »Hellmann-Feynman-Theorem«, das die Abhängigkeit der quantenmechanischen Energie von Parametern darstellt, erinnert heute an Hellmanns Beiträge zur Quantenchemie.

Mit Heitler und London sowie insbesondere Hellmann wurden Pioniere der Quantenchemie aus Deutschland vertrieben. Bei der Betrachtung dieser großen Verluste für die Theoretische Chemie in Deutschland (und durch Hellmanns tragisches Ende für die Wissenschaft überhaupt) darf man nicht vergessen, daß die eigentlichen Begründer der Quantenchemie in Deutschland, die Physiker Erich Hückel und Friedrich Hund, nicht entlassen wurden, sondern Professoren an deutschen Universitäten blieben. Hückel entwickelte 1931, zwei Jahre vor Linus Pauling, das Konzept der σ- und π- Elektronen in Doppelbindungen. Pauling verwandte eine andere (einfachere) mathematische Methode und bevorzugte gegenüber Hückels Modell der Molekülorbitale das Tetraedermodell, bei dem die Bindungen des Kohlenstoffatoms durch Überlappungen von sp^3-Hybridorbitalen entstehen. Hückels Arbeiten, in denen er das theoretische Konzept des Molekülorbitals an ungesättigten und aromatischen Verbindungen entwickelte, übten auch viele Jahre später nur einen geringen Einfluß auf die Chemiker aus. Sein Konzept erwies sich später als demjenigen von Pauling überlegen.[91]

Die geringe Akzeptanz der Quantenchemie in Deutschland führte dazu, daß Hückel sogar Schwierigkeiten hatte, eine Stelle als Privatdozent zu finden; 1930 erhielt er durch die Vermittlung Peter Debyes eine Dozentenstelle mit ungesichertem Gehalt an der TH Stuttgart.[92] Er besprach seine Arbeiten mit einer Reihe von Chemikern, dabei in erster Linie mit seinem Bruder Walter Hückel. Intensive Diskussionen führte er aber auch mit Bernd Eistert, Karl Ziegler (der Hückels Theorie gegenüber skeptisch war) und Hans Meerwein, der ihm dabei behilflich war, 1937 eine Stelle als planmäßiger außerordentlicher Professor für Theoretische Physik in Marburg zu erhalten. Dennoch hatte Hückel das Gefühl,

> »am Katzentisch der Wissenschaft zu sitzen, immer zwischen zwei Stühlen, zwischen der Chemie und Physik. Die Chemiker verstanden von den Sachen nichts, die ich machte, und die Physiker interessierten sich nicht für die chemischen Probleme, die waren damals mit anderen Dingen – der Dirac-Gleichung, der Quantenelektrodynamik, der Strahlungstheorie usw. – beschäftigt.«[93]

---

[91] Eine Bewertung der Hückelschen Arbeiten und Auseinandersetzung mit anderen frühen Theorien der Quantenchemie findet sich in Jerome A. Berson, Erich Hückel – Pionier der Organischen Quantenchemie: Leben, Wirken und späte Anerkennung, Angewandte Chemie 108, 2922–2937, 1996. Siehe auch Berson, Chemical Creativity. Ideas from the Work of Woodward, Hückel, Meerwein, and Others, Weinheim/New York 1999: Wiley-VCH.

[92] Hückel selbst erklärte seine Schwierigkeiten damit, daß er ›Quantenchemie‹ betrieb, und daß man unter Physikalischer Chemie damals noch etwas anderes verstand (Erich Hückel, Ein Gelehrtenleben. Ernst und Satire, Weinheim 1975: Verlag Chemie, S. 136).

[93] Chemiker im Gespräch: Ernst Hückel, Chemie in unserer Zeit 4, 180–187, 1970, S. 185.

Auch im Ausland waren sich zunächst nur wenige Chemiker, darunter Christopher K. Ingold in England und Louis Plack Hammett in den USA, der Bedeutung von Hückels Theorien bewußt. Theoretisch argumentierende Praktiker in den USA, so Jerome Berson, verließen sich viele Jahre lang lieber auf Paulings Resonanztheorie, die im Gegensatz zu Hückels abstrakter mathematischer Theorie bis zu einem gewissen Niveau keine Mathematik erforderte und unter Verwendung der gewohnten Symbole für Bindungen angewendet werden konnte.[94] In Deutschland bildete Rolf Huisgen, der als erster Chemiker Hückels Ergebnisse bereits 1949 in Tübingen lehrte, lange Zeit eine Ausnahme.[95]

Der Physikochemiker Walther Jaenicke führt die offensichtliche Vernachlässigung von Teilgebieten der Theoretischen Chemie in Deutschland in erster Linie auf die starke Dominanz der Organiker zurück, von denen die meisten es ablehnten, theoretische Betrachtungen anzustellen:

> »Im Fehlen eines Teils der Theoretischen Chemie, vor allem dem, der sich mit quantentheoretischen Grundlagen der chemischen Bindung befaßt, sehe ich weniger eine Folge des Nationalsozialismus als vor allem die fehlende Aufgeschlossenheit der Organiker für neuere Entwicklungen. Die Quantenchemie wurde zwar in Deutschland durch Arbeiten von Hund und Hückel begründet, hier aber nicht betrieben. In England und den USA war die Vorherrschaft der Organischen Chemie nicht so groß, daher konnten sich andere Fächer viel stärker entwickeln, und in den USA ist in den 1920er Jahren auch der Begriff ›chemical physics‹ entstanden, der zeigt, daß sich der Schwerpunkt in der Physikalischen Chemie auf die Physik verlagert hat. In Deutschland waren jahrzehntelang alle Lehrstühle der Chemie von Organikern besetzt. Erich Hückel z. B. hatte kaum Chancen, sich Gehör zu verschaffen.«[96]

Ähnlich erging es eine Zeitlang dem Organiker Hans Meerwein in Marburg, der 1923 zur Erklärung von Experimenten über Umlagerungen in der Kampferreihe das intermediäre Auftreten von Carbokationen (Carbeniumionen) postuliert hatte, das er anschließend experimentell bestätigte.[97] Diese Theorie erhielt später eine große Bedeutung auch in der präparativen Chemie, wurde aber zunächst, wie Theodor Wieland beschreibt, von den Organikern abgelehnt:

> »Damals waren die alten Herren, und da muß ich meinen Vater [Heinrich Wieland, UD] leider einbeziehen, nicht einverstanden [mit der Orbitaltheorie und dem Begriff

[94] J. Berson, Erich Hückel, S. 2931.
[95] Ibid.
[96] Prof. Dr. Walther Jaenicke im Gespräch mit UD, Erlangen, 18.8.1996.
[97] G. Hesse, Ein halbes Jahrhundert Ionenreaktionen in der organischen Chemie. Hans Meerwein zum 70. Geburtstag am 20. Mai 1949. Paul Walden hatte bei der Diskussion über die von ihm gefundenen Umlagerungserscheinungen die Vermutung geäußert, daß auch Teilchen von Ionencharakter ausgetauscht werden könnten. Die experimentelle Begründung dieser Theorie und ihre praktische Leistung für die präparative Chemie stellt nach Hesse die größte Leistung Meerweins dar.

> des Ions in der Organischen Chemie, UD]. Später war es Rolf Huisgen, ein glasklar denkender Analytiker, der sich am stärksten von alten Vorstellungen freigemacht hat. Er hat die Elektronentheorie der Bindung bei uns populär gemacht, wie Sie z. B. auch in seiner Autobiographie nachlesen können. Es war merkwürdig: Kohlenstoffradikale, ungeladene, ungesättigte Teilchen, die ein Elektron zu wenig haben, hat man schon lange als Zwischenstufen chemischer Reaktionen angesehen, bevor man ihre Existenz durch den Russen Moses Gomberg in den USA 1900 ad oculos demonstriert bekam. Die Existenz von Kohlenstoffkationen aber wurde erst viel später allgemein akzeptiert.«[98]

Zusammenfassend sei festgestellt, daß auch im Falle der Theoretischen Organischen Chemie die Forschungsgebiete selbst durch die erzwungenen Emigrationen nicht völlig aus Deutschland verschwanden. Bereits vor dem Nationalsozialismus war die Theoretische Organische Chemie unter Chemikern wenig akzeptiert. Die antijüdische Politik in der NS-Zeit schwächte das Gebiet zusätzlich stark, indem sie hervorragende Wissenschaftler, die zu den Pionieren dieses Fachgebietes gehören, aus Deutschland vertrieb. Darüber hinaus traten in der Chemie nach Inkrafttreten des Vierjahresplanes praktisch verwertbare Ergebnisse noch stärker als vorher in den Vordergrund, und eine Zeitlang wurde die Quantentheorie in einigen Kreisen, die in den ersten Jahren politischen Einfluß besaßen, als »jüdische Wissenschaft« abgelehnt. Dies behinderte zusätzlich eine stärkere Verbreitung der Quantenchemie in Forschung und Lehre, und es ist fraglich, ob z. B. Hans Hellmann, eventuell zusammen mit Wilhelm Jost, ein Lehrprogramm der Quantenchemie in Hannover hätte aufstellen können. Walther Jaenicke hält auch spätere Auswirkungen dieser Politik für möglich: »Die Quantenchemie wurde allerdings im Studiengang der Chemiker bis vor wenigen Jahren in Deutschland sehr vernachlässigt – hier mag zutreffen, daß bei uns die Popularisierung dieses Gebiets, wie sie für eine Studentenausbildung nötig ist, reichlich spät betrieben wurde, was durchaus mit der Nachwirkung des politischen Gegenwinds während des 3. Reiches zusammenhängen mag.«[99]

---

[98] Prof. Dr. Theodor Wieland im Gespräch mit UD, Heidelberg, 22.6.1994.
[99] Prof. Walther Jaenicke in einem Brief an UD, 21.7.1996.

Kapitel 4
Die wissenschaftliche Bedeutung von Emigranten der Chemie und Biochemie in ihren jeweiligen Zufluchtsländern

Im vorangegangenen Kapitel wurde gezeigt, daß mehr als 60 % der Emigranten zunächst in Länder Westeuropas gingen, insbesondere nach Großbritannien, das etwa ein Drittel von ihnen aufnahm. Eine erneute Flucht vieler dieser Emigranten Ende der 1930er Jahre führte dazu, daß die USA das Land wurden, in das die meisten Emigranten der (Bio-)Chemie aus Deutschland auswanderten, gefolgt von Großbritannien und einigen nichteuropäischen Länder wie die Türkei, Palästina und Länder Südamerikas. Etwa die Hälfte von ihnen erhielt Stellen an Universitäten, ein Fünftel in der Industrie. Im folgenden untersuche ich am Beispiel von Palästina/Israel, einem Land der wissenschaftlichen Peripherie, und den USA Voraussetzungen für wissenschaftlichen Erfolg und Einfluß der Emigranten in den Aufnahmeländern.

4.1 Palästina/Israel

Palästina war kein bevorzugtes Land deutsch-jüdischer Emigranten der Chemie. Sechs (Bio-)Chemiker von Universitäten und KWIs aus Deutschland emigrierten (teilweise über andere Länder) dorthin, hinzu kam eine Reihe von jüngeren, noch nicht habilitierten Chemikern und Studenten. Auf Grund der deutschen Besetzung osteuropäischer Länder und der Politik der Vernichtung wanderten während und nach der Hitlerzeit eine große Zahl von Flüchtlingen aus diesen Ländern nach Palästina/Israel. Diese neuen europäischen Flüchtlinge, unter ihnen viele Ungarn, stellten die große Mehrheit der Chemiker an der Hebrew University während der ersten Jahrzehnte nach dem Zweiten Weltkrieg.[1]

1 Information von Prof. Saul Patai, The Hebrew University, Dept. of Chemistry, 22. Dezember 1994.

Anfang der dreißiger Jahre war die Forschung in Palästina zu wenig entwickelt, um für prominente Akademiker, die seit 1933 zu Emigranten wurden, attraktiv zu sein.[2] Vor allem in den Naturwissenschaften machte sich die finanzielle Knappheit in einer schlechten Ausrüstung der Laboratorien bemerkbar. So gelang es Chaim Weizmann, der als Chemiker und als zionistischer Führer bemüht war, möglichst viele Wissenschaftler nach Palästina zu bringen, nicht, die bedeutendsten deutsch-jüdischen Wissenschaftler, darunter Albert Einstein, James Franck, Fritz Haber und Richard Willstätter sowie deren wissenschaftlich bereits anerkannte jüngere Kollegen wie Fritz London und Otto Stern, zu bewegen, nach Israel zu kommen. Obwohl Einstein an der Gründung der Hebrew University of Jerusalem im Jahre 1925 als Forschungsuniversität beteiligt war, bezweifelte er später, daß hochqualifizierte physikalische Forschung dort betrieben werden konnte. Darüber hinaus lehnte er das amerikanische College-System ab, das der Kanzler der Hebrew University, Judah Leon Magnes, dem von Einstein favorisierten deutschen akademischen System vorzog. Auch Weizmann war mit der damaligen Entwicklung an der Hebrew University unzufrieden, zog sich aber im Gegensatz zu Einstein nicht aus dem Kreis der Verantwortlichen zurück. Er gründete ein Institut für angewandte Forschung, das Daniel-Sieff-Institut, in Rehovot, das 1949 den Namen Weizmann Institute of Science erhielt. Der Biochemiker Carl Neuberg kam zwar Ende der 1930er Jahre nach Palästina, verließ das Land aber nach kurzer Zeit wieder, ohne eine andere Stelle in Aussicht zu haben, da er zu alt war, um sich den lokalen Bedingungen anzupassen (er war Direktor des KWI für Biochemie gewesen).[3] Auch Rudolf Schönheimer, der später in den USA bahnbrechende biochemische Forschung betrieb, versuchte, in Palästina einen geeigneten Arbeitsplatz zu finden, was ihm nicht gelang.[4]

Trotz der relativ schlechten Bedingungen und der Tatsache, daß prominente Wissenschaftler es ablehnten, dorthin zu emigrieren, war Palästina/Israel das Land, das vermutlich am stärksten von der erzwungenen Emigration von Chemikern aus Deutschland profitierte. Es waren damals noch unbedeutende jüngere Wissenschaftler, die als Emigranten aus Nazideutschland die Chemie in Palästina/Israel entscheidend prägten, insbesondere in der Organischen und Physikalischen Chemie. Zunächst stelle ich kurz die aus Deutschland nach Palästina emigrierten Biochemiker vor.

---

2 Michael Chayut, From Berlin to Jerusalem: Ladislaus Farkas and the Founding of Physical Chemistry in Israel, Historical Studies in the Physical and Biological Sciences 24, 237–263, 1994.

3 Nach Felix Bergmann kam hinzu, daß Neuberg unter dem Einfluß von Fachkollegen in der deutschen Armee stand, die ihn warnten, daß Palästina in kurzer Zeit von der deutschen Armee besetzt werden würde (persönliche Mitteilung, 27.12.1994).

4 Prof. Salome Glücksohn-Waelsch, frühere Ehefrau von Schönheimer, im Gespräch mit UD, New York 5.11.1996.

4.1.1 Einflüsse in der Biochemie

Ernst Wertheimer, bis zu seiner Entlassung als apl. Professor an der Universität Halle, wurde Mitbegründer der Hadassah School of Medicine and Pharmacy der Hebrew University. Felix Bergmann, ein Bruder des weiter unten vorgestellten Ernst David Bergmann, studierte in Berlin Chemie und gleichzeitig Medizin. Sofort nach seinem Chemieexamen bei Carl Neuberg im November 1933 zog er nach Palästina, wo er später Direktor der School of Pharmacy der Hebrew University wurde. In seiner vielseitigen Forschung verband er Medizin mit Chemie. So synthetisierte er neue polycyclische aromatische Kohlenwasserstoffe und untersuchte ihre Wirkung als carcinogene Stoffe. Ein weiteres Forschungsgebiet waren physiologische Transmitter oder Inhibitoren des Nervensystems, insbesondere die biologische Rolle des Acetylcholins. Der Hintergrund für diese Forschung lag darin, daß Bergmann, selbst kein Pharmakologe, 1950 beauftragt wurde, das Institut für Pharmakologie an der Hebrew University aufzubauen. Er ging nach Boston zu Otto Krayer, um Pharmakologie zu lernen, und kam dort mit Kollegen in Kontakt, die die Übertragung von Erregungen im Nervensystem untersuchten. Er lernte Otto Krayer, von dessen moralisch herausragendem Verhalten im Nationalsozialismus er wußte, als äußerst integren Menschen kennen.[5]

Auch Yeshayahu Leibowitz wurde Medizinischer Biochemiker an der Hebrew University. Nachdem er sein Studium der Chemie und Philosophie an der Universität von Berlin 1924 mit dem Dr. phil beendet hatte, studierte er Medizin an den Universitäten von Köln und Heidelberg. Wegen des zunehmenden Antisemitismus im Jahre 1933 ging er nach Basel, um das Studium mit dem Dr. med. zu beenden (1934). In demselben Jahr zog er nach Palästina, wo er an der Hebrew University und auch einige Jahre lang an Gymnasien Chemie lehrte. Er war ein brillanter Lehrer, und die Faszination seiner Lehrerpersönlichkeit blieb nicht auf die Universität beschränkt. Das Spektrum der Themen, die er lehrte, reichte von den physiologischen Grundlagen geistiger Prozesse bis zu Maimonides und zeitgenössischen politischen Fragen. Er wurde in den späteren Jahren insbesondere als Zeitkritiker bekannt.

Der aus Ungarn stammende Andor Fodor, ein Schüler Emil Abderhaldens in Halle, kam als Zionist bereits 1923 nach Palästina, wo er Professor der Biochemie an der Hebrew University wurde, der erste Professor der Naturwissenschaften in Palästina. Fodor, ein wissenschaftlicher Außenseiter, hatte großen Einfluß auf die frühe Entwicklung der Chemie an der Hebrew University, wo er den Versuch machte, Kolloidchemie als Grundlage sowohl für die Chemie als auch die Biochemie zu etablieren.[6] Die Physikalische und ein großer Teil der Organischen Chemie wur-

---

5 Prof. Felix Bergmann im Gespräch mit UD, Jerusalem, 27.12.1994.

6 Anthony S. Travis, Unsound and Pathbreaking Science: Chemistry, Politics and The Hebrew University, 1925–1948, in: S. Katz and M. Heyd (eds.), The History of The Hebrew University of Jerusalem, Vol. 2, im Druck.

den erst nach 1933 von den neuen Immigranten aus Deutschland etabliert. Fodor war wissenschaftlich fragwürdig, aber ein hervorragender Lehrer.[7] Im Unterschied zu den meisten Biochemikern erhielten die Chemiker, die in den 1930er Jahren aus Deutschland einwanderten, eine große wissenschaftliche Bedeutung und initiierten darüber hinaus industrielle und militärische Anwendungen.

4.1.2 Ladislaus Farkas – der Begründer der Physikalischen Chemie

Ladislaus Farkas, bis zu seiner Entlassung 1933 ein Assistent Fritz Habers, führte zusammen mit seinem Bruder Adalbert Farkas die Physikalische Chemie in Israel ein. Adalbert Farkas war bis 1933 Assistent Karl-Friedrich Bonhoeffers in Frankfurt gewesen. Er blieb nur einige Jahre in Palästina und nahm dann in den USA einen Posten in der Industrie an. Ladislaus Farkas ging nach seiner Entlassung 1933 zunächst nach England, wo er eine zeitlich befristete Stelle an der Cambridge University erhielt. Auf Vorschlag von Haber bot Weizmann Farkas bei einem Treffen im September 1934 die Stelle des Leiters einer Abteilung für Physikalische Chemie am Daniel Sieff-Institut in Rehovot an. Farkas nahm das Angebot an, nicht nur, weil er noch keine Stelle in Aussicht hatte, sondern auch, weil er sich durch die Möglichkeit, ein neues Institut aufzubauen, herausgefordert fühlte. Zionismus spielte bei seiner Entscheidung keine Rolle. 1935 wurde Farkas Direktor des von ihm gegründeten Instituts für Physikalische Chemie der Hebrew University.

Wissenschaftlich setzte Farkas bis 1939 seine physikalisch-chemische Grundlagenforschung fort, wobei er gemeinsam mit seinem Bruder Adalbert insbesondere über die Umwandlung von Ortho- in Parawasserstoff arbeitete, eine Forschung, mit der er unter Karl-Friedrich Bonhoeffer am Kaiser Wilhelm-Institut für Physikalische Chemie begonnen hatte. Die Brüder untersuchten die Chemie des schweren Wasserstoffs und Parawasserstoffs, die Photochemie von Lösungen und die Katalyse von Hydrierungen. Im Zusammenhang mit Forschungen über die Hydrierung von Äthylen (Ethen), Acetylen (Ethin), Benzol und über Polymerisierungen von Äthylen und Buten analysierten sie auch den Mechanismus der katalytischen Akti-

[7] Persönliche Mitteilung von Prof. Ephraim Katzir in Beer Sheva, 27. Mai 1998. Fodor gehörte in den 1920er und 1930er Jahren zu den Verfechtern des Kolloidkonzepts in der Biochemie, nach dem biologische Wirkungen, z. B. von Enzymen, allein auf ihren Zerteilungsgrad zurückgeführt werden können. Mit seiner Annahme, Proteine beständen aus einer Assoziation geschlossener Peptide, und der Ablehnung der Peptidtheorie stellte er sich in Gegensatz zu den meisten Proteinforschern (z. B. A. Fodor, Researches on the Chemical Structure of Proteins and the Actions of Proteinases, Jerusalem 1939). Er hielt noch nach 1945 am kolloidalen Konzept der Proteine fest, obwohl seit Anfang der 1930er Jahre allgemein anerkannt war, daß es sich bei Proteinen und anderen biologisch wichtigen Molekülen mit hohem Molekulargewicht um Makromoleküle handelte (siehe dazu Kapitel 6).

Ladislaus Farkas

vierung von Wasserstoff. Sie vermuteten die Dissoziation von Wasserstoff auf der Oberfläche eines Katalysators.[8]

Während des Zweiten Weltkrieges wurde Ladislaus Farkas wissenschaftlicher Sekretär der Science Advisory Commission des Palestine War Supply Research. Die meisten seiner Projekte seit 1939 waren angewandte Forschung, und viele seiner Studenten erhielten Stipendien der sich rasch entwickelnden Industrie. Mit der Zahl der Emigranten nahm auch die Zahl der Studenten der Hebrew University von 171 im Semester 1932/33 auf 1041 im Semester 1939/40 außerordentlich stark zu.[9] Farkas stellte Beziehungen zu den größeren Wirtschaftsunternehmen her, der Zitrusindustrie und der Palestine Potash Ltd. am Toten Meer. Er entwickelte Methoden für die lokale Produktion einer Reihe von Chemikalien wie Chlorethan, Chlorethen und Vitamin D und war an den Arbeiten zur technischen Nutzung von Pottasche, Brom und Magnesium aus dem Toten Meer beteiligt.[10]

8 Adalbert and Ladislaus Farkas, The Catalytic Interaction of Heavy Hydrogen and Benzene on Platinum, Trans. Faraday Soc. 33, 827–837, 1937; The Mechanism of Hydrogenation Reactions and the Formation of Stereochemical Isomers, Trans. Faraday Soc. 33, 837–844, 1937.

9 Siehe M. Chayut, From Berlin to Jerusalem.

10 Adalbert Farkas und Eugene Wigner (eds.), L. Farkas Memorial Volume, Jerusalem 1952, darin Vorwort von S. Sambursky und Beitrag von Eric K. Rideal.

Nach dem Krieg plante Farkas die Wiederaufnahme der Grundlagenforschung. Er beantragte Mittel für Materialien und Geräte für seinen neuen Forschungsschwerpunkt, die Isotopenchemie. Seine Pläne stießen auf erheblichen Widerstand seitens der Universitätsverwaltung, was langwierige Auseinandersetzungen zur Folge hatte. Farkas wurde mitgeteilt, daß kein weiteres Geld für Forschung und Lehre ausgegeben werden könne, weil das Institut bereits während des Krieges erhebliche Summen erhalten habe.[11] Er begann an der Möglichkeit zu zweifeln, in Zukunft in Jerusalem wissenschaftlich arbeiten zu können. Falls ihm nicht bald finanzielle Unterstützung gewährt werde, schrieb er an Weizmann, müsse befürchtet werden, daß »alle Anstrengungen der letzten 20 Jahre vergeblich waren und unsere Universität auf ein Niveau absinkt, das sogar unter dem der kleinen Universitäten im Nahen Osten liegt.«[12] Schließlich wurde ein Kompromiß erzielt.

Als der Krieg 1947 in Jerusalem begann und die Araber den Universitätscampus Mount Scopus einnahmen, mußten die Institute in der Stadt neu aufgebaut werden. Im Dezember 1948 wollte Farkas in die USA fliegen, um neue Instrumente für sein Institut zu besorgen. Er starb im Alter von 44 Jahren, als sein Flugzeug kurz nach dem Start in Rom abstürzte.

Farkas' Einfluß auf die Physikalische Chemie und ihre praktischen Anwendungen dauerte weit über seinen frühen Tod hinaus an. Dies kommt z. B. in den Beiträgen des 1952 in Jerusalem publizierten Gedächtnisbandes zum Ausdruck.[13] Dr. S. Wald von der Organisation für ökonomische Zusammenarbeit und Entwicklung O. E. C. D. stellte noch 1972 fest: »Bis heute bemerkt man den Einfluß eines einzelnen Mannes, der bei der Anwendung der Wissenschaft eine führende Rolle einnahm, in Israel: Prof. Farkas, Professor der Physikalischen Chemie an der Hebrew University. ... Darüber hinaus gehen eine eindrucksvolle Zahl industriell-technologischer Entwicklungen auf ihn selbst, seine Schüler und wiederum deren Schüler zurück. Solche Persönlichkeiten sind überall selten.«[14] Viele spätere Professoren der Chemie an der Hebrew University und anderen israelischen Universitäten waren Farkas' Studenten oder deren Studenten. Zu seinen Schülern gehört auch der Chemiker und Molekularbiologe und spätere Staatspräsident Israels, Prof. Ephraim Katzir, der daran erinnerte, daß Farkas das Verdienst zukomme, die moderne Chemie nach Palästina/Israel gebracht und die Kontakte zwischen Universität und Industrie hergestellt zu haben. Darüber hinaus sei Farkas ein äußerst liebenswürdiger Mensch gewesen.[15] Farkas' Nachfolger Gabriel Stein hatte sein Diplom (M. Sc.) bei Farkas und seine Promotion (Ph. D.) bei Joseph Weiss in England abgelegt, ebenfalls ehemaliger Assistent Fritz Habers. Joshua Jortner und Raphael Levine,

[11] Siehe M. Chayut, From Berlin to Jerusalem.
[12] Ibid., Übersetzung UD.
[13] Adalbert Farkas und Eugene Wigner (eds.), L. Farkas Memorial Volume, Jerusalem 1952. Der einzige Beitrag aus Deutschland stammt von Karl-Friedrich Bonhoeffer.
[14] S. Wald, OECD, An Exploratory Study. Industry, Science, University in Israel, National Council for Research and Development, Jerusalem, Dezember 1992, Übersetzung UD.
[15] Prof. E. Katzir im Gespräch mit UD, Beer Sheva, 27. Mai 1998.

zwei Studenten Steins, wurden bedeutende Vertreter der Physikalischen Chemie in Israel.

4.1.3 Ernst David Bergmann – Einfluß in Organischer Chemie und Politik

Der erste Organiker an der Hebrew University war Max Frankel (1900–1971), der im Oktober 1925 Assistent Andor Fodors wurde. Frankel wurde 1923 in Wien mit einer Dissertation über ein Thema der synthetischen Organischen Chemie promoviert und arbeitete in der chemischen Industrie, bevor er – ein politisch weit links stehender Zionist – nach Palästina emigrierte.[16] Frankel gehörte zu den Pionieren, die die Universität in Jerusalem praktisch in der Wüste aufbauten. Er wurde 1928 Senior Assistant in Fodors Department of Biochemistry und 1947 Associate Professor. Bei Frankel, der für seine typisch deutschen Gewohnheiten bekannt war, machte sich später zunehmend eine Bitterkeit bemerkbar, die damit zusammenhing, daß er durch die vielseitigen Erfolge des Berliners Ernst David Bergmann in den Hintergrund gedrängt wurde.[17]

Bergmann, der 1934 nach Palästina kam, beeinflußte Forschung und Lehre in der Organischen Chemie stark, vor allem nach dem Zweiten Weltkrieg. Darüber hinaus war er wissenschaftspolitisch tätig und spielte eine entscheidende Rolle bei der Initiierung und Ausführung wissenschaftlicher Forschung für das Militär. Bergmann begann seine Forschungen an der Universität Berlin, wo er 1928 Privatdozent wurde, unter Wilhelm Schlenk mit Arbeiten über polycyclische Aromaten. Zusammen mit seinem Doktorvater und Institutsleiter Schlenk verfaßte er 1932 den ersten Band eines als dreibändig geplanten Lehrbuchs der Organischen Chemie.[18] Schlenk, ein Freund Fritz Habers, wurde unter anderem aufgrund der Tatsache, daß er seine Beziehungen mit jüdischen Kollegen 1933 nicht aufgab, 1935 von Berlin nach Tübingen strafversetzt.[19] 1939 erschien der zweite Band des Lehrbuchs mit Schlenk als einzigem Autor.[20] Schlenk informierte Bergmann von seiner Entscheidung, den zweiten Band ohne Bergmanns Namen zu publizieren. Bergmanns heftige Proteste änderten nichts an Schlenks Entschluß, den dieser damit

[16] Travis, Unsound and Pathbreaking. Frankels Bruder Samuel Frankel (Sam Frank) war Trotzkis Sekretär.

[17] Diese Auffassung vertritt Prof. Aharon Loewenstein, der Frankel persönlich als einen feinen Menschen kennenlernte (persönliche Mitteilung, Jerusalem, 18. Mai 1998).

[18] »Wilhelm Schlenk, Ausführliches Lehrbuch der Organischen Chemie. Von Wilhelm Schlenk und Ernst Bergmann. I. Band. Leipzig und Wien 1932: Deuticke.«

[19] Der Gaudozentenleiter in Berlin warf Schlenk vor, daß er der Bewegung fremd gegenüber stände und mit Juden verkehre (BDC, REM-Akte W. Schlenk).

[20] »Ausführliches Lehrbuch der Organischen Chemie. Von Wilhelm Schlenk. II. Band. Wien 1939: Deuticke.«

Ernst David Bergmann

begründete, das Buch könne nur ohne Bergmanns Namen oder überhaupt nicht erscheinen.[21] Der dritte Band erschien nicht mehr.

Die Brüder Bergmann entstammten einer zionistischen Familie. Ihr Vater war Rabbiner in Berlin. Als Ernst David Bergmann im April 1933 entlassen wurde, wurde er von Carl Neuberg mit Chaim Weizmann bekannt gemacht und für die Stelle des Direktorpostens des neu gegründeten Daniel-Sieff-Forschungsinstituts in Rehovot empfohlen.[22] Bergmann ging zunächst zu Weizmann nach London, wo sich eine lange Freundschaft zwischen diesen beiden Chemikern entwickelte. Einige Monate lang stellten sie Mitarbeiter und Ausrüstung für das Sieff-Institut zusammen. Im Januar 1934 traf Bergmann in Palästina ein. Zum gleichen Zeitpunkt wurde das Sieff-Institut unter seiner Leitung eröffnet. Die Aufbau- und Forschungsarbeit wurde 1939 durch den Zweiten Weltkrieg unterbrochen, in dem Bergmann zusammen mit Weizmann an militärischen Forschungsprojekten des Ministry of Supply in England und auch an militärischen Projekten in den USA arbeitete.

Nach der Gründung des Staates Israel 1948 wurde Bergmann von Premierminister Ben Gurion gebeten, die Position des wissenschaftlichen Direktors und Koordinators der auf mehrere Orte verteilten Arbeit der wissenschaftlichen Abteilung

[21] Briefwechsel Bergmann-Schlenk, Weizmann-Archives, Rehovot. Nach Felix Bergmann hätte zumindest der erste Band des Lehrbuchs unter Ernst Bergmanns Namen alleine erscheinen müssen, da das Buch zu 95 % von ihm geschrieben worden sei (persönliche Mitteilung, 27.12.1994).

[22] Auskunft von Felix Bergmann, ibid.

des Kriegsministeriums anzunehmen, eine Tätigkeit, die Bergmann bis zu seinem Tode ausübte. Nach Gründung des Weizmann Institute of Science im Jahre 1949 (das Sieff-Institut wurde als Organisch-Chemische Abteilung in das Institut integriert) wurde Bergmann wissenschaftlicher Direktor. Im Jahre 1951 verließ er allerdings das Institut, vor allem auf Grund von Differenzen mit Weizmann über die Verbindung von wissenschaftlicher und militärischer Forschung: Bergmann arbeitete seit seiner Rückkehr nach Palästina nach dem Zweiten Weltkrieg im Untergrund für militärische Ziele. Er ließ eine Gruppe junger Leute des Hemed[23] am Sieff- bzw. Weizmann-Institut an der Entwicklung von Waffen arbeiten, von denen einige später in der Armee Verwendung fanden. Weizmann liebte Bergmann, wie sich Ephraim Katzir erinnert, wie einen Sohn, aber er wollte das Weizmann-Institut der reinen und angewandten Forschung vorbehalten.[24] Weizmann wollte die Forschung des Instituts nicht dem Militär unterstellen und lehnte eine finanzielle Abhängigkeit vom Verteidigungsministerium ab. Seiner Meinung nach sollte Forschung für das Militär in Forschungszentren der Regierung betrieben werden.[25] Diese Differenzen hinsichtlich des Konzeptes einer nationalen Wissenschaft (Probleme, in die Mrs. Weizmann und Bergmanns zweite Frau, Chani Bergmann, involviert waren, kamen hinzu) führten dazu, daß sich die Beziehung zwischen Bergmann und Weizmann derart verschlechterte, daß Bergmann 1951 das Institut verlassen mußte.

Bergmann war seit 1950 Professor für Organische Chemie an der Hebrew University. Zu seinen Schülern gehört eine Reihe von bedeutenden Organikern in Israel. Seine Schüler, viele Kollegen und Politiker beeindruckte er durch sein fundamentales Wissen, sein Organisationstalent und seine Energie.[26] Chaim Gilon, Ordinarius für Chemie an der Hebrew University, der zwei Jahre lang in engem wissenschaftlichen Kontakt mit Bergmann stand, charakterisierte diesen als Lehrer und Wissenschaftler folgendermaßen:

> »Er war ein Chemiker mit einem fundamentalen Wissen auf allen Gebieten der Chemie, die er in neun parallelen Vorlesungen an der Hebrew University unterrichtete. Dazu gehörten Terpen- und Alkaloidchemie, Resonanzphänomene in der Organischen Chemie, Fluorverbindungen, chemische Synthese von Naturstoffen und Chemie der organischen Metallverbindungen. Seine Vorlesungen waren brillant. Er war sehr ehrgeizig und

---

23 Hemed war die wissenschaftliche Abteilung der Haganah, dem Vorläufer der Israelischen Defence Force.

24 Prof. Ephraim Katzir im Gespräch mit UD, Beer Sheva, 27. Mai 1998. Bergmanns Frau Chani Bergmann nennt denselben Grund für das Ausscheiden Bergmanns aus dem Weizmann-Institut: Bergmann sei mit den jungen Leuten aus dem Institut ausgeschieden, als Weizmann diese zum Verlassen des Instituts aufgefordert habe (persönliche Mitteilung, Jerusalem, 17. Dezember 1994).

25 Avner Cohen, Before the Beginning: The Early History of Israel's Nuclear Project (1948–1954), Israel Studies 3, 112–139, 1998.

26 Siehe dazu z. B. David Ginsburg, Ernst David Bergmann, Israel J. Chemistry 1, 323–350, 1963.

sehr kompetent. Da er ein ausgezeichnetes Gedächtnis besaß, konnte er jedem Studenten, der ihn nach einer organischen Synthese fragte, die Seitenzahl des in Frage kommenden Buches oder Journals, die die Antwort enthielt, angeben.«[27]

Gilon betonte, daß Bergmann in seiner Forschung innovativ war und daß er stark an Anwendungsmöglichkeiten von Wissenschaft interessiert war.[28] »Wie es für jemanden aus Deutschland typisch ist, verschwendete er keine Minute mit unnützen Dingen, und er verbrachte viel Zeit für Aktivitäten außerhalb seiner Forschung. So wurde er wissenschaftlicher Berater von Ben Gurion, und es ist seinem Einfluß zu verdanken, daß Naturwissenschaft in Israel einen größeren Stellenwert und damit mehr Unterstützung erhielt als vorher. Hätte Bergmann seine Kräfte stärker konzentriert, hätte er in seiner eigenen Forschung vermutlich mehr erreicht.«

Joseph Klein, Professor für Organische Chemie an der Hebrew University erinnert sich, daß Bergmann »ein guter Lehrer für Studenten war, die lernen wollten. Seine Vorlesungen waren gut vorbereitet, aber nicht von netten Geschichten unterbrochen. Er arbeitete hart bis an das Ende seines Lebens.«[29] Bergmann brachte nicht nur seine Forschungsgebiete aus Deutschland mit, sondern auch Haltungen, die damals für deutsche Wissenschaftler typisch waren, z. B. Pünktlichkeit und hohe Anforderungen an sich selbst und seine Studenten. Aber er war auch in der Lage, gewisse Haltungen nach seiner Emigration zu ändern. So verband er seine Vorliebe für gute Organisation mit israelischer Improvisation, und obwohl er mit seinen Studenten nicht eng verkehrte, war er stets freundlich und hilfsbereit.[30]

Bergmann verhalf den Naturwissenschaften zu größerer Anerkennung und mehr Unterstützung u. a. dadurch, daß er ihre mögliche oder reale militärische Bedeutung herausstellte. Und so lag seine größte Bedeutung für Israel, wie Ephraim Katzir, der bereits kurz nach dem Zweiten Weltkrieg in enger Beziehung zu Bergmann stand, betonte, nicht in seiner Wissenschaft (die gute, aber nicht überragende Leistungen hervorbrachte), sondern in seinem militärischen Engagement.[31] Ähnlich urteilte Bergmanns Frau Chani:

---

[27] Chaim Gilon im Gespräch mit UD, Jerusalem, 14. und 27.12.1994, Übersetzung UD.

[28] Nach Gilon gehörten zu Bergmanns Forschungsschwerpunkten Reaktionen von Metallen mit aromatischen Verbindungen (dies stellte die Fortsetzung seiner Arbeiten mit Schlenk dar), Naturstoffchemie, insbesondere im Zusammenhang mit medizinischen Fragen (er isolierte Stoffe und modifizierte sie chemisch, um ihre Wirkung zu testen), die Anwendung physikalischer Methoden in der Organischen Chemie (z. B. untersuchte er Dipolmomente und führte UV Berechnungen aus), Fluorchemie.

[29] Prof. Joseph Klein im Gespräch mit UD, Jerusalem, 23. November 1994, Übersetzung UD.

[30] Prof. Chaim Gilon im Gespräch mit UD, Jerusalem, 14. und 27.12.1994. Auch Prof. Katzir betont, daß Bergmann immer bereit war, seinen Studenten zu helfen (persönliche Mitteilung 27. Mai 1998).

[31] Prof. E. Katzir im Gespräch mit UD, Beer Sheva, 27. Mai 1998.

»Bergmann arbeitete 18 Jahre lang, von 1933 bis 1951, mit Weizmann zusammen und dann weitere 18 Jahre mit David Ben Gurion. Es war eine Partnerschaft, die Israels Entwicklung stark beeinflußte. Er wurde persönlicher Berater von Ben Gurion und Shimon Peres und ein wissenschaftlicher Berater des Verteidigungsministers unter Ben Gurion. Er träumte mit Ben Gurion davon, die Wüste zum Blühen zu bringen, das wissenschaftliche Ausbildungssystem zu verbessern und ein militärisch autarkes und starkes Israel zu schaffen. Er plante die nuklearen Forschungsprogramme mit Shimon Peres und auch die Anlage in Dimona.«[32]

In seiner Analyse der Vorgeschichte von Israels nuklearem Projekt betont Avner Cohen die entscheidende Bedeutung Bergmanns bei dem Versuch, David Ben Gurion zu überzeugen, daß Kernenergie eine Schlüsselrolle für das Überleben und den Wohlstand Israels spielen könne, da die nukleare Technologie unvorhersehbare Optionen für zivile und militärische Anwendungen bereitstellen könne.[33] 1952 gründete Ben Gurion auf Bergmanns Drängen die Israelische Atomenergiekommission (IAEC); Bergmann wurde erster Vorsitzender. Cohen macht deutlich, daß Bergmanns Wunsch, Israels nukleares Programm nach dem französischen Modell auszurichten, – das bedeutete eine staatlich unterstützte projektorientierte Großforschung, die in erster Linie der Produktion von spaltbarem Material dienen sollte –, auf starke Opposition durch die Physiker in der IAEC stieß. Für sie hatte Forschung und Lehre, nicht dagegen Produktion, die höchste Priorität, und ihrer Meinung nach sollte die IAEC diese akademischen Ziele unterstützten. Darüber hinaus lehnten sie Bergmanns autoritären Führungsstil ab.[34]

Unter Verteidigungsminister Pinhas Lavon gelang es den Physikern einige Jahre lang, Kernfoschung in einem akademischen Institut, dem Weizmann-Institut, auszuführen, aber die Unterstützung für Kernforschung nahm ab. Erst als Ben Gurion 1955 wieder an die Macht kam, zunächst als Verteidigungsminister, dann als Premierminister, wuchs Bergmanns Einfluß wieder, und das Nuklearprojekt erhielt höchste Priorität.

Bergmanns Einsatz nicht nur für Wissenschaft und Lehre, sondern auch für Politik und militärische Anwendung der Wissenschaft erinnert an Fritz Haber. Bergmann trug als Berater von Ben Gurion entscheidend dazu bei, daß die nuklearen Anlagen in Dimona für zivile und militärische Zwecke etabliert wurden, den Bau einer Atombombe eingeschlossen. Darin zeigt sich eine Parallele zu Habers Initiierung und Organisierung des Gaskriegs im Ersten Weltkrieg. Ich sehe allerdings einen großen Unterschied darin, daß Haber international verbotene Chemiewaffen für einen Krieg bereitstellte und einsetzte, der ausschließlich nationaler Großmachtpolitik diente, während Bergmann sich einem Staat zur Verfügung stellte, der diejenigen, die von dieser Großmacht vertrieben worden waren und die Überlebende der Shoah waren, aufnahm. Die politischen Implikationen von Bergmanns

---

[32] Chani Bergmann im Gespräch mit UD, 17. Dezember 1994, Übersetzung UD.

[33] Avner Cohen, Before the Beginning.

[34] Ibid., S. 130.

nuklearer Option und die langfristigen Auswirkungen des von ihm durchgesetzten Konzeptes der Großforschung in Israel wurden an anderer Stelle untersucht.[35]

Deutsch-jüdische Wissenschaftler und Gelehrte trugen stark dazu bei, daß Palästinas und dann Israels Universitäten zu den besten im Nahen Osten wurden und in relativ kurzer Zeit internationalen Standard erhielten. In seinem Vorwort zum Jubiläumsband der Hebrew University von 1950 betonte Albert Einstein die Bedeutung der Universitäten und der Wissenschaft für die Entwicklung des Staates. Gleichzeitig warnte er aber vor einem engen utilitaristischen Geist, unziemlichem Nationalismus, einer rein formalistischen Befolgung religiöser Doktrinen und Provinzialismus, d. h. Haltungen, die den möglichen günstigen Einfluß der Wissenschaft in jedem Land gefährden können.[36]

Der große Einfluß, den Ladislaus Farkas und Ernst David Bergmann auf die Chemie in Palästina/Israel ausübten, als sie noch sehr jung waren, hängt zu einem beträchtlichen Teil mit ihrer Leistung und ihrer Persönlichkeit zusammen. Dazu kommt die Tatsache, daß es fast keine Konkurrenz auf ihren Gebieten gab. Bergmann wurde aufgrund des Bedarfs an kriegsrelevanter Forschung und Wirtschaft seit 1948 mit einer außergewöhnlich großen Macht ausgestattet. Farkas und Bergmann wären vermutlich nicht so einflußreich geworden, wenn Fritz Haber und Richard Willstätter nach Palästina/Israel emigriert wären.

Im Hinblick auf den Einfluß, den einzelne Emigranten in der Wissenschaft ausgeübt haben könnten, sieht der amerikanische Nobelpreisträger Roald Hoffmann einen großen Unterschied zwischen den USA und Israel. Er meinte: »In Israel war Ernst David Bergmann außerordentlich mächtig. Er dominierte Israels Organische Chemie viele Jahre lang. Das war anfangs gut, später schien es mir weniger gut. Während es für die deutschen Emigranten in den USA nicht möglich war, das deutsche hierarchische System zu duplizieren, war das in Israel möglich.« Carl Neuberg, der 1934 entlassene Direktor des KWI für Biochemie, sah die Situation von einer anderen Seite. 1955 beendete er ein Gutachten über Yeshayahu Leibowitz, der zu der Zeit Biochemiker an der Hebrew University war, folgendermaßen: »Soweit ich mich erinnere, war L. ein angenehmer Individualist, und seine Persönlichkeit etwa das Gegenteil von dem, was in den USA kooperativ genannt wird.«[37]

---

[35] z. B. in Avner Cohen, Israel and the Bomb, New York 1998: Columbia Univ. Press.

[36] Vorwort zu: The Hebrew University of Jerusalem 1925–1950. April 1950. Semi-Jubilee Volume. Jerusalem: Goldberg's Press. Einstein schrieb: I can well envisage the University becoming increasingly important not only for the new state of Israel but also for the Jews throughout the world. But if it is indeed to become so then its spirit must keep pace with the greatness of the task. In other words, our highest ideal must be the acquisition and diffusion of knowledge. Only then can we create those permanent conditions in which practical achievements can also flourish and bring benefits to the country. A narrow, utilitarian spirit is as dangerous as is one which places undue emphasis on nationalism or on the purely formalistic observance of religious doctrines. We must also beware of the provincialism which so often accompanies self-glorification.

[37] American Philosophical Society, Chargaff papers, file Y. Leibowitz, Übersetzung UD.

4.2 USA

Wenn die deutschen Emigranten auf dem Gebiet der Chemie an amerikanischen Universitäten weniger dominant waren als in Israel, muß zunächst geklärt werden, welche von ihnen überhaupt akademische Positionen erhielten. Die Antwort hängt sehr stark von den verschiedenen chemischen Disziplinen ab, die sie vertraten.

4.2.1 Einflüsse durch jüngere Emigranten der Biochemie; das Beispiel Rudolf Schoenheimer

Deutsch-jüdische Emigranten in den USA erarbeiteten sich in der Biochemie einen besonders großen Einfluß, einem in den USA vergleichsweise wenig entwikkeltem Gebiet, in dem deutsche Wissenschaftler am weitesten fortgeschritten waren. Die Biochemie wurde eine Nische für Emigranten, darunter die fähigsten Biochemiker des 20. Jahrhunderts, und sie ist ein Beispiel für eine Disziplin, die sich durch den Einfluß der Emigranten dramatisch änderte.[38]

Die meisten der älteren und bereits wissenschaftlich erfolgreichen Emigranten, darunter der Pharmakologe Otto Loewi und die Biochemiker Otto Meyerhof und besonders Carl Neuberg, konnten sich, auch wenn sie eine Stelle erhielten, oft nur schlecht an die neue Situation anpassen, d. h. an geringes Gehalt, vergleichsweise kleine Räumlichkeiten und wenige Mitarbeiter und Assistenten (wenn überhaupt). Otto Loewi, seit 1909 Ordinarius für Pharmakologie an der Universität in Graz, floh nicht sofort nach Hitlers Einmarsch in Österreich, weil er ein wichtiges Experiment abschließen wollte. Er wurde zwei Monate lang inhaftiert, bevor es ihm gelang, nach England zu emigrieren und danach in die USA, wo er in die Fakultät des New York University College of Medicine als Research Professor der Pharmakologie aufgenommen wurde (eine unbezahlte Stelle). Er wurde von dem Emergency Relief Committee unterstützt, seine Forschung mehrere Jahre lang von der Rockefeller Foundation finanziert. Zu Beginn lebte er von 70 Cents pro Tag in einem sehr billigen Zimmer. Die Deutschen hatten ihn gezwungen, ihnen das Geld seines Nobelpreises zu überlassen, mit dem er 1936 für den Beweis der chemischen Übertragung von Informationen an Nervenenden im Froschherzen ausgezeichnet

---

[38] Zur Entwicklung der Biochemie in the US siehe Robert Kohler, From Medical Chemistry to Biochemistry. The Making of a Biomedical Discipline, Cambridge 1982: Cambridge University Press. Ich danke Robert Kohler für Diskussionen über dieses Thema. Die großen Leistungen der deutsch-jüdischen Biochemiker werden in einer umfassenden Monographie von David Nachmansohn beschrieben: German-Jewish Pioneers in Science 1900–1933, New York 1979.

Otto Loewi

worden war.[39] Loewi war mit seiner Arbeit am College zufrieden, aber die Frage seines Gehaltes rührte an seine Ehre: Loewi wollte nicht von einem Notfallkomitee unterstützt werden, sondern Geld durch eine reguläre Universitätsstelle erhalten. Robert A. Lambert von der Rockefeller Foundation war der Auffassung, daß die Stiftung sich keine weiteren Sorgen um Loewi machen sollte: »Ein so bedeutender Emigrant wie Loewi braucht seine Zeit, um sich an ein einfacheres Leben zu gewöhnen.«[40] Zu den Emigranten, die auf ähnlichem Gebiet wie Loewi arbeiteten, gehörten der Neurophysiologe Stephen W. Kuffler und, in England, Bernard Katz und Wilhelm Feldberg. Kuffler, der 1938 von seiner Assistentenstelle an der Universität Wien entlassen wurde, 1938 nach Australien und 1945 in die USA emigrierte, wurde Professor an der Johns Hopkins University School of Medicine und später an der Harvard Medical School.

Der bedeutendste Schüler Emil Fischers auf dem Gebiet der Peptid- und Proteinchemie, Max Bergmann, Direktor des KWI für Lederforschung in Dresden, wurde als Jude 1933 entlassen und emigrierte 1934 nach New York, gefolgt von seinem griechischen Mitarbeiter Leonidas Zervas. Bergmann war der einzige der aus einer leitenden Position in Deutschland entlassenen Chemiker oder Biochemiker, der in

[39] Loewi gelang es 1921, durch ein entscheidendes Experiment die seit langem vermutete Existenz von chemischer Erregungsübertragung an Nervenendigungen nachzuweisen. Er füllte die Herzkammer eines isolierten Froschherzens mit Ringerlösung, die er nach einer Periode ohne Nervenreizung und nach einer 15minütigen elektrischen Reizung des Vagusnervs jeweils wieder entnahm. Als er die beiden Lösungen abwechselnd wieder in die Herzkammer gab, stellte er fest, daß die erste Lösung keine Auswirkung auf Stärke und Geschwindigkeit der Kontraktion zeigte, während die nach der Vagusreizung entnommene Lösung beide herabsetzte. Daraus folgerte er die Existenz eines im Herzen freigesetzten »Vagusstoffes«.

[40] R. A. Lambert an F. B. Hanson im Sept. 1940, RAC, Collection Rockefeller Foundation, Record Group 1.1 Series 200 (US), Box 103, Fldr. 1251–1252, Übersetzung UD.

den USA eine einflußreiche akademische Stelle erhielt. Er gründete am Rockefeller Institute for Medical Research in New York eine Schule der Peptid- und Proteinchemie, wobei er einerseits analytische Methoden zur Bestimmung von Aminosäuren in Peptiden weiterentwickelte, andererseits proteinspaltende Enzyme und die Synthese von Peptiden untersuchte. Zervas erhielt bis 1936 ein Stipendium. Da ihm keine besser bezahlte Stelle angeboten wurde, ging er Ende der 1930er Jahre nach Griechenland, wo er Professor in Athen wurde. Zu Bergmanns neuen Mitarbeitern gehörten Heinz Fraenkel-Conrat, der nach seiner Promotion zum Dr. med. in Breslau über Schottland 1936 in die USA emigriert war, Joseph Fruton und, etwas später, William H. Stein und Stanford Moore. Zusammen mit Stein entwikkelte Bergmann die erste verläßliche Methode (»solubility product method«) zur Ermittlung der Aminosäurezusammensetzung von Proteinen (1939).[41] Bergmann selbst blieb den Methoden und Fragestellungen Emil Fischers verhaftet. Der Durchbruch in der Methodik der Trennung und Analyse von Aminosäuren wurde nach Bergmanns Tod (1944) durch Moore und Stein erzielt. Ihnen gelang es, die Säulenchromatographie so weiterzuentwickeln, daß sie für die Trennung aller Aminosäuren genutzt werden konnte. Damit analysierten sie die Aminosäurezusammensetzung und später Sequenz der Ribonuclease A. 1972 erhielten Moore und Stein für ihre Arbeiten auf dem Proteingebiet den Nobelpreis für Chemie.

Die meisten derjenigen, die die Biochemie in den USA entscheidend weiterbrachten, gehörten einer jüngeren Generation von außerordentlich talentierten Wissenschaftlern an. Sie verbanden deutsche Forschungstraditionen und Arbeitshaltungen mit der Bereitschaft zu neuen Ideen und zur Entwicklung innovativer Methoden. Herausragende Beispiele sind Rudolf Schönheimer (später Schoenheimer) und Fritz Lipmann, der zu den bedeutendsten Biochemikern des 20. Jahrhunderts zählt. Lipmann verließ Deutschland, unterstützt von einem Stipendium, bereits vor 1933.[42] Seine Arbeiten in den 1930er und 1940er Jahren werden in Kapitel 6 besprochen. Zu den Biochemikern, die bereits als Studenten oder Schüler aus Deutschland bzw. Österreich emigrieren mußten und später akademische Positionen in den USA erhielten, gehören Georg Hauser, Ines Mandl (geb. Hochmuth) und Efraim Racker.[43]

---

41 Max Bergmann und William H. Stein, A New Principle for the Determination of Amino Acids and Application to Collagen and Gelatin, J. Biol. Chem. 28, 217–232, 1939.

42 Zu Lipmanns Leben und Werk siehe Fritz Lipmann, Wanderings of a Biochemist, New York 1971: John Wiley and Sons, Inc.; Horst Kleinkauf, Hans von Döhren, Lothar Jaenicke, The Roots of Modern Biochemistry. Fritz Lipmann's Squiggle and its Consequences, Berlin/NY. 1988: de Gruyter.

43 Der 1922 in Wien geborene Georg Hauser emigrierte über England 1939 in die USA, die 1917 in Wien geborene Ines Mandl (geb. Hochmuth), emigrierte 1919 nach Irland und 1945 in die USA, der 1913 in der Nähe von Krakau geborene Efraim Racker emigrierte über England 1941 in die USA. Viele weitere Biochemiker in den USA wurden als Kinder oder Jugendliche aus Deutschland oder Österreich vertrieben. Ihr wissenschaftlicher Einfluß wird in dieser Studie nicht näher untersucht.

Rudolf Schönheimer

Im folgenden sei der Einfluß eines deutsch-jüdischen Emigranten der Biochemie in den USA exemplarisch am Beispiel Rudolf Schönheimers dargestellt. Der gebürtige Berliner studierte Medizin an der Berliner Universität und arbeitete nach seinem Abschluß mit dem Dr. med. 1922 als Pathologe am Krankenhaus Moabit. Da ihn das Problem der Arteriosklerose interessierte, untersuchte er das Auftreten dieses Zustandes in Tierexperimenten durch Zugabe von Cholesterin. Um seine mangelnden Kenntnisse in der Biochemie zu beheben, studierte er, unterstützt von einem Stipendium der Rockefeller Foundation, drei Jahre am Institut für Physiologische Chemie unter Karl Thomas in Leipzig. 1926 wurde Schönheimer Assistent Ludwig Aschoffs und Privatdozent am Institut für Pathologie an der Universität Freiburg.

Aschoff übte einen großen Einfluß auf Schönheimer und die Entwicklung seines späteren Forschungskonzeptes aus.[44] Aschoff betrachtete Stoffwechselstörungen wie Arteriosklerose und Gallensteine als Störungen der Chemie des Cholesterinstoffwechsels und nicht einfach als anatomische Krankheiten, wie es viele seiner Kollegen damals taten. Deshalb kooperierte er mit dem Organiker Adolf Windaus, mit dem er viele Jahre lang den Metabolismus der Sterine, zum Beispiel des Cholesterins, untersuchte.

[44] Eine detaillierte Studie über die Entwicklung von Schoenheimers Forschung wurde 1977 von Robert Kohler publiziert: Rudolf Schoenheimer, Isotopic Tracers, and Biochemistry in the 1930's, Historical Studies in the Physical Sciences 8, 257–298, 1977.

Anfang der 1930er Jahre entwickelte Schönheimer ein Forschungskonzept, das sich von dem Aschoffs und Windaus' unterschied. Er begann den intermediären Stoffwechsel von Cholesterin zu untersuchen, das heißt, die Synthese und Abbau dieses als metabolisch mehr oder weniger inert geltenden Stoffes in der Zelle, eine Forschung, die bald im Mittelpunkt seines Interesses stand. Seine Arbeit wurde seit 1931 von der Josiah Macy Foundation unterstützt.

Bis zu dieser Zeit wurden die bekanntesten Stoffwechselcyclen wie die Glykolyse (Embden-Meyerhof-Cyclus), der Harnstoffcyclus und der Citronensäurecyclus (beide von Hans Krebs 1932 bzw. 1937 entdeckt) ohne Isotopenmarkierung aufgeklärt. Georg v. Hevesy, Professor für Physikalische Chemie in Freiburg, hatte zwar bereits 1923 zum ersten Mal ein radioaktives Isotop (das Bleiisotop ^{208}Pb) zur Klärung der Absorption und Wanderung von Blei in Pflanzen verwendet (siehe Abschnitt 3.4.3). Die Toxizität dieser Schwermetallmarker machte sie jedoch für die meisten Anwendungen in Biologie und Medizin ungeeignet. Auch Schönheimers letzte Arbeit in Freiburg, in der er zusammen mit Fritz Breusch mit chemischen und physiologischen Methoden den Einfluß von Nahrungsmitteln und Medikamenten auf Synthese und Abbau des Cholesterins in Mäusen untersuchte, wurde ohne den Einsatz von Isotopen ausgeführt.[45] Diese Experimente führten zu der These, daß im Säugetiergewebe »Cholesterin ständig neu gebildet und abgebaut wird«, eine These, die Schönheimer bald eindeutig belegen konnte.

Seine Arbeit in Deutschland wurde jedoch plötzlich beendet. Er wurde als Jude 1933 durch den Rektor der Freiburger Universität, Martin Heidegger, entlassen und emigrierte in die USA, wo Aschoff ihm half, eine Forschungsstelle in Hans Clarkes Institut an der Columbia School of Physicians and Surgeons zu bekommen. Clarke hatte dort ein großes biochemisches Institut gegründet, vergleichbar dem von Frederick Hopkins an der Cambridge University in England. Clarkes Institut wurde in den dreißiger Jahren ein international führendes Zentrum biochemischer Forschung in den USA, was teilweise durch den Einfluß von Emigranten aus Deutschland und Österreich, insbesondere von Rudolf Schoenheimer, bedingt war.

Nach Ansicht von Erwin Chargaff, der nach seiner Emigration in die USA im Jahre 1935 ebenfalls an diesem Institut arbeitete, war dies nicht nur auf die besonderen Forschungsprogramme und das Expertenwissen dieser Emigranten zurückzuführen, sondern auch auf ihre Einstellung der Wissenschaft gegenüber: »Der Beitrag der paar Europäer war groß, denn wir haben eine viel schärfere wissenschaftliche Luft hineingebracht. Die amerikanische Naturwissenschaft hat durch die europäische zu atmen angefangen. Ich meine damit einen gewissen Ernst, mit dem man Wissenschaft betrieb.«[46] Chargaff wurde einer der bedeutendsten Nucleinsäurechemiker. Er zeigte in den Jahren 1949–1952, daß das molare Ver-

[45] Rudolf Schoenheimer and Fritz Breusch, Synthesis and Destruction of Cholesterol in the Organism, J. of Biological Chemistry 103, 439–448, 1933. Siehe dazu Kohler, Rudolf Schoenheimer.

[46] Erwin Chargaff im Gespräch mit UD in New York City am 28. Januar 1997.

hältnis bestimmter Basen der DNA (Adenin und Thymin auf der einen Seite und Guanin und Cytosin auf der anderen) nahe bei eins liegt, ein Ergebnis, das eine entscheidende Voraussetzung für die 1953 erfolgte Aufklärung der Doppelhelixstruktur der DNA durch James Watson und Francis Crick bildete.

Zurück zu Schoenheimer: Nach seiner Emigration verband er sein Forschungskonzept zum intermediären Stoffwechsel von Sterinen und Fettsäuren mit v. Hevesys Markierungskonzept und der Verwendung des schweren Wasserstoffisotops Deuterium, das Harold Urey 1932 entdeckt hatte. Die Rockefeller Foundation richtete nach dieser Entdeckung einen Fonds ein, durch den sie es Chemikern, die Experten der Deuterium-Technik waren, ermöglichte, ihr Spezialwissen auf biochemische Probleme anzuwenden. So kam David Rittenberg aus Ureys Gruppe 1934 an die Columbia University, wo Schoenheimer die Leitung einer Forschungsgruppe übernommen hatte. Schoenheimers und Rittenbergs schneller Erfolg bei der Verwendung von Deuterium für Untersuchungen des intermediären Stoffwechsels überzeugten Hans T. Clarke, ein Programm zur Anwendung von Isotopen auf medizinische und biologische Fragen zu entwickeln.

Schoenheimer und Rittenberg benutzten Deuterium zunächst als Marker für die Untersuchung des Fett- und Cholesterinstoffwechsels. Wenn eine Deuterium enthaltende Substanz, zum Beispiel Cholesterin, in einem Tier verstoffwechselt wird, entsteht schweres Wasser, das im Serum und Urin nachgewiesen werden kann und anzeigt, wie viel von der zugeführten Substanz abgebaut wurde. Schoenheimer und Rittenberg entwickelten Methoden, um fast alle physiologischen Verbindungen mit Deuterium zu markieren, und ermöglichten es dadurch zum ersten Mal, ihren Transport aus dem Darm, ihre Umwandlung in andere Verbindungen und ihre Oxidation zu verfolgen.

Als das schwere Stickstoffisotop, ^{15}N, 1937 erhältlich wurde, benutzten es Schoenheimer und seine Kollegen für das Studium des Aminosäurestoffwechsels, wobei sie zwei Methoden der Synthese von Aminosäuren und ähnlichen Substanzen mit ^{15}N entwickelten.[47] Das Prinzip der ^{15}N-Methode ist demjenigen der Deuterium-Methode analog, aber die Praxis der synthetischen Methoden und die Analyse von ^{15}N erfordern ein anderes Vorgehen. Schoenheimers Laboratorium war damals das einzige, in dem ^{15}N zum Studium des Intermediärstoffwechsels benutzt wurde, und seine Erwartung, daß die Bestimmung der »Halbwertzeit« organischer Substanzen im Organismus eine vollständig neue Einsicht in physiologische und wahrscheinlich auch pathologische Reaktionen ermöglicht, erwies sich als richtig.[48]

Plötzlich und für alle Beteiligten unerwartet beging Schoenheimer am 11. September 1941 in seiner Wohnung im Alter von 43 Jahren Selbstmord. Er hinterließ

[47] Siehe zum Beispiel Rudolf Schoenheimer und David Rittenberg, Studies in Protein Metabolism, J. of Biological Chemistry 127, 285–290, 1939.

[48] Schoenheimers Bericht an die Rockefeller Foundation im April 1938, RAC, Collection Rockefeller Foundation, Record Group 1.1 Series 200, Box 130, Fldr 1604.

einige Notizen, aus denen sein Entschluß hervorging, wegen Depressionen und persönlicher Probleme seinem Leben ein Ende zu setzen.[49]

1942 veröffentlichten Clarke und Schoenheimers Mitarbeiter Rittenberg und Sarah Ratner »The Dynamic State of Body Constituents«, eine Zusammenstellung von drei Vorträgen, die Schoenheimer an der Harvard University gehalten hatte.[50] Darin weist Schoenheimer darauf hin, daß die meisten Kenntnisse über den intermediären Stoffwechsel bisher Ergebnisse von Gleichgewichtsexperimenten waren, die wenig Einblick in die Natur und das Ausmaß solcher chemischen Reaktionen im Körper ermöglichten, die keine Ausscheidungsprodukte erzeugten. Versuche, organische Moleküle zu markieren, zum Beispiel durch den Ersatz von Wasserstoffatomen durch Halogenatome in Fettsäuren, beeinträchtigten deren chemische Eigenschaften erheblich. Erst nach der Entdeckung und Konzentrierung von Deuterium und anderen natürlichen Isotopen konnten organische Moleküle mit Isotopen von natürlicherweise in diesen Molekülen vorkommenden Elementen markiert werden, vor allem mit Deuterium und ^{15}N. Damit wurde es möglich, das biochemische Verhalten der Körperbestandteile zu verfolgen. So präsentierte Schoenheimer, wie der Titel der Vorträge andeutet, »einige Ergebnisse der modernen Biochemie, die es nahelegen, daß sich alle Bestandteile der Lebewesen, solche der Funktion oder der Struktur, solche von einfacher oder komplexer Konstitution, in einem Fließgleichgewicht schneller Umwandlung befinden.«[51]

Schoenheimer war durch die Einführung der molekularen Markierungsmethode in die Biochemie des Intermediärstoffwechsels zu einem der bedeutendsten Biochemiker seiner Zeit geworden. Für seinen wissenschaftlichen Erfolg waren seine Fähigkeiten und die Entschlossenheit, mit der er grundlegende biochemische Fragen stellte und neue Methoden für ihre Antworten entwickelte, entscheidend. Von Bedeutung war auch der Einfluß, den Aschoff, v. Hevesy und Urey auf seine Forschung ausübten. Angesichts des finanziellen Aufwandes und der Bedeutung der Technik bildeten die guten Forschungsbedingungen, die er an der Columbia University erhielt, eine notwendige Voraussetzung für schnelle Erfolge in kurzer

---

[49] New York Herald Tribune, Sept. 23 1941. In seinem Laboratorium hatte er sich, wie Hans T. Clarke schrieb, seine Probleme nicht anmerken lassen (RAC, Collection Rockefeller Foundation, Record Group 1.1 Series 200, Box 130, Fldr 1604).

[50] Schoenheimer diskutiert darin zunächst die historischen Entwicklungen von Theorien hinsichtlich der Rolle der Nahrung für den tierischen Organismus und die Bedeutung von Markern organischer Moleküle als Voraussetzung für Experimente, die die Auffassung ihrer schnellen Umwandlung unterstützen. So hatte bereits Hermann v. Helmholtz Mitte des 19. Jahrhunderts das Tier mit einer Verbrennungsmaschine, deren Brennstoff die Nahrung war, verglichen. Später entwickelten der deutsche Physiologe Rubner und der amerikanische Biochemiker Folin ein Konzept der Wechselwirkung zwischen Nahrung und ganzem Organismus. Sie schlugen vor, daß die mechanischen Teile andauernder Benutzung und Verschleiß unterlägen und durch Nahrung ständig ersetzt werden müßten.

[51] R. Schoenheimer, The Dynamic State of Body Constituents, S. 3, Übersetzung UD.

Zeit. Er erhielt keine hohe Position – als er starb, war er Associate Professor –, aber er konnte seine Arbeiten in eigener Regie mit eigenen Mitarbeitern ausführen.

Auch seine Persönlichkeit spielte eine Rolle. Erwin Chargaff, der Schoenheimer aus der gemeinsamen Zeit an der Columbia University kannte, beschrieb ihn als emotional und dynamisch.[52] In ähnlicher Weise charakterisierte Frank Blair Hanson von der Rockefeller Foundation Schoenheimer als eine dynamische Persönlichkeit mit einem großen Ausmaß an Tatkraft.[53] Nach Hans T. Clarke »war eine von Schoenheimers auffallendsten Eigenschaften seine Fähigkeit, entsprechende Fakten aus weit verzweigten Bereichen des Wissens miteinander zu verknüpfen und sie für gerade anstehende Probleme verfügbar zu machen. Er suchte nicht nur den Rat von Experten anderer Gebiete, sondern diskutierte seine wissenschaftlichen Pläne mit seinen Kollegen und seinen direkten Mitarbeitern. Er leitete seine Forschungsgruppe mit Takt, Verständnis und ständigen Anregungen.«[54] Schoenheimers Persönlichkeit mag dazu beigetragen haben, sein Interesse auf den Stoffwechsel von damals als weitgehend inert angesehenen Substanzen wie Cholesterin zu konzentrieren und Methoden zu entwickeln, um den »dynamischen Zustand der Körperbausteine« eindeutig zu belegen. Unglücklicherweise trug seine Persönlichkeitsstruktur auch zu seinem tragischen Ende bei. Schoenheimer hätte möglicherweise einen Nobelpreis erhalten, wenn er nicht so früh gestorben wäre.

Einer seiner Studenten war Konrad Bloch, der als Jude 1934 sein Chemiestudium an der TH München als Dipl.-Ing. für Chemie beenden mußte. Bloch emigrierte nach einer kurzen Tätigkeit am Schweizerischen Tuberkulose-Forschungsinstitut in Davos 1936 in die USA, wo er 1938 bei Schoenheimer zum Ph. D. promovierte. Bloch klärte später mit Hilfe von Deuterium-markierter Essigsäure die intermediären Reaktionen bei der Synthese von Cholesterin auf, eine Leistung, für die er 1964 den Nobelpreis mit Feodor Lynen aus München teilte. Die Geschichte der chemischen Sterinforschung begann in den 1920er Jahren in Deutschland mit Arbeiten von Heinrich Wieland (Nobelpreis 1927) und Adolf Windaus (Nobelpreis 1928). Diesen gelang es, die Struktur der ersten Sterine, Gallensäuren und Cholesterin, aufzuklären. Mit den Arbeiten Schoenheimers und Blochs war der Schwerpunkt der Sterinforschung, soweit er die biochemische Seite anbetraf, durch Emigranten von Deutschland in die USA verlagert worden.

---

[52] Persönliche Mitteilung von Prof. Erwin Chargaff in New York City am 28. Januar 1997.

[53] FBH, October 25, 1935, RAC, Collection Rockefeller Foundation, Record Group 1.1 Series 200, Box 130, Fldr 1604.

[54] Hans T. Clarke, Rudolf Schoenheimer 1898–1941, Science 94, 553–554, 1941, Übersetzung UD.

4.2.2 Die Gründung der akademischen Polymerchemie durch Hermann Mark

Die Polymerchemie ist eine akademische Disziplin, in der eine einzige Person, Hermann (später Herman) Mark, in den USA einen enormen Einfluß ausüben konnte. Mark, der von Wilhelm Schlenk an der Universität Wien promoviert wurde, wechselte danach, auf Anraten von Fritz Haber, an das KWI für Faserstoffchemie in Berlin. Dessen Direktor, Reginald Herzog, gab ihm die Aufgabe, die molekulare Struktur von Baumwolle, cellulosehaltigem organischen Material und Rayon (Chemieseiden auf Cellulosebasis) mit Hilfe von Röntgenstrahlen zu untersuchen, eine Arbeit, die von Michael Polanyi begonnen worden war. Mitte der 1920er Jahre zeigte Mark als einer der ersten Wissenschaftler, daß das Konzept der Makromoleküle mit den Ergebnissen der Röntgenstrukturanalyse prinzipiell vereinbar war. Die meisten Röntgenkristallographen wie auch Kolloidchemiker und Organiker lehnten damals die Möglichkeit der Existenz von Makromolekülen noch ab.

1927 wurde er Leiter einer Abteilung für Polymerchemie im Zentrallabor der I. G. Farben in Ludwigshafen unter Kurt H. Meyer, wo er insbesondere physikalische Techniken wie Röntgen- und Elektronenbeugung, Viskositäts- und osmotische Bestimmungen von Polymeren verwendete und weiterentwickelte. Mit einem Team von Organikern und Physikochemikern untersuchte Mark Struktur und Synthese von Polymeren und anderen chemischen Substanzen, beispielsweise die Synthese von Polystyrol, Polyvinylchlorid und der synthetischen Gummisorten Buna N und Buna S.[55]

Ein weiterer Forschungsschwerpunkt lag auf dem Gebiet der Cellulosestruktur. 1926 schlugen die amerikanischen Botaniker O. L. Sponsler und W. H. Dore auf der Basis ihrer Röntgenstrukturanalyse vor, daß Cellulose aus langen Ketten von Glucoseeinheiten bestehen sollte, eine Struktur, die im Gegensatz zu den chemischen Ergebnissen des Abbaus von Cellulose zu Cellobioseeinheiten stand.[56] Mark und Meyer gelang es, ein Röntgenbeugungsmuster zu erzeugen, das mit den chemischen Daten übereinstimmte.[57] Mark war an der Beziehung zwischen den mole-

---

[55] Herman Mark, Oral History, publ. by the Beckman Center for the History of Chemistry. Transcript of interviews conducted by James J. Bohning and Jeffrey Sturchio at Polytechnic University on 3 February, 17 March and 20 June 1986, pp. 18–28; Herman Mark, From Small Organic Molecules to Large: A Century of Progress. Washington, D. C. 1993: American Chemical Society. Siehe auch Carsten Reinhardt, Basic Research in Industry: Two Case Studies at I. G. Farbenindustrie AG in the 1920s and 1930s, in A. S. Travis, H. G. Schröter und E. Homburg, Determinants in the Evolution of the European Chemical Industry, 1900–1939: New Technologies, Political Frameworks, Markets and Companies, Dordrecht 1999: Kluwer, pp. 74–76.

[56] Zur Entwicklung der Idee der makromolekularen Struktur von Cellulose siehe Kapitel 6.1.

[57] K. H. Meyer und H. Mark, Ber. Dtsch. Chem. Ges. 61, 593, 1928, siehe dazu Herbert Morawetz, Herman Mark, Life and Accomplishments, Macromol. Symp. 98, 1173–1184, 1995.

Hermann Mark, ca. 1944

kularen Eigenschaften von Polymeren und ihren technisch nutzbaren Eigenschaften interessiert. Ausgehend von der Kristallstruktur der Cellulose, der Energie, die notwendig ist, um ihre kovalenten Bindungen zu zerstören, und von spektroskopischen Daten berechnete er die maximale Stärke einer »idealen Cellulosefaser«.[58]

Meyer gab Mark die Freiheit, Forschungen zu betreiben, die nicht notwendigerweise auf industrielle Anwendungen ausgerichtet waren. So führte Mark z. B. die erste Elektronenbeugungsstudie an Gasen durch, und er bestimmte Bindungslängen und Bindungswinkel in verschiedenen organischen Molekülen, wie z. B. Tetrachlorkohlenstoff und Benzol. 1930 kam er zu dem Ergebnis, daß die Daten für cis-1,2-Dichlorethan mit freier Rotation unvereinbar seien, ein Ergebnis, das den jungen Linus Pauling während eines Besuch in Ludwigshafen stark beeindruckte.[59]

Im Jahr 1932 schied der jüdische Chemiker Kurt H. Meyer, der seit 1921 das Forschungslabor der BASF bzw. der I. G. Farben in Ludwigshafen geleitet hatte, aus der I. G. aus. Er hatte sich durch seine Kritik an einigen Firmenentscheidungen hinsichtlich geplanter weiterer Fusionen sowie zu hoher Forschungsausgaben Feinde in der I. G. gemacht.[60] Meyer, der von 1917 bis 1921 apl. Professor an der Universität in München gewesen war, hatte die Absicht, sich auf eine Professur in

[58] Morawetz, Herman Mark.
[59] Ibid.
[60] Firmenarchiv Bayer, 271/2, Kurt H. Meyer.

Deutschland zu bewerben. Insbesondere hoffte er, mit Hilfe der I. G., vor allem Carl Duisbergs, auf die gerade freigewordene ordentliche Professur für Organische Chemie an der TH Berlin berufen zu werden. 1932 nahm er aber, von Carl Duisberg bestärkt, einen Ruf der Universität in Genf auf das Ordinariat für Organische Chemie an.[61] Er hatte erfahren, daß von der TH Berlin bereits ein Ruf an Hermann Staudinger ergangen war, und er ging davon aus, daß dieser annehmen würde. Staudinger nahm den Ruf nach Berlin nicht an. Dieser Lehrstuhl wurde 1934 mit Franz Bachér besetzt, einem aktiven Nationalsozialisten und unbedeutenden Chemiker.

Auch Hermann Mark verließ die I. G. Farben 1932, nachdem er vom Aufsichtsratsvorsitzenden Dr. W. K. Friedrich Gaus den Rat erhalten hatte, sich nach einer Universitätsstelle außerhalb Deutschlands umzusehen. Wenn Hitler an die Macht käme, so Gaus, würde Mark nicht befördert werden.[62] Im Herbst 1932 nahm Mark den Ruf auf das Ordinariat für Physikalische Chemie der Unversität Wien als Nachfolger von Rudolf Wegscheider an. Er hielt seine guten Kontakte zur I. G. aufrecht; seine Gehaltszahlung wurde noch einige Jahre lang fortgesetzt. Mit dieser Unterstützung durch die I. G. und andere Industriebetriebe errichtete Mark in Wien ein großes Institut für interdisziplinäre Forschung und Lehre der Polymerchemie, das erste Institut dieser Art an einer Universität in Deutschland und Österreich. Zusammen mit Philip Groß, Franz Patat, Anton Wacek und Otto Kratky richtete er Lehrveranstaltungen zur Polymerchemie ein, wobei er die einführenden Vorlesungen selber übernahm. Seinen Sponsoren aus der Industrie gefiel, daß Mark ein Lehr- und Ausbildungsprogramm für Polymerforschung eingerichtet hatte, und sie schickten ihm viele Studenten. Teilnehmer seines Programmes gingen später zur I. G. oder anderen Gesellschaften wie Continental, Michelin und CIBA.

In seiner Forschung legte Mark eine stärkere Betonung auf die Kinetik und den Mechanismus der Polymerisierungen als auf die Synthese, weil letztere zu den Hauptaktivitäten der I. G. gehörte.[63] Für die Charakterisierung der Polymere benötigte er Viskositäts- und Diffusions-, osmotische und Sedimentationsmessungen. Dazu stellte er Kolloidchemiker und Physiker ein, darunter Frederick Eirich, Max Bunzl, Herbert Margaretha und, als Physiker, Hans Thirring, Robert Simha und H. Dostal. Zusammen mit dem holländischen Physikochemiker Roelof Houwink entwikkelte Mark eine nichtlineare Version von Staudingers Viskositätsgesetz der Makromoleküle, die der Flexibilität der Moleküle Rechnung trug. Wie in Kapitel 6 gezeigt wird, war diese Neuformulierung des Viskositätsgesetzes Hauptgegenstand der langen Kontroverse mit Staudinger, der an der Vorstellung festhielt, lineare Makromoleküle seien starre Moleküle.

Mark wurde nach dem Anschluß wegen seiner Freundschaft mit dem früheren Bundeskanzler Dollfuss, der von den Nazis 1934 ermordet worden war, eine Zeitlang inhaftiert. Er floh danach über die Schweiz und England nach Kanada. Viele seiner Studenten und Mitarbeiter verloren ihre Stelle und mußten Österreich ver-

61 Ibid.
62 Oral History Interview of Herman Mark, Chemical Heritage Foundation, S. 29–30.

lassen. Unter ihnen waren Wissenschaftler, die später im Ausland Universitätsinstitute leiteten oder Industrielaboratorien gründeten, zum Beispiel: Frederick Eirich, Herbert Margaretha, Wacek, E. Suess, Robert Simha, Eugen Guth und Hans Motz. Mark wurde zunächst Forschungsleiter der Canadian International Paper Company in Hawkesbury, Ontario. Die Gesellschaft erneuerte das Angebot, das sie Mark vor 1938 gemacht hatte, das er aber damals abgelehnt hatte. Nach zwei Jahren nahm Mark, der in Hawkesbury seinen breiteren wissenschaftlichen Interessen nicht nachgehen konnte, die von der Firma du Pont, mit der Mark bei der Entwicklung von Viskosefasern zusammengearbeitet hatte, angebotene Beraterstelle an. Diese war mit einer akademischen Position am Brooklyn Polytechnic Institute verbunden. Mark zog 1940 nach Brooklyn, wo er als Assistenz-(adjunct-)professor für die Forschungen des Schellack-Büros zuständig war, eines kleinen, von der Industrie finanzierten Laboratoriums, dessen Aufgabe es war, Schellack chemisch zu charakterisieren. Da das Material aus Indien importiert und ein Zugang während des Krieges schwierig wurde, erhielt Mark die neue Aufgabe, nach synthetischen Ersatzstoffen zu suchen.

Als Ergebnis einer Initiative von Dr. Raymond Kirk, dem Dekan des Brooklyn Polytechnic Institutes, wurde Mark die Gelegenheit geboten, an diesem Institut ein Lehrprogramm für Polymerchemie und ein Forschungszentrum auf diesem Gebiet zu gründen. Mark konnte auf diese Weise zusätzlich zu Peter Hohenstein, einem Organischen Chemiker und früheren Studenten Marks in Wien, der bereits am Schellack-Büro tätig war, Robert Simha, einen anderen ehemaligen Studenten sowie Turner Alfrey für sein Lehrprogramm einstellen, das im September 1940 begann. Da fast die gesamte Literatur der Polymerchemie damals deutsch war, war es wichtig, daß alle diese Leute Deutsch konnten (Alfrey konnte es lesen). Wie in Wien gab Mark die einführenden Kurse selber. Es fanden sich sofort viele Studenten ein, die meisten aus der Industrie.

Bis 1945 war die Forschung größtenteils auf kriegswichtige Projekte ausgerichtet. Mark erhielt große Summen von der Industrie und dem Militär und konnte so weitere Mitarbeiter einstellen, zu denen Isidor Fankuchen, Kurt G. Stern (ein anderer deutscher Emigrant), der die Ultrazentrifuge am Institut einrichtete, Paul M. Doty, A. V. Tobolsky und B. H. Zimm gehörten. Sie untersuchten die Eigenschaften von synthetischem Gummi und die mechanischen Eigenschaften von Polymeren. Andere Arbeiten, die in Verbindung mit der Verbesserung von Gasmasken standen, beschäftigten sich mit der Permeabilität von Membranen.[64] Nach dem Krieg erhielten Marks frühere Mitarbeiter aus Wien, Frederick Eirich und Herbert Morawetz, Stellen am Brooklyn Polytechnic Institute.

Die Aktivitäten auf dem Gebiet der Polymere am Brooklyn Polytechnic Institute führten 1947 zur Gründung eines Institute of Polymer Research, dem ersten graduate program (etwa Hauptstudium) dieser Art an einer amerikanischen Universität. Im Unterschied zu anderen Instituten, zum Beispiel der großen Abteilung

[63] Ibid., S. 33.
[64] Ibid., S. 58.

für Polymerchemie an der University of Illinois unter Carl S. Marvel, die entweder auf die Synthese oder die Eigenschaften der Polymere spezialisiert waren, bemühte sich Mark, alle Aspekte der Polymerchemie abzudecken.[65] Indem er Physiker, Chemiker und Techniker zusammenbrachte, gelang es ihm, wenn auch an einer vergleichsweise kleinen Universität, moderne Polymerwissenschaft als multidisziplinäre akademische Forschungsrichtung zu etablieren. Das Polymer-Forschungsinstitut gehörte bald zu den international führenden Instituten seiner Art und blieb es für Jahrzehnte nach dem Zweiten Weltkrieg. Zusammen mit Eric Proskauer gründete Mark 1946 das Journal of Polymer Science (drei Jahre, nachdem Hermann Staudinger in Fortführung des Journals für Praktische Chemie das Journal für Makromolekulare Chemie gegründet hatte, dessen erstes Heft im August 1943 erschien).

Mark trug weniger durch eigene wissenschaftliche Leistungen als durch die Organisierung von Forschung und Lehre zur Polymerchemie in den USA bei. Außerdem stellte er eine in Deutschland schon seit dem 19. Jahrhundert übliche Verbindung zwischen Universität und Industrie her. Seine größten wissenschaftlichen Leistungen fielen in die Zeit vor seiner Emigration. Bereits in Deutschland und Österreich hatte er sich aber zunehmend der Organisation der Polymerwissenschaft gewidmet, zunächst bei der Einrichtung des Polymerlaboratoriums bei der I. G. Farben und dann bei der Etablierung des Forschungs- und Lehrprogramms an der Wiener Universität. Nach dem Krieg dehnte er seine organisatorischen Aktivitäten auch auf Projekte außerhalb der USA aus; so richtete er z. B. als Vorsitzender des Komitees zur Gründung des Weizmann-Instituts in Israel ein Polymerforschungsprogramm ein.

Zusammenfassend läßt sich feststellen, daß Herman Marks Erfolg bei der Gründung der Polymerchemie als multidisziplinäres akademisches Fach in den USA im Hinblick auf den Einfluß, den ein einziger deutscher oder österreichischer Emigrant ausübte, einzigartig ist, was Erwin Chargaff zu dem Kommentar veranlaßte, daß Mark »so eine Art Herzogtum in Brooklyn gehabt (hatte), mit vielen Untergebenen.«[66] Mehrere Faktoren trugen dazu bei. Erstens waren es Marks Erfahrungen in grundlegender und angewandter Polymerwissenschaft, die er aus Deutschland und Österreich mitbrachte, und die in der Chemie generell noch nicht sehr verbreitet waren. Zweitens sorgte ein weitsichtiger Mann, der Dekan Raymond Kirk, dafür, daß Mark die nötige akademische Unterstützung am Brooklyn Polytechnic Institute erhielt. Drittens war Marks Lehrprogramm für die Industrie von großem Interesse, außerdem schuf der Krieg einen Bedarf genau für die Art von Forschung, die Mark betreiben wollte. Daher wurden seine Arbeiten großzügig unterstützt, als er 1940 in die USA kam. Viertens trug Marks Persönlichkeit in entscheidendem Maße zu seinem Einfluß bei.

Alle veröffentlichten Quellen und die Beschreibungen seiner früheren Studenten und Kollegen charakterisieren Mark als einen einzigartigen, angenehmen Men-

[65] Ibid., S. 35.
[66] Prof. Erwin Chargaff im Gespräch mit UD in New York City am 28. Januar 1997.

schen, der ein ungeheures Ausmaß an Energie besaß, viel lachte und eine starke Tendenz hatte, unangenehme Dinge zu vergessen.[67] Sheldon Atlas beschrieb ihn als »a class of himself, a scholar, gentleman, humanist, bon vivant, an athlete.« Herbert Morawetz betonte Marks Intuition: »Er hatte, was man auf Deutsch ›Fingerspitzengefühl‹ nennt. Ich erinnere mich, wie er über seinen Besuch bei Ziegler erzählte, und daran, wie begeistert er von Zieglers Ergebnissen war, und das in einer Zeit, als die Kettenmoleküle, die durch den Ziegler-Initiator produziert wurden, nur einige wenige Monomerreste lang waren. Mark hatte ein gutes Gespür dafür, was einmal wichtig werden könnte, und er benutzte seine Energie, um eine internationale Gemeinschaft von Polymerwissenschaftlern zu schaffen.«[68] Nach Frederick Eirich war Mark »ein ebenso großer Politiker als er Chemiker war«. Helmut Ringsdorf, der Mark in Brooklyn kennenlernte und ihn bei Marks späteren Besuchen in Marburg und Mainz traf, bewunderte ihn, »weil er in so großem Maße an jungen Leuten interessiert war. Jedesmal, wenn er hier war, war er stundenlang bereit, sich mit ihnen zu unterhalten. Dabei spielte er sich nie in den Vordergrund, sondern munterte die Studenten auf, ohne zu sagen, ›das haben wir schon vor Jahren gemacht‹.«

Marks Bereitschaft, unangenehme Dinge zu vergessen, bezog sich auch auf seine Kontakte mit früheren Nazis. In dieser Hinsicht bildete er eine Ausnahme unter den Emigranten aus Nazi-Deutschland. So befand sich unter den ausländischen Gästen, die Mark an das Brooklyn Polymer Institute einlud, Kurt Hess, der nicht nur ein ehemaliges Mitglied der NSDAP, SA und SS war, sondern auch Lise Meitner als Jüdin denunziert hatte.[69] Trotz der Kontroverse mit Staudinger und dessen jahrelanger Angriffe lud Mark ihn 1957 zu einem Vortrag ein. Staudinger, der zu diesem Zeitpunkt noch davon überzeugt war, daß lineare Makromoleküle starre stäbchenähnliche Gebilde sind, wurde in Brooklyn als der Pionier der Polymere empfangen, als die Person, »die den Kreuzzug für Polymere angeführt hat.«[70] Helmut Ringsdorf erinnert sich an diesen Besuch:

> »Ich hatte damals die Dias für Staudingers Vorträge zusammengestellt und wußte daher, über was er sprach. Wenn man das mit dem verglich, was damals in Brooklyn gemacht wurde, kann man nur sagen, daß diese Vorträge fast finsteres Polymermittelalter waren. Ich kann diese Aussage umso mehr rechtfertigen, als ich die letzten vier Vorträge, von mir als Doktorand von Elfriede Husemann mit Hermann Staudinger vorbereitet, als Originaldias heute noch in der Hand habe. Vor allem die jungen Leute haben damals in Brooklyn Hermann Staudinger sicher als den großen, alten Mann der Makromolekularen Chemie bewundert und verehrt. Das, was er sagte, haben sie wahrscheinlich verzei-

[67] Dr. Sheldon Atlas (New York City, 17. November 1996), Prof. Frederick Eirich (Hightstown, NJ, 30. January 1997), Prof. Herbert Morawetz (Brooklyn, 4. November 1996), Prof. Helmut Ringsdorf (Mainz, 20. August 1996) im Gespräch mit UD.

[68] Übersetzung UD.

[69] R. Sime, Lise Meitner, S. 184–185.

[70] Dr. Atlas im Gespräch mit UD, 17.11.1996, Übersetzung UD.

hend zur Kenntnis genommen, zumal er deutsch sprach.«[71] Auch in Deutschland war die Makromolekulare Chemie längst weiter, wie z. B. der Nobelpreis zeigt, den Karl Ziegler 1963 zusammen mit Giulio Natta für neue Katalysator-Systeme in der Polymerchemie erhielt. Nach H. Ringsdorf war jedoch »die Auslandserfahrung von uns jungen Wissenschaftlern damals für unseren eigenen Start und als Anregung für andere Perspektiven in der modernen Polymerchemie sehr wesentlich.«[72]

Marks Bestreben, auch Kollegen aus Deutschland schnell in die internationale Gemeinschaft der Polymerwissenschaftler zu integrieren, zeigte sich besonders deutlich am Beispiel Karl Freudenbergs. Kurz nach Kriegsende erneuerte Mark sein freundschaftliches Verhältnis zu Freudenberg und half diesem, als er auf Grund einer Denunziation inhaftiert wurde (Freudenberg kam nach kurzer Zeit wieder frei).[73] Mark machte Freudenberg zum Mitglied des Advisory Board des »Journal of Polymer Science«, und durch seine Vermittlung wurde Freudenberg nach dem Krieg zu Gastvorträgen in die USA eingeladen, u. a. 1951 von der American Chemical Society.[74]

Marks früherer Student und Mitarbeiter Herbert Morawetz sieht eine der Triebkräfte hinter Marks außergewöhnlichem Bestreben, gute Beziehungen zu Kollegen unabhängig von ihrer politischen Vergangenheit und von früheren Feindschaften aufzubauen oder wiederherzustellen, in seinem Wunsch, »der Vater der Polymerchemie« zu sein. Daher habe er keiner Art von Politik erlaubt, seine Arbeit zu behindern, und so habe er auch während der Zeit des kalten Krieges mit Russen kooperiert.[75]

4.2.3 Geringe Einflüsse durch Emigranten der Organischen, Anorganischen und Physikalischen Chemie

Im Unterschied zur Polymerchemie gab es keinen größeren Einfluß deutscher Emigranten (der ersten Generation) auf die amerikanische akademische Organische und Anorganische Chemie. Den Grund sehe ich darin, daß Emigranten der Organischen und Anorganischen Chemie in keinem Fall eine Professorenstelle erhielten, mit Ausnahme von Max Bergmann am Rockefeller Institute for Medical Research. In anderen Ländern erhielten Emigranten der Organischen Chemie einflußreiche akademische Positionen, so z. B. (abgesehen von Israel) in der Türkei (Fritz Arndt), Ägypten (Alexander Schönberg), der Anorganischen Chemie in Bra-

[71] Prof. Ringsdorf im Gespräch mit UD, 20.8.1996.
[72] Ibid.
[73] Freudenberg dankte Mark am 26. Juli 1946 für seinen Brief, der, wie er sagte, eine große Hilfe war. Freudenberg wurde von allen Anschuldigungen freigesprochen. (Freudenberg Nachlaß, UA Heidelberg, Rep 14/231).
[74] Ibid., Rep 14/147.
[75] Herbert Morawetz im Gespräch mit UD, New York, 26. September 1996.

silien (Fritz Feigl) und England (Fritz Paneth), das heißt, mit Ausnahme von England, in Ländern an der Peripherie der wissenschaftlichen Zentren Westeuropas und der USA. Diejenigen Organiker, die in die USA kamen, mußten in die Industrie gehen, obwohl sie in Deutschland als gute Hochschullehrer bekannt waren. Dazu gehörten Fritz Straus, vorher Professor an der Universität in Berlin, und Arnold Weissberger, vorher Privatdozent an der Universität in Leipzig.

Der Grund dafür, daß Emigranten der Organischen Chemie keinen Zugang zu amerikanischenUniversitäten erhielten, liegt einerseits in den bereits existierenden starken Schulen der Organischen Chemie in den USA. Das Fach wurde in den USA nach dem Ersten Weltkrieg, als das Land von deutschen Produkten abgeschnitten war, erheblich erweitert und ausgebaut.[76] Darüber hinaus trug die Tatsache, daß die bedeutendsten deutschen Organiker, da sie keine Juden waren, nicht emigrierten, in den USA zum mangelnden Interesse an Organikern aus Deutschland bei. So erhielten die bedeutenden nicht-jüdischen Chemiker Adolf Butenandt und Adolf Windaus 1935 einen Ruf auf eine Professorenstelle von der Harvard University bzw. der University of Chicago (den sie ablehnten).[77]

Nach dem Zweiten Weltkrieg änderte sich diese Situation. So erhielten einige deutsch-jüdische Emigranten der nächsten Generation Universitätsstellen in der Chemie. Beispiele sind Ernest Eliel und Kurt Mislow. Eliel, der 1938 sein Abitur in Köln machte, emigrierte 1946 in die USA, nach einer Odyssee, die Internierungen in Edinburgh, Kanada und Trinidad sowie Studien an den Universitäten von Edinburgh und Havanna einschloß. In den USA wurde er 1948 Mitglied des Instituts für Chemie der Notre Dame University, 1960 Professor für Organische Chemie, 1964 Institutsleiter und 1972 Professor an der University of North Carolina in Chapel Hill.[78] Der 1923 in Berlin geborene Kurt Mislow emigrierte 1935 nach Italien und 1940 in die USA, wo er 1960 Professor für Chemie an der New York University wurde.

Auch die Physikalische Chemie entwickelte sich in den USA während der 1920er Jahre zu einer bedeutenden akademischen Disziplin. Während amerikanische Studenten und Postdoktoranden zu Beginn des Jahrhunderts nach Deutschland gingen, insbesondere zu Wilhelm Ostwald und Walther Nernst, um Physikalische

76 Ein Beispiel ist das große chemische Institut der University of Illinois in Urbana, geleitet von Roger Adams, das in den USA ein führendes Institut auf den Gebieten der organischen Synthesen und der Physikalischen Chemie wurde (Peter Morris, The American Rubber Research Program, Philadelphia 1989: Univ. of California Press, S. 70). An der Harvard-University lehrte der herausragende Organiker James Conant und, als sein Nachfolger Mitte der 1930er Jahre, Louis Fieser.

77 Bzgl. Butenandt: siehe P. Karlson, Adolf Butenandt, Stuttgart 1990, S. 93; bzgl. Windaus: A. Windaus an den Kurator der Universität Göttingen, 21.2.1935, BDC, REM-Akte A. Windaus. Vermutlich spielte auch Antisemitismus in der amerikanischen akademischen Chemie eine Rolle.

78 Ernest Eliel, From Cologne to Chapel Hill, Washington, DC 1990, American Chemical Society.

Chemie zu studieren, gingen sie in den 1920er Jahren nach Europa, zum Beispiel Kopenhagen oder Göttingen, um Theoretische Physik zu studieren und auf diese Weise bessere Physiker zu werden.[79] Die sich in den 1920er Jahren entwickelnde Chemische Physik wurde in den USA bereits 1933 durch das Erscheinen des ersten Bandes des Journal of Chemical Physics institutionalisiert und ist ein Beispiel dafür, daß sich die Führungsrolle in der Physikalischen Chemie bereits vor 1933 auf einigen Gebieten in die USA zu verlagern begann. Das deuten auch die Namen von Henry Eyring, Gilbert N. Lewis, Robert S. Mulliken (Nobelpreis 1966) und Linus Pauling (Nobelpreis 1954) an.[80] Die neue chemische Physik war, wie die Namen von Erich Hückel, Friedrich Hund, Wolfgang Pauli und Erwin Schrödinger zeigen, zu einem großen Teil in Deutschland entstanden, blieb dort allerdings Teil der Physik und stieß bei Chemikern auf wenig Interesse. Mit der Emigration von Pauli und Schrödinger sowie der jüngeren Physiker Hans Hellmann, Walter Heitler und Fritz London wurde dieses Gebiet in Deutschland stark geschwächt (siehe Kapitel 3). Während diese Physiker als Emigranten in den USA, Großbritannien und der UdSSR (Hellmann) einflußreiche Stellen erhielten, war das Interesse an Physikochemikern aus Deutschland in den USA deutlich geringer.

Viele von ihnen erhielten daher keine Stellen, darunter Hans Beutler, Abteilungsleiter am KWI für Physikalische Chemie (und anerkannter Spektroskopiker), Otto Redlich, apl. Professor an der Universität Wien, Alfred Reis, apl. Professor an der TH Berlin; andere nahmen Stellen in der Industrie an, z. B. Jacob Bikerman, Assistent am KWI für Physikalische Chemie, Hans Cassel, Privatdozent an der TH Berlin, und Gertrud Kornfeld, Privatdozentin an der Universität Berlin.

Einigen Physikochemikern gelang es dagegen, Stellen an amerikanischen Universitäten zu erhalten: Herbert Freundlich, Kasimir Fajans, Immanuel Estermann, Karl Söllner, Otto Stern und Kurt Wohl. Der bedeutendste von ihnen war Otto Stern, der wie sein Mitarbeiter Immanuel Estermann eine Stelle am Carnegie Institute (jetzt Carnegie-Mellon-University) in Pittsburgh erhielt. Dies kam durch die Intervention des Universitätspräsidenten Dr. Thomas Baker zustande, der Deutschland im Juli 1933 besuchte und Otto Stern, Immanuel Estermann und Ernst Berl, Professor für chemische Technologie an der Technischen Universität in Darmstadt, für das Carnegie Institute gewann.[81] Dort errichtete Stern mit Estermann ein Molekularstrahllaboratorium, in dem sie die Arbeit auf dem Gebiet fortsetzten, das Stern seit den späten 1920er Jahren in Hamburg entwickelt hatte. 1943 wurde er dafür mit dem Nobelpreis ausgezeichnet. Obwohl Stern auf diese Weise die Möglichkeit erhielt, seine Forschungen weiterzuführen, gelang es ihm nicht, Arbeitsbedingungen herzustellen, die mit denen seines Hamburger Institutes zu vergleichen gewesen wären, eine Folge des mangelnden Interesses seiner Kol-

---

[79] John W. Servos, Physical Chemistry from Ostwald to Pauling. The Making of a Science in America, Princeton (NJ) 1990: Princeton University Press, S. 277.

[80] Ibid., S. 321.

[81] Dr. Thomas Baker an das Emergency Committee, 3. März 1934, New York Public Library, collection: emergency committee in aid of displaced foreign scholars, file E. Berl.

legen und der fehlenden Unterstützung seitens der Universitätsführung nach dem ersten Jahr.[82]

Dies hing auch damit zusammen, daß Sterns Abteilung, die nach dem Vorbild eines deutschen Instituts errichtet wurde, einen Teil seiner Autonomie aufgeben mußte, nachdem der Präsident erkrankte und schließlich zurücktrat. So mußte z. B. das graduate program (etwa Hauptstudium) in Physik, das Stern und Estermann eingerichtet hatten, 1934 aufgegeben werden. Die Forschung wurde auch dadurch behindert, daß es kein geeignetes Laboratorium in dem Gebäude gab. Stern, der die Autonomie eines Professors an deutschen Universitäten gewohnt war, paßte sich weder emotional noch durch sein Verhalten der Situation in Pittsburgh an. Er war, wie sich Estermann erinnerte, überhaupt nicht diplomatisch, und er »zeigte die Abneigung gegenüber dem Dekan sehr deutlich.«[83] Nicht nur seine Arbeit, sondern auch seine Verhaltensweisen trennten ihn von seinen Kollegen und Studenten: »Wenn Dinge nicht so liefen, wie er wollte, pflegte er sich in seine Ecke zurückzuziehen, seine Sachen zusammenzupacken und nach Hause zu gehen, was das Leben noch schwieriger machte.« Er blieb ein Außenseiter am Institut, weil »seine ganze Persönlichkeit nicht für eine amerikanische Universität geeignet war.«[84]

Nach seiner Emeritierung 1945 verließ Stern Pittsburgh und zog nach Berkeley. Die University of California ignorierte die Tatsache, daß er in Berkeley war, und forderte ihn nicht auf, der Fakultät beizutreten. Das hätte sie sogar tun können, ohne ihn zu bezahlen, denn Stern brauchte das Geld nicht.[85] Estermann hatte weniger Probleme als Stern, aber auch er entschloß sich schließlich, Pittsburgh zu verlassen. Während des Krieges wurde er Berater beim Manhattanprojekt. Der dritte deutsche Emigrant in Pittsburgh, Ernst Berl, scheint weniger Probleme gehabt zu haben. Nach Baker »paßt sich Berl in bewundernswürdiger Weise an unsere Institution an und hat großen Erfolg.«[86]

Zwei bedeutende amerikanische Wissenschaftler, die als Folge des Nationalsozialismus als Jugendliche in die USA emigrierten, seien hier kurz erwähnt: Walter Kohn, 1934 in Wien geboren, promovierte 1948 an der Harvard University. Seit 1960 Professor für Physik an verschiedenen Universitäten in Kalifornien, zuletzt an der UC Santa Barbara, erhielt er 1998 den Nobelpreis für Chemie.

Der 1937 in Zloczow, Polen, geborene Roald Hoffmann überlebte die Zeit der nationalsozialistischen Besetzung Polens, indem er sich mit seiner Mutter über ein

82 I. Estermann im Interview mit John L. Heilbron, 13. Dezember 1962 (Transkript des mit dem Tonband aufgenommenen Interviews, American Institute of Physics, S. 20, Übersetzung UD.)

83 Ibid.

84 Ibid., S. 20–21.

85 Ibid., S. 22.

86 Dr. Thomas Baker an das Emergency Committee, 3. März 1934, New York Public library, collection: emergency committee in aid of displaced foreign scholars, file E. Berl (Übersetzung UD).

Jahr lang in einer Scheune versteckte. Sein Vater wurde ermordet. 1946 verließ er mit seiner Mutter und seinem Stiefvater Polen.[87] Nach einigen Jahren des Umherirrens in Europa kam er 1949 in den USA an. Er studierte Chemie und Chemische Physik, außerdem Kunst. 1964 begann seine Zusammenarbeit mit dem Organiker Robert Woodward, die zur Aufstellung der Woodward-Hoffmann-Regeln des Erhalts der Orbitalsymmetrie führte, die sich als von außerordentlicher Bedeutung für die Voraussage von Synthesen komplexer organischer Verbindungen und für die Anregung neuer Experimente erwiesen. Hoffmann, der 1968 Professor für Chemie, 1974 für Physik an der Cornell University wurde, erhielt für diese Arbeiten 1981 den Nobelpreis für Chemie. Neben seinen wissenschaftlichen Publikationen verfaßte er eine Reihe von Büchern, die sich mit allgemeinen Fragen der Chemie, darunter Beziehungen zu Kunst und Religion, befassen.

4.2.4 Emigranten in der chemischen Industrie

Wie oben erwähnt, war es für viele Emigranten leichter, eine Stelle in der Industrie zu bekommen. Einige von ihnen hatten in ihrer Industrietätigkeit großen Erfolg. Zu ihnen gehörten Gertrud Kornfeld und Arnold Weissberger. Kornfeld war Privatdozentin für Physikalische Chemie und Assistentin von Prof. Max Bodenstein am Institut für Physikalische Chemie der Universität Berlin gewesen. Ihre Forschungsschwerpunkte waren dort Photochemie und Reaktionskinetik. Nachdem sie aus »rassischen« Gründen entlassen worden war (sie war Protestantin), erhielt sie von Bodenstein und dem Physiker Friedrich Paschen hervorragende Gutachten hinsichtlich ihrer Fähigkeiten als Wissenschaftlerin und Hochschullehrerin.[88] Ihre Bemühungen, in England eine Stelle zu finden, blieben trotzdem erfolglos. Daher ging sie mit einem Stipendium der American Association of University Women 1935 nach Wien. 1937 emigrierte sie in die USA, wo sie eine Stelle im Forschungslaboratorium von Eastman Kodak in Rochester erhielt. Leider bewahrte die Gesellschaft die Unterlagen von Kornfeld und Weissberger, der ebenfalls bei Kodak anfing, nicht auf.

Arnold Weissberger, Privatdozent für Organische Chemie und Demonstrator an der Universität Leipzig, wurde als Jude im Oktober 1933 von seiner Stelle als Demonstrator entlassen; da er Frontsoldat des Ersten Weltkrieges war, wurde ihm seine Lehrbefugnis zu diesem Zeitpunkt noch nicht entzogen. Burckhardt Helferich, Ordinarius für Organische Chemie an der Universität Leipzig, der sich erfolglos

[87] Hoffmanns Stiefvater hatte den Namen Hoffmann und einen deutschen Paß angenommen, weil eine Einwanderung in die USA wegen des amerikanischen Quotensystems für Deutsche leichter war als für Menschen aus Osteuropa (persönliche Mitteilung von Roald Hoffmann, Cornell, Ithaka, 24.11.1996).

[88] ms. SPSL, file Gertrud Kornfeld, Bodenstein, 12. Juni 1933; Paschen an A. V. Hill, 14. Juli 1934.

dafür eingesetzt hatte, daß Weissberger 1933 den Titel apl. Professor erhielt, erteilte ihm den Rat, sich nach einer anderen Position umzusehen. So benutzte Weissberger die Semesterferien, um nach Amsterdam und Brüssel zu fahren, wo er den Physikochemiker Jacques Errera traf. Dieser nannte die Möglichkeit einer Stelle in Swarts Laboratorium in Gent, die allerdings an die Bedingung geknüpft war, daß sie nicht an ein ehemaliges Mitglied der deutschen Armee vergeben werden sollte. Errera lieh Weissberger Geld für eine Reise nach England, so daß dieser den Academic Assistance Council (AAC) konsultieren konnte. In London stellte Weissberger fest, daß er bereits von N. V. Sidgwick für ein dreijähriges Stipendium des AAC ausgewählt worden war. So zog er, nachdem er seinen Lehrverpflichtungen im Sommersemester nachgekommen war, im Juli 1933 nach Oxford, um bei Sidgwick zu arbeiten. Nach Prof. Gibson, einem Gutachter des AAC, war Weissberger nicht für die Industrie geeignet.[89] Im dritten Jahr nahm Weissberger die ihm angebotene Stelle bei Kodak in Rochester an; so gehörte er seit 1936 der Abteilung für synthetische Chemikalien des Kodak Forschungslaboratoriums an.

Weissberger berichtete später über diesen Wechsel zur Industrie auf einem Symposium über »die zeitgenössische chemische Industrie und die chemische Ausbildung.«[90] Mit mehr als 100 Patenten, die zumeist die Herstellung des Farbfilms und Methoden zur Filmentwicklung betrafen, half Weissberger Kodak dabei, auf den Gebieten der Organischen Chemie aufzuholen, in denen die Deutschen (Agfa) führend waren. Während des Zweiten Weltkrieges entwickelten Weissberger und seine Kollegen nicht-diffundierende Kuppler, wobei sie eine Technik benutzten, die sich von der kurz zuvor in Deutschland entwickelten unterschied. Kuppler sind chemische Verbindungen, die Farben erzeugen, wenn sie mit einem photographischen Entwicklungsmittel in Verbindung gebracht werden. Dieser Prozeß war 1912 von dem deutschen Chemiker Rudolf Fischer erarbeitet worden. Nicht-diffundierende Kuppler erleichtern die Erzeugung von Farben erheblich. Nach Dr. Wesley T. Hanson, dem Forschungsdirektor und Leiter der Abteilung Farbphotographie bei Kodak nach dem Zweiten Weltkrieg, »trugen Weissbergers Erfindungen erheblich zur Verbesserung der Farben von Kodakfilmen bei, indem sie sie stabilisierten und schärfere Bilder ermöglichten.«[91]

Alfred Bader und Carl Djerassi sind Beispiele für erfolgreiche industrielle Chemiker der nächsten Generation.[92] Beide stammen aus Wien. Dem 1924 geborenen Alfred Bader gelang es nach dem »Anschluß« im Alter von 14 Jahren, nach England

---

[89] ms. SPSL, file Arnold Weissberger.

[90] Undatiert. Ich danke Prof. John Spalek, Albany, für den Zugang zu diesem Dokument aus seinem Privatarchiv.

[91] In: Glenn Fowler, Dr. Arnold Weissberger Dies; Chemist for Eastman Kodak, New York Times, 7. September 1984, A 16, Übersetzung UD.

[92] Zu ihrem Leben und Werk siehe die Autobiographien: Alfred Bader, Adventures of a Chemist Collector, Weidenfeld and Nicholson Ltd. 1995; Carl Djerassi, The Pill, Pygmy Chimps, and Degas' Horse, Basic Books 1992; in deutscher Übersetzung: Die Mutter der Pille. Die Autobiographie, Zürich 2000: Haffmans Verlag.

zu emigrieren. 1940 wurde er länger als ein Jahr in Kanada als »feindlicher Ausländer (»enemy alien«) interniert. Später studierte er engineering chemistry (Verfahrenstechnik) in Kanada und wurde von Louis Fieser an der Harvard University in Chemie promoviert. 1950 erhielt er eine Stelle bei der Pittsburgh Plate Glass Company in Milwaukee. Er erinnert sich, daß es in den frühen 1940er Jahren für jüdische Chemiker schwierig war, Industriestellen zu erhalten, eine Situation, die sich erst in den 1950er Jahren verbesserte.[93] Zu dieser Zeit gründete er zusammen mit Jack Eisendraht die Firma Aldrich, die 1975 mit der Firma Sigma fusionierte, die biochemische Reagenzien herstellte. Sigma-Aldrich wurde die erfolgreichste Firma für Feinchemikalien in den USA.

Der »Vater der Pille«, Carl Djerassi, wurde 1923 geboren. Er zog 1938 nach Bulgarien und emigrierte 1939 in die USA. Seit 1945 war er als Chemiker in Forschungsabteilungen verschiedener Industriebetriebe tätig. 1952 wurde er Professor der Organischen Chemie an der Wayne State University, 1959 wurde er an die Stanford University berufen. Sein Forschungsschwerpunkt lag auf dem Gebiet der Naturstoffchemie. Neben seiner akademischen Tätigkeit hatte Djerassi verschiedene Funktionen bei der Firma Syntex inne. Djerassi wurde insbesondere wegen seiner Synthese des ersten steroidhormonhaltigen oralen Verhütungsmittels bekannt (1951), er selbst hält dieses Ergebnis allerdings nicht für seine bedeutendste wissenschaftliche Leistung. So leistete er auch wichtige Beiträge zur Untersuchung einer Vielzahl von Verbindungen mit spektroskopischen Techniken.[94]

4.3 Großbritannien

Der Einfluß deutsch-jüdischer Emigranten in Großbritannien war sowohl in der Chemie als auch Biochemie sehr groß, wobei eine Reihe der zunächst nach England oder Schottland emigrierten Wissenschaftler einige Jahre später ein zweites Mal emigrieren mußten.[95] Viele der erfolgreichen Emigranten in Großbritannien waren Schüler Otto Meyerhofs und Fritz Habers, denen es aufgrund ihrer internationalen Bedeutung und wissenschaftlichen Kontakte gelang, ihren Schülern dort Stellen zu vermitteln. Einige der entlassenen deutschen Wissenschaftler erhielten auch durch Initiativen aus England dort Positionen. So ging der Vize-Kanzler der University of Newcastle (damals Durham University), Lord Eustace Percy, der mit der Hilfsorganisation Academic Assistance Council zusammenar-

[93] Persönliche Mitteilung von Dr. A. Bader, Philadelphia 31. Januar 1997.

[94] Zur Forschung Djerassis siehe Carl Djerassi, Steroids made it possible, American Chemical Society 1990.

[95] Der Einfluß deutsch-jüdischer Emigranten der Chemie und Biochemie in Großbritannien wird in dieser Studie nicht umfassend untersucht.

beitete, nach Deutschland, um entlassene Wissenschaftler nach England zu holen.[96]

Zu den Biochemikern, die akademische Positionen erhielten, gehörten z. B. die früheren Mitarbeiter Otto Meyerhofs in Heidelberg Hermann Blaschko, Hans Laser, Albert Wassermann und Hermann Lehmann. Weiter erhielten Hans Krebs, vorher Assistent an der Universität in Freiburg, und Stephen (Stefan) Bach, vorher Assistent in Erlangen, Stellen an englischen Universitäten. Krebs, durch die Entdeckung des Harnstoffcyclus (1932) als Wissenschaftler bereits bekannt, wurde 1935 Fakultätsmitglied der University of Sheffield, die ihn 1945 zum Professor ernannte. Bach wurde 1941 Lecturer (Dozent) für Biochemie an der Cambridge University. Der Einfluß in der Biochemie wird noch deutlicher, wenn man auch die nächste Generation der Emigranten berücksichtigt. Als Beispiel sei Hans L. Kornberg (später Sir Hans) genannt (geb. 1928), der 1961 Professor an der University of Leicester wurde und damit der jüngste Professor der Biochemie in England war. Seit 1975 ist er Professor an der Cambridge University.[97]

Auch unter den Emigranten der Physiologie befanden sich bedeutende Wissenschaftler, darunter Bernard Katz (später Sir Bernard), der Professor für Biophysics am University College London wurde, und Wilhelm S. Feldberg, der Dozent an der Cambridge University wurde und danach zum Leiter der Abteilung für Physiologie und Pharmakologie am National Institute for Medical Research in London ernannt wurde. Feldberg gründete mit seinem Wiedergutmachungsgeld 1961 eine Stiftung für den deutsch-englischen wissenschaftlichen Austausch in der experimentellen Forschung. Der 1924 in Wien geborene Otto Fred Hutter kam mit dem Kindertransport 1938 nach England; beide Eltern wurden 1944 ermordet.[98] 1961 wurde er Mitglied des National Institute für Medical Research, Mill Hill, London und 1971 Professor für Physiologie an der University of Glasgow.

Anders als in den USA erhielten Emigranten auch in der Chemie akademische Positionen, darunter Ernst Boris Chain und Max Perutz. Perutz, der sein Chemiestudium in Wien 1936 abschloß, kam in demselben Jahr auf interessante Weise zu John D. Bernal nach Cambridge: Friedrich Wessely, Professor für Organische Chemie in Wien, hatte in Vorlesungen von der Proteinchemie erzählt, die Frederick G. Hopkins in Cambridge betrieb. Perutz fand dieses Gebiet faszinierend. Da sein Vater damit einverstanden war, daß er in Cambridge promovierte, bat Perutz Hermann Mark, der zu einer Tagung der Faraday Society nach Cambridge fuhr, Hopkins nach einer Doktorandenstelle zu fragen. Mark kam zurück nach Wien – und hatte es vergessen. Der Grund lag darin, daß er von Bernals erster Röntgenaufnahme

[96] Information von Robert Bud, London. Zu den Chemikern, die auf diese Weise an die Durham University kamen, gehörten Joseph Weiss und Gabriel Stein.

[97] Kornberg, dessen Mutter im Jahr seiner Geburt starb und dessen Vater in einem polnischen KZ ermordet wurde, emigrierte 1939 nach England, wo er bei einem Onkel aufwuchs (siehe Herbert A. Strauss und Werner Röder, International Biographical Dictionary of Central European Emigrés 1933–1945, Vol. II, München 1983, S. 651).

[98] Ibid., S. 548.

Max Ferdinand Perutz

eines Proteins so begeistert war, daß er alles andere aus dem Gedächtnis verloren hatte. Da Mark von Bernal erfahren hatte, daß er einen Doktoranden für Arbeiten über diese ersten Einzelkristallbilder suchte, schlug er Perutz vor, mit Bernal zu arbeiten. Als Perutz protestierte, er verstehe von Röntgenkristallographie nichts, erhielt er die Antwort, »dann lernen Sie es eben«. So kam Perutz im September 1936 an Bernals kristallographisches Labor in Cambridge. Ausführliche Erläuterungen zu Chains Forschung finden sich in Kapitel 6.2.8.

Viele Physikochemiker erhielten Universitätsstellen, darunter der frühere Ordinarius an der TH Breslau Franz (später Sir Francis) Simon, die Abteilungsleiter am Haberschen KWI für Physikalische Chemie Herbert Freundlich und Michael Polanyi sowie Habers Assistent Joseph Weiss. Freundlich emigrierte einige Jahre später in die USA, wo er Professor an der University of Minnesota wurde. Haber selbst erhielt auf Grund der Bemühungen von Sir William Pope, einem Chemiker, der während des Ersten Weltkrieges ein neues Senfgasverfahren entwickelt hatte und für seine Verdienste um die chemische Kriegsführung geadelt worden war, die Einladung, seine Forschung auf einer unbezahlten Ehrenstelle an der Universität Cambridge fortzusetzen.[99] Haber starb 1934. Simon, wissenschaftlicher Berater von

[99] Margit Szöllösi-Janze, Fritz Haber 1868–1934. Eine Biographie, München 1998: Beck, S. 681, 689. Nach Szöllösi-Janze war die »Internationale« der Gaskriegsveteranen eines der wenigen sozialen Netzwerke Habers, das 1933 nicht abriß (S. 681).

Herbert Freundlich

Michael Polanyi, 1935

Ernst Boris Chain

Winston Churchill und Professor an der Universität Oxford, etablierte dort die in Breslau entwickelte Tieftemperaturphysik. Polanyi, der 1933 eine Professur für Physikalische Chemie an der Universität Manchester erhielt, gab die Chemie einige Jahre später auf und wurde an derselben Universität zum Professor für Sozialwissenschaften ernannt. Polanyi wurde zu einem der bedeutendsten Philosophen seiner Zeit.[100] Mit Chain, Katz, Krebs und Perutz emigrierten vier spätere Nobelpreisträger nach Großbritannien. Ihre Arbeiten werden in Kapitel 6 vorgestellt.

Eine Reihe der nach Großbritannien emigrierten Chemiker wurde als Angestellte, Berater oder Selbständige in der Industrie tätig, darunter der Ordinarius für Physikalische Chemie der TH Wien Emil Abel, der Privatdozent der Universität Freiburg Franz Bergel und der Mitarbeiter am KWI für Physikalische Chemie Jacob Bikerman, der nach dem Zweiten Weltkrieg in die USA emigrierte.

4.4 Schlußfolgerung: Voraussetzung für erfolgreiches Wirken der Emigranten in verschiedenen Ländern und Rückblick auf den Einfluß jüdischer Chemiker in Deutschland.

Die Ergebnisse dieser Untersuchung lassen den Schluß zu, daß, abgesehen von der wissenschaftlichen Leistung eines Emigranten, in erster Linie der Entwicklungsstand einer wissenschaftlichen Disziplin in einem Aufnahmeland und die vorhandene Konkurrenz (oder ihr Fehlen) für die Aufnahme jüdischer Emigranten der (Bio-)Chemie aus Deutschland und Österreich maßgebend waren. Hier habe ich

[100] Zu seinen bedeutendsten philosophischen Publikationen gehören: M. Polanyi, Personal Knowledge. Towards a Post-Critical Philosophy, Chicago 1958: University of Chicago Press; The Tacit Dimension, Garden City 1967: Doubleday & Co.

mich hauptsächlich auf die Auswirkungen der erzwungenen Emigration auf Palästina/Israel und die USA beschränkt. In den USA bildete die Biochemie wegen der besseren Ausbildung und wissenschaftlichen Erfahrungen der Emigranten eine Nische für diese. Einige Emigranten bekamen auch in der Physikalischen Chemie gute Positionen, einer Disziplin, in der die USA den deutschen Vorsprung auf einigen Gebieten eingeholt hatte und auf anderen dabei war, die Führung zu übernehmen. Emigranten der Organischen Chemie erhielten keine Stelle an amerikanischen Universitäten, mit Ausnahme von Max Bergmann, der eine Stelle in der Biochemie bekam. Als mögliche Erklärungen wurden diskutiert: (1) Die Organische Chemie an Universitäten in den USA war bereits zu weit fortgeschritten und im Begriff, sich in andere Richtungen zu entwickeln, um generell an Emigranten aus Deutschland interessiert zu sein. (2) Die bedeutendsten deutschen Organiker waren, mit Ausnahme von Richard Willstätter, keine Juden und mußten bzw. wollten daher nicht emigrieren.

In einigen Fällen waren einzelne Personen, z. B. Hans T. Clarke an der Columbia University, der Präsident der Carnegie Institution in Pittsburgh, Thomas Baker, oder der Dekan des Brooklyn Polytechnic Institute, Raymond Kirk, maßgeblich daran beteiligt, daß Arbeitsmöglichkeiten und finanzielle Unterstützung für bestimmte Emigranten bereitgestellt wurden. Gezielte Forschungsprogramme wie das Programm der Rockefeller Foundation, spezielle Gebiete zwischen Biologie, Physik und Chemie zu fördern, kamen insbesondere Biochemikern oder Forschern angrenzender Gebiete zugute. Die Rockefeller Foundation stellte auch die Mittel bereit, mit denen Georg v. Hevesy seine Forschung über radioaktive Isotope und ihre Anwendungen an Niels Bohrs Institut in Kopenhagen fortsetzen und ausbauen konnte.

In Palästina/Israel wurden junge Chemiker außergewöhnlich einflußreich, weil es dem zionistischen Führer Chaim Weizmann, selbst Chemiker, gelungen war, die notwendige Finanzierung zur Errichtung eines neuen Forschungsinstitutes bereitzustellen, und weil er die damals bekanntesten deutsch-jüdischen Wissenschaftler nicht bewegen konnte, nach Palästina zu emigrieren. Ähnlich war die Situation in anderen Ländern der wissenschaftlichen Peripherie, die Interesse daran hatten, wissenschaftliche Disziplinen und Institutionen zu etablieren. Dazu gehörte insbesondere die Türkei, wo die Chemie und Biochemie stark von deutsch-jüdischen Emigranten beeinflußt wurde.[101] So begründete Fritz Arndt die Organische Chemie und Felix Haurowitz die Biochemie an der Universität von Istanbul. Alexander Schönberg, der Mitte der 1930er Jahre Professor für Organische Chemie und Direktor des chemischen Institutes an der Universität von Kairo wurde, trug entscheidend zur Entwicklung moderner chemischer Forschung und Ausbildung in

[101] Zum wissenschaftlichen Einfluß der Emigranten in der Türkei siehe Regine Erichsen, Die Emigration deutschsprachiger Naturwissenschaftler von 1933–1945 in ihrem sozial- und wissenschaftshistorischen Wirkungszusammenhang, in: Herbert A. Strauss, Klaus Fischer, Christhard Hoffmann und Alfons Söllner (Hrsg.), Die Emigration der Wissenschaften nach 1933, München 1991.

Ägypten bei. Deutsche Emigranten erhielten auch in Brasilien großen Einfluß. Ein Beispiel ist Hans Stammreich, der an der Universität von Sao Paulo zu einem Pionier der Raman-Spektroskopie von farbigen Substanzen wurde.[102] In Portugal gründete Kurt Jacobsohn, ein Schüler Carl Neubergs, am Instituto Bento da Rocha Cabral in Lissabon eine Schule biochemischer Forschung. Er trug damit entscheidend zur Trennung der Biochemie von der Physiologischen Chemie der medizinischen Fakultät und zur Entwicklung der Biochemie als eigenständiger Disziplin in Portugal bei.[103]

Zur Bedeutung des Beitrags jüdischer Wissenschaftler zur empirischen Naturwissenschaft

Ein Blick auf das Leben und Wirken der erfolgreichsten und einflußreichsten jüdischen (Bio-)Chemiker in Deutschland und in verschiedenen Aufnahmeländern widerlegt die weitverbreitete Vorstellung, nach der jüdische Wissenschaftler überwiegend auf theoretischen Gebieten der Naturwissenschaften erfolgreich waren (und sind). Ein solches Bild wurde z. B. von deutschen Antisemiten benutzt, um ein gängiges Vorurteil gegen eine »jüdische Wissenschaft« zu beleben, die sich angeblich durch einen hohen Grad an Mathematik und Abstraktion auszeichne und damit einen Gegensatz zur anschaulichen und konkreten »deutschen« Wissenschaft darstelle. Einige Historiker und Soziologen versuchen heute, eine angenommene Vorliebe jüdischer Wissenschaftler für theoretische Gebiete auf eine jüdische Lerntradition zurückzuführen. So führt nach Yakov Rabkin eine frühe Sozialisation im Studium der mündlichen Überlieferung mit seiner Betonung von Abstraktion und rationalem Denken eher dazu, theoretische Gebiete als experimentelle zu wählen.[104]

Der Chemiker Roald Hoffmann schreibt dem Talmudstudium allerdings eine völlig andere Rolle zu. Seiner Meinung nach »stellen der Talmud und die folgenden 1500 Jahre der Kommentare eine Auseinandersetzung dar, die in genialer Weise zwischen der hypothetischen und der realen Welt geführt wird, wobei die Betonung auf der realen liegt. Im Talmud gibt es wenig wirkliche Theologie. Stattdessen debattieren die Rabbis, wie man entscheiden soll, ob ein eßbares Stück Rindfleisch,

[102] Bernhard Schrader und Andreas Otto, Hans Stammreich, Bunsen-Magazin 2, 120–122, 2000. Zur Emigration nach Brasilien: Rochelle G. Saidel und Guilherme Ary Plonski, How Scientists Fleeing Nazi Europe Contributed to Brazil's New Universities in 1933–1945. Ibero-Amerikanisches Archiv, 1995; dies., Shaping Modern Science and Technology in Brazil. The Contribution of Refugees from National Socialism after 1933. Leo Baeck Institute, Year Book 39 (1994), 257–270.

[103] Isabel Amaral, A. M. Nunes dos Santos und R. E. Pinto, The Emergence of Biochemistry in Portugal during the Twentieth Century, Vortrag auf dem XXth International Congress of History of Science, 1997.

[104] Yakov M. Rabkin, The Interaction of Scientific and Jewish Cultures: An Historical Overview, in: Yakov Rabkin and Ira Robinson, The Interaction of Scientific and Jewish Cultures in Modern Times, Jewish Studies Vol. 14, Lewinston 1995: The Edwin Mellon Press, S. 8, 25.

das man auf der Straße findet, als koscher angesehen werden kann oder nicht. Die Berührungspunkte zwischen der realen Welt und der täglichen Erfahrung sind das, was der Talmud und die Naturwissenschaften gemeinsam haben.«[105]

Juden stellten und stellen einen verhältnismäßig großen Prozentsatz der bedeutenden Mathematiker und theoretischen Physiker weltweit. Diese Studie und ein Blick auf die Geschichte der (Bio-)Chemie allgemein machen aber deutlich, daß es außerdem zahlreiche herausragende Beiträge von Juden auf experimentellen und angewandten Gebieten der Wissenschaften gibt. Dies zeigen z. B. die vielen deutsch-jüdischen Nobelpreisträger der Chemie und Medizin bis in die 1940er Jahre, alle von ihnen bedeutende Experimentatoren. Einige Beispiele sollen genügen: Adolf v. Baeyer, dessen Mutter Jüdin war, erhielt 1905 den Nobelpreis für seine Arbeiten in synthetischer Organischer Chemie, insbesondere seine Arbeit über die Struktur von Indigo. Fritz Habers Arbeit über die Synthese von Ammoniak aus seinen Elementen war experimentelle und theoretische Arbeit zugleich mit dem klaren Ziel der industriellen Anwendung. Habers kriegswichtige Arbeit über die Entwicklung und Anwendung von Giftgasen als chemische Waffen wurde in Kapitel 1 vorgestellt. Auch nach dem Ersten Weltkrieg waren Teile der Forschungen an Habers KWI für Physikalische Chemie auf Anwendungen ausgerichtet, z. B. auf die Suche nach Gold im Meer und auf die Weiterentwicklung von Giftgasen und Pestiziden.

Richard Willstätter erhielt 1915 den Nobelpreis für Untersuchungen an Pflanzenpigmenten, vor allem Chlorophyll. Otto Stern war Ordinarius für Theoretische Physik an der Universität Rostock, bevor er zum Professor für Physikalische Chemie in Hamburg ernannt wurde. Stern war nach Einschätzung seines langjährigen Mitarbeiters Immanuel Estermann viel stärker an experimenteller Arbeit interessiert als an Theorie.[106] Estermann erinnert sich, daß niemand außer Stern die Arbeiten auf dem Gebiet des Stern-Gerlach-Experiments fortsetzte, in dem die ungewöhnlichen magnetischen Eigenschaften von Elektronen (Spins) gefunden wurden,

[105] Roald Hoffmann, Science and Judaism, Übersetzung UD. Mir sind keine vergleichenden Studien über die Auswirkung einer frühen Sozialisation in katholischer oder protestantischer Tradition auf Prädispositionen zu theoretischer oder empirischer Wissenschaft bekannt. Robert K. Merton wies auf die generelle Bedeutung des Protestantismus für wissenschaftliche Betätigung hin. Er betonte die Bedeutung des protestantischen Ethos sowohl für Rationalität und Vernunft als auch für das praktische Handeln und damit empirische Wissenschaft (Robert K. Merton, The Puritan Spur to Science, in: The Sociology of Science. Theoretical and Empirical Investigations, 1973: The University of Chicago Press, S. 228–253). Auch Max Weber (Die protestantische Ethik) geht davon aus, daß der Protestantismus generell wissenschaftsförderlich ist. Meiner Meinung nach läßt die Entfernung der Bilder und religiösen Symbole aus katholischen Gotteshäusern durch Protestanten, ihre Betonung des reinen Wortes und Glaubens im Gegensatz zu den im Katholizismus erforderlichen Taten einen größeren Prozentsatz von Protestanten in den theoretischen wissenschaftlichen Gebieten erwarten. Max Planck und Werner Heisenberg sind gute Beipiele.

[106] I. Estermann, im Interview mit John L. Heilbron, 13. Dezember 1962 (Transkript des mit dem Tonband aufgenommenen Interviews, American Institute of Physics, S. 4).

die durch die Quantentheorie erklärt werden. Die zu diesen Experimeten notwendigen Techniken waren für die meisten Leute zu schwierig, und auf anderen Gebieten konnten Erfolge mit weitaus weniger Anstrengung und und in kürzerer Zeit erzielt werden: »Stern hatte wirklich die Zähigkeit einer Bulldogge, wenn es sich um diese Art von Experimenten handelte.«[107] Stern, der in Physik und Physikalischer Chemie ausgebildet war, machte keinen Gebrauch von Plancks physikalischen Arbeiten, weil er sie als viel zu formal empfand. Er lehnte zum Beispiel Plancks Auffassung ab, elektromagnetische Kräfte oder thermodynamische Eigenschaften verdünnter Lösungen als reine Abstraktionen zu betrachten, die aus Eigenschaften mathematischer Funktionen resultierten.[108]

Georg v. Hevesy war ein begeisterter Experimentator, gerade auch, wenn seine Arbeitsweise gelegentlich nicht ungefährlich war. 1943 wurde er für seine Arbeiten über radioaktive Isotope und ihre Anwendungen in der Biologie und Medizin mit dem Nobelpreis für Chemie ausgezeichnet. Der Biochemiker, der vielleicht wie kein anderer Wert auf exakte Experimente legte, der selbst bis an das Ende seines Lebens am Labortisch stand und der in seinen Interpretationen (in den meisten Fällen) nahe an den Experimenten blieb, war Otto Warburg. Er übte mit dieser Arbeitsweise großen Einfluß auf Otto Meyerhof, Hans Krebs und Fritz Lipmann aus. Nach Lipmann beherrschte Warburgs Forderung, Experimente selber sprechen zu lassen und Interpretationen auf ein Minimum zu beschränken, seine (Lipmanns) Generation von Biochemikern.

Ernst Boris Chains Arbeiten über Penicillin waren von einem großen Interesse an Anwendung begleitet. Am Beginn seiner Laufbahn, während er noch in Berlin war, brachte er seine Präferenz anwendungsorientierter Forschung klar zum Ausdruck, während er später »die Vorteile einer geeigneten Mischung zwischen beiden betonte.«[109] Nach Ronald W. Clark erinnerte sich eine Reihe von Chains Kollegen in Berlin, wie er zu sagen pflegte, als er noch in Deutschland war: »In reiner Wissenschaft schreibt man eine Veröffentlichung, wenn man Erfolg hat, und man schreibt eine, wenn man Mißerfolg hat. In angewandter Wissenschaft hat man es schwerer. Hier gilt: Wenn das, was man macht, funktioniert, ist es als Erfolg zu werten, wenn es nicht funktioniert, ist es ein Mißerfolg.«[110]

Die berühmten deutsch-jüdischen Chemiker des 19. Jahrhunderts wie Heinrich Caro, Paul Friedländer, Carl Liebermann, Eduard Meyer, Ludwig Mond, F. L. Sonnenschein und der schon erwähnte v. Baeyer waren erfolgreiche Experimentatoren, entweder an Universitäten oder in der Industrie. Im 20. Jahrhundert stellen Ernst David Bergmann, Fritz Haber und Herman Mark Beispiele für jüdische deutsche oder österreichische Chemiker dar, die anwendungsorientierte Wissenschaft zu ih-

[107] Ibid., S. 16.
[108] O. Stern im Interview mit Thomas S. Kuhn und Friedrich Hund, 29, Mai 1962, Transkript des Interviews, American Institute of Physics, S. 3.
[109] Ronald W. Clark, The Life of Ernst Chain. Penicillin and Beyond, New York 1985: St. Martin's Press, S. 6, Übersetzung UD.
[110] Ibid.

rem Schwerpunkt machten und darüber hinaus aktive Organisatoren der Wissenschaft waren. Im Hinblick auf die Auswirkungen der erzwungenen Emigration in den 1930er Jahren kann angenommen werden, daß Wissenschaftler wie Haber, Mark und E. D. Bergmann das Niveau angewandter chemischer Forschung in Deutschland und Österreich unter einem anderen Regime erheblich angehoben hätten, auch im Falle eines Krieges, wären sie nicht vertrieben worden. Schließlich hatte die deutsche wissenschaftliche Gemeinschaft als Ganze, Juden und Nichtjuden gleichermaßen, zwischen 1914 und 1918 erhebliche Beiträge zur Kriegsforschung geleistet. Es ist jedenfalls festzuhalten, daß die deutsche Wissenschaft und Technologie durch das Fehlen der auf empirischem Gebiet liegenden Fähigkeiten vieler jüdischer Wissenschaftler beeinträchtigt wurden.

Die in Kapitel 3 vorgenommene Frage der Auswirkungen der erzwungenen Emigration von (Bio-)Chemikern für Deutschland soll zum Schluß noch durch einen weiteren Aspekt ergänzt werden. Die Vertreibung jüdischer Wissenschaftler und das Schweigen bzw. die Akzeptanz der antijüdischen Maßnahmen seitens ihrer nichtjüdischen Kollegen hatten, ebenso wie die Unterstützung der nationalsozialistischen Politik und des Krieges durch Forschung und Propaganda vieler deutscher Wissenschaftler, eine weitere, spätere Folge. Sie führten für viele Jahre zu einer weitgehenden internationalen Isolierung deutscher Wissenschaftler, die von deutscher Seite auch nach dem Krieg auf Grund einer Überschätzung eigener Leistungen verstärkt wurde. Erst Mitte oder Ende der 1950er Jahre gingen junge deutsche Wissenschaftler in größerer Zahl als Postdoktoranden an amerikanische oder britische Institute. Die Isolierung wirkte sich am wenigsten nachteilig in den klassischen Gebieten der Organischen und Anorganischen Chemie aus, die während des Nationalsozialismus nicht gelitten hatten, aber umso schädlicher in der dynamischen Biochemie, der Physikalischen Chemie der Polymere und der Physikalisch-Organischen Chemie, d. h. relativ neuen Forschungsgebieten, in denen Deutschland durch die Emigration und durch weitere, oben diskutierte Faktoren am stärksten zurückgefallen war.

Sir Francis Simon, früher Prof. Franz Simon aus Breslau, ist einer der Wissenschaftler, die wegen des moralischen Versagens deutscher Wissenschaftler nicht nur während der 12 Jahre der Naziherrschaft, sondern vor allem danach eine Einladung von Karl-Friedrich Bonhoeffer, an einem Treffen der Bunsen-Gesellschaft 1951 teilzunehmen, ablehnte. Er erklärte seine Gründe folgendermaßen:[111]

> »Gute Wissenschaftler gibt's genug in der Welt, und was sie einem zu sagen haben, kann man lesen. Wenn man zu einer Konferenz geht, will man das Gefühl haben, daß man unter gleichgesinnten Menschen ist und nicht in einer Gesellschaft von Opportunisten. Meiner Meinung nach haben die deutschen Wissenschaftler in ihrer Gesamtheit ihre Ehre 1933 verloren und haben nichts getan, um sie wiederzugewinnen. Ich gebe zu, man kann sagen, daß es nicht jedermanns Sache ist, seine Stellung oder sein Leben zu riskieren. aber nach dem Krieg war das ja gar nicht nötig. Das Wenigste was man nach all dem

[111] F. Simon, 22. März 1951 an K.-F. Bonhoeffer, Archiv der MPG, Nachlaß K.-F. Bonhoeffer.

Unglück, das angerichtet worden ist, erwarten konnte, war, daß die deutschen Wissenschaftler in ihrer Gesamtheit oder durch ihre wissenschaftlichen Gesellschaften öffentlich und klar gesagt hätten, daß sie, was vorgefallen war, bedauerten. Ich habe nichts von so etwas bemerkt – wenn ich mich irre, bitte korrigieren sie mich.«

Kapitel 5
Mitgliedschaft in NSDAP, Karrieren und Forschungsförderung in Chemie und Biochemie

5.1 NSDAP-Mitgliedschaft von Chemikern und Biochemikern

Die Chemie eignet sich, anders als Teile der Biologie, Medizin und vor allem der Geisteswissenschaften, auf den ersten Blick nicht für eine ideologische Vereinnahmung. Ihre hauptsächliche Bedeutung für die Nationalsozialisten lag in der praktischen Anwendung ihrer Forschung für die Kriegswirtschaft und nicht darin, daß sie die nationalsozialistische Rassenideologie wissenschaftlich legitimieren sollte. Hielten es Chemiker und Biochemiker daher weniger als Vertreter anderer akademischer Fächer für notwendig, sich in der NSDAP und ihren Gliederungen zu organisieren, gab es unter Chemikern (im ideologischen Sinne) Nationalsozialisten?[1] Wurden in der Chemie und Biochemie akademische Stellen nach rein politischen Kriterien besetzt, war die Vergabe von Forschungsgeldern an politisches Wohlverhalten geknüpft?

Bevor ich die politischen Voraussetzungen für akademische Karrieren und den Erhalt von Forschungsgeldern seit 1933 erörtere, gebe ich einen statistischen Überblick über die Mitgliedschaft der (Bio-)Chemiker in nationalsozialistischen Organisationen. Die NSDAP erhielt bereits seit den späten 1920er Jahren eine zunehmende Anzahl von Mitgliedern und Sympathisanten nicht nur unter Studenten, Bauern und Arbeitern, sondern auch unter Industriellen, aktiven Wehrmachtsmitgliedern und Akademikern. Ich habe insgesamt 607 nicht entlassene und nicht emigrierte (Bio-)Chemiker, die zwischen 1933 und 1945 an Universitäten in Deutschland, Österreich und der Deutschen Universität in Prag bzw. an Kaiser Wilhelm-Instituten tätig waren, auf Mitgliedschaft in der NSDAP, SA und SS überprüft. Den größten Teil dieser Informationen habe ich im Berlin Document Center (heute Bundesarchiv) erhalten. Die Unterlagen sind vor allem hinsichtlich der

---

[1] Einige der nicht emigrierten Chemiker, die während des Nationalsozialismus als Doktoranden oder Assistenten tätig waren (Prof. Margot Becke-Göhring, Prof. Georg Denk und Dr. Hildegard Hamm-Brücher), vertraten im Gespräch mit UD die Auffassung, daß es unter Chemikern keine oder fast keine Nazis gab.

Mitgliedschaft in der SA nicht vollständig. Auch die Unterlagen über die NSDAP- und SS-Mitgliedschaft sind nicht lückenlos. Sie wurden durch Angaben über die Mitgliedschaft in NS-Organisationen in Personalakten verschiedener Universitätsarchive sowie des Preußischen Geheimen Staatsarchivs ergänzt.[2]

322 (53 %) dieser 607 (Bio-)Chemiker wurden Mitglied der NSDAP, 104 (17,1 %) der SA, 44 (7,2 %) der SS; weitere 16 (2,6 %) waren fördernde Mitglieder der SS. Fast alle SA- oder SS-Mitglieder waren außerdem Mitglied der NSDAP. Während die Mitgliedschaften in der NSDAP und SS stabil waren – in einem Fall ist ein Parteiaustritt dokumentiert, – trat bekanntlich eine Reihe von SA-Mitgliedern nach dem mißglückten Röhm-Putsch und der darauffolgenden Entmachtung der SA aus dieser Organisation aus (mir liegen Informationen über sieben Fälle vor). Der Prozentsatz der NSDAP-Mitgliedschaft bei (Bio-)Chemikern liegt demnach nur unwesentlich unter der anderer akademischer Berufsgruppen, von denen entsprechende Zahlen bisher vorliegen, darunter Psychologen (54,7 %) und Biologen (57,6 %).[3] Chemiker wurden mit 7,2 %, ähnlich wie Mediziner (etwa 7 %), häufiger Mitglied der SS als Biologen (5,3 %). Unter den 607 (Bio-)Chemikern befanden sich 11 Frauen, von denen eine Mitglied der NSDAP wurde.

In den Fällen, in denen mir Angaben über die Konfession vorliegt (189 nicht entlassene/nicht emigrierte (Bio-)Chemiker), gibt es keinen signifikanten Unterschied zwischen Protestanten und Katholiken hinsichtlich ihrer prozentualen NSDAP-Mitgliedschaft. Angemerkt sei, daß eine Reihe von Wissenschaftlern (in der (Bio-)Chemie liegen hierzu Angaben von 13 Protestanten und fünf Katholiken vor) nach 1933 als Religionszugehörigkeit »gottgläubig, früher evangelisch« (bzw. »katholisch«) angaben. Diese Austritte aus der Kirche erfolgten vermutlich überwiegend aus Opportunismus, da zumindest eine aktive Betätigung in der (vor allem katholischen) Kirche einigen der führenden Nationalsozialisten suspekt war. Mit 16 Personen (88 %) war der Anteil der Parteimitglieder unter den »Gottgläubigen« beider Konfessionen entsprechend hoch.

Wie bei anderen akademischen Berufsgruppen erfolgten die meisten NSDAP-Eintritte bei (Bio-)Chemikern in den Jahren 1933 und 1937 (Tabelle 5.1). Die NSDAP verhängte wegen des großen Ansturms 1933 eine Aufnahmesperre, um sich vor Opportunisten zu schützen. Diese wurde, von Ausnahmefällen abgesehen, erst 1937 wieder aufgehoben. 1938 führten der Anschluß Österreichs, wo die Mitgliedschaft in der NSDAP vorher illegal war, 1940 die Kriegserfolge der Wehrmacht zu einer Reihe von Parteieintritten.

---

2 Ich danke Herrn Eckart Krause für Hinweise auf NSDAP-Mitgliedschaften von Chemikern in Hamburg, die nicht im BDC vorhanden waren.

3 Mitchell Ash und Ulfried Geuter, NSDAP-Mitgliedschaft und Universitätskarrieren in der Psychologie. In: C. F. Graumann (Hrsg.), Psychologie im Nationalsozialismus, Berlin 1985, S. 263–278; Deichmann, Biologen, S. 255.

Tabelle 5.1 Der Eintritt von (Bio-)Chemikern in die NSDAP

Jahr	Anzahl der Parteieintritte
1922	2
1925	2
1929	1
1930	2
1931	10
1932	11
1933	96
1934	1
1935	3
1936	6
1937	110
1938	25
1939	12
1940	24
1941	11
1942	3
unbekannt	6
Summe	322

28 (Bio-)Chemiker traten der NSDAP vor 1933 bei.[4] Mit 11 Personen waren Physikochemiker unter diesen 28 Personen deutlich überrepräsentiert (von den anderen Fächern waren es jeweils zwischen zwei und fünf Personen). Ein Blick auf den Prozentsatz von NSDAP-Mitgliedern bei den verschiedenen Fächern der (Bio-)Chemie zeigt, daß es mit Ausnahme der Pharmakologie keine fachspezifische Häufung gab. Der Prozentsatz von NSDAP-Mitgliedern liegt in der Organischen, Anorganischen, Physikalischen und Physiologischen Chemie zwischen 51,5 % und 53,8 %, während er in der Pharmakologie 85 % beträgt: Von 20 Pharmakologen (die Pharmakologie wurde hier nicht umfassend analysiert) wurden 17 Parteimitglieder.

Die Bereitschaft, Parteimitglied zu werden, nahm, wie bei anderen Berufsgruppen, deutlich mit dem Alter ab. So traten weniger als 10 % der im Jahre 1933 über 60jährigen in die NSDAP ein, bei den 50- bis 60jährigen war es etwa ein Drittel, während 65 % der 1933 unter 31jährigen Parteimitglied wurden (Tabelle 5.2).

Eine solche Altersverteilung der NSDAP-Mitgliedschaft entspricht der allgemein starken Verbreitung des Nationalsozialismus unter Studenten und jungen Akademikern und erklärt sich vor allem aus deren an den Parteieintritt geknüpfte Hoffnungen auf einen (schnelleren) beruflichen Aufstieg. Diese Hoffnungen waren, wie

4 Peter Adolf Thiessen, der 1922 Mitglied wurde, trat 1928 wieder aus und erhielt bei seinem zweiten Eintritt 1933 eine neue Mitgliedsnummer.

Tabelle 5.2 Altersstruktur und NSDAP-Mitgliedschaft bei (Bio-)Chemikern

Alter im Jahre 1933	Anzahl	Anzahl der NSDAP-Mitglieder	NSDAP-Mitgliedschaft in der Altersgruppe (%)	Anteil der Altersgruppe an allen NSDAP-Mitgliedern (%)
61 und darüber	37	3	8,1	0,9
51–60	79	26	32,9	8,1
41–50	70	39	55,7	12,2
31–40	200	122	61,0	38,2
30 und darunter	198	129	65,1	40,2
Summe	584	319	–	99,6

die späteren Ausführungen zeigen, oft nicht unbegründet. Zunächst fasse ich die wesentlichen Änderungen der Habilitations- und Berufungsverfahren seit 1933 zusammen.

5.2 Die Einführung des »Führerprinzips« an Universitäten und einige Reaktionen

Habilitations- und Berufungsverfahren 1933–1945

Die Nationalsozialisten nahmen den deutschen Universitäten ihre Unabhängigkeit. Eine genaue Darstellung der Änderung der Universitätsstrukturen, die mit der Einführung des »Führerprinzips« im Herbst 1933 begann, findet sich in der Analyse des amerikanischen Soziologen Edsall Hartshorne von 1937.[5] Die wesentlichen Inhalte der neuen Regelungen bestanden in folgendem:[6]

Nach der neuen Reichshabilitationsordnung gliederte sich das Verfahren bei dem Erwerb der Lehrbefugnis seit 1933 in drei Teile[7]:
a) die Festlegung der Lehrbefähigung durch die Fakultät,
b) die Teilnahme am Reichslager für Beamte,
c) die Verleihung der Lehrbefugnis durch den Reichserziehungsminister.

---

5 Edsall Y. Hartshorne, The German Universities and National Socialism, London 1937: Unwin Brothers Ltd.

6 Diese Zusammenstellung ist eine Kurzfassung der entsprechenden Abschnitte in Deichmann, Biologen, S. 255 ff.

7 REM, WA Nr. 2160/42, betr. Reichshabilitationsordnung, BAK, R21/10807.

Die Fakultät konnte aus sachlichen Gründen die Zulassung zur Feststellung der Lehrbefähigung, also zur Lehrprobe, ablehnen. Zu den sachlichen Ablehnungsgründen gehörten charakterliche und politische Bedenken.[8]

Das Verfahren zur Berufung von Ordinarien an Universitäten lief vor 1933 so ab, daß die Fakultät bei Freiwerden einer Stelle dem zuständigen Kultusminister einen Dreiervorschlag unterbreitete. In den meisten Fällen wurden die Erstplazierten vom Minister berufen. Mit der Einführung des »Führerprinzips« wurde das Recht der Fakultäten, über Ernennungen zu entscheiden, auf den Rektor übertragen; die Fakultäten erhielten nur eine beratende Funktion. Ihre Vorschläge blieben allerdings auch während des Nationalsozialismus Ausgangspunkt und in vielen Fällen entscheidend für die Berufung. Die Fakultäten reichten ihren Vorschlag an den Rektor weiter, der ihn mit seiner Stellungnahme an das entsprechende Kultusministerium bzw. seit Mai 1934 dem neu geschaffenen Reichsministerium für Wissenschaft, Erziehung und Volksbildung (abgekürzt Reichserziehungsministerium, REM), Minister Rust, zur Entscheidung vorlegte. Das REM forderte politische Gutachten durch den Leiter der Dozentenschaft an. Dieser Organisation gehörte der akademische Mittelbau einer Universität in Form einer Zwangsmitgliedschaft an; Lehrstuhlinhaber konnten Mitglied werden. Der Leiter der Dozentenschaft wurde vom Reichserziehungsminister nach Absprache mit dem Rektor und dem Gaudozentenbundführer ernannt und war dem Rektor direkt verantwortlich.

Die Einflußnahme der Partei auf Berufungen erfolgte offiziell durch den »Stellvertreter des Führers«, Rudolf Heß, und nach 1940 durch die Parteikanzlei unter Martin Bormann. Das REM mußte Heß bzw. Bormann konsultieren, bevor es eine Ernennung oder eine Berufung vorschlug, die dann von der Reichskanzlei vorgenommen wurde. Heß und Bormann stützten sich bei ihren Gutachten auf Stellungnahmen der Reichsführung des NS-Dozentenbundes (NSDB), die ihre Informationen von den örtlichen Dozentenbundführern erhielten.[9] Weitere politische Gutachten konnten vom »Amt Rosenberg« eingeholt werden. Alfred Rosenberg bezeichnete sich aufgrund eines Erlasses von Hitler als der »Beauftragte des Führers für die Überwachung der gesamten geistigen und weltanschaulichen Schulung und Erziehung der NSDAP«, ein Titel, der auf seinen Arbeitsstab übertragen wurde (Amt Rosenberg).[10] Trotz der Einflußmöglichkeiten der Partei auf Habilitationsverfahren und Berufungen wurde die Mitgliedschaft in der NSDAP keine offizielle Voraussetzung für einen akademischen Aufstieg.

---

8 Ibid.

9 Der NSDB war aus dem NS-Lehrerbund hervorgegangen und wurde wie der NS-Studentenbund zum 1.1.1936 der Partei angegliedert. Alle Parteimitglieder, die Hochschullehrer an einer Hochschule waren, wurden zu einem örtlichen NSDB zusammengefaßt. Der NSDB war die Gliederung der Partei, die die nationalsozialistische Revolution an der Hochschule durchsetzen sollte. Seit 1938 mußten die Fakultäten den örtlichen Leiter des Dozentenbunds direkt über ihren Berufungsvorschlag informieren, und dieser reichte ihn zusammen mit der Stellungnahme des Rektors an den »Stellvertreter des Führers«.

10 Erlaß des REM vom 14.5.1938, BAK, R 21/11193.

Reaktion von Chemikern auf die Einschränkung ihrer Rechte

Hochschullehrer der Chemie, darunter Max Bodenstein, Burckardt Helferich und Alfred Stock, sowie führende Industrievertreter, darunter Carl Bosch, Paul Duden und Hans Georg Grimm, äußerten sich in einer Reihe von Briefen während der Jahre 1934 und 1935 besorgt über den Stand und die Leistung der deutschen Chemie.[11] Kritisiert wurden die zunehmende Zentralisierung im Bildungswesen und die Entmachtung der Fakultäten bei Berufungsfragen, die Zwangsemeritierung mit 65 Jahren und die Tatsache, daß den Universitäten durch »staatspolitische Gründe« (vermutlich den Arbeitsdienst) eine Reihe von fachlich tüchtigen jungen Kräften entzogen würden. Eine solche Kritik unterscheidet sich deutlich von der weitgehend kommentarlosen Hinnahme der kurz zuvor erfolgten Entlassung der jüdischen Kollegen. Die Korrespondenzen dienten der Diskussion einer geplanten Eingabe an Regierungsstellen. (Mir ist allerdings nicht bekannt, ob sie vorgenommen wurde.) Einige Zitate sollen deutlich machen, worum es den Chemikern ging.

Burckardt Helferich war der Auffassung, daß mit dem Gewinnen des »richtigen Personals« für die Lehrstühle »die Leistung der Hochschulen für Volk und Staat« steht und fällt. Daher erfüllte es ihn mit großer Sorge, »daß, abgesehen von der veränderten gesetzlichen Grundlage, die heute schon weitgehend bestehende zentrale Führung der Hochschule sich schwere Fehlgriffe, – vielleicht mit bester Absicht – hat zu Schulden kommen lassen.«[12] Als eklatante Mißgriffe in der Chemie nannte er u. a. die Besetzung des KWI für Physikalische Chemie mit Gerhart Jander, die Berufung von Franz Bachér auf den Lehrstuhl für Organische Chemie an der TH Berlin, die von Wilhelm Jander auf den durch Teilung des chemischen Instituts neu geschaffenen Lehrstuhl für Anorganische Chemie in Frankfurt und die Ablehnung der Berufung von Reinhard Mecke auf den Lehrstuhl für Physikalische Chemie in Freiburg.

Die Berufung Gerhart Janders, der seit 1925 NSDAP-Mitglied und wissenschaftlich nicht bedeutend war, zum kommissarischen Nachfolger Fritz Habers im Jahre 1933 war politisch bedingt. Als Jander 1935 einen Ruf nach Greifswald erhielt, wurde Peter A. Thiessen Direktor des Haberschen Instituts (siehe unten). Auch die Berufungen des Anorganikers Wilhelm Jander 1933 nach Frankfurt und des völlig unbedeutenden Franz Bachèr 1934 an die TH Berlin waren politisch bedingt. Bachèr, seit 1931 Mitglied der NSDAP, war außerdem bis 1937 Berater für Hochschulangelegenheiten im Reichserziehungsministerium.

Die Nachfolge des Freiburger Physikochemikers Georg v. Hevesy, der als Jude 1935 nach Dänemark emigrierte, durch Walter Noddack anstatt durch Reinhard Mecke (oder andere Kandidaten) wurde allerdings unter Kollegen durchaus kontrovers diskutiert. Noddack war zwar als Person nicht beliebt, aber durch die ihm zusammen mit seiner späteren Frau Ida Tacke und Otto Berg gelungenen Entdekkung des letzten fehlenden stabilen Elements 75, das wegen der Herkunft Ida Tackes

[11] Die Briefe befinden sich im Archiv der BASF, Ludwigshafen, Personenarchiv, C. Bosch, W1/9/7.

[12] Helferich an Duden, 6.1.1935, ibid.

aus dem Rheinland Rhenium genannt wurde, ein international anerkannter Chemiker.[13] Mecke erhielt 1937 ein persönliches Ordinariat in Freiburg und wurde 1942 auf das Ordinariat für Physikalische Chemie berufen, nachdem Noddack einen Ruf nach Straßburg angenommen hatte. (Mecke blieb nach dem Krieg Ordinarius in Freiburg, Noddack wurde Direktor des chemischen Institutes der Philosophisch-Technischen Hochschule in Bamberg.)

Helferich kritisierte in dem zitierten Brief den sich abzeichnenden Verlust des Ansehens deutscher Hochschullehrer. Er betonte, daß er in der Zentralisierung des Bildungswesens, insbesondere in der Macht, die sich bei Berufungsfragen an einer Stelle sammelte, einen großen Fehler sehe, und kritisierte die nicht genügende fachliche Qualifikation der neuen Mitberater, darunter der Dozentenschaft und Studentenschaft. Darüber hinaus beklagte er die zunehmende Bürokratisierung: Während vor 1933 ein Antrag genügt hatte, um jemanden als Assistenten einzustellen, ziehe sich durch das »Gegen- und Durcheinander der verschiedenen Stellen« die Anstellungsfrage oft so lange hin, daß der Bewerber in die Industrie abgewandert sei. Solche bürokratischen Praktiken lähmten den Universitätsbetrieb zweifellos. (Interessanterweise zeigen sich in diesem Punkt Ähnlichkeiten mit den von vielen Hochschullehrern beklagten Verhältnissen nach der Demokratisierung westdeutscher Hochschulen in den 1970er Jahren.)

Max Bodenstein hob zwei neue Bestimmungen hervor, die »uns tatsächlich zu Beamten« machen: die neue Regelung von Berufung und Versetzung sowie die (ihn selbst 1936 betreffende) Einführung der Altersgrenze von 65 Jahren.[14] Seitens der Industrie befürchtete Hans Georg Grimm angesichts der Emeritierung Bodensteins, daß neben anderen Gebieten der Physikalischen Chemie nun auch die Kinetik bedroht sei.[15]

Ein Blick auf die weitere Entwicklung zeigt, daß die politisch-bürokratischen Erschwernisse sowie die Bedeutung politischer Kriterien für Habilitation und Berufung die wissenschaftlichen Leistungen der Universitäten teilweise beeinträchtigten. Hinzu kam der etwa 1937 einsetzende Rückgang der Studenten- und Doktorandenzahlen, der vor allem durch die geburtenschwachen Jahrgänge als Folge des Ersten Weltkriegs bedingt war. Dabei ist festzustellen, daß an dem Prinzip der Freiheit der Forschung und Lehre an Universitäten zumindest in der Chemie während des Nationalsozialismus weitgehend festgehalten wurde. (Zur Bedeutung des

---

[13] Darüber hinaus behaupteten die Verfasser, auch das andere fehlende Element der Mangangruppe, nämlich 43, entdeckt zu haben, wofür sie wegen Noddacks Herkunft aus Masuren den Namen Masurium vorschlugen. Diese Entdeckung wurde später von Fachkollegen in Zweifel gezogen, man glaubte, das Element sei nur künstlich herstellbar, so daß es seitdem Technetium genannt wurde. Der Physiker Pieter Van Assche (Universität Leuven in Belgien), der von der Entdeckung des Elements durch Noddack et al. überzeugt ist, bemüht sich seit Jahren um die Umbenennung dieses Elements in Masurium.

[14] Entwurf eines Briefes von Bodenstein an Duden, 27.12.1934, Archiv der BASF, Ludwigshafen, Personenarchiv, C. Bosch, W1/9/7.

[15] Hans G. Grimm an C. Bosch, 10.6.1936, ibid.

Vierjahresplans für ökonomische Autarkie und Kriegswirtschaft für die Chemie siehe unten). Im folgenden untersuche ich, in welchem Ausmaß Habilitationen und Berufungen in Chemie und Biochemie in der Praxis an eine NSDAP-Mitgliedschaft geknüpft waren.

5.3 Die Bedeutung der NSDAP-Mitgliedschaft für Habilitation und Berufung in der Chemie und Biochemie

Der Anteil an Parteimitgliedern lag bei den (Bio-)Chemikern, die sich zwischen 1933 und 1945 habilitierten (70,6 %) oder zum Ordinarius ernannt wurden (63,4 %), deutlich höher als die durchschnittliche Parteimitgliedschaft von 53 %.[16] 54 von den 184 (Bio-)Chemikern, die sich zwischen 1933 und 1945 habilitierten und Dozenten wurden (29,3 %) sowie 34 von 93 in diesem Zeitraum zu Ordinarien ernannten (36,5 %) waren zu keinem Zeitpunkt (nachweislich) Mitglied der NSDAP (siehe dazu Tabelle 5.3). Berücksichtigt man auch die wenigen Fälle, in denen SA- und SS-Mitglieder nicht auch der NSDAP angehörten, waren 48 (26 %) der 184 (Bio-)Chemiker, die sich zwischen 1933 und 1945 habilitierten und Dozenten wurden sowie 33 (35,4 %) von 93 in diesem Zeitraum zu Ordinarien ernannten zu keinem Zeitpunkt (nachweislich) Mitglied einer dieser drei nationalsozialistischen Organisationen.

Die Ergebnisse zeigen, daß die Parteimitgliedschaft akademische Karrieren zwar stark begünstigte, daß diese aber in vielen Fällen auch ohne Mitgliedschaften erfolgten. Beispiele für bedeutende Wissenschaftler, die zwischen 1933 und 1945 auf ein Ordinariat berufen wurden, ohne der NSDAP beigetreten zu sein, sind die Organiker und späteren Nobelpreisträger Kurt Alder (1940 in Köln) und Karl Ziegler (1938 in Halle), die Biochemiker Hans Hermann Weber (1939 in Königsberg) und Karl Lohmann (1937 in Berlin), die Physikochemiker Klaus Clusius (1936 in München), Wilhelm Jost (1943 in Leipzig) und Carl Wagner (1939 in Darmstadt).

Insgesamt waren 16 von 29 zwischen 1933 und 1945 zu Ordinarien in der Physikalischen Chemie ernannten Chemiker, d. h. 54 %, Mitglied der NSDAP, bei den Organikern waren es 16 von 25 (64 %), bei den Anorganikern elf von 15 (74 %), bei den Physiologischen Chemikern sechs von zehn (40 %) und bei den Pharmakologen vier von fünf (80 %). Diese Unterschiede hängen in erster Linie mit dem Vorhandensein geeigneter Bewerber zusammen und lassen nicht auf fachspezifische Unterschiede der Bedeutung der Parteimitgliedschaft als Voraussetzung

[16] Ich habe darauf verzichtet zu untersuchen, wer bereits vor der Habilitation Parteimitglied war, da die Ergebnisse durch den Aufnahmestopp der Partei 1933 verfälscht worden wären: Eine Reihe von Personen, die bereits 1933 der Partei beitreten wollten und einen entsprechenden Antrag stellten, konnten dies erst 1937 tun.

Tabelle 5.3 NSDAP-Mitgliedschaft, Fach und beruflicher Aufstieg von (Bio-)Chemikern in Deutschland und Österreich. Bei den Gruppen der von 1933–1945 Habilitierten und zum Ordinarius Ernannten gibt es personelle Überschneidungen.

Fach	vor 1933 zum Ordinarius ernannt		von 1933–1945 zum Ordinarius ernannt		von 1933–1945 habilitiert	
	Anzahl	Anzahl (Prozent) späterer NSDAP-Eintritte	Anzahl	Anzahl (Prozent) der NSDAP-Eintritte vor oder nach der Ernennung	Anzahl	Anzahl (Prozent) der NSDAP-Eintritte vor oder nach der Habilitation
Organ. Chemie	26	4 (15,3)	25	16 (64,4)	69	50 (72,4)
Anorgan. Chemie	21	5 (23,8)	15	11 (64,0)	33	22 (66,6)
Physikal. Chemie	20	6 (30,0)	29	16 (55,1)	49	31 (63,2)
Technische Chemie	9	3 (33,3)	6	4 (66,6)	7	6 (85,7)
Physiol. Chemie	13	4 (30,7)	10	6 (54,5)	18	14 (77,7)
Pharmakologie	5	4 (80,0)	5	4 (80,0)	5	5 (100)
andere	6	1 (16,6)	3	2 (66,6)	3	2 (66,6)
Summe	101	27 (26,7)	93	59 (63,4)	184	130 (70,6)

für eine Universitätskarriere schließen. Die Prozentzahlen der NSDAP-Mitgliedschaft bei den Habilitationen liegen, bedingt durch das geringere Alter der Personen und damit den größeren Anteil von Parteimitgliedern in dieser Altersgruppe, höher und zeigen teilweise eine andere Tendenz (bei den Physikochemikern waren es 31 von 49 (64 %), bei den Anorganikern 22 von 33 (67 %), bei den Organikern 50 von 69 (73 %), bei den Physiologischen Chemikern 14 von 18 (78 %)). In der Pharmakologie waren alle hier erfaßten fünf Personen, die zwischen 1933 und 1945 Dozenten wurden, Mitglieder der NSDAP.

Diejenigen, die als »Judenfreund« bekannt waren, hatten keine Chance, Karriere zu machen. Auch von Nichtparteimitgliedern wurde erwartet, daß sie ihre Loyalität gegenüber dem Staat in einer Reihe von Aktivitäten bekundeten, zu denen z. B. der Hitlergruß, das Hissen der Hakenkreuzflagge, das Spenden für das Winterhilfswerk und die Teilnahme an Aufmärschen zum ersten Mai gehörten.

Aus Tabelle 5.3 geht hervor, daß mit 27 (26,7 %) von 101 Personen auch eine Reihe von (Bio-)Chemikern, die spätestens 1932 Ordinarien waren, später der NSDAP beitrat. Dieser Prozentsatz ist bei den Ordinarien der Organischen Chemie mit 15,4 % deutlich geringer.

Politische Aktivisten unter Chemikern der Universität Göttingen

Unter den Chemikern, die in besonderem Maße als aktive Nationalsozialisten hervorgetreten waren, gab es eine bemerkenswert große Gruppe von Wissenschaftlern, die ihre politische Karriere während ihres Studiums bzw. ihrer Tätigkeit als Assistent in den 1920er Jahren an der Universität Göttingen begannen; eine besondere Rolle spielte dabei das Institut des Anorganikers und Kolloidchemikers Richard Zsigmondy (einige von ihnen wurden im bereits zitierten Brief Burckardt Helferichs erwähnt). Unter ihnen befanden sich die späteren Ordinarien Gerhart Jander (1892–1961), Wilhelm Jander (1898–1942), Heinrich Cordes (1906–1998), der KWI-Direktor Peter Adolf Thiessen (1899–1990) sowie der Wissenschaftspolitiker und DFG-Präsident Rudolf Mentzel (1900–1987). Sie zählten zu den nationalsozialistischen Professoren bzw. Führungspersonen der Chemie, die keine große Distanz zu ihren Studenten und Mitarbeitern hielten und keine hohen Leistungsanforderungen stellten.

Wilhelm Jander gehörte, nachdem er »1921 mit seinen Studienkollegen den Annaberg in Oberschlesien« gestürmt hatte (wie sein späterer Mitarbeiter Dietrich Beischer hervorhob), bereits 1923 dem SA-Sturm in Göttingen an. Er war eines der ersten zweitausend Mitglieder der NSDAP (Eintritt 1925).[17] Jander studierte seit 1919 in Göttingen, wo er auch 1923 promovierte. 1923/24 wurde er Assistent von Otto Ruff, einem bedeutenden Fluorchemiker in Breslau, und 1924 kam er als Assistent von Gustav Tamann wieder nach Göttingen. Er habilitierte sich 1927 in Würzburg und wurde, wie erwähnt, 1933 als Direktor des Anorganisch-Chemischen Instituts nach Frankfurt berufen. 1942 erhielt er den Ruf auf das Ordinariat für Anorganische Chemie in Straßburg, und Jander, der als Freiwilliger im Krieg war, ging nach Straßburg, um dort sein Institut aufzubauen, das »in jeder Beziehung den Anforderungen der Forschung und Lehre genügen konnte, und das gleichzeitig ein Stein in der deutschen Bastion gegen Westen werden sollte.«[18] Jander starb nach kurzer Krankheit am 2. Juli 1942.

Sein älterer Bruder Gerhart Jander studierte an der TH München und der TH Berlin, wo er 1917 promovierte. 1918 wurde er Assistent von Zsigmondy in Göttingen; dort habilitierte er sich 1921 für Anorganische Chemie. 1922 wurde er am Institut für Allgemeine Chemie Leiter der Abteilung für Anorganische Chemie und 1925 apl. Professor. Wie sein Bruder Wilhelm, der mit ihm in Göttingen an der Verwendung von Ultrafiltern für die Analyse arbeitete, wurde Gerhart Jander 1925 Mitglied der NSDAP. Nach dem Rücktritt Fritz Habers wurde er 1933 zum kommissarischen Direktor des KWI für Physikalische Chemie ernannt, wo er Kampfstoff-Forschung betrieb. Entsprechend heißt es in seinem Bericht von 1935: »Eine Veröffentlichung der zahlreichen Arbeiten, die im staatlichen Interesse durchgeführt wurden, ist nicht vorgesehen.«[19] 1935 nahm er den Ruf auf das Ordinariat in Greifswald an. Gerhart Jander wurde 1951 Direktor des Instituts für Anorganische Chemie an der TH Berlin.

---

[17] Dietrich Beischer in seinem Nachruf auf Jander, Zeitschrift für Elektrochemie 48, 661, 1942.

[18] Ibid.

[19] Bericht über die Tätigkeit des KWI für Physikalische Chemie und Elektrochemie vom 1.11.1933–31.3.1935, Archiv der MPG, I/1a/1171.

Thiessen, der von 1919 bis 1923 Chemie in Breslau, Freiburg, Greifswald und Göttingen studierte, promovierte 1923 in Göttingen, wurde dort 1924 Assistent Zsigmondys und nach seiner Habilitation 1926 Privatdozent. Er war von den genannten derjenige, der sich am frühesten politisch organisierte: 1922 wurde er Mitglied der NSDAP und der SA, während der 1920er Jahre war er einer der aktivsten Mitglieder der SA in Göttingen.[20] Ende der 1920er Jahre trat er aus der NSDAP aus (dies war zu dieser Zeit notwendig, um für eine Position als Professor in Frage zu kommen), wurde aber 1933 wieder Mitglied. 1932 vertrat er als außerplanmäßiger Professor das Ordinariat des verstorbenen Zsigmondy. Der damalige Präsident der Notgemeinschaft und Hauptrepräsentant der »Deutschen Physik«, Johannes Stark, bemühte sich, Thiessen als Nachfolger Georg v. Hevesys auf das Ordinariat für Physikalische Chemie nach Freiburg zu holen.[21] (v. Hevesy war 1934 nach Dänemark emigriert, kurz bevor er als Jude entlassen worden wäre.) Dieser Plan mißlang aufgrund des Widerstandes des Ordinarius für Organische Chemie in Freiburg, Hermann Staudinger.[22] 1935 wurde Thiessen mit 36 Jahren gegen das Votum der KWG zum Direktor des KWI für Physikalische Chemie berufen.

von links: Erich Hückel, Peter Debey, Peter Adolf Thiessen, Klaus Clusius, H. H. Franck, 1936

[20] Friedrich Laibach in einem Gutachten über Thiessen vom 4.2.1935, UA Frankfurt, Kuratorium sämtliche Fakultäten, Besetzung von Lehrstühlen 13/352.

[21] Briefwechsel über Vorschläge zur Neubesetzung der Professur für Physikalische Chemie in Freiburg 1934, UA Freiburg, B1/1288.

[22] Staudinger war vom Dekan beauftragt worden, einen geeigneten Nachfolger für v. Hevesy zu finden. Als Stark seinen ersten Vorschlag, Zintl zu berufen, ablehnte (Stark hatte für Zintl andere Pläne), schlug Staudinger, unterstützt vom Rektor der Freiburger Universität, Walter Noddack vor (ibid.).

Auf einer Sitzung des Verwaltungsausschusses der KWG unter Führung von Max Planck im März 1934 herrschte »Einmütigkeit darüber, daß die Kaiser Wilhelm-Gesellschaft es als ihre vornehmste Aufgabe betrachte, ihre wissenschaftlichen Interessen mit den militärischen Interessen, die zur Zeit für unser Vaterland besonders wichtig seien, zu verbinden.«[23] Das KWI für Physikalische Chemie setzte diese Tradition enger Kooperation mit Staat und Militär sowohl unter Gerhart Jander als auch seit 1935 unter Thiessen in besonderem Ausmaße in die Praxis um. Thiessen machte durch eine Reihe von Maßnahmen seine Identifikation mit wirtschaftlich-militärischen und ideologischen Zielen des neuen Staates deutlich. So unterstützten er und seine Mitarbeiter 1936 die von Goebbels initiierte Propagandaausstellung »Deutschland«, wofür sich Goebbels persönlich bei Thiessen bedankte.[24] In demselben Jahr wurde das Institut eines der wenigen Vierjahresplan-Institute der KWG. Dabei handelte es sich um Institute, die vom Reichsamt für Wirtschaftsausbau, einer Abteilung des Wirtschaftsministeriums, eine intensive Förderung für anwendungsorientierte Forschung erhielten, die dem Ziel der Autarkie und Kriegsvorbereitung diente.

Hitler nahm das KWI am 1. Mai 1940 unter Verleihung der Goldenen Fahne in die Reihe der »nationalsozialistischen Musterbetriebe« auf; es war das erste wissenschaftliche Institut, das eine solche Auszeichnung erhielt.[25] Neben Leistungen bei der betrieblichen Organisation führten sozialpolitische Gründe zu dieser Auszeichnung, darunter erstklassige Arbeitsmittel und Arbeitsbedingungen, z. B. Unfallschutzmaßnahmen, eine gute betriebsärztliche Betreuung, Gemeinschaftseinrichtungen wie Gemeinschaftsräume, Bademöglichkeiten und ein Schwimmbad, die überall zu beobachtende Aufhebung der Trennung zwischen Akademikern und Nichtakademikern und die Förderung des akademischen Nachwuchses.[26] Thiessen verwirklichte an seinem Institut mit diesen teilweise aktuell erscheinenden Maßnahmen die alte nationalsozialistische Idee einer klassenlosen Volksgemeinschaft. Die Stimmung an seinem Institut soll gut gewesen sein.

Es gab weitere Gründe für eine gute Atmosphäre an seinem KWI. Thiessen wurde 1937 Leiter der Fachsparte Chemie des Reichsforschungsrates (RFR) und war damit für die Bewilligung von Forschungsgeldern der Deutschen Forschungsgemeinschaft (DFG) in der gesamten Chemie zuständig. Als Richard Kuhn 1940 Leiter der Fachsparte für Organische Chemie wurde, entschied Thiessen bis 1945 über Forschungsgelder für die Anorganische und Physikalische Chemie. Er war der wichtigste Berater des DFG-Präsidenten und früheren Göttinger Kollegen Rudolf Mentzel, mit dem gemeinsam er die Habersche Dienstvilla in Berlin-Dahlem bewohnte.[27] Zum Anstieg der Forschungsförderung seit 1937 und zur finanziellen

---

[23] Niederschrift über die Sitzung des Verwaltungsausschusses der KWG, 6.3.1934, Archiv der MPG V/13/1846.

[24] Goebbels, 3.9.1936, an Thiessen, Archiv der MPG, Abt. 1/IA, 1174.

[25] Thiessen, 4.5.1940, an Telschow, Archiv der MPG, Abt. 1/IA, 1175.

[26] Eine Berliner Zeitung vom 4.5.1940 (Name unbekannt), ibid.

[27] Manfred Rasch, Beitrag über Rudolf Mentzel in der NDB, Bd. 17, Berlin 1994, S. 96–98.

Begünstigung des KWI für Physikalische Chemie folgen unten weitere Angaben. Thiessen war von 1945 bis 1956 an Forschungsarbeiten zur Trennung von Uranisotopen im Rahmen des Atombombenprojekts in der UdSSR beteiligt und lebte danach in der DDR. 1956 wurde er ordentlicher Professor an der Humboldt-Universität, Direktor des Instituts für Physikalische Chemie der Akademie der Wissenschaften in Berlin und 1957 Vorsitzender des Forschungsrates der DDR, an dessen Gründung er beteiligt war.[28]

Der politisch einflußreichste dieser Göttinger Chemiker war Rudolf Mentzel. Während seines Chemiestudiums in Göttingen trat er 1922 der SA bei, wurde 1925 Mitglied der NSDAP bis zu ihrem Verbot fünf Monate später, trat 1928 unter der alten Mitglieds-Nummer (2987) wieder ein. Er wurde zunächst Leiter der NSDAP-Ortsgruppe in Göttingen und von 1930–1933 Kreisleiter; sein Gauleiter war Bernhard Rust.[29] Im Juni 1932 schloß er sich der SS an, wo er 1933 Obersturmführer wurde und später den Rang eines Brigadeführers erhielt. Rust holte ihn 1934 an die Hochschulabteilung seines REM, wo Mentzel Referent für Naturwissenschaften und Vertreter Erich Schumanns als Leiter der Unterabteilung Forschung wurde. 1939 wurde er Chef des Amtes Wissenschaft dieses Ministeriums und Ministe-

Rudolf Mentzel, 1937

[28] Ich danke Christina Eibel für diese Information.
[29] Manfred Rasch, Beitrag über Rudolf Mentzel.

rialdirigent. Im Jahre 1936 ernannte ihn Rust zum Präsidenten der Deutschen Forschungsgemeinschaft (siehe unten).

Auch Mentzels akademische Karriere ist erwähnenswert. Als Privatassistent Gerhart Janders betrieb er Forschungen zur Entwicklung chemischer Kampfstoffe in Göttingen.[30] Nachdem ihm dort eine Habilitation nicht geglückt war, habilitierte er sich Ende 1933 im Fach Wehrchemie in Greifswald.[31] Die Fakultät bekam seine Habilitationsschrift allerdings nicht zu sehen, da sie geheimgehalten werden mußte.[32] Gerhart Jander holte Mentzel Ende 1933 an das KWI für Physikalische Chemie in Berlin, wo er, auch unter Thiessen, Leiter der Abteilung für Organische und Technische Chemie war. Rust machte den wissenschaftlich völlig unbedeutenden Mentzel 1934 zum apl. Professor und 1935 zum ordentlichen Professor an der TH Berlin. 1939 erhielt er den Titel Honorarprofessor.[33]

Mentzel kam nach dem Krieg in ein amerikanisches Lager. Er versuchte bemerkenswerterweise, sich als Mitglied einer »Widerstandsgruppe Forschung« auszugeben. Der Versuch scheiterte, und 1949 wurde er in einem deutschen Prozeß wegen seiner SS-Zugehörigkeit zu einer Haftstrafe verurteilt, die durch die Internierung als verbüßt galt.[34] Verschiedene Industrietätigkeiten schlossen sich an. Später lebte er in Hannover.[35]

Die Berufung Heinrich Cordes' an die TH Braunschweig 1941 und das Leistungsprinzip

Die genannten Beispiele zeigen, daß »alte Kämpfer« in bestimmten Fällen aufgrund ihrer Kontakte zu einflußreichen Partei- oder Regierungsmitgliedern akademische Positionen erhalten konnten, die sie ohne den Nationalsozialismus nicht oder nicht zu einem solch frühen Zeitpunkt erhalten hätten. Die Begünstigung von fachlich minderqualifizierten NSDAP-Mitgliedern führte, wie der Fall Heinrich Cordes' zeigt, gelegentlich zu Auseinandersetzungen. Wie die vier obengenannten »alten Kämpfer« Gerhart und Wilhelm Jander, Rudolf Mentzel und Peter A. Thiessen, studierte auch Cordes Chemie in Göttingen, er spezialisierte sich in Physikalischer Chemie. Politisch stand er zunächst der Sozialdemokratie nahe, bis er, vermutlich unter dem Einfluß Thiessens, 1932 der NSDAP und SA beitrat. 1939 wechselte er von der SA zur SS, wo er dem SD zugeteilt wurde.[36]

---

30 Ibid.

31 Das Personal- und Vorlesungsverzeichnis der Greifswalder Universität führt Mentzel in den Jahren 1933 und 1934 allerdings nicht auf.

32 Kurt Zierold, Forschungsförderung in drei Epochen. Deutsche Forschungsgemeinschaft, Geschichte, Arbeitsweise, Kommentar, Wiesbaden 1968: Steiner, S. 190 ff.

33 Siehe Kürschners Deutsches Gelehrtenlexikon 1940/41.

34 Rasch, Beitrag über Mentzel.

35 Informationen von Christina Eibel, Frankfurt.

36 BDC, Akte Heinrich Cordes. Die folgenden Angaben über Cordes stammen aus dem UA Frankfurt, Abt. 10, Nr.11, Cordes.

Cordes' wissenschaftliche Leistungen schienen zunächst vielversprechend zu sein. Einem Gutachten Karl-Friedrich Bonhoeffers zufolge war Cordes »ein ausgesprochen wissenschaftlich eingestellter, kenntnisreicher und pädagogisch begabter junger Physikochemiker«.[37] Bonhoeffer holte ihn Anfang der 1930er Jahre als Assistent nach Frankfurt, wo sich Cordes unter Bonhoeffers Nachfolger Hans-Joachim Schumacher 1936 habilitierte. Der Bodenstein-Schüler Schumacher, der eine Blitzkarriere hinter sich hatte – er wurde 1932 habilitiert und 1935 im Alter von 31 Jahren Ordinarius in Frankfurt –, trat 1931 der NSDAP bei und wurde SA-Mitglied (Zeitpunkt unbekannt). Nach dem Krieg wanderte er nach Argentinien aus, wo er eine Professur für Physikalische Chemie in Buenos Aires erhielt. Cordes wurde 1940 mit der Vertretung des Lehrstuhls für Physikalische Chemie an der TH Braunschweig beauftragt und als Ordinarius vorgeschlagen. Alle eingeholten Gutachten machten deutlich, daß Cordes' wissenschaftliche Arbeiten quantitativ und qualitativ hinter den vieler gleichaltriger Kollegen zurückstanden, ein Mangel, den Schumacher in einem Gutachten damit erklärte, daß Cordes durch parteipolitische Aktivitäten daran gehindert wurde, mehr zu publizieren. Paul Harteck hielt Cordes aufgrund seiner mangelnden Produktivität der vorangegangenen Jahre für ungeeignet und empfahl vier weitere Physikochemiker für den Braunschweiger Lehrstuhl, in erster Linie Wilhelm Jost.[38]

Carl Wagner nannte in seinem Gutachten neun Berufungskandidaten, die seinem Urteil nach »in ihren wissenschaftlichen physikalisch-chemischen Leistungen besser als H. Cordes sind.«[39] Karl-Friedrich Bonhoeffer, dessen Meinung über Cordes sich in den Frankfurter Jahren drastisch geändert hatte, bat den NS-Dozentenbundsführer Prof. Heinrich Guthmann, den er persönlich kannte, ihm das Gutachten zu erlassen. Er müsse sonst zum Ausdruck bringen, daß es seiner Überzeugung nach »eine große Reihe von jüngeren Kollegen (gibt), die aufgrund ihrer wissenschaftlichen Leistungen vor Herrn Cordes eine Berufung verdienen würden.«[40] Bonhoeffer wollte allerdings nicht gern »einem ehemaligen Mitarbeiter, den ich persönlich schätze und alles Gute wünsche, durch ein negatives Gutachten schaden.«[41]

Peter Adolf Thiessen betonte, daß Cordes ein guter Experimentator und auch Theoretiker sei, der »neben aufopfernder politischer Arbeiten noch eine Reihe anerkannter und wertvoller wissenschaftlicher Arbeiten publizierte.«[42] Auch Thiessen gab an, daß er die wissenschaftliche Leistung anderer Physikochemiker für wesentlich höher halte als die von Cordes. Aber er beschloß sein Gutachten mit der Empfehlung:

---

[37] Gutachten Bonhoeffers über Cordes, ohne Datum, ibid.

[38] Wilhelm Jost, ein bedeutender Physikochemiker, hatte 1938 ein Extraordinariat in Leipzig erhalten und wurde erst 1944 auf ein Ordinariat (in Marburg) berufen. Jost gehörte weder der NSDAP noch einer ihrer Gliederungen an.

[39] Gutachten Carl Wagners, 16.10.1940, UA Frankfurt, Abt. 10, Nr. 11, Cordes.

[40] K. F. Bonhoeffer an Prof. Guthmann, 3.10.1940, ibid.

[41] Ibid.

[42] Gutachten Thiessens, 3.10.1940, ibid.

»Es muß jedoch mit Nachdruck darauf hingewiesen werden, daß der Letztgenannte politisch als unentwegter, kompromissloser Nationalsozialist hochbewährt ist. Man darf nicht übersehen, daß Cordes wissenschaftlich sicherlich wesentlich mehr hervorgetreten wäre, wenn er nicht sehr viel Zeit und Kraft seiner politischen Tätigkeit geopfert hätte. Ich bin persönlich überzeugt, daß er sich wissenschaftlich sehr entwickeln wird, wenn ihm die erforderlichen äußeren Voraussetzungen gewährt werden.«[43]

Thiessen fühlte sich als führender SA-Aktivist in Göttingen wohl verpflichtet, Cordes, der vielleicht sogar durch ihn aktiver Nationalsozialist geworden war, zu helfen. Seine Hoffnung, daß sich Cordes wissenschaftlich entwickeln würde, erfüllte sich nicht.[44] Cordes wurde 1941 gegen den Wunsch der Fakultät zum Ordinarius an der TH Braunschweig ernannt.[45]

Es gab allerdings NSDAP-Mitglieder, die solche Praktiken nicht gerne sahen. Zu ihnen gehörte der Physiker und Dozentenbundsführer an der TH Darmstadt, Prof. Wolfgang Finkelnburg. Cordes erfuhr, daß Finkelnburg auf einer Tagung der physikalischen Gesellschaft in Berlin seine (Cordes') Beauftragung mit der Lehrstuhlvertretung in Braunschweig »als eine unter Außerachtlassung des Leistungsprinzips erfolgte Maßnahme – um nicht zu sagen ›politische Schiebung‹« hingestellt habe.[46] Cordes erwog, zur Wahrnehmung seiner Rechte weitere Schritte einzuleiten. Vom Gaudozentenbund Frankfurt über Cordes' Vermutung informiert, schrieb Finkelnburg an Cordes, daß er in Berlin in einem privaten Gespräch ziemlich wörtlich gesagt habe:

»Als Dozentenbunds-Mitarbeiter wird einem wieder und wieder vorgeworfen, daß auf dem Wege über Partei- und Dozentenbundsverdienste Leute unberechtigterweise zu Lehrstühlen kämen, meist gegen den Willen der Fakultäten. Ich bemühe mich, solche Fälle, die meist nur auf Behauptungen beruhen, nachzuprüfen. Ich kenne Herrn Cordes seit vielen Jahren und mag ihn persönlich so gern, daß ich mich für ihn nur freue, wenn er die Stelle in Braunschweig bekommt. Aber grundsätzlich bin ich dagegen, daß jemand einen Lehrstuhl erhält, solange es fachlich bessere Anwärter gibt, und das ist nach Angabe führender Physikochemiker auch hier der Fall.«[47]

Finkelnburg fährt fort: »Ich hoffe, Sie nehmen mir diese klare Stellungnahme, die Sie rein sachlich ja bestimmt teilen, nicht übel. Ich glaube vielmehr, Sie werden mit mir der Ansicht sein, daß man heute in diesen Fragen den Mut zur rücksichtslosen klaren und offenen Meinungsäußerung haben muß, um der Sache der deutschen Naturwissenschaft willen, um die es schlecht aussieht, wenn alles so weiter läuft wie

---

[43] Ibid.

[44] Als Indiz dafür kann die Tatsache gewertet werden, daß Cordes' Arbeiten im Science Citation Index von 1945–1954 nur 17mal zitiert wurden.

[45] Daß diese Berufung nicht dem Wunsch der Fakultät entsprach, geht aus einem Brief W. Finkelnburgs vom 18.8.1940 hervor, ibid.

[46] H. Cordes an den Führer des NSD-Dozentenbundes Frankfurt, 13.9.1940, ibid.

[47] W. Finkelnburg an H. Cordes, 18.9.1940, ibid.

in den letzten Jahren. Hier muß eben die Leistung entscheiden!« Cordes teilte Finkelnburgs Ansicht offensichtlich nicht und bat den Frankfurter Gaudozentenbundsführer Heinrich Guthmann um die Einleitung eines Ehrenverfahrens vor dem Ehrengericht des NSD-Dozentenbundes. Guthmann gelang es allerdings, Cordes und Finkelnburg zu einem Gespräch zu sich nach Frankfurt zu holen, mit dem Ergebnis, daß Cordes auf die Einleitung eines Verfahrens verzichtete.

Finkelnburg wurde nach dem Krieg Abteilungsleiter im Forschungslaboratorium der Siemens-Schuckert-Werke in Erlangen. Cordes wurde zunächst entlassen. Aber 1956 wurde er wieder in seine alte Position als Professor für Physikalische Chemie an der TH Braunschweig eingesetzt.

Die »Deutsche Chemie«

In der Chemie gab es eine kleine Gruppe von Forschern, die den Aufbau einer »Deutschen Chemie« unter völkischen Gesichtspunkten betrieb.[48] Zu ihnen gehörten der Organiker Conrad Weygand (1890–1945, er starb beim »Volkssturm« in Leipzig, seit 1930 Extraordinarius in Leipzig, NSDAP 1933), die Physikochemiker Karl-Lothar Wolf (1901–1969, 1930 Ordinarius in Kiel, seit 1937 in Halle, NSDAP 1933) und seine Schüler Rembert Ramsauer (1910–1955, 1937 Abteilungsleiter im Institut für Landes- und Volksforschung in Kaiserslautern, 1944–1945 Institut für Grenzflächenforschung, Universität Halle, unbekannt, ob NSDAP) und Helmut Harms. Die Bemühungen dieser Außenseiter einer »deutschen Chemie« stießen weder bei Fachkollegen noch bei politischen Stellen auf nennenswertes Interesse.

Wolf, der von 1933–1935 Rektor der Universität Kiel war, wurde 1936 auf Antrag des neuen Rektors Dahm, der sich mit allen Mitgliedern des akademischen Senats in dieser Hinsicht einig wußte, aus Kiel versetzt; er erhielt eine Vertretung in Würzburg.[49] Dahm beschuldigte Wolf, die Arbeit der Universität durch die Verursachung fortgesetzter Konflikte massiv gestört zu haben. So habe er Mitglieder der philosophischen Fakultät, die die Dissertation seines Doktoranden Ramsauer mit kritischen Randbemerkungen versehen hatten, persönlich angegriffen und beleidigt. Dahm warf Wolf vor, ein Vertreter der Weltanschauung des Dichters Stefan Georges zu sein und damit letztlich die Erneuerung des deutschen Volkes für eine

[48] Siehe dazu Martin Bechstedt, »Gestalthafte Atomlehre«. Zur »Deutschen Chemie« im NS-Staat, in: Herbert Mehrtens und Steffen Richter, Naturwissenschaft, Technik und NS-Ideologie, Frankfurt 1980: Suhrkamp, S. 142–165; Horst Remane, Conrad Weygand (1890–1945) – Ein Vertreter der »Deutschen Chemie«, in: Gerhard Pohl (Hg), Naturwissenschaften und Politik. Tagungsband der Vortragstagung der Gesellschaft österreichischer Chemiker an der Universität Innsbruck, 12. und 13. April 1996, S. 82–89; Markus Vonderau, ›Deutsche Chemie‹. Der Versuch einer deutschartigen, ganzheitlich-gestalthaft schauenden Naturwissenschaft während der Zeit des Nationalsozialismus, Dissertation im Fachbereich Pharmazie und Lebensmittelchemie der Philipps-Universität Marburg, 1994.

[49] Dahm, 19.2.1936 an das REM, BDC, REM Akte Wolf.

aristokratische Angelegenheit und nicht für eine Sache des Volkes oder der ganzen Universität zu halten. Dies sei die Hauptursache für die durch Wolf herbeigeführten Konflikte.[50] Der Heidelberger Physiologe Johann Achelis, von 1933 bis 1934 Mitarbeiter im REM, urteilte anders. Seiner Meinung nach waren die Konflikte in erster Linie durch Wolfs impulsive, teilweise cholerische Art entstanden.[51] Achelis begrüßte den Versuch Wolfs, durch die Gründung der »Zeitschrift für die gesamte Naturwissenschaft« ein Gegengewicht für die »damals noch in jüdischen Händen« befindlichen »Naturwissenschaften« zu schaffen.

1937 wurde Wolf als Ordinarius nach Halle berufen. In einer Reihe von Artikeln in der Zeitschrift für die gesamte Naturwissenschaft bemühte er sich, eine ideologische Wendung in den Naturwissenschaften herbeizuführen. Er versuchte darin nachzuweisen, daß es seit dem 16. Jahrhundert eine rassisch bedingte, spezifisch deutsche Richtung in der Naturforschung gebe, die im Gegensatz zu der auf Descartes basierenden westlichen Naturforschung stand und den Materialismus und Positivismus ablehnte. Zusammen mit dem Botaniker Wilhelm Troll in Halle, der für eine Stärkung der idealistischen Morphologie eintrat, gründete Wolf 1940 die Zeitschrift »Die Gestalt«. Diese diente, ähnlich wie die »Zeitschrift für die gesamte Naturwissenschaft«, als Forum dieser völkischen Wissenschaftsansätze.

Ausgehend von der Atomlehre des Arztes Daniel Sennert (1572–1637), nach der es, so Wolf, für jeden Stoff und für jede wirkende Substanz kleinste Mengen, »Atome«, gibt, in denen der betreffende Stoff oder die betreffende Energie verwirklicht ist, und von Goethes idealistischer Morphologie versuchte Wolf, das Konzept der Gestalt in die moderne Atomlehre hineinzutragen. In seinem Lehrbuch: »Theoretische Chemie. Eine Einführung vom Standpunkt einer gestalthaften Atomlehre« (Leipzig 1941) legte er seine Vorstellungen von »Substanz«, »Gestalt« und »Typus« und ihre Anwendung auf den Atom- und Molekülbegriff in der Chemie dar. Das Lehrbuch wurde in wenig veränderter Form nach dem Krieg dreimal neu aufgelegt. Das Atom wird als »Gestaltatom« bezeichnet, das heißt die »kleinste Menge einer Energieart, eines Stoffes oder eines Lebewesens, welche alle Qualitäten der betreffenden Energie, des betreffenden Stoffes oder der betreffenden Art zu tragen vermag. Mit dem gleichen Recht kann vom Gestaltatom des Eisens, der Muskelfaser und der Bohne gesprochen werden. So überspannt der Begriff des Gestaltatoms, der nicht – wie derjenige des mechanistischen Atoms – trennt, sondern bindet, die ganze Natur.«[52]

Aus der Idee des Gestaltatoms folgte nach Wolf die Stufenordnung der Gestalten und damit die gestufte Ordnung der Natur. Entsprechend definierte er das Gestaltatom der Elemente als Atom, das der elementaren Energien als Quant und das der Pflanzen und Tiere als Keimzelle.[53] In der Chemie, so Wolf, führt die Tat-

---

[50] Ibid.

[51] Achelis an das REM, 21.5.1937, ibid.

[52] Karl-Lothar Wolf, Theoretische Chemie. Eine Einführung vom Standpunkt einer gestalthaften Atomlehre, Leipzig 1941: J. A. Barth-Verlag, S. 15.

[53] Ibid.

sache, daß alle Materie eine »Gestalt« besitzt, daß es eine gestaltende Kraft gibt, die die Materie nach einem Urbild bzw. einer Idee zu einem Körper bildet, und daß es eine Hierarchie der Formen gibt, zur Ordnung aller Elemente in Familien, wie sie im Periodensystem der Elemente ihren Ausdruck findet.

Die teilweise in einer schwer verständlichen Sprache geschriebenen, hochtrabenden und völlig unkonkreten theoretischen Ausführungen Wolfs haben, so weit ich feststellen konnte, mit seiner Forschung wenig zu tun. Allenfalls zeigt sich eine begriffliche Ähnlichkeit des theoretischen Ziels einer »Gruppierung der molekularen Stoffe nach ihrer Analogie« und damit der »Durchführung einer natürlichen Ordnung der chemischen Verbindungen« mit dem Forschungsthema »Ordnungszustand der Moleküle in Flüssigkeiten«.[54] Dabei handelt es sich um empirische Forschung über die Grundlagen der technischen Schmierung und Fettaustauschstoffe, für die Wolf von 1937 bis 1942 mit 22.300 RM von DFG/RFR unterstützt wurde. Darüber hinaus war er an einem Forschungsprojekt des Reichsluftfahrtministeriums über Fragen der Grenzflächenadsorption und Haftreibung beteiligt. Weitere Angaben liegen dazu nicht vor. Grenzflächenforschung wurde damals im Rahmen der Kolloidchemie auf rein empirischer Grundlage betrieben.

Wolf las 1939 in Halle »Physikalische Grundlagen der Kampfstoffe« und führte 1942 zusammen mit Wilhelm Troll ein Gestaltkolloquium durch. Er wurde 1945 entlassen und war seit 1954 Leiter des Laboratoriums für Physik und Chemie der Grenzflächen in Kirchheimbolanden, Rheinland-Pfalz, wo er außerdem als Oberstudienrat tätig war.

5.4 Die Förderung chemischer und biochemischer Forschung durch die Deutsche Forschungsgemeinschaft bzw. den Reichsforschungsrat

Die Notgemeinschaft, später Deutsche Forschungsgemeinschaft (DFG) bzw. der Reichsforschungsrat (RFR) stellte nach 1933 zumindest für Universitäten die wichtigste Quelle der Forschungsförderung in der Chemie und Biochemie dar. Wie weiter unten dargestellt, waren Zuwendungen seitens der Industrie in einzelnen Fällen beträchtlich, die Höhe der Industrieförderung, zumindest durch die I. G. Farben, blieb aber, soweit bekannt, während des Nationalsozialismus unter der Höhe der Förderung von DFG/RFR, und ihr prozentualer Anteil an der Förderung ging während des Krieges deutlich zurück. Eine weitere wichtige Finanzierungsquelle für Chemiker war das Reichsamt für Wirtschaftsausbau ein Zweig des Wirtschaftsministerums. Leiter dieses Reichsamts wurde der Chemiker Carl Krauch, Mitglied des Direktoriums der I. G. Farben und Chef der Abteilung der Hochdruckchemie,

[54] Ibid., S. 24 u. 25, DFG-Akte KL Wolf.

der 1936 auf Vorschlag von Carl Bosch zum Leiter der Forschungs- und Entwicklungsabteilung von Hermann Görings Behörde für Rohstoffe und Devisen ernannt wurde.[55] Eine Reihe von (Bio-)Chemikern arbeiteten insbesondere während des Krieges an von diesem Reichsamt finanzierten Forschungsprojekten, wobei die Höhe der Finanzierung in den meisten Fällen nicht dokumentiert ist.

Am 1. Juni 1934 wurde Bernhard Rust zum »Reichs- und Preußischen Minister für Wissenschaft, Erziehung und Volksbildung« (Reichserziehungsminister) ernannt; ihm wurde auch die Kulturabteilung des Reichsinnenministeriums übertragen. Eine seiner ersten Amtshandlungen bestand in der Entlassung von Staatsminister Friedrich Schmidt-Ott von seinem Amt als Präsident der Notgemeinschaft der deutschen Wissenschaft und der Ernennung von Johannes Stark, Nobelpreisträger der Physik und einer der antisemitischen Begründer der »Deutschen Physik«, zu dessen Nachfolger. Unter Stark wurde die Notgemeinschaft noch im Juni 1934 gleichgeschaltet, d. h. Stark führte das Führerprinzip ein und schloß jüdische Wissenschaftler vom Erhalt von Beihilfen aus.[56] Aufgrund von Konflikten im Reichserziehungsministerium und Starks Unterschätzung des zunehmenden Einflusses von Himmler wurde Stark im November 1936 von seinem Amt entlassen. Rust ernannte den inkompetenten Chemiker Rudolf Mentzel, der, wie oben dargestellt, seit 1922 der SA, 1925 der NSDAP und 1932 der SS angehörte, zum neuen Präsidenten. Die Notgemeinschaft wurde 1937 durch Rust offiziell in Deutsche Forschungsgemeinschaft umbenannt.

Auf Mentzels Betreiben wurde 1937 ein Reichsforschungsrat (RFR) gegründet, der insbesondere die naturwissenschaftliche Forschung auf die Ziele des von Hitler im September 1936 verkündeten Vierjahresplans ausrichten sollte, d. h. auf wirtschaftliche Autarkie und Kriegsvorbereitung. Dafür wurde ein Teilhaushalt der DFG bereitgestellt. Präsident des RFR wurde der General Dr.-Ing. Karl Becker, der seit 1933 auch dem Senat der KWG angehörte; sein Stellvertreter Otto Wacker wurde zum ersten Vizepräsidenten der KWG berufen. Der Reichsforschungsrat blieb organisatorisch von der DFG abhängig und wurde weitgehend von Mentzels Entscheidungen bestimmt. Mentzel war durch seine Stellung als Ministerialreferent und später -dirigent und die Einbeziehung der Forschungsförderung in den Vierjahresplan in finanzieller Hinsicht viel erfolgreicher als Johannes Stark. Unter seiner Präsidentschaft wurden die Reichszuschüsse für die DFG von zwei Millionen RM 1936 auf mehr als sieben Millionen 1937 und neun Millionen 1939 gesteigert. Die Bewilligungen für Projekte des RFR wurden von den Leitern der Fachgliederungen, später Fachsparten des RFR, nach dem Führerprinzip nach eigenem Gutdünken entschieden. Diese Fachspartenleiter waren selbst Wissenschaftler. Sie

[55] Joseph Borkin, Die unheilige Allianz der I. G. Farben. Eine Interessengemeinschaft im Dritten Reich, Frankfurt 1981: Campus, S. 67.

[56] Zur Geschichte der Notgemeinschaft/DFG siehe Zierold, Forschungsförderung in drei Epochen; Notker Hammerstein, Die Deutsche Forschungsgemeinschaft in der Weimarer Republik und im Dritten Reich. Wissenschaftspolitik in Republik und Diktatur, München 1999: Beck.

konnten Fachgutachten einholen, waren aber nicht dazu verpflichtet; nach 1937 sind Gutachten nur noch in wenigen Fällen dokumentiert.

Während des Krieges mußte die Forschung offiziell als staats- oder kriegwichtig anerkannt sein, um gefördert zu werden. Anfang 1940 wurden Fragebögen verteilt, auf denen Wissenschaftler angeben mußten, ob sie bereit waren, ihre Forschung auf kriegswichtige Projekte umzustellen. Die (Bio-)Chemiker, für die Fragebögen dokumentiert sind, nannten geplante kriegswichtige Forschungsprojekte. Es ist aber festzuhalten, daß auch während des Krieges in großem Ausmaße Grundlagenforschung betrieben wurde (siehe Kapitel 6). In den späteren Kriegsjahren wurde die Forschung zunehmend durch Materialmangel behindert. Die Kriegswirtschaftsstelle des RFR teilte den Wissenschaftlern Dringlichkeitsstufen und Kennziffern zu, die Voraussetzung für den Erhalt knapper Materialien wurden. Es gab zunächst die Dringlichkeitsstufen S und darüber SS. Albert Speer, der im Frühjahr 1942 als Nachfolger des verunglückten Fritz Todt Rüstungsminister wurde, schuf die höchste Dringlichkeitsstufe DE, die er selbst vergab. Hohe Dringlichkeitsstufen waren auch Voraussetzungen für die Unabkömmlichstellung eines Wissenschaftlers und seiner Mitarbeiter, d. h. die Freistellung vom Kriegsdienst.

Eine Bearbeitung der Beihilfeakten der Notgemeinschaft/DFG zeigt, daß 312 von insgesamt 619 daraufhin überprüften, nicht entlassenen und nicht emigrierten (Bio-)Chemikern (etwa 50 %) zwischen 1933 und 1945 mindestens einen Antrag auf Unterstützung stellten. Die Mehrheit der hier berücksichtigten Beihilfeanträge außerhalb der medizinischen Fakultät wurden zwischen 1937 und 1941 vom Fachspartenleiter für Chemie und organische Werkstoffe Peter Thiessen und zwischen 1942 und 1945 von Thiessen als Fachspartenleiter für Allgemeine und Anorganische Chemie entschieden. Thiessen war für den ersten Zeitraum in 104 Fällen (69 %) und im zweiten in 90 Fällen (52 %) für die Bewilligungen zuständig.[57] Er war demnach die Person, die den größten direkten Einfluß auf die Förderung chemischer Forschung hatte. Richard Kuhn, der 1940 zum Fachspartenleiter für Organische Chemie ernannt wurde, entschied zwischen 1941 und 1945 über 44 der 172 hier berücksichtigen Anträge der (Bio-)Chemie (25 %). Einige Projekte der Makromolekularen Chemie wurden durch Prof. Ebert (Fachsparte Forst- und Holzforschung) entschieden. Für die Bewilligung von Anträgen der Physiologischen Chemie war Ferdinand Sauerbruch (Fachsparte Medizin) zuständig.

Eine Analyse der jährlichen Beihilfebewilligungen der DFG zeigt, daß die Unterstützung chemischer Forschung von 1933 bis 1944 um den Faktor 13 anstieg (Abb. 5.1). Nimmt man das Jahr 1937 (Gründung des Reichsforschungsrates) als Ausgangspunkt, nahm die Höhe der Beihilfen bis 1944 um den Faktor 3,8 zu.[58]

[57] Diese Zahlen beziehen sich auf die Anträge, für die Entscheidungsträger der DFG bzw. des Reichsforschungsrates dokumentiert sind.

[58] 1933 wurden 39 Anträge über zusammen ca. 105.321 RM bewilligt; 1937 103 Anträge über zusammen 358.741 RM; 1944 116 Anträge über zusammen 1.373.398 RM.

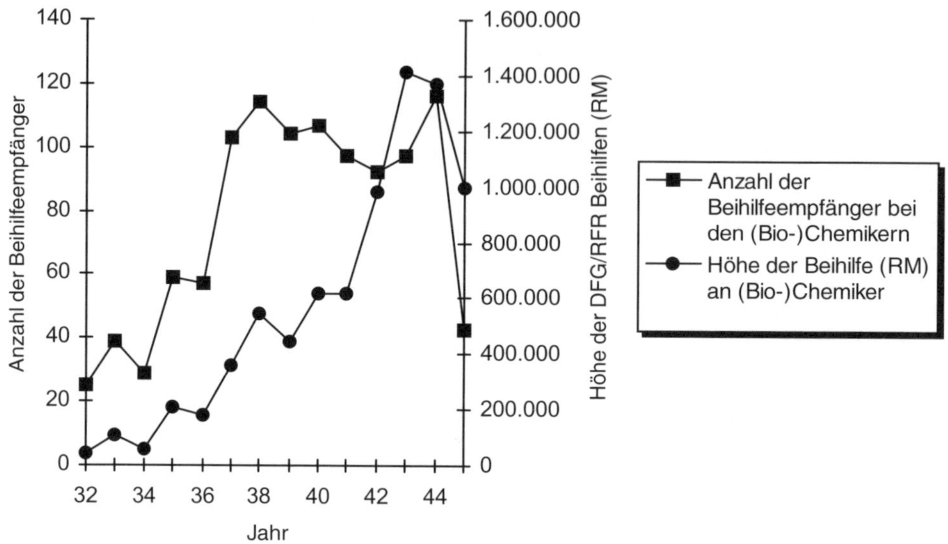

Abb. 5.1 Förderung von (Bio-)Chemikern durch DFG/RFR von 1932 bis 1945.

Die einzelnen Fächer profitierten von dem Anstieg unterschiedlich stark. Während die Forschungsförderung in der Physikalischen Chemie seit 1937 um das Fünf- bis Sechsfache anstieg, nahm sie in der Organischen, Anorganischen und Physiologischen Chemie jeweils um das Dreifache zu (Abb. 5.2). Diese selektive Begünstigung der Physikalischen Chemie ist vermutlich auf den Einfluß Peter Thiessens und dessen gute Beziehungen zu Mentzel zurückzuführen. Darauf weist auch die Tatsache hin, daß Thiessen in den Jahren 1937–1944 15 % und im Jahr 1945 71 % der gesamten Förderung der Forschungen in der Physikalischen Chemie für seine eigenen Forschungen »bewilligte«.[59]

Um herauszufinden, ob Parteimitglieder einen Vorteil bei der Zuteilung von Forschungsgeldern hatten, habe ich die Förderungshöhe der (Bio-)Chemiker, die bis zum Zeitpunkt der Förderung NSDAP-Mitglieder waren, mit der von Nichtmitgliedern pro Jahr verglichen.[60] Eine Begünstigung von Parteimitgliedern zeigt

[59] Von 1937–1944 bewilligte Thiessen für seine eigenen Forschungen (der Gesamtbetrag der DFG-Finanzierung für Forschungen an dem von ihm geleiteten KWI für Physikalische Chemie liegt erheblich höher) 381.500 RM von insgesamt 2.465.333 RM für Forschungen in der Physikalischen Chemie während dieses Zeitraums. Im Jahre 1945 bewilligte er sich selber 377.250 RM von insgesamt 531.040 RM.

[60] Die durch den NSDAP-Aufnahmestop bedingte geringe Mitgliederzunahme zwischen 1934 und 1936 verfälscht das Ergebnis für diese Jahre insofern, als Personen, die möglicherweise bereits zwischen 1933 und 1936 einen Antrag auf Aufnahme stellten, erst 1937 tatsächlich aufgenommen wurden.

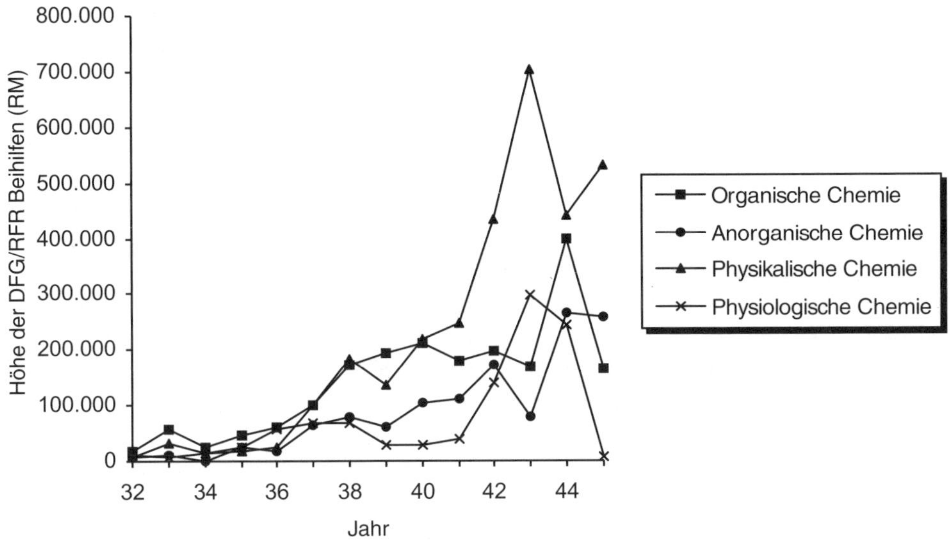

Abb. 5.2 Förderung verschiedener chemischer Fächer durch DFG/RFR von 1932 bis 1945.

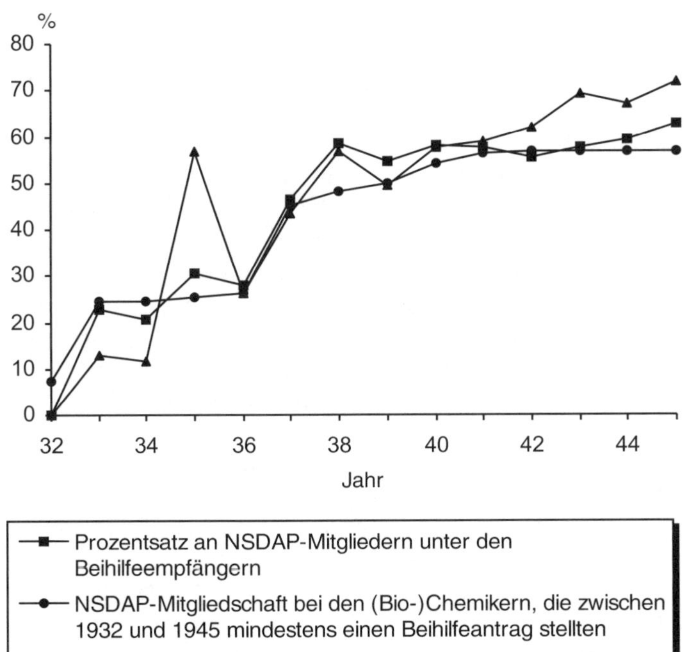

Abb. 5.3 NSDAP- Mitgliedschaft und finanzielle Förderung durch DFG/RFR.

sich 1935 und 1938 (Abb. 5.3). In den Jahren 1936, 1937 und 1939 bis 1941 entspricht der Prozentsatz des Geldes, der an Parteimitglieder vergeben wurde, etwa dem Prozentsatz der Mitgliedschaft aller aktiven Chemiker, das heißt all derer, die mindestens einen Antrag bei der DFG gestellt haben. Der Anteil der Parteimitgliedschaft innerhalb dieser Gruppe der aktiven Chemiker betrug seit 1940 56,7 %. Von 1942 bis 1945 erhielten Parteimitglieder etwa 5 % mehr Geld, als es ihrem Anteil an den aktiven Chemikern entsprochen hätte. Diese Begünstigung von Parteimitgliedern ist fächerspezifisch (Abb. 5.4 und 5.5). Parteimitglieder erhielten in der Physikalischen Chemie seit 1938 deutlich mehr Geld als Nichtmitglieder (im Jahre 1938 16 % mehr). In der Physiologischen Chemie wurden sie seit 1942 begünstigt. Gründe dafür liegen unter anderem in der großen Anzahl von mit großen Beträgen geförderten Mitarbeitern in Thiessens KWI, von denen die meisten der NSDAP beigetreten waren, sowie der sehr großzügigen finanziellen Ausstattung des Physiologischen Chemikers und Parteimitglieds Karl Hinsberg seit 1942. Dagegen wurde in der Organischen und Anorganischen Chemie über den ganzen Zeitraum durchschnittlich deutlich weniger Geld an Parteimitglieder vergeben, als es ihrem prozentualen Anteil entsprochen hätte.

Zusammenfassend läßt sich feststellen, daß die chemische und Teile der biochemischen Forschung in der NS-Zeit finanziell äußerst gute Bedingungen erhielt. Die Forschungsförderung durch DFG/RFR stieg von 1933 bis 1944 drastisch an, als weitere Finanzierungsquelle kam das Reichsamt für Wirtschaftsausbau hinzu (zur Industrie siehe unten). Der Vierjahresplan bzw. die Ende 1939 ergangene Aufforderung, kriegswichtige Forschung zu betreiben, führten zu einer deutlichen Zunahme von Arbeiten, die dem Ziel wirtschaftlicher Autarkie dienten oder kriegsbezogen waren. Die DFG bzw. der RFR förderten eine Vielzahl von kriegswichtigen Projekten, z. B. zu synthetischen Treibstoffen, Fragen der Reibung und Schmierung bei Höchstleistungsmotoren und Verbesserung der Gebrauchsgüte von Kunststoffen sowie Forschungen zu chemischen Kampfstoffen und zur biologischen Kriegsführung mit beträchtlichen Summen. Ein großer Teil der Chemiker betrieb seit 1939 (zumindest offiziell) kriegs- oder staatswichtige Forschung. Die Etikettierung einer Forschung als »staats«- oder »kriegswichtig« besagt aber nicht in jedem Fall, daß sie für die Grundlagenforschung ohne Bedeutung war. Selbst während der Kriegsjahre wurde auch Grundlagenforschung nachhaltig gefördert.

Ein Indiz dafür, daß qualitativ hochstehende Forschung unterstützt wurde, ist die Tatsache, daß 12 der 13 nicht emigrierten Nobelpreisträger in der Chemie oder Biochemie (unabhängig vom Zeitpunkt der Verleihung) von der DFG gefördert wurden, alle außer Otto Warburg, der seine Forschung ausschließlich aus anderen Quellen finanzierte (siehe Tabelle 5.4). Einige der Nobelpreisträger betrieben einen großen Teil ihrer bedeutendsten Untersuchungen während des Nationalsozialismus. Dazu gehören insbesondere die naturstoffchemischen Arbeiten Butenandts und Kuhns, der weitere Ausbau des von Alder und Diels 1928 gefundenen Reaktionstyps der Diensynthese durch die Entdecker und natürlich die Radiochemie Otto Hahns (gemeinsam mit Lise Meitner und Fritz Straßmann).

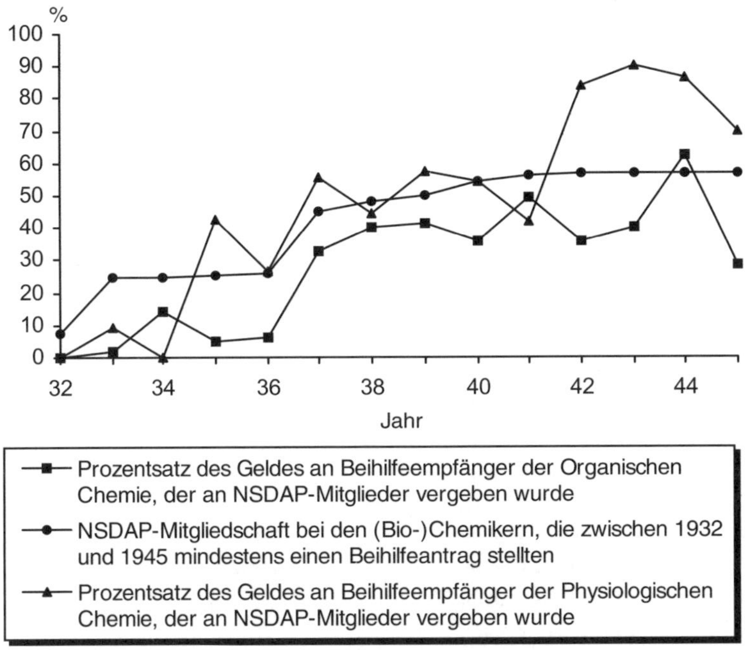

Abb. 5.4 NSDAP- Mitgliedschaft und finanzielle Förderung durch DFG/RFR.

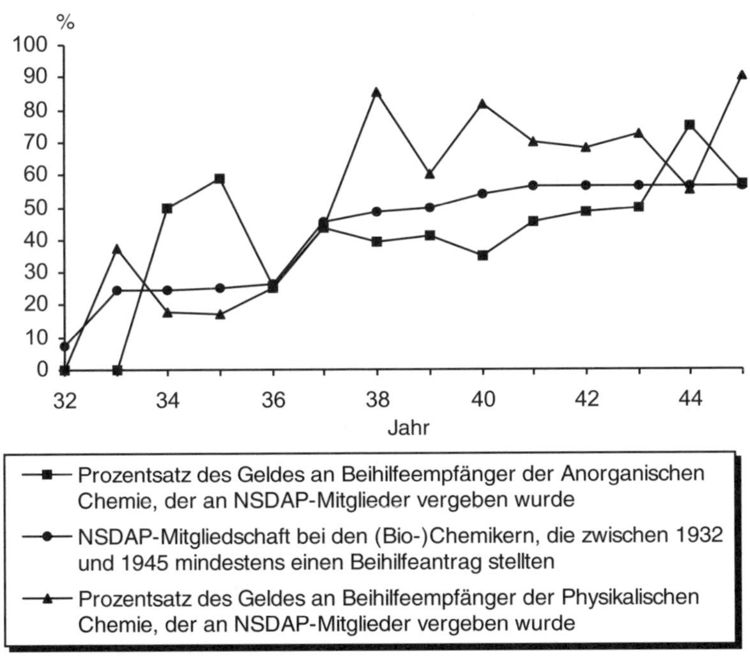

Abb. 5.5 NSDAP- Mitgliedschaft und finanzielle Förderung durch DFG/RFR.

Tabelle 5.4 Die 25 nicht emigrierten Chemiker und Biochemiker, die die meisten Zitate (abzüglich erkennbarer Eigenzitate) im Science Citation Index 1945–1954 und/oder einen Nobelpreis erhielten. (Zum Vergleich mit den Emigranten siehe Tabelle 3.8 in Kapitel 3.)

Name	Fach	Zitate	Nobelpreis
Emil Abderhalden*	Biochemie	1465	
Adolf Butenandt	Chemie/Biochemie	1235	1939
Hans Fischer	Chemie/Biochemie	1326	1930
Richard Kuhn	Chemie/Biochemie	2777	1938
Karl Lohmann	Chemie/Biochemie	744	
Feodor Lynen	Chemie/Biochemie	600	1964
Otto Warburg	Biochemie	2971	1931
Heinrich Wieland	Chemie/Biochemie	1849	1927
Theodor Wieland	Chemie/Biochemie	720	
Adolf Windaus	Chemie/Biochemie	1000	1928
Kurt Alder	Organische Chemie	265	1950
Otto Diels	Organische Chemie	667	1950
Karl Freudenberg	Organische Chemie	1473	
Kurt Hess*	Organische Chemie	800	
Burckardt Helferich	Organische Chemie	608	
Walter Hückel	Organische Chemie	541	
Ernst Späth	Organische Chemie	1212	
Hermann Staudinger	Organische Chemie	1890	1953
Georg Wittig	Organische Chemie	459	1979
Karl Ziegler	Organische Chemie	790	1963
Otto Hahn	Anorganische Chemie	507	1944
Arnold Eucken	Physikalische Chemie	997	
Günther-V. Schulz	Physikalische Chemie	1315	
Carl Wagner	Physikalische Chemie	898	
Otto Kratky	Physikalische Chemie	552	

* Die große Anzahl von Zitaten bei Abderhalden ist bemerkenswert, da viele seiner Arbeiten nicht reproduzierbar waren, was allerdings weitgehend übersehen wurde. Auch viele Arbeiten von Kurt Hess waren wissenschaftlich umstritten.

Kurt Alder

5.5 Die am stärksten geförderten Chemiker und Biochemiker und ihre Forschungsgebiete

Unter den 30 mit den höchsten Beträgen von DFG/RFR unterstützten (Bio-)Chemikern befanden sich sieben der meistzitierten Wissenschaftler, darunter die fünf Nobelpreisträger Butenandt, Fischer, Kuhn, Staudinger und Ziegler, sowie völlig unbedeutende Forscher. Ein Blick auf diese Personen und ihre hauptsächlich betriebene Forschung zeigt folgendes. Mit neun Personen war fast ein Drittel der 30 meistgeförderten Personen Wissenschaftler an KWIs (Tabelle 5.5). Das Thiessensche KWI für Physikalische Chemie war in besonderem Maße finanziell begünstigt. Abgesehen von den hohen Beträgen für Thiessen selbst waren fünf weitere der am stärksten geförderten Chemiker zumindest eine Zeitlang an diesem Institut tätig. Der größte Teil ihrer Forschung war anwendungsorientiert. Der RFR finanzierte Arbeiten, die insbesondere dem Ersatz ausländischer Rohstoffe sowie Untersuchungen an chemischen Kampfstoffen dienten. Kurz nach Kriegsbeginn wurde die kriegswichtige Forschung des Institutes unter den Befehl des Heereswaffenamtes gestellt.[61]

[61] Korrespondenz in der DFG-Akte Thiessen, BAK Koblenz; siehe auch Erklärung von Georg Graue, 18. Juli 1951, Archiv der MPG I/1a/1188.

Tabelle 5.5 Die 30 von DFG/RFR zwischen 1934 und 1945 am stärksten geförderten (Bio-)Chemiker

Name	Fach	Institution	DFG/RFR-Finanzierung 1934–1945 (RM)	Mitglied in NSDAP, SA, SS
Peter A. Thiessen	Physikal. Chemie	KWI Physikal. Chemie	759.890	1922, 1922, –
Karl Hinsberg	Physiol. Chemie	U. Berlin	527.890	1933
Walther Kangro	Physikal. Chemie	TH Braunschweig	261.800	1933
Adolf Butenandt	Chemie/Biochemie	KWI Biochemie	211.457	1936
Robert Fricke	Anorgan. Chemie	TH Stuttgart	204.500	
Hans Fischer	Chemie/Biochemie	TH München	191.930	
Richard Kuhn	Chemie/Biochemie	KWI Mediz. Forschung	183.245	
Ulrich Hofmann	Anorgan. Chemie	U. Rostock	173.240	1937
Armin Dadieu	Physikal. Chemie	TH Graz	140.000	1932, –, 1936
Ludwig Ebert	Physikal. Chemie	TH Karlsruhe, U. Wien	135.520	
Rudolf Schenck	Anorgan. Chemie	Staatl. Institut Münster	131.040	
Joachim Stauff	Physikal. Chemie	KWI Physikal. Chemie, U. Frankfurt	108.560	1941
August Winkel	Physikal. Chemie	KWI Physikal. Chemie	196.247	1931, –, ja
Aladar Skita	Organ. Chemie	TH Hannover	100.650	
Leo Ubbelohde	Technische Chemie	TH Berlin	100.150	1933
Dietrich Beischer	Physikal. Chemie	KWI Physikal. Chemie, U. Straßburg	88.000	1937, ja, –
Theodor Lieser	Organ. Chemie	U. Halle	84.414	1937, ja, –
Hermann Druckrey	Pharmakologie	U. Berlin	82.236	1931, 1931, –
Max Trautz	Physikal. Chemie	U. Münster	81.440	
Alfred Pongratz	Organ. Chemie	U. Graz, KWI Physik. Chemie	77.000	1938, –, 1938
Friedrich Holtz	Physiol. Chemie	U. Berlin	73.420	
Hans Schmalfuss	Angew. Chemie	U. Hamburg, Posen	70.960	1941
Otto Kratky	Physikal. Chemie	U. Wien, KWI Physik. Chemie	70.400	
Hermann Staudinger	Organ. Chemie	U. Freiburg	66.160	
Hans Seel	Pharmakologie	KWI Physik. Chem., U. Posen	64.400	1931, 1933, –
Günther-V. Schulz	Physikal. Chemie	U. Freiburg, Rostock	62.300	1937
Hanns Dyckerhoff	Physiol. Chemie	U. München, Straßburg	61.550	1932, 1933, 1936
Hans-J. Schumacher	Physikal. Chemie	U. Frankfurt	60.000	1931, ja, –
Herbert Brintzinger	Technische Chemie	U. Jena	59.900	1937
Karl Ziegler	Organ. Chemie	U. Halle	55.200	

Zu den Forschungsthemen von Thiessen und seinen Mitarbeitern gehörten die kolloidchemische Untersuchung von Adsorptionsvorgängen im Hinblick auf industrielle Verfahren zur Speicherung von gefährlichen Stoffen und zur Hochdruck-Gasreinigung, die Entwicklung von Füllstoffen für Gummi- und Kunststoffe auf einheimischer Rohstoffbasis, sowie die physikalische und chemische Untersuchung der Vorgänge von Reibung und Schmierung bei Motoren und Oxidationsvorgänge an aliphatischen Kohlenwasserstoffen mit dem Ziel, diese durch Katalysatoren in bestimmte Richtungen zu lenken. Es sind keine nennenswerten Ergebnisse bekannt.

Kampfgasforschungen waren der Schwerpunkt der Arbeiten August Winkels, der sich mit dem Nachweis, der quantitativen Bestimmung und Methoden der Unwirksammachung von Kampfstoffen im Aerosolzustand befaßte.[62] Der Abteilungsleiter und SS-Obersturmführer Eugen Weber betrieb kriegswichtige Forschung zur Untersuchung der Verbesserung armer Böden baltischer Länder durch Phosphat an der Landwirtschaftlichen Versuchsstation in Riga. Die Forschung wurde vom Rosenberg-Ministerium angeordnet und erhielt einen hohen Dringlichkeitsstatus der Wehrmacht. Phosphormangel behinderte damals die Produktion der Nervenkampfgase Tabun und Sarin. Webers Arbeit hatte vermutlich das Ziel, Phosphorvorkommen für diesen Zweck ausfindig zu machen.

Wissenschaftlich bedeutsam waren Forschungen Otto Kratkys zur Röntgenstrahlanalyse organischer Moleküle, eine Fortsetzung seiner Anfang der 1930er Jahre in Wien begonnenen Forschung über die Kleinwinkelstreuung von Röntgenstrahlen, die internationale Anerkennung gefunden hatte (siehe Kapitel 6). Kratky wurde nach dem Krieg Ordinarius an der Universität Graz.

Ein beträchtlicher Teil der kriegswichtigen Forschung an Thiessens Institut galt als geheim und wurde nicht publiziert. Es liegen auch keine Informationen über den Inhalt der im Auftrag der Wehrmacht ausgeführten Arbeiten vor. Die Existenz einer vom Heereswaffenamt finanzierten pharmazeutisch-chemischen Abteilung läßt vermuten, daß am Institut selbst an der Entwicklung chemischer Waffen gearbeitet wurde. Georg Graue, ein ehemaliger Assistent Thiessens, schrieb der KWG nach dem Krieg, daß Thiessen mit dem Bau einer Kampfgasforschungsabteilung in der Kampfgasfabrik Falkenhagen begonnen habe. Mitarbeiter und Materialien seien bereits dorthin verlegt worden, aber mit der Arbeit sei, so Graue, nicht mehr begonnen worden, weil es dafür schon zu spät gewesen sei.[63]

Thiessen sprach sich in einer Besprechung mit Heereskriegsrat Dr. Pietsch Mitte Dezember 1944 für einen intensiven Einsatz von Wissenschaftlern der KZs Plaszów (bei Krakau) und Flossenbürg bei chemischen Arbeiten u. a. zur Reinstdarstellung

---

[62] BAK, DFG-Akte August Winkel. Die weiteren Angaben, Forschungen der Chemiker betreffend, wurden, wenn nicht anders angegeben, aus ihren DFG-Beihilfeakten im BAK entnommen.

[63] Georg Graue, 20. Juli 1951, an Schröder, KWG.

von Präparaten aus.[64] Über seine Motive, d. h. darüber, ob er diesen KZ-Insassen helfen wollte, oder ob er wissenschaftliche Sklavenarbeit ausnutzen wollte, liegen mir keine Informationen vor.

Zusammenfassend ist festzuhalten, daß die Forschungen des KWIs für Physikalische Chemie während des Zweiten Weltkrieges – wie während des Ersten Weltkrieges – weitgehend auf kriegswichtige Themen umgestellt wurden. Die Intensität der Kampfgasforschung war allerdings im Ersten Weltkrieg, in dem das ganze Institut nach entsprechendem Ausbau daran beteiligt war, ungleich höher.

Viele der großzügig geförderten Personen erhielten Geld für ein Elektronenmikroskop, das in den 1940er Jahren für die verschiedensten Untersuchungen in der Chemie und Biochemie eingesetzt wurde. Das Elektronenmikroskop war 1931 von Ernst Ruska in Berlin entwickelt worden. Thiessen bewilligte sich 1942 die Mittel dazu für nicht näher bezeichnete Sonderaufgaben des RFR auf dem Gebiet der Kolloidchemie; Butenandt wurde 1944 ein Elektronenmikroskop für einen Forschungsauftrag der Dringlichkeitsstufe DE für Untersuchungen über die Eiweißstruktur und Antikörperdarstellung bewilligt. Robert Fricke arbeitete über die Struktur und Wirksamkeit von Katalysatoren und Adsorptionsmitteln, darunter Kohlenstoff und Oxylhydrate (Verbindungen von Metalloxiden mit Wasser). 1941 erhielt er ein Elektronenmikroskop, um die sogenannte Sekundärstruktur dieser Stoffe, d. h. die Entstehung größerer Kristalle oder Kristallaggregate, zu untersuchen. Er blieb nach dem Krieg Ordinarius in Stuttgart.

Ulrich Hofmann erhielt für die Untersuchung der Struktur von Tonmineralien, die er bis dahin röntgenographisch betrieben hatte, 1942 ein Elektronenmikroskop. Außerdem arbeitete er über das Verhalten der Kampfstoffe Phosgen, Chlorcyan und Blausäure, die an der Gasmaskenkohle nicht rein adsorptiv gebunden werden. Nach dem Krieg wurde er Ordinarius an der TH Darmstadt. Ludwig Ebert, der über Fragen zur Werkstoffherstellung arbeitete, z. B. zur Struktur von Metallegierungen und Oberflächenstrukturen von Metallen, bekam dafür 1942 ein Elektronenmikroskop. Dem SS-Standartenführer und Gauhauptmann der Steiermark Armin Dadieu, der, obwohl wissenschaftlich unbedeutend, 1940 zum Ordinarius für Theoretische und Physikalische Chemie an der TH Graz ernannt worden war, bewilligte Thiessen 1943 ein Elektronenmikroskop für die Untersuchung des Einflusses von Katalysatoren auf den Ablauf von Verbrennungsreaktionen. 1942 stieg Dadieu zum Oberführer der SS auf, dem höchsten SS-Rang.

Dietrich Beischers Arbeiten seien etwas ausführlicher beschrieben. Beischer hatte als Abteilungsleiter von Thiessen auf dessen Veranlassung hin mit Arbeiten zur Morphologie von Schutzkolloiden begonnen. Nach seinem Ruf nach Straßburg bewillligte ihm Thiessen für diese Arbeiten 1941 ein Elektronenmikroskop, so daß

[64] Berlin Document Center (jetzt Bundesarchiv), SS-Akte Thiessen, Der Beauftragte beim Institut für Ostarbeit und der Leiter des geschäftsführenden Beitrates des RFR: Bericht vom 16.12.1944 über den Stand der Arbeiten der wissenschaftlichen Häftlingsgruppen im KL Flossenbürg.

das neugegründete Straßburger Institut für Anorganische Chemie eine für diese Zeit ungewöhnliche Ausstattung erhielt. In Berlin und auch noch in Straßburg arbeitete Beischer mit Manfred v. Ardenne zusammen, der in seinem Forschungslaboratorium für Elektronenphysik in Berlin-Lichterfelde das erste Elektronenmikroskop in Europa installiert hatte. Zwischen 1940 und 1943 erschien eine Reihe gemeinsamer Publikationen, z. B. über die elektronenmikroskopische Untersuchung von Kautschuk und Buna sowie von Katalysatoren. 1943 bestätigte Beischer zusammen mit v. Ardenne eine bereits 1940 mit Hilfe des Elektronenmikroskops gelungene Entdeckung, daß es sich bei den schichtartigen Strukturen auf luftgelagertem Magnesiumoxidrauch um eine Reaktionsschicht von basischem Magnesiumcarbonat handelt.[65] Sie widersprachen damit Ernst Ruska, der diese Strukturen für Abbildungsfehler hielt.

Beischer beabsichtigte, über Fragen der kolloiden Zerteilung bei chemischen Reaktionen hinausgehend, einen grundlegenden Vergleich der Ergebnisse der bisher üblichen Methoden der Kolloidchemie mit den Ergebnissen der Elektronenmikroskopie vorzunehmen.[66] Ergebnisse sind nicht bekannt. Darüber hinaus setzte er das Instrument für Forschungsaufträge des Reichsluftfahrtministeriums ein, über die ebenfalls keine Informationen vorliegen. 1944 war er an zwei weiteren kriegswichtigen Forschungsaufträgen beteiligt; der Behandlung von mit Phosphor verunreinigtem Getreide, einem Projekt Hanns Dyckerhoffs, dem Beischer als Chemiker zugeteilt wurde, und der Entwicklung eines neuen Treibstoffes für Raketen.[67] Auch hier liegen keine weiteren Informationen vor. Nach der Evakuierung des Institutes nach Tübingen war Beischer im Januar 1945 an der Landwirtschaftlichen Hochschule in Hohenheim tätig. Nach dem Krieg zog er in die USA, wo er für die NASA arbeitete.[68]

Die Krebsforschung war eines der am stärksten geförderten Gebiete der Medizin. Fünf der in Tabelle 5.5 aufgeführten Personen erhielten Geld für biochemische Krebsforschung: Butenandt, Druckrey, Hinsberg, Holtz und Seel. Dabei ist zu berücksichtigen, daß die Bezeichnung Krebsforschung teilweise als Tarnbezeichnung für biologische Kriegsforschung verwendet wurde.[69] So erhielt Hinsberg, dessen Krebsforschung auf den nichtexistenten Abwehrenzymen Abderhaldens basierte, einen großen Teil des ihm zur Verfügung gestellten Geldes für die Einrichtung einer Abteilung am Reichsinstitut für Krebsforschung in Posen, das 1942 für biologische Kriegsforschung gegründet worden war. Dort waren auch Holtz und der wissenschaftlich inkompetente Seel tätig. Seel wurde nach dem Krieg Professor an

65 Manfred v. Ardenne und Dietrich Beischer, Zur elektronenmikroskopischen Abbildung feiner Reaktionsschichten auf Metalloxydrauchkristallen, Kolloid Zeitschrift 102, 1943, 127–131.

66 BAK, R73/19223, Beischer an DFG, 10.10.1941.

67 BAK, R73/19223, Beischer an Thiessen, 7.12.1944.

68 André Chretien, L'Institut de Chimie à Strasbourg. Sa Création – ses 20 Premières Années – Son Exodus à Clermont Ferrand, Association Amicales des Anciens Elèves de l'Ecole Nationale Supérieure de Chimie à Strasbourg, Fevrier 1984 (BNUS).

69 Siehe dazu Kapitel 6 und 7 sowie Deichmann, Biologen, Kapitel 6.

Karl Ziegler

der Humboldt-Universität in Berlin und Vorsitzender der Berliner Gesellschaft für Medizin und Pharmazie, Hinsberg Professor für Physiologische Chemie an der Medizinischen Akademie in Düsseldorf.

Auch die Cellulosechemie wurde intensiv gefördert. Sie war unter anderem Schwerpunkt der Arbeiten Hermann Staudingers, Theodor Liesers und Günther-V. Schulz'. Karl Zieglers Forschungen über die Synthese vielgliedriger Ringsysteme, alkaliorganische Verbindungen und den Mechanismus von Polymerisationen wurden 1940 als kriegswichtig anerkannt. Die Fortsetzung seiner Forschungen an metallorganischen Verbindungen führte nach dem Krieg zur Entdeckung metallorganischer Mischkatalysatoren, die die Voraussetzung für die Niederdruck-Polyethylensynthese bildete, für welche Ziegler 1963 den Chemie-Nobelpreis mit Giulio Natta teilte. Walther Kangro arbeitete an einem Verfahren, Metalle aus armen Erzen durch Chlorierung zu gewinnen.

Hans Fischer setzte seine Grundlagenforschung an Pyrrolfarbstoffen (vor allem Hämoglobin und Bakteriochlorophyll fort). Vermutlich trug die Hoffnung, Hämine und Chlorophylle könnten als Katalysatoren bei der Oxidation von Kohlenwasserstoffen dienen, dazu bei, daß seine Arbeiten als kriegswichtig anerkannt und auch vom Reichsamt für Wirtschaftsausbau unterstützt wurden. Kuhn, der bis Kriegsbeginn seine naturstoffchemischen Forschungen fortführte, betrieb danach überwiegend anwendungsorientierte und kriegsbezogene Forschung, darunter an Kampfstoffen. Weiter gehörte zu den meist geförderten Personen Hanns Dyckerhoff, der in Straßburg chemische Kriegsforschung betrieb. Er wurde nach dem Krieg wegen seiner SS Mitgliedschaft entlassen und lebte in Köln. Die Arbeiten Butenandts, Druckreys, Dyckerhoffs, Fischers, Hinsbergs, Kratkys, Kuhns, Liesers, Schulz', Seels und Staudingers werden in Kapitel 6 genauer vorgestellt.

Eine umfassende Darstellung der Inhalte und Ergebnisse chemischer und biochemischer Forschung während des Krieges findet sich in den FIAT Reviews of German Science (deutsch: Naturforschung und Medizin in Deutschland). Diese

Hans Fischer

Reviews (FIAT steht für Field Intelligence Agency, Technical) wurden kurz nach dem Krieg von deutschen Wissenschaftlern auf Anordnung der westlichen Besatzungsmächte geschrieben. Diese Wissenschaftler sollten die Forschungsinhalte und Ergebnisse ihres jeweiligen Fachgebietes vollständig darstellen. Die Anorganische Chemie wird in sechs Bänden (23–28) besprochen, die Analytische Chemie in Band 29, die Physikalische Chemie in Band 30, die Metallkunde von Eisen- und Nichteisenmetallen in drei Bänden (31–33), die Theoretische Organische Chemie in Band 34–35, die Biochemie in vier Bänden (39–42).

5.6 Finanzierung von Chemikern und Biochemikern an Universitäten und KWIs durch die Industrie

Auskunft über die Höhe der Finanzierung von Hochschul- und KWI-Chemikern durch die Industrie konnte ich in Akten des BASF-Archivs in Ludwigshafen erhalten.[70] Diesen Akten ist zu entnehmen, daß die Gesamtzahlungen an wissenschaftliche Mitarbeiter der I. G. Farben von 1930 bis 1935 von 682.000 RM auf 316.000 RM, d. h. auf weniger als die Hälfte zurückgingen und dann bis 1943 wieder auf den Wert von 1932, d. h. auf 535.000 RM anstiegen.[71]

[70] BASF-Archiv, Archivbereich I. G. Farbenindustrie AG, Reg. Sign. 217-24/281-C629. Diese Akten gehören zu denen, die nach 1945 beschlagnahmt, in den 1950er Jahren zurückgegeben und dabei an die einzelnen Nachfolgefirmen der I. G. aufgeteilt wurden. Ich danke Dr. Lothar Meinzer dafür, daß er mich auf diese Quelle hingewiesen hat.

[71] Zahlen des Tea-Büro vom 15.1.1944, ibid.

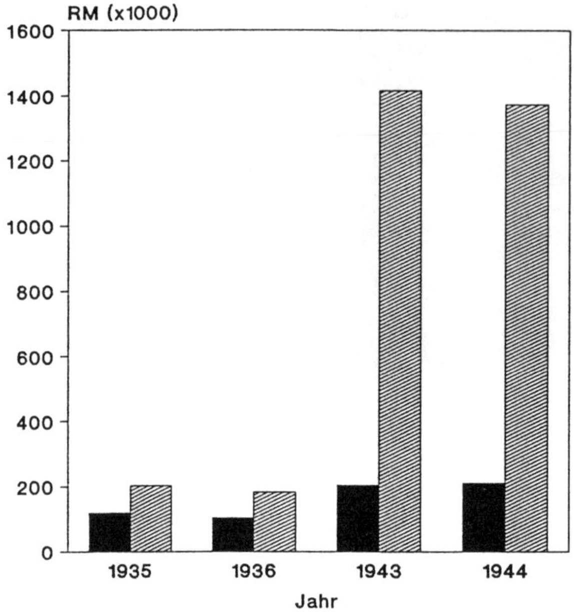

Abb. 5.6 Finanzierung von (Bio-)Chemikern an Universitäten und KWIs durch I. G. Farben und DFG/RFR.
Summe der Unterstützung der hier berücksichtigten (Bio-)Chemiker durch I. G. Farben; Summe der Unterstützung dieser (Bio-)Chemiker durch DFG/RFR.

Ein Vergleich der Höhe der Finanzierung der in dieser Studie berücksichtigten (Bio-)Chemiker durch DFG/RFR mit der durch die I. G. Farben zeigt, daß der Anteil der Finanzierung durch die I. G. Farben während des Krieges deutlich zurückging (Abb. 5.6). Dies erklärt sich durch die oben beschriebene starke absolute Zunahme der DFG-Finanzierung von (Bio-)Chemikern.

Ein Vergleich der Themen, für die feste Jahresbeträge für wissenschaftliche Mitarbeiter der I. G. im Jahre 1930 und 1943 bezahlt wurden, zeigt folgendes.[72] Die Gesamtfinanzierung betrug 1930, wie oben angegeben, 682.000 RM, und 1943 535.000 RM, d. h. 77 %. Die Finanzierung von Mitarbeitern auf den Gebieten der Farben, Färbereiprodukte, Chemikalien, Lacke und Lösungsmittel fiel dabei von 192.500 RM auf 16.000 RM, d. h. auf 8 % des Betrags von 1930 zurück. Auf dem Gebiet der Photographica ging sie von 55.964 RM auf 3.000 RM, d. h. auf 5 % zurück. Auch die Finanzierung von Mitarbeitern auf den Gebieten der Kunststoffe und Sprengstoffe war 1943 mit 63.749 RM (62 % der Höhe von 1930) etwas geringer, als es dem prozentualen Rückgang entsprach. Die Finanzierung

[72] Die Daten für 1943 (nach dem Stand vom 15.1.1944) stammen aus der angegebenen Quelle, die Daten für 1930 (nach dem Stand vom 31.12.1930) sind der Akte I. G. AG C629/1 entnommen.

von Arbeiten über Pharmazeutika und Schädlingsbekämpfungsmitteln nahm dagegen 1943 (152.124 RM = 92 % des Betrags von 1930) prozentual gegenüber 1930 (164.960 RM) zu. Die Finanzierung schien demnach besonders stark auf den nicht spezifizierten chemischen Gebieten, die für 1930 nicht ausgewiesen sind, aber 1943 einen Betrag von etwa 190.000 RM ausmachen, angestiegen zu sein. Den Verzeichnissen über die Finanzierung der einzelnen Mitarbeiter ist zu entnehmen, daß es sich neben der Erprobung von Verfahren für bestimmte Anwendungen um Gebiete chemischer Grundlagenforschung handelte, z. B. neue chemische Reaktionen und Methoden der makromolekularen Chemie, Fragen der Magnetochemie und auch Kernphysik.

Im folgenden gebe ich einige Beispiele von Hochschul- und KWI-Chemikern, die nennenswerte Beträge von der I. G. Farben erhalten haben. Diese Zusammenstellung dient ausschließlich dazu, beispielhaft einige Themen von Forschungsprojekten zu dokumentieren, die von der I. G. Farben finanziert wurden, und damit die Bedeutung der Industrieförderung für einzelne (Bio-)Chemiker aufzuzeigen (Tabelle 5.6). Im Hinblick auf die gesamte Förderung auswärtiger Mitarbeiter der I. G. ist sie nicht repräsentativ. Eine wünschenswerte umfassende Analyse der Inhalte der von der Industrie finanzierten Forschungen in der Chemie und Biochemie an Universitäten und KWIs und ihres Zusammenhangs mit der industriellen Produktion und der industrieeigenen Forschung in der NS-Zeit konnte hier nicht vorgenommen werden.

Das Werk Elberfeld der I. G. Farben, das von Heinrich Hörlein geleitet wurde, vereinbarte mit Adolf Butenandt, dem Direktor des KWI für Biochemie, eine Zusammenarbeit auf dem Gebiet der Virusforschung. An diesem Institut wurde eine interdisziplinäre Arbeitsgruppe für Virusforschung eingerichtet, die in erster Linie Grundlagenforschung am Tabakmosaikvirus betrieb. Für die für diese Forschung notwendigen sachlichen Aufwendungen (bauliche Änderungen, Beschaffung einer Ultrazentrifuge) und Gehälter für einen Mitarbeiter überwies das Werk Elberfeld 1937 erstmalig 25.000, 1938 40.000 RM, 1939 10.000 RM, 1940 2000 RM und 1941 5.500 RM an Adolf Butenandt.[73]

Auch wenn die Wissenschaftler dieser Arbeitsgruppe von der DFG gefördert wurden, wäre die Gründung der Arbeitsgruppe, die 1941 als Arbeitsstätte für Virusforschung an den KWIs für Biologie und Biochemie etabliert wurde, ohne die Finanzierung durch die Industrie nicht möglich gewesen.[74] Im Februar 1941 beschloß der Vorstand der Industriebank, der KWG 500.000 RM für die Fortsetzung der Virusforschung und die Errichtung eines dafür geplanten Institutes zu geben.[75]

---

[73] I. G. Leverkusen an ZA-Büro Frankfurt 4.1.1938, 7.9.1938, 8.12.1939 und 3.3.1941, C629, Sign. 217-24/281.

[74] Zur Forschung der Arbeitsgruppe für Virusforschung, siehe Deichmann, Biologen, S. 148 ff.

[75] Ibid.

Tabelle 5.6 Finanzierung von (Bio-)Chemikern an Universitäten und KWIs durch die I. G. Farben (Beispiele; die Zahlen entsprechen in den meisten Fällen nicht der gesamten Finanzierungshöhe für einzelne Personen durch die I. G. Farben).

Gebiet	Name	Zeitraum der Finanzierung	Höhe der Finanzierung zwischen 1933 und 1945 (RM)	Thema
Physikalische Chemie	R. Mecke	1930–1944	16.000	Spektroskopie
	H.-J. Schumacher	1943–1945	10.200	Katalysatoren zur Verbrennung von NH_3
	H. Kallmann	1934–1936	8.800	Atomzertrümmerung
	E. Kuhn	1934–1936	4.600	Atomzertrümmerung
	K. Clusius	1938–1944	7.200	Gastrennung
	M. Bodenstein	1927–1936	5.400	Chemie allgemein
Organische Chemie	W. Hieber	1938–1944	6.000	Metallcarbonyle
	E. Weitz	1943–1944	12.000	Organische Chemie
	W. Langenbeck	1939–1944	4.800	Chemie allgemein
Naturstoffchemie	R. Kuhn	1932–1944	48.000	Versuche auf dem Vitamingebiet, insbesondere B-Vitamine
	F. Kögl (Utrecht)	1938–1945	36.000	ß-Indolylessigsäure als Wuchshormon (für die Bewurzelung von Pflanzenstecklingen)
	K. Freudenberg	1926–1944	18.000	Insulin und verwandte Gebiete
	B. Helferich	1933–1944	11.600	Insulin und Synthese integrierender Bestandteile von Naturstoffen wie Hormonen, Vitaminen, Glycosiden, Fermenten
Oele	E. Galle	1932–1944	9.600	Kohle- und Erdölchemie
	K.-L. Wolf	1939–1944	4.800	Schmieröle
Anorganische Chemie	R. Schenck	1938–1944	9.600	Gleichgewichtsuntersuchungen von metallurgischen Systemen
	W. Klemm	seit 1936	16.800	Magnetochemie
	H. Reihlen	1939–1944	4.500	Grenzgebiete der Organischen und Anorganischen Chemie
	A. Klemenc	1940–1945	14.400	wäßrige Elektrolyse
	R. Juza	1939–1944	4.800	Katalyse

Tabelle 5.6 Fortsetzung.

Gebiet	Name	Zeitraum der Finanzierung	Höhe der Finanzierung zwischen 1933 und 1945 (RM)	Thema
Polymerchemie	H. Staudinger	1937–1944	34.000	Erforschung makromolekularer Verbindungen, Kunstkautschuk
	K. Hess	1928–1936	182.160*	Herstellung und Verwendung von Cellulose-Derivaten, Kunstseide, Textilhilfsmittel und sonstige Gebiete
	P. A. Thiessen	1938–1944	40.000	Kunstkautschuk
	R. Wintgen	1937–1944	10.000	Kolloidchemische Probleme des Kautschuks
	G.-V. Schulz	1939–1944	4.800	Vorgänge bei der Polymerisation
	R. Brill	1938–1944	17.200	Röntgenographische Untersuchung hochmolekularer Stoffe
	H. von Euler (Stockholm)	1940–1944	10.000	Kunstmasse
	R. Pummerer	1930–1936	6.000	Kunststoffe
	F. Weygand	1943–1944	6.250	Synthetische Arbeiten auf dem aliphatischen Gebiet, insbesondere für Vorproduktion zur Herstellung von Polyamiden

* Die Liste der Freien Mitarbeiter der I. G. bis 1944 (im Archiv der BASF: I. G. Farben AG 217-24/281) weist Hess als Mitarbeiter bis 1939 auf, nennt aber die Höhe der Beträge für 1936 bis 1938 nicht, sie blieben seit 1935 vermutlich unverändert 25.000 RM).

Kapitel 6
Naturstoffchemische und biochemische Forschung im internationalen Vergleich vor dem Hintergrund der Entwicklungen bis 1933

In diesem Kapitel versuche ich, einen Überblick über die Physiologische Chemie, die Naturstoffchemie und die Makromolekulare Chemie in Deutschland bis zum Ende des Zweiten Weltkrieges zu geben und ihre wesentlichen Inhalte und Ergebnisse mit der internationalen Entwicklung zu vergleichen. Im ersten Teil zeige ich die Entwicklung der hauptsächlichen Forschungsrichtungen der in diesem Sinne weit definierten Biochemie bis 1933 auf, im zweiten Teil stelle ich die Forschungen während der NS-Zeit detailliert dar. Eine kurze Darstellung der institutionellen Entwicklung wird der inhaltlichen Analyse jeweils vorangestellt.

6.1 Die Entwicklung der Naturstoffchemie und der Biochemie in Deutschland bis 1933

6.1.1 Die institutionelle Entwicklung

Von Ausnahmen abgesehen, verwende ich den Begriff Biochemie unabhängig davon, ob es sich um Forschung und Lehre in medizinischen oder naturwissenschaftlichen Institutionen handelt, und unabhängig vom Forschungsinhalt. Historisch stand die »Biochemie« der Chemie der Naturstoffe etwas näher, die »Physiologische Chemie« der Chemie des Stoffwechsels. Biochemische Forschung wurde bis 1933 in vier verschiedenen Institutionen betrieben:

- in Universitätsinstituten oder Abteilungen der Pathologie, Physiologie und Physiologischen Chemie in Medizinischen Fakultäten: 1845 wurde mit dem biochemischen Lehrstuhl der medizinischen Fakultät der Universität Tübingen der weltweit erste biochemische Lehrstuhl eingerichtet. 1875 wurde in Tübingen die erste naturwissenschaftliche Fakultät in Deutschland gegründet und – als einmaliger Vorgang – der Lehrstuhl dorthin übertragen. Trotz großer Bemühungen vor allem des durch seine Hämoglobinforschung bekannt gewordenen Felix Hoppe-Seyler (er erhielt 1862 den Tübinger, 1872 den Straßburger Lehrstuhl für Physiologische Chemie und gründete 1877 die erste Zeitschrift für Physiologische Chemie) gab es um die Jahrhundertwende kein weiteres etatgebundenes Ordinariat für Physiologische Chemie. Biochemie wurde an anderen Instituten betrieben, so durch Albrecht Kossel auf den Gebieten der Nucleinsäuren und Proteine an den Instituten für Physiologie in Marburg (1895) und Heidelberg (1901); Ludwig Aschoff untersuchte chemische Ursachen der Arteriosklerose am Pathologischen Institut in Freiburg, sein Assistent Rudolf Schönheimer den Intermediärstoffwechsel von Cholesterin. Im Jahre 1932 existierten sechs selbständige Institute der Physiologischen Chemie (als Ordinariat oder Extraordinariat) in Deutschland. Erst in jenem Jahr wurde das Fach als Prüfungs- und Unterrichtsfach in die ärztliche Approbationsordnung aufgenommen.

– in chemischen (organisch-chemischen) Universitätsinstituten: Forschungen auf dem Gebiet der Naturstoffchemie betrieben in Berlin Emil Fischer (1892–1919), in Göttingen Adolf Windaus (1915–1944), in München Adolf v. Baeyer (1875–1915) sowie seine Nachfolger Richard Willstätter (1915–1924) und Heinrich Wieland (1924–1950). Der erste eigenständige Biochemie-Lehrstuhl in philosophischen bzw. naturwissenschaftlichen Fakultäten wurde erst 1953 in München eingerichtet und mit Feodor Lynen besetzt.
– in Instituten der Kaiser Wilhelm-Gesellschaft: Schwerpunktmäßig Biochemie betrieben Carl Neuberg (seit 1913 Abteilungsleiter und seit 1925 Direktor am KWI für Experimentelle Therapie in Berlin, das in diesem Jahr in KWI für Biochemie umbenannt wurde), Otto Warburg (seit 1913 am KWI für Biologie, seit 1931 als Direktor des KWIs für Zellphysiologie in Berlin), Otto Meyerhof (seit 1924 am KWI für Biologie, seit 1929 als Leiter des Instituts für Physiologie am KWI für Medizinische Forschung in Heidelberg), Richard Kuhn (seit 1929 Leiter des Instituts für Chemie an diesem KWI). Proteinforschung war Schwerpunkt der Arbeiten am KWI für Lederforschung in Dresden unter Max Bergmann.

Die langsame Institutionalisierung der Biochemie an deutschen Universitäten unterschied sich deutlich von den schnelleren Entwicklungen, die vor allem in den USA, aber auch in Österreich und den skandinavischen Ländern während der 1920er Jahre stattfanden.[1] Der führende englische Biochemiker und Nobelpreisträger Sir Frederick Gowland Hopkins drückte sein Erstaunen darüber in seinem Eröffnungsvortrag zum Internationalen Physiologen-Kongreß am 3. August 1926 in Stockholm aus:

»Wenn es nun auch 50 Jahre her sind, daß Hoppe-Seyler seinen Appell nach Anerkennung der Biochemie als selbständige Disziplin drucken ließ, so kann doch niemand sa-

[1] Frederick G. Hopkins, Über die Notwendigkeit von Instituten für physiologische Chemie, Münch. Med. Wschr. 1926, 1586–1587; Dankwart Ackermann, Physiologische Chemie als medizinisches Unterrichts- und Forschungsfach, Klinische Wochenschrift 13, 705–707, 1934; siehe dazu Robert Kohler, The History of Biochemistry: A Survey, J. History of Biology 8, 276–318, 1975.

gen, daß er in seinem eigenen Vaterlande damit Erfolg gehabt hätte. Im Verhältnis zu seinem sonstigen wissenschaftlichen Aufwand läßt das moderne Deutschland unserer Disziplin nur eine äußerst bescheidene Bewegungsfreiheit. Es ist unter solchen Umständen eigentlich schwer zu sagen, wie Deutschland in Zukunft auf diesem Gebiet soll Schritt halten können, auf dem es lange Zeit allein die Führung gehabt hat.«[2]

In Cambridge hatte Hopkins zusätzlich zum Unterricht in medizinischer Chemie eine Fachausbildung für die gesamte Biochemie eingerichtet, die zum Ausgangspunkt eines späteren Biochemiestudiums wurde.

Auch Physiologische Chemiker in Deutschland kritisierten die Vernachlässigung ihres Faches in der universitären Forschung und Lehre. So mißbilligte Franz Knoop die Tatsache, daß selbst nach dem Beschluß der Deutschen Physiologischen Gesellschaft von 1927, Physiologische Chemie als Unterrichts- und Prüfungsfach des Medizinstudiums einzuführen und sie damit anderen theoretischen Fächern gleichzustellen, in zwei Jahren praktisch nichts zur Förderung des Faches geschehen sei. In Preußen beispielsweise gebe es im Jahre 1929, abgesehen von Frankfurt, kein etatmäßiges Ordinariat für Physiologische Chemie.[3] In ähnlicher Weise kritisierte Dankwart Ackermann, daß die Physiologische Chemie in Deutschland im Hinblick auf die Gründung selbständiger Institute und die Etablierung als Unterrichtsfach nach dem Ersten Weltkrieg immer mehr hinter dem Ausland zurückgeblieben sei.[4]

Die im Vergleich mit der Entwicklung der Forschung und der zunehmenden Bedeutung des Faches institutionelle Rückständigkeit führte zu einer Marginalisierung der Biochemie mit entsprechend geringeren Aufstiegsmöglichkeiten. Nach A. Zloczower läßt sich in den meisten medizinischen Fächern seit Ende des letzten Jahrhunderts ein Anstieg der Habilitationen feststellen, der vor allem in neueren Fächern wie Hygiene und Pharmakologie mit der Hoffnung auf Karrieremöglichkeiten verbunden war. In der Physiologischen Chemie mußten junge Wissenschaftler dagegen ihre Verbindungen zu Instituten der Physiologie aufrechterhalten. Dies führte dazu, daß ein Aufstieg bis zum Ordinariat fast unmöglich wurde, und erklärt, warum die Physiologische Chemie als einzige medizinische Disziplin 1910 weniger Privatdozenten und außerordentliche Professoren aufzuweisen hatte als 1880.[5]

Eine Folge fehlender biochemischer Lehrstühle war die Gründung von biochemischen Abteilungen in anderen Instituten oder Kliniken; so besaßen alle Kliniken der Inneren Medizin und die meisten pathologischen und hygienischen Universitätsinstitute Ende der 1920er Jahre biochemische Abteilungen.[6] Ein Beispiel ist das von Leonor Michaelis und Peter Rona 1905 gegründete chemische Labor im Ber-

2 Hopkins, Über die Notwendigkeit von Instituten.
3 Franz Knoop, Was wird aus der physiologischen Chemie in Deutschland? Münch. Med. Wschr. 76, 206–207, 1929.
4 Dankwart Ackermann, Physiologische Chemie.
5 A. Zloczower, Career Opportunities and the Growth of Scientific Discovery in 19th Century Germany. With Special Reference to Physiology, in: Occasional Papers in Sociology, The Hebrew University of Jerusalem 1967.
6 Knoop, Was wird aus der physiologischen Chemie?

liner Krankenhaus am Urban, wo Michaelis seine Arbeiten zur Enzymkinetik durchführte.

Gründe für die späte eigenständige Entwicklung der Biochemie in der Medizin lagen unter anderem in der Befürchtung von Konkurrenz durch Fachvertreter der etablierten Disziplinen sowie darin, daß einflußreiche Protagonisten der Biochemie fehlten. Die maßgeblichen Physiologen des 19. Jahrhunderts, z. B. Emil du Bois-Reymond, Willy Kühne und Eduard Pflüger, lehnten Hoppe-Seylers Forderung ab, an allen Universitäten Lehrstühle für Physiologische Chemie einzurichten. Pflüger rief seine Kollegen zum Widerstand gegen eine solche Bewegung auf, die nur dazu führen könne, das große und einheitliche Arbeitsgebiet der Physiologie zu zersplittern.[7] Auch später wandten sich Physiologen gegen die Teilung ihres Faches. Der erwähnte Beschluß der Deutschen Physiologischen Gesellschaft von 1927, der die Einrichtung der Biochemie als Unterrichts- und Prüfungsfach forderte, wurde von mehreren Seiten, auch von Mitgliedern der Gesellschaft selbst, scharf kritisiert und bekämpft. Vermutlich wurde auch ein finanzieller Verlust bei Kolleg- und Prüfungsgeldern befürchtet. Der Beschluß wurde erst durch eine Entscheidung des Reichsinnenministeriums von 1932 umgesetzt.[8] Andere medizinische Spezialgebiete wie Pharmakologie und Hygiene hatten zur gleichen Zeit weitaus geringere Probleme, sich als eigene Fächer zu etablieren. Der spätere Nobelpreisträger Hans Krebs spricht im Zusammenhang mit der Tatsache, daß Biochemiker durch die fehlende institutionelle Anerkennung ihres Faches zu akademischen Außenseitern wurden, von einer Aschenputtel- (Cinderella-) Behandlung von Biochemikern an deutschen Universitäten.[9]

Vermutlich verstärkte die Tatsache, daß viele Biochemiker Juden waren, die Außenseiterrolle dieses Faches. Zum einen erhielten hervorragende Vertreter von ihnen, z. B. Meyerhof und Michaelis, keine Institutsleiterstellen an Universitäten (siehe Kapitel 1). Zum anderen sahen nichtjüdische Biochemiker in der großen Anzahl von Juden einen Hinderungsgrund dafür, sich zusammenzuschließen. So schrieb Franz Knoop, Ordinarius in Tübingen und damals einer der bedeutensten deutschen Biochemiker, 1942 rückblickend über die fehlende Führung unter Biochemikern: »Da bei uns sehr viele Juden an dem Fach beteiligt waren, so war auch das ein Grund eines fehlenden persönlichen Zusammenschlusses. Neuberg, Embden, Meyerhof, Friedmann, Spiro, Fürth u. a. spielten eben doch eine zu große Rolle, die nur Uneinheitlichkeit herbeiführen konnte.«[10] Es paßt in dieses Bild, daß die Gründung selbstän-

[7] Hopkins, Über die Notwendigkeit von Instituten, siehe auch Karlson, The Rise and Fall of Biochemistry in Berlin 1825–1945, Biol. Chem. Hoppe-Seyler 367, 659–669, 1986; Joseph S. Fruton, Contrasts in Scientific Style, Philadelphia 1990: American Philosophical Society, S. 267.

[8] Ackermann, Physiologische Chemie als medizinisches Unterrichts- und Forschungsfach.

[9] Hans Krebs in H. Krebs und F. Lipmann, Dahlem in the Late Nineteen Twenties, in Horst Kleinkauf, Hans von Döhren, Lothar Jaenicke, The Roots of Modern Biochemistry. Fritz Lipmann's Squiggle and its Consequences, Berlin/NY. 1988, 67–71: de Gruyter, S. 111–118.

[10] F. Knoop an E. Abderhalden, 28.7.1942, Archiv der Leopoldina, EA 238.

diger physiologisch-chemischer Universitätsinstitute seit 1933 stark anstieg und die Deutsche Gesellschaft für Physiologische Chemie 1942 gegründet wurde.

Auch in der Organischen Chemie fehlten einflußreiche Protagonisten, die für eine eigenständige Biochemie eintraten. Biochemie war hier als Naturstoffchemie Teil der Chemie. In der Physikalischen Chemie war es Wilhelm Ostwald und Walther Nernst trotz der Opposition der Leiter der großen chemischen Institute, Emil Fischer und Richard Willstätter, gelungen, das Fach als eigenständige Disziplin an Universitäten zu etablieren (1904 gab es vier, 1932 14 selbständige Institute).[11] Entscheidend waren dabei die eigenständige methodische und theoretische Entwicklung der Physikalischen Chemie und die Unterstützung durch Physiker. Eine Reihe dieser Institute entstand, nachdem Arrhenius und van't Hoff Ende des 19. Jahrhunderts innerhalb kurzer Zeit eine sehr überzeugende Theorie der Materie in Lösung (Ionentheorie) entwickelt hatten.

Auch in der Biochemie entstanden seit Beginn des 20. Jahrhunderts neue methodische und theoretische Konzepte. Frühe Beispiele sind die Untersuchung des Einflusses der Wasserstoffionenkonzentration auf Proteine durch Sörensen und Loeb, die Enzymkinetik durch Michaelis, die Untersuchung von Enzymreaktionen mit physikalisch-chemischen Methoden durch Warburg und die Aufklärung von Stoffwechselcyclen mit Hilfe von Methoden der Chemie, Physiologie und Thermodynamik durch Embden, Knoop, Krebs und Meyerhof. Das Konzept der Makromoleküle erwies sich für die Biochemie von größter Bedeutung; Methoden der Physikalischen Chemie – neben der Ultrazentrifugation vor allem die Elektrophorese, Röntgenstrukturanalyse und später die Verwendung schwerer und radioaktiver Isotope – spielten für die spätere Etablierung der Biochemie eine große Rolle. Die Anwendung exakter chemischer bzw. physikalisch-chemischer Methoden wurde in der medizinischen Biochemie allerdings lange mit Hinweisen auf die komplexe Natur biologischer und medizinischer Phänomene abgelehnt.[12] Außerdem wurden die Forschungen zunehmend unter praktischen Gesichtspunkten betrieben. So beklagte Michaelis 1921, daß man in der medizinischen Biochemie in Deutschland »nur etwas erreichen [kann], wenn man sogenannte ›praktische‹ Fortschritte bringt und mögen sie noch so schlecht sein. Wer rein wissenschaftlich und zielbewußt arbeiten will, wird für einen einseitigen Sonderling gehalten und erlahmt schließlich in seiner Arbeitskraft.«[13]

---

[11] Siehe dazu John W. Servos, Physical Chemistry from Ostwald to Pauling. The Making of a Science in America, Princeton (NJ) 1990: Princeton University Press. S. 50.

[12] Als Beispiel sei Svante Arrhenius zitiert: »I am convinced that biological sciences cannot develop into a real science without the aid of the exact methods offered by physical chemistry. The aversion shown by biochemists, who have in most cases a medical education, to exact methods is very easily understood.... The physical chemists have found that the biochemical theories, which are still accepted in medical circles, are founded on an absolutely unreliable basis and must be replaced by other notions agreeing with the fundamental laws of general chemistry.« (Arrhenius 1915, zitiert nach Fruton, Contrasts, S. 245).

[13] Loeb papers, Library of Congress, Manuscript Division, Michaelis an Loeb, 4. März 1921.

Die bedeutenden biochemischen Forschungen des 19. Jahrhunderts fanden an medizinischen Universitätsinstituten statt.[14] Im ersten Drittel des 20. Jahrhunderts wurde international führende Biochemie dagegen in zunehmendem Maße an KWIs und, als Naturstoffchemie, an Universitätsinstituten der Organischen Chemie betrieben. Ungeachtet ihrer fehlenden institutionellen Eigenständigkeit an Universitäten behielt die biochemische Forschung in Deutschland, wie in den nächsten Abschnitten gezeigt wird, ihre führende Stellung auf manchen Gebieten bis in die 1930er Jahre. Der amerikanische Biochemiker Joseph Fruton bemerkte zur Frage von Forschungsqualität und institutioneller Entwicklung:[15] »Wenn es auch Mitte der 1920er Jahre in Medizinischen Fakultäten der USA mehr Professoren der Physiologischen Chemie gab als in Deutschland, war doch die Zahl amerikanischer Forschungsgruppen, die nennenswerte Beiträge zur Erforschung zentraler Probleme der Biochemie geleistet haben, relativ klein.« Nach Fruton brachte der Einfluß der aus Deutschland und Österreich während der 1930er Jahre vertriebenen Wissenschaftler die Entwicklung biochemischer Forschung in den USA entscheidend voran. In Deutschland führte diese Vertreibung zu einem Niedergang großer Teile der Biochemie, der bereits vor 1933 durch eine zunehmend auf medizinische Anwendungen ausgerichtete Physiologische Chemie, starre Strukturen an Universitäten und die geringe Aufstiegsmöglichkeit naturwissenschaftlich arbeitender Biochemiker eingeleitet wurde.

Die folgende Skizze der Entwicklung biochemischer Forschung im ersten Drittel des 20. Jahrhunderts und ihrer Schwerpunkte in Deutschland basiert auf wissenschaftlichen Originalarbeiten sowie Sekundärliteratur.[16] Gemäß einer in vielen Publikationen üblichen Einteilung unterscheide ich zwischen »statischer« oder

---

[14] Dazu gehören die Begründung der Biochemie des roten Blutfarbstoffs durch Felix Hoppe-Seyler in den 1860ern, die Entdeckung der DNA durch den Schweizer Friedrich Miescher in Tübingen 1869 sowie ihre spätere chemische Analyse durch Albrecht Kossel (Nobelpreis 1910) und Eduard Buchners Entdeckung der zellfreien Gärung 1897, die den Anfang der Enzymchemie bildete (Nobelpreis 1907).

[15] Fruton, Contrasts, S. 264 (Übersetzung UD).

[16] Von der Vielzahl der Publikationen zur Biochemieentwicklung im 20. Jahrhundert seien genannt: Marcel Florkin, A History of Biochemistry, Amsterdam, London 1972: Elsevier (5 Parts); Joseph S. Fruton, Molecules and Life. Historical Essays on the Interplay of Chemistry and Biology, New York, London 1972: Wiley-Interscience; ders., Contrasts (1990); ders., Proteins, Enzymes, Genes. The Interplay of Chemistry and Biology, New Haven and London 1999: Yale University Press; Robert Kohler, The History of Biochemistry; ders., From Medical Chemistry to Biochemistry. The Making of a Biomedical Discipline, Cambridge 1982: Cambridge University Press. Eine Darstellung von Leben und Werk der bekanntesten deutsch-jüdischen Biochemiker findet sich in Nachmansohn, Die große Ära. Biographische Angaben insbesondere zu deutschen Chemikern finden sich in Winfried R. Pötsch, Annelore Fischer, Wolfgang Müller. Unter Mitarbeit von Heinz Cassebaum, Lexikon bedeutender Chemiker, Leipzig 1988: VEB Bibliographisches Institut Leipzig.

»deskriptiver Biochemie« als Naturstoffchemie und »dynamischer Biochemie« als Biochemie des Stoffwechsels. Sowohl die chemischen Analysen und Konstitutionsermittlungen von Naturstoffen, darunter Terpene, Gerbstoffe, Pflanzenfarbstoffe, Alkaloide, Purine, Kohlenhydrate, Proteine und Nucleinsäuren, als auch die Biochemie des Stoffwechsels begannen in der zweiten Hälfte des 19. Jahrhunderts.

6.1.2 Polymere Kohlenhydrate und die Auseinandersetzungen um die Existenz der Makromoleküle

Bei den biologisch bedeutendsten Molekülen der Zelle, den Proteinen und Nucleinsäuren, handelt es sich um Makromoleküle. Die Geschichte des Konzepts der Makromoleküle ist bis 1930 von wechselnden Auffassungen hinsichtlich ihrer Existenz gekennzeichnet, worin sich jeweilige wissenschaftliche Traditionen und Moden widerspiegeln. Die Existenz von Makromolekülen wurde von Staudinger mit Methoden der Organischen Chemie und Svedberg mit Hilfe der Ultrazentrifuge, also einer Methode der Physikalischen Chemie, bewiesen. Während die mit der Ultrazentrifuge gewonnenen neuen Erkenntnisse ein Beispiel für wissenschaftlichen Fortschritt auf der Basis einer neuen Methode bzw. eines neuen Instruments darstellt, kann man am Beispiel Staudinger erkennen, daß wissenschaftlicher Fortschritt auch aufgrund eines geänderten Konzepts mit Hilfe von etablierten Methoden erreicht werden kann.

Auch die chemische Industrie, die in Deutschland stets in enger Verbindung mit akademischer chemischer Forschung stand, war stark an den Auseinandersetzungen über Makromoleküle interessiert. Diese Verbindung erklärt das große Interesse der Universitätschemiker an Cellulose, Kautschuk, Seidenfibroin und anderen technisch verwertbaren Makromolekülen.

Bereits im 19. Jahrhundert begannen Chemiker mit der Untersuchung polymerer Stoffe, wobei Kautschuk aufgrund seiner wirtschaftlichen Bedeutung einen Schwerpunkt bildete.[17] Im Jahre 1860 sprach der britische Chemiker Charles G. Williams die Vermutung aus, daß Kautschuk aus vielen einzelnen Bausteinen aufgebaut sein könnte, und Arbeiten anderer Forscher unterstützten die Vorstellung, daß es sich um ein großes Molekül handelte. Ende des 19. Jahrhunderts war die Ansicht, daß den Naturstoffen Kautschuk, Cellulose, Stärke und Eiweiß eine hochpolymere Struktur zukommt, weit verbreitet. Danach setzte eine Gegenströmung ein, als deren bedeutendster Vertreter Carl Harries (Berlin, seit 1904 Kiel) gilt, in

[17] Zur Geschichte der Polymerforschung siehe z. B. Claus Priesner, H. Staudinger, H. Mark, K. H. Meyer. Thesen zur Größe und Struktur der Makromoleküle, Weinheim 1980: Verlag Chemie, S. 3–31 und Peter J. T. Morris, Polymer Pioneers. A Popular History of the Science and Technology of Large Molecules, Philadelphia 1986: Center for History of Chemistry.

Deutschland einer der bekanntesten Kautschukchemiker seiner Zeit, der vom niedermolekularen Aufbau von Kautschuk überzeugt war. In England widersprach Samuel Pickles dieser Vorstellung; er vertrat bereits 1910 eine später weitgehend als richtig anerkannte Auffassung vom Aufbau des Kautschuks aus langen Isoprenketten.[18]

Aber die Vorstellung eines niedermolekularen Baus natürlicher Stoffe mit großem Molekulargewicht wie Kautschuk oder Cellulose erhielt immer mehr Befürworter, was insbesondere auf neuere Entwicklungen der (zunächst anorganischen) Kolloidchemie sowie erste Ergebnisse der Röntgenstrukturanalyse organischer Moleküle zurückzuführen ist. Dem russischen Kolloidchemiker Peter v. Weimarn gelang 1908 der Nachweis, daß nicht nur hochmolekulare Stoffe wie Kautschuk, sondern auch kristalline anorganische Substanzen kolloide Lösungen bilden können. v. Weimarn und andere Kolloidchemiker schlossen daraus nicht nur, daß der kolloide Zustand von der Materiestruktur unabhängig ist, sondern auch, daß jeder kolloide Stoff auch kristallin erhalten werden könne. Da kristalline Stoffe sich damals stets als niedermolekular erwiesen hatten, nahm man nun an, daß die angeblich hochmolekularen Stoffe in Wirklichkeit niedermolekular waren, wenn man sie nur genügend reinigte und damit kristallin erhielt.[19] Zudem ergab die chemische Analyse organischer Kolloide wie z. B. der Seifen, daß diese durch eine Zusammenlagerung kleiner Teilchen entstehen. Da die Lösungen dieser Kolloide ein ähnliches Verhalten zeigen wie die von Cellulose und Kautschuk, nahm man auch hier eine Aggregation niedermolekularer Teilchen an. Das Kolloidkonzept erhielt auch durch die Theorie der Haupt- und Nebenvalenzen, mit der Alfred Werner die chemische Koordinationslehre begründete (1902), Auftrieb. In den nächsten Jahrzehnten wandten Organiker das Kolloiodkonzept auf verschiedene makromolekulare Naturstoffe an, darunter Paul Karrer und Kurt Hess auf Cellulose, Carl Harries, wie erwähnt, auf Kautschuk und Einar Hammersten und Phoebus Levene auf Nucleinsäuren (zur Geschichte der Kolloidchemie siehe Abschnitt 6.1.3).

Um 1918 fertigte Paul Scherrer in Zürich die ersten Röntgenaufnahmen von Cellulose an und bewies damit deren kristallinen Bau. Die Auswertung ergab, daß die Elementarzelle dieses Röntgenbildes nur wenige Glucoseeinheiten umfaßte. Entsprechend den damaligen Erfahrungen bei Aufnahmen niedermolekularer Substanzen, nach denen die Elementarzelle nie kleiner als das gesamte Molekül war, wurde die Röntgenstrukturanalyse zunächst zur Unterstützung der Vorstellung herangezogen, daß es sich bei Stoffen mit hohem Molekulargewicht um Aggregate einzelner, aus kleinen Molekülen bestehender Micellen handelte. Die Konzeption großer, hochpolymerer Moleküle hatte nach dem Ersten Weltkrieg zunächst nur noch eine geringe Bedeutung.

---

[18] Samuel Shrowder Pickles, The Constitution and Synthesis of Caoutchouc, J. of the Chem. Society 97, 1085–1090, 1910, nach C. Priesner (H. Staudinger, H. Mark, K. H. Meyer). Nach Pickles sollten sich diese Isoprenketten entgegen heutiger Vorstellungen an den Enden zu einem großen Ring verknüpfen. Seine Arbeit wurde auch in deutschen Fachzeitschriften referiert, blieb aber weitgehend unbeachtet.

[19] Priesner, H. Staudinger, H. Mark, K. H. Meyer, S. 17.

Hermann Staudinger, seit 1912 Ordinarius an der ETH in Zürich und seit 1926 in Freiburg, beschäftigte sich seit etwa 1910 mit der Natur der Polymere. In seinem 1920 veröffentlichten Artikel »Über Polymerisation« stellte er der verbreiteten Annahme, bei künstlichen Polymerisationsprodukten, z. B. polymeren Ketenen, handele es sich um Verbindungen, die durch Nebenvalenzen zusammengehalten werden, die Auffassung entgegen, daß die verschiedenartigsten Polymerisationsprodukte »durch normale Valenzformeln eine genügende Erklärung finden«.[20] Die Resonanz, die Staudingers Artikel fand, war gering; die meisten Chemiker hielten es nicht für notwendig, sich mit seinen Thesen auseinanderzusetzen. Staudinger konnte zu diesem Zeitpunkt noch keine Beweise für die Existenz langkettiger Moleküle liefern.

Im Jahre 1921 veröffentlichte Karl Freudenberg in München als Ergebnis seiner Analyse des Celluloseabbaus die Hypothese, daß Cellulose aus etwa 100 gleichmäßig gebundenen Glucoseeinheiten aufgebaut ist, der erste Hinweis auf das Vorliegen einer einheitlichen Kette bei Cellulose.[21]

Im Jahre 1924 prägte Staudinger den Begriff »Makromolekül« für Riesenmoleküle, deren Untereinheiten durch Hauptvalenzen (kovalente Bindungen) zusammengehalten werden.[22] Er entwickelte seine Thesen durch Untersuchungen an einfachen synthetischen Produkten, bei denen der monomere Baustein gut bekannt war. Diese sah er als Modelle für hochpolymere Substanzen, und er übertrug die dort gefundenen Ergebnisse auf dem Wege des Analogieschlusses auf Naturstoffe wie Kautschuk und Cellulose. Ein Beispiel bilden die von ihm synthetisierten langkettigen, aus Formaldehydeinheiten bestehenden Polyoxymethylene, die er als Modell für Cellulose benutzte.[23] Erst seit etwa 1929 beschäftigte er sich direkt mit Cellulose.

Es dauerte eine Reihe von Jahren, bis sich das von Staudinger entwickelte Konzept der Makromoleküle in der Chemie und Biochemie durchsetzte. Die meisten Vertreter der Organischen Chemie nahmen Staudingers und Freudenbergs Arbeiten zunächst nicht zur Kenntnis. Ein Beispiel ist Rudolf Pummerer, der durch die Wahl eines geeigneten Lösungsmittels niedermolekulare Lösungen von Kautschuk herzustellen versuchte. Aus der Tatsache, daß er mit Kampfer und Men-

---

20 Hermann Staudinger, Über Polymerisation, Ber. Dtsch. Chem. Ges. 53, 1073–1085, 1920.

21 Karl Freudenberg, Zur Kenntnis der Cellulose, Ber. Dtsch. Chem. Ges. 54, 767–772, 1921.

22 H. Staudinger, Über die Konstitution des Kautschuks (6. Mitteilung über Isopren und Kautschuk), Ber. Dtsch. Chem. Ges. 57, 1203–1208, 1924. Staudinger veröffentlichte in den folgenden Jahren eine Vielzahl von Publikationen, in denen er diese Auffassung, daß es sich um Moleküle handelt, bei denen »viele kleine Grundmoleküle durch normale Co-Valenzen (Hauptvalenzen) zu langen Ketten, großen Molekülen, gebunden« sind, weiter ausbaute und den Begriff Makromolekül verteidigte, z. B. H. Staudinger, Über die Konstitution der hochmolekularen Stoffe, Die Naturwissenschaften 17, 141–144, 1929.

23 z. B. H. Staudinger, H. Johner, R. Signer, G. Mie und J. Hengstenberg, Der polymere Formaldehyd, ein Modell der Cellulose, Zs. physikalische Chemie 126, 425–448, 1927.

thol erfolgreich war, schloß er, daß sich auch bei Kautschuk kleinere Moleküle nichtkovalent assoziieren und so ein riesenhaftes Molekulargewicht vortäuschen.[24] Paul Karrer, Organiker an der Universität Zürich, vertrat die gleiche Ansicht hinsichtlich polymerer Kohlenhydrate.[25] Weitere Opponenten des Makromolekularkonzepts der Kunst- und Naturstoffe in Deutschland waren, zumindest eine Zeitlang, der Direktor des KWI für Faserstoffchemie, Reginald Herzog,[26] die Emil-Fischer-Schüler Max Bergmann[27] und Hans Pringsheim[28], der Kolloidchemiker Wolfgang Ostwald sowie die Organiker Kurt Hess, Kurt Meyer, Heinrich Wieland und Richard Willstätter. Kurt Hess, der die Gastabteilung für Organische Chemie am Kaiser Wilhelm-Institut für Chemie leitete, glaubte bewiesen zu haben, daß es sich bei Cellulose um ein kolloidales Aggregat von Anhydroglucose handele (1928).[29]

Staudinger genoß bereits seit seiner Zeit in Zürich große Anerkennung für seine Arbeiten über niedermolekulare Verbindungen, insbesondere Ketene und organische Phosphorverbindungen. Er beschrieb die Skepsis, auf die er mit seinen Forschungen über makromolekulare Verbindungen bei seinen Kollegen aus der Organischen Chemie stieß, in seinen »Arbeitserinnerungen«:[30] Untersuchungen an den wenig definierbaren Verbindungen wie Kautschuk und synthetischen Polymeren seien oft als »Schmierenchemie« bezeichnet worden. Manche Kollegen hätten die Bearbeitung dieser Stoffe als verfrüht empfunden, da sie von der für die niedermolekulare Chemie zutreffenden Ansicht ausgegangen seien, daß die Konstitution einer organischen Verbindung nur dann erfolgreich aufzuklären sei, wenn diese rein und einheitlich vorliege. Außerdem sei man häufig Vermutungen Emil Fischers gefolgt, nach dem hochmolekulare Verbindungen nicht existenzfähig seien. (Fischer war der Auffassung, daß ein von ihm und Freudenberg synthetisiertes

---

24 Rudolf Pummerer, Hilde Nielsen und Wolfgang Gündel, Kryoskopische Molekulargewichts-Bestimmung des Kautschuks, Ber. Dtsch. Chem. Ges. 60, 2167–2175, 1927.

25 Paul Karrer, Die polymeren Kohlenhydrate, Leipzig 1925.

26 Herzog stellte durch röntgenkristallographische Untersuchungen eine kleine, kristallisierte Elementarzelle (Micelle) bei Cellulose fest, in der kleine Moleküle durch Gitterkräfte zusammengehalten werden (Die Naturwissenschaften 12, 955–981, 1924).

27 Max Bergmann, Allgemeine Strukturchemie der komplexen Kohlenhydrate und der Proteine, Ber. Dtsch. Chem. Ges. 59, 2973–2981, 1926. Bergmann spricht hier von pseudo-hochmolekularen Stoffen wie Inulin, in denen starke aggregierende Kräfte einzelne Stoffteilchen zusammenhalten. In bezug auf Proteine vermutete er, daß sie Molekülverbindungen hoher Ordnung seien, in denen umfangreiche Aggregate aus verschiedenen kovalent verknüpften Gruppen von Aminosäuren zusammengefügt sind. Zur Erklärung der von Biologen geforderten hohen Spezifität von Proteinen sei von einer relativ beständigen Zusammenfügung auszugehen.

28 Hans Pringsheim, Abbau und Aufbau der Polysaccharide, Ber. Dtsch. Chem. Ges. 59 3008–3018, 1926.

29 Kurt Hess, Die Chemie der Cellulose, Leipzig 1928.

30 Hermann Staudinger, Arbeitserinnerungen, Heidelberg 1961: Dr. Alfred Hüthig Verlag, S. 77–79.

Zuckerderivat mit dem Molekulargewicht 4021 ein höheres Molekulargewicht habe als die Proteine.) Heinrich Wieland habe ihm Ende der 1920er Jahre den Rat gegeben: »Lieber Herr Kollege, lassen Sie doch die Vorstellung mit den großen Molekülen, organische Moleküle mit einem Molekulargewicht über 5000 gibt es nicht. Reinigen Sie Ihre Produkte, wie z. B. den Kautschuk, dann werden diese kristallisieren und sich als niedermolekulare Stoffe erweisen.«[31]

Die Ablehnung des Konzepts der Makromoleküle seitens der meisten Organiker ging Ende der 1920er Jahre in eine Geringschätzung über. Staudinger erhielt dagegen interessanterweise Unterstützung von Vertretern der Physikalischen Chemie und Röntgenstrukturanalyse. Hermann Mark, der Cellulose, Seide und Wolle röntgenkristallographisch untersuchte, kam 1926 zu der Ansicht, daß die bei der Kristallisation im Röntgenbild auftretenden kleinen Elementarkörper nicht als Argument gegen die Existenz viel größerer, durch kovalente Bindungen verknüpfter Moleküle benutzt werden können. Er hielt ein großes, quantitativ noch nicht bestimmbares Molekül bei hochmolekularen Substanzen für denkbar: »Der ganze Krystallit erscheint als großes Molekül.«[32] Durch die Präsentation seiner Ergebnisse auf der Tagung der Deutschen Naturforscher und Ärzte 1926 in Düsseldorf erhielt die von Staudinger vorgetragene Makromolekül-Hypothese zum ersten Mal eine experimentelle Stütze durch einen Röntgenkristallographen. Staudinger gelang es auf dieser Tagung, einige maßgebliche frühere Opponenten, darunter Richard Willstätter sowie den Leiter des Hauptlabors der I. G. Farben in Ludwigshafen, Kurt H. Meyer, von der Gültigkeit seiner Theorie zu überzeugen. Mark wurde 1927 Mitarbeiter Meyers; sie veröffentlichten einige gemeinsame Publikationen über die Struktur von Cellulose.

Die heute noch gültige Konstitutionsformel der Cellulose wurde von Freudenberg, der mittlerweile Ordinarius in Heidelberg war, 1928 veröffentlicht.[33] Er faßte in dieser Arbeit seine eigenen quantitativen Untersuchungen des Abbaus insbesondere der methylierten Cellulose und die Ergebnisse britischer Arbeitsgruppen über die Konstitution der Cellobiose zusammen: Cellulose war demnach ein lineares Makromolekül aus kovalent verknüpften Cellobioseeinheiten.

Mark und Meyer bestätigten 1928 durch eine röntgenspektroskopische Analyse Freudenbergs Hypothese, nach der in der Cellulose lange Ketten glycosidisch verbundener Glucose-Einheiten (sie vermuteten 30–50) vorliegen.[34] Sie schlugen vor, von Hauptvalenzketten statt von Makromolekülen zu reden, da der Molekülbegriff eindeutig chemisch charakterisierbaren Teilchen vorbehalten sei, die untereinander nicht durch deutliche Kräfte verknüpft sind. In der Cellulose befänden sich dage-

[31] Ibid., S. 79.

[32] Hermann Mark, Über die röntgenographische Ermittlung der Struktur organischer besonders hochmolekularer Substanzen, Ber. Dtsch. Chem. Ges. 59, 2982–3000, 1926.

[33] Karl Freudenberg und Emil Braun, Methylcellulose, Annalen d. Chem. 460, 288–306, 1928.

[34] Kurt Meyer und Hermann Mark, Über den Bau des krystallisierten Anteils der Cellulose, Ber. Dtsch. Chem. Ges. 61, 593–614, 1928.

gen Ketten völlig unterschiedlicher Länge, die parallel gelagert und untereinander durch andere Kräfte zusammengehalten seien als die Ketten in sich (insbesondere Van-der-Waals-Kräfte). Sie lehnten Auffassungen von Kurt Hess, Paul Karrer, Hans Pringsheim und anderen Forschern ab, nach denen in der Cellulose kleine Struktureinheiten vorhanden seien, die durch Assoziationskräfte zu größeren Aggregaten vereinigt werden.

Während Mark und Meyer mit der Annahme starker intermolekularer Kräfte recht hatten, unterschätzten sie noch viele Jahre lang die Länge der Hauptvalenzkette (des Makromoleküls). Staudingers Bezeichnung »Makromolekül« setzte sich auch in bezug auf Cellulose durch. In einer weiteren Arbeit von 1928 erklärte Meyer die Elastizität des Kautschuks mit der Neigung der Isoprenketten, sich zu krümmen und sich zu verknäueln, eine damals neue und nach heutiger Kenntnis richtige Interpretation.[35] Diese beiden Veröffentlichungen waren Anlaß für Staudinger, eine heftige Polemik gegen Mark und Meyer zu initiieren, die über viele Jahre hinweg in den »Berichten der Deutschen Chemischen Gesellschaft« ausgetragen wurde (siehe dazu Priesner, H. Staudinger, H. Mark, K. H. Meyer). Staudinger lehnte darin nicht nur den Begriff der Hauptvalenzkette sowie Meyers Vorstellung von verknäuelten linearen Makromolekülen ab (er vertrat bis Ende der 1940er Jahre die Auffassung, lineare Makromoleküle seien starre gestreckte Gebilde), sondern er beschuldigte seine Kollegen des Plagiats: »In ihren Arbeiten über Cellulose und Kautschuk führen K. H. Meyer und H. Mark den besonderen Charakter dieser und anderer hochmolekularer Stoffe auf das Vorliegen von Hauptvalenzketten zurück. Sie vertreten damit einen Standpunkt, den ich schon vor 8 Jahren eingenommen und seither in zahlreichen Publikationen und Vorträgen vertreten habe.«[36]

Staudinger war der erste Chemiker, der die Existenz von Makromolekülen experimentell bestätigte. Im Unterschied zu Mark, Meyer und Freudenberg untersuchte er synthetische Moleküle und erst seit 1929 Cellulose. Weder in dem genannten Artikel von 1928 noch an anderer Stelle zitierte er die frühen Cellulose-Arbeiten Freudenbergs. 1939 behauptete er sogar, den makromolekularen Bau der Cellulose im Jahre 1930 selber bewiesen zu haben.[37] Freudenberg äußerte sich dazu später folgendermaßen: »Staudinger hat es trotz wiederholter mündlicher und schriftlicher Hinweise unterlassen, auf mein Argument (1921) für die große einheitliche Kette einzugehen. Er kämpfte unnötigerweise jahrelang gegen das längst widerlegte Trugbild der gesonderten Einheiten, die mit ›Nebenvalenzen‹ verbunden sein sollten, eine Auffassung, der sich Paul Karrer und andere jahrelang anschlossen.«[38]

[35] Kurt H. Meyer, Neue Wege in der organischen Strukturlehre und in der Erforschung hochpolymerer Verbindungen, Angewandte Chemie 41, 935–946, 1928.

[36] Hermann Staudinger, Über die Konstitution der Hochpolymeren. 13. Mitteil., Ber. Dtsch. Chem. Ges. 61, 2427–2431, 1928.

[37] H. Staudinger und A. W. Sohn, Über Fehlerstellen im Cellulosemolekül, Die Naturwissenschaften 27, 548–549, 1939.

[38] Karl Johann Freudenberg, Lebenserinnerungen, o. Dat., S. 59, unveröff. Manuskript im Firmenarchiv Carl Freudenberg, Weinheim.

Freudenbergs frühe Hinweise auf den makromolekularen Bau von Cellulose blieben auch später weitgehend ignoriert.

Staudinger betrachtete seine ehemaligen wissenschaftlichen Gegner Mark und Meyer, später auch Freudenberg, nun als Konkurrenten. Mark und Meyer, die zunächst versuchten, in freundlichen Briefen Mißverständnisse auszuräumen, reagierten seit 1931 ihrerseits durch Beiträge in den »Berichten« auf Staudingers Vorwürfe. Die Polemik zog sich bis 1937 hin (siehe Kapitel 7).

1932 erschienen Lehrbücher von Staudinger (über Cellulose und Kautschuk[39]) und von Mark, »Physik und Chemie der Cellulose«. Aus Verbitterung darüber, daß Mark ihn seiner Meinung nach nicht ausreichend zitierte, brach Staudinger die persönlichen Beziehungen ab. Im Februar 1932 schrieb er ein vernichtendes Gutachten über Meyer, der für die Nachfolge von Prof. Pschorr als Direktor des organischen Lehrstuhls an der TH Berlin in die engere Auswahl gekommen war.[40] Meyer nahm den in dem gleichen Jahr an ihn ergangenen Ruf an die Universität in Genf an.

Der amerikanische Organiker Wallace Carothers, der 1935 mit Nylon die erste praktisch verwertbare Kunstfaser entwickelte, stellt in einer Besprechung die große Bedeutung von Staudingers vor allem an einfachen synthetischen Makromolekülen entwickelten grundlegenden Vorstellungen über die Beziehung zwischen Struktur und Eigenschaften linearer Makromoleküle heraus. Er nennt auch einige wissenschaftliche Schwachpunkte, darunter die Annahme, diese Moleküle seien in Lösung immer starr, und macht dann auf eine Schwäche Staudingers aufmerksam, die sich nachteilig auf die weitere Entwicklung der Polymerchemie in Deutschland auswirkte: »Aufgegebene Ansichten früherer Opponenten werden wieder präsentiert und noch einmal wiederlegt; abgesehen davon werden die Beiträge anderer Forscher nicht in ausreichendem Maße anerkannt. Der Autor neigt dazu, hinsichtlich bestimmter spekulativer Interpretationen dogmatisch zu sein, auch wenn nur schwache und zweifelhafte Beweise vorliegen.«[41]

Wie weiter unten erläutert wird, war es der Physikochemiker Theodor (The) Svedberg, der zwischen 1926 und 1930 an Proteinen eine entscheidende experimentelle Bestätigung der Existenz von Makromolekülen erbrachte. Im Gegensatz zu den in Deutschland überwiegend untersuchten synthetischen und natürlichen polymeren Kohlenhydraten, deren Moleküle keine einheitliche Kettenlänge besaßen, sind Proteine Makromoleküle jeweils einheitlicher Größe. Hier konnte der Molekülbegriff, der von den Organikern bisher für kleine Moleküle mit einheitlichem Molekulargewicht und einheitlicher Größe verwendet wurde, leicht auf große Moleküle übertragen werden.

---

[39] H. Staudinger, Die hochmolekularen organischen Verbindungen – Kautschuk und Cellulose, Berlin 1932: Springer.

[40] Ibid., S. 305–307.

[41] Wallace H. Carothers, Review on H.Staudinger 1932, J. of the American Chemical Society 54, 4469–4471, 1932, Übersetzung UD. Als Beispiel führt Carothers die Interpretation des Viskositätsverhaltens von Polyethylenoxiden an.

6.1.3 Proteine

Chemische Proteinforschung, Peptidtheorie und Peptidsynthese
Mit der Analyse von Albumin, Casein und Fibrin durch den niederländischen Chemiker Gerardus J. Mulder begann im Jahre 1830 die chemische Proteinforschung.[42] Mulder prägte den Begriff Protein (1838) für die pflanzlichen und tierischen Bestandteile des Fibrins und Albumins, die er für Verbindungen aus Kohlenstoff, Wasserstoff, Stickstoff und Sauerstoff hielt. Um 1860 war die Komplexität der Proteine, die jetzt als Grundsubstanz des Protoplasmas angesehen wurden, allgemein anerkannt. Proteine galten als nicht kristallisationsfähige kolloide Substanzen, die im Gegensatz zu kristallisationsfähigen Stoffen als Quelle der Lebenskraft angesehen wurden. Im 19. Jahrhundert war unter Bezugnahme auf Kekulés Theorie der Vierwertigkeit des Kohlenstoffs (1857) und der Existenz linearer C-C Ketten (1858) die Vorstellung polymerer organischer Moleküle in der Zelle verbreitet. Der Bonner Physiologe Eduard Pflüger sprach 1875 von lebenden polymeren Proteinmolekülen des Protoplasmas, die durch Depolymerisation Energie liefern sollten.[43] Seiner Ansicht nach wuchsen Proteine in der Zelle durch Polymerisation, dissoziierten unter Bildung von Kohlensäure, Wasser und Amid-ähnlichen Substanzen und stellten durch ihre Instabilität die Grundlage der Lebensphänomene dar.

Die frühen Detailkenntnisse des Proteinaufbaus stammen von Organikern, die sich damals bei der Aufklärung von Molekülstrukturen ausschließlich auf kleine Moleküle beschränkten, in diesem Fall Produkte der Hydrolyse. Pionier dieser Forschung war Albrecht Kossel, der neben seiner Nucleinsäureforschung seit den 1890er Jahren Proteine, darunter Protamin und Histone, untersuchte und dabei deren Aufbau aus Aminosäuren feststellte. Kossel erhielt für seine Arbeiten an Proteinen und Nucleinsäuren den Nobelpreis für Physiologie des Jahres 1910.

Grundlegende Arbeiten zur Chemie der Proteine zu Beginn des 20. Jahrhunderts stammen von Emil Fischer, der um die Jahrhundertwende der vermutlich international bedeutendste Vertreter der Organischen Chemie sowie Biochemie war. Fischer leitete das Chemische Universitätsinstitut in Berlin seit 1892 als Nachfolger August Wilhelm von Hofmanns bis zu seinem Tod im Jahre 1919. In der Zuckerchemie gelang Fischer die Synthese der Monosaccharide Mannose, Glucose und Fructose, und er trug maßgeblich zur Aufklärung von deren Konfiguration bei. In der Peptidforschung entwickelte er mit der Vakuumdestillation der Methyl-

---

42 Zur Geschichte der Protein- und Enzymforschung seit 1830 einschließlich ihrer verschiedenen Irrwege, siehe die ausführliche Darstellung in Fruton, Proteins, Enzymes, Genes, insbesondere Kapitel 5, und: John T. Edsall, Proteins as Macromolecules. An Essay on the Development of the Macromolecule Concept and Some of its Vicissitudes, Archives of Biochemistry and Biophysics, Suppl. 1, 12–20 1962.

43 Siehe Robert Olby, The Path to the Double Helix. The Discovery of DNA (1974) New York 1994: Dover Publications, S. 5. Pflüger begründete 1868 die Zeitschrift »Archiv für die gesamte Physiologie«.

ester von Aminoäuren eine der ersten Methoden für deren Trennung, und er isolierte eine Reihe von bis dahin unbekannten Aminosäuren.

Im Jahre 1902 stellte Fischer und, unabhängig von ihm, Franz Hofmeister die Peptidtheorie der Proteinstruktur auf, nach der Proteine lineare Polypeptide sind, in denen die Aminosäuren durch Amid- oder Imidbindungen verknüpft sind.[44] Um diese Theorie zu belegen, arbeitete Fischer an Methoden der Peptidsynthese, wobei ihm die Synthese kleinerer Peptide gelang. Zwischen 1900 und 1910 synthetisierten Fischer und seine Mitarbeiter mehr als 100 Peptide aus zwei bis 18 Aminosäuren. Dann wandte sich Fischer anderen Fragen zu. Er hatte erkannt, daß eine Synthese reiner größerer Peptide damals nicht möglich war.

Die im 19. Jahrhundert verbreitete Vorstellung polymerer organischer Moleküle in der Zelle hatte häufig vitalistische Konnotationen, die Fischers Haltung zum Polymerkonzept negativ beeinflußten. Er versuchte, die Chemie des Lebens auf das solide Fundament der Organischen Chemie zu stellen. Damit charakterisierte er kleine Polypeptide und vermutete, daß Ketten von bis zu 30 Aminosäuren möglich sein sollten. Er berechnete die Zahl möglicher Isomerien eines linearen Polypeptids aus 30 verschiedenen Aminosäureresten ($2{,}6 \times 10^{32}$) und kam zu dem Schluß, daß größere Polypeptide in der Natur gar nicht nötig seien. Zeit seines Lebens hielt er an der Auffassung fest, daß Proteine aus nicht mehr als 30 bis 40 Aminosäuren beständen und Molekulargewichte von 4000–5000 aufwiesen.[45] Diese Auffassung gewann auf Grund von Fischers Autorität auch nach dessen frühem Tod im Jahre 1919 bei Chemikern großen Einfluß.

Unter Fischers Schülern befand sich eine Reihe von Biochemikern, darunter Emil Abderhalden, Max Bergmann, Carl Oppenheimer, Phoebus A. Levene, Peter Rona und Otto Warburg. Abderhalden, seit 1902 Mitarbeiter Fischers, setzte auch nach seiner Berufung an die Tierärztliche Hochschule in Berlin 1908 und die Universität Halle 1911 die Synthese von Peptiden und die Analyse kleiner Peptide aus Proteinen fort. Viele dieser Synthesen und Analysen, die später oft zitiert wurden,[46] wurden wohl nie von anderen wiederholt. In manchen Fällen wurden Zweifel an ihrer Verläßlichkeit laut. So konnten nach Frederick Sanger die Ergebnisse der Hydrolyse von Seidenfibroin durch Abderhalden und Bahn (1932 und 1933) von anderen nicht bestätigt werden.[47]

Emil Fischer hielt es 1906 für möglich, daß in Proteinmolekülen Komplexe aus cyclischen Verbindungen aus zwei Aminosäuren (Diketopiperazine) enthalten sein könnten, verfolgte diese Idee aber nicht weiter. Einige Biochemiker, darunter seine Schüler Abderhalden und Bergmann, bestätigten diese Vermutung zunächst. Ab-

---

[44] Emil Fischer, Untersuchungen über Aminosäuren, Polypeptide und Proteine, Berlin 1906; Franz Hofmeister, Ergebnisse der Physiologie 1, 759, 1902.

[45] Emil Fischer, Isomerie der Polypeptide, Zs. f. physiol. Chem. 99, 54–66 1917.

[46] z. B. in den Übersichtsartikeln von Joseph Fruton (The Synthesis of Peptides, Advances in Protein Chemistry 5, 1–82, 1949) und Frederick Sanger (The Arrangement of Amino Acids in Proteins, Advances in Protein Chemistry 7, 1–67, 1952).

[47] Ibid.

derhalden veröffentlichte sie 1924 als eine allgemeine Theorie der Proteinstruktur. Da seine experimentellen Belege mittlerweile als wenig überzeugend galten, wurde diese Theorie nach einigen Jahren nur noch von wenigen ernst genommen. Stattdessen mehrten sich die Evidenzen für die Peptidhypothese, nach der alle Aminosäuren eines Proteins auf gleiche Weise durch Peptidbindungen miteinander verknüpft sind, eine Hypothese, die sich später als richtig erwies und ihre endgültige Bestätigung durch die Strukturanalyse von Insulin als erstem Protein durch Sanger erhielt (siehe unter 6.2.2). Der Vollständigkeit halber sei erwähnt, daß Abderhalden in den 1940er Jahren erneut behauptete, Diketopiperazine in beträchtlichen Mengen aus Seidenfibroin isoliert zu haben, die von cyclischen Strukturen im Protein stammen sollen.[48] Sanger, der wie andere Biochemiker der Auffassung war, daß sich diese Strukturen aus Peptiden während der Reinigungsprozesse bilden, machte darauf aufmerksam, daß Abderhalden ein naheliegendes Kontrollexperiment nicht ausgeführt hat.[49]

Ein im Mai 1998 erschienener Leserbrief von dem emeritierten Mikrobiologen an der Columbia University Bernard F. Erlanger in Nature bestätigt die Vermutung, daß nicht nur die Abwehrfermentforschung, sondern auch ein großer Teil von Abderhaldens Peptidarbeiten nicht reproduzierbar war. Als Doktorand untersuchte Erlanger an der Columbia University Methoden zur Peptidsynthese. Dabei sei es ihm, so schreibt er, fast nie gelungen, eine Experiment Abderhaldens zu wiederholen. Als er seinen Mentor, Dr. Erwin Brandt, fragte, ob Abderhalden immer falsch sei, erhielt er die Antwort: »Nein. So zuverlässig ist er auch nicht.«[50]

Der bedeutendste Peptid- und Proteinchemiker in Deutschland nach Emil Fischer war sein letzter Assistent Max Bergmann. Bergmann, seit 1921 Direktor des KWI für Lederforschung in Dresden und Honorarprofessor an der dortigen TH, untersuchte Reaktionen von Aminosäuren und die Synthese von Peptiden, um auf diese Weise Vergleichssubstanzen zur Charakterisierung von Proteasen zu erhalten. Zu seinen Mitarbeitern gehörten Leonidas Zervas aus Griechenland und, als Stipendiat des National Research Council, der Amerikaner Vincent du Vigneaud. du Vigneaud hatte in Rochester angefangen, über das Peptid Insulin zu arbeiten, und wollte bei Bergmann seine Kenntnisse auf diesem Gebiet vertiefen. (du Vigneaud gelang 1953 die erste Synthese eines Peptidhormons, Oxytocin; er erhielt 1955 den Nobelpreis für Chemie).

Ein Grundproblem der Peptidsynthese lag damals im Schutz der Aminogruppe, der verhindert, daß gleiche Aminosäuren miteinander reagieren. Eine solche Schutzgruppe muß sich am Schluß der Synthese wieder leicht abspalten lassen. Bergmann

[48] E. Abderhalden, Zur Struktur des Seidenfibroins, Zs. f. physiolog. Chem. 265, 23–30, 1940; Weiterer Beitrag zur Struktur des Seidenfibroins, ibid. 277, 248–250, 1943. Abderhalden schließt aus, daß diese Ringstrukturen sekundär aus Polypeptiden entstanden sind, und vertritt die Auffassung, daß sich im Seidenfibroin neben Polypeptiden in größerer Menge 2,5-Diketopiperazine oder ähnliche Ringstrukturen befinden.

[49] F. Sanger, The Arangement of Amino Acids in Proteins.

[50] Nature 393, 301, 1998, Übersetzung UD.

und Zervas gelang 1932 durch die Acylierung von Aminosäuren mit Chlorameisensäurebenzylester (Carbobenzoxychlorid) die Entwicklung einer solchen Schutzgruppe, und sie eröffneten dadurch eine neue Ära auf dem Gebiet der Peptidsynthese.[51] Die Tatsache, daß die Entdeckung dieser Carbobenzoxymethode nicht sofort eine Flut von Peptidsynthesen nach sich zog, hing damit zusammen, daß es in der Welt damals nur wenige Labors gab, in denen Peptidchemie betrieben wurde.[52]

Zwischen etwa 1900 und 1930 bestand eine große Diskrepanz zwischen Organikern und Biochemikern einerseits, die der Tradition Emil Fischers folgten und Methoden und Konzepte der Organischen Chemie für die Erforschung der Stoffe und Vorgänge in der Zelle für ausreichend hielten, und Biochemikern und Biologen andererseits, die physikalisch-chemischen Methoden und dem Kolloidkonzept eine große Bedeutung beimaßen. Bis zum Nachweis der makromolekularen Natur der Proteine gewann, wie im folgenden gezeigt wird, insbesondere die Kolloidchemie einen großen Einfluß auf die Biochemie von Proteinen und Nucleinsäuren.

Die Entwicklung der Kolloidchemie

Die frühe Geschichte der physikalisch-chemischen Proteinforschung, insbesondere die Klärung der Molekülgröße, ist eng mit der Entwicklung der Kolloidwissenschaft verbunden, in deren Rahmen die ersten Methoden zur Bestimmung des Molekulargewichts entwickelt wurden.[53] Die ersten Beschreibungen von Lösungen, die später als Kolloide bezeichnet wurden, stammen von dem italienischen Toxikologen Francesco Selmi, der 1844 zeigte, daß Partikel wie Silberchlorid oder Stärke die Eigenschaft besitzen, trübe »Pseudolösungen« zu bilden. Michael Faraday, der um 1850 Gold-Wasser-Gemenge (später als kolloide Goldsole bezeichnet) unter dem Gesichtspunkten der Thermodynamik untersuchte, bezeichnete solche unlöslichen Dispersionen als lyophob. Dem britischen Chemiker Thomas Graham, der an verschiedenen Proteinlösungen eine größere systematische Untersuchung von Selmis Pseudolösungen vornahm, prägte 1854 den Begriff »colloid« für Substanzen, die, in Flüssigkeiten dispergiert, nicht durch solche Membranen passieren, die für Salzlösungen durchlässig sind. Er schloß daraus, daß diese Substanzen relativ groß sein mußten (nach heutiger Auffassung mindestens 1 nm), daß aber ihre Unfähigkeit zu sedimentieren auf eine obere Größe schließen ließ (heute 1 µm). Wenn man diese Substanzen (z. B. Albumin oder Gelatine) isolierte, kristallisierten sie nicht, sondern waren amorph, »leimähnlich« (kollos: *griechisch* Leim). Graham führte auch die Unterscheidung zwischen Sol (flüssige kolloidale Systeme) und Gel

51 Max Bergmann und Leonidas Zervas, Über ein allgemeines Verfahren der Peptidsynthese, Ber. Dtsch. Chem. Ges. 65, 1192–1201, 1932.

52 Theodor Wieland und M. Bodanszky, The World of Peptides. A Brief History of Peptide Chemistry, Berlin/Heidelberg 1991: Springer.

53 Siehe dazu die ausführlichen Darstellungen von Edsall, Proteins as Macromolecules, und Marcel Florkin, A History of Biochemistry, S. 287 ff.

(halbfeste gallertartige Systeme) ein. Die von Graham als Definition für kolloide Systeme benutzte Größenordnung von Teilchen hat bis heute Gültigkeit.

Die Kolloidchemie, also Chemie im kolloidalen Größenbereich, blieb bis etwa zur Jahrhundertwende eine Randerscheinung der Chemie. Dann führte eine Reihe von technischen Entwicklungen, z. B. verbesserte Filtrationsmethoden und verläßlichere Techniken zur Molekulargewichtsbestimmung nicht nur von einfachen flüchtigen, sondern auch von gelösten größeren, schwerflüchtigen Verbindungen, zu einem neuen Interesse an der Untersuchung von Kolloiden. So wurde die Entdekkung der Abhängigkeit der Gefrierpunktserniedrigung bzw. des osmotischen Drucks einer Lösung von ihrer molaren Konzentration durch Francois Marie Raoult bzw. Jacobus van't Hoff zur Bestimmung des Molekulargewichts polymerer Substanzen ausgenutzt (kryoskopische bzw. osmotische Methode). 1882 wurde die Wanderung kolloidaler Partikel im elektrischen Feld durch S. E. Lindner und Harald W. Picton entdeckt, und William B. Hardy zeigte kurz darauf, daß die Richtung der Wanderung von Albuminen und von Proteinsolen allgemein von der Umgebung abhängig ist. Die Fähigkeit von Kolloiden, im elektrischen Feld zu wandern (»Elektrophorese« oder »Kataphorese«), wurde zu ihrer Reinigung ausgenutzt.

Die Kolloidchemie erhielt ihre größte Verbreitung zunächst in der Anorganischen Chemie. In Deutschland schuf der Anorganiker Richard Zsigmondy, der an den Universitäten in Berlin, Graz und Jena tätig war und 1907 nach Göttingen berufen wurde, die Grundlagen für viele Teilgebiete der Anorganischen Kolloidchemie. Im Jahre 1903 entwickelte er in Jena zusammen mit H. Siedentopf und den Zeiss-Werken das erste Ultramikroskop, bei dem durch Ausnutzung des Tyndalleffektes Teilchen sichtbar gemacht werden können, die im Lichtmikroskop nicht zu erkennen sind. Dieser Effekt beruht darauf, daß Teilchen in einer kolloidalen Lösung einfallendes Licht streuen, das daher von der Seite sichtbar ist, ein Phänomen, das von J. Tyndall zur Untersuchung feinster Trübungen benutzt wurde. Kolloidale Partikel ließen sich nun zählen und ihre Bewegungen beobachten. Zsigmondy erhielt 1925 den Nobelpreis für Chemie. Weitere frühe Vertreter der Kolloidchemie in Deutschland waren Herbert Freundlich und Georg Bredig, dessen Forschungsschwerpunkt auf dem Gebiet metallischer Sole lag.

Bestimmte kolloidale Phänomene stellten eine Verbindung zwischen der deskriptiven Chemie und der theoretischen Physik her. So stammte die Entdeckung der Brownschen Molekularbewegung aus der lichtmikroskopischen Beobachtung von Pollenpartikeln kolloidaler Dimension. Albert Einstein entwickelte eine kinetische Theorie dieser Bewegung, die von Jean Perrin experimentell bestätigt und 1909 zur Bestimmung der Größe der Avogadroschen Zahl benutzt wurde. Perrin führte 1905 auch die Begriffe »hydrophil« bzw. »hydrophob« für Systeme mit großer bzw. kleiner Affinität für Wasser und entsprechender Tendenz zur Gelbildung ein. 1926 erhielt er (zusammen mit The Svedberg) den Nobelpreis für Chemie.

Physikalisch-chemische Proteinforschung und der Einfluß der Kolloidchemie

Um 1900 hielten viele Proteinchemiker, darunter Kossel, Osborne und Frederick G. Hopkins, Proteine für Moleküle mit einer chemischen Individualität. Dies konnte aber experimentell noch nicht bewiesen werden. Aussagen über das Molekulargewicht wurden in der Hauptsache anhand der Messung der Gefrierpunkterniedrigung oder des osmotischen Drucks von Proteinlösungen getroffen. Reid (1905) stellte für Hämoglobin ein Molekulargewicht von 48.000 fest; nach Adair (1925) betrug es 66.000 (nach heutigem Wissen zutreffend); Sören P. Sörensen (1917) bestimmte das Molekulargewicht von Ovalbumin als 34.000. Diese Proteine bestanden demnach aus mindestens 280 Aminosäuren und waren damit Moleküle von einer beträchtlichen Größenordnung. Die Messungen waren allerdings störanfällig und wurden in vielen Labors nicht bestätigt. Wie oben erwähnt, lehnten viele Chemiker darüber hinaus die Existenz größerer Molekulargewichte grundsätzlich ab.

Ein Grund dafür, daß die Auffassung einer chemischen Individualität und der makromolekularen Natur der Proteine von vielen Biochemikern in den Hintergrund gedrängt oder abgelehnt wurde, lag darin, daß vor allem seit Beginn des 20. Jahrhunderts bestimmte Konzepte der Kolloidchemie teilweise mit dogmatischem Anspruch auf Fragen der Biologie und Biochemie übertragen wurden. Einige Forscher vertraten sogar die Meinung, daß die grundlegenden Lebensprozesse von kolloidchemischer Natur seien und nicht mit den Methoden und Gesetzmäßigkeiten der Chemie und Physik erklärt werden könnten. Im Mittelpunkt stand das Konzept kolloider Aggregate, die in Anlehnung an Vorstellungen des Botanikers Carl Nägeli als Micellen bezeichnet wurden.[54]

Großen Einfluß gewann der Physiologische Chemiker Franz Hofmeister mit seiner Auffassung, lebende Systeme besäßen keine osmotischen Eigenschaften, sondern seien eher mit Gelatine zu vergleichen, womit sie den Gesetzmäßigkeiten kolloider Systeme unterlägen. Alle biochemisch relevanten Stoffe der Zelle wie Proteine, Enzyme und Nucleinsäuren wurden nach diesem Konzept als eine spezielle Art biologisch aktiver kolloidaler Aggregate unbestimmter Zusammensetzung angesehen, in denen kleinere Teilchen durch Sekundärbindungen wie Wasserstoffbrücken zusammengehalten wurden. Diese Kolloide sollten nicht stöchiometrisch miteinander reagieren und in Lösung nicht als Einzelmoleküle vorliegen.[55] Entscheidend für die biologische Wirkung sollte die Größe eines Teilchens sein und nicht dessen chemische Zusammensetzung. Kolloidchemiker erklärten die Änderung der Eigenschaften von Proteinen oder Nucleinsäuren unter dem Einfluß äußerer Faktoren, z. B. einer pH-Änderung, sowie physiologische Vorgänge wie die Muskelkontraktion durch zu- oder abnehmende Dispersität (Zerteilung) von Kolloiden oder durch Adsorptionsvorgänge.

Das Kolloidkonzept erhielt nach 1915, als Wolfgang Ostwald unter dem Titel »Die Welt der vernachlässigten Dimensionen« eine allgemeinverständliche Kolloidlehre herausgab und in Vorträgen für sein Spezialgebiet warb, in der Biochemie

54 siehe dazu z. B. Hermann und Magda Staudinger, Die makromolekulare Chemie und ihre Bedeutung für die Protoplasmaforschung, Wien 1954: Springer, S. 10.

55 Zur Bedeutung des Kolloidkonzepts in der Biochemie siehe auch Edsall, Proteins as Macromolecules; Fruton, Molecules and Life, S. 140 ff.; Karlson, The Rise and Fall of Biochemistry; Kohler, The History of Biochemistry.

und Biologie zunehmenden Einfluß. Nach Emil Abderhalden, einem Gründungsmitglied der von Wolfgang Ostwald 1922 initiierten Kolloidgesellschaft »(wird) die ganze biologische Forschung ohne Zweifel von der Kolloid-Gesellschaft wichtige Anregungen und größten Nutzen erhalten.«[56] Zur Erklärung vieler Phänomene aus Biologie und Physiologie, so Abderhalden, würden die Änderung des Zustandes von kolloidalen Teilchen – der Grad ihrer Quellung, ihre Verteilung, Oberflächeneigenschaften, Adsorption –, und nicht oder nicht nur ihr chemisches Verhalten, eine entscheidende Bedeutung gewinnen. Als Beispiele nannte er Zellforschung, Muskelkontraktion, Reaktionen der Eizelle auf die Befruchtung, das Wesen der Innervation und die Fermentforschung. Er hielt die Herausbildung einer kolloidchemischen Sprache für notwendig, da man Vorstellungen, die über Stoffe in Lösungen entwickelt wurden, nicht ohne weiteres auf Teilchen im kolloidalen Zustand übertragen könne.

Eine physikalisch-chemische Proteinforschung entwickelte sich in Deutschland dagegen kaum. Leonor Michaelis war einer der wenigen Forscher, die die Bedeutung des von Sörensen 1909 für Enzyme eingeführten Konzepts des pH-Wertes für Proteine erkannten. Er bestimmte die pH-Werte des isoelektrischen Punktes verschiedener Proteine. 1913 wurde er durch seine Enzymkinetik bekannt (siehe unter Enzyme).

In den 1920er Jahren charakterisierte Jacques Loeb, einige Jahre lang selbst Kolloidchemiker, rückblickend den Einfluß kolloidchemischer Konzepte in der Physiologie und Biochemie:[57]

»Die lebendige Substanz ist ihrem Wesen nach kolloidaler Natur: Wir können uns einen nur aus Kristalloiden bestehenden Organismus nicht recht vorstellen. Diese Tatsache führt zu der Ansicht, daß bestimmte Characteristica des kolloidalen Zustandes Lebenserscheinungen bedingen oder wenigstens unentwirrbar in ihnen verkettet sind. Das systematische Studium des Wesens echter Lebenserscheinungen sollte demnach auf eine wissenschaftliche Theorie des Verhaltens kolloidaler Substanzen gegründet werden.«

Loeb wies 1923 experimentell nach, daß Proteine mit Säuren und Basen exakt stöchiometrisch reagieren, wobei die Reaktion pH-abhängig ist, eine Tatsache, die von Kolloidchemikern nicht berücksichtigt wurde.[58] Auffassungen von Kolloidchemikern, nach denen sowohl die Reaktion von Proteinen mit Säuren und Basen als auch der Einfluß von Säuren auf den osmotischen Druck einer Proteinlösung auf einer Änderung der Dispersität des in Lösung befindlichen Eiweißes beruhen sollten, bezeichnete Loeb als unhaltbare Spekulationen. Er zeigte, daß sich das Ver-

[56] Emil Abderhalden, Über die Beziehung der Kolloidchemie zur Physiologie, Kolloid-Zs 31, 276–279, 1922.
[57] Jacques Loeb, Die Erklärung für das kolloidale Verhalten der Eiweißkörper, Die Naturwissenschaften 11, 213–221, 1923.
[58] Ibid.

halten von Proteinen wie das kleinerer Moleküle durch bereits vorhandene Gesetze der Physikalischen Chemie (Donnan-Gleichgewicht) erklären ließ und die Aggregationshypothese überflüssig war. Somit war das sogenannte kolloidale Verhalten von Eiweißlösungen in bezug auf ihren osmotischen Druck nur die Folge von Gleichgewichten, wie sie die klassische Chemie kannte. Loeb kam zu der Schlußfolgerung, daß sich die Chemie der Proteine nicht von der Chemie der Kristalloide unterscheidet. Zusammenfassend stellte er fest: »Es ist möglich, das kolloide Verhalten der Eiweißkörper quantitativ auf Grund theoretischer mathematischer Ableitungen zu erklären. Die sogenannte Kolloidchemie, die zuerst den Eindruck einer neuen Chemie machte, scheint nur in dem Nichtbeachten einer Gleichgewichtsbedingung der klassischen Chemie bestanden zu haben, mindestens soweit die Proteine in Betracht gezogen werden. …«[59]

Nach der Veröffentlichung dieses Artikels in den Naturwissenschaften wurde der Herausgeber, Arnold Berliner, von deutschen Kolloidchemikern stark kritisiert.[60] In der »Kolloid-Zeitschrift« erschienen mehrere Gegendarstellungen, u. a. von Wolfgang Ostwald, der Loebs »rein chemische Theorie« für das Verhalten von Eiweißkörpern als Trugschluß ablehnte.[61] Loeb, der vor allem mit Gelatine, einer sehr heterogenen Proteinpräparation, arbeitete, machte keine Aussagen über das Molekulargewicht von Proteinen. Seine Proteinarbeiten, vor allem sein 1922 erschienenes Buch »Proteins and the Theory of Colloidal Behavior«, beeinflußten die Proteinchemie in den USA stark.

Fritz Lipmann erinnert sich an die weite Verbreitung der Kolloidchemie Anfang der 1920er Jahre in der Biochemie und daran, wie sie z. B. zur Beschreibung des Protoplasmas benutzt wurde: »Es schien auszureichen, es als Kolloid zu bezeichnen, um den Eindruck zu erwecken, etwas darüber verstanden zu haben.«[62] In ähnlicher Weise spricht der Biochemiker Marcel Florkin vom »Mittelalter (dark age) der Biokolloidologie«, um die Atmosphäre zu beschreiben, in der der Hinweis auf den kolloiden Zustand als Erklärung eines Phänomens oft genügte.[63] Joseph Fruton hält dagegen die Kritik in dieser Schärfe für nicht gerechtfertigt, da sie die Bedeutung physikalisch-chemischer Methoden und Konzepte während dieser Zeit, darunter das für die Enzymwirkung wichtige Konzept der Adsorption, herabsetze.[64]

The Svedberg bereitete dem Kolloidkonzept in der Proteinforschung ein Ende. Svedberg, seit 1912 Inhaber des ersten Lehrstuhls für Physikalische Chemie in Schweden (an der Universität in Uppsala) und einer der bedeutendsten schwedischen

---

59 Ibid.

60 Loeb papers, Library of Congress, Manuscript Division, Briefe Jacques Loebs an Peter Rona, 18.12.23 und an Fritz Haber, 26.5.23.

61 Wolfgang Ostwald, Über die Erklärung für das kolloide Verhalten der Eiweißkörper, Die Naturwissenschaften 11, 523–525, 1923.

62 F. Lipmann in H. Krebs und F. Lipmann, Dahlem in the Late Nineteen Twenties, S. 119, Übersetzung UD.

63 Florkin, A History of Biochemistry, S. 179, Übersetzung UD.

64 Fruton, Proteins, Enzymes, Genes, S. 158–159.

Wissenschaftler der damaligen Zeit, war ein prominenter Kolloidchemiker. Um die statistische Verteilung der Teilchengrößen in kolloiden Lösungen von Gold, Schwefel, Eisenoxid, Siliciumoxid, Stärke, Cellulose und Proteinen bestimmen zu können, entwickelte er Anfang der 1920er Jahre die Ultrazentrifuge. Das Ergebnis der Ultrazentrifugation von Proteinlösungen war überraschend: Svedberg zeigte, daß einige gereinigte Proteine, darunter Hämoglobin, Serumalbumin und Serumglobulin, als homogene Partikel einheitlich mit einem hohen Molekulargewicht sedimentieren.[65] Damit hatte er einen eindeutigen Beweis dafür erbracht, daß es sich bei Proteinen um Makromoleküle handelte. Im Gegensatz zur osmotischen Methode, die schwierig durchzuführen war und deshalb verschiedene Resultate erbrachte, lieferte die Ultrazentrifugation klare und reproduzierbare Ergebnisse hinsichtlich der Einheitlichkeit vieler Proteine und ihrer makromolekularen Natur. Svedberg untersuchte bis 1930 28 Proteine.[66] Auf Grund der gemessenen Molekulargewichte vermutete er, daß diese nicht beliebig variierten, sondern Vielfachen von 17.000 entsprachen. Diese Hypothese ließ sich aber nicht aufrechterhalten, die Zahlenverhältnisse resultierten rein zufällig aus der untersuchten Stichprobe. Interessanterweise erhielt Svedberg 1926, dem Jahr, in dem er die Hypothese der Kolloidchemiker widerlegte, nach denen Proteine aus Aggregaten niedermolekularer Verbindungen bestehen, den Nobelpreis für seine Beiträge zur Kolloidchemie.

Der Versuch, Strukturen des Protoplasmas und Lebensvorgänge wie die Muskelkontraktion auf Gesetze der Kolloidchemie zurückzuführen, stellte sich nach Loebs physikalisch-chemischer Charakterisierung von Proteinen, James B. Sumners Kristallisation und Reindarstellung des ersten Enzyms (Urease) (1926) und Svedbergs Nachweis der makromolekularen Struktur von Proteinen durch ihre einheitliche Sedimentation in der Ultrazentrifuge als ein Irrtum heraus. Die Aufklärung der Struktur von Proteinen, Nucleinsäuren und anderen biologisch wichtigen Makromolekülen sowie von deren Funktion erfolgte durch Methoden der organischen Strukturchemie, Röntgenstrukturanalyse sowie weiterer chemischer und physikalischer Methoden.

Die Röntgenkristallographie erhielt dabei seit dem Ende der 1920er Jahre eine zunehmende Bedeutung. Die Beugung von Röntgenstrahlen durch Kristalle wurde 1912 durch Max v. Laue entdeckt. Diese Entdeckung wurde von Sir William Henry Bragg und seinem Sohn Sir William Lawrence Bragg in England systematisch zur Untersuchung von (zunächst anorganischen) Kristallen weiterentwickelt. Sie erhielten dafür gemeinsam den Nobelpreis des Jahres 1915. Die Laboratorien von William H. Bragg in London, W. Laurence Bragg in Cambridge und William T. Astbury in Leeds wurden auf dem Gebiet der Strukturuntersuchungen mit Hilfe von Röntgenstrahlen führend.

---

[65] The Svedberg and Robin Fahraeus, A New Method for the Determination of the Molecular Weight of Proteins, J. of the American Chemical Society 48, 430–438, 1926; die ersten Veröffentlichungen in Deutschlands waren: The Svedberg, Ultrazentrifugale Dispersionsbestimmungen an Eiweißlösungen, Kolloid-Zs. 51, 10–24, 1930; Die Molekulargewichtsanalyse im Zentrifugalfeld, ibid., 67, 2–16, 1934.

[66] Svedberg, Ultrazentrifugale Dispersionsbestimmungen.

Organische Moleküle wurden mit dieser Methode zuerst von Michael Polanyi am KWI für Faserstoffchemie in Berlin untersucht (1920). In seiner Arbeitsgruppe, der bis 1927 der bereits erwähnte Hermann Mark angehörte, wurde die Struktur von Natur- und Kunstfasern sowie von Proteinen, wie z. B. dem Seidenfibroin, untersucht. Die in Deutschland an mehreren Laboratorien an Universitäten und in der Industrie vorgenommene Röntgenstrukturanalyse organischer Makromoleküle konzentrierte sich, wie auch bei Mark und Meyer, auf technisch verwertbare Moleküle, abgesehen vom Seidenfibroin insbesondere auf Kohlenhydrate. Mit den frühen Arbeiten über Proteinstrukturen, darunter denen von Astbury (1929) und John D. Bernal (1934), wurden Forscher in England in der Röntgenstrukturanalyse von biologisch und medizinisch wichtigen Molekülen international führend.

6.1.4 Nucleinsäuren

Pionier der Nucleinsäureforschung war der aus Basel stammende Mediziner Friedrich Miescher. Er begründete diese Forschung während seiner weiterführenden Studien bei Hoppe-Seyler in Tübingen von 1868–1869. Miescher isolierte aus Zellkernen von weißen Blutkörperchen eine vielbasige, phosphorhaltige Substanz, deren Molekulargewicht so groß war, daß es die Dialyse verhinderte. Er nannte sie Nuclein.[67] Dessen chemische Zusammensetzung wurde von Albrecht Kossel, einem Assistenten Hoppe-Seylers in Straßburg, analysiert. Kossel isolierte 1879 Nuclein aus Hefe und zeigte, daß es aus Nucleinsäuren zusammengesetzt ist, die die Purin- bzw. Pyrimidinbasen Adenin und Guanin bzw. Cytosin und Thymin enthalten. Außerdem entdeckte er als weiteren Bestandteil ein Kohlenhydrat, von dem er vermutete, daß es sich um eine Pentose handelte.

Die weitere Aufklärung der chemischen Feinstruktur von Nucleinsäuren bis zu den Forschungen Erwin Chargaffs erfolgte zu einem großen Teil durch Phoebus A. T. Levene. Der aus Rußland 1891 in die USA emigrierte Levene betrieb als Arzt und Chemiker weitergehende chemische Studien u. a. bei Albrecht Kossel und Emil Fischer sowie bei Dressel (Bern) und Hofer (München). Seit 1906 arbeitete er am Rockefeller Institute for Medical Research über die chemische Struktur von Nucleinsäuren. Levene zeigte, daß es zwei Typen von Nucleinsäuren gibt, die nach ihrer Herkunft als Thymonucleinsäure (aus Thymusdrüsen isolierte Nucleinsäure, heute DNA) und Hefenucleinsäure (heute RNA) bezeichnet wurden; 1909 isolierte und identifizierte er Ribose aus RNA.

Robert Feulgen, seit 1924 ordentlicher Professor für Physiologische Chemie in Gießen, entdeckte 1924, daß der aus Thymonucleinsäure isolierte Zucker eine Aldose

[67] Zur Geschichte der Nucleinsäurechemie siehe u. a. Franklin H. Portugal und Jack S. Cohen, A Century of DNA, Cambridge 1977: The MIT Press und Robert Olby, The Path to the Double Helix.

ist, die mit fuchsinschwefliger Säure eine violette Färbung ergibt. Mit Hilfe der von ihm entwickelten Nachweisreaktion, die spezifisch für Desoxypentosen ist und daher RNA nicht anfärbt, zeigte Feulgen, daß die Zellkerne von tierischen und pflanzlichen Zellen die gleiche Nucleinsäure enthalten und daß nicht, wie bis dahin angenommen, eine tierische und eine pflanzliche Nucleinsäure existiert. Der von Feulgen für eine Hexose gehaltene Zucker der DNA wurde 1929 von Levene als Desoxyribose identifiziert. Damit zeigte Levene, daß sich die beiden Nucleinsäuretypen durch ihren Zuckerbestandteil voneinander unterscheiden. Außerdem postulierte er die Phosphodiesterbindung zwischen den Pentosen.

Die von Miescher beschriebenen Eigenschaften des »Nucleins«, vor allem das hohe Molekulargewicht, wurden bei den chemischen Untersuchungen im ersten Drittel des 20. Jahrhunderts nicht weiter berücksichtigt; man konzentrierte sich auf Details der Struktur. Dadurch, daß DNA und RNA während der Präparation oft enzymatisch abgebaut wurden, entstand der Eindruck, es handele sich um kleine Moleküle. Unterstützt durch Befunde, nach denen Nucleotide in Hefe-Nucleinsäuren in gleichem Verhältnis vorliegen sollten, stellten Nucleinsäureforscher, darunter Levene, die Hypothese auf, daß Nucleinsäuren aus kleinen, gleichartigen, je vier Nucleotide enthaltenen Molekülen beständen, also Tetranucleotide mit einem Molekulargewicht von 1300 seien. Experimentelle Ergebnisse an Pancreasnucleinsäuren paßten nicht in das Schema eines Tetranucleotids. Sie wurden durch Zusatzhypothesen erklärt.[68]

Das von Levene und Brass 1931 publizierte Lehrbuch »Nucleic Acids« galt jahrelang als Standardwerk der Nucleinsäurechemie.[69] Angesichts zunehmender Hinweise auf die mögliche makromolekulare Natur der Nucleinsäuren heißt es darin: »Auf der anderen Seite muß man der Tatsache Rechnung tragen, daß das wahre Molekulargewicht von Nucleinsäuren noch nicht bekannt ist. Die Tetranucleotidhypothese entspricht dem kleinstmöglichen Molekulargewicht, und die Nucleinsäure

---

[68] Feulgen vermutete hier das Vorliegen einer Verbindung zwischen Guanylsäure und Tetranucleotidsäure, wobei er annahm, daß es sich um eine gemischte, aus DNA und RNA zusammengesetzte Nucleinsäure handelte (Robert Feulgen. Über eine zusammengesetzte Nucleinsäure, Zs. f. physiol. Chem. 108, 147–157, 1919). Ähnlich interpretierte zunächst auch Einar Hammarsten in Stockholm das von ihm gefundene Guanin/Adenin Verhältnis von 3 : 1, nahm dann aber die Existenz von Pentanucleotiden in RNA an (Einar Hammarsten, Eine »gekoppelte« Nucleinsäure aus Pancreas, Zs. f. physiol. Chem. 109, 141–165, 1920). Auch Levene und Erik Jorpes fanden in veschiedenen Präparationen von Pankreasnucleinsäuren Guanin/Adenin-Verhältnisse von 3,3 bis 4,6, die sie durch Zusatzannahmen erklärten; ein Verhältnis von 1 : 1 wurde nur bei RNA aus Hefe gefunden (Phoebus A. Levene und Erik Jorpe, A Method of Separation of Ribopolynucleotides from Thymonucleic Acid and on the Conditions for a Quantitative Separation of the Purine Bases from the Ribopolynucleotides, J. of Biological Chemistry 86, 389–401, 1930).

[69] Phoebus A. Levene und Lawrence W. Bass, Nucleic Acids, New York 1931: The Chemical Catalog Company, Inc.

kann genauso gut ein Vielfaches davon betragen.« (S. 289) Die chemischen Forschungen dienten der Aufklärung der DNA-Struktur. Die Frage nach einer möglichen Rolle der DNA als Trägerin biologischer Information wurde damals allgemein nicht gestellt. Erst die Ultrazentrifugation ermöglichte klare Aussagen über das Molekulargewicht von Nucleinsäuren. Die entscheidenden Arbeiten erfolgten Ende der 1930er Jahre unter anderem von Levene selbst und werden unter 6.2.4 besprochen.

6.1.5 Naturfarbstoffe, Alkaloide, Steroide, Vitamine, Hormone

Adolf v. Baeyer, der für seine Arbeiten in synthetischer Organischer Chemie, insbesondere die Synthese und die strukturelle Untersuchung des Indigofarbstoffs sowie anderer Farbstoffe, 1905 den Nobelpreis erhielt, schuf in München eine Schule der experimentellen Organischen Chemie. Zu seinen Schülern gehörten Emil Fischer, Richard Willstätter und Heinrich Wieland. Willstätter, 1905 Ordinarius in Zürich und 1912 als Direktor an das neu errichtete KWI für Chemie in Berlin berufen, entschied sich statt dessen, den Ruf aus München zum Nachfolger Adolf v. Baeyers anzunehmen. Seine naturstoffchemischen Arbeiten begannen mit der Konstitutionsaufklärung und ersten Synthese des Cocains und verschiedener Schmerzmittel. In Berlin isolierte er eine Vielzahl von Anthocyanen aus Blütenblättern, klärte ihre Konstitution auf und begann mit ihrer Synthese. Im Jahre 1913 erschien das von ihm und Arthur Stoll verfaßte Buch »Untersuchungen über Chlorophyll«, einer Zusammenfassung von 25 Einzelabhandlungen.[70] Willstätter und Stoll erkannten Magnesium als Bestandteil des Chlorophylls, trennten Chlorophyll a und b und stellten die Bruttoformel des Carotins auf, das später als Vorstufe des Vitamin A erkannt wurde. Auch mit der Entdeckung des Phytolrestes, der später als Grundstoff zur Synthese von Vitamin E diente, schufen sie eine Voraussetzung für die Vitaminforschung. Willstätter erhielt 1915 den Nobelpreis für Chemie »für seine Untersuchungen der Farbstoffe im Pflanzenreich, vor allem des Chlorophylls«. Seine spätere Enzymforschung wird weiter unten vorgestellt.

In den 1920er Jahren versuchte Willstätter, die von dem russischen Botaniker Tswett bereits 1903 entwickelte Methode der Chromatographie für die Trennung der Blattfarbstoffe zu verwenden. Da das Chlorophyll dabei chemisch verändert wurde, gab Willstätter diesen Versuch nach einiger Zeit auf. Richard Kuhn, einer seiner Schüler, setzte die chromatographische Untersuchung von Pflanzenfarbstoffen fort. Kuhn gelang es zusammen mit Edgar Lederer, durch Veränderung der Tswettschen Methode Carotinoide chromatographisch zu trennen und

[70] R. Willstätter und Arthur Stoll, Untersuchungen über Chlorophyll, Berlin 1913.

Beiträge zu deren Strukturaufklärung sowie ihrer Beziehung zum Vitamin A zu leisten.[71]

Hans Fischer, seit 1921 Ordinarius für Organische Chemie an der TH München, arbeitete über Pyrrolderivate, insbesondere Porphyrine. Diese Forschung führte 1929 zur Synthese des Hämins, eines Komplexes von Porphyrinen mit Eisen, der durch Oxidation des Eisens aus dem Häm des Hämoglobins entsteht. Die Synthese erfolgte über Hämatoporphyrin, das älteste bekannte kristalline Porphyrin, aus dem durch Wasserentzug Protoporphyrin entsteht. Durch Eiseneinführung wurde daraus ein Molekül synthetisiert, das dem Hämin aus Hämoglobin identisch war.[72] Hämine sind Bestandteile (prosthetische Gruppen) vieler Enzyme, darunter der Katalasen und der Cytochrome. Hans Fischer wurde 1930 mit dem Nobelpreis für Chemie ausgezeichnet.

Adolf Windaus und Heinrich Wieland führten grundlegende Arbeiten zur Konstitutionsermittlung von Steroiden aus. Windaus, seit 1915 Ordinarius in Göttingen, hatte 1903 mit der Strukturaufklärung von Sterinen, darunter Cholesterin, begonnen. 1919 bewies er die enge strukturelle Verwandtschaft der Gallensäuren mit Cholesterin und anderen Sterinen.[73] 1924 gelang ihm die Konstitutionsaufklärung des Colchicins.[74]

1925 erhielt Windaus eine Einladung des New Yorker Chemikers Alfred F. Hess, sich an der gemeinsamen Bearbeitung des antirachitischen Vitamin D zu beteiligen. Es war bekannt, daß sich Vitamin D durch UV-Bestrahlung aus einem unwirksamen Provitamin D bildet, und es wurde vermutet, daß das Provitamin D möglicherweise in die Gruppe der Sterine gehört.[75] Windaus, der als der erfahrenste Chemiker auf dem Gebiet der Sterine galt, wurde gebeten, sich an der Isolierung und Charakterisierung des Provitamins D zu beteiligen.[76] Windaus und Hess schlossen aus, daß es sich bei der gesuchten Verbindung um Cholesterin handelte, zeigten aber, daß sie in geringen Mengen als Verunreinigung des Cholesterins auf-

---

[71] R. Kuhn und Edgar Lederer, Fraktionierung und Isomerisierung des Carotins, Die Naturwissenschaften 19, 306, 1931; dies., Zerlegung des Carotins in seine Komponenten. (Über das Vitamin des Wachstums, I. Mitteil.), Ber. Dtsch. Chem. Ges. 64, 1349–1357, 1931.

[72] Hans Fischer, Synthese des Hämins, Die Naturwissenschaften 17, 611–617, 1929.

[73] Adolf Windaus und K. Neukirchen, Die Umwandlung des Cholesterins in Cholansäure, Ber. Dtsch. Chem. Ges. 52, 1915–1919, 1919.

[74] A. Windaus, Untersuchungen über die Konstitution des Colchicins, Annalen d. Chem. 439, 59–75, 1924.

[75] Zu den Hintergründen der Vitamin D-Forschung siehe Karl Dimroth, Adolf Windaus 1876–1959, Chem. Berichte 119, XXX – LVIII, 1986.

[76] Otto Rosenheim, Thomas Arthur Webster, The Parent Substance of Vitamin D, Biochemical Journal 21, 389–397, 1927. Die Autoren machen deutlich, daß ihre Arbeit ein Ergebnis der Zusammenarbeit mit Windaus darstellt, der, gemäß ihrer Vereinbarung, seine Arbeiten mit Hess separat veröffentlichte (Nachr. Ges. Wiss. Göttingen 175, 1927).

trat. Der Göttinger Physiker Robert Pohl untersuchte das UV-Absorptionsspektrum des Cholesterins und erkannte, daß die Absorptionsbanden eines bestimmten UV-Bereiches nicht von Cholesterin, sondern von der gesuchten Verunreinigung stammten. Durch Vergleich des UV-Absorptionsspektrums verschiedener in Frage kommender Verbindungen mit dem der aktivierbaren Verunreinigung des Cholesterins gelang es Windaus 1927, Ergosterol als das gesuchte Provitamin D zu isolieren und dessen Wirksamkeit im Tierversuch zu demonstrieren.[77] 1932/33 klärte er den Mechanismus der photochemischen Umlagerung des Ergosterols in Vitamin D_2 (Calciferol) auf.[78] Die Aufklärung der Struktur des Ergosterols dauerte viele Jahre und war durch eine Reihe von vergeblichen chemischen und photochemischen Versuchen gekennzeichnet.[79] Sie gelang Windaus zusammen mit Hans H. Inhoffen im Jahre 1934.[80]

Untersuchungen am antineuritischen Vitamin B_1 führten zu dessen Isolierung aus Hefe und zur Aufklärung seines Schwefelgehaltes.[81] An Windaus' Institut fand während der 1920er und 1930er Jahre ein Großteil der chemischen Vitaminforschung in Deutschland statt. Wie weiter unten dargestellt wird, erfolgte in den 1930er Jahren die Aufklärung der Struktur der meisten Vitamine insgesamt sowie die Identifizierung vieler Coenzyme als Vitamine.

Windaus erhielt für seine »Verdienste um die Erforschung der Konstitution der Sterine und ihres Zusammenhangs mit Vitaminen« im Jahre 1928 den Nobelpreis für Chemie. Der von ihm in seinem Nobelvortrag gemachte Vorschlag zur Struktur des Cholesterins, der einen Fünfring statt eines Sechsrings enthielt, erwies sich als falsch. Windaus korrigierte die Fehlschlüsse seiner älteren Arbeiten in einer Publikation von 1932.[82] Diese Arbeit, die auch die geschichtliche Entwicklung der Cholesterinformel analysiert, enthält das Eingeständnis seines eigenen (und Wielands) Irrtums.[83] Windaus macht darin deutlich, daß die erneute Untersuchung der Struktur des Cholesterins und der Gallensäuren dadurch ausgelöst worden sei, daß neue experimentelle Befunde mit den Formeln nicht mehr in Einklang zu bringen waren, und daß Bernal gezeigt habe, daß die bisher aufgestellten Konsti-

---

77 A. Windaus und F. Holtz, Die experimentelle Rattenrachitis und ihre Beziehung zum Ergosterin, Nachr. Gesellschaft Wiss. Göttingen, Math. Phys. Kl. 1927, 1–9.

78 A. Windaus, K. Dithmar und E. Fernholz, Über das Lumisterin, Annalen d. Chem. 493, 259–271, 1932.

79 K.Dimroth, Adolf Windaus.

80 A. Windaus, H. H. Inhoffen und S. v. Reichel, Über die Konstitution des Ergosterins, Annalen d. Chem. 510, 248–259, 1934.

81 A. Windaus, R. Tschesche, H. Ruhkopf, F. Laquer und F. Schulz, Die Darstellung von krystallisiertem antineuritischem Vitamin aus Hefe, Zs. f. physiol. Chem. 204, 123–128, 1932.

82 A. Windaus, Über die Konstitution des Cholesterins und der Gallensäuren, Zs. f. physiolog. Chem. 213, 147–187, 1932.

83 Ibid., S. 151 und S. 170.

tutionsformeln mit den Ergebnissen der Röntgenstrukturanalyse unvereinbar seien (siehe unten).

Heinrich Wieland, 1921 auf den Lehrstuhl für Organische Chemie in Freiburg und 1925 als Nachfolger Willstätters nach München berufen, arbeitete seit 1912 zusammen mit Elisabeth Dane an der Strukturaufklärung von Steroiden vor allem von Gallensäuren. Sie isolierten Schlüsselverbindungen wie Squalen, Kryptosterin und Cholesterin aus den Hefemutterlaugen der industriellen Ergosterolgewinnung und arbeiteten an ihrer Konstitutionsermittlung. Für die Aufklärung der Struktur der Gallensäuren erhielt Wieland 1928 den Nobelpreis für Chemie des Jahres 1927.

Auch bei Wieland erwies sich die Formel, die eine der Grundlagen seiner Auszeichnung mit dem Nobelpreis darstellte, als falsch; wie im Falle des Cholesterins bei Windaus war einer der Ringe des Sterinskeletts der Cholsäure als Fünfring statt als Sechsring angegeben. Bereits im Jahre 1921 waren Wieland Zweifel an der Fünfring-Formel gekommen; auch Windaus hatte einen Sechsring in Betracht gezogen.[84] Die Formel mit dem Sechsring, so Wieland, »erscheint dem chemischen Empfinden viel natürlicher und angemessener,« aber der Fünfring wurde von ihm und Windaus und ihren Schülern experimentell festgelegt.[85] Wielands Arbeiten erzwangen 1932 schon fast die Aufstellung einer neuen Strukturformel, als ein Brief Otto Rosenheims aus London eintraf, der dessen ersten Vorschlag für eine neue Formel enthielt. Rosenheim hatte das Grundgerüst der neuen, richtigen Formel für das Ringsystem der Sterine und Gallensäuren auf der Basis der röntgenkristallographischen Untersuchungen John D. Bernals entwickelt, mit denen die Formeln von Windaus und Wieland nicht in Einklang zu bringen waren.[86] Auf der Basis von Rosenheims Überlegungen berichtigten auch Wieland und Dane ihre Formel.[87]

Was Wieland in seinem Nobelvortrag als unmöglich beschrieb, die Synthese von Gallensäuren und Sterinen, wurde 1951 von dem amerikanischen Chemiker Robert Woodward verwirklicht.[88] Woodward, von vielen als der genialste Chemiker des 20. Jahrhunderts angesehen, achtete Wieland und sein Werk hoch, äußerte sich

---

[84] H. Wieland und W. Schulenburg, Untersuchungen über Gallensäuren. X. Mitteilung. Der weitere Abbau der Desoxycholsäure, Zs. f. physiol. Chem. 114, 167–191, 1921 (siehe dazu Bernhard Witkop, Erinnerungen an Heinrich Wieland (1877–1957), Annalen d. Chem. 1992, I – XXXII, S. X.).

[85] Ibid.

[86] O. Rosenheim und H. King, The Ring-System of Sterols and Bile Acids, J. of the Society of the Chemical Industry 51, 464–466, 954–956, 1932; Elisabeth Dane, Die Arbeiten H. Wielands auf dem Gebiet der Steroide, Die Naturwissenschaften 30, 333–342, 1942.

[87] Heinrich Wieland und Eisabeth Dane, Untersuchungen über die Konstitution der Gallensäuren. Zur Konstitution der 12-Oxy-cholansäure, Zs. f. physiol. Chem. 210, 268–281, 1932.

[88] Siehe dazu B. Witkop, Erinnerungen an Heinrich Wieland.

aber amüsiert über das Malheur mit der falschen Cholsäureformel, die obendrein mit dem Nobelpreis belohnt wurde. Ihm selbst wäre dies nicht passiert.[89] Windaus gab zu, daß er und Wieland die Fehler ihrer Formeln auch ohne die Ergebnisse der Röntgenstrukturanalyse hätten richtigstellen können.[90]

Fast gleichzeitig mit den Arbeiten an den Gallensäuren begann Wieland mit der Untersuchung der ebenfalls zu den Steroiden gehörenden tierischen Herzgifte, der Krötengifte, die sich durch die Struktur der Seitenkette von den Gallensäuren unterschieden.[91] Für Krötengifte ist ein ungesättigter δ-Laktonring charakteristisch, der Vorbedingung für die Herzwirksamkeit der Giftstoffe ist. Eine Vielzahl von Arbeiten behandelt die Erforschung der Struktur und teilweise die künstliche Synthese stickstoffhaltiger Naturstoffe, darunter der Morphium-Alkaloide, der basischen Inhalte des Krötengiftes, der als Pterine bezeichneten Pigmente von Schmetterlingsflügeln und der Giftstoffe des Knollenblätterpilzes.

Wielands und Windaus' Arbeiten über Steroide gehören zur klassischen Naturstoffchemie, in der die Isolierung und Strukturaufklärung von Stoffen mit Methoden der Organischen Chemie, vor allem Oxidations- und Reduktionsverfahren, vorgenommen wurden. Sie bildeten die Voraussetzung für die Erforschung von steroidalen Wirkstoffen, darunter des Vitamins D und der Steroidhormone, die in Deutschland vor allem in der Schule von Windaus betrieben wurde. Sie waren darüber hinaus Ausgangspunkt für eine Reihe von Forschungen über die Biochemie der Stoffwechselvorgänge.[92] Die Aufklärung der Biosynthesewege von Naturstoffen und ihrer weiteren Reaktionen im Stoffwechsel war allerdings mit den klassischen Methoden der Chemie nicht mehr zu bewältigen. Diese vor allem mit Hilfe von mit Isotopen markierten Substanzen betriebenen Forschungen fanden während der 1930er und 1940er Jahre, unter maßgeblicher Beteiligung von jüdischen Emigranten aus Deutschland, fast ausschließlich in den USA statt (siehe Kapitel 4).

---

89 Ibid., S.XI.

90 Windaus schrieb 1932: »Der Schluß, daß Ring I mit zwei anderen Ringen kondensiert ist, ist, wie wir heute wissen, nicht zutreffend. Bewiesen ist nur, daß Ring I und der sauerstoffreie Ring, der sogenannte Ring III, in der Desoxycholsäure miteinander kondensiert sind; daß Ring III an Ring I haftet, ist nicht bewiesen und trifft auch nicht zu. Es ist schade, daß keiner der Forscher, die sich mit der Chemie der Sterine und Gallensäuren beschäftigt haben, dies seinerzeit erkannt hat; denn die Quelle der meisten Schwierigkeiten, die sich bei der weiteren Konstitutionsforschung einstellten, entspringt der Annahme, daß am Ring I zwei Ringe haften müßten und daß das im Cholesterin mit C_1 bezeichnete Kohlenstoffatom Knotenpunkt zweier Ringe sei und einer Methingruppe angehöre.« (Zitiert nach Karl Dimroth, Adolf Windaus, S. XLII.)

91 H. Wieland und Friedr. Jos. Weil, Über das Krötengift, Ber. Dtsch. Chem. Ges. 46, 3315–3327, 1913.

92 Siehe die ausführliche Darstellung in B. Witkop, Erinnerungen an Heinrich Wieland und ders., Remembering Heinrich Wieland (1877–1957). Portrait of an Organic Chemist and Founder of Modern Biochemistry, Medicinal Research Reviews 12, 195–274, 1992.

Die chemische Hormonforschung, bereits in den Jahren 1901–1906 mit der Isolierung, Konstitutionsermittlung und Synthese des Adrenalins eingeleitet, wurde erst in den 1920er Jahren ein Schwerpunkt biochemischer Forschung: 1922–1926 wurde Insulin von John J. Abel rein gewonnen und kristallisiert; 1926 isolierte Harrington Thyroxin und klärte seine Struktur auf. 1927 wurde Adolf Butenandt in Göttingen durch einen Vortrag von Ernst Laqueur über Follikelhormone angeregt, sich ebenfalls der chemischen Hormonforschung zuzuwenden. Butenandt, der 1927 von Adolf Windaus promoviert wurde und sich 1931 in Göttingen habilitierte, gelang es 1929, gleichzeitig mit dem amerikanischen Biochemiker Edward A. Doisy, das Follikelhormon Oestron zu kristallisieren.[93] Kurze Zeit später isolierte und kristallisierte er das männliche Keimdrüsenhormon Androsteron, dessen vorläufige Formel er 1932 veröffentlichte.[94] Durch die Formeln des Oestrons und Androsterons zeigte Butenandt die nahe chemische Verwandtschaft zwischen Steroiden und Sexualhormonen, die er in den folgenden Jahren experimentell weiter bearbeitete. Er konnte die Beziehung zu Steroiden herstellen, nachdem Windaus und Wieland die Formeln für Gallensäuren bzw. Sterine 1932 revidiert hatten.[95]

6.1.6 Enzyme

Pionier der Enzymforschung war Eduard Buchner, seit 1898 ordentlicher Professor für Chemie an der Landwirtschaftlichen Hochschule in Berlin und Privatdozent an der Universität. Er zeigte 1897, daß die alkoholische Gärung im Gegensatz zu der von Pasteur vertretenen Auffassung nicht an die Anwesenheit von Hefezellen gebunden ist, sondern auch mit Hefepreßsaft abläuft. Daraus schloß er, daß der Preßsaft ein Gärungsenzym enthalten müsse. Buchner erhielt für die Entdeckung der zellfreien Gärung 1907 den Nobelpreis.

Leonor Michaelis führte in den Jahren vor dem Ersten Weltkrieg seine bedeutenden Arbeiten zur Enzymkinetik aus. Auf der Basis von Messungen, die er zusammen mit der kanadischen Gastforscherin Maud Menten vornahm, entdeckte er 1913 die Konstante, durch die die Affinität eines Enzyms zu seinem Substrat festgelegt wird.[96]

---

[93] Adolf Butenandt, Über »Progynon«, ein kristallisiertes weibliches Sexualhormon, Die Naturwissenschaften 17, 879, 1929.

[94] Bericht A. Butenandts auf der Tagung der Dtsch. Chem. Gesellschaft und der Bunsengesellschaft: Über die Chemie der Sexualhormone, Angewandte Chemie 45, 655–656, 1932.

[95] Zu Butenandts Forschung siehe die ausführliche Darstellung von Peter Karlson, Adolf Butenandt.

[96] Leonor Michaelis und Maud L. Menten, Die Kinetik der Invertinwirkung, Biochemische Zs. 49, 333–369, 1913.

Führende Chemiker, darunter Buchner und Emil Fischer, der 1894 eine Art Schlüssel-Schloß-Prinzip für das Zusammenwirken von Zucker und vergärendem Agens postuliert hatte, waren davon überzeugt, daß Enzyme Proteine waren. Diese Auffassung verlor später aus zwei Gründen an Akzeptanz: Zum einen führte das oben erwähnte Aufblühen der Kolloidchemie dazu, daß die Bedeutung von Oberflächenphänomenen an kolloidalen Partikeln des Protoplasmas für die enzymatische Katalyse in den Vordergrund des Interesses rückte. Zum anderen folgten viele Chemiker und Biochemiker der Auffassung Richard Willstätters, der kleine, an nicht spezifische Proteine gebundene organische Moleküle für den katalytischen Prozeß für verantwortlich hielt.[97]

Willstätter, der 1915 mit Enzymforschung begann, gelang es, Verfahren zur Isolierung von Peroxydase, Carbohydrase, Proteasen und Lipasen zu verbessern und den Reinheitsgrad dieser Enzyme durch Adsorptions- und Elutionsverfahren zu steigern.[98] Dabei ging er von der Annahme aus, daß es sich bei den Trägern enzymatischer Reaktionen um »Stoffindividuen von unbekannter chemischer Eigenart« handele, die mit den Toxinen und deren Antikörpern einer großen Stoffklasse angehörten, die sich in ihrer Differenziertheit nur mit den Eiweißstoffen vergleichen ließ. Er wandte sich ausdrücklich gegen Vorstellungen Andor Fodors, eines Schülers von Emil Abderhalden, nach denen Enzyme Biokolloide waren, die ihre Wirkung bestimmten Dispersionsgraden verdankten[99], und gegen die Auffassungen E. Baurs und E. Herzfelds, die die materielle Natur der Enzyme überhaupt bestritten.

Anläßlich unterschiedlicher Ergebnisse hinsichtlich der enzymatischen Wirksamkeit von Saccharase-Präparationen Willstätters und Hans v. Eulers wurde um 1925 die Frage nach der Proteinnatur von Enzymen erneut diskutiert. Willstätter glaubte im Gegensatz zu v. Euler, den Nachweis enzymatischer Wirkung ohne Anwesenheit von Protein erbracht zu haben. Seine Versuche zur Reinigung von Saccharase führten angeblich zur Trennung des Enzyms von chemisch definierbaren hochmolekularen Stoffen, darunter Kohlenhydraten, Phosphorverbindungen und auch Proteinsubstanzen, ohne Einbuße an Aktivität.[100] Willstätter schloß daraus, daß Saccharase ein kleines Molekül ist, das an einen kolloidalen Träger gebunden wird, der analytisch noch nicht definiert ist. Die tryptophanhaltigen Stoffe, also Aminosäuren oder Peptide, die nach v. Euler und K. Josephson zu den Bausteinen des »gewaltigen Enzymmoleküls« gehörten und eine biologisch wichtige Rolle spielten, waren nach Willstätter nur bedeutungslose Begleitstoffe. Später stellte sich heraus, daß Willstätter bei seinen Experimenten eine kleine Verunreinigung mit Protein, also dem eigentlichen Enzym, übersehen hatte.

---

[97] siehe z. B. Fruton, Molecules and Life.

[98] R. Willstätter, Über Isolierung von Enzymen, Ber. Dtsch. Chem. Ges. 55, 3601–3623, 1922.

[99] Andor Fodor, Kolloidchemische Grundlagen der Fermentkinetik, Kolloid-Zs. 27, 242–249, 1920.

[100] R. Willstätter, Zur Frage der proteinartigen Natur der Saccharase, Ber. Dtsch. Chem. Ges. 59 II, 1591–1594, 1926.

Im Jahre 1926, kurz bevor Willstätter seine Ergebnisse proteinfreier Katalyse publizierte, gelang James B. Sumner am Department für Physiologie der Cornell University in Ithaka durch Reinigung und Kristallisation der Urease aus Jackbohnen der Nachweis, daß es sich bei diesem Enzym um ein reines Protein handelt.[101] Mit erheblich einfacheren Methoden als Willstätter reinigte und kristallisierte Sumner beträchtliche Mengen (im Grammbereich) des farblosen hochaktiven Enzyms. Seine Arbeit wurde zumindest in Deutschland zunächst kaum registriert. Das änderte sich erst, als John Northrop am Rockefeller Institute for Medical Research in Princeton 1930 Pepsin und, kurze Zeit später, zusammen mit Moritz Kunitz, Trypsin und Trypsinogen, ebenfalls proteolytische Enzyme, isolierte und kristallisierte.[102]

Kristallisation war damals die beste Methode, um die Reinheit eines Stoffes nachzuweisen. Dennoch konnten Verunreinigungen experimentell nicht ausgeschlossen werden, und damit blieb die geringe Wahrscheinlichkeit, daß die Proteinkristalle nur inaktive Träger der eigentlichen Enzyme waren. So konnte Willstätter nach der Untersuchung von Amylasen erneut behaupten, die Enzymwirkung sei nicht unbedingt an die Anwesenheit von Protein geknüpft, sondern die nicht proteinartigen spezifisch aktiven Gruppen der Amylasen seien an kolloidale, teilweise proteinartige Träger gebunden.[103] Mit Hilfe eines heute zweifelhaft erscheinenden Experiments lehnte Ernst Waldschmidt-Leitz, ein Schüler Willstätters, die Pepsinpräparationen Northrops als unzulänglich ab und erhärtete die These, daß das eigentliche enzymatisch aktive Pepsin, wenn auch an Protein gebunden, selbst nicht proteinartig sei.[104]

Willstätters Autorität als einer der bedeutendsten deutschen Naturstoffchemiker war auch im Ausland groß. So vermutet der schwedische Biochemiker und Nobelpreisträger des Jahres 1955, Hugo Theorell, daß die von verschiedenen Seiten, insbesondere der Willstätter-Schule, noch viele Jahre lang gegen Sumner und Northrop vorgebrachten Einwände dazu führten, daß der Nobelpreis an Sumner und Northrop erst 20 Jahre nach Sumners Entdeckung vergeben wurde (zusammen mit Wendell M. Stanley 1946).[105]

Willstätters Experimente, mit denen er angeblich die proteinfreie Katalyse nachwies, hatten ein Nachspiel: Der Darstellung von Gunther S. Stent und Richard Calendar zufolge wurden sie 1944 als Argument gegen Oswald Averys Interpretation seiner Experimente zur Transformation von Pneumokokken durch DNA ver-

---

[101] James B. Sumner, The Isolation of the Enzyme Urease, J. of Biological Chemistry 69, 435–441, 1926.

[102] John Northrop, Crystalline Enzymes, New York 1939: Columbia Univ. Press

[103] R. Willstätter und Margarethe Rohdewald, Über die Amylasen der Leukozyten, Die Naturwissenschaften 19, 745–746, 1931.

[104] E. Waldschmidt-Leitz und E. Kofrányi, Die komplexe Natur des »kristallisierten Pepsins«, Die Naturwissenschaften 21, 206–207, 1933.

[105] Hugo Theorell, The Nature and Mode of Action of Oxidation Enzymes. In: Festschrift für Prof. Dr. Arthur Stoll zum siebzigsten Geburtstag 8. Januar 1957. Arbeiten aus dem Gebiet der Naturstoffchemie, Basel 1957: Birkhäuser, S. 36.

wendet.[106] Avery mochte seine DNA noch so sehr gereinigt haben, er konnte, ähnlich wie Willstätter, eine kleine Verunreinigung mit Protein übersehen haben, das für die Transformation mitverantwortlich war. So vertrat Alfred Mirsky noch sechs Jahre später die Auffassung, daß die DNA möglicherweise nur einen Teil des genetischen Materials bildet.[107] Diese Einwände waren aber insofern unverständlich, als Avery, MacLeod und McCarty, um Willstätters Fehler nicht zu wiederholen, nicht nur gezeigt hatten, daß eine Behandlung der Pneumokokken-transformierenden DNA mit verschiedenen proteinspaltenden Enzymen keine Auswirkung auf ihre biologische Wirkung hatte, sondern auch, daß eine auch nur kurze Behandlung mit DNAse, einem Enzym, das DNA abbaut, die transformierende Aktivität sofort zerstört.

Während Michaelis Enzyme physikalisch-chemisch charakterisierte und Willstätter chemische Verfahren zu ihrer Reinigung entwickelte, galt Otto Warburgs Interesse der Rolle von Enzymen beim Zellstoffwechsel und den physikalischen Eigenschaften, die ihrer Wirkung zugrunde liegen. Den Mittelpunkt seiner Enzymforschung bildeten katalytische Vorgänge bei der Zellatmung und deren physikalische Charakterisierung. Warburg studierte erst Chemie (er promovierte 1906 bei Emil Fischer), anschließend Medizin und wurde 1914 Mitarbeiter und später Abteilungsleiter am KWI für Biologie in Berlin. Er beschäftigte sich seit 1909 mit den Vorgängen der Sauerstoff-Atmung, die er insbesondere an Seeigeleiern untersuchte. Ausgehend von seiner Hypothese, daß es sich dabei um katalytische Vorgänge handelte, unterschied er eine chemische Katalyse durch Substanzen, die die Oxidation beschleunigen, und eine physikalisch-chemische Katalyse, die an Zellstrukturen gebunden ist.[108] In weitgehender Übereinstimmung mit heutigen Erkenntnissen zeigte er, daß sich die Enzyme der energieliefernden Reaktionen (Atmungsfermente) nicht im Cytoplasma befinden, sondern an »Membranen und Strukturteile« der Zelle adsorbiert sind.[109] Durch mehrere tausend Messungen am Seeigelei und an Modellen zeigte er, daß Eisen Oxidationen beschleunigen kann, und er stellte die Theorie auf, daß es sich bei der O_2-Atmung um eine Eisenkatalyse handelt.[110] Warburg erklärte darin die Blausäureempfindlichkeit aerober Lebensvorgänge durch Bindung der Blausäure an aktives Schwermetall, die Blausäureunempfindlichkeit anaerober Prozesse, z. B. der Gärung, hingegen damit, daß eisenhaltige Enzyme hier keine Rolle spielten.

---

[106] Gunther S. Stent and Richard Calendar, Molecular Genetics (2nd ed.), San Francisco 1978: Freeman and Co, S. 186.

[107] Ibid.

[108] Otto Warburg, Beiträge zur Physiologie der Zelle, insbesondere über die Oxydationsgeschwindigkeit in Zellen, Ergebnisse der Physiologie 14, 253–337, 1914.

[109] O. Warburg, Untersuchungen über die Oxydationsvorgänge in Zellen (II), Münchner Med. Wsch. 59, 2550–2553, 1912.

[110] O. Warburg, Über die Rolle des Eisens in der Atmung des Seeigeleis nebst Bemerkungen über einige durch Eisen beschleunigte Oxydationen, Zs. f. physiol. Chem. 92, 231–256, 1914.

Die Veröffentlichung dieser Arbeit führte zu einer jahrzehntelangen Auseinandersetzung mit Heinrich Wieland. Dieser hatte 1912 das »Prinzip der Wasserstoffverschiebung« aufgestellt und vermutete, daß Dehydrierungsvorgänge im Stoffwechsel von nicht metallhaltigen Enzymen katalysiert würden. Nach Wieland bildete eine solche sauerstoffreie katalytische Dehydrierung des Substrats die Grundlage der Oxidationsprozesse. Er bestätigte und modifizierte diese Theorie in zahlreichen chemischen Arbeiten bis in die 1930er Jahre unter Verwendung von Modellsystemen mit verschiedenen Wasserstoffdonatoren (z. B. Ameisensäure, phosphorige Säure), Akzeptoren (z. B. Chinon, Methylenblau) und Katalysatoren. Warburg lehnte dagegen die Verwendung künstlicher Wasserstoffakzeptoren zur Klärung der Natur biochemischer Oxidationsprozesse ab.

Die Kontroverse zwischen Warburg und Wieland setzte eine bereits von Moritz Traube, einem Breslauer Weinhändler und Amateurbiochemiker, und Felix Hoppe-Seyler begonnene Auseinandersetzung über die katalytische Aktivierung von Sauerstoff oder Wasserstoff fort.[111] Erst als um 1930 durch Untersuchungen Warburgs, Keilins, Kuhns und Zeiles die Häminnatur der prosthetischen Gruppen von Cytochromoxidase, Peroxidase und Katalase erwiesen bzw. wahrscheinlich gemacht worden war, stand es außer Zweifel, daß es neben den wasserstoffaktivierenden Enzymen Wielands auch sauerstoff- bzw. peroxidaktivierende Systeme von prinzipiell abweichendem Aufbau gibt.[112]

Ausgehend von seinem Befund, daß die CO-bedingte Atmungshemmung bei Belichtung zurückging, gelang es Warburg 1928/29, das Absorptionsverhalten des eisenhaltigen Katalysators der Atmung (heute: Cytochrom a_3) zu messen, seinen eisenhaltigen Porphyrinkern zu analysieren und seine Inaktivierung durch CO und Reaktivierung durch Bestrahlung zu erkennen. Dafür erhielt er 1931 den Nobelpreis für Medizin. Bereits Ende der 1920er Jahre hatte ihm die Rockefeller Foundation die Finanzierung eines eigenen Instituts, des KWIs für Zellphysiologie, zugesagt, das er 1931 bezog.

Warburg erkannte und demonstrierte wie kein zweiter Biochemiker der damaligen Zeit die Bedeutung der Entwicklung exakter Methoden für die Biochemie. Mit dieser Einstellung übte er großen Einfluß auf eine Reihe von Biochemikern aus, darunter Theodor Bücher, Hans Krebs, Fritz Lipmann, Otto Meyerhof und Hugo Theorell. Bücher äußerte sich über Warburgs Persönlichkeit, seine frühe Forschung und seine Arbeitsweise folgendermaßen:[113]

---

[111] Traube hatte das von Jacob Berzelius 1835 begründete Konzept der Katalyse um 1860 auf oxidative Prozesse von Mikroorganismen angewendet. Die Kontroverse betraf die Frage, ob der oxidierende Katalysator Sauerstoff (Traube) oder Wasserstoff (Hoppe-Seyler) aktivierte.

[112] Wilhelm Franke, H. Wielands Arbeiten zum Mechanismus der biologischen Oxydation, Die Naturwissenschaften 30, 342–351, 1942; zur Kontroverse zwischen Warburg und Wieland, die im wesentlichen auf unterschiedlichen methodischen Ansätzen beruhte, siehe auch Witkop 1992, S. IX.

[113] Theodor Bücher im Gespräch mit UD, München, 14.6.1994.

»Als Sohn eines berühmten Physikers und Schüler des genialen Chemikers Emil Fischer sowie des Heidelberger Klinikers Krehl überblickte Warburg nicht nur ein ungewöhnlich weites Spektrum biologischer Probleme, sondern er erkannte auch, daß wissenschaftliche Erkenntnis weitgehend an den Fortschritt der Methodik gebunden ist. Bereits seine ersten Arbeiten an der zoologischen Station Neapel (über den entwicklungsbedingten Sauerstoffverbrauch der Seeigeleier) führten zu bedeutenden Verbesserungen der analytischen Manometrie.«

»Aus dem ersten Weltkrieg an das KWI für Biologie zurückgekehrt, beschäftigte sich Warburg zunächst mit der Kohlensäureassimilation durch grüne Pflanzen. Mit Hilfe eines selbstentwickelten manometrischen Quantenaktinometers bestimmte er die Quantenausbeute bei verschiedenen Photooxidationsprozessen. Ein Schwerpunkt seiner Arbeiten Anfang der 1920er Jahre waren also Experimente zur Photosynthese. Auch hier führte er für seine quantitativen bioenergetischen Untersuchungen entscheidende methodische Neuerungen ein. Er benutzte z. B. statt ganzer Blätter die einzellige Grünalge Chlorella, um die Rolle spezifischer Inhibitoren der Photosynthese zu untersuchen. Die Frage nach der Rolle des Eisens, seinem Bindungsort und der Art seiner Bindung in der Zelle faszinierte ihn sehr. …«

»Infolge dieser vielfältigen Interessenlage und der Tatsache, daß er ein relativ kleines Labor hatte, ergab sich, daß Warburg technisch ausgebildete Helfer brauchte, mit denen er physikalisch, chemisch, optisch und mechanisch arbeiten konnte. Diese Leute hat er sich bei Siemens gesucht; es waren hochintelligente Menschen, z. B. Erwin Negelein, Menschen, die alles konnten, Differentialgleichungen anwenden, Linien aus Quecksilberdampfspektren isolieren usw. Fritz Kubowitz und Erwin Haas haben z. B. das gesamte Wirkungsspektrum des ›Atmungsferments‹ (Cytochromoxidase bzw. Cytochrom a/a3) aufgestellt, indem sie monochromatische Strahlung aus Metalldampf- und Funkenspektren mit ausreichender Energie isolierten.«

Etwa 1930 begann eine neue Phase in Warburgs wissenschaftlicher Tätigkeit. Die erwähnten Arbeiten von Sumner und Northrop führten dazu, daß Enzyme in den Mittelpunkt seines Interesses rückten. Diese Arbeiten werden in Abschnitt 6.2 vorgestellt. Ein besonderes Kapitel der medizinischen Enzymforschung in Deutschland bilden die von Emil Abderhaldens behaupteten Abwehrenzyme, die sich als nicht existent erwiesen. Die Geschichte dieser Forschung wurde an anderer Stelle dargestellt.[114]

6.1.7 Biochemie des Intermediärstoffwechsels

Ein Pionier der Erforschung des intermediären Fett- und Eiweißstoffwechsels war Franz Knoop, von dem auch neue biochemische Methoden entwickelt wurden. Knoop wies 1904 nach, daß im tierischen Organismus Fettsäuren um jeweils zwei Kohlenstoffatome abgebaut werden (Knoopsche β-Oxidation der Fettsäuren). Da-

[114] Deichmann/Müller-Hill, The Fraud of Abderhalden's Enzymes; siehe auch Kapitel 7.

bei benutzte er eine molekulare Markierung: Er verknüpfte nichtreaktive Benzolringe oder Chloratome mit den Fettsäuren und konnte aus der Struktur der markierten Moleküle in den Ausscheidungen Schlußfolgerungen über die Umwandlungen einzelner Fettsäuremoleküle ziehen.[115] In den 1920er Jahren bewies er die Synthese von Aminosäuren in tierischen Zellen, die bis dahin als eine Eigenschaft pflanzlicher Zellen gegolten hatte. 1925 entdeckte er die Aminierung von β-Ketosäuren zu β-Aminosäuren (Knoop-Oesterlinsche β-Ketosäure-Aminierung).

Mit Untersuchungen der Reaktionen der Glykolyse und Gärung, die u. a. mit den Namen Embden, Meyerhof, Neuberg und Parnas verbunden sind, begann nach 1910 die Aufklärung intermediärer Stoffwechselketten und -cyclen. Der Chemiker Carl Neuberg, 1913 Abteilungsleiter und 1925 Direktor des KWIs für Experimentelle Therapie (später KWI für Biochemie), wurde durch die Aufklärung von Reaktionsfolgen der alkoholischen Gärung (1913) international bekannt. Er zeigte, daß es sich bei Buchners »Zymase« nicht um ein einzelnes Enzym handelte, sondern um mehrere, die eine Reihe von chemischen Reaktionen katalysieren, durch die Glucose letztlich zu Alkohol und CO_2 abgebaut wird. Neuberg entdeckte das Enzym Carboxylase, das Brenztraubensäure zu Acetaldehyd und CO_2 decarboxyliert, und ein phosphoryliertes Zwischenprodukt des Stoffwechsels, den Fructofuranose-6-phosphorsäureester (Neuberg-Ester). Im Jahre 1906 gründete er die »Biochemische Zeitschrift«, das zweite Journal der noch jungen Biochemie, etwa 30 Jahre nach der Gründung der »Zeitschrift für Physiologische Chemie« durch Felix Hoppe-Seyler.

Der erste Stoffwechselcyclus, der in den 1920er Jahren vor allem durch Otto Meyerhof und Gustav Embden mit ihren Mitarbeitern weitgehend aufgeklärt wurde, war die Glykolyse. Die Glykolyse wurde als Voraussetzung der alkoholischen Gärung und, zunächst unabhängig davon, des Glucoseabbaus im Muskel untersucht. Erst in den 1920er Jahren wurde erkannt, daß beiden Stoffwechselwegen ein gemeinsamer biochemischer Mechanismus zugrunde liegt, und daß die Glykolyse in fast allen Zellen abläuft. Bevor die Arbeiten Meyerhofs, der bis zu seiner Entlassung 1938 der bedeutendste deutsche Biochemiker auf dem Gebiet des Intermediärstoffwechsels war, vorgestellt werden, soll in einem kurzen Exkurs ein Blick auf seine philosophischen Studien geworfen werden.

Meyerhof, der in Berlin, Straßburg und Heidelberg Medizin studierte, besaß frühzeitig ein großes Interesse für die Philosophie, das während des Studiums durch den Kontakt mit dem Philosophen Leonard Nelson, dessen Hauptinteresse der Beziehung zwischen Philosophie und Psychologie galt, verstärkt wurde.[116] Nelson

[115] Franz Knoop, Der Abbau aromatischer Fettsäuren im Tierkörper, Beiträge zur chemischen Physiologie und Pathologie 6, 150–162, 1904.

[116] Zu Meyerhofs Leben und Forschung, siehe Nachmansohn, Die große Ära und David Nachmansohn, Severo Ochoa und Fritz A. Lipmann, Otto Meyerhof. April 12, 1884–October 6, 1951 (reprinted from Science, Vol. 115, April 4, 1952), Biographical Memoirs, Nat. Acad. of Sciences Vol. 34, New York 1960, 153–182; Ekkehard Höxtermann, Otto Meyerhof, in: Bedeutende Juden in Niedersachsen, Landeszentrale für politische Bildung 1964, S. 150–160.

begann 1904, die Schule der kritischen Philosophie des Kant-Schülers Jakob Friedrich Fries wiederzubeleben. Unter Nelsons Einfluß promovierte Meyerhof 1909 mit einer Arbeit über ein Problem der Psychiatrie. Erst während seiner Assistentenzeit in der Klinik Ludolf Krehls in Heidelberg wandte er sich der Biochemie zu. Gleichzeitig setzte er seine philosophischen Studien fort und übernahm nach dem Tode Nelsons zusammen mit Franz Oppenheimer und Minna Specht um 1927 die Herausgabe der »Abhandlungen der Fries'schen Schule«.

Ausgehend von der durch Fries und Apelt eingeführten »Lehre von der Spaltung der Wahrheit« unterschied Meyerhof nicht nur zwischen verschiedenen wissenschaftlichen Ansichten, z. B. in Physik und Biologie, sondern auch zwischen wissenschaftlicher Wahrheit und einer Wahrheit, die sich in Kunst und Religion manifestiert.[117] Dabei setzte er sich kritisch mit der romantischen Naturphilosophie und deren fehlendem Verständnis für die exakten Naturwissenschaften auseinander. Am Beispiel der Physiologie untersuchte er das Verhältnis der empirischen Wissenschaften zur Philosophie.[118] Er vertrat die Meinung, daß der Philosophie die Aufgabe zukomme, das System der naturwissenschaftlichen Theorien widerspruchslos zu deuten. Dagegen könne man von ihr, wie er am Beispiel des von französischen Physikern entdeckten Naturprinzips der Polarität, das anschließend auch eine große Bedeutung in der Philosophie erhielt, erläuterte, keine Voraussagen über wissenschaftliche Inhalte und keine wissenschaftlichen Entdeckungen erwarten. Diese seien allein den Naturwissenschaften möglich.[119]

Die Verlagerung von Meyerhofs Forschungsinteressen ist dem Einfluß Otto Warburgs zuzuschreiben, den Meyerhof an der Ludolf-Krehl-Klinik kennenlernte. Warburgs Persönlichkeit und der Eindruck, den seine Forschung, vor allem die Verwendung von exakter Methodologie beim Studium biochemischer Prozesse, auf Meyerhof ausübte, bewogen diesen, mit dem Studium der energieliefernden biologischen Elementarreaktionen zu beginnen. Er reiste mehrmals zur Zoologischen Station von Neapel, um dort gemeinsam mit Warburg den Stoffwechsel von Seeigeleiern zu untersuchen. Meyerhof, 1913 Privatdozent, später apl. Professor im Physiologischen Institut in Kiel, wurde 1924 Abteilungsleiter am KWI für Biologie in Berlin und erhielt 1929 die selbständige Abteilung für Physiologie am KWI für Medizinische Forschung in Heidelberg.

Meyerhof wollte die Frage nach der Natur der Energieumwandlungen klären, die zwischen der Nahrungsaufnahme von Lebewesen und der Wärmeproduktion stattfanden. Er erkannte, daß diese Transformationen das dynamische Stoffwechselgleichgewicht eines lebenden Organismus aufrechterhielten. Er benutzte den Mus-

---

[117] O. Meyerhof, Über Goethes Methode der Naturforschung, Brooklyn 1950: Brooklyn Medical Press, reprinted from Proceedings of the Rudolf Virchow Medical Society, New York, S. 10 ff.

[118] O. Meyerhof, Betrachtungen über die naturphilosophischen Grundlagen der Physiologie, Abhandlungen der Fries'schen Schule Bd. 6, Berlin 1933: Verlag Neues Leben, S. 37–66. Ein Auszug wurde abgedruckt in: Die Naturwissenschaften 22, 311–314, 1934.

[119] Ibid.

kel als Experimentalsystem, weil dieser es ermöglichte, chemische Transformationen sowohl mit Wärmeproduktion als auch mit mechanischer Arbeit zu korrelieren. Die Bildung von Milchsäure war zu dieser Zeit alles, was über chemische Reaktionen im Zusammenhang mit der Muskelkontraktion bekannt war. Meyerhof zeigte, daß der Ausgangsstoff für die Produktion der Milchsäure (unter anaeroben Bedingungen) das Muskelglykogen ist, und daß die Energie zur Muskelkontraktion aus dem Abbau von Glykogen zu Milchsäure gewonnen wird.[120] Weiter wies er nach, daß ein kleiner Teil der gebildeten Milchsäure bei Anwesenheit von Sauerstoff zu CO_2 und Wasser oxidiert und die hierdurch produzierte Energie benutzt wird, um aus dem größeren Teil der Milchsäure wieder Glykogen herzustellen.

Mit seiner Analyse des Glykogen-Milchsäure-Cyclus und dessen Beziehung zur Atmung stellte Meyerhof eine Beziehung zwischen physikalischen Größen und chemischen Vorgängen in der Zelle her, und er wies zum ersten Mal den cyclischen Charakter von biochemischen Reaktionen der Energietransformationen in lebenden Zellen nach. Für diese Korrelation biochemischer und biophysikalischer Daten erhielt Meyerhof zusammen mit dem englischen Physiologen Archibald V. Hill 1923 den Nobelpreis für Medizin und Physiologie des Jahres 1922. Seine Entdekkung bestätigte und erweiterte die Hypothese Pasteurs, daß Fermentation (Glykolyse) »Leben ohne Luft« ist und bewies Pasteurs Annahme, daß in Anwesenheit von Sauerstoff weniger Kohlenhydrate verbraucht werden als in Abwesenheit von Sauerstoff. Diese Unterdrückung der Glykolyse durch die Atmung hatte Warburg im Zusammenhang mit seiner Entdeckung intensiver aerober Glykolyse in Tumorzellen Pasteur-Effekt genannt. Sie wird heute durch die Feedback-Hemmung eines der Glykolyseenzyme, der Phosphofructokinase, durch ATP erklärt.

In den folgenden Jahren wurden immer mehr Einzelreaktionen der Glykolyse aufgeklärt, woran außer Meyerhof und seinen Mitarbeitern Gustav Embden in Frankfurt maßgeblich beteiligt war: Ihm gelang u. a. der Nachweis der Spaltung von Fructose-1,6-diphosphat zu zwei Molekülen Triosephosphat. Embden stellte zusammen mit seinen Mitarbeitern 1932/33 ein vollständiges Schema der glykolytischen Reaktionen auf.[121] Die darin formulierten Reaktionen wurden von Meyerhof bestätigt und die Enzyme isoliert. Meyerhof nannte die mittlerweile oft als Meyerhof-Cyclus bezeichneten Glykolysereaktionen nach Embdens Tod im Juli 1933 Embden-Meyerhof-Cyclus.

Für die Klärung der Natur der Energietransformationen im Muskel und der grundlegenden Mechanismen der Glykolyse war die Entdeckung zweier phosphorylierter Verbindungen von großer Bedeutung: 1926 wurde Phosphokreatin gleichzeitig durch Fiske und SubbaRow bzw. P. und G. P. Eggleton entdeckt, und 1929 fand Karl Lohmann das ATP und bestimmte anschließend dessen Struk-

---

[120] Siehe dazu den Nachruf auf Meyerhof von David Nachmansohn, Severo Ochoa und Fritz A. Lipmann, Biographical Memoirs, Nat. Acad. of Sciences Vol. 34, New York 1960, 153–182.

[121] Gustav Embden und Hans-Joachim Deuticke, Über die Bedeutung der Phosphoglycerinsäure für die Glykolyse in der Muskulatur, Zs f. physiol. Chem. 230, 29–49, 1934.

tur.[122] Lohmann, ein hervorragender Organiker, kam 1924 zu Meyerhof nach Berlin und war dessen erster wissenschaftlicher Mitarbeiter. Auch in Heidelberg blieb Lohmann längere Zeit der einzige festangestellte Mitarbeiter. Seine Entdeckung und chemische Analyse des ATP gehören zu den bedeutendsten Arbeiten an Meyerhofs Institut. 1931 wiesen Meyerhof und Lohmann auf die hohe Spaltungsenergie des ATPs und deren Nutzung bei der Glykolyse hin.[123] Sie zeigten, daß ATP ein Coenzym der Milchsäurebildung ist; es stellt Phosphat zur Veresterung der Hexose vor der Spaltung in Milchsäure zur Verfügung und wird in späteren Reaktionsschritten wieder zu ATP resynthetisiert.

Die Erkenntnis, daß der enzymatische Abbau des Phosphokreatins und ATPs im Muskel die direkte Energie zur Muskelkontraktion liefert, und nicht, wie von Meyerhof zunächst fälschlich angenommen, die Bildung von Milchsäure, geht auf ein Experiment des dänischen Physiologen Einar Lundsgaard zurück. Er vergiftete Muskeln mit Hilfe von Monouodacetatinjektionen. Monojodacetat verhindert den Kohlenhydratabbau und somit die Milchsäurebildung. Lundsgaard zeigte, daß ein so vergifteter Muskel eine Stunde lang zu Kontraktionen in der Lage war. Dabei wurde Phosphokreatin (damals Phosphagen) abgebaut.[124] Er nahm an, daß Phosphokreatin die energieliefernde Substanz der Kontraktion ist, während die Milchsäurebildung die Resynthese des gespaltenen Phosphokreatins bewirken sollte. Meyerhof lud Lundsgaard zu weiteren Experimenten nach Heidelberg ein, wo dieser nachwies, daß Phosphokreatin auch in normalen Muskeln die energieliefernde Substanz ist.[125]

In Meyerhofs Institut arbeiteten eine Reihe von später bedeutenden Biochemikern und Physiologen, darunter Hermann Blaschko, Dean Burk, Ken Iwasaki, Fritz Lipmann, Karl Lohmann, Karl Meyer, David Nachmansohn, Alexander von Muralt, Severo Ochoa, P. Oesper und J. Suranyi. Insbesondere Lipmann, Lohmann, Nachmansohn und Ochoa wurden hinsichtlich ihrer Methodik und Fragestellung stark von Meyerhof beeinflußt.

Ende der 1920er Jahre begann Heinrich Wieland in München, die weiteren Reaktionen des Endprodukts der aeroben Glykolyse, der Essigsäure, in der Hefe zu untersuchen. Er zeigte zusammen mit seinem Mitarbeiter Robert Sonderhoff, daß der größte Teil der Essigsäure zu CO_2 oxidiert wird, ein kleiner Teil dagegen in Bernstein- und Zitronensäure übergeht.[126] Die Anfänge zur Aufklärung des

[122] Karl Lohmann, Über die Pyrophosphatfraktion im Muskel, Die Naturwissenschaften 17, 624–625, 1929.

[123] O. Meyerhof und K. Lohmann, Über die Energetik der aneroben Phosphagensynthese (»Kreatinphosphorsäure«) in Muskelextrakt, Die Naturwissenschaften 19, 575–576, 1931.

[124] Einar Lundsgaard, Untersuchungen über Muskelkontraktionen ohne Milchsäurebildung, Biochemische Zs. 217, 162–177, 1930.

[125] E. Lundsgaard, Untersuchungen über Muskelkontraktionen ohne Milchsäurebildung, Biochemische Zs. 227, 51–83, 1930.

[126] Heinrich Wieland und Robert Sonderhoff, Über den Mechanismus der Oxydationsvorgänge. XXXII. Die enzymatische Oxydation von Essigsäure durch Hefe, Annalen d. Chem. 499, 213–228, 1932.

Citronensäurecyclus waren geschaffen. Die weiteren Forschungen werden in Abschnitt 6.2 dargestellt.

Ein weiterer Stoffwechselcyclus wurde in seinen Grundzügen 1932 geklärt: Hans Krebs, der seit 1931 an der Medizinischen Klinik in Freiburg tätig war, entdeckte 1932 zusammen mit Kurt Henseleit den Harnstoffcyclus (Krebs-Henseleit-Cyclus), in dem Ammoniak in der Leber zu Harnstoff entgiftet wird.[127]

Eine wichtige Rolle bei der Ausbildung von Biochemikern spielte Peter Rona, apl. Professor und Leiter des chemischen Labors des Pathologischen Instituts in Berlin. Er leitete regelmäßig einen Biochemiekurs für Medizinstudenten, in dem unter anderem Ernst B. Chain, Krebs, Lipmann und Nachmansohn moderne biochemische Methoden wie Manometrie, pH-Wertbestimmung und Elektrophorese kennenlernten.[128]

Die Untersuchung des intermediären Stoffwechsels von Cholesterin durch Rudolf Schönheimer bei Ludwig Aschoff in Freiburg wurde in Kapitel 4 dargestellt.

Die großen Leistungen im ersten Drittel des 20. Jahrhunderts bei der Aufklärung intermediärer Stoffwechselwege, die in der Aufklärung der Glykolyse und, etwas später, des Citronensäurecyclus gipfelten, waren ohne Isotopenmarkierung zustande gekommen. Die Technik der Markierung von Molekülen mit radioaktiven und stabilen Isotopen, die vor allem von Georg v. Hevesy und Rudolf Schoenheimer Anfang der 1930er Jahre entwickelt wurde, ist eine der bedeutendsten methodischen Neuerungen der dynamischen Biochemie. Diese Forschungen werden weiter unten vorgestellt.

6.2 Die Entwicklung der Naturstoffchemie und Biochemie in Deutschland von 1933 bis 1945

6.2.1 Die institutionelle Entwicklung

Institutionelle Änderungen durch die nationalsozialistische Wissenschaftspolitik ergaben sich durch die Entlassung jüdischer Direktoren insbesondere von KWIs, die mit der Neubesetzung verbundene neue Ausrichtung der Forschung oder durch der Schließung von Instituten. Die zunehmende Anerkennung der Bedeutung der Makromolekularen Chemie und ihrer möglichen technischen Anwendungen führten zur Einrichtung von Vierjahresplaninstituten mit diesem Schwerpunkt. Als

[127] Hans Adolf Krebs und Kurt Henseleit, Untersuchungen über die Harnstoffbildung im Tierkörper, Zs. f. physiol. Chem. 210, 33–66, 1932.

[128] Siehe dazu F. Lipmann in H. Krebs und F. Lipmann, Dahlem in the Late Nineteen Twenties, S. 119.

weitere institutionelle Änderung ist der Anstieg der Zahl von Instituten der Physiologischen Chemie zu verzeichnen. Die naturstoffchemischen Forschungen an den genannten Instituten der Organischen Chemie wurden fortgesetzt.

Kaiser Wilhelm-Institute
Der Schwerpunkt der Forschung am KWI für Biochemie verlagerte sich unter Adolf Butenandt, dem Nachfolger des 1934 entlassenen jüdischen Direktors Carl Neuberg, auf die Chemie der Steroidhormone, Krebsforschung und molekularbiologische Themen (Genwirkstoffe, Virusforschung, Antikörper). An der Abteilung für Physiologie des KWI für Medizinische Forschung betrieb Otto Meyerhof bis zu seiner Entlassung und Emigration im Jahre 1938 intermediäre Kohlenhydratbiochemie. Der Direktor des KWIs, Richard Kuhn, löste die Abteilung auf und richtete dafür eine Abteilung für Biologie ein, die er unter seine eigene Leitung stellte. Dort betrieb Franz Moewus biochemische Genetik an Mikroorganismen, deren Ergebnisse sich später als Schwindel erwiesen. Der Forschungsschwerpunkt Richard Kuhns lag auf dem Gebiet der Naturstoffchemie, insbesondere der Vitamine. Otto Warburg blieb trotz der Tatsache, daß sein Vater Jude war, Leiter des KWI für Zellphysiologie, wo er während der 1930er und 1940er Jahre einen großen Teil der Glykolyse- und Atmungskettenenzyme physikalisch-chemisch charakterisierte. Der Proteinforscher Max Bergmann, Direktor des KWI für Lederforschung in Dresden, wurde 1933 entlassen, sein Nachfolger Wolfgang Grassmann setzte zunächst die Arbeiten auf dem Gebiet der Proteine fort, widmete sich aber nach einigen Jahren überwiegend der angewandten Forschung. Das KWI für Faserstoffchemie, an dem natürliche und künstliche Makromoleküle physikalisch-chemisch untersucht wurden, wurde nach der Entlassung des Direktors Reginald Herzog 1933 im Jahre 1934 geschlossen. In den Räumen dieses KWI wurde die auf Wunsch der keramischen Industrie neu gegründete technologische Abteilung des KWI für Silikatforschung eingerichtet. Im Jahre 1939 wurde unter der Leitung von Ernst Schilling ein KWI für Bastfaserforschung neu errichtet.

Universitätsinstitute der Physiologischen Chemie
Bis 1933 gab es in Deutschland sechs unabhängige Universitätsinstitute der Physiologischen Chemie, und zwar in Berlin (H. Steudel, seit 1937 K. Lohmann), Frankfurt (Institut für vegetative Physiologie, G. Embden; seit 1935 Kurt Felix), Freiburg (J. Kapfhammer), Gießen (R. Feulgen), Leipzig (K. Thomas) und Tübingen (F. Knoop). Bis 1944 wurden 14 weitere Institute gegründet, so daß sich ihre Zahl während des Nationalsozialismus mehr als verdreifachte: Greifswald 1935 (F. A. Hoppe-Seyler), Würzburg 1935 (D. Ackermann), Jena 1936 (W. Lintzel), Breslau 1938 (E. Schmitz), Köln 1938 (E. Klenk), Münster 1938 (aoP. H. H. Weber), Marburg 1939 (aoP. T. Bersin), Erlangen 1940 (F. May), Rostock 1940 (aoP. P. Holtz), Göttingen 1941 (aoP. H. J. Deuticke), Straßburg 1941 (H. Dyckerhoff), Bonn 1942 (aoP. W. Dirscherl), München ca. 1942 (aoP. A. Hahn), Posen 1942 (K. Hinsberg). In zehn Fällen war die Neugründung mit einer Neuberufung auf ein Ordinariat oder Extraordinariat (oben als aoP. gekennzeichnet) verbunden. In

Halle wurde das Physiologische Institut unter Emil Abderhalden um 1942 als Physiologisches und Physiologisch-Chemisches Institut bezeichnet. An einigen Physiologischen Instituten existierten Physiologisch-Chemische Abteilungen, z. B. in Hamburg und Heidelberg. Bemerkenswert ist die große Anzahl der Institutsgründungen während des Krieges.

An allen Universitäten in Österreich und an der Deutschen Universität in Prag existierten vor 1938 Institute für Medizinische Chemie, die nach dem Anschluß bzw. der deutschen Besetzung in Institute der Physiologischen Chemie umgewandelt wurden. In Graz blieb H. Lieb Lehrstuhlinhaber, in Innsbruck wurde Martin Henze durch Hans Jost ersetzt und in Wien Otto Fürth durch Hermann K. Barrenscheen. Henze und Fürth wurden 1938 entlassen. An der Deutschen Universität in Prag wurde Richard Zeynek 1940 emeritiert, Nachfolger wurde sein Assistent Zdenko Stary, und an der Deutschen Technischen Hochschule in Prag wurde das Institut für Biochemie seit 1939 von Konrad Bernhauer geleitet; mir ist nicht bekannt, wer vorher Direktor war. Bis auf Stary waren alle genannten Institutsleiter in Österreich und Prag nach 1938 Mitglieder der NSDAP. In Deutschland waren oder wurden sechs der zehn neu als Institutsleiter Berufenen Mitglieder der NSDAP.

Institute mit dem Schwerpunkt Makromolekulare Chemie

Als Makromoleküle werden Moleküle mit einem Molekulargewicht von mehr als 10.000 bezeichnet, an deren Aufbau in der Regel mehr als 1500 Atome beteiligt sind. Die in den 1930er Jahren aufblühende Makromolekulare Chemie war in Deutschland stark auf Untersuchungen technisch verwertbarer Naturstoffe (wie Cellulose und Kautschuk) und Kunststoffe ausgerichtet.

Makromolekulare Chemie war und blieb Forschungsschwerpunkt im Chemischen Laboratorium der Universität Freiburg unter Hermann Staudinger, der dort 1940 eine »Forschungsabteilung für Makromolekulare Chemie des Chemischen Laboratoriums« einrichtete. Der Direktor des chemischen Instituts der Universität Heidelberg, Karl Freudenberg, wandelte sein Institut 1939 in ein Forschungsinstitut des Vierjahresplanes um, das die Bezeichnung »Institut für Chemie des Holzes und der Polysaccharide« erhielt. Am KWI für Chemie war 1921 eine organisch-chemische Abteilung gegründet worden, die 1931 als Gastabteilung mit eigener Finanzierung bestehenblieb. Sie wurde von Kurt Hess geleitet, der vor allem Cellulosechemie betrieb.

Der 1940 aus Wien als Abteilungsleiter an das KWI für Physikalische Chemie berufene Otto Kratky untersuchte seit 1930 makromolekulare Natur- und Kunststoffe, vor allem Cellulose, mit Hilfe der Röntgenstrukturanalyse. Ebenfalls mit dieser Methode untersuchte E. Elöd an der TH Karlsruhe die Struktur organischer Makromoleküle, darunter des Keratins, vor allem unter Gesichtspunkten möglicher Anwendungen. Die Röntgenstrukturanalyse von Makromolekülen wurde im Forschungslabor der I. G. Farben in Ludwigshafen bereits 1932 durch das Ausscheiden des Laborleiters Kurt H. Meyer und Hermann Marks aus der I. G. beendet, aber an anderen Industrielaboratorien betrieben, z. B. im Forschungslabor

Oppau der I. G. Farben, wo Rudolf Brill unter anderem technisch verwertbare Proteine untersuchte.

Die folgende Darstellung berücksichtigt schwerpunktmäßig aber nicht ausschließlich DFG- bzw. RFR-geförderte Forschung. Die Angaben stammen, sofern nicht anders angegeben, aus Anträgen, Berichten und Gutachten der DFG-Akte der betreffenden Person im Bundesarchiv Koblenz. Die Forschungen während des Nationalsozialismus werden im Rahmen dieser Studie ausführlicher behandelt als die früheren Entwicklungen. Daher ist auch die in diesem Teil des Kapitels gewählte Einteilung detaillierter als im ersten Teil. Weitere Unterschiede der Gliederung sind damit zu erklären, daß sich Forschungsgebiete änderten (Proteinforschung bestand in Deutschland jetzt überwiegend aus Enzymforschung) und neue Gebiete hinzukamen (z. B. Antibiotika). Wie im ersten Teil werden zum Vergleich mit den in Deutschland erzielten Forschungsergebnissen die wichtigsten internationalen Entwicklungen der Fachgebiete dargestellt, wobei insbesondere die Arbeiten der aus Deutschland vertriebenen Wissenschaftler berücksichtigt werden.

6.2.2 Proteine und Enzyme

Peptidtheorie und Enzymstruktur

1936 stellten Linus Pauling und A. Mirsky eine Theorie der Struktur von denaturierten und nativen Proteinen auf, die noch heute gültig ist.[129] Proteine bestehen danach aus Aminosäuren, die durch kovalente Amidbindungen linear verknüpft sind und mit Hilfe von schwachen Wechselwirkungen, darunter Wasserstoffbrücken und Ionenbindungen, Sekundär- und Tertiärstrukturen bilden. Diese sekundären Bindungen werden bei Denaturierungen zerstört. Die einzige sekundäre Bindungskraft, die Mirsky und Pauling nicht berücksichtigten, ist die hydrophobe Wechselwirkung. Ihre Theorie bestätigte die von Fischer und Hofmeister 1902 aufgestellte Peptidtheorie.

Andere Forscher stellten die Hypothese einer linearen Peptidkette in globulären Proteinen in Frage. So vermutete William T. Astbury um 1930 die Existenz hexagonaler, durch kovalente Bindungen zusammengehaltener Strukturen, und Dorothy Wrinch kam 1936, von topologischen Überlegungen ausgehend, zu der Schlußfolgerung, daß in globulären Proteinen honigwabenähnliche Strukturen vorliege (Cycloltheorie). Diese sollten aus Ringen bestehen, die sich aus sechs Einheiten zusammensetzen. Zu den Protagonisten der Cycloltheorie gehörte der amerikanische Physikochemiker und Nobelpreisträger des Jahres 1932 Irving Langmuir.[130] Eines der für die Cycloltheorie angeführten Argumente lag darin, daß sich in ihr

[129] A. E. Mirsky, Linus Pauling, On the Problem of Native, Denatured, and Coagulated Proteins, PNAS (Washington) 22, 439–447, 1936.

[130] Siehe dazu Fruton, Molecules and Life. S. 162 ff.

die von Svedberg fälschlich angenommenen Einheiten des Molekulargewichts von 17.000 in Form eines Cyclols aus 288 Aminosäuren wiederfanden.

Die Bedeutung der Zahl von 288 Aminosäuren wurde 1936 von Max Bergmann, der nach seiner Entlassung von der KWG seine Proteinforschung am Rockefeller Institute for Medical Research fortsetzte, und Carl Niemann aus einem anderem Grund bestätigt. Ihren Analysen zufolge schien die Anzahl der Aminosäurereste pro Proteinmolekül einem Vielfachen von 288 zu entsprechen.[131] Ihre Hypothese basierte auf Aminosäurenanalysen, die Niemann an mehreren Proteinen von zweifelhafter Homogenität mit analytischen Methoden ungewisser Vertrauenswürdigkeit ausgeführt hatte. Dabei benutzte er Techniken der Anorganischen Chemie: Hydrolyse, Ausfällen, Wiegen. Im Vergleich zu heute ist die große Menge benutzten Proteins auffallend: Für eine Aminosäurebestimmung brauchte er 50 g eines Proteins. Die Bergmann-Niemann-Hypothese stellte eine Generalisierung früherer Periodizitätshypothesen dar, nach denen bestimmte Aminosäurereste in einem regelmäßigen periodischen Intervall auftreten (z. B. Kossel 1904, Astbury 1934).[132] Sie ist ebenso wie Svedbergs Vermutung, daß viele Proteine ein Molekulargewicht von 17.000 oder ein Vielfaches davon besitzen, ein Beispiel für die damals verbreiteten Hypothesen über regelmäßig wiederkehrende Zahlenverhältnisse in Proteinen. Nach Albert Charles Chibnall waren die 1930er Jahre charakterisiert durch »the hypnotic power of numerology.«

Die Gültigkeit der Bergmann-Niemann-Regel wurde schon bald in Bergmanns eigenem Institut bezweifelt, wobei die Skepsis zunächst durch Bergmanns Autorität in der Proteinchemie gebremst wurde. Aber bereits 1939 mußte auch Bergmann seine Hypothese aufgeben: Sein Mitarbeiter William Stein hatte analytische Daten erhalten, die mit der Regel nicht in Einklang zu bringen waren, ein für deutsche Verhältnisse kaum denkbarer Fall der Korrektur eines Irrtums durch einen jüngeren Mitarbeiter. Die kritischen Diskussionen über die Periodizitätshypothese trugen mit dazu bei, daß die englischen Biochemiker Archer J. Martin und Richard L. Synge 1941 in Leeds die Methode der Verteilungschromatographie für Aminosäuren entwickelten, um auf diese Weise eine quantitative Analyse der Aminosäurezusammensetzung zu ermöglichen; 1952 wurden sie dafür mit dem Nobelpreis ausgezeichet.

Frederick Sanger, der 1943 in Cambridge mit der Strukturbestimmung von Proteinen begann, kombinierte diese chromatographische Trennung mit der von ihm entwickelten Methode zur Markierung endständiger Aminosäuren mittels Dinitrofluorbenzol.[133] Damit begann er 1945, die Aminosäuresequenz des Insulins zu bestimmen, eine Aufgabe, die er 1955 mit der Strukturaufklärung abschloß.[134] Da-

[131] Max Bergmann and Carl Niemann, On Blood Fibrin. A Contribution to the Problem of Protein Structure, J. of Biological Chemistry 115, 77–85, 1936.

[132] Siehe dazu ausführlich Joseph S. Fruton, Molecules and Life, S. 163 ff.

[133] F. Sanger, Biochemical Journal 39, 507–515, 1945.

[134] A. P. Ryle, F. Sanger, L. F. Smith, and R. Kital, Biochem. J. 60, 541–556, 1955; F. Sanger, Science 129, 1340–1344, 1959.

mit konnte Sanger zum ersten Mal zeigen, daß zumindest bei einem Protein, Insulin, alle Moleküle eine identische Struktur besaßen, und er lieferte den Beweis dafür, daß die Peptidtheorie (bei Insulin) korrekt ist. Sanger erhielt für die Strukturaufklärung des Insulins 1958 den Nobelpreis; einen zweiten Nobelpreis erhielt er 1980 für die komplette Analyse der DNA eines Phagen.

Bergmann und William H. Stein entwickelten 1939 eine erste verläßlichere Methode (»solubility product method«) zur Ermittlung der Aminosäurezusammensetzung von Proteinen.[135] Der Durchbruch in der Methodik wurde nach Bergmanns Tod (1944) durch seine Mitarbeiter Stanford Moore und Stein erzielt. Sie benutzten eine Kombination von Säulenchromatographie, automatischem Fraktionssammler und quantitativer photometrischer Ninhydrinbestimmung. (Ninhydrin, mit dem die bis dahin chromatographisch nicht identifizierbaren Aminosäuren sichtbar gemacht werden konnten, wurde 1910 durch Siegfried Ruhemann in Cambridge entdeckt.) Damit gelang es ihnen 1948, die 124 Aminosäuren der Ribonuclease A zu bestimmen. 1960 ermittelten sie mit dem von ihnen entwickelten automatischen Aminosäuresequenzanalysator die Sequenz des Enzyms. 1972 erhielten Moore und Stein für ihre Arbeiten auf dem Gebiet der Proteine den Nobelpreis für Chemie.[136]

Die in Deutschland nach 1933 betriebene Forschung mit dem Ziel der Aufklärung der Proteinstruktur wurde von den Entwicklungen in den USA schnell überholt und blieb international bedeutungslos. An ähnlichen Fragestellungen wie Bergmann arbeiteten die Willstätter-Schüler Wolfgang Grassmann, der 1934 als Nachfolger Bergmanns Direktor des KWI für Lederforschung wurde, und Ernst Waldschmidt-Leitz. Grassmann, seit den 1920er Jahren von der Notgemeinschaft (später DFG) für Enzymforschungen unterstützt, führte 1934 Untersuchungen mit dem Ziel aus, protein- und kohlenhydratabbauende Enzyme in reiner Form zu isolieren, ihre Wirkungsweise sowie Wirkungsbedingungen festzustellen und sie zur Konstitutionsaufklärung von Proteinen und Kohlenhydraten zu verwenden. Er wollte zum einen möglichst reine Peptide z. B. aus Kollagen und Keratin herstellen, zum anderen die dazu notwendigen Peptidasen, die er gemäß der Tradition Willstätters aus Hefe isolierte, selbst untersuchen.[137]

Darüber hinaus arbeitete Grassmann über den Mechanismus des Celluloseabbaus, bei dem er zwei der verantwortlichen Enzyme aus Schimmelpilzen voneinander

---

[135] Max Bergmann und William H. Stein, A New Principle for the Determination of Amino Acids and Application to Collagen and Gelatin, J. of Biological Chemistry 28, 217–232, 1939.

[136] Zur Geschichte der Peptidchemie siehe ausführlich Theodor Wieland and M. Bodanszky, The World of Peptides. A Brief History of Peptide Chemistry, Berlin/Heidelberg 1991: Springer.

[137] Dabei bezog er sich auf Untersuchungen von Emil Abderhalden, Max Bergmann, Ernst Waldschmidt-Leitz und ihm selbst, bei denen verschiedene Peptidasen als Dipeptidasen, Amino- und Carboxypolypeptidasen voneinander unterschieden, getrennt und charakterisiert wurden (W. Grassmann, Handbuch der Biochemie des Menschen und der Tiere, Jena 1933, darin: »Proteasen«, »Amidasen«).

trennte.[138] 1937 wurde sein Institut in ein Vierjahresplaninstitut umgewandelt, und er arbeitete fast ausschließlich anwendungsorientiert. Grassmann und seine Mitarbeiter untersuchten in Zusammenarbeit mit der I. G. Farbenindustrie und der Textilindustrie die Möglichkeit der Entwicklung von Ledererersatz sowie Gerbstoffen auf einheimischer Rohstoffbasis. Sie arbeiteten neue Gerbverfahren aus, die sie technisch weiterentwickelten, und untersuchten die Lagerbeständigkeit gegerbter Leder. Grassmanns DFG-Antrag auf Unterstützung der Forschungen zum Ledererersatz wurde 1937 von Thiessen mit der Begründung abgelehnt, daß die entsprechenden Mittel von der Lederindustrie aufzubringen sein müßten. Während des Krieges arbeitete Grassmann an einem Forschungsauftrag des RFR der Dringlichkeitsstufe SS über die Imprägnierung von Fisch- und Tarnnetzen, der aber bis 1944 zu keinem befriedigenden Ergebnis führte.

Ernst Waldschmidt-Leitz, Professor am Institut für Biochemie der TH Prag, erhielt 1935 und 1938 Beihilfen für die Strukturermittlung verwandter Eiweißstoffe aus Fischsperma. Er bemühte sich, ein Verfahren zur chromatographischen Trennung von Peptidgemischen zu entwickeln. Zusammen mit Fritz Turba beschrieb er die Trennung eines Peptidgemisches in vier Fraktionen, die sich in ihrem Argininanteil unterschieden.[139] Seine weiteren Forschungen über D-Aminosäuren und D-Proteinasen in Tumorgewebe wurden in Deutschland mit großer Skepsis aufgenommen und im Ausland nicht zur Kenntnis genommen (siehe unter »Krebsforschung«).

Heinrich Wieland identifizierte zwei Gifte des grünen Knollenblätterpilzes, Phalloidin und das Hauptgift Amanitin, als Peptide, die er chemisch charakterisierte und kristallisierte (mit Witkop 1940[140] und Hallermayer 1941[141]). In Fortsetzung dieser Forschung isolierte sein Sohn Theodor Wieland nach 1945 über 30 Jahre lang eine große Vielfalt giftiger (Amatoxine, Phallotoxine) und ungiftiger (Antamanid, Cycloamanide) Cyclopeptide aus Knollenblätterpilzen und klärte ihre Struktur auf.[142]

Theodor Bersin, 1938 Extraordinaruis für Physiologische Chemie in Marburg, erhielt seit 1933 von der DFG verschiedene Apparate zur Aufklärung der chemischen Konstitution des Enzyms Papain, des Reaktionsmechanismus der enzymatischen Spaltung einer Peptidbindung und zur Untersuchung von Ureasen. Darüber hinaus führte er seit 1938 Untersuchungen zu den nicht existierenden Abwehr-

[138] W. Grassmann, L. Zechmeister, G. Tóth und R. Bender, Über den enzymatischen Abbau der Cellulose und ihrer Spaltprodukte, Annalen d. Chem. 503, 167–179, 1932.

[139] Ernst Waldschmidt-Leitz und Fritz Turba, Verfahren zur Trennung von Peptidgemischen, J. praktische Chemie 156, 55–64, 1940.

[140] Heinrich Wieland und Bernhard Witkop, Über die Giftstoffe des Knollenblätterpilzes. V. Zur Konstitution des Phalloidins, Annalen d. Chem. 543, 171–183, 1940.

[141] Heinrich Wieland und R. Hallermayer, Über die Giftstoffe des Knollenblätterpilzes. VI. Amanitin, das Hauptgift des Knollenblätterpilzes, Annalen d. Chem. 548, 1–18, 1941.

[142] Siehe ausführlich Theodor Wieland, Peptides of Poisonous Amanita Mushrooms, New York, Berlin: Springer: 1986.

fermenten Emil Abderhaldens durch (siehe Kapitel 7). Seit 1943 arbeitete er im Rahmen eines Forschungsauftrags des RFR der Dringlichkeitsstufe SS an der Untersuchung der biochemischen Wirkung von Kampfstoffen. Ergebnisse sind nicht bekannt.

Die Arbeiten Burckhardt Helferichs, des Ordinarius für Organische Chemie in Leipzig, über Carbohydrasen, d. h. Enzyme, die Oligo- oder Polysaccharide spalten oder synthetisieren, wurden auch während des Krieges unterstützt. 1943 hob Helferich in seinem Antrag hervor, daß entsprechende Kenntnisse möglicherweise auf den Gebieten der Nahrungsmittel, der Werk- und Faserstoffe und der medizinisch-pharmazeutisch wirkenden Substanzen von Nutzen seien. Er untersuchte verschiedene pflanzliche und tierische Enzymextrakte, wies die Anwesenheit von Glycosidasen (Amylasen, Glucosidasen, Galactosidasen usw.) nach und zeigte die Abhängigkeit der Enzymwirkung von äußeren Faktoren.[143] Zu einer Reindarstellung kam es nicht.

Eugen Bamann, Organiker in Tübingen, seit 1942 Ordinarius in Prag, arbeitete über eiweiß- und fettspaltende Enzyme, darunter Phosphoesterasen. Alfons Schöberl (Würzburg) erhielt während des Krieges einen Forschungsauftrag des Reichsamtes für Wirtschaftsausbau zum Thema der Schafwolle mit der Dringlichkeitsstufe SS.

Otto Warburg wurde nicht von der DFG finanziert, sondern erhielt laufende Zuschüsse aus privaten Mitteln der KWG sowie über die KWG aus Mitteln der Gradenwitzstiftung.[144] Für Warburg begann die eigentliche Enzymforschung mit der Entdeckung der Proteinnatur des Enzyms Urease durch Sumner im Jahre 1926. Er isolierte, kristallisierte und charakterisierte mit seinen Mitarbeitern während der 1930er und 1940er Jahre einen großen Teil der Glykolyse- und Atmungskettenenzyme. 1938 veröffentlichte er einen Übersichtsartikel über Arbeiten zur chemischen Konstitution von Enzymen, Coenzymen und prosthetischen Gruppen, der in weiten Teilen immer noch aktuell ist.[145] Ein großer Teil der darin besprochenen Untersuchungen wurde an seinem Institut ausgeführt. Aber auch die neuesten Arbeiten aus dem Ausland, darunter David Keilins Isolierung des Cytochroms (1937), Sumners Kristallisierung der Katalase (1937) und Kurt G. Sterns Hypothese zum Mechanismus der Katalasewirkung, werden dargestellt. An Warburgs Institut wurden unter anderem Nikotinsäureamid- und Flavinverbindungen, darunter NAD+ und Flavinmononucleotid (FMN), als Coenzyme erkannt und chemisch und physikalisch, z. B. durch ihre Absorptionsspektren, charakterisiert, sowie ihre Beziehung zu den von Richard Kuhn und seinen Mitarbeitern chemisch charakterisierten B-Vitaminen aufgezeigt. Warburg zitiert auch Arbeiten seines jüdischen Mitarbeiters Erwin Haas, der 1937 in die USA emigrieren mußte.

---

[143] Siehe Publikationen in Ber. Dtsch. Chem. Ges., Annalen d. Chem., Ergebnisse der Enzymforschung 1933–1945.

[144] Archiv der MPG I/1A/2808, Aktennotiz 13.5.1938.

[145] Otto Warburg, Chemische Konstitution von Fermenten, Ergebnisse der Enzymforschung 7, 210–245, 1938.

Von 1933 bis 1935 arbeitete der schwedische Biochemiker Hugo Theorell bei Warburg. Ihm gelang es 1934, das »gelbe Ferment« (ein Flavoprotein) der Atmungskette rein darzustellen, dessen Eiweißkomponente abzutrennen, ohne sie zu denaturieren, und das Enzym wieder aus der Eiweißkomponente und dem Coenzym, das er als Riboflavinphosphat (heute FMN) identifizierte, zu resynthetisieren.[146] Zu den Mitarbeitern Warburgs, von denen viele vorher als Techniker bei Siemens gearbeitet hatten, gehörten in den dreißiger Jahren Walter Christian, Erwin Haas (bis zu seiner Emigration 1937), Fritz Kubowitz, Erwin Negelein, Albert Reid und seit 1938 Theodor Bücher als Doktorand. Bis 1945 isolierten und kristallisierten Warburg und seine Mitarbeiter mit Ausnahme von Triosephosphatisomerase und Phosphoglyceratmutase alle Glykolyseenzyme.[147] Für die Messung aller dieser Enzymaktivitäten arbeiteten sie einfache oder zusammengesetzte photometrische Tests aus.

Röntgenstrukturanalyse

Die Röntgenstrukturanalyse wurde besonders erfolgreich in England zur Charakterisierung von Proteinen angewandt. In Cambridge gelang John Desmond Bernal 1934 die erste Röntgenstrukturphotographie eines Proteinkristalls, des Pepsins. Weitere Arbeiten auf diesem Gebiet wurden in Cambridge (W. Lawrence Bragg, Dorothy Crowfoot-Hodgkin, Max Perutz) und Leeds (William T. Astbury) ausgeführt. Astbury hatte auf der Basis seiner röntgenographischen Befunde 1931 erstmals ein Modell für die Struktur von Skleroproteinen wie Keratin, Kollagen und Seidenfibroin entwickelt. Auch wenn seine Bündel- und Zickzackmodelle später revidiert werden mußten, war seine These, daß Aminosäureketten durch Nebenvalenzen in charakteristischen Strukturen gehalten werden, für die weitere Forschung von großer Bedeutung. Das Modell der α-Helix für globuläre Proteine wurde von Linus Pauling 1951 entwickelt. Während des Zweiten Weltkrieges analysierte Dorothy Crowfoot-Hodgkin die Struktur des Benzylpenicillins. Für ihre röntgenkristallographischen Arbeiten erhielt sie den Nobelpreis des Jahres 1964. 1960 gelang es Perutz, die Struktur des Hämoglobins vollständig aufzuklären; er erhielt 1962 den Nobelpreis.

Röntgenkristallographische Proteinforschung in Deutschland fand an Industrielaboratorien und KWIs statt. Rudolf Brill, Physikochemiker an der TH Darmstadt, seit 1943 im Forschungslabor Oppau der I. G. Farben, stellte mit dieser Methode Ähnlichkeiten im Bau von Polyamiden und Seidenfibroin fest. Er schlug eine Struktur für Seidenfibroin vor, in der die Zickzackketten des Fibroinmoleküls in einer Ebene liegen, die auch die intermolekularen Wasserstoffbindungen enthält.[148] Auf

---

[146] H. Theorell, Das gelbe Ferment: Seine Chemie und Wirkungen, Ergebnisse der Enzymforschung 6, 111–138, 1937.

[147] Siehe dazu Otto Warburg, Chemische Konstitution von Fermenten; ders., FIAT Reports und Theodor Bücher, Otto Warburg, A Personal Recollection, 34. Colloquium Mosbach 1983.

[148] Rudolf Brill, Über Beziehungen der Struktur der Polyamide und der des Seidenfibroins, Zs. f. physikalische Chemie Abt. B 53, 61–74, 1943.

Grund der dichten Packung der Moleküle im Gitter schloß er auf eine regelmäßige Folge von Glycin und Alanin in der Kette. Er nahm an (1941), daß die Verfestigung des Seidenfadens der Seidenraupe analog der des Polyamidfadens beim Dehnen erfolge: Durch die mechanische Beanspruchung werden die Moleküle parallel ausgerichtet, wobei sich die Wasserstoffbrücken zwischen benachbarten Ketten schließen.[149] Ausgehend von Astburys Hypothese (1933), nach der bei Proteinen Nebenvalenzkräfte zwischen NH- und CO-Gruppen benachbarter Moleküle existieren, und von Paulings und Niemanns Arbeit (1939), nach der die Sekundärstruktur von Proteinen durch schwache Wechselwirkungen (u. a. H-Brücken) stabilisiert wird, zeigte Brill am Beispiel von Polyamiden die Existenz zwischenmolekularer Kräfte auf röntgenographischem Wege exakt: Bestimmte Identitätsperioden lassen sich nur erklären, wenn bei benachbarten Molekülen NH- und CO-Gruppen einander gegenüberliegen, was sich am besten durch die Annahme einer Wasserstoffbrückenbindung erklären läßt.[150] Brill erhielt als auswärtiger Mitarbeiter der I. G. Farben von 1938 bis 1944 jährlich etwa 10.000 RM für röntgenographische Untersuchungen hochmolekularer Stoffe.

Otto Kratky, seit 1940 Abteilungsleiter am KWI für Physikalische Chemie und seit 1943 Direktor des Instituts für Physikalische Chemie an der TH in Prag, untersuchte seit 1930 Makromoleküle mit Hilfe der Röntgenkristallographie. Dabei analysierte er auch die Struktur einzelner Proteine. Mit Hilfe der Kleinwinkelstreuung bestimmte er die Dimensionen eines gelösten globulären Proteins, des Chymotrypsins, annähernd exakt, d. h. die experimentellen Ergebnisse stimmten mit den theoretisch aus Molekulargewicht und Dichte ermittelten Dimensionen nahezu überein.[151] (Zur Kleinwinkelstreuung siehe den Abschnitt über Polysaccharide.) Zusammen mit Aurelie Sekora aus seiner Abteilung und Hans Friedrich-Freksa vom KWI für Biochemie gelang Kratky mit der Markierung von Tyrosin durch Iod im Seidenfibroin erstmalig die röntgenographische Darstellung einer markierten Aminosäure. Die bei der Untersuchung von Myosin festgestellten Interferenzen wurden auf das Vorhandensein weiterer Regelmäßigkeiten in den Myosinfäden zurückgeführt.[152] Diese besitzen nach Ergebnissen elektronenmikroskopischer Untersuchungen durch Manfred v. Ardenne und Hans Hermann Weber eine Dicke von etwa 5–10 nm.[153] Weber, ein Schüler Otto Meyerhofs, lehrte Physiologische

[149] Rudolf Brill, Über den Mechanismus der Verfestigung des Naturseidenfadens beim Spinnen, Die Naturwissenschaften 29, 221, 1941.

[150] Rudolf Brill, Über die zwischen linearen Kettenmolekülen mit Peptidbindungen wirkenden Kräfte, Die Naturwissenschaften 29, 220–221, 1941.

[151] Otto Kratky und A. Sekora, Bestimmung von Form und Größe gelöster Teilchen aus den unter kleinen Winkeln diffus abgebeugten Röntgenstrahlen, Die Naturwissenschaften 31, 46–47, 1943.

[152] O. Kratky, A. Sekora und H. H. Weber, Neue Kleinwinkelinterferenzen bei Myosin, Die Naturwissenschaften 31, 91, 1943.

[153] M. v. Ardenne und H. H. Weber, Elektronenmikroskopische Untersuchung des Muskeleiweißes Myosin, Kolloid-Zs. 97, 322–325, 1941.

Chemie in Münster und wurde 1939 Ordinarius in Königsberg. 1941/42 war er Gast am KWI für Biochemie, um Muskelproteine mit Hilfe der dort vorhandenen Ultrazentrifuge zu charakterisieren.[154]

Unter praktischen Gesichtspunkten prüften E. Elöd, H. Nowotny und H. Zahn, wieweit das von Astbury aufgestellte Modell des Keratinmoleküls die chemischen Eigenschaften und das physikalische Verhalten von Wolle befriedigend erklären kann.[155] Elöd et al. schlossen aus der Tatsache, daß die Reißfestigkeit auch nach Spaltung von 50 % der Disulfid-Bindungen nur geringfügig vermindert war und die Cystinspaltung sich im Röntgenogramm nicht bemerkbar machte, daß das Cystin nicht die von Astbury und Speakman zugewiesene Rolle spielen kann.[156] Nach Astbury besteht Keratin aus Polypeptidketten, die untereinander durch Disulfidbindungen verknüpft sind. Heute steht fest, daß Keratine nicht einheitlich aufgebaut sind und Röntgenstrukturanalysen oft keine Aussagen über die Molekulargestalt zulassen.

6.2.3 Polysaccharide

Hermann Staudinger in Freiburg untersuchte mit seinen Mitarbeitern, darunter Elfriede Husemann, Günther V. Schulz und Siegfried Kautz, die Konstitution von Cellulose und anderen makromolekularen Kohlenhydraten. Er wurde von Industrie und DFG unterstützt. Im Vordergrund standen Experimente, die die makromolekulare Natur dieser Stoffe bestätigten. Während des Krieges setzte Staudinger die Forschungen an Cellulose- und Kunstfasern, z. B. Buna, fort und führte darüber hinaus eine Reihe von kriegsbezogenen Arbeiten aus, u. a. zur Stabilisierung von Nitrocellulose während der Lagerung. Seine Arbeiten werden in Kapitel 7 ausführlich dargestellt.

Da Staudingers Antrag auf Mittel für eine Ultrazentrifuge von der DFG abgelehnt worden war, führten seine Mitarbeiter mit Hilfe des von Günther V. Schulz entwickelten Osmometers sehr zeitaufwendige Nachweise der makromolekularen Natur von Cellulose, Stärke, Glycogen, Kautschuk und auch verschiedener Kunststoffe, darunter Polyvinylacetate, durch, die in einer Reihe von Arbeiten bis 1940 veröffentlicht wurden.[157] Elfriede Husemann gelang es nicht nur, die Molekulargewichte von Stärke- und Glycogenpräparaten osmometrisch zu bestimmen und durch Überführen in Acetate zu zeigen, daß diese Substanzen in Lösung molekular gelöst vorliegen, sondern sie konnte in Zusammenarbeit mit Helmut Ruska die fast ku-

---

[154] Karlson, Adolf Butenandt, S. 316.

[155] FIAT 40, S. 11 ff.

[156] FIAT 40, S. 13.

[157] Siehe G. V. Schulz, Ein erfülltes Forscherleben. Lebens- und Arbeitserinnerungen eines deutschen Wissenschaftlers in den Wirren des 20. Jahrhunderts, unveröffentlichtes Manuskript. Ich danke Prof. Schulz für die Überlassung des Manuskripts.

gelförmigen Glykogenmoleküle auch im Elektronenmikroskop sichtbar machen.[158] Durch vergleichende osmometrische und viskosimetrische Messungen stellten Günther Schulz und Elfriede Husemann fest, daß Baumwollcellulose, die einen weitgehend einheitlichen Polymerisationsgrad von 3200 besitzt, durch leichter hydrolysierbare Bindungen in gleichgroße Abschnitte vom Polymerisationsgrad von etwa 500 unterteilt ist.[159]

Theodor Lieser, seit 1938 apl. Professor der Organischen Chemie in Halle, und insbesondere Kurt Hess lehnten die Vorstellung des makromolekularen Aufbaus von Cellulose ab. Nach Lieser bestand das Innere der Celluloseblättchen (Micellen) aus nicht kovalent verknüpften Glucoseanhydridketten, die im allgemeinen durch Lösungsmittel wie Säuren und Basen nicht angegriffen werden, und die Oberfläche aus Hauptvalenzketten, die mit Lösungsmitteln reagieren.[160] (Lieser verwandte Marks und Meyers Begriff der Hauptvalenzkette und nicht den von Staudinger eingeführten Begriff des Makromoleküls.)

Kurt Hess, sowohl wissenschaftlich als auch politisch eine schillernde Figur, betrieb seit den 1920er Jahren schwerpunktmäßig Celluloseforschung. 1914 in Freiburg habilitiert, wurde er dort 1916 und an der TH Karlsruhe 1918 apl. Professor. Er galt als fleißiger und kenntnisreicher Organiker mit viel Phantasie und Tatendrang.[161] Seine Bemühungen um ein Ordinariat scheiterten daran, daß er bei seinen Bewerbungen mehrfach die Unwahrheit sagte. So erzählte er von Treffen mit Institutsleitern, die nicht stattgefunden hatten. Unter den Ordinarien setzte sich daher die Auffassung durch, daß er sich trotz seiner »glänzenden Fähigkeiten« zum »Erzieher der Jugend nicht eignet«; es wurde außerdem befürchtet, daß sich auch in seinen wissenschaftlichen Arbeiten »der Mangel an Wahrhaftigkeit« zeigen könnte.[162] Hess hatte dagegen starke Fürsprecher in der Industrie, so setzte sich insbesondere Carl Duisberg, der ihn seit seiner Kindheit kannte, aber auch Arthur v. Weinberg für ihn ein. Hess' Vater Dr. Christian Hess war bis zu seinem Tode im Jahr 1923 Vorstandsmitglied der Bayer-Werke.

---

[158] E. Husemann und H. Ruska, Die Sichtbarmachung von Molekülen des p-Jodbenzoylglycogens, Die Naturwissenschaften 28, 534, 1940.

[159] G. V. Schulz und Elfriede Husemann, Vergleichende osmotische und viskosimetrische Molekulargewichtsbestimmungen an fraktionierten und unfraktionierten Nitrocellulosen, Zs. f. physikalische Chem. Abt. B 52, 1.22, 1943; G. V. Schulz und E. Husemann, Über die Verteilung der Molekulargewichte in abgebauten Cellulosen und ein periodisches Aufbauprinzip im Cellulosemolekül, ibid., 23–49; G. V. Schulz und E. Husemann, Über eine langperiodische Struktur des Cellulosemoleküle und der aus Cellulose aufgebauten Pflanzenfasern, Zs. f. Naturforschung 1, 268–280, 1946.

[160] Theodor Lieser und Hans Swiatkowski, Zur Kenntnis der Kohlenhydrate. XII. Über die Reaktionsweise der in Kupferoxyd-ammoniak gelösten Cellulose, Annalen d. Chem. 538, 110–119, 1939, ibid. 548, 195, 1941.

[161] Siehe z. B. A. Windaus an C. Duisberg, 3.7.1918; Duisberg an v. Braun, 21.12.1920, Archiv der Bayer-Werke, 271/0 Kurt Hess.

[162] Windaus an Duisberg, 3.7.1918, Archiv der Bayer-Werke, 271/0 Kurt Hess.

Die Kaiser Wilhelm-Gesellschaft übertrug Hess die Leitung der Organisch-Chemischen Abteilung des KWI für Chemie, die 1931 in eine selbständige Gastabteilung umgewandelt wurde. Als solche wurde sie nicht mehr von der KWG finanziert, sondern sie erhielt jedes Jahr neu zu bewilligende Unterstützung durch die I. G. Farbenindustrie.[163] Im Oktober 1937 beantragte Hess bei der Generalverwaltung der KWG, seine Abteilung, die sich auf Cellulose- und Holzchemie spezialisiert hatte, in ein selbständiges KWI umzuwandeln. Der Antrag wurde abgelehnt, darüber hinaus wurde ihm von der KWG untersagt, seine Arbeiten aus dem KWI für Chemie ohne den Zusatz »Gastabteilung« zu veröffentlichen. Hess wollte erfahren haben, daß diese Frage in einer Sitzung der Emil-Fischer-Gesellschaft (die den größten Teil der Forschungen am KWI für Chemie finanzierte) nicht von Otto Hahn, sondern von seinem »sachlichen Gegner Herrn Professor Staudinger« aufgeworfen wurde, der darüber hinaus auf Persönlichkeiten der I. G. Farben einzuwirken versucht habe, um Hess von deren Mitteln abzuschneiden (zu den Auseinandersetzungen mit Staudinger siehe Kapitel 7). Hess fügte sich der Weisung der KWG nicht. Trotz vieler Beschwerden Otto Hahns bezeichnete er seine Abteilung viele Jahre lang als Kaiser Wilhelm-Institut. Briefbögen, die Hess mit dem Kopf »Kaiser Wilhelm-Institut für Chemie – Prof. Dr. Kurt Hess« drukken ließ, gelangten in Hahns Hände, der den Namen Hess schwarz überdrucken ließ und sie weiter benutzte.[164]

Nach den mir zugänglichen Informationen erhielt Hess von 1928 bis Juni 1939 Mittel in beträchtlichem Umfang von der I. G. Farbenindustrie (von 1933 bis 1939 insgesamt 182.160 RM).[165] Von 1933 bis 1939 unterstützte ihn die DFG mit insgesamt 35.650 RM (einige Anträge wurden nicht befürwortet oder gekürzt) bei folgenden Forschungsprojekten: röntgenographische Untersuchung der Cellulose und ihrer Derivate, Untersuchungen auf dem Gebiet der Faserstoffchemie, hochmolekulare organische Naturstoffe (im Zustand kolloidaler Lösungen), die Bildung pflanzlicher Zellwände aus dem Plasma, Lösungsrückstände hochpolymerer Substanzen sowie chemische und morphologische Holzforschungen. Hess vertrat wie in den 1920er Jahren die Auffassung, daß es sich bei Cellulose um ein Aggregat aus kleinen Molekülen handelte. Auf der Basis von Dampfdruckmessungen gab er 1936 ein Molekulargewicht an, das nur in der Größenordnung der Cellobiose lag. In DFG-Gutachten, die bis 1937 vorliegen, wurde trotz Kritik an Hess' Interpretation von Versuchsergebnissen die mögliche praktische Bedeutung seiner Arbeiten hervorgehoben. So schrieb Windaus 1936, daß Hess' Versuche und ihre Deutungen von Staudinger, Freudenberg und anderen abgelehnt worden seien, und daß in

[163] Korrespondenz K. Hess 1934–1937, Archiv der MPG, Abt. 1, Rep. 1a/1146.

[164] O. Hahn an Direktor Arndt der KWG, 10.8.1944, Archiv der MPG, Abt. 1, Rep. 1a/1146.

[165] Die Liste der Freien Mitarbeiter der I. G. Farben bis 1944 (im Archiv der BASF: I. G. Farben AG 217 –24/281) weist Hess als Mitarbeiter bis 1939 auf, nennt aber die Höhe der Beträge für 1936 bis 1938 nicht, sie blieben seit 1935 vermutlich unverändert 25.000 RM). Am 30.11.1938 wurde der Mitarbeitervertrag bis zum 30. Juni 1939 verlängert. Ich danke Jeffrey Johnson für die Angaben für 1933 und 1934 (jeweils 34.830 RM).

Diskussionen die meisten Fachgenossen der Ansicht Staudingers zuneigten. Dennoch befürwortete Windaus Hess' Gesuch um Förderung: »Das Gebiet der Cellulose ist aber von so überragender praktischer Wichtigkeit, daß auch eine produktive Forschernatur wie diejenige von Hess Förderung erfahren sollte, auch wenn er wiederholt mit seinen Ansichten in die Irre gegangen ist.«[166]

Ähnliche Gründe führten dazu, daß die I. G. Farben Hess unterstützte, obwohl seine Theorien wissenschaftlich nicht mehr zu halten waren. Produktivität kann in der Chemie trotz falscher theoretischer Grundlage zu praktischen Erfolgen führen. So antwortete der Direktor des I. G. Farben-Werks in Höchst, Georg Kränzlein, Staudinger, welcher den größten Teil von Hess' Arbeiten für falsch hielt: »Sie wissen ja aus meinen Mitteilungen, daß mich die Hess'schen Arbeiten über den Aufbau von Cellulose zu Versuchen zur Verbesserung der Kunstseide geführt haben, die Sie auch als interessant ansehen. Die Versuche laufen und vielleicht kommt dabei etwas heraus. Dann hätten die Hess'schen Ansichten schon etwas Wertvolles gezeitigt.«[167] Auch der Fachspartenleiter der DFG für Chemie, Thiessen, kritisierte Hess wegen seiner »häufig allzu weitgehenden Folgerungen aus dem Verlauf seiner Versuche«. Trotzdem befürwortete er dessen Antrag von 1937, da feststehe, daß seine Arbeiten »an sich gesichertes experimentelles Material beibringen« und »dieses als solches wertbeständig ist«.[168] Hess' DFG-Antrag von 1940 wurde allerdings abgelehnt, weitere Anträge sind nicht dokumentiert.

Politisch wandte sich Hess, der noch 1924 für Willstätter eintrat, den Nationalsozialisten zu. 1938 denunzierte er, wie oben angegeben, die Leiterin der Abteilung für Physik am KWI für Chemie, Lise Meitner, als Jüdin. So erklärte er am Tag nach dem Anschluß, »die Jüdin« gefährde das Institut. Georg Graue, ein Mitarbeiter am KWI für Physikalische Chemie, NSDAP-Mitglied sowie Dozentenbundführer in Berlin, berichtete seinem früheren Lehrer Otto Hahn von Hess' Bemerkung und teilte ihm mit, daß der Fall Lise Meitner bereits die Aufmerksamkeit des Präsidenten des Reichsforschungsrates, Rudolf Mentzel, auf sich gezogen habe.[169] Auch Lise Meitners Flucht nach Holland im Juli 1938 wäre durch Denunziation von Hess, der den Sicherheitsdienst informierte, im letzten Moment fast verhindert worden.[170]

Hess wurde 1940 Mitglied der NSDAP und schloß sich auch der SS an (Eintrittsdatum unbekannt), wo er im Jahre 1944 den Rang des Untersturmführers

---

[166] BAK, R73/11655b, Gutachten Adolf Windaus vom 8.12.1936.

[167] G. Kränzlein an H. Staudinger, 8.1.1935, Archiv Hoechst C/1/2/g.

[168] BAK, R73/11655b, Thiessen, 2.10.1937.

[169] Sime, Lise Meitner, S. 184–185. Drei Tage später, am 17.3.1938, sprach Hahn mit Heinrich Hörlein von der I. G. Farben in Elberfeld über Lise Meitner, und nach seiner Rückkehr bat er sie, ohne daß er durch einen Erlaß oder andere staatliche Regelung dazu gezwungen worden war, nicht mehr ins Institut zu kommen. Er revidierte die Entscheidung später. Für Lise Meitner war dies allerdings ein Zeichen dafür, daß Hahn bereit war, sie zu opfern, damit sein Institut und er selbst unbehelligt blieben. (Ibid., S. 185–209.)

[170] Ibid., S. 205.

erhielt. Er erhoffte sich dadurch wohl mehr Anerkennung und Unterstützung für seine Forschung und hatte offensichtlich Erfolg: 1944 wurde er von Himmler in dessen Eigenschaft als Sonderbeauftragter für Pflanzenkautschuk zum Leiter der Gruppe »chemische Forschung und Entwicklung« ernannt, die Fragen der Gewinnung, Aufarbeitung und Reinigung von Naturkautschuk bearbeiten sollte. Hess nannte seine Abteilung, die wegen des Krieges nach Löwenberg verlagert wurde, daraufhin »Institut für Kautschukforschung«. Eine letzte Auseinandersetzung mit der KWG fand im Mai 1944 statt, als Hess eine Zentrifuge aus Hahns Institut nach Löwenberg mitnehmen wollte. Als Hahn und der Präsident der KWG, Albert Vögler, dies ablehnten, drohte Hess damit, Himmler einzuschalten. Vögler, Mitglied der NSDAP, ließ sich allerdings nicht beeindrucken.[171] Hess wurde 1952 Honorarprofessor an der TH Hannover.

Am KWI für Physikalische Chemie untersuchte Otto Kratky Cellulose mit Hilfe der Kleinwinkelstreuung, einer Methode, die er an der Röntgenkristallographischen Abteilung am Institut Hermann Marks in Wien zusammen mit seinem Studenten Porod entwickelt hatte. Während die Streuung des Röntgenstrahls unter großem Winkel etwas über die kleinen Gitterdimensionen von etwa 0,2–2 nm aussagt, d. h. über direkte Atomabstände im Molekül oder Kristall, erwies sich die Kleinwinkelstreuung, bei der Röntgenstrahlen unter kleinen Winkeln vom Objekt gebeugt und quantitativ erfaßt werden, als sehr aussagekräftig hinsichtlich größerer Strukturen wie z. B. zwischenmolekulare Abstände oder Unterbrechungen einer Faser. Nach Kratky war mit der Kleinwinkelmethode die Bestimmung von Teilchengrößen damals nur mit einem Fehler von 5 % und mehr möglich, was einen Nachteil gegenüber der Ultrazentrifuge darstelle; dafür sei das Verfahren der Ultrazentrifuge in bezug auf die Formbestimmung überlegen.[172] Er untersuchte Form und Größe der Micellen von Cellulosefasern sowie das Hohlraumsystem in festem und gequollenem Zustand und berechnete Dicke und Abstände der Ebenen der blättchenförmigen Micellen.[173] Mit der Begründung, daß die Steigerung der Gebrauchsgüte von Fasern eine genaue Kenntnis der Zusammenhänge von stofflicher Beschaffenheit, atomarem Feinbau, übermolekularer Struktur sowie physikalischem und chemischem Verhalten voraussetzt, erkannte Thiessen 1943 Kratkys Arbeiten als kriegs- und staatswichtig an. Kratky erhielt für die Celluloseforschung einen Forschungsauftrag mit der Dringlichkeitsstufe SS. Seine Forschung ist ein Beispiel für international anerkannte Forschung an Thiessens »nationalsozialistischem Musterbetrieb.«

Karl Freudenberg begann Ende der 1920er Jahre, von der DFG gefördert, mit der Konstitutionsaufklärung von Lignin. Darüberhinaus wurde er mit einigen tausend RM jährlich durch die in Mannheim ansässige Zellstoffabrik Waldhof unter-

---

[171] Briefe von Hess und Vögler, Mai/Juni 1944, Archiv der MPG, Abt.1, Rep. 1a/1146.

[172] Kratky, Antrag an den RFR vom 27.3.1944, BAK, R73/12377.

[173] Otto Kratky, Die Berechnung von Dimensionen kolloidaler Teilchen aus den unter kleinsten Winkeln abgebeugten Röntgenstrahlen, Die Naturwissenschaften 39, 542–543, 1942.

stützt.[174] Im Jahre 1938 nahm er das Angebot der Reichsamts für Wirtschaftsausbau an, sein Institut in ein Forschungsinstitut des Vierjahresplans umzuwandeln, was im Oktober 1939 erfolgte. Diese Institute wurden an Personen vergeben, deren Arbeit den Zielen der Autarkie und Kriegswirtschaft diente. Freudenberg erhielt auf diese Weise Geld des REM sowie des Wirtschaftsministeriums und darüber hinaus, eigenen Angaben zufolge, eine größere Unabhängigkeit bei der Einstellung von Mitarbeitern.[175] Zusammen mit H. Richtzenhain, W. Stumpf und E. Wiesenberger untersuchte er Methoden der Ligninisolierung aus dem Holz und dessen Bindung im Holz; sie synthetisierten mit Hilfe von Nitrobenzol aromatische Verbindungen wie Vanillin aus Holz und führten Modellversuche zur Entstehung des Lignins aus.[176] Auf Grund der Tatsache, daß es keine Anzeichen für eine optische Aktivität des Lignins gab, vermutete Freudenberg, daß an der Kondensation von Phenylpropaneinheiten zu teilweise hochmolekularen Ligninmolekülen im Holz keine Enzyme beteiligt sind. Modellversuche zur Kondensation verschiedener ligninverwandter Verbindungen unter Dehydrierung unterstützten die Annahme, daß in der verholzenden Zelle Phenole der Phenylpropanreihe zunächst enzymatisch dehydriert werden und die labilen Produkte dann von selbst kondensieren.[177] Eigenen Angaben zufolge gelang Freudenberg und seinen Mitarbeitern erst 1952 der Durchbruch zu einer echten Chemie des Lignins.[178]

6.2.4 Nucleinsäuren

Die Methode der Molekulargewichtsbestimmung mit Hilfe der Ultrazentrifuge beeinflußte auch die Nucleinsäurechemie. Nachdem vorläufige Befunde Svedbergs an Nucleinsäuren vorlagen, bestätigten 1938 gleich drei Untersuchungen die makromolekulare Natur der DNA.[179] Phoebus Levene und Gerhard Schmidt, die das Molekulargewicht von DNA und RNA mit Hilfe der Ultrazentrifuge bestimmten, kamen entgegen Levenes früherer Annahme, Nucleinsäuren seien kolloidale Aggregate von Tetranucleotiden, zu dem Ergebnis, daß es sich bei der DNA um ein sehr großes Molekül von einem Molekulargewicht zwischen 200.000 und einer

[174] Karl Johann Freudenberg, Lebenserinnerungen, o. Dat., S. 66, unveröff. Manuskript im Firmenarchiv Carl Freudenberg, Weinheim.
[175] Ibid., S. 98.
[176] Siehe Freudenberg in FIAT 41 Teil III, S. 159–184.
[177] Karl Freudenberg und H. Richtzenhain, Enzymatische Versuche zur Entstehung des Lignins, Ber. Dtsch. Chem. Ges. 76, 997–1006, 1943, Hermann Richtzenhain, Enzymatische Versuche zur Entstehung des Lignins, II. Mitteil.: Die Dehydrierung des 5-Methyl-pyrogallol-1,3-dimethyläthers, Ber. Dtsch. Chem. Ges. 77, 409–417, 1944.
[178] Karl Freudenberg, Lignin: Its Constitution and Formation from p-Hydroxycinamyl Alcohols, Science 148, 595–600, 1965.
[179] Siehe dazu Franklin H. Portugal und Jack S. Cohen, A Century of DNA, S. 87–88.

Million handele. W. T. Astbury und F. O. Bell untersuchten DNA durch Röntgenstrahlbeugung und kamen zu dem Ergebnis, daß sie ein Molekulargewicht von etwa 500.000 besitze. Rudolf Signer, Torbjörn Caspersson und Einar Hammarsten untersuchten die Viskosität und Doppelbrechung von DNA-Lösungen, wobei sie die DNA zuvor durch Hochdruckfiltration von Resten des denaturierten Proteins befreiten.[180] Die drei Wissenschaftler zeigten, daß es sich bei der DNA um Fadenmoleküle von einem Molekulargewicht zwischen 500.000 und 1 Million handelt, die regelmäßig angeordnete stark doppelbrechende Komponenten besitzen. Die Purin- und Pyrimidinringe befinden sich in Ebenen, die quer zur Längsachse des Moleküls ausgerichtet sind. Diese Ergebnisse sind nach heutigem Kenntnisstand im wesentlichen richtig, – die geringen Molekulargewichte sind eine Folge der Zerstörung der Struktur durch das Pipettieren und die Hochdruckfiltration.

Wie die folgenden Ausführungen zeigen, dauerte es noch eine Reihe von Jahren, bis die Hypothese der makromolekularen Struktur der Nucleinsäuren allgemein anerkannt war und bis Erwin Chargaff die angenommene gleichförmige biochemische Struktur der DNA widerlegte. Erst dadurch war die Voraussetzung geschaffen, um die von Avery 1944 gezeigte biologische Spezifität der DNA auf biochemischer Ebene erklären zu können (siehe unten). Die experimentellen Bestätigungen der makromolekularen Struktur der DNA führten zunächst nur zu der Vermutung, daß sich in dem großen Molekül immer gleiche Tetranucleotide wiederholen. Die Tetranucleotidhypothese der Nucleinsäuren wurde also durch die Polytetranucleotidhypothese ersetzt, die während der 1930er und 1940er Jahre die Grundlage der Nucleinsäureforschung bildete. Sie wurde z. B. von dem englischen Nucleinsäurechemiker Gulland 1943 in einem Vortrag vor der Royal Academy of Sciences vertreten.

In Deutschland bestätigte Hellmuth Bredereck 1944 die Polytetranucleotidhypothese: Bei der Untersuchung der Konstitution der durch Abbau von Nucleinsäuren gewonnenen Tetranucleotide kam er zu dem Schluß, daß diese trotz der von mehreren Seiten geäußerten Zweifel einheitlich aufgebaut seien.[181] Seine Ergebnisse bestätigten auch das Vorliegen von Esterbindungen, d. h. kovalenten Bindungen, zwischen den (angenommenen) Tetranucleotiden. Seine Nucleinsäurearbeiten wurden 1941 von Thiessen als kriegs- und staatswichtig anerkannt.

Chemiker nahmen Fragen der Biologie im allgemeinen nicht sehr ernst, und so war die Frage nach der biologischen Bedeutung der Nucleinsäuren für ihre Forschung nicht von Interesse.[182] Einer der wenigen Chemiker, die sich auch mit der biologischen Funktion von Molekülen auseinandersetzten, war Franz Gottwalt Fischer, seit 1938 Ordinarius für Organische Chemie in Würzburg. Er erhielt seit 1934 DFG-Unterstützung für die Untersuchung der chemischen induzierenden

[180] Rudolf Signer, Torbjörn Caspersson und E. Hammarsten, Molecular Shape and Size of Thymonucleic Acid, Nature 141, 122, 1938. Siehe dazu auch Robert Olby, DNA before Watson-Crick, Nature 248, 282–285.

[181] Bredereck an DFG, März 1944.

[182] K. Wallenfels im Gespräch mit UD am 15.5.1992 in Freiburg.

Vorgänge der Embryonalentwicklung von Amphibien.[183] Diese Forschung blieb damals erfolglos. Darüber hinaus untersuchte Fischer mit I. Böttger die Größe von DNA-Molekülen. Fischer hatte die Ergebnissse der Molekulargewichtsbestimmungen der DNA offensichtlich nicht zur Kenntnis genommen. Er hielt nicht nur Tetranucleotide als Bauelemente der DNA für wahrscheinlich, sondern schrieb noch im Jahre 1942 ihre entscheidenden biologischen Funktionen Änderungen ihrer Aggregatgröße zu:

> »Die von E. Hammarsten hervorgehobene Fähigkeit der Thymonucleinsäure (DNA, UD), auf geringfügige Milieu-Einflüsse durch starke Veränderung ihrer Eigenschaften als Kolloid zu reagieren und damit den physikalisch-chemischen Zustand der Zellkern-Substanz zu beherrschen, tritt besonders hervor, wenn unter einer Polynucleotidase-Wirkung umkehrbare hydrolytische Vorgänge die Molekülgröße verändern. Der nachgewiesenen Möglichkeit einer enzymatischen Aufspaltung zu Tetranucleotid-Einheiten mag eine besondere Bedeutung zukommen: Es wird eine Mobilisierung der kolloidalen Substanz und ihre Zerlegung in echt lösliche, diffusionsfähige, osmotisch stark wirkende Bruchstücke erreicht, unter Wahrung einer vermutlich in diesen Einheiten gegebenen Ordnung.«[184]

Die hier zitierte Arbeit Hammarstens über die biologische Wirkung der Spaltung des DNA-Moleküls infolge von geringfügigen Milieuveränderungen in der Zelle, wurde allerdings 18 Jahre früher publiziert.[185] Mittlerweile war die Auffassung, daß es sich bei der DNA nicht um ein kolloidales Aggregat, sondern um ein Makromolekül handelt, weitgehend anerkannt.

Die verbreitete Akzeptanz der These, daß in Nucleinsäuren gleiche Bausteine aneinandergereiht sind, führte dazu, daß diese Moleküle während der 1940er Jahre als Träger der Erbsubstanz nicht in Betracht gezogen wurden. Auch als eindeutige Hinweise für eine solche Bedeutung vorlagen (z. B. die Übereinstimmung des Absorptionsspektrums der DNA mit dem Wirkungsspektrum der UV-Strahlen bei der Auslösung von Mutationen) wurden Hypothesen aufgestellt, die diese Erscheinungen in Übereinstimmung mit der (Nucleo-)Proteinnatur der Gene erklärten.[186] Umgekehrt trug die Tatsache, daß die komplexe Struktur von Proteinen früh erkannt wurde und zunächst ausschließlich Proteine oder Nucleoproteine als Träger der Erbinformation angesehen wurden, vermutlich dazu bei, daß die Hypothese

---

[183] Die Suche nach chemischen Induktoren ging von der Entdeckung (durch Johannes Holtfreter) der chemischen Natur der von Hans Spemann und Hilde Mangold gezeigten Induktion neuer Embryonalanlagen durch Transplantationsexperimente aus (siehe dazu z. B. Deichmann, Biologen, S. 125 ff.).

[184] F. Gottwalt Fischer, Zum enzymatischen Abbau und zur Struktur der Nucleinsäuren, Die Naturwissenschaften 30, 377–382, 1942.

[185] Einar Hammarsten, Zur Kenntnis der biologischen Bedeutung der Nucleinsäureverbindungen, Biochemische Zs. 144, 383–466, 1924.

[186] Vgl. Olby, The Path to the Double Helix, S. 101–107.

der gleichförmigen Struktur der DNA nicht kritisch überprüft wurde: Eine komplexe Struktur schien biologisch nicht notwendig zu sein.

Es ist das Verdienst Erwin Chargaffs, die Hypothese einer gleichförmigen Struktur der DNA biochemisch widerlegt zu haben. Chargaff, der in Wien Chemie studierte und danach ein Forschungsstipendium an der Yale University erhielt, wurde 1930 Assistent von Julius Hirsch am Hygiene-Institut der Berliner Universität. Er emigrierte im Mai 1933 zunächst nach Frankreich und 1934 in die USA, wo er am Mount Sinai Hospital, dann am College of Physicians and Surgeons der Columbia University arbeitete. Die Entdeckung der Transformation von Pneumokokken durch DNA (Avery, 1944) veranlaßte ihn, die Basenzusammensetzung der DNA chemisch zu analysieren.[187] Seine zwischen 1947 und 1952 veröffentlichten Ergebnisse bewiesen zum einen die Speziesspezifität und damit die große Vielfalt der DNA und widerlegten damit die (Poly-) Tetranucleotidhypothese. Sie zeigten zum anderen die Gesetzmäßigkeit im molaren Verhältnis der DNA-Basen (der Anteil an Adenin entspricht dem von Thymin, der von Guanin dem von Cytosin) und bildeten so eine entscheidende Voraussetzung für die Entdeckung der spezifischen Basenpaarung durch Watson und Crick 1953 und damit für die Aufklärung der Doppelhelixstruktur der DNA.

6.2.5 Naturfarbstoffe, Alkaloide

Hans Fischer, Ordinarius an der TH München, erhielt DFG/RFR-Förderung für die Fortsetzung der synthetischen und analytischen Untersuchungen in der Pyrrolfarbstoffreihe (vor allem Hämoglobin), die Konstitutionsaufklärung der Pigmentfarbstoffe der Purpurbakterien und die biologisch-chemische Untersuchung des Bakteriochlorophylls. Außerdem unterstützte ihn das Reichsamt für Wirtschaftsausbau (RfW) während des Krieges mit 36.000 RM jährlich für einen Forschungsauftrag mit dem Thema »Untersuchung der katalytischen Rolle von Porphyrinen, Häminen und Chlorophyllen bei der Oxidation von flüssigen und festen Kohlenwasserstoffen«. Es wurde offenbar vermutet, diese genannten Verbindungen seien als Katalysatoren bei der Oxidation von Kohlenwasserstoffen zu verwenden. Fischer gehört zu den am stärksten geförderten Ordinarien der Organischen Chemie. Er erhielt von DFG/RFR zwischen 1933 und 1945 191.930 RM. Bis 1933 wurde er außerdem von der Rockefeller Foundation unterstützt.

Die Chlorophyllarbeiten Fischers setzten die von Willstätter begonnene Aufklärung der Konstitution des Chlorophylls fort. Fischer und Hermann Wenderoth stellten 1939 zwei Formeln für Chlorophyll a auf, die sich nur durch die Anordnung der Doppelbindungen unterschieden, Formeln, die nach heutiger Auffas-

[187] Erwin Chargaff, Heraclitean Fire. Sketches from a Life before Nature, New York 1978: The Rockefeller University Press, S. 85.

sung korrekt sind.[188] Außerdem führten Fischer und seine Mitarbeiter zahlreiche synthetische Untersuchungen mit dem Ziel der Totalsynthese des Chlorophylls durch. Dabei gingen sie von Chlorophyllporphyrinen aus, die bereits vollständig synthetisiert werden konnten, und versuchten, diese u. a. durch Hydrierung (mit Hilfe von katalytisch angeregtem Wasserstoff, Natriumethylat oder Osmiumtetroxid) in Chlorophyll zu überführen. Die Produkte waren aber in keinem Fall dem natürlichen Chlorophyll identisch. Ende 1944 gelang Fischer nach vielen erfolglosen Versuchen die Synthese des Mesochlorophyllids und die Einführung des Phytols. Er hielt die Beendigung der Totalsynthese nur noch für eine Frage des Materials, ging allerdings von weiteren umfangreichen Versuchen aus.[189]

Die Totalsynthese des Chlorophylls glückte Robert Burns Woodward 1960 an der Harvard University. Seine Forschungsgruppe umfaßte 400 jüngere Mitarbeiter, in der Hauptsache Postdoktoranden, und die Veröffentlichung nannte 17 Koautoren.[190] Woodward gehörte zu den ersten Organischen Chemikern, die neue physikalische Methoden zur Strukturbestimmung anwandten, darunter Infrarot- und kernmagnetische Resonanzspektroskopie.

Walter Siedel, Privatdozent an der TH München und Mitarbeiter Hans Fischers, erhielt 1938 Mittel der DFG für eine Röntgenanlage zur Identifizierung von Blut- und Gallenfarbstoffen. Anfang 1940 stellte er diese Untersuchungen aber wegen Mitarbeitermangels und Materialbeschaffungsschwierigkeiten ein. Er erhielt Geld von der I. G. Farben, um weiter über Gallensäuren zu arbeiteten.[191] In seinem DFG-Bericht gab er an, mit Geldern der Industrie kriegswichtige Projekte zu finanzieren.

Clemens Schöpf, Ordinarius für Organische Chemie an der TH Darmstadt, untersuchte seit 1939 Salamander-Alkaloide, Solanin und Bitterstoffe sowie die Entstehung von Alkaloiden in der Zelle. Seine Arbeiten über die Synthese des Anabasins und Tetrahydroanabasins sowie des Atropins wurden vom RfW unterstützt. Während des Krieges arbeitete er an Forschungsprojekten des RFR zur Synthese von Morphiumalkaloiden und Verbindungen, die zur Nachbehandlung von Cellulosefasern und als Bausteine für synthetische Fasern verwendbar sind.

Georg Hahn, Dozent in Frankfurt, untersuchte den Aufbau von Alkaloiden. Seine Forschungen über wirksame Bestandteile des Bienengifts wurden 1940 für kriegswichtig erklärt. Danach wurde er nur noch von der Industrie unterstützt. Alfred Dornow in Berlin erhielt 1935 ein Stipendium zur Konstitutionsaufklärung des Strychnins und verwandter Alkaloide. Seine 1939 begonnene Untersuchung über 2,3-Derivate des Pyridins und über Pseudo-Vitamine, später Heterovitamine genannt, wurde 1940 als kriegs- und staatswichtig anerkannt.

---

[188] Hans Fischer und Hermann Wenderoth, Zur Kenntnis von Chlorophyll, Annalen d. Chem. 537, 170–177, 1939.
[189] BAK, R73/11010, Tätigkeitsbericht Fischers vom Dez. 1944, siehe FIAT 39, S. 183.
[190] Fruton, Contrasts, S. 240.
[191] BASF-Archiv, Archivbereich I. G. Farbenindustrie AG, Sachgruppe Freie Mitarbeiter, Reg. Sign. 217-24/281.

6.2.6 Vitamine

Die Vitaminforschung bildete während der 1930er Jahre einen Schwerpunkt der Arbeiten Richard Kuhns. Ähnlich wie sein Lehrer Willstätter wechselte Kuhn in seiner Forschung zwischen Themen der Theoretischen Organischen Chemie und der Naturstoffchemie. Während der 1920er Jahre stand die Theoretische Chemie im Vordergrund, darunter Fragen der Stereochemie, die Untersuchung doppelbindungshomologer Reihen wie Diphenylpolyenen und die Aufklärung von Beziehungen zwischen Struktur und physikalischen Eigenschaften von organischen Verbindungen (z. B. zwischen Konstitution und Farbigkeit). Anfang der 1930er Jahre drängten Forschungen zu Fragen der Naturstoffchemie diese Themen zunehmend in den Hintergrund. Dies läßt sich unter anderem damit erklären, daß wichtige Naturfarbstoffe, darunter Carotinoide, ebenfalls Polyene sind, und Naturfarbstoffe besaßen, wie Heinz Staab in seinem Nachruf herausstellte, für den Schüler Willstätters eine große Anziehungskraft.[192] Als Kuhn 1931 zeigen konnte, daß auch Vitamin A zu dieser Gruppe von Verbindungen gehört (den Carotinoiden), verlagerte er seine Interessen eine Zeitlang – etwa bis 1940 – völlig auf die Naturstoffchemie.

1932 versuchten Kuhn und Edgar Lederer zusammen mit Paul György von der Heidelberger Kinderklinik, den von György beschriebenen Hautschutzfaktor, Vitamin H, zu isolieren. Lederer erhielt dazu ein Stipendium der I. G. Farben. Er wurde als Jude 1933 entlassen und emigrierte nach Frankreich, wo er zunächst weiter über Carotinoide und Vitamine arbeitete. Theodor Wagner-Jauregg, der bereits in Zürich Kuhns Privatassistent und bis 1936 dessen Assistent am KWI in Heidelberg gewesen war, begann mit Untersuchungen zur chemischen Unterscheidung dieses Faktors von Vitamin B_2, das als Pellagra-Schutzfaktor bekannt war. Dazu isolierte er aus 50.000 Litern Molke über viele Aufarbeitungsstufen eine kristalline, gelbe, wasserlösliche Substanz, die Lactoflavin genannt wurde und sich als Vitamin B_2 (Riboflavin) erwies (1933).[193] Die Autoren vermuteten, daß Flavine Vorstufen von Oxidationsfermenten sind, erwähnten aber die entsprechende Arbeit Otto Warburgs und Walter Christians nicht. Warburg und Christian zeigten 1932, daß das gelbe Oxidationsferment (ein flavinhaltiges Atmungskettenenzym) aus einem Eiweißanteil und einem gelben Farbstoff besteht, der das Absorptionsspektrum bestimmt.[194] Kuhn und sein Mitarbeiter Friedrich Weygand synthetisierten einen Flavinfarbstoff mit der gleichen Wirksamkeit wie Vitamin B_2 und ermittelten dessen Konstitution.[195]

---

[192] Heinz Staab, Richard Kuhn. 1900–1967, Chemie in unserer Zeit 2, 26–31, 1968.

[193] R. Kuhn, P. György und Th. Wagner-Jauregg, Über Lactoflavin, den Farbstoff der Molke, Ber. Dtsch. Chem. Ges. 66, 1034–1038, 1933; dies., Das Vitamin B_2, Die Naturwissenschaften 21, 560–561, 1933.

[194] O. Warburg und W. Christian, Über das neue Oxydationsferment, Die Naturwissenschaften 20, 980–981, 1932.

[195] R. Kuhn und F. Weygand, Synthetisches Vitamin B_2, Ber. Dtsch. Chem. Ges. 67, 2084–2085, 1934.

Der Nachweis dafür, daß es sich bei dem Coenzym des gelben Ferments tatsächlich um ein Vitamin B_2-Derivat handelt, gelang dem schwedischen Biochemiker Hugo Theorell während seiner Tätigkeit in Warburgs Institut. Er trennte, wie oben bereits erwähnt, den Farbstoffanteil des gelben Ferments von seiner Proteinkomponente ab und resynthetisierte das Enzym aus beiden Komponenten in vitro.[196] Bei dem Reversionsversuch ersetzte er die gelbe Wirkungsgruppe des Fermentes durch Lactoflavin, das er von Paul Karrer aus Zürich (interessanterweise nicht von Kuhn) erhielt. Es bildete sich kein gelbes Ferment. Damit zeigte Theorell, »daß die Wirkungsgruppe des Ferments nicht das Kuhnsche Lactoflavin ist, obwohl bekanntlich Wirkungsgruppe und Lactoflavin dasselbe Spektrum haben und beide bei Belichtung in alkalischer Lösung denselben Farbstoff« ergeben. Auf Anregung Warburgs untersuchte Theorell, ob der gelbe Farbstoff des Enzyms eine Phosphatgruppe enthielt, was sein Versuch bestätigte. Er schloß daraus, nach heutiger Auffassung zutreffend, daß es sich bei der Wirkungsgruppe des gelben Ferments wahrscheinlich um einen Phosphorsäureester handelt (heute FMN). Zur Prüfung der Frage, ob die Wachstumswirkung davon beeinflußt wird, wie leicht Lactoflavin im Organismus phosphoryliert werden kann, synthetisierten Kuhn und Hermann Rudy eine Lactoflavin-Phosphorsäure, bei der allerdings die Stellung der Phosphorsäure noch nicht bewiesen war.[197]

1937 veröffentlichten Kuhn und Rudolf Ströbele eine Hypothese zur Wirkungsweise des Lactoflavins als Oxidationskatalysator.[198] Sie stellten fest, daß beim Übergang von Lactoflavin in das farblose Leuko-lactoflavin drei verschiedene Reduktionsstufen durchlaufen werden, die sich alle durch gutes Kristallisationsvermögen, lebhafte Farbe und genau definierte Zusammensetzung auszeichnen. Sie isolierten diese Zwischenstufen in farbigen Kristallen und zeigten, daß sie sich in Lactoflavin zurückverwandeln lassen. Die intermediären Oxidationsstufen werden als Dimere von unterschiedlichem Paramagnetismus gekennzeichnet. Kuhn und Ströbele sahen die Beziehung zwischen den chemischen Grundprinzipien, auf denen die Stabilisierung der Intermediärstufen beruht (Bildung von Komplexen nach Art des Chinhydrons einerseits und radikalische Zwischenstufen andererseits), und der biologischen Funktion darin, daß sich auf diese Weise die Energie auf die beiden Hälften der Molekülverbindung verteilen kann: Das gelbe Ferment kann nur dann vierstufig hydriert werden, wenn zwei Flavinmoleküle im Enzymkomplex assoziieren. Heute wird diese »Energieverteilung« nach Mullikan als »Komplexbildung durch

---

[196] H. Theorell, Reindarstellung (Kristallisation) des gelben Atmungsfermentes und die reversible Spaltung desselben, Biochem. Zs. 272, 155–156, 1934; ders., Über die Wirkungsweise des gelben Ferments, Biochem. Zs. 275, 37, 1935.

[197] Richard Kuhn und Hermann Rudy, Synthetische Vitamin B_2-Phosphorsäure, Ber. Dtsch. Chem. Ges. 68, 383–385, 1935.

[198] Richard Kuhn und Rudolf Ströbele, Über Verdo-, Chloro- und Rhodoflavine, Ber. Dtsch. Chem. Ges. 70, 753–760, 1937. Siehe dazu die Ausführungen im Nachruf auf Kuhn von Otto Westphal, Angewandte Chemie 80, 501–519, 1968.

Elektronenwechselwirkung zwischen zwei Molekülen Flavin verschiedener Oxidationsstufe« bezeichnet.[199]

Zu den weiteren Vitaminarbeiten Kuhns, die er in Zusammenarbeit mit Mitarbeitern des Wissenschaftlich-Chemischen Laboratoriums der I. G. Farbenindustrie in Wuppertal-Elberfeld vornahm, gehören die Kristallisierung des Vitamin B_6 (Pyridoxin) (1938) sowie dessen Strukturaufklärung und Synthese (1939).[200] 1940 isolierte und synthetisierte Theodor Wieland Pantothensäure.[201]

Kuhn erhielt für seine Arbeiten über Carotinoide und Vitamine 1939 den Nobelpreis für Chemie für 1938, dessen Annahme ihm allerdings wie Butenandt und Domagk von den Nationalsozialisten untersagt wurde.[202] Die Carotinoid- sowie die Vitaminforschung erfolgte in Konkurrenz zu Paul Karrer in Zürich. Karrer, der 1937 mit dem Nobelpreis ausgezeichnet wurde, gelang die chromatographische Trennung von Carotinoiden, die Erkennung des strukturellen Zusammenhangs zwischen β-Carotin, dessen Struktur er aufklärte, und Vitamin A sowie die Strukturaufklärung und Synthese des Lactoflavins (Riboflavin) etwa zur gleichen Zeit wie Kuhn. Obwohl Kuhn und Karrer viele Jahre lang auf gleichen Gebieten arbeiteten, wußte bis zur Veröffentlichung keiner von den Forschungen des anderen.[203] Interessanterweise gibt es eine gemeinsame Publikation von Karrer und Warburg,[204] während Kuhn und Warburg nie zusammenarbeiteten.

In der medizinischen Vitaminforschung standen Fragen wie Vorkommen, Bestimmungsmethoden, physiologische Wirkung und Resorption im Vordergrund. Einige chemische Institute befaßten sich mit der Konstitutionsermittlung und Synthese. Dazu gehörten insbesondere Adolf Windaus in Göttingen und seine Schüler. Windaus hatte, wie oben dargestellt, bereits 1927 Ergosterol als Provitamin D, 1932/33 den Mechanismus der photochemischen Umlagerung des Ergosterols in Vitamin D_2 (Calciferol) entdeckt und 1932 Vitamin B_1 kristallisiert. Für Untersuchungen über antineuritische Vitamine (B_1), das antirachitische Vitamin D und das Antisterilitätsvitamin E erhielt er bis 1943 Unterstützung von DFG/RFR. Seine Assistenten Rudolf Grewe und Rudolf Tschesche arbeiteten an der Konstitution und Synthese von Vitamin B_1. In den USA wurde die Struktur dieses Vitamins von

---

199 Siehe dazu Otto Westphal, ibid., S. 510.

200 R. Kuhn und G. Wendt, Über das aus Reiskleie und Hefe isolierte Adermin (Vitamin B_6), Ber. Dtsch. Chem. Ges. 71, 1118, 1938; R. Kuhn, Kurt Westphal, Gerhard Wendt, O. Westphal, Synthese des Adermins, Die Naturwissenschaften 27, 469, 1939.

201 R. Kuhn und Th. Wieland, Krystallisiertes Chininsalz der Pantothensäure; Synthese und Spaltung des Racemates in die Antipoden, Ber. Dtsch. Chem. Ges. 73, 971–975, 1134, 1940.

202 Siehe dazu Elisabeth Crawford, German Scientists and Hitler's Vendetta against the Nobel Prizes, Historical Studies in the Physical Sciences and Biological Sciences 31, 37–53, 2000.

203 Persönliche Mitteilung von Prof. Dr. Theodor Wieland, Heidelberg 22.6.1994.

204 Paul Karrer und Otto Warburg, Jodmethylat des Nicotinsäureamids, Biochemische Zs. 285, 297–298, 1936.

Hans T. Clarke und Robert R. Williams untersucht (Columbia University in New York). Clarke hatte Anfang 1935 die Struktur des schwefelhaltigen Spaltstückes durch seine Synthese aufgeklärt und dadurch Adolf Butenandt, der sich auf einer Reise in den USA befand, stark beeindruckt. Er schrieb an seine Frau: »Mit dieser Strukturermittlung hat Clarke Windaus und Tschesche restlos geschlagen.«[205] Die endgültige Strukturaufklärung und Totalsynthese gelang Williams 1935.[206]

Windaus klärte 1939 die Konstitution der Dihydro-Vitamine D_2 und D_3 auf, die von Hans Brockmann aus Fischlebertran isoliert worden waren.[207] Brockmann, der die 1935 von Windaus in dessen Institut geschaffene biochemische Abteilung leitete, arbeitete außerdem an der Synthese pflanzlicher Naphtochinonfarbstoffe und ihrer physiologischen Bedeutung. Es gelang ihm z. B., die Konstitution des im Johanniskraut vorkommenden Hypericins aufzuklären, das eine beim Vieh auftretende Lichtkrankheit hervorruft. 1941 nahm er einen Ruf nach Posen an.

Karl Dimroth, 1936 Assistent, 1941 Dozent in Göttingen, arbeitete in einem langfristig angelegten Projekt an Versuchen zur Darstellung von Vitamin D. Die Arbeiten wurden 1939 als kriegs- und staatswichtig anerkannt. Er beendete diese Forschung, als er 1943 den Betrug seines Mitarbeiters E. Stockstrom aufdeckte.[208] Dieser Mitarbeiter hatte alle Analysen, die bei der Firma Schöller in Berlin durchgeführt wurden, sehr geschickt gefälscht und auf diese Weise vorgetäuscht, daß die Synthese von Vitamin D weitgehend geglückt sei. Als Dimroth Verdacht schöpfte, fuhr er nach Berlin zu Schöller und stellte bei einem Vergleich der schreibmaschinegeschriebenen Daten des Mitarbeiters mit den Originaldaten von Schöller die Fälschung fest. Dimroth zog sofort sämtliche mit Stockstrom durchgeführten Arbeiten, die teilweise schon publiziert worden waren, zurück.

Zehn Jahre später nahm Hans Herloff Inhoffen, der bereits als Assistent von Windaus in Göttingen über Vitamin D_2 gearbeitet hatte und 1947 Direktor des Instituts für Organische Chemie an der TH Braunschweig wurde, die Arbeiten zur Vitamin-D-Synthese wieder auf. 1958 gelang ihm die Totalsynthese.

Fritz Micheel, seit 1928 Forschungsstipendiat und seit 1931 Privatdozent bei Windaus, begann 1932 mit der Konstitutionsermittlung von Vitamin C. 1933 klärten Tadeusz Reichstein in Zürich und Walter Haworth in Birmingham unabhängig voneinander die Vitamin-C-Struktur auf und führten die erste Totalsynthese des Vitamins durch. Micheel, der 1936 Ordinarius in Münster wurde, arbeitete an weiteren Synthesen des Vitamins und suchte nach sechsgliedrigen Ringhomologen

---

[205] nach Karlson, Adolf Butenandt, S. 85.

[206] Die Patente dieser Synthese wurden von der Fa. Merck als Lizenz übergeben, die die Produktion aufnahm. Dabei gab es Prioritätsstreitigkeiten mit Andersag und Kurt Westphal von der I. G. Farben, die das US-Patentamt 1942 zu Williams' Gunsten entschied.

[207] A. Windaus und C. Roosen-Runge, Zur Konstitution des Dihydro-vitamins D_2 und D_3, Zs. f. physiol. Chem. 260, 181–184, 1939.

[208] BAK, DFG-Akte Karl Dimroth. Dimroth hat bis heute kein Motiv für das Verhalten seines Mitarbeiters gefunden (persönliche Mitteilung, Marburg 22.3.1994).

der fünfgliedrigen Ascorbinsäure (Vitamin C), die er auf ihre anti-Skorbutwirkung prüfte. Außerdem untersuchte er Schlangengifte, wobei er 1938 ein Neurotoxin aus Cobragift isolierte.[209] Seit Oktober 1940 erhielt er DFG-Unterstützung für Krebsforschung.

Heinz Ohle, apl. Professor in Berlin, war auf dem Gebiet der Zuckerchemie tätig und arbeitete seit 1936 an der Synthese der Isoascorbinsäure. Seine 1944 vorgenommenen Untersuchungen über die Stabilisierung von wasserlöslichen Vitaminen in Nahrungsmitteln, darunter von Vitamin C, wurden als kriegswichtig anerkannt (SS-Stufe).

Walter John, Assistent von Windaus und seit 1940 Dozent, führte Untersuchungen auf dem Gebiet der Antisterilitätsfaktoren (Vitamin E) aus. Die Substanzen des Vitamin-E-Komplexes gehören chemisch zu den Tocopherolen, deren wichtigstes das α-Tocopherol ist. α- und β-Tocopherol wurden 1922 von H. M. Evans entdeckt und 1936 isoliert. E. Fernholz stellte ihre Strukturformeln auf (1936), und Paul Karrer gelang ihre Synthese (1938). John beabsichtigte, weitere Homologe des Vitamin E synthetisch darzustellen und auf ihre physiologische Wirksamkeit zu prüfen. Ihm gelang die Ausarbeitung eines neuen synthetischen Verfahrens für α-Tocopherol, das auch zur Synthese homologer Verbindungen verwendet wurde. Die biologische Prüfung der Verbindungen war 1942 noch nicht abgeschlossen. Obwohl Johns Forschung 1940 als kriegs- und staatswichtig anerkannt wurde, wurde er im April 1942 zum Kriegsdienst eingezogen. Er fiel in demselben Jahr.

Der Physiologische Chemiker Robert Ammon, bis 1939 Assistent an der chemischen Abteilung des Pathologischen Instituts der Universität Berlin (Charité), danach Dozent in Königsberg, untersuchte den biologischen Abbau von Vitamin B_1 (Aneurin) sowie die Resorption des Vitamins im Darm. Elisabeth Dane, seit 1942 apl. Professorin an der Universität München, begann 1943 mit Versuchen zur synthetischen Darstellung des Vitamin A. Auch Karl Zeile, der 1942 Ordinarius in Straßburg wurde, arbeitete an der Synthese dieses Vitamins. Ergebnisse sind nicht bekannt. Die Strukturformel von Vitamin A war 1933 von Paul Karrer in Zürich ermittelt worden, die Synthese des reinen Vitamins gelang zuerst O. Isler 1947.

6.2.7 Hormone

Adolf Butenandt, Assistent von Windaus, wurde 1934 Ordinarius für Organische Chemie an der TH Danzig und 1936 Nachfolger des 1934 entlassenen Carl Neuberg als Direktor des KWI für Biochemie in Berlin. Butenandt setzte in Danzig und Berlin mit DFG-Förderung seine oben beschriebenen Untersuchungen auf dem Gebiet der Sexualhormone fort. Für diese Arbeiten teilte er den Nobelpreis

[209] F. Micheel und G. Bode, Über das Neurotoxin aus Cobragift, Die Naturwissenschaften 26, 289–300, 1938.

für Chemie 1939 (den er wie Domagk und Kuhn auf Anordnung der Nationalsozialisten ablehnte) mit Leopold Ruzicka. Der größte Teil dieser Untersuchungen befaßte sich mit der Frage der Umwandlung von Sexualhormonen in cancerogene Stoffe und wird unter Krebsforschung vorgestellt. Darüber hinaus arbeitete Butenandt seit 1938 an der Isolierung und Charakterisierung des Sexuallockstoffs von Seidenspinnerweibchen. Es handelte sich dabei um die ersten chemischen Untersuchungen eines Pheromons, eines chemischen Signalstoffes zur Kommunikation innerhalb einer Tierart. Ausgangspunkt der Forschung, die Butenandt mit einer Reihe von Mitarbeitern betreiben konnte, waren Synthesen von insektizid wirkenden Verbindungen des Rotenon-Typs. Die Forschung wurde in das im Vierjahresplan verankerte Programm für Schädlingsbekämpfungsmittel aufgenommen, und Butenandt erhielt auf diese Weise zusätzliche Mittel des RfW.[210] Als praktisches Ergebnis der Kenntnis eines solchen Stoffes erhoffte man, Schadinsekten über große Entfernungen anlocken zu können. Bis 1945 wurde ein nicht sehr präziser biologischer Test des Lockstoffes entwickelt und dessen chemische Eigenschaften analysiert. Die endgültige Isolierung und Strukturermittlung des Sexualpheromons, das den Namen Bombykol erhielt, gelang Butenandt und seinen Mitarbeitern 21 Jahre später in München.

Ulrich Westphal, Schüler und langjähriger Assistent Butenandts, untersuchte seit 1938 an dessen KWI das Hypophysen-Hormon Intermedin in einer der wenigen biochemischen Studien von Hypophysenhormonen. Ergebnisse liegen nicht vor. Westphal verbrachte 1939 ein Jahr mit einem Stipendium der Rockefeller Foundation bei Prof. E. T. Engle in New York, wo er ebenfalls über Biologie und Chemie der Hypophysenhormone arbeitete.

Karl Freudenberg befaßte sich seit den 1920er Jahren bis 1936 mit der Konstitutionsaufklärung von Insulin. Bei diesen langfristig geplanten Arbeiten wurde die Wirksamkeit des Hormons herabgesetzt und anschließend nach Mitteln gesucht, diese wiederherzustellen, um auf diese Weise auf die beteiligten chemischen Gruppen des Insulins zu schließen. Freudenberg bestätigte die für die Wirksamkeit entscheidende Rolle der Disulfidbrücke.[211] Als Vergleich diente das Hypophysenhinterlappenhormon Oxytocin, von dem Freudenberg vermutete, daß es ein Cholinester eines Peptids sei. Nach heutiger Kenntnis handelt es sich um ein cyclisches Octapeptid; seine Totalsynthese gelang 1953 du Vigneaud an der Cornell University. Die beiden Hormone Insulin und Oxytocin erhielt Freudenberg von der I. G. Farben. 1936 berichtete er der DFG, daß er die Insulinarbeiten hinter andere Arbeiten zurückstellen werde, da die Orientierungsarbeiten abgeschlossen seien und nach einem neuen Anstoß gesucht werde.[212]

---

[210] siehe dazu Karlson, Adolf Butenandt, S. 111.

[211] Freudenberg, Karl und Theodor Wegmann, Der Schwefel des Insulins, Zs. f. physiol. Chem. 233, 159–171, 1935.

[212] In seinen Lebenserinnerungen schrieb er, daß er die Insulinarbeiten während des Krieges aufgeben mußte, weil die Haltung der dafür notwendigen 200 Kaninchen nicht mehr möglich war (S. 64, unveröff. Manuskript im Firmenarchiv Carl Freudenberg, Weinheim).

Wilhelm Dirscherl, der bis 1932 an den Insulinarbeiten beteiligt war, führte in Heidelberg, seit 1937 in Frankfurt und seit 1940 als Extraordinarius in Bonn Untersuchungen über neue männliche Sexualhormone sowie die Sterinsynthese unter Einwirkung von Deuterium durch. Nennenswerte Ergebnisse liegen nicht vor.

Elisabeth Dane verlagerte den Schwerpunkt ihrer Steroidarbeiten 1938 auf die Untersuchung der Sexualhormone. Bis 1943 wurde sie für synthetische Arbeiten auf dem Gebiet der Sexualhormone, vor allem Versuche zur synthetischen Darstellung des Östrons, gefördert sowie für die Untersuchung des stufenweisen Abbaus von Hormonderivaten.

Peter Holtz, seit 1938 Leiter des Physiologischen, später Physiologisch-Chemischen Instituts in Rostock, untersuchte die Entstehung von Aminen, z. B. des Histamins, im tierischen Organismus, sowie adrenalinähnliche Stoffe. Holtz erhielt 1932 Apparaturen von der Rockefeller Foundation.

6.2.8 Antibiotika, Wuchsstoffe von Mikroorganismen und ihre Antagonisten

Im Jahre 1940 isolierten Ernst Boris Chain und Howard W. Florey in Oxford Penicillin und eröffneten damit weltweit die Forschung über Antibiotika und deren Anwendungen. Unter Antibiotika sollen hier im Unterschied zu den synthetischen Sulfonamiden solche antimikrobiell wirkende Chemikalien verstanden werden, die mikrobiellen Urspungs sind. Was waren die Hintergründe für den Erfolg Chains und Floreys, und warum war Antibiotikaforschung in Deutschland auch nach dieser Entdeckung nur in geringem Umfang vertreten?

Der Beginn der chemischen Penicillinforschung ist sehr stark mit der Person Ernst Boris Chains verbunden. 1906 in Berlin als Sohn eines russisch-jüdischen Vaters und einer deutsch-jüdischen Mutter geboren, studierte er Chemie und Medizin in Berlin und promovierte 1932 bei dem Organiker Wilhelm Schlenk. Er war seit dem Beginn seiner Laufbahn daran interessiert, biologische Phänomene mit Hilfe der Wirkung klar definierter chemischer Substanzen zu erklären. Neben seiner Arbeit trat er als Pianist öffentlich in Berlin auf.[213] 1932 wurde ihm ein Forschungsstipendium der DFG bei Peter Rona mit Beginn am 1. Januar 1933 bewilligt. Das Thema lautete: »Fermentative Spaltung natürlicher und künstlicher Lecithine unter besonderer Berücksichtigung der hämolytischen Spaltprodukte.«

Nach dem Inkrafttreten des Berufsbeamtengesetzes wurde Chain im April 1933 »beurlaubt«, das Stipendium am 31.5.1933 eingestellt. Bereits im April emigrierte er nach England, wo er, unterstützt von der Society for the Protection of Science

[213] Die biographischen Angaben über Chain stammen, falls nicht anders angegeben, aus Ronald W. Clark, The Life of Ernst Chain. Penicillin and Beyond, New York 1985: St. Martin's Press.

and Learning, seine Arbeit über Phospholipide im Institute for Biochemistry in Cambridge unter Sir Frederick Hopkins fortsetzen konnte. J. B. S. Haldane, der Chains Doktorarbeit kannte, hatte sich bei Hopkins mit Nachdruck für seinen jungen Kollegen eingesetzt. Die von der Society eingeholten fachlichen Urteile über Chains Arbeit sind erwähnenswert:[214] Während Ronas Gutachten sehr positiv ausfiel und Hopkins mit der Art und dem Fortschritt von Chains Forschung äußerst zufrieden war, schrieb Hans Krebs, daß Chain seiner Meinung nach eher Musiker als Wissenschaftler und in der Musik besser aufgehoben sei als in der Chemie. Dies änderte in diesem Fall nichts daran, daß Chain 1935 einen Jahresvertrag bei Howard W. Florey am Sir William Dunn Institute in Oxford erhielt.

Der Australier Florey, der 1935 auf den Lehrstuhl für Pathologie in Oxford berufen wurde, war davon überzeugt, daß Fortschritte in der Bakteriologie nicht ohne Biochemie zu erreichen waren. Daher beabsichtigte er den Aufbau eines biochemischen Labors, und Hopkins überzeugte ihn, daß Chain der richtige Mitarbeiter dafür war. Chain sollte die Wirkung von Lysozym untersuchen, einer Substanz von unbekannter Natur, die von Sir Alexander Fleming entdeckt worden war. Der Bakteriologe Fleming hatte 1928 nach einer Kontamination seines Labors durch den Pilz Penicillium Penicillin gefunden. Er stellte fest, daß es auf Mäuse und Kaninchen nicht toxisch wirkte und benutzte es zur Behandlung von Wunden. Das Problem bei der Anwendung von Penicillin lag in seiner Instabilität: es verlor nach 10 bis 14 Tagen seine Aktivität. Eine Reihe von Chemikern versuchte erfolglos, es zu stabilisieren.

Fleming erkannte die Bedeutung seiner Entdeckung nicht. Weder er noch andere Bakteriologen machten den Versuch, mit Staphylokokken infizierte Mäuse durch Injektion mit Penicillin zu heilen. Neben den erwähnten praktischen Gründen spielte nach Auffassung von Chain eine gewisse Voreingenommenheit medizinischer Forscher gegen neue Konzepte eine Rolle. Die Immuntherapie durch eine Chemotherapie zu ersetzen, so Chain, wäre einer Blasphemie gleichgekommen.[215] Auf einem Vortrag zum Thema »30 Jahre Penicillintherapie« meinte Chain: »Daß Fleming diesen einfachen Versuch nicht ausgeführt hat, ist meiner Meinung nach auf die geistige Atmosphäre zurückzuführen, die in seinem Institute ... herrschte, und in der der Begriff der Chemotherapie tabu war. Nur Immunvorgänge waren für die Behandlung von Infektionen von Bedeutung.«[216] Fleming selbst meinte später, »ich hätte Penicillin produziert, wenn ich so einen zahmen Emigranten bei der Hand gehabt hätte.«[217]

Chain erfuhr durch Florey von den erfolglosen Versuchen anderer Chemiker, Penicillin zu stabilisieren, ließ sich dadurch aber nicht entmutigen. Nachdem Chain

---

[214] ms SPSL, Ernst Boris Chain.
[215] Clark, The Life of Ernst Chain, S. 30.
[216] Chain auf einem Vortrag auf der Hauptsammlung der Deutschen Pharmakologischen Gesellschaft 1969, Chain-Papers, Archiv des Wellcome Institute for the History of Medicine, London.
[217] Clark, The Life of Ernst Chain, S. 31, Übersetzung UD.

und Florey die gesamte Literatur über antibakterielle Substanzen (mehr als 200 Arbeiten) studiert und festgestellt hatten, daß es keine systematische Untersuchung über die chemische Natur und pharmakologischen Eigenschaften dieser Substanzen gab, entschlossen sie sich Ende 1939, mit der Penicillinforschung zu beginnen. Sie wurden durch den Medical Research Council und die Rockefeller Foundation unterstützt. Es gelang schnell, Penicillin stabil zu erhalten, und einige Zeit später konnte die Substanz ohne Aktivitätsverlust kristallisiert werden. Die ersten erfolgreichen Versuche an Mäusen fanden 1940 statt, und die beteiligten Wissenschaftler veröffentlichten ihre Ergebnisse über Penicillin als chemotherapeutisches Mittel bereits 1940 in Lancet.[218] Ein Jahr später erschien ein ausführlicher Artikel.[219] Für die Entdeckung und Isolierung des Penicillins sowie den Nachweis seiner chemotherapeutischen antibakteriellen Verwendungsmöglichkeit erhielten Chain, Fleming und Florey 1945 den Nobelpreis.

In Deutschland war es Mitte der 1930er Jahre gelungen, auf synthetischem Wege ein Chemotherapeutikum gegen Bakterien zu entwickeln. Der Leiter der pathologischen und bakteriologischen Forschungsabteilung des Bayer-Werks der I. G. Farbenindustrie, Gerhard Domagk, stellte 1935 fest, daß die von den Chemikern Fritz Mietzsch und Josef Klarer 1932 synthetisierte Verbindung 4′-Sulfonamid-2,4-diaminoazobenzen (»Prontosil rubrum«) bei Mäusen und auch bei Menschen bei geringer Toxizität als Chemotherapeutikum gegen Streptokokken wirkte. Der englische Forscher Fuller zeigte, daß Sulfonamid allein wirkte, und Fildes und Woods erklärten die Wirkung des Sulfonamids als Antagonist der p-Aminobenzoesäure, einem Bestandteil der Folsäure (einem B-Vitamin). Folsäure ist für das Wachstum vieler Mikroorganismen, darunter Staphylokokken und Streptokokken, notwendig. Der Erfolg des Prontosils führte weltweit zur erfolgreichen Suche nach weiteren Sulfonamid-Präparaten, an der sich auch Domagk beteiligte. Er erhielt 1939 den Nobelpreis für Medizin (den er wie Butenandt und Kuhn nicht annehmen durfte, siehe oben). Interessanterweise wurde Domagk allein ausgezeichnet, anders als im Falle von Chain wurden die beteiligten Chemiker nicht berücksichtigt.

Die Arbeiten von Chain und Florey waren in Deutschland bekannt. Dennoch führten sie weder in der Industrie noch in der akademischen Forschung zu Penicillinforschung in nennenswertem Umfang bzw. mit erwähnenswerten Ergebnissen oder zu systematischer Suche nach weiteren Antibiotika.[220] In den USA entdeckte der Mikrobiologe Selman Waksman, der 1943 den Begriff Antibiotikum prägte, zusammen mit seinen Kollegen 1944 Streptomycin aus Bodenbakterien der Gattung

---

[218] Ernst Chain, Howard W. Florey, A. D. Gardner, N. G. Heatley, M. A. Jennings, J. Orr-Ewing, A. G. Sanders, Penicillin as a Chemotherapeutic Agent, Lancet II, 1940, 226–228.

[219] E. P. Abraham, E. Chain, C. M. Fletcher, A. D. Gardner, N. G. Heatley, M. A. Jennings, Further Observations on Penicillin, Lancet 1941, 177–188.

[220] Zur industriellen Antibiotikaforschung in Deutschland siehe Ingrid Pieroth, Penicillinherstellung. Von den Anfängen zur Großproduktion. Stuttgart 1992: Wissenschaftliche Verlagsanstalt.

Streptomyces. Waksman wurde für diese Entdeckung des ersten Antibiotikums, das sich gegen Tuberkulosebakterien als wirksam erwies, 1952 mit dem Nobelpreis ausgezeichnet. Nach Max Perutz war es allerdings Waksmans Doktorand Albert Schatz und nicht Waksman, der Streptomycin entdeckte und auf eigene Initiative dessen Wirkung auf Tuberkelbazillen nachwies.[221]

Gründe für das Fehlen einer größeren Aktivität auf dem Antibiotika-Sektor in Deutschland sehe ich darin, daß die Industrie aufgrund ihrer Erfolge mit Sulfonamiden kein großes Interesse an Antibiotika hatte, und daß für Chemiker außerhalb der Industrie die chemischen Forschungen an Sulfonamiden und ihren Wirkungen mehr mit ihren Arbeitsgebieten zu tun hatten als neuartige Forschungen an Produkten von Schimmelpilzen oder Bakterien.[222] In der chemischen Mikrobiologie standen Versuche, die die Bedeutung von Vitaminen und anderen Stoffen für das Wachstum von Mikroorganismen, z. B. Hefe, Schimmelpilzen, Algen und Bakterien, zum Gegenstand hatten, im Vordergrund (siehe Kapitel 7, Richard Kuhn). Die DFG erkannte die Bedeutung der Antibiotika-Forschung offenbar zu spät. Trotz der offensichtlichen kriegswichtigen Relevanz der Antibiotikaforschung vergaben DFG bzw. RFR erst 1943 Forschungsaufträge zum Thema Penicillin. Das Reichsamt für Wirtschaftsausbau (RfW) vergab 1944 18 Forschungsaufträge unter dem Kennwort Penicillin, die meisten an die Industrie.[223]

Die Antibiotikaforschung gehört zu den Gebieten chemischer und biochemischer Forschung, die in Deutschland im Vergleich mit England und den USA nach dem Krieg weit zurückgeblieben war. Die DFG-Forschungsaufträge erbrachten in den meisten Fällen keine nennenswerten Ergebnisse. Es wurden nur wenige Arbeiten publiziert. Um einige Beispiele für diese Antibiotikaforschung zu nennen: Adolf Windaus arbeitete während des Krieges an einem Forschungsauftrag des RFR über »Bakteriostatische Stoffe aus Schimmelpilzen, speziell Penicillin«. 1944 klärte er in Zusammenarbeit mit der Firma Merck die Konstitution eines aus Schimmelpilzkulturen isolierten Stoffes auf, der sich als identisch mit dem bereits von englischen Forschern untersuchten Patulin erwies.[224] Hochaktive Penicillinpräparate der Firma Merck und englisches Penicillin, das Windaus von Prof. Rostock erhielt, wurden umfangreichen Reinigungsprozessen unterworfen. Windaus' Ziel war die Reindarstellung von Penicillin, so daß er anschließend die Konstitutionsaufklärung in Angriff nehmen konnte.

Sein Mitarbeiter Hans Brockmann wurde 1941 Leiter des Instituts für Organische Chemie und Biochemie an der Reichsuniversität in Posen. Dort setzte er die

[221] Max Perutz, I Wish I'd Made You Angry Earlier: Essays on Science, Scientists, and Humanity, Cold Spring Harbor Press 1998, pp. 155–157.

[222] Ingrid Pieroth weist darauf hin, daß der Leiter der Abteilung Forschung und Entwicklung des RfW, Carl Krauch, auch Aufsichtsratsvorsitzender der I. G. Farben war, d. h. eines Konzerns, der mit Sulfonamiden großen Umsatz machte (Penicillinherstellung, S. 99).

[223] Ibid., S. 143–145.

[224] DFG Akte Windaus, Bericht Windaus' vom 26.3.1945.

in Göttingen begonnenen Arbeiten über photodynamische Farbstoffe fort, bei denen er u. a. Farbstoffe der Actinomyceten und deren Rolle bei der Humusbildung untersuchte. Brockmann erhielt mit Hans Schmalfuß in Posen ebenso wie Konrad Bernhauer in Prag im Dezember 1944 einen Forschungsauftrag des RfW mit dem Thema »Antibiotika aus Schimmelpilzen«.[225] Die Arbeiten an Stoffwechselprodukten von Actinomyceten, die Brockmann nach 1945 in Göttingen fortsetzte, führten zu Forschungen mit dem Ziel der Strukturaufklärung und Totalsynthese des Antibiotikums Actinomycin.

Nach Peter Karlson erfuhr man am KWI für Biochemie 1941 von der Entdekkung des Penicillins in England. Wegen des Interesses der deutschen Wehrmacht an solchen infektionsbekämpfenden Mitteln sei an das KWI die Anregung herangetragen worden, dieses Arbeitsgebiet mit aufzunehmen.[226] Aus diesem Grunde erhielt Alex Heusner 1944 ein DFG-Stipendium für Forschungen zum Thema »Antibakterielle Stoffe aus Schimmelpilzen« mit der Dringlichkeitsstuffe SS. Heusner, seit 1939 zum Kriegsdienst eingezogen, wurde für diesen Forschungsauftrag im Juni 1944 unabkömmlich gestellt.

Am Heidelberger KWI lehnte Richard Kuhn 1943 ein Angebot des Oberkommandos der Wehrmacht ab, mit Wehrmachtsunterstützung Penicillinforschung zu betreiben (zu Kuhns Forschung während des Krieges siehe Abschnitt 7.4).

In München erhielt Heinrich Wieland 1944 einen Forschungsauftrag des RFR mit der Dringlichkeitsstufe SS zur Untersuchung der Wirkstoffe von Schimmelpilzen, insbesondere des Penicillins. Ergebnisse sind nicht bekannt. Wilhelm Franke, seit 1941 Extraordinarius für Organisch-Chemische Technologie in Würzburg, untersuchte Fragen der chemischen Mikrobiologie. Er verfaßte mehrere Arbeiten über Schimmelpilzenzyme und schrieb für die Neuauflage von Hammarstens Lehrbuch der Physiologischen Chemie das Kapitel »Biochemie der Bakterien und Pilze«.[227] Bei seinen Arbeiten über den Stoffwechsel des Tuberkelbazillus untersuchte er die bakterizide und hämolysierende Wirkung ungesättigter Fettsäuren in Abhängigkeit von Lage und Zahl der Doppelbindungen.[228] Die Arbeiten an einem Forschungsauftrag des RfW zum Thema »Untersuchung über Notatin und verwandter antibakterieller Substanzen aus Schimmelpilzen« waren bei Kriegsende noch nicht abgeschlossen.

Konrad Bernhauer, seit 1942 Ordinarius für Biochemie und Nahrungsmittelchemie an der Deutschen Universität in Prag, untersuchte die technische Verwendung von Bakterien. Die Themen seiner DFG/RFR-finanzierten Forschungen lauteten »Vergärung cellulosehaltiger Materialien durch Bakterien zwecks Erzeugung von Alkohol und Essigsäure«, sowie »Verarbeitung entsprechender Materialien durch

[225] Pieroth, Penicillinherstellung, S. 143–145. Die deutsche Bezeichnung für Antibiotika lautete damals Mykoine.

[226] Karlson, Adolf Butenandt, S. 113.

[227] BAK, DFG-Akte W. Franke.

[228] W. Franke, Neuere Erkenntnisse zum Stoffwechsel der Mikroorganismen, Die Chemie (Angewandte Chemie) 56, 55–60, 1943.

Pilze, um Cellulose in ein eiweißhaltiges Futtermittel umzuwandeln«. Außerdem testete er die Wirksamkeit eines Penicillinpräparates. Ihm gelang die Züchtung eines guten Penicillin-produzierenden Stammes.[229]

Otto Westphal stellte den Beginn der industriellen Antibiotikaproduktion in Deutschland während des Krieges folgendermaßen dar:

> »Hier sollte ich noch etwas einfügen über den damaligen wissenschaftlichen Leiter der Behringwerke, Prof. Hans Schmidt. Er hat unendlich dabei geholfen, das Niveau von Hygiene und Mikrobiologie in Deutschland hochzuhalten. Er hatte im Krieg auch über Mikrofilme, die über die Schweiz illegal eingeschmuggelt wurden, Kenntnis von den wissenschaftlichen Entwicklungen des Auslandes, besonders der angelsächsischen Länder, bekommen, z. B. von den Arbeiten Floreys und Chains, die 1938 das Penicillin wiederentdeckten. Schmidt hatte Fleming 1928 nach dessen Veröffentlichung über die antibiotische Wirkung des Penicillins um eine Kultur des Penicilliumstammes gebeten und daran die Befunde Flemings bestätigt. Aber er erkannte ebensowenig wie Fleming die volle Bedeutung dieses Befundes. Er vergrub, wie damals üblich, die Pilzkultur im nahgelegenen Wald in Marburg. Nach der Veröffentlichung Floreys und Chains wurden die früheren Proben mit Hilfe einer Kompanie von Soldaten wiedergefunden. Das war dann der Stamm, welcher in Hoechst noch im Krieg eine erste Produktion ermöglichte.«[230]

Es sei angemerkt, daß es noch eine andere Seite des Wissenschaftlers und Industriellen Prof. Schmidt gibt. Die Marburger Behringwerke, führend auf dem Gebiet der Impfstoffe, ließen seit 1941 Impfstoffe an Häftlingen des KZ Buchenwald testen, zuständig war dort der Hygieniker beim Reichsarzt-SS Dr. Joachim Mrugowsky.[231] Nach einem Brief der Behringwerke (gez. Mertens) beabsichtigte Prof. Schmidt, Mrugowsky »spezifische Substanzen der Typhus- und Ruhr-Bakterien zu seinen Versuchen zur Verfügung zu stellen.«[232]

Am KWI für Biochemie wurden einige Jahre lang biochemische Ursachen der Entstehung von Lepra untersucht. Der Mediziner Manfred Oberdörffer, seit 1940 Mitarbeiter des Instituts, erhielt DFG-Förderung für die Untersuchung der Beziehungen pflanzlicher Saponine zur Lepra; Mitarbeiter des Projektes waren Josef Schmidt-Thomé und Hilke Augustin. Oberdörffer vermutete, daß sich Lepra nur bei solchen Individuen entwickeln könne, deren Abwehrkraft durch dauernden Genuß von Saponinen geschwächt ist. Die Tatsache, daß Lepra aus Mitteleuropa verschwunden war, erklärte er u. a. damit, daß das Getreide hier von saponinhaltigen Verunreinigungen gereinigt wird. Oberdörffer ging bei seinen biochemischen Ar-

[229] Pieroth, Penicillinherstellung, S. 100.
[230] Persönliche Mitteilung von Otto Westphal, Montreux 28.8.1996.
[231] Ernst Klee, Auschwitz, die NS-Medizin und ihre Opfer, Frankfurt 1997: Fischer, S. 282 f.
[232] Ibid., SS-Oberführer Mrugowsky wurde für Menschenversuche mit tödlichem Ausgang, u. a. mit Fleckfieberimpfstoff, im Nürnberger Ärzteprozeß 1947 zum Tode verurteilt und hingerichtet.

beiten von der bekannten Tatsache aus, daß Cholesterin mit Saponinen Anlagerungsverbindungen bildet, die durch Membranschädigungen eine Hämolyse der Erythrocyten bewirken. Die Ergebnisse der Untersuchungen über die Wechselwirkungen von Saponinen mit Serumcholesterin und der Erythrocytenmembran führten zur Entwicklung einer in den 1940er Jahren in klinischen Labors verbreiteten Methode zur Cholesterinbestimmung.[233] Elektronenoptische Aufnahmen an Membranen von hämolysierten Blutkörperchen wurden im Labor von Manfred v. Ardenne durchgeführt. Oberdörffer starb auf einer 1940 begonnenen Reise in Afghanistan. Seine Hypothese wurde später nicht weiter verfolgt.[234]

Theodor Wagner-Jauregg, ein langjähriger Mitarbeiter Richard Kuhns, wurde 1936 wissenschaftliches Mitglied und Leiter der Chemischen Abteilung des Forschungsinstituts für Chemotherapie in Frankfurt (Georg-Speyer-Haus, das frühere Paul-Ehrlich-Institut) und 1939 außerdem apl. Professor an der Frankfurter Universität. Er arbeitete über die Chemie der Tuberkelbazillen, Toxine der Ruhr- und Diphteriebazillen,[235] die Chemotherapie der Lepra und andere chemisch-pharmakologische Fragen, darunter die Darstellung synthetischer Spasmolytika.[236] 1943 erhielt er einen Forschungsauftrag des RfW zur Synthese von Azulenen, und 1944 wurde er vom RFR für Untersuchungen zur Behandlung von (nicht näher genannten) Kampfstoffschädigungen unterstützt.

Wagner-Jauregg wurde nach dem Krieg aus politischen Gründen kurzzeitig entlassen, erhielt aber 1947 die Erlaubnis, weiter an einer Universität zu arbeiten. Von 1948 bis 1955 arbeitete er für die amerikanische Armee in der Medical Division, Army Chemical Center, danach wurde er Leiter der Forschungsabteilung der Siegfried AG in Zofingen (Schweiz).

6.2.9 Biochemie des intermediären Kohlenhydratstoffwechsels

Glykolyse, Rolle des ATP

Otto Meyerhof setzte bis zu seiner Entlassung 1938 seine Arbeiten über Glykolysereaktionen und die Bedeutung des ATP fort. Sein Assistent Paul Ohlmeyer arbeitete über Inulin und Inulinase. Meyerhofs langjähriger Assistent Karl Lohmann studierte seit 1931 in Heidelberg Medizin und wurde 1934 zum Dr. med. promoviert. Ohne Medizinstudium hatte er als Chemiker keine Chance, auf einen Lehrstuhl der Physiologischen Chemie berufen zu werden. Parallel dazu führte er seine Arbeiten zur Energiespeicherung und -übertragung bei der Glykolyse fort.

---

[233] Josef Schmidt-Thomé und Hilke Augustin, Über eine titrimetrische Mikrobestimmung des Cholesterins mit Hilfe der Blutkörperchenhämolyse, Zs. f. physiol. Chem. 275, 190–207, 1943.

[234] Karlson, Adolf Butenandt, S. 137.

[235] Wagner-Jauregg, Die Endotoxine der Bakterien, Angewandte Chemie 53, 319–321, 1939.

[236] BAK, DFG-Akte Wagner-Jauregg und UA Frankfurt, Rektorat, PA Wagner-Jauregg.

Im Jahre 1934 entdeckte Lohmann die reversible Phosphatübertragung von Kreatinphosphat auf AMP zu ATP ohne Wärmefreisetzung (Lohmannsche Transphosphorylierung).[237] Diese Experimente sowie die gleichzeitig von Jacob Parnas und seinen Mitarbeitern in Lwów (Lemberg) durchgeführten Untersuchungen über die Energieübertragung bei der Glykolyse zeigten eindeutig, daß Kreatinphosphat als »Speicher« der zur Bildung von ATP notwendigen Energie dient. Milchsäureproduktion und Kreatinphosphatabbau bildeten demnach eine indirekte Energiequelle der Kontraktion, indem sie die Resynthese des während der Muskelaktivität verbrauchten ATPs ermöglichten.[238] Bei der Diskussion über den Mechanismus der Resynthese von ATP prägte Meyerhof den Begriff der »energetischen Kopplung« zwischen Oxidation und Phosphorylierung. In Erweiterung dieses Konzepts beschrieb er 1938 zusammen mit Ohlmeyer und W. Möhle die heute als Substratkettenphosphorylierung bekannte Kopplung der Hydrierung des Enzymkomplexes, der Triosephosphat unter Bildung von Phosphoglycerinsäure dehydriert, mit der Aufnahme von anorganischem Phosphat durch ADP unter Bildung von ATP.[239]

Nach Meyerhofs Entlassung wurde Ohlmeyer 1939 Assistent Franz Knoops in Tübingen. Seine Versuche zum Zuckerabbau standen im Zusammenhang mit der Untersuchung von Enzymgiften im tuberkulösen Herd, die, wie Ohlmeyer in einem DFG-Bericht angab, von Hans Schmidt, Behringwerke Marburg, durch Tierversuche ergänzt wurden. Karl Lohmann wurde 1937 zum Ordinarius für Physiologische Chemie an der Universität Berlin berufen (als Nachfolger Hermann Steudels). Zu seinen Forschungsthemen in Berlin gehörten Untersuchungen über das Enzym Co-Carboxylase (es war nach seinen Angaben im Taubentest bei der Heilung von Beriberi doppelt so wirksam wie Vitamin B_1) und das Vorkommen und die Bestimmung der verschiedenen Formen der Adenylsäure (AMP) im tierischen Körper. 1944 arbeitete er an einem als kriegswichtg anerkannten Forschungsprojekt (SS-Stufe) über das Verhalten von Vitaminen in Lebensmitteln. Nennenswerte Ergebnisse sind nicht bekannt.

Gustav Embden, Ordinarius für Vegetative Physiologie in Frankfurt, hatte mit seinen Mitarbeitern entscheidend zur Aufklärung der Glykolysereaktionen beigetragen. Er starb überraschend im Juli 1933. Seine Schüler sind später nicht durch vergleichbare Leistungen in der Biochemie des intermediären Stoffwechsels hervorgetreten. Zu ihnen gehörte Emil Lehnartz, seit 1939 Extraordinarius in Münster. Er untersuchte die Umwandlung von ATP bei der Muskelkontraktion, die Herkunft des Kreatinins und das Verhalten von Kalium im Herzen bei Reizung des Vagus sowie bei Einwirkung von Acetylcholin. Seit 1941 führte er im Auftrag der

[237] Karl Lohmann, Über die enzymatische Aufspaltung der Kreatinphosphorsäure, zugleich ein Beitrag zum Chemismus der Muskelkontraktion, Biochemische Zs. 271, 264–277, 1934.

[238] Siehe Nachmansohn, Die große Ära der Wissenschaft in Deutschland, S. 274.

[239] Otto Meyerhof, Paul Ohlmeyer, W. Möhle, Über die Kopplung zwischen Oxydoreduktion und Phosphatveresterung bei der anaeroben Kohlenhydratspaltung, Biochemische Zs. 297, 90–112, 1938.

Heeressanitätsinspektion Untersuchungen über Benzolvergiftung und die Bestimmung des Benzols in Organen und im Blut aus (Dringlichkeitsstufe SS). 1944 erhielt Lehnartz einen RFR-finanzierten Forschungsauftrag des Instituts für Physiologische und Wehrchemie der Militärärztlichen Akademie mit dem Thema »Untersuchung über den Stoffwechsel in durch Trauma geschädigtem Gewebe, vor allem Muskel«. Einzelheiten sind nicht bekannt.

Ein weiterer Schüler Embdens, Hans Jost, blieb zunächst (als apl. Professor) in Frankfurt. Er setzte seine Forschung über den Abbau höherer Fettsäuren unter intermediärer Bildung von Phosphatiden und über den Kohlenhydratstoffwechsel in der Leber fort. Seit 1935 Mitglied der NSDAP und seit 1934 der SS, wo er 1939 zum Obersturmführer aufrückte, war er als SS-Arzt und Leiter einer SS-Studiengemeinschaft in Frankfurt tätig. Anfang 1939 wurde er als Nachfolger von Martin Henze zum Leiter (Extraordinarius) des Physiologisch-Chemischen Instituts nach Innsbruck berufen, wo er 1939 Untersuchungen über die Ausscheidung der Phosphorsäure und der Harnsäure durch die Niere vornahm. Seine seit 1933 publizierten Arbeiten wurden im Science Citation Index von 1945–1954 nicht zitiert.

Oxidativer Essigsäureabbau

Robert Sonderhoff und Heinz Thomas (Mitarbeiter Wielands in München) waren die einzigen Wissenschaftler in Deutschland, die zum damaligen Zeitpunkt intermediäre Stoffwechselreaktionen unter Verwendung einer Isotopenmarkierung untersuchten. Sonderhoff untersuchte seit Ende der 1920er Jahre den intermediären Essigsäurestoffwechsel der Hefe. Er und Wieland stellten 1932 die (aus heutiger Sicht nicht zutreffenden) Hypothesen auf, daß Bernsteinsäure das primäre Dehydrierungsprodukt aus zwei Molekülen Essigsäure ist und Citronensäure als Nebenprodukt durch Kondensation von Oxalessigsäure mit Essigsäure entsteht.[240] Zur Prüfung dieser Hypothesen verwendeten Sonderhoff und Thomas 1935 Essigsäure, die mit Deuterium markiert war. Damit kamen sie zu einem überraschenden Ergebnis: Sie nahmen zwar nach wie vor an, daß Bernsteinsäure aus zwei Molekülen Essigsäure gebildet wird, stellten aber auf Grund der Verteilung des Deuteriums die (aus heutiger Sicht zutreffende) Hypothese auf, daß der Hauptweg des Essigsäureabbaus die Kondensation der Essigsäure mit einer Dicarbonsäure wie Bernsteinsäure und Oxalessigsäure zu Citronensäure ist.[241] Sonderhoff beging 1937 aus unbekannten Gründen Selbstmord, und Forschungen mit Deuteriummarkierung wurden in München nicht weitergeführt.

Die Frage des Essigsäureabbaus war lange Zeit ein ungeklärtes Problem, da diese Reaktion auf Grund der hohen Oxidationsbeständigkeit der Essigsäure in vitro nicht möglich war. Die Erkenntnis, daß Essigsäure in der Zelle durch die Verknüp-

[240] Heinrich Wieland und Robert Sonderhoff, Über den Mechanismus der Oxydationsvorgänge. XXXII. Die enzymatische Oxydation von Essigsäure durch Hefe, Annalen d. Chem. 499, 213–228, 1932.

[241] Robert Sonderhoff und Heinz Thomas, Die enzymatische Dehydrierung der Trideuteroessigsäure, Annalen d. Chem. 530, 195–213, 1937.

fung mit einem Thiol zum S-Acetyl-Coenzym A aktiviert und diese aktivierte Essigsäure über den Citronensäurecyclus abgebaut wird, geht auf Entdeckungen Fritz Lipmanns und Feodor Lynens zurück.

Lipmann verließ, wie oben erwähnt, Deutschland bereits 1931; er ging für ein Jahr an das Rockefeller Institute in New York und danach, angesichts der zunehmenden Macht der NSDAP, nicht zurück nach Deutschland, sondern zu Albert Fischer nach Kopenhagen. Kurz vor der deutschen Besetzung Dänemarks erhielt Lipmann eine Stelle in den USA bei Dean Burk an der Cornell Medical School. Von großer Bedeutung für seine spätere Forschung wurde sein Interesse am Konzept der Kopplung von Redoxreaktionen und Phosphorylierungen sowie an biologisch aktiven Phosphatverbindungen, das auf seine Heidelberger Zeit bei Otto Meyerhof zurückgeht. Die Entdeckungen Lundsgaards (zur Bedeutung der Hydrolyse von Kreatinphosphat) und Lohmanns (der zeigte, daß Kreatinphosphat den Muskel über die Phosphorylierung von AMP mit Energie versorgt) überzeugten Lipmann von der zentralen Bedeutung phosphatgebundener Energie für den Zellstoffwechsel. 1941 schlug er ein Modell der Energieübertragung im Zellstoffwechsel mit ATP als Zentralglied vor.[242]

1939 zeigte er, daß Thiamin-(Vitamin B_1)-pyrophosphat die prosthetische Gruppe eines Enzyms ist, das die Dehydrierung von Brenztraubensäure unter Bildung von ATP aus AMP katalysiert. In ähnlicher Weise wie bei Meyerhofs Experimenten zur energetischen Kopplung (siehe oben) wurde auch hier ein aktives Phosphat durch eine Dehydrierungsreaktion bereitgestellt.[243] Lipmann wies darauf hin, daß Brenztraubensäure zwar in der Zelle oxidativ über Essigsäure abgebaut wird, zugesetzte Essigsäure sich dagegen völlig inaktiv verhält. (Ähnliches hatte auch Heinrich Wieland beobachtet.[244]) Lipmann vermutete daher, daß Essigsäurephosphat als aktivierte Essigsäure ein Zwischenprodukt der Brenztraubensäureoxidation sei, die auch Ausgang weiterer Acetylierungsreaktionen wie z. B. von Aminosäuren oder Cholin sei.[245] Während sich das Konzept der aktivierten Essigsäure als richtig erwies und eine große Bedeutung erhielt, stellte sich ihre Identifizierung mit Acetylphosphat als falsch heraus.

So wurde Lipmanns bedeutendste wissenschaftliche Leistung die Entdeckung einer anderen, nicht phosphathaltigen sogenannten energiereichen Verbindung, nämlich des Thioesters Coenzym A. Diese pantothensäurehaltige Verbindung ist in der Lage, Carbonsäuren, wie z. B. Essigsäure, und andere Verbindungen in energiereicher Bindung aufzunehmen und sie auf diese Weise zu aktivieren. Dafür wurde Lipmann 1953, zusammen mit Hans Krebs, mit dem Nobelpreis für Medizin

[242] Fritz Lipmann, Advances in Enzymology 1, 100–162, 1941.
[243] Fritz Lipmann, Coupling between Pyruvic Acid Dehydrogenation and Adenylic Acid Phosphorylation, Nature 143, 281, 1939.
[244] Siehe Feodor Lynen und Nevhiz Neciullah, Zum Abbau von Bernsteinsäure, Äpfelsäure und Citronensäure durch Hefe, Annalen d. Chem. 541, 203–218, 1939.
[245] Fritz Lipmann, Role of Phosphate in Pyruvic Acid Dehydrogenation, Nature 144, 381–382, 1939.

ausgezeichnet. Zu seinen späteren Arbeiten gehören die Aufklärung der chemischen Bindung der aktivierten Aminosäuren an t-RNA sowie der Biosynthese der aus Aminosäuren aufgebauten Antibiotika, z. B. des Gramicidins.

Feodor Lynen, der 1937 bei Heinrich Wieland promovierte, erhielt 1939 ein DFG-Stipendium für Krebsforschung, das er zur Untersuchung des Stoffwechsels von Hefe benutzte. Er hielt es nach Sonderhoffs und Thomas' Experimenten für bewiesen, daß Hefezellen aus Oxalessigsäure und Essigsäure Citronensäure herstellen können.[246] Ausgehend von Wielands Vermutungen eines aktivierten Zustandes der Essigsäure in der Zelle und eigenen Beobachtungen, daß zugesetzte Essigsäure erst nach einiger Zeit oxidiert wird, vermutete er 1940, wie bereits ein Jahr zuvor Fritz Lipmann, daß die Aktivierung der Essigsäure über die Bildung von Acetylphosphat erfolge, was sich nicht bestätigte. Lipmann schuf mit seiner Entdeckung des Coenzyms A als energiereichem Thioester die Voraussetzung für die Isolierung und Identifizierung der »aktivierten Essigsäure« als Acetyl-CoA, die Lynen zusammen mit Ernestine Reichert 1951 in Hefe gelang. Lynen klärte zunächst die Bedeutung des Acetyl-CoA für den biochemischen Fettsäureabbau (β-Oxidation); er wandte sich dann der Frage nach den Bausteinen des Cholesterins (teilweise parallel zu Konrad Bloch) und seit 1960 der Fettsäuresynthese in der Zelle zu. Dabei verwendete er auch frühere Ergebnisse von Sonderhoff, nach denen Fettsäuren und Sterine auf direktem Weg aus Essigsäure entstehen und nicht auf dem Umweg über Kohlenhydrate.[247] Für die Entdeckung und Strukturaufklärung der Fettsäuresynthetase, eines Multienzymkomplexes, und des Chemismus der Fettsäuresynthese erhielt Lynen 1964 zusammen mit Konrad Bloch den Nobelpreis. Lynen galt nach dem Krieg viele Jahre lang als der Biochemiker mit den besten Ideen und Experimenten in Deutschland.

Der Citronensäurecyclus

Die Geschichte der Entdeckung des Citronensäurecyclus zeigt, daß auch im nationalsozialistischen Deutschland an einigen Instituten bis zum Ende der 1930er Jahre international führende intermediäre Stoffwechselbiochemie betrieben wurde. Der Citronensäurecyclus oder Krebscyclus ist ein enzymatisch gesteuerter Stoffwechselcyclus, der eine zentrale Rolle beim aeroben Abbau von Glucose spielt. Anfang der dreißiger Jahre waren die meisten biochemischen Reaktionen der Glykolyse, d. h. des anaerob verlaufenden Glucoseabbaus, bekannt, die des aeroben Kohlenhydratabbaus dagegen weitgehend ungeklärt. Der aus Ungarn stammende Biochemiker Albert Szent-Györgyi zeigte 1925, daß eine Reihe von Dicarbonsäuren mit vier Kohlenstoffatomen, darunter Bernsteinsäure, Fumarsäure und Oxalessigsäure, bei der Oxidation von Kohlenhydraten eine katalytische Rolle spielen. Stare und Baumann bestätigten das Ergebnis 1936. Seitdem war an der Aufklärung der beteilig-

[246] Feodor Lynen und Nevhiz Neciullah, Zum Abbau von Bernsteinsäure, Äpfelsäure und Citronensäure durch Hefe, Annalen d. Chem. 541, 203–218, 1939.

[247] Zitiert nach Witkop, Erinnerungen an Heinrich Wieland.

ten biochemischen Reaktion eine Vielzahl von Forschern beteiligt.[248] Einen Höhepunkt dieser Forschung bildete die Entdeckung, daß es sich bei diesem aeroben Kohlenhydratabbau um einen Cyclus handelte; sie gelang 1937 Hans Krebs und William A. Johnson in Sheffield.[249] Voraussetzungen für Krebs und Johnson waren, wie sie in ihrer entscheidenden Veröffentlichung vermerken, nicht nur die Arbeiten von Szent-Györgyi, Stare und Baumann, sondern auch die von Carl Martius und Franz Knoop in Tübingen.

Martius war Organiker; er kam 1932 als Volontärassistent zu Heinrich Wieland nach München, wurde 1933 Assistent von Hans v. Euler am biochemischen Institut in Stockholm und war seit 1934 Mitarbeiter Franz Knoops in Tübingen, wo er sich 1938 habilitierte. Martius untersuchte seit 1936 die Chemie der Oxidation von Citronensäure in der Zelle. Er kam zu dem Ergebnis, daß Citronensäure in der Leber zu Aconitsäure dehydriert wird, die durch Wasseranlagerung Isocitronensäure bildet. Diese wird, so Martius, zu Oxalbernsteinsäure und über weitere Intermediärprodukte zu Bernsteinsäure dehydriert und decarboxyliert, eine Analyse, die sich als zutreffend erwies.[250] Im Zentrum von Martius' Überlegungen standen chemische Betrachtungen der beteiligten Moleküle und Reaktionen, z. B. ihre Eigenschaften als Wasserstoffdonatoren, sterische Eigenschaften und analog ablaufende Reaktionen, aber er bezog auch biologische Überlegungen wie den Nachweis der geforderten Zwischenprodukte in Organismen mit ein. Die Arbeit von Martius wurde im März 1937 veröffentlicht. Nach eigenen Angaben hatte er die Forschung ohne Wissen von Knoop durchgeführt.[251] Als er Knoop davon erzählte, erkannte dieser ihre Bedeutung sofort, und als Herausgeber der Zeitschrift für Physiologische Chemie publizierte er bereits im Februar 1937 eine zweiseitige gemeinsame vorläufige Arbeit.[252] Darin heißt es am Schluß:

> »Wir haben wiederholt auf die große Bedeutung einer physiologischen Reversibilität der biochemischen Reaktionen hingewiesen. Deshalb erscheint uns die Tatsache von Interesse, daß auf diesem Wege als intermediäre Abbauprodukte auch die beiden Säuren auftreten, die nach unserer letzten Veröffentlichung so leicht wieder zu Citronensäure kondensieren: Oxalessigsäure und Brenztraubensäure.«

---

[248] Der Cyclus wurde mehrfach ausführlich besprochen z. B. in David Nachmansohn, Die große Ära der Wissenschaft in Deutschland, S. 320 ff., und vor allem in Frederick L. Holmes, Hans Krebs: Vol. 1: The Formation of a Scientific Life, 1900–1933, Oxford University Press: 1991, S. 391–421.

[249] Hans Adolf Krebs and William Arthur Johnson, The Role of Citric Acid in Intermediate Metabolism in Animal Tissues, Enzymologia 4, 148–156, 1937.

[250] Carl Martius, Über den Abbau der Citronensäure, Zs. f. physiol. Chem. 247, 104–110, 1937.

[251] F. L. Holmes, Hans Krebs, Vol. I, S. 396 ff. Bei der physiologischen Reversibilität handelt es sich um ein zentrales Thema Knoops.

[252] Carl Martius und Franz Knoop, Der physiologische Abbau der Citronensäure. Vorläufige Mitteilung, Zs. f. physiol. Chem. 246, I (Einschub zwischen S. 114 und 115) 1937.

Obwohl Brenztraubensäure nicht auf diesem Wege gebildet wird, waren Martius und Knoop nicht weit von der Lösung entfernt. Es ist allerdings möglich, daß das Konzept der Reversibilität der Erkenntnis, daß es sich um einen Stoffwechselcyclus handelte, auch im Wege stand. Die Schlußfolgerung, daß Citronensäure durch cyclisch verlaufende Reaktionen wieder neu synthetisiert wird, wurde erst von Krebs und Johnson in Sheffield gezogen.

Die vorläufige Ankündigung von Martius und Knoop hatte, wie Frederick Holmes zeigte, einen großen Einfluß auf Hans Krebs, der die Oxidation von Citronensäure zu Bernsteinsäure vorher für einen Seitenweg gehalten hatte. Er wiederholte Martius' Experimente und führte weitere physiologische Experimente aus, die ihn veranlaßten, die Hypothese eines Cyclus aufzustellen, an dessen Beginn Citronensäure steht: Citronensäure wird durch eine Reaktion entfernt und durch eine der folgenden Reaktionen regeneriert. Krebs und Johnson zeigten, daß eine Vergiftung mit Arsen den Abbau der Citronensäure nicht beeinflußt, wohl aber ihre Resynthese. Weitere Experimente zeigten, daß es Oxalessigsäure ist, die mit einem noch nicht geklärten Produkt des Zuckerabbaus zu Citronensäure reagiert. Versuche, den Reaktionspartner zu finden, blieben allerdings ergebnislos: Weder Brenztraubensäure noch Essigsäure oder Glycerinphosphat reagierten mit Oxalessigäure (ähnliche Experimente waren von Wieland und von Lipmann durchgeführt worden, welcher daraufhin die »aktivierte Essigsäure« postulierte). Krebs und Johnson sahen darin allerdings keinen Beweis gegen die Beteiligung eines dieser Produkte. Sie schlugen den folgenden, nach heutiger Kenntnis richtigen Cyclus vor: Citronensäure – cis-Aconitsäure – Isocitronensäure – α-Ketoglutarsäure – Bernsteinsäure – Fumarsäure – Malonsäure – Oxalessigsäure – Citronensäure.[253] Ein Versuch, die Ergebnisse in »Nature« zu publizieren, schlug fehl. Nature lehnte die Veröffentlichung zu diesem Zeitpunkt ab. Sie wurden im Juni 1937 in der Zeitschrift »Enzymologia« publiziert. Krebs erhielt zusammen mit Lipmann im Jahre 1953 den Nobelpreis für Medizin.

Weitere Reaktionen des Citronensäurecyclus wurden durch den Spanier Severo Ochoa aufgeklärt, der seit 1942 am College of Medicine der New York University tätig war. Ochoa zeigte während der 1940er Jahre, daß für die Oxidation von Pyruvat Thiaminpyrophosphat benötigt wird, wies nach, daß Acetyl-CoA unter Bildung von Citronensäure direkt mit Oxalessigsäure reagiert, und isolierte und kristallisierte als erstes Enzym des Citronensäurecyclus die Citratsynthetase. Er ermittelte als erster die Menge des durch die Oxidation eines Moleküls Glucose gebildeten ATPs. Mit der Entdeckung der Polynucleotid-Phosphorylase (1954), eines Enzyms, das RNA aus Nucleotid-Diphosphaten synthetisiert, erreichten Ochoas spätere Arbeiten in der Molekularbiologie einen Höhepunkt. Seit 1960 arbeitete er an der Entschlüsselung des genetischen Codes und klärte die Codons für 11 Aminosäuren auf. Ochoa teilte den Nobelpreis für

[253] Hans Adolf Krebs and William Arthur Johnson, The Role of Citric Acid.

Physiologie des Jahres 1959 mit Arthur Kornberg, der 1958 die DNA-Polymerase entdeckte.[254]

Kriegsbezogene Forschungen

Über die kriegsbezogenen Forschungen des intermediären Kohlenhydratstoffwechsels liegen nur wenige Informationen vor. Sie erbrachten entweder keine nennenswerten Ergebnisse, oder die Ergebnisse wurden nicht publiziert. Einige der von DFG/RFR geförderten Projekte seien im folgenden genannt: Hans-Joachim Deuticke, seit 1938 Extraordinarius für Physiologische Chemie in Bonn, erhielt 1941 einen Forschungsauftrag der Dringlichkeitsstufe SS mit dem Thema »Einwirkung großer Höhen auf den Stoffwechsel und die Wirkung der Kohlensäure auf das Blut im höhenbeatmeten Organismus«; 1944: »Untersuchungen über den Stoffwechsel unter dem Einfluß großer Höhen und der allgemeinen Unterkühlung sowie über den Tonus der quergestreiften und glatten Muskulatur«. Die Untersuchungen wurden in Göttingen an Tieren, vor allem Ratten, vorgenommen.

Karl Zeile, seit 1937 Extraordinarius in Göttingen, arbeitete an der Konstitutionsaufklärung der Kreatinphosphorsäuren und untersuchte Enzyme des oxidativen Stoffwechsels. Seit 1940 wurde er für Krebsforschung und synthetische Untersuchungen in der Chinon-Reihe gefördert. Zeile wurde 1933 SS-, 1937 NSDAP-Mitglied, und 1938 Vertrauensmann des Nationalsozialistischen Deutschen Dozentenbundes (NSDB) in Göttingen. 1941 erhielt er das Extraordinariat für Organische Chemie und Biochemie in Straßburg, das im folgenden Jahr zum Ordinariat umgewandelt wurde. Dort wurde er stellvertretender Führer der NSDAP. In Straßburg erhielt er DFG-Förderung für Forschungen zur Darstellung des Vitamin A sowie für die Darstellung von Chinolinderivaten mit protozoenwirksamer chemotherapeutischer Eigenschaft.[255]

In einem Gutachten von 1939 bezeichnete Hans Fischer Zeile »als einen der begabtesten, ideenreichsten jungen Organiker.«[256] Diese Fähigkeiten manifestierten sich in Straßburg nicht in wissenschaftlicher Produktivität. Während dieser Zeit publizierte er (zusammen mit Hildegard Meyer) nur einen Artikel: »Zum synthetischen Aufbau des Vitamins A, I. Mitteil.: Über ungesättigte Abkömmlinge des 3-Methylhexans.«[257] Der Artikel, nach Angaben der Redaktion bereits im August

[254] Kornberg war durch Bernie Horecker in die Methode der Enzymreinigung eingeführt worden, der diese Methoden wiederum von Erwin Haas gelernt hatte. Haas war Mitarbeiter Otto Warburgs, bis er als Jude 1937 entlassen wurde und in die USA emigrierte. Als Postdoctoral Fellow hatte Kornberg in den Jahren 1946–1947 weiterführende biochemische Studien bei Ochoa in New York betrieben (Arthur Kornberg, For the Love of Enzymes, Cambridge 1991: Harvard University Press).

[255] BAK, DFG Akten Zeile und E. Claudius.

[256] H. Fischer, 28.7.1939, an Prof. Heiduschka, UA TU Dresden, Akte Zeile.

[257] K. Zeile und Hildegard Meyer, Zum synthetischen Aufbau des Vitamins A, I. Mitteil.: Über ungesättigte Abkömmlinge des 3-Methyl-hexans, Ber. Dtsch. Chem. Ges. 82, 267–275, 1949.

1944 bei den Berichten der Deutschen Chemischen Gesellschaft eingegangen, erschien kriegsbedingt erst 1949. Zu diesem Zeitpunkt waren, wie Zeile und Meyer angaben, Synthesen des Vitamins A sowohl von Chemikern der Hoffmann La Roche AG (1947) als auch von Organon (Holland, 1947) durchgeführt worden. Zeiles geringe wissenschaftliche Produktivität war vermutlich eine Folge seiner Konzentration auf Kriegsforschung und seiner zeitlichen Beanspruchung durch politische Aktivitäten. Er erhielt nach dem Krieg keine Universitätsstelle mehr und war später bei Boehringer Ingelheim tätig.

Hermann K. Barrenscheen in Wien untersuchte seit 1934 Adenylverbindungen des Muskels. Er stellte die (falsche) Vermutung auf, daß diese Verbindungen des Herzmuskels nicht mit dem ATP des Skelettmuskels identisch seien. 1941 wurde er Nachfolger des entlassenen Otto Fürth als Ordinarius für Medizinische Chemie in Wien. Während des Krieges führte er Forschungen des RFR der Dringlichkeitsstufe SS über Methylfragmente durch. Barrenscheen verdankte seine Karriere offenbar seinem politischen Engagement. Er wurde 1934 (in Österreich illegal) Mitglied der NSDAP bzw. der SA, wo er 1938 zum Rang des Sturmbannführers aufstieg. Kurz nach dem Anschluß trat er zum zweiten Mal der NSDAP bei (1. Mai 1938); er leitete eine Betriebszelle am medizinischen Institut. 1943 kam seine geplante Ernennung zum Dekan der medizinischen Fakultät nicht zustande, weil der Widerstand seitens der Professoren, auch der Kliniker, zu groß war. Nach dem Krieg war er am Landeskrankenhaus in Salzburg tätig.

Felix Adolf Hoppe-Seyler, seit 1935 Ordinarius für Physiologische Chemie in Greifswald, erhielt 1943 DFG-Unterstützung für Arbeiten auf dem Gebiet der körpereigenen kreislauf- und permeabilitätswirksamen Stoffe bei verschiedenen Schockzuständen, vor allem nach Verbrennungen und traumatischen Schädigungen.

Der Physiologische Chemiker Hans Netter untersuchte bis 1940 das Natrium- und Kaliumgleichgewicht an der Muskelmembran und den Einfluß verschiedener Kohlensäurespannungen in Atmungsgasgemischen auf den Wasser- und Stoffaustausch zwischen Blut und Gewebe. Seit 1938 betrieb er Forschung im Auftrag des Heereswaffenamtes zur Untersuchung der Grenzflächenspannung zwischen Schmierölen und Wasser mit dem Ziel, die Öle zu charakterisieren. Diese Arbeiten werden seit 1940 in Zusammenarbeit mit der chemisch-physikalischen Versuchsanstalt der Marine in Kiel auf die Alterungsvorgänge in Treibstoffen ausgedehnt. Auch die Deutsche Versuchsanstalt für Luftfahrt fungierte als Auftraggeber.

6.2.10 Intermediärer Steroid- und Proteinstoffwechsel

Das erste Programm der Erforschung des intermediären Steroidstoffwechsels wurde von Rudolf Schönheimer im Pathologischen Institut der Universität Freiburg unter Ludwig Aschoff aufgestellt. Er entwickelte nach seiner erzwungenen Emigration in die USA die molekulare Markierungsmethode zur Aufklärung von Intermediärstoffwechselwegen, die in den USA erfolgreich auf Steroide angewandt wurde. So gelang es Konrad Bloch, einem jungen deutschen Emigranten, an der Columbia University mittels deuteriummarkierter Essigsäure die einzelnen Zwischenschritte der Cholesterinsynthese aus Essigsäure aufzuklären (siehe Kapitel 4). Dafür erhielt er 1964 den Nobelpreis (zusammen mit Lynen).

Auf dem Gebiet des intermediären Steroidstoffwechsels wurden in Deutschland keine mit Deuterium markierten Verbindungen eingesetzt. Elisabeth Dane untersuchte den Abbau von Sterinen und Gallensäuren. Knoop erhielt 1940 DFG-Förderung für Untersuchungen des Eiweißstoffwechsels, des Abbaus und der Synthese von Aminosäuren und der Art und Wirkungsweise von Coenzymen bei Enzymreaktionen. Ergebnisse sind nicht bekannt. Seit 1943 wurden seine Untersuchungen auf dem Gebiet des intermediären Stoffwechsels im Hinblick auf ihren möglichen Ersatz und damit eine Einsparung von Insulin gefördert.

Ernst Klenk, seit 1937 Ordinarius der Physiologischen Chemie in Köln, erhielt DFG-Förderung für die Untersuchung der Konstitution von Cerebrosiden und anderer Gehirnbestandteile und die Erforschung der Bedeutung der Lipoide im Fettstoffwechsel. Die Sachmittel wurden u. a. zur Beschaffung von Lösungsmitteln zur Extraktion großer Mengen von Milz und Gehirn verwendet. Klenk arbeitete in den 1940er Jahren ein vereinfachtes Verfahren zur Isolierung der Acetalphosphatide des Gehirns mit Darstellung der Aldehydkomponente aus (1945).[258] Er untersuchte den Sphingomyelingehalt des Gehirns bei verschiedenen Krankheiten. Ausgehend von der Tatsache, daß Gehirne von Föten und Neugeborenen im Gegensatz zu denen von Kindern und Greisen kein Sphingomyelin enthalten, stellte er im Falle der amaurotischen Idiotie (Tay-Sachs-Typ) fest, daß bei einem geringen Sphingomyelin- und Cerebrosidgehalt ein neues zuckerhaltiges Lipid stark angereichert ist (1941).[259] Die Gehirne erhielt er nach eigenen Angaben von Dr. Feyrter aus Danzig. Zusammen mit F. Rennkamp entwickelte er eine Methode zur Reindarstellung eines völlig glycerinfreien Sphingomyelins aus Gehirn (1941).[260]

Wilhelm Halden in Graz, erhielt 1944 einen Forschungsauftrag des RFR der Dringlichkeitsstufe SS, in dem er Grundlagen für eine Methodik der biologischen Fettsynthese entwickeln und die Beeinflussung des Fettverderbens untersuchen sollte.

---

[258] E. Klenk, Über die höheren Aldehyde der Acetalphosphatide des Gehirns, Zs. f. physiol. Chem. 282, 18–21, 1945.

[259] E. Klenk, Beiträge zur Chemie der Lipoidosen, Zs. f. physiol. Chem. 267, 128–144, 1941.

[260] E. Klenk und F. Rennkamp, Über die Reindarstellung von Sphingomyelin aus Gehirn, Zs. f. physiol. Chem. 267, 145, 1941.

6.2.11 Immunchemie

Hier stelle ich nur einige biochemische Arbeiten über Antigene, Antikörper und die Antigen-Antikörper-Reaktion vor, ohne auf die Vielzahl serologischer Arbeiten von Medizinern, wie sie z. B. am Robert-Koch-Institut zur Diagnose von Blutgruppen und Syphiliserkrankungen stattfanden, einzugehen.[261] Das Konzept, Immunitätserscheinungen als chemische Reaktionen aufzufassen, deren Spezifität auf der chemischen Affinität bestimmter Atomgruppen der Antigene und Antikörper beruht, wurde Ende des 19. Jahrhunderts von Paul Ehrlich entwickelt. Karl Landsteiner begann mit der experimentellen Prüfung serologischer Eigenschaften bekannter Substanzen; er verband diese Substanzen chemisch mit antigenen Proteinen und stellte dadurch neue Antigene her, deren Spezifität nur von der Art der eingeführten Substanzen abhängig war. Als erfolgreiche Methode erwies sich dabei die Kupplung mit Diazokörpern. Auf analoge Weise gelang auch Oswald T. Avery und seinen Mitarbeitern die Herstellung künstlicher Antigene, die sich nur durch den Zuckerbestandteil (Glucose bzw. Galactose) unterschieden. Diese Experimente führten dazu, daß das Gebiet der Immunreaktionen, das ursprünglich auf Krankheitserreger und ihre Produkte beschränkt war und später Reaktionen mit ungiftigen Proteinen und tierischen Zellen einschloß, auf einfach zusammengesetzte chemische Substanzen ausgedehnt werden konnte und so zu einem Forschungsgebiet der Chemie wurde.[262]

Karl Freudenberg, damals hauptsächlich auf dem Gebiet der Ligninforschung tätig, erhielt seit 1938 auch Unterstützung für die Untersuchung spezifischer Kohlenhydrate der Blutgruppen. Zusammen mit H. Molter, Hans Walch und Otto Westphal gewann und analysierte er hochgereinigte Präparate der A-Substanz aus menschlichem Harn und Sperma. Eine quantitative Auftrennung dieser Substanz ergab 20–25 % Galactose, etwa 30 % Acetyl-glucosamin und 25–30 % Aminosäuren.[263] Bereits früher vermutete Freudenberg, daß N-Acetyl-glucosamin der für das Zustandekommen der serologischen Eigenschaften notwendige Baustein sowohl der A- als auch der B-Substanz war.

Während des Krieges erhielt Adolf Butenandt ein Elektronenmikroskop und ein Polarisationsmikroskop für Untersuchungen an roten Blutkörperchen zur Durchführung eines Forschungsauftrages des RFR mit dem Thema »Eiweißstruktur und Antikörperdarstellung in vitro«. Das Projekt erhielt die höchste Dringlichkeitsstufe DE; der im Rahmen dieses Auftrages tätige Heinrich Hellmann bekam von 1939

---

[261] Eine Übersicht über den damaligen Stand der Immunchemie gibt Otto Westphal: Neuere Ergebnisse der Immunchemie, Die Chemie (Angewandte Chemie) 57, 57, 1944.

[262] Karl Landsteiner, Über einige neuere Ergebnisse der Serologie, Die Naturwissenschaften 18, 653–659, 1930.

[263] K. Freudenberg, Hans Walch und H. Molter, Die Trennung von Zuckern, Aminozuckern und Aminosäuren. Anwendung auf die Blutgruppensubstanz, Die Naturwissenschaften 30, 87, 1942.

bis 1945 ein Forschungsstipendium der DFG und wurde unabkömmlich gestellt. Weitere Einzelheiten sind nicht bekannt.[264]

Otto Westphal, der 1938 Assistent Richard Kuhns am KWI für Medizinische Forschung und 1942 Dozent und Leiter der biochemischen Abteilung des chemischen Universitätslaboratoriums in Göttingen wurde, erhielt seit 1941 Unterstützung von DFG/RFR für die Aufklärung der Struktur menschlicher Blutgruppen und die Darstellung des Antigens aus Proteus X 19. Westphal gelang es mit seinen Mitarbeitern, ein künstliches Vollantigen der menschlichen Blutgruppe A herzustellen.[265] Dazu war es notwendig, das komplexe Kohlenhydratmolekül, das bei Erythrocyten das serologische Merkmal A verursacht (serologisch ein Hapten), an ein Protein zu koppeln. (Haptene sind nach Landsteiner proteinfreie Bestandteile von Antigenen, die isoliert keine immunisierende Wirkung ausüben.) Westphal und seine Mitarbeiter verwendeten dazu die Azomethode von Landsteiner. Auf diese Weise gelang es ihnen, hochwirksame künstliche Anti-A-Seren in Kaninchen zu erzeugen.

Die Bedeutung der Proteus-Forschung lag in folgendem: Proteus-X-19 Bakterien werden durch das Fleckfieberserum agglutiniert. Die Tatsache, daß im Serum Fleckfieberkranker Antikörper gegen diese Bakterien auftreten, wurde 1916 von E. Weil und H. Felix entdeckt und zur Diagnose der Krankheit benutzt. Die Reaktion beruht auf dem Vorhandensein zweier kreuzreagierender Kohlenhydrate bei Proteus X 19 und Rickettsien, den Erregern des Fleckfiebers.[266] Da aber Rickettsien durch Proteus X 19 Immunsera nicht agglutiniert und so neutralisiert werden, sollte eine große Menge des Proteus-Antigens gewonnen, gereinigt, und nach eingehender Analyse so verändert werden, daß es zur Erzeugung von Immunsera gegen Rickettsien verwendet werden konnte. Fleckfieberantiserum mit hohem Titergehalt stand zur Verfügung, Proteus X 19 wurde Westphal durch das Hygiene-Institut der Universität Göttingen zur Verfügung gestellt. Die Arbeiten wurden seit Mai 1943 auf Veranlassung des RfW und der Heeres-Sanitätsinspektion für kriegswichtig und »u. U. kriegsentscheidend« erklärt.[267]

Es wurde eine Zusammenarbeit mit den Behring-Werken in Marburg (Prof. Hans Schmidt) begonnen, die bereit waren, größere Immunisierungsversuche vorzunehmen. Oben wurde erwähnt, daß die Marburger Behringwerke seit 1941 ver-

---

[264] 1940 und 1942 veröffentlichte Linus Pauling seine Theorien zur Struktur und Bildung von spezifischen Antikörpern, nach denen Antikörper ihre Konformation erst durch Interaktion mit Antigenen erhalten sollten. Auf der Basis dieser Theorie und einiger Experimente hielt Pauling 1942 die In-vitro-Produktion spezifischer Antikörper in industriellem Maßstab für möglich (siehe Michel Morange, A History of Molecular Biology, Cambridge 1998: Harvard Univ. Press, S. 128–129). Die Theorie erwies sich als falsch. Es ist anzunehmen, daß Butenandt Paulings Arbeiten kannte.

[265] Otto Westphal, Elisabeth Reiche und Ernst Krah, Aufbau eines künstlichen Vollantigens der menschlichen Blutgruppe A, Die Naturwissenschaften 32, 40–41, 1944.

[266] O. Westphal in FIAT 40, Teil II, S. 95.

[267] O. Westphal an DFG, 27.3.1944, BAK, R73/15651.

schiedene Impfstoffe an Häftlingen des KZ Buchenwald testen ließen. Es gibt keine Hinweise darauf, ob auch die Göttinger Fleckfieber-Immunseren dort getestet wurden. Die I. G. Farben, Elberfeld (Prof. Heinrich Hörlein) stellten im Handel nicht erhältliche organische Lösungsmittel zur Verfügung.

Westphal und seinen Mitarbeitern gelang es, den für die Weil-Felix-Reaktion verantwortlichen Antikörper aus dem Serum Fleckfieberkranker darzustellen und aus Rickettsien das Glycoprotein (damals Glykoproteid) zu isolieren, das zur Bildung des Weil-Felix-Antikörpers während der Fleckfieber-Erkrankung führt.[268] Die Untersuchung der Geschwindigkeit der Antikörperbindung aus Immunserum an Bakterien ergab, daß nach 60 Minuten der Gleichgewichtszustand praktisch erreicht war. Aus dem Verlauf der Kurve, die sie für die Reaktion von Fleckfieberserum mit Proteus X 19 Bakterien ermittelten, schlossen Westphal und Annelise Winkler, daß ein Antigenmolekül genau zwei Antikörpermoleküle bindet.[269]

Die Fleckfieberbekämpfung erhielt während des Krieges eine hohe Priorität. So bekam Eugen Haagen, seit 1941 Direktor des Hygienischen Instituts in Straßburg, einen Forschungsauftrag des RFR der höchsten Dringlichkeitsstufe DE mit dem Kennwort »Fleckfieber Straßburg«. Der Bakteriologe und Virologe Haagen war 1928 am Rockefeller Institute in New York und 1930–1932 am Viruslaboratorium der International Health Division der Rockefeller Foundation bei Max Theiler, der 1951 den Nobelpreis für die Entwicklung eines Impfstoffs gegen die Gelbfieberinfektion erhielt. 1935 wurde Haagen Abteilungsleiter am Robert-Koch-Institut; er war einer der besten deutschen Virologen. Seine Straßburger Versuche dienten der Herstellung eines lebenden Fleckfieberimpfstoffs und der Entwicklung von Methoden für dessen Lagerfähigkeit in getrockneter Form. Haagen verwendete Proteusbakterien, um die Wirksamkeit des Impfstoffs festzustellen. In seinem Bericht an die Kriegswirtschaftsstelle im RFR vom 21.1.1944 gab er an, daß die Wirkung an bisher acht Personen geprüft wurde und die »antiinfektiöse Wirksamkeit des Trockenimpfstoffes (...) weiterhin am Menschen geprüft (wird).«[270]

Haagen testete seinen Impfstoff an Insassen der KZs Struthof und Schirmeck. Es ist umstritten, in welchem Ausmaß Menschen dabei zu Schaden gekommen sind und ob es Todesfälle gab. Haagen wurde 1946 von der britischen Militärpolizei in Berlin verhaftet und im Januar 1947 an die französischen Behörden übergeben, die ihn in Untersuchungshaft brachten.[271] Um Haagen von dem Vorwurf, Menschen mit Fleckfieber infiziert zu haben, zu entlasten, behaupteten französi-

---

[268] Otto Westphal, Dorothea v. Gontard, Fritz Bister und Annelise Winkler, Zs. f. Naturforschung 2b, 25–29, 1947.

[269] Annelise Winkler und Otto Westphal, Über den zeitlichen Verlauf der Antigen-Antikörper-Bindung, Zs. f. Immunitätsforsch. u. Exp. Therapie 105, 154–164, 1945.

[270] M. Hubenstorf, »Aber es kommt mir doch so vor, als ob sie dabei nichts verloren hätten.« In: W. Fischer, K. Hierholzer, M. Hubenstorf, P. Th. Walther, R. Winau, Exodus von Wissenschaftlern aus Berlin, Forschungsbericht 7, Berlin/N. Y. 1994, 296–341: deGruyter, S. 448–455.

[271] Siehe ausführliche Darstellung in Hubenstorf, ibid.

sche Ärzte des Institut Pasteur, die als Sachverständige herangezogen wurden, Haagen habe für seine Impfversuche ein von ihnen hergestelltes stark abgeschwächtes Virus benutzt, und seine an 40 Zigeunern ausgeführten Impfversuche mittels Skarifikation (Einritzen) könnten deshalb nicht als kriminelle Impfung bezeichnet werden.[272] Sie gaben zu, daß die Behandlung mit dem Virus zu schmerzhaften Reaktionen geführt hatte, die in heftigem Fieber, Kopfschmerzen, Psychosen und Diarrhoeen bestanden, behaupteten allerdings, daß diese aus ärztlicher Sicht nicht vorauszusehen und außerdem für Fleckfieber nicht charakteristisch seien. Der Grund für ihren Versuch, Haagen zu exkulpieren, lag offenbar darin, daß, wie diese Sachverständigen zu Protokoll gaben, eine Reihe von französischen Forschern in Marokko ähnliche Versuche ausgeführt hatten wie Haagen. Im Gegensatz zu den Angaben der Sachverständigen kam der Untersuchungsrichter zu der Auffassung, daß »dieses gefährliche Vorgehen (von Haagen), in denen dazu gezwungene Menschen benutzt werden, in der Medizin verboten ist.«[273]

Auch von deutscher Seite wurden Versuche unternommen, Haagen freizubekommen. Zu denjenigen, die sich am aktivsten für Haagens Freilassung einsetzten, gehörte Heinrich Hörlein. Prof. R. Bieling von den Behring-Werken versuchte Haagen zu helfen, lehnte aber dessen Experimente ab und teilte auch nicht den Standpunkt, der in den beiden für Haagen günstigen Gutachten der französischen Kollegen vertreten wurde.[274] Erst 1952 kam es in Metz zum Prozeß gegen die Straßburger Professoren Otto Bickenbach und Haagen. Das Militärgericht verurteilte Haagen 1952 zu lebenslanger Zwangsarbeit, in einer Revision 1954 zu 20 Jahren Verbannung. Wenig später kam er wieder frei und war von 1956–1965 an der Bundesforschungsanstalt für Viruskrankheiten der Tiere in Tübingen tätig.

Hans Lettré, Privatdozent und seit 1942 Extraordinarius in Göttingen, untersuchte die Antigen-Antikörperreaktion im Rahmen seiner Forschung über den Zusammenhang von Struktur und physiologischer Wirkung organischer Stoffe.[275] Er begann 1940, eine neue Methode zur Darstellung künstlich markierter Antigene zu entwickeln. Im Gegensatz zu Landsteiner, der Proteine durch Umsetzung mit Diazoniumverbindungen markierte, verwendete Lettré die Oxazolonmethode, um Gruppen in Proteine einzuführen.[276] Die auf diese Weise mögliche Bindung

[272] Auszug aus dem Bericht von Maitre Hoffet an die Anklagekammer in Metz vom Juli 1949, Bayer-Archiv 271/2, Akte H. Hörlein.

[273] Im Bericht von Maitre Hoffet zitiert, Übersetzer unbekannt, ibid.

[274] Bieling an Hörlein, 22.4.51. Bayer-Archiv 271/2, Akte H. Hörlein.

[275] Die Themen seiner von der DFG geförderten Forschung lauten: »Kristallographische und röntgenoptische Untersuchungen an organischen Mischkristallen und Anlagerungsverbindungen zur Klärung spezifischer Wirkungen bestimmter physiologischer Stoffe«; »Untersuchungen über die Beziehungen zwischen der morphologischen Ähnlichkeit organischer Stoffe und ihrer spezifischen physiologischen Wirkung«; »Darstellung chemisch markierter Antigene«; »Nachweis von körpereigenen Mitosegiften bei unbehandelten und vorbehandelten Tieren mit Hilfe der Gewebekultur«.

[276] H. Lettré u. R. Haas, Über chemisch markierte Antigene I, Zs. f. physiol. Chem. 266, 31, 1940.

cancerogener Kohlenwasserstoffe an Proteine sollte die Prüfung der Frage ermöglichen, ob sich eine Immunität gegen deren krebsauslösende Wirkung im Organismus erzeugen läßt. Die Einführung mehrkerniger Ringsysteme gelang Lettré, Karl Buchholz und Marie-Elisabeth Fernholz mit Pyren.[277]

Lettré ging von der autokatalytischen Bildung des Antikörpers aus und vermutete, daß dessen reaktionsfähige Gruppe als optischer Antipode zur determinanten Gruppe des entsprechenden Antigens nachgebildet wird.[278] Mit dieser Auffassung stellte Lettré eine Analogie zur Vorstellung von Felix Haurowitz her, nach der sich der Antikörper bei seiner Bildung wie eine Matrize an dem Antigen abbildet. Das Konzept komplementärer Strukturen wurde 1940 auch von Hans Friedrich-Freksa in bezug auf die Replikation der Nucleinsäuren entwickelt, wo es sich im Gegensatz zur Antikörperbildung (und in anderer Weise als von Friedrich-Freksa angenommen) als richtig herausstellte.[279]

Hinsichtlich der Frage körpereigener Mitosegifte wollte Lettré mit Hilfe der Gewebekultur prüfen, ob Tiere, die pharmakologischen Belastungen ausgesetzt waren, Stoffe bilden, die Eigenschaften von Mitosegiften aufweisen. Eine anschließende immunologische Untersuchung sollte nach Lettré für eine Klärung der Ätiologie rheumatischer Erkrankungen von Bedeutung sein.[280] Die Arbeiten waren bei Kriegsende noch nicht abgeschlossen.

In der Arbeitsgruppe für Virusforschung an den KWIs für Biochemie und Biologie wurden serologische Methoden zur Analyse von Virusmutanten herangezogen.[281] Die Verwendung von präcipitierenden Immunseren von Kaninchen gegen Tabakmosaikvirus-Mutanten ergab, daß es abgesehen von Antikörpern, die mit allen Stämmen reagierten, auch gruppenspezifische Antikörper gab. Daher wurde angenommen, daß ein »Virusmolekül« verschiedene Wirkgruppen enthielt. Dies führte zu der Frage, ob Tabakmosaikvirus wirklich als Modell eines einzelnen Gens und nicht besser einer Gruppe von Genen betrachtet werden sollte. Diese Frage wurde allerdings nicht getrennt für Proteine und RNA gestellt.

[277] H. Lettré, K. Buchholz und M. E. Fernholz, Über chemisch markierte Antigene III, Zs. f. physiol. Chem. 267, 108–116, 1941.

[278] Lettré, Isomorphie, partielle Racemie und physiologische Spezifitätserscheinungen, Ergebnisse der Enzymforschung 9, 1–34, 1943.

[279] Siehe Deichmann, Biologen, S. 150.

[280] Bericht Lettrés an den RFR von 1944, BAK, R 73/12694.

[281] Hans Friedrich-Freksa, Georg Melchers, Gerhard Schramm, Biologischer, chemischer und serologischer Vergleich zweier Parallelmutanten phytopathogener Viren mit ihren Ausgangsformen, Biol. Zbl. 65, 187–222, 1946.

6.2.12 Biochemische Genetik

Genwirkstoffe und Virusforschung

Adolf Butenandt führte mit seinem Kollegen Alfred Kühn vom KWI für Biologie seit 1937 interdisziplinäre Forschungen zur Frage der Genwirkstoffe durch.[282] Einen Höhepunkt dieser Arbeiten, an denen auch Wolfhard Weidel beteiligt war, stellte die Identifikation von Kynurenin als einem Zwischenprodukt der Synthese des Augenpigments der Mehlmotte Ephestia (1940) aus Tryptophan dar.

Ebenfalls interdisziplinär arbeitete seit 1937 eine Forschergruppe an beiden KWIs über genetische und chemische Fragen am Tabakmosaikvirus. Diese Arbeitsgruppe wurde 1941 als Arbeitsstätte für Virusforschung etabliert, wo insbesondere Gerhard Schramm maßgebliche Experimente zur Struktur und Replikation des Virus durchführte. Die Forschungen über Genwirkstoffe und das Tabakmosaikvirus habe ich ausführlich an anderer Stelle besprochen.[283]

»Biochemische Genetik« am KWI für Medizinische Forschung: Der Betrug von Franz Moewus

Franz Moewus, der seit 1935 mit einem DFG-Forschungsstipendium am KWI für Biologie in der Abteilung Max Hartmanns die chemische Natur der Sexualstoffe und genetische Fragen an einzelligen Algen untersuchte, kam 1938 an das KWI für Medizinische Forschung in Heidelberg zu Richard Kuhn. Kuhn hatte Meyerhofs Physiologische Abteilung nach dessen Entlassung aufgelöst und für Moewus eine Biologische Abteilung eingerichtet.

Moewus, der vor dem Krieg 9.250 RM von der DFG erhielt, wurde danach von Kuhn bezahlt, der dafür sorgte, daß Moewus (wie viele andere junge Mitarbeiter) unabkömmlich gestellt wurde. Kuhn erhielt von der DFG auch Mittel zur Beschäftigung von Liselotte Moewus, der Frau von Franz Moewus, die Biologin war und ihrem Mann assistierte. Moewus setzte seine bei Hartmann begonnenen Experimente über die Genetik der Grünalge Chlamydomonas, einen einzelligen Haplonten, fort. Zwischen 1938 und 1944 erschienen sechs gemeinsame Publikationen von Kuhn und Moewus.

Moewus, der während seiner Tätigkeit in Berlin Hartmanns Theorie der relativen Sexualität stützte, indem er behauptete, männliche und weibliche Sexualstoffe von Grünalgen chemisch identifiziert zu haben, nahm in Heidelberg Kuhn mit Ergebnissen für sich ein, nach denen alle diese Sexualstoffe durch Abbau des Pigments Protocrocin, einem Carotinoid, gebildet werden sollten. Die chemische Struktur dieser von Moewus isolierten Stoffe wurde von Kuhns Mitarbeitern aufgeklärt. Moewus konnte angeblich zeigen, daß diese Stoffe verschiedene hormonale Funk-

[282] Hans-Jörg Rheinberger hat Kühns Arbeiten zur Frage der Genwirkung detailliert untersucht: Ephestia: The Experimental Design of Alfred Kühn's Physiological Developmental Genetics, Journal of the History of Biology, im Druck.

[283] Deichmann, Biologen, S. 146–152.

tionen in den Algenzellen übernehmen. Im Falle des Hormons Crocin behauptete er, daß ein einziges Molekül ausreiche, um die Beweglichkeit der Gameten zu erhöhen.[284] Andere Hormone sollten das Geschlecht der Gameten festlegen und wieder andere zu deren wechselseitigen Anziehung führen.[285] Die letzteren nannte er Gamone, ein Begriff, der von Kuhn geprägt und von Hartmann übernommen worden war (aus Gamet und Hormon).

Wie sich später herausstellte, beruhte ein großer Teil von Moewus' Arbeiten auf Betrug, indem er selbst die Substanzen in den Ansatz gab, die anschließend isoliert und chemisch charakterisiert wurden. Was waren die Hintergründe dieses Betrugs, wie wurde er aufgeklärt, und wie reagierte Richard Kuhn?[286]

Kuhn war nicht nur von Moewus' Integrität als Wissenschaftler überzeugt, sondern auch von seinen Ergebnissen fasziniert. Carotinoide standen, wie oben dargestellt, lange Zeit im Mittelpunkt seiner chemischen und, durch ihre chemische Verwandtschaft zu Vitamin A, naturstoffchemischen Forschung. Ehemalige Mitarbeiter Kuhns erinnern sich an Kuhns Begeisterung und an seine Reaktionen auf erste Zweifel. Otto Dann legte dar, daß »Kuhn sich an den Ergebnissen berauschte, die Moewus ihm vorgegaukelt hat. Ein Grund dafür war, daß er [Kuhn] sehr ehrgeizig war.«[287] Zum Arbeitsklima in Heidelberg meinte er: »[Kuhn] hatte die Fähigkeit, seine Mitarbeiter für die von ihm gestellten Fragen zu begeistern. Dabei ließ er seine Mitarbeiter ›losschießen‹, ihren eigenen Weg gehen, weil er der Auffassung war, daß, wenn jemand gründlich arbeitet, immer etwas herauskommen wird. Bei ihm herrschte ein sehr freizügiges Arbeitsklima, wobei die Arbeitsrichtung von seinen Interessen gelenkt wurde.« Moewus hatte offensichtlich diese Interessen verstanden und die Freizügigkeit ausgenutzt.

Nach Leonhard Birkofer »ging [bei Moewus] merkwürdigerweise immer alles. Er hat oft samstags und sonntags, wenn niemand da war, gearbeitet. Die entscheidenden Experimente wurden am Wochenende durchgeführt, oft nachts. Seine Frau, die auch Biologin war, assistierte ihm. Wir Mitarbeiter haben uns immer gewundert, daß alles klappte. Aber Richard Kuhn war so begeistert, daß er nicht gemerkt hat, daß etwas nicht stimmte.« Birkofer erwähnte auch kritische Stimmen:

[284] R. Kuhn, F. Moewus, und D. Jerchel, Über die chemische Natur der Stoffe, welche die Kopulation der männlichen und weiblichen Gameten von Chlamydomonas eugametos im Lichte bewirken, Ber. Dtsch. Chem. Ges. 71, 1541–1547, 1938.

[285] R. Kuhn, F. Moewus und G. Wendt, Über die geschlechtsbestimmenden Stoffe einer Grünalge, Ber. Dtsch. Chem. Ges. 72, 1702–1707, 1939.

[286] Ian Sapp hat die Forschungen von Moewus und die Einwände und Diskussionen durch Fachkollegen ausführlich dargestellt in »Where the Truth Lies. Franz Moewus and the Origins of Molecular Biology,« Cambridge Univ. Press, 1989. Das Buch nennt viele interessante Einzelheiten. Sapps Schlußfolgerung, daß unparteiische Urteile in der Wissenschaft generell nicht zu fällen seien, weil Wissenschaftler voreingenommen sind, lehne ich ab.

[287] Persönliche Mitteilung von Prof. Dr. Otto Dann, Eberbach, 13.4.1994.

»Viele, auch der Ordinarius für Botanik in Heidelberg, Seybold, haben die Sache angezweifelt. Zwei Mitarbeiter, Rosa Bayer, die nach dem Krieg in die USA ging, und Alois Reitberger, sollten die Experimente wiederholen, aber als sie es nicht schafften, wurden sie von Kuhn kritisiert, der Moewus als Vorbild hinstellte. Die Sache war besonders unangenehm für Irmentraut Löw, die die Verbindungen für Moewus synthetisiert hat. Diese Stoffe, z. B. Flavone, sollten Vergleichssubstanzen für die Verbindungen sein, die Moewus aus den Algen isolierte. Er hat sie aber in den Versuchsansatz hineingetan und Frau Löw dann zur Isolierung gegeben.«[288]

August Seybold glaubte nicht, daß ein einziges Molekül Crocetin eine Zelle aktivieren konnte, und teilte Moewus seine Zweifel in mehreren Diskussionen bereits 1938 mit.[289] Diese Zweifel trugen vermutlich dazu bei, daß sich Moewus erst später habilitieren konnte. Ian Sapp zitiert in diesem Kontext Moewus' Frau, Liselotte Kobb, die nach dem Krieg die Auffassung vertrat, daß Seybold aus politischen Gründen zunächst verhindert habe, daß Moewus Privatdozent wurde. Dafür gibt es allerdings keine Anhaltspunkte. Alle vorliegenden politischen Gutachten bescheinigen Moewus eine zuverlässige nationalsozialistische Gesinnung, auch wenn er nicht der NSDAP (wohl aber der SA) angehörte.[290] Moewus habilitierte sich 1942 und übernahm Vorlesungen für zum Krieg einberufene Dozenten in Heidelberg und Frankfurt.[291] Nach dem Krieg führte der Zweifel an seinen Arbeiten dazu, daß er den Professorentitel nicht erhielt.[292]

Felix Mainx, ein Genetiker in Prag, war der erste, der Kritik an Moewus' Arbeiten publizierte.[293] Er wies 1937 auf die »ungeheuer großen Zahlen der stets mit 100proz. Erfolg durchgeführten Tetradenanalysen« hin und hielt angesichts der großen Bedeutung von Moewus' Befunden für die Genetik Nachprüfungen für

---

[288] Persönliche Mitteilung von Prof. Dr. Leonhard Birkofer, Düsseldorf, 11.4.1994.

[289] Dies geht aus Briefen hervor, die Seybold Moewus im Mai und Juni 1949 schrieb und in denen er ihn aufforderte, seine Algenkulturen an Kollegen zu schicken. UA Heidelberg, Personalakte F. Moewus.

[290] BAK, DFG-Akte Moewus: Moewus wurde im Juni 1933 SA- Mitglied und trat im Juli dem Kampfbund für deutsche Kultur bei. Der stellvertretende Führer der Dozentenschaft der TH Dresden bescheinigte, daß »Moewus zuverlässig nationalsozialistisch gesinnt (ist).« Nach einem Gutachten der Betriebszellen der NSDAP, Abt. Berlin, war Moewus absolut zuverlässig in wissenschaftlicher, politischer und charakterlicher Hinsicht. Der Leiter des NSDB, Gruppe Freie Forschungsinstitute Berlin, vertritt in seinem Gutachten vom 28.6.1937 die Auffassung, daß Moewus am KWI keine planmäßige Assistentenstelle erhalten habe, weil er »zu den wenigen Mitarbeitern des K. W. I. für Biologie gehört, die sich wenigstens die Mühe geben, die Zeit zu begreifen.«

[291] BAK, DFG-Akte Kuhn, darin Moewus an den Forschungsdienst, 10.1.1942.

[292] Sapp, Where the Truth Lies, S. 194.

[293] Felix Mainx, Besprechung von F. Möwus, Über die Vererbung des Geschlechts bei Polytoma Pascheri, Zs. f. Botanik 30, 285–287, 1937; ders., Besprechung von F. Möwus, Methodik und Nachträge zu den Kreuzungen zwischen Polytoma-Arten und zwischen Protosiphon-Rassen, Zs. f. Botanik 32, 526, 1938.

wünschenswert, die »verschiedene methodische und theoretische Bedenken beseitigen können.« 1939 erschien ein kurzer Artikel von Ursula Philip und J. B. S. Haldane vom University College in London in Nature, in dem sie Moewus' Arbeiten über Crossing over und Trennung von geschlechtsbestimmenden Genen unter statistischem Gesichtspunkt kritisierten: Die sehr geringen Abweichungen von theoretischen Erwartungen waren zu unwahrscheinlich.[294] Zwei Jahre später kam der Biostatistiker am KWI für Biologie, Klaus Pätau, zu demselben Ergebnis: Bei drei Arbeiten von Moewus über verschiedene genetische Untersuchungen an Algen stellte er die gleiche statistische Unstimmigkeit fest, daß nämlich die beobachteten Zahlenwerte deutlich kleinere Abweichungen von den theoretischen Werten aufwiesen, als nach der Zufallsverteilung zu erwarten gewesen wäre.[295] Richard Kuhn hielt unverändert an seiner Hochschätzung von Moewus fest.

Nach dem Krieg setzte sich eine Reihe von amerikanischen Forschern mit Moewus und seinen Arbeiten auseinander. Tracy Sonneborn in Bloomington, mit dem Moewus zwischen 1947 und 1955 einen intensiven Briefwechsel unterhielt, schätzte dessen Chlamydomonas-Arbeiten und hielt Moewus, nicht Beadle und Tatum, für den Initiator der biochemischen Genetik an Mikroorganismen.[296] Sonneborn verteidigte Moewus auf genetischen Kongressen gegen zunehmende Kritik seiner Kollegen, darunter Alfred Sturtevant, James Watson und Ralph Lewin.[297] Als er auf dem Cold Spring Harbor Meeting von 1951 über Moewus' Arbeiten referierte, wurde er von vielen amerikanischen Kollegen dafür kritisiert, daß er Moewus ernstnahm. Sie warfen Moewus insbesondere vor, daß er sich immer wieder weigerte, seine Kulturen an andere Laboratorien zu verschicken.[298] Letztlich wurde auch Sonneborn irritiert. »Ihre numerischen Resultate machen mir zu schaffen ... Eine der problematischsten Beobachtungen, von der Sie jemals berichteten, stellt die

[294] Ursula Philip and J. B. S. Haldane, Relative Sexuality in Unicellular Algae, Nature 143, 334, 1939. Sie berechneten, daß eine solche gute Übereinstimmung mit der Theorie zufallsgemäß nur einmal in 3.5×10^{22} Versuchen zu erwarten wäre, und kamen zu dem Ergebnis, daß Moewus' Ergebnisse so lange nicht akzeptiert werden könnten, bis sie von einem unabhängigen Beobachter wiederholt würden.

[295] K. Pätau, Eine statistische Bemerkug zu Moewus' Arbeit ›die Analyse von 42 erblichen Eigenschaften der Chlamydomonas-eugametos-Gruppe‹. III., Zs. f. induktive Abstammungs- und Vererbungslehre 80, 317–319, 1941.

[296] Moewus an T. Sonneborn, 7.8.1947, T. M. Sonneborn papers, Indiana University, Bloomington. George Beadle und Tatum begründeten 1941 die Ein-Gen-ein-Enzym-Hypothese experimentell an dem roten Brotschimmelpilz Neurospora. Es sei hier angemerkt, daß Moewus noch im Jahre 1947 als Ziel seiner Arbeiten die Klärung der Frage angab, ob es sich bei einem Gen um ein Enzym handele. Er stand mit dieser Außenseiterposition in der Genetik und der damit einhergehenden Ablehnung der Morganschen Chromosomentheorie der Vererbung allerdings nicht allein, auch Richard Goldschmidt und Sol Spiegelman hielten es Ende der 1940er Jahre für wahrscheinlich, daß es sich bei Genen um Enzyme handelte.

[297] T. M. Sonneborn papers, Indiana University, Bloomington.

[298] Siehe z. B. Sonneborn an Moewus, 18. Juni 1951, ibid.

Umwandlung von 1 % cis- zu trans-Dimethyl crocetin pro Minute durch sichtbares Licht dar.« Dies sei, so Sonneborn, physikalisch unmöglich.[299]

Das Jahr 1954 verbrachten Moewus und seine Frau auf Einladung des Bakteriengenetikers Francis Ryan an der Columbia University. In demselben Jahr hatte Max Hartmann in Tübingen, von der amerikanischen Kritik alarmiert, zwei seiner Assistenten beauftragt, eine ältere Arbeit von Moewus, die dieser 1944 zusammen mit Kuhn und Löw publiziert hatte, zu wiederholen. Moewus behauptete darin, eine Mutante von Chlamydomonas isoliert zu haben, deren Sterilität auf der Produktion eines Sterilitätshormons beruhte, das er Rutin nannte.[300] Hartmanns Assistenten Herbert Förster und Lutz Wiese konnten die Arbeit nicht reproduzieren; Rutin, das sie von Richard Kuhn und anderen Quellen bezogen, verhinderte die Kopulation in keinem Fall, es gab keine Unterschiede zu den Kontrollen. Auch eine Zwitterbildung, die nach Moewus (durch Austausch der Geschlechtsrealisatoren) auftreten sollten, wurde nicht beobachtet.[301] Die Veröffentlichung enthält eine Vorbemerkung von Max Hartmann: »Die Versuche der vorliegenden Arbeit betreffen vielfach angezweifelte Ergebnisse von Moewus an Chlamydomonas eugametos. Die Versuche sind mit großer Sorgfalt durchgeführt, und ich habe mich in allen Fällen davon überzeugt, daß sie stets in der hier angegebenen Weise verliefen und reproduziert werden können.«

Moewus und seine Frau wiederholten in demselben Jahr (1954) das gleiche Experiment an der Columbia-University und waren erfolgreich: Rutin verhinderte die Kopulation. Sie erklärten das negative Ergebnis in Tübingen damit, daß die Stämme vielleicht nicht mit ihren identisch waren oder die Tübinger Forscher sich nicht an die von ihnen (Moewus) entwickelten Standardmethoden gehalten hätten, die Voraussetzung für ein erfolgreiches Ergebnis seien.[302] (In ähnlicher Weise hatte auch Abderhalden auf negative Ergebnisse, die (nichtexistenten) Abwehrfermente betreffend, reagiert.)

Ryan selbst bekam die positiven Ergebnisse nicht zu sehen. Wenn er und Reinhard Kaplan, der zu dieser Zeit in New York war, die Experimente beobachteten, zeigten sich die behaupteten Effekte nicht. Als Ryan entschied, das Experiment selbst zu wiederholen, konnte auch er Moewus' Ergebnis hinsichtlich der Wirkung des Rutins nicht bestätigen.[303] Im Jahre 1955 schließlich rückte Sonneborn von Moewus ab. Er schrieb ihm, daß er von jetzt an aus der ganzen Sache herausgehalten werden wollte, bis die wichtigsten zweifelhaften Punkte geklärt seien.[304] Im

[299] Ibid., Übersetzung UD.

[300] Kuhn, Moewus und Löw, Über die pflanzenphysiologische Spezifität von Quercetinderivaten, Ber. Dtsch. Chem. Ges. 77, 219–220, 1944.

[301] Herbert Förster und Lutz Wiese, Untersuchungen über die Kopulierfähigkeit von Chlamydomonas eugametos, Zs. f. Naturforschung 9b, 470–471; 548–550, 1954. Siehe Sapp, Where the Truth Lies, S. 224 f.

[302] Sapp, Where the Truth Lies, S. 225.

[303] Ibid, S. 226.

[304] Sonneborn an Moewus, 2. Mai 1955, T. M. Sonneborn papers Indiana University, Bloomington.

Jahre 1957 zog der australische Biochemiker Arthur J. Birch eine gemeinsame Arbeit mit Moewus zurück.[305]

Hartmanns Mitarbeiter Förster und Wiese sprachen in ihrer Arbeit nicht von vorsätzlicher Täuschung, sie implizierten dies allerdings, indem sie feststellten, daß sie einen großen Teil von Moewus' Ergebnis nicht reproduzieren konnten, und daß »eine Erklärung für die Differenzen zwischen unseren Ergebnissen und denen von Moewus nicht gefunden (wurde).«[306] Die erste und (nach Sapp) einzige Veröffentlichung in Deutschland, in der Moewus explizit vorgeworfen wurde, Ergebnisse mit Absicht gefälscht zu haben, stammte von dem botanischen Genetiker Otto Renner in München (1958).[307] Renner veranlaßte 1951 seinen Schüler F. Eschenbacher, die Versuche von Moewus zur Frage der Pollenkeimung von Forsythia auf der Narbe der eigenen Blüte zu wiederholen. Die Ergebnisse, wie auch diejenigen von K. Esser und J. Straub 1954, zeigten, daß der Pollen im Gegensatz zu Moewus' Behauptung sehr wohl auf der Narbe der eigenen Blüte keimen kann. Renners Versuch, Moewus' Experimente der 1930er Jahre über die Geißelbildung an unbegeißelten Chlamydomonaszellen unter der Wirkung von Crocin zu wiederholen, zeigten, »daß die Versuche nicht ausgeführt sein konnten.« Renner schloß mit einer bemerkenswerten Selbstkritik:

> »Wir deutschen Biologen haben darin gefehlt, daß wir uns nicht noch nachdrücklicher gegen die von Moewus gestiftete Verwirrung zur Wehr setzten – Genetiker vor allem haben es an scharfer Kritik nicht fehlen lassen – und es damit dem Ausland überließen, dem Spuk ein spätes Ende zu bereiten. Dabei konnte man kaum mit mehr gutem Willen als Prof. Ryan an der Columbia University getan hat, die Zusammenarbeit mit Moewus versuchen, die dann einen so unrühmlichen Abschluß fand. Mehr als einer von uns hat daran gedacht, den erstaunlichen Experimentator in sein Institut aufzunehmen und bei der Arbeit zu beobachten, aber es ist bei der Absicht geblieben. In seiner Grabrede (»In memoriam«) auf Moewusens sexualphysiologisches Opus hat Prof. Raper von der Harvard University mit wenigen bitteren Worten ausgesprochen, was der so produktive Forscher allein mit diesem Teil seiner Produktion der Biologie angetan hat. Uns Landsleuten

[305] »Work on Chlamydomonas eugametos would appear to indicate that the phloroglucinol ring of quercetin is derived from meso-inositol.... This conclusion was based on the effects of added and isolated substances on the sexual processes of the organism, observed by Dr. F. Moewus. However, a communication from Professor F. J. Ryan and his associates at Columbia University informs us that some fundamental experiments in this connection could not be repeated even with Moewus' assistance. Accordingly, we consider that the communication of Birch, Donovan, and Moewus should be disregarded.« (A. J. Birch, Biosynthetic Relations of some Natural Phenolic and Enolic Compounds, Progress in the Chemistry of Organic Natural Products 14, 186–216, 1957 (S. 206), siehe Sapp, Where the Truth Lies, S. 285–6).

[306] Herbert Förster und Lutz Wiese, Untersuchungen über die Kopulierfähigkeit von Chlamydomonas eugametos, S. 471.

[307] O. Renner, Auch etwas über Franz Moewus, *Forsythia* und *Chlamydomonas*, Zs. f. Naturforschung 13b, 399–403, 1958.

obliegt die Confessio, daß der Fall Moewus in das Kapitel der menschlichen Komödie gehört, in dem die wissenschaftlichen Satyrspiele wie das vom Piltdown-Menschen verzeichnet sind.«[308]

Im Gegensatz zu Hartmann und Renner schwieg Kuhn auch jetzt noch. Nach Otto Westphal wurde er immer wieder aufgefordert und auch vom Ausland gedrängt, die Chlamydomonasarbeiten richtigzustellen, d. h., die gemeinsamen Arbeiten zurückzuziehen.[309]

Moewus starb unerwartet am 9. Juni 1959 in Miami, wo er Forschungen in einem kleinen Privatlabor betrieb. Seine Frau veröffentlichte seine letzten Arbeiten. Weder er noch sie gaben jemals zu, daß es sich bei einem großen Teil um Betrug gehandelt hatte. Weder sein Motiv noch ihr Anteil an dem Betrug konnten bis heute geklärt werden.

Ein Jahr nach Moewus' Tod veröffentlichte Kuhn mit Irmentraut Löw eine kurze Stellungnahme in den Berichten der Deutschen Chemischen Gesellschaft.[310] Auf anderthalb Seiten geben die Autoren darin an, was sie nicht mehr zu machen brauchten, und was sie nicht mehr machen konnten: »Die rein pflanzenphysiologischen und genetischen Untersuchungen von F. Moewus, die in anderen Zeitschriften erschienen sind, sollen hier nicht näher erörtert werden. Um ihre weitgehende Nachprüfung bzw. Richtigstellung haben sich vor allem F. Mainx, J. B. Raper, K. Esser und J. Straub, M. Hartmann und Mitarbeiter, F. J. Ryan und O. Renner verdient gemacht.« In bezug auf die zusammen mit Moewus in den »Berichten« publizierten Arbeiten heißt es lediglich, daß neben den in den Algen tatsächlich vorkommenden Naturstoffen auch solche in kristalliner Form isoliert und identifiziert wurden, die aus andersartigem Pflanzenmaterial im Institut isoliert worden waren, darunter Crocin und Crocetin-dimethylester, Rutin, Quercetin, Isorhamnetin und Päonin. »Ohne Neuzüchtung der betreffenden Mutanten und ohne erneute chemische Isolierung bleibt es fraglich, ob es sich um Inhaltsstoffe der Alge gehandelt hat. In Kulturfiltraten, die am Institut von M. Hartmann in Tübingen hergestellt waren, konnten wir spektroskopisch kein Crocin nachweisen.«

Kuhn und Löw nennen noch einige weitere als ungesichert geltende Angaben, nehmen aber die rein chemischen Ergebnisse dieser Arbeiten, die sich auf die Methoden der Isolierung, Kristallisation und Konstitutionsaufklärung beziehen, von den Vorbehalten aus. Weder zieht Kuhn die mit Moewus gemeinsam von 1938 bis 1949 publizierten Arbeiten über die genannten Inhaltsstoffe der Grünalge, bei denen Kuhn meistens erster Autor war, zurück, noch gibt er offen zu, daß es sich um Fälschungen gehandelt hatte. Andere Biochemiker fanden diese Darstellung unbe-

[308] Dieses Zitat macht noch einmal deutlich, daß Ians Sapps Implikation, Moewus sei letztlich nur ein Opfer der antideutschen Vorurteile amerikanischer Wissenschaftler nach dem Krieg geworden, unhaltbar ist.

[309] Persönliche Mitteilung von Prof. Dr. Otto Westphal, Montreux.

[310] R. Kuhn und I. Löw, Über Flavonolglycoside von *Forsythia* und über Inhaltsstoffe von *Chlamydomonas*, Ber. Dtsch. Chem. Ges. 93, 1009–1010, 1960.

friedigend, denn ohne den Kontext von Moewus' biologischen Thesen stellten die chemischen Arbeiten größtenteils Routine dar. Und wenn sich Moewus' Forschung als richtig erwiesen hätte, würde Kuhn zweifellos die Anerkennung mit diesem geteilt haben. So wollte Kuhn offensichtlich nur die Verantwortung von sich weisen.[311]

6.2.13 Biochemische Krebsforschung

Carcinomdiagnose mit Hilfe der Abderhaldenschen Reaktion
Krebsforschung wurde während des Nationalsozialismus auf vielen Gebieten stark gefördert; die Förderung nahm während des Krieges drastisch zu, viele junge Forscher wurde dafür unabkömmlich gestellt.[312] Etwa ein Drittel der von der DFG zwischen 1940 und 1945 an Physiologische Chemiker vergebenen Forschungsgelder wurde für Krebsforschung bewilligt. Fast alle der damit betriebenen Forschungen zur Früherkennung und Serodiagnose von Carcinomen basierten auf der Abderhaldenschen Reaktion (A.-R.), d. h. es handelte sich um Arbeiten, die auf Selbsttäuschung oder Täuschung beruhten.

Seit 1940 mehrten sich Fälle, in denen diese Reaktion bei Carcinomträgern negativ ausfiel. So konnte Ernst Tetzner in Hamburg bei einer Untersuchung von 21 tumorkranken Patienten nur in 14 Fällen Abwehrfermente nachweisen.[313] Er erklärte den negativen Ausfall der Reaktion damit, daß vermutlich nicht das richtige Substrat zum Nachweis der Abwehrenzyme verwendet wurde, hielt es aber auch nicht für ausgeschlossen, daß keine Abwehrfermente im Harn vorhanden, oder daß sie dort unwirksam waren. Die Reaktionen Abderhaldens zeigen das gewohnte Muster. Er empfahl, die Methode durch die Verwendung eines Wasserbades statt eines Wärmeschrankes, bei dem der Innenraum nicht gleichmäßig erwärmt werde, zu verbessern und vermutete, daß in einer Reihe von Fällen die ärztliche Diagnose nicht zutreffe. Darüber hinaus regte er an, »bei der Frühdiagnose des Carcinoms und überhaupt bei allen negativ verlaufenden Fällen den Versuch (zu) unternehmen, Vorbedingungen für einen positiven Ausfall der A.-R. zu schaffen.«[314] So

[311] Sapp, Where the Truth Lies, S. 285. Sapp bezieht sich auf ein Interview, das er mit Birch geführt hat.

[312] In »The Nazi War on Cancer« (Princeton University Press: 1999) zeigt Robert N. Proctor, daß Krebsprophylaxe und Therapie zentrale Aspekte nationalsozialistischer Gesundheitspolitik waren, und daß es Epidemiologen bereits während des Nationalsozialismus gelang, den Zusammenhang zwischen Rauchen und Krebsforschung aufzuzeigen.

[313] Ernst Tetzner, Versuche zur Klärung des negativen Ausfalles der Abderhaldenschen Reaktion mit dem Harn mancher Tumorkranker, Fermentforschung 16, 317–323, 1942.

[314] E. Abderhalden, Weiterer Beitrag zur Methodik der A.-R., Fermentforschung 16, 327–334, 1942.

könnten Röntgenstrahlen bei geeigneter Dosierung zu einer positiven A.-R. mit dem entsprechenden Organsubstrat führen. Abderhalden akzeptierte keine negativen Ergebnisse.

Mit 527.670 RM im Zeitraum 1933–1945 wurde der Direktor der chemischen Abteilung des Pathologischen Instituts der Universität Berlin, Karl Hinsberg, von allen hier berücksichtigten Vertretern der Medizinischen Biochemie mit Abstand am stärksten von der DFG gefördert. 250.000 RM waren für den Aufbau der Physiologisch-Chemischen Abteilung am Zentralinstitut für Krebsforschung der Reichsuniversität in Posen bestimmt. Zwischen 1937 und 1944 erhielt er 102.115 RM für Untersuchungen zur serologischen Früherkennung des Krebses mit Hilfe der Abderhaldenschen Reaktion.[315] Nach seinen Versuchsergebnissen »treten in den weitaus meisten Carcinomfällen spezifische Abbaufermente im Harn auf.«[316] Seiner Meinung nach war die Abderhaldensche Reaktion für die Carcinomdiagnose zur Zeit (1943) die brauchbarste Methode für das Laboratorium, auch wenn ihr noch Mängel anhafteten.[317] Er bemühte sich, diese Mängel zu beseitigen, indem er an der Verbesserung der Herstellung der Substrate für die Abwehrfermentreaktion arbeitete und Versuche mit dem Ziel ausführte, die Abwehrfermentausscheidung durch eiweißreiche Kost zu vermehren.[318]

Hinsbergs Mitarbeiter Günther Hillmann, Stipendiat der DFG, arbeitete an einem empfindlicheren Nachweis der bei der A.-R. angeblich entstehenden Eiweißabbauprodukte. Ihm gelang es, eine Fluoreszenzreaktion mit o-Diacetylbenzol, dreimal empfindlicher als das damals verwendete Ninhydrin, zum Nachweis dieser Produkte zu verwenden, und er behauptete, damit bei der Untersuchung von Harn unter Verwendung von Plazenta-Eiweiß als Substrat bei vielen Schwangeren einen deutlich spezifischen Substratabbau auch dann nachzuweisen, wenn die Ninhydrinprobe negativ ausfiel.[319] Wie bereits mehrfach dargelegt, existieren Abwehrfermente nicht. Mit der DFG-Unterstützung von Hinsberg und seinen Mitarbeitern wurde also ein großer Teil der Förderung biochemischer Krebsforschung für Arbeiten verwendet, deren Grundlagen international bereits seit 1916 als unhaltbar erkannt worden waren.

Hinsberg wurde 1942 mit dem Aufbau einer Physiologisch-Chemischen Abteilung am Zentralinstitut für Krebsforschung an der Reichsuniversität Posen beauf-

---

[315] Beihilfebewilligungen der DFG, BAK, DFG-Akte Hinsberg.

[316] Karl Hinsberg, Einige technische Bemerkungen zur Abderhaldenschen Abwehrfermentreaktion (A.-R.), Fermentforschung 16, 335–338, 1942.

[317] Karl Hinsberg und Beate Schleinzer, Über die Anreicherung und Spaltung der Abderhaldenschen Abwehrfermente bei Carcinomkranken, Zs. f. Krebsforschung 53, 34–46, 1943.

[318] Bericht Hinsbergs an die DFG vom 18.7.1944, BAK, DFG-Akte Hinsberg.

[319] Günther Hillmann, Über die Fluorescenzreaktion des o-Diacetylbenzol mit Eiweiß und Eiweißabbauprodukten und ihre Anwendung auf die Abderhaldensche Abwehrfermentreaktion, Zs. f. physiol. Chem. 277, 222–232, 1943.

tragt. Hillmann wurde der 2. Assistent des Instituts. Eine weitere Abteilung wurde 1943 unter Leitung des stellvertretenden Reichsärzteführers Kurt Blome auf dem Gelände des ehemaligen Klosters in Nesselstedt errichtet. Sie diente der Erprobung biologischer Kampfstoffe, wobei Versuche an Menschen vorgesehen waren. Die meisten Abteilungen des Zentralinstituts nahmen vor Kriegsende ihre Arbeit auf.[320] Blome war seit 1942 Bevollmächtiger des RFR für Krebsforschung, eine Tarnbezeichnung für seine Aufgabe, Projekte der biologischen Kriegsforschung mit Mitteln der DFG zu fördern. Da alle Unterlagen des Zentralinstituts für Krebsforschung während des Krieges zerstört oder vernichtet wurden, kann nicht geklärt werden, ob die geplanten Menschenversuche bereits ausgeführt wurden. Es ist nicht bekannt, ob Hinsberg in Posen tätig geworden ist. Hillmann wechselte Ende 1943 an das KWI für Biochemie (siehe Kapitel 7, Abderhalden).

Ebenfalls am Posener Krebsforschungsinstitut tätig war seit 1942 Hans Seel, der als Leiter der pharmakologischen Abteilung biologische Kriegsforschung betrieb. Seel, ein in Fachkreisen sehr umstrittener Pharmakologe, soll in einem kurzen Exkurs hier als ein typisches Beispiel eines biologisch orientierten nationalsozialistischen Aktivisten in der Medizin vorgestellt werden. Er war von 1921–1923 Mitglied des Völkischen Schutz- und Trutzbundes, gründete 1930 die völkische Arbeitsgemeinschaft Deutscher Geistesarbeiter an der Universität Hamburg und wurde 1931 NSDAP- und 1933 SA-Mitglied. Dies nutzte ihm für die von ihm angestrebte Ernennung zum außerordentlichen Professor allerdings wenig. In einem Gutachten des Präsidenten des Reichsgesundheitsamts vom 4.4.1941 heißt es: »Wenn auch Herrn Seel Fleiß, Darstellungsgabe, Betätigung auf verschiedenen Gebieten der Pharmakologie nicht abzusprechen sind, so haben ihm seine Weitschweifigkeit, sein Mangel an Gründlichkeit und an methodischer Durchbildung sowie die Veröffentlichung von Ergebnissen, die offenbar nicht reproduzierbar sind, eher geschadet.«[321]

Seel führte eine Reihe von kriegsbezogenen Forschungen aus. 1942 erhielt er einen Forschungsauftrag des Reichsarbeitsministeriums über die »Toxikologie einiger aromatischer Nitroverbindungen (Sprengstoffe)« sowie (1942 und 1943) des RLM über die »Einwirkung von Schädlingsbekämpfungsmitteln auf den Menschen«. Sein Pharmakologisches Laboratorium in Posen diente Forschungsarbeiten des RLM an biologischen Waffen. Ein Großeinsatz von Schädlingsbekämpfungsmitteln vom Flugzeug aus wurde geplant, um bei vergeltenden Maßnahmen der Alliierten nach einem deutschen Einsatz von menschen- und pflanzenschädigenden Insekten vorbereitet zu sein.[322] Spätestens seit 1944 beteiligte sich Seel an den von Blome geförderten Projekten zur offensiven biologischen Kriegsforschung. Er erhielt auf

[320] Siehe Deichmann, Biologen, S. 244 ff.

[321] BDC, REM Akte Hans Seel, Reiter an de Crinis.

[322] Deichmann, Biologen, S. 249–250. Seel organisierte außerdem den Einsatz des Flieger-Forstschutzverbandes zur Anopheles-Bekämpfung in den besetzten Ostgebieten. (Die Mücke Anopheles überträgt den Malariaerreger).

Antrag von Blome den Auftrag des RFR »Ermittlung von Ackerbauschädlingsbekämpfungsmitteln. Untersuchungen über Bodenentseuchung«, Dringlichkeitsstufe SS und wurde dafür unabkömmlich gestellt.[323] Weitere Einzelheiten sind nicht bekannt.

Vernichtung und das Konzept biologischer Heilbehandlung schließen sich bei Seel wie auch anderen nationalsozialistischen Aktivisten, allen voran Himmler, nicht aus. So war es Seels Anliegen, eine klinische Pharmakologie zu schaffen, die den Arzt zu einer biologischen Heilbehandlung erzieht.[324] Er war maßgeblich an der Gründung der Deutschen Gesellschaft für Arzneipflanzenkunde und Arzneipflanzentherapie beteiligt, deren medizinische Sektion er seit 1940 leitete. Als Mitglied der Reichsarbeitsgemeinschaft für Arzneipflanzenforschung befaßte er sich damit, deutsche Arzneipflanzen als Austauschstoffe für ausländische Arzneimittel zu finden. Nach eigener Darstellung gelang es ihm, blutzuckersenkende Stoffe, die er Glukokinine nannte, aus Mais zu gewinnen. Eine Veröffentlichung über diese »praktisch brauchbaren« Produkte, die zum Ersatz von Insulin geeignet sein sollten, existiert allerdings nicht, da es sich, wie er in seinem Bericht an das REM vom 26.9.1944 angibt, um »kriegswichtige Untersuchungen« handelte.

Seel wurde 1951 zum Leiter der Deutschen Arzneimittelkommission der Deutschen Akademie der Wissenschaft in Ostberlin ernannt und er wurde 1952 Dozent, 1954 Professor an der Humboldt-Universität.

Krebsforschung über D-Aminosäuren

1939 wurden Chemiker mit einer aufsehenerregenden Entdeckung von Fritz Kögl konfrontiert, die sowohl für die Diagnose als auch für die Behandlung von Krebs vielversprechend war. Der deutsche Organiker Kögl, der 1930 einen Lehrstuhl an der Universität Utrecht erhalten hatte, publizierte zusammen mit seiner Mitarbeiterin Hanni Erxleben, daß sich Proteine im Tumorgewebe von denen in normalem Gewebe dadurch unterscheiden, daß sie einen hohen Gehalt an D-Aminosäuren, insbesondere D-Glutaminsäure aufweisen.[325] Proteine enthalten normalerweise die stereoisomere Form der L-Aminosäuren. Bei dieser angeblichen Entdeckung handelte es sich um eine Fälschung, die aller Wahrscheinlichkeit nach von Hanni Erxleben begangen wurde. Die Unhaltbarkeit von Kögls Behauptung wurde bereits 1940 von Fritz Lipmann und Mitarbeitern nachgewiesen.[326] In Deutschland wurde Kögl einige Jahre später von Theodor Wieland und Wolfgang Paul in Hei-

[323] BAK, R26/III, Krebsforschung Dringlichkeitsstuffe SS. In die Rubrik der hier geförderten Personen gehören ebenfalls August Hirt mit seinen Menschenversuchen über die Einwirkung von Kampfstoffen im KZ Natzweiler und Sigmund Raschers Unterkühlungsversuche im KZ Dachau.

[324] Seel an Rust, 2.3.1944, BDC, REM-Akte Seel.

[325] Fritz Kögl und Hanni Erxleben, Zur Ätiologie der malignen Tumoren. 1.Mitteilung über die Chemie der Tumoren, Zs. f. physiol. Chem. 258, 57–95, 1939.

[326] Otto Behrens, Fritz Lipmann, Mildred Cohn, Dean Burk, The non-Specificity of Amino Acid Configuration in Malignant Tissue Hydrolysates, Science 92, 32–34, 1940.

delberg widerlegt.[327] Wieland hatte die Arbeiten über D-Glutaminsäure in verschiedenen Tumorgeweben auf Anregung von Richard Kuhn begonnen, der von Kögls Ergebnissen zunächst begeistert war. Wieland erinnert sich an diese Arbeiten und Kögls Reaktion:

»Ich habe mich dieser Sache in den 40er Jahren bei Kuhn auch angenommen und nicht die Spur vermehrter D-Glutaminsäure in Krebsgeweben gefunden. Wir haben auch die besonders empfindliche Isotopenverdünnungsmethode angewandt. Damals hatte vor kurzem Klaus Clusius in München mit seinem Trennrohr den schweren Stickstoff ^{15}N gegenüber dem natürlichen ^{14}N in Form von Ammoniumchlorid angereichert. Mit einer solchen Probe aus München haben wir ^{15}N- Glutaminsäure (D, L-Form) synthetisiert. Wenn man diese vor der Hydrolyse von Tumoreiweiß zugab und danach Glutaminsäure isolierte, so sollte der Isotopengehalt der Probe gegenüber dem der zugesetzten Menge nach Maßgabe der Menge ^{14}N-haltiger D- (und L-) Glutaminsäure (durch Verdünnung) vermindert sein. Zur quantitativen Bestimmung des ^{15}N-Gehalts wandte ich mich an Wolfgang Paul, der schon damals, 1943 in Göttingen, über das Verhalten geladener Teilchen im Hochvakuum arbeitete und ein geeignetes Massenspektrometer gebaut hatte. 1989 erhielt er den Nobelpreis für Physik, er starb 1991. Wir konnten keine Erhöhung von D-Glutaminsäure gegenüber normalem Gewebeeiweiß feststellen.«

»Kögl war überzeugt, daß er recht hatte und lud mich zur Bestätigung seiner Resultate nach Utrecht ein. Ich erinnere mich, daß Kuhn an Kögl schrieb, es sei ja wohl eine verkehrte Welt, er, Kögl müsse nach unseren Einwänden in Heidelberg nachweisen, daß diese D-Aminosäure in Krebsgewebe gehäuft auftrete. Durch meine Veröffentlichung, aber auch Untersuchungen von Amerikanern war die Sache für die wissenschaftliche Welt bald gestorben, aber sie wurde nie offiziell zurückgenommen, was auch daran lag, daß Kögl bald nach dem Krieg starb.«[328]

Kuhn reagierte in diesem Fall offenbar anders als bei Moewus, wo er selbst betroffen war. Kögl war eine Autorität auf dem Gebiet der Naturstoffchemie. Die Widerlegungen wurden daher, zumindest in Deutschland, nicht sofort allgemein akzeptiert. Nur Warburg war, wie sich Otto Westphal erinnert, von Anfang an skeptisch:

»Auch Theodor Bücher ging begeistert zu Warburg. Der sagte nur: Das glaube ich nicht. Warburg meinte, Tumorgewebe bestehe zu mehr als der Hälfte aus normalem Gewebe, schon deshalb könne der hohe Racemisierungsgrad [Anteil von D-Glutaminsäure] nicht stimmen. Als Bücher daraufhin sagte: Aber Kögl ist berühmt, er hat doch die Auxine entdeckt, antwortete Warburg: Dann wird das wohl auch nicht stimmen. Später stellte sich in der Tat heraus, daß Kögls Auxine nicht existierten. Er hat es aber bis zu seinem Lebensende nicht zugegeben. Theodor Wieland konnte nach relativ kurzer Zeit zeigen, daß eine Racemisierung nicht nachweisbar ist, wenn man die Hydrolyse richtig durchführt. Darüber berichtete er 1943 in Berlin ebenfalls auf einer Jahrestagung der Deut-

[327] Theodor Wieland und Wolfgang Paul, Bestimmung von l- und d- Glutaminsäure im Hydrolysat von Brown-Pearce-Tumoren mit 15 N-Glutaminsäure, Ber. Dtsch. Chem. Ges. 77, 34–44, 1944.

[328] Persönliche Mitteilung von Prof. Dr. Theodor Wieland, Heidelberg 22.6.1994.

schen Chemischen Gesellschaft. Es gab großen Protest von Butenandt und anderen Größen der Chemie.«[329]

Auch Chemiker in den Niederlanden akzeptierten die Widerlegungen von Kögls Arbeiten zumindest bis zum Kriegsende nicht. So behauptete H. G. K. Westenbrink in einem unter Schirmherrschaft der niederländischen chemischen Gesellschaft herausgegebenen Überblick über chemische Arbeiten während des Krieges in den Niederlanden, daß Kögls Arbeiten über D-Aminosäuren ohne Ausnahme bestätigt worden seien und alle Kritik daran zurückgewiesen werden konnte.[330] Die Ergebnisse von Kritikern, darunter Behrens et al. sowie David Rittenberg, seien mit ungeeigneten Methoden erhalten worden.

Das Beispiel von Ernst Waldschmidt-Leitz zeigt die Verquickung von Betrugsforschung mit Propaganda in der durch NS-Propaganda ideologisch beeinflußten Gesellschaft. Waldschmidt-Leitz, seit 1937 Ordinarius für Organische Chemie an der Deutschen Universität in Prag, erhielt von DFG/RFR Apparate sowie 28000 RM für Untersuchungen über D-Peptidasen im Serum Carcinomkranker. Seine These, daß diese D-Peptidasen als Abwehrreaktion gegen den Tumor gedeutet werden können, ist eine Art Synthese von Köglscher und Abderhaldenscher Krebstheorie.[331] Nach Waldschmidt-Leitz spricht die große Konzentration der »abgewandelten Enzyme« im Serum Krebskranker dafür, daß es sich um Abwehrfermente des Organismus im Sinne Abderhaldens handelte.[332] Von Waldschmidt-Leitz' Thesen blieb später nichts übrig. Sie waren bereits zum damaligen Zeitpunkt umstritten, so lehnte z. B. auch Abderhalden die Vorstellung ab, daß es sich bei D-Peptidasen um Abwehrfermente handelte.

---

[329] Persönliche Mitteilung von Prof. Dr. Otto Westphal, Montreux, 28.8.1996. Zu Kögls angeblicher Isolierung und chemischer Strukturaufklärung des pflanzlichen Wuchstoffhormons Auxin, ebenfalls eine Fälschung seiner Mitarbeiterin Hanni Erxleben, siehe Peter Karlson, Wie und wann entstehen wissenschaftliche Irrtümer, Naturwissenschaftliche Rundschau 39, 380–389, 1986. Kögl übergab kurz vor seinem Tode Originalpräparate seines aus menschlichem Harn isolierten »Auxins« seinen Nachfolgern mit der Bitte, es später mit besseren Methoden zu untersuchen. Dies geschah 1966, und das »Auxin« stellte sich als verunreinigte Cholsäure heraus. Das von Kögl und Erxleben aus Harn isolierte »Heteroauxin«, von dem sie behaupteten, es handele sich um einen anderen Stoff als »Auxin«, erwies sich als das Wachstumshormon Indol-3-essigsäure (Auxin) (ibid.).

[330] H. G. K. Westenbrink, Biochemistry, Part IV of Chemistry in Wartime in the Netherlands. A Review of the Scientific Work Done by Dutch Chemists in the Years 1940–1945, Published under the Auspices of the Netherlands Chemical Society by Centen's Uitgevers Maatschappij Amsterdam, S. 8–11.

[331] z. B. Ernst Waldschmidt-Leitz und Karl Mayer, Über sterische Auslese durch Peptidasen in normalen und carcinomatösen Seren, Zs. f. physiol. Chem. 262, IV – V, 1940. W-L. vermerkt darin, daß er seine Entdeckung, nach der Seren Carcinomatöser die D-Komponenten von Peptiden mit ähnlicher Geschwindigkeit abbauen, wie sie für die L-Komponenten gefunden wird, zum Patent angemeldet habe.

[332] Ibid.

Waldschmidt-Leitz' Feststellung einer heilenden Wirkung von D-Peptiden auf Benzpyrentumoren sowie seine Ankündigungen, nach denen das künstlich hergestellte Peptid D-Leucyl-glycyl-glycin nicht nur zur Krebsdiagnose verwendet werden, sondern eventuell auch als Impfstoff die Entstehung von Krebs verhindern könne, schienen der DFG (in Absprache mit dem Auswärtigen Amt) und der Reichsärztekammer ein ausreichender Grund zu sein, seine Forschungsergebnisse zur Auslandspropaganda einzusetzen.[333] Der von der DFG beauftragte Berliner Mauritius-Verlag fertigte Photos von Waldschmidt-Leitz und seinem Institut an, die mit Beschriftungen versehen wurden, die so propagandistisch waren, daß Waldschmidt-Leitz ihre Veröffentlichung zunächst untersagte.[334] Erst nachdem er einige Photos mit einem neuen Text versehen hatte, gab er sie dem Verlag zur Veröffentlichung.

Am 17.9.1941 veröffentlichte die »Wiener Illustrierte« unter der Überschrift »Krebs ist heilbar« einen Bericht mit diesen Photos aus dem Prager Institut. Sie trugen die von Waldschmidt-Leitz nicht genehmigten Unterschriften, eine eigenmächtige Entscheidung des Verlags. Darüber hinaus hatte ein Doktorand von Waldschmidt-Leitz offenbar ohne dessen Wissen einen Satz eingefügt, der diesen und nicht Kögl als Entdecker der besonderen Zusammensetzung des Eiweißes in Krebsgeweben vorstellte.[335]

Das Reichserziehungsministerium hielt die Angelegenheit für so gravierend, daß es die Meinungen verschiedener Stellen darüber einholte, wie mit Waldschmidt-Leitz zu verfahren sei. Die Reaktion der Prager Universität sowie politischer Stellen auf diesen Artikel ist – auch im Hinblick auf heutige Veröffentlichungen – bemerkenswert. In einem Brief des Kurators der deutschen Universitäten in Prag heißt es: »Wenn auch Prof. Waldschmidt-Leitz zu der Veröffentlichung in der Form, in der sie in der ›Wiener Illustrierten‹ erfolgt ist, seine Zustimmung nicht gegeben hatte, so sind doch die von ihm zur Veröffentlichung freigegebenen Bilder und genehmigten Texte wegen der propagandistischen Art der Darstellung und der unwissenschaftlichen und irreführenden Beschriftung geeignet, das Ansehen des Hochschullehrerstandes als solchen und das der Deutschen Karls-Universität im besonderen stark zu beeinträchtigen.«[336] Der Kurator kritisierte insbesondere ein Photo mit der Beschriftung »Nun ist auch Krebs therapeutisch zugänglich«, weil Laien diese Aussage mit dem Satz »Krebs ist heilbar« gleichsetzen würden, und dadurch die

---

[333] BDC, REM-Akte Ernst Waldschmidt-Leitz.

[334] Ibid., Erklärung von Waldschmidt-Leitz vom 27.2.1942.

[335] Wie der Prager Privatdozent Anton Schäffner in einer Zeugenvernehmung der NSDAP angab, vermutete Waldschmidt-Leitz' Mitarbeiter Turba, daß es sich um einen Racheakt dieses Doktoranden handelte. Waldschmidt-Leitz hatte dem Doktoranden die Weiterarbeit verboten, nachdem sich herausstellte, daß er ein »Mischling ersten Grades« (Halbjude) und nicht, wie vorher angenommen wurde, »zweiten Grades« war (Zeugenvernehmung der NSDAP, Kreisgericht Brünn, am 5.2.1942, ibid.).

[336] Ibid., Der Kurator der deutschen wissenschaftlichen Hochschulen in Prag an den Reichserziehungsminister, 9.7.1942.

Öffentlichkeit in Unruhe versetzt würde. Er warf Waldschmidt-Leitz schwere Fahrlässigkeit vor und beantragte, ihm einen Verweis zu erteilen.

Der Reichsprotektor in Böhmen und Mähren hielt es für begrüßenswert, wenn Waldschmidt-Leitz an eine andere Institution versetzt würde. »Aus politischen Gründen« erschien ihm sein Verbleiben an der Prager Universität unerwünscht, da »jede Schädigung des deutschen Ansehens in diesem Raume vermieden werden muß.«[337] Trotz der Tatsache, daß Waldschmidt-Leitz seit 1938 Mitglied der NSDAP war, entschied der Reichsdozentenführer 1940, Waldschmidt-Leitz nicht in den Dozentenbund aufzunehmen. In der Begründung wurde interessanterweise auch darauf Bezug genommen, daß die meisten seiner Arbeiten einer experimentellen Überprüfung nicht standgehalten hatten: »Noch in letzter Zeit hat sich Waldschmidt in ziemlich unverantwortlicher Weise mit Fragen des Krebsproblems auseinandergesetzt, von denen er seiner ganzen Bildung nach gar nichts verstehen kann. Trotzdem hat er die sogenannte »Prager Krebsdiagnose« publiziert, die ebenfalls einer wissenschaftlichen Überprüfung in keiner Weise standgehalten hat.«[338]

Der vom Reichserziehungsminister um eine Stellungnahme gebetene Berliner Pharmakologe Wolfgang Heubner verwies auf die politische Dimension der Veröffentlichung in der Wiener Illustrierten: die Initiative für eine propagandistische Verwertung unfertiger wissenschaftlicher Ergebnisse sei nicht von Waldschmidt-Leitz, sondern von zwei amtlichen Stellen, nämlich der Forschungsgemeinschaft der deutschen Wissenschaft und der Auslandsstelle der Reichsärztekammer, ausgegangen.[339] Heubners Brief enthält einige Zitate der ursprünglichen, von Waldschmidt-Leitz genehmigten Beschriftungen. Dazu gehört der Satz: »Wie die Impfung Infektionskrankheiten vorbeugt, verhindert die Einspritzung eines künstlich hergestellten eiweißartigen Körpers, des D-Leucylglycylglycins, vielleicht die Entstehung von Krebs und vermag, rechtzeitig gegeben, einem weiteren Wachstum vorzubeugen.« Heubner hielt es für nicht entschuldbar, daß Waldschmidt-Leitz Beschriftungen stehen ließ, die, wie diese, falsche Sicherheiten bei Nichteingeweihten hervorrufen würden und, wie der Ausdruck »zur Therapie von Krebs«, im üblen Sinn propagandistisch wirke. Dabei sei ihm bisher nicht einmal die Synthese des genannten Peptids gelungen. Heubner kam zu der Auffassung, daß die Schuld an dem »katastrophalen Ereignis« (der Veröffentlichung des Artikels) dem Verlag, der DFG, der Auslandsstelle der Reichsärztekammer, den Mitarbeitern von Waldschmidt-Leitz und erst zum Schluß diesem selber zukomme. Immerhin handelte es sich um einen Kollegen. Waldschmidt-Leitz selbst überlegte, gerichtlich gegen den Mauritius-Verlag vorzugehen. Mir ist nicht bekannt, ob es zu einem Prozeß kam.

Das Reichserziehungsministerium entschied am 3. Dezember, daß sich Waldschmidt-Leitz einer Fahrlässigkeit und damit eines Verstoßes gegen die ihm als Hochschullehrer obliegenden Dienstpflichten schuldig gemacht habe. »Gerade von ihm als ernsthaftem Wissenschaftler mußte erwartet werden, daß er bei seinen Ver-

---

[337] Ibid., Der Reichsprotektor an den Reichserziehungsminister, 22.7.1942.
[338] Ibid., Der Reichsdozentenführer in München an Regierungsrat Demmel, 7.2.1940.
[339] Ibid., Heubner an den Reichserziehungsminister, 20.11.1942.

öffentlichungen gewissenhaft vorgeht und alles vermeidet, was geeignet ist, in der Öffentlichkeit Irrtümer zu erregen und der Hochschule zu schaden.« Er wurde mit einer Warnung bestraft.

Waldschmidt-Leitz' Forschungen an D-Aminosäuren stellen einen weiteren Fall von wissenschaftlicher Fälschung in der Krebsforschung dar. Sie waren auf schnelle und spektakuläre Erfolge in der Krebstherapie ausgerichtet. Waldschmidt-Leitz nahm auf die Widerlegung der Köglschen Behauptung durch Lipmann et al. (1940) keinen Bezug. Da sie vor dem Kriegseintritt der USA veröffentlicht wurde, ist anzunehmen, daß ihm die Zeitschrift Science zur Verfügung stand. Außerdem setzte sich Kögl selbst mit Lipmanns Kritik in Hoppe-Seyler's Zeitschrift für physiologische Chemie auseinander, so daß Waldschmidt-Leitz davon wußte.[340] Die DFG förderte seine Forschungen nicht nur, sondern regte zusammen mit staatlichen Stellen die Verwertung dieser Pseudowissenschaft zur Kulturpropaganda im Ausland an. Waldschmidt-Leitz hat, soweit bekannt, seine Arbeiten über D-Peptidasen nie zurückgezogen. Er wurde 1953 Lehrbeauftragter an der TH München.

Chemische Carcinogenese

Krebsforschung auf dem Gebiet der Carcinogenese durch Steroide, die auf Arbeiten englischer Forscher aufbaute, bildete seit 1937 einen der Forschungsschwerpunkte am KWI für Biochemie. Sir James W. Cook zeigte in den 1920er Jahren, daß es sich bei den carcinogenen Substanzen des Teers um polycyclische aromatische Kohlenwasserstoffe handelt. 1931 begann er, eine Reihe von aromatischen Polycyclen und deren Methylderivate zu synthetisieren und auf Cancerogenität zu untersuchen. Er zeigte 1934, daß ein Umwandlungsprodukt der normalerweise im Körper vorkommenden Steroide Cholsäure und Desoxycholsäure, die polycyclische aromatische Verbindung Methylcholanthren, eine noch stärker krebserregende Aktivität besitzt als 1,2-Benzpyren.[341] Auf Einladung der Deutschen Chemischen Gesellschaft referierte Cook im Februar 1936 in Berlin über den Stand der Forschung in der experimentellen Krebserzeugung durch chemische Substanzen. Im Hinblick auf Steroidhormone führte er aus, daß Tierversuche bisher gezeigt haben, daß Östron (ein Follikelhormon) und andere östrogene Hormone keine den aromatisierten Polycyclen vergleichbare krebserzeugende Wirkung haben, und daß nachgewiesen wurde, daß der krebserzeugende Kohlenwasserstoff 1.2, 5.6-Dibenzanthracen durch bestimmte Veränderungen am Molekül in eine Verbindung mit östrogenen Wirkungen umgewandelt werden kann. Daher schloß er nicht aus, daß geringfügige strukturelle Veränderungen das Östron zu einer krebserregenden Substanz machen können.

Auf der Basis dieser Arbeiten Cooks und anderer, vor allem englischer und amerikanischer Forscher entwickelte Adolf Butenandt ein Programm zur experimentel-

[340] Fritz Kögl, H. Herken, Hanni Erxleben, Über die Sonderstellung der d-Glutaminsäure bei Versuchen mit d-Aminosäureoxydase, Zs. f. physiol. Chem. 264, 220–239, 1940.

[341] Siehe den zusammenfassenden Bericht von James W. Cook: Chemische Beiträge zum Krebsproblem, Ber. Dtsch. Chem. Ges. 69, 38–49, 1936.

len Prüfung der Entstehung von Tumoren durch Steroide, speziell Steroidhormone, und deren Stoffwechselprodukte, für das er 1937 DFG-Unterstützung erhielt. Im Rahmen dieses Programms bekamen folgende Mitarbeiter Butenandts Forschungsstipendien der DFG: Heinz Dannenberg (1938–1944), Hans Friedrich-Freksa (1937–1942), Günther Hanisch (1937–1939), Helmut Kudszus (1937–1938), Lieselotte Poschmann (1940–1943) und Alexander Wolff (1937–1940). Hanisch ging 1939 in die Industrie, auf Vorschlag Butenandts wurde das Stipendium auf seinen Assistenten Heinrich Hellmann übertragen. Alle Mitarbeiter des Programms wurden während des Krieges unabkömmlich gestellt.

Während das Problem des Zusammenhangs zwischen Krebsentstehung und Stoffwechselprodukten von Steroiden in den 1940er Jahren nicht geklärt werden konnte, wurde die Frage, ob künstlich zugeführte Follikelhormone in hoher Dosierung und über einen längeren Zeitraum hinweg krebserzeugend sind, an Tierversuchen beantwortet. Butenandt bearbeitete dieses Thema seit 1940 zusammen mit Dr. Carl Kaufmann, einem Oberarzt der Frauenklinik der Charité. Ein Mitarbeiter Kaufmanns, Hans Aurel Müller, untersuchte mit Hilfe eines Forschungsstipendiums zum Thema »Wirkung langandauernder Zufuhr verschiedener Keimdrüsenhormone auf die Geschlechtsorgane, einschließlich der sekundären Geschlechtsorgane, erbgesunder Nagetiere« die Frage, ob das Follikelhormon Mammacarcinome auslöse. Ebenfalls an dem Projekt beteiligt war der Zoologe Hans Friedrich-Freksa.

Insgesamt wurden 5770 Mäuse genetisch verschiedener Stämme mit verschiedenen Hormonpräparaten behandelt; das Ergebnis wurde 1949 veröffentlicht.[342] Der Untersuchung zufolge waren weder die natürlichen Follikelhormone Östron und Östradiol noch eine Reihe von künstlichen Östrogenen selbst cancerogen. Sie regten aber bei hoher Dosierung das Wachstum der Brustdrüsen an und bewirkten auf diese Weise eine häufigere Entstehung von Mammatumoren, die auch von der genetischen Konstitution des Mäusestamms abhängig war. Die Autoren nannten solche Verbindungen, die das Wachstum von Tumoren erleichtern, aber nicht selbst tumorauslösend wirken, »bedingt krebsauslösend«.

Bereits im Jahre 1941 hatte Isaac Berenblum in Oxford, später Rehovot, Palästina/Israel, die Zwei-Stufen-Hypothese der Carcinogenese aufgestellt.[343] Er verabreichte bestimmte Fraktionen des Crotonöls, eines aus Euphorbien gewonnenen hautreizenden Öls, das selbst nicht cancerogen ist, zusammen mit geringen Dosen von Cancerogenen wie Benzpyren. Berenblum zeigte, daß Cancerogene, die in diesen Dosen alleine nicht krebsauslösend wirken, in Kombination mit dem Crotonöl Krebs erzeugen. Er nannte die hierfür verantwortlichen Stoffe im Crotonöl Cocarcinogene. Auf Veranlassung von Butenandt wiederholte Heinz Dannenberg Berenblums aufsehenerregenden Experimente. Sie waren reproduzierbar. Berenblums

[342] Carl Kaufmann, Hans-Aurel Müller, Adolf Butenandt, Hans Friedrich-Freksa, Experimentelle Beiträge zur Bedeutung des Follikelhormons für die Carcinomentstehung, Zs. f. Krebsforschung 56, 482–542, 1949.

[343] I. Berenblum, The Cocarcinogenic Action of Croton Resin, Cancer Research 1, 44–47, 1941.

Entdeckung stimulierte viele Jahre lang Forschungen auf dem Gebiet der Cocarcinogenese oder Initiation (durch ein Carcinogen) und Promotion (durch ein Cocarcinogen) der Krebserzeugung. Erich Hecker, ein Schüler Butenandts, zeigte 1965, daß es sich bei den Cocarcinogenen im Crotonöl um Phorbolester handelt, das sind Ester eines damals unbekannten Isoprenoids.[344]

Die Arbeiten an dem 1937 von Butenandt begonnenen Programm über die Beziehung von Steroiden und Cancerogenen erstreckten sich über 25 Jahre, d. h. bis in Butenandts Münchner Zeit. Er konnte dadurch seine ursprüngliche Hypothese, Krebs werde durch endogene Steroid- oder Hormonstoffwechselprodukte ausgelöst, nicht stützen.[345]

Zu den Forschern, die auf dem Gebiet der chemischen Carcinogenese mit Butenandt kooperierten, gehörte der Pharmakologe Hermann Druckrey. Er war seit 1933 Assistent, später Oberassistent bei Wolfgang Heubner am Pharmakologischen Institut der Universität Berlin, wo er sich 1936 habilitierte und 1942 zum apl. Professor ernannt wurde. Die DFG förderte ihn von 1937 bis 1944 mit der großen Summe von insgesamt 82.236 RM für Untersuchungen über Hormone und Krebs sowie krebserzeugende Stoffe. Druckrey prüfte an etwa 1000 Tieren (Mäusen und Ratten) die krebserzeugende Wirkung von Azofarbstoffen, darunter Anilin, von Holzessig und weiteren Stoffen. Im Mittelpunkt standen Versuche über die krebserregende Wirkung des Lebensmittelfarbstoffs »Buttergelb« (p-Dimethylaminoazobenzol). Druckrey zeigte, daß Buttergelb Leberkrebs erzeugt, der chemisch verwandte, aber wasserlösliche Farbstoff »Chrysoin« dagegen nicht. Er vermutete, daß eine ausgesprochen krebserregende Wirkung generell an die Lipoidlöslichkeit eines Stoffes gebunden ist, während die Wasserlöslichkeit und das Vorhandensein stark polarer Gruppen im Molekül diese Wirkung unwahrscheinlich machten.[346] In Deutschland wurde die Verwendung von Buttergelb 1938 verboten.

Während des Krieges vorgenommene quantitative Versuche an 800 Ratten zeigten, daß die krebserregende Wirkung des Buttergelbs quantitativ und qualitativ reproduzierbar und die Latenzzeit von der Behandlung bis zum Auftreten der Geschwulst dosisabhängig war. Eine Mindestlatenzzeit von 40 Tagen konnte aber auch durch Erhöhung der Dosis nicht unterschritten werden. Da Druckrey und seine Mitarbeiter auch die Notwendigkeit einer Mindestdosis für die Krebserregung nachweisen konnten, schlossen sie auf eine Entgiftung des Stoffes im Organismus.

Obwohl Druckrey mit DFG-Mitteln eine für einen Wissenschaftler in seiner Position große Zahl von Mitarbeitern eingestellt hatte und unter sehr guten Bedingungen arbeiten konnte, schied er 1943 auf eigenen Wunsch aus seiner Oberassistentenstelle bei Heubner aus. Zu Schwierigkeiten kam es, als Heubner ihm untersagte, den anderen Assistenten gegenüber als Vorgesetzter aufzutreten.[347] Den

[344] Karlson, Adolf Butenandt, S. 128.
[345] Ibid., S. 131.
[346] H. Druckrey, Bericht an die DFG vom 30.11.1942, BAK, DFG-Akte H. Druckrey.
[347] Briefe von Heubner (4.12.1942) und Druckrey (30.11.1942) an den Universitätskurator Berlin, Preußisches Geheimes Staatsarchiv Berlin, 1. HA Rep. 76, Nr. 290.

Hintergrund bildeten politische Differenzen. Druckrey war seit 1931 Mitglied der NSDAP und der SA, wo er 1933 zum Standartenarzt und 1943 zum Oberführer aufstieg, und er vertrat von 1937 bis 1942 den Nationalsozialistischen Deutschen Dozentenbund in der Medizinischen Fakultät Berlin. Heubner dagegen, ein Ordinarius alter Schule, war als Gegner des Nationalsozialismus bekannt. Seine politische Einstellung führte zu Auseinandersetzungen mit dem Reichserziehungsministerium, die, einer Darstellung von Druckrey zufolge, 1938 zu Heubners Entlassung führen sollten.[348] Um dies zu verhindern, so Druckrey 1942, habe er sich »den Herren Min. Rat Scheer und Prof. Bach im Reichserziehungsministerium nicht gerade leichten Herzens bereit erklärt, eine Art politischer Bürgschaft für das Institut zu übernehmen. Dieser Vorgang, der im übrigen Prof. Heubner nicht bekannt ist, hat naturgemäß meine Haltung im Institut beeinflußt.«[349] Es ist nicht bekannt, was die Übernahme der politischen Bürgschaft im einzelnen bedeutete, aber man kann vermuten, daß sie Spitzeltätigkeiten implizierte. Druckrey selbst gab an, er habe verhindert, daß Heubner während des Krieges nichtarische Mitarbeiter im Institut aufnahm. (An vielen Instituten waren während der ersten Kriegsjahre »Halbjuden« mit offizieller Genehmigung tätig.)

Heubner blieb Institutsdirektor, Druckrey wurde Truppenarzt bei einem Polizeiregiment und richtete am Polizeikrankenhaus in Wien eine pharmakologisch-toxikologische Forschungsstelle ein, die ihren Betrieb im Juli 1944 unter seiner Leitung aufnahm.[350] Zu seinen Forschungsthemen gehörten Versuche über chemische Carcinogene, praktische Gesichtspunkte der Therapie mit Sulfonamiden, die Schädlichkeit von Kochsalz bei Nieren- und Herzkranken (sie zeigten die Schädlichkeit des Natriums, nicht aber des Chlorids) und Versuche an Ratten zur Erzeugung von Lungenödemen durch Säuredämpfe. Einige Themen deuten einen Zusammenhang mit Fragen der Wirkung chemischer Kampfstoffe an. So prüfte Druckrey in toxikologischen Versuchen an Halogen-Kohlenwasserstoffen den Wirkungsmechanismus von Iodoform, Chloroform und Bromoform, und er ging der Frage nach, ob aus diesen Halogenalkylen im Organismus durch Oxidation Phosgen entstehen kann.[351]

Druckrey gab folgende Institute und Stellen an, mit denen er zusammenarbeitete:

Pathologisches Institut Prag, Prof. Hamperl; Bakteriologisches Institut der Militärärztlichen Akademie, Doz. Vierthaler, KWI für Biochemie, Prof. Butenandt; Physiologisch-chemisches Institut Wien, Prof. Barrenscheen; Pharmakologisches Institut Wien, Prof. Rössler; Militärärztliche Akademie der Luftwaffe, Berlin, Doz. Brock; Entomologisches Institut der SS und Polizei Dachau, Doz. Eduard May. Abgesehen vom gemeinsamen Interesse am Stoffwechsel von Methylcholanthren liegt hinsichtlich der Kooperation mit Butenandt keine Information vor.

---

[348] Ibid., Druckrey 30.11.1942.
[349] Ibid.
[350] BDC, H. Druckrey, Akte Wissenschaft.
[351] Ibid. Bericht Druckreys vom Oktober 1944.

Druckrey wurde 1948 Leiter eines Laboratoriums der Chirurgischen Universitätsklinik in Freiburg, das seit 1952 Forschungseinheit für Präventivmedizin der DFG war. 1956 ernannte ihn die DFG zum Vorsitzenden der Farbstoffkommission. Druckreys Forschungen über chemische Carcinogene waren nach dem Krieg international anerkannt. Er wurde 1954 Vorsitzender der Internationalen Kommission zur Krebsforschung in New York, 1956 Mitglied des WHO Advisory Panel on Food Additives in Genf und 1957 Mitglied der italienischen Gesellschaft für Krebsforschung in Mailand und der Royal Society, Sektion Medizin, in London.

Weitere Forschungen zum Thema chemische Carcinogenese wurden u. a. von folgenden Wissenschaftlern ausgeführt. Robert Bierich, Ordinarius für experimentelle Biologie in der medizinischen Fakultät Hamburg, arbeitete seit 1936 über den Stoffwechsel von Krebszellen und Krebsgewebe. Dabei untersuchte er an krebsbereiten und resistenten Tierstämmen die Krebserzeugung durch cancerogene Stoffe, vor allem Benzpyren.

Heinrich Wieland erhielt von 1936–1942 DFG-Förderung für Arbeiten im Rahmen der Krebsforschung, insbesondere über die Chemie von Wuchsstoffen und cancerogenen Substanzen. Feodor Lynen, der 1937 bei ihm promovierte und 1942 sein Assistent wurde, erhielt ein Forschungsstipendium mit dem Thema »Über den Oxydationsstoffwechsel von Tumoren und Versuche zur Isolierung carcinogener Substanzen«. Ergebnisse im Hinblick auf die Krebsentstehung sind nicht bekannt, Lynen führte aber in dieser Zeit die oben besprochenen Arbeiten zum oxidativen Kohlenhydratstoffwechsel durch.

DFG-Beihilfen für biochemische Krebsforschung erhielten außerdem Adolf Windaus (»Arbeiten über krebserzeugende chemische Substanzen«), Volker Klingmüller bei Karl Lohmann (»Eiweißstoffwechsel von Krebs und anderen Geschwülsten«) und Fritz Micheel (»Arbeiten über Eiweiß- und Krebschemie«).

6.2.14 Nahrungsmittelchemie

Eine Reihe von Hochschullehrern der Physiologischen Chemie waren insbesondere seit 1937 (im Rahmen des Vierjahresplans zur wirtschaftlichen Autarkie) mit DFG- und anderer Unterstützung auf dem Gebiet der Ernährungsforschung tätig. Karl Thomas, seit 1921 Direktor des Institutes für Physiologische Chemie in Leipzig, erhielt für Arbeiten auf dem Gebiet der Ernährungsphysiologie und des Fettstoffwechsels von 1930 bis 1937 einen jährlichen Zuschuß der Rockefeller Foundation von 10.000 Dollar (etwa 35.000 RM).[352] Mit Hilfe dieser Gelder konnte er das kleine Leipziger Institut erweitern, so daß es 1939 eines der größten und bestausgestatteten Universitätsinstitute war.[353] Thomas regte 1937 beim Reichs-

[352] BAK, DFG-Akte Karl Thomas.

[353] Friedhelm Schneider: Günther Weitzel, Biological Chemistry Hoppe-Seyler 366, 609–616, 1985.

gesundheitsamt die biologische Prüfung des ersten in Deutschland entwickelten synthetischen Speisefetts an; die Untersuchungen wurden von ihm selber und anderen vorgenommen, so von Otto Flössner, dem Direktor der Abteilung Ernährungsphysiologie im Reichsgesundheitsamt. Diese Forschungen, mit denen ein Beitrag zur Reduzierung der Abhängigkeit Deutschlands vom Import ausländischer Nahrungsfette geleistet werden sollte, galten als relevant für Ziele des Vierjahresplans und wurden auch während des Krieges mit hohen Dringlichkeitsstufen versehen. So wurden Thomas' Forschungen zu den Themen »Gas- und intermediärer Stoffwechsel bei ganz einseitiger fettfreier und fetthaltiger Ernährung« und »Abbau und Verwertung synthetischer Fette« von 1937 bis 1944 sowohl von der DFG als auch von der Dienststelle Keppler (Vierjahresplan, Fett und Öle) finanziert, sie erhielten 1943 die Dringlichkeitsstufe SS. Da Staatssekretär Wilhelm Keppler Thomas jede Veröffentlichung untersagte, wurden seine Ergebnisse erst 1946 publiziert.[354]

Bei der Herstellung von Kunstfett aus Kohle ging man folgendermaßen vor: Bei der Erzeugung flüssiger Brennstoffe aus Kohle z. B. durch die Fischer-Tropsch Synthese entsteht neben einem Gemisch flüssiger Brennstoffe immer auch etwas festes Paraffin. Dieses wurde mit Luftsauerstoff katalytisch zu Fettsäuren oxidiert, die mit Glycerin zu Fetten verestert wurden. Karl Thomas und sein Mitarbeiter Günther Weitzel[355] testeten das Fett im Tierversuch und Selbstversuch und ließen es von Prof. Bürger in der Leipziger Medizinischen Klinik prüfen. Thomas und Weitzel stellten bei der Verabreichung von bestimmten Synthesefetten mit verzweigten Fettsäuren eine (reversible) Schädigung der Niere fest. Solche Fette werden nur in geringer Menge im Depotfett abgelagert und verbrennen schwer. Daher führten diese Synthesefette zu einer erhöhten Ausscheidung von »Schlackensäuren«.[356] Flössner und G. Kabelitz hielten dagegen eine Dauerzufuhr dieser Fette für unschädlich – Kabelitz gab Synthesefett speziell sogar an Magen- und Leberkranke, um so eine Ketonurie auszuschließen. Es ist nicht bekannt, welche Gesundheitsschäden dadurch eintraten.

Der Ordinarius für Physiologische Chemie in Würzburg, Dankwart Ackermann, untersuchte die Bedeutung stickstoffhaltiger Bestandteile der Sojabohne für die Ernährung. Einige Physiologische Chemiker erhielten Forschungsaufträge im Rahmen der Gemeinschaftsarbeiten zur Ernährungsforschung. So bekam Hanns Dyckerhoff in München ein DFG-Stipendium zum Thema »Biochemische Forschung an Nahrungsmitteln«, und Kurt Felix in Frankfurt, ein Schüler Albrecht Kossels, untersuchte die biologische Wertigkeit von reinen Eiweißstoffen und Eiweißgemischen in der Nahrung. Nennenswerte Ergebnisse sind nicht bekannt. Hermann Friese, Ordinarius für Organische Chemie an der TH Braunschweig, isolier-

354 Karl Thomas und Günther Weitzel, Über die Eignung des Kunstfettes aus Kohle als Nahrungsmittel, Dtsch. med. Wschr. 71, 18, 1946.

355 Günther Weitzel, der seit 1940 Mitarbeiter von Thomas war, führte 1962 den Biochemiestudiengang in Deutschland ein.

356 Thomas und Weitzel, Über die Eignung des Kunstfettes.

te 1943 tocopherolähnliche Substanzen aus Roggenkeimlingen und ging dabei der Frage nach, inwieweit das Eiweiß eventuell als Ersatz für das der Wehrmacht fehlende Sojaeiweiß in Frage kam.

Joseph Kapfhammer, Direktor des Instituts für Physiologische Chemie in Freiburg, untersuchte die physiologische Bedeutung des Acetylcholins und seit 1938 die ausschließliche Kartoffelernährung und ihre Stoffwechselwirkungen. Einzelheiten sind nicht bekannt.[357]

Forschungen an alternativen Nahrungsmitteln erhielten während des Krieges einen großen Stellenwert für die SS, die damit Ernährungsprobleme in Konzentrationslagern beheben wollte. Das SS-Wirtschafts- und Verwaltungshauptamt untersuchte dazu unter anderem die Verwendung des in einem Edelschimmelpilzmycel (Pilzfaden) enthaltenen Eiweißes, das den Handelsnamen Biosyn erhielt. Aus Abfällen von Cellulose- und Papierfabriken, z. B. der Lenzinger Cellulose- und Papierfabrik und der von dem Chemiker und Staatsrat Dr. Walter Schieber (Thüringische Zellwolle AG) betriebenen Anlage in Wilshausen bei Arnsberg, wurde eine Streichwurst aus Biosyn hergestellt.[358] Die SS führte mit dieser Mycelwurst Ernährungsversuche an Häftlingen des KZ Mauthausen durch, die Darmerkrankungen zur Folge hatten, die bei den unterernährten Menschen in sehr vielen Fällen zum Tode führten.[359]

Diese Versuche sollten wissenschaftlich begleitet werden. Am 27. Januar 1944 fand im Rüstungsministerium in Berlin eine Sitzung statt, zu der die Thüringische Zellwolle, die Biosyngesellschaft und Bionahrgesellschaft eingeladen hatten.[360] Schieber, der die Sitzung leitete, betonte die Notwendigkeit einer wissenschaftlichen Fundierung der Biosynfragen. Er schlug zu diesem Zweck die Gründung eines wissenschaftlichen Ausschusses unter der Leitung von Professor Diemair vor, dem zehn Personen angehörten: Vogel (Dresden), Waldschmidt-Leitz (Prag), Bünger, Niklas (München), Nonnenbruch (Frankfurt), Felix (Frankfurt), Schenck (Berlin), Bleyer (München), Kuhn (Heidelberg), Flössner (Berlin). Kurt Felix war Ordinarius für Physiologische Chemie, Ernst Waldschmidt-Leitz für Organische Chemie, Wilhelm Nonnenbruch Professor für Medizin, Willibald Diemair Professor für Nahrungsmittelchemie und Richard Kuhn Direktor des KWI für Medizinische Forschung. Ernst-Günther Schenck, apl. Professor für Innere Medizin, wurde 1940 SS-Untersturmführer und Ernährungsinspekteur der Waffen-SS und war damit

[357] Nach Ansicht von Otto Meyerhof war Kapfhammer wissenschaftlich entweder völlig unbedeutend oder ein Betrüger. Meyerhof vermutete, daß die großen Mengen von Acetylcholin, die Kapfhammer im Blut fand, vorher von einer Mitarbeiterin hineingegeben worden waren. (Meyerhof an André Lwoff am 31.10.1946, Meyerhof papers, University of Pennsylvania, Philadelphia).

[358] Ernst Klee, Auschwitz, die NS-Medizin und ihre Opfer, Frankfurt 1997: Fischer, S. 183. Klee berichtet darin auch über andere tödlich verlaufende Ernährungsversuche der SS an KZ-Häftlingen.

[359] Ibid.

[360] BDC, SS Hängeordner 931–1040, Abschrift C 2533/25.4.1944.

dem Chef des SS-Wirtschafts- und Verwaltungshauptamtes Pohl unterstellt.[361] Über die im Zusammenhang mit der Mycelforschung geplante Tätigkeit dieser Ausschußmitglieder konnte ich nichts Näheres in Erfahrung bringen.[362] Aus dem Protokoll dieser Sitzung geht allerdings hervor, daß Professor Schenck von einem damals laufenden Großversuch in einem KZ-Lager berichtete, in dem 100.000 Gefangene täglich 50 g Mycel erhielten. Den Ausschußmitgliedern war demnach bekannt, daß Mycel-Ernährungsversuche an KZ-Häftlingen ausgeführt wurden.

6.2.15 Biochemische Kriegsforschung an der Reichsuniversität Straßburg

Nach der deutschen Besetzung Frankreichs wurde die französische Universität in Straßburg 1941 aufgelöst und der gesamte französische Lehrkörper nach Clermont-Ferrand transferiert. Die Stellen wurden in der Regel mit Wissenschaftlern besetzt, die aus Deutschland kamen, nicht aus dem Elsaß. Im Straßburger Bürgerspital wurde mit dem Medizinischen Forschungsinstitut das modernste Forschungsinstitut der Straßburger Universität gegründet. Es war als interdisziplinäres Forschungsinstitut analog zum Kaiser Wilhelm-Institut für Medizinische Forschung in Heidelberg konzipiert worden.[363] Mit dem Physiker Rudolf Fleischmann und dem Chemiker Friedrich Weygand kamen zwei Abteilungsleiter dieses Instituts vom Heidelberger KWI. Die dritte Abteilung (Medizin) wurde von Otto Bickenbach geleitet, einem Schüler des früheren Direktors der medizinischen Universitätsklinik in Heidelberg, Johannes Stein, danach Dekan der Straßburger Medizinischen Fakultät.

Weygand, seit 1941 Mitglied der NSDAP, betrieb als Assistent Kuhns bis 1943 am Heidelberger KWI Vitamin- und Enzymforschung. Vermutlich mit Kuhns Unterstützung wurde er zum 1.4.1943 zum beamteten außerordentlichen Professor für Spezialgebiete der Chemie nach Straßburg berufen, wo er die Leitung der chemischen Abteilung des Medizinischen Forschungsinstituts übernahm. Weygand gehörte der Medizinischen und Naturwissenschaftlichen Fakultät an und las über »Chemie der Wirkstoffe«. Über seine Forschungen in Straßburg ist nichts bekannt.

[361] Klee, Auschwitz, die NS-Medizin, S. 180.

[362] Auch Ernst Klee, der auf der Basis einer anderen Quelle über diese Sitzung berichtet, macht dazu keine Angaben (ibid., S. 183–184).

[363] Nach Horst Kant, der sich auf ein Gespräch mit Rudolf Fleischmann bezieht, stammte die Idee, ein solches interdisziplinäres Forschungsinstitut auch in Straßburg zu realisieren, von dem designierten Dekan der Straßburger Medizinischen Fakultät, dem Direktor der medizinischen Universitätsklinik in Heidelberg Johannes Stein. Stein wollte allerdings, anders als in Heidelberg, wo das KWI kaum mit der Universität in Kontakt stand, ein solches Forschungsinstitut in Zusammenarbeit mit der Universität entwickeln. Daher wurde es in die Medizinische Fakultät eingegliedert (Horst Kant, Zur Geschichte der Physik an der Reichsuniversität Straßburg in der Zeit des Zweiten Weltkrieges, Preprint des MPI für Wissenschaftsgeschichte, Berlin 1997, S. 27).

Hanns Dyckerhoff wurde im September 1941 als Ordinarius für Physiologische Chemie nach Straßburg berufen, einer der ersten Fälle, in denen ein Chemiker auf einen Lehrstuhl für Physiologische Chemie berufen wurde. Seine politische Karriere ist bemerkenswert: 1932 wurde er Mitglied der NSDAP und 1936 der SS, wo er 1939 zum Hauptsturmführer und 1944 zum Sturmbannführer aufstieg. Darüber hinaus war er in zahlreichen NS-Verbänden aktiv, unter anderem war er Kampfstoffreferent einer Brigade des NSKK. In Straßburg las er über »Physiologische Chemie der Kampfstoffe«.

Die DFG-Akte gibt einen kleinen Einblick in Dyckerhoffs Forschungen, die in Straßburg ausschließlich auf medizinisch angewandtem oder kriegsbezogenem Gebiet lagen. Als Proteinforscher hatte er 1940 in München mit Arbeiten über die gleichzeitige Gewinnung von Insulin und Enzymen aus Pankreasdrüsen begonnen. Diesen Forschungsauftrag stellte er zugunsten eines Auftrags über Blutstillung durch Thrombin und Thromboseprophylaxe durch Gerinnungsinhibitoren bei der DFG zurück. Dyckerhoff führte Versuche mit den als Gerinnungsinhibitoren bereits bekannten Substanzen Neodym und Heparin sowie mit Cumarinderivaten aus, deren Vorteil in der oralen Verabreichung bestand. Im Gegensatz zu bisherigen Gerinnungsuntersuchungen anderer, die mit Kapillarblut oder venösem Blut durchgeführt wurden, hatte Dyckerhoff die Möglichkeit, arterielles Blut zu verwenden. Er schrieb, daß ihn ein Oberstabsarzt der Luftwaffe, der das Blut aus Amputationen gewann, damit ständig versorge.[364] Dyckerhoff befaßte sich außerdem mit der Behandlung von Getreide, das bei Luftangriffen mit Phosphor verunreinigt worden war, und untersuchte den Fermentgehalt von Hefen im Hinblick auf eine Geschmacksverschlechterung durch Säuerung. Über die Ergebnisse von Dyckerhoffs Straßburger Forschungen liegen keine Informationen vor.

Die Straßburger Universität erlangte durch die Person August Hirts, dem ordentlichen Professor für Anatomie, eine traurige Berühmtheit. Der anerkannte medizinische Wissenschaftler auf dem Gebiet der Mikroanatomie und Fluoreszenzmikroskopie wurde in Straßburg zum Mörder, der medizinische Versuche mit tödlichem Ausgang an Häftlingen von Natzweiler ausführte und jüdische Häftlinge in Auschwitz für sich selektieren ließ, von denen mindestens 86 im KZ Natzweiler ermordet wurden, um eine jüdische Skelettsammlung anzulegen.[365] Otto Bickenbach führte (unter Hirts Leitung) Phosgenversuche an Häftlingen mit dem Ziel durch, das Abwehrmittel Urotropin zu testen. Mindestens vier Häftlinge starben. Hirt hatte es sich zur Regel gemacht, seine Versuchsergebnisse und seine Beziehungen zum KZ Natzweiler nur einem engen Kreis von Vertrauten zu eröffnen. Die folgenden Ausführungen zeigen, daß Dyckerhoff und Weygand engeren Kontakt zu Hirt hatten.

Hirt führte die »Forschungen« an Häftlingen im Rahmen der SS-Dienststelle »Das Ahnenerbe« aus. Zur verstärkten Förderung kriegswichtiger Forschung war

[364] BAK, R73/10798, Dyckerhoff an Reichsforschungsrat, 20.4.1944.

[365] Frederick Kasten, »Unethical Nazi Medicine in Annexed Alsace-Lorraine: The Strange Case of Nazi Anatomist Professor Dr. August Hirt«.

im Juli 1942 auf Befehl Himmlers in dieser Dienststelle das Institut für wehrwissenschaftliche Zweckforschung errichtet worden, wo Hirt Leiter der medizinischen Abteilung H (Hirt) wurde und Unterstützung von der Waffen-SS erhielt. In demselben Jahr schlossen sich das Anatomische Institut der Universität Straßburg (Prof. Hirt), das Physiologisch-Chemische Institut (Prof. Hanns Dyckerhoff) sowie das Entomologische Institut im KZ Dachau (Eduard May) zu einer Arbeitsgemeinschaft im Rahmen des Institutes für wehrwissenschaftliche Zweckforschung zusammen.[366] In einem Vermerk des Geschäftsführers dieses Instituts Wolfram Sievers heißt es in bezug auf die Arbeiten Hirts: »In Straßburg sind für Hirt an sich günstige Arbeitsbedingungen gegeben, weil seinem Institut benachbart sich das Institut für physiologische Chemie befindet.«[367]

Hirt führte zu dieser Zeit Lostversuche an KZ-Häftlingen durch. Von 150 menschlichen Versuchspersonen starben mindestens 50 an inneren Verbrennungen.[368] Er plante außerdem, Auswirkungen von Insektenstichen und Läusebissen an Menschen zu untersuchen, denen zu diesem Zweck Hautlappen aufgeklappt werden sollten, um die Verschiebungen des Unterhaut-Fettgewebes und ihre Beeinflussung durch Vitamin-Verabreichung mikroskopisch zu untersuchen. Weiter waren Untersuchungen über die Beeinflussung der Kampfstoffwirkung durch Vitaminbehandlung geplant. Dabei handelte es sich vermutlich um eine Zufuhr von Vitamin A oder B_6. In Lostversuchen, die in Dachau stattfanden, erfolgte die Lostbehandlung nach einer Zufuhr von Vitamin A.[369] Eine Kooperation Hirts mit Dachau war vorgesehen.

Hirt beabsichtigte, auf der Basis von Vitaminen ein Mittel gegen Lost und andere Giftgase zu entwickeln um auf diese Weise, ähnlich wie bei der Nervengasforschung in Heidelberg, bessere Voraussetzungen für den Einsatz der Kampfstoffe zu schaffen. Es ist zu vermuten, daß Friedrich Weygand als einer der führenden Vitaminspezialisten in Deutschland für diesen Teil der Lostforschung interessant war. Hirt wollte mit dieser Forschung Professor Ferdinand Flury widerlegen, der als »der beste Kenner der Kampfstoffgruppen« galt und der Meinung war, daß es keine Mittel gegen Lost gebe.[370] Im Januar 1943 wurde dazu ein Großversuch an Menschen geplant. Hirt gab dazu an:[371]

---

366 BAK, NS 21/904; K. Brandt an W. Sievers, 13.7.1942.

367 Vermerk W. Sievers, o. Dat. (1942) BAK, NS 21/904.

368 Kasten, Unethical Nazi Medicine, S. 192.

369 Klee, Auschwitz, die NS-Medizin, S. 362. Klee zitiert hier Sievers' Tagebuch.

370 Vermerk W. Sievers mit Bezug auf eine Besprechung mit Hirt am 25.1.1943 in Natzweiler, BAK, NS 21/906. Flury arbeitete während des Gaskriegs im Ersten Weltkrieg an Habers KWI für Physikalische Chemie als Experte für die Toxikologie der Kampfstoffe. In den 1920er Jahren wurde in Flurys Abteilung des KWI das sogenannte Zyklonverfahren zur Rattenschädlingsbekämpfung ausgearbeitet, bei dem Blausäure durch einen Träger stabilisiert und mit einem Warnstoff versetzt wurde, siehe Kapitel 1.

371 Vermerk W. Sievers mit Bezug auf eine Besprechung mit Hirt am 25.1.1943 in Natzweiler, BAK, NS 21/906.

»...e) Ein Gesamtversuch dauert 6–8 Wochen. Aus Zeitersparnisgründen wäre es deshalb zweckmäßig, nicht nur in Natzweiler, sondern auch in Dachau Versuche durchzuführen, und zwar so, daß der Großversuch in Natzweiler beginnt und der zweite Versuch drei Wochen später in Dachau begonnen wird. Ich habe deswegen am 28.1.43 in Dachau mit SS-Obergruppenführer Pohl gesprochen, der grundsätzlich seine Unterstützung für die Durchführung dieser Versuche zusagte.

f) An VP und Pflegepersonal werden benötigt:
240 Häftlinge
60 Pfleger zum Füttern und Tragen
1 Laborant in Natzweiler
2 Laboranten für Dachau ...

g) Da der Großversuch mit vier Vitaminen durchgeführt werden soll, kämen je 120 Mann für 2 Vitamine in Frage. ...«

Die Häftlingen sollten demnach nach Verabreichung der Vitamine Lost und anderen Kampfstoffen ausgesetzt werden.

Diese Forschung, die das Leiden und den Tod zahlreicher Menschen einplante, wurde von Hirt als interdisziplinäre Gemeinschaftsforschung ausgegeben. An einer Zusammenkunft der Mitarbeiter des Instituts für wehrwissenschaftliche Zweckforschung Abteilung H. in Straßburg am 17.3.1943, die dazu diente, diese Gemeinschaftsforschung herbeizuführen, nahmen teil: Sievers, Hirt, May, Wimmer, Stein, Kiesselbach, Bickenbach, Holtz, Weygand, Fleischmann.[372] Die Anwesenden waren der Meinung, daß wegen der Schwierigkeit der Materie eine enge Zusammenarbeit nötig sei, um ein Ergebnis in absehbarer Zeit herbeizuführen. Folgende Fragen sollten geklärt werden: »Welche Stoffe sind bei den Vitaminen die lebenserhaltenden? Frage der Speicherung der lebenswichtigen Stoffe (Vitamine). Was sind die im Fluoreszenzlicht aufleuchtenden Stoffe? Wann treten die Stoffe auf? Wie werden sie wirksam? Wie kommen wir hinter die Analyse?«[373] Weitere Besprechungen waren vorgesehen. Der Geschäftsführer des »Ahnenerbe«, SS-Standartenführer Wolfram Sievers vermerkte, daß sich die Beteiligten »gern zu einer Gemeinschaftsarbeit im ›Ahnenerbe‹ bereit (erklärten).«[374]

Abgesehen vom Physiologisch-Chemischen Institut spielte das Medizinische Forschungsinstitut im Bürgerspital für die Kriegsforschungen Hirts eine große Rolle. Hier sollte ein Elektronenmikroskop aufgestellt werden und, wie Hirt in einem Schreiben vom 29.3.1943 dem »Ahnenerbe« mitteilte, die nächsten Untersuchun-

[372] BAK, NS 21/906, Vermerk über Zusammenkunft vom 17.3.1943 von W. Sievers. Der Zoologe Dr. Eduard May war Leiter des 1942 gegründeten Entomologischen Institutes des »Ahnenerbe« im KZ Dachau, Prof. Johannes Stein war Dekan der Medizinischen Fakultät der Universität Straßburg, Dr. Anton Kiesselbach und Dr. Wimmer waren Mitarbeiter Prof. Hirts. Bei Holtz handelt es sich vermutlich um Prof. Friedrich Holtz, dem Leiter des Zentralinstituts für Krebsforschung an der Reichsuniversität Posen, eine Tarnbezeichnung für eine Institution zur Erprobung biologischer Kampfstoffe.

[373] Ibid.

[374] Ibid.

gen stattfinden. Mit dem Elektronenmikroskop wollte Hirt folgende Fragen untersuchen:[375]

> »1. Die Kampfstoff-Forschungen haben ergeben, daß bei Vergiftungen mit Gelbkreuz in verschiedenen Organen fluoreszierende Stoffe unbekannter Natur auftreten, die zu schwerer Organschädigung und schließlich wahrscheinlich dem Tode führen. Es soll mit Hilfe des Elektronenmikroskopes versucht werden, über die Natur dieser großen Moleküle, die aus den einzelnen Organzellen mikromanipulatorisch herausgelöst werden sollen, Aufschluß zu gewinnen. ... 2. Die ersten Versuche am Tübinger Elektronenmikroskop über die mit Fluoreszenzfarbstoffen und anderen Chemotherapeutika vorbehandelten Bakterien haben ergeben, daß so vorbehandelte Bakterien erhebliche Strukturveränderungen gegenüber unbehandelten zeigen. Die ersten orientierenden Versuche sollen weiter ausgebaut werden, um die Wirkung der Chemotherapeutika auf Bakterien, desweiteren auf andere Organzellen, zu erschließen. Es soll vor allem eine Strukturanalyse der Blutelemente durchgeführt werden, wodurch die unter Einfluß bestimmter Pharmaca (Sulfonamide) auftretende Veränderung der Blutkörperchenpermeabilität geklärt werden soll.«

Da fast kein Dokument der Reichsuniversität mehr existiert, läßt sich nicht mehr feststellen, welche Untersuchungen im Medizinischen Forschungsinstitut stattfanden. Ich halte es aber für nahezu ausgeschlossen, daß die an dieser Forschung beteiligten Personen, darunter Hanns Dyckerhoff und Friedrich Weygand, nicht wußten, daß KZ-Häftlinge zum Zweck dieser Untersuchungen mit Gelbkreuz vergiftet wurden. Nach Ernst Klee war Dyckerhoff an den Lostversuchen Hirts sogar direkt beteiligt, er führt allerdings als Beleg nur die Aussage von Hirts technischem Zeichner René Wagner bei den Nürnberger Ärzteprozessen an, nach der auch Dyckerhoff Giftgasexperimente an Menschen vorgenommen hat.[376]

An der Reichsuniversität Straßburg wurde in einem Ausmaße, wie es von keiner anderen deutschen Universität bekannt ist, Mord mit dem Wissenschaftsbetrieb verknüpft. Im Zentrum der mörderischen Wissenschaft stand Prof. Hirt, für dessen Vorhaben einer jüdischen Skelettsammlung Gaskammern im KZ Natzweiler installiert wurden. Prof. Bickenbach nahm Versuche an KZ-Insassen mit tödlichem Ausgang vor. Andere Wissenschaftler, darunter Prof. Dyckerhoff und Prof. Weygand, wurden zu Kollaborateuren und Mitwissern Hirts. Das moderne interdisziplinäre medizinische Forschungsinstitut der Reichsuniversität diente der Auswertung der mörderischen Versuche Hirts.

Fleischmann und Weygand hat die Zusammenarbeit mit Hirt nicht geschadet, sie blieben (wie auch May, Wimmer, Kiesselbach und Holtz) nach dem Krieg Hochschullehrer in der Bundesrepublik. Weygand wurde 1946 in Heidelberg mit der »Versehung eines Lehrstuhls« beauftragt. 1950 erhielt er den Titel apl. Professor, und 1953 wurde er planmäßiger außerordentlicher Professor in Tübingen. 1955 wurde er als Ordinarius an die FU Berlin und 1958 an die TH München berufen.

---

[375] Hirt an das Ahnenerbe vom 29.3.1943, BAK, NS/906.

[376] Ernst Klee, Auschwitz, die NS-Medizin, S. 363.

Zu seinen bedeutendsten Forschungen gehören die Entwicklung von Analysenmethoden in der Peptidchemie (Weygandtest auf Racemisierung, 1952) und von neuen Synthesen auf dem Gebiet der Kohlenhydrate (1955). Dyckerhoff wurde 1945 vorzeitig emeritiert und lebte mit dem Titel Prof. zur Wiederverwendung in Köln. Bickenbach wurde wegen Mordes an KZ-Häftlingen 1954 von einem französischen Militärgericht in Metz zu 20 Jahren Gefängnis verurteilt. Hirt entzog sich dem Urteil der Justiz, indem er 1945 Selbstmord beging.

Kapitel 7
Forschung und Karrieren einzelner Chemiker und Biochemiker im nationalsozialistischen Deutschland

7.1 Emil Abderhalden und das Aufblühen seiner Abwehrfermentforschung im Nationalsozialismus – der Einfluß fragwürdiger wissenschaftlicher Autoritäten

Die große Autorität und die finanziellen Möglichkeiten von Lehrstuhlinhabern in Deutschland haben dazu beigetragen, daß die deutsche Chemie und Biochemie große Leistungen erzielten und internationales Ansehen gewannen. Ein zu starker Einfluß wissenschaftlicher Autoritäten führte allerdings immer wieder dazu, daß sich neue Entwicklungen eines Forschungsgebietes oder bessere Theorien erst verspätet durchsetzen konnten.[1] Wenn es sich darüber hinaus bei einem einflußreichen Lehrstuhlinhaber um eine Person handelt, deren wesentliche wissenschaftliche Arbeiten die Kriterien einer objektiven Wissenschaft nicht erfüllen, sind die Auswirkungen für das betreffende Forschungsgebiet verheerend. Im Nationalsozialismus wurden das Ansehen und die Macht von Autoritäten, die dem Regime genehm waren, gestärkt. Kritik an Autoritäten wurde in größerem Maße als früher suspekt. Die zunehmende internationale Isolierung verhinderte die Notwendigkeit, sich mit einer Kritik aus dem Ausland auseinanderzusetzen. Das Beispiel Emil Abderhalden verdeutlicht, wie unter solchen Bedingungen schlechte Wissenschaft bzw. Pseudowissenschaft in größerem Maße als vorher ungehindert Einfluß gewinnen konnte.

Der Physiologe und Physiologische Chemiker Emil Abderhalden glaubte im Jahre 1909 eine bahnbrechende Entdeckung gemacht zu haben. Wenn er einem Hund fremdes Protein in die Bauchhöhle injizierte, produzierte der Hund – angeblich – in seinem Serum ein oder mehrere Enzyme. Diese Enzyme, bei denen es sich nicht um Antikörper handelte, bauten, so Abderhalden, das injizierte Protein, nicht aber

[1] Auf die Notwendigkeit eines richtigen Gleichgewichts zwischen wissenschaftlicher Orthodoxie und wissenschaftlichem Recht auf Widerspruch weist Michael Polanyi hin (The Potential Theory of Adsorption, Science 141, 1010–1013, 1963).

andere Proteine, spezifisch ab. Wenn das Phänomen allgemein gültig war, so sollte auch der menschliche Organismus solche spezifischen Schutz- oder Abwehrfermente gegen fremde Proteine in seinem Serum produzieren. Dies sah Abderhalden als Grundlage für eine völlig neuartige Diagnostik der verschiedenartigsten Zustände und Krankheiten an. Bereits 1910 gab er in einer Veröffentlichung vor, daß Schwangere in ihrem Serum ein Abwehrferment gegenüber den Proteinen der Plazenta besitzen, das zum frühzeitigen Nachweis von Schwangerschaften verwendet werden könne. Das Interesse an seinen Arbeiten wuchs verständlicherweise drastisch an und erreichte 1914 seinen Höhepunkt. In der vierten Auflage seines Lehrbuchs »Abwehrfermente« von 1914 zitiert Abderhalden 451 Arbeiten, die sich mit dem Test auseinandersetzen, die meisten in deutschen, aber auch viele in internationalen Zeitschriften. Der Test wurde auch benutzt, um die Diagnosen für Krebs, Infektionskrankheiten wie Syphilis und Geisteskrankheiten zu stellen. 1914 wurde aber auch zum ersten Mal von Leonor Michaelis in Deutschland gezeigt, daß es sich bei der Annahme von schwangerschaftsspezifischen Abwehrfermenten um einen Irrtum handelte. In den nächsten zwei Jahren reproduzierten Donald van Slyke vom Rockefeller Institute in New York und Florence Hulton in Philadelphia die Ergebnisse von Michaelis. Außerhalb Deutschlands verschwanden Abwehrfermente weitgehend aus der Forschung.

In Deutschland war es anders. Abderhalden akzeptierte die Widerlegungen nicht, sondern führte sie auf mangelhaftes Beherrschen der Methode seitens der beteiligten Forscher zurück. So wurde aus Irrtum und Selbstbetrug ein Betrug, der über 40 Jahre lang bis zum Tode Abderhaldens im Jahre 1950 dauerte und danach noch eine Zeitlang von seinem Sohn Rudolf Abderhalden fortgesetzt wurde. Die Geschichte der Abwehrfermentforschung wurde an anderer Stelle dargestellt.[2] Hier sollen Details der Abwehrfermentforschung nach 1933 vor dem politischen Hintergrund des Nationalsozialismus aufgezeigt und analysiert werden. Abderhaldens politische Rolle im Nationalsozialismus, seine Tätigkeit als Präsident der Leopoldina, bei der er nach 1933 die Karten der jüdischen Mitglieder mit der Bemerkung »Mitgliedschaft gelöscht« versah und vor der Zuwahl neuer ausländischer Mitglieder das Auswärtige Amt um eine diskrete Untersuchung der Kandidaten in bezug auf ihre mögliche Jüdischkeit bat,[3] seine Tätigkeit als Herausgeber der Zeitschrift »Ethik« (bemerkenswert genug angesichts der Tatsache, daß sich sein wissenschaftlicher Erfolg auf Selbsttäuschung und Betrug gründete) und als Eugeniker sowie seine umstrittenen Ernährungsversuche während des Zweiten Weltkrieges sind nicht Gegenstand dieser Untersuchung.

Die Abwehrfermentforschung erfuhr während des Nationalsozialismus eine Renaissance. Die Zahl der Publikationen, die nach dem Ersten Weltkrieg drastisch gesunken war, stieg in den 1930er und vor allem 1940er Jahren wieder deutlich an.

---

[2] U. Deichmann und B. Müller-Hill, The Fraud of Abderhalden's Enzymes, Nature 393, 109–111, 1998.

[3] Sybille Gerstengarbe, Die Leopoldina und ihre jüdischen Mitglieder im Dritten Reich. Leopoldina (R3) 39, 363–410, 1994.

Emil Abderhalden

Infektionskrankheiten und Genetik

Emil Abderhaldens Forschungen auf dem Gebiet der Eiweißchemie, insbesondere der Abwehrproteinase-Reaktion, wurden auch während des Nationalsozialismus sowohl von der Notgemeinschaft (DFG) als auch von der KWG finanziert. Für diese Unterstützung spielte eine große Rolle, daß Kliniker von der Gynäkologie bis zur Psychiatrie das Funktionieren der Methode bestätigten. Wie die folgenden Zitate zeigen, war die Autorität Abderhaldens, sein Ruf, den er als Schüler Emil Fischers, als Ordinarius und seit 1931 als Präsident der ältesten deutschen Akademie Leopoldina besaß, von solcher Bedeutung, daß selbst bedeutende Wissenschaftler wie Adolf Butenandt und Richard Kuhn nicht an ihm zweifelten oder ihre Zweifel beiseite schoben. So betonte Butenandt die Bedeutung der »von E. Abderhalden begründeten Lehre von den Abwehrfermenten« für die Krebsforschung.[4] Kuhn befürwortete 1936 Abderhaldens DFG-Antrag mit der Begründung, daß seine Untersuchungen auf dem Gebiet des Eiweißabbaus und der Peptidsynthesen bedeutende Mittel erforderten, und daß Abderhalden nicht nur der beste, sondern auch der einzige Vertreter der deutschen Wissenschaft sei, der dieses Gebiet bearbeite, das »in den angelsächsischen Ländern sich reger Förderung erfreut«.[5] Zu-

4 Adolf Butenandt, Neuere Beiträge der biologischen Chemie zum Krebsproblem, Angewandte Chemie 53, 345–352, 1940.

5 Gutachten Kuhns vom 25.4.1936, DFG-Akte Emil Abderhalden.

mindest ein Teil der Peptidarbeiten dieses »besten« deutschen Proteinforschers erwiesen sich, wie in Kapitel 6 gezeigt wurde, später als nicht reproduzierbar.

Auch auf dem Gebiet der Abwehrenzyme erhielt Abderhalden positive Gutachten. 1937 bat er um Unterstützung für die Weiterführung seiner Forschung auf dem Gebiete der Abwehrfermente, die er mit dem Ziel einer biologischen Differenzierung von Eiweißstoffen verknüpfte. Insbesondere beabsichtigte er, die Methode auf Vererbungs- und Zwillingsforschung anzuwenden: Meerschweinchen und Schafe genetisch verschiedener Stämme sollten mit Hilfe der Abwehrproteinase-Reaktion (A.-R., gelegentlich auch als Abderhaldensche Reaktion bezeichnet) auf rassenspezifische Serumfaktoren untersucht werden, die Eineiigkeit von Zwillingen sollte festgestellt werden, und Unterschiede zwischen kälteempfindlichen und kälteresistenten Pflanzenstämmen sollten geprüft werden.[6] Dies waren damals Modethemen in der biologischen und humangenetischen Forschung. Darüber hinaus beabsichtigte Abderhalden, seine Forschungen über die Tumordiagnose fortzuführen, naheverwandte Bakterienarten durch die A.-R. zu differenzieren und Grippe oder andere Infektionskrankheiten frühzeitig zu diagnostizieren.

Der zuständige Sachbearbeiter der DFG (Name unleserlich, Krause?) hielt in einer Aktennotiz die Schwierigkeit der Begutachtung fest (bis 1937 mußten noch Gutachten eingeholt werden):

> »Die Gutachtertätigkeit bzgl. der im Schreiben vom 19.1. angegebenen Themen ist sehr erschwert dadurch, daß der größte Teil der angegebenen Themen noch ganz im Fluß zu sein scheint und darüber jedenfalls noch keine Veröffentlichungen vorliegen. Ich habe Herrn Geh. Rat Neufeld vom Institut Robert Koch gebeten, das einschlägige Schrifttum darauf durchzusehen und mir für die einzelnen Fälle maßgebende Begutachter zu nennen. Er fand keinerlei publizierten Resultate bezüglich der Differenzierung von Bakterienstämmen und der Frühdiagnose von Grippe, lehnte demnach ein maßgebliches Gutachten ab, verwies aber auf den Ruf und die Stellung Abderhaldens, welche eine weitere Stützung seiner Arbeiten durchaus hinreichend begründen müßten.«[7]

Auch der als Gutachter hinsichtlich der Krebsdiagnoseforschung hinzugezogene Prof. Max Borst vom Pathologischen Institut der Universität München verwies auf Abderhaldens Ruf: »Die Unterstützung der Arbeiten eines Forschers vom Range Abderhaldens würde ich von vornherein und grundsätzlich empfehlen. Die erfolgreichen Arbeiten dieses Forschers auf dem Gebiete der Abwehrfermente sind allgemein bekannt und anerkannt. Der gegenwärtig vorliegende Antrag zeigt aufs neue seine ideenreiche systematische Weiterarbeit auf diesem Gebiete ...«[8] Abderhalden erhielt die gewünschte Förderung, die Bewilligung wurde vom Leiter der Fachgliederung Medizin des RFR, Prof. Ferdinand Sauerbruch, ausgesprochen.

---

[6] E. Abderhalden an DFG, 19.1.1937, DFG-Akte Emil Abderhalden.

[7] Aktennotiz vom 24.4.1937, DFG-Akte Emil Abderhalden.

[8] Borst an Dr. Breuer, DFG, 30.4.1937, DFG-Akte Abderhalden.

Nach Abderhalden, wie er Sauerbruch im März 1939 schrieb, war die Methode der Abwehrproteinase-Reaktion »jetzt so entwickelt, daß sie ohne Schwierigkeiten in jeder Klinik und in jedem Krankenhaus verwendet werden kann. Erforderlich ist nur eine gewisse Einübung. Es stellt sich immer wieder heraus, daß es unerläßlich ist, diese Methode hier zu erlernen. Ich kann dann helfend eingreifen, wenn sich Schwierigkeiten ergeben. ...«[9] Es sei daran erinnert, daß Leonor Michaelis' Mitarbeiter die Methode bei Abderhalden erlernt hatte, daß sie aber außerhalb dieses Labors nicht mehr funktionierte, vermutlich, weil Abderhalden nicht mehr »helfend« eingreifen konnte.[10] Auch andere Forscher hatten Schwierigkeiten. Bereits mehr als 20 Jahre früher, z. B. in der 2. Auflage seines Buches über Abwehrfermente (1913) und in anderen Publikationen, hatte Abderhalden versucht, abweichende Ergebnisse anderer auf die unzureichende Beherrschung seiner Methode zurückzuführen. In ähnlicher Weise erklärte er Sauerbruch jetzt, wohl um eventuell aufkommende Zweifel zu zerstreuen, daß Fehler dadurch entstehen können, daß die klinische Diagnose häufig nicht gesichert sei und Kliniker die Durchführung der Methode nur unzureichend beherrschten.[11] So hätten von den 600 Assistenten, die zwischen 1912 und 1914 in Halle erschienen seien, um sich die Methode anzusehen, viele sehr schöne Ergebnisse erhalten, viele jedoch nicht. Abderhalden betonte, daß der größte Fortschritt bei der Abwehrproteinase-Reaktion durch den Nachweis der Verwendung von Harn erzielt worden sei; er gab zwar zu, daß die Forschungen noch nicht abgeschlossen seien, zeigte sich aber davon überzeugt, daß eine Frühdiagnose von Carcinomen möglich sei. Er lud Sauerbruch ein, sich die Durchführung der Methode an Ort und Stelle anzusehen. Mir ist nicht bekannt, ob Sauerbruch der Einladung gefolgt ist.

Die Forschung über die Diagnose von Infektionskrankheiten mit Hilfe der Abwehrproteinase-Reaktion wurde von Abderhaldens Sohn Rudolf ausgeführt, einem seiner langjährigen Mitarbeiter, der sich viele Jahre am Selbstbetrug bzw. Betrug seines Vaters beteiligte und die Forschung über Abwehrfermente auch nach dessen Tod (1950) fortführte. Rudolf Abderhalden berichtete der DFG 1943, es sei ihm bei Untersuchungen über Scharlach- und andere Streptokokkenerkrankungen ge-

---

9 E. Abderhalden an Ferdinand Sauerbruch, 21.3.1939, DFG-Akte Abderhalden.

10 Eine interessante Parallele zeigt sich in der Psychoanalyse. Sigmund Freud antwortete 1898 auf Kritik an seiner neuen therapeutischen Methode, mit deren Hilfe er angeblich hysterische Symptome sofort und definitiv beseitigen konnte: »Ich hatte dabei etwa die Empfindungen eines Menschen, der in der Zeitung seine Todesanzeige findet, sich dabei aber in seinem Besserwissen beruhigt fühlen darf. Das Verfahren ist nämlich so schwierig, daß es durchaus erlernt werden muß, und ich kann mich nicht besinnen, daß es einer meiner Kritiker hätte erlernen wollen, glaube auch nicht, daß sie sich, ähnlich wie ich, genug intensiv damit beschäftigt haben, um es selbständig auffinden zu können.« (S. Freud, Die Sexualität in der Aetiologie der Neurosen, Wiener klinische Rundschau 12, Nr. 7, S. 104., zitiert von Han Israels, Der Fall Freud. Die Geburt der Psychoanalyse aus der Lüge, Hamburg 1999: Europäische Verlagsanstalt, S. 13).

11 E. Abderhalden an Ferdinand Sauerbruch, 21.3.1939, DFG-Akte Abderhalden.

lungen, spezifische von unspezifischen Anginen mit Hilfe des Abwehrferment-verfahrens abzugrenzen. Auf diese Weise sei bei vielen atypischen Scharlach-erkrankungen eine frühzeitige Differentialdiagnose möglich geworden.[12]

Emil Abderhalden gab vor, in Zusammenarbeit mit dem Zoologen Wolf Herre an verschiedenen Schafsrassen nachgewiesen zu haben, daß es Plasmaeigenschaften mit Merkmalen der Rasse gebe.[13] In keinem einzigen Fall, so Abderhalden, habe die Abwehrproteinase-Reaktion zu einer Fehldiagnose im Vergleich zur phänotypisch festgestellten Rassenzugehörigkeit geführt. Alle diese Ergebnisse beruhten auf Selbstbetrug oder Betrug. Aber Abderhalden war es gelungen, seinen Abwehrenzymen auch einen Platz in einer im Nationalsozialismus unter anderem aus ideologischen Gründen hoch bewerteten Forschung einzuräumen. Seine Beobachtungen, so schrieb er 1939, eröffneten »weite Ausblicke auf sehr viele Probleme auf dem Gesamtgebiet der Vererbung und auch der Rassenforschung.«[14] Trotz der Schwierigkeiten, die bei Pflanzen in bezug auf die Beschaffung von geeignetem Substrat bestanden, sei es dem Botaniker Carl Mez gelungen, mittels der Abwehrproteinase-Reaktion Verwandtschaftsbeziehungen zwischen Pflanzenarten nachzuweisen.[15]

Die Methode schien auch im damals modernsten Gebiet der Genetik, der Tabakmosaikvirusforschung, vielversprechend zu sein: Zusammen mit Georg Kausche von der Biologischen Reichsanstalt behauptete Abderhalden, daß nach der Injektion von Tabakmosaikvirus in Kaninchen Abwehrproteinasen im Harn auftreten, die das Virus abbauen. Die Forscher hielten es für möglich, mit dieser Methode Unterschiede zwischen verschiedenen Virusarten festzustellen.[16]

Rassenspezifische Proteine im Blut

Otmar v. Verschuer, seit 1942 Direktor des KWI für Anthropologie, menschliche Erblehre und Eugenik in Berlin, war ein international bekannter Zwillingsforscher. Als Mitglied der Leopoldina war ihm Abderhaldens 1939 in der Nova Acta Leopoldina veröffentlichter Aufsatz »Rasse und Vererbung vom Standpunkt der Feinstruktur von blut- und zelleigenen Eiweißstoffen aus betrachtet« vermutlich bekannt. 1941 und 1944 erschienen die letzten Ausgaben des Abderhaldenschen Buches über die Abwehrfermente. In beiden Ausgaben ist ausführlich über die Benutzung des Tests zur Feststellung von Rassenunterschieden bei Schafen die Rede: »Von größtem Interesse wäre z. B. die Prüfung des Verhaltens von Plasma bzw. Serum-Proteinen von ein- und zweieiigen Zwillingen. Hier liegt ein ganz typisches Beispiel dafür vor, wie schwer es oft ist, Material zu Untersuchungen zu erhalten.

---

12 R. Abderhalden, Arbeitsbericht über das Halbjahr April/Sept. 1943, BAK, R73 10002.

13 E. Abderhalden, Rasse und Vererbung vom Standpunkt der Feinstruktur von blut- und zelleigenen Eiweißstoffen aus betrachtet, Nova Acta Leopoldina 7, 1939, 59–79.

14 Ibid., S. 78.

15 E. Abderhalden, Abwehrfermente (Die Abderhaldensche Reaktion), 7. Auflage, Dresden 1944: Theodor Steinkopff Verlag, S. 94.

16 E. Abderhalden und Georg Kausche, Versuche über die Auslösbarkeit der A.-R. mittels Viruseiweiß, Fermentforschung 17, 228–229, 1943.

Trotz jahrelanger Bemühungen bin ich noch nicht in den Besitz von Blut (ca. 10–20 ccm) von solchen Zwillingen gekommen.« Sätze wie diese mögen das Interesse v. Verschuers geweckt haben.

Sein früherer Assistent in Frankfurt, Mengele, trat im April 1943 seine Tätigkeit als Lagerarzt in Auschwitz an. Kurz nach Mengeles Ankunft in Auschwitz stellte v. Verschuer einen Antrag bei der DFG, das Projekt »spezifische Eiweißkörper« zu finanzieren, in dem sein früherer Assistent Mengele in Auschwitz tätig werden sollte. Es sollte untersucht werden, ob verschiedene menschliche Rassen in ihren Seren verschiedene Proteine enthalten, die einen mehr oder weniger starken Schutz gegen bestimmte Infektionskrankheiten garantieren. Um diese Unterschiede zu testen, sollte die Abderhaldensche Abwehrreaktion benutzt werden. v. Verschuer schickte eine technische Assistentin nach Halle, damit sie in Abderhaldens Labor die Methode lernte.

Zur Durchführung der Tests benötigte v. Verschuer auch einen qualifizierten wissenschaftlichen Mitarbeiter, den er in Günther Hillmann fand. Hillmann, der bis 1943 die Abwehrfermentreaktion für die Carcinomdiagnose in Zusammenarbeit mit Karl Hinsberg an der chemischen Abteilung des Pathologischen Instituts der Universität Berlin ausgebaut hatte (siehe Kapitel 6, Krebsforschung), wechselte wegen persönlicher Differenzen mit Hinsberg im Oktober 1943 an das KWI für Biochemie, wo er unter der Leitung von Butenandt Forschungen zum Thema »Spezifität der Katheptischen Tumorproteinase« fortsetzte.[17] Der Wechsel wurde durch den Präsidenten der DFG Rudolf Mentzel vermittelt. Butenandt selbst zog kurz darauf mit dem größten Teil seiner Mitarbeiter nach Tübingen; Hillmann blieb am KWI in Berlin, und sein Stipendium wurde bis März 1945 verlängert. 1944 wurde er am DFG-Projekt »Spezifische Eiweißkörper« Otmar v. Verschuers beteiligt. Er testete mit Hilfe der von ihm abgewandelten Abwehrproteinase-Reaktion Unterschiede in den Serumproteinen verschiedener »Rassengruppen«. Die Blutseren von künstlich infizierten jüdischen und Zigeuner-Zwillingen wurden von Dr. med. et Dr. phil. Mengele, SS-Hauptsturmführer und Lagerarzt in Auschwitz, an das KWI für Anthropologie geschickt.

v. Verschuer erläuterte die mit diesem Projekt verbundenen Ziele in einem Brief vom 4.10.1944 an seinen Frankfurter Kollegen de Rudder: »Von über 200 Menschen verschiedener Rassen, Zwillingspaaren und einigen Sippen sind die Plasmasubstrate hergestellt. Die Abderhaldensche Methode ist einexerziert und soll durch eine neue von Hillmann (der als Mitarbeiter hinzugetreten ist) erfundene Methode ergänzt werden. So kann mit dem eigentlichen Versuch in nächster Zeit begonnen werden. Das Ziel unserer verschiedenen Bemühungen ist nun nicht mehr festzustellen, daß der Erbeinfluß bei manchen Infektionskrankheiten von Bedeutung ist, sondern in welcher Weise er in Funktion tritt und was für Vorgänge sich dabei abspielen.«[18]

---

[17] BAK, DFG-Akte Hillmann.

[18] Benno Müller-Hill, Tödliche Wissenschaft. Die Aussonderung von Juden, Zigeunern und Geisteskranken 1933–1945, Reinbek 1984: Rowohlt, S. 74.

Die Zeit reichte nicht mehr für die Anwendung der Abwehrproteinase-Reaktion auf dieses Problem. Im Januar 1945 verließ Mengele Auschwitz. Die Dokumente, die die Zusammenarbeit zwischen ihm, Hillmann und v. Verschuer bewiesen hätten, sind mit Ausnahme eines kurzen Berichts v. Verschuers an die DFG sowie seinen Brief an de Rudder nicht mehr vorhanden. Sie wurden vermutlich von Hans Nachtsheim beseitigt, kurz bevor die Alliierten Berlin besetzten.[19] Die Kollaboration v. Verschuers mit Mengele und die Mitarbeit Hillmanns wurden erst 1984 durch Benno Müller-Hills Buch »Tödliche Wissenschaft« in der Öffentlichkeit bekannt. Sie hatte für die beteiligten Wissenschaftler nach dem Krieg keine Folgen. v. Verschuer wurde Professor für Humangenetik an der Universität Münster. Hillmann wurde Professor in Tübingen und erster Präsident der deutschen Gesellschaft für klinische Biochemie. Butenandt wurde langjähriger Präsident der Max-Planck-Gesellschaft. Nach dem Krieg schwiegen alle drei oder erklärten, daß sie nichts wußten. Nur Mengele mußte verschwinden.

Neurologie und Psychiatrie, weitere Gebiete

Die Abwehrproteinase-Reaktion (A.-R.) erfreute sich seit ihrer »Entdeckung« großer Beliebtheit unter Neurologen und Psychiatern. Abderhalden sah hier die Arbeiten von Ernst Kretschmer und seinen Schülern, insbesondere Gerhard Mall, als vorbildlich an. Ihr Verdienst sei es, »klare, eindeutige Fragestellungen mittels der A.-R. in Angriff genommen zu haben, verknüpft mit dem Bestreben der weiteren Aufklärung des Wesens der A.-R. und Feststellung der Grenzen ihrer Anwendbarkeit.«[20] Während Kretschmer die A.-R. auf die Frage der von ihm definierten verschiedenen menschlichen Konstitutionstypen anwandte, untersuchten Mall und seine Mitarbeiter Abwehrproteinasen bei Schizophrenen, Manisch-Depressiven, Paralytikern und Menschen mit multipler Sklerose. So fand Mall bei multipler Sklerose einen starken Abbau von Hirnmark-Eiweißsubstraten, den er als hochgradig spezifisch bezeichnete. Bei Paralytikern entdeckten Mall und H. Winkler Proteinasen im Harn, die speziell Hirnrinde abbauten, und bei Schizophrenen gelang es Mall und H. Wagner, Abwehrfermente zu gewinnen, die Hirnrinde und Testis stark abbauten.[21] Kretschmer und Mall veröffentlichten 1941 ein Buch über diese Ergebnisse, die, es sei wiederholt, alle auf Betrug und Selbstbetrug beruhten:

---

19 Raphael Falk, Hans Nachtsheim: How to be a Eugenicist in National Socialist Germany and Prevail, unpubl. essay, Jerusalem 1993. Nachtsheim, der gegen Ende des Krieges in Berlin war, schrieb im März 1945 an v. Verschuer, der Berlin verlassen hatte, daß er die belastenden Dokumente des Instituts im Falle einer Besetzung der Stadt rechtzeitig zerstören werde.

20 E. Abderhalden, Abwehrfermente 1944, S. 75.

21 Siehe Literaturangaben im Übersichtsartikel von G. Harrer, Die Abwehrproteinasen (1939–1945), Zeitschrift für Vitamin-, Hormon- und Fermentforschung 1, 484–503, 1947, und I. Geiger, G. Harrer und K. Rotter, Das Vorkommen von Abwehrproteinasen im Liquor cerebrospinalis, ibid. 3, 1–12, 1949/50.

»Fermentchemische Studien zur klinischen und konstitutionellen Korrelationsforschung«, de Gruyter, Berlin.

Die Abwehrfermente rückten für einen kurzen Moment in die Nähe der Realität, als der Biochemiker Theodor Bersin und Mall, die seit 1938 gemeinsam über dieses Thema arbeiteten, im Jahre 1941 erstmalig die Isolierung von kristallisierten Abwehrfermenten aus Serum und Harn beschrieben.[22] Diese schönen Kristalle erwiesen sich aber, wie Bersin und Mall kurze Zeit später selber erkannten, als anorganisches Magnesiumammoniumphosphat, das sie zur Reinigung des Enzyms verwendet hatten. Das hinderte sie nicht daran, auch darin einen Schritt in Richtung Isolierung der Enzyme zu sehen: Sie stellten die Hypothese auf, daß die Abwehrfermente an diese Kristalle adsorbiert seien. Diese Deutung wurde von Abderhalden in der 7. und letzten Auflage seines Buches über Abwehrfermente übernommen und als großer Erfolg gepriesen: Bersin und Mall sei es gelungen, Kristalle mit proteolytischer Wirkung zu erhalten, es handele sich zwar nicht um reine Fermentkristalle, sondern die Abwehrproteinase sei auf diese anorganischen Kristalle niedergeschlagen. »Wesentlich ist, daß es gelungen ist, das genannte Ferment weitgehend von Fremdstoffen befreit zur Wirkung zu bringen.«[23]

Abderhalden wandte die A.-R. während des Krieges auf immer neue Gebiete an: Um nur zwei Beispiele zu nennen: Bei Personen mit vorzeitiger Geschlechtsentwicklung wies er angeblich nach, daß sie zwar keine positive A.-R. mit Substraten entsprechender Hormondrüsen zeigten, wohl aber mit Zwischenhirnsubstrat.[24] Desweiteren wandte er die A.-R. zur Untersuchung der im Zustand der Agonie einsetzenden Autolysevorgänge verschiedener Organe an.[25]

Ausgehend von einer Beobachtung Abderhaldens im Jahre 1916, nach der bei menschlichen Tumorträgern die Einspritzung des fermenthaltigen Serums gelegentlich einen anaphylaktischen Schock hervorrief, schlug Gerhart Harrer, ein Mitarbeiter der Psychiatrisch-Neurologischen Universitätsklinik Innsbruck, eine neue therapeutische Verwendung der A.-R. vor. Harrer gab an, bei zwei Schizophreniepatienten durch Injektion von Abwehrfermenten, die von einem Patienten im Stadium eines akuten Schubes gewonnen worden waren, einen akuten Schub herbeigeführt zu haben, und empfahl diese Methode als Schocktherapie zur Schizophreniebehandlung.[26]

Darüber hinaus bemühten sich Harrer und K. Rotter während ihrer Tätigkeit als Stabsärzte der Luftwaffe, eine Reihe von technischen Schwierigkeiten bei der

---

[22] Gerhard Mall und Theodor Bersin, Die Darstellung krystallisierter »Abwehrproteinasen« aus Harn und Serum I, Zs. f. physiol. Chem. 268, 129–162, 1941.

[23] E. Abderhalden, Abwehrfermente, 1944, Vorwort.

[24] E. Abderhalden, Über den Ausfall der A.-R. bei Fällen von Pubertas praecox, Fermentforschung 17, 308–310, 1942–1945.

[25] E. Abderhalden, Das Verhalten der A.-R. bei Agonie, Fermentforschung 17, 297–305, 1942–1945.

[26] K. Rotter, Beitrag zur therapeutischen Verwendung von Abwehrfermenten, Fermentforschung 17, 340–343, 1942–1945.

Durchführung der A.-R. zu beseitigen. Nach ihrer Angabe konnte diese Methode danach ohne weiteres im Felde durchgeführt und neben den üblichen serologischen Methoden zum Nachweis bakterieller Infektionen eingesetzt werden.[27] Mir ist nicht bekannt, ob die Methode tatsächlich verwendet wurde.

In der NS-Zeit wurde die Methode der A.-R. nie offen kritisiert, die Existenz der Abwehrfermente in keiner Publikation in Frage gestellt. Obwohl viele Wissenschaftler an der Durchführbarkeit von Abderhaldens Methode zweifelten, äußerte sich keiner offen. Ein junger Wissenschaftler hätte damit vermutlich das Ende seiner Karriere riskiert. Gerhard Mall schrieb Abderhalden im April 1942, daß er und seine Mitarbeiter »in eine recht depressive Stimmung« kamen, als sie »plötzlich die Beobachtung machten, daß auch der Harn von völlig Gesunden einwandfreie Substrate von Plazenta, Hühnereiweiß und Mammacarcinom unspezifisch spaltet.«[28] Schließlich sei es ihm aber doch gelungen, die Existenz der spezifischen Enzyme nach einer komplizierten Prozedur der Abtrennung von den unspezifischen Enzymen nachzuweisen. Ein weiterer Brief Malls macht deutlich, daß Abderhalden zumindest hinsichtlich der Spezifität der Enzyme die wissenschaftliche Öffentlichkeit bewußt getäuscht hat. Mall, den das Problem unspezifischer Enzyme sehr beschäftigte, schrieb im Oktober 1942: »Hinsichtlich der Spezifität wäre ich Ihnen dankbar, wenn Sie mir Ihre Erfahrung mitteilen würden. *Sie selbst haben ja die Beobachtung gemacht, daß z. B. bei Graviden neben Plazenta auch Casein, Kürbissameneiweiß Edestin, Fibrin abgebaut wird.* Wir haben ähnliche Beobachtungen gemacht.«[29] (Hervorheb. UD.)

Der Chemiker Hans Brockmann ist ein Beispiel eines jungen Wissenschaftlers, der Abderhalden durchschaute und daraus Konsequenzen zog. Von der Idee der Abwehrenzyme zunächst fasziniert, ging er zu Abderhalden, um bei ihm zu arbeiten. Als er aufgefordert wurde, ein erfolgreiches Experiment nicht zu wiederholen und negative Experimente als falsch zu verwerfen, erkannte er den Betrug.[30] Er verließ das Institut, um den Betrug nicht weiter mitzutragen, gab aber seine Erfahrungen nur in wenigen persönlichen Gesprächen weiter.

---

[27] G. Harrer und K. Rotter, Über die Durchführbarkeit der Abderhalden'schen Reaktion unter Feldverhältnissen, Fermentforschung 17, 224–227, 1942–1945.

[28] G. Mall, 3.4.1942 an E. Abderhalden, Arch. der Leopoldina, EA 238/23.

[29] G. Mall, 27.10.1942 an E. Abderhalden, ibid. Mall führt in dem Brief weiter aus, daß von 200 klinisch positiven A.-R. Befunden nur in 16 % ein monoglandulärer Abbau zu beobachten gewesen sei (d. h. die Reaktion hinsichtlich des Substrates spezifisch war), eine Beobachtung, die sich mit Ergebnissen aus anderen Kliniken decke. »Unsere 16 % schrumpfen aber noch erheblich zusammen, wenn man berücksichtigt, daß es sich auch bei diesen monosymptomatischen Befunden um sehr schwache Reaktionen handelte, die teilweise im Protokoll mit Spur oder ((+)) bezeichnet wurden.«

[30] Persönliche Mitteilung von Otto Westphal, dem Hans Brockmann von seinen Erfahrungen bei Abderhalden erzählt hat, Montreux 28.8.1996.

Auch nach dem Krieg wurde in Deutschland geschwiegen. Als Abderhalden 1945 in die Schweiz zurückkehrte, verschafften ihm Freunde noch mit 69 Jahren, d. h. ein Jahr vor der Emeritierung, ein Ordinariat an der Universität in Zürich. Allerdings empfingen ihn, wie Jean Lindenmann, der Abderhalden damals als Student kennenlernte, sich erinnert, nicht alle Kollegen der alten Heimat mit offenen Armen, was Abderhalden sehr verbitterte:

> »Er war überzeugt, ihm geschehe Unrecht wegen der politischen Neigungen zum Nationalsozialismus, die man ihm unterstellte, die er aber in Wirklichkeit nie gehabt habe. Was ihm aber in keinem Augenblick bewußt wurde, war die Tatsache, daß man seinem ganzen wissenschaftlichen Oeuvre mißtraute, daß die Schlüsselexperimente, die seinen Ruhm begründet hatten, sich als nicht reproduzierbar erwiesen und von der seriösen Forschung außerhalb Deutschlands nie akzeptiert worden waren.«[31]

Eine im Jahre 1947 in Tübingen stattfindende Arbeitstagung über die Entwicklung und den gegenwärtigen Stand der Abderhaldenschen Reaktion verdeutlichte das nach wie vor große Interesse an diesem Thema. Die Teilnehmer der Arbeitstagung waren Bennhold, Butenandt, Kretschmer, Mall, Gerhard Schramm, Schubert, Weber, Westphal, Winkler (aus Tübingen); Bersin (aus Marburg); Hinsberg (aus Freiburg); Knüchel, Römer, Volhardt, Winkelstroetter (aus Karlsruhe); Merten (aus Bad-Ems); Herbert Müller (aus Regensburg).[32] Mall, Karl Hinsberg und Müller bestätigten das Auftreten spezifischer Abwehrfermente, die gelegentlich von unspezifischen Reaktionen begleitet wurden. Kretschmer wies darauf hin, daß die Stärke der Abwehrfermentreaktionen nicht immer ein Kriterium zugrundeliegender Störungen sein müsse, sondern daß sie auch Ausdruck einer konstitutionell bedingten individuellen Reaktionsbereitschaft sein könne. Bersin berichtete von seinen Arbeiten an der Reindarstellung der Abwehrproteinase, die er zusammen mit Mall seit 1938 betreibe. Die Diskussion wurde von Adolf Butenandt geleitet, der auf die Notwendigkeit hinwies, die bisherigen Ergebnissse der Abderhaldenschen Reaktion mit chemisch homogenen, eindeutig definierten Proteinen nachzuprüfen. Eine solche Prüfung fand nicht statt bzw. wurde nie veröffentlicht.

In den Jahrgängen 1947 bis 1950 der von Abderhalden gegründeten Zeitschrift für Vitamin-, Hormon- und Fermentforschung finden sich zahlreiche Publikationen verschiedener medizinischer Wissenschaftler zum Thema Abwehrfermente. Bei gelegentlicher Kritik wird an der generellen diagnostischen Bedeutung der Methode nicht gezweifelt.

Im Jahre 1950 starb Abderhalden. Herausgeber der Zeitschrift wurden nun Rudolf Abderhalden, Hans v. Euler, Kurt Felix, Walter Goetsch, B. A. Houssy und Joachim Kühnau. Der 1951/52 veröffentlichte Nachruf auf Emil Abderhalden würdigt insbesondere seine Entdeckung der Abwehrproteinase-Reaktion und ihrer Anwendungen (der Verfasser des Nachrufs ist nicht genannt, es handelt sich ver-

[31] Jean Lindenmann in der Aschoff-Lecture am 21. Juni 1994.
[32] Bericht von G. Mall, Zs. f. Vitamin-, Hormon- und Fermentforschung 2, 47–48, 1948.

mutlich um seinen Sohn Rudolf). Nach Abderhaldens Tod wurden, von wenigen Ausnahmen abgesehen, keine Arbeiten mehr über Abwehrfermente veröffentlicht. Nur ein einziges seit 1950 erschienenes Lehrbuch erwähnt die Abwehrproteinase-Reaktion: Die 1953 erschienene 4. Auflage des Lehrbuchs Rudolf Abderhaldens »Vitamine, Hormone, Fermente«. Das Konzept der Abwehrfermente verschwand aus Handbüchern und neuen Lehrbüchern. Spätere Mediziner erfuhren nie von seiner Existenz.

Die Abwehrfermente erlebten eine kurze Renaissance, als Paul Niehans, der Erfinder der Frischzellen-Therapie, die Abderhaldensche Methode als sichere Diagnostik für seine Therapie anpries.[33] Unter den anfänglichen Erfolgsberichten findet sich auch einer von Abderhaldens Sohn Rudolf. Aber diesmal war die Kritik schärfer. Zwei Kliniker zeigten 1957, daß sich die Reaktion der Blutseren gesunder und kranker Personen nicht unterschied, und sie kamen zu der Schlußfolgerung, daß ein Horoskop ebenso nützlich wie die Abderhaldensche Reaktion sei.[34]

Die Abderhaldenschen Abwehrfermente verschwanden aus dem Bereich der Wissenschaft. Aber die Niehanssche Frischzellen-Therapie hielt sich. Im Januar 1997 wurde sie auf Antrag des Bundesgesundheitsministeriums verboten. Dagegen wurde Einspruch erhoben, und im Jahre 2000 wurde das Verbot wegen formaler Fehler des Verfahrens wieder aufgehoben.

Zum Schluß soll nach den Gründen gefragt werden, warum Abderhalden trotz der Widerlegungen mit seinen Abwehrfermenten weitermachte und in Deutschland anerkannt blieb. Eine kurze Analyse des Falls zeigt folgende Charakteristika. Bei den Abwehrfermenten handelt es sich nicht um eine falsche Theorie, die, wie Max Planck in bezug auf die Auseinandersetzungen zwischen Ludwig Boltzmann und Wilhelm Ostwald über die Theorie der Wärmeleitung feststellte, oft erst mit dem Tode der sie vertretenden Wissenschaftler stirbt.[35] Die Methode der A.-R. ist auch kein zunächst brauchbares, später veraltetes experimentelles System, das erst nach dem Wechsel in der Laborleitung durch ein besseres ersetzt wird. Sondern es geht um ein Konzept, das auf unzuverlässigem Experimentieren, Selbstbetrug und Be-

---

[33] Beitrag von Rudolf Abderhalden in P. Niehans, Die Zellulartherapie, München und Berlin 1954: Urban und Schwarzenberg.

[34] U. Kanzow und H. Schulten, Untersuchungen zur Zellulartherapie. 1. Mitteilung: Über den Wert der Abderhaldenschen Abwehrferment-Reaktion für die Praxis. Die Medizinische (Stuttgart) 13, 447–450, 1957. Ich danke Prof. O. Westphal für den Hinweis auf diese Publikation.

[35] Max Planck, Persönliche Erinnerung aus alten Zeiten, Die Naturwissenschaften 33, 230–235, 1946. Boltzmann hatte in seinen Arbeiten zur kinetischen Gastheorie Irreversibilität als charakteristisch für die Vorgänge in einem Gas nachgewiesen. Dadurch hatte er die von Planck theoretisch aufgestellte Behauptung des grundsätzlichen Unterschiedes zwischen der Wärmeleitung und einem mechanischen Vorgang belegt, die Wilhelm Ostwald ablehnte. Boltzmanns und Plancks Ansicht setzte sich durch, weil Ostwalds Vorstellung zu theoretischen und experimentellen Widersprüchen führte.

trug basierte.[36] Abderhalden war ein Forscher, der nicht nur ungenau, sondern unwissenschaftlich arbeitete. Erfolgreiche Experimente wiederholte er nicht, negative Ergebnisse wertete er nicht, Daten wurden erfunden und Auswertungen gefälscht.[37] Damit gehörten seine Forschungen eher in den Bereich der Pseudowissenschaft als in den der Wissenschaft.[38] Voraussetzung dafür waren Mitarbeiter, die, in Erfüllung seiner Erwartungen, sich und ihn betrogen.

Abderhaldens Methode erleichterte eine massenhafte Täuschung anderer insofern, als es sich um einen qualitativen Nachweis der Proteinabbauprodukte handelte. Im ersten (Biuret-) Test war mit dem Auge und nicht mit dem Photometer eine stärkere Violettfärbung von der normalen Violettfärbung der Kontrolle zu unterscheiden. Auch in späteren Tests benutzte er kein Photometer. Alle diejenigen, die

---

36 Der Begriff Betrug ist nicht im juristischen Sinne zu verstehen. Es kann nicht nachgewiesen werden, daß Abderhalden den Betrug geplant hat. In der Wissenschaft ist es meiner Meinung nach aber auch dann gerechtfertigt, von Betrug zu reden, wenn nach einem anfänglichen Irrtum das Wunschdenken den Ausgang von Experimenten (über Jahrzehnte hinweg) bestimmt, Daten selektiv ausgewählt werden und eindeutige Widerlegungen nicht zur Überprüfung der Experimente führen. Darüber hinaus zeigt die oben zitierte Anfrage Gerhard Malls, daß Abderhaldens Behauptung der Existenz spezifischer Abwehrenzyme ab einem bestimmten Zeitpunkt seinen eigenen Versuchsergebnissen widersprach und damit gelogen war.

37 Belege seines unwissenschaftlichen Arbeitens finden sich, abgesehen von der von Westphal berichteten Erfahrung Hans Brockmanns, in den Versuchsprotokollen und Korrespondenzen Abderhaldens im Archiv der Leopoldina in Halle. So beanstandete z. B. die Chemische Fabrik Stockhausen, für die Abderhalden während des Krieges Präparate herstellte, darunter geruchloses Fischmehl oder ein neues Abführmittel, am 10.9.1941, daß bei den Versuchen keine einheitlichen Versuchsbedingungen eingehalten wurden und genaue Mengenangaben der Reagenzien sowie Temperaturangaben oft fehlten (EA 247/12). In Abschnitt 6.1.3 wurde auf die Unzuverlässigkeit von Abderhaldens Peptidforschung hingewiesen.

38 In diesem Zusammenhang ist interessant, daß sich Abderhalden als Vorsitzender des Ausschusses für Bevölkerungspolitik des Preußischen Landtages 1919 für die Berücksichtigung der Homöopathie im medizinischen Unterricht an Universitäten einsetzte: Zur Verteidigung der Behauptung der Homöopathen, ihre Mittel seien auch und gerade in großer Verdünnung wirksam, führte Abderhalden an: »Es ist uns wohl bekannt, daß bestimmte Mittel in Spuren eine vollständig andere Wirkung haben als in großen Mengen.« In seiner Kritik an Abderhaldens Eintreten für Homöopathie und Naturheilkunde verwies Friedrich Schultze auf die Notwendigkeit, »auf die Rolle von Suggestion und Autosuggestion bei allen diesen Dingen hinzuweisen, wie denn überhaupt der angehende Mediziner nicht eindringlich und oft genug auf den überaus großen Einfluß dieser Potenzen für die Wirkung jeder Therapie hingewiesen werden kann. Die seelischen Potenzen sind wichtiger als die Hahnemannschen.« Darauf gehe Abderhalden leider mit keinem Wort ein. (Wolfgang Heese, Zwischen »Schulmedizin« und Naturheilkunde: Emil Abderhalden (1877–1950) als Abgeordneter in der Verfassunggebenden Preußischen Nationalversammlung, Leopoldina (R. 3) 24, 133–176, 1978 (Halle 1981), S. 141 und S. 144). Ich danke Dr. Wieland Berg für den Hinweis auf diese Quelle.

behaupteten, Abwehrfermente nachgewiesen zu haben, sahen vermutlich feinste Farbunterschiede, wo keine waren.

Diejenigen, die die These der Abwehrfermente als erste eindeutig widerlegten, wurden von Abderhalden und anderen medizinischen Wissenschaftlern nicht ernstgenommen. Michaelis war trotz seiner bahnbrechenden biochemischen Arbeiten als Jude und politisch liberal eingestellter Wissenschaftler kein Ordinarius geworden, und soweit mir bekannt ist, reagierte Abderhalden auf die amerikanischen Widerlegungen überhaupt nicht. Im Gegensatz zu den USA, wo mit van Slyke ein hochangesehener Wissenschaftler die Abderhaldenschen Resultate beim Schwangerschaftsnachweis mit einem Mitarbeiterstab von erfahrenen klinischen und naturwissenschaftlichen Forschern am Rockefeller Institute for Medical Research überprüfte, nahmen führende Chemiker und Biochemiker in Deutschland keine eigenen Nachprüfungen vor. Bedeutende naturwissenschaftliche Biochemiker wie Adolf Butenandt, Richard Kuhn und Otto Warburg schwiegen. Der Physiologische Chemiker Theodor Bersin bestätigte Abderhalden, ebenso eine Reihe von klinischen Forschern. Die internationale Isolierung deutscher Wissenschaftler während des Ersten und später Zweiten Weltkrieges begünstigte den deutschen Sonderweg auf dem Gebiet der Abwehrfermente.

Die deutsche medizinische Wissenschaft war trotz des hohen Ansehens, das sie in der ersten Hälfte des 20. Jahrhunderts international genoß, keine solide Naturwissenschaft wie die Physik oder die Chemie. Erschwerend für die Ausführung wissenschaftlicher Experimente wirkte sich die damit verbundene Doppelbelastung eines Klinikers aus.[39] Die Komplexität medizinischer Forschungsobjekte erhöhte die Bereitschaft zur Akzeptanz spekulativer und pseudowissenschaftlicher Erklärungsversuche, solange eindeutige quantitative Methoden noch nicht vorhanden waren. Daß es die Abderhaldensche Methode war, mit der Otmar v. Verschuer die von Mengele aus Auschwitz gesandten Blutproben vorher gezielt infizierter KZ-Häftlinge auf rassenspezifische Serumreaktionen testete, zeigt für diesen Fall die Nähe von Pseudowissenschaft und Verbrechen.[40]

Entscheidend für den langen Zeitraum, in der Abderhalden seine falschen Thesen nahezu unangefochten verbreiten konnte, war die Autorität, die er zunächst als Schüler Emil Fischers, dann als Ordinarius und Präsident der ältesten deutschen

[39] In der medizinisch-klinischen Forschung arbeitet der junge Forscher in der Regel tagsüber in einem Krankenhaus mit Patienten und führt abends seine Experimente aus; sein Chef ist oft Direktor eines Krankenhauses. Bereits für einen Naturwissenschaftler als Vorgesetzten ist es schwierig und, wie im Falle Kögls gezeigt wurde, durchaus nicht immer üblich, alle experimentellen Details der Mitarbeiter zu prüfen. Aber ungleich schwieriger ist dies für einen Arzt, der für viele Patienten verantwortlich ist. Seine Ergebnisse finden oft trotz gegenteiliger Befunde Glauben. Heute ist die Einhaltung klarer Standards (z. B. prospektive Doppelblindstudien bei der Untersuchung der Wirksamkeit von Medikamenten) Voraussetzung für anerkannte Studien in der klinischen Forschung.

[40] Weitere Beispiele dazu finden sich bei Ernst Klee »Auschwitz, die NS-Medizin und ihre Opfer«, Frankfurt 1997: Fischer.

Akademie besaß. Die Macht von Autoriäten war und ist in der Medizin besonders groß. Alle Biochemiker, auch die Naturwissenschaftler, schwiegen, obwohl einige die Wahrheit kannten. Junge Wissenschaftler schwiegen, weil Kritik oder deutlich geäußerte Zweifel vermutlich die Chancen ihrer Karriere verringert hätten.

Die am Beispiel der Abwehrfermente in Erscheinung tretende Bedeutung der Autorität für die Entscheidung darüber, was als wissenschaftliche Wahrheit anzusehen ist, scheint die von einigen Wissenschaftssoziologen aufgestellte Theorie, wissenschaftliche Ergebnisse seien nichts anderes als soziale Konstrukte, zu bestätigen. Folgt man dieser Argumentation, ist eine Unterscheidung zwischen Wissenschaft, Pseudowissenschaft und Betrug nicht mehr möglich. Das Kriterium der Reproduzierbarkeit durch andere, das z. B. von Michaelis zur Überprüfung des Wahrheitsgehalts von Abderhaldens Thesen verwendet wurde, wird dann zu einem weiteren beliebigen Kriterium, das Wissenschaftler verwenden können oder auch nicht, um einen Sachverhalt für wahr zu erklären. Dabei ist zu berücksichtigen, daß auch Abderhalden dieses Kriterium anerkannte, aber dadurch pervertierte, daß er es durch das Ausspielen seiner Autorität dazu benutzte, Kliniker unter Druck zu setzen, ihm genehme Daten zu produzieren, und daß er abweichende Ergebnisse grundsätzlich nicht gelten ließ, sondern immer auf die mangelhafte Beherrschung seiner Methode zurückführte.[41] Auf die Literatur zum Thema der Verläßlichkeit von empirischen Forschungsergebnissen kann hier nur verwiesen werden.[42]

Die Behauptung, daß sich wissenschaftliche »Systeme von Glaubensinhalten« in einem »historischen und sozialen Kontext« entwickeln und es keine Möglichkeit einer Übereinstimmung zwischen naturwissenschaftlichen Produkten und externer Welt gebe,[43] erinnert an Versuche nationalsozialistischer Philosophen, die Möglichkeit objektiver, universaler Naturwissenschaft zu bestreiten.[44] So spricht z. B. Julius Evola von der Befreiung vom »Aberglauben der Tatsache« und der »Macht reiner Suggestionen« in der Wissenschaft (diese unterstellte Evola jüdischen Wissenschaftlern).[45] Das Beispiel Abderhalden zeigt in der Tat die Macht von Selbst- und Fremdsuggestionen in der Tätigkeit eines Wissenschaftlers. Aber

41 Siehe dazu Ulrich Charpa, Selbsttäuschung und Forschertugend, in: Jürgen Mittelstraß (Hg.), Die Zukunft des Wissens, Konstanz 1999: Unversitätsverlag Konstanz, 843–850.

42 Entsprechend der im Forschungsalltag üblichen Redeweise ist mit »Reproduzierbarkeit« gemeint, daß es einen verläßlichen weiteren experimentellen Prozeß gibt, der eine empirische Feststellung bestätigt. Allgemein zur Orientierung an Zuverlässigkeit siehe Alvin I. Goldman, Knowledge in a Social World, Oxford 1999: Oxford Univ. Press, Kap. 8 und David Papineau, Science and Truth, Inaugural Lecture, King's College London, London 1992. Zur Reformulierung des forschungspraktischen Reproduzierbarkeitspostulates siehe Ulrich Charpa, Forscherwissen – Grundzüge einer reliabilistischen Wissenschaftstheorie, Habil.schrift Ruhr-Universität-Bochum 2000, Abschnitt 4.4.3.

43 Karin Knorr-Cetina, Die Fabrikation von Erkenntnis, Frankfurt 1991: Suhrkamp, S. 1991, S. 18.

44 Siehe dazu z. B. die Beiträge in der Zs. für die gesamte Naturwissenschaft seit 1935.

45 Julius Evola, Über das Problem der arischen Naturwissenschaft, Zs. für die gesamte Naturwissenschaft 6, 161–172, 1940.

seine Tätigkeit wird gerade dadurch, daß er diese Suggestionen trotz mehrfacher Widerlegung nicht kritisch überprüft und korrigiert, zur Pseudowissenschaft und zum Betrug.

Benno Müller-Hill und ich haben die Hintergründe dieses Betrugsfalles in dem Aufsatz »The fraud of Abderhalden's enzymes« (Nature 393, 109–111, 1998) analysiert. Wir haben darin den jahrzehntelangen Selbstbetrug und Betrug von Abderhalden als ein Beispiel für eine Wissenschaft charakterisiert, die zu einem sozialen Konstrukt und damit zu einer Pseudowissenschaft geworden war. Nach der Veröffentlichung erreichten uns viele zustimmende Zuschriften, die meisten von Biochemikern, die entweder Abderhalden selbst oder seine Forschung gut kannten. Einer von ihnen ist Peter Karlson, Butenandt-Schüler und später Ordinarius für Biochemie in Marburg. In seinem Brief heißt es: »...Es ist verdienstvoll, daß Sie und B. Müller-Hill diese [die Abwehrfermente] jetzt zu Grabe getragen haben. Ich habe das Ende ihrer Blütezeit noch erlebt, ebenso wie die Kontroversen. Bei vielen Biochemikern herrschte die Meinung vor, daß ›irgendetwas dran sein müßte‹ und war doch alles Massensuggestion.«[46]

7.2 Wolfgang Ostwald, die Kolloidchemie und die »Rekristallisation, d. h. Reinigung, Stabilisierung, Neuformung« Deutschlands

Wolfgang Ostwald wurde am 27. Mai 1883 in Riga geboren. Sein Vater, der Physikochemiker und Nobelpreisträger Wilhelm Ostwald, begründete während der 1880er Jahre zusammen mit Arrhenius und van't Hoff die Physikalische Chemie als eigenständige Disziplin. Wolfgang Ostwald gehörte etwa 30 Jahre später zu den stärksten Verfechtern einer eigenständigen Kolloidchemie in Deutschland, deren Konzepte nicht nur in der Physikalischen und Technischen Chemie angewendet werden, sondern auch einen völlig neuen Zugang zur Erklärung biologischer Vorgänge ermöglichen sollten. Eine Reihe von Chemikern und Biochemikern, darunter viele jüdische Wissenschaftler, unterstützte Ostwalds Bemühungen, der Kolloidchemie zu mehr Anerkennung zu verhelfen. Während des Nationalsozialismus verband Ostwald den Kampf zur Förderung der Kolloidchemie mit dem kulturpolitischen Kampf gegen Juden im In- und Ausland. Im folgenden werden einige historische und psychologische Hintergründe beleuchtet.

[46] Persönliche Mitteilung von Prof. Dr. P. Karlson, ohne genaues Datum, Juni 1998.

Wolfgang Ostwald

7.2.1 Der Aufstieg Ostwalds zum führenden Kolloidchemiker in Deutschland

Wolfgang Ostwald wird als ein Mensch mit vielfältigen wissenschaftlichen und musischen Interessen charakterisiert. Er studierte Naturwissenschaften in Leipzig und promovierte 1904 in Zoologie. Unter Vermittlung seines Vaters ging Ostwald von 1904 bis 1906 als Forschungsassistent zu Jacques Loeb, einem ehemaligen Schüler Wilhelm Ostwalds. Der Physiologe Loeb war 1891 in die USA emigriert, wo er Professor an der University of Chicago, später der University of California, Berkeley, wurde. Sein Ziel war es, Fragen der Biologie und Physiologie mit Hilfe exakter Methoden der Physikalischen Chemie zu beantworten, wobei sein Forschungsschwerpunkt auf dem Gebiet der Proteinchemie lag. Unter Loebs Einfluß begann Ostwald Gesetzmäßigkeiten verdünnter Lösungen, z. B. den osmotischen Druck und Ionengleichgewichte, bei physiologischen Vorgängen zu untersuchen. Ostwald lag hypothesengesteuertes exaktes Experimentieren allerdings nicht, wie er später an seinen Vater schrieb: »Ich denke mit regelrecht wehmütigem Neid an die schönen Serienversuche, die Du inzwischen wohl gemacht hast und beliebig machen kannst. Schematische Serien von Experimenten waren immer eine besondere Liebhaberei von mir, im Gegensatz zu den sogenannten ›schlagenden‹ Versuchen von LOEB« (Hervorheb. i. O.)[47] Ostwald bevorzugte eine Forschung, in der Beschreibung und Spekulation im Vordergrund standen. Zusammen mit Loebs damaligem Assisten-

[47] Wolfgang Ostwald an Wilhelm Ostwald, 14.11.1915, Wilhelm-Ostwald-Gedenkstätte Großbothen, Ordner Wolfgang Ostwald.

ten Martin Fischer begann er, physiologische Erscheinungen mit Hilfe von Konzepten der aufblühenden Kolloidchemie zu erklären. (Zur Geschichte der frühen Kolloidchemie siehe Abschnitt 6.1.3).[48] So begann Ostwald, Lebenserscheinungen als eine Folge der Änderung von Dispersionsgraden wichtiger Zellbestandteile und Moleküle zu betrachten, d. h. als Folge ihrer Koagulation oder Separation. Die Vernachlässigung des Experiments und die zunehmende Tendenz zur Spekulation führten zu Differenzen mit Jaques Loeb, der zwar selbst Kolloidchemie betrieb, deren Konzepte und Methoden aber zunehmend als unwissenschaftlich und für biologische und biochemische Fragestellungen unnötig ablehnte. Loeb widersprach insbesondere den weitreichenden Spekulationen, wie sie z. B. von Martin Fischer und Wolfgang Ostwald vertreten wurden – der herausragende Vertreter dieser neuen kolloidchemischen Bewegung in den USA war der Physikochemiker Wilder Bancroft.[49] Nach Fischer wurde Oswalds Stipendium nicht verlängert, nachdem er in einer Arbeit die Befruchtung als das »Koagulationsprodukt« eines »Kolloids« erklärte.[50] Martin Fischer, der später Professor für Physiologie an der University of Cincinnati wurde, betrieb nebenher eine Praxis, in der er Ödeme und andere Erkrankungen auf der Basis seiner kolloidchemischen Vorstellungen heilen wollte.[51] Loeb zufolge war er ein »quack«. Ostwald machte Fischer in Deutschland bekannt, und der Berliner Chemiker Isidor Traube beabsichtigte, seinen Namen unter die der Mitwirkenden seiner 1913 gegründeten Zeitschrift für physikalisch-chemische Biologie auf das Titelblatt zu setzen. Nach Konsultation von Jacques Loeb unterließ er dies.[52]

Ostwald kehrte 1906 als Volontärassistent am Zoologischen Institut nach Leipzig zurück, wo er sich in der Überzeugung, daß die Chemie des Lebens die Chemie der Kolloide ist, weiter mit physiologisch-chemischen Fragen, darunter Enzymreaktionen beschäftigte.[53] Er habilitierte sich 1908 zwar noch für allgemeine Biolo-

---

[48] Zur Kolloidchemie heute siehe z. B. D. Fennell Evans und Hakan Wennerström, The Colloidal Domain. Where Physics, Chemistry, Biology, and Technology Meet, New York, Weinheim 1994: VCH; zu ihrer Geschichte siehe z. B. Aaron J. Ihde, The Development of Modern Chemistry, New York, Evanston, and London 1964: Harper and Row, S. 415 ff. und 555 ff.; John W. Servos, Physical Chemistry from Ostwald to Pauling. The Making of a Science in America, Princeton 1990: Princeton University Press, S. 300 ff.

[49] John Servos hat die Geschichte der Kolloidchemie in den USA und die amerikanischen Reaktionen auf Wolfgang Ostwald ausführlich dokumentiert (Physical Chemistry from Ostwald to Pauling).

[50] Martin H. Fischer, Wolfgang Ostwalds Weg zur Kolloidchemie, Kolloid-Zs. 145, 1–2, 1956.

[51] J. Loeb an P. Rona, 12. Juli 1923, Loeb collection, Library of Congress, manuscript division.

[52] I. Traube an J. Loeb, 14.1.1913, ibid.

[53] Kolloidreaktionen und Fermentreaktionen waren nach Ostwald die für einen Physikochemiker an lebenden Systemen besonders charakteristisch hervortretenden Reaktionen, wobei Fermente teilweise selbst von »kolloidaler Beschaffenheit« sind, an »kolloidale Substrate« angreifen oder zu »kolloidalen Reaktionsprodukten« führen (Wolfgang Ostwald, Kolloide und Ionen, Kolloid-Zs. 32, 1–12, 1923).

gie, aber seine Venia legendi wurde 1913 auf »Allgemeine Zoologie und Kolloidchemie in ihrer Anwendung auf Biologie« geändert.

Kolloidchemische Publikationen

Der Aufschwung der Kolloidchemie in Deutschland zeigte sich in der Gründung der Kolloid-Zeitschrift durch R. Ditmar im Jahre 1906 und dem Erscheinen zweier Lehrbücher der Kolloidchemie (von R. Zsigmondy und A. Müller) im Jahre 1907. Wolfgang Ostwald übernahm 1907 die Leitung der Kolloid-Zeitschrift und gab seit 1909 zusätzlich die Kolloidchemischen Beihefte heraus, in denen längere Beiträge veröffentlicht wurden. Die Zeitschrift wurde 1974 in »Colloid and Polymer Science – Kolloid-Zeitschrift und Zeitschrift für Polymere – Official Journal of the Kolloidgesellschaft« umbenannt. Als Begründer der Zeitschrift wird ab Bd. 260 (1982) fälschlich Wolfgang Ostwald angegeben.

Im Jahre 1909 erschienen zwei weitere Lehrbücher der Kolloidchemie: Ostwald veröffentlichte »Grundriß der Kolloidchemie« und Herbert Freundlich »Kapillarchemie – Eine Darstellung der Chemie der Kolloide«. Ostwalds Buch enthält neben einer Klassifikation kolloidaler Systeme nach ihrem Dispersionsgrad sowie dem Aggregatzustand ihrer Phasen und einer Beschreibung verschiedener Kolloidsysteme ein Kapitel »Allgemeine Energetik der Dispersoide«. Darin setzt er sich insbesondere mit Oberflächenenergien auseinander und beschreibt ihre Abhängigkeit von Temperatur und Potentialdifferenz sowie Gestalt der Oberfläche qualitativ. Freundlich entwickelt in seinem Buch Gesetzmäßigkeiten u. a. von Adsorption, Löslichkeitsbeeinflussung, reibungselektrischen Vorgängen, d. h. von Erscheinungen, die heute im Rahmen der Physik der Grenzflächen untersucht werden.[54]

Schwerpunkte von Ostwalds Arbeiten während der 1920er Jahre lagen im Ausbau des von Graham eingeführten Einteilungsprinzips der Materie und in der technischen Anwendung kolloidchemischer Erkenntnisse. Als kolloidale Substanzen galten, unabhängig von ihrer Struktur, solche mit einem Durchmesser zwischen 1 und 100 nm. Der kolloidale Zustand wurde als allgemein möglicher Zustand der Materie dargestellt, in den grundsätzlich jeder Stoff überführt werden konnte. Um die seiner Meinung nach außerordentliche Bedeutung der kolloidalen Dimension zu betonen, wählte Ostwald als Titel eines seiner frühen Bücher »Die Welt der vernachlässigten Dimensionen« (1915). Dieses Buch basiert auf 56 Vorträgen, die Ostwald 1913/14 während einer ausgedehnten Vortragsreise in den USA und Kanada gehalten hatte, und ist Martin Fischer »in aufrichtiger Freundschaft« gewidmet. Ostwald macht darin auf einen Größenbereich aufmerksam, in dem es »ein ganzes großes Erscheinungsgebiet, ja eine ganze Welt von merkwürdigen Phänomenen gibt, die wir weder bei den Erscheinungen der Materie in Masse, noch bei denen der Moleküle wiederfinden. Wir haben nicht gewußt, daß ein solches Zwischenreich existiert, in das so außerordentlich zahlreiche Naturgebilde gehö-

[54] Nach Dietrich Woermann besitzt Freundlichs Lehrbuch im Gegensatz zu Ostwalds »Grundriß« trotz seiner zeitgebundenen Unzulänglichkeit bis heute Bedeutung, da es Anregungen für Forschungen gibt (Prof. Woermann im Gespräch mit UD, Köln, 19.6.1996).

ren, und wir haben schließlich nicht gewußt, ... daß der Dispersitätsgrad einen so erheblichen Einfluß auf die Eigenschaft eines Gebildes hat.«[55]

Ostwald beschreibt in seinem Buch auch Phänomene chemischer und biologischer Musterbildung, die z. B. entstehen, wenn man zwei molekular gelöste Stoffe in einer Gallerte diffundieren läßt. Ein Beispiel dafür ist die Reaktion von Kaliumbichromat mit Silbernitrat in Gelatine. Läßt man diese Stoffe in gelöster Form gegeneinander diffundieren und so miteinander reagieren, dann entsteht (ebenso wie bei freier Diffusion) ein Niederschlag, wobei das Besondere an der Reaktion in einer Gallerte darin liegt, daß diese Niederschlagsbildung periodisch erfolgt. Auf diese Weise entstehen konzentrische Ringe, die nach ihrem Entdecker Raphael Liesegang »Liesegangsche Ringe« genannt werden.[56] Auch künstliche Eisblumen lassen sich so in Gelatine erzeugen. Den ersten Versuch zur Erklärung derartiger Strukturbildungen hatte Wilhelm Ostwald im Jahre 1897 unternommen, indem er eine periodische Wiederholung von Diffusion und Übersättigung mit folgender Ausfällung der Elektrolyte postulierte. Diese Hypothese erwies sich aber bald als unzutreffend.[57]

Die Phänomene können bis heute nicht befriedigend erklärt werden. In den letzten Jahrzehnten wurden Versuche unternommen, Strukturbildungen dieser Art nicht mehr auf der Basis der Gleichgewichtsthermodynamik, sondern in Analogie zur Belousov-Zhabotinsky-Reaktion, bei der eine Flüssigkeit ihre Farbe im Laufe der Zeit periodisch ändert, als Folge der dissipativen (energieverbrauchenden) Selbstorganisation eines Systems in Gleichgewichtsferne zu beschreiben. Ostwald stellte in bezug auf die Existenz periodischer Strukturen auch bei Pflanzen und Tieren fest: »Wennschon ich nicht gerade sagen will, daß man auf diese Weise die Zeichnung eines Zebras oder eines Tigers gleich kolloidchemisch erklären kann, so besteht doch gar kein Zweifel, daß hier wichtige und weitgehende Analogien zwischen kolloidchemischen und biologischen Phänomenen vorliegen.«[58] Sein Beitrag lag in der Beschreibung der Phänomene.

Heute werden mathematische Erklärungsmodelle für die Entstehung derartiger Muster nicht nur in der Chemie und Physik, sondern auch der Biologie entwickelt. Ausgehend von Musterbildungsprozessen bei der embryonalen Entwicklung stellten z. B. Alfred Gierer und Hans Meinhardt 1972 eine Theorie für die biologische Musterbildung auf.[59] Meinhardt entwickelte später ein mathematisches Modell für die Musterbildung auf Schalen von tropischen Muscheln, die demnach das Ergebnis der Überlagerung mehrerer musterbildender Reaktionen ist.[60]

[55] Wo. Ostwald, Die Welt der vernachlässigten Dimensionen, Dresden und Leipzig 1915: Verlag Th. Steinkopff, S. 27, S. 307.
[56] Ibid., S. 86–93.
[57] Ibid., S. 89.
[58] Wo. Ostwald, die Welt, S. 125.
[59] Alfred Gierer und Hans Meinhardt, A Theory of Biological Pattern Formation, Kybernetik 12, 30–39, 1972.
[60] Meinhardt, Hans, The Algorithmic Beauty of Sea Shells, Berlin, New York 1975: Springer.

Ostwald untersuchte Fragen der industriellen Anwendung kolloidwissenschaftlicher Methoden auf den Gebieten kolloidaler Katalysatoren, der Erzaufbereitung, der Abbindungsprozesse hydraulischer Bindemittel im Bauwesen (z. B. Zement), des Färbens von Gläsern und Fasern, sowie der Verwendung von Waschmitteln.[61] Eine typische Kolloidindustrie war die Seifenindustrie, in der Fragen der Aussalzerscheinungen und Koagulationsvorgänge bei der Seifenherstellung kolloidchemisch untersucht wurden. Ostwald schlug vor, das aus finanziellen Gründen nachlassende Interesse am synthetischen Kautschuk dadurch zu erhöhen, daß man ein wesentlich besseres Produkt auf den Markt bringe: In Analogie zum Stahl, wo der Zusatz von Kohlenstoff zum Eisen die Qualität nachhaltig erhöhte, vermutete er, daß für den synthetischen Kautschuk ein »zweites chemisch heterogenes Kolloid, z. B. das Eiweiß«, notwendig sei. Auf diese Weise sollte die Herstellung synthetischer »Edelkautschuke« möglich werden.[62]

Im Unterschied zu den vielen wissenschaftlichen Lehrbüchern der Kolloidchemie wollte Ostwald mit seinem Buch die »Bedeutung der Kolloidchemie als einer eigenen, selbständigen Wissenschaft« hervorheben. Seiner Meinung nach übertrafen die potentiellen Anwendungen »zweifellos« diejenigen der Radiochemie, und er »scheut sich daher nicht, dieses Büchlein auch als eine Propagandaschrift für die Kolloidchemie zu bezeichnen.«[63] Das Buch trug in der Tat stark zur Verbreitung der Kolloidchemie bei, zumindest in der Biochemie und Physiologie. Ich habe nicht untersucht, inwieweit es Forschungen zur industriellen Anwendung der Kolloidchemie angeregt hat.

Die Institutionalisierung der Kolloidchemie

Ostwald wurde am 10.1.1916 während seines Kriegsdienstes zum nicht beamteten (apl.) außerordentlichen Professor für Kolloidchemie an dem von seinem Vater gegründeten Institut für Physikalische Chemie in Leipzig ernannt, wo er 1919 eine Assistentenstelle und 1921 eine Oberassistenstelle erhielt. Ostwald wurde schnell zur dominierenden Figur der Kolloidchemie in Deutschland und setzte sich zeit seines Lebens für die Anerkennung der Kolloidchemie als eigenständige Disziplin ein. Mit der Gründung der Kolloidgesellschaft im Jahre 1922, die er bis zu seinem Tode leitete, bewirkte er die organisatorische Trennung der Kolloidchemie, die bisher vor allem von der Bunsengesellschaft vertreten wurde, von der Physikalischen Chemie. Der von Ostwald initiierte Aufruf zur Gründung der neuen Gesellschaft wurde von 150 Wissenschaftlern insbesondere der Physikalischen Chemie unter Beteiligung einiger Biochemiker unterstützt. Zu den Mitunterzeichnern gehörten u. a. Emil Abderhalden, Georg Bredig, Carl Duisberg, Herbert Freundlich, Leonor Michaelis, Peter Rona, Otto Ruff, The Svedberg, Robert Wintgen, Richard Zsigmondy sowie viele Vertreter von Industriefirmen.[64]

---

[61] z. B. Wo. Ostwald, Die Welt, S. 147–181.
[62] Wo. Ostwald, Die Welt, S. 176.
[63] Wo. Ostwald, Die Welt, S. IX – X.
[64] Kolloid-Zs. 31, 2, 1922.

Viele der 110 angegebenen Mitunterzeichner waren Juden oder jüdischer Herkunft.

Anläßlich der Tagung der Gesellschaft Deutscher Naturforscher und Ärzte in Leipzig stimmten am 15.9.1922 über 250 Vertreter und Interessenten der reinen und angewandten Kolloidchemie der Gründung einer Kolloidgesellschaft zu. Es gab allerdings eine Gegenstimme: Dr. Ollenhauer von der Actien-Gesellschaft für Anilinfabrikation, der den ersten Aufruf mitunterzeichnet hatte, war mittlerweile zu der Auffassung gelangt, daß sich die Kolloidchemie am zweckmäßigsten einer Physikalisch-Chemischen Gesellschaft, und zwar der Deutschen Bunsen-Gesellschaft anschließen solle, anstatt eine selbständige Gesellschaft zu gründen. Er begründete seine Auffassung, abgesehen von einem Hinweis auf die wirtschaftliche Situation, damit, daß »die Kolloidchemie heute noch kein Gebiet (ist), das man als wohldifferenziert bezeichnen kann. Sie besteht aus außerordentlich vielen Richtungen, ich möchte fast sagen, Sekten.«[65] Seiner Meinung nach lag ein großer Teil der Probleme der Kolloidchemie in der Physikalischen Chemie, die es zu stärken und differenzieren galt. In einem langen Redebeitrag widersprach Carl Duisberg den Einwänden Ollenhauers, und die Gesellschaft wurde gegründet.

Die Industrie hatte ein zunehmendes Interesse an der Kolloidchemie. Anstrichfarben und Keramiken wurden mit ihrer Hilfe verbessert, und die Verwendung von Emulsionen nahm zu. Auch die Institutionalisierung der Kolloidchemie an Universitäten geht zum Teil auf das Interesse der Industrie zurück, der an der Anstellung von akademisch ausgebildeten Kolloidchemikern gelegen war. So wurde die Gründung des kolloidchemischen Instituts an der TH Dresden und der Abteilung für Kolloidchemie in Leipzig erst durch Industriespenden ermöglicht.[66] Im Februar 1923 reichte die Philosophische Fakultät der Universität Leipzig unter Hinweis auf das große Interesse von Leipziger Rauchwarenindustriellen und einer Maschinenfabrik einen Antrag auf Einrichtung eines planmäßigen Extraordinariats für Kolloidchemie ein. Der Vorschlag enthielt die Namen Wolfgang Ostwald, Herbert Freundlich und Alfred Lottermoser.[67]

Freundlichs Scharfsinn und die Exaktheit seiner Arbeiten, die zur Aufstellung einer neuen Adsorptionsformel führten (Freundlichsche Adsorptionsisotherme), wurden in dem Antrag zwar betont, als entscheidend für die Berufung Ostwalds wurde aber die Tatsache hervorgehoben, daß dieser neben theoretischen auch praktische Fähigkeiten und vor allem ein großes Organisationstalent besaß. Ostwald wurde 1923 zum planmäßigen außerordentlichen Professor der Kolloidchemie und Vorstand der neugegründeten kolloidchemischen Abteilung des Physikalisch-Chemischen Institutes in Leipzig ernannt und war damit der erste und zunächst einzige Extraordinarius für Kolloidchemie in Deutschland. Der Ausbau und die Einrichtung der Abteilung wurden von der F. König Rauchwarenfärberei und der M.

[65] Kolloid-Zs. 31, 229, 1922.

[66] Alfred Lottermoser, Die Zukunft der Kolloidchemie in Deutschland, o. J., ca. 1934, UA Dresden, A 134.

[67] UA Leipzig, PA 788.

Wommer Maschinenfabrik finanziert, die Ostwald als Gegenleistung vier Jahre lang unentgeltlich beraten mußte.[68]

Das ebenfalls 1923 gegründete Institut für Kolloidchemie an der TH Dresden unter Alfred Lottermoser war bis zum Ende des Zweiten Weltkrieges das einzige kolloidchemische Institut an einer deutschen Hochschule. Am KWI für Physikalische Chemie leitete Herbert Freundlich eine Abteilung für Kolloidchemie, die aus seiner Gasmaskenforschung während des Ersten Weltkrieges hervorgegangen war. Auch in anderen Abteilungen des KWI wurde kolloidchemisch gearbeitet. Nach der Entlassung der jüdischen Mitarbeiter und dem Rücktritt Habers und Freundlichs wurde 1935 mit Peter A. Thiessen ein Kolloidchemiker zum Direktor des Instituts berufen. Kolloidchemie blieb ein Forschungsschwerpunkt am Institut, auch im Zusammenhang mit chemischer Kriegsforschung.

Wolfgang Ostwald wurde erst 1935 zum persönlichen Ordinarius für Kolloidchemie ernannt (in Leipzig); er erhielt nie ein eigenes Institut. Auch wissenschaftlich wurde zunehmend Skepsis gegenüber zentralen Ansprüchen der Kolloidchemie laut. In seinem 1922 erschienenen Buch »Proteins and the Theory of Colloidal Behavior« führte Jacques Loeb das Verhalten von Proteinen auf allgemeine Gesetzmäßigkeiten der Chemie zurück und erklärte die Kolloidchemie auf dem Gebiet der Proteinchemie (aus heutiger Sicht zu Recht) für obsolet. Eine Kurzfassung seiner Thesen erschien 1923 in »Die Naturwissenschaften« und sorgte für eine heftige Auseinandersetzung in der »Kolloid-Zeitung«.

Nicht nur für Ostwald, sondern auch für andere Kolloidchemiker, darunter Rudolf Höber in Kiel und Wolfgang Pauli in Wien, waren Loebs Ergebnisse unbequem. Nach Peter Rona war dies psychologisch verständlich: »Sie lebten gewissermaßen von der ›Hofmeisterschen Reihe‹ und wollen es nicht wahrhaben, daß mehr experimentelle Kritik der Sache gegenüber am Platze gewesen wäre.«[69]

Mitte der zwanziger Jahre begann die von Hermann Staudinger begründete Chemie der Makromoleküle die Bedeutung der Kolloidchemie weiter stark einzuschränken. Ostwald empfand die makromolekulare Chemie als starke Konkurrenz.[70] Im Gegensatz zu Staudinger, der wesentliche Eigenschaften von Molekülen kolloidaler Größenordnung auf die kovalente Verknüpfung der Atome zurückführte, aus denen sie aufgebaut waren, hielt Ostwald die charakteristische Größe eines kolloi-

---

[68] Wo. Ostwald am 20.1.1933 an das Ministerium für Volksbildung, Leipzig (UA Leipzig, PA 788), vgl. Klaus Sühnel, 80 Jahre Kolloidchemie – Leben und Werk Wolfgang Ostwalds, Schriftenreihe für Geschichte der Naturwiss., Techn. und Medizin 26: 2, 31–45, 1989.

[69] P. Rona an J. Loeb, 18. Juni 1923, Loeb collection, Library of Congress, manuscript division.

[70] Magda Staudinger erinnert sich, daß Ostwald während der 20er Jahre einer der größten Gegner der makromolekularen Chemie war: »Wolfgang Ostwald sah seine Kolloidchemie davonschwimmen. Er war ganz böse. Einmal, es war um 1926 herum, hat er meinen Mann mit der Bemerkung ›Sie verstehen von dieser Sache nichts‹ aus einer Konferenz der Kolloid-Gesellschaft hinausgeschickt« (Gespräch mit UD, Freiburg, 21.8.1996).

dalen Teilchens für von weit größerer Bedeutung als die Frage, ob es sich dabei um Aggregate kleiner Moleküle oder um kovalent verknüpfte Makromoleküle handelte. Nachdem Ende der 1920er Jahre die Existenz von Makromolekülen nicht mehr ernsthaft bezweifelt werden konnte, bezog Ostwald diese Moleküle in sein System mit ein, indem er sie als »Eukolloide« bezeichnete. So führte er 1930 auf der Tagung der Kolloidgesellschaft in Frankfurt aus: »Auch Molekülkolloide oder Eukolloide fallen durchaus unter die heutige Dimensionsdefinition des kolloiden Zustandes und finden dort ohne Schwierigkeiten ihren Platz. Sie zeigen kolloidale Eigenschaften nicht darum, weil ihre Teilchen durch Hauptvalenzen zusammengehalten werden, sondern darum, weil sie wie die anderen kolloidalen Systeme die charakteristischen kolloiden Dimensionen $>1\mu\mu$ [1nm] besitzen.«[71]

Der Begriff »Eukolloid« wurde von Staudinger in seinem 1933 erschienenen Buch »Die hochmolekularen organischen Verbindungen« nur auf (kovalent verknüpfte) Makromoleküle mit einem Molekulargewicht zwischen 10.000 und 1 Mio. bezogen; eine Tabelle, in der er Stoffe in Abhängigkeit von ihrem Molekulargewicht in Hemikolloide, Eukolloide und hochmolekulare unlösliche Stoffe einteilte (S. 18) war überschrieben mit »Die Welt der vernachlässigten Moleküle«, eine Anspielung auf Ostwalds Buchtitel von 1915. Diese engere Definition des Begriffs »Eukolloid« führte zu heftigen Angriffen durch Ostwald, der Staudinger vorwarf, die Herkunft des Begriffes nicht angegeben sowie seine ursprüngliche Bedeutung eingeschränkt zu haben.[72]

Bis 1935 veröffentlichte Ostwald 12 Monographien bzw. Lehrbücher und eine Vielzahl von Zeitschriftenaufsätzen zur Kolloidwissenschaft, überwiegend Kolloidchemie. Das 1915 erschienene oben erwähnte Buch »Die Welt der vernachlässigten Dimensionen« erreichte zehn deutsche Auflagen und wurde ins Englische, Russische und Französische übersetzt. Wie die zahlreichen Einladungen zu Vorträgen in die USA, England, Frankreich, Spanien, die Schweiz, Italien und die Balkanländer zeigen, fand er im Ausland große Unterstützung. Viele seiner Mitarbeiter und Schüler waren Ausländer, und fast die Hälfte der Beiträge in Ostwalds Journalen stammten aus dem Ausland. In Hinblick auf die weitere politische Entwicklung sei bemerkt, daß auf der Hauptversammlung der Kolloidversammlung 1932 drei der 13 Hauptvorträge (23 %) und fünf der 22 Einzelvorträge (22 %) von jüdischen Wissenschaftlern gehalten wurden.

Die Kolloidchemie bis 1945

Zusammenfassend ist in bezug auf die damalige Kolloidchemie festzuhalten, daß sie jahrzehntelang ein empirisch deskriptives Gebiet blieb, dessen Schwerpunkt das Verhalten von Solen und Gelen bildete. In der Biochemie führten ihre teilweise dogmatisch vertretenen Thesen zu einem Rückschritt vor allem in der Proteinchemie. Nach Jacques Loeb war das, was sich um 1920 noch Kolloidchemie nann-

[71] Wo. Ostwald, Kolloid-Zs. 53, 1–5, 1930.
[72] W. Ostwald, Über den Begriff der »Eukolloide«, Kolloid-Zs. 67, 330–333, 1934.

te, nichts als ein »System methodologischer und logischer Irrtümer.«[73] Seiner Einschätzung nach würden von der Kolloidchemie nur die Untersuchungen von Jean Perrin über die Bestimmung der Avogadroschen Konstante Bestand haben. In Deutschland charakterisierte der Physiker Erich Hückel den Stand der kolloidchemischen Forschung auf dem Gebiet der Grenzflächen folgendermaßen:[74]

> »Es war sinnlos, die vielen, oft minderwertigen Originalarbeiten kritisch durcharbeiten zu wollen, um daraus eine befriedigende, übersichtliche und kritische Arbeit anzufertigen. Auch war das Thema an sich zu vage. Es gab zu viele miteinander nicht im Zusammenhang stehende Beobachtungen an verschiedensten Lösungsmitteln und gelösten Stoffen, als daß ein einheitliches Werk über dieses vage Thema möglich gewesen wäre. Das einzige, was erwartet werden konnte, war eine präzise und exakte Wiedergabe der Gibbs'schen Thermodynamik der Grenzflächen, diese war einwandfrei und nicht neu.«

Daher gab Hückel, der 1928 beabsichtigt hatte, eine Monographie über die Adsorption aus Lösungen zu schreiben, diesen Plan auf. Die Gibbs'sche Thermodynamik wird heute als Grundlage zur Analyse von Oberflächenphänomenen im Rahmen der Thermodynamik verwendet.[75]

Die Kolloidchemie begann erst Ende der 1940er Jahre, sich zu einer exakten Wissenschaft zu entwickeln, wobei sie sich von der Physikalischen Chemie nie scharf trennen ließ. Zwei Gruppen von Wissenschaftlern – Boris Derjagin und der bedeutende Physiker Lev Landau in der Sowjetunion sowie Evert Verwey und Theo Overbeck in den Niederlanden – publizierten unabhängig voneinander eine quantitative theoretische Analyse des Problems der kolloidalen Stabilität.[76] Im Vorwort ihres 1948 veröffentlichten Buches, das viele Jahre lang eine entscheidende Bedeutung für die Kolloidchemie in Westeuropa besaß, schreiben Verwey und Overbeck, daß die Wissenschaft der Kolloide jetzt eine neues Stadium erreicht habe, das weniger empirisch sei, und wo die experimentellen Studien besser definierter Objekte stärker durch quantitative Theorien als durch qualitative Regeln oder Arbeitshypothesen geleitet würden.[77] Sie stellen in ihrem Buch die Ergebnisse von theoretischen Untersuchungen und Berechnungen der Jahre 1940–1944 zusammen. Aus Deutschland werden die Beiträge Peter Debyes, Herbert Freundlichs und Erich Hückels zitiert, nicht dagegen die Wolfgang Ostwalds. Im Unterschied dazu beschreibt Erich Manegold in dem fast gleichzeitig in Deutschland erscheinenden Lehrbuch »Grundriß der Kolloidchemie« Kolloidsysteme rein qualitativ und

[73] J. Loeb in einem Brief an S. Arrhenius, 9. Juli 1919, Loeb collection, Library of Congress, manuscript division (Übersetzung UD).

[74] Erich Hückel, Ein Gelehrtenleben. Ernst und Satire, Weinheim 1975: Verlag Chemie, S. 125.

[75] Siehe dazu Evans/Wennerstrom, The Colloidal Domain, S. 41 ff.

[76] Ibid., S. 333.

[77] E. J. W. Verwey, und J. Th. G. Overbeck, Theory of the Stability of Lyophobic Colloids. The Interaction of Particles Having an Electric Double Layer, New York, Amsterdam 1948: Elsevier.

phänomenologisch. Im »Rückblick und Ausblick« heißt es: »Das wichtigste kolloidkundliche Untersuchungsobjekt ist letzten Endes der am höchsten organisierte Zellenverband ›Mensch‹ ...«

Die Kolloidchemie war nach 1945 zumindest in Westdeutschland viele Jahre lang nicht mehr von Bedeutung, so daß die Industrie Wissenschaftler aus dem Ausland, vor allem den Niederlanden holte. Die Bezeichnung Kolloidchemie ist heute nur noch historisch zu verstehen, da es sich um ein Gebiet handelt, das sich fast ausschließlich physikalischer Konzepte und Methoden bedient, z. B. Streumethoden, Kinetik, Oberflächen- und Grenzflächenphysik, sowie Thermodynamik von Lösungen.[78] Als Beispiele für aktuelle kolloidwissenschaftliche Forschungen seien die Untersuchung von Grenzflächen zwischen Öl und Wasser in Emulsionen und von Polyelektrolyten, d. h. geladenen Polymeren, die in der Drucktechnik eine Rolle spielen, angeführt. Die technische Bedeutung von Polymeren allgemein führte dazu, daß sich die Polymerwissenschaft als eigene Disziplin etablierte.

7.2.2 Ostwalds Karriere und Forschung im Nationalsozialismus

Ostwald gehörte zu den vielen Hochschullehrern, die im Mai 1933 der NSDAP beitraten (Parteinummer 2997135). Er schrieb 1933 in seinen (in der 3. Person verfaßten) Lebenslauf: »Frühjahr 1933 wurde er Mitglied der N. S. D. A. P. Ostwalds drei Assistenten bezw. Hilfsassistenten sind alle drei Mitglieder der S. A. Politische Referenzen: Prof. Dr. Überschaar – Leipzig (Gaufachschaftsführer der Hochschulen Sachsens); Staatssekretär G. Feder – Berlin«.[79] Hinweise auf die SA-Mitgliedschaften von seinen Assistenten sowie auf politische Referenzen fehlen in einem späteren Lebenslauf, so daß zu vermuten ist, daß er mit dieser Dokumentation besonderer politischer Rechtschaffenheit seine Chance vergrößern wollte, jetzt endlich auf einen Lehrstuhl, insbesondere den Ende 1933 durch die Emeritierung (aus Altersgründen) von Max LeBlanc freiwerdenden Lehrstuhl für Physikalische Chemie in Leipzig berufen zu werden. Außerdem mag er 1933 die Gelegenheit gesehen haben, die Kolloidchemie an Universitäten generell stärker zu verankern.

Die Kolloidchemie in Deutschland hatte durch die Entlassungen und Emigrationen jüdischer Wissenschaftler eine Reihe ihrer Vertreter, vor allem Wissenschaftler der Physikalischen Chemie, verloren. Wolfgang Ostwald nutzte diese Auswirkungen des Berufsbeamtengesetzes, um in einer Denkschrift des Jahres 1934 »Über die Notlage der Kolloidchemie an deutschen Hochschulen« für die institutionelle Förderung der Kolloidchemie zu werben (nicht ohne einen Seitenhieb auf seine jüdischen Kollegen auszuteilen):

---

[78] Vergl. Evans/Wennerstrom, The Colloidal Domain.

[79] Wilhelm-Ostwald-Gedenkstätte Großbothen, Ordner Wolfgang Ostwald.

»... Noch schlimmer sind aber die *persönlichen* Abgänge unter den Kolloidforschern in den letzten Jahren. Neben Abgängen durch den Tod – so starb letztes Jahr der ausgezeichnete *Zsigmondy*-Schüler Prof. Bachmann in Hannover – hat das Gesetz zur Wiederherstellung des Berufsbeamtentums gerade unter den Kolloidforschern Deutschlands in ungewöhnlichem Maße aufgeräumt. Denn (wie zu erwarten) hatte sich eine sehr große Zahl nichtarischer Fachgenossen auf dieses ›moderne‹ und viel versprechende Gebiet begeben, und es ist keine Übertreibung, wenn man schätzt, daß die in Deutschland bis zum Jahr 1933 tätig gewesenen Kolloidforscher mindestens zur Hälfte Nichtarier waren. Für diese meist ins Ausland gegangenen Kolloidchemiker ist bisher nur zum kleinsten Teile Ersatz beschafft worden ...«

Ostwald hatte einflußreiche Fürsprecher. Für seine Berufung als Nachfolger LeBlancs setzten sich vor allem Leo Ubbelohde, Prof. für Technische Chemie an der TH Berlin und ebenfalls seit 1933 Parteimitglied, sowie der an Kolloidchemie interessierte Johannes Stark, einer der Hauptvertreter der »Deutschen Physik« ein. Diese politischen Verbindungen halfen Ostwald allerdings nicht, da ihn die philosophische Fakultät der Universität Leipzig nicht für geeignet hielt.

Die Fakultät versuchte zunächst, Arnold Eucken zu gewinnen.[80] Weil dieser nicht bereit war, von Göttingen wegzugehen, wurden Karl-Friedrich Bonhoeffer, Max Volmer und Erich Lange auf die Berufungsliste gesetzt; Bonhoeffer wurde berufen. Bezüglich Ostwald war die Berufungskommission der Meinung, daß die »Kolloidchemie zwar ein besonders wegen der Anwendung wichtiges, aber eben doch nur ein Teilgebiet der Physikalischen Chemie ist.« Nun sei auch der Vertreter eines Teilgebietes als Ordinarius für Physikalische Chemie denkbar, aber nur unter der Voraussetzung, »daß der in Frage kommende Kandidat die Gewähr für eine Gesamtbeherrschung, insbesondere nach der exakten Seite hin bietet«. Die Kommission verwies auf die gerade erfolgte Neubesetzung des Zsigmondy-Lehrstuhls in Göttingen, bei der nicht auf Ostwald zurückgegriffen worden sei, und kam zu der Auffasung, daß »Ostwald zwar ein ausgezeichneter Vertreter der Kolloidchemie, vor allem in ihrer technischen Anwendung ist, daß er aber für das Gesamtgebiet der wissenschaftlichen physikalischen Chemie nicht geeignet erscheint...«[81]

Die anläßlich der Frage der Ernennung Ostwalds zum persönlichen Ordinarius etwa ein Jahr später verfaßten Gutachten bedeutender Physikochemiker machen deutlich, daß die von Ostwald vertretene Kolloidchemie mit der Physikalischen Chemie nicht mehr viel zu tun hatte. So hob Arnold Eucken Ostwalds »hervorragende Verdienste« um die Kolloidchemie hervor, die

»freilich in erster Linie auf dem Gebiete der Anwendungen und auf organisatorischem Gebiet liegen. Zu der heutigen physikalischen Chemie hat nach meinen Eindrücken Prof. Ostwald keine engeren Beziehungen mehr, auch hat er in der letzten Zeit nur vereinzelt Arbeiten veröffentlicht, die für das Gebiet der heutigen physikalischen Chemie

80 UA Leipzig, PA 788.

81 Philosophische Fakultät der Universität Leipzig, 9.5.1934, an das Ministerium für Volksbildung, Leipzig (ibid.).

von Bedeutung geworden sind. Man muß sogar sagen, daß seine rege wissenschaftliche und organisatorische Tätigkeit zu der heutzutage tatsächlich bestehenden weitgehenden Abtrennung der Kolloidchemie von der Physikalischen Chemie, aus der sie ja ursprünglich hervorgegangen ist, erheblich beigetragen hat.«[82]

Eucken befürwortete die Schaffung eines selbständigen kolloidchemischen Instituts für Ostwald. Max Volmer betonte, daß Ostwalds Arbeiten »einen ausgesprochen beschreibenden Charakter (haben). Als physikalisch-chemisch kann man sie schwerlich bezeichnen, wenn man als wesentlich dafür den exakten Charakter, d. h. die Verknüpfung mit den Grundlagen der Physik ansieht.«[83] Theodor Svedbergs Gutachten ist ohne Vorbehalte positiv. Seiner Meinung nach war Ostwald »der repräsentativste Vertreter der Kolloidwissenschaft in Deutschland und gleichzeitig einer der bedeutendsten unter den jetzt lebenden Kolloidchemikern überhaupt.«[84] Anfang 1935 wurde Ostwald zum persönlichen Ordinarius in Leipzig ernannt.

Seine Forschung wurde seit 1935 bis zu seinem Tode im Jahre 1943 mit insgesamt 36.000 RM von der DFG regelmäßig unterstützt.[85] Seit 1938 wurde er für die Untersuchung kolloidchemischer Probleme der Zerschäumung, Löslichkeit und Koagulation finanziert.[86] Die technische Zerschäumung war eine Methode zur großtechnischen Gewinnung von Stoffen aus sehr verdünnten Lösungen. Ausgehend von der Tatsache, daß Proteine im Schaum ihrer Lösungen geringfügig angereichert sind, arbeitete Ostwald an einer Methode der Eiweißgewinnung aus Abwässern. Er gab an, daß mit Hilfe der von ihm entwickelten Methode, die »von mannigfaltiger wirtschaftlicher Bedeutung namentlich im Rahmen des Vierjahresplans« sei, Eiweiß kilogrammweise in trockenem Zustand aus Abwässern gewonnen werden könne, die weniger als ein Teil Eiweiß in Tausend Teilen Wasser enthielten.[87] Mir ist nicht bekannt, ob seine Methode technisch angewendet wurde.

Im Unterschied zu allen seinen Kollegen der Chemie gab Ostwald in seinem DFG-Antrag die Mitgliedschaft seiner Mitarbeiter in NS-Organisationen an: NSDAP, SS, SA, P. Anwärter, NSFK, NSKK.[88] Peter Thiessen bewilligte Ostwalds Förderung »weniger wegen der Bedeutung gerade seiner Arbeiten, als deshalb, weil an sich verhältnismäßig wenige Stellen auf diesem Gebiete arbeiten.«[89]

---

[82] Ibid., Gutachten Euckens vom 17.7.1934.

[83] Ibid., Gutachten Volmers vom 18.2.1934.

[84] Ibid., Gutachten Svedbergs vom 23.12.1934.

[85] Zu seinen Forschungsthemen gehörten: Untersuchungen über physikalisch-chemische Grundprobleme der Kolloidchemie, die Rolle von Dielektrizitätskonstante, Polarisation und Dipolmoment in kolloiden Systemen, neue Aufschluß- und Lösungsmittel für Holz und Cellulose.

[86] Diese und die folgenden Angaben über Ostwald stammen, falls nicht anders angegeben, aus seiner DFG-Akte: BAK, R73/13499 und 13500.

[87] Ibid., Antrag an die DFG vom 27. November 1937.

[88] Parteianwärter, NS Flieger-Korps, NS Kraftfahrer-Korps.

[89] Ibid., Thiessen, 15.12.1937.

Während des Krieges führte Ostwald in Zusammenarbeit mit der Forschungsführung des Reichsluftfahrtsministeriums und der BMW-Flugmotorenbaugesellschaft umfangreiche systematische Untersuchungen über schaumentwickelnde Mischungen, in Wasser spontan aufsteigende kolloide Niederschläge und über »Schwimmsalze« durch.[90] Ziel dieser »kriegswichtigen« Forschung der Dringlichkeitsstufe SS war die Entschäumung von Flugmotorenschmieröl. Darüber liegen keine weiteren Angaben vor. Im Auftrag desselben Ministeriums untersuchte er die Abhängigkeit der Bruchfestigkeit von Eis von Zusätzen. Dabei fand er einen starken Einfluß von molekular gelösten Stoffen, die, unabhängig von ihrer chemischen Natur, die Bruchfestigkeit proportional zu ihrer Konzentration herabsetzen.

7.2.3 Ostwald im Dienste nationalsozialistischer Kulturpropaganda

Wolfgang Ostwald gehörte zu den Naturwissenschaftlern, denen wissenschaftliche Auslandsreisen genehmigt wurden, die der politischen Propaganda dienten. Er unternahm zwischen April 1937 und Dezember 1939 vier Auslandsreisen, zu denen er sich die Einladung wissenschaftlicher Gesellschaften beschafft hatte. Im April 1937 reiste er auf Einladung der Faraday-Gesellschaft und im Januar 1939 auf Einladung der Oil and Colour Chemists Association nach England (London und Cambridge), vom Mai bis Juli 1938 u. a. als Ehrengast des XV. National Colloid Symposiums in die USA und von November bis Dezember 1939 nach Jugoslawien, Ungarn und Rumänien. Die ersten drei Reisen waren in ihrem Verlauf ähnlich, während sich die letzte Reise, allein dadurch, daß sie nach Kriegsausbruch stattfand, von den anderen deutlich unterschied. 1941 nahm er an der Ungarnreise des Auslandsamtes der Dozentenschaft der deutschen Universitäten teil.

Wenn man den Erinnerungen des aus Wien stammenden, seit 1928 in den USA lebenden Kolloidchemikers Ernst A. Hauser folgt, war zumindest die Reise in die USA rein wissenschaftlicher Natur.[91] Hauser traf Ostwald 1938 in den USA. Später schrieb er:

---

[90] Ostwald an RFR, »Bericht über den Stand meiner Untersuchungen Ende 1942«, o. D; K. F. Bonhoeffer an die DFG, 13.3.1944, über Ostwalds zusammen mit dem RLM durchgeführten Arbeiten.

[91] Ernst A. Hauser, The History of Colloid Science, J. chem. Education 32, 2–9, 1955. Hauser wurde 1896 in Wien geboren, er promovierte 1921 in Physikalischer Chemie an der Universität Wien und wurde 1921 Assistent am Institut für Physik in Göttingen. Die Bekanntschaft mit Zsigmondy bewog Hauser Kolloidchemiker zu werden. Er wurde Chemiker des kolloidchemischen Laboratoriums der Metallgesellschaft, wo er Latex untersuchte. 1928 wurde er Gastprofessor am Massachusetts Institute of Technology, 1935 dort Professor.

»Zu Beginn des Nazi-Regimes in Deutschland bewies er [den von seinen Eltern geerbten Wunsch, Menschen und Tieren zu helfen], als es ihm gelang, Mittel und Wege zu finden, um einigen wenigen Freunden und früheren Studenten jüdischen Glaubens zu ermöglichen, aus Deutschland zu entkommen, bevor ihnen Schaden zugefügt werden konnte. Diese unverrückbare Tatsache wurde von einigen deutschen Flüchtlingen vollständig mißachtet, die Ende 1945 einige wenig geschmackvolle Stellungnahmen über seine politischen Zugehörigkeiten veröffentlichten. Als Ostwald 1938 als Ehrengast des 15. Nationalen Kolloidsymposiums das letzte Mal die Vereinigten Staaten besuchte, sagte er mir, daß er nur gekommen sei, um der Entwicklung der Kolloidwissenschaft in diesem Lande Tribut zu zollen, und daß er nicht in irgend eine politische Diskussion verwickelt werden wollte, weil er kein Interesse an Politik habe. Er sei der Nationalsozialistischen Partei nur beigetreten, weil er seine Position an der Leipziger Universität behalten wollte, um so einigen seiner Freunde beim Verlassen Deutschlands behilflich sein zu können.«[92]

Mir sind die Hintergründe nicht bekannt, die Hauser zu dieser die Wirklichkeit entstellenden Äußerung veranlaßten. Eine solche Rechtfertigung des Parteieintritts Ostwalds war im Hinblick auf dessen Leipziger Position völlig aus der Luft gegriffen, und für die Behauptung, Ostwald habe jüdischen Freunden geholfen, gibt es keine Belege. Alfred Lottermoser, der angab, daß »für Ostwald der wissenschaftliche und nicht zuletzt auch der kulturpolitische Erfolg immer das allein Ausschlaggebende gewesen« sei, kam der Wirklichkeit näher.[93] Doch was bedeutete »kulturpolitischer Erfolg« in den Jahren 1937 bis 1941? Die ausführlichen Berichte, die Ostwald über seine Auslandsreisen an die DFG und das Reichserziehungsministerium schickte, geben darüber Auskunft.[94]

In seinen Berichten über die Reisen nach England und die USA ging Ostwald neben der Beschreibung seiner wissenschaftlichen Vortragstätigkeit ausführlich auf politische Gespräche mit englischen und amerikanischen Kollegen ein. Dabei schilderte er sowohl die Einstellung dieser Kollegen Deutschland gegenüber als auch seine Bemühungen, die politisch bedingte Mißstimmung zu verbessern. Seiner Einschätzung nach behandelten die amerikanischen Kollegen ihn, der kurz vor dem Ersten Weltkriege »als erster Apostel der Kolloidchemie die neue Wissenschaft zum ersten Male in den U. S. A. bekannt gemacht hatte,« »außerordentlich ehrenvoll und liebenswürdig«. Auch in politischer Hinsicht sei ihm gegenüber öffentlich wie privatim nicht von einem einzigen amerikanischen Kollegen die geringste gegnerische oder auch nur abfällige Bemerkung gemacht worden.« Die einzigen Einsprüche gegen seine Ausführungen seien von jüdischen Emigranten gekommen, nach Ostwalds Schilderung beruhten sie auf Dummheit.

Diese Einsprüche nahm er zum Anlaß, um sich über den durch jüdische Immigranten angeblich ausgelösten Anstieg des Antisemitismus in den USA auszulassen. Abstoßend wirkt insbesondere Ostwalds hämische Unterstellung, die Schwie-

92 Hauser, The History, S. 3, Übersetzung UD.

93 Lottermoser, A., Wolfgang Ostwald 60 Jahre alt, Kolloid-Zeitschrift 103, 89–94, 1943.

94 BAK, R73/13499 und 13500. Die folgenden Ausführungen basieren auf diesen Berichten.

rigkeiten deutscher Emigranten bei der Stellensuche in den USA seien auf ihre Unfähigkeit oder ihr Verhalten zurückzuführen. So berichtete Ostwald über amerikanische Kollegen, die sich über diese Immigranten beklagten, und stellte fest, »daß unzweifelhaft in den rein wissenschaftlichen Kreisen der U. S. A. eine antisemitische Bewegung schon heute entstanden ist, und zwar geweckt durch das Verhalten der deutschen Immigranten.«[95] Dies habe dazu geführt, daß eine neue wissenschaftliche Gesellschaft und eine Anzahl exklusiver Clubs, die Juden ausschlössen, gegründet worden sei, wobei Ostwald kritisch anmerkte, daß »zwischen Religionsbekenntnis und Rasse wohl nicht scharf genug unterschieden wird.«

Die Stellung der englischen »Fachgenossen« gegenüber dem »neuen Deutschland war unterschiedlich.« Auf der einen Seite erfuhr Ostwald eine denkbar freundliche persönliche Aufnahme, und er hob hervor, daß es »ein ganz ungewöhnlicher <u>Zufall</u> ist, daß die augenblicklichen Präsidenten der repräsentativen englischen Chemiker-Organisationen derartig gute Beziehungen zur deutschen Wissenschaft haben, und daß zum mindesten Prof. Donnan und Mr. Gibson als unzweifelhafte Freunde Deutschlands bezeichnet werden müssen.« (Hervorheb. i. O.) Anzumerken ist, daß Frederick G. Donnan, einer der Begründer der Physikalischen Chemie in England, in seinem Institut am University College in London eine ganze Reihe jüdischer Emigranten aus Deutschland aufgenommen hatte. Donnan war ein Schüler Wilhelm Ostwalds, und sein Verhalten gegenüber Wolfgang Ostwald war vermutlich durch die Hochachtung seines Vaters bestimmt.[96]

Auf der anderen Seite traf Ostwald auch »offenkundlich feindliche Einstellungen.« Als Beispiel nannte er eine Äußerung des Nobelpreisträgers und Secretary of the Royal Society Archibald V. Hill, der ihm mitteilte, daß er in seinem Institut eine Statue für Hitler errichten wolle. »Auf mein Frage: warum?«, so Ostwald, habe Hill geantwortet: »Dafür, daß Hitler ihm so gute Leute nach England geschickt hätte. Ich meinte, er möchte mit der Aufstellung der Statue vielleicht noch ein paar Jahre warten, bis er diese Leute noch näher kennengelernt hätte.«[97] Hill gehörte zu den englischen Wissenschaftlern, die sich am stärksten für die deutschjüdischen Flüchtlinge einsetzten. Er war einer der Begründer der Hilfsorganisation Academic Assistance Council (später Society for the Protection of Science and Learning). 1933 kritisierte er die Verjagung jüdischer Wissenschafter aus Deutschland in einem Artikel in Nature.[98]

---

[95] In den USA gab es bis zum Ende des Zweiten Weltkrieges fast keine jüdischen Chemiker.

[96] Frederick Eirich, der 1938 aus Wien nach England emigriert war, erinnert sich, daß Donnan ein sehr liebenwsürdiger Mensch war, der Leute aus Höflichkeit eingeladen hat, nicht nur wegen ihrer Verdienste, und der Wilhelm Ostwald gut kannte (Gespräch mit UD, Hightstown, 30. Januar 1997).

[97] Bericht Ostwalds vom 2.5.1937 (BAK, R73/13500). Siehe dazu auch Bernard Katz, Reminiscences of a Physiologist, 50 Years Later, J. Physiology 370, 1986, S. 3 und Abschnitt 2.3.1.

[98] A. V. Hill, International Status and Obligations of Science, Nature 23, Dec.1933, 952–954.

Ähnlich wie Hill reagierten auch andere, nicht namentlich genannte »Fachgenossen«, die, wie Ostwald in seinem Bericht ausführt, der Meinung waren, daß »wir uns doch selbst den größten Schaden erwiesen hätten, indem wir so geniale Gelehrte wie Einstein und andere Juden aus Deutschland vertrieben hätten.«[99] Ein Ungenannter sprach von einer

> »öffentlich in England gefallenen Äußerung, gemäß der wir Deutsche mit dieser Auslieferung soviel genialer Männer eigentlich freiwillig fast schon unsere Kriegsschulden an die Alliierten bezahlt hätten. Ich antwortete, es wäre herrlich, wenn diese Auffassung allgemein in England, insbesondere auch von der englischen Regierung und der englischen Wirtschaft, geteilt würde. Im übrigen bäte ich die englischen Kollegen mit ihrem Urteil über die jüdischen Genies noch etwas zu warten, bis sie ›wärmer‹ bei ihnen geworden wären.«[100]

Weitere kritische Reaktionen bezüglich der deutschen Politik betrafen den Niedergang der deutschen Wissenschaft, der sich z. B. im sprunghaften Rückgang der deutschen chemischen Publikationen seit 1933 zeige. Ein weiterer Einwand sei, so Ostwald, von einem deutschfreundlichen, sehr religiösen Kollegen gekommen, der nicht verstand, »warum speziell die katholische Kirche so maßlos in Deutschland verfolgt würde. Meinem Hinweis auf die Vermehrung katholischer Kultstätten, auf die Zunahme katholischer Orden, auf die uns Nationalsozialisten keineswegs erfreuliche Zunahme der Beteiligung an Wallfahrten, Prozessionen usw. in den Jahren seit 1933 wollte er nur mit größter Überwindung Glauben schenken.« (Hervorheb. UD)

Wie diese Beispiele zeigen, trat Ostwald als Repräsentant des nationalsozialistischen Deutschlands auf. In einer Rede am 21.1.1939 in London drückte er die Hoffnung aus »that scientists should belong to the best equipped men to help that better understanding between nations should grow again.« Konkret hieß dies: Wissenschaftler anderer Länder sollten wieder mehr Verständnis für ein Deutschland haben, in dem alle Juden aus ihren Positionen verjagt worden waren, in dem die Nürnberger Gesetze ihnen die Rechte eines deutschen Bürgers nahmen, in dem das staatliche organisierte Pogrom drei Monate vor dieser Äußerung ihnen die Existenzmöglichkeiten raubte, und in dem Liberalität und freie Meinungsäußerung mit Zuchthaus oder Schlimmerem bezahlt wurde.

Ostwald selbst machte seinen Kollegen die Veränderungen in Deutschland in der Sprache der Chemie deutlich: »Als Chemiker verstanden sie mich am besten, wenn ich von unserer Erneuerung als von einer ›Rekristallisation‹, d. h. Reinigung, Stabilisierung, Neuformung usw. sprach.« Dem bleibt an Deutlichkeit nichts mehr hinzuzufügen.

Die letzte hier dokumentierte Reise, bei der Ostwald vom 13. November bis zum 15. Dezember 1939 Jugoslawien, Ungarn und Rumänien besuchte, wurde auf Ver-

[99] Bericht Ostwalds vom 2.5.1937, BAK, R73/13500.
[100] Ibid.

anlassung der Kulturabteilung des Auswärtigen Amts unternommen; Ostwald war durch das Auslandsamt der Deutschen Dozentenschaft vorgeschlagen worden. Bei dieser Reise, die zweieinhalb Monate nach dem deutschen Überfall auf Polen stattfand, standen politische Ziele stärker im Vordergrund. Ostwalds Bericht liest sich wie die Anleitung zur Kulturpropaganda für Naturwissenschaftler:

»... 1. Die Aufgabe dieser Reise, die auf Veranlassung der Kulturabteilung des Auswärtigen Amts nach dem Vorschlag meiner Person durch das Auslandamt der Deutschen Dozentenschaft ausgeführt wurde, habe ich mir in folgende Einzelaufgaben zerlegt:

a. Es sollte so wirksam wie möglich deutsche Wissenschaft, insbesondere das neuere deutsche Forschungsgebiet der Kolloidchemie, vorgeführt werden durch Vorträge nicht gar zu speziellen Inhaltes, Vorträge, die andrerseits aber auch wirklich neue Ergebnisse, oder doch neue Zusammenhänge aufzeigen sollten.

b. Es sollte durch ausgiebige Besuche zunächst bei den Fachgenossen, ferner bei den Offizieren der einschlägigen Organisationen (Universitäten, Instituten usw.), sodann durch systematische Besichtigungen der Institute selbst, das Interesse bekundet werden, das ein deutscher Gelehrter auch für Forschung und Unterricht in den genannten kleineren Ländern besitzt.

c. Es sollten die persönlichen Beziehungen zwischen einem deutschen Gelehrten und den Fachgenossen der betreffenden Länder aufgenommen beziehungsweise, wo solche bereits vorhanden waren, weiter gepflegt und entwickelt werden. Ich hatte bewußt liebenswürdig zu sein in der Hoffnung, die ausländischen Fachgenossen und Bekannten zu einer Verallgemeinerung meines persönlichen Verhaltens anzuregen.

d. Es sollte zunächst den Fachgenossen, sodann überhaupt intellektuellen Kreisen soviel, aber gleichzeitig auch so vorsichtig wie möglich vom neuen Deutschland erzählt, entsprechende Fragen beantwortet, Mißverständnisse aufgeklärt werden usw.

e. Es sollten umgekehrt die politischen Stimmungen der Fachgenossen und anderer Kreise erkundet sowie entsprechende Beobachtungen und Feststellungen gemacht werden, soweit dies einem Nichtpolitiker möglich war. Diese Feststellungen sollten in »naturwissenschaftlicher« Weise, d. h. unter möglichster Ausschaltung subjektiver, eigener Schlüsse – also nur in Form einer »Materialsammlung« – gemacht und geschildert werden. Die Schlußfolgerungen aus diesem Material zu ziehen, sollte anderen überlassen bleiben.

f. Es durfte bei keiner Gelegenheit vergessen werden, daß ich nicht zu privaten Zwekken, also auch nicht zu speziellen, mich nur persönlich interessierenden wissenschaftlichen Zwecken unterwegs war, sondern stets dienstlich. Meine eigenen wissenschaftlichen Interessen waren daher konsequent zurückzustellen oder doch nur mit größter Vorsicht zu verfolgen. Umgekehrt war streng darauf zu achten, daß keiner meiner Fachgenossen die Meinung erhielt, ich sei zu propagandistischen Zwecken von deutscher Seite aus geschickt worden und träte somit als deutscher »Propagandist« auf. Letzteres wäre, worauf ich mehrfach von ausländischen Fachgenossen hingewiesen wurde, von vornherein eine schwere Belastung meiner Tätigkeit gewesen, die unter Umständen öffentliche Vorträge sogar unmöglich gemacht hätte. ...«[101] (Hervorhebung i. O.)

[101] BAK, R73/13500, Bericht Ostwalds über eine wissenschaftliche Vortragsreise in Jugoslawien, Ungarn und Rumänien vom 13. Nov. bis zum 15. Dez. 1939.

Ostwalds Bericht basierte auf einem ausführlichen Tagebuch, in dem er ihm wichtig erscheinende Gespräche möglichst bald nach ihrem Stattfinden »in extenso« aufzeichnete. Wie bei den vorangegangenen Reisen bediente er sich der Metapher der Umkristallisation, um bei Chemikern Verständnis für das neue Deutschland zu wecken, wobei anzumerken ist, daß es sich jetzt um den November des Jahres 1939 handelte:

> »Auf wiederholte Fragen während dieser Reise, was eigentlich Alles anders geworden wäre in Deutschland, habe ich meinen chemischen Fachgenossen in der Regel folgende Zusammenfassung gegeben: Wir haben uns völlig umkristallisiert, d. h. konzentriert, gereinigt, neu geformt und infolgedessen stabilisiert – so wie es das Resultat jeder wirklich erfolgreichen chemischen Kristallisation ist. Diese Darstellung verstanden meine Kollegen sehr gut. Selbstverständlich habe ich dann auf Wunsch viel Einzelheiten erzählt, zuweilen stundenlang unter interessiertem Schweigen der Zuhörer, da es ja wirklich nicht schwer ist, vom neuen Deutschland zu schwärmen.« (Hervorhebung i. O.)

Ostwald sammelte auf seiner Reise auch selbst politische Eindrücke aus den verschiedenen Ländern, und er gab die politischen Einstellungen einzelner Wissenschaftler in seinem Bericht detailliert weiter. Sein jugoslawischer Freund Professors Samec habe ihm über einen deutschen Kollegen berichtet, der während zweier Besuche »derartig auf das neue Deutschland geschimpft hätte, daß es ihm, dem Slovenen, widerlich geworden wäre.« Ostwald gab an, sich ausführliche Notizen gemacht zu haben. Dieser deutsche Kollege, dessen Name nicht angegeben wurde, wird seine Offenheit bald bereut haben. In Ungarn traf Ostwald mit dem Direktor des Instituts für Organische Chemie an der TH in Budapest zusammen, der seine wissenschaftliche Ausbildung in Deutschland genossen hatte, ständiger Mitarbeiter der »Berichte der Deutschen Chemischen Gesellschaft« war und

> »völlig deutschfreundlich bzw. sogar nationalsozialistisch eingestellt und ein leidenschaftlicher Antisemit ist. Er war z. Z. Dekan und versicherte, daß trotz des schon etwa 1924 eingeführten numerus clausus, der 5 % jüdische Studenten zuließe, augenblicklich jüdische Studenten überhaupt nicht mehr aufgenommen würden. Er hat wiederholt Jahre lang in Deutschland gearbeitet und erzählte mir Einzelheiten über die wissenschaftlichen Zustände in Berlin während der Systemzeit, die selbst mir neu und überraschend waren. Er könne nur ›mit Entsetzen‹ an die Verhältnisse kurz vor 1933 denken. Er war genau orientiert auch über die arische oder nichtarische Abstammung der augenblicklich noch in Ungarn befindlichen Professoren.«

Ostwald erfuhr auch, daß der in Ungarn bestehende Mangel an Chemikern in der Industrie zunahm, weil jüdische Chemiker systematisch entlassen würden und keine eigenen Fabriken mehr aufmachen dürften.

In einem Fall schritt Ostwald selbst ein. Ein Budapester Kollege berichtete ihm, daß bei der Zusammenlegung der zwei deutschen Zeitschriften für Mikrochemie nach dem Anschluß Österreichs – eine der beiden wurde von dem gerade als Jude entlassenen Fritz Feigl in Wien herausgegeben – sechs von sieben ungarischen Mitarbeitern gestrichen wurden. Dagegen hatte der Kollege prinzipiell nichts einzuwenden. Für »überaus peinlich für jeden Ungarn« hielt er aber die Tatsache, daß »sämtliche gestrichenen Kollegen Arier wären (bei dem gestrichenen Prof. Szent György könnte er nicht völlig garantieren), daß aber der einzige ungarische Kollege, der auf dem Titelblatt noch stehen geblieben wäre, der Halb- oder Dreivierteljude Prof. Zechmeister (Schüler und langjähriger Mitarbeiter von Willstätter) sei.« Ostwald versicherte dem Kollegen, daß es sich hier mit Sicherheit um Zufall oder Unkenntnis gehandelt habe und nahm sich der Sache an. Auf seiner Rückreise in Wien sprach er mit dem neuen Herausgeber Dr. Hecht, der erschrocken reagierte und sich die selektive Streichung nicht erklären konnte. Ostwald vermutete daraufhin, daß diese »auf eine Art Testament von Prof. Feigl zurückzuführen ist,« dem er »einen solchen raffinierten Streich durchaus zutraue«. Dr. Hecht versprach, wenigstens den Kollegen, der Ostwald auf diese Streichung aufmerksam gemacht hatte, wieder auf das Titelblatt zu setzen. Dies geschah dann auch.

Ostwald schloß seinen Bericht mit der Bemerkung, daß es nicht schwierig sei, »als Chemiker in den fraglichen Ländern Kulturpropaganda im anfangs skizzierten Sinne zu betreiben.« Er empfahl als Voraussetzungen für erfolgreiche Kulturpropaganda insbesondere

> »außer rein künstlerischen Darbietungen Vorträge über naturwissenschaftliche und medizinische Themata, nicht jedoch Vorträge über geisteswissenschaftliche Probleme, es seien denn solche z. B. über serbische Dichter in Belgrad oder rumänische Volkskunst in Bukarest usw. Eine Eliminierung des Verdachtes auf versteckte politische Propaganda ist bei geisteswissenschaftlichen Vorträgen nicht nur viel schwieriger als bei naturwissenschaftlichen, sondern ich halte auch das Publikum, das zu geisteswissenschaftlichen Vorträgen geht, im Durchschnitt für chauvinistischer als das andere. Ich verkenne nicht, daß eine Kulturpropaganda gerade in chauvinistischen Kreisen wegen ihrer Schwierigkeit besonders reizvoll und wichtig ist.«

Im Mai 1941 nahm Ostwald als Vertreter des Auslandsamtes der Dozentenschaft Leipzig an der Reise deutscher Dozenten nach Ungarn teil, die vom Auslandsamt der Dozentenschaft der deutschen Universitäten mit besonderer Unterstützung des Auswärtigen Amtes veranstaltet wurde.[102] Auf Vorschlag des Dekans der mathematisch-naturwissenschaftlichen Abteilung wurde Ostwald im Jahre 1942 das Kriegsverdienstkreuz 2. Klasse verliehen. In der Begründung heißt es: »Kriegswichtige, praktisch ausgewertete Arbeit auf dem Gebiet der Seifenherstellung und der Eiweißgewinnung aus Kartoffeln. Erfolgreiche wissenschaftliche Propaganda durch große Vortragsreise auf dem Balkan.«[103]

---

[102] UA Leipzig, PA 788.
[103] Ibid.

7.2.4 Hintergründe

Was bewog Ostwald dazu, sich in solch starkem Maße für die nationalsozialistische Kulturpropaganda im Ausland einzusetzen? Ich sehe im wesentlichen drei Motive, deren Hintergründe ich weiter unten zu erklären versuche. Erstens: Ostwald hatte ein Interesse daran, seine Kontakte mit (nichtjüdischen) Kollegen in England, den USA und Osteuropa fortzusetzen; der Anteil ausländischer Beiträge in der Kolloid-Zeitschrift blieb auch während des Nationalsozialismus hoch, wobei die Zahl der Beiträge aus Osteuropa und Japan relativ größer wurde. Zweitens: Als deutscher Nationalist und als Antisemit wollte er Verständnis für das nationalsozialistische Deutschland wecken. Drittens: Er könnte sich durch Erfolge bei der Kulturpropaganda eine Verbesserung seiner Position und ein eigenes Institut erhofft haben.

Eine Erklärung für die in dieser Offenheit unter Chemikern seltene Kombination von vehementem Antisemitismus, nationalem Sendungsbewußtsein und wissenschaftlichem Internationalismus (unter Ausschluß von Juden) sehe ich im Einfluß seines Vaters Wilhelm Ostwald. Wie in Kapitel 1 dargestellt, wurde Wilhelm Ostwald, der vor 1914 als Internationalist bekannt war, während des Ersten Weltkrieges einer der enthusiastischsten Nationalisten unter den deutschen Naturwissenschaftlern, der im Ausland für die Idee eines deutschen Eroberungsfriedens warb.

Der Einfluß Wilhelm Ostwalds auf seinen Sohn zeigt sich darin, daß dieser seine Laufbahn ganz an derjenigen seines Vaters orientierte.[104] Wie sein Vater verfügte Wolfgang Ostwald über ein starkes Geltungsbedürfnis, Darstellungsvermögen sowie Organisationstalent, und er setzte sich wie dieser mit großer Energie für die Selbständigkeit einer neuen Disziplin ein. Aber hier lag auch ein entscheidender Unterschied: Wilhelm Ostwald, der Ende des 19. Jahrhunderts der stärkste Propagandist der Physikalischen Chemie als eigenständiger Disziplin wurde, war, wie der Nobelpreis für seine Katalysearbeiten im Jahre 1920 zeigt, im Gegensatz zu seinem Sohn sowohl wissenschaftlich als auch wissenschaftspolitisch erfolgreich. Durch seinen Einfluß entstand zu Beginn des 20. Jahrhunderts in Deutschland eine Reihe von Lehrstühlen für Physikalische Chemie. Für die Entwicklung der Physikalischen Chemie gab es mit der Theorie der elektrolytischen Dissoziation in verdünnten Salzlösungen eine theoretische Grundlage. Die Kolloidchemie besaß dagegen, wie John W. Servos es ausdrückte, keinen Arrhenius und van't Hoff. Wolfgang Ostwalds Bedeutung lag in der Popularisierung der Kolloidwissenschaft, aber er blieb ein mediokrer Wissenschaftler.

Auch in der politischen Einstellung folgte Wolfgang Ostwald seinem Vater. Wie dieser betonte er sowohl die Bedeutung des wissenschaftlichen Internationalismus als auch seinen Patriotismus. Im 1915 geschriebenen Zusatz zum Vorwort seines Buches »Die Welt der vernachlässigten Dimensionen« heißt es dazu:

---

[104] Siehe dazu die Einschätzung seiner Schwester Grete Ostwald in: Grete Ostwald, Wilhelm Ostwald. Mein Vater, Stuttgart 1953: Berliner Union GmbH.

»So restlos überzeugt, wie der Verfasser von der Gerechtigkeit der Sache seines Vaterlandes und von dessen Kraft, sie siegreich durchzuführen, ist, so sicher ist er andererseits, daß die *wissenschaftliche* Gemeinschaft der Völker *nie* und durch *keinen* Krieg mehr zerstört werden kann, und daß es *diese* Beziehungen sind, welche die Menschheit vor solchen Einflüssen wie den jetzigen einmal endgültig schützen werden.«[105]

Der Nationalsozialismus schien ein militärisch und politisch starkes Deutschland zu garantieren. Ähnlich wie sein Vater sah es Wolfgang Ostwald als Aufgabe des Wissenschaftlers an, den deutschen (auch nationalsozialistisch-deutschen) Führungsanspruch zu vertreten und Kritik des Auslands abzuwehren. Dazu gehörte es, die Vertreibung der jüdischen Kollegen zu rechtfertigen. Dies gelang ihm angeblich, wenn man seinen Berichten glaubt, durch die Erfindung der Metapher der »Umkristallisation Deutschlands« kulturpolitisch wirkungsvoll und überzeugend.

Ostwalds antisemitische Äußerungen und Denunziationen lassen darüber hinaus ein starkes, persönlich bedingtes emotionales Moment vermuten, aus dem heraus er den Ausschluß von Juden aus Deutschland und das Verbot jeglicher weiterer Zusammenarbeit mit ihnen begrüßte. Über Gründe kann nur spekuliert werden. Ostwald litt zeit seines Lebens unter mangelnder Wertschätzung seiner wissenschaftlichen Leistungen in Deutschland. Vor allem nichtjüdische Kollegen der Physikalischen Chemie versagten ihm die erhoffte Anerkennung. Er war der Sohn eines bedeutenden Vaters, den er sich als Vorbild wählte, aber dessen Leistungen und Einfluß er nicht annähernd erreichte. Die Tatsache, daß es ein Jude war, Jacques Loeb, der Ostwalds Richtung der Kolloidchemie nicht nur scharf ablehnte, sondern auch durch eindeutige Experimente in Teilbereichen als obsolet herausstellte, könnte seine bereits vorhandenen antisemitischen Ressentiments verstärkt haben.

Die vielen jüdischen Kollegen der Kolloidchemie, darunter die Physikochemiker Georg Bredig, Wolfgang Pauli und insbesondere Herbert Freundlich, empfand Ostwald als Konkurrenten. So charakterisierte der Anorganiker Georg Brauer, ein Neffe Wolfgang Ostwalds, seinen Onkel als fürsorglichen, stets hilfsbereiten »Lieblingsonkel«, hob seine musische Begabung sowie Naturliebe hervor und erinnerte sich an sein Bestreben, »in der NS-Politik mildernd, ausgleichend, helfend, schützend zu wirken. Ich weiß nur von einem einzigen Fall, wo er mit einem Uni-Kollegen – er hieß wohl Freundlich – in einen Streit geriet, der ihn zu der Bemerkung veranlaßte: Ja, ein Jude bekommt eben eher Recht als unsereiner.«[106] Ostwald, der bereits vor 1933 als Antisemit bekannt war, mochte auch Pauli nicht.[107]

Das von Haber geleitete KWI, an dem viele jüdische Wissenschaftler tätig waren, war Ostwald ein Dorn im Auge. So schrieb er am 16.8.1943 an Günther-Victor Schulz, der Ostwalds Auffassung, Viskositätszahl und Molekulargewicht seien miteinander durch eine Funktion mit Maximum und Wendepunkt verknüpft, als

---

105 Wo. Ostwald, Die Welt, S. X.

106 Brief von Prof. Georg Brauer an UD, 9.9.1994.

107 Prof Frederick Eirich im Gespräch mit UD, Hightstown, 30. Januar 1997.

experimentell nicht belegbar kritisierte: »Ich las im letzten Heft der Zeitschr. f. Elektrochemie mit Staunen den letzten Absatz Ihrer Besprechung von Samec, in der Sie meine dort wiedergegebenen Überlegungen nebst Kurve aus dem Jahre 1935 u. a. als ›Antiquitäten‹ bezeichnen. Daß Sie keinen besonderen Wert auf wissenschaftliche Höflichkeit legen, ist mir ja schon aus Ihrer Dissertation bekannt. Auch haben Sie Ihre wissenschaftliche Erziehung ja in der Dahlemer Judenschule genossen, ...«[108] Schulz wurde 1931 mit einer am KWI für Physikalische Chemie in der Abteilung Freundlich angefertigten Dissertation promoviert.

Kurz nachdem Kolloidchemiker in Deutschland Wolfgang Ostwald zu seinem 60. Geburtstag den 103. Band der Kolloid-Zeitschrift (1943) gewidmet hatten, starb er am 22.11.1943 in Dresden an Leberkrebs. Seine Urne wurde in der Familiengruft auf dem Grundstück »Energie« in Großbothen beigesetzt. (Die Bezeichnung »Energie« stammte von Wilhelm Ostwald, der damit seiner energetischen Weltanschauung, die er zunächst der atomistischen, später der materialistischen entgegenstellte, Ausdruck verleihen wollte).[109] Auf dem Urnengrab, in dem sich die Asche Wilhelm Ostwalds, seiner Frau Helene und ihrer fünf Kinder befindet, befindet sich die Aufschrift: »Wilhelm Ostwald, Helene Ostwald und ihre Kinder«. Deren Namen werden nicht genannt.

In seinem Nachruf von 1949 würdigte Hans Erbring (bis 1946 apl. Prof. an der TH München, danach Leiter der chemischen Abteilung der Firma Madaus in Köln), Wolfgang Ostwald als Vertreter einer international verbundenen Kolloidwissenschaft, der nicht nur unermüdlich für seine Wissenschaft gekämpft hat, sondern auch ein großzügiger und hilfbereiter Mensch war. Der oben erwähnte amerikanische Physiologe Martin H. Fischer charakterisierte ihn (in der Übersetzung von Grete Ostwald) folgendermaßen: »Er war sowohl der Vater als auch der Evangelist der großen Lehre: Das Universum, das lebende wie das tote, hat keine kristalloide, sondern eine kolloide Struktur. ... Er war ein Internationalist und ein großer Geist, im wahrsten Sinne. Der Menschengeist kann nicht durch Dogma, Religion, Rasse oder Politik gefesselt werden. Festhalten an diesen Prinzipien ließ seine Unternehmen zwei Weltkriege überdauern. Jedoch nicht immer ohne Wunden; denn die Belange der Regierung und die Vaterlandsliebe behinderten Großmut.«[110] Hier erübrigt sich jeglicher Kommentar.

---

[108] Claus Priesner, H. Staudinger, H. Mark, K. H. Meyer. Thesen zur Größe und Struktur der Makromoleküle, Weinheim 1980: Verlag Chemie, S. 253; Schulz hatte mit der Kritik an Ostwalds Viskositätsfunktion recht.

[109] Grete Ostwald, Wilhelm Ostwald, S. 52 und 116.

[110] M. H. Fischer, Wolfgang Ostwalds Weg.

7.3 Hermann Staudinger, Makromoleküle, Industrie und Politik

Der 1881 in Worms geborene Hermann Staudinger war seit 1912 Ordinarius für Organische Chemie an der ETH in Zürich und seit 1926 an der Universität Freiburg. Für die Entwicklung und experimentelle Begründung des Konzeptes der Makromoleküle (große Moleküle, deren Atome durch kovalente Bindungen verknüpft sind) wurde er 1953 mit dem Nobelpreis für Chemie ausgezeichnet. Zu den Auseinandersetzungen um die Anerkennung dieses Konzeptes in den 1920er Jahren verweise ich auf Kapitel 6. Im folgenden lege ich, ausgehend von der mißglückten Kampagne Heideggers, Staudinger aus politischen Gründen zu entlassen, Staudingers Kampf gegen tatsächliche und vermeintliche wissenschaftliche Gegner, seine Beziehungen zur Industrie und seine Forschungen in der NS-Zeit dar.

Hermann Staudinger

7.3.1 Heideggers mißglückter Versuch, Staudinger 1933 zu entlassen und dessen politische Rehabilitierung

Staudinger war wegen seines Verhaltens während des Ersten Weltkriegs seit 1933 starkem politischen Druck ausgesetzt.[111] Er hatte als Ordinarius in Zürich 1917 die Niederlage Deutschlands prophezeit und einen sofortigen Friedensschluß gefordert, da er davon überzeugt war, daß ein Sieg nach dem Eintritt der USA in den Krieg aus technisch-wirtschaftlichen Gründen unmöglich geworden war.[112] Staudinger ging dabei von der Berechnung der technischen Kräfte (Kohlenförderung, Wasserkräfte, Eisenerz, Roheisen) aus, die zwischen 1860 und 1912 Deutschland, anderen europäischen Ländern, den USA und Kanada sowie der Welt zur Verfügung standen. Seiner Auffassung nach waren im Ersten Weltkrieg die neuen technischen Möglichkeiten, die in früheren Kriegen den menschlichen Kräften noch nicht in diesem Ausmaß überlegen waren, ausschlaggebend. So kam er zu dem Schluß, daß bei einer völligen Militarisierung der Vereinigten Staaten die Chancen eines Sieges für Deutschland gering waren. Aus diesem Grunde forderte er, daß die Zentralmächte, darunter Deutschland, den Krieg nicht als Machtfrage zur Entscheidung bringen sollten und daß sie sich in Zukunft dafür einsetzen sollten, Konflikte nicht mehr auf dem bisherigen Wege eines Krieges auszutragen.

Seine 1919 veröffentlichte Meinung, die Niederlage Deutschlands sei mit dem Kriegseintritt der USA aufgrund der Rohstofflage unausbleiblich gewesen, und die deutsche Politik und nicht die Revolution, wie Anhänger des alten Regimes Glauben machen wollten, sei schuld an der Niederlage (»im Frühjahr 1917 und nicht im Herbst 1918 wurde über das Geschick Deutschlands entschieden«), bedeutete eine klare Ablehnung der Dolchstoßlegende.[113] Darüber hinaus hatte Staudinger 1919 in der »Revue Internationale de la Croix Rouge« die Verwendung von Gaskampfstoffen scharf kritisiert und dadurch im Deutschen Reich Empörung ausgelöst.[114] Ihm wurde weiter zum Vorwurf gemacht, daß er 1921 schweizerischer Bürger wurde. Auch die Tatsache, daß sein Bruder Hans Staudinger als sozialdemokratischer Staatssekretär im preußischen Handelsministerium 1933 entlassen

[111] Die Angaben über den Versuch Heideggers, Staudinger aus seiner Position zu vertreiben, und über Staudingers Beziehungen zu Freiburger Wirtschafts- und politischen Kreisen stammen aus Hugo Ott, Martin Heidegger. Unterwegs zu einer Biographie, Frankfurt 1992: Campus, S. 201 ff., sowie Claus Priesner, Hermann Staudinger und die makromolekulare Chemie in Freiburg. Dokumente zur Hochschulpolitik 1925–1955, Chemie in unserer Zeit 21, 151–160, 1987.

[112] Hermann Staudinger, Technik und Krieg, veröffentlicht 1917 in der Friedenswarte XIX, Zürich, abgedruckt in: Hermann Staudinger, Vom Aufstand der technischen Sklaven, Essen 1947: Verlag Dr. Hans v. Chamier, S. 20–34.

[113] Hermann Staudinger, Der erste Weltkrieg unter technischen Gesichtspunkten, veröffentlicht 1919 in: »Zukunft« XXXVII, Nr. 56, S. 341, abgedruckt in H. Staudinger, Vom Aufstand der technischen Sklaven (S. 45–55), S. 53.

[114] Claus Priesner, Hermann Staudinger, 1987.

und inhaftiert wurde und dann in die USA emigrierte, wirkte sich nachteilig auf seine Situation aus.[115] Hans Staudinger war mit der Jüdin Else Maier verheiratet. Er wurde 1934 Professor für Ökonomie an der New School for Social Research in New York, einer Exiluniversität.

Wegen Staudingers Haltung im Ersten Weltkrieg setzte der von den Nationalsozialisten ernannte Rektor der Freiburger Universität, Martin Heidegger, ein Untersuchungsverfahren der Gestapo in Gang mit dem Ziel, Staudinger nach § 4 des Berufsbeamtengesetzes von seiner Position zu vertreiben. Nach Abschluß der Ermittlungen durch die Gestapo im Januar 1934 und Weiterleitung der Unterlagen an das badische Kultusministerium wurde Heidegger zu einer Stellungnahme aufgefordert. In einem vernichtenden Bericht hob dieser nicht nur Staudingers Einstellung während des Krieges hervor und die Tatsache, daß er »niemals einen Hehl daraus gemacht (habe), daß er in scharfem Gegensatz zu der nationalen Strömung in Deutschland stünde...«, sondern Heidegger behauptete auch, Staudinger habe deutsche chemische Herstellungsverfahren ans feindliche Ausland weitergegeben.[116] Der Bericht endet mit dem Satz: »Es dürfte eher Entlassung als Pensionierung in Frage kommen.«[117]

Während Staudingers Auseinandersetzung mit Fritz Haber über die Anwendung von Giftgas im Ersten Weltkrieg damals allgemein bekannt war, wurde der von Heidegger erhobene Vorwurf des Verrats von Herstellungsverfahren selbst von nationalsozialistischen Organisationen und Behörden nicht aufrechterhalten.[118] Staudinger wurde am 17.2.1934 im Kultusministerium verhört. Er erklärte, daß er sich längst von seinen früheren politischen Anschauungen gelöst habe. Seit Beginn seiner Freiburger Tätigkeit könne ihn der Vorwurf »antinationaler Gesinnung« nicht mehr treffen, sondern er habe »den Ausbruch der nationalen Revolution mit Freude begrüßt.«[119] Mit dieser Verteidigung konnte er aber die Vorwürfe undeutschen Verhaltens während des Ersten Weltkrieges nicht entkräften. Dem Votum des Rektors folgend, stellte das Kultusministerium deshalb am 22.2.1934 beim Staatsministerium den Antrag, Staudinger zu entlassen.

Verschiedene Interventionen – u. a. setzte sich der Freiburger NS-Oberbürgermeister Dr. Kerber für Staudinger ein, vermutlich auch die chemische Industrie – führten dazu, daß das Kultusministerium den Antrag zurückzog. Leupold, ein früherer Mitarbeiter Staudingers, der seit den 1930er Jahren bei Hoechst angestellt war und vor 1933 NSDAP Mitglied wurde, setzte sich eigenen Angaben zufolge bei der Partei und auch beim Ministerium in Karlsruhe für Staudinger

[115] Angaben Staudingers im Fragebogen zur Entnazifizierung, 29.5.1945, UA Freiburg, B 34/111. Dokumente zur Biographie seines Bruders befinden sich in der German Intellectual Emigré Collection der Universität in Albany, New York.

[116] Heidegger am 10.2.1934 an das badische Kultusministerium, zitiert nach Ott, Martin Heidegger, S. 205.

[117] Ibid.

[118] Ott, Martin Heidegger, S. 205.

[119] Ibid., S. 207.

ein.[120] Es ist zu vermuten, daß auch die I. G. Farben-Führung für Staudinger eintrat.[121] Staudinger war zu diesem Zeitpunkt ein international bedeutender Chemiker und seine Forschung für die nationalsozialistische Autarkiepolitik vielversprechend. Er veröffentlichte am 25.2.1934 in der Düsseldorfer Völkischen Zeitung einen Beitrag mit dem Thema »Die Bedeutung der Chemie für das deutsche Volk«, von dem er einen Sonderdruck an den Kultusminister schickte. Staudinger wurde noch einmal ins Ministerium bestellt und mußte sich der Demütigung unterziehen, den förmlichen Antrag auf Entlassung aus dem badischen Staatsdienst zu stellen. Dieser wurde für sechs Monate zu den Akten genommen, dann durfte ihn Staudinger, da keine weiteren Bedenken aufgetaucht waren, zurückziehen. Staudinger erfuhr nie, daß es Heidegger war, der ihn 1933 denunzierte; seine Frau Magda Staudinger erfuhr es 1982 durch einen Artikel von Hugo Ott in der Badischen Zeitung.[122]

In der Folgezeit festigten sich Staudingers Position und sein Einfluß. Im Sommer 1934 beauftragte ihn der Dekan der naturwissenschaftlich-mathematischen Fakultät in Freiburg, W. Soergel, einen geeigneten Nachfolger für den Ordinarius der Physikalischen Chemie Georg v. Hevesy ausfindig zu machen, der nach Dänemark emigriert war (siehe Kapitel 3). Staudingers Vorschlag, Eduard Zintl zu berufen, wurde vom Rektor gebilligt und vom Reichserziehungsministerium genehmigt, scheiterte aber am Einspruch des damaligen Präsidenten der Notgemeinschaft (DFG), Johannes Stark, der Zintl nach Berlin holen wollte.[123] Stark, dem daran gelegen war, in Freiburg die Faserstoff-Forschung zu stärken, hätte zur Ergänzung der Forschung Staudingers gerne dem Kolloidchemiker Peter Thiessen das Ordinariat gegeben. Dies scheiterte aber an der Ablehnung Staudingers, der jetzt Walter Noddack vorschlug. Noddack sei, so Staudinger, im Gegensatz zu Thiessen durch seine Entdeckung des Rheniums und Masuriums (zusammen mit seiner Frau Ida, geb. Tacke) ähnlich wie v. Hevesy ein international anerkannter Wissenschaftler.[124] Mit diesem Vorschlag waren Stark und das REM einverstanden; Noddack wurde berufen. Staudingers Einfluß war trotz seiner politischen Vergangenheit groß genug, um diese Berufungsfrage auch gegen Wünsche des damals relativ mächtigen Stark entscheidend zu beeinflussen.

120 Dr. Gerhard Bier im Gespräch mit UD, Freiburg, 18.9.1996.

121 Es ist wahrscheinlich (kann aber nicht belegt werden), daß sich Dr. Georg Kränzlein von der I. G. Farben für Staudinger einsetzte. Staudinger war seit Jahren auswärtiger Mitarbeiter der I. G. Farben. Auch Dr. Magda Staudinger vermutet, ohne Namen zu nennen, daß die Industrie zu seinen Gunsten intervenierte. Dr. Magda Staudinger im Gespräch mit UD, Freiburg, 21.8.1996.

122 Dr. Magda Staudinger im Gespräch mit UD, Freiburg, 21.8.1996.

123 Die Briefwechsel zwischen Staudinger und Stark, Soergel sowie dem Rektor Kern befinden sich im UA Freiburg, B1/1288.

124 Es ist umstritten, inwieweit den Noddacks die Entdeckung des Masuriums tatsächlich gelungen ist, das Element trägt heute die Bezeichnung Technetium (siehe Kapitel 5 FN 13).

Staudinger unternahm von Juni 1933 bis Oktober 1936 fünf Auslandsreisen in verschiedene Länder Europas, wurde aber vom REM mit Hinweis auf seine politische Vergangenheit aufgefordert, Einladungen nach Zürich (1937), Riga (1937) und Rom (zum Internationalen Chemiker-Kongreß 1938) abzusagen.[125] 1940 wurde er völlig politisch rehabilitiert. In einem Schreiben des Chefs des Amtes Wissenschaft im REM, Otto Wacker, an den Reichserziehungsminister vom 26. Januar 1940 heißt es:

> »Wie mir der Kreisleiter in Freiburg mitgeteilt hat, hat er sich mit Rücksicht auf die einwandfreie Haltung von Professor Staudinger in den letzten Jahren dazu entschlossen, auch Professor Staudinger im bestimmten Rahmen politisch einzusetzen. Er wird infolgedessen in den nächsten Tagen seinen ersten Vortrag vor einer Auswahl politischer Führer halten. Damit sieht der Kreisleiter den Fall Staudinger als endgültig erledigt an.
>
> Indem ich von dieser Tatsache Mitteilung mache, glaube ich gleichzeitig die Auffassung vertreten zu dürfen, daß in Zukunft wohl gegen eine wissenschaftliche Auslandstätigkeit von Professor Staudinger Bedenken grundsätzlicher Art nicht mehr geltend gemacht werden sollten.«[126]

Staudinger unternahm von 1942 bis 1944 insgesamt acht Vortragsreisen, unter anderem nach Prag, Mühlhausen und Straßburg, und war damit einer der Wissenschaftler, die zur Kulturpropaganda im von Deutschland besetzten bzw. annektierten Ausland eingesetzt wurden. In Biarritz hielt er auf Dienstanweisung des Freiburger Rektors 1943 drei Vorträge vor Wehrmachtsstudenten. Staudinger hatte sich das Vertrauen der NS-Machthaber erworben.

7.3.3 Unterstützung Staudingers durch Industrie und DFG, 1933 bis 1945

Industrie

Staudingers Forschung an hochmolekularen Natur- und Kunststoffen wurde seit 1927 von der I. G. Farbenindustrie finanziell und ideell gefördert.[127] Ein besonders gutes Verhältnis bestand zu Dr. Georg Kränzlein, einem der Direktoren der I. G. Farben, der seit 1921 die Alizarin-Abteilung des Werkes Hoechst leitete. Kränzlein unterstützte Staudingers makromolekulare Chemie bereits zu einem Zeitpunkt, als sie in der akademischen Welt noch nicht anerkannt war. Mehrere Mitarbeiter Staudingers erhielten Anfang der 1930er Jahre Stellen bei

[125] Entnazifizierungsfragebogen von H. Staudinger, 29.5.1945, UA Freiburg, B24/111; das REM an den Rektor der Universität Freiburg, 2.11.1938, UA Freiburg B24/3700.

[126] Wacker an Rust, 26. Januar 1940, UA Freiburg B24/3700.

[127] Zur Höhe der Finanzierung siehe BASF-Archiv, Archivbereich I. G. Farbenindustrie AG, Sachgruppe Freie Mitarbeiter, Reg. Sign-24/281.

Hoechst.[128] Staudinger erhielt von 1927 bis 1937 als auswärtiger Mitarbeiter der I. G. Farben pro Jahr 10.000 RM für die Untersuchung von Kautschuk und hochmolekularen Natur- und Kunststoffen.[129] 1936 kündigte er sein Mitarbeiterverhältnis zur I. G., da er glaubte, durch Polymerisation von Styrol in Gegenwart von Divinylbenzol einen technisch wertvollen Kunststoff synthetisiert zu haben. Er bot der I. G. seine Erfindung zum Kauf an. Es stellte sich jedoch heraus, daß das so hergestellte Polystyrol zwar wissenschaftlich interessant, aber technisch ohne Bedeutung war.[130] Weitere 25.000 RM beschaffte sich Staudinger daraufhin durch den Verkauf eines Patents.[131]

Um die Forschung zur makromolekularen Chemie in einem eigenen, von den Institutsarbeiten unabhängigen Arbeitskreis weiter auszubauen, plante er 1937 die Gründung eines entsprechenden zusätzlichen Instituts unter dem Dach der KWG. Als dieser Plan im Januar 1938 vom Reichserziehungsminister Bernhard Rust unter anderem mit der Begründung abgelehnt wurde, daß »eine Verquickung eines KWI in personeller und räumlicher Hinsicht mit einem entsprechenden Hochschulinstitut als unerwünscht angesehen werden muß«,[132] erhielt Staudinger Unterstützung von dem Präsidenten der Freiburger Industrie- und Handelskammer und Reichskommissar Emil Tscheulin. Dieser richtete zusammen mit einigen Vertretern der Industrie eine »Arbeitsgemeinschaft für Celluloseforschung« ein, deren ehrenamtliche Leitung Staudinger übernahm.[133] Diese Arbeitsgemeinschaft ermöglichte Staudinger 1939, eine »Forschungsabteilung für makromolekulare Chemie am Chemischen Universitätslaboratorium in Freiburg« zu gründen. Das Chemische Universitätsinstitut wurde dazu aufgestockt, so daß ein Klimaraum für Faserstoffuntersuchungen, ein mikroanalytisches Labor und andere Spezialräume eingerichtet werden konnten.[134]

Im Jahre 1941 wurde Staudinger durch die Vermittlung des früheren Staatsministers Friedrich Schmidt-Ott ein Elektronenmikroskop zur Verfügung gestellt.[135]

---

[128] Farbwerke Hoechst AG (Hg.), Zur Strukturaufklärung der Makromoleküle, ein Briefwechsel zwischen Prof. Staudinger und Dr. Kränzlein, Dokumente aus Hoechster Archiven 1966, Vorwort.

[129] BASF-Archiv, Archivbereich I. G. Farbenindustrie AG, Sachgruppe Freie Mitarbeiter, Reg. Sign. 217–24/281.

[130] Kränzlein, 7. Juli 1938, Entwurf eines Schreibens an das REM, Archiv Hoechst AG C/1/2/g Staudinger 3. Der abgeschickte Brief enthielt diesen Passus nicht.

[131] Den Angaben Kränzleins zufolge hatte Staudinger das ihm von der I. G. Farben zum Zweck der Darstellung Lost-fester Gewebe zur Verfügung gestellte hochpolymere Oppanol B patentieren lassen und das Patent dann an eine Privatfirma verkauft, damit sich diese gegenüber dem Heereswaffenamt als Patentbesitzerin ausweisen konnte, ibid.

[132] Priesner, Hermann Staudinger, 1987.

[133] Staudinger an Rektor Otto Mangold, 4.10.1939, UA Freiburg, B1/3502.

[134] Siehe dazu Priesner, Hermann Staudinger, 1987.

[135] Staudinger an Rektor W. Süss der Freiburger Universität, 30.9.1941 und 25.7.1942, UA Freiburg B1/3502.

Die Deutsche Industriebank stellte dafür die Mittel (100.000 RM) bereit. Das Mikroskop, für dessen rasche Beschaffung sich auch das Reichsluftfahrtministerium einsetzte, sollte für Arbeiten auf dem Gebiet der Faserstoff-Forschung eingesetzt werden. 1943 wurde Staudinger wieder auswärtiger Mitarbeiter der I. G., die ihn 1943 und 1944 mit je 10.000 RM unterstützten. Wie die folgenden Ausführungen zeigen, förderte die Industrie seine Forschung insgesamt in weit höherem Maße als die Notgemeinschaft/DFG.

DFG

Staudingers Bemühungen, für praktisch verwertbare Forschung größere Summen von der Notgemeinschaft/DFG zu erhalten, scheiterten zunächst. Johannes Stark, der seit Juni 1934 Präsident der Notgemeinschaft war und großes Interesse an Staudingers Arbeiten zeigte, stellte ihm im September 1935 50.000 RM für die Herstellung einer verbesserten Kunstfaser in Aussicht. Aber im Dezember 1936 änderte er seine Meinung und stellte keine Mittel zur Verfügung, da Staudinger die von ihm (Stark) angeregten Arbeiten nicht in der gewünschten Form durchführen wolle (darüber hinaus mache es die Finanzierungslage unmöglich, die Pläne energisch zu verfolgen). Genaueres war den DFG-Akten nicht zu entnehmen.

Staudinger war bereit, sich an Arbeiten des Vierjahresplans auf dem Gebiet der Makromolekularen Chemie zu beteiligen. Vom Amt für deutsche Roh- und Werkstoffe wurden ihm zunächst 30.000 RM, dann nur noch 15.000 RM in Aussicht gestellt. Er nahm die Arbeit an diesem Projekt auf, hatte aber sechs Monate später, Ende Juni 1937, weder das Geld noch eine Nachricht, ob und in welcher Höhe noch etwas zu erwarten sei.

Seit 1936 wurde Staudingers Forschung über Cellulose und andere Fasern von der Notgemeinschaft/DFG gefördert.[136] Er erhielt bis 1943 eine regelmäßige Unterstützung, die zwischen 3000 RM und 12.000 RM pro Jahr lag. In den Jahren 1937 und 1938 wurde die beantragte Beihilfesumme von Peter Thiessen drastisch gekürzt mit der Begründung, daß Staudinger für seine »außerordentlich wertvollen« Arbeiten namhafte Beiträge von Seiten der Industrie erhalte. Dazu ist allerdings anzumerken, daß Thiessen selbst von 1938 bis 1944 jährlich 20.000 RM für seine Tätigkeit als auswärtiger Mitarbeiter von der I. G. Farben erhielt und zusätzlich während des gleichen Zeitraums 366.000 RM von DFG/RFR, das sind durchschnittlich 52.285 RM jährlich.

Staudingers langjährige Mitarbeiterin Elfriede Husemann bekam 1937 ein DFG-Forschungsstipendium für Holzuntersuchungen, Günther-V. Schulz erhielt von 1934 bis 1937 ein DFG-Stipendium, er wurde 1937 Dozent und nahm 1942 einen Ruf nach Rostock an. Ein weiterer DFG-Stipendiat (1935 bis 1941) war Siegfried Kautz; er wurde 1941 aus Mitteln des Reichsamtes für Wirtschaftsausbau bezahlt.

[136] Es ist nicht bekannt, ob er vor 1933 Anträge bei der Notgemeinschaft gestellt hat.

7.3.3 Die Industrie als Vermittler bei Staudingers Auseinandersetzung mit wissenschaftlichen Gegnern nach 1933

Vertreter der I. G. Farbenindustrie, insbesondere Georg Kränzlein, unterstützten Staudingers Arbeiten nicht nur finanziell, sondern versuchten auch in seinen Auseinandersetzungen mit anderen Forschern zu vermitteln. Zu den wissenschaftlichen Gegnern bzw. früheren Gegnern, mit denen Staudinger seit den 1920er Jahren in heftigem Streit lag, gehörten Kurt Hess und Kurt H. Meyer, zwei Chemiker, die in enger Beziehung zur I. G. standen.[137] Hess, einer der Hauptopponenten des Konzepts der Makromoleküle, war Leiter der Gastabteilung für Organische Chemie am KWI für Chemie und wurde als auswärtiger Mitarbeiter der I. G. mit beträchtlichen Summen für Forschungen zur Herstellung und Verwendung von

Georg Kränzlein, 1943

[137] Zu den Auseinandersetzungen Staudingers um die Existenz der Makromoleküle, siehe Abchnitt 6.1.2.

Kurt Hess, 1934

Cellulose-Derivaten, Kunstseide und Textilhilfsmitteln unterstützt.[138] Meyer, Leiter des Hauptlaboratoriums der I. G. Farben in Ludwigshafen, nahm 1932 den Ruf als Ordinarius an die Universität Genf an.

Die folgenden Ausführungen zeigen, daß Kränzlein Staudinger bis zu dem Zeitpunkt unterstützte, als dieser die I. G. selbst angriff. Die Auseinandersetzung macht außerdem deutlich, daß es für so verschiedene Persönlichkeiten wie Hess und Staudinger nach 1933 zunehmend selbstverständlich wurde, sich teilweise äußerst primitiver antisemitischer Äußerungen zu bedienen und sich als Opfer von Juden darzustellen, wenn es opportun schien. Die Angabe, Opfer von Juden zu sein, wurde bei dem jeweils anderen dagegen als Vorwand abgelehnt. Hess geriet 1934 in einen erneuten Konflikt mit Staudinger, weil dieser der Meinung war, Hess habe seine (Staudingers) Arbeiten in einer Publikation entstellend wiedergegeben. Staudinger beschwerte sich bei Kränzlein, mittlerweile Mitglied der NSDAP und SS. Dieser versuchte zu vermitteln:

»... Es sollte doch möglich sein, daß sich die deutschen Forscher heute mehr denn je vertragen, besonders wenn sie Mitarbeiter der I. G. sind und Gelegenheit haben, durch die Vermittlung der I. G. manche Mißstimmungen beseitigen zu können. Wenn Hess im Kaiser Wilhelm-Institut ist, so kann man ihm das nicht zum Vorwurf machen, ande-

[138] BASF-Archiv Archivbereich I. G. Farbenindustrie, AG Sachgruppe Freie Mitarbeiter, Reg. Sign. 217-24/281. Siehe Abschnitt 6.2.3.

rerseits wissen Sie wohl auch, daß er als einer der ganz wenigen Arier in jahrelangen schwersten Kämpfen zum Judentum des K. W. I. gestanden hat, sodaß man auch hierauf Rücksicht nehmen muß, denn durch dieses Verhältnis war er keineswegs auf Rosen gebettet. ...«[139]

Staudinger lehnte Kränzleins Angebot, zu einer Aussprache mit Hess nach Höchst zu kommen, ab. Er war der Meinung, daß Kränzlein zunächst mit Hess alleine sprechen sollte. Weiter schrieb er:

»Wenn Sie ferner daran appellieren, daß K. Hess in den letzten Jahren als einer der wenigen Arier im Kaiser Wilhelm-Institut eine sehr schwere Stellung hatte, so glaube ich, daß er sich diese ungünstige Position im Wesentlichen durch sein Versagen bei seinen wissenschaftlichen Arbeiten zuzuschreiben hat, und zwar nicht nur auf dem Cellulose-Gebiet, sondern auch bei seinen früheren Alkaloid-Arbeiten. Wenn er sich jetzt über die schlechte Behandlung durch Nichtarier beklagt, so steht hierzu in merkwürdigem Kontrast, daß er mich in seinen Publikationen unter Zitierung von Arbeiten von K. H. Meyer und H. Mark, die dazu noch schon längst von mir widerlegt sind, bekämpft. Seine heutige Position verdankt K. Hess überhaupt nur der Tatsache, daß er im K. W. I. arbeitet, und daß er eine weitgehende Unterstützung der I. G. genießt. ...

In der amerikanischen Literatur wird die Lage heute schon häufig so hingestellt, als ob Carothers die Chemie der Hochmolekularen geschaffen habe. Meine Lage ist dagegen im eigenen Lande, wie Sie wissen, unnötig schwierig, da eine große Reihe von Chemikern, und zwar nicht nur K. Hess, sondern auch Pummerer, und früher K. H. Meyer, H. Mark, Herzog und schließlich Ostwald und seine Schule den Ergebnissen meiner Arbeiten ablehnend gegenüberstanden. ...«[140]

Von diesen Gegnern bzw. ehemaligen Gegnern befanden sich 1934 Ostwald, Pummerer und Hess in Deutschland; Meyer war seit 1932 Ordinarius in Genf, Mark in Wien, und Herzog war in die Türkei emigriert. Mark, Meyer und Herzog waren Juden (nach der Definition der Nationalsozialisten), sowohl Ostwald als auch Hess aktive Mitglieder in NS-Organisationen.[141]

Kränzlein und Heinrich Hörlein, ebenfalls Vorstandsmitglied der I. G. Farben, versuchten auch im Streit zwischen Staudinger und Kurt H. Meyer zu vermitteln. Meyer hatte wie Hermann Mark die Existenz von Makromolekülen nach anfänglicher Ablehnung bereits 1928 anerkannt, dabei Staudingers Auffassung jedoch modifiziert (siehe Kapitel 6). Staudinger setzte die 1928 begonnene, in den »Berichten der Deutschen Chemischen Gesellschaft« ausgetragene Auseinandersetzung

[139] Kränzlein an Staudinger, 14.11.1934, Archiv Hoechst AG C/1/2/g Staudinger 3. Anzumerken ist, daß die Physikerin Lise Meitner die einzige Jüdin an dem von Hahn geleiteten KWI für Chemie war.

[140] Staudinger an Kränzlein, 23.11.1934, ibid.

[141] Ostwald war seit 1933 in der NSDAP, Hess in der SA, seit 1940 auch in der NSDAP und SS.

um Prioritäten mit Kurt Meyer auch nach dessen Weggang nach Genf fort.[142] Er machte darin Meyer und dessen angeblichen Einfluß in der Chemie in Deutschland für die seiner Meinung nach zu geringe Würdigung seiner Arbeiten verantwortlich. Erst 1936 wurde die Auseinandersetzung von der Redaktion der »Berichte« mit der 140. Mitteilung Staudingers zu diesem Thema, einer großen Abrechnung mit Meyer, offiziell abgeschlossen.[143] Unter dieser Veröffentlichung befand sich der Satz: »Die Redaktion betrachtet damit die Auseinandersetzung zwischen Hrn. H. Staudinger und Hrn. K. H. Meyer als beendet.«

Kränzlein hielt die fortgesetzte Auseinandersetzung von Staudinger mit seinem ehemaligen wissenschaftlichen Gegner, der zudem jahrelang einer der führenden Chemiker der I. G. war, für sinnlos und kontraproduktiv. Dafür konnte er jetzt politische Gründe anführen. So schrieb er Staudinger am 3. Juni 1936 folgenden Brief:[144]

> »... Sie begehen m. E. den Fehler, daß Sie sich dauernd mit Juden herumstreiten. Dadurch kommen Sie zu Ihren Rechtfertigungs-Publikationen, die vielen von uns und jetzt auch der Redaktion der Berichte als genügend erscheinen. Sie haben es nicht nötig, sich mit Juden in Polemiken einzulassen, denn dadurch erweisen Sie ihnen viel zu viel Ehre. Meiden und ignorieren Sie diese Gesellschaft, denn sonst geben Sie ihr immer wieder das letzte Wort und das richtet sich immer wieder gegen Sie. Wir distanzieren uns systematisch von den Juden, das beweisen die Nürnberger Gesetze. Dadurch bringen wir sie wieder dahin, woher sie gekommen sind. Warum distanzieren Sie sich in der Wissenschaft nicht? Auch hier müssen sie wieder zurück in ihr geistiges Ghetto, woher sie gekommen sind, zurück zu ihrem Talmud, von dem sie ja doch nicht loskommen. Sie selbst müssen dazu beitragen, daß die Kohlschütter'sche Reaktion, von der Sie mir zu meinem Vergnügen vor Jahren erzählten, allmählich in Vergessenheit gerät. Statt dessen putschen Sie das Zusammenhalten der Juden gegen Sie immer weiter auf und das schadet Ihnen auf die Dauer. Es ist doch nicht schön, wenn Ihnen die Redaktion der Berichte in aller Öffentlichkeit gewissermaßen zuruft: ›Nun aber gefälligst einmal Schluß damit.‹ Das haben Sie und Ihre Schule nicht verdient. ... Sie bestätigen hiermit die Tatsache, daß Sie seit Jahren in wissenschaftlicher Kontroverse mit einem Manne leben, der effektiv experimentell kaum etwas geleistet hat. Heute ist es Ihre Pflicht, die Juden überhaupt nicht mehr zu erwähnen, geschweige sich weiter in eine Polemik mit ihnen einzulassen. Hier spielen doch unsere deutschen weltanschaulichen Begriffe ganz erheblich mit herein. ...«

Eine Kopie dieses Briefes schickte Kränzlein am 6. Juni 1936 an den Generalsekretär der Deutschen Chemischen Gesellschaft, A. Binz. Im Begleitschreiben drückte

[142] Siehe die ausführliche Darstellung von Claus Priesner: H. Staudinger, H. Mark, K. H. Meyer. Thesen zur Größe und Struktur der Makromoleküle, Weinheim 1980: Verlag Chemie (S. 191–216).

[143] H. Staudinger, Über hochpolymere Verbindungen, 140. Mitteil.: Zur Entwicklung der makro-molekularen Chemie. Zugleich eine Antwort auf die Entgegnung von K. H. Meyer und A. van der Wyk, Ber. Dtsch. Chem. Ges. 69, 1168–1185, 1936.

[144] Kränzlein an Staudinger, 3.6.1936, Archiv Hoechst AG C/1/2/g Staudinger 3.

er sein Erstaunen darüber aus, daß Meyers Publikation und Staudingers Antwort in den »Berichten« abgedruckt worden seien, denn »einen derart unfairen Ton, wie ihn sich K. H. Meyer in den Berichten der deutschen chemischen Gesellschaft leisten konnte, hat man schon lange nicht gelesen.« Er bat Binz nachzuprüfen, ob »in der Schriftleitung ein Herr sitzt, der mit einer Jüdin verheiratet ist«.[145] Eine Antwort ist nicht dokumentiert. Ich habe auch keine Dokumente darüber gefunden, wie die »Berichte«-Redaktion, die damals aus Karl Andreas Hofmann, Hermann Leuchs und Max Volmer bestand, oder der Vorstand der Deutschen Chemischen Gesellschaft auf diesen Versuch der Beeinflussung einer wissenschaftlichen Redaktion reagiert haben. Jedenfalls konnte Meyer Anfang 1937 einen weiteren Artikel in den »Berichten« publizieren (»Über den Bau des kristallisierten Anteils der Cellulose«). Kränzlein wurde 1940 Gauamtsleiter des Amtes für Technik der NSDAP in Hessen-Nassau und SS-Hauptsturmführer.[146]

Staudinger schien Kränzleins Ermahnung, die Nürnberger Gesetze ernst zu nehmen, zu beherzigen. Er schrieb Hörlein, der ihm angeboten hatte, zwischen ihm und Meyer zu vermitteln:

> »... Zudem erwächst noch das Bedenken, daß ich gerade in diesen Tagen von anderer Seite in der I. G. einen längeren Brief erhalte, mit dem Vorwurf, daß ich den Fehler begehe, mich dauernd mit Juden herumzuschlagen, und wo darauf hingewiesen wird, daß wir uns durch die Nürnberger Gesetze von den Juden zu distanzieren haben.
>
> So wird auch dadurch noch die Sachlage verwickelt, und es bleibt mir nichts anderes übrig, als mit meinem Laboratorium weiter wissenschaftlich zu arbeiten, in der Hoffnung, daß auch hier im eigenen Land den Ergebnissen ein Erfolg beschieden sein wird. Dies wünsche ich vor allem auch im Interesse der deutschen Chemie, denn es besteht Gefahr, daß durch diesen Hausstreit wertvolle Ergebnisse allmählich nach Amerika übergehen, wo schon heute sehr intensiv auf diesem Gebiet gearbeitet wird. ...«[147]

Staudinger lehnte Hörleins Vermittlungsangebot ab. Von allen inhaltlichen und persönlichen Erwägungen abgesehen, war es für ihn nicht mehr opportun, sich mit Meyer zu treffen. Zwei Jahre später ging Staudinger einen Schritt weiter. Wie oben erwähnt, hatte er aufgrund seiner Publikationen im Ersten Weltkrieg keine Genehmigung für die Teilnahme am Internationalen Chemiker-Kongreß in Rom 1938 erhalten. Um doch noch teilnehmen zu können, schrieb er im Juni 1938 einen Brief an das REM, in dem er, Tatsachen entstellend, ähnlich wie vier Jahre vorher Kurt Hess, antisemitische Klischees verwendete und sich als Opfer jüdischer Machenschaften darstellte:

> »Meine Stellung in der deutschen Chemie wird sehr ungünstig beeinflußt durch einen wissenschaftlichen Kampf, den ich um die Anerkennung und Erhaltung meines Laboratoriums mit vornehmlich jüdischen Kreisen zu führen hatte. Das Gebiet der hochmole-

---

[145] Kränzlein an Binz, 6.6.1936, ibid.

[146] Bayer-Archiv, 271–272 (Kränzlein).

[147] Staudinger an Hörlein, 12.6.1936, zitiert nach Priesner, H. Staudinger, H. Mark, S. 317.

kularen Stoffe (Kautschuk, Cellulose, Kunststoffe), um das es sich dabei handelt, ist wissenschaftlich und technisch gleich bedeutungsvoll. Meine Ergebnisse wurden 1926 auf dem Naturforschertag in Düsseldorf abgelehnt, da viele jüdische Wissenschaftler damals ganz andere Auffassungen hatten. Von 1928 suchten dann diese, vor allem K. H. Meyer, wesentliche Ergebnisse meiner Arbeiten zu übernehmen, ohne mich zu nennen, wie das sonst in der Wissenschaft üblich ist. Da ich mir dies nicht gefallen lassen konnte, entspann sich eine Polemik, die sich jahrelang hinzog und die sich in persönlicher Hinsicht sehr nachteilig für mich auswirkte, da K. H. Meyer als Vorstandsmitglied der I. G. Farben-Industrie und Direktor des Werkes in Ludwigshafen eine sehr einflußreiche Stellung in der deutschen Chemie innehatte. Der Erfolg, den jüdische Kreise in der Wissenschaft haben, beruht auf denselben Methoden, die sie auch auf anderen Gebieten anwenden: Hervorheben eigener Leistungen und zersetzende Kritik gegenüber anderen. Ihr Einfluß macht sich auch auf in- und ausländischen Kongressen sehr unangenehm bemerkbar, so hauptsächlich auf dem Internationalen Chemikerkongreß in Madrid 1934. Diesen Kreisen, denen ich in Madrid entgegengetreten bin, wird mein Fernbleiben vom Romkongreß eine besondere Freude bereiten... Ich bedaure nur, daß so mein jahrzehntelanger Kampf um die Brechung des jüdischen Einflusses auf diesem wichtigen Gebiet der Chemie im Grunde ein vergeblicher war.«[148]

Kränzlein, vom REM um eine Stellungnahme gebeten, war empört über die Kritik, die Staudinger durch die Vorwürfe an Meyer auch an der I. G. übte, und er lehnte Staudingers Darstellung, Opfer jüdischer Machenschaften geworden zu sein, als haltlos ab. In seinem Brief vom 7. Juli 1938 heißt es:

»Es ist richtig, daß Professor Staudinger, aber auch andere Forscher wie Professor Kurt Hess vom KWI, Berlin-Dahlem, Professor Kurt Meyer, Professor Mark u. a. im Jahre 1926 auf dem Naturforscher-Kongreß in Düsseldorf ihre Ansichten über die Konstitution der kolloidalen Naturstoffe wie Zellulose, Stärke u. s. w. vorgetragen haben. Der entscheidende jahrelange Kampf der Meinungen tobte jedoch zwischen Staudinger und Kurt Hess, welcher bekanntlich kein Jude ist. Die heftigen Polemiken zwischen Staudinger – Hess, welche beide in ihren Forschungen durch reichliche I. G. Mittel dotiert waren, nahmen derartige Formen an, daß es sich die I. G. ernstlich überlegte, diesen unerquicklichen Streit zu beenden. Es wurde daher der Vorschlag gemacht, die beiderseitigen gegensätzlichen Ansichten intern durch eine sachliche wissenschaftliche Aussprache zwischen Staudinger – Hess in Gegenwart des Unterzeichneten zu mildern bezw. aus der Welt zu schaffen. Diesen Vorschlag hat Staudinger abgelehnt, obwohl sich Hess dazu bereit erklärte.

[148] Wiedergabe des Staudinger-Briefes im Schreiben des REM an Kränzlein, 29. Juni 1938 (Archiv Hoechst AG C/1/2/g Staudinger 3.). Es ist anzumerken, daß Staudingers Gegner zu Beginn Juden und Nichtjuden waren, insbesondere die (nichtjüdischen) Professoren der Organischen Chemie. Es waren nicht »Juden«, sondern eine Person, Meyer, mit dem Staudinger einen Prioritätsstreit begann. (Meyer leitete nicht das Werk Ludwigshafen, sondern das dortige Hauptlaboratorium). Staudinger, der selbst erst ca. 1930 mit Celluloseforschung begann, behauptete, die makromolekulare Natur der Cellulose bewiesen zu haben, was de facto einige Jahre vorher Freudenberg gelungen war.

Anläßlich der Frankfurter Tagung des Vereins Deutscher Chemiker im Jahre 1930 erhielten Professor Staudinger und Professor K. H. Meyer für ihre Arbeiten auf dem gleichen Forschungsgebiet der Hochpolymeren seitens des Vereins Deutscher Chemiker die goldene Liebig Medaille. Damals wurden die beiden Herren durch den Unterfertigten gebeten, doch ihre wissenschaftlichen Auseinandersetzungen in einem versöhnlichen Geiste zu führen. Beide haben erfreut zugesagt. Trotzdem haben sich die Gegensätzlichkeiten nicht gemildert, sondern sogar verschärft. Staudinger hat in viel zu zahlreichen Veröffentlichungen, die er hätte konzentrieren können, was ihm wiederholt gesagt und geschrieben wurde, seine stark aggressive Art weiter fortgesetzt, vor allem gegen Kurt Hess. Es war kein schönes Beispiel, das sich deutsche Professoren in ihrer fanatischen Kampfart geboten haben.

Es muß zurückgewiesen werden, wenn Staudinger in seinen abwegigen Mitteilungen an Sie die I. G. und das Werk Ludwigshafen mithereinzieht. Staudinger hätte im Gegenteil alle Veranlassung, der I. G. allen Dank auszusprechen, weil sie ihm volle 10 Jahre lang hohe finanzielle Forschungsbeiträge geleistet hat, ohne die er bei seinen wissenschaftlichen Arbeiten nicht zurecht gekommen wäre. Darüberhinaus hat Staudinger von der I. G. die neuesten Präparate und Hochpolymeren in bevorzugtem Maße erhalten. ...

Warum verschweigt er diese tatkräftige und moralische Unterstützung seitens der I. G., und weshalb stellt sich Staudinger als verfolgtes Opfer der Juden hin, nachdem er selbst mit dem Arier Kurt Hess dauernd so schweren Krach gemacht hat? Staudinger hat ferner als hochdotierter Mitarbeiter der I. G. die volle Unterstützung der I. G. in seinem Meinungsstreit gegen K. H. Meyer gehabt. Es ist daher unfair, wenn Ihnen Staudinger völlig einseitige Darlegungen macht und es so hinstellt, als ob die böse I. G. ihm durch K. H. Meyer das Leben sauer gemacht habe. ...«[149]

Kränzlein beschloß seinen Brief mit dem Hinweis darauf, daß Staudinger auf dem Chemiker-Kongreß in Madrid 1934 nicht kämpferisch aufgetreten sei, wie er glaube, sondern aus kleinlichen Verärgerungen heraus (der Hörsaal war ihm zu klein, ihm war keiner der Hauptvorträge zugebilligt worden) seinen Vortrag nicht gehalten habe. Diese Verärgerung sei in deutschen Kreisen unangenehm aufgefallen, weil man den Eindruck hatte, daß Staudinger das deutsche Reich nicht würdig vertreten habe.

Staudinger war mit seiner Kritik an der I. G. zu weit gegangen. Er erhielt die Reisegenehmigung für den Kongreß in Rom nicht, sondern wurde über den Rektor der Universität von der Entscheidung des Reichserziehungsministers davon in Kenntnis gesetzt, daß diesem »eine wissenschaftliche Auslandstätigkeit des Professors Staudinger mit Rücksicht auf seine politische Vergangenheit bis auf weiteres noch nicht erwünscht erscheint.«[150] 1940 wurden die Reisebeschränkungen allerdings, wie oben erwähnt, aufgehoben.

Marks und Meyers Lehrbuch »Hochpolymere Chemie«, das trotz der Tatsache, daß beide der NS-Terminologie nach Juden waren, 1940 in Leipzig veröffentlicht

[149] Kränzlein an das REM, 7.7.1938, ibid.

[150] Das REM (im Auftrag Wacker) an den Rektor der Universität Freiburg, 2.11.1938, UA Freiburg B24/3700.

wurde, sowie eine positive Rezension Karl Freudenbergs verärgerten Staudinger aufs neue.[151] In Freudenbergs 1941 in den Naturwissenschaften erschienenen Rezension des ersten Bandes von Mark heißt es in Anspielung auf Staudinger: »Auch der gute Ton, in dem seine [Marks] Ausführungen gehalten sind, verdient hervorgehoben zu werden. Man lese den Abschnitt über Viskosität. Obwohl, und zwar mit überzeugender Begründung, eine unmittelbare und einfache Beziehung zwischen Molekülgröße und Größe der Kettenlänge abgelehnt wird, betont der Verfasser ausdrücklich die Brauchbarkeit der Viskositätsmessung für die Beurteilung der Lösungen hochmolekularer Stoffe. Denen, die so weit gehen, Kettenlängen oder Polymerisationsgrad und aus der Viskosität abgeleitete Größen geradezu zu verwechseln, wird dieses Kapitel besonders lehrreich sein.«[152] In einer 260. Mitteilung über hochpolymere Verbindungen in der Zeitschrift »Papierfabrikant«, griff Staudinger daraufhin sowohl Mark und Meyer als auch Freudenberg wissenschaftlich an.[153]

Im November 1943 starb Georg Kränzlein; auf der Todesanzeige ist vermerkt, daß er mittlerweile zum SS-Sturmbannführer aufgestiegen war. 1943 wurde Staudinger, wie erwähnt, wieder auswärtiger Mitarbeiter der I. G. Farben.

Im folgenden seien die wesentlichen Inhalte und Ergebnisse von Staudingers Forschung während des Nationalsozialismus dargestellt.

7.3.4 Staudingers Forschungen von 1933–1945

Staudingers Forschungen lagen seit den 1920er Jahren auf dem Gebiet der makromolekularen Chemie; seit 1930 machte er die Cellulosechemie zu einem Forschungsschwerpunkt. Seine Arbeiten dienten insbesondere der Bestätigung des von ihm aufgestellten Viskositätsgesetzes (das das Verhalten linearer Makromoleküle in Lösung beschreibt) und dem Nachweis, daß es sich bei Cellulose- und Kautschukmolekülen in Lösung tatsächlich um Makromoleküle handelte.

---

[151] K. H. Meyer und H. Mark, Hochpolymere Chemie. Band I: H. Mark, Allgemeine Grundlagen, Leipzig 1940.

[152] K. Freudenberg, »Buchbesprechungen«: Meyer, K. H. und H. Mark: Hochpolymere Chemie. Ein Lehr- und Handbuch für Chemiker und Biologen. Bd. I. H. Mark: Allgemeine Grundlagen der hochpolymeren Chemie, Leipzig 1940, Die Naturwissenschaften 28, 579, 1940.

[153] Priesner, H. Staudinger, H. Mark, S. 324. Priesner (S. 328–329) dokumentierte in diesem Zusammenhang einen Brief Staudingers vom 9.6.1941 an seinen Freund und früheren Schüler Helmut Klever, einen sich deutlich antisemitisch äußernden Kleinindustriellen. Staudinger sieht sich darin einer »vollkommen geschlossenen Clique« von »Juden im Ausland und Judengenossen im Inland« gegenüberstehend, gegen die »sehr schwer aufzukommen« sei.

Staudinger unterteilte makromolekulare Stoffe in kugelförmige Sphärokolloide, z. B. Glycogen, deren Lösungen unabhängig von der Größe der Moleküle niederviskos sind, und Linearkolloide, z. B. Cellulose, bei denen die Viskosität der Lösungen proportional mit der Länge der Moleküle, also ihrem Polymerisationsgrad, zunimmt (Viskositätsgesetz). Seine Auffassung, lineare Makromoleküle beständen ausschließlich aus starren und nur in einer Ebene rotationsfähigen Polymerketten, deren Viskosität sich proportional zum Molekulargewicht verhalte, wurde während der 1930er Jahre von zwei Seiten in Frage gestellt und erwies sich später als nicht haltbar. Ausgehend von der Vermutung, daß lineare Makromoleküle auch als Knäuel vorliegen können, entwickelte Hermann Mark in Wien zusammen mit dem holländischen Physikochemiker Roelof Houwink Staudingers Viskositätsgleichung empirisch weiter (Mark-Houwink-Gleichung).[154] Etwa zur gleichen Zeit zeigte der Physikochemiker Werner Kuhn (Karlsruhe) durch die Untersuchung der Viskosität von Polymerlösungen auf der Basis von Staudingers Theorie, daß lange Moleküle in Lösung die Form eines kompakten Knäuels besitzen (1934). Auch Kuhn stellte eine neue Viskositätsgleichung auf, die dieses Verhalten der Moleküle, das von ihrem Lösungsmittel abhängig war, statistisch erfaßte, wobei er davon ausging, daß Ketten, in denen rigide Bindungen vorliegen, durch flexible Verknüpfungen miteinander verbunden werden.[155] Die Korrekturen bzw. Ergänzungen Marks und Houwinks zu Staudingers Viskositätsgesetz erwiesen sich als richtig, wurden aber von Staudinger auch noch in den 1950er Jahren abgelehnt.[156]

Staudinger gelang es nicht, eine technisch verwertbare Kunstfaser zu synthetisieren. Der 1927 gemeinsam mit H. Johner, R. Signer, G. Mie und J. Hengstenberg synthetisierte polymere Formaldehyd wurde von Staudinger später gelegentlich als erste Kunstfaser bezeichnet.[157] Die Faser war aber praktisch nicht zu gebrauchen. Die Synthese der ersten technisch verwertbaren Kunstfaser gelang dem amerikanischen Chemiker Wallace Carothers im Jahre 1935 mit Nylon, einem Polyamid.[158]

[154] Bei der Mark-Houwink-Gleichung ist die intrinsische Viskosität proportional der Molekülgröße mit einem Exponenten, der sich mit dem Knäuelungsgrad ändert. Der Exponent ist ½, wenn das Molekül ein völlig ungeordneter, nahezu sphärischer Knäuel ist, zwischen ½ und 1, wenn es ein gewundener Faden und zwischen 1 und 2, wenn es ein steifes Teilchen ist.

[155] Werner Kuhn, Über die Gestalt fadenförmiger Moleküle in Lösungen, Kolloid-Zs. 68, 2–15, 1934.

[156] z. B. Hermann und Magda Staudinger, Die Makromolekulare Chemie und ihre Bedeutung für die Protoplasmaforschung, Wien 1954: Springer, S. 34.

[157] H. Staudinger, H. Johner, R. Signer, G. Mie und J. Hengstenberg, Der polymere Formaldehyd, ein Modell der Cellulose, Zs. physik. Chem. 126, 425–448, 1927. Staudinger spricht z. B. im DFG-Antrag vom 30.5.1939 davon, daß die erste synthetische Faser 1927 im Freiburger Labor gewonnen worden sei. Die röntgenographische Untersuchung dieses polymeren Moleküls widerlegte die damals verbreitete Auffassung, nach der kleine Elementareinheiten im Röntgenbild gegen das Vorliegen großer Moleküle sprachen.

[158] Carothers, seit 1926 Dozent für Organische Chemie an der Harvard University, wurde 1928 Leiter der Grundlagenforschung im Zentrallabor der Firma DuPont in Wilmington.

Staudinger begann danach, seine Untersuchungen auf Polyester auszudehnen. Er stellte fest, daß diese Moleküle seinem Viskositätsgesetz für lineare Moleküle nicht gehorchten, und zeigte durch eine chemische Analyse, daß sie Verzweigungen im Molekül aufwiesen. Staudinger nahm daraufhin an, daß auch Kautschuk und technische Polyvinylderivate, deren Viskosität nicht proportional zur Molekülgröße anstieg, verzweigte Moleküle besaßen. Er sah sich so 1940 veranlaßt, seine Auffassung, bei allen linearen Makromolekülen handele es sich um langgestreckte, unverzweigte Moleküle, für bestimmte synthetische Faserstoffe aufzugeben.[159]

Um nachzuweisen, daß es sich bei den Teilchen, die sich bei der Auflösung von Cellulose, Kautschuk und Kunststoffen bilden, tatsächlich um Makromoleküle handelt, wurden die Stoffe in polymeranaloge Derivate überführt, d. h. in Derivate, die den gleichen Polymerisationsgrad besaßen wie die Ausgangsstoffe. Wenn eine Überführung gelang, handelte es sich bei den Ausgangsstoffen um kovalent verknüpfte Makromoleküle. Ein solcher Nachweis, der, wie Staudinger in seinem DFG-Bericht vom 4.2.1939 ausführte, sehr zeitraubend war, gelang für Cellulose, Stärke, Glycogen, Kautschuk und auch verschiedene Kunststoffe, darunter Polyvinylacetate, und wurde in einer Reihe von Arbeiten veröffentlicht.[160]

Die Untersuchung verschiedener Cellulosearten zeigte, daß gelegentlich Stellen mit modifizierter Reaktionsfähigkeit in die Cellobioseketten eingestreut sind, Befunde, die nach Staudinger auf Fehlerstellen in Cellulosefasern und anderen Fasern schließen lassen. Seiner Meinung nach sollten vor allem Kunstfasern auf solche Fehlerstellen überprüft werden, da sie durch oxidative Angriffe wie z. B. Bleichen oder Waschen entstehen können.[161] Staudinger zeigte, daß sich die Festigkeitseigenschaften natürlicher Fasern wenig ändern, wenn der Polymerisationsgrad von 3000 auf 700 absinkt, deutlich hingegen, wenn er auf 300 zurückgeht. Unter einem Polymerisationsgrad von 200 lieferte Cellulose keine Fasern mehr. Für eine zufriedenstellende Festigkeit war nicht nur der Polymerisationsgrad verantwortlich, sondern es kam auch auf die Ausrichtung der Moleküle in der Faser an. Diese wurde röntgenographisch untersucht.[162]

In einem Brief an Rudolf Mentzel vom 19.10.1939 stellte Staudinger die Kriegs- und Staatswichtigkeit seiner Forschung heraus. Er betonte, daß die Erkenntnisse über den Aufbau der Cellulose, z. B. das Auffinden von Fehlerstellen im Molekül,

---

[159] Staudinger und Schmidt, Über Makromolekulare Verbindungen. 241. Mitteilung. Über Polyester, J. für praktische Chemie 155,129–162, 1940 und H. Staudinger und H. Warth, Über die Konsitution von hochpolymeren Kunststoffen. 247. Mitteilung über makromolekulare Verbindungen, J. für praktische Chemie 155, 261–298, 1940; siehe auch Staudingers Bericht an die DFG vom 1.7.1940.

[160] z. B. H. Staudinger und F. Zapf, Über makromolekulare Verbindungen. 255. Mitteilung. Über das Cellulosexanthogenat, J. für praktische Chemie 156, 261–284.

[161] Staudinger und A. W. Sohn, Über Fehlerstellen im Cellulosemolekül, Die Naturwissenschaften 27, 548–549, 1939.

[162] E. Plötze und H. Person, Die Kristallitorientierung in Fasercellulosen, Zs. physikalische Chemie (B) 45, 193–200, 1940.

Bedeutung für die Herstellung von Schießbaumwolle und Nitratpulvern habe, und hob die generelle Bedeutung seiner Arbeiten zur Konstitution von Buna und den als Rostschutzmittel verwendeten Chlorkautschuk hervor. Als speziell kriegswichtige Arbeiten seines Institutes gab er Untersuchungen über ein Schutzmittel gegen Kampfstoffe und eine neue Gasmaske an. Darüber hinaus sei die Produktion synthetischen Pfeffers, der im Ersten Weltkrieg in Deutschland auf den Markt kam, wieder aufgenommen worden.

Mit der Begründung, daß Staudingers Forschung, wenn auch nicht unmittelbar kriegswichtig, doch für die Rohstofflage von erheblicher Bedeutung sei, da sie jederzeit praktische Folgerungen für die zellstoffverarbeitende Industrie, das Kunststoffgebiet usw. ergeben könne, erkannte Thiessen Staudingers Arbeiten als kriegs- und staatswichtig an. Sie wurden außerdem seit 1941 vom Reichsamt für Wirtschaftsausbau finanziert, in welcher Höhe ist unbekannt.[163] Staudinger führte darüber hinaus einen Forschungsauftrag des Reichsministers der Luftfahrt und Oberbefehlshabers der Luftwaffe aus mit dem Thema »Untersuchungen über Nitrocellulosen.«[164]

Veröffentlichungen von Ergebnissen kriegswichtiger Arbeiten sind nicht bekannt. Staudingers ehemaliger Schüler Gerhard Bier – er erhielt 1942 bei ihm sein Diplom – ist der Meinung, daß das wichtigste Thema der Kriegsforschung die Stabilisierung von Nitrocellulose war:

> »Nitrocellulose war ein industrielles Produkt, Ausgangsstoff für Zelluloid (ein Kunststoff) und für zivile und militärische Sprengstoffe, sowie für zivile und militärische Munitionstreibstoffe. Bei der Großherstellung von Nitrocellulose im Krieg ergaben sich Probleme der Lagerstabilität. Aus unbekannten Gründen zersetzte sich ab und zu Nitrocellulose oder ein nitrocellulosehaltiges Gemisch beim Lagern, wodurch u. a. vorzeitige Explosionen entstehen konnten. Mitarbeiter von Staudinger fanden durch systematische Untersuchungen heraus, daß Reste von Schwefelsäure in der Nitrocellulose Ursache der Lagerinstabilität der Nitrocellulose waren. Voraussetzung einer guten Lagerstabilität war gründliches Auswaschen der Nitrocellulose, wobei auch die Schwefelsäureestergruppen hydrolysiert werden mußten. Die Schwefelsäure war eine notwendige Komponente des Nitriergemisches. Über Details dieser Arbeiten bin ich nicht informiert. Zweifellos waren es kriegswichtige Arbeiten.
>
> Andere Arbeiten im Krieg betrafen den Kunststoffsektor und den Synthesefasersektor, z. B. Polyamide.«[165]

---

[163] BAK, R73/12064, Staudinger an Mentzel, 19.5.1941.

[164] BAK, R26 III/5, Aufträge der Forschungsführung des R. d. L. und Ob. d. L vom Juli 1943. Staudingers Autrag ist als Fortsetzung angegeben.

[165] Dr. Bier an UD, 2.9.1996. Dr. Bier ist von Arbeiten über chemische Kampfstoffe bei Staudinger nichts bekannt. Er hält es für praktisch unmöglich, in einem Universitätslabor über Kampfstoffe zu arbeiten. 1960 wurde im Freiburger Chemischen Institut über Tabun und Sarin gearbeitet (persönliche Mitteilung von Benno Müller-Hill, 26.10.2000).

Gerhard Bier, dessen Mutter Jüdin war, konnte nach seinem Diplomexamen noch eine Zeitlang bei Staudinger arbeiten. Staudinger erhielt von der zuständigen militärischen Forschungsbehörde die Genehmigung, Bier als wissenschaftliche Fachkraft für kriegswichtige Arbeiten im makromolekularen Forschungsinstitut einzusetzen. Bier wurde als wissenschaftliche Hilfskraft bezahlt, d. h. mit 100 RM pro Monat. Er sollte untersuchen, wie die Feuchtigkeitsaufnahme der Soldatenuniformen, die aus Zellwolle angefertigt wurden, da Baumwolle nicht mehr zugänglich war, unter Erhalt der textilen Eigenschaften reduziert werden könne. Bier konnte wegen seiner kriegswichtigen Forschung noch ein knappes Jahr in Freiburg bleiben. Im März 1944 entschloß er sich nach einer anonymen schriftlichen Warnung, in die Schweiz zu fliehen. Er sprang mit seinen beiden Brüdern aus dem fahrenden Zug, der zwischen Weil und Grenzach ein kurzes Stück durch die Schweiz fährt. 1946 kehrte er an das Freiburger Institut zurück. Seit 1948 war er in der Industrie tätig.[166]

Nach dem Krieg veröffentlichte Staudinger eine Reflexion über den Verlauf des Zweiten Weltkrieges und die Ambivalenz der Technik.[167] Ähnlich wie 1919 erklärte er die Niederlage Deutschlands als Folge der Nichtbeachtung technischer und materieller Voraussetzungen. Er stellte beide Weltkriege ausschließlich als Ergebnis eines verheerenden Aufstands der technischen Sklaven dar, wie er die technischen Kräfte bezeichnet. Diese hätten die Industrievölker von der Technik abhängig gemacht, und da sie sich nicht auf die Ebene der Organisation ausgewirkt hätten, sei es zur Katastrophe der Weltkriege gekommen. Zu Beginn des Zweiten Weltkrieges seien die technischen Energien bei den Alliierten und Deutschland etwa gleich groß gewesen, wobei Erdöl in erster Linie England und Frankreich zur Verfügung stand, während Deutschland nur wenig förderte; das aus Kohle gewonnene synthetische Erdöl konnte dieses Defizit nicht decken. (Außerdem mußten zur Herstellung des synthetischen Benzins, das vielleicht in einer Menge von sieben bis acht Millionen Tonnen gewonnen wurde, so große Mengen Kohle aufgewandt werden, daß dies keinen Gewinn von technischer Energie bedeutete.) Eine Änderung sei durch die deutsche Besetzung von Industrieländern Zentraleuropas eingetreten. Hitlers technisches Sklavenheer sei danach sogar größer als das der Alliierten geworden. Vor Beginn des Rußlandfeldzuges könne Hitler so als der mächtigste Mann bezeichnet werden, den die Welt je gesehen habe.[168] Dann allerdings habe »die Einbeziehung der Sowjetunion« in den Krieg Hitlers Gegnern ein technisches Übergewicht allein dadurch gebracht, daß für Hitler die russischen Erdöllieferungen weggefallen seien.

Das technische Übergewicht der Alliierten sei dann durch Hitlers Kriegserklärung an die USA entscheidend groß geworden. Wie im Ersten Weltkrieg habe

166 Dr. Bier an UD, 2.9.1996.

167 Hermann Staudinger, Vom Aufstand der technischen Sklaven, Essen 1947: Verlag Dr. Hans v. Chamier.

168 Ibid., S. 72.

dieses Land »mit seinem ungeheuren technischen Sklavenheer« die Lage zuungunsten Deutschlands entschieden.[169] Wesentlich zum Ende Hitlers und zur Vernichtung Deutschlands habe dann die Überlegenheit der Luftwaffe der Alliierten beigetragen, d. h. das Übergewicht an der technischen Energie des Erdöls. Der Ausgang des Zweiten Weltkriegs habe, so Staudinger, wohl allgemein die Erkenntnis gebracht, daß die Technik und nicht so sehr die Größe der Heere eine überragende Bedeutung für den Kriegsausgang besitze.

Er beschrieb die Ambivalenz der Technik, die einerseits zur Vernichtung der abendländischen Kulturwelt benutzt werden könne, wenn es nicht gelinge, das Heer der technischen Sklaven zu meistern, andererseits aber den Völkern, die diese Kräfte auszunutzen verständen, die besten Möglichkeiten biete. Wie im Falle des Ersten Weltkriegs lehnte Staudinger Kriege nicht prinziell ab, hielt sie aber im technischen Zeitalter für sinnlos. »Kriege haben daher heute ihre Berechtigung verloren, da die Technik Lebens- und Entwicklungsmöglichkeiten gibt. In der früheren energiearmen Zeit konnte ein aufstrebendes Volk mit geringem Lebensraum zum Krieg gezwungen sein, um sich neuen Boden und größeren Lebensraum zu erwerben. Das technische Zeitalter erfordert dagegen eine Abkehr von diesen alten Vorstellungen über die Notwendigkeit von Kriegen, die Europa in dieses maßlose Unglück gestürzt haben.«[170]

Staudinger erwähnte nicht, daß er selbst und viele andere Chemiker während des Zweiten Weltkrieges Forschungen zur Verbesserung der kriegswichtigen Technik und der Rohstoffbedingungen des nationalsozialistischen Deutschlands betrieben hatten. Anders als führende deutsche Physiker, die nach dem Krieg vorgaben, die Produktion der Atombombe aus moralischen Gründen nicht gewollt zu haben, behaupteten weder Staudinger noch andere Chemiker, daß ihnen die Synthese einer Kunstfaser, eines Sprengstoffs, Giftgases oder Gegenmittels nicht gelungen sei, weil sie sie aus moralischen Gründen nicht gewollt hätten. Darin waren sie ehrlich. Aber Staudinger (und alle seine Kollegen der Chemie) nahmen keine Stellung zu den größten Verbrechen, die unter Beteiligung von Chemikern begangen wurden. In seinem Buch wird die Vernichtung deutscher Geisteskranker durch Kohlenmonoxyd und die der europäischen Juden durch Zyklon B nicht erwähnt.

Staudinger gelang es auch nach dem Krieg nicht, sein Institut der KWG bzw. MPG anzugliedern. Sein Forschungsinstitut für Makromolekulare Chemie wurde 1951 vollständig vom Land Baden übernommen und nach seiner Emeritierung 1951 von ihm ehrenamtlich geleitet. 1956 wurde die Leitung des Instituts im Rahmen eines planmäßigen Extraordinariats von Elfriede Husemann übernommen. Helmut Ringsdorf war der letzte, der Mitte der 1950er Jahre als Diplomand in den Arbeitskreis Hermann Staudingers am Institut für Makromolekulare Chemie in Freiburg eintrat. Er erlebte Staudinger als einen warmherzigen liebenswürdigen Menschen, einen Menschen mit starken Sympathien und auch Antipathien. Er

[169] Ibid.
[170] Ibid., S. 101.

faßte Staudingers wissenschaftliche Bedeutung mit den folgenden Worten zusammen: »Er hatte in Zürich mit seinen Arbeiten über Ketene, Hydrazine und Diazoverbindungen bereits großes Ansehen in der Organischen Chemie. Von dort den Schritt zur Polymerchemie zu machen, die damals von den meisten Organikern abgelehnt wurde, war eine ganz große Leistung.«[171] Für diese Leistung, die Begründung der Makromolekularen Chemie oder Polymerchemie, wurde Staudinger 1953 mit dem Nobelpreis ausgezeichnet.

7.4 Richard Kuhns Forschung während des Zweiten Weltkriegs – Befruchtungsstoffe, Sulfonamide und Gaskampfstoffe

Dieses Kapitel beleuchtet die Forschung eines der bedeutendsten deutschen Chemiker während des Krieges. Richard Kuhn, am 3.12.1900 in Wien geboren und seit 1926 Professor an der TH Zürich, wurde 1929 als Leiter der Abteilung für Chemie an das KWI für Medizinische Forschung in Heidelberg berufen. Kuhn gelang es zusammen mit Otto Meyerhof, der im gleichen Jahr Leiter der Abteilung für Physiologie des Instituts wurde, dieses KWI in den frühen 1930er Jahren zu einem internationalen Zentrum der Biochemie zu machen.

Kuhn war Organiker, der Anfang der 1930er Jahre seinen Schwerpunkt auf die Naturstoffchemie verlagerte, wobei er biologisch wichtige Carotinoide und Flavonoide zum Forschungsschwerpunkt machte. Er isolierte und kristallisierte mit seinen Schülern und Mitarbeitern, darunter Edgar Lederer, Theodor Wagner-Jauregg, Otto Westphal, Friedrich Weygand und Theodor Wieland, eine Reihe von Vitaminen, z. B. B_2 und B_6 (siehe Kapitel 6). Seine Forschungen trugen dazu bei, daß Vitamine als Vorstufen von Coenzymen erkannt wurden. Für seine Arbeiten über Carotinoide und Vitamine erhielt Kuhn 1939 den Nobelpreis für Chemie des Jahres 1938, den er wie Gerhard Domagk und Adolf Butenandt ablehnte, weil die nationalsozialistische Regierung Deutschen nach 1936 die Annahme des Preises nicht mehr erlaubte.[172] Als Folge des Inkrafttretens des Gesetzes zur Wiederherstellung des Berufsbeamtentums am 7. April 1933 verloren die Abteilungen Kuhns und Meyerhofs eine Reihe von jüdischen Assistenten und Mitarbeitern; Meyerhof selbst wurde 1938 entlassen (siehe Kapitel 2). Kuhn, der nicht der NSDAP beitrat, wurde 1937 Direktor des gesamten KWI für Medizinische Forschung. Die Deutsche Chemische Gesellschaft ernannte ihn 1938 zu ihrem Präsidenten, ein Amt,

---

[171] Prof. Helmut Ringsdorf im Gespräch mit UD am 20.8.1996 in Mainz.

[172] Siehe dazu Elisabeth Crawford, German Scientists and Hitler's Vendetta against the Nobel Prizes, Historical Studies in the Physical Sciences and Biological Sciences 31, 37–53, 2000.

Richard Kuhn, ca. 1927

das er bis 1945 ausübte. 1940 wurde er Leiter der neugegründeten Fachsparte für Organische Chemie des Reichsforschungsrates.

Kuhns Ansprache an die Festsitzung anläßlich des 75-jährigen Bestehens der Deutschen Chemischen Gesellschaft verdeutlicht seine großdeutsch-nationalistische Einstellung, die ihn offensichtlich zur bedingungslosen Gefolgschaft gegenüber Hitler bewog. So begrüßte er den deutschen Angriffskrieg, den er als »Schicksalskampf Europas« bezeichnete.[173] Den Zusammenschluß aller Deutschen, so Kuhn, »(hat) erst in unseren Tagen Adolf Hitler allumfassend zum Sieg geführt.« In schwülstigen Worten gedachte Kuhn der gefallenen Soldaten und der Männer an der Front (»Und wir ehren die Front: Alle Stämme der Deutschen, ..., und ihnen zur Seit die Männer des Duce, die Söhne des Tenno, ...« Er beschwor Gemeinsamkeiten des Soldaten und des Chemikers beim Nacheifern von Vorbildern und stellte in bezug auf seine Aufgabe als Präsident der Deutschen Chemischen Gesellschaft fest: »An der Spitze steht die Erkenntnis, daß die Deutsche Chemische Gesellschaft nur dann ihren Aufgaben gerecht werden kann, wenn sie – ihrem Namen entsprechend – wahrhaft deutsch ist. Dieses Wort besagt, daß sie treu, beharrlich und gründlich sein will. Es besagt aber auch, daß durch sie die Fortschritte chemischer Erkenntnis

[173] Ansprache Kuhns am 5.12.1942, Ber. Dtsch. Chem. Ges. 75 (A), 147, 1942.

in gemeinnütziger Weise dem deutschen Volk in seiner Gesamtheit zugute kommen sollen.«[174]

Kuhn beschloß seine Ansprache mit den (in der Einleitung zitierten) Worten:

> »Wenn wir zum Schluß noch einmal den Blick zurückrichten auf die 75 Jahre, die hinter uns liegen, so erkennen wir, in welch bedeutendem Ausmaße die Geschichte der Chemie dieses Zeitraums sich in dem Werdegang und in den Schicksalen der Deutschen Chemischen Gesellschaft widerspiegelt. Wir erkennen, wie im Laufe dieser Zeit die Chemie zu einem Machtfaktor auf unserer Erde hervorgestiegen ist. Wir erkennen aber auch, welch überwältigender Anteil an den Grundlagen der heutigen Chemie jenen Völkern des Abendlandes zukommt, die der Menschheit einen Scheele und Berzelius, einen Lavoisier und Pasteur, einen Avogadro und Cannizarro, einen Liebig und einen Wöhler geschenkt haben. Um den Fortbestand dieses Blutes, um die Weiterentwicklung dieser ihrer Kultur stehen die Völker Europas heute unter den Waffen genau so wie die des alten ostasiatischen Kulturraumes für den ihrigen. Wir gedenken der Männer, in deren Hand das gemeinsame Schicksal liegt: dem Duce, dem Tenno und unserem Führer ein dreifaches Sieg Heil.«[175]

Der Inhalt von Kuhns Rede wurde auch außerhalb Deutschlands bekannt.[176] Während des Krieges stellte Kuhn seine Grundlagenforschung größtenteils ein und begann mit der Durchführung von kriegsbezogenen Projekten, die teilweise Fortsetzungen der Vitaminarbeiten waren, aber, wie die Sulfonamidforschung, auf medizinische Anwendungen ausgerichtet wurden. Darüber hinaus beteiligte er sich an der Entwicklung neuer Kampfgase und an Forschungen mit dem Ziel, Gegenmittel zu Tabun und Sarin zu synthetisieren. Kuhn führte während des Krieges in kleinem Umfang auch Grundlagenforschung aus, deren Darstellung hier der Analyse der kriegsbezogenen Arbeiten vorangestellt wird.

Gamone

Kuhns Forschung an Molekülen mit biologischer Wirkung, insbesondere an Carotinoiden, führte 1938 zu einer Zusammenarbeit mit Max Hartmann, einem der Direktoren am KWI für Biologie in Berlin. Hartmann hatte durch Forschung an einzelligen Organismen und wirbellosen Tieren, darunter dem Seeigel, das Konzept der Befruchtungsstoffe entwickelt, die von diesen Organismen produziert werden. Diese Substanzen mit ihren nachweisbaren biologischen Wirkungen riefen das Interesse Kuhns hervor, der dafür 1939 die bis heute verwendete Bezeichnung »Gamon« (aus Gameten und Hormon) vorschlug. Zwei Wochen nach Kriegsbeginn schrieb er an Hartmann (man beachte die martialische Metaphorik):

---

[174] Ibid., S. 148.

[175] Ibid., S. 200.

[176] Die Rede wurde insbesondere von Emigranten wahrgenommen (Notiz von Hans Krebs über Diskussionen mit Otto Westphal in Hamburg am 29. Juli 1976, Krebs Nachlaß, University of Sheffield).

»Obwohl ich die sonstigen Arbeiten des hiesigen Instituts auf einige dringliche Ziele der jetzigen Zeit eingestellt habe, halte ich es für richtig, die auf Ihren biologischen Arbeiten sich aufbauende Arbeitsgemeinschaft auch unter den jetzigen Umständen mit Entschlossenheit weiterzuführen, solange mir und meinem Institut die Möglichkeit gegeben ist, auf dem chemischen Flügel Ihrer Probleme wirksame Hilfe zu leisten und so die Stellung, die Sie der deutschen Wissenschaft auf diesem Gebiete erobert haben, auf der einen Flanke zu decken.«[177]

Kuhn beendete alle seine Briefe an Hartmann (und fast alle in seinen sonstigen Korrespondenzen) mit »Heil Hitler«, Hartmann, der im ersten Brief an Kuhn diese Grußformel wegließ, verwendete sie in allen weiteren Briefen an diesen.[178]

Die Zusammenarbeit führte nicht zu bedeutenden Entdeckungen, bis Hartmanns ehemaliger Doktorand Franz Moewus 1938 Mitarbeiter Kuhns wurde. Kuhn hatte für Moewus Meyerhofs Abteilung in eine Abteilung für Biologie umgewandelt. Moewus erzeugte sofort erstaunliche und vielversprechende Resultate, mit denen er vorgab zu zeigen, daß viele Carotinoide tatsächlich biologische Funktionen im Reproduktionsprozeß einzelliger Algen besaßen, wo sie beispielsweise als Gamone fungierten. Kuhn und Moewus publizierten zwischen 1938 und 1945 sechs gemeinsame Arbeiten. Später stellte sich allerdings heraus, daß Moewus den größten Teil seiner Ergebnisse gefälscht hatte, indem er Substanzen, die Kuhns Mitarbeiter aus anderen Pflanzen isoliert hatten, seinen Algen zugesetzt hatte. Kuhn, der während der 1950er Jahre wiederholt von Kollegen in Deutschland und den USA aufgefordert wurde, die Situation zu klären, zog die gemeinsamen Publikationen mit Moewus nicht zurück. Diese Haltung schadete Kuhns internationaler Reputation als einem der größten Chemiker Deutschlands (zu Moewus siehe Kapitel 6).

Wuchs- und Hemmstoffe von Mikroorganismen

Ein Schwerpunkt der Forschungen Kuhns während des Krieges war die Untersuchung von Wuchs- und Hemmstoffen bakteriellen Wachstums. Mit dieser Forschung, bei der er von seinen Vitaminarbeiten ausging, verfolgte er verschiedene praktische Ziele, darunter die Synthese neuer bakteriostatischer Mittel. Sein ehemaliger Mitarbeiter Theodor Wieland stellt Kuhns Kriegsforschung als harmlose Wuchsstoff- und Vitaminforschungen dar:[179]

»Kuhn gelang es, bis auf ein oder zwei junge Mitarbeiter alle seine Leute uk [unabkömmlich] zu stellen. Es war fast ein Wunder. Er hatte mehrere sogenannte wehrwichtige Themen. Eines war die Vitaminforschung. Es gelang ihm, diese Forschung als für die Ernährung der Bevölkerung ungeheuer wichtig darzustellen. Dazu gehörten z. B. Versuche über Lactobacillus-casei-Wuchsstoffe, denen Kuhn entscheidende Bedeutung für die Hartkäseherstellung zuschrieb. Hartkäse war für die Truppenverpflegung wichtig, und

[177] Kuhn an Hartmann, 14. September 1939, Archiv der MPG, III/47.
[178] Hartmann-Nachlaß, Archiv der MPG, III/47.
[179] Prof. Dr. Theodor Wieland im Gespräch mit UD, Heidelberg, 22.6.1994.

damals tauchte das Problem auf, daß der Käse aus Magermilch nicht hart wurde. Das lag an verschiedenen Gründen, vielleicht spielte der Wuchsstoff tatsächlich eine Rolle. Ich habe damals einen Wuchsstoff für ernährungswichtige Mikroorganismen isoliert, ein Vitamin, den sogenannten Filtratfaktor, der sich als Pantothensäure entpuppte. Später stellte ich fest, daß die Amerikaner die Pantothensäure etwa zur gleichen Zeit isoliert und in ihrer Struktur aufgeklärt haben. ...

Das Entscheidende war der ›Slalom‹ von Richard Kuhn: Er hat Grundlagenforschung für wirtschaftlich wichtig ausgegeben. So war es möglich, daß Otto Westphal über Vitamin B_6 und Hydrazin, Friedrich Weygand über die Synthese von Lactoflavinphosphat und Kurt Wallenfels über den roten Farbstoff der Seeigeleier gearbeitet haben. Wallenfels durfte während des Krieges sogar nach Italien, um Seeigel zu fangen. Birkofer hat damals das Dibromsalicil gemacht, das zwar im Bakterientest als Antibiotikum sehr wirksam war, nicht dagegen in vivo. Mit diesen Themen hat Kuhn das Institut gerettet. Er hat sich fast nie zu politischen Aussagen bewegen lassen.«

Der letzte Satz ist angesichts der veröffentlichten Zitate Kuhns erstaunlich. Wielands Aussage ist dahingehend zu korrigieren, daß die Vitaminforschung Weygands vor dem Krieg stattfand und Wieland die Entdeckung der Pantothensäure bereits 1940 publizierte. Otto Westphals Arbeiten zur Vitamin B_6-Synthese, eines Vitamins, dessen Mangel Hauterkrankungen bewirkt, wurde unter dem Aspekt als kriegswichtig gefördert, daß das Vitamin möglicherweise auch bei der Behandlung von Hauterkrankungen verwendet werden könnte, die durch chemische Kampfstoffe hervorgerufen werden.[180] Kuhns Forschungen waren auch nicht nur harmloser Natur (siehe weiter unten).

Einige der Wuchsstoffversuche seien im folgenden erläutert. Versuche über Nährstoffe und Wuchsstoffe der Milchsäurebakterien führten zur Identifizierung bestimmter Aminosäuren (z. B. Arginin) und des Vitamins B_1 als notwendige Voraussetzungen für das Wachstum der für die Einsäuerung von Gemüse erforderlichen Milchsäurebakterien. Bei der von Theodor Wieland angesprochenen Forschung zur Hartkäseherstellung handelte es sich um Untersuchungen der Jahre 1940 bis 1945 über Wachstumsfaktoren des Milchsäurebakteriums Lactobacillus casei, die Kuhn und der Bakteriologe E. Möller in Zusammenarbeit mit Professor Demeter, dem Leiter der Bakteriologischen Abteilung der Süddeutschen Versuchs- und Forschungsanstalt für Milchwirtschaft, betrieb.[181] Diese von der Wehrmacht finanzierte Forschung sollte das für die Ernährung der Soldaten wichtige Problem der schlechten Verkäsbarkeit von Silagemilch (Milch von Kühen, die mit Silofutter ernährt werden) lösen: Das Auffinden geeigneter Wuchsstoffe sollte, wie oben erwähnt, die Herstellung von Hartkäse aus fettarmer Silagemilch ermöglichen.[182] Ergebnisse sind nicht bekannt, aber am 22.9.1942 meldete Kuhn der DFG, daß er durch diese Arbeiten einen Leberschutzstoff gefunden habe, der bereits mit Erfolg

[180] Prof. Dr. Otto Westphal im Gespräch mit UD, Montreux, 28.8.1996. Nach Prof. Westphal ist dies ein Beispiel für die Naivität der verantwortlichen Beamten im Ministerium.

[181] BAK, DFG-Akte Kuhn; Archiv der MPG, 1/29/154.

[182] BAK, DFG-Akte Kuhn, Bericht Möllers vom 6.12.1940.

bei ikterischen Erkrankungen (Gelbsucht) am Menschen geprüft worden sei. Weitere Untersuchungen seien gemeinsam mit der Heeressanitätsinspektion an einer größeren Zahl von ikterischen Soldaten eines Athener Krankenhauses geplant.

Möglicherweise hatte die Forschung noch einen anderen Hintergrund. Casein (wie auch Gummi) war ein Rohstoff, der zur Herstellung von Gasmasken benötigt wurde, und an dem seit 1941 extremer Mangel herrschte.[183] Es ist daher nicht auszuschließen, daß die Forschungen an Lactobacillus casei dem Ziel einer biologischen Caseinproduktion zur Verwendung in Gasmasken dienten.

Seit 1943 fanden Untersuchungen zur Entwicklung und chemischen Prüfung des wachstumshemmenden Einflusses verschiedener Sulfonamide auf Tuberkelbazillen statt. Nach Möller (1939)[184] war für das Wachstum von Streptobacterium plantarum 10 S neben bereits bekannten Wachstumsfaktoren ein Faktor (H′) notwendig, der von Kuhn und Schwarz (1941)[185] aus Hefe in Form eines Methylesters isoliert wurde und sich als identisch mit p-Aminobenzoesäure-methylester erwies. Möller und Schwarz (1941) stellten fest, daß der von englischen Wissenschaftlern bei Streptokokken und Colibakterien entdeckte Antagonismus zwischen p-Aminobenzoesäure und p-Aminobenzolsulfonamid und anderen Sulfonamiden bei Streptobacterium plantarum auch bei p-Aminobenzoesäure und Sulfanilsäure existierte. Diese Beobachtungen interpretierte Kuhn als eine dem chemischen Massenwirkungsgesetz folgende Verdrängungsreaktion. Er nahm an, daß es in den Bakterien ein spezifisches Protein oder einen sonstigen Rezeptor gebe, der sich reversibel sowohl mit der Carbonsäure (der Aminobenzoesäure) als auch, allerdings deutlich schwächer, mit der Sulfonsäure vereinige.[186] Das heißt, der Hemmstoff würde in der Zelle den Platz des Wirkstoffes einnehmen, ohne dessen Funktion zu erfüllen.

Heute wird der Antagonismus zwischen Sulfonamiden und p-Aminobenzoesäure mit einer kompetitiven Verdrängung der p-Aminobenzoesäure an einem Enzym der Folsäuresynthese durch Sulfonamide erklärt, die diese Synthese blockieren. Die bakteriostatische Wirkung erklärt sich dadurch, daß Folsäure für die Synthese essentieller Zellbestandteile, wie z. B. Aminosäuren, benötigt wird.

Kuhns Hypothese kompetitiver Verdrängung führte zu Versuchen, in denen die Existenz schwefelfreier Verbindungen mit Sulfonamidwirkung nachgewiesen wurde, deren molekularer Bau der Aminobenzoesäure ähnlich war. Die Hemmwirkung dieser »Sulfonamide«, bei denen der Sulfonsäurerest durch den Carbonsäurerest ersetzt war, erwies sich aber als erheblich schwächer als die der schwefelhaltigen

---

[183] Rolf-Dieter Müller, Die deutschen Gaskriegsvorbereitungen 1919–1945, Militärgeschichtliche Mitteilungen 1, 25–54, 1980, S. 43. Dr. Müller teilte mir in einem Brief vom 8.7.1998 mit, daß Casein zur Beschichtung der Gasplane zur Abwehr von Lost verwendet wurde.

[184] E. F. Möller, Das Wuchsstoffsystem der Milchsäurebakterien, Zs. f. physiol. Chem. 260, 246–256, 1939.

[185] Richard Kuhn und Klaus Schwarz, Isolierung des Wuchsstoffes H′ aus Hefe, Ber. Dtsch. Chem. Ges. 74, 1617–1624, 1941.

[186] R. Kuhn, Vitamine und Arzneimittel, Die Chemie (Angewandte Chemie) 55, 1–6, 1942.

Ausgangsverbindungen.[187] Im Januar 1943 teilte Kuhn der DFG allerdings mit, daß diese schwefelfreien Verbindungen eine ebenso hohe bakteriostatische Wirksamkeit entfalteten wie die bereits in die Therapie eingeführten Sulfonamide. Ende 1943 wurden die von Kuhn und seinen Mitarbeitern gefundenen, das Wachstum von Tuberkelbazillen hemmenden Verbindungen an Menschen in einer Lungenheilanstalt in Darmstadt getestet. Kuhn kennzeichnete die Verbindungen nicht näher.[188]

Im Jahre 1943 entwickelte Leonhard Birkofer an Kuhns Institut ein neues bakteriostatisches Mittel, 2,2′-Dihydroxy-5,5′-dibromsalicil.[189] Kuhn teilte amerikanischen Offizieren nach dem Krieg mit, daß die Wirksamkeit dieser Substanz mit der von Penicillin vergleichbar sei. Bei Staphylokokken sei die Wirkung sogar 300mal stärker.[190] Es stellte sich aber heraus, daß die Substanz zwar in bakteriellen Tests und bei lokaler Auftragung beim Menschen wirksam war, bei oraler Einnahme dagegen zerstört wurde.

Wie in Kapitel 6 dargestellt, isolierten der deutsch-jüdische Emigrant Ernst Boris Chain und Howard W. Florey in Oxford 1940 reines Penicillin und eröffneten damit weltweit die Forschung über Antibiotika und deren Anwendungen. Kuhn und seine Mitarbeiter wußten von diesen Penicillinarbeiten. Dazu sein Mitarbeiter Birkofer: »Kuhn hat über Schweden, das im Krieg neutral war, die Mitteilung erhalten, daß etwas im Gange ist. Wir haben hintenrum immer einen großen Teil der relevanten ausländischen Literatur erhalten.«[191] Kuhn dachte aber niemals daran, selbst auf diesem Gebiet zu arbeiten oder nach neuen Antibiotika zu suchen, und 1943 lehnte er sogar ein Angebot des Oberkommandos der Wehrmacht ab, mit Wehrmachtsunterstützung Penicillinforschung zu betreiben.[192] Für einen Chemiker war die Arbeit an Produkten von Schimmelpilzen offenbar von wesentlich geringerem Interesse als die an Produkten chemischer Synthese.

Forschungen an Nervengasen der Tabun-Sarin-Reihe

1936 entdeckte der I. G. Farben-Chemiker Gerhard Schrader im Werk Elberfeld im Rahmen seiner Forschung an phosphorhaltigen Insektiziden den Phosphorsäure-

[187] FIAT 42, S. 145.

[188] BAK, R 73/12507, R. Kuhn an die DFG, 10.12.1943.

[189] Richard Kuhn, Leonhard Birkofer und Ernst Friedrich Möller, Salicil, Ber. Dtsch. Chem. Ges. 76, 901–904, 1943.

[190] Evaluation Report of CIOS (Combined intelligence objectives sub-committee) 20. April 1945, Archiv der MPG, I/29/143.

[191] Persönliche Mitteilung von Prof. Dr. Leonhard Birkofer, Düsseldorf, 11.4.1994.

[192] Oberkommando der Wehrmacht, Chef des Wehrmachtsanitätswesens, an den Bevollmächtigten für das Sanitäts- und Gesundheitswesen, 18. Dezember 1943, Bundesarchiv-Militärarchiv H20/857. Ich danke Benno Müller-Hill für den Hinweis auf das Dokument.

ester Tabun. Dieses Gas wird von Menschen über die Atemwege und durch die Haut aufgenommen und wirkt als Nervengift in den geringsten Mengen tödlich. Nach einem solchen Gift war in vielen Labors der Welt vergeblich gesucht worden, und die Entdeckung Schraders sicherte Hitlers Deutschland eine Überlegenheit im Bereich der Gaswaffen. Einige Zeit später synthetisierte Schrader das chemisch verwandte Sarin, ein noch stärkeres Gift.[193] Die Gifte wurden nach vorläufigen physiologischen Tests durch Heinrich Hörlein und Dr. Gross in Elberfeld vom Heereswaffenamt untersucht und weiterentwickelt.[194]

Im September 1939 wurde in dem in der Nähe des KZ Auschwitz errichteten I. G. Werk in Dyhernfurth/Oder eine Anlage zur Herstellung von Tabun und Sarin gebaut, die im April 1942 ihre Produktion aufnahm. Im August 1944 erreichte diese Produktion ihren Höhepunkt, und bis zur Evakuierung im Januar 1945 waren insgesamt 12.000 Tonnen der Gifte produziert und in Bomben und Granaten gefüllt worden.[195] I. G. Farben-Direktor Otto Ambros, Leiter des Kunstkautschukwerkes der I. G. bei Auschwitz und des Werkes Dyhernfurth, war Kampfstoffexperte der I. G. und wurde Leiter des Sonderausschusses für chemische Kampfmittel beim Rüstungsamt.

Hitler forderte von Speer im Juni 1942 noch einmal die Erhaltung einer deutschen Überlegenheit auf dem Gaskampfstoffsektor und ordnete eine Produktionserhöhung von Tabun und Sarin an.[196] Schwierigkeiten bestanden zu dieser Zeit in der Rohstoffbeschaffung, z. B. Phosphor, und darin, daß die Produktion von Gasschutzkleidung und -geräten aufgrund des Mangels an Gummi und Casein seit 1941 eingeschränkt werden mußte. Hitler ernannte seinen ehemaligen Leibarzt Karl Brandt zum Beauftragten für Gasschutz. Er sollte ein Programm zur Herstellung von 60 Millionen »Volksgasmasken« und anderen Schutzmaßnahmen durchsetzen, während die I. G. an der Entwicklung eines wirksamen Schutzfilters gegen

---

[193] Schrader wurde nach dem Krieg von den Alliierten fast zwei Jahre lang auf der Festung Kranzberg interniert, wo er seine Ergebnisse der organischen Phosphorsäure-Chemie niederschreiben mußte. Als der Erfinder des »E 605« (1944) und anderer Insektizide wurde er 1951 mit der silbernen Ehrenplakette für Verdienste um die Landwirtschaft und 1955 mit der Otto-Appel-Denkmünze ausgezeichnet. 1956 verlieh ihm die Gesellschaft Deutscher Chemiker »in Anerkennung seiner hervorragenden Verdienste um die Auffindung neuartiger und höchstwirksamer Pestizide auf der Grundlage der Phosphorsäure-Ester ...« die Adolf-von-Baeyer-Denkmünze. Das zu diesem Anlaß von Burckhardt Helferich, dem Präsidenten der Gesellschaft Deutscher Chemiker, publizierte Portrait Schraders in den Nachrichten für Chemie und Technik (4, 286, 1956) enthält keinen Hinweis auf dessen Arbeiten an Tabun und Sarin.

[194] BIOS Final Report 41, Item No. 8, Imperial War Museum London, Dept. of Documents. Ausführliche Darstellungen über deutsche Gaswaffen im Zweiten Weltkrieg finden sich z. B. in Rolf-Dieter Müller, Die deutschen Gaskriegsvorbereitungen 1919–1945, Militärgeschichtliche Mitteilungen 1, 25–54, 1980 und Günther Gellermann, Der Krieg, der nicht stattfand, Koblenz 1986: Bernard & Graefe.

[195] BIOS Final Report 41, Item No. 8.

[196] Müller, Die deutschen Gaskriegsvorbereitungen, S. 44 f.

die Nervengase arbeitete. Das Fehlen eines solchen Schutzes spielte eine wichtige Rolle bei der Entscheidung Hitlers und der Wehrmacht, chemische Waffen letztlich nicht einzusetzen[197], und Forschungen zur Entdeckung eines Gegenmittels gehörten zu den Voraussetzungen eines Kampfstoffeinsatzes.

Einige schriftliche Quellen sowie Aussagen ehemaliger Mitarbeiter belegen, daß Kuhn während des Krieges Nervengase der Tabun-Sarin-Reihe untersuchte, ein neues Nervengas, Soman, entwickelte und Experimente zur Entwicklung von Gegenmitteln zu Nervengasen vornahm.[198] Otto Dann erinnert sich an folgende Einzelheiten dieser Giftgasforschung:

»Kuhn hat mir letztlich das Leben gerettet. Nach dem Beginn des Zweiten Weltkrieges wurde ich einberufen, aber bald darauf zur Beendigung meiner Ausbildung entlassen. Richard Kuhn setzte die für den Kriegsdienst in Frage kommenden Mitarbeiter für die Bearbeitung kriegsbezogener Themen ein. Ich sollte untersuchen, ob 2-(1-Chlorethyl)thiophen noch Lost-Wirkung erkennen läßt. Aus dieser Arbeit gelang es mir, eine Dissertation zu machen und die mündliche Prüfung abzulegen, bevor ich 1941 wieder einberufen wurde. 14 Tage vor dem Rußlandfeldzug erreichte Kuhn, daß ich wieder uk gestellt wurde. Er holte die vom Krieg bedrohten Mitarbeiter, d. h. die jungen und gesunden Männer, in ein geheimes Forschungsprojekt. Außer mir waren es Konrad Henkel, Quadbeck und Dietrich Jerchel, alle Jahrgang 13 oder 14. Das Projekt wurde als ›Geheime Reichssache‹ eingestuft, und wir führten es in einem abgeschlossenen separaten Trakt des Instituts aus. Es ging um die Aufklärung des Mechanismus der Nervengaswirkung, vor allem der Tabun- und Sarinwirkung, um auf dieser Basis kausale Gegenmittel für die eigenen Truppen zu entwickeln. In den eigentlichen Kampfstoffen waren wir ja in Deutschland vorne dran, Tabun und Sarin sind hier entwickelt worden; die Amerikaner kannten zwar Phosphorsäureester, aber nicht die hochgiftigen, als Nervengas wirkenden Ester der methylierten Phosphorsäure. Im KWI experimentierten wir damals an Ratten und konnten zeigen, daß die Erhöhung des Acetylcholingehaltes im Gehirn nach Tabun- und Sarinvergiftung auf der Hemmung der Cholinesterase beruht. Dieses Ergebnis widerlegte die These vieler Mediziner, nach der den vielfältigen Vergiftungssymptomen durch Tabun und Sarin mehrere Wirkungsmechanismen zugrunde liegen sollten.

[197] Nach Müller (ibid. S. 45) erklärte Hitler in einem Gespräch mit dem rumänischen General Antonesco im März 1944, daß wegen der fehlenden Schutzmöglichkeiten vorläufig nicht an einen Einsatz der neuen Kampfstoffe gedacht werden könne. Sollten die Voraussetzungen einmal vorliegen, würde er diese Waffen einsetzen, z. B. gegen London. Weitere Gesichtpunkte waren nach Gellermann: Die chemischen Verbände des Heeres, die Nebeltruppe, steckten 1939 noch in den Anfängen. Es war später kaum möglich, Regimenter von der Front abzuziehen und sie in Ver- und Entgiftungsverbände umzuwandeln, was für einen Gaskrieg notwendig gewesen wäre (Der Krieg, der nicht stattfand, S. 208). Mit den Niederlagen der deutschen Luftwaffe ging schließlich das wichtigste mögliche Einsatzmittel der Gaskampfstoffe verloren.

[198] Interrogation of R. Kuhn 1.–2. April 1946 am KWI für Medizinische Forschung, BIOS Final Report 542, Item No. 8, Imperial War Museum London, Dept. of Documents; R. Kuhn an Dr. Baumann, 5.9.1945, Archiv der MPG, I/29/143; Professor Dr. Leonhard Birkofer, Düsseldorf und Prof. Dr. Otto Dann, Eberbach in Gesprächen mit UD.

Die Erhöhung des Acetylcholingehalts ermittelte ich damals mit dem Blutegelrückenmuskeltest nach Fühner. Wir hatten überhaupt keine Probleme, an Materialien zu kommen, die Blutegel wurden schließlich sogar per Kurier aus Ungarn geschickt. Die Schwierigkeit bei der Entwicklung von Gegenmitteln, die kausal und nicht nur symptomatisch wirken, liegt darin, daß die körpereigene Acetylcholinsynthese nicht durch einen kompetitiven Hemmstoff unterbunden werden kann, vermutlich weil sie auf zu engem Raum stattfindet. Eine Hemmung der Acetylcholinsynthese würde ja der Hemmung der Esterase entgegenwirken. Ein solches Mittel ist bis heute nicht gefunden worden, auch die Amerikaner sind hier nicht weitergekommen.«[199]

Diese Forschungen wurden vor den anderen Mitarbeitern des Instituts geheimgehalten.[200] Danns Darstellung wird durch Angaben des alliierten nachrichtendienstlichen Teams BIOS bestätigt.[201] Diesem Bericht ist zu entnehmen, daß die für Giftgasforschung zuständige Abteilung des Heereswaffenamtes Anfang 1943 an Kuhn mit dem Anliegen herangetreten war, die Frage möglicher Antagonisten des Neurotransmitters Acetylcholin zu untersuchen. Da bereits bekannt war, daß die Nervengiftwirkung von Tabun und Sarin mit einer Erhöhung der Acetylcholinkonzentration einherging, handelte es sich bei der Forschung an Acetylcholin-Antagonisten vermutlich um Forschung mit dem Ziel der Entwicklung von Gegenmitteln für Tabun und Sarin. Kuhn synthestisierte dazu zunächst Sulfinsäureester des Cholins und verwandte Verbindungen. Dabei stellte sich zur Überraschung aller Beteiligten heraus, daß diese Verbindungen den umgekehrten Effekt hervorriefen, d. h. sie steigerten die Acetylcholinwirkung, statt sie zu hemmen. Die weitere Untersuchung zeigte, daß die neuen Verbindungen die Bindungsstellen des Acetylcholins am Enzym Cholinesterase, das Acetylcholin im Organismus abbaut, blockierten und nicht die Acetylcholinrezeptoren an den Erfolgsorganen. So führten sie wie Tabun und Sarin zu einer Erhöhung der Acetylcholinwirkung.

Trotz dieses Ergebnisses wurde entschieden, diese Arbeiten fortzusetzen und, da die Sulfinsäureester keinen starken Effekt zeigten, Phosphorsäureester zu verwenden. Das Heereswaffenamt schickte Kuhn Intermediate der Sarinproduktion, um die präparative Arbeit zu erleichtern. Kuhn arbeitete damit gezielt an der Produktion neuer, mit Tabun und Sarin verwandter Nervengase. Es gelang ihm im Frühjahr

199 Otto Dann im Gespräch mit UD, Eberbach, 13. April 1994.

200 Leonhard Birkofer im Gespräch mit UD, Düsseldorf, 11.4.1994. Birkofer betonte, daß er selbst nur Grundlagenforschung betrieben habe: »Ich habe immer nur wissenschaftliche Grundlagenforschung betrieben. Bei Kuhn konnten wir sehr frei forschen, wurden nicht auf Kriegsforschung festgelegt.«

201 BIOS Final Report 542, Item No. 8, Imperial War Museum London, Dept. of Documents. BIOS war eines der alliierten nachrichtendienstlichen Teams, das nach wissenschaftlichen und technologischen Informationen aus Deutschland suchte. Die Forschungen über Gegenmittel zu Tabun und Sarin werden weder in den DFG-Berichten noch den FIAT-Reviews erwähnt. Die folgenden Angaben sind, soweit nicht anders angegeben, dem BIOS-Report entnommen, der sich vor allem auf die Vernehmung von Kuhn und seiner Mitarbeiter stützt.

1944 ein Nervengas zu synthetisieren, das Soman genannt wurde (Codename 25075) und giftiger war als Sarin.

Um die Wirksamkeit der neuen Verbindungen als Nervengase zu testen, benutzten Kuhn und sein Team einen Test, in dem die Hemmung der Cholinesterase durch diese Verbindungen mit der durch eine Standardverbindung der Methan-Phosphorsäureester-Reihe, zu denen Tabun, Sarin und Soman gehören, verglichen wurde. In späteren Experimenten verwendete Kuhn Sarin als Referenzsubstanz.[202] Die Giftgasabteilung des Heereswaffenamtes sandte Kuhn regelmäßig neue Verbindungen aus anderen Laboratorien, damit er sie wie die von ihm selbst synthetisierten Verbindungen auf diese Weise testen sollte.[203] Kuhn experimentierte somit an seinem Heidelberger Institut mit Nervengasen der Tabun-Sarin-Soman Reihe.

Parallel dazu untersuchten Mitglieder des Kuhn-Teams, darunter die von Dann genannten O. Dann, K. Henkel, D. Jerchel und G. Quadbeck sowie H. Beinert in vier Arbeitsgruppen Wirkungsmechanismus und pharmakologische Eigenschaften dieser Stoffe (der Tabun-Sarin-Soman Reihe). Otto Dann suchte erfolglos einen Wirkstoff, der in der Lage ist, die Synthese des Acetylcholins zu unterdrücken. Zu den getesteten Drogen gehörten Morphin, Ephedrin, Adrenalin, Schlangengift und Atropin. Quadbeck, Henkel und Beinert untersuchten die Hydrolyse von Stoffen der Sarin-Serie mit und ohne Enzymsysteme. Sie gingen dabei unter anderem von der Beobachtung aus, daß Maden einer bestimmten Fliegenart mehr als eine Million Male weniger Sarin-sensitiv waren als die Fliegen selbst. Bei den folgenden Untersuchungen wurde festgestellt, in welchem Ausmaß ein Extrakt dieser Maden den inhibitorischen Effekt des Sarins auf Cholinesterase modifiziert. Der Sarin-inaktivierende Faktor der Maden erwies sich als hitzelabil und nicht dialysierbar. Es wurde vermutet, daß es sich um ein Protein handelte, das stöchiometrisch mit Sarin reagierte. Soman wurde nicht auf diese Weise getestet.

Das Heereswaffenamt beendete nach Kuhns Angaben seine Giftgasforschung im September 1944. Alle relevanten Dokumente wurden entfernt und die Vernichtung der Labortagebücher angeordnet. Kuhn gab bei seiner Befragung durch die Alliierten an, keine weitere Forschung auf dem Gebiet des Somans betrieben zu haben. Die gesamten Dokumente seien in einem Bergwerksschacht etwa 15 km östlich von Berlin begraben worden, und dessen gesamter Inhalt sei von Prof. Col. Kargin an das Karpov-Institut in Moskau gebracht worden. Dem BIOS-Bericht zufolge ließen sich Kuhns Angaben nicht überprüfen. Seine Haltung wurde als kooperativ beschrieben und seine Geschichte als relativ vollständig eingeschätzt, auch wenn die verfügbaren Belege nicht als ausreichend angesehen wurden, um ein abschließendes Urteil zuzulassen. Hintergründe für die Anordnung des Heereswaffenamtes, die Giftgasforschung zu beenden, werden nicht genannt.

---

[202] Ibid.

[203] Unter den Verbindungen, die Kuhn zugesandt bekam, befand sich ein von »Huckel« synthetisiertes Nervengas, das fast so giftig war wie Soman (ibid.). Es ist unklar, ob es sich bei diesem Chemiker um Walter Hückel handelte.

Hinsichtlich der Frage eines Giftgaseinsatzes stand Kuhn in Kontakt mit Hitlers ehemaligem Leibarzt Karl Brandt, einem der einflußreichsten Mediziner in der NS-Zeit.[204] Otto Dann erinnert sich, daß Kuhn, der von der Ohnmacht, bei einem alliierten Giftgaseinsatz die eigenen Leute zu schützen, bedrückt gewesen sei, diese Sorge in einem Gespräch mit Brandt zum Ausdruck gebracht und durch seinen Einfluß auf Brandt dazu beigetragen habe, den Einsatz der Giftgase zu verhindern:

> »Wir waren damals ein Volk, das von Propagandameldungen über Wunderwaffen verzaubert worden war. Und wir im Heidelberger KWI waren hinsichtlich der Nervengase allergisch gegen die Verzauberung. In Dyhrenfurth an der Elbe waren bereits viele Tonnen Nervengase gelagert, sie waren sogar schon in Granaten abgefüllt. Wir wußten über die Ohnmacht, bei einem Einsatz die eigenen Leute zu schützen, und das hat Kuhn sehr bedrückt. Daher hat er nach Möglichkeiten gesucht, dieser Furcht an kompetenter Stelle Ausdruck zu verleihen. Eine Möglichkeit war Dr. Brandt. Mit Hitlers anderem Leibarzt Morell konnte man das wohl nicht besprechen. Brandt war oft in Heidelberg, er wohnte zumindest eine Zeitlang dort, und bei einem seiner Besuche kam es zu dem Gespräch mit Kuhn. Kuhn hat nicht erzählt, woher er Brandt kannte, über solche Dinge sprach er nicht. Der Einsatz von Giftgasen unterblieb vermutlich aus den genannten Überlegungen heraus, daß nämlich deutsche Soldaten bei einem Gegenangriff nicht geschützt werden konnten.«[205]

Brandts Aussage bei seinem Verhör durch die Allierten bestätigt den Kontakt mit Kuhn.[206] Brandt gab an, Kuhn zu kennen, und ihn im Sommer 1944 getroffen zu haben, um über mögliche Behandlungsmethoden von Tabun- und Sarinvergiftungen zu diskutieren. Brandt hatte sich zum Schluß gegen den Gaseinsatz ausgesprochen.[207] Wegen seiner Beteiligung an Versuchen an Häftlingen von KZs mit tödlichem Ausgang wurde Brandt in den Nürnberger Ärzteprozessen 1947 zum Tode verurteilt und 1948 hingerichtet.

Zusammenfassend ist festzuhalten, daß Kuhn ein hervorragender Wissenschaftler war, der nach 1933, vor allem während des Zweiten Weltkrieges, seine wissen-

---

[204] Brandt, der 1939 zusammen mit Philipp Bouhler mit der Organisation und Durchführung der Euthanasie beauftragt worden war, wurde 1942 von Hitler zum Generalbevollmächtigten für das Sanitäts- und Gesundheitswesen (mit Sonderaufgaben) ernannt, so daß Brandt, der 1944 mit dem höchsten SS-Rang des Gruppenführers ausgezeichnet wurde, die Aufsicht über alle militärischen und zivilen medizinischen Einrichtungen erhielt. Damit war er für die Koordination aller in den KZs durchgeführten Menschenversuche verantwortlich und selber daran beteiligt.

[205] O. Dann im Gespräch mit UD, 13.4.1994.

[206] Interrogation of K. Brandt, BIOS Final Report 542, Item No. 8, Imperial War Museum London, Dept. of Documents.

[207] Rudibert Kunz und Rolf-Dieter Müller, Wie Hitler das ABC der Massenvernichtungswaffen buchstabierte, Die Zeit 43, 20.10.1989, S. 57–58.

schaftliche Tätigkeit und seine organisatorischen Fähigkeiten in den Dienst des nationalsozialistischen Deutschlands stellte, ohne dabei Mitglied der NSDAP zu werden. Seine Leistungen als Chemiker, sein Nationalismus, der ihn auch zu einer grundlegenden Bejahung des nationalsozialistischen Regimes veranlaßte, seine Fähigkeit zum »Slalom« (Th. Wieland), zum Lavieren zwischen Politik und Wissenschaft, und sein Opportunismus erklären zumindest teilweise seine Macht während des Nationalsozialismus. 1933 entließ er seine jüdischen Mitarbeiter ohne den geringsten Versuch, sie länger zu halten, und 1936 denunzierte er seinen Kollegen Meyerhof, weil dieser weiterhin jüdische Wissenschaftler beschäftigte. Er wurde 1938 Präsident der Deutschen Chemischen Gesellschaft, ein Amt, das er bis 1945 behielt. 1942 gab er dem politischem Druck aus dem Hauptamt für Technik der NSDAP nach und stimmte dem Anschluß der Gesellschaft an den Nationalsozialistischen Bund Deutscher Technik zu. Im Auftrag des Heereswaffenamtes betrieb er in seinem Institut Forschung mit dem Ziel, Gegenmittel zu Tabun und Sarin zu entwickeln, eine Voraussetzung für deren Einsatz, was ihm (wie auch den Alliierten) nicht gelang. Darüber hinaus produzierte er für das Heereswaffenamt ein neues, giftigeres Nervengas.

Abschließend seien die Einschätzungen dreier Zeitzeugen zitiert. Otto Dann hob Kuhns Wendigkeit hervor: »Kuhn war ein hervorragender Redner, publizierte viel und besaß ein leutseliges Wesen. Er war auf seinem Gebiet führend und modern. Dazu kam, daß er in der Kaiser Wilhelm-Gesellschaft war und Präsident der Gesellschaft Deutscher Chemiker wurde. Das heißt, er besetzte in der Chemie einflußreiche Ämter. Als hervorragender Schachspieler hat er seine Partien in der Wissenschaftspolitik simultan gespielt.«[208] Nach Auffassung von Erwin Chargaff war Richard Kuhn »ein Karajan der Chemie. Er war sehr gut eigentlich, aber heruntergekommen, politisiert, wie Heisenberg.«[209] Otto Meyerhof (der nicht wußte, daß Kuhn an der Enwicklung von Nervengasen beteiligt war) klagte Kuhn an, »seine bewundernswürdige wissenschaftliche Leistung und chemische Meisterschaft freiwillig in den Dienst eines Regimes gestellt [zu] haben, dessen unaussprechliche Abscheulichkeit und Verruchtheit« ihm »wohl bewußt« gewesen sei.[210]

Die Frage, ob Wissenschaftler wie Kuhn (oder auch Heisenberg und andere) die nationalsozialistische Ideologie von ihrer Überzeugung her teilten, bleibt unerheblich gegenüber der Tatsache, daß sie das Regime mit ihrem Ansehen unterstützten und bereit waren (im Falle von Kuhn partiell erfolgreich), Massenvernichtungsmittel für Hitler zu entwickeln. Damit wurden sie nicht nur für das nationalsozialistische Unrecht mitverantwortlich, sondern schadeten der Wissenschaft in Deutschland weit über die Zeit des Nationalsozialismus hinaus.

[208] O. Dann im Gespräch mit UD, 13.4.1994.

[209] Erwin Chargaff im Gespräch mit UD, New York, 28.1.1997.

[210] Otto Meyerhof, 1.11.1945, an Richard Kuhn, Meyerhof papers, Archives Univ. of Pennsylvania. Siehe dazu Abschnitt 8.2.3.

Kapitel 8
Auswirkungen des Nationalsozialismus auf die Chemie und Biochemie in Deutschland nach 1945

8.1 Zur Situation der Chemie und Biochemie seit 1945

8.1.1 Zur allgemeinen Situation der Forschung

Wissenschaftler in Deutschland haben nach dem Zweiten Weltkrieg unter schwierigen Verhältnissen Forschung und Lehre fortgesetzt. Viele Institute waren zerstört oder beschädigt, und einige Jahre lang herrschten schlechte materielle Bedingungen. An manchen Instituten konnte die Arbeit mehr oder weniger ohne Unterbrechung fortgesetzt werden, an anderen dagegen mußten Laboratorien und Unterrichtsräume erst wieder aufgebaut und eingerichtet werden.[1] Ein genereller Aufschwung im Westen seit 1947 erfolgte aus politischen Gründen: Aus Sorge vor dem Anwachsen militärischer Macht der UdSSR rief der amerikanische Außenminister George C. Marshall einen Plan für den wirtschaftlichen Aufbau Europas ins Leben. Damit wurden andere Pläne der Alliierten mit dem Ziel, nicht nur Kontinuitäten des ehemaligen nationalsozialistischen Regimes, sondern auch zu-

---

[1] Zur Entwicklung der Forschung in der Bundesrepublik siehe z. B. Robert Gerwin (Hrsg.), Wie die Zukunft Wurzeln schlug. Aus der Forschung der Bundesrepublik Deutschland, Berlin, Heidelberg, New York, 1989: Springer. Dabei sei insbesondere auf folgende Beiträge verwiesen: Anthony R. Michaelis, Wiederanfang nach Krieg und Zusammenbruch, S. 11–19; Peter Karlson, Niedergang und neuer Aufstieg der Biochemie, S. 21–30; Lothar Jaenicke, Wieviel Zufälliges doch in der Entwicklung steckt. Als die Physiologische Chemie zur Molekularbiologie wurde; Kritisches zur Geschichte der biochemischen Forschung, S. 31–38. Ein Einblick in die Nachkriegsverhältnisse in der Chemie an der TH München findet sich in Helmut Behrens, Wissenschaft in turbulenter Zeit. Erinnerungen eines Chemikers an die Technische Hochschule München 1933–1953. In bezug auf die Sowjetische Besatzungszone bzw. DDR stellte Markus Seils Grundzüge der staatlichen Hochschulpolitik am Beispiel von Mecklenburg-Vorpommern dar (»Auftrag: Die planmäßige ideologische Umgestaltung der Universitäten«, Schwerin 1996: Der Landesbeauftragte für Mecklenburg-Vorpommern für die Unterlagen des Staatssicherheitsdienstes).

künftige Grundlagen für die militärische Macht Deutschlands zu zerstören, hinfällig, unter anderem der Plan Henry Morgenthaus, Deutschland in einen Agrarstaat umzuwandeln. Westeuropa, in der Hauptsache Westdeutschland, erhielt zwischen 1948 und 1952 12 Milliarden Dollar, von denen 40 Millionen in die wissenschaftliche Forschung flossen.[2] Im folgenden beziehe ich mich überwiegend auf die Entwicklungen in der alten Bundesrepublik.[3]

Im Januar 1949 wurde die Notgemeinschaft deutscher Wissenschaft wieder ins Leben gerufen und die Konkurrenzorganisation Deutscher Forschungsrat geschaffen, die sich 1951 mit der Notgemeinschaft zur Deutschen Forschungsgemeinschaft zusammenschloß. Als westdeutsche Nachfolgerin der Kaiser Wilhelm-Gesellschaft wurde am 26.2.1948 die Max-Planck-Gesellschaft zur Förderung der Wissenschaften (MPG) gegründet. Der Name Kaiser Wilhelm-Gesellschaft wurde auf Druck der Alliierten geändert. Die finanzielle Situation der MPG verbesserte sich sehr schnell. So konnte deren Präsident, Nobelpreisträger Adolf Butenandt, 1961 rückblickend feststellen: »Länder und Bund haben für unsere Bedürfnisse immer Verständnis gehabt. Die Appelle, die unser hochverehrter Otto Hahn als Präsident unserer Gesellschaft vor allem an die Parlamente gerichtet hat, ›gebt der Wissenschaft in der Bundesrepublik mehr Geld, damit sie den für uns lebenswichtigen Anschluß an den internationalen Leistungsstandard schnell finden kann‹, sind nicht ungehört geblieben.«[4] Die MPG verfügte 1951 über 11,5 Mio DM laufende Mittel und 2,5 Mio einmalige Mittel, 1969 über 48 Mio DM laufende und 14 Mio einmalige Mittel. Die Zunahme war also beträchtlich.

Trotz des materiellen Aufschwungs waren einige Gebiete der Naturwissenschaft noch 20 Jahre nach Kriegsende international rückständig. So wurde Werner Heisenberg 1964 von einem führenden Mitglied des japanischen Forschungsrates gefragt:

> »Nach dem ersten Weltkrieg war Deutschland wirtschaftlich in einem fast hoffnungslosen Zustand. Aber schon wenige Jahre danach, etwa von 1920 ab, hatte Deutschland trotz der wirtschaftlichen Not eine der ganzen Welt gegenüber führende Stellung in der wissenschaftlichen Forschung. Nach dem zweiten Weltkrieg hat sich Deutschland sehr viel rascher wirtschaftlich erholt, als nach dem ersten. Schon von 1950 ab waren die wirtschaftlichen Verhältnisse viel besser, als man erwarten konnte. Aber in der wissenschaftlichen Forschung spielt Deutschland selbst jetzt, noch 18 Jahre nach dem Kriege, nur eine ganz untergeordnete Rolle. Woher kommt das?«[5]

---

2 Anthony R. Michaelis, Wiederanfang nach Krieg, S. 16.

3 Ein Vergleich mit der Entwicklung in der DDR würde eine weitere Untersuchung erforderlich machen und des Rahmen dieses Ausblicks sprengen.

4 Adolf Butenandt, 50 Jahre Kaiser-Wilhelm-Gesellschaft und Max-Planck-Gesellschaft. Über den Standort der Max-Planck-Gesellschaft im Wissenschaftsgefüge der Bundesrepublik Deutschland, Ansprache des Präsidenten der Max-Planck-Gesellschaft in der Festversammlung der Gesellschaft in Berlin am 8. Juni 1961, S. 17.

5 Werner Heisenberg, Heutige Aufgaben und Probleme bei der Förderung wissenschaftlicher Forschung in Deutschland, Universitas 19, 1009–1022, 1964.

Die klassische Organische und Anorganische Chemie und die Naturstoffchemie, die weniger als andere Gebiete von der Vertreibung jüdischer Wissenschaftler betroffen waren und auch während des Nationalsozialismus hervorragende Leistungen verzeichnen konnten, hatten keine großen Probleme mit dem Wiederaufbau nach 1945. Als ein Indiz für die in einigen Bereichen der Chemie erzielten Leistungen kann die Tatsache gewertet werden, daß zwischen 1945 und 1955 vier Wissenschaftler in Deutschland mit einem Nobelpreis für Chemie ausgezeichnet wurden (darunter war ein Preis für 1944), aber keiner mit einem Preis für Physiologie und Medizin (hingegen einer mit einem Preis für Physik): Otto Hahn erhielt den Preis für die Entdeckung der Kernspaltung (1944), Otto Diels und Kurt Alder für ihre Arbeiten zur Dien-Synthese (Diels-Alder-Reaktion) (1950) und Hermann Staudinger für die Entwicklung der Makromolekularen Chemie (1953). Karl Ziegler erhielt den Preis 1963 (zusammen mit Giulio Natta) für die Entdeckung metallorganischer Mischkatalysatoren, mit deren Hilfe Polymerisationen bei niedrigen Drucken ablaufen konnten.

In der Biochemie des Stoffwechsels, dem interdisziplinären Gebiet der Molekularbiologie und der Physikalisch-Organischen Chemie mußte dagegen 1945 neu angefangen werden. Die Unterschiede des Entwicklungsstands verschiedener Forschungsgebiete zeigten sich auch in der auf der Basis von Umfragen 1964 publizierten Untersuchung zum Stand und Rückstand der Forschung in Deutschland.[6] Danach wies die deutsche Forschung in der Chemie durchaus mit dem Ausland vergleichbare Leistungen auf und befand sich auf einzelnen Teilgebieten, insbesondere der Präparativen Chemie, sogar in der Spitzengruppe. Rückständig und förderungsbedürftig waren demgegenüber nach dieser Studie unter anderem solche Gebiete der Analytischen Chemie, die auf moderne physikalische Methoden angewiesen sind, darunter die Kern- und Elektronenresonanzspektroskopie und, nach übereinstimmenden Aussagen, die Strukturforschung und die Physikalische Chemie, vor allem die Physikalische-Organische Chemie und allgemein die Theoretische Chemie.

Wie in Kapitel 3 analysiert wurde, waren für diesen Rückstand neben der Entlassung und erzwungenen Emigration hervorragender jüdischer Wissenschaftler die starren Strukturen an Universitäten und MPIs und die Dominanz der klassischen Organischen Chemie verantwortlich. Dies führte dazu, daß sich neue interdisziplinäre Gebiete selbst dann erst nach langer Zeit etablierten, wenn sie, wie die Physikalische-Organische Chemie und die Polymerchemie, ursprünglich in Deutschland entwickelt worden waren. Ein weiterer Grund für diese Verzögerung lag im fehlenden oder stark reduzierten wissenschaftlichen Austausch nach 1945.

Im Unterschied zur Situation nach dem Ersten Weltkrieg gab es nach dem Zweiten Weltkrieg keinen offiziellen Boykott deutscher Wissenschaftler oder ihrer wissenschaftlichen Gesellschaften. Aber deutsche Wissenschaftler wurden mit Rücksicht auf die Kollegen der ehemals von Deutschland besetzten Länder, vor allem

---

6 Richard Clausen, Stand und Rückstand der Forschung in Deutschland. Wiesbaden 1964: Steiner.

Frankreichs und Norwegens, zunächst nicht auf internationale Kongresse eingeladen, und Wissenschaftler des Auslandes, vor allem ehemalige jüdische Flüchtlinge, waren viele Jahre, teilweise Jahrzehnte lang nicht bereit, nach Deutschland zu kommen. Die Tatsache, daß Deutschland auf den neuen Gebieten der Naturwissenschaften keine führende Position mehr einnahm, verstärkte das Desinteresse vor allem amerikanischer Wissenschaftler. Auch Forschungsaufenthalte deutscher Wissenschaftler in England oder den USA, eine wesentliche Voraussetzung dafür, den internationalen Anschluß wieder zu erreichen, fanden in größerer Zahl erst ab Mitte oder Ende der 1950er Jahre statt.

In diesem Zusammenhang sollte daran erinnert werden, daß nach dem Ersten Weltkrieg jüdische Wissenschaftler entscheidend zur Wiederaufnahme des internationalen wissenschaftlichen Kontakts Deutschlands beigetragen hatten. Diese Wissenschaftler, wie Fritz Haber und Otto Meyerhof, hatte man verjagt. Der Physikochemiker an der Universität Utrecht Ernst Cohen hatte in den 1920er Jahren in besonderer Weise zur Wiederherstellung des Kontaktes westeuropäischer Wissenschaftler mit deutschen Kollegen beigetragen.[7] Aus diesem Grund veröffentlichte die Zeitschrift für Physikalische Chemie den Band 130 im Jahre 1927 als

Ernst Cohen

[7] Tansjö Levi, Die Wiederherstellung von freundschaftlichen Beziehungen zwischen Gelehrten nach dem 1.Weltkrieg. Bestrebungen von Svante Arrhenius und Ernst Cohen, in: Gerhard Pohl (Hrsg.), Naturwissenschaften und Politik, Tagungsband zur Vortragstagung an der Universität Innsbruck, April 1996, S. 72–80.

Cohen-Festschrift mit der Widmung: »Festband. Herrn Ernst Cohen. Dem erfolgreichen Forscher und unermüdlichen Vorkämpfer für die Wiederherstellung friedlicher Beziehungen zwischen den Gelehrten der durch den Krieg getrennten Völker.« Cohen wurde im Februar 1943, als er in seinem Laboratorium in Utrecht arbeitete, ohne seinen »Judenstern« zu tragen, verhaftet. Im März 1944 wurde er im Alter von 74 Jahren in Auschwitz ermordet.

Wie im folgenden gezeigt wird, waren nach dem Zweiten Weltkrieg viele deutsche Professoren politisch belastet. Sie hatten oft wenig Kontakte zu ihren Kollegen im Ausland und konnten auf diese Weise ihre jungen Mitarbeiter dort nicht vermitteln.

8.1.2 Hochschullehrer der Chemie und Biochemie und Leiter entsprechender Max-Planck-Institute um 1950

Bei diesem Überblick über die Hochschullehrer der Chemie und Biochemie der Nachkriegszeit und ihre politische Vergangenheit fällt zunächst auf, daß bemerkenswert viele Chemiker bei Kriegsende oder einige Zeit später Selbstmord begingen. Darunter befanden sich auch politisch nicht belastete Personen. Der Nobelpreisträger Hans Fischer, Ordinarius für Organische Chemie an der TH München, setzte seinem Leben mit 63 Jahren am 31.3.1945 ein Ende. Er war kein NSDAP-Mitglied und wird von denen, die ihn kannten, als Anti-Nazi aber deutscher Patriot beschrieben. Aber sein Institut war zerstört, und er hatte die Hoffnung aufgegeben, in Deutschland je wieder forschen zu können. Mit 67 Jahren beging Otto Hönigschmid, Ordinarius an der Universität München und ebenfalls kein NSDAP-Mitglied, zusammen mit seiner Frau am 14. Oktober 1945 Selbstmord. Auch Hermann Leuchs, Ordinarius für Organische Chemie in Berlin, kein Parteimitglied, aber dem Nationalsozialismus gegenüber anfangs positiv eingestellt, verübte 1945 Selbstmord, ebenso wie Hermann Ulich, Ordinarius für Physialische Chemie an der TH Karlsruhe, der NSDAP-Mitglied gewesen war. Einer der besten Physikochemiker Deutschlands, Arnold Eucken, setzte seinem Leben vermutlich wegen Depressionen im Jahre 1950 ein Ende. Er war zunächst aus Opportunismus NSDAP-Mitglied geworden, einige Jahre später wieder ausgetreten und nach 1945 in seiner Position als Ordinarius in Göttingen bestätigt worden.

Nach Kriegsende wurde eine Vielzahl von Hochschullehrern durch die Entnazifizierungsbehörden der Alliierten entlassen. Oft genügte dazu die Mitgliedschaft in der NSDAP. Der größte Teil von ihnen wurde aber im Laufe der nächsten fünf Jahre wiedereingestellt oder emeritiert. Bei einigen dauerte es einige Jahre länger, aber selbst ein politischer Aktivist wie Heinrich Cordes konnte wieder ordentlicher Professor werden. So zeigt sich das bemerkenswerte Bild, daß unter den Ordinarien und Extraordinarien der Chemie und Physiologischen Chemie Anfang der 1950er Jahre der Anteil der früheren NSDAP-Mitglieder erheblich größer war als während des Nationalsozialismus der der NSDAP-Mitglieder: Diese Zahlen ehemaliger NSDAP-Mitglieder unter Ordinarien und Extraordinarien der Chemie und Physiologischen Chemie variieren an westdeutschen Universitäten zwischen einem von fünf (20 %) in Frankfurt, drei von sieben (42 %) in Heidelberg, vier von neun (44 %) in Tübingen, sechs von 13 (46 %) an Universität und TH in München, vier von acht (50 %) an Freier und Technischer Universität in Berlin, fünf von acht (62 %) in Freiburg, vier von sechs (66 %) in Köln, fünf von sieben (71 %) in Bonn und sechs von sechs (100 %) in Kiel (siehe Tabelle 8.1).

Tabelle 8.1 Professoren der Chemie und Physiologischen Chemie, Direktoren und Abteilungsleiter entsprechender MPIs um 1950, ihr Geburtsdatum und ihre frühere Mitgliedschaft in NSDAP, SA und SS, soweit bekannt.
Mitgliedschaften in weiteren NS-Organisationen, darunter dem NSLB oder NSDB, werden hier nicht berücksichtigt. OC, AC, PC: Organische, Anorganische, Physikalische Chemie; ord. Prof., (b.) ao. Prof., apl. Prof: ordentlicher, (beamteter) außerordentlicher, außerplanmäßiger Professor.

Aachen
Technische Hochschule
- Walter Fuchs, 1891, ord. Prof. Chemische Technologie, ehemaliger Emigrant
- Ernst Jenckel, 1902, ord. Prof. PC, NSDAP 37, SA
- Carl Kröger, 1904, 52 ao. Prof., später ord. Prof. Chemische Technologie, Doz. Bergakademie Clausthal 50–52, NSDAP 37, SS 33
- Norbert Schmahl, 1908, apl. Prof. f. Metallchemie, NSDAP 40
- Robert Schwarz, 1887, ord. Prof. AC, NSDAP 33, Förderndes Mitglied der SS

Bamberg
Philosophisch-Theologische Hochschule
- Ludwig Holleck, 1904, apl. Prof., NSDAP 33 (in Österreich)
- Walter Noddack, 1893, Direktor des chemischen Instituts, kein Mitglied in NSDAP, SA, SS

Berlin
Freie Universität
- Willy Lautsch, 1912, ord. Prof. OC, kein Mitglied in NSDAP, SA, SS
- Rudolf Lorenz, 1898, ao. Prof., Dir. AC, NSDAP 33
- Ernst Schütte, 1908, 51 ord. Prof. Physiologische Chemie, NSDAP 40

Technische Universität
- Franz Bachér, 1891, ord. Prof. OC (keine Jahreszahl, später als 1954), NSDAP 31
- Ernst Biesalski, 1881, 55: emeritierter ord. Prof., NSDAP 33
- Karl-Friedrich Jahr, 1904, 51 pl. ao. Prof. AC, NSDAP 30
- Gerhart Jander, 1892, 51 ord. Prof. AC, NSDAP 25
- Felix Just, 1912, apl. Prof. für Biochemie, NSDAP 41
- Helmut Scheibler, 1892, ao. P OC, kein Mitglied in NSDAP, SA, SS
- Arthur Schleede, 1892, 57: emeritierter ord. Prof. TU Berlin, NSDAP 33

- Iwan Stranski, 1897, ord. Prof. PC, (Max-Volmer-Institut), stellvertr. Dir. Fritz-Haber-Institut MPG, kein Mitglied in NSDAP, SA, SS (41 aus Bulgarien nach Breslau)
- Kurt Überreiter, 1912, pl. ao. Prof. PC und Abteilungsleiter Fritz-Haber-Institut der MPG, kein Mitglied in NSDAP, SA, SS

Humboldt-Universität
- Heinz Chomse, 1904, Prof. m. Lehrstuhl, Veterinärchemie, kein Mitglied in NSDAP, SA, SS
- Christoph Grundmann, 1908, Prof. m. Lehrstuhl OC 50–52, dann USA, Ohio State Univ., kein Mitglied in NSDAP, SA, SS
- Robert Havemann, 1910, Prof. m. LStuhl für angewandte PC, kein Mitglied in NSDAP, SA, SS
- Karl Lohmann, 1898, ord. Prof. für Medizin und Biologie, Dt. Akad. d. Wiss., kein Mitglied in NSDAP, SA, SS, »Judengegner war er immer.« (NSDAP Heidelberg, 1937)
- Otto Neunhoeffer, 1904, Prof. m. vollem LAuftrag für Chemie, NSDAP 37, SA
- Maximilian Pflücke, 1889, Prof., unbekannt, ob Mitglied in NSDAP, SA, SS
- Ludwig Reichel, 1900, 47 Leiter des Labors für OC der Dt. Akad. d. Wiss. in Berlin, 51 ord. Prof. für landwirtschaftliche Chemie, NSDAP 37
- Hans Seel, 1898, 48 Doz., später Prof. m. LAuftr., 53 Vorst. Berliner Ges. f. Med. und Pharmazie, NSDAP 31, SA 33
- Erich Thilo, 1898, nach 45 ord. Prof. AC, kein Mitglied in NSDAP, SA, SS
- Max Volmer, 1885, 45–55 UdSSR, 55 ord. Prof. Humboldt-Univ. Berlin, kein Mitglied in NSDAP, SA, SS

Deutsche Forschungshochschule, seit 1953 Institute der MPG:
KWI für Physikalische Chemie und Elektrochemie, seit 1953 Fritz-Haber-Institut der MPG
- Karl-Friedrich Bonhoeffer, 1899, Direktor, kein Mitglied in NSDAP, SA, SS, Direktor seit 51: Max v. Laue, kein Mitglied in NSDAP, SA, SS
- Kurt Überreiter, 1912, Abteilungsleiter, kein Mitglied in NSDAP, SA, SS

KWI für Silikatforschung, Zweigstelle Berlin
- Leiterin nach 45: Luise Holzapfel, 1900, kein Mitglied in NSDAP, SA, SS

Abteilung für Organische Chemie
- Leiter: Willy Lautsch, 1912, kein Mitglied in NSDAP, SA, SS

KWI für Zellphysiologie
- Leiter: Otto Warburg, 1883, kein Mitglied in NSDAP, SA, SS

Bonn
Universität
- Andreas v. Antropoff, 1878, ord. Prof. PC, NSDAP 33, SS 38
- Hermann Josef Antweiler, 1909, ao. Prof. AC, NSDAP 37, SA 33
- Rudolf W. Beling, 1894, apl. Prof. Agrikulturchemie, NSDAP 37, SA
- Erwin Bumm, 1901, apl. Prof. OC, NSDAP 37, SA 34
- Walter Dilthey, 1877, ord. Prof. OC, NSDAP 39
- Wilhelm Dirscherl, 1899, ord. Prof. Physiologische Chemie, kein Mitglied in NSDAP, SA, SS
- Wilhelm Groth, 1904, ord. Prof. PC, NSDAP 37

- Burckhardt Helferich, 1887, ord. Prof. OC, kein Mitglied in NSDAP, SA, SS
- Gustav Pfeiffer, 1889, apl. Prof. Physiologische Chemie, NSDAP 33
- Otto Schmitz-Dumont, 1899, b. ao. Prof. AC, NSDAP 37, SA 33
- Mark v. Stackelberg, 1896, apl. Prof. PC, NSDAP 33 (Blockleiter), SA 34

Braunschweig
Technische Hochschule
- Heinrich Cordes, 1906, 56: ord. Prof. PC, NSDAP 32, SA 33, SS 39, Führer des NSDB Frankfurt
- Hermann Friese, 1901, 57: emeritierter ord. Prof., NSDAP 32, SS 37
- Hellmut Hartmann, 1895, ord. Prof. AC, NSDAP 33
- Hans H. Inhoffen, 1906, 46 ord. Prof. OC, kein Mitglied in NSDAP, SA, SS
- Walther Kangro, 1889, apl. Prof. NSDAP 33
- Hans Kröpelin, 1901, 46 ord. Prof. Chemische Technologie, ehemaliger Emigrant
- Rudolf Suhrmann, 1895, 46 ord. Prof. PC, NSDAP 33

Darmstadt
Technische Hochschule
- Ulrich Hofmann, 1903, ord. Prof. AC, NSDAP 37
- Wilhelm Jost, 1903, ord. Prof. PC, kein Mitglied in NSDAP, SA, SS
- Hans W. Kohlschütter, 1902, ord. Prof. AC, NSDAP 37
- Karl Kunz, 1899, apl. Prof. OC, NSDAP 37
- Clemens Schöpf, 1899, ord. Prof. OC, kein Mitglied in NSDAP, SA, SS
- Helmut Witte, 1909, ao. Prof. PC, SA 33

Dresden
Technische Hochschule
- Arthur Simon, 1893, ord. Prof. AC, kein Mitglied in NSDAP, SA, SS
- Kurt Schwabe, 1905, Prof. m. LStuhl, Elektrochemie und PC, NSDAP 41
- Heinrich Wienhaus, 1882, Prof. m. LStuhl, OC, Tharandt, kein Mitglied in NSDAP, SA, SS

Düsseldorf
Medizinische Akademie
- Karl Hinsberg, 1894, ao. Prof., Leiter der Abt. für Physiologische Chemie, NSDAP 33

Erlangen
Universität
- Karl Andreß, 1894, apl. Prof., Konservator, Leiter der chemisch-technischen Abteilung, kein Mitglied in NSDAP, SA, SS
- Otto Dann, 1914, ord. Prof. angewandte Chemie, SA 34
- Gerhard Hesse, 1908, ord. Prof. OC, NSDAP 37
- Erich Lange, 1896, pl. ao. Prof. PC, NSDAP 40
- Friedrich May, 1898, pl. ao. Prof. Physiologische Chemie, NSDAP 37, Förderndes Mitglied der SS
- Alwin Meuwsen, 1898, ao. Prof. AC, kein Mitglied in NSDAP, SA, SS
- Rudolf Pummerer, 1882, ord. Prof. OC, kein Mitglied in NSDAP, SA, SS

Frankfurt
Universität
- Kurt Felix, 1888, ord. Prof. Physiologische Chemie, kein Mitglied in NSDAP, SA, SS
- Karl Gleu, 1901, b. ao. Prof. AC, kein Mitglied in NSDAP, SA, SS, unpolitisch, aber »großer Judenhasser« (NSDAP Jena 1938)
- Hermann Hartmann, 1914, 52 ord. Prof. PC, kein Mitglied in NSDAP, SA, SS
- Peter Holtz, 1902, ord. Prof. Pharmakologie, NSDAP 33, SA
- Leopold Horner, 1911, apl. Prof. OC, SA 33
- Hermann Orthner, 1897, apl. Prof. OC, kein Mitglied in NSDAP, SA, SS
- Paul Royen, 1904, 51 apl. Prof. und komm. Dir. Inst. für AC, NSDAP 33
- Theodor Wieland, 1913, 51 ord. Prof. OC, SA

Freiberg
Bergakademie
- Anton Lissner, 1885, ord. Prof. AC, kein Mitglied in NSDAP, SA, SS

Freiburg
Universität
- Georg Brauer, 1908, 46 pl. ao. Prof. AC, SA
- Hermann Druckrey, 1904, 48 Prof., Leiter Labor. d. Chirurgischen Univ. Klinik, NSDAP 31, SA, leitende Funktion (Oberführer)
- Joseph Kapfhammer, 1888, ord. Prof. Physiologische Chemie, NSDAP 37
- Arthur Lüttringhaus, 1906, ord. Prof. OC, kein Mitglied in NSDAP, SA, SS
- Reinhard Mecke, 1895, ord. Prof. PC, NSDAP 37
- Kurt W. Merz, 1900, ord. Prof. Pharmakologie, NSDAP 33, SA
- Hermann Staudinger, 1881, ord. Prof. OC, kein Mitglied in NSDAP, SA, SS
- Kurt Wallenfels, 1910, pl. ao. Prof. OC, NSDAP 33

Gießen
Universität
- Martin Behrens, 1899, apl. Prof. Ob. ass. Med. Akad., NSDAP 37
- Robert Feulgen, 1884, ord. Prof. Physiologische Chemie, NSDAP 37
- Friedrich Krollpfeiffer, 1892, ord. Prof. OC, NSDAP 37
- Kurt Neumann, 1905, ord. Prof. PC, kein Mitglied in NSDAP, SA, SS

Göttingen
Universität
- Hans Brockmann, 1903, 48 ord. Prof. OC, NSDAP 33
- Hans-Joachim Deuticke, 1898, ord. Prof. Physiologische Chemie, NSDAP 37
- Rudolf Ehrenberg, 1884, apl. Prof. Physiologische Chemie, 1935 entlassen
- Arnold Eucken, 1884, ord. Prof. PC, NSDAP 33, später ausgetreten, 1950 gestorben
- Günther Schenck, 1913, 50 b. ao. Prof. OC, NSDAP 37
- Ewald Wicke, 1914, 49–54 apl. Prof. PC, (54 ord. Prof. Hamburg) PC, NSDAP 37, SA

MPI für Physikalische Chemie
- Karl-Friedrich Bonhoeffer, 1899, 49 Dir. KWI PC, kein Mitglied in NSDAP, SA, SS

Arbeitsstätte für Strukturforschung der MPG
- Theodor Förster, 1910, Leiter, NSDAP 33, SA 33

Medizinische Forschungsanstalt der MPG
- Karl Thomas, 1883, Dir, kein Mitglied in NSDAP, SA, SS

Greifswald

Universität
- Hans Beyer, 1905, 47 Prof. m. Lehrstuhl OC, NSDAP 33, SA 33
- Karl Hauffe, 1913, 48 b. ao. Prof. PC, unbekannt, ob Mitglied in NSDAP, SA, SS
- Franz Lehmann, 1881, ord. Prof. für pharmazeutische Chemie, unbekannt, ob Mitglied in NSDAP, SA, SS
- Hans Witzmann, 1904, 53: Prof. PC, Dir. d. Inst. für PC, NSDAP 31, SS 32, Untersturmführer 36

Halle

Universität
- Herbert Funk, 1895, Prof. m. Lstuhl AC, NSDAP 37, SA-Scharführer
- Horst Hanson, 1911, 48 Prof. m. LAuftr, Physiologische Chemie, unbekannt, ob Mitglied in NSDAP, SA, SS
- Friedrich Holtz, 1898, Prof., Dir. pharmakolog. Institut, kein Mitglied in NSDAP, SA, SS
- Wolfgang Langenbeck, 1899, Prof. m. LStuhl OC, NSDAP 37

Hamburg

Universität
- Hans Bode, 1905, apl. Prof. AC, NSDAP 37, SA 33
- Ernst Jantzen, 1895, apl. Prof., Vorstand Abt. für Technische Chemie, NSDAP 33
- Paul Harteck, 1902, ord. Prof. PC bis 52, Rektor 48–50, 52 Rensselaer Inst. Troy, USA, kein Mitglied in NSDAP, SA, SS
- Kurt Heyns, 1908, ao. Prof. OC, NSDAP 42
- Karl Kindler, 1991, ord. Prof. Pharmakologie, NSDAP 40
- Joachim Kühnau, 1901, ord. Prof. für Physiologische Chemie, kein Mitglied in NSDAP, SA, SS
- Rudolf Mond, 1894, ord. Prof. für Physiologie, kein Mitglied in NSDAP, SA, SS
- Hans Schlubach, 1889, ord. Prof. OC NSDAP 37
- Heinrich Remy, 1990, ord. Prof. AC, NSDAP 33
- Rudolf Tschesche, 1905, ao. Prof. u. Leiter der biochem. Abt., NSDAP 40

Hannover

Technische Hochschule
- Braune, ord. Prof. PC, unbekannt, ob Mitglied in NSDAP, SA, SS
- Alfred Dornow, 1909, apl. Prof. Chemie, NSDAP 37
- Werner Fischer, 1902, ord. Prof. AC (ohne Jahresangabe, nach 1954), NSDAP 40
- Kurt Hess, 1888, Hon. Prof., Leiter des Labor. für Mehl- und Eiweißforschung, NSDAP 40, SA 33, SS
- Georg R. Schultze, 1903, ord. Prof. für Erdölchemie, NSDAP 37

Tierärztliche Hochschule
- Alfons Schöberl, 1903, ord. Prof. OC, Biochemie, NSDAP 33, Gausachwalter Chemie im NSB Deutscher Technik

Heidelberg

Universität

- Karl Freudenberg, 1886, ord. Prof. OC, kein Mitglied in NSDAP, SA, SS
- Margot Göhring, 1914, pl. ao. Prof. AC, kein Mitglied in NSDAP, SA, SS
- Richard Kuhn, 1900, ord. Prof. OC, kein Mitglied in NSDAP, SA, SS
- Waldemar Kutscher, 1898, ao. Prof. Physiologische Chemie, NSDAP 37
- Hans Lettré, 1908, b. ao. Prof. für exper. Krebsforschung, Dir. Inst. f. exper. Krebsforschung, NSDAP 37
- Klaus Schäfer, 1910, ord. Prof. PC, kein Mitglied in NSDAP, SA, SS
- Otto Schmidt, 1894, pl. ao. Prof. OC, NSDAP 37
- Theodor Ploetz, 1912, Forschungsleiter Feldmühle Papier – und Zellstoffwerke, seit 54 außerdem apl. Prof. Heidelberg, NSDAP 33
- Ferdinand Reiff, 1897, apl. Prof. Heidelberg 47, Leiter Forschungslabor. Zellstoff-Fabrik Waldhof, Mannheim (seit 41), kein Mitglied in NSDAP, SA, SS

MPI für Medizinische Forschung

- Leonhard Birkofer, 1911, OC, wiss. Mitarb., Förderndes Mitglied der SS
- Richard Kuhn, 1900, Dir, kein Mitglied in NSDAP, SA, SS

Homburg

Universität des Saarlandes, Medizinische Fakultät Homburg

- Robert Ammon, 1902, ord. Prof. Physiologische Chemie, NSDAP 37, HJ Arzt

---

Jena

Universität

- Franz Hein, 1892, ord. Prof. AC, kein Mitglied in NSDAP, SA, SS
- Ernst Kordes, 1900, ord. Prof. PC, kein Mitglied in NSDAP, SA, SS
- Bernhard Zorn, 1891, Prof. m. v. Lehrauftrag Physiologische Chemie, kein Mitglied in NSDAP, SA, SS

Karlsruhe

Technische Hochschule

- Kurt Bodendorf, 1898, ord. Prof. Pharmakologie, NSDAP 33, Leiter der Auslandsabteilung der Studentenschaft und Außenstellenleiter der Dienststelle Osenberg im RFR
- Rudolf Criegee, 1902, ord. Prof. OC, kein Mitglied in NSDAP, SA, SS
- Rudolf Dworzak, 1899, ao. Prof. AC, NSDAP 38 (in Österreich)
- Paul Günther, 1892, Hon. Prof. PC, Dir. PC-Inst., kein Mitglied in NSDAP, SA, SS
- Josef Holluta, 1895, Dir. d. Staatlichen chemisch-technischen Versuchsanstalt der TH, Hon. Prof., NSDAP 39
- Adolf König, 1881, ao. Prof. PC, kein Mitglied in NSDAP, SA, SS
- Rudolf Scholder, 1896, ord. Prof. AC, NSDAP 33
- Ernst Terres, 1887, ord. Prof. AC (Chemische Technologie), kein Mitglied in NSDAP, SA, SS

Kiel

Universität

- Rudolf Grewe, 1910, ord. Prof. OC, NSDAP 37, SA

- Eduard Hertel, 1899, Lehrbeauftr. PC, NSDAP 33, SA 34
- Robert Juza, 1894, 52 ord. Prof. AC, NSDAP 33
- Hans Kleinfellner, 1897, apl. Prof. OC, NSDAP 33
- Hans Martin, 1908, ao. Prof. PC, NSDAP 40
- Hans Netter, 1899, ord. Prof. Physiologische Chemie, NSDAP 37
- Karl Rosenmund, 1884, ord. Prof. Pharmakologie, NSDAP 33
- Heinrich Thiele, 1902, Prof. PC (Kolloidchemie), NSDAP 33, SA
- Carl Zerbe, 1894, apl. Prof. f. chem. Technologie, kein Mitglied in NSDAP, SA, SS

Köln

Universität

- Kurt Alder, 1902, ord. Prof. OC, SA
- Franz Fehér, 1903, 49 pl. ao. Prof. AC, NSDAP 37, SA 33
- Wilhelm Franke, 1903, ao. Prof. Biochemie (Enzymchemie, org. chem. Technologie), NSDAP 37, SA, Dozentenbundführer Würzburg
- Wilhelm Hacker, 1900, apl. Prof PC, Kolloidchemie., NSDAP 37, SA 33–36
- Ernst Klenk, 1896, ord. Prof. Physiologische Chemie, NSDAP 33, SA 34
- Gerhard Schmid, 1900, 52: ord. Prof. PC, NSDAP 37, SA 34–36
- Robert Wintgen, 1882, ord. Prof. PC, kein Mitglied in NSDAP, SA, SS

Leipzig

Universität

- Martin Schenck, 1876, Prof. m. v. LAuftr. Physiologische Chemie, NSDAP 37
- Herbert Staude, 1901, ord. Prof. PC, kein Mitglied in NSDAP, SA, SS
- Erich Strack, 1897, ord. Prof. Physiologische Chemie, kein Mitglied in NSDAP, SA, SS
- Wilhelm Treibs, 1890, Prof. m. Lehrstuhl OC, kein Mitglied in NSDAP, SA, SS
- Leopold Wolf, 1896, Prof. m. Lehrstuhl AC, kein Mitglied in NSDAP, SA, SS

Marburg

Universität

- Erik Asmus, 1908, apl. Prof., kein Mitglied in NSDAP, SA, SS
- Theodor Bücher, 1914, 53: ord. Prof. Physiologische Chemie, kein Mitglied in NSDAP, SA, SS
- Karl Dimroth, 1910, 49: b. ao. Prof. 52: ord. Prof. OC, NSDAP 37, SA
- Hans Kautsky, 1891, OC, 49 ord. Prof. Chemie, Inst. für Siliziumchemie, kein Mitglied in NSDAP, SA, SS
- Carl Mahr, 1900, b. ao. Prof. OC, kein Mitglied in NSDAP, SA, SS
- Hans Meerwein, 1879, ord. Prof. OC, kein Mitglied in NSDAP, SA, SS (50 emeritiert)

Mainz

Universität

- Henry Albers, 1904, ord. Prof., Gastprof. OC und Pharmakologie, NSDAP 34
- Werner Kern, 1906, pl. ao. Prof. für OC und Kolloidchemie, NSDAP 37
- Günther V. Schulz, 1905, ord. Prof. PC, NSDAP 37
- Fritz Straßmann, 1902, ord. Prof. AC, kein Mitglied in NSDAP, SA, SS

MPI für Chemie

- Otto Erbacher, 1900, Abtl., NSDAP 37

- Josef Mattauch, 1895, Direktor, kein Mitglied in NSDAP, SA, SS
- Fritz Straßmann, Abtl., kein Mitglied in NSDAP, SA, SS

Mülheim/Ruhr
MPI für Kohlenforschung
- Karl Ziegler, 1898, Direktor, kein Mitglied in NSDAP, SA, SS

München
Universität
- Eugen Bamann, 1900, ord. Prof. Pharmakologie, NSDAP 38, SA 33
- Alfred Bertho, 1899, apl. Prof. DiätDoz. OC, kein Mitglied in NSDAP, SA, SS
- Elisabeth Dane, 1903, apl. Prof. OC, kein Mitglied in NSDAP, SA, SS
- Amandus Hahn, 1889, ord. Prof. Physiologische Chemie, Förderndes Mitglied der SS
- Rudolf Hüttel, 1912, apl. Prof. Chemische Technologie, NSDAP 37
- Friedrich Klages, 1904, apl. Prof. OC, NSDAP 37
- Hermann Lux, 1904, apl. Prof. AC, NSDAP 37, SA 33
- Feodor Lynen, 1911, ao. Prof. BC, kein Mitglied in NSDAP, SA, SS
- Martin Schmeisser, 1912, apl. Prof. und wiss. Ass. AC, NSDAP 37
- Erich Schmidt, 1890, b. ao. Prof. OC, NSDAP 33
- Georg Maria Schwab, 1899, ord. Prof. PC, früherer Emigrant
- Egon Wiberg, 1901, b. ao. Prof. AC, NSDAP 33
- Heinrich Wieland, 1877, ord. Prof. OC, kein Mitglied in NSDAP, SA, SS
- Franz Wille, 1909, apl. Prof. OC, NSDAP 39

Technische Hochschule
- Stefan Goldschmidt, 1889, ord. Prof. OC, früherer Emigrant
- Walter Hieber, 1895, ord. Prof. AC, kein Mitglied in NSDAP, SA, SS
- Alfred Treibs, 1899, apl. Prof. OC, kein Mitglied in NSDAP, SA, SS (seit 36 Industrie)
- Günther Scheibe, 1893, ord. Prof. PC, NSDAP 33, führende Position im NSBDT
- Fritz Seel, 1915, ao. Prof. (später ord. Prof.) PC, NSDAP 37
- Ernst Waldschmidt-Leitz, 1894, 53 Lehrbeauftragter OC, NSDAP 34

Münster
Universität
- Wilhelm Klemm, 1896, ord. Prof. AC, NSDAP 38, Förderndes Mitglied der SS
- Emil Lehnartz, 1898, ord. Prof. Physiologische Chemie, SA
- Arnold Loeser, 1902, ord. Prof. Pharmakologie, NSDAP 33
- Fritz Micheel, 1900, ord. Prof. OC, kein Mitglied in NSDAP, SA, SS
- Wolfgang Seith, 1900, ord. Prof. PC, NSDAP 37

Regensburg
MPI für Eiweiß und Leder
- Wolfgang Grassmann, 1898, Direktor, SA 33

Rostock
Universität
- Günther Rienäcker, 1904, ord. Prof. AC, kein Mitglied in NSDAP, SA, SS

Saarbrücken

Universität

- Erhard Landt, 1900, 48–51 ord. Prof. für PC, dann ord. Prof. z. Wv. Berlin, NSDAP 32, SA, Führer des NSDB Berlin

Stuttgart

Technische Hochschule

- Konrad Bernhauer, 1900, 57: ord. Prof. BC, NSDAP 39, SS, Gaudozentenbundführer Prag
- Hellmuth Bredereck, 1904, ord. Prof. OC, kein Mitglied in NSDAP, SA, SS
- Herbert Brintzinger, 1898, Gastprof. für technische Kolloidchemie, NSDAP 37
- Robert Fricke, 1895, ord. Prof. AC, kein Mitglied in NSDAP, SA, SS
- Josef Goubeau, 1901, 51 ord. Prof. AC, NSDAP 37, SA, Blockleiter, Rottenführer
- Erwin Ott, 1886, ord. Prof. OC, NSDAP 33
- Eberhard Sauer, 1886, apl. Prof. Technische Chemie, kein Mitglied in NSDAP, SA, SS

MPI für Metallforschung

- Harald Schäfer, 1913, Abtl. und Pd TH, NSDAP 42

Tübingen

Universität

- Gustav Kortüm, 1904, ord. Prof. PC, kein Mitglied in NSDAP, SA, SS
- Hans Hermann Weber, 1896, ord. Prof. Physiologie, kein Mitglied in NSDAP, SA, SS
- Paul Ohlmeyer, 1908, Prof. Physiologische Chemie, Dir. Leibniz-Kolleg, kein Mitglied in NSDAP, SA, SS
- Adolf Butenandt, 1903, ord. Prof. Physiologische Chemie (Nat Fak), NSDAP 36
- Walter Hückel, 1895, ord. Prof. Pharmakologie, kein Mitglied in NSDAP, SA, SS
- Carl Martius, 1906, apl. Prof. Physiologische Chemie, (53 ao. Prof. Würzburg, 56 ord. Prof. ETH Zürich), NSDAP 37, SA
- Eugen Müller, 1905, ord. Prof. OC, NSDAP 35
- Josef Schmidt-Thomé, 1909, Farbwerke Hoechst, apl. Prof., kein Mitglied in NSDAP, SA, SS
- Walter Theilacker, 1903, 49 ord. Prof. OC, kein Mitglied in NSDAP, SA, SS
- Ulrich Westphal, 1910, Doz. OC, Physiologische Chemie, kein Mitglied in NSDAP, SA, SS
- Friedrich Weygand, 1911, pl. ao. Prof. OC, NSDAP 41, SA 33
- Georg Wittig, 1897, ord. Prof. OC, NSDAP 37, SA 33

MPI für Biochemie

- Adolf Butenandt, 1903, Direktor, NSDAP 36
- Hans Friedrich-Freksa, 1906, Abteilungsleiter, kein Mitglied in NSDAP, SA, SS
- Werner Schäfer, 1912, Abteilungsleiter, später Dir. MPI für Virusforschung, unbekannt, ob Mitglied in NSDAP, SA, SS
- Gerhard Schramm, 1910, Abteilungsleiter, später Dir. MPI für Virusforschung, NSDAP 37, SS

Würzburg
Universität
- Dankwart Ackermann, 1878, ord. Prof. Physiologische Chemie, kein Mitglied in NSDAP, SA, SS
- Ludwig Anschütz, 1889, apl. Prof. OC, NSDAP 39 (Brünn)
- Kurt Bennewitz, 1886, ord. Prof. PC, kein Mitglied in NSDAP, SA, SS
- Günther Briegleb, 1905, ord. Prof. PC, NSDAP 33
- Richard Dietzel, 1891, 50 ord. Prof. Pharmakologie, NSDAP 37, SA 33
- Bruno Emmert, 1880, ord. Prof. AC, NSDAP 37
- Gottwalt Fischer, 1902, ord. Prof. OC, kein Mitglied in NSDAP, SA, SS
- Ernst Müller, 1901, apl. Prof. Physiologische Chemie, NSDAP 40, SA
- Wilhelm Neumann, 1898, 49 ord. Prof. Pharmakologie, NSDAP 37, SA
- Siegfried Skraup, 1890, pl. ao. Prof. OC, kein Mitglied in NSDAP, SA, SS, 40 Industrie

Insgesamt waren 53 % der Ordinarien, 70 % der Extraordinarien und 71 der außerplanmäßigen Professoren, die bis spätestens 1952 an westdeutschen Universitäten eine Stelle hatten, ehemalige Mitglieder der NSDAP. An Universitäten der DDR, wo die Entnazifizierung erheblich konsequenter war, war der Anteil ehemaliger NSDAP-Mitglieder unter Professoren mit 36 % niedriger (hier wurden alle Professoren der Chemie berücksichtigt, unabhängig davon, ob es sich um Ordinarien, Prof. mit Lehrstuhl oder Prof. mit Lehrauftrag handelte).

Der Grund dafür, daß der Anteil ehemaliger NSDAP-Mitglieder bei Professoren nach dem Krieg so hoch war, liegt darin, daß sie sich als junge Wissenschaftler während des Nationalsozialismus in stärkerem Maße in der NSDAP organisierten als die damaligen Ordinarien. Während also, wie die Tabelle zeigt, sowohl »alte Kämpfer«, d. h. Personen, die vor 1933 NSDAP-Mitglied wurden, und sogar einige SS-Mitglieder wieder Professorenstellen erhielten, wurde fast nirgends in Erwägung gezogen, ehemalige jüdische Flüchtlinge zurückzuberufen – eine Reihe von ihnen wäre unter bestimmten Bedingungen gerne zurückgekommen (siehe unten). Geht man davon aus, daß es sich in anderen Fächern ähnlich verhielt, so ist festzuhalten, daß die deutschen Studenten nach dem Krieg überwiegend von ehemaligen Nationalsozialisten unterrichtet wurden, wie z. B. in der (Bio-)Chemie von den SS-Mitgliedern Carl Kröger (TH Aachen), Andreas v. Antropoff (Bonn), Heinrich Cordes (seit 1956 TH Braunschweig) und Hans Witzmann (seit 1953 Greifswald). Kurt Hess, NSDAP- und SS-Mitglied sowie, wie oben erwähnt, Denunziant von Lise Meitner, wurde Honorarprofessor an der TH Hannover.

Ein Teil der politisch belasteten Chemiker erhielt Stellen in der Industrie (Tabelle 8.2). Auch einige nicht belastete Wissenschaftler wechselten 1945 aus wirtschaftlichen Gründen zumindest eine Zeitlang in die Industrie. Es gab Industrieunternehmen, die die Entlassung von Chemikern zur Gründung neuer Forschungszweige ausnutzten. Ein Beispiel dafür ist die schweizerische Firma Wander A. G., die in Säckingen in Süddeutschland, an der Grenze zur Schweiz, ein deutsches Forschungs-

Tabelle 8.2 Bis 1945 als Hochschullehrer an Universitäten oder Wissenschaftler an KWIs, danach in Deutschland, aber nicht mehr an Univ. oder KWIs tätig und nicht emeritiert waren:

Clausthal, Gmelin-Institut für Anorganische Chemie und Grenzgebiete
- Julius Meyer, 1876, ord. Prof. AC, kein Mitglied in NSDAP, SA, SS, hat SA-Männer mit chem. Kampfstoffen ausgebildet
- Wilhelm Schröder, 1900, apl. Prof., NSDAP 33, SA, Oberscharführer 35

---

nach 1945 in der Industrie:
- Franz Adickes, 1897, Boehringer Ingelheim, NSDAP 33
- Hans Adolf Weidlich, 1909, Gruppenführer wiss. Abt. Fa. C. H. Boehringer, Lehrbeauftragter Univ. Mainz, 56 apl. Prof. Mainz, NSDAP 37, SA 33
- Karl Zeile, 1905, 54: ord. Prof., z. Zt. Leiter Wiss. Abt. Fa. C. H. Boehringer Ingelheim, NSDAP 37, SS 33
- Theodor Ploetz, 1912, Forschungsleiter Feldmühle Papier- und Zellstoffwerke, seit 54 außerdem apl. Prof. Heidelberg, NSDAP 33
- Hermann Richtzenhain, 1912, Abt. leiter Zentrallabor Feldmühle Papier- und Zellstoff-Fabrik, NSDAP 37
- Kurt Fischbeck, 1898, Lehrbeauftragter TH Darmstadt, wiss. Mitarbeiter DECHEMA, NSDAP 33, SA 33
- Paul-Ludwig Günther, 1903, Laborleiter Siemens und Halske, Karlsruhe, apl. Prof. AC, NSDAP 37
- Herbert Haeußler, 1908, Leiter Hauptlabor. Riedel-de Haen AG, Priv.doz. TH Hannover, NSDAP 37, SS 33
- Kurt Kraft, 1907, Heidelberg Knoll AG, NSDAP 37, SA 33
- Max Pestemer, Wiss. Hauptlabor. Farbenfabriken Bayer AG, NSDAP 33
- Peter Schenk, Allg. chem. Zentr. Labor. d. Kali-Chemie A. G. Hannover, apl. Prof. TH für analytische Chemie, NSDAP 33
- Walter Siedel, 1906, Chemiker Farbwerke Hoechst, apl. Prof. TH München, NSDAP 29
- Helmuth Stamm, 1901, Laborleiter Th. Goldschmidt A. G. Essen, Gastprof. Münster, AC, NSDAP 37, SA
- Rudolf Weidenhagen, 1900, Leiter d. Zentrallabor. d. Süddt. Zucker AG Mannheim, apl. Prof. z. Wv., NSDAP 33, Geschäftsführer der DChG
- Otto Westphal, 1913, Dir. Wanderforsch.inst. Säckingen und Freiburg 47–61, apl. Prof. Freiburg 51, Dir. MPI für Immunbiologie 62, NSDAP, SS 33

---

nach 1945 nicht mehr als Chemiker oder als Chemiker außerhalb der Industrie tätig:
- Wilhelm Bockemüller, 1901, OC, ord. Prof. TH Berlin 43–45, dann Leiter der chemischen Abt. des Georg-Speyer-Hauses in Frankfurt, NSDAP 33
- Kurt Braß, 1880, LStuhl für organisch-chemische Technologie Lindau, Lindenhof, NSDAP 38, SA 39
- Hanns Dyckerhoff, 1904, zunächst ord. Prof. z. Wv. Köln, nach Mitte 55 ord. Prof. a. D., NSDAP 32, SA 33, SS 36
- Helmut Harms, 1912, Inhaber und Leiter der Physikalisch-Technischen LAnstalt Lübeck, Doz., SA 33
- Hans Jost, 1894, Prof. Physiologische Chemie z. Wv., Gast Univ. Köln, NSDAP 35, SS 34

- Martin Kröger, 1894, apl. Prof. z. Wv., Essen, wiss. Berater, Gutachter f. Kunststoffe und Katalysatoren, NSDAP 37, SA 34, Denunziant
- Karl Lothar Wolf, 1901, 61: ord. Prof. z. Wv., ObStud.R., seit 54 Leiter Labor. f. Physik und Chemie der Grenzflächen in Kirchheimbolanden, Rheinland-Pfalz, NSDAP 33
- Carl-Angelo Knorr, 1894, Prof. z. Wv. TH München, gest. 60, NSDAP 37 (in Innsbruck)
- Hans Waldmann, 1902, Prof. Königsbrunn, Augsburg (vorher Prag), kein Mitglied in NSDAP, SA, SS
- Hans Schmalfuß, 1894, Prof. i. W., Forschungsanstalt für landw. Gewerbepflege, Biochemie, NSDAP 41

---

institut gründete. Otto Westphal, der als SS-Mitglied 1945 in Schwierigkeiten kam, nannte die Hintergründe:

> »Dieser Vorstoß resultierte aus der Bestimmung der Alliierten, nach der sämtliche deutschen Patente als Kriegsbeute zu beliebiger Nutzung freigegeben waren. Wander wollte mit Hilfe von Dr. Hubert Oesterlin, einem von den Amerikanern entlassenen Experten von Hoechst, Neo-Salvarsan gegen Syphilis produzieren. Oesterlin forderte einige Mitarbeiter, und so wurde ich mit meinen Mitarbeitern eingestellt. Zur Produktion von Neo-Salvarsan bei Hoechst ist es übrigens nie gekommen, da in England gerade Penicillin auf den Markt gekommen war.«[8]

Aus diesem Institut entstand später das MPI für Immunbiologie: Auf Anregung des Chefs des Wander-Konzerns, Dr. Georg Wander, wurde ein Institut mit dem Forschungsschwerpunkt Immunchemie in Freiburg als Wander-Forschungsinstitut gegründet und 1958 fertiggestellt. Die Max-Planck-Gesellschaft kaufte dieses Institut vom Wander-Konzern; 1962 entstand daraus in Freiburg das Max-Planck-Institut für Immunbiologie unter Westphals Leitung. Seine 30 Mitarbeiter wurden von der Max-Planck-Gesellschaft übernommen.

Einige Chemiker und Biochemiker wurden nach dem Krieg von den USA und der Sowjetunion unter Vertrag genommen, darunter auch politisch belastete Personen, die von den Amerikanern durch die »Aktion Paperclip« vor politisch bedingten Entlassungen geschützt wurden. Zu ihnen gehörten Dietrich Beischer, Rudolf Brill und Theodor Wagner-Jauregg (siehe Tabelle 8.3). Der Chemiker Otto Ambros, NSDAP-Mitglied, Vorstandsmitglied der I. G. Farben, Experte der I. G. für Buna und Giftgas und Leiter der Anlage für Kunstkautschuk des I. G. Werkes in Auschwitz, darüber hinaus Leiter des Sonderausschusses für chemische Kampfmittel und der Hauptausschüsse für Pulver- und Sprengstoffe beim Rüstungsamt, wurde 1948 im Kriegsverbrecherprozeß gegen die I. G. Farbenindustrie wegen Versklavung und Massenmord zu acht Jahren Haft verurteilt. Bereits 1951 war er wieder frei. Er wurde selbständiger Berater der chemischen Industrie und Aufsichtsratmitglied verschiedener Unternehmen. Als Giftgasexperte war er für die amerikanische Ar-

---

8 Persönliche Mitteilung von Otto Westphal, Montreux, 28.8.1996.

Tabelle 8.3 Nach 1945 teilweise oder dauerhaft im Ausland tätig waren:

Schweiz

- Theodor Bersin, 1902, Leiter der Forschungsabt. Hausmann AG St. Gallen, NSDAP 33
- Klaus Clusius, 1903, 47 ord. Prof. Univ. Zürich, kein Mitglied in NSDAP, SA, SS
- Carl Martius, 1906, Physiologische Chemie, seit 56 ord. Prof. ETH Zürich, NSDAP 37, SA

USA

- Dietrich Beischer, 1908, NASA, USA, NSDAP 37, SA
- Rudolf Brill, 1899, 47 wiss. Berater Signal Corps Eng. Labor. Fort Monmouth, USA, 48 Forsch.lab. Philips Petroleum Co., Bartlesville, USA, 50 Prof. Polytechnic Institute Brooklyn, 58 Dir. Fritz-Haber-Institut der MPG, Berlin, NSDAP 41
- Heinz Haber, 1913, 42–45: Leiter der Abt. f. Spektroskopie des KWI für Physikalische Chemie, 46–52: Forsch.tätigkeit US Air Force School of Aviation Medicine Texas, 52–55: Assist. Prof. Univ. of California, später Redakteur von Bild der Wissenschaft, kein Mitglied in NSDAP, SA, SS
- Richard S. Hilpert, 1883, 48–51 USA, kein Mitglied in NSDAP, SA, SS
- Theodor Wagner-Jauregg, 1903, 48–55 Medical Div. Army Chemical Center Edgewood, Md., Wagner-Jauregg hat laut Spiegel an einer LSD-Erprobung im Auftrag des CIA gearbeitet, 55: Siegfried AG Zofingen, Schweiz, NSDAP 37, seit 34 Mitglied des Kampfrings der Deutsch-Österreicher
- Christoph Grundmann, 1908, 50 Prof. Humboldt-Univ., 52 Sen. Res. Assoc. Ohio State Univ. OC, kein Mitglied in NSDAP, SA, SS
- Paul Harteck, 1902, seit 52 Rensselaer Institute Troy, kein Mitglied in NSDAP, SA, SS
- Helmut Pichler, 1904, 46 wissenschaftlicher Berater USA, 56 ord. Prof. für Technische Chemie TH Karlsruhe, NSDAP 33, SA 33, Oberscharführer
- Hans Suess, 1909, 48 apl. Prof. PC Hamburg, 50 Gastprof. Univ. of Chicago, 52 Leiter des C-14 Labor. US Geol. Survey, 55 Prof. Univ. of California, La Jolla, NSDAP 38
- Carl Wagner, 1901, seit 45 USA, Sci. Adv. Fort Bliss, kein Mitglied in NSDAP, SA, SS

UdSSR

- Friedrich Asinger, 1907, wiss. Leiter UdSSR 46, Prof. m. vollem LAuftr Halle 54, TH Dresden 58, TH Aachen 58, OC, Erdölchemie, unbekannt, ob Mitglied in NSDAP, SA, SS
- Karl Hermann Geib, 1908, NSDAP 37, nach 45: Spezialist für schweres Wasser, UdSSR, nicht mehr zurückgekehrt, keine weiteren Informationen
- Alfred Rieche, 46–51 UdSSR, 52 Prof. m. vollem LAuftr. OC Jena, NSDAP 37
- Peter A. Thiessen, 1899, 45–56 UdSSR: Trennung von Uranisotopen, 56 ord. Prof. PC Humboldt-Univ., Aufbau und Dir. des Instituts für PC der Akad. d. Wiss. in Berlin, Vorsitzender des Forschungsrates der DDR, NSDAP 22 (33), SA 22, Leiter der Fachsparte Chemie des Reichsforschungsrates 37–45
- Max Volmer, 1885, 45–55 UdSSR, ord. Prof. Humboldt-Univ. Berlin, kein Mitglied in NSDAP, SA, SS

Länder Südamerikas

- Johann Heinrich Helberger, 1905, S. Miguel, Argentinien, NSDAP 31, SA 31 und dort politischer Leiter

- Paul Kubelka, 1900, Vertragsbeamter des Laboratorio da Producao, Rio de Janeiro, (chem. Forschungslabor. des Landwirtschaftsmin.), kein Mitglied in NSDAP, SA, SS, vorher Prag
- Werner Schulze, 1911, 46 Doz. Rostock, dann Prof. f. PC Univ. Nacional Medellin, Colombia, kein Mitglied in NSDAP, SA, SS
- Hans-Joachim Schumacher, 1904, ord. Prof. PC Univ. de La Plata, Buenos Aires, Argentinien, NSDAP 31, SA
- Walter Seelmann-Eggebert, 1915, 49: Gastprof. Tucuman, Argentinien, 52 Mendoza, 53 Buenos Aires, ord. Prof. TH Karlsruhe 60, Radioaktivität, Kernchemie, kein Mitglied in NSDAP, SA, SS

andere Länder

- Heribert Grubitsch, 1905, Prof., Vorstand des Instituts für Anorganisch-Chemische Technologie der TH Helsinki, Finnland, NSDAP 33
- Robert Haul, 1912, 49–56 Nat. Chem. Res. Labor. Pretoria, Südafrika, danach ao. Prof. und ord. Prof. PC Univ. Bonn, kein Mitglied in NSDAP, SA, SS
- Oswald Kubaschewski, 1912, nach 45 Temporary Principal Scientific Officer am National Physical Laboratory Teddington, Großbritannien (metallurgical thermochemistry), NSDAP 40
- Friedrich Plattner, 1896, Tabriz, Iran, NSDAP 33 und SS 36 in Österreich
- Kurt Starke, 1911, 48: Res. UAssoc. Dept. of Chem., Hamilton, Canada, 50 Vancouver, 52: Assist. Prof. Lexington, 56: Assoc. Prof., 59: ao. Prof. und Dir. Institut für Kernchemie Marburg, unbekannt, ob Mitglied in NSDAP, SA, SS
- Hans Truttwin, 1891, 51 Abt. Chef Nat. Chem. Labor. Poona, Indien, dann Doz. Stockholm, NSDAP 39 (Prag)
- Karl Erik Zimen, 1912, Leiter Inst. für Kernchemie der TH Göteborg, Schweden, 46–56, ord. Prof. TU Berlin 57, Kernchemie, kein Mitglied in NSDAP, SA SS

mee interessant. Sein Name befand sich, ebenso wie der der anderen in Nürnberg als Kriegsverbrecher verurteilten I. G. Vorstandsmitglieder, Heinrich Bütefisch, Carl Krauch und Georg v. Schnitzler, auf einer Geheimdienstliste unter denjenigen, die nach ihrer Entlassung für eine Anstellung vorgesehen waren.[9]

Viele der von der sowjetischen Besatzungsarmee mitgenommenen deutschen Wissenschaftler erhielten nach ihrer Rückkehr aus der Sowjetunion etwa zehn Jahre später, unabhängig von ihrer politischen Aktivität während des Nationalsozialismus, hohe Positionen in der DDR, darunter Peter Adolf Thiessen. Das Schicksal Karl Hermann Geibs konnte nicht geklärt werden; es ist nicht auszuschließen, daß er in der UdSSR ermordet wurde. Geib, Dozent in Leipzig, wurde 1945 wegen seiner SA-Mitgliedschaft entlassen und war kurz bei den Leunawerken beschäftigt. Im Oktober 1946 wurde er mit seiner Familie nach Moskau geholt, man sagte ihm, für fünf Jahre.[10] Die letzte mir bekannte Nachricht von Geib ist ein Brief an Karl-Friedrich Bonhoeffer vom 16.2.1949 aus Moskau.[11]

---

[9] Tom Bower, The Paperclip Conspiracy, London 1988: Grafton, S. 341.

[10] Frau Geib an Frau Bonhoeffer, 24.10.1946, Archiv der MPG, III/23/22,9.

[11] Archiv der MPG, III/23/22,9.

Andere politisch belastete Chemiker emigrierten nach Argentinien, z. B. Johann Helberger und Hans-Joachim Schumacher, beide seit 1931 Mitglied der NSDAP, oder in den Iran, z. B. Friedrich Plattner, der als Österreicher 1933 in die NSDAP und 1936 in die SS eintrat. Die NSDAP-Mitglieder Oswald Kubaschewski und Heribert Grubitsch zogen nach dem Krieg nach England bzw. Finnland.

Auch eine Reihe von politisch unbelasteten Chemikern und Biochemikern ging 1945 oder einige Jahre später ins Ausland. Zu den deutschen Chemikern, die nach dem Krieg in Argentinien unter anderem am Atomprogramm tätig waren, gehörten außer Helberger und Schumacher auch die Nicht-NSDAP-Mitglieder Paul Kubelka, Werner Schulze und Walter Seelmann-Eggebert. Christoph Grundmann, Paul Harteck und Hans Suess nahmen in den 1950er Jahren Angebote aus den USA an. Klaus Clusius und Carl Martius gingen in die Schweiz, Erik Zimen nach Schweden, Kurt Starke nach Canada und Robert Haul nach Südafrika.

Feodor Lynen überlegte 1953, das Angebot einer Professur an der Harvard University anzunehmen. Martius und insbesondere Lynen gehörten zu den besten deutschen Biochemikern nach dem Krieg. Die von ihnen betriebene Stoffwechselbiochemie war schon vor 1933 im Gegensatz zur Naturstoffchemie und der stark auf medizinische Anwendungen ausgerichteten Physiologischen Chemie an Universitäten kaum vertreten und stieß nach dem Krieg nur auf geringes Interesse.[12] Die Tatsache, daß Martius 1956 eine Professur in Zürich annahm und Lynen das Angebot der Harvard University 1953 ernsthaft erwog, ist vermutlich auch auf das geringe Ansehen und die geringe Unterstützung dieser Richtung der Biochemie in Deutschland zurückzuführen.

Adolf Butenandt erhielt im Jahre 1947 das Angebot einer Professur an der Universität Basel. Der Direktor der Bayer AG Heinrich Hörlein beschwor ihn, in Deutschland zu bleiben, und sagte ihm von seiten der chemischen Industrie zu, die nötigen Finanzmittel für seine Forschung zur Verfügung zu stellen. (Ein Jahr später setzte sich Butenandt bei den Nürnberger Kriegsverbrecherprozessen gegen führende I. G. Farben-Mitglieder als Zeuge für Hörlein ein, der daraufhin vom Vorwurf der Menschenversuche an KZ-Häftlingen freigesprochen wurde.) Während Butenandt mit Basel verhandelte, wurde im Sommer 1948 die MPG gegründet und die Kontinuität der Kaiser Wilhelm-Institute gewährleistet. Die Basler Regierung erlaubte Butenandt, neben seiner Professur die Leitung des MPIs in Tübingen beizubehalten, was Butenandt zunächst als eine gute Lösung ansah. In jedem Fall wollte er auf sein Forschungsinstitut nicht verzichten.[13] Tübinger Kollegen bemühten sich, Butenandt durch eine große Geldspende in Tübingen zu halten; die Sammlung erbrachte, kurz nach der Währungsreform, die erstaunliche Summe von 100 000 DM für ein Elektronenmikroskop. Butenandt entschied sich im Ja-

[12] Lynen schrieb am 26.4.1955 an Carl Neuberg, daß sich ihm in München nur wenig Gelegenheit für wissenschaftlichen Austausch biete (Neuberg papers, American Philosophical Society, Philadelphia).

[13] Peter Karlson, Adolf Butenandt. Biochemiker, Hormonforscher, Wissenschaftspolitiker, Stuttgart 1990: Wissenschaftliche Verlagsgesellschaft, S. 182.

nuar 1949, in Tübingen zu bleiben. Er begründete diese Entscheidung folgendermaßen:

> »Was mich – trotz der Großzügigkeit des Basler Angebots und der mit ihm verbundenen ungestörten Forschungs- und Lebensmöglichkeiten in der Schweiz – zum Bleiben veranlaßt hat, war das Empfinden einer starken Verpflichtung gegenüber der Jugend und der Wissenschaftspflege im deutschen Raum, gegenüber unserer Universität, der im augenblicklichen Deutschland eine besondere Aufgabe zugefallen ist, und dem mir nahestehenden Tübinger Kollegenkreis. ...«[14]

Dem ist hinzuzufügen, daß die Berufung Butenandts damals in der Basler Öffentlichkeit kritisch kommentiert wurde. Der Basler Große Rat empfahl im Oktober 1948 mit einer Mehrheit von 51 gegen 43 Stimmen, wegen Butenandts politischer Belastung auf die vorgesehene Berufung zu verzichten (Basler Nachrichten, 14.10.1948). Die Regierung und die Universität setzten sich allerdings über diese Empfehlung hinweg.

Die Entscheidung einer Reihe von teilweise sehr guten Wissenschaftlern, wie z. B. Clusius und Harteck, kurz nach dem Krieg Stellen im Ausland anzunehmen, ist angesichts der materiellen Situation in Deutschland verständlich. In diesem Zusammenhang sei rückblickend angemerkt, daß es für amerikanische Wissenschaftler nicht verständlich war, daß (nichtjüdische) deutsche Wissenschaftler, die nach 1933 in der Annahme, sie wären froh, das nationalsozialistische Deutschland verlassen zu können, Rufe von amerikanischen Universitäten erhielten, diese ablehnten. So lehnte Butenandt 1935 das Angebot einer Professur an der Harvard University ab, nachdem ihm Hörlein alle erdenkliche finanzielle Unterstützung versprochen und die Kaiser Wilhelm-Gesellschaft ihn als Nachfolger des entlassenen Carl Neubergs zum Direktor des KWI für Biochemie ernannt hatte. David Nachmansohn erklärt die Entscheidung führender nichtjüdischer Wissenschaftler, nach 1933 in Deutschland zu bleiben, in Übereinstimmung mit Werner Heisenberg[15] und entgegen der Auffassung seines Lehrers Otto Meyerhof (siehe unten), damit, daß sie ihre Kollegen und Studenten nicht im Stich lassen wollten und sich verpflichtet fühlten zu bleiben, »um eines Tages ein neues, freies und demokratisches Deutschland aufbauen zu helfen.«[16] Das Beispiel Butenandt sowie die Entscheidung vieler deutscher Wissenschaftler, nach 1945 Stellen im Ausland anzunehmen, lassen diese Begründung fragwürdig erscheinen.

In diesem Zusammenhang sollte an die demokratischen Aufbauleistungen der wenigen Wissenschaftler erinnert werden, die keine Kompromisse gegenüber dem Regime eingehen wollten und entweder entlassen wurden oder ihren Protest gegen das NS-Regime durch Emigration ausdrückten. Dazu gehörte der jüdische Chemi-

---

[14] Karlson, Adolf Butenandt, S. 183

[15] Werner Heisenberg, Der Teil und das Ganze, München 1969: Piper, S. 240.

[16] David Nachmansohn/Roswitha Schmid, Die große Ära der Wissenschaft in Deutschland 1900 bis 1933, Stuttgart 1988, S. 128, 131.

ker Walter Fuchs, der 1933 als Sozialdemokrat entlassen worden war. Er war einer der wenigen Emigranten der Chemie, die nach dem Krieg einen Ruf an eine deutsche Hochschule erhielten und annahmen. Fuchs war als Demokrat glaubwürdiger als jemand wie Butenandt, der NSDAP-Mitglied wurde, oder Werner Heisenberg, dem man international mit Skepsis begegnete, weil er während des Zweiten Weltkrieges im besetzten Holland und Dänemark als Sprecher für Deutschland aufgetreten war und seine ausländischen Kollegen davon überzeugen wollte, daß die deutsche Neuordnung Europas ein notwendiges Übel sei.[17]

8.2 Korrespondenz zwischen deutsch-jüdischen Emigranten der Chemie und Biochemie und ihren Kollegen in Deutschland nach 1945 – die Unmöglichkeit einer Normalisierung?[18]

8.2.1 Einleitung

Der Prorektor der Freiburger Universität, der Pathologe Prof. Franz Büchner, hielt am 1. Juni 1946 auf der ersten Jahresfeier der Universität nach dem Krieg eine Ansprache an die Studenten.[19] Die jetzige Illusionslosigkeit, so Büchner, stelle eine der besten Voraussetzungen für die Universität dar, denn sie sei gleichbedeutend mit der Bereitschaft, sich keinen Träumereien und Selbsttäuschungen hinzugeben, sondern der Wahrheit. »Was aber ist die Wahrheit, und in welcher Gestalt begegnet sie uns an der Hochschule? Wahrheit ist das Offenbarwerden, was da ist. Wahrheit

---

[17] Mark Walker, Die Uranmaschine. Mythos und Wirklichkeit der deutschen Atombombe, Berlin 1990: Siedler, S. 131–146; David Cassidy, The Life and Science of Werner Heisenberg, New York 1992: Freeman and Co., pp. 464–473. Kurz vor seinem Besuch in Holland 1943 waren die Eltern des Physikers Samuel Goudsmit nach Auschwitz deportiert worden. Ein Jahr vor seinem zweiten Besuch in Dänemark im Jahre 1944 hatten Niels Bohr und andere jüdische und »halbjüdische« Angehörige des Niels-Bohr-Instituts für Theoretische Physik aus Dänemark fliehen müssen. Das Institut wurde von den Deutschen geschlossen. Im Jahre 1943 nahm Heisenberg die Einladung des Generalgouverneurs Hans Frank, seines ehemaligen Schulkameraden, an, in Krakau die Kopernikus-Medaille aus seiner Hand zu empfangen und als Gast in seinem Schloß auf dem Wawel zu wohnen. Einige Monate, bevor Heisenberg die Einladung annahm, hatte Frank das jüdische Ghetto in Krakau liquidiert.

[18] Ein Teil dieses Kapitels wurde in veränderter Form von der Autorin publiziert in: The Expulsion of German-Jewish Chemists and Biochemists and their Correspondence with Colleagues in Germany after 1945: the Impossibility of Normalisation? in: Science in the Third Reich, hrsg. von Margit Szöllösi-Janze, Oxford 2001: Berg Publishers.

[19] Franz Büchner, An die Studenten, Freiburg 1946: Verlag Karl Alber, S. 243–280.

ist das Heraustreten des Seienden in seiner vom Menschen unangetasteten Gestalt. Wahrheit ist das Sprechen des von uns Unabhängigen in seiner Unmittelbarkeit.« Welche Wahrheiten sprach Büchner auf dieser Rede unmittelbar aus? Er erwähnte den Sturz in den Abgrund als Folge der zunehmenden Auflösung der Religion und des Ordnungsgefüges der Wissenschaften sowie der Hierarchie der Universitäten. Er nannte die ungezügelte Entfesselung der Technik. Er redete von der Notwendigkeit des geistigen Aufbaus der Hochschule und der Befolgung des Gesetzes »gnothi sauton«, erkenne Dich selbst.

Seine Ansprache, ganz in der Tradition Heideggers, läßt den Versuch erkennen, dem Primat des Politischen das Primat des reinen Geistes entgegenzusetzen. Aber historische Wahrheiten sprach er nicht an. Mit keinem Wort erwähnte Büchner den verheerenden Antisemitismus an der Universität, die Vertreibung jüdischer Hochschullehrer 1933, die mörderische Tätigkeit von Ärzten und medizinischen Wissenschaftlern bei Euthanasie und Menschenversuchen an KZ-Häftlingen. Büchner war kein Nationalsozialist, aber mit seiner Beschränkung auf allgemeine Begriffszusammenhänge und gesellschaftliche Niedergangserscheinungen wich er einer Auseinandersetzung mit der konkreten Wahrheit aus, auch wenn er von der Notwendigkeit sprach, man dürfe sich keinen Selbsttäuschungen hingeben.

Eine Ausklammerung der historischen Wahrheit kennzeichnet die gesamte deutsche Nachkriegsgeschichte an Universitäten. So stellte der Tübinger Hochschullehrer Walter Jens bei der Durchsicht von Dokumenten der Tübinger Universität fest, daß

> »die Protokolle aus der Ära nach 1945 die gespenstischsten [waren]: Als ob nichts geschehen sei! Kein Stalingrad und kein Auschwitz, keine eugenische Sterilisation und keine wissenschaftliche Nobilitierung des Antisemitismus! ... keine Trauerarbeit, kein Eingeständnis der Schuld, keine Bestandsaufnahme, keine vom Geist der Gewissenserforschung bestimmte Selbstreflexion...«[20]

Nach ihrem ersten Besuch in Deutschland nach dem Krieg 1949–1950 schrieb Hannah Arendt über die Lage an den Hochschulen:

> »Von daher liegt das Problem an den deutschen Universitäten nicht so sehr in der Wiedereinführung der Lehrfreiheit, sondern darin, eine ehrliche Forschung wiederherzustellen, die Studenten mit unvoreingenommenen Berichten über das, was wirklich geschehen ist, zu konfrontieren und diejenigen Dozenten zu entfernen, die dazu unfähig sind. Für das akademische Leben in Deutschland stellen nicht nur jene eine Gefahr dar, die am liebsten die Meinungsfreiheit durch eine Diktatur ersetzt sähen, ... sondern auch jene, die von Fakten und Realität nichts wissen wollen.«[21]

[20] Walter Jens, Eine deutsche Universität. 500 Jahre Tübinger Gelehrtenrepublik, München 1977: Kindler, S. 342–343.

[21] Hannah Arendt, Besuch in Deutschland, Neuauflage des 1950 veröffentlichten Essays 1993, Berlin: Rotbuch-Verlag, S. 31.

Eine solche Haltung war aber sowohl bei ehemaligen Nazis als auch bei Nichtnazis verbreitet. Wissenschaftler in Deutschland wollten rasch zur Normalität übergehen. Auch wenn angesichts der Zerstörung und der schwierigen materiellen Lage ein gewisses Maß an Verdrängung und die Konzentration auf das Überleben und den Aufbau verständlich ist, bleibt die Tatsache, daß die von Deutschen selbst begangenen Verbrechen so gut wie nicht wahrgenommen wurden, erschreckend. Für diese Verbrechen wurden Hitler und einige Nazis verantwortlich gemacht, oder sie wurden auf menschliches Versagen allgemein zurückgeführt. Ein großer Teil der deutschen Wissenschaftler zeigte weder ein Gefühl der Schuld noch der Reue, sondern lediglich Selbstmitleid.

Im Gegensatz dazu konnten Wissenschaftler in Ländern, die unter der deutschen Besatzung gelitten hatten, und aus Deutschland verjagte jüdische Wissenschaftler nicht so schnell vergessen, was passiert war. Für ehemalige deutsch-jüdische Flüchtlinge, nicht dagegen für ihre Kollegen in Deutschland, war es wichtig, eine Antwort auf die Frage zu erhalten, wie so etwas in Deutschland passieren konnte. Vielfach wurden Juden, deren Angehörige oder Freunde von Nazis ermordet worden waren, von starken Schuldgefühlen geplagt, weil sie überlebt hatten, wie z. B. der holländisch-amerikanische Physiker Samuel Goudsmit, dessen Eltern in Auschwitz ermordet wurden, und der italienisch-jüdische Chemiker Primo Levi, der Auschwitz überlebte.[22] Levi beschrieb das Gefühl der Scham und Schuld, das mit der wiedergewonnenen Freiheit einherging, in seinem letzten Buch »Die Untergegangenen und die Geretteten«:

> »Was für eine Schuld? Nachdem alles vorbei war, wurde man sich bewußt, nichts oder nicht genug gegen das System unternommen zu haben, in das wir hineingezerrt worden waren. ... Ob nun bewußt oder nicht, fühlt sich [der Überlebende] angeklagt und verurteilt, fühlt sich in die Lage gedrängt, sich zu rechtfertigen und zu verteidigen. Realistischer ist die Selbstbezichtigung oder der Vorwurf, unter dem Aspekt der menschlichen Solidarität gefehlt zu haben.«[23]

Bisherige Publikationen zeichnen ein widersprüchliches Bild von den Nachkriegsbeziehungen emigrierter Wissenschaftler zu ihren deutschen Kollegen. Auf der einen Seite wird betont, daß deutsche Wissenschaftler relativ schnell in die internationale wissenschaftliche Gemeinschaft integriert wurden, Freundschaften erneuert wurden und Emigranten von großer Hilfe für ihre deutschen Kollegen waren.[24] Auf der anderen Seite wird an einzelnen Beispielen gezeigt, daß die nationalsozialistische Vergangenheit und die Versuche prominenter deutscher Wissenschaftler,

---

[22] Samuel A. Goudsmit, Alsos, American Institute of Physics 1996, S. 48. Siehe dazu auch Ruth Sime, Lise Meitner. A Life in Physics, Univ. of California Press 1996, Kap. 14.

[23] Primo Levi, Die Untergegangenen und die Geretteten, München 1990: Carl Hanser, S. 76 ff.

[24] Walker, Die Uranmaschine, S. 229; Nordwig, Vor 50 Jahren. Der Fall Neuberg. MPG-Spiegel 6/1983. Jaenicke, Wieviel Zufälliges.

diese zu vergessen oder zu ignorieren, Freundschaften stark belasteten und die Erneuerung internationaler wissenschaftlicher Kooperation zunächst verhinderten.[25]

Ich habe die Nachkriegskorrespondenzen emigrierter Chemiker und Biochemiker mit ihren deutschen Kollegen analysiert und dabei versucht festzustellen, ob bzw. in welchen Fällen ein neuer wissenschaftlicher und auch menschlicher Dialog wiederhergestellt wurde.[26] Insbesondere bin ich den folgenden Fragen nachgegangen: Welche Hauptmotive führten bei deutschen Wissenschaftlern zur Wiederaufnahme der Korrespondenz mit ehemaligen Kollegen? Wurde die nationalsozialistische Vergangenheit angesprochen? Welche emigrierten (Bio-)Chemiker halfen ihren ehemaligen deutschen Kollegen in wissenschaftlicher Hinsicht und bei der Wiederaufnahme internationaler Kontakte? Läßt die Nachkriegskorrespondenz auf eine zunehmende Normalisierung wissenschaftlichen und persönlichen Austauschs schließen?

Bei dieser Analyse beziehe ich mich in erster Linie auf Korrespondenzen prominenter Wissenschaftler, die charakteristische Einstellungen und Empfindungen der Nachkriegszeit widerspiegeln. Dabei sollte nicht vergessen werden, daß eine unbekannte Zahl von Wissenschaftlern im Exil zumindest während der ersten fünf bis zehn Nachkriegsjahre keinen Kontakt mit Deutschen wünschte. Die Tatsache, daß einige der bedeutendsten und einflußreichsten deutschen (Bio-)Chemiker aufgrund ihrer offenen Unterstützung nationalsozialistischer Ziele Schwierigkeiten bei der Wiederaufnahme internationaler Kontakte hatten, verdeutlicht die Auswirkungen politischer und psychologischer Faktoren auf die wissenschaftliche Entwicklung nach dem Krieg.

In vielen Fällen wurde die Korrespondenz von Deutschland aus begonnen. Die Emigranten werden dabei vermutlich ähnlich empfunden haben wie Thomas Mann, der nach dem Krieg viele Briefe aus Deutschland erhielt:

> »Aber nicht nur wird meine Freude daran [an Briefen, die Anhänglichkeit bezeugen] etwas eingeengt durch den Gedanken, daß keiner davon je wäre geschrieben worden, wenn Hitler gesiegt hätte, sondern auch durch eine gewisse Ahnungslosigkeit, Gefühllosigkeit, die daraus spricht, sogar schon durch die naive Unmittelbarkeit des Wiederanknüpfens, so, als seien diese zwölf Jahre gar nicht gewesen.«[27]

---

[25] Albrecht Fölsing, Albert Einstein, Frankfurt (M) 1993: Suhrkamp. S. 816–617; Norton Wise, Pascual Jordan: Quantum Mechanics, Psychology, National Socialism, in: M. Renneberg und M. Walker, Science, Technology, and National Socialism, Cambridge 1994: Cambridge Univ. Press. S. 251–252; Sime, Lise Meitner, S. 334–346.

[26] Ich beziehe mich in der Hauptsache auf Korrespondenzen in Nachlässen emigrierter jüdischer Wissenschaftler. Darüber hinaus habe ich Nachlässe nichtemigrierter deutscher Wissenschaftler und eigene Interviews mit emigrierten und nicht emigrierten Wissenschaftlern, in der Hauptsache Chemikern und Biochemikern, ausgewertet.

[27] Thomas Mann an Walter von Molo, Warum ich nicht nach Deutschland zurückkehre, Sept. 1945, in: Reden und Aufsätze 4, Gesammelte Werke Bd. XII, Frankfurt 1974: S. Fischer-Verlag, S. 957.

Die Untersuchung der in der Korrespondenz zum Ausdruck kommenden verschiedenen Einstellungen deutscher (Bio-)Chemiker zeigt, daß die größte Gruppe in den ersten Jahren nach dem Krieg die Probleme der Zeit aus ausschließlich deutscher Perspektive wahrnahm. Sie betonten das selbst erlittene Unrecht und stellten sich als Opfer von Hitler einerseits und der Alliierten sowie deren Entnazifizierungspolitik andererseits dar. Diese Haltung überwog vor allem bei politisch nicht belasteten Wissenschaftlern, die sich bemühten, durch ihre Korrespondenz zu einem besseren Verständnis von Deutschland beizutragen. Zu dieser Gruppe gehörte insbesondere Otto Hahn (hier in der Korrespondenz mit Meyerhof), aber auch Heinrich Wieland und der Physiker Max v. Laue.[28] Briefe von politisch belasteten Wissenschaftlern dienten oft dazu, »Persilscheine« für die Entnazifizierungsverfahren zu erhalten oder das eigene Ansehen im Ausland zu verbessern. Beispiele für letzteres sind Adolf Butenandt sowie Richard Kuhn (hier in der Korrepondenz mit Carl Neuberg bzw. Otto Meyerhof). Es gab aber auch Briefe, die ein kritisches Nachdenken deutscher Wissenschaftler über die Vergangenheit und den Beginn einer neuen Kooperation aufzeigen. Dazu gehören u. a. die Briefwechsel zwischen Hans H. Weber und Otto Meyerhof sowie zwischen Theodor Bücher und Hans Krebs. (Zu Hermann Mark siehe Abschnitt 4.2.2.)

Zu den Wissenschaftlern, die dadurch, daß sie bereits kurz nach dem Krieg ausführlich mit deutschen Kollegen korrespondierten, eine Ausnahme unter den Emigranten darstellten, gehören die Biochemiker Hans Krebs, Otto Meyerhof und Carl Neuberg.

8.2.2 Aus der Korrespondenz Otto Meyerhofs[29]

Als Entdecker der Atomkernspaltung, der sich aber nicht am Bau der Atombombe beteiligt hatte, und als jemand, der als Antinazi bekannt war, verkörperte Hahn nach 1945 den »guten« deutschen Wissenschaftler. Im April 1946 wurde er Präsident der Kaiser Wilhelm-Gesellschaft. Otto Meyerhof schrieb Hahn, um ihm für alles, was er »durchgemacht und in der deutschen Hölle Gutes getan oder zu tun versucht« habe, seine »Sympathie und Hochschätzung auszusprechen,« um ihm seine Genugtuung darüber auszudrücken, daß seine »originale Entdeckung selbst von ›feindlicher Seite‹ restlos anerkannt ist«, und um ihm seine Glückwünsche zur Verleihung des Nobelpreises auszusprechen.[30] Meyerhof schrieb, er hoffe, daß Hahns Sohn aus dem Krieg zurückgekehrt sei. Er selbst habe unzählige Verwandte und

---

[28] Eine besondere Gelegenheit dazu bot sich Otto Hahn 1946 während seiner Reise nach Stockholm anläßlich der Nobelpreisverleihung, siehe Sime, Lise Meitner, S. 340–346.

[29] Die Briefe sind, soweit nicht anders angegeben, dem Nachlaß Otto Meyerhofs entnommen: Otto Meyerhof papers, Univ. of Pennsylvania, Philadelphia, Archives.

[30] Meyerhof an Hahn, 25.6.1946, Nachlaß Otto Hahn, Archiv der MPG, Rep. III/14 A/ 2937.

Otto Meyerhof, 1948

Freunde in Gaskammern und KZs verloren, sei aber mit seiner Frau und seinen drei Kindern heil durch alle Gefahren hindurchgekommen. Er versicherte Hahn, daß kein anderer deutscher Wissenschaftler ein »solches Vertrauen bei den ausländischen Fachgenossen« genieße wie er und v. Laue, weshalb sich Meyerhof auch für die Übernahme des Präsidiums der KWG durch Hahn eingesetzt hatte. Meyerhof schrieb, daß er weiterhin großes Interesses an der deutschen Wissenschaft und der KWG habe, aber nicht auf Kuhns Anfrage, nach Heidelberg zurückzukommen, eingehen könne: »Niemand, der hier Sicherheit vor den Naziverfolgungen gefunden hat, kann daran denken, in ein Land zurückzukehren, das ein Friedhof seiner Nächsten geworden ist.«

Hahns Briefe, in der die verbreiteten Gefühle von Deutschen zum Ausdruck kommen, die sich in erster Linie als Opfer ansahen, machen sowohl seine Loyalität zur KWG als auch seine fehlende Sensibilität deutlich. Er antwortete Meyerhof (5.8.1946):

> »Ich kann es verstehen, daß nach allem, was hier in Deutschland Ihren Verwandten und näheren Freunden geschehen ist, Sie keine Lust (sic) mehr haben, hierher zurückzukommen. Trotzdem halte ich es aber doch für ungerecht von Seiten des Auslandes, daß man die Mehrzahl der Deutschen für die Geschehnisse während der letzten 12 Jahre verantwortlich macht. Wenn das Ausland wüßte, wie ungeheuer der Druck gewesen ist, wie er sich von Jahr zu Jahr verstärkt hat, dann würde man doch ein gewisses Verständnis dafür aufbringen, daß viele nicht sehr starke Charaktere einfach den Kampf aufgegeben haben, weil sie sich sagten: Wir können doch nichts ändern.«

Als Präsident der KWG sagte er Meyerhof zu, daß die Gesellschaft »grundsätzlich bereit (sei), alle Verpflichtungen, die sie auf Grund der Anstellungsverträge übernommen hat, zu erfüllen« und meinte erklären zu müssen: »Jeder hier in Deutschland weiß und erkennt an, daß wir den Krieg verloren haben, und wir sind alle

Otto Hahn

bereit, die Konsequenzen daraus zu ziehen.« Diese nannte er allerdings nicht. Dafür drohte er an, daß die »Verzweiflung in Deutschland über den fehlenden Wiederaufbau – besonders auch unter den Menschen, die den Einmarsch der Amerikaner und Engländer auf das höchste begrüßt haben – so groß wird, daß die Blicke sich notgedrungen in eine andere Richtung wenden. Ob dies für die Zukunft Europas sehr glücklich wäre, möchte ich bezweifeln.«

Das Fehlen von selbstkritischen Bemerkungen und Worten des Mitgefühls in diesem und anderen Briefen Hahns ist auffallend. Er behandelte Meyerhof nicht als einen Kollegen und Freund, der gegen seinen Willen in das Exil getrieben wurde und sich jetzt bemühte, wieder eine Brücke zu schlagen, sondern als ungeliebten Kritiker von außen. Dabei deuten seine Versuche, Kompromisse oder Gehorsam gegenüber nationalsozialistischen Anordnungen zu rechtfertigen, ein gewisses Schuldgefühl an, und sie verdeutlichen die neue Solidarität zwischen ehemaligen Nazis und Nichtnazis gegenüber Kritik aus dem Ausland. Indem er nur von politischem Druck sprach, unterschlug Hahn die aktive Rolle der Universitäten und KWG bei der Unterstützung der antijüdischen Politik.

Meyerhof gehörte wie Carl Neuberg und die Physikerin Lise Meitner zu den wenigen Emigranten, die deutschen Kollegen ihre Meinung zur Situation der Universitäten nach dem Krieg mitteilten, in der Hoffnung, dadurch ein besseres wechselseitiges Verständnis zu erzielen. Er setzte sich dafür ein, daß die wissenschaftlichen Beziehungen des Auslandes zu den deutschen »Anti- und Nichtnazis« möglichst bald wieder aufgenommen werden sollten, und schickte eine Vielzahl an Care-Paketen nach Deutschland. Daher glaubte er, auch ein Recht auf eine objektive Kritik zu besitzen. Dabei machte er aber, wie er Hahn im November 1946 schrieb, die Erfahrung, daß

> »selbst die besten und erprobtesten meiner deutschen Freunde, wie Sie selbst, sich noch nicht von dem von den Nazis erzwungenen eingeengten Blickfeld haben soweit freima-

chen können, um den in Deutschland und Europa geschaffenen neuen Zustand auf seine wahren Wurzeln zurückführen zu können. Während ich Ihren Klagen über die jetzige Lage voll zustimme, weiche ich in meiner Deutung völlig ab. Für mich gilt die Interpretation, daß Deutschland alles, was es jetzt erlebt, ausschließlich ›seinem Führer verdankt‹ und daß es seinen Führer sich selbst verdankt. Deutschland ist nicht nur besiegt, das ist das wenigste, es ist durch eine moralische Katastrophe hindurchgegangen, die ohne Beispiel in der Geschichte ist. Es hat die umliegenden Länder in einem Ausmaß verwüstet und mit seinen moralischen Krankheiten angesteckt, daß jetzt guter Rat teuer ist, wie der Fluch der Bösen Tat verhindert werden kann, fortwährend Böses zu gebären. Kollektivurteile sind sinnlos. Mit ›Deutschland‹ meine ich die Mehrzahl der verantwortlichen führenden Personen.«[31]

Meyerhof wies auf einen Unterschied zu Frankreich hin, wo wegen eines einzigen Juden, dem Hauptmann Dreyfus, eine Staatskrise entstanden war. »Als 1933 in Deutschland Zehntausende rechtlos gemacht wurden, hat kein Hahn gekräht, besonders nicht an den Universitäten.« Er erinnerte an die Ausreden, die er gehört hatte, als er Kollegen in Göttingen das Schweigen der Fakultät nach James Francks Rücktritt vorwarf, und an das, was er damals in Heidelberg erlebt hatte. Meyerhof hielt es für »unumgänglich für die Genesung des geistigen Lebens in Deutschland«, daß nicht nur die 150 %igen Nazis von den Universitäten entfernt würden, sondern auch die 75- bis 99 %igen. »Sozusagen als Gegenleistung« dafür, daß er und andere Emigranten für eine vernünftige Politik in bezug auf die deutsche Wissenschaft eintreten, verlangte er von Hahn und anderen Nichtnazis, die Zustände an den Universitäten zu ändern, und alle diejenigen, die moralisch versagt hatten, zu entlassen.

In einer kurzen Antwort versicherte Hahn Meyerhof und »vielen anderen *amerikanischen* Kollegen« (Hervorheb. UD) seiner und v. Laues Freundschaft, ging aber nicht weiter auf die angesprochenen Fragen ein.[32] Statt dessen antwortete v. Laue, mit dem Hahn über Meyerhofs Brief sprach, in einem langen Brief (s. u.). Als Präsident der KWG/MPG identifizierte sich Hahn auch rückblickend mit den Entscheidungen der Gesellschaft während der Nazizeit. Auf Meyerhofs Kritik an Ernst Telschow, der als Generalsekretär der KWG (und Mitglied der NSDAP) 1938 Meyerhofs Abfindungsvertrag hintertrieben habe (siehe Korrespondenz mit Kuhn), antwortete Hahn (4.6.1948), daß auch Glum, Telschows Vorgänger, der 1937 entlassen wurde – er hatte eine jüdische Frau –, sich im nationalsozialistischen Sinne betätigt habe, und er kommt zu der bemerkenswerten Schlußfolgerung:

---

31 Meyerhof an Hahn, 8.11.1946, ibid.

32 In Briefen an Kollegen in Deutschland zeigte sich Hahn dagegen über die große Zahl aktiver Nazis an Universitäten besorgt, eine Sorge, die er seinen Kollegen im Exil nicht mitteilte. So fragte er Klaus Clusius, Dekan der naturwissenschaftlichen Fakultät der Universität München, inwieweit es stimme, daß ein großer Prozentsatz aktiver Nationalsozialisten wieder an dieser Universität tätig sei (4.5.1946), Nachlaß Otto Hahn, Archiv der MPG, III/14A.

»Was die Entlassung von nichtarischen Angehörigen der Kaiser-Wilhelm-Gesellschaft anbelangt, so haben sowohl Dr. G. als auch Dr. T. das getan, was man ihnen damals befohlen hatte. Auch unter der Ägide G. wurden ja Entlassungen vorgenommen; denken Sie an die vielen nichtarischen Mitglieder des Haber'schen Institutes: Kallmann, Freundlich, Wigner und dergl., denken Sie an Neuberg!«

Hahn rechtfertigte also die Entlassungen mit einem Befehl von oben. Glum selbst hatte 1933 von einer freiwilligen Selbstgleichschaltung gesprochen, bei der viele jüdische Mitglieder entlassen wurden, bevor entsprechende Gesetze dies verlangten. Hahn hielt es nicht für notwendig, diese Verhaltensweise neu zu bewerten. Statt dessen machte er Meyerhof, der ihn auf den Verlust seiner Bibliothek und wissenschaftlichen Apparate aufmerksam machte, klar, welche Schwierigkeiten die Emigrationen damals für die KWG mit sich brachten (4.6.1948): »Selbstverständlich sehe ich die Härten, die in der Zurückhaltung von wissenschaftlichen Apparaten und dem Verlust der Bibliothek eingetreten sind, vollständig ein. Aber denken Sie an die damalige Zeit und an die Schwierigkeiten, die mit der Auswanderung verbunden waren.« Hahns Loyalität galt Deutschland und der KWG, nicht seinen entlassenen ehemaligen Kollegen.

Lise Meitner litt unter dem neuen Nationalismus Hahns in besonderem Maße. So schrieb sie nach Hahns Besuch in Schweden anläßlich seiner Nobelpreisverleihung an James Franck:

»...in allen seinen Interviews klang derselbe Ton. Nur die Vergangenheit vergessen und das Unrecht hervorheben, das Deutschland geschieht. Da ich ja ein Teil der zu verdrängenden Vergangenheit bin, hat Hahn in keinem der Interviews, wo er über seine Lebensarbeit sprach, unsere langjährige Vergangenheit oder auch nur meinen Namen erwähnt. Ich habe eine Reihe von entrüsteten Anfragen über die Ursachen von Hahns Verhalten bekommen.«[33]

Auch Max v. Laue sah in den ersten Nachkriegsjahren ausschließlich die deutsche Seite. In seiner Antwort auf Meyerhofs Brief an Hahn stimmte er Meyerhofs Urteil über den moralischen Zusammenbruch in Deutschland zunächst zu, weil »Principiis obsta« bis Mitte 1933 zwar möglich, aber wenig davon zu spüren gewesen wäre (24.12.1946). Dagegen widersprach er ihm in einem entscheidenden Punkt. Seiner Meinung nach war die moralische Erkrankung nicht nur in Deutschland ausgebrochen, sondern auch in anderen Ländern verbreitet: »Die mit Bedacht jetzt bei uns fortgesetzten Hitlermethoden sind ein schlagender Beweis dafür. Stark und Lenard dürfen nicht an Hochschulen bleiben«. Aber: Wenn aber jetzt an der Münchner Universität

»plötzlich 33 Professoren, einige 60 Assistenten und Dozenten, und dann noch einiges vom Unterpersonal, ohne Angabe von Gründen, ohne Pensionsberechtigung fristlos ent-

[33] Lise Meitner an James Franck, 16. Januar 1947, in: Sime, Lise Meitner, S. 345. Ich danke Ruth Sime für die Überlassung des deutschen Originals.

> lassen werden, so ginge ein Schrei der Entrüstung durch die ganze Öffentlichkeit, wäre die öffentliche Meinung jetzt nicht ebenso geknebelt, wie im Dritten Reich. Das sind, um es zu wiederholen, Hitlermethoden, und die Betroffenen sind schlimmer daran, als die von Hitler Hinausgeworfenen, denen doch immer eine gewisse Aussicht auf Anstellung im Auslande blieb.«

Selbst v. Laue, einer der deutschen Wissenschaftler, die sich während der Nazizeit am stärksten für Juden eingesetzt haben, und den die antijüdischen Maßnahmen gefühlsmäßig betroffen hatten, war nicht in der Lage nachzuvollziehen, was ein ehemaliger jüdischer Flüchtling im Jahre 1946 empfinden mußte, wenn ihm erklärt wird, die Methoden der Alliierten (unabhängig davon, ob man sie als rechtmäßig oder angemessen einschätzt) seien für die Betroffenen schlimmer als Hitlermethoden. Wie Lise Meitner James Franck schrieb, war Otto Stern sehr aufgebracht, als Hahn während seines Besuchs in Schweden anläßlich der Nobelpreisverleihung 1946 in ähnlicher Weise die Meinung äußerte, daß das, was die Alliierten in Deutschland täten, nichts anderes sei als das, was die Deutschen in Rußland und Polen getan hätten.[34] v. Laue änderte einige Jahre später seine Haltung allerdings drastisch und wurde zu einem Kritiker nicht nur des Versagens deutscher Wissenschaftler 1933, sondern auch ihrer Unaufrichtigkeit nach 1945.[35]

Das Verhalten Hahns, v. Laues und vieler anderer deutscher Wissenschaftler in den ersten Nachkriegsjahren erinnert an »die Sentimentalität, Selbstsüchtigkeit, das Selbstmitleid und den Mangel an Objektivität«, die nach Michael Balfour und John Mair »eine besiegte Nation kennzeichnen«.[36] Die großen wirtschaftlichen Pro-

Lise Meitner und Otto Hahn, 1937

[34] Sime, Lise Meitner, S. 345.

[35] Ibid., S. 364.

[36] Michael Balfour and John Mair, Four-Power Control in Germany and Austria, London, New York 1956: Oxford Univ. Press, Übersetzung UD.

bleme in Deutschland, eine enge nationalistische Sicht, eine geringe Sensibilität und, bei Hahn, seine neue Rolle als Präsident der KWG verstärkten diese Haltung.

Auch der Biologe Erwin Bünning, ebenfalls kein NSDAP-Mitglied, beklagte in seinen Briefen an Otto Meyerhof, daß es für einen Außenstehenden schwer sei, die Lage der deutschen Wissenschaftler in der Nazizeit zu beurteilen. »Kriegsaufträge« seien häufig nur übernommen worden, um Mitarbeiter vor Einberufung zu schützen.[37] In Deutschland habe man sich nicht richtig vorgestellt, wie schwer es im Ausland sein würde, solche Tarnungen richtig zu verstehen. Er bedauerte, daß Kompromisse, »die wir alle mehr oder weniger begangen haben, dazu beigetragen haben, deutsch und nationalsozialistisch zu identifizieren, eine Gleichstellung, unter der wir jetzt mehr, als es gerechtfertigt wäre, zu leiden haben.« Er hoffte, durch seinen Brief das Verständnis für »unsere Lage« zu vergrößern und wollte keine Gelegenheit versäumen, die Stellung Deutschlands in der Welt zu verbessern.

Im Gegensatz zu den meisten seiner Kollegen sah sich Bünning aber veranlaßt, die Situation neu zu überdenken, als Meyerhof ihn auf das moralische Versagen deutscher Universitäten und führender Wissenschaftler wie Werner Heisenberg und Carl-Friedrich v. Weizsäcker aufmerksam machte: »Unsere Abgeschlossenheit von der Umgebung verleitet uns zu leicht, selber erlittenes Unrecht mehr zu beachten als das in unserem Namen geschehene.[38] – Daß die Universitäten versagt haben, kann leider nicht abgestritten werden. Bedauerlicher ist, daß das Verständnis für die Notwendigkeit der Entnazifizierung auch bei Nazigegnern immer geringer wird.« »Ich habe auch die Gedanken, die in Ihren Briefen enthalten waren, durchaus nicht für mich behalten, und ich bin Ihnen aufrichtig dankbar, jetzt zu der Einsicht gekommen zu sein, daß jegliche Rechtfertigungsversuche völlig überflüssig sind und nur positive Leistungen unser Ansehen wieder etwas bessern können.«

Friedrich Wilhelm Spemann, Sohn des Nobelpreisträgers Hans Spemann und Professor für Biologie an einer Pädagogischen Hochschule, wurde 1945 wegen seiner Parteimitgliedschaft entlassen (bis 1949). Nachdem er 1933 zum Studienrat zurückgestuft worden war, trat er 1939 »um des Deutschen Schicksals willen« in die NSDAP ein. Er kontaktierte Meyerhof im Sommer 1951, kurz vor dessen Tod, um ihn um Material für einen biographischen Artikel zu bitten. Spemann gehört zu den Wissenschaftlern, die ihre entlassenen jüdischen Kollegen auch rückblikkend als nicht dem deutschen Volk zugehörig betrachteten. Seine Briefe machen deutlich, daß die Nazipropaganda, nach der Juden an ihrem Unglück selbst schuld seien, ihre Wirkung nicht verfehlt hat.

Friedrich Wilhelm Spemann schrieb Meyerhof (21.8.1951): »Gerade deshalb hat mich Ihr Weg und der vieler Ihrer Schicksalsgenossen besonders erschüttert. Es ist eine tiefe Tragik um Ihr Volk, eine Tragik, die der um das deutsche Volk viel näher steht, als die meisten Deutschen erkennen. Werden nicht auch wir wegen mancher Eigenschaften mit Mißtrauen und Ablehung betrachtet und wie schwer

---

[37] Briefwechsel von Erwin Bünning und Otto Meyerhof von November 1947 bis Februar 1948, ibid.

[38] Bei dieser Formulierung bleiben die Täter abstrakt.

haben wir die Verbrechen einer Minderheit in der Gesamtheit büssen müssen.« Er nahm Bezug auf die Vertreibung von Deutschen aus der Tschechoslowakei, Polen und Jugoslawien. »So sehe ich das deutsche Volk in ein ähnliches Schicksal hineingleiten, wie es das jüdische seit Jahrhunderten trägt, ein Grund mehr, gegenseitig nicht nur den Menschen zu sehen, sondern auch den, der sich zusammen mit dem anderen vor einem Unbegreiflichen und Ungeheuren zu beugen hat. ...« Spemann nannte die angeblichen Verbrechen nicht, für die Juden büßen mußten. Er verschwieg auch die Verbrechen der Deutschen, sie gehören offensichtlich zu dem »Unbegreiflichen«.

Jacob O. Parnas, ein bedeutender polnischer Biochemiker der Universität Lwów (Lemberg), der 1943 zum Aufbau der chemischen Abteilung des Instituts für Biologische und Medizinische Chemie der Akademie der Wissenschaften der UdSSR nach Moskau berufen wurde, schrieb Meyerhof dagegen über deutsche Verbrechen in Polen, über deren Ausmaß man im Westen oft nicht Bescheid wisse:

> »Also ich bin kürzlich von einer Reise in Polen zurückgekehrt. Ich war in Warschau, Breslau – wo sich alle meine früheren Mitarbeiter, soweit sie überlebt haben, zusammengefunden haben und wo mein Schüler Paranowski (als Nachfolger von Schmitz) das biochemische Institut leitet – und in Krakau. Ihr Leute, die Ihr so weit von all diesem weg seid, könnt keine Ahnung vom ungeheuren Ausmaß der dort begangenen Verbrechen haben. Ich war bereits von dem abgehärtet, was ich in Rußland und der Ukraine gesehen, was ich in Lwów vorgefunden und gehört habe, aber man muß Warschau sehen, vor allem das große Areal des früheren jüdischen Viertels ... nur ein Haufen Steine.«[39]

Unter denen, die von den Deutschen getötet wurden, befanden sich Parnas' Schwester, alle Tanten, Onkels, Cousins und Cousinen, die große Familie von Parnas' Mutter in Warschau, die gesamte Familie seiner Frau und viele Freunde. »Dein Freund Artur Kronfeld beging im Oktober 41, als die Deutschen vor Moskau standen, Selbstmord – seine Nerven waren nicht stark genug.« Parnas' ehemaliger Schüler Ostern, ein sehr guter junger Biochemiker, wurde von der Gestapo in Lwów ermordet. Carl Cori wollte Ostern in die USA holen, als die Rockefeller Foundation ihn bat, einen jungen europäischen Biochemiker für ein Stipendium vorzuschlagen. »Dies wurde mit der Begründung abgelehnt, Ostern habe keine Aussicht auf eine Karriere in seinem eigenen Land. Wie wunderbar diese Weitsicht der Rock. Found.«[40]

Parnas schrieb, daß er keinerlei Beziehung zu den deutschen Biochemikern aufgenommen habe, nur Heubner habe er geschrieben, da er von dessen Integrität überzeugt sei. Parnas wurde als Opfer von Verleumdungen 1949 verhaftet und starb kurz danach am 29.1.1949 in Moskau.

---

[39] Parnas an Meyerhof, 13.2.1947, Meyerhof papers, Übersetzung UD.
[40] Ibid.

Die Briefe des Physiologen Hans Hermann Weber unterscheiden sich deutlich von denen seiner Kollegen. Er gab zu, die Wahrheit gekannt zu haben, und er wollte die deutschen Verbrechen nicht verdrängen oder vergessen. Weber war Schüler Meyerhofs in Kiel und blieb mit ihm auch nach dem Krieg freundschaftlich verbunden. Er war nie Mitglied einer NS-Organisation und hatte sich durch offene Diskussionen mit Studenten in Gefahr gebracht. Wie sich Hans Krebs erinnert, ging Weber auf dem Internationalen Physiologen-Kongreß in Zürich »mit vorsätzlicher Deutlichkeit auf die Flüchtlinge zu und wollte in ihrer Gesellschaft gesehen werden«.[41] Andere deutsche Teilnehmer dagegen hätten die Gesellschaft von Flüchtlingen als peinlich empfunden, wieder andere seien freundlich gewesen, hätten aber vorgegeben, daß nichts passiert sei. Weber schrieb Meyerhof (29.10.1946), daß ihn Dutzende seiner früheren Studenten als Soldaten in Königsberg besuchten und ihm sagten, was sie in Polen alles gesehen hatten. Einer von ihnen, ein Stabsarzt, habe gesagt: »Ein ganzes Volk kalt auf dem Verordnungswege ausrotten, das ist in der ganzen Weltgeschichte noch nicht dagewesen.«

Weber verwendete das Bild vom welthistorischen Eisenbahnunglück. Als Meyerhof daran Anstoß nahm, entgegnete Weber, daß er damit nie gesagt haben wolle, daß es sich nur um ein solches gehandelt hätte. Denn dann wäre mit dem Tode des wahnsinnigen Lokomotivführers alles in Ordnung,

> »und in Wirklichkeit weiß ich nicht sicher, ob das, was da passiert ist, überhaupt je wieder in Ordnung kommt. Ich habe früher einmal geglaubt, das deutsche Volk habe ein besonderes Bedürfnis nach Gerechtigkeit, ich habe einsehen müssen, daß das in besonderem Umfange nicht stimmt. Vielmehr, was dem Gefühl des Deutschen entgegenkommt, scheint ihm recht – und außerdem noch wahr!! Der Sinn für Moral und Realität scheint mir gleich schlecht entwickelt. Der Deutsche ist dadurch der Lüge und der moralischen Hilflosigkeit und als Produkt aus beidem dem Selbstbetrug sehr preisgegeben.«[42]

Die Korrespondenzen zeigen, daß Meyerhof trotz allem, was geschehen war, Deutschland und der deutschen Kultur stark verbunden blieb. Er behielt in einigen Fällen, wie z. B. zu Weber, freundschaftliche Beziehungen bei und lud seinen jungen Kollegen Ohlmeyer ein, bei ihm zu arbeiten. 1947 nahm er die Einladung der Heidelberger Akademie der Wissenschaft an, auswärtiges Mitglied zu werden, weil die Akademie »die Vorgänge bedauert und mißbilligt«, die seinerzeit zu sei-

---

[41] Hans Krebs, Reminiscences and Reflections, Oxford 1981: Clarendon Press, S. 102, Übersetzung UD.

[42] Diese Analyse erinnert an Hannah Arendt, die bei ihrem ersten Besuch in Deutschland nach dem Krieg eine weitverbreitete Flucht vor der Wirklichkeit feststellte, zu der in besonderer Weise eine »Unfähigkeit« und »Widerwillen« gehöre, »zwischen Tatsache und Meinung zu unterscheiden.« (Hannah Arendt, Besuch in Deutschland, Neuauflage des 1950 veröffentlichten Essays 1993, Berlin: Rotbuch-Verlag, S. 31). Als Beispiel für diese Haltung führt Arendt die verschiedenen Antworten auf die Frage an, wer den Krieg begonnen habe.

nem Austritt geführt haben.[43] In seinem Brief an die Akademie machte er deutlich, worauf es ihm damals ankam:

»Selbstgerechtigkeit liegt mir fern. Obendrein ist der Anlaß dieses Briefwechsels ein verhältnismäßig unwichtiges Ereignis, ein winziges Tröpfchen in einem Ozean von Schändlichkeiten, Entsetzen und Verbrechen, wie sie in der Geschichte der Menschheit ohne Beispiel sind. Ich glaube nicht, daß wir gut daran tun, wie Sie sagen, diese Vorgänge zu vergessen und zu verzeihen. Persönlich fühle ich mich nicht betroffen. Verzeihung ist nicht mein Amt, sondern die Sache höherer Mächte. Aber unser Auftrag ist es, durch die Wachhaltung des Gedächtnisses an diese Schrecken künftige Generationen davor zu bewahren, sie nochmals zu durchleben. Das ist auch, denke ich, heute die dringendste Aufgabe der deutschen Forscher und Erzieher selbst.«

8.2.3 Otto Meyerhof und Richard Kuhn: »Das Tischtuch ist zerschnitten«

Richard Kuhn, Direktor des KWI für Medizinische Forschung, nahm den Kontakt mit Meyerhof, bis 1938 Leiter des Instituts für Physiologie an diesem KWI, im Sommer 1945 wieder auf. Meyerhof und Kuhn hatten acht Jahre lang an diesem KWI, nach Angaben von Meyerhof, eng zusammengearbeitet.[44] Kuhn teilte Meyerhof am 20. Juli 1945 mit, daß das KWI in Heidelberg sowie Meyerhofs früheres Haus unbeschädigt seien, wenn auch Meyerhofs gesamtes Inventar 1939 zwangsversteigert worden sei. Der Brief wurde offenbar nicht beantwortet. Am 17. Oktober 1945 machte Kuhn Meyerhof den Vorschlag: »Es ist jetzt die Zeit gekommen, da ich Sie fragen kann, ob Sie unter Umständen geneigt wären, nach Heidelberg zurückzukehren.« Er habe dafür gesorgt, daß Meyerhof in sein Haus zurückziehen könne, und auch seine früheren Mitarbeiter ständen ihm jetzt wieder zur Verfügung. Kuhn ging mit keinem Wort auf die Entlassung Meyerhofs oder seine Flucht aus Deutschland ein, der Brief enthielt keine Entschuldigung oder Selbstkritik. Kuhn war offenbar daran gelegen, den alten Zustand wiederherzustellen. Meyerhofs Laboratorium in Philadelphia war im Vergleich zu seinem Institut in Heidelberg klein und gering ausgestattet.

In einem langen Brief (der den Vermerk enthält: »nicht abgesandt«) versuchte Meyerhof Kuhn auf einer persönlichen Ebene zu antworten (1.11.1945). Er schrieb über seine Situation, seine Empfindungen und die Unmöglichkeit, zu der vergangenen Normalität zurückzukehren:

»Es ist mir nicht leicht, nach all den Geschehnissen der letzten Jahre Ihnen im Geiste unserer alten Kameradschaft offen zu schreiben und dabei zu der schwerwiegenden Fra-

---

[43] Meyerhof an die Heidelberger Akademie der Wissenschaften, 28.4.47.

[44] Meyerhof an das Military Government, Liaison and Security Office Heidelberg, 29. Januar 1946.

Richard Kuhn

ge Stellung zu nehmen, die Sie in Ihrem zweiten Brief aufwerfen. ... Ich erkenne mit Dankbarkeit an, daß Sie durch die Bewahrung meiner Mitarbeitergruppe, die Freihaltung meines früheren Instituts und der Dienstvilla dafür Vorsorge trafen, mir nach dem Ende der Nazischreckensherrschaft die Rückkehr nach Heidelberg offen zu halten. Mit dieser Anerkennung kann ich mich aber nicht begnügen. Ich habe für den Verlust meiner alten Arbeitsstätte, meines ganzen Besitzes und zeitweilig ernster Gefährdung meiner Existenz nun wenigstens die Vorteile der Freiheit und Selbstbestimmung eingetauscht, während Sie diese Zeit in gesicherter Stellung und Arbeitsfähigkeit aber in der moralischen Stickluft des dritten Reiches verbrachten. Dies allein trennt uns nicht, und ich mache niemandem einen Vorwurf, daß er Kompromisse machte, um Amt und Arbeitsstätte zu erhalten.

Sie selbst aber sind weit darüber hinaus gegangen. Ich kann die Kritik nicht verschweigen, die von den Kollegen der alliierten Länder an Ihnen geübt wird, daß Sie Ihre bewundernswürdige wissenschaftliche Leistung und chemische Meisterschaft freiwillig in den Dienst eines Regimes gestellt haben, dessen unaussprechliche Abscheulichkeit und Verruchtheit Ihnen wohl bewußt war. Dies war mir selbst besonders schmerzlich, weil ich wußte, in welchem liberalen Geist Sie aufgewachsen waren und wie dieser Ihren Anlagen und Ihrer Natur entsprach.«

Meyerhof schrieb, daß er zunächst seine Rechtslage geklärt wissen wolle, bevor er auf Kuhns Frage antworten könne. Er erinnert daran, daß sein Anstellungsvertrag 1938 von der KWG einseitig unter »dem Vorwand der Verordnung zur Ausschaltung der Juden aus dem Wirtschaftsleben« aufgehoben worden sei. Der damalige Präsident der KWG Carl Bosch habe Meyerhofs Angebot angenommen, seinen lebenslänglichen Anstellungsvertrag zugunsten einer Abfindungssumme aufzugeben. Die Durchführung sei jedoch von Generalsekretär Telschow »böswillig hintertrieben« worden. Telschow habe Meyerhofs Anwalt, Prof. Geiler, gegenüber zugegeben, »daß er die Weisungen von Geheimrat Bosch nicht ausführen wollte, weil er sich für einen Volljuden nicht einsetzen würde.« Da er so wegen der Nazisteuern seinen Besitz und vor allem seine Bücher verloren habe – »niemand hat sich auch nur bemüht, meine unersetzliche Bibliothek zu retten« – bestand Meyerhof gegenüber der KWG auf der Wiederherstelllung des Abfindungsvertrags und der Wiederbeschaffung oder dem Ersatz seines Besitzes, vor allem seiner Bücher.

Wichtiger erschien ihm folgendes:

> »Natürlich ist die geistige Situation noch wichtiger als die rechtliche und materielle. Wir haben hier gelesen, daß einige der alten, von den Nazis abgesetzten Professoren, wie Radbruch, Dibelius, Jaspers wieder an der Universität tätig sind. Noch wichtiger aber ist, was mit den jungen Nazi-Professoren geschehen ist und geschehen wird. Neben der ›re-education by disaster‹, welche das ganze deutsche Volk nötig hat, kann die im dritten Reich moralisch völlig korrumpierte akademische Jugend nur wieder gesunden, wenn die Giftmischer völlig und für dauernd von der Universität vertrieben werden. Ich selbst könnte keinesfalls in der von ihnen mitbeeinflußten geistigen Atmosphäre atmen, auch wenn sich wieder ein kleiner Kreis treuer Mitarbeiter, Schüler und Anhänger um mich sammeln würde.
>
> Auf den allgemeinen Hintergrund, das selbstverschuldete furchtbare Unglück des deutschen Volkes, das noch schrecklichere unverschuldete Schicksal des jüdischen Volkes, von denen 80 % hingemordet sind, kann ich hier nicht eingehen – ich bin ein Teil von beiden.«

Wie bereits gesagt, schickte Meyerhof diesen Brief nicht ab. Erst zehn Monate später, am 6. September 1946, antwortete er Kuhn auf ein weiteres Schreiben. Er bedankte sich für Kuhns Bemühungen um seine Entschädigung und erinnerte ihn an den Verlust seiner Bibliothek, die Erstausgaben von Büchern von Bacon, Newton, Kant und Fries enthielt. Er schrieb, daß er nicht verstanden habe, warum Kuhn keinen Versuch zur Rettung der Bibliothek unternommen habe, z. B. indem er die KWG zu einem Kauf überredet habe. Er riet Kuhn, einen eventuell geplanten Besuch in Philadelphia zu verschieben, auch wenn er persönlich sich freuen würde, ihn zu sehen:[45]

> »Ich kann nicht verschweigen, daß das Gerücht [dieser Reise] in weitere Kreise der Chemiker gedrungen ist und nicht günstig aufgenommen ist. Ihre frühere politische Haltung spielt dabei doch eine entscheidende Rolle. Dank der vielen Immigranten gibt es

[45] Kuhn plante einen Besuch in Philadelphia auf Einladung von Paul György, einem früheren Mitarbeiter, der nach Philadelphia emigriert war. Györgyi bemühte sich, Kuhn permanent nach Philadelphia zu holen, und es gelang ihm 1949, Kuhn das Angebot einer Professorenstelle für Physiologische Chemie an der University of Pennsylvania in Philadelphia zu beschaffen. Kuhn lehnte das Angebot 1951 ab. Die Industrie, vor allem Rohm and Haas, war an dieser Einladung beteiligt. (Siehe dazu die Korrespondenz zwischen Kuhn und György im Kuhn-Nachlaß, Archiv der MPG III/25.) Andere Emigranten in Philadelphia, darunter Karl Meyer, verbreiteten die Information über Kuhns Kompromisse mit den Nationalsozialisten und seine Ansprache an die Deutsche Chemische Gesellschaft 1942 (Notiz von Hans Krebs über Diskussionen mit Otto Westphal in Hamburg am 29. Juli 1976, Krebs Nachlaß, University of Sheffield).

keine anti-deutsche Stimmung hier, wohl aber eine verständliche Antinazistimmung, und die dortigen Kollegen werden neben ihrer wissenschaftlichen Bedeutung sehr danach beurteilt, welche Haltung sie während der Nazizeit offiziell einnahmen.«[46]

Meyerhof trennte zwischen dem Wissenschaftler Kuhn, den er hoch achtete, und dem Menschen, dessen vielfältige politischen Kompromisse und offene Unterstützung des Hitler-Regimes er zutiefst verabscheute. Seine Einschätzung von Kuhns politischem Verhalten faßte er in einem Gutachten für die amerikanische Militärregierung in Heidelberg zusammen:

»... Professor Kuhn ist ein unpolitischer Mensch. Er hat eine liberale Erziehung genossen, während der Weimarer Republik demokratische Ansichten vertreten und war ein treuer und loyaler Schüler des berühmten deutsch-jüdischen Chemikers R. Willstätter. Ungeachtet dieser Tatsache hat er sich mit dem Nazi-Regime in einigen wesentlichen Punkten eingelassen.

Anscheinend nachdem ich meinen bremsenden Einfluß auf ihn verloren hatte (wir standen acht Jahre lang in enger Kooperation) und nachdem er gemerkt hatte, daß das Regime unwiderruflich seine Macht gefestigt hatte, war er bereit, ohne Skrupel seine große wissenschaftliche Reputation zu kompromittieren. Meiner Überzeugung nach tat er dies aus Angepaßtheit und Charakterschwäche, ohne jemals nationalsozialistische Überzeugungen zu teilen. Vermutlich war er kein Parteimitglied. Aber er war viele Jahre lang unter dem Nazi-Regime Führer der ›Deutschen Chemischen Gesellschaft‹ und Leiter der deutschen chemischen Delegationen auf dem Internationalen Kongreß in Rom (1939) und bei anderen Gelegenheiten.

... Ich bin davon überzeugt, daß er es jetzt, nachdem sich das Schicksal total gewendet hat, in seinem Bemühen mit amerikanischen Behörden zu kooperieren, ernst meint und bereit ist dabei zu helfen, die schrecklichen Untaten, die das Nazi-Regime begangen hat, zu lindern. Vermutlich rechtfertigt er seine früheren Aktivitäten immer noch mit der Entschuldigung, daß er auf diese Weise einige wissenschaftliche Werte gerettet und schlimmere Verbrechen verhindert hat. Aber ich teile diese Ansicht, die heute von zahlreichen deutschen Gelehrten vertreten wird, nicht.

Die wissenschaftliche Leistung von Richard Kuhn ist hervorragend und von großer Bedeutung. Ich befürworte aufs Entschiedenste, daß seine wissenschaftliche Arbeit ungehindert bleibt und daß er zusammen mit seinen Mitarbeitern die Forschung zum Nutzen von Wissenschaft und Industrie fortsetzen kann. Jedoch sollte er die deutsche Chemie nicht mehr in einer führenden Position repräsentieren dürfen und nicht mehr mit der Ausbildung von Universitätsstudenten betraut werden.

Ich denke, daß meine Ansicht von vielen Kollegen in diesem Land, die die Arbeit und die Persönlichkeit von Professor Kuhn kennen, geteilt wird.«[47]

Kuhn war, wie Meyerhof richtig annahm, nicht in die Partei eingetreten. Meyerhof erfuhr nie, daß es Kuhn war, der 1936 seine drei verbliebenen jüdischen Mitarbei-

[46] Meyerhof an Kuhn, Kuhn-Nachlaß, Archiv der MPG, III/25/54.

[47] Meyerhof an die amerikanische Militärregierung in Heidelberg, 29.1.1947, Meyerhof papers, Übersetzung UD.

ter bei der Generalverwaltung der KWG denunziert hatte. Er kannte auch keine Einzelheiten von Kuhns Kriegsforschung. Aber er war bis 1938 in Heidelberg und hatte Kuhns von opportunistischem Verhalten begleiteten Aufstieg zum Führer der deutschen Chemiker und auch z. B. Kuhns Reaktion auf den Anschluß Österreichs selbst noch miterlebt. Es ist zu vermuten, daß Meyerhof Kuhns feurige nationalistische Rede anläßlich des 75jährigen Bestehens der Deutschen Chemischen Gesellschaft 1942, die mit einem dreifachen Sieg Heil auf Hitler endete, kannte. Indem Meyerhof das in Deutschland nach dem Krieg verbreitete Argument ablehnte, daß ein Verbleiben in Deutschland und gewisse Kompromisse mit den Nationalsozialisten dazu gedient hätten, wissenschaftliche Werte zu retten und weitere Verbrechen zu verhindern, setzte er sich in Gegensatz zu vielen deutschen Wissenschaftlern. Dieser Mythos wurde u. a. von Heisenberg als Rechtfertigung für seine Kompromisse im nationalsozialistischen Deutschland verwendet und von Meyerhofs ehemaligem Schüler David Nachmansohn unter Bezug auf Heisenberg unkritisch übernommen.[48]

Meyerhof berichtete Hermann O. L. Fischer, einem Sohn Emil Fischers, der Deutschland 1932 verließ und Professor in Toronto wurde, über Kuhns Angebot. Fischer antwortete: »R. Kuhns Einladung an Sie zurückzukommen ist ja wirklich erstaunlich, und Sie haben genau die Antwort gegeben, die er verdient. Ich glaube übrigens nicht, daß er so naiv ist, wie er sich den Anschein gibt. Es ist einfach ein Fall von deutschem sog. ›diplomatischem Verhalten‹.«[49]

Meyerhof wußte, daß Kuhn auch mit diesem Angebot an ihn ein Kalkül verfolgte. Seinem Sohn Gottfried, der zu diesem Zeitpunkt als Major der britischen Armee in Deutschland war, schrieb Meyerhof am 4.11.1945, daß Kuhns Vorschlag auch viele diplomatische Seiten habe, z. B. die Idee, daß Amerika das Institut finanziell unterstützen würde, wenn Meyerhof zurückkäme. Ihm gegenüber wurde Meyerhof am deutlichsten: »Aus vielen Gründen, die ich ja gar nicht aufzuzählen brauche, denke ich nicht im Traume daran, nach Deutschland zurückzukehren, auch dann nicht, wenn die Lage in Heidelberg so ersprießlich wäre, wie es mir von Kuhn dargestellt wird. ›Das Tischtuch ist zerschnitten.‹«

Kuhn blieb 1945 Direktor des KWI/MPI für Medizinische Forschung, wurde 1950 ordentlicher Professor der Universität Heidelberg und 1955 Vizepräsident der Max-Planck-Gesellschaft.

8.2.4 Aus der Korrespondenz Carl Neubergs[50]

Carl Neuberg, seit 1906 Professor in Berlin, wurde dort 1925 Direktor des Kaiser Wilhelm-Instituts für Experimentelle Therapie und Biochemie. Auf seinem Ar-

---

48 Nachmansohn/Schmidt, Die große Ära, S. 131.

49 H. O. L. Fischer, 6.2.1946 an Meyerhof, Meyerhof papers, Arch. Univ. of Pennsylvania.

50 Carl Neuberg papers, American Philosophical Society, Philadelphia.

Carl Neuberg

beitsgebiet, der Analyse des Zuckerstoffwechsels, wurde er durch die Aufklärung von Reaktionsfolgen und Enzymen der alkoholischen Gärung international bekannt. Im Jahre 1906 gründete er die Biochemische Zeitschrift, eines der ersten Journale der damals noch jungen Biochemie. Infolge der nationalsozialistischen Rassengesetze verlor er 1934 seine Position als Hochschullehrer; fast gleichzeitig entließ ihn auch die Kaiser Wilhelm-Gesellschaft; es gelang ihm aber noch, das Kaiser Wilhelm-Institut bis 1936 kommissarisch zu leiten. Kurz vor Ausbruch des Krieges floh er mittellos nach Holland. Nach einer Odyssee über den Nahen und Mittleren Osten, Indien und Neuguinea traf er schließlich 1941 in den USA ein. Er erhielt nie wieder eine Stelle, in der er angemessen wissenschaftlich arbeiten konnte, sondern blieb zeitlebens ein niedrig dotierter Berater der Industrie.

Carl Neuberg begann sofort nach dem Krieg, verschiedenen Kollegen in Deutschland, darunter ehemaligen Nazis und Nazigegnern, zu schreiben und ihnen Care-Pakete zu schicken. Zu seinen Korrespondenzpartnern gehörten u. a. die Chemiker und Nobelpreisträger Heinrich Wieland und Adolf Windaus, Personen, die sich während des Nationalsozialismus durch eine ungewöhnliche Integrität ausgezeichnet hatten.

Wieland hatte sich nach dem Krieg die Aufgabe gestellt, das zerstörte chemische Institut der Universität München wieder aufzubauen und es einem baldigen Nachfolger in brauchbarem Zustand zu übergeben. Er litt unter den wirtschaftlichen Bedingungen und empörte sich über die Auflagen der Alliierten für bestimmte wissenschaftliche Betätigungen. Wie andere Gegner des Nationalsozialismus, darunter Hahn und v. Laue, hatte Wieland kein Verständnis dafür, daß die Alliierten die Deutschen nicht möglichst schnell zur Normalität zurückkehren ließen:

»Aber man muß auch verstehen, daß diejenigen, die das Hitler-Unwesen ablehnten, die ewige Piesackerei allmählich satt haben. Sie haben 12 Jahre unter den Nazis gelitten, sie sehen ihre Städte in Trümmern liegen, und jetzt hat man ihnen – was die halbwegs Vernünftigen schon seit 9 Jahren wußten – ad oculos demonstriert, daß sie Bettler sind. Sie erkennen mehr und mehr, daß die hohen Vertreter der Menschenrechte durchaus nicht ohne Schuld und Fehl sind, und sie geraten, wie sehr sie sich auch dagegen wehren, in eine durchaus desparate Verfassung.« (o. Datum, Anfang 1948)

Neuberg bemühte sich, Wieland klarzumachen, daß er (Wieland) die Probleme nur aus deutscher Perspektive wahrnehme. Er schrieb am 6.5.1948:

»Die Weisheit der Staatskünste ist mir gleich selber schleierhaft. Aber übersehen Sie eines nicht: Wenn man mit gebildeten Uramerikanern spricht, so wird stets entgegengehalten, daß die Lage in Deutschland ein Paradies sei im Vergleich zu der, die SA und SS in den besetzten Gebieten geschaffen und in die sie Minoritäten versetzt haben. Angesichts der minimalen Widerstandstätigkeit gegen das Regime ... macht man eben keinen feinen Unterschied zwischen Naziterroristen und den wenigen, die nicht mitgemacht haben.«

Als Wieland sich darüber beklagte, daß Butenandt wahrscheinlich einen Ruf nach Basel annehmen würde, entgegnete Neuberg (16.12.1948): »Daß Butenandt Deutschland verlässt, ist ein bedauerlicher Verlust. ... Sie sprechen von geistiger Demontage. Die materielle erfolgt zwangsweise, aber Butenandt geht doch freiwillig.« Wieland war deprimiert, weil die Währungsreform 1948 den Aufbau seines Instituts verzögerte, so daß sowohl Harteck als auch Bonhoeffer es ablehnten, nach München zu kommen (14.1.1949). Neuberg versuchte, ihn von seiner resignativen Haltung abzubringen, indem er auf die Relationen hinwies (21.2.1949): Niemand könne Übermenschliches leisten, und

»wenn ein ganzes Volk vom Schicksal gebeugt ist, so hat der Einzelne keine Veranlassung zu persönlicher entsagungsvoller Niedergeschlagenheit. Einerlei, ob der Neubau Ihres Instituts etwas schneller oder langsamer fortschreitet, die Hauptsache bleibt, daß es fortschreitet. Ihre brennende Ungeduld ist ein erfreuliches Zeichen Ihrer ungeminderten Schaffenskraft.«

Als einziger der von Neuberg angeschriebenen Chemiker war Adolf Windaus daran interessiert, »etwas von Ihrem jetzigen Leben und Ihrem Schicksal zu erfahren« (April 1947). Windaus war emeritiert, seine Bemühungen galten »der Wiedererweckung der deutschen chemischen Literatur.« Windaus war der einzige der Chemiker, deren damalige Korrespondenz mir vorliegt, der eine selbstkritische Haltung zum Ausdruck brachte, Kritik an Deutschland äußerte und den wissenschaftlichen Erfolg der USA neidlos anerkannte. So erwähnte er die Zerstörungen, die er bei einem Besuch in Berlin vorfand, nicht nur, sondern er fragte sich, »was der einzelne hätte tun können, um das Unheil zu verhüten und was ich versäumt habe.« Er sah klar, daß »Deutschland durch eigene Schuld in Trümmer« gegangen war (22.6.1947).

Dabei hoffte er, daß es mit der Wissenschaft nach 20 bis 30 Jahren wieder aufwärts ginge, meinte aber, mit dieser Ansicht fast allein zu stehen (16.3.1948).

Windaus' eher in der angelsächsischen als deutschen Tradition verbreitete Auffassung, wissenschaftlicher und technischer Fortschritt fänden ihre Parallele in Kultur und Moral, führte dazu, daß auch er zu Beginn der Prozesse gegen leitende Männer der I. G. Farbenindustrie kaum glauben konnte, daß diese Wissenschaftler Verbrechen gegen die Menschlichkeit begangen haben sollten (10.11.1947): »Ich habe einige der Angeklagten gekannt; ich weiß, mit welcher Begeisterung sie die chemotherapeutischen Fortschritte verfolgt haben, wie interessiert sie an den kulturellen Fortschritten der Technik waren. Ich weiß mit Bestimmtheit, daß Carl Bosch die Methoden des Nationalsozialismus verabscheut hat. Es ist mir unverständlich, daß dieselben Männer mit dem Nazitum bei seinen Verbrechen gemeinsame Sache gemacht haben sollen. – Der Prozess wird Monate dauern.« Windaus hatte sich wie seine Kollegen offensichtlich nicht klargemacht, daß der Völkermord in Auschwitz mit Hilfe eines Produktes der chemischen Industrie ausgeführt wurde und daß das I. G. Farben-Werk Monowitz von Sklavenarbeitern aus Auschwitz profitierte.

Mir sind keine Briefe bekannt, in denen sich Windaus zum weiteren Verlauf und den Urteilen der Prozesse äußerte. Sein Fortschrittsoptimismus zeugt von einer nur schwer nachvollziehbaren wirklichkeitsfremden Naivität und dies besonders, weil sie kurz nach dem Zweiten Weltkrieg geäußert wurde. Dabei sei aber angemerkt, daß Windaus es im Gegensatz zu vielen seiner Kollegen, darunter bekanntlich Fritz Haber, Otto Hahn und Heinrich Wieland, abgelehnt hatte, während des Ersten Weltkrieges an chemischen Waffen zu arbeiten. Auch im Zweiten Weltkrieg betrieb Windaus keine Kriegsforschung.

Seine politisch liberale Auffassung zeigt sich auch in einer Entgegnung auf einen Brief Neubergs, in dem dieser die Freiheit an Universitäten im kaiserlichen Deutschland hervorgehoben hatte. Windaus erinnerte ihn an den Fall des Physikers Aarons, der um 1898 nur deshalb abgesetzt wurde, weil er der sozialdemokratischen Partei angehörte. »Es ist mir darum etwas zweifelhaft, ob die Freiheit an den Universitäten wirklich im kaiserlichen Deutschland besonders groß war.« (5.6.1948) Windaus' Ausführungen über die Aufgabe der Wissenschaft klingen bemerkenswert ehrlich:

> »Etwas unsicher stehe ich auch Ihrem Satz gegenüber, daß es die letzte Aufgabe jeder Wissenschaft sei, der Allgemeinheit zu nützen und individuell Glücksgefühl zu schaffen. Ich habe es immer anders empfunden. Mein Antrieb war wissenschaftliche Neugier. Ich wollte wissen, wie ein Stoff gebaut sei, welche verwandten Stoffe (Cholesterine, Gallensäuren) er aufzubauen vermöge, welche Änderungen er daran vornehme u. s. w., daß ich damit der Allgemeinheit nützen könnte, daran habe ich zunächst gar nicht gedacht, und die praktischen Anwendungen sind eigentlich immer von alleine gekommen. Ich bin veranlaßt worden, mich daran zu erinnern, weil neulich ein Schweizer Philosoph in einem Artikel die wissenschaftliche Neugier, das Suchen nach der Erkenntnis um der Erkenntnis willen sehr scharf als wertfreie Wissenschaft verurteilt hat, und sogar die Schändlichkeiten der Versuche an wehrlosen Menschen auf solche Neugier zurückgeführt hat. Ich glaube: der Wissenschaftler ist selbstverständlich an ethische Grundsätze gebunden wie jeder Mensch, aber sein Suchen nach Erkenntnis hat mit Moral zunächst gar nichts zu tun.«

Windaus widersprach Neuberg auch, als dieser das amerikanische Wissenschaftssystem kritisierte. Neuberg war in den USA als altmodischer Europäer zum Außenseiter geworden und erhoffte sich daher von deutschen Kollegen Verständnis für seine Kritik. Windaus behielt seine wissenschaftliche Objektivität bei und entgegnete: »Sehr interessant ist, was Sie über den amerikanischen Wissenschaftsbetrieb schreiben. Sie kennen das ja viel besser als ich. Ich bewundere aber immer, welche großen und raschen Ergebnisse die amerikanische Gemeinschaftsarbeit erzielt. Die glänzenden Erfolge am Penicillin, am Streptomycin, am Biotin bewundere ich außerordentlich.« (5.6.1948) Windaus selbst war emeritiert, die Mehrheit seiner Kollegen schaute nicht in die USA, sondern setzte die vor dem Krieg begonnenen Arbeiten fort und stellte die alten hierarchischen Verhältnisse an Universitäten wie auch in den KWIs/MPIs wieder her.

8.2.5 Späte Freundschaft? Anmerkungen zum Briefwechsel zwischen Carl Neuberg und Adolf Butenandt

Das Bild von deutschen Wissenschaftlern in der Nachkriegszeit war und ist von Legenden geprägt. Dabei werden die Schwierigkeiten vor allem politisch belasteter Personen, nach 1945 wieder in die internationale Gemeinschaft der Wissenschaftler aufgenommen zu werden, ausgeblendet. Häufig entsteht der Eindruck einer Kontinuität der wissenschaftlichen und sogar freundschaftlichen Beziehungen zwischen den nach 1933 vertriebenen jüdischen Wissenschaftlern und ihren nichtjüdischen deutschen Kollegen. Der hier vorgestellte Briefwechsel der beiden Biochemiker Carl Neuberg und Adolf Butenandt wirft ein Licht auf die Entstehung und den Hintergrund einer solchen Legende.

Zunächst zur Person Butenandts: 1933 zum ordentlichen Professor für Organische Chemie an der Technischen Hochschule in Danzig ernannt, wurde der 33jährige am 1. Mai 1936 durch Max Planck, den damaligen Präsidenten der Kaiser Wilhelm-Gesellschaft, als Nachfolger Neubergs als Direktor des Kaiser Wilhelm-Instituts für Experimentelle Therapie und Biochemie berufen, das danach nur noch die Bezeichnung Kaiser Wilhelm-Institut für Biochemie trug. In der Ära des Nationalsozialismus konnte er bis Kriegsende mit Geldern der Kaiser Wilhelm-Gesellschaft und zusätzlich mit großer Unterstützung durch die Deutsche Forschungsgemeinschaft und die I. G. Farben wissenschaftlich unbehelligt arbeiten. Butenandt blieb auch nach dem Krieg Direktor des KWIs, das 1944 nach Tübingen verlegt worden war. Zusätzlich erhielt er die Professur für Physiologische Chemie an der dortigen Universität. Seine hauptsächlichen Arbeitsgebiete betrafen Wirkstoffe wie Hormone, Vitamine und Enzyme. Er war wissenschaftlich sehr erfolgreich; für Arbeiten zur Isolierung und Strukturermittlung der Sexualhormone teilte er 1939 den Nobelpreis für Chemie (den er allerdings, wie erwähnt, ablehnen mußte) mit Leopold Ruzicka aus Zürich.

Adolf Butenandt, ca. 1943

Butenandt, seit 1936 Parteimitglied, hatte, wie er dem damaligen Generalsekretär der Kaiser Wilhelm-Gesellschaft, Telschow, im Juli 1936 erklärte, nichts dagegen, daß die Gesellschaft dem gerade entlassenen Neuberg zwei Räume des Instituts-Torhauses zur weiteren Durchführung seiner Arbeiten überließ. Außerdem war er bereit, Neuberg die von ihm nicht benutzten Apparate zur Verfügung zu stellen. »Etatmäßig wolle er aber mit Herrn Neuberg nicht belastet sein. Das Ganze sei eine Angelegenheit der Kaiser Wilhelm-Gesellschaft, und er habe als neukommender junger Gelehrter nicht die Absicht, sich mit dieser Entscheidung zu belasten.«[51]

Butenandt wußte vermutlich nicht, daß die Kaiser Wilhelm-Gesellschaft, um Neuberg endgültig loszuwerden, ihn als Erfüllungsgehilfen vorschob: Nach Neubergs Erinnerung hatte Butenandt »nach Aussage der K. W. G.« damals »mein Verbleiben in zwei kleinen Räumen des Torhäuschens meines ehemaligen Instituts, wo Planck mich unterbringen wollte, für ›untragbar‹ gehalten und die Annahme seiner Berufung von meiner restlosen Beseitigung abhängig gemacht.«[52] Neuberg war, wie KWG Generalsekretär Telschow feststellte, »die Verstimmung über die Kaiser Wilhelm-Gesellschaft deutlich anzumerken.« Butenandt konnte mit gutem Gewissen weiterarbeiten, denn er überließ nach dem Scheitern des Torhaus-Projektes Neuberg einige Apparate für ein kleines Privatlaboratorium; außerdem entsprach sein Verhalten, die freie Stelle ohne Bedenken anzunehmen – zumindest nach damaligen Maßstäben –, der Normalität.

Ein kleiner Exkurs in das damalige Musikleben soll deutlich machen, daß diese »Normalität« keineswegs nur auf Wissenschaftler beschränkt war: Für den März

[51] Aktennotiz Telschows vom 27.7.1936, Archiv der MPG, I/1A/2033.

[52] Neuberg an Heinrich Wieland, 16.12.1948, Neuberg papers.

1933 war in Berlin ein Konzert mit Bruno Walter, einem international hoch angesehenen Dirigenten und langjährigen Leiter des Leipziger Gewandhausorchesters, geplant. Kurz vorher wurde Walter, der Jude war, mitgeteilt, das Konzert werde zwar nicht verboten, falls er es aber abhielte, könne er sicher sein, daß im Saal alles kurz und klein geschlagen werde. Walter sagte nach dieser Auskunft das Konzert ab. In seiner Autobiographie beschreibt er die unerwartete Reaktion des zuständigen Beamten im Propagandaministerium, Dr. Funk, auf seine Absage: »Wie groß war nun unser Erstaunen, als die Antwort erfolgte, man wünschte, daß das Konzert stattfände, aber, anstatt unter meiner Leitung, unter Richard Strauss. Dr. Funk fügte hinzu, er zweifle nicht, daß Strauss die Aufforderung annehmen würde. Und so war es wirklich. Der Komponist des ›Heldenleben‹ erklärte sich tatsächlich bereit, anstatt des gewaltsam entfernten Kollegen zu dirigieren ...«[53]

Zurück zum erwähnten Briefwechsel zwischen den beiden Wissenschaftlern: Am 29. Januar 1947 nahm Butenandt in einem kurzen Brief, in dem es heißt, »dieser Brief ... hat zunächst nur den Sinn, die Verbindung mit Ihnen wiederherzustellen, und ich hoffe, bald von Ihnen Näheres zu hören ...«, den Kontakt mit seinem Vorgänger Carl Neuberg in den USA auf. Es entwickelte sich ein reger Briefwechsel, der bis zum Tode Neubergs fortgesetzt wurde.

Butenandts Motive für die Wiederaufnahme des Kontaktes können nur vermutet werden, in keinem Fall war es Interesse an einem wissenschaftlichen Austausch. Es kann nicht ausgeschlossen werden, daß Schuldgefühle eine Rolle spielten[54], darüber hinaus erhoffte er sich vermutlich Vorteile, was sich aus seiner damaligen internationalen Isolierung erklärt: Seine Ablehnung eines Rufes an die Harvard University im Jahre 1935, die Tatsache, daß er die Stelle eines jüdischen Professors als KWI-Direktor übernommen hatte, und seine ehemalige Mitgliedschaft in der NSDAP erschwerten internationale Kontakte. Einige Jahre lang wurde er weder auf internationale Konferenzen eingeladen, noch erhielt er Einladungen von Kollegen in den USA, mit denen er früher in regem Austausch stand. Noch 1951, als Butenandt während eines USA-Aufenthaltes der *Union Internationale* der Chemie, die gerade entschieden hatte, Deutschland wieder als Mitglied zu akzeptieren, anbot, während eines Treffens in Washington D. C. als Repräsentant Deutschlands teilzunehmen, erhielt er keine Einladung.[55] Die Briefe sind aus dieser Situation heraus zu verstehen.

In Neubergs ausführlicher Antwort ist seine Verbitterung über das ihm zugefügte Leid deutlich spürbar:

---

[53] Bruno Walter, Thema und Variationen. Erinnerungen und Gedanken, Frankfurt /M 1963: Fischer, S. 390.

[54] Butenandt schlug im Februar 1947 Otto Hahn vor, James Franck eine Position an einem KWI oder eine Arbeitsmöglichkeit in Hechingen anzubieten, u. a. weil dies eine gute Gelegenheit wäre, das an Franck geschehene Unrecht wiedergutzumachen (Nachlaß Otto Hahn, Archiv der MPG). Auch in privaten Briefen wie diesem war Butenandt einer der ganz wenigen deutschen Wissenschaftler, die die Entlassungen 1933 als Unrecht bezeichneten.

[55] Butenandt an Freudenberg, 28.11.1951, Freudenberg-Nachlaß, UA Heidelberg.

»Sie wollen wissen, wie es mir geht. Nach Irrfahrten über Holland, Palästina, Irak, Iran, Indien, Niederländisch Indien, Neu-Guinea und Hawaii bin ich nach meiner Auswanderung im Jahre 1939 hier gelandet. Da ich wegen meiner früheren Tätigkeit im Weltkrieg I erst 14 Tage vor Ausbruch des Krieges auf einen Informationspaß die Ausreise erhalten habe, bin ich mit zwei Handköfferchen in die Welt gegangen und habe außer 5 holländ. Gulden nichts mitnehmen dürfen. Ausländische Verwandte haben mir dann zur Reise nach Amerika verholfen. Ich habe nicht nur meinen Hausrat, meine mir besonders am Herzen liegende Bibliothek, sondern auch jegliches Vermögen verloren. Die ersten zwei Jahre habe ich hier eine mit dem Existenzminimum bezahlte, nichtetatmäßige Stellung an der New York University gehabt. Seither muß ich mir ein karges Brot als Consulent für die Industrie verdienen, eine Beschäftigung, die mir gar nicht liegt. Da ich in diesem Jahr die 70 überschreite und hier in allen Berufen scharfe Altersgrenzen bestehen, weiß ich nicht, was dann wird.«

Neuberg war nach seiner Vertreibung verständlicherweise nicht gut auf Butenandt zu sprechen gewesen. Bei Biochemikern in New York beklagte er dessen Parteimitgliedschaft.[56] Jetzt, direkt von Butenandt angesprochen, ließ er sich auf einen Handel ein, nahm Butenandts Angebot, etwas für ihn tun zu wollen, an: Er bat Butenandt, ihm behilflich zu sein, die Pension der Kaiser Wilhelm-Gesellschaft, von der er bisher nichts gesehen hatte, zu erhalten sowie um die Rücksendung einiger alter Sammelbände und Bücher. Butenandt sandte ihm das Gewünschte, dazu die erbetenen Adressen ehemaliger Mitarbeiter Neubergs, er sorgte dafür, daß sich die Max-Planck-Gesellschaft der Pensionsansprüche Neubergs erinnerte und hängte ein Photo Neubergs in die Reihe der Bilder seiner Vorgänger im Physiologisch-Chemischen Institut der Universität und im KWI für Biochemie. Das war noch nicht alles: Auf Anregung des Präsidenten der Max-Planck-Gesellschaft Otto Hahn (Butenandt schrieb Neuberg, daß diese Anregung auf seine Initiative zurückzuführen sei) wurde Neuberg schließlich 1954 das Große Verdienstkreuz der Bundesrepublik Deutschland verliehen.

Neuberg hat sehr wohl verstanden, warum Butenandt den Kontakt mit ihm suchte. Er schickte nicht nur reichlich die in diesem Fall nicht erbetenen Care-Pakete, sondern erfüllte Butenandts Erwartungen, ohne daß sie expressis verbis ausgesprochen wurden. Am 25. September 1947 schrieb Neuberg: »Im Frühjahr wird Ihnen meine persönlichen Grüße Dr. Albert E. Gessler überbringen, der Vizepräsident der Interchemical Corporation. Bei dieser Gesellschaft friste ich als Consulent mein Leben. Da er dem Vorstand der American Chemical Society angehört, können Sie mit ihm auch sans gène Ihre eventuellen Wünsche für eine Einladung nach U. S. A. besprechen. Ich glaube, daß der Zeitpunkt bald erreicht ist, wo die Menschheit einsieht, mehr zu pflegen was sie verbindet, als was sie trennt.«

Butenandt bestätigte, daß er unter seiner Isolierung litt (6.11.1947): »Es wird mich freuen, im Frühjahr den Besuch von Dr. Albert E. Gessler zu empfangen.

[56] Persönliche Mitteilung von Salome Glücksohn-Waelsch, 21. Oktober 1991, New York City.

Hoffentlich haben Sie recht, daß der Zeitpunkt bald erreicht ist, wo die Menschheit einsieht, mehr das zu pflegen, was sie verbindet, als was sie trennt. Einstweilen kann man von hier aus gesehen diese Auffassung leider noch nicht teilen.«

Offenbar durch Gesslers Vermittlung wurde Butenandt schließlich zu Gastvorlesungen in die USA eingeladen. Als Butenandt, wie oben erwähnt, 1947 von der medizinischen Fakultät der Universität Basel für den Lehrstuhl der Physiologischen Chemie vorgeschlagen wurde, sprach sich Neuberg, von Schweizer Seite befragt, positiv für Butenandt aus. Dies war zum damaligen Zeitpunkt von besonderer Bedeutung, da starke politische Bedenken gegen Butenandt vorgebracht worden waren. So empfahl der Basler Große Rat, in Berufungsfragen selbst nicht entscheidungsbefugt, im Oktober 1948 der Exekutive, auf die vorgesehene Berufung zu verzichten, da Butenandt als »durch sein Auftreten für den Nationalsozialismus in eindeutiger Weise belastet« angesehen wurde.[57] Ihm wurde u. a. vorgeworfen (wie schon erwähnt), daß er Parteianwärter war und an Stelle eines jüdischen Professors seinerzeit die Leitung des Kaiser Wilhelm-Instituts in Berlin übernommen hat. Regierung und Universität setzten sich aber über diese Bedenken hinweg und hielten an der Berufung fest. Diese scheiterte schließlich daran, daß Butenandt am 11.1.1949 dem Erziehungsdepartement mitteilte, er verzichte auf die Berufung nach Basel.

Neuberg erfüllte nicht nur Butenandts Erwartungen nach konkreter Hilfe. Angesichts fortwährender Kritik aus den USA an Butenandts politischem Verhalten im Nationalsozialismus schrieb er diesem am 23. April 1954: »Immer bin ich dem ›gossip‹ – amerikanischer Ausdruck für Geschwätz – entgegengetreten, daß in der Übernahme des K. W. I. für Biochemie durch Sie etwas Unkorrektes gelegen habe. Wenn eine freigewordene Stelle jemandem angeboten wird, so kann er sie ohne Bedenken annehmen. Das ist selbstverständlich.«

Kurz vor seinem Tod sprach Neuberg Butenandt also von jeglicher Mitverantwortung an seinem eigenen Leid frei und entschuldigte darüber hinaus allgemein alle, die bereitwillig die Plätze vertriebener Kollegen übernahmen. Auf diese Weise erhielten Butenandt und die Kaiser Wilhelm-(Max-Planck-) Gesellschaft die Absolution. Über Gründe mag man spekulieren. Trotz seiner schlimmen Erfahrungen hatte Neuberg starke gefühlsmäßige Bindungen zu Deutschland. Er fühlte sich in den USA isoliert und litt unter dem, was er amerikanische Mentalität nannte, sowie unter einem vermeintlichen Mangel an Kultur. Darüber hinaus ließ Neuberg nie einen Zweifel daran, daß die Wissenschaft für ihn einen sehr hohen Stellenwert einnahm und daß er Butenandt wegen seiner Leistungen verehrte. »Von alledem war meine Bewunderung für Butenandts Leistungen stets unberührt,« schrieb er nach dem Krieg im Rückblick auf die Vorgänge um seine Entlassung an Wieland.

Neuberg, der unter entwürdigenden Bedingungen seine Position abgeben mußte und danach nie mehr eine auch nur annähernd adäquate Stellung erringen konnte, der seine Heimat verlor und über diesen Verlust nicht hinwegkam, beugte sich diesem jungen Nachfolger, beugte sich jemandem, dessen wissenschaftliche Größe er anerkannte. Die Max-Planck-Gesellschaft und Butenandt, seit 1960 ihr langjäh-

---

[57] Basler Nachrichten, 14.10.1948.

riger Präsident, dankten es ihm. Butenandt verfaßte, wie oben erwähnt, 1956 einen Nachruf, in dem er Neuberg nicht nur als einen der »großen Meister auf dem Gebiet der Enzymforschung« und »liebenswerten Menschen« betrauerte, sondern auch seine »treue Anhänglichkeit an das Institut, auch als es in neuer Form als ›Max-Planck-Institut‹ wiedererstand« betonte. Die Max-Planck-Gesellschaft stellte den engen Briefkontakt Neubergs als Ausdruck von Freundschaft dar.[58] Weitere Schatten im Bild der Kontinuität einer erfolgreichen biochemischen Forschung in der Kaiser Wilhelm-/Max-Planck-Gesellschaft waren entfernt. Die Gesellschaft erinnerte 1983 in ihrem Gedenkartikel, der Neuberg als Opfer einer Denunziation und die Kaiser Wilhelm-Gesellschaft als ohnmächtiges Opfer der Nationalsozialisten darstellte, an die Ära Neuberg des Kaiser Wilhelm-Instituts für Biochemie: »Vor fünfzig Jahren: Der Fall Neuberg».

8.2.6 Aus der Korrespondenz von Hans Krebs

Hans Krebs ist einer der deutsch-jüdischen Emigranten, der einigen seiner deutschen Kollegen bereits wenige Jahre nach Kriegsende geholfen hat. Eine solche Hilfe war in der Biochemie aufgrund ihrer Rückständigkeit von großer Bedeutung.[59] Krebs, 1900 in Hildesheim geboren, stammte aus einer assimilierten jüdischen Familie, deren Vorfahren seit Jahrhunderten in Deutschland gelebt hatten. Trotz der Tatsache, daß ihn seine Erfahrungen 1933 und danach stark verletzten, blieb er wie Meyerhof, Neuberg und andere deutsch-jüdische Wissenschaftler der deutschen Kultur stark verbunden, eine Haltung, die seine Sorge und Hilfe für deutsche Wissenschaftler nach dem Krieg zum Teil verständlich macht. Krebs, der von 1931 bis 1933 Assistent Siegfried Thannhausers an der Freiburger Universität war, gelang es nach seiner Entlassung durch Rektor Martin Heidegger, sofort eine neue Stelle in England zu erhalten, da er bereits durch die Aufklärung des Harnstoffzyklus im Jahre 1932 wissenschaftlich anerkannt war. Später wurde er Professor an der University of Sheffield. 1953 erhielt er zusammen mit Fritz Lipmann einen Nobelpreis.[60]

Krebs, der sich (erfolglos) dafür einsetzte, daß deutsche Wissenschaftler am Internationalen Biochemiekongreß in Cambridge 1949 teilnehmen durften, gehörte zu den ersten Wissenschaftlern, die Deutschland nach dem Krieg besuchten. 1951 besuchte er Freiburg privat, 1955 nahm er die Einladung der Freiburger Universität an, die Aschoff-Gedenkrede in Erinnerung an den Pathologen Ludwig Aschoff

58 Nordwig, Vor 50 Jahren.

59 Die hier zitierten Korrespondenzen befinden sich, wenn nicht anders angeben, im Nachlaß von Hans Krebs im Archiv der University of Sheffield.

60 Siehe Krebs' Biographie von F. Holmes (Hans Krebs, Vol. 1: The Formation of a Scientific Life, 1900–1933, Oxford 1991, Vol. 2: Architect of Intermediary Metabolism, 1933–1937, Oxford University Press 1993).

Sir Hans Krebs (*links*) mit Otto Warburg, 1966

zu halten, eine Entscheidung, die ihm allerdings nicht leichtfiel.[61] Krebs' größte Hilfe für die deutsche Biochemie lag vermutlich in seiner Unterstützung der 14 bzw. 11 Jahre jüngeren Biochemiker Theodor Bücher und Feodor Lynen, beide keine ehemaligen NSDAP-Mitglieder oder Nazi-Sympathisanten.

Bücher arbeitete von 1938 bis 1945 als Doktorand und Postdoktorand bei Otto Warburg. Krebs half ihm 1946, Artikel in internationalen Journalen zu publizieren, schickte ihm einige Jahre lang eine große Zahl von Artikeln, die in Deutschland schwer erhältlich waren, kommentierte Büchers Entwürfe und machte seine wissenschaftlichen Ergebnisse außerhalb Deutschlands bekannt. Krebs und Bücher trafen sich oft auch privat, und Krebs' Hilfe hatte für Bücher eine solche Bedeutung, daß er sie wie die Sorge eines großen Bruders empfand.[62] Bücher spielte nach dem Krieg eine bedeutende Rolle bei der Etablierung moderner Biochemie, insbesondere der Enzymologie und ihrer medizinischen Anwendungen, an deutschen Universitäten.

Feodor Lynen war nach 1945 der herausragende deutsche Biochemiker, der das vor allem durch die erzwungenen Emigrationen nahezu verwaiste bzw. nur noch

[61] Gegenüber seinem früheren Lehrer Thannhauser, der es abgelehnt hatte, nach Freiburg zurückzukehren, rechtfertigte er seine Entscheidung damit, daß mehrere Mitglieder der Aschoff-Familie während der Feiern am 1. Mai 1933, von denen Juden ausgeschlossen waren, öffentlich ihre Solidarität mit Juden bekundet hatten.

[62] Bücher an Krebs, 8.3.1952, Krebs-Nachlaß.

Theodor Bücher zum 100. Geburtstag von Otto Warburg, 1983

auf geringem Niveau betriebene Gebiet der intermediären Stoffwechselbiochemie repräsentierte. Er war als Anti-Nazi und hervorragender Wissenschaftler bekannt und hatte nach relativ kurzer Zeit gute Beziehungen zu Kollegen in England und den USA, darunter auch zu Emigranten. Zu seinen Freunden zählten Heinrich Waelsch und, später, Fritz Lipmann.[63] Krebs und Lynen begannen 1947 eine sich über viele Jahre hinziehende wissenschaftliche Kooperation, die auch zu einer persönlichen Freundschaft führte. Dazu gehörte z. B., daß sie ihre Hefestämme austauschten und wissenschaftliche Fragen intensiv diskutierten, zunächst in Briefen, später durch häufige Besuche. Sie luden einander zu Vorträgen und Studenten zu Gastaufenthalten ein (der erste Student aus England kam 1961). 1953 schrieb Krebs für die Harvard University ein ausgezeichnetes Gutachten für Lynen, woraufhin dieser das Angebot einer Professur für Biochemie erhielt. Lynen wollte das Angebot

[63] Dazu Salome Glücksohn-Waelsch: »My second husband, Heinrich Waelsch, and I became close friends of Feodor Lynen. He was in New York for one year in the early 50's. When he was back at home, he invited us to his house in Starnberg, but we first refused, because neither of us wanted to go to Germany. Lynen became very sad because even we as close friends refused to come to Germany. Therefore, as a gesture, we went to his home in Starnberg for one day, coming from Italy.« (persönl. Mitteilung 21. Oktober 1991, New York City).

Feodor Lynen

aus den USA zunächst annehmen, entschied aber schließlich, in Deutschland zu bleiben und die ihm angebotene Professur für Biochemie in München anzunehmen. 1964 wurde er mit einem Nobelpreis ausgezeichnet. Mit Lynen schien die Biochemie in Deutschland in diesem einen Fall – wenigstens – wieder »normal« geworden zu sein.

Zu den Chemikern und Biochemikern, die zwar nicht nach Deutschland zurückkehrten, aber auf verschiedene Weise seit Mitte der 1950er Jahre junge deutsche Biochemiker unterstützten, gehörten u. a. auch folgende Wissenschaftler. Fritz Lipmann beschäftigte unter seinen vielen ausländischen Postdoktoranden an der Rockefeller University in New York seit Ende der 1950er Jahre auch junge deutsche Biochemiker, unter ihnen Hans Zachau, später ein bedeutender Molekularbiologe an der Universität München. Max Perutz in Cambridge unterstützte Gerhard Braunitzer bei seinen Arbeiten über die Primärstruktur des Humanhämoglobins am MPI für Biochemie in München. Ernst Boris Chain, der bereits 1954 zum Empfang des Paul-Ehrlich-/Ludwig-Darmstädter Preises das erste Mal wieder nach Deutschland reiste, kam seit den 1960er Jahren regelmäßig nach Westdeutschland, wo er frühere Kollegen besuchte und mit der deutschen chemischen Industrie, insbesondere mit Hoechst in Frankfurt kooperierte.[64]

Zusammenfassend ist festzuhalten, daß einige emigrierte Chemiker und Biochemiker während der schwierigen Nachkriegszeit von großer Hilfe für ihre Kollegen in Deutschland waren. In wenigen Fällen könnte man von einer Normalisierung der Beziehungen sprechen, insbesondere bei Hans Krebs und Feodor Lynen. Dies traf aber nicht auf die Gesamtheit der deutschen (Bio-)Chemiker zu. Die hier ausgewerteten Korrespondenzen machen deutlich, daß nur sehr wenige deutsche Wis-

[64] Zu Chain siehe die umfangreichen Korrespondenzen in seinem Nachlaß im Archiv des Wellcome Institute for the History of Medicine (pp E. B. Chain).

Fritz Lipmann

senschaftler sich bemühten, die Ursachen und Folgen des Nationalsozialismus zu verstehen, und daß der größte Teil von ihnen die eigene Vergangenheit ausklammerte bzw. jegliche Mitverantwortung ablehnte. Damit wurde die Chance für einen neuen Anfang der Beziehung mit früheren jüdischen Kollegen im Exil in den meisten Fällen vertan.

8.3 Die Rückkehr einzelner Flüchtlinge

Von den emigrierten Biochemikern kehrte niemand, von den Chemikern nur sehr wenige zurück. Für diejenigen, die eine gute Stelle im Ausland gefunden hatten, kam eine Rückkehr direkt nach dem Krieg wegen der Zerstörungen und wegen der großen Zahl nach wie vor tätiger früherer nationalsozialistischer Hochschullehrer in den meisten Fällen nicht in Frage. Aber die Tatsache, daß, von wenigen Ausnahmen abgesehen, kein Versuch gemacht wurde, die entlassenen und emigrierten Wissenschaftler zurückzuberufen, rief ebenso wie die Tatsache, daß ihre 1941 erfolgte Ausbürgerung nicht automatisch zurückgenommen wurde und Entschädigungsleistungen erst nach sehr langer Zeit möglich wurden, erneute Enttäuschung und Verbitterung hervor.[65] Insbesondere Wissenschaftler, die in die Türkei emigriert waren, hatten gehofft, man werde ihnen wieder Stellen in Deutschland anbieten. So waren 1946 24 ehemalige deutsche Hochschullehrer in der Türkei bereit, aus »kulturellem Hunger« früher oder später nach Deutschland

[65] Darüber, daß viele Emigranten enttäuscht waren, nicht nach Deutschland zurückgebeten zu werden, berichtete mir Prof. Werner Maas von der New York School of Medicine in einem Gespräch am 28. Februar 1997 in New York.

zurückzukehren, obwohl sie von der Zerstörung vieler Universitäten Kenntnis hatten.[66]

Lise Meitner, die 1947 von Fritz Straßmann gebeten worden war, an das KWI für Chemie, das in Mainz neu errichtet worden war, zurückzukommen, lehnte das Angebot nach langen Überlegungen ab. Sie schätzte Straßmann sehr und wußte, daß er sich bemühte, sie zu verstehen, vermutete aber aufgrund der Briefe, die sie erhielt, daß die Mehrzahl ihrer deutschen Freunde und Kollegen noch nicht bereit war, das was passiert war, zu verstehen. »Und ein gegenseitiges menschliches Verstehen ist doch die unerläßliche Grundlage für ein wirkliches Zusammenarbeiten. Ich zweifle nicht an Ihnen, aber das genügt ja nicht.«[67] Dennoch bedeutete Straßmanns Angebot für Meitner viel. Wie Ruth Sime schrieb, war es ein Versuch der Wiedergutmachung und trug dazu bei, Meitners Beziehungen zu deutschen Kollegen und Institutionen zu verbessern.[68]

Der Physiologische Chemiker Theodor Bersin wies in einem Brief an Carl Neuberg auf die in Deutschland verbreitete negative Einstellung gegenüber früheren Flüchtlingen hin: »Ihre bitteren Worte über die deutsche Heimat haben mich recht nachdenklich gemacht. Vergeblich habe ich darüber nachgegrübelt, wo eigentlich der letzte Grund für die schmachvolle Mißachtung liegt, mit der man allgemein diejenigen deutschen Menschen behandelt, welche freiwillig oder unfreiwillig zur Nazizeit ihre Heimat verließen. Es kann doch nicht daran liegen, daß jetzt in den entscheidenden Stellen Leute sitzen, welche einfach nicht wissen, welche Prominenz wir zur Nazizeit verloren haben. Oder sollte der moralische Niedergang durch den Krieg soweit gegangen sein, daß man jedes menschliche Gefühl für anständige Haltung verloren hat?«[69] Bersin, der Mitglied der NSDAP gewesen war, wurde 1945 aus politischen Gründen entlassen und erhielt eine Stelle in der chemischen Industrie in der Schweiz.

Trotz der von deutschen Wissenschaftlern heftig kritisierten Entnazifizierungen blieben aktive Nationalsozialisten in ihren Positionen bzw. wurden einige Jahre später wieder eingestellt. Die französische Besatzungspolitik war in dieser Hinsicht besonders großzügig. So schrieb Otto Meyerhof im Oktober 1946 an seinen Kollegen am Institut Pasteur, André Lwoff, der zu diesem Zeitpunkt Offizier der Besatzungsarmee war:

> »Nun möchte ich diesen Brief nicht mit einer abfälligen Kritik der französischen Universitätspolitik in Deutschland befrachten. Wenn sie meinen, Butenandt seinen Nazismus vergeben zu müssen, weil er ein sehr fähiger Wissenschaftler ist, so sollen sie es tun und auch bei Heidegger so verfahren, weil er der Prophet des Nichts (»néant«) mit so

---

[66] Der Biochemiker Friedrich Breusch schickte diese Liste an O. Meyerhof nach Philadelphia, 14.1.1946, Meyerhof papers, U. of Pennsylvania. Alle hatten zumeist längerfristige Verträge von der türkischen Regierung. Auf der Liste befinden sich u. a. die Namen des Chemikers Fritz Arndt und des Biologen Leo Brauner.

[67] Lise Meitner an Fritz Straßmann, 21.12.1947, zitiert nach Fritz Krafft, Im Schatten der Sensation. Leben und Wirken von Fritz Straßmann, Weinheim 1981: Verlag Chemie, S. 185.

[68] Sime, Lise Meitner, S. 357.

[69] Bersin an Neuberg, 3.11.1948, Neuberg papers.

vielen Gefolgsleuten in Frankreich ist. Aber vor kurzem setzte mich ein Brief meines Kollegen Breusch in Istambul davon in Kenntnis, daß der Biochemiker Kapfhammer in Freiburg seine Position behalten konnte, obwohl er von 1933–1936, während Dr. Breusch noch dort war, ein überaus heimtückischer Nazi-Dekan gewesen war, der wissenschaftlich eine Null oder ein Betrüger ist, vermutlich das letztere, denn seine einzige Leistung bestand im Auffinden einer großen Menge von Acetylcholin im Blut, das seine Sekretärin vorher zu diesem Zweck dem Blut beigegeben hatte.

Falls es keinen ernsthaften Versuch gibt, den Geist der deutschen Universitäten umzukehren, verstießen die französischen Behörden gegen ihre fundamentalste Zielsetzung und Verpflichtung in Deutschland. Dies ist meine feste Überzeugung.«[70]

Kapfhammer blieb wie viele andere ehemalige aktive Nationalsozialisten in seiner Position. Deutsche Physiologische Chemiker, die bereits in den 1920er Jahren einen Michaelis oder Meyerhof als Professor abgelehnt hatten und von denen viele ehemalige Mitglieder der NSDAP waren, hatten kein Interesse daran, einen jüdischen Emigranten, wie z. B. Erwin Chargaff, zurückzurufen.

Wer wurde zurückberufen?

Folgende aktive Chemiker wurden zurückberufen: Stefan Goldschmidt, bis zu seiner Entlassung 1933 ordentlicher Professor an der TH Karlsruhe und 1938 nach Holland emigriert, wo er als Industriechemiker bei der Firma Organon arbeitete, nahm 1946 einen Ruf als Nachfolger von Hans Fischer auf das Ordinariat für Organische Chemie an der TH in München an. Hans Kröpelin, nach seiner Entlassung in die Türkei emigriert, wurde 1946 Ordinarius an der TH Braunschweig. Georg Maria Schwab, der nach Griechenland emigrierte und sich während des Krieges dort mit Hilfe seiner Frau, einer Griechin, dem Zugriff der deutschen Besatzer entzog, wurde 1950 Ordinarius für Physikalische Chemie an der Universität München.

Der österreichische Chemiker Walter Fuchs wurde 1927 wegen seiner Arbeiten über Lignin und Kohle von Franz Fischer als Abteilungsleiter an das Kaiser Wilhelm-Institut für Kohlenforschung in Mülheim berufen und 1932 zum ordentlichen Professor für Technische Chemie an der TH Aachen ernannt.[71] 1933 wurde er als Sozialdemokrat aus politischen Gründen entlassen, womit man der spätestens 1935 erfolgten Entlassung als Jude zuvorkam. Er emigrierte über die Tschechoslowakei und England in die USA. Aufgrund der Empfehlung des späteren Nobelpreisträgers Selman G. Waksman, »Professor Fuchs ist zweifellos der weltweit herausragendste Experte auf dem Gebiet der Ligninchemie«[72], erhielt er 1934 eine befristete Stelle an der Rutgers University. 1936 wurde er Professor of Fuel Technology am Pennsylvania State College. Diese Stelle lief 1942 aus. Danach wurde Fuchs Industrieberater sowie Mitglied des Aufsichtsrates zweier chemischer Fir-

[70] Otto Meyerhof 31.10.1946 an André Lwoff, Otto Meyerhof papers, Übersetzung UD.

[71] Valentin Wehefritz, Weltbürger im Reich der Chemie: Prof. Dr. Walter Fuchs (1881–1957): Ein deutsches Gelehrtenschicksal im 20. Jahrhundert, Dortmund: Universitätsbibliothek Dortmund, 1996.

[72] Ibid., S. 17.

men. 1949 nahm er das Angebot, auf seine alte Position als Professor an der TH Aachen zurückzukehren, an. Möglicherweise war die chemische Industrie, die Fuchs' Forschung während der 1950er Jahre stark unterstützte, an dieser Rückberufung beteiligt.[73] Fuchs arbeitete unter anderem über die Chemie von Erdölprodukten, eine Forschungsrichtung, die in Deutschland vergleichsweise wenig entwickelt war.

Nach ihrem Ausscheiden aufgrund des Erreichens der Altersgrenze kehrten folgende Chemiker nach Deutschland zurück: Fritz Paneth, als Ordinarius für Anorganische Chemie in Königsberg entlassen und 1933 nach England (Durham) emigriert, wurde 1953 zum Leiter des MPI für Chemie in Mainz berufen. Fritz Arndt schied 1955 aus dem Lehrkörper der Universität in Istanbul aus, nach dem türkischen Beamtengesetz ohne Pension. Nach langen Wiedergutmachungsverhandlungen setzte er durch, daß er in Deutschland den Status eines emeritierten ordentlichen Professors erhielt. Er lebte seitdem in Hamburg, wo er als Honorarprofessor rege an der wissenschaftlichen Diskussion teilnahm. Wie oben erwähnt, ging Alexander Schönberg 1957 wegen des Erreichens der Altersgrenze seiner Professur in Kairo verlustig. Er zog 1958 nach Berlin, wo auch er seinen Anspruch auf den Status eines emeritierten ordentlichen Professors an der Technischen Hochschule in Berlin durch ein gerichtliches Wiedergutmachungsverfahren durchsetzen mußte.[74] Er setzte in Berlin seine produktive wissenschaftliche Tätigkeit bis zu seinem Tod im Jahre 1985 fort. Im Jahre 1978 verlieh ihm Präsident Sadat für seine wissenschaftlichen und wissenschaftspolitischen Verdienste in Ägypten den Orden der Republik 2. Klasse. Nach Meinung seines Schülers und Mitarbeiters während der letzten Jahrzehnte in Berlin, Erich Singer, schätzte Schönberg diese Auszeichnung mehr als das Eiserne Kreuz des Ersten Weltkrieges oder das Bundesverdienstkreuz.[75]

Als aktive Hochschullehrer kamen also vier Personen nach Deutschland zurück, das sind etwa 4 % der Emigranten. Eine allgemeine Rückberufung als Zeichen dafür, daß die Entlassungen als Unrecht anerkannt wurden, fand nicht statt. Während fast alle politisch belasteten Hochschullehrer nach 1945 in ihrer Position blieben bzw. nach ihrer Entnazifizierung einige Jahre später mit vollen Bezügen und Pensionsberechtigung wiedereingestellt wurden, mußten Emigranten ein solches Recht in der Regel gerichtlich erkämpfen. Dies hinterließ, wie Erich Singer beschrieb, bei den Betroffenen »viel Bitternis, Skepsis und Mißtrauen«.[76]

Hartmut Kallmann und Bernhard Witkop, beide nach damaligem Sprachgebrauch Halbjuden, emigrierten aus unterschiedlichen Gründen erst nach dem Krieg. Witkop, der 1938 bei Heinrich Wieland mit seiner Doktorarbeit begann, erhielt 1939 eine Einladung vom Chemistry Department der Harvard University.[77] Da er sich während des Krieges auf einem Bauernhof in Südbayern verstecken mußte, folgte

[73] Ibid., S. 20.
[74] E. Singer, Alexander Schönberg 1892–1985, Chemische Berichte 120, I – XIX, 1987.
[75] Ibid., S. III.
[76] Ibid.
[77] B. Witkop, »Stepping Stones, Building Bridges«, S. 22.

er dieser Einladung erst acht Jahre später. Kallmann, als Abteilungsleiter am Haberschen Institut und Privatdozent der Universität Berlin 1933 entlassen, versuchte in England eine neue Stelle zu finden. Da er in Deutschland eine Stelle bei der Industrie erhielt, emigrierte er nicht, und als ihm 1939 gekündigt wurde, war es dafür zu spät. Obwohl er 1945 wieder eine Position als Abteilungsleiter an seinem alten Institut erhielt, emigrierte er 1949 in die USA. Ausschlaggebend dafür war unter anderem eine nach wie vor in Deutschland verbreitete nationalsozialistische Mentalität.[78]

8.4 Die Nachkriegsauseinandersetzung von Chemikern mit Auschwitz

8.4.1 Allgemeines

Die Auseinandersetzung von Wissenschaftlern mit den Verbrechen ihrer Disziplin während des Nationalsozialismus im Nachkriegsdeutschland, sofern sie überhaupt stattfand, zeigt eine merkwürdige Bewußtseinsspaltung. Nachdem die Wiederbewaffnung der Bundesrepublik beschlossen worden war, wobei Adenauer auch an eine atomare Bewaffung gedacht hatte, publizierten 18 Göttinger Physiker, darunter Werner Heisenberg und Carl-Friedrich v. Weizsäcker, am 16.4.1956 eine von letzterem verfaßte Erklärung, in der sie die Wirkung von Atomwaffen realistisch beschrieben und sich verpflichteten, jede Mitarbeit an atomarer Bewaffnung abzulehnen. Eine solche Weigerung sei für sie schon deshalb naheliegend, weil sie im Krieg um die Mitarbeit an atomarer Bewaffnung herumgekommen seien.[79]

Den deutschen Physikern war es während des Nationalsozialismus aus verschiedenen Gründen nicht gelungen, eine Atombombe zu produzieren.[80] Ihr Engagement nach dem Krieg hatte den Schönheitsfehler, daß ihre Repräsentanten, insbesondere Werner Heisenberg und Carl-Friedrich v. Weizsäcker, behaupteten, sie hätten die Atombombe aus moralischen Gründen nicht gewollt. Diese Legende wurde in Deutschland erst zerstört, als die britische Regierung die Tonbandaufnahmen, die die Gespräche der nach dem Krieg im englischen Farm Hall internierten deutschen Kernphysiker protokollierten, für die Öffentlichkeit freigab.[81] Das 1946 in den

[78] M. Polanyi an die Society for the Protection of Science and Learning, 9.12.1947, ms SPSL, Bodleian Library, Oxford.

[79] Werner Heisenberg, Der Teil und das Ganze, S. 351 f.

[80] Siehe dazu Walker, Die Uranmaschine.

[81] Die Protokolle sind veröffentlicht in: Dieter Hoffmann (Hg.), Operation Epsilon. Die Farm-Hall-Protokolle oder die Angst der Alliierten vor der deutschen Atombombe, Berlin 1993: Rowohlt. Die Protokolle zeigen eindeutig, daß von einer aus moralischen oder politischen Gründen motivierten Weigerung, die Atombombe herzustellen, nicht die Rede sein kann. Es waren andere Gründe, die die rechtzeitige Fertigstellung der Bombe während des Krieges in Deutschland verhinderten.

USA veröffentlichte Buch »Alsos« von Samuel Goudsmit, in dem dieser durch seine Gespräche mit Physikern kurz nach dem Krieg und die Auswertung der Farm-Hall Transcripts diese Legende der deutschen Physiker widerlegte, wurde nie ins Deutsche übersetzt. Goudsmit führte das Versagen des deutschen Uranprojekts unter Werner Heisenberg auf Mängel der Wissenschaftsorganisation, Fehler und Unfähigkeit einzelner Wissenschaftler und deren Selbstgefälligkeit zurück.

Im Unterschied zur Physik trug die Humangenetik, die damals aus Anthropologie und verschiedenen medizinischen Disziplinen wie z. B. der Rassenhygiene bestand, ideologisch und praktisch entscheidend zur nationalsozialistischen Politik der Selektion und Vernichtung bei. Humangenetiker lehnten es nach dem Krieg ab, sich mit der Rolle ihrer Disziplin und vor allem mit dem zentralen Verbrechen ihrer Vertreter, der Zusammenarbeit von Otmar v. Verschuer am Kaiser Wilhelm-Institut für Anthropologie mit seinem Mitarbeiter Mengele in Auschwitz, auseinanderzusetzen.[82] Auch Max Weinreichs Buch »Hitlers Professors, The Part of Scholarship in Germany's Crimes against the Jewish People«, 1946 in New York erschienen, in dem der Autor auf die zentrale Rolle der Humangenetiker und Juristen bei den Verbrechen der Nationalsozialisten gegen die Juden aufmerksam macht, wurde nie ins Deutsche übersetzt.

Wie sah es in der Chemie aus? Die zentrale Rolle der chemischen Industrie beim Völkermord in Auschwitz wurde, abgesehen von vereinzelten Publikationen, nie in einem der Diskussion um die Atombombe vergleichbaren Maße Gegenstand öffentlicher Auseinandersetzungen in Deutschland, zumindest in der Bundesrepublik, weder direkt nach dem Krieg noch zu einem späteren Zeitpunkt.[83]

Die Nürnberger I. G. Farben-Prozesse 1947–1948 machten die Verwendung von Zyklon B, eines Produkts der von der I. G. kontrollierten Deutschen Gesellschaft für Schädlingsbekämpfung, zur industriellen Vernichtung von Menschen

---

[82] Siehe dazu insbesondere Benno Müller-Hill, Das Blut von Auschwitz und das Schweigen der Gelehrten (in: Doris Kaufmann (Hrsg.), Geschichte der Kaiser-Wilhelm-Gesellschaft im Nationalsozialismus Bd. 1, 2000, Wallstein Verlag, S. 189–227. Das Thema wird auch behandelt in: Müller-Hill, Tödliche Wissenschaft, Die Aussonderung von Juden, Zigeunern und Geisteskranken 1933–1945, Reinbek 1984: Verlag Rowohlt und Peter Weingart, Jürgen Kroll and Kurt Bayertz, Rasse, Blut und Gene. Geschichte der Eugenik und Rassenhygiene in Deutschland, Frankfurt 1988: Suhrkamp, S. 572 ff. Siehe auch Kommentar in Nature 403, 813, 2000.

[83] Ein frühes Beispiel ist Otto Köhler, ...und heute die ganze Welt. Die Geschichte der I. G. Farben und ihrer Väter. Hamburg, Zürich 1980: Rasch und Röhrig.
Konrad Lorenz, in den 1970er Jahren von führenden Vertretern der Ökobewegung als einer ihrer Vordenker bei der Bewahrung der Natur und dem Schutz des Lebens bezeichnet, nennt in seinem Buch »Die acht Todsünden der zivilisierten Menschheit« Auschwitz und den Völkermord nicht. Der amerikanische Wissenschaftstheoretiker Donald Campbell sah sich daher zu der folgenden Entgegnung veranlaßt: »While nuclear weapons are on his list of deadly sins, genocidal nationalism was already deadly sin number one even before the atom and hydrogen bombs.« (Donald Campbell in: Richard I. Evans: Konrad Lorenz – The Man and his Work (1975).

und die Ausnutzung jüdischer und anderer Sklavenarbeiter im I. G. Farben-Werk Auschwitz in der Öffentlichkeit bekannt. 24 leitende Angestellte der I. G., darunter der Vorsitzende des Aufsichtsrates (und Honorarprofessor für Chemie an der Berliner Universität) Carl Krauch, Generaldirektor Hermann Schmitz und alle anderen Mitglieder des Direktoriums wurden vom Nürnberger Militärtribunal angeklagt. Der Hauptpunkt der Anklage betraf Versklavung und Massenmord. Die Chemiker und Industriellen wurden beschuldigt, Zivilbevölkerung, Kriegsgefangene und Konzentrationslagerinsassen versklavt und getötet zu haben. Das Urteil, das am 29. Juli 1948 verkündet wurde, stand bereits im Zeichen des beginnenden Kalten Krieges, in dem Deutschland Bündnispartner der Westalliierten wurde. 13 der Angeklagten wurden zu Haftstrafen verurteilt, die von anderthalb bis zu acht Jahren reichten, darunter der oben erwähnte Otto Ambros, der wie Walter Dürrfeld zu acht Jahren, Fritz ter Meer, der zu sieben Jahren, Heinrich Bütefisch und Carl Krauch, die zu sechs Jahren Haft verurteilt wurden.[84]

In der Zeitschrift »Angewandte Chemie«, dem Sprachrohr der chemischen Gesellschaften in den verschiedenen Zonen Deutschlands nach 1945, wurden in den Jahren 1946 bis 1950 weder Auschwitz noch die Nürnberger Prozesse kommentiert. Der einzige Hinweis auf das Unrecht gegenüber jüdischen Kollegen während des Nationalsozialismus findet sich in einer Besprechung der Autobiographie Richard Willstätters »Aus meinem Leben« (veröffentlicht von seinem Schüler Arthur Stoll im Jahre 1949) durch Rudolf Pummerer.[85] In einer Gratulation der Gesellschaft Deutscher Chemiker zum 80. Geburtstag von Alwin Mittasch heißt es im Jahre 1950 ohne weiteren Kommentar: »Männer wie Carl Krauch, Christian Schneider, Christoph Beck, Matthias Pier gehörten zu den Besten Ihres Kreises.«[86]

Wenn es sich dagegen um die im Nürnberger I. G. Farben-Prozeß angeklagten Vorstandsmitglieder, darunter viele Chemiker, handelte, war Gerechtigkeit durchaus ein Thema für Chemiker. So schrieb Karl Freudenberg an seinen Kollegen Paul Karrer in der Schweiz: »Unsere Freunde Hörlein und seine Leidensgenossen machen uns Sorge. Nicht weil sie Unrechtes begangen hätten, sondern weil die Ab-

---

84 Zur Rolle der I. G. Farben im Nationalsozialismus und zu den Nürnberger Prozessen siehe unter anderem Peter Hayes, Industry and Ideology. I. G. Farben in the Nazi Era, Cambridge University Press 1987 und Joseph Borkin, Die unheilige Allianz der I. G. Farben. Eine Interessengemeinschaft im Dritten Reich, Frankfurt/M 1981: Campus.

85 Rudolf Pummerer, Richard Willstätter: Aus meinem Leben, Angewandte Chemie 61, 395, 1949. Während Willstätters Rücktritt 1925 aus Protest gegen Antisemitismus sowie seine Emigration 1939 »aufgrund der Hitlersche(n) Judenverfolgung« erwähnt werden, fehlen Passagen, in denen sich Willstätter kritisch mit dem Verhalten seiner Kollegen während der Nazi-Zeit auseinandersetzt. Zum Gedächtnis von Richard Willstätter druckte die Zeitschrift in derselben Ausgabe einige Seiten von Willstätters Buch ab. Es wurde das unverfängliche Kapitel »Extraordinarius in München 1902–1905« gewählt.

86 A. Mittasch zum 80. Geburstag, Angewandte Chemie 62, 131–132, 1950.

sicht deutlich wird, der Rechtfertigung keine Entfaltung zu gewähren. Dieser Umstand müßte die allergrößte Beachtung finden. ...«[87] Freudenberg trug wesentlich zur Verteidigung des Vorstandsvorsitzenden der I. G. Farben, Carl Krauch, bei und Adolf Butenandt zum Freispruch von Heinrich Hörlein, dem Direktor des Elberfelder Werks der I. G. Farben, der angeklagt war, für pharmakologische Experimente mit Methylenblau an Gefangenen in Konzentrationslagern verantwortlich gewesen zu sein.[88]

Nach der Bekanntgabe des Urteils versuchte die Gesellschaft Deutscher Chemiker, d. h. die chemischen Wissenschaftler, unter Hinweis auf die Zwänge des totalen Krieges beim Militärgouverneur und Gerichtsherrn der amerikanischen Zone, General Clay, eine Revision zu erreichen.[89] Ihr Brief zeigt, daß die Chemiker die grauenhaften Vorgänge im I. G. Werk Auschwitz und die Verantwortlichkeit einzelner leitender I. G. Angestellter nicht anerkannten.

> »Der Vorstandsrat der 4500 Mitglieder umfassenden Gesellschaft Deutscher Chemiker bittet Sie, Herr General, nach ausdrücklicher Billigung dieser Eingabe durch die zur Hauptversammlung in Hannover versammelten Mitglieder, dem vor dem Amerikanischen Militärgericht in Nürnberg gegen 13 Direktoren der früheren I. G. Farbenindustrie gefällten Urteil die erforderliche Bestätigung zu versagen.
>
> Wir kennen die Verurteilten durch jahrzehntelange Arbeit als ehrenwerte Männer. Wir sind der Ansicht, daß die Methoden der Anklagebehörde nicht den früher, vor dem Hitlerregime, in Deutschland und den in den Vereinigten Staaten von Amerika vorgeschriebenen Methoden entsprochen haben. Wir sind ferner der Ansicht, daß die Richter nicht den Umständen des totalen Krieges in einem diktatorisch mit terroristischen Methoden regierten Staate Rechnung getragen haben. Wir stehen verständnislos der Höhe der verhängten Gefängnisstrafen gegenüber für Männer, die damit unserer Meinung nach zu Unrecht mit gemeinen Verbrechern gleichgestellt werden. Wir können aus unserer Kenntnis der Verurteilten nicht glauben, daß ihnen unehrenhafte Gesinnung oder Handlungen wirklich nachgewiesen worden sind. Das uns alle erfüllende Streben nach Verständigung der Völker wird durch dieses Urteil erschwert.
>
> Wir wären Ihnen, Herr General, zu Dank verbunden, wenn Sie sich dafür einsetzen würden, daß das Urteil durch das Amerikanische Bundesgericht, dessen Richter in der ganzen Welt Ansehen genießen, revidiert wird.«[90]

---

[87] Freudenberg Nachlaß, UA Heidelberg, Rep. 14/212. Freudenberg an Paul Karrer, 8.12.1947.

[88] Krauch schrieb Freudenberg am 25. Juni 1948 aus dem Nürnberger Kriegsgefängnis, um ihm »für die große und wertvolle Hilfe, die Sie zugunsten meiner Verteidigung geleistet haben, meinen aufrichtigen Dank zu sagen« (ibid.). Nach Peter Karlson (Adolf Butenandt. Biochemiker, Hormonforscher, Wissenschaftspolitiker, Stuttgart 1990, S. 149–151) trug Butenandts Zeugenausssage beim Nürnberger Prozeß wesentlich dazu bei, daß Heinrich Hörlein freigesprochen wurde.

[89] O. Gerhardt, Das Nürnberger Urteil im Chemieprozeß, Physikalische Blätter 4, 429, 1948.

[90] Zitiert nach Gerhardt, ibid.

Daß von Völkerverständigung nur dann die Rede sein konnte, wenn Menschen anderer Völker, die selbst bzw. deren Angehörige in Auschwitz versklavt oder ermordet wurden, durch Bestrafung der Schuldigen im Nachhinein Gerechtigkeit erfuhren, war für die Chemiker ohne Belang.

Die Industrie schloß sich der Kritik an dem Nürnberger Urteil an. Am 14. Oktober 1948 übte die »Arbeitsgemeinschaft Chemische Industrie des Vereinigten Wirtschaftsgebietes« auf einer Tagung in Köln, bei der zahlreiche hohe Beamte der Regierung, Justiz und Verwaltung anwesend waren, und vor der Presse öffentliche Kritik.[91] Der chemischen Industrie ging es vor allem darum, ihr Image zu pflegen bzw. zu verhindern, daß es weiter beschädigt werde. Eine Auseinandersetzung mit den Nürnberger Prozessen wurde zumindest in chemischen Fachzeitschriften vermieden. Nicht die Beteiligung der eigenen Zunft an den Verbrechen sorgte für Aufregung, sondern die Veröffentlichung von Richard Willstätters Autobiographie im Jahre 1949. Willstätter unterstellte darin Carl Duisberg, dem Gründer und langjährigen Direktor der I. G. Farben, Antisemitismus.[92]

Die führenden I. G. Vertreter, allen voran der Direktor der Bayer-Werke Heinrich Hörlein, waren empört. Hörlein verbrachte mehrere Monate damit, mit seinen Kollegen bei Bayer mögliche Schritte zu überlegen und die Herausgeber des Buches sowie der »Angewandten Chemie« zu eine Gegendarstellung zu überreden.[93] Dabei setzten Hörlein und der Vorsitzende der Bayer AG insbesondere Arthur Stoll, den Herausgebeber der Autobiographie, unter Druck mit dem Ziel, daß dem Buch eine Korrektur beigefügt werden müsse. Stoll lehnte dies vehement ab, er führte unter anderem an, daß Willstätters Kritik am Antisemitismus der I. G. nicht nur auf das im Buch zitierte Gespräch mit Duisberg zurückzuführen sei, sondern eine tiefere und gerechtfertigte Einschätzung wiedergebe. Er fügte hinzu, daß die I. G. Farben trotz seiner persönlichen Intervention in Frankfurt nicht die leiseste Besorgnis um Willstätter gezeigt hätten, als sich dessen Emigration in die Schweiz 1938/39 als so außergewöhnlich schwierig erwies.[94] Auch der Herausge-

---

[91] Ibid.

[92] Nach Willstätter reagierte Duisberg auf sein Ausscheiden aus der Position des Leiters des Chemischen Instituts der Universität in München (als Protest gegen mehrere Fälle von Antisemitismus bei Berufungsfragen): »Ich muß Ihnen mitteilen, daß das Ausscheiden eines Juden von einer so wichtigen Stellung in weiten Kreisen Deutschlands, mit denen ich in Berührung komme, die größte Freude und Befriedigung ausgelöst hat.« (R. Willstätter, Aus meinem Leben. Von Arbeit, Muße und Freunden, Weinheim 1949: Verlag Chemie, S. 348).

[93] Jonathan Wiesen, The Richard Willstätter Controversy: The Legacy of Anti-Semitism in the West German Chemical Industry, in: John E. Lesch (ed.), The German Chemical Industry in the Twentieth Century, Dordrecht 2000: Kluwer Academic Publishers. Die folgende Darstellung basiert auf den Ausführungen Wiesens.

[94] Stoll an Pummerer, 24.2.1950, nach J. Wiesen, S. 17.

Heinrich Hörlein

ber der »Angewandte Chemie«, Rudolf Pummerer, lehnte eine Gegendarstellung ab.

Daraufhin wurde Hörlein selber in dieser Hinsicht aktiv. Im August 1950 veröffentlichte er zwei Artikel zum Thema Willstätter: In: »Die persönlichen Beziehungen Carl Duisbergs zu Richard Willstätter nach dessen freiwilligem Rücktritt von der Münchener Professur« wies Hörlein den Vorwurf zurück, Duisberg habe jemals antisemitische Gefühle gehegt.[95] Auch wenn es ihm, Hörlein, schwerfalle, zu den Lebenserinnerungen von Willstätter kritisch Stellung zu nehmen, zwinge ihn sein Gewissen dazu, weil er »die Persönlichkeit von Duisberg nicht entstellt der Nachwelt überliefert sehen möchte, wie es in diesem Buch geschehen ist, das von Willstätter in einem Zustand starker Verbitterung geschrieben wurde.« In einem weiteren Artikel kritisierte Hörlein die Darstellung Willstätters zur Geschichte der erfolgreichen Pharmazeutika Voluntal und Avertin, indem er die entscheidenden Entdeckungen nicht Willstätter, sondern zwei anderen Chemikern zuschrieb.[96]

Die Artikel wurden durch Walter Duisberg, einen Sohn Carl Duisbergs, in den USA (u. a. bei Dupont) verbreitet und auf die Entscheidung des Verlages (Verlag

[95] Angewandte Chemie 62, 364–365, 1950.
[96] Die Pharmazie 5, 563, 1950.

Chemie, Weinheim) hin ohne Zustimmung von Arthur Stoll auch den restlichen Exemplaren von Willstätters Autobiographie beigefügt. Die Auseinandersetzung der chemischen Industrie mit der Vergangenheit führte also nicht dazu, eine Erklärung oder Entschuldigung für die gerade in der Öffentlichkeit bekanntgewordenen Verbrechen ihrer führenden Vertreter in Auschwitz zu geben und Wege der Entschädigung noch lebender Opfer zu beschreiten, sondern sie führte zur Diffamierung eines 1942 gestorbenen jüdischen Chemikers – zur Rettung der Ehre der deutschen Industrie. Die »Verbitterung«, die Willstätter angesichts der Ereignisse seit 1938 verspürt hatte, wurde von den meisten nichtjüdischen Chemikern zu keinem Zeitpunkt verstanden oder geteilt.

Anzumerken ist, daß Hörlein 1933 der NSDAP beitrat. Im April 1933 schrieb Dr. Hermann Kretschmar, Führer der Gruppe Chemie im Kampfbund für deutsche Kultur und Mitglied der Deutschen Chemischen Gesellschaft, ihm sei bekannt, daß Hörlein »als einziger Angehöriger des Vorstandes [der Deutschen Chemischen Gesellschaft, UD] der jüdischen Überfremdung Einhalt geboten habe.«[97]

Einer der KZ-Häftlinge, der Auschwitz und Monowitz überlebte, war der Chemiker Primo Levi. Eine kurze Korrespondenz zwischen ihm und einem Chemiker der I. G. Farben, unter dem er in Monowitz tätig war, zeigt, daß sich Chemiker auch später der Tatsache ihrer Kenntnis von den Vernichtungen in Auschwitz nicht stellten.

8.4.2 Der Briefwechsel zwischen Primo Levi und »Dr. Müller«

Primo Levi war ein italienisch-jüdischer Chemiker, der seine Ausbildung in Turin erhalten hatte. Er überlebte Auschwitz als Sklavenarbeiter der I. G. Farben in der Buna-Fabrik Auschwitz. Levi, nach dem Krieg in der Industrie in Italien tätig, veröffentlichte seine Erfahrungen mit und Reflektionen über die Verbrechen des Dritten Reiches in einer Reihe von Büchern, darunter »Das periodische System« und »Die Untergegangenen und die Erretteten«.

Levi, der Deutschland nach dem Krieg mindestens fünfzehnmal besuchte, die deutsche Sprache studierte und in allen seinen Büchern über Deutschland und die Deutschen nachdachte, tat dies nicht aus Haß und nicht um Vergeltung an seinen früheren Verfolgern zu üben, sondern um sie zu verstehen.[98] Seine Hoffnungen, die Menschen in Deutschland zu erreichen, sie zu bewegen, die moralische Verantwortlichkeit für die Nazi-Verbrechen zu übernehmen, erfüllten sich nicht. Er kam zu dem Schluß, daß die politische Erholung Deutschlands nicht von einer grund-

---

[97] Dr. H. Kretschmar an Dr. Hörlein, 23.4.33, Archiv der GdCH, Frankfurt.

[98] Siehe dazu Alvin H.Rosenfeld, Primo Levi: The Survivor as Victim, in: James S. Pacy and Alan P. Wertheimer (eds.), Perspectives on the Holocaust. Essays in Honor of Raul Hilberg, Boulder, Colorado 1995: Westview Press, pp. 123–144, S. 128.

Primo Levi

legenden geistigen Wende begleitet war; er sah Deutschland als moralisch nicht rehabilitiert an.

Unter den Deutschen, mit denen Levi Briefe wechselte, befand sich »Dr. Müller», ein Chemiker der I. G. Farben in Auschwitz. Levi beschreibt seine Begegnungen mit »Müller«, dem Leiter des Labors in Monowitz, in dem er und drei weitere Häftlinge als Sklavenarbeiter der Chemie tätig waren, in »Das periodische System« im Kapitel »Vanadium«:

> »Er mußte ein ziemlich hohes Tier sein, denn alle grüßten ihn als ersten. Er war ein hochgewachsener, korpulenter Mann um die Vierzig, eher grob als feinsinnig aussehend; mit mir hatte er nur dreimal gesprochen, und alle drei Male mit einer Befangenheit, die selten war an diesem Ort, so als schämte er sich. Das erste Mal ging es lediglich um Arbeitsdinge …; beim zweiten Mal hatte er mich gefragt, weshalb mein Bart so lang wäre, ich hatte geantwortet, daß keiner von uns ein Rasiermesser, ja nicht einmal ein Taschentuch besäße und daß wir von Amts wegen jeden Montag rasiert würden; das dritte Mal hatte er mir einen sauber mit Maschine geschriebenen Schein ausgehändigt, der mich berechtigte, auch donnerstags rasiert zu werden und ein Paar Lederschuhe aus dem Effektenmagazin in Empfang zu nehmen, und er hatte, mich siezend, gefragt: ›Sie sehen ja so bekümmert aus?‹ Ich hatte im stillen bei mir gedacht (damals dachte ich in deutsch): Der Mann hat keine Ahnung.«[99]

Wer war »Dr. Müller«? Der Leiter des Archivs der BASF, Dr. Lothar Meinzer, hat die Identität dieses Chemikers ausfindig gemacht. Ihm verdanke ich dessen Namen und die Adresse seiner Witwe. Es handelt sich um Dr. Ferdinand Meyer, geboren

[99] Primo Levi, Das periodische System, 4. Aufl. München 1999: dtv, S. 230.

am 3.4.1908, 1936 in Köln promoviert, danach als Industriechemiker tätig, seit 1949 im Hauptlaboratorium der BASF Ludwigshafen. Seine Witwe Christina Meyer überließ mir die im folgenden zitierten Briefe. Ferdinand Meyer erhielt im Januar 1967 einen Brief von einer ihm unbekannten Frau, die in Briefkontakt mit Primo Levi stand. Levi habe sich bei ihr erkundigt, ob Meyer, den er in guter Erinnerung habe, noch lebe, und was mit Dr. Pannwitz, Dr. Hagen und Dr. Prob(unleserlich) geworden sei, an die er unangenehme Erinnerungen habe. Meyer nahm daraufhin den Briefkontakt mit Levi auf. Er schrieb am 2.3.1967:

»Es war für mich eine große Freude, daß Sie dieser Hölle in Auschwitz fast wie durch ein Wunder entkommen sind und zu ihrer Familie zurückkehren konnten. Ich glaube, daß eine persönliche Begegnung für beide von uns nützlich und im Sinne der Bewältigung der so furchtbaren Vergangenheit notwendig ist. Heute möchte ich nur sagen, daß ich oft an Sie gedacht habe und an Ihre Leidensgenossen. Wo sind diese: Herrn Brackier, Herr Kandel, der Breslauer Physiker Herr Dr. Goldbaum? Nochmals habe ich meine Aufzeichnungen über diese Zeit gelesen wie auch meine Gedanken zu Jean Améry's Werk: ›An den Grenzen des Geistes‹, die ich Ihnen gerne einmal vorlegen möchte. [Der Schriftsteller Jean Améry war zur gleichen Zeit wie Levi in Auschwitz-Monowitz eingekerkert. Er beging 1978 Selbstmord.] Ich selbst wurde Mitte November 1944 als Obergefreiter der Wehrmacht nach Auschwitz beordert, was ich bis dahin nicht einmal dem Namen nach kannte. Mit großer Anteilname habe ich Ihr Buch [Ist das ein Mensch] gelesen und ein wenig Genugtuung empfunden, daß die Tage im Labor für Sie eine kleine Stärkung waren. Ich war Betriebsassistent in der Polymerisation und Dr. Pannwitz zugeteilt mit der besonderen Aufgabe, das Labor einzurichten. Daß Sie bereits vor meiner Zeit eine Chemieprüfung in Auschwitz abgelegt hatten, war mir unbekannt. [Die Prüfung war Voraussetzung dafür, daß Levi als Chemiker tätig sein durfte, und wurde von Dr. Pannwitz abgenommen, dessen unmenschlichen Blick Levi in »Survival in Auschwitz«, S. 105–106, beschrieb.]

Am 25.(?) Januar 1945 habe ich Sonntagabend mit den letzten Deutschen Auschwitz verlassen. Mit viel Mühe bin ich dem Zugriff der SS für den Volkssturm entgangen. Später geriet ich in amerikanische Gefangenschaft, wurde aber bereits Mitte Juni 1945 in meine Heimat entlassen. Seit 1950 bin ich als Chemiker in der Forschung bei der BASF in Ludwigshafen tätig.«

Primo Levi antwortete am 12.3.1967 auf Italienisch, die folgenden Zitate stammen aus der Übersetzung, die Meyer anfertigen ließ:

»Wie Ihnen Frau Schmitt-Maass bereits im voraus gesagt oder geschrieben hat, habe ich eine gute und angenehme Erinnerung an Sie; diese guten Erinnerungen verbinden sich mit einem Ort, an dem solche Erinnerungen selten waren. Ich glaube, es ist für jeden Menschen wichtig, die Bewältigung der Vergangenheit[100] zu erreichen. Aber glauben Sie mir, es ist das erstemal, daß ich Hemmungen habe (bezug auf das Ende einer Schachpar-

[100] Levi lehnte die Verwendung dieses Begriffs ab, siehe Das periodische System, S. 239. Mir liegt das italienische Original seines Briefes nicht vor.

tie), mich mit jemandem in Verbindung zu setzen, der sich jenseits der Barrikaden befand; gegen Ihren Willen wie ich bei Ihnen glaube, und wie ich aus Ihrem Brief verstanden habe.

Auch ich bin der Meinung, daß wir uns unbedingt treffen müssen. Es ist nicht unmöglich, ... Trotzdem möchte ich schon jetzt brieflich antworten auf Ihre Fragen und die meinen an Sie stellen. Ich habe nichts mehr von Brackier und Kandel gehört, die beide mit mir im Labor waren; Goldbaum ist tot, bei der Evakuierung von Auschwitz nach Buchenwald an Hunger und Kälte zugrunde gegangen. ... Von mir haben Sie das meiste schon aus meinem Buch erfahren. Ich kann noch hinzufügen, daß ich nach der Befreiung nach Weißrussland gebracht worden bin – ›in Erwartung der Repatriierung‹ –, und daß ich im Oktober 1945 von den Russen an die Amerikaner übergeben wurde. Ich bin verheiratet und habe zwei Kinder, seit 1948 bin ich Technischer Direktor in einer Farbenfabrik, Firma SIVA in Settimo Torinese; Kundin der BASF (Vinoflex, Maprenal etc.).

Ich bin kein professioneller Schriftsteller. Ich habe nur geschrieben, um die Wahrheit zu bezeugen. Von meiner Seite möchte ich verschiedene Fragen stellen. In meinem Buch schrieb ich von Dr. Pannwitz, eine Schilderung des menschlichen Typs aufgrund von Episoden, die ich beschrieben habe. Glauben Sie, daß meine Beschreibung zutreffend ist, oder sind meine Schlußfolgerungen lückenhaft (oder falsch)? Ich habe erfahren, daß Dr. Pannwitz gestorben ist – aber unter welchen Umständen? Generell: halten Sie es für möglich, daß die I. G. Direktion Arbeitskräfte von Konzentrationslagern gern eingestellt hat? Oder kann sie daran gedacht haben, um der unsicheren Zukunft der Häftlinge willen helfend mitzuwirken? Was erfuhr man damals von den ›Einrichtungen‹ in Birkenau?

Ich war erstaunt und dankbar bewegt zu lesen, daß Sie sich unserer Namen erinnern. Also waren wir nicht nur Nummern. Gern möchte ich Sie fragen, welche Erinnerung Sie von uns in diesem Laboratorium haben, was Besonderes Ihnen erinnerlich geblieben ist ...«

Levi erinnerte noch einmal an die Gelegenheiten, in denen sich Meyer in Auschwitz ihm gegenüber menschlich gezeigt hatte, und bat um eine Kopie der Aufzeichnungen aus dieser Zeit, die Meyer in seinem Brief erwähnte. Er schloß: »Ich bin sehr glücklich, daß ich jetzt Verbindung zu Ihnen habe; für den Augenblick schätze ich das zunächst nur briefliche Treffen. Dieses unerwartete und außerordentliche Geschenk des Schicksals mag nur Gutes bewirken.«

Meyer antwortete am 5.4.1967 in einem acht Seiten langen Brief, der, seinen Angaben zufolge, auch die wesentlichen Aufzeichnungen enthielt, die er seiner 1945 geborenen Tochter ins Tagebuch geschrieben hatte. Der Brief beginnt mit einer Auseinandersetzung mit Levis Anspruch, die Wahrheit zu bezeugen. Meyer betonte, daß Levi nicht nur »die Furchtbarkeit der Verbrechen, deren Menschen fähig sind, (bezeugt), die eisige Kälte ihrer Herzen, die Enge ihres sklavischen Geistes, ihre frevelhafte Anmaßung im Urteil über andere Menschen, Rassen und Völker«, sondern auch den »unerschütterlichen Glauben an unser Menschsein« bekundet habe, und in den Personen des Alberto und Lorenzo in »Ist das ein Mensch« ein »Vermächtnis« gesetzt habe für unsere Jugend. Er dankte Levi für das Bekenntnis, »daß noch eine gerechte Welt außerhalb der unsrigen da ist«. Dann schilderte er Levi seine Geschichte:

»Anfangs mitgerissen von der allgemeinen Begeisterung für das Hitler-Regime trat ich 1933 nach der Machtergreifung in eine nationalsozialistische Studentengemeinschaft ein, die nach wenigen Monaten ohne Befragen ihrer Mitglieder in die SA übergeführt wurde. Es gelang mir gemäß einer persönlichen Entlassungs-Verfügung vom 11.12.1939 aus der SA auf eigenen Antrag hin auszuscheiden. Auch dies war also möglich, obwohl ich sonst keiner NS-Gliederung oder der Partei angehörte.

Im Jahre 1942 wurde ich zur Luftwaffe eingezogen und habe bis 1944 meinen Dienst getan. Das Erlebnis der sinnlosen Zerstörung und des gegenseitigen Tötens ließ zum ersten Mal Scham und Empörung über unser Menschsein in mir aufkommen. Durch einen glücklichen Zufall wurde ich Anfang Mai 1944 von der Wehrmacht für eine Tätigkeit als Chemiker in Auschwitz beurlaubt. Ich schrieb Ihnen bereits, daß ich mir bei der Nennung des Ortes Auschwitz weder eine Vorstellung von dessen Lage, besonders aber nicht von den schrecklichen Vorgängen dort machen konnte.

Ich wurde zunächst zur BASF in Ludwigshafen zwecks Einarbeitung in die Buna-Produktion geschickt und endgültig Mitte November 1944 nach Auschwitz versetzt zugleich mit etwa 15 jungen Ukrainerinnen, deren Transport nach Auschwitz ich zusammen mit einem Meister übernehmen mußte. Meine Vorstellung bei dem technischen Direktor in Auschwitz verlief kurz. Als einzige Anweisung, die sich mir einprägte, wurde mir erklärt, daß die im Buna-Werk arbeitenden Juden nur mit niedrigsten Arbeiten beschäftigt werden dürfen und daß Mitleid nicht geduldet werde.

Ungeachtet dieses Verbots habe ich nach wenigen Tagen meinen nächsten Vorgesetzten Dr. Hagen und Dr. Pannwitz vorgeschlagen, die Chemiker für das von mir einzurichtende Labor aus den Reihen der Juden wählen zu dürfen, was mir gewährt wurde. ...«

Er schrieb von seiner guten menschlichen Beziehung zu dem Physiker Goldbaum, der, als sich Meyer um eine gehobene Position für ihn bemühte, nicht von ihm weggehen wollte. Er schrieb, wie er sich aus einer Gruppe von 30 Häftlingen Herrn Brackier, Herrn Kandel und Primo Levi zur Besetzung des Labors ausgewählt habe. Er schrieb, wie er eines Tages bei großer Kälte eine Gruppe jüdischer Häftlinge beobachtete, die mehrere Waggons ausladen mußten. Meyer habe daraufhin vom deutschen Meister verlangt, daß die bei ihm lagernden Schafpelzjacken an diese Häftlinge ausgehändigt werden sollten. Der Meister sei dieser Anweisung gefolgt, aber nach einer halben Stunde habe Meyer festgestellt, daß die Häftlinge wieder in ihren dünnen Mänteln arbeiteten. Der Meister habe ihm auf seine Nachfrage mitgeteilt, ein Obermeister habe ihm gesagt, es sei laut einer höheren Anweisung verboten, daß an Juden Pelzjacken zur Arbeit ausgegeben werden.

Meyer schilderte eine Begegnung mit Levi, die ihn nicht mehr losließ: Levi hatte wegen eines zerbrochenen Glases einen Meister verärgert. Meyer, der hinzugerufen wurde, beruhigte Levi.

»Sie machten einen sehr ängstlichen Eindruck. Ein Flehen sprach aus ihrem Blick. Ich kann Ihre damalige, aussichtslos erscheindende Niedergeschlagenheit nicht vergessen und habe später oft meiner Frau und meinen Kindern, wenn ich über die Tage in Auschwitz berichtete, gerade diese Begegnung mit Ihnen hervorgehoben. Von dieser Stunde an habe ich mich an Sie angeschlossen. Ich hatte nun einen Menschen, der noch Kraft hatte,

> sich über die armselige und trostlose Alltäglichkeit dieses Lebens zu erheben. Im Gespräch mit Ihnen über wissenschaftliche Probleme kam mir immer wieder zum Bewußtsein, wie große, kostbare Werte des Menschseins rücksichtslos durch Menschen in brutaler Weise vernichtet werden, brutal, kaltblütig und sinnlos.«

Meyer antwortete auf Levis Frage, daß Pannwitz 1946 an einem Gehirntumor verstorben sei. Er stimme Levis Beurteilung der Person Pannwitz weitgehend zu, weiche aber in einem Punkt ab: Es gebe nicht nur einen »gezeichneten« Dr. Pannwitz, sondern es gehe um viele, nämlich »alle die gewissenlosen Jawohl-Sager, die rücksichtslos jeden Befehl ausführen und diesen kaltblütig an dem Nächsten vollziehen. ... Es sind die, für die es keine Wahrheit, keine Wirklichkeit gibt als nur ihre konstruierte Welt. Daher ist heute Wachsamkeit notwendig, sollen sich nicht die traurigen Ereignisse früherer Zeiten wiederholen.«

»Was die I. G. anbelangt, so möchte ich annehmen, daß das Werk Auschwitz, das 2 Jahre nach dem Vernichtungslager errichtet wurde, eher den Sinn hatte, den Juden zu helfen und diese über die schreckliche Zeit hinüberzuretten. Die Anweisung, mit den Juden kein Mitleid zuhaben, halte ich heute für eine Tarnung. Wenigstens ist mir während der kurzen Zeit meines Aufenthaltes kein wirklicher Vorfall, der auf die Vernichtung der Juden gerichtet war, bekannt geworden.«

Meyer hat sich ohne Zweifel Levi und anderen Häftlingen gegenüber menschlich verhalten. Seine Auschwitz-Erfahrungen ließen ihn nach dem Krieg offenbar nicht einfach zur Tagesordnung zurückkehren. Seine Auseinandersetzung mit Jean Amérys Schrift »Jenseits von Schuld und Sühne«, deren ersten Teil er dem Brief an Levi beilegte, zeugt davon. Dennoch lassen einige Passagen des Briefes aufhorchen: Meyer wurde »durch einen glücklichen Zufall« nach Auschwitz versetzt. »Empörung und Scham« kam ihm »über unser Menschsein« auf, die kostbaren Werte »des Menschseins« wurden rücksichtslos »durch Menschen« vernichtet. Die ungeheuerlich anmutenden Behauptungen, die Buna-Anlage in Auschwitz sei gegründet worden, um Juden zu retten, und die Anweisung, Juden ohne Mitleid zu behandeln, sei »eine Tarnung« gewesen (eine Darstellung, die seinen vorangegangenen Ausführungen widersprach), zeigen, daß auch Meyer seine konstruierte Welt für Wahrheit hält. In seinem Brief gibt es keine Täter, keine Verantwortlichen. Auf Levis Frage, welche Kenntnis man von den »Einrichtungen« in Birkenau gehabt habe, antwortete Meyer nicht. Das I. G. Farben-Werk lag nur einige Kilometer von Birkenau entfernt.

Levi brauchte lange Zeit, um eine Antwort auf Meyers Brief zu entwerfen. Meyer (Müller) hatte sich »entpuppt, er war klar umrissen, in Reichweite. Weder ein Schuft noch ein Held: Zog man die rhetorischen Floskeln und Lügen, ob ehrlichen Herzens oder mit Absicht gesagt, ab, so blieb ein typisch graues Menschenwesen übrig, einer von den nicht wenigen Einäugigen im Reich der Blinden.«[101] Floskeln und Lügen: Levi konnte sich z. B. nicht nur nicht an die von Meyer beschriebene Un-

[101] Levi, das periodische System, S. 238.

terhaltung mit ihm im KZ erinnern, sondern eine solche Unterhaltung war auch vor dem Hintergrund von »Auflösung, gegenseitigem Mißtrauen und Todesmüdigkeit« jenseits der damaligen Realität und entstammte vermutlich Meyers späterem Wunschdenken.[102] Die Auffassung, die Buna-Anlage sei eingerichtet worden, um Juden zu schützen, und die Anordnung, kein Mitleid zu haben, eine Tarnung, ist nach Levi »irrwitzig.« »Nihil de Principe, keine Anschuldigung gegen die I. G. Farben: mein Mann war ja noch immer Angestellter der Firma W., die ihr Erbe angetreten hatte, und man spuckt nicht in den Topf, aus dem man ißt.« Wie bei der schweigenden Mehrheit in Deutschland üblich, hatte auch Meyer keine Fragen gestellt, nicht einmal sich selbst, »obwohl bei klarer Sicht von Buna aus die Flammen des Krematoriums zu sehen waren.«[103]

Wie Frau Schmitt-Maass Meyer am 9.9.1967 mitteilte, war Levi im Sommer 1967 mit seinem Chef beruflich in Wiesbaden. Er habe auf sie den Eindruck eines heiteren, natürlichen, gelockerten Menschen gemacht, eines Menschen, der die schweren Erlebnisse von damals »für sich selber bewältigt hat, er wirkt frei von allen Ressentiments.« Sie war der Meinung, daß Levi Meyer nur aus Zeitgründen nicht besucht hat. Aus »Das periodische System« geht dagegen hervor, daß Levi Meyer nicht treffen wollte, obwohl er ein gewisses Maß an Respekt für ihn verspürte. Er entwarf eine Antwort, die so ehrlich wie möglich sein sollte, ausgewogen und würdevoll. Er wollte sich bei Meyer bedanken, daß er ihn in sein Labor aufgenommen hat. Er hatte vor, ihm auf Meyers implizite Bitte, sein Verhalten in Auschwitz zu beurteilen, diskret zwei ihm bekannte Fälle anzuführen, in denen Kollegen in ihrem Verhalten gegenüber jüdischen Häftlingen viel mutiger gewesen waren. Er wollte zugeben, daß nicht alle als Helden geboren wurden, und daß eine Welt, in der alle so wären wie Meyer (Müller), das heißt »ehrlich und wehrlos«, »durchaus erträglich, jedoch eine irreale Welt wäre. In der wirklichen Welt gibt es Wehrhafte, sie bauen Auschwitz, und die Ehrlichen und Wehrlosen ebnen ihnen den Weg; deshalb muß sich jeder Deutsche, ja jeder Mensch für Auschwitz verantworten, und nach Auschwitz ist Wehrlosigkeit nicht mehr zulässig.« (S. 240)

Levi erinnert sich, daß er einen Anruf von Meyer (Müller) aus Deutschland erhielt, bevor er den Brief abschickte. Meyer, dessen Stimme brüchig und aufgeregt klang, bat Levi um ein Treffen in Italien in sechs Wochen. Levi sagte zu. Er legte seinen Briefentwurf beiseite. Acht Tage nach dem Telefonat erhielt er von Frau Meyer (Müller) die Nachricht vom unerwarteten Tod ihres Mannes in dessen 60. Lebensjahr (S. 240).

In den Unterlagen bei der BASF heißt es zu Meyer: »plötzlich und unerwartet gestorben«. Meyer starb am 13.12.1967. Er war durch Levi mit seinem eigenen Wissen und Nichtwissenwollen konfrontiert worden.

Kurz vor seinem Tode schrieb Primo Levi über die Personen, die andere seine »Folterknechte« nannten, d. h. seine Bewacher und die SS:

---

[102] Ibid., S. 236–237.
[103] Ibid., S. 237.

»Es muß deutlich gesagt werden, daß sie alle, in größerem oder geringerem Maß, verantwortlich waren. Aber es muß ebenso deutlich gesagt werden, daß hinter ihrer Verantwortlichkeit die der großen Mehrheit der Deutschen steht, die anfangs aus geistiger Trägheit, aus kurzsichtigem Kalkül, aus Dummheit oder aus Nationalstolz die ›schönen Worte‹ des Gefreiten Hitler akzeptiert haben, die ihm gefolgt sind, solange das Glück und seine Skrupellosigkeit ihn begünstigten, die, von seinem Sturz hinweggerissen, heimgesucht wurden von Trauer, Elend und Gewissensbissen und wenige Jahre darauf, aufgrund eines skrupellosen politischen Spiels, rehabilitiert wurden.«[104]

Levi litt in den letzten Jahren seines Lebens zunehmend unter Depressionen. Dazu schrieb er 1984, »nicht die erste, ich vermute, sie sind ein Erbe aus dem Lager.«[105] Er starb im April 1987. Vermutlich beging er Selbstmord. Alvin Rosenfeld hat Levis Weg vom Überlebenden zum Opfer nachgezeichnet und anhand seiner Schriften und Briefe analysiert.[106]

[104] Levi, Die Untergegangenen, S: 209.
[105] Levi an Alvin Rosenfeld, 14.1.1983, in Rosenfeld, Primo Levi, S. 139.
[106] Rosenfeld, Primo Levi.

Zusammenfassung und Schlußbemerkung

Bis zu den 1930er Jahren war Deutschland die in der Chemie und Biochemie international führende Nation, trotz großer amerikanischer und britischer Erfolge vor allem in der Physikalischen Chemie. Viele Universitätsinstitute und KWIs waren internationale Zentren verschiedener chemischer und biochemischer Forschung, und junge Wissenschaftler anderer Länder bemühten sich um einen Forschungsaufenthalt in Deutschland. Jüdische Wissenschaftler spielten sowohl in der Biochemie als auch in verschiedenen Gebieten der Chemie in Deutschland eine bedeutende Rolle. Nach 1945 hatte Deutschland seine Führungsposition in der Biochemie und vielen Gebieten der Chemie verloren.

Die Geschichte der Chemie und Biochemie in der NS-Zeit wurde bisher nicht untersucht. Die vorliegende Arbeit ist der Versuch, die Geschichte der chemischen und biochemischen Forschung in Deutschland – in Auszügen – darzustellen und die Auswirkungen, die die Entlassung jüdischer Wissenschaftler und die nationalsozialistische Forschungspolitik auf die Entwicklung dieser Forschung an Universitäten und KWIs gehabt haben, umfassend zu analysieren. Die Untersuchung ist breit angelegt und beschränkt sich nicht auf bedeutende Wissenschaftler oder prominente Nationalsozialisten. Im folgenden werden die wesentlichen Ergebnisse der Untersuchung zusammengefaßt und Schlußfolgerungen gezogen.

1. Jüdische Wissenschaftler in der Chemie und Biochemie in Deutschland und ihre Entlassung 1933

Chemie und Biochemie gehören zu den Naturwissenschaften, die von den Entlassungen und erzwungenen Emigrationen im Nationalsozialismus am stärksten betroffen waren. Mit 26 % Entlassungen und/oder Emigrationen waren ihre Verluste an Universitäten und KWIs etwa doppelt so groß wie die der Biologie. Die meisten entlassenen (Bio-)Chemiker (mindestens 87 %) waren Juden, hatten jüdische Vorfahren oder waren mit einer Jüdin verheiratet. 20 % aller (Bio-)Chemiker emigrierten, ein Prozentsatz, der mindestens so hoch war wie in der Physik.

Der im Vergleich mit der Biologie große Prozentsatz der Entlassungen und Emigrationen von (Bio-)Chemikern war bedingt durch eine weitaus größere Beteiligung jüdischer Wissenschaftler an der (bio-)chemischen akademischen Forschung und Lehre und hing mit den beruflichen Perspektiven für Akademiker in der sich seit Mitte des 19. Jahrhunderts schnell entwickelnden chemischen Industrie zusammen. Unter den promovierten Chemikern, die insbesondere in der Farbstoffindustrie eine Position erhielten, befanden sich auch zahlreiche Juden. Universitätskarrieren wurden oft durch Antisemitismus erschwert oder verhindert. Ähnlich wie der große Prozentsatz jüdischer Mediziner und Juristen zum Teil durch Berufsmöglichkeiten in privaten Praxen und Kanzleien bedingt war, trug in der Chemie die Berufsperspektive außerhalb von akademischen Instituten dazu bei, daß viele jüdische Studenten dieses Fach studierten; einige von ihnen blieben, oft ohne feste Positionen, d. h. Beamtenstellen, an Universitäten oder KWIs.

Der große Anteil jüdischer Mediziner und Juristen läßt sich darüber hinaus darauf zurückführen, daß das Studium der Medizin und Jura tief in der jüdischen Tradition verankert war. Der amerikanische Chemiker und Nobelpreisträger Roald Hoffmann vertritt in diesem Zusammenhang die Auffassung, daß auch Gemeinsamkeiten zwischen jüdischen religiösen Traditionen und Naturwissenschaften, insbesondere der Chemie, bestehen; in beiden Fällen wird die Betonung auf Fragen der realen Welt und tägliche Erfahrungen, nicht auf abstraktes Philosophieren gelegt.

Für jüdische Akademiker war es auch in den 1920er Jahren schwer, einen Lehrstuhl an Universitäten zu erhalten. Jüdische Chemiker wurden mit Ausnahme von Richard Willstätter auf keinen der großen chemischen Lehrstühle (meistens der Organischen Chemie) an einer Universität berufen. Einige von ihnen besetzten allerdings Ende der 1920er Jahre einen der in der Regel kleineren und schlechter ausgestatteten Lehrstühle in der Physikalischen Chemie. Jüdische Chemiker wurden Ordinarien an verschiedenen Technischen Hochschulen, deren Prestige und Ausstattung oft hinter denen der Universitäten zurückstand.

Von Gustav Embden abgesehen, wurden jüdische Biochemiker trotz herausragender wissenschaftlicher Leistungen nicht auf einen Lehrstuhl in der Physiologischen Chemie berufen, einige erhielten dagegen führende Positionen an KWIs. Manche jüdischen Biochemiker, die keine Stelle bekamen, verließen Deutschland bereits vor 1933, um eine Position im Ausland anzunehmen. Die in Deutschland erst seit 1933 in größerer Zahl gegründeten Lehrstühle der Physiologischen Chemie wurden überwiegend mit wissenschaftlich unbedeutenden Medizinern besetzt.

Der Medizinhistoriker Hans-Peter Kröner ist der Meinung, es sei nicht auszuschließen, daß eine Gruppe von jungen, später erfolgreichen Emigranten der Medizin »auch ohne rassistische oder politische Verfolgung emigriert wäre, einfach dem Qualitätsgradienten folgend, der inzwischen z. B. zwischen der deutschen und amerikanischen medizinischen Forschung bestand.«[1] Dabei berücksichtigt er nicht, daß der Antisemitismus bereits vor 1933 ein Hindernis für eine akademische Karriere gerade sehr erfolgreicher jüdischer Wissenschaftler darstellte. Darüber hinaus

---

1 Hans-Peter Kröner, im Beitrag »Medizin« im Handbuch der deutschsprachigen Emigration 1933–1945 (Hrsg. Claus Dieter Krohn, Patrik von zur Mühlen, Gerhard Paul und Lutz Winkler), Darmstadt 1998, Wissenschaftliche Buchgesellschaft, S. 787.

ist zu fragen, womit der starke Rückgang der Qualität medizinischer Forschung an Universitäten in Deutschland, die zu Beginn des 20. Jahrhunderts international führend war, zu begründen ist. Zu den Ursachen gehören sicherlich strukturelle und personelle Entwicklungen, die zumindest in der Biochemie durchaus durch eine Berufung fähiger jüdischer und nichtjüdischer naturwissenschaftlich arbeitender Forscher auf Ordinariate hätte korrigiert werden können. Die meisten der später im Ausland erfolgreichen jüdischen medizinischen Biochemiker, diejenigen eingeschlossen, die bereits vor 1933 ins Ausland gegangen sind, hätten eine gute Position in Deutschland vorgezogen.

Den nach der Gründung des deutschen Reiches im Jahre 1871 erstarkenden antijüdischen Bewegungen an Universitäten und in der Gesellschaft gelang es nicht, die rechtliche Emanzipation der Juden wieder rückgängig zu machen und diese vom Studium und von einer Hochschullehrerlaufbahn auszuschließen. Einflußreiche liberale Professoren, darunter der Chemiker und Rektor der Berliner Universität, August Wilhelm v. Hofmann, stellten sich 1879 weitgehend erfolgreich gegen die antijüdischen Forderungen von Kollegen und Studenten. In den Jahren vor 1933 und nach der Machtübernahme der Nationalsozialisten gab es dagegen keine nennenswerte Opposition an Universitäten gegen die antisemitischen Forderungen vor allem von Studenten und gegen die Welle der Entlassungen jüdischer Kollegen. Im Unterschied zu 1879 wurden die Entlassungen 1933 von einer einheitlich antijüdisch eingestellten Regierung durch entsprechende Gesetze vorgeschrieben. Auffallend ist allerdings der Unterschied zwischen der weitgehend kommentarlosen Hinnahme der Entlassung der jüdischen Kollegen und der Kritik an anderen wissenschaftspolitischen Maßnahmen wie z. B. der zunehmenden Zentralisierung im Bildungswesen und der Entmachtung der Fakultäten bei Berufungsfragen.

Beim Schweigen und der raschen Anpassung der großen Mehrheit der Chemiker spielte neben latentem Antisemitismus und der Gehorsamstradition deutscher Beamter die Tatsache eine Rolle, daß jüngere nichtjüdische Akademiker die Stellen der Entlassenen erhielten und auf diese Weise von den Entlassungen profitierten. Im Gegensatz zur Physik war der Antisemitismus unter Chemikern nicht mit der Ablehnung bestimmter als »jüdisch« gekennzeichneter Forschungsinhalte verbunden, sondern in erster Linie auf die Ausschaltung der jüdischen Kollegen, die oft als Konkurrenten empfunden wurden, ausgerichtet.

Einige (Bio-)Chemiker hoben sich durch nonkonformes Verhalten und Hilfe für jüdische Kollegen und Mitarbeiter hervor, darunter die selbst von den antijüdischen Maßnahmen betroffenen Fritz Haber und Otto Meyerhof und die nicht davon betroffenen Fritz Straßmann, Max Volmer, Heinrich Wieland und Adolf Windaus. Der Pharmakologe Otto Krayer war der einzige Wissenschaftler, der die ihm angebotene Stelle eines entlassenen jüdischen Kollegen nicht annahm.

Die von Max Planck organisierte Fritz-Haber-Gedächtnisfeier anläßlich von Habers erstem Todestag im Januar 1935 symbolisiert durch das Fernbleiben des größten Teils der Eliten aus Wissenschaft und Industrie den vollzogenen Wechsel des Nationalismus alter Prägung zu einem neuartigen Nationalismus. Der alte schloß Juden mit ein und erlaubte es einem Wissenschaftler wie Haber, Giftgase für die

Nation einzusetzen; in dem neuen gab es für Juden unabhängig von ihrer politischen Überzeugung keinen Platz mehr, nicht einmal in der Erinnerung an Schlachtfelder der Vergangenheit.

Die weitere Entwicklung, in der Juden nicht nur ihrer Rechte als Staatsbürger, sondern auch ihrer Würde und schließlich ihres Existenzrechtes beraubt wurden, läßt sich am Beispiel der chemischen Industrie verdeutlichen. Karl Winnacker, jahrzehntelang Chemiker und Vorstandsmitglied bei Hoechst, schrieb über den Anfang der dreißiger Jahre stattgefundenen Versuch, im Wettlauf mit du Pont ein neues Verfahren (Zweistufenmethode statt des Vierstufenverfahrens) zur Produktion von synthetischem Kautschuk zu entwickeln: »Als im Jahre 1935 in Hoechst abermals ein Chemiker mit seinem Laboranten bei derartigen Versuchen ums Leben kam, stellte man diese Arbeiten endgültig ein. Menschenleben waren ein zu hoher Preis für den chemischen Fortschritt.«[2] 1941 begann die I. G. Farbenindustrie in Auschwitz mit dem Bau eines neuen Großwerks für die Herstellung von Kunstkautschuk und synthetischem Treibstoff. Sie setzte Häftlinge des sieben Kilometer entfernten Konzentrationslagers Auschwitz, darunter Chemiker wie z. B. Primo Levi, als Arbeitssklaven ein. Die 1988 erschienene Festschrift der Bayer-Werke »Meilensteine« nennt die Folgen: »Nach Angaben der ›Jewish Conference on Material Claims against Germany‹ mußten von 1941 bis zum 27. Januar 1945 insgesamt etwa 38.000 Häftlinge zumeist jüdischer Herkunft auf der Baustelle arbeiten. Man nimmt an, daß mehr als 30.000 dieser Menschen gestorben sind.«[3] Die Korrespondenz eines Auschwitz-Chemikers mit Primo Levi verdeutlicht diese Mechanismen und Argumente, die deutsche Chemiker auch viele Jahre später noch benutzten, um diese Tatsachen nicht anzuerkennen.

Folgen der Entlassung und Emigration

Die Entlassungen und Emigrationen von (Bio-)Chemikern hatten die stärksten Auswirkungen in der Biochemie des Stoffwechsels und der Physikalisch-Chemischen Polymerchemie. Die Verluste in der klassischen Organischen und Anorganischen Chemie blieben auf Grund des geringeren Prozentsatzes jüdischer Wissenschaftler und der Tatsache, daß die meisten der führenden Wissenschaftler hier keine Juden waren, vergleichsweise gering. Besonders von den Entlassungen betroffen waren daher neue experimentelle, teilweise anwendungsorientierte Forschungsgebiete. Mit der Entlassung und Emigration von Physikern wurden auch Pioniere der Quantenchemie aus Deutschland vertrieben. Mit Ausnahme der von Otto Stern entwickelten Molekularstrahlmethode und deren Anwendungen wanderte kein Forschungsgebiet vollständig aus Deutschland aus.

Der nach 1945 in Deutschland deutlich werdende Niedergang in der Biochemie, einigen Gebieten der Physikalischen Chemie sowie der Quantenchemie ist zu

---

2 Karl Winnacker, Nie den Mut verlieren. Erinnerungen an Schicksalsjahre der deutschen Chemie, Düsseldorf 1974: Econ, S. 96.

3 Bayer AG (Hrsg.), Erik Verg, Gottfried Plumpe und Heinz Schultheis (Autoren), Meilensteine, Leverkusen 1988: informedia-verlags-gmbh, S. 298.

einem beträchtlichen Teil auf die Emigration hervorragender jüdischer Wissenschaftler zurückzuführen. Darüber hinaus hängt er auch mit der starken Dominanz der klassischen Organischen Chemie und starren Strukturen an deutschen Universitäten zusammen. So wurde zwar auch nach der Vertreibung jüdischer Wissenschaftler von jüngeren Chemikern bedeutende Forschung zur Aufklärung von Stoffwechselcyclen betrieben, diese Arbeiten wurden jedoch von den Institutsleitern nicht mit dem Nachdruck personell und finanziell unterstützt, der notwendig gewesen wäre, um international Schritt zu halten. So wurden diese Forschungen von Entwicklungen in England und den USA, an denen deutsch-jüdische Emigranten maßgeblichen Anteil hatten, überholt.

Otto Warburg, der international führende Forschung zur Konstitution von Enzymen des Intermediärstoffwechsels bis zum Kriegsende fortsetzte, blieb in Deutschland weitgehend isoliert. Dies hing nicht nur damit zusammen, daß es inopportun war, mit einem »Nichtarier« in Kontakt zu treten, sondern auch damit, daß die Forschung selbst auf kein größeres Interesse in Deutschland stieß. Internationale Zentren der (Bio-)Chemie, insbesondere die Institute Max Bergmanns, Fritz Habers, Otto Meyerhofs, und, in Wien, Hermann Marks, verschwanden aus Deutschland bzw. Österreich. Internationale Beziehungen unterlagen den Rassebestimmungen: Die nichtwissenschaftlichen Kriterien der Abstammung und politischen Gesinnung wurden für eine Einladung von Gästen entscheidend; neue internationale Zentren der (Bio-)Chemie entstanden nicht mehr.

Der größte Teil der jüdischen Emigranten der (Bio-)Chemie emigrierte zunächst in Länder Westeuropas, insbesondere nach Großbritannien. In den meisten Fällen blieben die Emigranten nicht in dem Land, in dem sie zunächst Aufnahme fanden. Viele Emigranten in Großbritannien erhielten nur befristete Arbeitsverträge, und Ende der 1930er Jahre setzte mit dem Beginn des Zweiten Weltkrieges und der anschließenden deutschen Besetzung eines Teiles von Europa eine zweite Emigrationswelle ein. Die USA wurden danach das Land, das die meisten Emigranten aufnahm, gefolgt von Großbritannien und einigen nichteuropäischen Ländern wie der Türkei, Palästina und Länder Südamerikas. Etwa die Hälfte von ihnen erhielten Stellen an Universitäten, ein Fünftel in der Industrie. Im Unterschied dazu erhielten neun der zehn nichtjüdischen (Bio-)Chemiker, die Deutschland zwischen 1932 und 1939 verließen, sofort oder nach kurzer Zeit eine Stelle an einer Universität im Ausland; entlassene nichtjüdische (Bio-)Chemiker verließen Deutschland offenbar nur, wenn sie eine Anstellung in Aussicht hatten. Für die Aufnahme jüdischer Emigranten der (Bio-)Chemie war abgesehen von ihrer wissenschaftlichen Leistung in erster Linie der Entwicklungsstand einer wissenschaftlichen Disziplin im jeweiligen Land und die vorhandene Konkurrenz (oder ihr Fehlen) maßgebend.

So bildete die Biochemie in den USA wegen der besseren Ausbildung und wissenschaftlichen Erfahrungen der Emigranten eine hervorragende Nische für diese. Einige Emigranten erhielten auch in der Physikalischen Chemie Positionen, einer Disziplin, in der die USA den deutschen Vorsprung auf einigen Gebieten aufgeholt hatte und auf anderen dabei war, die Führung zu übernehmen. Emigranten der Organischen Chemie erhielten mit Ausnahme von Max Bergmann keine Anstellung an amerikanischen Universitäten, bei Bergmann handelte es sich um eine Stelle in der Biochemie. Die Organische Chemie an Universitäten in den USA war bereits zu weit fortgeschritten, als daß man generell an Emigranten aus Deutschland Interesse gehabt hätte. Außerdem waren die bedeutendsten deutschen Organiker, mit Ausnahme von Richard Willstätter, keine Juden und mußten bzw. wollten daher nicht emigrieren. Butenandt und Windaus lehnten 1935 Angebote aus den USA ab. Mir ist keine Studie bekannt, die untersucht hat, ob und wenn, in welchem Ausmaß Antisemitismus in den USA die Berufung von Emigranten der Chemie verhindert hat. Chemiker erhielten dagegen in Ländern der wissenschaftlichen Peripherie wie der Türkei, Palästina und Brasilien einflußreiche Positionen.

Ein Blick auf die Nachkriegszeit zeigt, daß mit vier der 108 Emigranten nur sehr wenige (Bio-)Chemiker als aktive Hochschullehrer nach Deutschland zurückkamen. Eine allgemeine Rückberufung als Zeichen dafür, daß die Entlassungen als Unrecht anerkannt wurden, fand nicht statt. Während der größte Teil der politisch belasteten Hochschullehrer nach 1945 in seiner Position blieb bzw. nach der Entnazifizierung einige Jahre später mit vollen Bezügen und Pensionsberechtigung wieder eingestellt wurde, mußten Emigranten ein solches Recht in der Regel gerichtlich erkämpfen.

2. Förderung chemischer und biochemischer Forschung im Nationalsozialismus

Die finanziellen Voraussetzungen für die chemische und Teile der biochemischen Forschung waren in der NS-Zeit äußerst günstig. Im Gegensatz zur Physik und der physikalischen Industrie, die damals eine geringe Bedeutung hatte, kam der chemischen Industrie eine zentrale Rolle bei den nationalsozialistischen Autarkieprogrammen und der Kriegswirtschaft zu. In seiner Arbeit über die Entwicklung der Acetylenchemie der I. G. Farben zeigt Peter Morris, daß der Umsatz der I. G. Farben zwischen 1933 und 1939 von 894 Mio RM auf 1.988 Mio RM um 122 % anstieg, wobei 45 % davon auf die neuen Gebiete: synthetischer Kautschuk, Hydrierung (z. B. synthetischer Treibstoff), Magnesium und Aluminium, Kunstfasern, Munition und Kampfgase entfielen.[4] Während vor 1933 eine Reihe von kleinen chemischen Betrieben geschlossen werden mußte, wurden während des Nationalsozialismus 19 neue Fabriken eröffnet, darunter das Werk Auschwitz. Auch wenn der größte Teil der Forschung und Produktion in industrieeigenen Laboratorien stattfand, profitierte die akademische Forschung von dieser Entwicklung.

4 Peter J. T. Morris, The Development of Acetylene Chemistry and Synthetic Rubber by I. G. Farbenindustrie Aktiengesellschaft 1926–1945, Doctoral Thesis University of Oxford 1982, S. 63.

Die Forschungsförderung der (Bio-)Chemie durch DFG/RFR stieg von 1933 bis 1944 drastisch an – der Anstieg war erheblich größer als der der Unterstützung durch die Industrie –, und als weitere Finanzierungsquelle kam das Wirtschaftsministerium mit dem neugegründeten Reichsamt für Wirtschaftsausbau hinzu. Seit 1937 und vor allem seit Kriegsbeginn nahm auch an Universitäten und KWIs der Anteil anwendungsorientierter und kriegsbezogener Forschung deutlich zu. Die DFG finanzierte kriegswichtige Projekte über synthetische Treibstoffe, Fragen der Reibung und Schmierung bei Höchstleistungsmotoren, Verbesserung der Gebrauchsgüte von Kunststoffen sowie Kampfgasforschungen mit beträchtlichen Summen. Daneben wurde allerdings, auch während der Kriegsjahre, Grundlagenforschung nachhaltig gefördert.

Etwa die Hälfte der nichtemigrierten akademischen (Bio-)Chemiker wurde Mitglied der NSDAP, sieben Prozent der SS. Während in der Physikalischen Chemie aufgrund des Einflusses des Altnationalsozialisten und Leiters der Fachsparte Chemie des Reichsforschungsrates Peter Thiessen mehr Geld an NSDAP-Mitglieder vergeben wurde, als es deren prozentualen Anteil an aktiven (Bio-)Chemikern entsprach, begünstigte die Parteimitgliedschaft, statistisch betrachtet, eine Förderung in der Organischen und Anorganischen Chemie nicht. Alle früheren und späteren Nobelpreisträger (mit Ausnahme von Otto Warburg) wurden von der DFG gefördert.

Die größten wissenschaftlichen Erfolge lagen auf dem Gebiet der Naturstoffchemie (Vitamin- und Hormonforschung von Richard Kuhn bzw. Adolf Butenandt), der Biochemie und Biophysik der Enzyme (Otto Warburg), der chemischen Synthesen (Arbeiten von Kurt Alder zur umfassenen Erforschung der von ihm und Otto Diels 1928 gefundenen Diensynthese sowie von Hans Meerwein zur Auffindung neuer Reaktionen als Voraussetzung für neuartige Synthesen) und in der Radiochemie (Otto Hahn, Lise Meitner und Fritz Straßmann). Die radiochemische Forschung erreichte 1939 mit der Entdeckung der Kernspaltung ihren Höhepunkt. Otto Hahn und Fritz Straßmann erhielten durch Beschuß von Uran mit Neutronen Barium, dessen Entstehung durch die Physikerin Lise Meitner, die bis zu ihrer Flucht nach Schweden 1938 die radiochemische Forschung gemeinsam mit Hahn betrieben hatte, und Otto Robert Frisch als Spaltung des Urankerns gedeutet wurde. Karl Zieglers Forschungen über metallorganische Verbindungen führten nach dem Krieg zur Entdeckung metallorganischer Mischkatalysatoren, die die Voraussetzung für die Niederdruck-Polyethylensynthese darstellen.

3. Naturstoffchemische und biochemische Forschung von 1900 bis 1945, allgemeine Betrachtungen

Wichtige Forschungsergebnisse von 1900 bis 1950

Das erste Drittel des 20. Jahrhunderts war die Zeit der großen Leistungen deutscher Organiker in der Naturstoffchemie. Dazu gehört die weitgehende Aufklärung der Konstitution des Chlorophylls durch Richard Willstätter, der des Hämoglobins durch Hans Fischer und der grundlegenden Struktur der Steroide durch Heinrich Wieland und Adolf Windaus. Die Arbeiten Richard Kuhns über die Konstitution der Vitamine und diejenigen Adolf Butenandts über Steroidhormone bildeten in den dreißiger Jahren Fortsetzungen dieser Forschung.

In den 1920er Jahren begründete Hermann Staudinger die Chemie der Makromoleküle, und Karl Freudenberg, Kurt H. Meyer und Hermann Mark charakterisierten chemische und physikalische Eigenschaften des Makromoleküls Cellulose.

Emil Fischer legte nach seinen Arbeiten über die Struktur von Zuckermolekülen zu Beginn des 20. Jahrhunderts mit der Peptidhypothese des Aufbaus von Proteinen die Grundlage der chemischen Proteinforschung. Sein Schüler Max Bergmann und dessen Mitarbeiter Leonidas Zervas eröffneten durch die Entwicklung einer neuen Methode 1932 (Carbobenzoxymethode) eine neue Ära auf dem Gebiet der Peptidsynthese. Die Struktur der ersten Proteine wurde aber erst in den 1940er Jahren in England durch John D. Bernal, Dorothy Crowfoot-Hodgkin und den aus Wien emigrierten Max Perutz durch die Röntgenstrukturanalyse aufgeklärt, nachdem The Svedberg in Schweden um 1930 mit Hilfe der Ultrazentrifuge die makromolekulare Natur von Proteinen nachgewiesen hatte. Die Klärung der makromolekularen Natur der Nucleinsäuren Ende der 1930er Jahre sowie deren biochemische Analyse durch den aus Deutschland in die USA emigrierten Erwin Chargaff Anfang der 1950er Jahre bildeten entscheidende Voraussetzungen für die Aufklärung ihrer Struktur durch Watson und Crick.

Der Nachweis Sumners im Jahre 1926 in den USA, daß es sich bei dem Enzym Urease um reines Protein handelt, veranlaßte Otto Warburg, sich der Enzymforschung zuzuwenden. Er und seine Mitarbeiter kristallisierten und charakterisierten seit den 1930er Jahren bis 1945 einen großen Teil der Enzyme des intermediären Kohlenhydratstoffwechels. Warburg zeigte auch zum ersten Mal die Beziehung zwischen Vitamin und Coenzym auf.

Eine Reihe von Reaktionen und Cyclen des intermediären Stoffwechsels wurde im ersten Drittel des 20. Jahrhunderts in Deutschland aufgeklärt. Daran waren u. a. Franz Knoop (β-Oxidation der Fettsäuren), Hans Krebs (Harnstoffcyclus), Otto Meyerhof und Gustav Embden (Glykolyse) sowie Carl Neuberg (alkoholische Gärung) beteiligt. Viele Forscher, darunter auch in Deutschland (Franz Knoop und Carl Martius), waren in den 1930er Jahren an der Aufklärung der Reaktionen des Citronensäurecyclus beteiligt. Der Nachweis, daß es sich um einen Cyclus handelt, gelang 1937 dem aus Deutschland nach England emigrierten Hans Krebs. Die Entdeckung des Coenzyms A als eine entscheidende Substanz des Intermediärstoffwechsels erfolgte in den 1940er Jahren durch den aus Deutschland emigrierten Fritz Lipmann in den USA. Die intermediäre Fettsäuresynthese wurde seit Ende der 1950er Jahre von Feodor Lynen in Deutschland aufgeklärt, der dort nach dem Krieg der einzige international bedeutende Biochemiker auf dem Gebiet des Intermediärstoffwechsels war. Weitere intermediäre Stoffwechselwege, unter anderem von Cholesterin und Proteinen, wurden in den USA unter maßgeblicher Beteiligung deutsch-jüdischer Emigranten, darunter Rudolf Schoenheimer und Konrad Bloch, ermittelt. Auch die Entdeckung der für die Nucleinsäure- und Proteinbiosynthese wichtigen Enzyme gelang Forschern in den USA; dort vollzog sich sowohl die biochemische als auch ein großer Teil der genetischen Forschung der frühen Molekularbiologie, während die Struktur der beteiligten Makromoleküle in England aufgeklärt wurde.

Der Verlauf der hier am Beispiel der Erfolge zusammengefaßten biochemischen Forschung war, wie empirische Forschung generell, keine geradlinige Entwicklung, sondern er wurde von technischen Neuerungen, sozialen und politischen Faktoren sowie Vorlieben und Persönlichkeitsmerkmalen der betreffenden Forscher beeinflußt. Auf die Auswirkungen der erzwungenen Emigration jüdischer Wissenschaftler sowie die Forschungsförderung in der NS-Zeit wurde oben eingegangen. Abschließend seien einige allgemeine Betrachtungen über die Bedeutung technischer Entwicklungen, neuer Konzepte, die Rolle der Autorität eines Faches und einzelner Personen sowie die Auswirkungen von Irrtum und Betrug in der Geschichte der (Bio-)Chemie angefügt.

Die Bedeutung technischer Entwicklungen und neuer Konzepte für den wissenschaftlichen Fortschritt

Der Physiker Robert Millikan hob 1950 die außerordentliche Rolle technischer Entwicklungen für naturwissenschaftlichen Fortschritt hervor: »Aus historischer Sicht kann man die These aufstellen, daß grundlegende Fortschritte häufiger als Nebenprodukte instrumenteller Verbesserungen erzielt wurden als durch die direkte und bewußte Suche nach neuen Gesetzen.«[5] Wie die folgenden Beispiele zeigen, läßt sich diese These auch in der Chemie und Biochemie vielfältig belegen.

Die aus heutiger Sicht über Jahrzehnte hinweg stagnierende Protein- und Nucleinsäurechemie trat erst dann in ein neues Stadium ein, als mit Hilfe der Ultrazentrifuge gezeigt wurde, daß es sich bei den betrachteten Substanzen um Makromoleküle handelte. Dies war eine Voraussetzung für die weitere chemische Analyse, und im Anschluß daran gelang die Strukturaufklärung dieser Moleküle mit Hilfe der Röntgenstrukturanalyse. Beides zusammen bildete die Grundlage für die Aufklärung ihrer biologischen Funktion. Die Verfügbarkeit schwerer bzw. radioaktiver Isotope leichter Elemente Anfang der dreißiger Jahre ermöglichte Rudolf Schoenheimer und Georg v. Hevesy die Entwicklung von Markierungsmethoden in der Biochemie bzw. Medizin und dadurch neue Erkenntnisse über Stoffwechselvorgänge. Von Theoretischen Physikern entwickelte neue mathematische Methoden waren Grundlage für die Erklärung der kovalenten Bindung in der Chemie.

Daneben gibt es jedoch auch Beispiele dafür, daß bahnbrechende neue Konzepte mit Hilfe alter Methoden entwickelt wurden. Hermann Staudinger bewies seine Vorstellung von der Existenz der Makromoleküle ausschließlich mit Methoden der klassischen Organischen Chemie. Auch Hans Meerwein benötigte für das von ihm entwickelte Konzept der Ionen in der Organischen Chemie keine technischen Neue-

[5] Zitiert nach Gerald Holton, Thematic Origins of Scientific Thought, revised ed., Cambridge 1988: Harvard Univ. Press, S. 295 (Übersetzung UD).

rungen. Die von ihm sowie Otto Diels und Kurt Alder gefundenen neuen Synthesewege ergaben sich aus Empirie und Intuition.

Die Entwicklung der Biochemie verdeutlicht den Einfluß spekulativer Erklärungen in den Phasen, in denen experimentell noch keine eindeutigen Antworten auf bestimmte Fragen gegeben werden können. Ein Beispiel ist die Kolloidchemie. Hier wurde behauptet, daß zentrale biochemische und physiologische Strukturen und Prozesse nicht mit Hilfe der Chemie und Physik erklärt werden könnten, sondern nur mit den angeblich völlig neuen Gesetzmäßigkeiten der Kolloidchemie. Zu dieser Zeit war experimentell noch nicht bewiesen, daß es sich bei bestimmten biologisch bedeutenden Molekülen der Zelle wie Proteinen und Nucleinsäuren um Makromoleküle handelte, und es gab keine hinreichenden Erklärungen für das besondere Verhalten dieser Moleküle. Daher wirkten die Postulate der Kolloidchemiker eine Zeitlang auch bei anderen Forschern überzeugend. Die von Svedberg für kolloidchemische Forschungen entwickelte Ultrazentrifuge, eine Voraussetzung für die Erkenntnis, daß es sich bei Proteinen und Nucleinsäuren nicht um kolloidale Aggregate, sondern um chemische Makromoleküle handelte, ist ein Beispiel dafür, daß auch falsche Prämissen zu entscheidend neuen technischen Entwicklungen führen können.

Die Bedeutung wissenschaftlicher Autoritäten

Der Physikochemiker Michael Polanyi machte in den 1920er Jahren in Deutschland die Erfahrung, daß die Akzeptanz seiner Theorie zur Adsorption von Gasen an Festkörpern jahrzehntelang durch ihre Ablehnung von Autoritäten der Physik und Chemie, darunter auch Einstein und Haber, verzögert wurde.[6] Seine sich später als richtig erweisende Theorie widersprach der damals vorherrschenden Lehre, nach der allen Kohäsionskräften elektrische Wechselwirkungen zugrunde liegen. Ausgehend von dieser Erfahrung analysierte Polanyi, der sich einige Jahre nach seiner Emigration nach England der Philosophie zuwandte und einer der bedeutendsten Wissenschaftsphilosophen wurde, in einem Aufsatz in *Science* den Nutzen und die Gefahren, die von Autoritäten in der Wissenschaft ausgehen.[7] Er kommt zu dem Ergebnis, daß eine weitgehend akzeptierte Lehrmeinung, die nur einen begrenzten Widerspruch zulassen kann, als Rahmen für die Forschung der Mitglieder der Scientific community unerläßlich ist, damit sich kein Unsinn verbreitet. Er nimmt dabei in Kauf, daß eine solche Orthodoxie zuweilen zur Unterdrückung oder Nichtbeachtung von sich später als richtig herausstellenden abweichenden Auffassungen führen kann, und fordert ein ausgewogenes Gleichgewicht zwischen wissenschaftlicher Orthodoxie und dem ebenfalls wissenschaftlichen Recht auf Widerspruch.

Polanyi tritt damit Auffassungen wie denen des Philosophen Bertrand Russell entgegen, wonach die wissenschaftliche Methode und ihre Erfolge die Abschaffung

---

[6] Michael Polanyi, The Potential Theory of Adsorption, Science 141, 1010–1013, 1963. Nach Polanyi wäre die Latenzzeit bis zur Anerkennung seiner Theorie erheblich kürzer gewesen, wenn das Problem bedeutender gewesen wäre.

[7] Ibid.

jeglicher Autoritäten implizieren und fordern, Auffassungen, die Polanyi als intellektuell unredlich bezeichnet: »Solche Aussagen verdunkeln die Tatsache, daß die Autorität einer momentanen wissenschaftlichen Meinung für die Arbeit wissenschaftlicher Institutionen unerläßlich ist; daß sie eine unschätzbare Bedeutung hat, obwohl ihre Gefahren den wissenschaftlichen Fortschritt unaufhörlich bedrohen.«[8]

Der in der vorliegenden Arbeit analysierte Abschnitt aus der Geschichte der Chemie verdeutlicht beide von Polanyi angesprochenen Aspekte der Autorität vorherrschender Lehrmeinungen. Die Dominanz der Organischen Chemie, die seit dem 19. Jahrhundert große Erfolge in Wissenschaft und Industrie aufzuweisen hatte, führte, ebenso wie die Autorität und finanziellen Möglichkeiten der Lehrstuhlinhaber, auch im 20. Jahrhundert zu bedeutenden Leistungen. Seit den Indigoarbeiten Adolf v. Baeyers wurde die Naturstoffchemie viele Jahre lang zu einem bevorzugten Forschungsgebiet Organischer Chemiker in Deutschland, wie z. B. die Arbeiten über Gallenfarbstoffe, Hämin und Chlorophyll zeigen. Die Forschungen Butenandts und Kuhns über Hormone und Vitamine waren in den 1930er Jahren ebenso wie die Arbeiten von Meerwein, Diels und Alder über neue Synthesewege international führend.

Auf der anderen Seite führten die Erfolge der klassischen, Präparativen Organischen Chemie zur Vernachlässigung anderer Gebiete. Die Bezeichnungen »Chemiker« und »Organiker« wurden, wie es der Physikochemiker Walther Jaenicke ausdrückte, fast Synonyme, und bei vielen Fachvertretern entwickelte sich Theoriefeindlichkeit.[9] Seit dem 19. Jahrhunderts betonten Chemiker, teilweise in Abgrenzung zur Physik, die empirische und deskriptive Natur ihrer Arbeit; sie distanzierten sich von spekulativen Theorien und fanden mathematische Repräsentationen irrelevant.[10] Die antitheoretische und antispekulative Richtung, die in Verbindung mit der Industrie auf empirischem Wege spektakuläre Erfolge erzielte, bestimmte die Organische Chemie in Deutschland bis in die zweite Hälfte des 20. Jahrhunderts.[11]

---

8 Ibid., Übersetzung UD.

9 Walther Jaenicke, 100 Jahre Bunsen-Gesellschaft 1894–1994, Darmstadt 1994: Steinkopff, S. 36–37.

10 Siehe dazu Mary Jo Nye, Philosophies of Chemistry since the Eigtheenth Century. In: Seymour H. Mauskopf (ed.), Chemical Sciences in the Modern World. Philadelphia 1993: Univ. of Pennsylvania Press, pp. 3–24. Nye nennt als Beispiele Marcelin Berthelot, der von 1860 bis 1900 großen Einfluß auf die Chemie in Frankreich hatte, und Hermann Kolbe in Deutschland.

11 Ein ausgesprochener Empiriker war z. B. Emil Fischer, Nobelpreisträger des Jahres 1902, der auch die Naturstoffchemie auf das sichere Fundament der Organischen Chemie stellen wollte und Spekulationen, z. B. neovitalistische Konzepte im Zusammenhang mit der Proteinnatur, scharf ablehnte. Nach Walther Jaenicke gab Emil Fischer seinen Praktikanten folgendes Merkblatt: »Man wird dringend gewarnt, sich beim Beobachten der Erscheinungen, der Ausführung der Analysen und anderer Bestimmungen durch Theorien oder sonstige vorgefaßte Meinungen beeinflussen zu lassen.« (Walther Jaenicke, 100 Jahre Bunsen-Gesellschaft, S. 36.)

Theoriefeindliche Haltungen wurden während des Nationalsozialismus verstärkt und trugen dazu bei, daß Chemiker die von deutschen Physikern, darunter Heitler, Hellmann, Hückel, Hund, London und Schrödinger, entwickelten quantentheoretischen Vorstellungen erst mit großer Verspätung aufgriffen. Die Tatsache, daß die ab 1873 veröffentlichten Arbeiten von Josiah W. Gibbs zur Thermodynamik der Grenzflächen trotz der Übersetzung durch Wilhelm Ostwald in Deutschland verglichen mit Holland nahezu unbeachtet geblieben waren,[12] hat möglicherweise mit dazu beigetragen, daß es Wolfgang Ostwald seit den 1920er Jahren gelang, die Kolloidchemie als rein phänomenologische Wissenschaft mit teilweise fragwürdigen Anwendungen außerhalb der Physikalischen Chemie zu etablieren.

Die Dominanz der Organischen Chemie zeigte sich auch darin, daß die Antibiotikaforschung trotz ihrer medizinischen und militärischen Bedeutung nicht mit Nachdruck betrieben wurde. Von Ausnahmen abgesehen, zogen Chemiker in Deutschland es vor, an der chemischen Weiterentwicklung der synthetischen Sulfonamide zu arbeiten; auch die Industrie, die mit Sulfonamiden große Verkaufserfolge erzielte, schien nicht interessiert.

Der Einfluß von Autoritäten ist, wie die Fortsetzung und der Ausbau der Abwehrfermentforschung Emil Abderhaldens in der NS-Zeit deutlich macht, verheerend, wenn es sich um Personen handelt, deren wissenschaftliches Arbeiten selbst fragwürdig ist, die experimentelle Ergebnisse nach Belieben akzeptieren oder ablehnen, und Mitarbeiter, die Daten fälschen, lange Zeit unkritisch gewähren lassen.

Irrtümer und Betrug

Die Entwicklung der Chemie und Biochemie ist wie die jeder Naturwissenschaft durch eine Vielzahl von Fehlern und Irrtümern gekennzeichnet. Der Beginn einer neuen Forschung zeichnet sich, z. B. auf Grund methodischer Unzulänglichkeiten oder einer zu geringen Zahl von Experimenten, durch vermutete Gesetzmäßigkeiten und andere Spekulationen einerseits, Skepsis und Ablehnung andererseits aus. Der Wahrheitsgehalt dieser vermuteten Gesetzmäßigkeiten und Spekulationen ist erst nach einiger Zeit zu erkennen. Beispiele solcher Irrtümer sind Emil Fischers Vorstellung, daß es keine Moleküle geben kann, deren Molekulargewicht über 5000 liegt, die zum Teil hierauf basierende langjährige ablehnende Haltung der meisten Organiker gegenüber Staudingers Konzept der Makromoleküle, die anfängliche Interpretation der durch Röntgenstrukturanalyse sichtbaren Elementarzelle eines organischen Makromoleküls als kleines Molekül seitens einiger Physikochemiker, Hermann Staudingers langjährige Ablehnung der von Hermann Mark und anderen Physikochemikern vertretenen These der Existenz geknäuelter Makromoleküle, The Svedbergs und Max Bergmanns Annahme zahlenmäßiger Gesetzmäßigkeiten beim Aufbau von Proteinen aus Aminosäuren, Richard Willstätters Übersehen eines Proteinrestes bei der Analyse der chemischen Zusammensetzung eines Enzyms und Phoebus Levenes Tetranucleotidhypothese bezüglich des Aufbaus der DNA.

---

[12] Ibid.

Einige dieser Irrtümer verzögerten, da sie von Autoritäten vertreten wurden, die Forschungen auf dem entsprechenden Gebiet beträchtlich. Der größte Teil der Chemiker, die eine falsche alte oder falsche neue Hypothese vertraten, erkannte und akzeptierte nach einiger Zeit, in manchen Fällen erst nach Jahren, daß diese widerlegt worden war. Natürlich gibt es Fälle, in denen ein Vertreter einer sich als falsch herausstellenden Vorstellung starb, bevor sie widerlegt wurde. Ein Beispiel ist Emil Fischer, der das Aufkommen der makromolekularen Chemie nicht mehr erlebte. Die Tatsache, daß sich diese durchsetzte, ist allerdings nicht, wie Max Planck es in bezug auf neue Theorien in der Physik formulierte, auf den Tod ihrer Gegner zurückzuführen. Die meisten Organiker ließen sich nach jahrelanger Ablehnung von den experimentellen Belegen für die Existenz von Makromolekülen überzeugen.

Hier möchte ich einen Irrtum zweier Chemiker hervorheben, der nicht nur, weil er zuvor mit dem Nobelpreis belohnt worden war, eine Besonderheit darstellt. Es handelt sich um die von Heinrich Wieland und Adolf Windaus aufgestellten Formeln der Gallensäuren und des Cholesterins, für deren Grundgerüst beide Chemiker einen Fünfring statt eines Sechsrings vorgeschlagen hatten. Interessant ist, daß sie diese Formeln rein experimentell festgelegt hatten, obwohl der Fünfring bereits zu diesem Zeitpunkt ihrem Empfinden widersprach. Als ihr Fehler auf Grund der Ergebnisse von Röntgenstrukturanalysen aus England deutlich wurde, korrigierten sie ihn sofort. Darüber hinaus gab Windaus zu, daß beide den Irrtum hätten vermeiden können. Wieland und Windaus unterschieden sich während des Nationalsozialismus von den meisten ihrer Kollegen durch Nonkonformismus und, um Bernhard Witkop zu zitieren, Anständigkeit. Sowohl im Bereich der Forschung als auch in der politischen Dimension ließen sie sich von moralischen Prinzipien leiten. In dieser Integrität sind sie Vorbilder und damit wirkliche Autoritäten.

Während des Nationalsozialismus fanden einige Betrugsfälle in der Chemie und Biochemie statt, die im folgenden kurz zusammengefaßt werden.

Die prominentesten Fälschungen in der Chemie waren die aufsehenerregenden Ergebnisse des aus Deutschland stammenden Ordinarius für Organische Chemie an der Universität Utrecht, Fritz Kögl, eines international angesehenen Naturstoffchemikers. Dieser behauptete 1939, in Tumorgeweben einen signifikant höheren Anteil von D-Aminosäuren, vor allem D-Glutaminsäure, im Vergleich zu normalem Gewebe gefunden zu haben. (Proteine enthalten normalerweise die stereoisomere Form der L-Aminosäuren.) Bei diesen angeblichen Entdeckungen handelte es sich um eine Fälschung seiner Mitarbeiterin Hanni Erxleben. Die Unhaltbarkeit seiner Behauptungen wurde innerhalb einiger Jahre nachgewiesen. Kögl selbst gab die Fälschungen nie zu. Er verlor seinen Ruf und seine Glaubwürdigkeit. Die Berichte der Deutschen Chemischen Gesellschaft veröffentlichten nach seinem Tod im Jahre 1957 keinen Nachruf.

Im Falle des Ordinarius in Halle und Leopoldina-Präsidenten Emil Abderhalden, der das Vorhandensein der von anderen als nichtexistent nachgewiesenen Abwehrfermenten vier Jahrzehnte lang behauptete, ist beabsichtigter Betrug nicht nachzuweisen. Hier wurde ein anfänglicher Irrtum zum Selbstbetrug und dadurch, daß Wunschdenken den Ausgang von Experimenten (über Jahrzehnte hinweg) bestimmte, Daten selektiv ausgewählt wurden und eindeutige Widerlegungen nicht zur Überprüfung der Experimente führten, zum Betrug.

Ernst Waldschmidt-Leitz, Ordinarius für Organische Chemie in Prag, stellte in den 1940er Jahren die These auf, daß im Serum Carcinomkranker D-Peptidasen produziert werden, die als Abwehrreaktion gegen den Tumor gedeutet werden können. Er kombinierte den Betrug der Abderhaldenschen Abwehrfermente mit dem der Köglschen D-Aminosäuren in Tumorgewebe. Er war damals einer von vielen Wissenschaftlern, die von der Richtigkeit von Kögls und Abderhaldens Forschung überzeugt waren, aber er ging in seinem wissenschaftlichen Opportunismus weiter, indem er spektakuläre weitreichende Anwendungen versprach, die jeglicher wissenschaftlichen Grundlage entbehrten. So sollte, seinen Ankündigungen zufolge, das künstliche Peptid D-Leucyl-glycyl-glycin nicht nur als ein Mittel zur Diagnose von Krebs, sondern eventuell auch als Krebs-Impfstoff verwendet werden können. Dabei war es ihm nicht einmal gelungen, dieses Peptid zu synthetisieren.

Die politischen Rahmenbedingungen förderten den Betrug eine Zeitlang: Die DFG (in Absprache mit dem Auswärtigen Amt!) und die Reichsärztekammer hielten Waldschmidt-Leitz' Ankündigungen für einen ausreichenden Grund, seine Forschungsergebnisse zur Auslandspropaganda einzusetzen. Die meisten deutschen (Bio-)Chemiker blieben Waldschmitz-Leitz' Forschungen und Versprechungen gegenüber skeptisch; auch wenn er als Proteinforscher anerkannt war, fehlte ihm die weit über fachliche Leistungen hinausgehende Autorität, die Abderhalden vor stärkerer Kritik schützte. Waldschmidt-Leitz wurde nach dem Krieg Lehrbeauftragter an der TH München. Soweit mir bekannt ist, hat er seine Arbeiten über D-Peptidasen nie zurückgezogen.

E. Stockstrom, ein Mitarbeiter von Karl Dimroth, täuschte durch Fälschung der Ergebnisse von Analysen die weitgehend gelungene Synthese des Vitamins D vor. Dimroth, damals Dozent für Chemie an der Universität Göttingen, entdeckte die Fälschung 1943, informierte alle beteiligten Stellen, einschließlich DFG und Industrie, und zog alle Arbeiten mit Stockstrom zurück. Stockstrom gab die Fälschung sofort zu und wurde entlassen; ein Motiv gab er nicht an. Dimroth fand Verständnis bei seinen Kollegen an der Universität und in der Industrie, obwohl der Betrug seinem Ruf schadete. Er wurde nach dem Krieg Ordinarius in Marburg.

Franz Moewus, seit 1938 wissenschaftlicher Mitarbeiter Richard Kuhns, gelang es eine Zeitlang, als Pionier des neuen Forschungsgebietes der biochemischen Genetik an Mikroorganismen zu gelten, indem er seinen Ansätzen jahrelang verschiedene Carotinoide beifügte, die er anschließend als Genhormone und Sexualstoffe von Algen isolierte. Bereits ein Jahr später wurden sowohl in Deutschland als auch im Ausland Zweifel an den Ergebnissen geäußert, da diese aus Gründen der Statistik extrem unwahrscheinlich waren. Kuhn gewährte seinem Mitarbeiter jedoch volle Unterstützung und war von den Ergebnissen fasziniert. Weder Kuhn, der sechs gemeinsame Arbeiten mit Moewus publizierte, noch andere Wissenschaftler machten damals einen Versuch, Moewus' Arbeiten zu reproduzieren. Dies geschah

– ohne Erfolg – erst Mitte der 1950er Jahre. Das Motiv für Moewus' Betrug ist bis heute unklar. Richard Kuhn verfaßte erst 1960, ein Jahr nach Moewus' Tod, eine kurze Stellungnahme. Er zog die gemeinsamen Arbeiten mit Moewus nie zurück.

Fünf Fälle von bekanntgewordenem Betrug in größerem Ausmaß, die Forschungen nicht eingerechnet, die z. B. die Wirkung der Abwehrfermente in vielfältigstem Zusammenhang bestätigten: Dies scheint einerseits, angesichts der großen Zahl hier berücksichtigter Wissenschaftler – etwa 600 – wenig zu sein. Andererseits ist die Zahl aber doch unerwartet groß. Es kann nur vermutet werden, daß die Bedingungen des Nationalsozialismus, darunter die zunehmende internationale Isolierung, der Ausbau der Macht von Autoritäten und die Unterdrückung von Kritik, auch die Bedeutung von Propaganda, die Zahl der Betrugsfälle erhöhten bzw. die Zeit bis zu ihrer Aufklärung verlängerten. In jedem Fall waren die Auswirkungen groß, da maßgebliche Repräsentanten der deutschen (Bio-)Chemie involviert waren. Abderhalden, immerhin ein Emil-Fischer-Schüler, wurde seit den 1920er Jahren von vielen Biochemikern außerhalb Deutschlands nicht mehr ernst genommen. Waldschmidt-Leitz, ein Schüler Willstätters, erschien Proteinchemikern in den USA in den 1930er Jahren wissenschaftlich als fragwürdig. Nach dem Krieg wurden seine Arbeiten international kaum zur Kenntnis genommen. Richard Kuhn gehörte zu den Großen der Organischen Chemie und Naturstoffchemie. Sein moralisches Versagen im Nationalsozialismus wurde nach dem Krieg international bekannt, und die Tatsache, daß er nicht bereit war, die Fälschung seines Mitarbeiters einzugestehen, verbesserte sein Ansehen nicht.

4. Schlußbemerkung

Im nationalsozialistischen Deutschland gab es im Unterschied zur UdSSR unter Stalin keine zentrale politische Stelle, niemanden mit der Macht eines Lyssenko, der Wissenschaftlern eine Ideologie gegen mehrheitliche wissenschaftliche Lehrmeinungen aufzwingen konnte; selbst in der Physik waren die Auswirkungen der anfänglichen Machtausübung des »deutschen« Physikers Johannes Stark und seiner Kollegen begrenzt. Dies wurde von Historikern, darunter Herbert Mehrtens und Mark Walker, damit erklärt, daß die nationalsozialistischen Technokraten die Hilfe der Naturwissenschaftler benötigten. Die Hoffnung auf zivile und militärische Anwendung der Kernkraft hat nach der Entdeckung der Kernspaltung in der Physik sicher dazu beigetragen, daß der anfängliche ideologische Druck durch Vertreter der antitheoretischen »arischen Physik« schnell nachließ.

In der Chemie gab es dagegen zu keiner Zeit einen nenneswerten ideologischen Druck. Dies hing zum einen damit zusammen, daß die Bedeutung auch der akademischen Chemie für die wirtschaftlichen und militärischen Ziele des Nationalsozialismus von vornherein deutlich war, zum anderen damit, daß theoretische Gebiete in der Chemie aus den oben genannten Gründen bereits vor 1933 nur schwach vertreten waren. Die wenigen Vertreter einer pseudowissenschaftlichen »deutschen Chemie« konnten, im Unterschied zur Physik, die Wissenschaftspolitik zu keinem Zeitpunkt beeinflussen.

Allgemein ist festzuhalten, daß, anders als in der Sowjetunion unter Stalin, sehr wenige nichtjüdische Professoren in Deutschland nach 1933 ihre Entlassung befürchten mußten. Die alten Eliten behielten weitgehend ihren Einfluß, was wiederum damit zu erklären ist, daß ein großer Teil dieser Eliten unabhängig von ihrer Zugehörigkeit zu nationalsozialistischen Organisationen zentrale Aspekte nationalsozialistischer Politik guthieß und unterstützte, wie z. B. ein gewisses Maß an Antisemitismus, Nationalismus, Antikommunismus und einen Eroberungskrieg im Osten. Nationalsozialistische Wissenschaftspolitiker schrieben nach den ersten deutschen Kriegserfolgen im Zusammenhang mit dem dadurch näher gerückten Ziel einer deutschen Vorherrschaft in Europa der deutschen Wissenschaft neben der praktischen eine wichtige politische Funktion zu, die Rudolf Mentzel, Chemiker mit hohem SS-Rang, Präsident der DFG und Leiter der Abteilung Wissenschaft des Ministeriums, 1940 folgendermaßen beschrieb: »Auf der anderen Seite müssen wir betonen, daß wissenschaftliche Arbeit politische Arbeit ist, vor allen Dingen auch außenpolitische Arbeit bedeutet... (Wir werden) nur dann Erfolg haben, wenn wir innerhalb dieser gewaltigen Kulturpropaganda die nötigen wissenschaftlichen Erfolge einsetzen können. Nur dann ist der deutsche Wissenschaftler der beste, wenn er gegenüber den Nachbarvölkern die besten Leistungen aufzuweisen hat.«[13]

Die Vertreibung, Entrechtung und spätere Ermordung der europäischen Juden sowie der Versuch, durch mehrere Angriffskriege Europa unter die Vorherrschaft des nationalsozialistischen Deutschland zu bringen, geschah mit dem Wissen, unter der Beteiligung und mit der aktiven Unterstützung von Wissenschaftlern. Deutschland verlor nach 1945 seine führende Position auf fast allen Gebieten der Naturwissenschaft. In der im Bereich der chemischen Wissenschaften am stärksten betroffenen Biochemie sind die Auswirkungen bis heute spürbar. Dies ist nach dem Ergebnis dieser Arbeit nicht auf mangelnde Finanzierung oder fehlende wissenschaftliche Kapazität zurückzuführen, sondern in erster Linie eine Folge des Verrats deutscher Wissenschaftler am Prinzip des wissenschaftlichen Universalismus, wie es der langjährige Herausgeber von »Nature«, Sir Richard Gregory, 1941 formulierte:

»Die Wissenschaft würde ihrer Tradition nicht gerecht, wenn sie nicht in der Lage wäre, gegen solche kriminellen Angriffe auf den menschlichen Geist zu protestieren. Sie läßt sich nicht auf irgendwelche nationale oder rassische Grenzen einengend beschränken, und ihre Dienste können nicht von einem einzigen Land monopolisiert werden, ohne die Prinzipien zu entwürdigen, für die sie immer ge-

[13] Mentzel laut Sitzungsprotokoll, Zentrales Staatsarchiv Potsdam, REM 3191.

standen hat. Indem sie Rasse, politische Überzeugung oder religiösen Glauben zu Barrieren für das Streben nach Naturerkenntnis macht, verliert die Wissenschaft im nationalsozialistischen Deutschland ihre Seele, um die Welt zu gewinnen.«[14]

[14] »Science would be false to its tradition if it failed to protest against such criminal assaults on the human mind. Its spirit cannot be confined within any national or racial boundaries, and its service cannot be monopolised by any single country, without debasing the principles for which it has always stood. To make race, political convictions, or religious faith, barriers to the pursuit of natural knowledge, means that science in Nazi Germany loses its soul for the purpose of gaining the world.« (Nature 143, 93, 1941, Übersetzung UD)

Informationen über die akademische Laufbahn der Chemiker und Biochemiker dieser Studie

In diesem Namensverzeichnis sind die (Bio-)Chemiker aufgeführt, die zwischen 1932 und 1945 in Deutschland oder Österreich an akademischen Instituten tätig waren und deren Biographien die Grundlage der vorliegenden Arbeit und der Statistiken bilden. Soweit bekannt, sind Mitgliedschaften in der NSDAP, SA und SS angegeben. Während die Mitgliedschaften in der NSDAP bis auf die wenigen angegebenen Fälle stabil blieben, trat eine Reihe von SA-Mitgliedern nach einigen Jahren aus dieser Organisation aus; dies wurde für die Fälle, in denen mir Informationen dazu vorlagen, angegeben.

Abderhalden, Emil, Dr. med. Prof., 1877–1950, Doz. Berlin 04, apl. Prof. 08, ord. Prof. 08, Halle 11, Zürich 45.

Abderhalden, Rudolf, Dr. med., 1910–1965, Doz. Halle 40, Basel 45, NSDAP 37.

Abel, Emil, Dr. phil. et rer. nat. Prof., 1875–1958, Doz. 05, apl. Prof. 19, ord. Prof. TH Wien 23, Entl. u. Emig. 38, London 38.

Ackermann, Dankwart, Dr. med. Prof., 1878–?, ord. Prof. Würzburg 29, em. 52.

Adickes, Franz, Dr. rer. nat. Prof., 1897–?, Doz. Tübingen 27, apl. Prof. 33, Berlin 38, Ob. Reg.Rat an der Militärärztlichen Akademie bis 45, Boehringer Ingelheim nach 45, NSDAP 33.

Albers, Henry, Dr. rer. nat. Prof., geb. 1904, Doz. Hamburg 34, apl. Prof. TH Danzig 36, ord. Prof. 45, Gastprof. U. Mainz 50, NSDAP 34.

Alder, Kurt, Dr. chem. Prof., 1902–1958, Doz. Kiel 30, apl. Prof. 34, Köln 37, Abtl. IG Farben Leverkusen 37–40, ord. Prof. Köln 40, Nobelpreis 50.

Alexy, Kurt, Dr., geb. 1908, DFG-Stipendiat Königsberg 37, 44, NSDAP 31, SA 33.

Ammon, Robert, Dr. med. Prof., geb. 1902, Doz. Berlin 35, b. ao. Prof. Würzburg 43, ord. Prof. Homburg/Saar 51, NSDAP 37.

Andreß, Karl, Dr.-Ing. Prof.,1894–?, Doz. TH Darmstadt 29, apl. Prof. Erlangen 36.

Anschütz, Ludwig, Dr. phil. Prof., 1889–1956, Doz. Marburg 32, ord. Prof. TH Brünn 37, apl. Würzburg nach 45, NSDAP 37.

Antropoff, Andreas von, Dr. phil. nat. Prof., 1878–1956, ord. Prof. Bonn 25–45, 50, em. 53, NSDAP 33, SS 38.

Antweiler, Hermann Josef, Dr. Prof., geb. 1909, Doz. Bonn 38, apl. Prof. 46, NSDAP 37, SA 33.

Arndt, Fritz, Dr. phil. Prof., 1885–1969, Doz. 11, apl. Prof. 19, ord. Prof. Breslau, Entl. u. Emig. 33, U. Oxford 33, U. Istanbul/Türkei 34, Hon. Prof. Hamburg 57.

Arndt, Kurt, Dr. Prof., 1873–?, apl. Prof. TH Berlin 22.

Asinger, Friedrich, 1907–1999.
Asmus, Erik, Dr. phil. Prof., geb. 1908, Doz. Marburg 40, apl. Prof. 49.
Augustin, Hilke, Dr. med., geb. 1915, DFG-Stipendiat KWI Biochemie 40–44.

Bachér, Franz, Dr. phil. Prof., 1891–?, Doz. Rostock 28, apl. Prof. 33, ord. Prof. TH Berlin 34, Lehrbeauftr. TH Berlin nach 45, NSDAP 31.
Baer, Erich Eugen Ferdinand, Dr. Prof., 1901–1975, Emig. 32, Ass. Basel 32, Doz. 36, mem. fac. U. Toronto/Kanada 37–69.
Bamann, Eugen, Dr. phil., Prof., 1900–1981, Doz. München 31, apl. Prof. Tübingen 35, ord. Prof. Prag 42, München nach 45, NDSAP 38, SA 33.
Barrenscheen, Hermann K., Dr. med. Prof., 1887–1958, apl. Prof. Wien 28, ord. Prof. 39, Landeskrankenhaus Salzburg nach 45, NSDAP 33, SA 34.
Bartholomé, Ernst, Dr. phil., 1908–1990, Ass. Göttingen 33, Habil 36, IG Farben Ludwigshafen 37, Hon. Prof. Heidelberg 50, NSDAP 37, SA 33.
Baumgarten, Paul, Dr. phil. Prof., 1896–1943, Doz. Berlin, apl. Prof. 36.
Beck, Walter, Dr. Doz., geb. 1901, Doz. Berlin 32, Entl. u. Emig. 33, London 33, Warschau 34.
Behagel, Otto, Dr. phil. Prof., 1895–1961, Doz. Gießen 26, apl. Prof. 32, NSDAP 33, SA 33.
Behrens, Martin, Dr. med. Prof., 1899–?, Doz. Gießen 32, apl. Prof. 39, auch nach 45, NSDAP 37.
Beischer, Dietrich, Dr.-Ing. Prof., geb. 1908, Doz. Straßburg 41, b. ao. Prof. 42, ord. Prof. 43, NASA 45, NSDAP 37, SA.
Beling, Rudolf Wilhelm, Dr. phil., Prof., 1894–1962, Doz. Bonn 31, apl. Prof. Bonn 42, auch nach 45, NSDAP 37, SA.
Bennewitz, Kurt, Dr. phil., Prof., 1886–?, apl. Prof. Jena 27, ord. Prof. 32, ao. Prof. Würzburg 47.
Berg, Richard, Dr. phil. Prof., 1889–?, apl. Prof. Königsberg 35.
Bergel, Franz, Dr. phil. nat., geb. 1900, Doz. Freiburg 29, Entl. u. Emig. 33, res. U. Edinburgh 33, London 38, Prof. U. London 52.
Bergmann, Ernst David, Dr. Prof., 1903–1975, Doz. Berlin 28, Entl. u. Emig. 33, wiss. Leiter des Daniel Sieff Instituts in Rehovot 34, Weizmann Institut 49–51, ord. Prof. Jerusalem 51.
Bergmann, Max, Dr. phil. Prof., 1886–1944, Doz. Berlin 20, Dir. KWI Lederf. Dresden u. Hon. Prof. TH Dresden 21, Entl. u. Emig. 33, Pittsburgh 33, Leiter chem. Abt. Rockefeller Institute for Medical Research, New York 36.
Berl, Ernst, Dr. Prof., 1871–1946, ord. Prof. TH Darmstadt, Entl. 33, Emig. USA 34, Prof. Carnegie Institute Pittsburgh 34.
Bernhauer, Konrad, Dr. rer. nat. Prof., geb. 1900, Doz. Prag 29, apl. Prof. 34, ord. Prof. 41–45, NSDAP 39.
Bersin, Theodor, Dr. med. Prof., 1902–1967, Doz. Marburg 35, b. ao. Prof. 38, nach 45 Hausmann AG, St. Gallen, NSDAP 33.
Beutler, Hans, Dr., 1896–1942, Doz. Berlin 31, Abtl. KWI für Physikal. Chemie, Entl. 33, Emig. USA 35, Michigan 36.
Beyer, Hans, Dr. phil. Prof., geb. 1905, Doz. Berlin 39, ord. Prof. Greifswald 47, NSDAP 33, SA 33.
Bierich, Robert, Dr. med. Prof., 1876–1957, Doz. Hamburg 22, apl. Prof. 27, NSDAP.

Biesalski, Ernst, Dr. phil. Prof., 1881–1963, Doz. 25, apl. Prof. TH Berlin 28, ord. Prof. 34, NSDAP 33.

Bikerman, Jacob Joseph, 1898–1978, Mitarb. KWI Physikal. Chemie 24, Entl. 35, Emig. 36, Fel. U. Manchester 36, Fel. U. Cambridge 37, Dir. of Res. Glass Fibers ltd. Glasgow 39, Metal Box Co. London 41, Emig. USA 45, Merck and Co. N. J. 46, Yardney Elec Co. New York 51, Lab. MIT 56, Horizons Inc., Cleveland, 64–70, Consult. work 70.

Biltz, Heinrich, Dr. phil. Prof., 1865–1943, ord. Prof. Breslau 11.

Biltz, Wilhelm, Dr. phil. Prof., 1877–1943, Doz. Göttingen 03, ord. Prof. Clausthal 05, TH Hannover 21.

Birkofer, Leonhard, Dr. rer. nat., Prof., geb. 1911, Doz. Erlangen 44, TH Stuttgart 49, wiss. Mitarb. KWI (MPI) Mediz. Forsch. 37–54, ao. Prof. Köln 54, ord. Prof. 64, Düsseldorf 65.

Blaschko, Hermann Karl Felix, Dr. med., 1900–1993, Forsch. ass. KWI Medizin. Forsch. Heidelberg 25, Entl. u. Emig. 33, Res. U. College London 33, Cambridge U. 34, U. Oxford 44.

Blaser, Bruno, Dr. phil. Prof., 1901–1965, apl. Prof. Bonn 49.

Blume, Wilhelm, Dr. med. Prof., 1893–?, Doz. Bonn 29, apl. Prof. 35, ord. Prof. Graz 40, NSDAP 37.

Bockemüller, Wilhelm, Dr. phil. Prof., geb. 1901, Doz. Würzburg 34, apl. Prof. 41, ord. Prof. TH Berlin 43–45, danach chem. Abt. Georg-Speyer-Haus, Frankfurt, NSDAP 33.

Bode, Hans, Dr. phil. Prof., geb. 1905, Doz. Kiel 38, apl. Prof. Hamburg 49, NSDAP 37, SA 33.

Bodendorf, Kurt, Dr. phil. Prof., 1898–?, Doz. Berlin 32, apl. Prof. 35, b. ao. Prof. Istanbul 39, ord. Prof. Breslau 40, ca. 50 TH Karlsruhe, NSDAP 33.

Bodenstein, Max, Dr. phil. Prof., 1871–1942, ord. Prof. TH Hannover 08, Berlin 23.

Böhm, Johann, Dr. rer. nat. Prof., 1895–1952, Doz. Freiburg 28, apl. Prof. 30, Prag 34, ord. Prof. 41.

Bömer, Aloys, Dr. Prof., 1868–1936, ord. Prof. Münster 21.

Böttger, Wilhelm, Dr. phil. Prof., 1871–1949, ao. Prof. Leipzig 09, ord. Hon. Prof. 21, NSDAP 33.

Bomke, Hans, Dr., geb. 1910, habil. TH Berlin 36, Mitarb. KWI Chemie 38, Doz. München 50, NSDAP 33.

Bonhoeffer, Karl Friedrich, Dr. phil. Prof., 1899–1957, Doz. Berlin 27, apl. Prof. 29, ord. Prof. Frankfurt 30, Berlin 47, Dir. KWI Physikal. Chemie Berlin 48–51, Dir. MPI Physikal. Chemie Göttingen 49.

Born, Hans-Joachim, Dr. phil. Prof., geb. 1909, Mitarb. KWI Chemie Berlin seit ca. 33, Mitarb. Auer-Ges. Berlin, UdSSR 45–55, Doz. Dresden 56, ao. Prof. München 57, NSDAP 37.

Borsche, Walter, Dr. phil. Prof., 1877–1950, Doz. Göttingen 03, apl. Prof. 16, ord. Prof. 20.

Brand, Kurt, Dr. phil. Prof., 1877–1952, b. ao. Prof. Gießen 20, ord. Prof. Marburg 28, NSDAP 33.

Braß, Kurt, Dr. phil. Prof., 1880–1964, ord. Prof. TH Prag 28–45, NSDAP 38, SA 39.

Brauer, Georg, Dr. phil. nat. Prof., geb. 1908, Doz. TH Darmstadt 42, b. ao. Prof. Freiburg 46.

Braun, Julius von, Dr. phil. Prof., 1875–1939, ord. Prof. Frankfurt 21, Entl. 35.

Bredereck, Hellmut, Dr. phil. Prof., 1904–1981, Doz. Leipzig 33, apl. Prof. 39, ord. Prof. TH Stuttgart 49.

Bredig, Georg, Dr. phil. Prof., 1868–1944, ord. Prof. TH Karlsruhe 11, Entl. 34, Emig. USA 39.

Briegleb, Günther, Dr. phil. Prof., 1905–?, Doz. Würzburg 37, apl. Prof. 38, ord. Prof. 53, NSDAP 33.

Brill, Rudolf, Dr. phil. Prof., 1899–?, ord. Prof. TH Darmstadt 41, wiss. Berater Signal Corps Eng. Labor. Fort Monmouth, USA, 47, Forsch.lab. Philips Petroleum Co., Bartlesville, USA, 48, Prof. Polytechnic Institute Brooklyn, 50, Dir. Fritz Haber Institut der MPG Berlin 58, NSDAP 41.

Brinkmann, Georg, Dr. phil., 1898–?, Doz. Münster 33, beurl. 38.

Brintzinger, Herbert, Dr.-Ing., 1898–?, Doz. Jena 27, b. ao. Prof. 33, Gastprof. TH Stuttgart nach 45, NSDAP 37.

Brockmann, Hans, Dr. phil. Prof., 1903–?, Doz. Göttingen 36, ord. Prof. Posen 41, Göttingen nach 45, NSDAP 33.

Brunner, Otto, Dr. phil. Prof., 1899–?, Doz. Wien 37, apl. Prof. 43–45, ord. Prof. Hochsch. für Bodenkultur 53.

Bücher, Theodor, Dr. rer. nat. Prof., 1914–1997, Doz. Hamburg 51, ord. Prof. Marburg 53, München 63.

Bumm, Erwin, Dr. phil. Prof., 1901–?, Doz. Bonn 39, apl. Prof. 49. NSDAP 37, SA 34.

Bunte, Karl, Dr. phil. Prof., 1878–1944, b. ao. Prof. TH Karlsruhe 19, ord. Prof. 34.

Burkard, Josef, Dr., Mitarb. KWI Biochemie Berlin, Ass. Preuss. Versuchsstation 34.

Busch, Max, Dr. phil. Prof., 1865–1941, ord. Prof. Erlangen 12.

Butenandt, Adolf, Dr. phil. Prof., 1903–1995, Doz. Göttingen 31, ord. Prof. TH Danzig 33, Tübingen 45, München 53, Dir. KWI Biochemie Berlin 36, MPI Biochemie Tübingen 45, München, Präsident der MPG 60, Nobelpreis 39, NSDAP 36.

Capobus, Robert, Dr. phil., 1889–1963, Doz. Rostock 29, b. ao. Prof. Münster 38–45, NSDAP 37.

Carlsohn, Heinrich, Dr. phil. Prof., 1899–?, Doz. Leipzig 32, apl. Prof. 38, NSDAP 33.

Cassel, Hans, Dr., 1891–?, Doz., Entl. u. Emig. 33, Stanford/USA 33, Pittsburgh, Industrie 35, Jersey, Industrie 37.

Chomse, Heinz, Dr. phil. Prof., 1907–1966, Doz. Berlin 39, Prof. m. voll. LAuftr. Humboldt-U. Berlin nach 45.

Christian, Walter, 1896–1955, Mitarb. KWI Zellphysiologie.

Clusius, Klaus, Dr.-Ing. Prof., 1903–1963, Doz. Göttingen 31, apl. Prof. Würzburg 34, ord. Prof. München 36, Zürich 47.

Cordes, Heinrich, Dr. phil. nat. Prof., 1906–1998, Doz. Frankfurt 36, ord. Prof. TH Braunschweig 41–45, 56, NSDAP 32, SA 32–35, SS 39.

Cremer, Erika, Dr. Prof., 1900–?, Doz. Innsbruck 40, apl. Prof. 48, NSDAP 41.

Criegee, Rudolf, Dr. phil., 1902–?, Doz. Würzburg 30, apl. Prof. Marburg 37, b. ao. Prof. TH Karlsruhe 38, ord. Prof. nach 45.

Dadieu, Armin, Dr. techn. Ing. Prof., geb. 1901, ord. Prof. Graz 40, NSDAP 32, SS 36.

Dane, Elisabeth, Dr. phil. Prof., 1903–?, Doz. München 34, apl. Prof. 42.

Dann, Otto, Dr. rer. nat. Prof., geb. 1914, wiss. Mitarb. KWI Medizin. Forsch. 39–45, ord. Prof. Erlangen 50, SA 33.

Danneel, Heinrich, Dr. Prof., 1867–?, apl. Prof. Münster 30.

Dannenberg, Heinz, Dr.-Ing., 1912–1975, Mitarb. KWI Biochemie Berlin 38–45, Doz. Tübingen 51, Abtl. MPI Biochemie, NSDAP 36, SA 34.

Darapsky, August, Dr. phil. Prof., 1874–1942, ord. Prof. Köln 12.

Dede, Louis, Dr. phil. Prof., 1884–1951, Doz. Gießen 22, apl. Prof. 32.

Denk, Georg, Dr. Prof., geb. 1908, Doz. TH Karlsruhe 44, apl. Prof. 55, NSDAP 41.

Deuticke, Hans Joachim, Dr. med., 1898–1976, Doz. Frankfurt 29, b. ao. Prof. Bonn 38, NSDAP 37, SA 33–35.

Diels, Otto, Dr. phil. Prof., 1876–1954, Doz. Berlin 04, ord. Prof. Kiel 16, Nobelpreis 50.

Dietzel, Richard, Dr. phil. Prof., 1891–?, Doz. München 24, apl. Prof. 30, ord. Prof. Erlangen 35–45, 50, NSDAP 37, SA 33.

Dilthey, Walter, Dr. phil. Prof., 1877–1955, ord. Prof. Bonn 27, auch nach 45, NSDAP 39.

Dimroth, Karl, Dr. phil. Prof., 1910–1995, Doz. Göttingen 41, Marburg 44, b. ao. Prof. Marburg 49, ord. Prof. 52, NSDAP 37.

Dimroth, Otto, Dr. phil. Prof., 1872–1940, ord. Prof. Greifswald 13.

Dirscherl, Wilhelm, Dr. med. u. Ing. Prof., 1899–?, Doz. Heidelberg 32, Frankfurt 36, apl. Prof. Frankfurt 38, b. ao. Prof. Bonn 40, ord. Prof. 46.

Dischendorfer, Otto, Dr. phil. Prof., 1890–1967, Doz. TH Graz 23, U. Graz 27, apl. Prof. TH Graz 29, pl. ao. Prof. 39, auch nach 45, NSDAP 40.

Dornow, Alfred, Dr. phil. Prof., geb. 1909, Doz. Berlin 42, apl. Prof. TH Hannover 48, NSDAP 37.

Droßbach, Paul, Dr.-Ing. geb. 1900, Doz. TH Berlin 39–45, Doz. H. Regensburg nach 50, NSDAP 30.

Drucker, Carl, Dr. phil. Prof., 1876–1959, apl. Prof. Leipzig 11, Entl. 33, Emig. Uppsala, Schweden 34.

Druckrey, Hermann, Dr. med. Prof., 1904–1994, Doz. Berlin 36, apl. Prof. 42–45, 1948 Leiter Laboratorium der Chirurgischen Universitätsklinik in Freiburg, seit 52 Forschungseinheit für Präventivmedizin der DFG. Vorsitzender der Farbstoffkommision der DFG 56, der Internationalen Kommission zur Krebsforschung in New York 54, Mitglied des WHO advisory panel on food additives in Genf 56, NSDAP 31, SA 31.

Dunken, Heinz, Dr. rer. nat., geb. 1912, Doz. Halle 40, NSDAP 37–38.

Dworzak, Rudolf, Dr. phil., 1899–1969, Doz. Wien 30, b. ao. Prof. 40, ao. Prof. TH Karlsruhe nach 45, NSDAP 38.

Dyckerhoff, Hanns, Dr. med. Prof., 1904–1969, Doz. München 35, ord. Prof. Straßburg 41–45, ord. Prof. a. D. Köln 55, NSDAP 32, SA 33, SS 36.

Ebert, Ludwig, Dr. phil. Prof., 1894–1956, Doz. Berlin 28, apl. Prof. Würzburg 28, ord. Prof. TH Karlsruhe 34, Wien 40, auch nach 45.

Ehrenberg, Rudolf, Dr. med. Prof., 1884–1969, Doz. Göttingen 14, apl. Prof. Göttingen 20, Entl. 36, apl. Prof. Göttingen 45.

Ehrlich, Felix, Dr. phil. Prof., 1877–1942, ord. Prof. TH Breslau 20, Entl. 35.

Eilert, August, Dr., 1889–?, Doz. TH Braunschweig 22, NSDAP 33.

Einecke, Erich, Dr. phil., geb. 1904, Doz. Kiel 38, NSDAP 33.

Eirich, Frederick Roland, Dr. phil., geb. 1905, Doz. Wien 38, Entl. u. Emig. 38, U. Cambridge UK 38, Melbourne, Australien 41–43, Cambridge UK 43, USA 47, Brooklyn Polytechnic Inst., Prof. 51.

Eisenlohr, Fritz, Dr. phil. nat. Prof., 1881–?, Doz. Greifswald 10. ao. Prof. Königsberg 13, ord. Prof. 21, Jena 45.

Eisner, Hans, Dr., 1892–1983, Mitarb. KWI Physikal. Chemie Berlin ca. 23–26, Industrie 26–29, KWI 29–33, Entl. u. Emig. 33, seit 33 Andrómaco Co., Spanien 33–36, Frankreich 36–37, Argentinien 37, Uruguay 37–42, USA seit 47.

Embden, Gustav, Dr. med. Prof., 1874–1933, ord. Prof. Frankfurt 14, Entl. 33.

Emmert, Bruno, Dr. phil. Prof., 1880–?, Doz. Würzburg 10, b. ao. Prof. 15, ord. Prof. 27, auch nach 45, NSDAP 37.

Endres, Günther, Dr. phil. Prof., geb. 1905, Doz. Hamburg 37, apl. Prof. 45, Vorst. Schülke und Mayr AG Hamburg.

Engelhard, Hermann, Dr.-Ing., 1896–?, Auer-Ges., mit Vorlesungen TH Berlin beauftr. seit 34, Hon. Prof. TH Berlin 44, NSDAP 42.

Epstein, Friedrich, Dr., Entl. u. Emig. 33, Schweiz 33.

Erbacher, Otto, Dr. phil. Prof., 1900–1950, Doz. Berlin 35, apl. Prof. 40, Abtl. KWI Mainz 45, NSDAP 37.

Erber, Wolfram, Dr., 1905–1943, Doz. Freiburg 40, NSDAP 38.

Erbring, Alfred, Dr. phil., Doz. Leipzig 37.

Erbring, Hans, Dr. phil., Prof., geb. 1903, Doz. Leipzig 36, apl. Prof. TH München 42–46, Leiter chem. Abt. Madaus, Köln 46, NSDAP 33.

Erdmann, Hans, Dr.-Ing., geb. 1911, Mitarb. KWI Physik. Chemie ca. 37, Doz. TH Darmstadt 52, SA 37.

Estermann, Immanuel, Dr. rer. nat., 1900–1973, Doz. Hamburg 28, Entl. u. Emig. 33, UK 6/33, USA 11/33, Assoc. Prof. Carnegie Inst. Pittsburgh 33–51, Off. Sci. Res. and Dev. Manhattan Project 40–43, Off. of Naval Res. 45–50, US Off. of Naval Res. Washington D. C. 51–64, retired 64, Emig. nach Israel 63, mem. fac. Technion Haifa 64–73.

Ettisch, Georg, Dr. med., 1890–?, Doz. Berlin 29, Entl. 33, Emig. Lissabon 34, U. Kansas City 48.

Eucken, Arnold, Dr. phil. Prof., 1884–1950, Doz. Berlin 11, ord. Prof. TH Breslau 15, Göttingen 30, auch nach 45, NSDAP 33, vermutl. später ausgetreten.

Ewald, Heinz, Dr. rer. nat., 1914–?, wiss. Mitarb. KWI Chemie Berlin ca. 37, Ass. MPI Mainz nach 45, NSDAP 37, SA 33.

Fajans, Kasimir, Dr. phil. nat. Prof., 1887–1975, Doz. TH Karlsruhe 13, apl. Prof. München 17, ord. Prof. 25, Entl. 35, Emig. UK 35, U. Cambridge 35, Emig. USA 36, Prof. U. Michigan, Ann Arbor 36–57.

Faltis, Franz, Dr. phil. Prof., 1885–1963, Doz. Wien 14, ao. Prof. Graz 19, b. ao. Prof. Wien 23, ord. Prof. 41, auch nach 45.

Farkas, Ladislaus, Dr.-Ing., 1904–1948, Ass. KWI Physikal. Chemie 28, Entl. u. Emig. 33, Cambridge UK 33, Palästina 34, Daniel Sieff Inst. Rehovot 34, Prof. Jerusalem 36.

Fehér, Franz, Dr.-Ing. Prof., 1903–1991, Doz. TH Dresden 39, apl. Prof. Göttingen 42, b. ao. Prof. Köln 49, NSDAP 35, SA 33.

Feigl, Fritz, Dipl.-Ing. Prof., 1891–1971, Doz. Wien 26, ao. Prof. 36, Entl. u. Emig. 38, Belgien 38, 40 interniert als enemy alien, Brasilien 40, Abtl. Landwirtschaftsministerium 41, Prof. U. Brazil 53.

Felix, Kurt, Dr. med. Prof., 1888–1960, Doz. Heidelberg 21, apl. Prof. München 26, ord. Prof. Frankfurt 34, auch nach 45.

Feulgen, Robert, Dr. med. Prof., 1884–55, Doz. Gießen 20, b. ao. Prof. 23, ord. Prof. 28, auch nach 45, NSDAP 37.

Fiesselmann, Hans, Dr. rer. nat., geb. 1909, Doz. Erlangen 44, auch nach 45, NSDAP 37, SA 33.

Fink, Hermann, Dr.-Ing., 1901–1962, Doz. TH München 29, ord. Prof. Berlin 34, Köln 48, NSDAP 33.

Fischbeck, Kurt, Dr. phil. Prof., 1898–?, Doz. Tübingen 25, apl. Prof. 30. b. ao. Prof. Heidelberg 35, a. D. 45, NSDAP 33, SA 33.

Fischer, Franz, Dr. Prof., 1877–1947, ord. Prof. TH Berlin 11, Dir. KWI Kohlenforsch. Mülheim 13, em. 43, NSDAP 33.

Fischer, Gottwalt, Dr. rer. nat. Prof., 1902–1960, b. ao. Prof. Freiburg 32, ord. Prof. Würzburg 38, auch nach 45.

Fischer, Hans, Dr. phil. u. med. Prof., 1881–1945, Doz. München 12, ord. Prof. Innsbruck 16, Wien 18, TH München 21, Nobelpreis 30.

Fischer, Hermann Otto L., Dr. phil., 1888–1960, Doz. Berlin 22, Emig. Basel 32, ao. Prof. 34, Forsch. Prof. U. Toronto, Kanada 36, U. of Calif. Berkeley, USA 48, Leiter Dept. f. Biochemie 53.

Fischer, Werner, Dr.-Ing. Prof., 1902–?, Doz. TH Hannover 32. b. ao. Prof. Freiburg 33, ord. Prof. Hannover 44, auch nach 45, NSDAP 40.

Fleischer, Karl, Dr. phil., 1886–?, Doz. Frankfurt 15.

Flössner, Otto, Dr. med. Prof., 1895–1948, apl. Prof. Berlin 34, NSDAP 33.

Förster, Theodor, Dr. phil. nat. Prof., 1910–1974, Doz. Leipzig 40, ord. Prof. Posen 42–45, Leiter Arbeitsstätte für Strukturforsch, d. MPG, Göttingen, nach 45, NSDAP 33, SA 33.

Fränkel, Sigismund, Dr. med. Prof., 1868–1939, apl. Prof. Wien 16, Entl. 38, Emig. Schweiz 39.

Fraenkel, Walter, Dr. phil. nat. Prof., 1879–1945, Metallgesellsch. 28, Doz. Frankfurt 17, apl. Prof. 19–33, Entl. 33, Emig. UK 39, USA 40.

Frahm, Hermann, Dr. 1901–?, wiss. Mitarb. KWI Chemie Berlin ca. 37, NSDAP 31.

Franke, Adolf, Dr. phil. Prof., Doz. Wien 04, ord. Prof. 25, em. 43.

Franke, Wilhelm, Dr. phil., 1903–1967, Doz. München 34, b. ao. Prof. Würzburg 41–45, apl. Prof. Köln 50, NSDAP 37, SA.

Fredenhagen, Karl, Dr. Prof., 1877–1949, ord. Prof. Greifswald 23, em. 45, NSDAP 37.

Frenzel, Karl, Dr.-Ing. Prof. 1871–?. ord. Prof. Brünn 12.

Frers, Hans (Johann), Dr. phil. Prof., 1895–?, Doz. Hamburg 33, apl. Prof. 41, NSDAP 33.

Freudenberg, Karl, Dr. phil. Prof., 1886–1983, Doz. Kiel 14, München 20, apl. Prof. Freiburg 21, ord. Prof. TH Karlsruhe 22, Heidelberg 26, auch nach 45.

Freund, Ernst, Dr. med. Prof., 1863–1946, apl. Prof. Wien 32, Entl. u. Emig. 38, London 38.

Freundlich, Herbert Max F., Dr. phil.,1880–1941, Doz. Leipzig 06, apl. Prof. TH Braunschweig 11, Mitarb. KWI Physikal. Chemie Berlin 16, Abtl. 23, Hon. Prof. U. Berlin 23, TH Berlin 25, zum Rücktritt gezwungen 33, Emig. 33, U. College London 34, USA 38, Forsch. Prof. U. Minnesota.

Fricke, Robert, Dr. phil. u. med. Prof., 1895–1950, Doz. Münster 22, apl. Prof. 28, ord. Prof. Greifswald 30, TH Stuttgart 35, auch nach 45.

Friedländer, Erich, Dr., 1901–?, Doz. Berlin, Ass. KWI Physikal. Chemie, Entl. u. Emig. 33, Paris 33, Barcelona 35.

Fries, Karl, Dr. phil. Prof., 1875–1962, Doz. Marburg 05, ord. Prof. TH Braunschweig 18, vorzeitig em. 38.

Friese, Hermann, Dr.-Ing. Prof., 1901–?, Doz. TH Berlin 39, ord. Prof. TH Braunschweig 39–45, em. 57, NSDAP 43, SS 37.

Fröhlich, Hermann, Dr.-Ing., geb. 1907, Ass. TH Berlin, Entl. u. Emig. 33, Cleveland, Industrie 34.

Fromherz, Hans, Dr. phil. Prof., 1902–1963, Doz. München 31, apl. Prof. Schwyz 47, NSDAP 37, SA 33.

Frommer, Leopold, Dr.-Ing., 1894–?, Mitarb. KWI Physikal. Chemie, Ass. 31, Entl. 33, Emig., UK 34, consulting engineer und Experte in Fragen ausländischer Patente.

Fuchs, Walter, 1881–1957, Ass. TH Brünn 20, Abtl. KWI Kohlenforsch. 27–31, ord. Prof. TH Aachen 32, Entl. u. Emigr. 33, Prof. Pennsylvania State College 36–42, Industrieberater New York, Prof. TH Aachen 49.

Fürth, Otto, Dr. med. Prof., 1867–1938, Doz. Prag 19, ord. Prof. 33, Entl. 38.

Funk, Herbert, Dr.-Ing. Prof., 1895–?, Doz. TH München 25, apl. Prof. 32, ord. Prof. Halle 51, NSDAP 37.

Gaffron, Hans, Dr. Prof., 1902–1979, Ass. KWI Biochemie, Berlin, 25–36, Gast KWI Biologie 36–37, Emig. USA 37, U. Chicago 39, Prof. 52, Florida State U. 60–72.

Gall, Heinrich, Dr.-Ing. Prof., 1899–1935, Doz. 27, apl. Prof. TH München 34, NSDAP 33.

Galle, Ernst, Dr. techn. Prof., 1888–?, ord. Prof. TH Brünn 29. NSDAP 39.

Gehrke, Max, Dr., 1893–?, Doz. TH Berlin 31, NSDAP 32.

Geib, Karl Hermann, Dr. phil., 1908–?, Doz. Leipzig 38–45, Leuna-Werke, als Chemiker in UdSSR 46, verschollen seit 49, SA.

Gerngroß, Otto, Dr. phil. Prof., 1882–1966, Doz. TH Berlin 20, apl. Prof. 23, Entl. u. Emig. 33, Ankara 33, Palästina 43, Prof. Ankara 47.

Gierth, Martin, Dr., Mitarb. KWI Lederforsch. bis ca. 35.

Girsewald, Frhr. von, Conway, Dr. phil., 1876–?, Vorst. d. chem. Labor. d. Metallgesellschaft AG, Hon. Prof. U. Frankfurt 29.

Gleu, Karl, Dr. phil., geb. 1901, apl. Prof. Jena 38, b. ao. Prof. Frankfurt 39, auch nach 45.

Gluud, Wilhelm, Dr. Prof., 1887–1936, apl. Prof. Münster 31.

Goehring (spä. Becke), Margot, Dr. rer. nat. Prof., geb. 1914, Doz. Halle 44, b. ao. Prof. Heidelberg 47, ord. Prof. 59.

Götte, Hans, Dr. rer. nat., geb. 1912, Doz. Frankfurt 57.

Goldfinger, Paul, Dr. rer. nat., 1905–1970, Entl. u. Emig. 33, U. Liège 33, Belgien, Industrie 35–40, Belgien CNRS 46.

Goldschmidt, Stefan, Dr. phil. Prof., 1889–1971, Doz. Würzburg 19, apl. Prof. TH Karlsruhe 23, ord. Prof. TH München 27, Entl. 35, Emig. Niederlande, Industrie 38, ord. Prof. TH München 47.

Goubeau, Josef, Dr. phil., 1901–1990, Doz. Göttingen 36, apl. Prof. 40, b. ao. Prof. 43, ord. Prof. TH München 51, NSDAP 37, SA 33.

Graf, Roderich, Dr. rer. nat., geb. 1906, Doz. Prag 35–38, IG Farben Frankfurt (Hoechst) NSDAP 38.

Grafe, Karl, Dr., Mitarb. KWI Lederforsch. bis ca. 35.

Grassmann, Wolfgang, Dr. phil. Prof., 1898–1978, Doz. München 29, apl. Prof. 34, Dir. KWI Lederforsch. Dresden 34–45, Hon. Prof. TH Dresden 34–45, Dir. d. Forschungsanstalt f. Eiweiß u. Leder der MPG Regensburg nach 45, Prof. H. Regensburg, SA 33.

Graue, Georg, Dr., geb. 1903, wiss. Mitarb. KWI Chemie um 33, KWI Physikal. Chemie ca. 37, NSDAP 33.

Grewe, Rudolf, Dr. phil. Prof., 1910–?, Doz. Göttingen 41, b. ao. Prof. Straßburg 41, ord. Prof. Kiel 48, NSDAP 37, SA 37.

Grimm, Hans Georg, Dr. phil. Prof., 1887–?, Doz. München 23, apl. Prof. Würzburg 24, ord. Prof. 27, Leiter des Forschungslabors der IG Farben in Oppau 28.
Groß, Philipp, Dr. phil. Prof., 1899–1974, Doz. Wien 30, apl. Prof. 36, Entl. 38, Emig. Türkei 37, Prof. U. Istanbul 37, lecturer U. Bristol UK 39, Industrie England 43.
Groth, Wilhelm, Dr. rer. nat. Prof., geb. 1904, Doz. Hamburg 39, ord. Prof. Bonn 50, NSDAP 37.
Grube, Georg, Dr. phil. Prof., 1883–1966, ord. Prof. TH Stuttgart 18.
Grubitsch, Heribert, Dr.-Ing. Prof., geb. 1905, Doz. TH Graz 32, apl. Prof. Posen 42–45, Prof. TH Helsinki Finnland nach 45, NSDAP 33.
Grundmann, Christoph, Dr. phil. Prof., geb. 1908, Doz. Heidelberg 38, ord. Prof. Humboldt U. Berlin 51, Sen. Res. Assoc. Ohio State U. 52.
Günther, Paul, Dr. phil. Prof., 1892–?, Doz. Berlin 26, apl. Prof. Berlin 30, ord. Prof. 38, TH Karlsruhe 46.
Günther, Paul-Ludwig, Dr. phil. Prof., geb. 1903, Doz. Königsberg 36, apl. Prof. Breslau 42, Laborleiter Siemens und Halske, Karlsruhe, nach 45, NSDAP 37.

Haas, Erwin, Dr. Prof., geb. 1906, Entl. u. Emig. 38, U. Chicago 38, später Inst. f. Medical Res. Cedars of Lebanon Hosp. Los Angeles.
Haber, Fritz, Dr. phil. Prof., 1868–1934, Doz. TH Karlsruhe 96, apl. Prof. 98, ord. Prof. 06, Dir. KWI Physikal. Chemie Berlin 11, ord. Prof. Berlin, Rücktritt 33, Emig. UK 33, U. Cambridge, Nobelpreis 18.
Haber, Heinz, Dr. rer. nat., geb. 1913, Doz. Berlin 45.
Haberland, Gerhardt, Dr. phil., geb. 1907, Doz. Breslau 39, NSDAP 33.
Hacker, Wilhelm, Dr. Prof., 1900–1950, Doz. Köln 34, apl. Prof. 42–45, NSDAP 37, SA 33–36.
Häusler, Hans F., Dr. med. Prof., 1896–?, Doz. Graz 30, apl. Prof. 37, ord. Prof. 46, NSDAP 40.
Haeußler, Herbert, Dr. rer. nat., geb. 1908, Doz. TH Hannover 38, Leiter d. Hauptlabor. d. Riedel-de Haen AG, Seelze, nach 45, NSDAP 37, SS 33.
Hahn, Amandus, Dr. med. u. phil. Prof., 1889–1952, apl. Prof. München 24, b. ao. Prof. 42, ord. Prof. 47.
Hahn, Friedrich, Dr. phil. Prof., 1888–1975, Doz. Frankfurt 17, apl. Prof. 22, Entl. u. Emig. 33, Paris 33, Ecuador 35, Guatemala 42, Mexiko, Industrie 45.
Hahn, Georg, Dr. phil. nat. Prof., 1899–?, Doz. Frankfurt 29, apl. Prof. 37, NSDAP 33.
Hahn, Otto, Dr. Prof., 1879–1968, Doz. Berlin 07, apl. Prof. 10, Dir. KWI Chemie Berlin 28, Hon. Prof. Berlin 28–33, Präsident der MPG 48–60, Nobelpreis 44.
Halden, Wilhelm, Dr. phil. Prof., 1892–?, Doz. Graz 34, apl. Prof. 42, Doz. Graz nach 45, NSDAP 38.
Hanisch, Günther, Dr.-Ing., geb. 1909, Mitarb. KWI Biochemie ca. 37, NSDAP 40.
Hanus, Franz, Dr. phil., geb. 1914, Doz. Graz 42, NSDAP 38, SS 33.
Harms, Helmut, Dr. phil., geb. 1912, Doz. Halle 40, Straßburg 42–45, Doz. und Inhaber u. Leiter d. Physikal.-Techn. Landesanst. Lübeck nach 45, SA 33.
Harteck, Paul, Dr. phil. Prof., 1902–1985, Doz. Berlin 31, ord. Hamburg 35–52, Prof. Rensselaer Inst. Troy, USA, 52.
Hartmann, Hellmuth, Dr.-Ing. Prof., 1895–?, Doz. TH Breslau 31, apl. Prof. 36, b. ao. Prof. TH Braunschweig 39, ord. Prof. Frankfurt 52, NSDAP 33.

Hartmann, Herrmann, Dr. rer. nat. Prof., geb. 1914, Doz. Frankfurt 40, ord. Prof. 52, Abtl. MPI Göttingen.

Hasse, Kurt, Dr. phil. Prof., 1911–?, Doz. TH Karlsruhe 44, apl. Prof. 53, SA.

Haul, Robert, Dr. Prof., geb. 1912, Doz. TH Prag 43–45, Nat. Chem. Res. Labor. Pretoria, Südafrika, 49–56, apl. Prof. Bonn 56.

Haurowitz, Felix, Dr. med. u. rer. nat. Prof., 1896–1987, Doz. Prag 25, apl. Prof. 30, Entl. 38, Emig. Türkei 38, Prof. U. Istanbul 38, Emig. USA 47, Prof. U. Indiana, Bloomington.

Havemann, Robert, Dr. phil. Prof., 1910–1982, Ass. U. Berlin 37, seit 33 in verschied. Widerstandsgruppen tätig, 43 zum Tode verurteilt, Vollstreckung aufgeschoben, Präs. KWG 45–46, ord. Prof. Humboldt-U. Berlin 46.

Hecht, Friedrich, Dr. phil., geb. 1903, Doz. Wien 41, b. ao. Prof. TH Graz 43, Wien 52, NSDAP 33, SA, SS 34.

Heeß, Walter, Dr.-Ing., geb. 1901, Doz. Berlin 41, NSDAP 33, SA 33, SS 39.

Hein, Franz, Dr. phil. Prof., 1892–?, Doz. Leipzig 21, b. ao. Prof. 23, ord. Prof. 46.

Heinze, Richard E., Dr. phil. Prof., 1882–?, apl. Prof. TH Berlin 31, NSDAP 33.

Helberger, Johann Heinrich, Dr.-Ing. Prof., geb. 1905, Doz. TH München 37, apl. Prof. TH Berlin 41, Prof. San Miguel de Tucuman, Argentinien nach 45, NSDAP 31, SA 31.

Helferich, Burckhardt, Dr. phil. Prof., 1887–1982, Doz. Berlin 20, ord. Prof. Frankfurt 22.

Heller, Kurt, Dr. rer. nat., 1898–1947, Doz. Prag 30, Entl. 38.

Heller, Wilfried, Dr. phil., geb. 1903, Mitarb. KWI Physikal. Chemie Berlin 31, Entl. u. Emig. 33, Fel. U. Paris 33, Emig. USA 38, Lect. U. Minnesota 38, Lect. U. Chicago 43, mem. fac. Wayne U. Detroit 46.

Hellmann, Heinrich, Dr. rer. nat., 1913–1995, DFG-Stip. KWI Biochemie Berlin 39–45, Doz. Tübingen 51, apl. Prof. 55, NSDAP 37, SA 33.

Henrich, Ferdinand, Dr. phil. Prof., 1871–1945, Doz. Graz 97, apl. Erlangen 12, ord. Prof. 26.

Henze, Martin, Dr. med. Prof., 1873–?, Doz. Leipzig 02, ord. Prof. Innsbruck 20, em. 38.

Hernler, Franz, Dr. phil., 1897–1941, Doz. Innsbruck 29, NSDAP 33.

Herrmann, Karl, Dr. Prof., 1882–?, apl. Prof. TH Berlin 31.

Hertel, Eduard, Dr. phil. Prof., 1899–?, Doz. Bonn 25, apl. Prof. 31, b. ao. Prof. TH Danzig 37, ord. Prof. 39–45, Lehrbeauftr. U. Kiel 50, NSDAP 33, SA 34.

Herzog, Reginald Oliver, Dr. phil. Prof., 1878–1935, Doz. TH Karlsruhe 05, apl. Prof. TH Berlin 08, ord. Prof. TH Prag 12, Dir. KWI Faserstoffchemie 19, Hon. Prof. Berlin, Entl. 33, Emig. Türkei 34, Prof. U. Istanbul, Selbstmord.

Hess, Kurt, Dr. phil. Prof., 1888–1961 Doz. Freiburg 14, apl. Prof. 16, TH Karlsruhe 18, apl. Prof. Berlin 25, Leiter Gastabt. KWI Chemie -45, Hon. Prof. TH Hannover 52, NSDAP 40, SA 33, SS 44.

Hesse, Gerhard, Dr. phil. Prof., 1908–?, Doz. Marburg 38, apl. Prof. 43, b. ao. Prof. Freiburg 45, ord. Prof. Erlangen nach 45, NSDAP 37.

Heumann, Karl E., Dr., geb. 1910, Mitarb. KWI Chemie, Berlin, ca. 37.

Heumann, Theodor, Dr. rer. nat., geb. 1914, Doz. Münster 50, SA 33.

Heusner, Alex, Dr., geb. 1913, Mitarb. KWI Biochemie, Berlin, ca. 41.

Hevesy, Georg Karl von, Dr. phil. Prof., 1885–1966, Doz. Wien 13, apl. Prof. Freiburg 26, ord. Prof. 32, Nobelpreis 43, Emig. Dänemark 34, Prof. U. Kopenhagen 34, Emig. Schweden 43, Prof. U. Stockholm.

Heymann, Erich, Dr., geb. 1901, Doz. Frankfurt 33, Entl. 33, Emig. UK 34, U. Melbourne.

Heyns, Kurt, Dr. rer. nat. Prof., geb. 1908, Doz. Hamburg 43, ao. Prof. nach 45, NSDAP 42.

Hieber, Walter, Dr. rer. nat. Prof., 1895–?, Doz. Würzburg 23, apl. Prof. Jena 25, ord. Prof. TH München 35, auch nach 45.

Hilberath, Friedrich, Dr., geb. 1911, Mitarb. KWI Kohlenforsch. Mülheim, NSDAP 33.

Hillmann, Günther, Dr.-Ing., 1919–1976, DFG-Stip. U. Berlin 41–43, KWI Biochemie Berlin 43–45, Ass. Zentralinst. f. Krebsforsch. Posen 42, Doz. Tübingen 56.

Hilpert, Richard Siegfried, Dr. phil. Prof., 1883–1951, Doz. TH Berlin 10, Abtl. KWI Kohlenforsch. 14, Hon. Prof. TH Berlin 22, ord. Prof. TH Braunschweig 30.

Hinsberg, Karl, Dr. med. Prof., 1894–?, Doz. Köln 30, apl. Prof. Berlin 35, ao. Prof. Düsseldorf nach 45, NSDAP 33.

Hock, Lothar, Dr. phil. Prof., 1890–?, Doz. Gießen 24, apl. Prof. 29, Hon. Prof. Giessen nach 45.

Hölzl, Franz, Dr. phil. Prof., 1892–?, Doz. Graz 27, apl. Prof. 22–45, Doz. u. ständ. Ass. 49.

Hönigschmid, Otto, Dr. Prof., 1878–1945, Doz. Prag 08, ord. Prof. München 22.

Hoffer, Max, Dr., geb. 1906, Mitarb. KWI Mediz. forsch., Entl. 33, Emig. Basel, Industrie 34.

Hofmann, Eduard, Dr. phil. Prof., 1897–?, Mitarb. KWI Biochemie bis ca. 36, Privatinst, ord. Prof. TH München 48.

Hofmann, Fritz, Dr. phil., Prof. 1866–1956, Dir. KWI Kohlenforsch. Breslau 22, Hon. Prof. TH Breslau, em. 34, NSDAP 37.

Hofmann, Karl A., Dr. phil. Prof., 1870–1940, ord. Prof. TH Berlin 10.

Hofmann, Ulrich, Dr.-Ing. Prof., 1903–?, Doz. TH Berlin 31, apl. Prof. Rostock 36, ord. Prof. 37, TH Darmstadt nach 50, NSDAP 37.

Holde, David, Dr. Prof., 1864–1938, apl. Prof. TH Berlin 31, Entl. 33.

Holleck, Ludwig, Dr.-Ing. Prof., geb. 1904, Doz. Freiburg 37, Straßburg 41, b. ao. Prof. 43, apl. Prof. Freiburg 49, H. Bamberg, U. Hamburg 52, NSDAP 33.

Holluta, Josef, Dr.-Ing. Prof., 1895–?, Doz. TH Brünn 25, ord. Prof. 40, Hon. Prof. TH Karlsruhe 51, NSDAP 39.

Holtz, Friedrich, Dr. med. u. phil. Prof., 1898–1967, Doz. Göttingen 27, apl. Prof. Berlin 33, ord. Prof. Halle nach 45.

Holtz, Peter, Dr. med. Prof., 1902–1970, Doz. Greifswald 36, b. ao. Prof. Rostock 38, ord. Prof. Frankfurt nach 45, NSDAP 33, SA.

Holzapfel, Luise, Dr. phil., 1900–1963, Doz. U. Berlin 43, TH Berlin 50, Leiterin MPI Silikatforsch. Zweigstelle Berlin.

Hoppe-Seyler, Felix Adolf, Dr. med. Prof., 1898–1945, Doz. Würzburg 30, ord. Prof. Greifswald 35.

Horn, Otto, Dr. phil., 1904–?, Mitarb. KWI Kohlenforsch. Mülheim bis ca. 34, IG Farben (Hoechst), Dir. Farbwerke Hoechst und Hon. Prof. Giessen nach 45.

Horner, Leopold, Dr. phil. nat. Prof., geb. 1911, Doz. Frankfurt 43, apl. Prof. 50, SA 33.

Houben, Josef, Dr. phil. Prof., 1875–1949, apl. Prof. Berlin 21.

Hückel, Walter, Dr. phil. Prof., 1895–1973, Doz. Göttingen 23, apl. Prof. 27, b. ao. Prof. Freiburg 27, ord. Prof. Greifswald 30, Breslau 35, Tübingen 48.

Hüttel, Rudolf, Dr. phil. nat. Prof., geb. 1912, Doz. München 43, apl. Prof. 53, NSDAP 37.

Hüttig, Gustav F., Dr. rer. techn. Prof., 1890–?, Doz. Clausthal 21, apl. Prof. Jena 22, ord. Prof. TH Prag 26, NSDAP 39.
Hurka, Wilhelm, Dr. phil., geb. 1915, Doz. Graz 43, NSDAP 38.
Husemann, Elfriede, Dr. phil. nat. Prof., 1908–1975, Doz. Freiburg 42, apl. Prof. 46, ord. Prof. 62.

Inhoffen, Hans Herloff, Dr. phil. Prof., 1906–1992, Doz. Göttingen 43, ord. Prof. TH Braunschweig 46.

Jacobsohn, Kurt, Dr., wiss. Mitarb. KWI Physikal. Chemie, Entl. 33, Emig. Palästina ca. 35, Industrie.
Jänecke, Ernst, Dr. phil. Prof., 1875–1957, Doz. TH Hannover 05, Prof. 12, Hon. Prof. U. Heidelberg 31, BASF Oppau 20–35.
Jahr, Karl Friedrich, Dr. phil. Prof., geb. 1904, Doz. Greifswald 36, apl. Prof. 41–45, b. ao. Prof. TU Berlin 51, NSDAP 30.
Jander, Gerhart, Dr. phil. Prof., 1892–1961, apl. Prof. Göttingen 25, ord. Prof. Greifswald 35, NSDAP 25.
Jander, Wilhelm, Dr. phil. Prof., 1898–1942, Doz. Würzburg 27, apl. Prof. 33, ord. Prof. Frankfurt 34, Straßburg 42, NSDAP 25, SA 23.
Jantzen, Ernst, Dr. rer. nat. Prof., 1895–1973, Doz. Hamburg 32, apl. Prof. 36, auch nach 45, NSDAP 33.
Jenckel, Ernst, Dr. phil. Prof., geb. 1902, Doz. Münster 32, apl. Prof. Berlin 38, ord. Prof. TH Aachen 53, NSDAP 37, SA.
John, Hanns, Dr. Prof., 1891–?, Doz. Prag 29, apl. Prof. 34, Entl. 39.
John, Walter, Dr. phil., 1910–1942, Doz. Göttingen 40, NSDAP 37.
Jost, Hans, Dr. med., 1894–?, Doz. Frankfurt 32, apl. Prof. 34, b. ao. Prof. Innsbruck 39, Gastprof. U. Köln nach 45, NSDAP 35, SS 34.
Jost, Wilhelm, Dr. sc. nat. Prof., 1903–?, Doz. TH Hannover 29, apl. Prof. 35, b. ao. Prof. Leipzig 38, ord. Prof. Marburg 44, auch nach 45.
Jung, Gerhard, Dr. phil. Prof., 1897–?, Doz. Greifswald 27, apl. Prof. 34, NSDAP 32, SA.
Junkersdorf, Peter, Dr. phil. u. med. Prof., 1878–1934, 20, apl. Prof. Bonn 20.
Just, Felix, Dr. phil. Prof., geb. 1912, Doz. Berlin 42, apl. Prof. 48, NSDAP 41.
Juza, Robert, Dr. phil. Prof., geb. 1904, Doz. Heidelberg 37, b. ao. Prof. Heidelberg 42, ord. Prof. Kiel 52. NSDAP 33.

Kailan, Anton, Dr. Prof., 1879–1939, apl. Prof. Wien 24, NSDAP 38.
Kalb, Ludwig, Dr. phil. Prof., 1879–1958, Doz. München 12, apl. Prof. 19.
Kallmann, Hartmut, Dr., 1896–?, Doz. Berlin 27, Abtl. KWI Physikal. Chemie, Entl. 33, Industrie, Abtl. KWI Physikal. Chemie 45, Emig. USA 46.
Kangro, Walther, Dr. phil. Prof., 1889–?, Doz. TH Braunschweig 30, apl. Prof. 36, auch nach 45, NSDAP 33.
Kapfhammer, Joseph, Dr. phil. u. med. Prof. 1888–1968, Doz. Leipzig 26, ord. Prof. Freiburg 28, auch nach 45.
Kappen, Hubert, Dr. phil. Prof., 1878–1949, Doz. Jena 13, ord. Prof. Bonn 20, em. 48, NSDAP 33.
Karlson, Peter, Dr. rer. nat. Prof., geb. 1918, Ass. KWI Biochemie Berlin 42, Tübingen 45, Doz. Tübingen 53, Abtl. MPI Biochemie München 56, ord. Prof. Marburg 64.

Kautsky, Hans, Dr. rer. nat. Prof., geb. 1901, Doz. Heidelberg 31, apl. Prof. 34, b. ao. Prof. Leipzig 37, ord. Prof. Marburg 49.

Kautz, Siegfried, Dr. 1898–?, DFG-Stip. Fraiburg 35–41, NSDAP 37, SA 33.

Kern, Werner, Dr. phil. Prof., geb. 1906, Doz. Freiburg 38, b. ao. Prof. nach 45, NSDAP 37.

Kiessig, Heinz, Dr. rer. techn., geb. 1904, Mitarb. KWI Chemie Berlin Abt. Hess 37–45, Glanzstoff GmbH Köln 48.

Kiessling, Wilhelm, 1901–1958, Dr. med., Mitarb. KWI Medizin. Forsch. NSDAP 33.

Kindler, Karl, Dr. phil. Prof., 1891–1967, Doz. Hamburg 23, apl. Prof. 28, ord. Prof. 50, NSDAP 40.

Kippenberger, Karl, Dr. Prof., 1868–1937, ord. Prof. Bonn 24.

Kirpal, Alfred, Dr. phil. Prof., 1867–1943, ord. Prof. Prag 20, NSDAP 39.

Kisch, Bruno, Dr. med. Prof., 1890–1966, Doz. Köln 17, ord. Prof. 25, Entl. 34, Emig. New York 38, priv. Arztpraxis, Lehrauftr. Yeshiva-U.

Klages, August, Dr., 1871–?, Prof. Göttingen ca. 41.

Klages, Friedrich, Dr. phil. Prof., geb. 1904, Doz. München 35, apl. Prof. 41, auch nach 45, NSDAP 37.

Kleinfeller, Hans, Dr. phil. Prof., 1897–?, Doz. Kiel 30, apl. Prof. 36, auch nach 45, NSDAP 33.

Klemenc, Alfons, Dr. phil. Prof., 1885–?, Doz. Wien 19, apl. Prof. 23, ord. Prof. TH Wien 34, Entl. 39, wiedereingesetzt 42.

Klement, Robert, Dr. phil. Prof., 1899–?, Doz. Frankfurt 35, apl. Prof. Prag 40–45, Lehrauftr. H. Regensburg 51, ao. Prof. München 54, NSDAP 33.

Klemm, Wilhelm Karl, Dr. phil. Prof., 1896–1985, Doz. TH Hannover 27, apl. Prof. 29, ord. Prof. Danzig 33, Münster 51, NSDAP 38.

Klenk, Ernst, Dr. rer. nat. Prof., 1896–?, Doz. Tübingen 26, apl. Prof. 31, ord. Prof. Köln 36, auch nach 45, NSDAP 33, SA 34.

Kliegl, Alfred, Dr. phil. Prof., 1877–1953, Doz. Tübingen 09, b. ao. Prof. 21, ord. Prof. Tübingen 36.

Klingmüller, Volker, Dr. med., geb. 1909, Doz. Hamburg 51, NSDAP 37.

Klopstock, Felix, Dr. med., 1881–?, Abtl KWI Biochemie Berlin, Abt. wurde 36 geschlossen.

Knauer, Friedrich, Dr.-Ing. Prof., 1897–?, Doz. Hamburg 35, apl. Prof. 40, auch nach 45, NSDAP 37.

Knoop, Franz, Dr. med. Prof., 1875–1946, Doz. Freiburg 04, apl. Prof. 09, ord. Prof. 19, NSDAP 40.

Knorr, Carl Angelo, Dr. phil. Prof., 1894–?, Doz. TH München 34, apl. Prof. 39, b. ao. Prof. Innsbruck 41–45, apl. Prof. München nach 45, NSDAP 37.

Kobel, Maria, Dr. Abtl. KWI Biochemie unter Neuberg, Entl. 36 (bei Übernahme d. Inst. durch Butenandt), Industrie.

Koch, Heinz-Werner, Dr. geb. 1911, wiss. Mitarb. KWI Physikal. Chemie 40, NSDAP 41, SA 33.

Koch, Herbert, Dr. geb. 1904, Ass. KWI Kohlenforsch. Mülheim 29, Abtl. 35, NSDAP 40.

Kölbel, Herbert, Dr. phil. Prof., geb. 1908, ord. Prof. TU Berlin 53, NSDAP 37.

Koenig, Adolf, Dr.-Ing. Prof., 1881–?, Doz. Karlsruhe 15, b. ao. Prof. 18.

Koenigs, Ernst, Dr. phil. Prof., 1878–1945, Doz. Breslau 12, apl. Prof. 18.

Kötz, Arthur, Dr. phil. Prof., 1871–?, Doz. Göttingen 98, ord. Prof. 22.

Kohlschütter, Hans Wolfgang, Dr. Prof., geb. 1902, Doz. Freiburg 30, b. ao. Prof. TH Darmstadt 34, ord. Prof. 42, auch nach 45, NSDAP 37.

Kohn, Moritz, Dr. phil. Prof., 1878–?, Doz. Wien 05, apl. Prof. 17, Entl. 38, Emig. 41 Havanna 41, Newark USA 43.

Koller, Georg, Dr. phil., 1894–?, Doz. Wien 30, apl. Prof. 40.

Koppel, Ivan, Dr. Prof., 1873–?, apl. Prof. Berlin 21, Entl. 33.

Kordes, Ernst, Dr. phil. Prof., geb. 1900, Doz. Leipzig 31, apl. Prof. 38, ord. Prof. Posen 41–45, Jena 48, Gastprof. Bonn 53, ord. Prof. 56.

Kornfeld, Gertrud, Dr., 1891–1955, Doz. Berlin 31, Entl. u. Emig. 33, U. Nottingham 33, College of London 34, Rochester, Kodak Forschungslabor. 37.

Kortüm, Gustav, Dr.-Ing. Prof., 1904–?, Doz. Tübingen 37, ao. Prof. und ord. Prof. 42, auch nach 45.

Koschara, Walther, Dr. phil. Prof., 1904–1945, Doz. Tübingen 37, apl. Prof. 43.

Krabbe, Walther, Dr.-Ing., geb. 1903, Doz. TH Berlin 38, NSDAP 32.

Kraft, Kurt, Dr. phil. Prof., 1907–1996, Doz. Heidelberg 42, apl. Prof. 53, NSDAP 37, SA 33.

Kratky, Otto, Dr.-Ing. Prof., 1902–1995, Doz. Wien 38, Abtl. KWI Physikal. Chemie 40–45, ord. Prof. Graz 46.

Krauss, Ferdinand, Dr. Prof., 1889–1938, Doz. TH Braunschweig 26, apl. Prof. 29, NSDAP 33.

Krauß, Walther, Dr. phil., geb. 1903, Doz. Berlin 37, NSDAP 33.

Kraut, Heinrich, Dr. phil. Prof., 1893–?, Doz. München 25, Münster 29, apl. Prof. 32, Abtl. KWI Arbeitsphysiologie Dortmund 28, Leiter MPI Dortmund nach 45, NSDAP 37.

Krayer, Otto Hermann, Dr. med. Prof., 1899–?, Doz. Berlin 29, apl. Prof. 32, Entl. u. Emig. 33, UK 33, Libanon 35, Prof. Harvard Medical School, USA, 39.

Krings, Walter, Dr. phil., 1900–?, Doz. TH Aachen 29, Rücktritt von Ass.stelle 36.

Kröger, Carl, Dr. Prof., geb. 1904, Doz. TH Breslau 32, apl. Prof. 38, ord. Prof. Posen 41–45, Doz. Bergakademie Clausfeld 50, ao. Prof. TH Aachen 52, später ord. Prof., NSDAP 37, SS 33.

Kröger, Martin, Dr. phil. Prof., 1894–?, Doz. Leipzig 25, apl. Prof. 31, nach 45 Privatgelehrter, NSDAP 37, SA 34.

Kröhnke, Fritz, Dr. phil. Prof., 1903–?, Doz. Berlin 38, apl. Prof. 44, Leitender Chemiker am Wander-Forsch.Inst. Säckingen, nach 45, Lauftr. U. Freiburg.

Kröpelin, Hans, Dr. phil. Prof., 1901–1993, Doz. Erlangen 30, Entl. 36, Emig. Türkei 38, Prof. U. Istanbul, ord. Prof. TH Braunschweig 46.

Krollpfeiffer, Friedrich, Dr. phil, 1892–1957, Doz. Marburg 22, apl. Prof. Giessen 31, b. ao. Prof. 32, auch nach 45, NSDAP 37.

Krüger, von, Friedrich, Dr. med. Prof., 1862–?, apl. Prof. Rostock 19.

Kubaschewski, Oswald, Dr. phil. nat., 1912–1991, Doz. TH Stuttgart 43, Temp. Principal Scientific Officer National Physical Labor. Teddington England nach 45, NSDAP 40.

Kubelka, Paul, Dr. techn., geb. 1900, Doz. TH Prag 32, nach in 45 Brasilien, Vertragsbeamter des Laboratorio da Producao, Rio de Janeiro, (chem. Forschungslabor. des Agrikulturmin.).

Kubowitz, Fritz, Mitarb. KWI Zellphysiologie Berlin.

Kudszus, Helmut, Dr., geb. 1911, NSDAP 36, SA 33.

Kühn, Martin Karl, Dr., 1902–?, Doz. Bonn 40, NSDAP 31.

Kühnau, Joachim, Dr. med., geb. 1901, Doz. Breslau 31, apl. Prof. Frankfurt 40, b. ao. Prof. Hamburg 41, ord. Prof. 48.

Kürschner, Karl, Dr. techn., Doz. TH Brünn 38.

Kuhn, Richard, Dr. phil., 1900–1967, Doz. München 25, Prof. ETH Zürich 26, Abtl. KWI Medizin. Forsch. 29, Hon. Prof. U. Heidelberg 29, Dir. KWI (48 MPI) Medizin. Forsch. Heidelberg 37, ord. Prof. Heidelberg 50, Nobelpreis 38.

Kuhn, Werner, Dr.-Ing. Prof., 1899–1963, apl. Prof. TH Karlsruhe 31, ord. Prof. Kiel 37, Basel 39.

Kunz, Karl, Dr.-Ing. Prof., 1899–?, Doz. TH Darmstadt 25, apl. Prof. 32, auch nach 45, NSDAP 37.

Kurtenacker, Albin, Dr.-Ing. Prof., 1886–1962, ord. Prof. TH Brünn 37, Entl. 40, ord. Prof. Wiesbaden 46.

Kutscher, Friedrich, Dr. Prof., 1866–1942, ord. Prof. Marburg 21.

Kutscher, Waldemar, Dr. med. u. Ing., 1898–?, Doz. Heidelberg 36, b. ao. Prof. 38, auch nach 45, NSDAP 37.

Kutzelnigg, Artur, Dr.-Ing. Prof., geb. 1904, Doz. H. f. Welth. Wien 31, apl. Prof. Köln 61, NSDAP 38, SA 33.

Landt, Erhard, Dr. rer. nat. Prof., 1900–?, Doz. Berlin 32, apl. Prof. 37, ord. Prof. 38–45, U. Saarbrücken 48–51, NSDAP 32, SA.

Lang, Rudolf, Dr. techn., 1887–?, Doz. TH Brünn 26, b. ao. Prof. 42, NSDAP 39.

Lange, Erich, Dr.-Ing., 1896–?, Doz. München 28, b. ao. Prof. Erlangen 32, auch nach 45, NSDAP 40.

Lange, Jörn, Dr. phil. Prof., 1903–1946, Doz. Jena 34, apl. Prof. Wien 42, NSDAP 33.

Lange, Willy, Dr., 1900–?, Doz. Berlin 30, Entl. 35, Emig. USA 39, Industrie Cincinnati, Procter and Gamble 56.

Langenbeck, Wolfgang, Dr. phil. Prof., 1899–1967, Doz. Münster 28, b. ao. Prof. 35, ord. Prof. Greifswald 36, TH Dresden 40, Rostock 47, Halle 51, NSDAP 37, SA.

Lanyar, Franz, Dr. med. u. phil., 1896–?, Doz. Graz 43, Lehrauftr. 49, tit. ao. Prof. 54, Stadtarzt, Med. Rat Graz.

Laser, Hans, Dr. med., 1899–1980, Doz. Heidelberg 30, Entl. 33, Emig. Molteno Institute UK 34.

Lautsch, Willy, Dr.-Ing. Prof., geb. 1912, Doz. Heidelberg 42, b. ao. Prof. FU Berlin 50, ord. Prof. 52.

LeBlanc, Max, Dr. Prof., 1865–1943, ord. Prof. TH Karlsruhe 01.

Leckzyck, Erich, Dr., Mitarb. KWI Chemie Berlin ca. 37.

Lederer, Edgar, Dr. phil., geb. 1908, Ass. KWI Medizin. Forsch. Heidelberg 30, Entl. u. Emig. 33, Ass. Institut Pasteur Paris 33, Emig. UdSSR 35, Wiss. Dir. Inst. f. Vitaminforsch. Leningrad, Emig. nach Frankreich 37, CNRS, Paris 41–78.

Lehmann, Hermann, Dr. med., 1910–1985, wiss. Mitarb. KWI für Medizin. Forsch. 34, Emig. UK 36, Cambridge U, Assist. Runwell Hosp Essex 42, mit Roayl Army Med. Corps in Indien 43–47, Colonial Med. Res. Fel. Uganda 47–49, Pembury Hosp. Kent 49–51, Chem. Path. St. Bartholomew's Hosp London 51–63, att. Cambridge U. 63–71, Prof. 67.

Lehnartz, Emil, Dr. med. Prof., 1898–1979, Doz. Frankfurt 29, apl. Prof. Göttingen 35, b. ao. Prof. Münster 39, ord. Prof. Münster 46, SA 33.

Leipert, Theodor, Dr. med. u. phil. Prof., 1902–?, Doz. Wien 37, apl. Prof. 43, tit. ao. Prof. 54, ord. Prof. Graz 64, NSDAP 38, SS 44.

Leithe, Wolfgang, Dr., 1903–?, Doz. Wien 33–37, später Hauptlabor Österr. Stickstoffwerke Linz, NSDAP 38.

Lemberg, Rudolf, Dr. phil., 1896–1975, Doz. Heidelberg 29, Entl. u. Emig. Cambridge UK 33, Australien 35, Leiter biochem. Abt. Inst. of Medical Res. Royal North Shore Hosp., Sydney 35, Assist. Dir. 53.

Leopold, Heinrich, Dr.-Ing., geb. 1908, Doz. TH Brünn 39, NSDAP 39.

Leschewski, Kurt, Dr.-Ing. Prof., 1893–1942, Doz. LwH Berlin 35, apl. Prof. TH Berlin 36, NSDAP 37.

Lettré, Hans, Dr. phil. Prof., geb. 1908, Doz. Göttingen 38, b. ao. Prof. 42, Heidelberg 48, Dir. U. Inst. f. exper. Krebsforsch., NSDAP 37, SA 38.

Leuchs, Hermann, Dr. phil. Prof., 1879–1945, Doz. Berlin 10, apl. Prof. 14, b. ao. Prof. Berlin 19, ord. Prof. 34.

Levi, Hilde, Dr., wiss. Mitarb. KWI Physikalische Chemie, Entl. u. Emig. U. Kopenhagen 33.

Ley, Heinrich, Dr. Prof., 1872–1938, ord. Prof. Münster 21.

Lieb, Hans, Dr. phil. Prof., 1887–?, Doz. Graz 21, apl. Prof. 24, ord. Prof. 31, em. 58, NSDAP 40.

Lieben, Fritz, Dr. phil. Prof., 1890–1966, Doz. Wien 25, apl. Prof. 35, Entl. 38, Emig. Belgien, Portugal 40, Res.-fel. Washington U. 41, Baltimore 43, Mt. Sinai Hosp. New York 47, tit. ao. Prof. Wien 53.

Liebermann, Hans, Dr. phil. Prof., 1876–1938, apl. Prof. TH Berlin 31, Entl. 34, Selbstmord.

Liebknecht, Otto, Dr., 1876–1949, Lehrbeauftr. U. Berlin 30, Entl. 35.

Lieser, Theodor, Dr.-Ing. u. phil. Prof., geb. 1900, Doz. Königsberg 30, apl. Prof. Halle 38, ord. Prof. 45, lebte später in Darmstadt, NSDAP 37, SA.

Lindemann, Hans, Dr., b. ao. Prof. TH Braunschweig 36.

Lindner, Josef, Dr. phil. Prof., 1880–1951, ord. Prof. Innsbruck 29–46, NSDAP 38.

Lintzel, Wolfgang, Dr. med. Prof., 1896–?, Doz. LwH Berlin 29, apl. Prof. 34, ord. Prof. Jena 36, NSDAP 32, SA 34.

Lipmann, Fritz, Dr. med. u. phil., 1899–1986, Mitarb. KWI Medizin. Forsch. Heidelberg 29–31, KWI Biologie Abt. A. Fischer 30–31, Fel. Rockefeller Inst. Med. Res. New York 31–32, Emig. Dänemark 32, Res. Assoc. Carlsberg Inst. Kopenhagen 32–39, Emig. USA 39, Res. Assoc. Cornell U. 30–41, mem. staff Mass. General Hosp, Harvard Medical School 41–57, Prof. Biol. Chem. 49–57, Prof. Rockefeller U. New York seit 57, Nobelpreis 53.

Lipschitz (Lindley), Werner, Dr. phil. Prof., 1892–1948, Doz. Frankfurt 20, ord. Prof. 26, Entl. u. Emig. Istanbul 33, New York, Lederle Co. 39.

Lissner, Anton, Dr. techn. Prof., 1885–?, Doz. TH Brünn 13, ord. Prof. 20, Prag 42–45, Bergakad. Freiberg 45.

Lockemann, Georg, Dr. phil. nat. Prof., 1871–?, Doz. Leipzig 04, Berlin 09, apl. Prof. 21, Lehrbeauftr. Göttingen 46.

Loeser, Arnold, Dr. med. u. phil. Prof., geb. 1902, Doz. Freiburg 34, apl. Prof. 40, b. ao. Prof. Münster 44, ord. Prof. 47, NSDAP 33.

Loevenich, Joseph, Dr. med., 1896–?, Doz. Köln 24–35, als Arzt niedergelassen, NSDAP, SA.

Löwenbein, Adalbert, Dr.-Ing., 1893–?, Doz. TH Berlin 31, Entl. u. Emig. Prag 33, London 39.

Loewi, Otto, Dr. med. Prof., 1873–1961, apl. Prof. Wien 05, ord. Prof. Graz 09, Entl. u. Emig. 38, Gastprof. Oxford U./England 38, Emig. USA 40, Res. Prof. New York U. College of Med., Nobelpreis 36.

Lohmann, Karl, Dr. phil. nat. Prof., 1898–1978, Doz. Berlin 29, Heidelberg 30, apl. Prof. Berlin 37, ord. Prof. 37, Humboldt-U. 45.

Lorenz, Rudolf, Dr. phil. Prof., 1898–?, Doz. Forstl. H. Tharandt 25, apl. Prof. TH Dresden 31, ord. Prof. Köthen H. f. angew. Technik 33, ord. Prof. Ankara/Türkei 35–38, ao. Prof. FU Berlin 50, NSDAP 33.

Lüttgens, Wilhelm, Dr. Mitarb. KWI Zellphysiologie.

Lüttringhaus, Arthur, Dr. phil. nat. Prof.,1906–1992, Doz. Berlin 38, b. ao. Prof. Greifswald 41, ord. Prof. Halle 47.

Luther, Horst, Dr.-Ing., 1913–1970, Doz. TH Braunschweig 48, ord. Prof. Clausthal 58, NSDAP 37, SA 33.

Lux, Hermann, Dr.-Ing. Prof., geb. 1904, Doz. TH München 41, apl. Prof. 44, U. München 50, ao. Prof. TH München 55, NSDAP 37, SA 33.

Lynen, Feodor, Dr. phil. Prof., 1911–1979, Doz. U. München 42, b. ao. Prof. 47, ord. Prof. U. München 53, Nobelpreis 64.

Machek, Guido, Dr. phil. Prof., geb. 1900, Doz. Innsbruck 33, apl. Prof. 41, Doz. 54, NSDAP 33.

Madelung, Walter, Dr. rer. nat. Prof., 1879–1963, Doz. Freiburg 14, apl. Prof. 21, em. 46, NSDAP 37.

Magnus, Alfred, Dr. phil. Prof., 1880–?, apl. Prof. Frankfurt 23, vertr. ord. Prof. 46, ord. Prof. u. em. 49.

Mahr, Carl, Dr. phil., 1900–?, Doz. Marburg 36, apl. Prof. TH Karlsruhe 43, b. ao. Prof. Marburg 44, auch nach 45.

Manchot, Wilhelm, Dr. phil. Prof., 1869–1945, Doz. Göttingen 99, apl. Prof. Würzburg 03, ord. Prof. TH München 14.

Manegold, Erich, Dr. phil. Prof., 1895–?, Doz. Göttingen 29, apl. Prof. 35, b. ao. Prof. TH Dresden 37, SA 33.

Mark, Hermann Franz, Dr. rer. nat. Prof., 1895–?, Doz. Berlin 26, ao. Prof. TH Karlsruhe, ord. Prof. Wien 32, Entl. u. Emig. Kanada Industrie 38, Prof. New York Polytechnic Institute 40.

Martin, Hans, Dr. rer. nat. Prof., geb. 1908, Doz. Kiel 41, ao. Prof. 49, b. ao. Prof. 57, ord. Prof. 57, NSDAP 40.

Martius, Carl, Dr. phil. Prof., 1906–1993, Doz. Tübingen 39, apl. Prof. 48, ao. Prof. Würzburg 53, ord. Prof. ETH Zürich 57, NSDAP 37, SA 34.

Marx, Walter, Dr.-Ing., geb. 1907, Mitarb. KWI Medizin. Forsch. Heidelberg 33–34, Entl. u. Emig. USA 34, Res. Fel. Mount Sinai Hospital New York 34, Res. Assoc. Duke U. 37, Berkeley 39, U. of California Berkeley 44, Caltech Pasadena 45, mem. U. of Southern California 46–76, Prof. 54.

Mattauch, Josef, Dr. phil. Prof., 1895–?, Doz. Wien 28, apl. Prof. 37, Abtl. KWI Chemie Berlin 39, apl. Prof. Berlin 40, Dir. KWI (MPI) Chemie Berlin 47.

Maurer, Kurt, Dr. phil. nat. Prof., 1900–1945, Doz. Jena 30, apl. Prof. 35, ord. Prof. Rostock 37, NSDAP 40.

May, Friedrich, Dr. phil. u. med. Prof., 1898–1969, Doz. Erlangen 35, apl. Prof. 40, pl. ao. Prof. 50, NSDAP 37.
Mayer, Fritz, Dr. phil. nat., 1876–?, Doz. Frankfurt 09, apl. Prof. 15, Entl. 33.
Mayer, Carl, Dr. phil., 1881–1951, Doz. Wien 26, b. ao. Prof. 34.
Mayer, Paul, Dr. med., 1872–?, Mitarb. KWI Biochemie Berlin.
Mecke, Reinhard, Dr. rer. nat. Prof., 1895–1969, Doz. Bonn 23, apl. Prof. 27, ord. Prof. Freiburg 37, em. 63, NSDAP 37.
Meerwein, Hans, Dr. phil. Prof., 1879–1965, Doz. Bonn 08, apl. Prof. 14, ord. Prof. Königsberg 22, Marburg 29, em. 52.
Meinel, Karl, Dr. phil. Prof., geb. 1900, Doz. Köln 37, nach 45 Prof. m. LStuhl, unbek. wo, NSDAP 37.
Meisenheimer, Jakob, Dr. Prof., 1876–1934, ord. Prof. LWH Berlin 09, SA 33.
Menne, Fritz, Dr. med. Prof., geb. 1910, Doz. Münster 44, apl. Prof. 51, NSDAP 33, SA 33.
Mentzel, Rudolf, Dr. phil. Prof., 1900–?, Doz. Greifswald 33, apl. Prof. TH Berlin 34, ord. Prof. 35, Präsident der DFG 37–44, NSDAP 22, SS 32.
Merz, Kurt Walter, Dr. phil. nat. u. med. Prof., 1900–1967, Doz. Berlin 32, ord. Prof. Königsberg 37, Freiburg 48, NSDAP 33, SA.
Meuwsen, Alwin, Dr. phil., 1898–1971, Doz. Erlangen 35, b. ao. Prof. 38, ord. Prof. 58.
Meyer, Friedrich, Dr., Doz. Berlin bis ca. 34.
Meyer, Julius, Dr. phil. Prof., 1876–?, Doz. Breslau 03, apl. Prof. 19, ord. Prof. 21.
Meyer, Karl, Dr. med., 1899–?, wiss. Mitarb. KWI Medizin. Forsch., Entl. u. Emig. ca 33, Columbia U. New York 35.
Meyer, Richard, Dr. phil. Prof., 1865–1942, Doz. Berlin 00, apl. Prof. 21, Entl. 33.
Meyerhof, Otto, Dr. med., 1884–1951, Doz. Kiel 13, apl. Prof. 21–24, Abtl. KWI Biologie Berlin 24, KWI Medizin. Forsch. Heidelberg 29, Hon. Prof. Heidelberg 29, Entl. u. Emig. Paris 38, vis. Prof. U. of Pennsylvania, Philadelphia 40, Nobelpreis 23.
Micheel, Fritz, Dr. phil., 1900–1982, Doz. Göttingen 31, apl. Prof. Münster 36, b. ao. Prof. 37, ord. Prof. 46.
Miekeley, Arthur, Dr., Mitarb. KWI Lederforsch. Dresden bis ca. 35.
Moldenhauer, Wilhelm, Dr.-Ing. Prof., 1876–1933, apl. Prof. TH Darmstadt.
Molière, Kurt, Dr. phil., 1912–?, wiss. Mitarb. KWI Physikal. Chemie ca. 37, Doz. TU Berlin 48.
Mond, Rudolf, Dr. med. Prof., 1894–?, Doz. Kiel 24, apl. Prof. 29, ord. Prof. Hamburg 34.
Morsch, Karl, Dr. phil., 1899–1941, Doz. Innsbruck 35, NSDAP 37.
Mühlinghaus, Hermann, Dr.-Ing., 1887–?, b. ao. Prof. TH Brünn 37.
Müller, Adolf, Dr. phil., 1894–?, Doz. Wien 29, b. ao. Prof. 40, auch nach 45.
Müller, August, Dr. sc. nat., 1889–1945, Doz. Halle 32, NSDAP 32, Selbstmord.
Müller, Ernst, Dr. phil. nat., 1881–?, Doz. Heidelberg 08, apl. Prof. 15, b. ao. Prof. 22.
Müller, Ernst F. W., Dr. med. Prof., 1901–?, Doz. Rostock 37, apl. Prof. Würzburg 42, auch nach 45, NSDAP 40, SA 33.
Müller, Eugen, Dr. phil. Prof., 1905–1976, Doz. TH Danzig 33, ord. Prof. Frankfurt 42–45, NSDAP 35.
Müller, Friedrich, Dr.-Ing. Prof., Doz. TH Dresden 25, apl. Prof. 30, ord. Prof. 37–45, Leiter Physik.-Chem. Forsch.-Labor d. Holzverzuckerungs AG Domat, Graubünden 48.

Müller, Hans Aurel, Dr. med., geb. 1910, Doz. Marburg 52.
Müller, Wolf Johannes, Dr. phil. Prof., 1874–1941, ord. Prof. TH Wien 26, Entl. 38, wiedereingest. 39.
Mumm, Otto, Dr. phil. Prof., 1877–?, Doz. Kiel 07, apl. Prof. 14, ord. Prof. 21, em. 45.
Murmann, Ernst, Dr. techn., 1864–?, Doz. TH Brünn 37.

Neber, Peter, Dr. phil. Prof., 1883–?, apl. Prof. Tübingen 38, b. ao. Prof. 38, NSDAP 37, SA 34.
Negelein, Erwin, Dr. phil., 1897–?, wiss. Mitarb. KWI Zellphysiologie Berlin, Prof. Humboldt-U. Berlin u. Abtl. d. Dt. Akad. d. Wiss. nach 45.
Netter, Hans, Dr. med. Prof., 1899–?, Doz. Kiel 27, apl. Prof. 33, ord. Prof. 37, auch nach 45, NSDAP 37.
Neuberg, Carl, Dr. phil., 1877–1956, Doz. Berlin 03, apl. Prof. 06, ord. Prof. LwH Berlin 22, Dir. KWI Biochemie Berlin 25, Entl. 34, Emig. Palästina 38, New York 40.
Neumann, Bernhard, Dr. phil. Prof., 1867–?, Doz. Darmstadt 1900, apl. Prof. 06, ord. Prof. Breslau 14, em. 35, Dir. Inst. f. org. Chemie Freiberg/Sachsen bis 51.
Neumann, Kurt, Dr.-Ing. Prof., geb. 1905, Doz. TH Berlin 37, Rostock 40, ord. Prof. Gießen 42, auch nach 45.
Neumann, Wilhelm, Dr. med. Prof., 1898–?, Doz. Würzburg 37, apl. Prof. 42, ord. Prof. 49, NSDAP 37, SA.
Neunhoeffer, Otto, Dr. phil. Prof., 1904–?, Doz. Greifswald 33, apl. Prof. Breslau 40, Abtl. Inst. f. Festkörperforsch. Dt. Akad. d. Wiss. Berlin-Buch 49–51, ao. Prof. Berlin 50, ord. Prof. 52, Doz. U. Saarbrücken, NSDAP 37, SA.
Noddack, geb. Tacke, Ida, Dr.-Ing., 1896–1978, Leiterin chem. Lab. AEG 21–23, Gast Siemens u. Halske 24, Phys.-Techn. Reichsanstalt 25, Mitarb. Inst. f. Physik. Chemie Freiburg 35, Straßburg 42–45, Staatl. Forsch. Inst. f. Geo-Chemie Bamberg.
Noddack, Walter Karl Friedrich, Dr. phil. Prof., 1893–1960, ord. Prof. Freiburg 35, Straßburg 42–45, Bamberg 48.
Nord, Friedrich Franz, Dr. Prof., 1889–?, Assistent Physiologisches Institut Tierärztl. Hochschule Berlin, Emigration in die USA 38, Prof. Fordham U., New York, 38.

Oberhauser, Ferdinand, Dr.-Ing. Prof., 1895–?, Doz. TH München 32, Prof. Santiago, Chile 29.
Ochoa, Severo, Dr. med. Prof., geb. 1905, Dr. med. Madrid 29, Forschungsass. KWI Medizin. Forsch., Heidelberg, 29–31, 36–37, Marine Biological Laboratory, Plymouth, 37, U. Oxford 38, USA 40, res. ass. Washington U., St. Louis 41, College of Medicine, New York U. 42, assist. prof. 45, Prof. 46, Nobelpreis 59.
Ohle, Heinz, Dr. phil. Prof., 1894–?, Doz. Berlin 27, apl. Prof. 34, NSDAP 33.
Ohlmeyer, Paul, Dr. phil. Prof., geb. 1908, Doz. Tübingen 42, apl. Prof. 48.
Oppenheimer, Carl, Dr. phil. u. med. Prof., 1874–1941, Doz. Berlin 02, ord. Prof. LwH Berlin 08, Entl. 36, Emig. Niederlande 38, vermutl. ermordet.
Orthner, Hermann Ludwig, Dr. phil. Prof., 1897–?, Doz. TH Karlsruhe 27, Bonn 30, apl. Prof. Frankfurt 35, auch nach 45.
Ostwald, Wolfgang, Dr. phil. Prof., 1883–1943, Doz. Leipzig 07, apl. Prof. 15, b. ao. Prof. 23, ord. Prof. 35, NSDAP 33.
Ott, Erwin, Dr. rer. nat. Prof., 1886–?, Doz. TH Zürich 13, apl. Prof. Münster 22, ord. Prof. TH Stuttgart 29, NSDAP 33, em. 48.

Paneth, Fritz/Friedrich, Dr. phil. Prof., 1887–1958, Doz. Wien 15, ord. Prof. Königsberg 29, Entl. u. Emig. 33 Berater in Industrie und Gastdoz. am Imperial College of Science and Techn., London 33, Prof. U. Durham 39, em. 53, Dir. chem. Abt. MPI Mainz 53.

Patat, Franz, Dr. phil., 1906–?, Doz. Göttingen 36.

Pauli, Wolfgang Josef, Dr. phil. Prof., 1869–1955, Doz. Wien 98, apl. Prof. 07, ord. Prof. 22, Entl. u. Emig. Zürich 38.

Pauly, Hermann, Dr. phil. Prof., 1870–1950, Doz. Bonn 02, apl. Prof. Würzburg 09, ord. Prof. 19, NSDAP 37.

Pestemer, Max, Dr. phil., geb. 1908, Doz. Graz 35, apl. Prof. 40, b. ao. Prof. Kiel 42, NSDAP 33.

Peters, Kurt, Dr. phil, Dr. tech, 1897–?, Abtl. KWI Kohlenforsch. Mülheim 28, IG-Farben Ludwigshafen 37–45, ord. Prof. TH Wien 49.

Pfeiffer, Gustav, Dr. phil. u. Ing. Prof., 1889–1957, Doz. Bonn 29, apl. Prof. 33–45, 47, NSDAP 33.

Pfeiffer, Paul, Dr. phil. u. Ing. Prof., 1875–1951, Doz. Zürich 01, ord. Prof. Rostock 16.

Philippi, Ernst, Dr. Prof., 1888–?, Doz. Wien 17, ao. Prof. Graz 24, ord. Prof. Innsbruck 26, em. 48, NSDAP 38.

Pichler, Helmut, Dr. phil. Prof., geb. 1904, Ass. KWI Kohlenforsch. Mülheim 28, Abtl. 36, ord. Prof. TH Karlsruhe 56, NSDAP 33, SA 33.

Pirsch, Josef, Dr. phil., 1899–?, Doz. Wien 38, auch nach 45, Forsch. Labor. d. Heilmittelwerke Wien.

Plattner, Friedrich, Dr. med. Prof., 1896–?, Doz. Innsbruck 26, apl. Prof. 31, ord. Prof. Königsberg 36–45, ord. Prof. Tabriz/Iran nach 45, NSDAP 33, SS 36.

Ploetz, Theodor, Dr. rer. nat., geb. 1912, Doz. Heidelberg 41–45, NSDAP 33.

Pohland, Erich, Dr., 1898–?, Doz. TH Karlsruhe 29.

Polanyi, Michael, Dr. med. u. phil. Prof., 1891–1976, KWI Physikal. Chemie 23, Abtl. 29, Rücktritt 33, apl. Prof. TH Berlin 31, Emig. 33, Prof. physikal. Chem. U. Manchester 33, Prof. Sozialwiss. 48.

Pollak, Jacob, Dr. Prof., 1872–1942, apl. Prof. Wien 12, ord. Prof. Wien 19, Entl. 38, KZ Theresienstadt.

Pongratz, Alfred, Dr.-Ing. Prof., 1897–?, Doz. Graz 31, apl. Prof. Berlin 40, Mitarb. KWI Physikal. Chemie 40, Doz. Graz nach 45, NSDAP 38, SS 38.

Poppenberg, Otto, Dr. phil. Prof., 1876–1956, ord. Prof. TH Berlin 35, auch nach 45.

Poschmann, Lieselotte, Dr., geb. 1912, wiss. Mitarb. KWI Biochemie 40–ca. 44.

Prandtl, Wilhelm, Dr. phil., 1878–1956, Doz. München 06, b. ao. Prof. München 10, Entl. 37, ord. Prof. 46.

Pringsheim, Hans, Dr. Prof., 1876–1942, apl. Prof. Berlin 21, Entl. u. Emig. Paris 33, Genf 36.

Pummerer, Rudolf, Dr. phil. Prof., 1882–1973, Doz. München 11, apl. Prof. München 17, pl. ao. Prof. 21, ord. Prof. Greifswald 23, Erlangen 25, auch nach 45.

Purrmann, Robert, Dr. rer. nat., geb. 1914, Doz. München 44–45, NSDAP 37.

Pyl, Gottfried, Dr. phil., 1897–?, Doz. Greifswald 32, beurl. 38, Doz. 42, Prof. U. Greifswald nach 45.

Rabe, Paul, Dr. phil. Prof., 1869–1952, Doz. Jena 1900, apl. Prof. 04, ord. Prof. TH Prag 12, Hamburg 19, em. 33.

Rathje, Werner, Dr. phil, geb. 1911, Doz. Berlin 42, NSDAP 37, SA 33.

Raudnitz, Harry, Dr. rer. nat., 1899–?, Doz. Prag 30, Entl. 39, Emig., Manchester 42.

Reddelien, Gustav, Dr. phil. Prof., 1882–1938, apl. Prof. Leipzig 20.

Redlich, Otto, Dr. phil. Prof., 1896–1978, apl. Prof. Wien, Entl. u. Emig. 38, Washington State College Pullman 39–45, danach Industrie.

Reichel, Ludwig, Dr.-Ing. Prof., geb. 1900, Doz. TH Karlsruhe 34, TH Dresden 39, apl. Prof. Dresden 40, Abtl. KWI Lederforsch. Dresden 38, Inst.leiter 45, Inst.leiter Dt. Akad. d. Wiss. Berlin 47, NSDAP 37.

Reichert, Benno, Dr. phil., 1906–1970, Doz. Berlin 37, NSDAP 37, SA.

Reiff, Ferdinand, Dr. phil. Prof., 1897–?, Doz. Marburg 32, apl. Prof. 39, Berlin 41, Heidelberg 48, Zellstoffabrik Waldhof.

Reihlen, Hans, Dr. phil. Prof., 1892–1950, Doz. Greifswald 22, apl. Prof. TH Karlsruhe 24, ao. UP Tübingen 28, NSDAP 33.

Reinhold, Hermann, Dr. phil. Prof., 1893–1940, Doz. Halle 28, apl. Prof. 34, ord. Prof. Gießen 36, NSDAP 33.

Reis, Alfred, Dr. Prof., 1882–1951, Doz. TH Karlsruhe 13, apl. Prof. 20, Entl. u. Emig. Sorbonne Paris 33, Rutgers U. 41, Cooper U. New York 42.

Remy, Heinrich, Dr. phil. nat., 1890–1974, Doz. Göttingen 20, b. ao. Prof. Hamburg 22, ord. Prof. o. J., ord. Prof. Hamburg nach 45, NSDAP 33.

Rheinboldt, Heinrich, Dr. phil. nat. Prof., 1891–1955, Doz. Bonn 24, apl. Prof. 32, Entl. 33, Emig. 34, U. Sao Paulo Brasilien 34.

Richtzenhain, Hermann, Dr. rer. nat., geb. 1912, Doz. Heidelberg 42, Labor. Schwedisches Holzforsch.inst. Stockholm 48–55, NSDAP 37.

Rieche, Alfred, Dr. phil. Prof., geb. 1902, Doz. Erlangen 30, apl. Prof. Leipzig 38, Prof. m. voll. LAuftr. Jena 52, NSDAP 37.

Riedel, Leonhard, Dr. phil., geb. 1912, Doz. TH Karlsruhe 44, NSDAP 40, SA 33.

Rienäcker, Günther, Dr. phil. Prof., geb. 1904, Doz. Freiburg 36, b. ao. Prof. Göttingen 37, ord. Prof. Rostock 42, auch nach 45.

Riesenfeld, Ernst H., Dr. Prof., 1877–1957, Doz. 05, apl. Prof. 09, b. ao. Prof. Berlin 13, Entl. u. Emig. Stockholm 36.

Rinck, Emil, Dr., geb. 1904, b. ao. Prof. Straßburg 43, seit 44 verschollen.

Rogowski, Fritz, Dr. phil., 1909–?, Gast KWI Physikal. Chemie 41–43, Doz. TH Berlin 43, NSDAP 33, Blockleiter 35, SA 33–34.

Rollett, Alexander, Dr. phil., 1897–?, Doz. Graz 27, NSDAP 38.

Rona, Peter, Dr. med. u. phil. Prof., 1871–1945, Doz. Berlin 20, apl. Prof. 21, Entl. 33, Emig. Ungarn 38, ermordet oder Selbstmord.

Rosen, Boris, Dr., 1900–?, Entl. 33, Emig. Belgien 33, Liège.

Rosenhauer, Erich, Dr. phil. Prof., 1894–1951, apl. Prof. Erlangen 32, i. R. 41.

Rosenheim, Arthur, Dr. Prof., 1865–1942, apl. Prof. Berlin 21, Entl. 33.

Rosenmund, Karl, Dr. phil. Prof., 1884–1965, Doz. Berlin 18, apl. Prof. 23, ord. Prof. Kiel 25, auch nach 45, NSDAP 33.

Roth, Walther, Dr. phil. Prof., 1873–1950, Doz. Berlin 03, apl. Prof. Greifswald 06, ord. Prof. Braunschweig 19.

Rothschild, Paul, Dr. med., 1901–1965, Entl. 33, Emig. London 34.

Royen, Paul, Dr. phil. nat., geb. 1904, Doz. Frankfurt 37, apl. Prof. 51, NSDAP 33, SA 33–35.

Rudy, Hermann, Dr. phil., 1904–1966, Doz. Erlangen 38, Heidelberg 39, Geschäftsführer J. A. Benckiser Chem. Fabrik Ludwigshafen, apl. Prof. Heidelberg 55, NSDAP 40.

Ruhenstroth-Bauer, Gerhard, Dr. med. u. rer. nat., geb. 1913, Mitarb. KWI Biochemie Berlin 39–45, Doz. Tübingen 51, apl Prof. 58, NSDAP 38, SS 38.

Sachsse, Hans, Dr. Prof., 1906–1992, KWI Physikal. Chemie 29–33, Doz. Göttingen 35, IG Farben Hoechst 35, Tharandt, TH Dresden 38, apl. Prof. Mainz 57, NSDAP 40.

Sauer, Eberhard, Dr.-Ing. Prof., 1886–?, Doz. TH Stuttgart 22, apl. Prof. 28, auch nach 45.

Sauerwald, Franz, Dr. phil. Prof., 1894–?, Doz. TH Breslau 22, apl. Prof. 26, ord. Prof. Halle 47.

Schäfer, Klaus, Dr. phil., geb. 1910, Göttingen 40, ord. Prof. Heidelberg 46.

Schäffner, Anton, Dr., geb. 1900, Doz. Prag 37, NSDAP 39.

Schaum, Karl, Dr. Prof., 1870–1947, ord. Prof. Giessen 14, em. 35.

Scheibe, Günther, Dr. phil. Prof., 1893–1980, Doz. Erlangen 22, apl. Prof. 24, ord. Prof. München 29, TH München 32, em. 61, NSDAP 33.

Scheiber, Johannes, Dr. phil., 1879–?, Doz. Leipzig 07, apl. Prof. 15, b. ao. Prof. 38, NSDAP 37.

Scheibler, Helmut, Dr. phil. Prof., 1882–1966, Doz. TH Berlin 15, apl. Prof. 21, Leiter d. LStuhls f. organ. Chemie Humboldt-U.

Scheller, Henning, Dr., geb. 1912, KWI Physikal. Chemie ca. 37, NSDAP 37, SA 33.

Schenck, Friedrich, Dr., geb. 1900, Doz. Rostock 31.

Schenck, Günther Otto, Dr. rer. nat., geb. 1913, Doz. Halle 43, apl. Prof. Göttingen 50, NSDAP 37.

Schenck, Martin, Dr. med. u. phil., 1876–?, Doz. Marburg 12, b. ao. Prof. TH Dresden 22, Leipzig 23–45, Prof. m. vollem Lauftr. Leipzig 52, NSDAP 37.

Schenck, Rudolf, Dr. phil. et rer. nat. Prof., 1870–1965, Doz. Marburg 97, ord. Prof. TH Aachen 06, TH Breslau 10, ord. Prof. Münster 16, em. 35, Dir. Staatl. Forsch.inst. f. Metallforsch. ca. 37.

Schenk, Peter W., Dr. phil. Prof., 1905–1967, Doz. Königsberg 36, apl. Prof. 42, stellvertr. Vorst. U. Innsbruck 48, NSDAP 33.

Schleede, Arthur, Dr. phil. Prof., 1892–?, Doz. Berlin 25, b. ao. Prof. Leipzig 30, ord. Prof. TH Berlin 35, nach 45 em., NSDAP 33.

Schleich, Hans, Dr., Mitarb. KWI Lederforsch. Dresden, Entl. 33.

Schlenk, Wilhelm, Dr.-Ing. Prof., 1879–1943, Doz. München 10, apl. Prof. Jena 13, ord. Prof. Wien 16, Berlin 21, Tübingen 35.

Schlubach, Hans Heinrich, Dr. phil. Prof., 1889–1975, Doz. München 23, b. ao. Prof. Hamburg 26, ord. Prof. 43, auch nach 45, NSDAP 37.

Schmahl, Norbert Gottfried, Dr. phil., geb. 1908, Doz. Marburg 40, apl. Prof. TH Aachen 50, NSDAP 40.

Schmalfuß, Hans, Dr. rer. nat. Prof., 1894–1955, Doz. Hamburg 28, apl. Prof. 31, ord. Prof. Posen 41, Prof. Forsch. anstalt f. Landwirtsch. Gewerbepflege Giengen nach 45, NSDAP 41.

Schmeisser, Martin, Dr. phil. Prof., geb. 1912, Doz. Königsberg 40, apl. Prof. München 49, NSDAP 37.

Schmid, Gerhard, Dr.-Ing. Prof., 1900–1980, Doz. TH Stuttgart 33, apl. Prof. 42, ord. Prof. Köln 52, NSDAP 37, SA 34–36.

Schmid, Hans, Dipl. Ing., Dr., 1902–?, Doz. TH München 33, Entl. 37, Industrie Leuna 35, Leipzig 36, NSDAP 37.

Schmid, Hermann, Dr. techn. Prof., 1895–?, Doz. TH Wien 31, apl. Prof. 40, ord. Prof. 41, NSDAP 38.

Schmid, Leopold, Dr. phil., 1898–?, Doz. Wien 28, apl. Prof. 37, auch nach 45, NSDAP 38.

Schmidt, Erich, Dr. phil., 1890–?, Doz. Berlin 22, b. ao. Prof. München 23, auch nach 45, NSDAP 33.

Schmidt, Karl Friedrich, Dr. phil. nat. Prof., 1887–?, apl. Prof. Heidelberg 25.

Schmidt, Otto Theodor, Dr. phil., 1894–?, Doz. Heidelberg 31, apl. Prof. 36, b. ao. Prof. 39, auch nach 45, NSDAP 37.

Schmidt-Thomé, Josef, Dr. phil. Prof., geb. 1909, Doz. Berlin 43, apl. Prof. Tübingen 49.

Schmitz, Ernst, Dr. phil. Prof., 1882–?, Doz. Frankfurt 16, ord. Prof. Breslau 21, NSDAP 37.

Schmitz-Dumont, Otto, Dr. phil. Prof., 1899–1983, Doz. Bonn 27, apl. Prof. 36, auch nach 45, Ob.ass. Bonn, NSDAP 37, SA 33.

Schneider, Ferdinand, Dr. phil., geb. 1911, Doz. TH Dresden 41, TH Danzig 44, Abtl. KWI Lederforsch. Dresden 37–44, Doz. TH Braunschweig 46, pl. ao. Prof. 49, NSDAP 37.

Schneider, Wilhelm, Dr. phil. Prof., 1892–1939, Doz. 14, apl. Prof. 22, ord. Prof. Jena 33.

Schöberl, Alfons, Dr. phil. Prof., geb. 1903, Doz. Würzburg 35, apl. Prof. 42–45, ord. Prof. TäH Hannover 50, NSDAP 33.

Schönberg, Alexander, Dr. phil. Prof., 1892–?, Doz. TH Berlin 22, apl. Prof. 27, Entl. u. Emig. 34, Gastprof. Edinburgh U. 34, Prof. Kairo U. 37.

Schönheimer, Rudolf, Dr. med. Prof., 1898–1941, Doz. Freiburg 28, Entl. u. Emig. 33, Assist. Prof. Columbia U. New York 33, Assoc. Prof.

Schöpf, Clemens, Dr.-Ing. Prof., 1899–?, Doz. München 27, ord. Prof. TH Darmstadt 29, auch nach 45.

Scholder, Rudolf, Dr. phil. Prof., 1896–?, Doz. Erlangen 27, apl. Prof. Halle 34, ord. Prof. TH Karlsruhe 37, auch nach 45, NSDAP 33.

Scholtis, Kurt, Dr., geb. 1913, Mitarb. KWI Physikal. Chemie 37, NSDAP 38.

Schoon, Theodor, Dr., geb. 1910, Mitarb. KWI Physikal. Chemie 34.

Schramm, Gerhard, Dr. phil. Prof., 1910–1969, Mitarb. KWI Biochemie Berlin 36, Abtl. 41, Doz. Berlin 44, ao. Prof. Tübingen 53, Dir. am MPI Biochemie Tübingen 56, NSDAP 37, SS 33.

Schrauth, Walther, Dr. Prof., 1881–1939, Doz. 15, apl. Prof. Berlin 24, NSDAP 37.

Schröder, Wilhelm, Dr. phil. Prof., geb. 1900, Doz. TH Aachen 30, apl. Prof. 36, TH Stuttgart 39–45, apl. Prof. Bergakad. Clausthal 48, NSDAP 33, SA.

Schröer, Erich, Dr. phil., geb. 1904, Doz. Berlin 36, SA 33–35.

Schuchardt, Werner, Dr., Abtl. KWI Biochemie Berlin bis 36, Industrie.

Schuck, Dr., KWI Lederforsch. bis ca. 35.

Schüler, Herbert, Dr., geb. 1909, KWI Zellphysiologie bis ca. 33.

Schultze, Georg Richard, Dr. phil. Prof., geb. 1903, Doz. Berlin 37, ord. Prof. TH Braunschweig 42, TH Hannover 45, NSDAP 37.

Schulz, Friedrich, Dr. med. Prof., 1871–1956, Doz. Jena 98, apl. Prof. 00, ord. Prof. Jena 23, em. 36.

Schulz, Günther Viktor, Dr. phil., geb. 1905, Doz. Freiburg 37, b. ao. Prof. Rostock 43, Mainz 46, NSDAP 37.

Schulz, Oskar, Dr. phil. u. med. Prof., 1858–?, Doz. Erlangen 1900, apl. Prof. 07, ord. Prof. 24, em. ca. 35.

Schulze, Werner, Dr. rer. nat., geb. 1911, DFG-Forsch.stip. Greifswald 38, Forsch. Doz. Rostock 46, später Prof. U. Nacional Medellin Kolumbien.

Schumacher, Hans-Joachim, Dr. phil. Prof., geb. 1904, Doz. Berlin 32, ord. Prof. Frankfurt 35–45, danach Prof. U. La Plata Buenos Aires Argentinien, NSDAP 31.

Schumm, Otto, Dr. rer. nat. Prof., 1874–1958, Doz. Hamburg 19, apl. Prof. 31, Prof. a. D. nach 45, NSDAP 33.

Schuwirth, Karl, Dr. phil. u. med., Doz. Köln 43, NSDAP 37.

Schwab, Georg-Maria, Dr. phil. Prof., 1899–?, Doz. München 32, apl. Prof. 33, Entl. 38, Emig. 39, Prof. U. Athen 39, ord. Prof. U. München 50.

Schwabe, Kurt Walter, Dr.-Ing. Prof., 1905–1983, Doz. TH Dresden 33, apl. Prof. 40, ord. Prof. TH Dresden nach 45, NSDAP 41.

Schwarz, Robert, Dr. phil. Prof., 1887–1963, Doz. Freiburg 14, apl. Prof. 19, ord. Prof. Frankfurt 28, Königsberg 34, TH Aachen 48, NSDAP 33.

Seel, Friedrich, Dr.-Ing. Prof., geb. 1915, Doz. TH München 44, apl. Prof. 50.

Seel, Hans, Dr. med. Prof., 1898, Doz. Halle 28, Hamburg 30, Abtl. KWI Physikal. Chemie 33, Abtl. Posen 43–45, Doz. Humboldt-U. m. ruhendem LAuftr. 48, Prof. m. Lauftr. nach 54, NSDAP 31, SA 33.

Seelich, Franz, Dr. phil. Prof., 1902–?, Doz. Kiel 40–45, ao. Prof. Graz 48, ord. Prof. Wien 49.

Seelmann-Eggebert, Walter, Dr. rer. nat. Prof., 1915–?, Mitarb. KWI Chemie Berlin 40, Mainz nach 45, Gastprof. Tucuman Argentinien 49, Mendoza 52, Buenos Aires 53, ord. Prof. TH Karlsruhe 60.

Seidel, Felix, Dr. rer. nat. Prof., 1897–?, Doz. Tübingen 29, apl. Prof. 36, NSDAP 33, Entl. 41.

Seith, Wolfgang, Dr. phil. Prof., 1900–1955, Doz. Freiburg 30, b. ao. Prof. Münster 38, ord. Prof. 50, NSDAP 37.

Seka, Reinhard, Dr. phil. Prof., 1898–?, Doz. Wien 26, apl. Prof. TH Graz 27, ord. Prof. 28, NSDAP 40.

Sekora, Aurelie, Dr., 1899–?, Mitarb. KWI Physikal. Chemie 40–44.

Seligsberger, Ludwig, Dr., geb. 1904, KWI Lederforsch. Dresden, Entl. u. Emig. 34, Ankara U. 34, USA Industrie.

Siedel, Walter, Dr.-Ing. Prof., 1906–1968, Doz. TH München 38, apl. Prof. 42–45, Doz. und apl. Prof. 52, Chemiker Farbwerke Höchst, NSDAP 29.

Sieverts, Adolf, Dr. phil. Prof., 1874–1947, Doz. Leipzig 07, apl. Prof. 16, ord. Prof. Greifswald 21.

Signer, Rudolf, Dr. Prof., 1903–1962, Doz. Freiburg 30, pl. ao. Prof. Bern 35.

Simon, Arthur, Dr. phil. Prof., 1893–?, Doz. TH Stuttgart 22, ord. Prof. TH Dresden 32, auch nach 45.

Simon, Ernst Eytan, Dr. phil., 1902–1974, Ass. KWI Biochemie, Entl. u. Emig. 33, Gastforsch. Arachon und Paris 33, Mitarb. Daniel Sieff Inst. später Weizmann Inst. Rehovot, Palästina/Israel 35, Assoc. Prof. 60.

Simon, Francis, Sir, Dr. Prof., 1893–1956, Doz. Berlin 29, ord. Prof. TH Breslau 31, Entl. u. Emig. 33, Prof. Oxford U. 33.

Simonis, Hugo, Dr. phil., 1874–?, Doz. TH Berlin 02, apl. Prof. 07, NSDAP 33.

Skita, Aladar, Dr. Prof., 1876–1953, ord. Prof. TH Hannover 24, em. nach 45.

Skrabal, Anton, Dr. techn. Prof., 1877–?, Doz. Wien 05, apl. Prof. Graz 12, ord. Prof. 17, i. R. 43, NSDAP 38.

Skrabal, Roman, Dr., 1913–1944, Doz. TH Karlsruhe 41.
Skraup, Siegfried, Dr. phil. Prof., 1890–1972, Doz. Würzburg 18, apl. Prof. Würzburg 23, b. ao. Prof. 26, Entl. 39, pl. ao. Prof. Würzburg nach 45.
Slotta, Karl Heinrich, Dr. phil., 1895–?, Doz. Breslau 29, ao. Prof. 35, Entl. u. Emig. 35, Abtl. Inst. Butantan Sao Paulo Brasilien 35, Industrie Brasilien 38, Emig. USA 56, Prof. U. Miami.
Söllner, Karl, Dr. Prof., 1903–?, Doz. Berlin 33, Mitarb. KWI Physikal. Chemie Berlin, Entl. u. Emig. 33, London U. College 33, Cornell U. USA 37, Minneapolis NIH.
Sonn, Adolf, Dr. phil. Prof., 1882–1959, Doz. Königsberg 13, apl. Prof. 20, ord. Prof. 21–45, LBeauftr. Stuttgart.
Späth, Ernst, Dr. Prof., 1886–1946, ord. Prof. Wien 24.
Speyer, Edmund, Dr. phil. nat. Prof., 1878–?, Doz. 15, apl. Prof. Frankfurt 32, Entl. 33.
Spingler, Helmut, Dr. rer. nat., geb. 1913, Doz. Heidelberg 41–45, SA 32.
Stackelberg, von, Mark, Dr. phil. Prof., 1896–1971, Doz. Bonn 30, apl. Prof. 36, ao. Prof. 61, NSDAP 33, SA 34.
Stamm, Hellmuth, Dr. rer. nat. Prof., geb. 1901, Doz. Halle 38, apl. Prof. 41, b. ao. Prof. 41–45, Gastprof. Münster 51, Hon. Prof. 60, NSDAP 37, SA 33.
Starke, Kurt, Dr. phil., geb. 1911, KWI Physikal. Chemie 37, U. München 41, MPI Medizin. Forsch. Heidelberg 44, Res. Assoc. Hamilton/Kanada 48, Vancouver 50, Assist. Prof. 52, Assoc. Prof. Hamilton 56, ao. Prof. Marburg 59.
Stary, Zdenko, Dr. med. u. rer. nat. Prof., 1899–1968, Doz. Prag 28, apl. Prof. 33, Ankara/Türkei 47, Istanbul 49, Warren State Hosp./USA 57.
Stather, Friedrich, Dr. phil. Prof., geb. 1901, Doz. TH Dresden 29, apl. Prof. 35, auch nach 45, Antrag NSDAP, SA 34–35.
Staude, Herbert, Dr. phil. Prof., geb. 1901, Doz. TH Berlin 43, apl. Prof. Leipzig 46, pl. ao. Prof. 47, ord. Prof. 50, Gastprof. Frankfurt 60.
Staudinger, Hermann, Dr. phil. Prof., 1881–1965, Doz. Straßburg 07, apl. Prof. TH Karlsruhe 07, ord. Prof. Zürich 12, Freiburg 26, em. 51, Nobelpreis 53.
Stauff, Joachim, Dr. Prof., geb. 1911, Doz. Frankfurt 41, apl. Prof. 53, NSDAP 41.
Steiner, Karl, Dr.-Ing., 1888–1959, Doz. TH Prag 38–45, LAuftr. TH München 50.
Steiner, Werner, Dr., 1896–?, Doz. Berlin 31, Entl. u. Emig. Schottland 33.
Stern, Adolf, Dr.-Ing. 1900–?, Doz. TH München 33, Entl. u. Emig. 37, Forsch. Labor. Detroit USA 38.
Stern, Otto, Dr. phil. Prof., 1888–1969, Doz. Breslau 13, Frankfurt 14, ao. Prof. Rostock 21, ord. Prof. Hamburg 23, Entl. u. Emig 33, Res. Prof. Carnegie Inst. Pittsburgh, Pennsylvania 33, em. 45, Nobelpreis 43.
Steudel, Hermann, Dr. med. Prof., 1871–1967, Doz. Heidelberg 02, apl. Prof. 06, b. ao. Prof. Berlin 09, ord. Prof. 28, em. 36.
Stieber, Arthur Otto, Dr., geb. 1908, Forsch.stip. Straßburg 44–45.
Stintzing, Hugo, Dr. phil. Prof., 1888–?, Doz. Gießen 23, apl. Prof. 28, TH Darmstadt 36, b. ao. Prof. 43, em. 58, NSDAP 33.
Stock, Alfred, Dr. phil. Prof., 1876–1946, Doz. Berlin 04, ord. Prof. TH Breslau 09, Dir. KWI Chemie Berlin 16, ord. Prof. TH Karlsruhe 26, Berlin 36, em. 36, NSDAP 33.
Stöhr, Richard, Dr. phil. Prof., geb. 1902, Doz. Innsbruck 34, apl. Prof. 46, tit. ord. Prof. 48.
Störmer, Richard, Dr. Prof., 1870–?, ord. Prof. Rostock 22, em. 35.
Stollé, Robert, Dr., 1869–1938, b. ao. Prof. Heidelberg 19.

Strack, Erich, Dr. med. u. phil. Prof., 1897–?, Doz. Leipzig 31, apl. Prof. 38, b. ao. Prof. 39, ord. Prof. 48.

Stranski, Iwan N., Dr. phil. Prof., 1897–?, Doz. Sofia Bulgarien 26, ord. Prof. 37, ord. Prof. TH Berlin 44, Hon. Prof. FU Berlin 49, em. 62.

Straßmann, Fritz, Dr.-Ing. Prof., 1902–1980, Mitarb. KWI Chemie Berlin 29, Ass. 35, ord. Prof. Mainz 46, Dir. am KWI Chemie 50.

Straus, Fritz (-Ludwig), Dr. phil. Prof., 1877–1942, Doz. Straßburg 05, apl. Prof. 17, ord. Prof. TH Breslau 23, Entl. 33, nach Frontkämpferparagraph wieder eingestellt, ao. Prof. Berlin 34, Entl. 36, Industrielabor. Berlin 36–39, Emig. USA 39, Industrie.

Strecker, Wilhelm, Dr. phil. Prof., 1877–1947, Doz. Greifswald 04, apl. Prof. Marburg 18, ord. Prof. 22.

Strell, Martin, Dr.-Ing., geb. 1912, Doz. 44, Doz. TH München nach 45, NSDAP 40.

Ströbele, Rudolf, Dr., geb. 1911, Mitarb. KWI Medizin. Forsch. bis ca. 39, NSDAP 37.

Stumpf, Karl Ernst, Dr. phil., geb. 1909, Doz. Greifswald 43.

Suess, Hans, Dr. phil., 1909–1993, Doz. Hamburg 41, apl. Prof. 48, Gastprof. U. Chicago 50/51, Leiter C14 Labor. U. S. Geol. Survey 52, Prof. U. Calif. La Jolla USA 55, NSDAP 38.

Suhrmann, Rudolf, Dr. rer. techn. Prof., 1895–?, Doz. TH Breslau 25, apl. Prof. 31, ord. Prof. U. und TH 33, TH Braunschweig 46, TH Hannover 55, NSDAP 33.

Sutter, Hermann, Dr. phil., geb. 1905, Doz. Frankfurt 43–45 und nach 50, NSDAP 40.

Terres, Ernst, Dr.-Ing. Prof., 1887–1958, Doz. TH Karlsruhe 13, apl. Prof. 18, ord. Prof. TH Braunschweig 25, TH Berlin 30, Entl. 33, Ideleanu Gesellschaft Berlin 33–46, England 46–39, ord. Prof. TH Karlsruhe 49.

Theilacker, Walter, Dr. rer. nat., geb. 1903, Doz. Tübingen 34, apl. Prof. 40, ao. Prof. 44, ord. Prof. 49.

Thiel, Alfred, Dr. phil. Prof., 1879–1942, Doz. Münster 04, apl. Prof. 09, ord. Prof. Marburg 19.

Thiele, Heinrich, Dr. phil., geb. 1902, Doz. Kiel 39, apl. Prof. 50, NSDAP 33, SA.

Thiessen, Peter Adolf, Dr. phil. Prof., 1899–1990, Doz. Göttingen 26, apl. Prof. 32, ord. Prof. Berlin 35–45, Direktor KWI Physikal. Chemie, Berlin, 35–45, UdSSR 45–56, Prof. m. Lstuhl Humboldt-U. Berlin 56–64, Inst.leiter dt. Akademie d. Wiss. Berlin, NSDAP 22, Austritt ca. 29, Wiedereintritt 33, SA 22.

Thilo, Erich, Dr. phil. Prof., 1898–?, Doz. Berlin 32, apl. Prof. 38, ord. Prof. Graz 43–45, ord. Prof. Humboldt-U. Berlin 46, em. 64.

Thomas, Karl, Dr. med. Prof., 1883–1969, Doz. Greifswald 12, ord. Prof. Leipzig 21–45, Erlangen 46, em. 49.

Tiede, Erich, Dr. phil. Prof., 1884–1951, Doz. Berlin 18, apl. Prof. 23, b. ao. Prof. 31, ord. Prof. 35–45, NSDAP 33.

Traube, Isidor, Dr. Prof., 1860–1943, apl. Prof. TH Berlin, Entl. 33, Emig. Edinburgh 34, zeitw. Industrie.

Traube, Wilhelm, Dr. Prof., 1866–1942, ord. Prof. Berlin 29, Entl. 34, von Gestapo ermordet.

Trautz, Max, Dr. phil. Prof., 1880–?, Doz. Freiburg 05, apl. Prof. 10, b. ao. Prof. Heidelberg 10, ord. Prof. 27, Rostock 34, Münster 36, em. 45.

Treibs, Alfred, Dr.-Ing. Prof., 1899–?, Doz. TH München 30, apl. Prof. 46.

Treibs, Wilhelm, Dr. phil. Prof., 1890–1978, Doz. Leizig 44, apl. Prof. 47, Prof. m. Lstuhl 51.

Trischmann, Heinrich, Dr., geb. 1910, Mitarb. KWI Medizin. Forsch., NSDAP 37.
Trogus, Carl, Dr.-Ing., geb. 1901, Mitarb. KWI Chemie Berlin, NSDAP 37, SA.
Truttwin, Hans, Dr.-Ing., 1891–?, Doz. Prag 32, ao. Prof. 44, Holzforsch.inst. Stockholm 47, Vorst. Div. of Chem. Eng. Poona/Indien 49, Staatl. Inst. f. Volksgesundheit Stockholm 51, ord. Prof. Bandung/Indonesien 55, NSDAP 39.
Tschesche, Rudolf, Dr. phil. Prof., geb. 1905, Doz. Hamburg 47, apl. Prof. 48, pl. ao. Prof. 51, ord. Prof. Bonn 60, NSDAP 40.
Tubandt, Carl, Dr. phil. Prof., 1878–1942, ord. Prof. Halle 21, Entl. 37.

Ubbelohde, Leo, Dr. Prof., 1876–1964, Doz. TH Berlin 09, apl. Prof. 11, ord. Prof. 34, NSDAP 33.
Ueberreiter, Kurt, Dr. rer. nat., geb. 1912, Doz. Berlin 44, apl. Prof. Berlin 47, Hon. Prof. FU Berlin, Abtl. Fritz Haber Inst. der MPG, Berlin.
Ulich, Hermann, Dr. Prof., 1895–1945, Doz. Rostock 26, apl. Prof. 30, ord. Prof. TH Karlsruhe 39.
Ulmann, Max, Dr. rer. nat., 1898–?, Mitarb. KWI Chemie Berlin, habil. TH Berlin 35, Prof. dt. Akad. d. Wiss. u. Bereichleiter Inst. f. Ernährung 57.

Vetter, Hellmuth, Dr. Mitarb. M'KWI Medizin. Forsch.
Völker, Otto, Dr. phil. nat., geb. 1907, Mitarb. KWI Medizin. Forsch., Doz. Gießen 47, NSDAP 40.
Vogel, Rudolf, Dr. phil. Prof., 1882–?, Doz. Göttingen 13, apl. Prof. 21, em. 50.
Volmer, Max, Dr. Prof., 1885–1965, Doz. Leipzig 13, Hamburg 20, ord. Prof. TH Berlin 22, UdSSR 45–55, Prof. Humboldt U. 55, em. 58.
Vorländer, Daniel, Dr. phil. Prof., 1867–1941, Doz. Halle 96, apl. Prof. 02, ord. Prof. 08.
Voswinckel, Hugo, Dr. Prof., 1858–?, b. ao. Prof. TH Berlin 31.

Waelsch, Heinrich B., Dr. med. u. rer. nat. Prof., 1905–1966, Doz. Prag 33, Entl. u. Emig 38, mem. fac. Columbia U. New York 39, Assist. Prof. 44, Assoc. Prof. 49, Prof. 54.
Wagner, Carl, Dr. phil. Prof., geb. 1901, Doz. München 27, apl. Prof. Jena 33, b. ao. Prof. TH Darmstadt 34, ord. Prof. 39, Sci. Adv. Fort Bliss Texas/USA 45, Vis. Prof. MIT Cambridge USA 50, Prof. 55, Dir. MPI Physikal. Chemie Göttingen 58.
Wagner, Gustav, Dr. phil. Prof., 1895–?, Doz. Würzburg 30, apl. Prof. 34, wiss. Mitarb. Siemens und Halske Berlin nach 45.
Wagner, Heinrich, Dr., 1880–?, Doz. Prag.
Wagner, Karl Ludwig, Dr. phil. Prof., 1882–?, Doz. Prag 14, apl. Prof. 27, NSDAP 37.
Wagner-Jauregg, Theodor, Dr. phil. Prof., 1903–?, Doz. Heidelberg 33, apl. Prof. Frankfurt 39, Abtl. Georg-Speyer-Haus Frankfurt 36–48, Leiter med. chem. branch Army Chem. Center Maryland/USA 48–55, Leiter d. Forsch. abt. d. Siegfried AG Zofingen/Schweiz 55, NSDAP 37.
Walden, Paul (Pavel I.), Dr. phil. Prof., 1863–1957, Doz. Riga 92, ord. Prof. Rostock 19, em. 34, Gastprof. Tübingen nach 45.
Waldmann, Hans, Dr. rer. nat., 1902–?, Doz. Prag 32, b. ao. Prof. TH Prag 41–45, lebt danach in Bayern.
Waldschmidt (-Leitz), Ernst, Dr. phil. Prof., 1894–1972, Doz. München 24, apl. Prof. TH Prag 28, ord. Prof. U. Prag 37–45, LBeauftr. TH München 53, NSDAP 38.

Wallenfels, Kurt, Dr. phil. Prof., 1910–1995, Doz. Heidelberg 43, München 52, apl. Prof. Freiburg 53 b. ao. Prof. 53, NSDAP 33.

Warburg, Otto Heinrich, Dr. phil. et med. Prof., 1883–1970, Doz. Berlin 08, Abtl. KWI Biologie 14, Dir. KWI Zellphysiologie Berlin 31–53, dann MPI, apl. Prof. 31, Nobelpreis 31.

Wartenberg, von, Hans, Dr. Prof., 1880–1960, ord. Prof. TH Danzig 13, Göttingen 32, vorzeitig em. 37, ord. Prof. Göttingen 45–48.

Wassermann, Albert, Dr. phil., 1901–1971, Ass. KWI Medizin. Forsch. Heidelberg 31, Doz. TH Karlsruhe 32, Entl. u. Emig. 33, mem fac. U. College London 33–71.

Weber, Eugen, Dr., 1896–?, Abtl. KWI Physikal. Forsch. ca. 37–45, NSDAP 32, SS 37.

Weber, Hans Hermann, Dr. med. Prof., 1896–?, Doz. Rostock 25, apl. Prof. Münster 31, b. ao. Prof. 33, ord. Prof. Königsberg 39, Tübingen 46, Heidelberg 54.

Wedekind, Edgar, Dr. phil. Prof., 1870–?, ord. Prof. Hann. Münden, Hon. Prof. Göttingen, entpfl. 36.

Weidel, Wolfhard, Dr. rer. nat., 1916–1964, Mitarb. KWI Biochemie Berlin ca. 38, Doz. Tübingen 53, apl. Prof. 57, Dir. am MPI Biologie 56, NSDAP 37, SA 32.

Weidenhagen, Rudolf, Dr. phil. nat. Prof., geb. 1900, Doz. Berlin 30, apl. Prof. 44, Doz. TH Braunschweig 60, NSDAP 33.

Weidlich, Hans Adolf, Dr. rer. nat., geb. 1909, Doz. Heidelberg 40, Berlin 42, Abtl. Inst. f. Geschwulstkrankh. 42–45, Leiter Patentabt. Boehringer Sohn Ingelheim, apl. Prof. Mainz 56, NSDAP 37, SA 33.

Weigert, Fritz, Dr. Prof., 1876–1947, b. ao. Prof. Leipzig 14, Entl. u. Emig. 35, Northwood UK 35.

Weinrotter, Ferdinand, Dr. techn., geb. 1911, Mitarb. KWI Kohlenforsch. ca. 38, Doz. TH Wien 49, NSDAP 41.

Weiss, Joseph J., Dr.-Ing., 1905–1972, Ass. KWI Physikal. Chemie 30, Entl. u. Emig. 33, Res. Cambridge U. UK 33, London U. College 34, mem. fac. Kings Coll. U. Durham (jetzt U. Newcastle) 37–70.

Weiß, Otto, Dr. med. Prof., 1871–?, ord. Prof. Königsberg 16.

Weißberger, Arnold, Dr. phil., 1898–?, Doz. Leipzig 28, Entl. u. Emig. 33, Fel. Oxford Lincoln College 33, Eastman Kodak Labor. Rochester USA 36.

Weitz, Ernst, Dr. phil. nat. Prof., 1883–1954, Doz. Straßburg 15, ord. Prof. Halle 21, nach 45 i. R.

Wenzel, Franz, Dr. Prof., ord. Prof. TH Prag 35.

Werner, Lotte, Dr. Mitarb. KWI Medizin. Forsch.

Werner, Otto, Dr. wiss. Ass. KWI Chemie 29–34, dann Staatl. Materialprüfungsamt.

Wertheimer, Ernst, Dr. med. Prof., 1893–1978, Doz. Halle 23, apl. Prof. 27, Entl. u. Emig. 34–78 mem. fac. Hebrew U. Jerusalem Palästina/Israel.

Wessely v. Karnegg, Friedrich, Dr. phil., 1897–1967, Doz. Wien 29, b. ao. Prof. 37, ord. Prof. 46.

Westphal, Otto, Dr. phil. Prof., geb. 1913, Doz. Göttingen 42–45, apl. Prof. Freiburg 52, Dir. MPI Immunbiologie 62, NSDAP, SS 33.

Westphal, Ulrich, Dr. phil. Prof., geb. 1910, Doz. Berlin 43, b. ao. Prof. Tübingen 48.

Weygand, Conrad, Dr. phil. Prof., 1890–1945, Doz. Leipzig 21, apl. Prof. 30, b. ao. Prof. 35, NSDAP 33.

Weygand, Friedrich, Dr. phil. nat., 1911–1969, Doz. Heidelberg 41, b. ao. Prof. Straßburg 43–45, Lehrstuhlvertret. Heidelberg 46, apl. Prof. 50, pl. ao. Prof. Tübingen 53, NSDAP 41.

Wiberg, Egon, Dr.-Ing. Prof., geb. 1901, Doz. TH Karlsruhe 31, apl. Prof. 36, b. ao. Prof. München 40, auch nach 45, NSDAP 33.

Wicke, Ewald, Dr. rer. nat., geb. 1914, Doz. Göttingen 44, apl. Prof. 49, NSDAP 37, SA 33.

Wieland, Heinrich, Dr. phil. Prof., 1877–1957, Doz. 04, apl. Prof. München 09, ord. Prof. TH München 17, Nobelpreis 27.

Wieland, Theodor, Dr. phil. Prof., 1913–1995, Doz. Heidelberg 42–46, Mainz 46, ord. Prof. Frankfurt 51, SA.

Wienhaus, Heinrich, Dr. phil. Prof., 1882–1959, Doz. Göttingen 14, apl. Prof. 22, b. ao. Prof. Leipzig 30, ord. Prof. TH Dresden 35, auch nach 45.

Wiesenberger, Ernst, Dr.-Ing., Doz. Heidelberg 42, NSDAP 33.

Wilke, Ernst, Dr. Prof., 1882–1935, apl. Prof. Heidelberg, NSDAP 33.

Wilke-Dörfurt, Ernst, Dr. Prof., 1881–1933, ord. Prof. TH Stuttgart 21.

Wille, Franz, Dr. phil., geb. 1909, Doz. München 42, apl. Prof. München nach 45, NSDAP 39.

Willstätter, Richard, Dr. phil. Prof., 1872–1942, ord. Prof. München 15, Rücktritt 24, Emig. Schweiz 39, Nobelpreis 15.

Windaus, Adolf Otto R, Dr. phil. Prof., 1876–1959, Doz. Freiburg 03, ord. Prof. Göttingen 15, em. 44, Nobelpreis 28.

Winkel, August, Dr. phil. Prof., 1902–1968, Doz. Berlin 37, b. ao. Prof. TH Berlin 39, Abtl. KWI Physikal. Chemie 37–45, NSDAP 31, SS.

Winterstein, Alfred, Dr. phil. nat., 1899–?, Doz. Heidelberg 32, Basel 33.

Wintgen, Robert, Dr. phil. Prof., 1882–1966, Doz. Bonn 14, Mitarb. KWI Chemie Berlin, Doz. Göttingen 20, apl. Prof. 22, ord. Prof. Köln 24, auch nach 45.

Wirth, Fritz, Dr. phil. Prof., 1883–?, Doz. TH Berlin 13, apl. Prof. 22.

Witte, Helmut, Dr. phil. Prof., geb. 1909, Doz. Göttingen 39, apl. Prof. TH Darmstadt 48, SA 33.

Wittig, Georg, Dr. phil. Prof., 1897–?, Doz. Marburg 26, apl. Prof. 32, b. ao. Prof. TH Braunschweig 39, ord. Prof. Tübingen 44, auch nach 45, Nobelpreis 79, NSDAP 37, SA 33.

Witzmann, Hans, Dr. rer. nat. Prof., geb. 1904, Doz. Heidelberg 42, ord. Prof. Greifswald 53, NSDAP 31, SS 32.

Wizinger-Aust, Robert Karl, Dr. phil. Prof., 1896–?, Doz. Bonn 28, apl. Prof. 34, Entl. 37, Emig. Schweiz 38, ord. Prof. Basel.

Wöhler, Lothar, Dr. phil. nat. Prof., 1870–1952, Doz. TH Karlsruhe 02, apl. Prof. 05, ord. Prof. TH Darmstadt 11, vorzeitig em. 33, nach 45 ord. Prof. a. D.

Wohl, Alfred, Dr. phil. Prof., 1863–1939, ord. Prof. Berlin 04, Entl. u. Emig. Schweden 33.

Wohl, Kurt, Dr. phil., 1896–1962, Doz. Berlin 29, Entl. 35, Forsch. IG Farben Ludwigshafen 36–38, Emig. UK 39, Res. Assoc. Oxford U. 39–42, Emig. USA 42, Vis. Assist. Prof. Princeton U. 43–45, mem. fac. U. Delaware Newark 45–62.

Wojahn, Hans, Dr. phil. Prof., 1902–?, Doz. Kiel 35, apl. Prof. Jena 43, Mitarb. Tuberkulose Forsch.Inst. Borstel nach 45, NSDAP 33.

Wolf, Hans Julius, Dr. med., geb. 1901, Doz. Göttingen 34, apl. Prof. 40, auch nach 45, Chefarzt d. Städt. Krankenhauses Bielefeld, NSDAP 37, SA 33.

Wolf, Leopold, Dr. phil. Prof., 1896–?, Doz. Leipzig 38, apl. Prof. 45, ord. Prof. 49.

Wolf, Lothar (Karl L), Dr. phil. Prof., 1901–1969, Doz. Königsberg 28, ord. Prof. Kiel 30, Würzburg 36, Halle 37–45, Leiter priv. Inst. f. Grenzflächenforsch. Kirchheimbolanden nach 54, NSDAP 33.

Wolf, Ludwig, Dr. Prof., 1891–?, Doz. Berlin 25, apl. Prof. 31, Entl. u. Emig. 33.

Wolff, Alexander, Dr., geb. 1910, Mitarb. KWI Biochemie ca. 38, NSDAP 41.

Wrede, Fritz, Dr. phil. Prof., 1891–?, apl. Prof. Greifswald 32, niedergelassener Arzt 39, NSDAP 37.

Wulff, Hans-Joachim, Dr. med., geb. 1904, Mitarb. KWI Zellphysiologie Berlin, NSDAP.

Wulff, Peter, Dr. phil., 1897–1947, Doz. München 34, NSDAP 40.

Zeile, Karl, Dr.-Ing. Prof., geb. 1905, Doz. TH München 33, b. ao. Prof. Göttingen 37, ord. Prof. Straßburg 42–45, Abtl. Boehringer Ingelheime nach 45, NSDAP 37, SS 33.

Zerbe, Carl, Dr. phil. Prof., 1894–?, Doz. Kiel 30, apl. Prof. 40, apl. Prof. Hamburg nach 45.

Zervas, Leonidas, Dr. Prof., Abtl. KWI Lederforsch. Dresden, Entl. u. Emig. 33, USA, Forsch. Stip. 34 bis 36, Prof. Athen Griechenland ca. 39.

Zeynek, Richard, Dr. med. Prof., 1869–?, Doz. Wien 1899, apl. Prof. 02, ord. Prof. Prag 03.

Ziegler, Karl, Dr. phil. Prof., 1898–1973, Doz. Marburg 23, apl. Prof. Heidelberg 28, ord. Prof. Halle 38, Dir. am KWI (MPI) Kohlenforsch. 43–69, Nobelpreis 63.

Zimen, Karl Erik, Dr. phil., geb. 1912, Doz. TH Darmstadt 42, Doz. Göteborg/Schweden 46, Leiter Inst. Kernchemie TH Göteborg 46, ord. Prof. TU Berlin 56.

Zinke, Alois, Dr. phil. Prof., 1892–1963, Doz. Graz 20, b. ao. Prof. TH Graz 22, ord. Prof. Graz 41, auch nach 45, NSDAP 38.

Zintl, Eduard, Dr. phil. Prof., 1898–1941, Doz. München 25, b. ao. Prof. Freiburg 28, ord. Prof. TH Darmstadt 33.

Zocher, Hans, Dr. Prof., 1893–?, Doz. Berlin 26, apl. Prof. TH Prag 30, b. ao. Prof. 31, ord. Prof. 37, Entl. 39, Emig. Brasilien 46.

Zschimmer, Eberhardt, Dr. phil. Prof., 1873–?, Doz. TH Karlsruhe 22, apl. Prof. 23, b. ao. Prof. 26.

Abkürzungen und Siglen

Abt.:	Abteilung
Abtl.:	Abteilungsleiter
AC:	Anorganische Chemie
Annalen d. Chem.:	Justus Liebigs Annalen der Chemie
ao. Prof.:	außerordentlicher Professor
apl. Prof.:	außerplanmäßiger Professor
APS:	American Philosophical Society, Philadelphia
A.-R.:	Abwehrproteinase-Reaktion (auch: Abderhaldensche Reaktion)
Arch. AdW:	Archiv der Akademie der Wissenschaften, Berlin
Ass:	Assistent
BAK:	Bundesarchiv, Koblenz
b. ao. Prof.:	beamteter außerordentlicher Professor
BBG:	Gesetz zur Wiederherstellung des Berufsbeamtentums
BC:	Biochemie
BDC:	Berlin Document Center, jetzt Bundesarchiv, Berlin
Ber. Dtsch. Chem. Ges.:	Berichte der Deutschen Chemischen Gesellschaft
DFG:	Deutsche Forschungsgemeinschaft
DFR:	Deutscher Forschungsrat
Dir:	Direktor
Doz:	Dozent oder Privatdozent
em.:	emeritiert
FIAT:	deutsche Fassung des FIAT-Review of German Science: Naturforschung und Medizin in Deutschland 1939–1946
Geh. Staatsarchiv:	Preußisches Geheimes Staatsarchiv, Berlin
ges.:	gesamte
Ges.:	Gesellschaft
H:	Hochschule
Hervorheb.:	Hervorhebung
Hon. Prof.:	Honorarprofessor
i. O.:	im Original
Inst. f. Zeitgeschichte:	Institut für Zeitgeschichte, München
J.:	Journal
KWG:	Kaiser Wilhelm-Gesellschaft
KWI:	Kaiser Wilhelm-Institut
med. BC:	medizinische Biochemie, physiologische Chemie
MPG:	Max-Planck-Gesellschaft
MPI:	Max-Planck-Institut

ms. SPSL:	Dokumente der Society for the Protection of Science and Learning, Bodleian Library, Oxford University
nbao. Prof.:	nicht beamteter außerordentlicher Professor
NSDB:	Nationalsozialistischer Deutscher Dozentenbund
NSDSt.:	Nationalsozialistischer Deutscher Studentenbund
OC:	Organische Chemie
o. Professor:	ordentlicher Professor
OKL:	Oberkommando der Luftwaffe
OKM:	Oberkommando der Marine
OKW:	Oberkommando der Wehrmacht
phar:	pharmakologisch
PC:	Physikalische Chemie
physiol:	physiologisch
pl. ao. Prof.:	planmäßiger außerordentlicher Professor
Prof.:	Professor
RAC:	Rockefeller Archive Center
RAG:	Reichsarbeitsgemeinschaft
REM:	Reichserziehungsministerium, Abkürzung für Reichsministerium für Wissenschaft, Erziehung und Volksbildung
RFR:	Reichsforschungsrat
RfW:	Reichsamt für den Wirtschaftsausbau
RM:	Reichsmark
RSHA:	Reichssicherheitshauptamt der SS
RuSHA:	Rasse- und Siedlungshauptamt der SS
SA:	Sturmabteilung der NSDAP
SCI:	Science Citation Index
SD:	Sicherheitsdienst des Reichsführers SS
SS:	Schutzstaffeln der NSDAP
S, SS, DE:	Dringlichkeitsstufen des Reichsforschungsrates für die Forschungsförderung
TC:	Technische Chemie
U.:	Universität
UA:	Universitätsarchiv
uk:	vom Kriegsdienst freigestellt (unabkömmlich)
Zs.:	Zeitschrift
Zs. f. physiol. Chem.:	Hoppe Seyler's Zs für physiologische Chemie

Quellenverzeichnis der Abbildungen

S. 33: Heinrich Caro, Deutsches Museum, Bildstelle; S. 38: Fritz Haber, Bibliothek und Archiv zur Geschichte der Max-Planck-Gesellschaft; S. 43: Wilhelm Ostwald, Nobelstiftung; S. 46: Richard Willstätter, Max-Planck-Gesellschaft, Pressestelle; S. 48: Leonor Michaelis, National Academy of Sciences, Biographical Memoirs, 31 (1958); S. 57: Max Bergmann, Photosammlung des Universitätsarchivs der Technischen Universität Dresden; S. 58: Wolfgang Grassmann, Bibliothek und Archiv zur Geschichte der Max-Planck-Gesellschaft; S. 59: Paul Harteck, Graf von Schweinitz, Paul Goldfinger, Eric Flint, Ladislaus Farkas, Fritz Haber, Bibliothek und Archiv zur Geschichte der Max-Planck-Gesellschaft; S. 60: Arnold Berliner, Bibliothek und Archiv zur Geschichte der Max-Planck-Gesellschaft; S. 71: Karl Johann Freudenberg, Freudenberg-Archiv; S. 73: Paul Harteck, Karl-Friedrich Bonhoeffer, Ladislaus Farkas, Adalbert Farkas, Bibliothek und Archiv zur Geschichte der Max-Planck-Gesellschaft; S. 81: Otto Krayer, Die Medizinische Welt 1964, Bd. II, S. 2604; S. 83: Adolf Windaus, Nobelstiftung; S. 85: Heinrich Wieland, Nobelstiftung; S. 91: Max Volmer, Bibliothek und Archiv zur Geschichte der Max-Planck-Gesellschaft; S. 111: Otto Warburg, Bibliothek und Archiv zur Geschichte der Max-Planck-Gesellschaft; S. 117: Gustav Embden, D. Nachmansohn, R. Schmid, Die große Ära der Wissenschaft in Deutschland 1900 bis 1933, Wissenschaftliche Verlagsgesellschaft Stuttgart, 1988; S. 127: Reginald Oliver Herzog, Bibliothek und Archiv zur Geschichte der Max-Planck-Gesellschaft; S. 128: Arthur von Weinberg, Bayer AG, Unternehmensgeschichte/Archiv; S. 142: Otto Meyerhof, Bibliothek und Archiv zur Geschichte der Max-Planck-Gesellschaft, Photo: Lotte Jacoby; S. 146: Georg von Hevesy, Bibliothek und Archiv zur Geschichte der Max-Planck-Gesellschaft; S. 148: Otto Stern, Nobelstiftung; S. 165: Ladislaus Farkas, Bibliothek und Archiv zur Geschichte der Max-Planck-Gesellschaft; S. 168: Ernst David Bergmann, Ben-Gurion University of the Negev; S. 174: Otto Loewi, Nobelstiftung; S. 176: Rudolf Schönheimer, D. Nachmansohn, R. Schmid, Die große Ära der Wissenschaft in Deutschland 1900 bis 1933, Wissenschaftliche Verlagsgesellschaft Stuttgart, 1988; S. 182: Herman Mark, The Chemical Heritage Foundation Image Archives, Othmer Library of Chemical History, Philadelphia, Pennsylvania; S. 197: Ernst Boris Chain, Nobelstiftung; S. 195: Max Ferdinand Perutz, Bibliothek und Archiv zur Geschichte der Max-Planck-Gesellschaft; S. 196: Herbert Freundlich, Bibliothek und Archiv zur Geschichte der Max-Planck-Gesellschaft; S. 196: Michael Polanyi, Bibliothek und Archiv zur Geschichte der Max-Planck-Gesellschaft; S. 215: Erich Hückel, Peter Debey,

Peter Adolf Thiessen, Klaus Clusius, H. H. Franck, Bibliothek und Archiv zur Geschichte der Max-Planck-Gesellschaft; S. 217: Rudolf Mentzel, Bibliothek und Archiv zur Geschichte der Max-Planck-Gesellschaft; S. 231: Kurt Alder, Institut für Organische Chemie, Universität zu Köln; S. 236: Karl Ziegler, Max-Planck-Gesellschaft, Pressestelle; S. 237: Hans Fischer, Nobelstiftung; S. 359: Emil Abderhalden, Nova Acta Leopoldina, Bd. 14, 1952; S. 373: Wolfgang Ostwald, Kolloid Zeitung 115, 1949; S. 395: Hermann Staudinger, Die Naturwissenschaften 1966; S. 402: Georg Kränzlein, Bayer AG, Unternehmensgeschichte/Archiv; S. 403: Kurt Hess, Bayer AG, Unternehmensgeschichte/Archiv; S. 432: Ernst Cohen, Universitätsmuseum Utrecht; S. 455: Otto Meyerhof, The University of Pennsylvania Archives; S. 456: Otto Hahn, Max-Planck-Gesellschaft, Pressestelle; S. 459: Lise Meitner und Otto Hahn, Bibliothek und Archiv zur Geschichte der Max-Planck-Gesellschaft; S. 464: Richard Kuhn, Max-Planck-Gesellschaft, Pressestelle; S. 468: Carl Neuberg, D. Nachmansohn, R. Schmid, Die große Ära der Wissenschaft in Deutschland 1900 bis 1933, Wissenschaftliche Verlagsgesellschaft Stuttgart, 1988; S. 472: Adolf Butenandt, Bibliothek und Archiv zur Geschichte der Max-Planck-Gesellschaft; S. 477: Sir Hans Krebs mit Otto Warburg, D. Nachmansohn, R. Schmid, Die große Ära der Wissenschaft in Deutschland 1900 bis 1933, Wissenschaftliche Verlagsgesellschaft Stuttgart, 1988; S. 480: Fritz Lipmann, Nobelstiftung; S. 478: Theodor Bücher zum 100. Geburtstag von Otto Warburg, Bibliothek und Archiv zur Geschichte der Max-Planck-Gesellschaft; S. 479: Feodor Lynen, Max-Planck-Gesellschaft, Pressestelle; S. 489: Heinrich Hörlein, Bayer AG, Unternehmensgeschichte/Archiv; S. 491: Primo Levi, http://www.inch.com/~ari/levi1.html

Quellen und Literatur

Unveröffentlichte Quellen

Deutschland:

Bundesarchiv Koblenz:

R 3 Reichsministerium für Rüstung und Kriegsproduktion: Akten der Amtsgruppe Chemie des Rohstoffamtes des Ministeriums

R 21 Reichsministerium für Wissenschaft, Erziehung und Volksbildung: Akten, einzelne Institute sowie Forschungsaufträge des Vierjahresplans betreffend; Dokumente des Reichsamtes für Wirtschaftsausbau; alle Personalunterlagen von Hochschullehrern der Chemie zwischen 1930 und 1945, die sich im BA Koblenz befinden.

R 26III Reichsforschungsrat: vor allem Dokumente von Forschungsaufträgen während des Krieges

R 73 Notgemeinschaft bzw. Deutsche Forschungsgemeinschaft: Dokumente, chemische Forschung allgemein betreffend; Beihilfeakten von insgesamt 314 Chemikern bzw. physiologischen Chemikern.

Berlin Document Center (jetzt Bundesarchiv): Dokumente der Zentralkartei und juristischen Kartei der NSDAP, der Parteikanzlei, SS, SA und des Reichserziehungsministeriums, des NS-Dozentenbundes.

Archiv der Akademie der Wissenschaften, Berlin: Nachlässe von Wilhelm Ostwald, Otto Warburg.

Neue Synagoge Berlin – Centrum Judaicum, Archiv: Dokumente zu jüdischen Chemikern aus Berlin

Archiv der Max-Planck-Gesellschaft: Akten der Generalverwaltung der Kaiser Wilhelm-Gesellschaft, Institutsakten von Kaiser Wilhelm-Instituten, Nachlässe von Karl Friedrich Bonhoeffer, Otto Hahn, Max Hartmann, Richard Kuhn, Fritz Paneth, Sammlung Fritz Haber.

Preußisches Geheimes Staatsarchiv, Berlin: Aktenbestände des Reichserziehungsministeriums.

Archive der Humboldt-Universität Berlin, der Universitäten in Bonn, Braunschweig, Dresden, Frankfurt, Freiburg, Göttingen, Halle, Heidelberg, Köln, Leipzig, München, Rostock, Würzburg und Tübingen: Personal- und Fakultätsakten.

Gesellschaft Deutscher Chemiker, Frankfurt: Archivmaterial der Deutschen Chemischen Gesellschaft und des Vereins Deutscher Chemiker aus der Zeit von 1933 bis 1955.

Archiv der Leopoldina, Halle: Akademieakten, Nachlaß von Emil Abderhalden.

Firmenarchive der Bayer-AG, Leverkusen, Hoechst-AG, Höchst und BASF-AG, Ludwigshafen, der Firma Freudenberg, Weinheim: Personalakten, Dokumente über Beraterverträge, Verschiedenes.

England:

Bodleian Library, Oxford: Dokumente der Society for the Protection of Science and Learning.

Wellcome Institute for the History of Medicine, London, Archives: Nachlaß von Ernst B. Chain.

Imperial War Museum, London, Dept. of Documents: BIOS and CIOS-Reports

University of Sheffield, Library: Nachlaß Hans Krebs.

Polen:

Universitätsarchive in Wrocław (Breslau) und Poznań (Posen):

Allgemeine Universitätsakten von 1933 bzw. 1941 bis 1945 sowie Personalakten von Hochschullehrern der Chemie.

Staatsarchiv in Poznan: Dokumente des »Reichsstatthalters im Reichsgau Wartheland-Posen«.

Archiv der Universytet Jagiellonski in Kraków: Materialien über das Institut für deutsche Ostarbeit von 1940 bis 1944, vor allem zur Sektion Chemie des Instituts.

Archiv des KZ Auschwitz: Wochenberichte des Werks Auschwitz der IG Farben, Protokolle des IG-Farben-Kriegsverbrecherprozesses.

Republik Tschechien:

Personalakten im Archiv der Universität Prag

Personalakten der Deutschen Technischen Hochschule Brünn im Mährischen Landesarchiv

Israel:

Archiv der Hebrew University of Jerusalem: Personalakten von aus Deutschland emigrierten Chemikern.

Einstein Archives, Hebrew University: Korrespondenzen mit Chemikern.

Archiv des Weizmann Institutes, Rehovot: Informationen über wissenschaftliche Kontakte mit Deutschland.

Weizmann Archives, Rehovot, Korrespondenzen von Chaim Weizmann bzw. Ernst David Bergmann.

USA:

University of Pennsylvania Archives: Nachlaß Otto Meyerhof.

American Philosophical Society: Nachlässe von Max Bergmann, Erwin Chargaff, Carl Neuberg.

Rensselaer Institute, Troy: Nachlaß Paul Harteck.

New York Public library: Collection of the Emergency Committee in Aid of Displaced European Scholars

Dokumente der Library of Congress, der National Archives in Washington D. C. und des Leo Baeck Instituts in New York City.

Rockefeller Archive Center, Tarrytown: Dokumente hinsichtlich der Förderung von emigrierten (Bio-)Chemikern und und von (Bio-)Chemikern in Deutschland.

American Institute of Physics, Niels Bohr Library, Washington D. C.: Oral History Interview Transcripts von Immanuel Estermann, Walther Gerlach, Hilde Levi, Otto Stern, Eugene Wigner; Nachlaß von Jacob Bikermann.

Beckmann Center for the History of Chemistry (Chemical Heritage Foundation): Oral History Interview Transcripts von Alfred Bader, Frederick Eirich, Herman Mark, Herbert Morawetz.

Befragungen:

Als Zeitzeugen gaben mir folgende Personen, in den meisten Fällen emeritierte Hochschullehrer oder Forscher an Kaiser Wilhelm-Instituten, Angehörige oder Schüler im Gespräch oder schriftlich Auskunft:

In Deutschland: Prof. Becke-Göhring, Heidelberg; Dr. Gerhard Bier, Freiburg; Prof. Leonhard Birkofer, Düsseldorf; Prof. Elisabeth Brauer, Schwalbach; Prof. Georg Brauer, Freiburg (brieflich); Prof. Theodor Bücher, München; Prof. Prakash Chandra, Frankfurt; Prof. Otto Dann, Eberbach; Prof. Georg Denk, Karlsruhe; Prof. Karl Dimroth, Marburg; Dr. Hildegard Hamm-Brücher, München; Prof. Peter Karlson, Marburg; Prof. Lothar Jaenicke, Köln; Prof. Walther Jaenicke, Erlangen; Edith Molière, Witwe von Prof. Kurt Molière, Berlin (brieflich); Prof. Gerhard Pfleiderer, Stuttgart; Prof. Helmut Ringsdorf, Mainz; Dr. Magda Staudinger, Freiburg; Margarete Weitzel, Tübingen; Prof. Otto Westphal, Montreux; Prof. Theodor Wieland, Heidelberg; Prof. Hans G. Zachau, München.

In England: Prof. Bernard Katz, London; Prof. Max Perutz, Cambridge.

In Israel: Mrs. Chani Bergmann, Jerusalem; Prof. Felix Bergmann, Jerusalem; Prof. Chaim Gilon, Jerusalem; Prof. Ephraim Katzir, Tel Aviv; Prof. Josef Klein, Jerusalem; Mrs. Leorah Kroyanker, Jerusalem; Prof. Dan Meyerstein, Beer Sheva; Prof. Saul Patai, Jerusalem.

In den USA: Dr. Sheldon Atlas, Brooklyn; Dr. Alfred Bader, Milwaukee; Dr. Theodor Benfey, Philadelphia; Prof. Peter Bergmann, New York City (brieflich); Prof. Hans Bethe, Ithaka, NY; Prof. Konrad Bloch, Cambridge, MA (brieflich); Prof. Erwin Chargaff, New York City; Prof. Frederick Eirich, Hightstown, NJ; Prof. Thomas Eisner, Ithaka, NY; Prof. Joseph Fruton, Yale (brieflich); Prof. Mel Green, Davis, CA; Prof. Roald Hoffmann, Ithaka, NY; Freda Lipmann, Witwe Fritz Lipmanns, New York City; Prof. Werner Maas, New York City; Prof. Gottfried Meyerhof, Halifax (brieflich); Prof. Herbert Morawetz, Brooklyn, Schüler und Mitarbeiter Herman Marks; Prof. Agnes Peterson, Stanford; Prof. Salome Waelsch, Bronx; Prof. Bernhard Witkop, Bethesda (brieflich).

Veröffentlichte Quellen und Darstellungen

Abderhalden, Emil und Georg Kausche, Versuche über die Auslösbarkeit der A.-R. mittels Viruseiweiß, Fermentforschung 17, 228–229, 1943.

Abderhalden, Emil, Abwehrfermente (Die Abderhaldensche Reaktion), 7. Auflage, Dresden 1944: Theodor Steinkopff Verlag.

Ders., Das Verhalten der A.-R. bei Agonie, Fermentforschung 17, 297–305, 1942–1945.

Ders., Rasse und Vererbung vom Standpunkt der Feinstruktur von blut- und zelleigenen Eiweißstoffen aus betrachtet, Nova Acta Leopoldina 7, 59–79, 1939.

Ders., Über den Ausfall der A.-R. bei Fällen von Pubertas praecox, Fermentforschung 17, 308–310, 1942–1945.

Ders., Über die Beziehung der Kolloidchemie zur Physiologie, Kolloid-Zs 31, 276–279, 1922.

Ders., Weiterer Beitrag zur Methodik der A.-R., Fermentforschung 16, 327–334, 1942.

Ders., Weiterer Beitrag zur Struktur des Seidenfibroins, Hoppe-Seyler's Zs. f. physiol. Chemie 277, 248–250, 1943.

Ders., Zur Struktur des Seidenfibroins, Hoppe-Seyler's Zs. f. physiol. Chemie 265, 23–30, 1940.

Abraham, E. P., E. Chain, C. M. Fletcher, A. D. Gardner, N. G. Heatley und M. A. Jennings, Further Observations on Penicillin, Lancet 1941, 177–188.

Ackermann, Dankwart, Physiologische Chemie als medizinisches Unterrichts- und Forschungsfach, Klinische Wochenschrift 13, 705–707, 1934.

Albrecht, Helmuth und Armin Hermann, Die Kaiser-Wilhelm-Gesellschaft im Dritten Reich (1933–1945), in: Rudolf Vierhaus und Bernhard v. Brocke (Hrsg.), Forschung im Spannungsfeld von Politik und Gesellschaft, Geschichte und Struktur der Kaiser-Wilhelm-/Max-Planck-Gesellschaft, Stuttgart 1990: DVA, S. 356–406.

Albrecht, Helmuth, »Max Planck: Mein Besuch bei Adolf Hitler« – Anmerkungen zum Wert einer historischen Quelle, in: H. Albrecht (Hrsg.), Naturwissenschaft und Technik der TH Stuttgart, 1994.

Ardenne, Manfred von und Hans H. Weber, Elektronenmikroskopische Untersuchung des Muskeleiweißes Myosin, Kolloid-Zs. 97, 322–325, 1941.

Ardenne, Manfred von und Dietrich Beischer, Zur elektronenmikroskopischen Abbildung feiner Reaktionsschichten auf Metalloxydrauchkristallen, Kolloid-Zs. 102, 127–131, 1943.

Arendt, Hannah, Besuch in Deutschland, Neuauflage des 1950 veröffentlichten Essays, Berlin 1993: Rotbuch-Verlag.

Ash, Mitchell und Ulfried Geuter, NSDAP-Mitgliedschaft und Universitätskarrieren in der Psychologie. In: C. F. Graumann (Hrsg.), Psychologie im Nationalsozialismus, Berlin 1985, S. 263–278.

Bader, Alfred, Adventures of a Chemist Collector, 1995: Weidenfeld and Nicholson Ltd.

Balfour, Michael and John Mair, Four-Power Control in Germany and Austria, London, New York 1956: Oxford Univ. Press.

Barkai, Avraham, Jüdisches Leben unter der Verfolgung, in: A. Barkai, P. Mendes-Flohr und S. M. Lowenstein (Hrsg.), Deutsch-jüdische Geschichte in der Neuzeit. Vierter Band, München 1997: Beck, S. 225–248.

Barkan, Diana Kormos, Walther Nernst and the Transition to Modern Physical Science, Cambridge 1998: Cambridge University Press.

Bayer AG (Hrsg.), Erik Verg, Gottfried Plumpe und Heinz Schultheis, (Autoren), Meilensteine, Leverkusen 1988: informedia-verlags-gmbh.

Bechstedt, Martin, »Gestalthafte Atomlehre«. Zur »Deutschen Chemie« im NS-Staat, in: Herbert Mehrtens und Steffen Richter, Naturwissenschaft, Technik und NS-Ideologie, Frankfurt 1980: Suhrkamp, S. 142–165.

Behrens, Helmut, Wissenschaft in turbulenter Zeit. Erinnerungen eines Chemikers an die Technische Hochschule München 1933–1953, München 1998: Münchener Universitätsschriften.

Behrens, Otto, Fritz Lipmann, Mildred Cohn und Dean Burk, The non-Specificity of Amino Acid Configuration in Malignant Tissue Hydrolysates, Science 92, 32–34, 1940.

Beischer, Dietrich, Nachruf auf Jander, Zs. f. Elektrochemie 48, 661, 1942.

Berenblum, Isaac, The Cocarcinogenic Action of Croton Resin, Cancer Research 1, 44–47, 1941.

Bergmann, Max und Carl Niemann, On Blood Fibrin. A Contribution to the Problem of Protein Structure, J. of Biological Chemistry 115, 77–85, 1936.
Bergmann, Max und Leonidas Zervas, Über ein allgemeines Verfahren der Peptidsynhese, Ber. Dtsch. Chem. Ges. 65, 1932, 1192–1201, 1932.
Bergmann, Max und William H. Stein, A New Principle for the Determination of Amino Acids and Application to Collagen and Gelatin, J. of Biological Chemistry 28, 217–232, 1939.
Bergmann, Max, Allgemeine Strukturchemie der komplexen Kohlenhydrate und der Proteine, Ber. Dtsch. Chem. Ges. 59, 2973–2981, 1926.
Berson, Jerome A., Chemical Creativity. Ideas from the Work of Woodward, Hückel, Meerwein, and Others, Weinheim/New York 1999: Wiley-VCH.
Ders., Erich Hückel – Pionier der Organischen Quantenchemie: Leben, Wirken und späte Anerkennung, Angewandte Chemie 108, 2922–2937, 1996.
Beyerchen, Alan, Wissenschaftler unter Hitler. Physiker im 3. Reich, Köln 1980: Kiepenheuer & Witsch.
Birch, A. J., Biosynthetic Relations of Some Natural Phenolic and Enolic Compounds, Progress in the Chemistry of Natural Products 14, 186–216. 1957.
Bloch, Konrad, Summing up, Ann. Rev. Biochem. 56, 1–19, 1987.
Bodenstein, Max, Nachruf auf Fritz Haber, Zs. f. Elektrochemie 40, 113–115, 1934.
Boehlich, Walter (Hrsg.), Der Berliner Antisemitismusstreit, Sammlung Insel 6, Frankfurt 1965: Insel Verlag.
Borkin, Joseph, Die unheilige Allianz der I. G. Farben. Eine Interessengemeinschaft im Dritten Reich, Frankfurt 1981: Campus.
Born, Max, My life. Recollections of a Nobel Laureater, London 1978: Taylor and Francis Ltd.
Bower, Tom, The Paperclip Conspiracy, London 1988: Grafton.
Brill, Rudolf, Über Beziehungen der Struktur der Polyamide und der des Seidenfibroins, Zs. f. physikalische Chemie Abt. B 53, 61–74, 1943.
Ders., Über den Mechanismus der Verfestigung des Naturseidenfadens beim Spinnen, Die Naturwissenschaften 29, 221, 1941.
Ders., Über die zwischen linearen Kettenmolekülen mit Peptidbindungen wirkenden Kräfte, Die Naturwissenschaften 29, 220–221, 1941.
Brock, William H., The Fontana History of Chemistry, London 1992: Fontana Press.
Bücher, Theodor, Otto Warburg, A Personal Recollection, 34. Colloquium Mosbach 1983.
Büchner, Franz, An die Studenten, Freiburg 1946: Verlag Karl Alber.
Busch, Fritz, Aus dem Leben eines Musikers, Zürich 1949, Rascher-Verlag.
Butenandt, Adolf, Über »Progynon«, ein kristallisiertes weibliches Sexualhormon, Die Naturwissenschaften 17, 879, 1929.
Ders., Über die Chemie der Sexualhormone, Angewandte Chemie 45, 1932, 655–656, 1932.
Ders., Neuere Beiträge der biologischen Chemie zum Krebsproblem, Angewandte Chemie 53, 345–352, 1940.

Campbell, Donald, Reintroducing Konrad Lorenz to Psychology, in: Richard I. Evans, Konrad Lorenz: The Man and his Ideas, New York 1975: Harcourt, Brace, Jovanovich.
Carothers, Wallace H., Review on H. Staudinger 1932, Journal of the American Chemical Society 54, 1932, 4469–4471, 1932.

Cassidy, David, The Life and Science of Werner Heisenberg, New York 1992: Freeman and Co.

Chain, Ernst, Howard W. Florey, A. D. Gardner, N. G. Heatley, M. A. Jennings, J. Orr-Ewing and A. G. Sanders, Penicillin as a Chemotherapeutic Agent, Lancet II, 226–228, 1940.

Chargaff, Erwin, Heraclitean Fire. Sketches from a Life before Nature, New York 1978: The Rockefeller Univ. Press.

Charpa, Ulrich, Selbsttäuschung und Forschertugend, in: Jürgen Mittelstraß (Hrsg.) Die Zukunft des Wissens, Konstanz 1999: Unversitätsverlag Konstanz, 843–850.

Ders., Forscherwissen – Grundzüge einer reliabilistischen Wissenschaftstheorie, Habil.schrift Ruhr-Universität-Bochum 2000.

Chayut, Michael, From Berlin to Jerusalem: Ladislaus Farkas and the Founding of Physical Chemistry in Israel, Historical Studies in the Physical and Biological Sciences 24, 237–263, 1994.

Chretien, André, L'Institut de Chimie à Strasbourg. Sa Création – Ses 20 Premières Années – Son Exodus à Clermont Ferrand, Association Amicales des Anciens Elèves de l'Ecole Nationale Supérieure de Chimie à Strasbourg, Fevrier 1984 (BNUS).

Clark, Ronald W., The Life of Ernst Chain. Penicillin and Beyond, New York 1985: St. Martin's Press.

Clarke, Hans T., Rudolf Schoenheimer 1898–1941, Science 94, 553–554, 1941.

Clausen, Richard, Stand und Rückstand der Forschung in Deutschland. Wiesbaden: 1964, Steiner.

Cohen, Avner, Before the Beginning: The Early History of Israel's Nuclear Project (1948–1954), Israel Studies 3, 112–139, 1998.

Ders., Israel and the Bomb, New York 1998: Columbia Univ. Press.

Cook, J. W., Chemische Beiträge zum Krebsproblem, Ber. Dtsch. Chem. Ges. 69, 38–49, 1936.

Crawford, Elisabeth, German Scientists and Hitler's Vendetta against the Nobel Prizes, Historical Studies in the Physical Sciences and Biological Sciences 31, 37–53, 2000.

Dane, Elisabeth, Die Arbeiten H. Wielands auf dem Gebiet der Steroide, Die Naturwissenschaften 30, 333–342, 1942.

Deichmann, Ute und Benno Müller-Hill, The Fraud of Abderhalden's Enzymes, Nature 393, 109–111, 1998.

Deichmann, Ute, Biologen unter Hitler, Portrait einer Wissenschaft im NS-Staat, Frankfurt 1995: Fischer.

Dies., Dem Vaterlande – solange es dies wünscht. Fritz Habers Rücktritt 1933, Tod 1934 und die Fritz-Haber-Gedächtnisfeier 1935, Chemie in unserer Zeit 30, 141–149, 1996.

Dies., The Expulsion of Jewish Chemists and Biochemists from Academia in Nazi Germany, Perspectives on Science 7, 1–86, 1999.

Dies., An Unholy Alliance. The Nazis Showed that ›Politically Responsible‹ Science Risks Losing its Soul, Nature 405, 739, 2000.

Dies., Kriegsbezogene biologische, biochemische und chemische Forschung an den Kaiser Wilhelm-Instituten für Züchtungsforschung, für Physikalische Chemie und Elektrochemie und für Medizinische Forschung, in: Doris Kaufmann (Hrsg.), Geschichte der Kaiser-Wilhelm-Gesellschaft im Nationalsozialismus Bd. 1, 2000, Wallstein Verlag, S. 231–257.

Dies., The Expulsion of German-Jewish Chemists and Biochemists and their Correspondence with Colleagues in Germany after 1945: the Impossibility of Normalisation, in: M. Szöllösi-Janze, Science in the Third Reich, Oxford 2001: Berg, S. 243–280.

Dimroth, Karl, Adolf Windaus 1876–1959, Chem. Berichte 119, XXX-LVIII, 1986.

Ders., Hans Meerwein (1879–1965), Chem. Berichte 100 (1967), LV-XCV.

Djerassi, Carl, The Pill, Pygmy Chimps, and Degas' Horse, Basic Books 1992; in deutscher Übersetzung: Die Mutter der Pille. Die Autobiographie, Zürich 2000: Haffmans Verlag.

Ders., Steroids Made it Possible, American Chemical Society 1990.

Duisberg, Carl, Über die Ausbildung der technischen Chemiker und das zu erstrebende Staatsexamen für dieselben, Angewandte Chemie 9, 97–111, 1896.

Edsall, John T., Proteins as Macromolecules: An Essay on the Development of the Macromolecule Concept and some of its Vicissitudes, Archives of Biochemistry and Biophysics, Suppl. 1, 12–20, 1962.

Eibel, Christina, Der Physikochemiker Peter Adolf Thiessen als Wissenschaftsorganisator (1899–1990). Historisches Institut der Uni Stuttgart 1999.

Einstein, Albert. Max Born. Briefwechsel 1916–1955, München 1967, Neuauflage 1991: Nymphenburger Verlagsgesellschaft.

Eistert, Bernd, Tautomerie und Mesomerie. Gleichgewicht und Resonanz, Stuttgart 1938: Ferdinand Enke.

Eliel, Ernest, From Cologne to Chapel Hill, Washington, DC 1990: American Chemical Society.

Embden, Gustav und Hans Joachim Deuticke, Über die Bedeutung der Phosphoglycerinsäure für die Glykolyse in der Muskulatur, Hoppe Seyler's Zs. f. physiol. Chemie 230, 29–49, 1934.

Engel, Michael, Paradigmenwechsel und Exodus, Zellbiologie, Zellchemie und Biochemie in Berlin, in: Akad. d. Wiss. zu Berlin (Hrsg.: W. Fischer, K. Hierholzer, M. Hubenstorf, P. Th. Walther, R. Winau), Exodus von Wissenschaftlern aus Berlin, Forschungsbericht 7, Berlin/N. Y. 1994: de Gruyter, S. 296–341.

Engel, Michael und Brita Engel, Chemie und Chemiker in Berlin. Die Ära August Wilhelm von Hofmann 1865–1892, Berlin 1992: Verlag für Wissenschafts- und Regionalgeschichte.

Erichsen, Regine, Die Emigration deutschsprachiger Naturwissenschaftler von 1933–1945 in ihrem sozial- und wissenschaftshistorischen Wirkungszusammenhang, in: Strauss, Herbert A., Klaus Fischer, Christhard Hoffmann und Alfons Söllner (Hrsg.), Die Emigration der Wissenschaften nach 1933, München 1991.

Evans, D. Fennell und Hakan Wennerström, The Colloidal Domain. Where Physics, Chemistry, Biology, and Technology Meet, New York, Weinheim 1994: VCH.

Evola, Julius, Über das Problem der arischen Naturwissenschaft, Zs. f. die gesamte Naturwissenschaft 6, 161–172, 1940.

Falk, Raphael, Hans Nachtsheim: How to be a Eugenicist in National Socialist Germany and Prevail, unpubl. essay, Jerusalem 1993.

Farkas, Adalbert and Ladislaus Farkas, The Catalytic Interaction of Heavy Hydrogen and Benzene on Platinum, Trans. Faraday Soc. 33, 827–837, 1937.

Farkas, Adalbert and Ladislaus Farkas, The Mechanism of Hydrogenation Reactions and the Formation of Stereochemical Isomers, Trans. Faraday Soc. 33, 837–844, 1937.

Farkas, Adalbert und Eugene Wigner (eds.), Ladislaus Farkas Memorial Volume, Jerusalem 1952.
Ferber, Christian von, Die Entwicklung des Lehrkörpers der deutschen Universitäten und Hochschulen 1864–1954, Göttingen 1956.
Feuer, Lewis S., The Scientific Intellectual. The Psychological and Sociological Origins of Modern Science, New York, London 1963: Basic Books, Inc. Publ.
Feulgen, Robert, Über eine zusammengesetzte Nukleinsäure, Hoppe-Seyler's Zs. f. physiol. Chemie 108, 147–157, 1919.
Fischer, Emil, Untersuchungen über Aminosäuren, Polypeptide und Proteine, Berlin 1906.
Ders., Isomerie der Polypeptide, Hoppe-Seyler's Zs. f. physiol. Chemie 99, 54–66, 1917.
Fischer, F. Gottwalt, Zum enzymatischen Abbau und zur Struktur der Nucleinsäuren, Die Naturwissenschaften 30, 377–382, 1942.
Fischer, Hans und Hermann Wenderoth, Zur Kenntnis von Chlorophyll, Liebigs Annalen der Chemie 537, 170–177, 1939.
Fischer, Hans, Synthese des Hämins, Die Naturwissenschaften 17, 611–617, 1929.
Fischer, Klaus, Der quantitative Beitrag der nach 1933 emigrierten Naturwissenschaftler zur deutschsprachigen physikalischen Forschung, Berichte zur Wissenschaftsgeschichte 11, 1988, S. 83–104.
Ders., Die Emigration von Wissenschaftlern nach 1933, Vierteljahreshefte für Zeitgeschichte 4, 535–549, 1991.
Fischer, Martin H., Wolfgang Ostwalds Weg zur Kolloidchemie, Kolloid-Zs 145, 1–2, 1956.
Florkin, Marcel, A History of Biochemistry, Amsterdam, London 1972: Elsevier (5 Parts).
Fodor, Andor, Researches on the Chemical Structure of Proteins and the Actions of Proteinases, Jerusalem 1939.
Ders., Kolloidchemische Grundlagen der Fermentkinetik, Kolloid-Zs 27, 242–249, 1920.
Fölsing, Albrecht, Albert Einstein, Frankfurt (M) 1993: Suhrkamp.
Förster, Herbert und Lutz Wiese, Untersuchungen über die Kopulierfähigkeit von Chlamydomonas eugametos, Zs. f. Naturforschung 9b, 470–471; 548–550, 1954.
Forman, Paul, Molecular Beam Measurements of Nuclear Moments before Magnetic Resonance. Part I: I. Rabi and Deflecting Magnets to 1938, Annals of Science 55, 111–160, 1998.
Fowler, Glenn, Dr. Arnold Weissberger Dies; Chemist for Eastman Kodak, New York Times, 7. September 1984, A 16.
Franke, Wilhelm H., Neuere Erkenntnisse zum Stoffwechsel der Mikroorganismen, Die Chemie (Angewandte Chemie) 56, 55–60, 1943
Ders., H. Wielands Arbeiten zum Mechanismus der biologischen Oxydation, Die Naturwissenschaften 30, 342–351, 1942.
Freudenberg, Karl und Emil Braun, Methylcellulose, Liebigs Annalen der Chemie 460, 288–306, 1928.
Freudenberg, Karl und H. Richtzenhain, Enzymatische Versuche zur Entstehung des Lignins, Ber. Dtsch. Chem. Ges. 76, 997–1006, 1943.
Freudenberg, Karl und Theodor Wegmann, Der Schwefel des Insulins, Hoppe Seyler's Zs. f. physiol. Chemie 233, 159–171, 1935.
Freudenberg, Karl, Hans Walch und H. Molter, Die Trennung von Zuckern, Aminozuckern und Aminosäuren. Anwendung auf die Blutgruppensubstanz, Die Naturwissenschaften 30, 87, 1942.

Freudenberg, Karl, »Buchbesprechungen«: Meyer, K. H. und H. Mark: Hochpolymere Chemie. Ein Lehr- und Handbuch für Chemiker und Biologen. Bd. I. H. Mark: Allgemeine Grundlagen der hochpolymeren Chemie, Leipzig 1940, Die Naturwissenschaften 28, 579, 1940.

Ders., Lignin: Its Constitution and Formation from p-Hydroxycinnamyl Alcohols, Science 148, 595–600, 1965.

Ders., Zur Kenntnis der Cellulose, Ber. Dtsch. Chem. Ges. 54, 767–772, 1921.

Ders., Lebenserinnerungen, unveröff. Manuskript im Firmenarchiv Carl Freudenberg, o. Dat., Weinheim.

Friedlander, Saul, Nazi Germany and the Jews, Vol. 1, New York 1997: HarperCollins.

Friedrich-Freksa, Hans, Georg Melchers und Gerhard Schramm, Biologischer, chemischer und serologischer Vergleich zweier Parallelmutanten phytopathogener Viren mit ihren Ausgangsformen, Biol. Zentralbl. 65, 187–222, 1946.

Frucht, Adolf-Henning und Joachim Zepelin, »Die Tragik der verschmähten Liebe«. Die Geschichte des deutsch-jüdischen Physikochemikers und preußischen Professors Fritz Haber, in: Ernst Peter Fischer, Mannheimer Forum 1994/95, München 1995: Piper, S. 63–111.

Fruton, Joseph S., Contrasts in Scientific Style, Philadelphia 1990: American Philosophical Society.

Ders., Molecules and life. Historical Essays on the Interplay of Chemistry and Biology, New York, London 1972: Wiley-Interscience.

Ders., Proteins, Enzymes, Genes. The Interplay of Chemistry and Biology, New Haven and London 1999: Yale University Press.

Ders., The Synthesis of Peptides, Advances in Protein Chemistry 5, 1–82, 1949.

Gasman, Daniel, The Scientific Origins of National Socialism: Social Darwinism in Ernst Haeckel and the German Monist League, New York 1971: American Elsevier.

Gavroglu, Kostas, Fritz London, A Scientific Biography, Cambridge Univ. Press 1995.

Geiger, I., Gerhart Harrer und K. Rotter, Das Vorkommen von Abwehrproteinasen im Liquor cerebrospinalis, Zs. f. Vitamin-, Hormon- und Fermentforschung 3, 1–12, 1949/50.

Gellermann, Günther, Der Krieg, der nicht stattfand, Koblenz 1986: Bernard & Graefe.

Gerwin, Robert (Hrsg.), Wie die Zukunft Wurzeln schlug. Aus der Forschung der Bundesrepublik Deutschland, Berlin, Heidelberg, New York, 1989: Springer

Gerstengarbe, Sybille und Heidrun Hallmann, Die Festsitzungen der Leopoldina unter Abderhaldens Präsidentschaft, Jahrbuch 1994 der Leopoldina, Leopoldina 40, 455–478, 1995.

Gerstengarbe, Sybille, Die Leopoldina und ihre jüdischen Mitglieder im Dritten Reich, Jahrbuch 1993 der Deutschen Akademie der Naturforscher Leopoldina, Leopoldina (R. 3) 39, 363–410, 1994.

Gierer, Alfred und Hans Meinhardt, A Theory of Biological Pattern Formation, Kybernetik 12, 30–39, 1972.

Gill, Manfred und Peter Löhnert, Jüdische Chemiker aus Dessau in der Filmfabrik Wolfen, Schriftenreihe der Moses-Mendelssohn-Gesellschaft e. V., Dessau 1997.

Ginsburg, David, Ernst David Bergmann, Israel J. Chemistry 1, 323–350, 1963.

Glum, Friedrich, Zwischen Wissenschaft, Wirtschaft und Politik. Erlebtes und Erdachtes in vier Reichen, Bonn 1964.

Goldman, Alvin I., Knowledge in a Social World, Oxford 1999: Oxford University Press.

Goldstein, Avram, Otto Krayer. October 22, 1899 – March 18, 1982, Biographical Memoirs, Nat. Acad. of Sciences Vol. 57, New York 1987, S. 151–225.
Goudsmit, Samuel A., Alsos, Third ed., Woodbury 1996: American Institute of Physics Press.
Grassmann, Wolfgang, Handbuch der Biochemie des Menschen und der Tiere, Jena 1933.
Grassmann, Wolfgang, L. Zechmeister, G. Tóth und R. Bender, Über den enzymatischen Abbau der Cellulose und ihrer Spaltprodukte, Liebigs Annalen der Chemie 503, 167–179, 1932.
Grüttner, Michael, Studenten im Dritten Reich, Paderborn 1995: Schöningh.

Hahn, Otto, Mein Leben, München 1968: Bruckmann.
Ders., Zur Erinnerung an die Haber-Gedächtnisfeier vor 25 Jahren am 29. Januar 1935 im Harnack-Haus in Berlin-Dahlem, Mitteilungen aus der MPG 1, S. 3–13, 1960.
Hammerstein, Notker, Die Deutsche Forschungsgemeinschaft in der Weimarer Republik und im Dritten Reich. Wissenschaftspolitik in Republik und Diktatur, München 1999: Beck.
Hammarsten, Einar, Zur Kenntnis der biologischen Bedeutung der Nukleinsäureverbindungen, Biochemische Zs. 144, 383–466, 1924.
Ders., Eine »gekoppelte« Nucleinsäure aus Pancreas, Hoppe-Seyler's Zs. f. physiol. Chemie 109, 141–165, 1920.
Hamm-Brücher, Hildegard und G. Freise in: Chemiker im Gespräch: Erinnerungen an Heinrich Wieland, Chemie in unserer Zeit 11, 143–149, 1977.
Hanack, Michael, Walter Hückel 1895–1973, Chem. Berichte 113, I- XXVIII, 1980.
Harrer, Gerhart und K. Rotter, Über die Durchführbarkeit der Abderhalden'schen Reaktion unter Feldverhältnissen, Fermentforschung 17, 224–227, 1942–1945.
Harrer, Gerhart, Die Abwehrproteinasen (1939–1945), Zs. f. Vitamin-, Hormon- und Fermentforschung 1, 484–503, 1947.
Hartshorne, Edsall Y., The German Universities and National Socialism, London 1937: Unwin Brothers Ltd.
Hauser, Ernst A., The History of Colloid Science, J. chem. Education 32, 2–9, 1955.
Havemann, Robert, Fragen, Antworten, Fragen. Aus der Biographie eines deutschen Marxisten, Neuausgabe München 1990: Piper.
Hayes, Peter, Industry and Ideology. IG Farben in the Nazi era, Cambridge 1987: Cambridge University Press.
Helferich, Burckhardt, Wer ist's? Gerhard Schrader, Nachrichten für Chemie und Technik 4, 286, 1956.
Heese, Wolfgang, Zwischen »Schulmedizin« und Naturheilkunde: Emil Abderhalden (1877–1950) als Abgeordneter in der Verfassunggebenden Preußischen Nationalversammlung, Leopoldina (R. 3) 24, 1978, 133–176 (Halle 1981).
Heisenberg, Werner, Der Teil und das Ganze, München 1969: Piper.
Ders., Heutige Aufgaben und Probleme bei der Förderung wissenschaftlicher Forschung in Deutschland, Universitas 19, 1009–1022, 1964.
Hellmann, Hans und Wilhelm Jost, Zum Verständnis der »chemischen Kräfte« nach der Quantenmechanik, Zs. f. Elektrochemie und angewandte physikalische Chemie 40, 806–814, 1934.
Hellmann, Hans, Einführung in die Quantenchemie, Leipzig und Wien 1937: Deuticke-Verlag.
Hess, Kurt, Die Chemie der Cellulose, Leipzig 1928.

Hesse, Gerhard, Ein halbes Jahrhundert Ionenreaktionen in der organischen Chemie. Hans Meerwein zum 70. Geburtstag am 20. Mai 1949, Angewandte Chemie 61, 161–168.
Herzog, Reginald O., Über den Feinbau der Faserstoffe, Die Naturwissenschaften 12, 955–960, 1924.
Hevesy, George de, The Absorption and Translocation of Lead by Plants. A Contribution to the Application of the Method of Radioactive Indicators in the Investigation of the Change of Substance in Plants, Biochemical Journal 17, 439–445, 1923.
Hill, Archibald V., International Status and Obligations of Science, Nature 23, 952–954, 1933.
Hillmann, Günther, Über die Fluorescenzreaktion des o-Diacetylbenzol mit Eiweiß und Eiweißabbauprodukten und ihre Anwendung auf die Abderhaldensche Abwehrferment-reaktion, Hoppe-Seyler's Zs. f. physiol. Chemie 277, 222–232, 1943.
Hinsberg, Karl und Beate Schleinzer, Über die Anreicherung und Spaltung der Abderhaldenschen Abwehrfermente bei Carcinomkranken, Zs. f. Krebsforschung 53, 34–46, 1943.
Hinsberg, Karl, Einige technische Bemerkungen zur Abderhaldenschen Abwehrferment-reaktion (A.-R.), Fermentforschung 16, 335–338, 1942.
Höxtermann, Ekkehard, Otto Meyerhof, in: Bedeutende Juden in Niedersachsen, Landeszentrale für politische Bildung 1964.
Höxtermann, Ekkehard und Ulrich Sucker: Otto Warburg, Leipzig 1989: Teubner Verlagsges.
Hoffmann, Dieter, Das Verhältnis der Akademie zu Republik und Diktatur. Max Planck als Sekretar. In: Wolfram Fischer (Hrsg.), Die Preußische Akademie der Wissenschaften zu Berlin 1914–1945, Berlin 2000: Akademie-Verlag.
Ders., (Hrsg.), Operation Epsilon. Die Farm-Hall-Protokolle oder die Angst der Alliierten vor der deutschen Atombombe, Berlin 1993: Rowohlt.
Ders., Robert Havemann – eine deutsche Biographie, Nachwort zu Havemann, Fragen, Antworten, Fragen. Aus der Biographie eines deutschen Marxisten, Neuausgabe München 1990: Piper.
Hoffmann, Roald, Old Wine, New Flasks. Reflections on Science and Jewish Tradition, New York 1997: Freeman and Co.
Ders., The Same and not the Same, New York 1995: Columbia Univ. Press; in deutscher Übersetzung: Sein und Schein. Reflexionen über die Chemie, Wiley-VCH.
Hofmeister, Franz, Ergebnisse der Physiologie 1, 759, 1902.
Hollinger, David, Science, Jews, and Secular Culture, Studies in Mid-Twentieth-Century American Intellectual History, Princeton 1996: Princeton University Press.
Holmes, Frederick L., Hans Krebs, Vol. 1: The Formation of a Scientific Life, 1900–1933, Oxford 1991: Oxford University Press; Vol. 2: Architect of Intermediary Metabolism, 1933–1937, Oxford University Press 1993.
Holton, Gerald, Thematic Origins of Scientific Thought, revised ed., Cambridge 1988: Harvard Univ. Press.
Honigmann, Peter, Alexander von Humboldt und die Juden, Anhang zu: Chaim Selig Slonimski, Zur Freiheit bestimmt, Hrsg. Kurt-Jürgen Maaß, Bonn 1997: Bouvier, S. 47–75.
Hopkins, Frederick G. Über die Notwendigkeit von Instituten für physiologische Chemie, Münchner Medizinische Wochenschrift 1586–1587, 1926.
Hubenstorf, Michael, »Aber es kommt mir doch so vor, als ob sie dabei nichts verloren hätten.« In: W. Fischer, K. Hierholzer, M. Hubenstorf, P. Th. Walther und R. Winau, Exodus von Wissenschaftlern aus Berlin, Forschungsbericht 7, Berlin/N. Y. 1994, 296–341: de Gruyter.

Hückel, Erich, Ein Gelehrtenleben. Ernst und Satire, Weinheim 1975: Verlag Chemie.

Ders., in: Chemiker im Gespräch: Erich Hückel, Chemie in unserer Zeit 4, 1970, S. 180–187.

Hückel, Walter, Naturforschung und Medizin in Deutschland 1939–1946, Bd. 34, Theoretische organische Chemie, Einleitung. Berlin 1953.

Husemann, Elfriede und H. Ruska, Die Sichtbarmachung von Molekülen des p-Jodbenzoylglycogens, Die Naturwissenschaften 28, 534, 1940.

Ihde, Aaron J., The Development of Modern Chemistry, New York, Evanston, and London 1964: Harper and Row.

Israels, Han, Der Fall Freud. Die Geburt der Psychoanalyse aus der Lüge, Hamburg 1999: Europäische Verlagsanstalt.

Jaenicke, Johannes, Fritz Haber (1868–1934). Beiträge zu seiner Biographie, Fridericiana – Zeitschrift der Universität Karlsruhe 35, 3–30, 1984.

Jaenicke, Lothar, Wieviel Zufälliges doch in der Entwicklung steckt. Als die Physiologische Chemie zur Molekularbiologie wurde. Kritisches zur Geschichte der biochemischen Forschung, in: Robert Gerwin (ed.), Wie die Zukunft Wurzeln schlug, Berlin, Heidelberg, New York 1989: Springer.

Jaenicke, Walther, 100 Jahre Bunsen-Gesellschaft 1894–1994, Darmstadt 1994: Steinkopff.

Jens, Walter, Eine deutsche Universität. 500 Jahre Tübinger Gelehrtenrepublik, München 1977: Kindler.

Johnson, Jeffrey A., The Kaiser's Chemists. Science and Modernization in Imperial Germany, Chapel Hill 1990: The Univ. of North Carolina Press.

Ders., The Academic-Industrial Symbiosis in German Chemical Research, 1905–1939, in: John E. Lesch (ed.), The German Chemical Industry in the Twentieth Century, Dordrecht 2000: Kluwer Academic Publishers, S. 15–56.

Johnson, Paul, A History of the Jews, New York 1987: Harper and Row.

Kant, Horst, Zur Geschichte der Physik an der Reichsuniversität Straßburg in der Zeit des Zweiten Weltkrieges, Preprint des MPI für Wissenschaftsgeschichte, Berlin 1997.

Kanzow, U. und H. Schulten, Untersuchungen zur Zellulartherapie. 1. Mitteilung: Über den Wert der Abderhaldenschen Abwehrferment-Reaktion für die Praxis. Die Medizinische (Stuttgart) 13, 447–450, 1957

Karlson, Peter, Adolf Butenandt. Biochemiker, Hormonforscher, Wissenschaftspolitiker, Stuttgart 1990: Wissenschaftliche Verlagsgesellschaft.

Ders., Niedergang und neuer Aufstieg der Biochemie, in: Robert Gerwin (Hrsg.), Wie die Zukunft Wurzeln schlug, Berlin, Heidelberg, New York, 1989: Springer, S. 21–30.

Ders., The Rise and Fall of Biochemistry in Berlin 1825–1945, Biol. Chem. Hoppe-Seyler 367, 659–669, 1986.

Ders., Wie und wann entstehen wissenschaftliche Irrtümer, Naturwissenschaftliche Rundschau 39, 380–389, 1986.

Karrer, Paul und Otto Warburg, Jodmethylat des Nicotinsäureamids, Biochemische Zs. 285, 297–298, 1936.

Karrer, Paul, Die polymeren Kohlenhydrate, Leipzig 1925.

Kasten, Frederick, Unethical Nazi Medicine in Annexed Alsace-Lorraine: The Strange Case of Nazi Anatomist Professor Dr. August Hirt, in: George O. Kent, George Mason (eds.), Historians and Archivists: Essays in Modern German History and Archival Policy, Fairfax, Virginia 1991: University Press.

Katz, Bernard, Reminiscences of a Physiologist, 50 Years after, J. Physiology 370, 1–12, 1986.

Kaufmann, Carl, Hans-Aurel Müller, Adolf Butenandt und Hans Friedrich-Freksa, Experimentelle Beiträge zur Bedeutung des Follikelhormons für die Carcinomentstehung, Zs. f. Krebsforschung 56, 482–542, 1949

Klee, Ernst, Auschwitz, die NS-Medizin und ihre Opfer, Frankfurt 1997: Fischer.

Kleinkauf, Horst, Hans von Döhren und Lothar Jaenicke, The Roots of Modern Biochemistry. Fritz Lipmann's Squiggle and its Consequences, Berlin/NY. 1988: de Gruyter.

Klemperer, Victor, Ich will Zeugnis ablegen bis zum letzten. Tagebücher 1933–1941, Berlin 1995: Aufbau-Verlag.

Klenk, Ernst, Beiträge zur Chemie der Lipoidosen, Zs. f. physiol. Chem. 267, 128–144, 1941.

Ders., Über die höheren Aldehyde der Acetalphosphatide des Gehirns, Zs. f. physiol. Chem. 282, 1945, 18–21, 1945.

Klenk, Ernst und F. Rennkamp, Über die Reindarstellung von Sphingomyelin aus Gehirn, Zs. f. physiol. Chem. 267, 145, 1941.

Knoop, Franz, Der Abbau aromatischer Fettsäuren im Tierkörper, Beiträge zur chemischen Physiologie und Pathologie 6, 150–162, 1904.

Ders., Was wird aus der physiologischen Chemie in Deutschland, Münchner Medizinische Wochenschrift 76, 206–207, 1929.

Knorr-Cetina, Karin, Die Fabrikation von Erkenntnis, Frankfurt 1991: Suhrkamp.

Kögl, Fritz und Hanni Erxleben, Zur Ätiologie der malignen Tumoren. 1. Mitteilung über die Chemie der Tumoren, Hoppe-Seyler's Zs. f. physiol. Chemie 258, 57–95, 1939.

Kögl, Fritz, H. Herken und Hanni Erxleben, Über die Sonderstellung der d-Glutaminsäure bei Versuchen mit d-Aminosäureoxydase, Hoppe-Seyler's Zs. f. physiol. Chemie 264, 220–239, 1940.

Köhler, Otto, … und heute die ganze Welt. Die Geschichte der IG Farben und ihrer Väter. Hamburg, Zürich 1980: Rasch und Röhrig.

Kohler, Robert E., The History of Biochemistry: A Survey, J. History of Biology 8, 276–318, 1975.

Ders., The Origins of G. N. Lewis's Theory of the Shared Bond, Historical Studies in the Physical Sciences 3, 343–376, 1971.

Ders., From Medical Chemistry to Biochemistry. The Making of a Biomedical Discipline, Cambridge 1982: Cambridge University Press.

Ders., Rudolf Schoenheimer, Isotopic Tracers, and Biochemistry in the 1930's, Historical Studies in the Physical Sciences 8, 257–298, 1977.

Ders., The History of Biochemistry: A Survey, J. History of Biology 8, 276–318, 1975.

Kornberg, Arthur, For the Love of Enzymes, Cambridge 1991: Harvard University Press.

Krafft, Fritz, Im Schatten der Sensation. Leben und Wirken von Fritz Straßmann, Weinheim 1981: Verlag Chemie.

Kratky, Otto, Die Berechnung von Dimensionen kolloidaler Teilchen aus den unter kleinsten Winkeln abgebeugten Röntgenstrahlen, Die Naturwissenschaften 39, 542–543, 1942.

Kratky, Otto und A. Sekora, Bestimmung von Form und Größe gelöster Teilchen aus den unter kleinen Winkeln diffus abgebeugten Röntgenstrahlen, Die Naturwissenschaften 31, 46–47, 1943.

Kratky, Otto, A. Sekora und Hans H. Weber, Neue Kleinwinkelinterferenzen bei Myosin, Die Naturwissenschaften 31, 91, 1943.

Krebs, Hans Adolf, Otto Warburg, Stuttgart 1979.

Ders., Reminiscences and Reflections, Oxford 1981: Clarendon Press.

Ders., Wie ich aus Deutschland vertrieben wurde. Dokumente mit Kommentaren, Medizinhistorisches Journal 15 (1980), 357–377.

Krebs, Hans Adolf und Kurt Henseleit, Untersuchungen über die Harnstoffbildung im Tierkörper, Hoppe-Seyler's Zs. f. physiol. Chemie 210, 33–66, 1932.

Krebs, Hans Adolf und William Arthur Johnson, The Role of Citric Acid in Intermediate Metabolism in Animal Tissues, Enzymologia 4, 148–156, 1937.

Krebs, Hans und Fritz Lipmann, Dahlem in the Late Nineteen Twenties, in Horst Kleinkauf, Hans von Döhren und Lothar Jaenicke, The Roots of Modern Biochemistry. Fritz Lipmann's Squiggle and its Consequences, Berlin/NY 1988: de Gruyter.

Kröner, Hans-Peter, Beitrag »Medizin« im Handbuch der deutschsprachigen Emigration 1933–1945 (Hrsg. Claus Dieter Krohn, Patrik von zur Mühlen, Gerhard Paul und Lutz Winkler), Darmstadt 1998: Wissenschaftliche Buchgesellschaft, S. 782–791.

Krohn, Claus Dieter, Patrik von zur Mühlen, Gerhard Paul und Lutz Winkler (Hrsg.), Handbuch der deutschsprachigen Emigration 1933–1945, Darmstadt 1998: Wissenschaftliche Buchgesellschaft.

Krüll, C., »Die Kontroverse Haber-Staudinger um den Einsatz chemischer Waffen im 1. Weltkrieg«, Nachrichtenblatt der deutschen Gesellschaft für Geschichte der Medizin, Naturwissenschaft und Technik e. V. 27 (1977).

Kuhn, Richard, Vitamine und Arzneimittel, Die Chemie (Angewandte Chemie) 55, 1–6, 1942.

Kuhn, Richard und Edgar Lederer, Fraktionierung und Isomerisierung des Carotins, Die Naturwissenschaften 19, 306, 1931.

Kuhn, Richard und Edgar Lederer, Zerlegung des Carotins in seine Komponenten. (Über das Vitamin des Wachstums, I. Mitteil.), Ber. Dtsch. Chem. Ges. 64, 1349–1357, 1931.

Kuhn, Richard, Franz Moewus und Dietrich Jerchel, Über die chemische Natur der Stoffe, welche die Kopulation der männlichen und weiblichen Gameten von Chlamydomonas eugametos im Lichte bewirken, Ber. Dtsch. Chem. Ges. 71, 1541–1547, 1938.

Kuhn, Richard, Franz Moewus und G. Wendt, Über die geschlechtsbestimmenden Stoffe einer Grünalge, Ber. Dtsch. Chem. Ges. 72, 1702–1707, 1939.

Kuhn, Richard und Irmentraut Löw, Über Flavonolglycoside von *Forsythia* und über Inhaltsstoffe von *Chlamydomonas*, Ber. Dtsch. Chem. Ges. 93, 1009–1010, 1960.

Kuhn, Richard, Kurt Westphal, Gerhard Wendt und Otto Westphal, Synthese des Adermins, Die Naturwissenschaften 27, 469, 1939.

Kuhn, Richard, Paul György und Theodor Wagner-Jauregg, Das Vitamin B_2, Die Naturwissenschaften 21, 560–561, 1933.

Dies., Über Lactoflavin, den Farbstoff der Molke, Ber. Dtsch. Chem. Ges. 66, 1034–1038, 1933.

Kuhn, Richard und Friedrich Weygand, Synthetisches Vitamin B_2, Ber. Dtsch. Chem. Ges. 67, 2084–2085, 1934.

Kuhn, Richard und G. Wendt, Über das aus Reiskleie und Hefe isolierte Adermin (Vitamin B_6), Ber. Dtsch. Chem. Ges. 71, 1118, 1938.
Kuhn, Richard und Hermann Rudy, Synthetische Vitamin B_2_Phosphorsäure, Ber. Dtsch. Chem. Ges. 68, 383–385, 1935.
Kuhn, Richard und Klaus Schwarz, Isolierung des Wuchsstoffes H´ aus Hefe, Ber. Dtsch. Chem. Ges. 74, 1617–1624, 1941.
Kuhn, Richard und Rudolf Ströbele, Über Verdo-, Chloro- und Rhodo-flavine, Ber. Dtsch. Chem. Ges. 70, 753–760, 1937.
Kuhn, Richard und Theodor Wieland, Krystallisiertes Chininsalz der Pantothensäure; Synthese und Spaltung des Racemates in die Antipoden, Ber. Dtsch. Chem. Ges. 73, 971–975, 1134, 1940.
Kuhn, Richard, Franz Moewus und Irmentraut Löw, Über die pflanzenphysiologische Spezifität von Quercetinderivaten, Ber. Dtsch. Chem. Ges. 77, 219–220, 1944.
Kuhn, Richard, Leonhard Birkofer und Ernst Friedrich Möller, Salicil, Ber. Dtsch. Chem. Ges. 76, 901–904, 1943.
Kuhn, Werner, Über die Gestalt fadenförmiger Moleküle in Lösungen, Kolloid-Zs. 68, 2–15, 1934.
Kunz, Rudibert und Rolf-Dieter Müller, Wie Hitler das ABC der Massenvernichtungswaffen buchstabierte, Die Zeit 43, 20.10.1989, S. 57–58.

Landsteiner, Karl, Über einige neuere Ergebnisse der Serologie, Die Naturwissenschaften 18, 653–659, 1930.
Lang, Anton, Elisabeth Schiemann – Life and Career of a Woman Scientist in Berlin, Englera 7, 17–28, 1987.
Laue, Max von, Nachruf auf Arnold Berliner, in: Die Naturwissenschaften 33, 1946, S. 17–18.
Laue, Max von, Vierzig-Jahrfeier des Kaiser Wilhelm-Instituts für Physikalische Chemie und Elektrochemie in Berlin-Dahlem, Mitteilungen aus der MPG 5, 38–42, 1953.
Lehmann, Ernst, Die Biologie an der Zeitenwende, Der Biologe 4, 1935, S. 375–381.
Leibowitz, Yeshayahu, Human Values, and the Jewish State, ed. by Eliezer Goldman, Cambridge 1992: Harvard Univ. Press.
Lesch, John E., Chemistry and Biomedicine in an Industrial Setting: The Invention of the Sulfa Drug. In: Seymour H. Mauskopf (ed.), Chemical Sciences in the Modern World. Philadelphia 1993: Univ. of Pennsylvania Press, S. 158–215.
Lettré, Hans, Isomorphie, partielle Racemie und physiologische Spezifitätserscheinungen, Ergebnisse der Enzymforschung 9, 1–34, 1943.
Lettré, Hans und R. Haas, Über chemisch markierte Antigene I, Hoppe-Seyler's Zs. f. physiol. Chemie 266, 31, 1940.
Lettré, Hans, K. Buchholz und M. E. Fernholz, Über chemisch markierte Antigene III, Hoppe-Seyler's Zs. f. physiol. Chemie 267, 108–116, 1941.
Levene, Phoebus A. und Erik Jorpe, A Method of Separation of Ribopolynucleotides from Thymonucleic Acid and on the Conditions for a Quantitative Separation of the Purine Bases from the Ribopolynucleotides, Journal of Biological Chemistry 86, 1930, 389–401, 1930.
Levene, Phoebus A. und Lawrence W. Bass, Nucleic Acids, New York 1931: The Chemical Catalog Company, Inc.
Levi, Hilde, George de Hevesy. Life and Work, Bristol 1985: Adam Hilger Ltd.
Levi, Primo, Die Untergegangenen und die Geretteten, München 1990: Carl Hanser.

Ders., Das periodische System, 4. Aufl. München 1999: dtv.
Lewis, Gilbert N., Valence and the Structure of Atoms and Molecules, New York 1923.
Lieser, Theodor und Hans Swiatkowski, Zur Kenntnis der Kohlenhydrate. XII. Über die Reaktionsweise der in Kupferoxyd-ammoniak gelösten Cellulose, Liebigs Annalen der Chemie 538, 110–119, 1939 und ibid. 548, 195, 1941.
Lipmann, Fritz, Metabolic Generation and Utilization of Phosphate Bond Energy, Advances in Enzymology 1, 100–162, 1941.
Ders., Coupling between Pyruvic Acid Dehydrogenation and Adenylic Acid Phosphorylation, Nature 143, 281, 1939.
Ders., Role of Phosphate in Pyruvic Acid Dehydrogenation, Nature 144, 381–382, 1939.
Ders., Wanderings of a Biochemist, New York 1971: John Wiley and Sons, Inc.
Litten, Freddy, Der Rücktritt Richard Willstätters 1924/25 und seine Hintergründe, München 1999, Algorismus: Studien zur Geschichte der Mathematik und Naturwissenschaften, Heft 32.
Loeb, Jacques, Das Leben. Leipzig 1911: Kröner Verlag.
Ders., Die Erklärung für das kolloidale Verhalten der Eiweißkörper, Die Naturwissenschaften 11, 213–221, 1923.
Lohmann, Karl, Über die enzymatische Aufspaltung der Kreatinphosphorsäure, zugleich ein Beitrag zum Chemismus der Muskelkontraktion, Biochemische Z. 271, 264–277, 1934.
Ders., Über die Pyrophosphatfraktion im Muskel, Die Naturwissenschaften 17, 624–625, 1929.
Lottermoser, Alfred, Wolfgang Ostwald 60 Jahre alt, Kolloid-Zs. 103, 89–94, 1943.
Lowenstein, Steven M., Der jüdische Anteil an der deutschen Kultur, in: S. Lowenstein, P. Mendes-Flohr, P. Pulzer und M. Richarz (Hrsg.), Deutsch-jüdische Geschichte in der Neuzeit. Dritter Band, München 1997: Beck-Verlag, S. 302–332.
Lowenstein, Steven M., P. Mendes-Flohr, P. Pulzer und M. Richarz (Hrsg.), Deutschjüdische Geschichte in der Neuzeit, Band III: Umstrittene Integration 1871–1918, München 1997: Beck-Verlag.
Lundsgaard, Einar, Untersuchungen über Muskelkontraktionen ohne Milchsäurebildung, Biochemische Z. 217, 162–177, 1930.
Ders., Untersuchungen über Muskelkontraktionen ohne Milchsäurebildung, Biochemische Z. 227, 51–83, 1930.
Lutz, Ralph, Fall of the German Empire 1914–1918, Vol. 1, New York 1969: Octagon Books.
Lynen, Feodor und Nevhiz Neciullah, Zum Abbau von Bernsteinsäure, Äpfelsäure und Citronensäure durch Hefe, Liebigs Annalen der Chemie 541, 203–218, 1939.

Macrakis, Kristie, Surviving the Swastika, Scientific Research in Nazi Germany, New York, Oxford 1993: Oxford University Press.
Mainx, Felix, Besprechung von F. Möwus, Methodik und Nachträge zu den Kreuzungen zwischen Polytoma-Arten und zwischen Protosiphon-Rassen, Zs. f. Botanik 32, 526, 1938.
Ders., Besprechung von F. Möwus, Über die Vererbung des Geschlechts bei Polytoma Pascheri, Zs. f. Botanik 30, 285–287, 1937.
Mall, Gerhard und Theodor Bersin, Die Darstellung krystallisierter »Abwehrproteinasen« aus Harn und Serum I, Hoppe-Seyler's Zs. f. physiol. Chemie 268, 129–162, 1941.

Mann, Thomas, Reden und Aufsätze 4, Gesammelte Werke Bd. XII, Frankfurt 1974: S. Fischer-Verlag.

Mark, Herman, Oral History, Transcript of interviews conducted by James J. Bohning and Jeffrey Sturchio at Polytechnic University on 3 February, 17 March and 20 June 1986: The Beckman Center for the History of Chemistry.

Mark, Herman, From Small Organic Molecules to Large: A Century of Progress. Washington, D. C. 1993: American Chemical Society.

Ders., Über die röntgenographische Ermittlung der Struktur organischer besonders hochmolekularer Substanzen, Ber. Dtsch. Chem. Ges. 59, 1926, 2982–3000, 1926.

Martius, Carl und Franz Knoop, Der physiologische Abbau der Citronensäure. Vorläufige Mitteilung, Hoppe-Seyler's Zs. f. physiol. Chemie 246, I, Einschub zwischen S. 114 und 115, 1937.

Martius, Carl, Über den Abbau der Citronensäure, Hoppe-Seyler's Zs. f. physiol. Chemie 247, 104–110, 1937.

Mehrtens, Herbert und Steffen Richter (Hrsg.), Naturwissenschaft, Technik und NS-Ideologie, Frankfurt 1980: Suhrkamp.

Mehrtens, Herbert, Irresponsible Purity: The Political and Moral Structure of Mathematical Sciences in the National Socialist State, in: M. Renneberg und M. Walker (Hrsg.), Science, Technology, and National Socialism, Cambridge 1994: Cambridge Univ. Press. S. 324–338.

Ders., Kollaborationsverhältnisse: Natur- und Technikwissenschaften im NS-Staat und ihre Historie, in: C. Meinel und P. Voswinckel (Hrsg.), Medizin, Naturwissenschaft, Technik und Nationalsozialismus. Kontinuitäten und Diskontinuitäten, Stuttgart 1994: Verlag für Geschichte der Naturwissenschaften und der Technik, S. 13–32.

Meinel, Christoph und Peter Voswinckel (Hrsg.), Medizin, Naturwissenschaft, Technik und Nationalsozialismus. Kontinuitäten und Diskontinuitäten, Stuttgart 1994: Verlag für Geschichte der Naturwissenschaften und der Technik.

Meinhardt, Hans, The Algorithmic Beauty of Sea Shells, Berlin, New York 1975: Springer.

Mendelsohn, Kurt, Walther Nernst und seine Zeit. Aufstieg und Niedergang der deutschen Naturwissenschaften, Weinheim 1973: Physikverlag.

Merton, Robert K., The Puritan Spur to Science, in: R. K. Merton, The Sociology of Science. Theoretical and Empirical Investigations, Chicago 1973: The University of Chicago Press, S. 228–253.

Ders., The Sociology of Science. Theoretical and Empirical Investigations, 1973: The University of Chicago Press.

Meyer, Kurt H. und Hermann Mark, Hochpolymere Chemie. Band I: H. Mark, Allgemeine Grundlagen. Leipzig 1940.

Dies., Über den Bau des krystallisierten Anteils der Cellulose, Ber. Dtsch. Chem. Ges. 61, 593–614, 1928.

Meyer, Kurt, Neue Wege in der organischen Strukturlehre und in der Erforschung hochpolymerer Verbindungen, Angewandte Chemie 41, 935–946, 1928.

Meyerhof, Otto und Karl Lohmann, Über die Energetik der anaeroben Phosphagensynthese (»Kreatinphosphorsäure«) in Muskelextrakt, Die Naturwissenschaften 19, 575–576, 1931.

Meyerhof, Otto, Paul Ohlmeyer und W. Möhle, Über die Kopplung zwischen Oxydoreduktion und Phosphatveresterung bei der anaeroben Kohlenhydratspaltung, Biochemische Zs. 297, 90–112, 1938.

X Meyerhof, Otto, Betrachtungen über die naturphilosophischen Grundlagen der Physiologie, Abhandlungen der Fries'schen Schule Bd. 6, Berlin 1933: Verlag Neues Leben, S. 37–66. Ein Auszug wurde abgedruckt in: Die Naturwissenschaften 22, 311–314, 1934.

Ders., Über Goethes Methode der Naturforschung, Brooklyn 1950: Brooklyn Medical Press, reprinted from Proceedings of the Rudolf Virchow Medical Society VII, 1950, New York.

Michaelis, Anthony R., Wiederanfang nach Krieg und Zusammenbruch, in: Robert Gerwin (Hrsg.), Wie die Zukunft Wurzeln schlug, Berlin, Heidelberg, New York, 1989: Springer, S. 11–19.

Michaelis, Leonor und Maud L. Menten, Die Kinetik der Invertinwirkung, Biochemische Zs. 49, 333–369, 1913.

Michaelis, Leonor und L. v. Lagermarck, Die Abderhaldensche Schwangerschaftsdiagnose, Deutsche Medizinische Wochenschrift Nr. 7, 1914, 316–319.

Micheel, Fritz und G. Bode, Über das Neurotoxin aus Cobragift, Die Naturwissenschaften 26, 289–300, 1938.

Mirsky, A. E. und Linus Pauling, On the Problem of Native, Denatured, and Coagulated Proteins, PNAS (Washington) 22, 439–447, 1936.

Möller, E. F., Das Wuchsstoffsystem der Milchsäurebakterien, Hoppe-Seyler's Zs. f. physiol. Chemie 260, 246–256, 1939.

Morange, Michel, A History of Molecular Biology, Cambridge 1998: Harvard Univ. Press.

Morawetz, Herbert, Herman Mark, Life and Accomplishments, Macromol. Symp. 98, 1173–1184, 1995.

Morris, Peter J. T., Polymer Pioneers. A Popular History of the Science and Technology of Large Molecules, Philadelphia 1986: Center for History of Chemistry.

Ders., The Development of Acetylene Chemistry and Synthetic Rubber by I. G. Farbenindustrie Aktiengesellschaft 1926–1945, Doctoral Thesis, University of Oxford 1982.

Ders., The American Rubber Research Program, Philadelphia 1989: Univ. of Pennsylvania Press.

Müller, Rolf-Dieter, Die deutschen Gaskriegsvorbereitungen 1919–1945, Militärgeschichtliche Mitteilungen 1, 25–54, 1980.

Müller-Hill, Benno, Tödliche Wissenschaft. Die Aussonderung von Juden, Zigeunern und Geisteskranken 1933–1945, Reinbek 1984: Verlag Rowohlt.

Ders., Das Blut von Auschwitz und das Schweigen der Gelehrten, in: Doris Kaufmann (Hrsg.), Geschichte der Kaiser-Wilhelm-Gesellschaft im Nationalsozialismus Bd. 1, 2000, Wallstein Verlag, S. 189–227.

Nachmansohn, David, Die große Ära der Wissenschaft in Deutschland 1900 bis 1933. Jüdische und nichtjüdische Pioniere in der Atomphysik, Chemie und Biochemie, aus dem Englischen, überarbeitet und erweitert von Professor Dr. Roswitha Schmid, Stuttgart 1988: Wissenschaftliche Verlagsgesellschaft.

Nachmansohn, David, Severo Ochoa und Fritz A. Lipmann, Otto Meyerhof. April 12, 1884–October 6, 1951 (Reprinted from Science, Vol. 115, April 4, 1952), Biographical Memoirs, Nat. Acad. of Sciences Vol. 34, New York, 153–182, 1960.

Naturforschung und Medizin in Deutschland 1939–1946; Für Deutschland bestimmte Ausgabe der FIAT-Review of German Science; Wiesbaden: Dieterich'sche Verlagsbuchhandlung (bis auf Band 34, 35, 40–42). Band 23: Anorganische Chemie, Teil I, Hrsg.

Wilhelm Klemm, April 1949. Band 24: Anorganische Chemie, Teil II, Hrsg. Wilhelm Klemm, Oktober 1948. Band 25: Anorganische Chemie, Teil III, Hrsg. Wilhelm Klemm. Band 26: Anorganische Chemie, Teil IV, Hrsg. Wilhelm Klemm, Januar 1949. Band 27: Anorganische Chemie, Teil V, Hrsg. Wilhelm Klemm, Dezember 1948. Band 28: Anorganische Chemie, Teil VI, Hrsg. Wilhelm Klemm, Juli 1949. Band 29: Analytische Chemie, Hrsg. Wilhelm Klemm, Oktober 1948. Band 30: Physikalische Chemie, Hrsg. Klaus Clusius, September 1948. Band 31: Allgemeine Metallkunde, Hrsg. Max Hansen, November 1948. Band 32: Metallkunde der Nichteisenmetalle, Teil I, Hrsg. Max Hansen, November 1948. Band 33: Metallkunde der Nichteisenmetalle, Teil II, Hrsg. Max Hansen, November 1948. Band 34: Theoretische Organische Chemie, Teil I, Hrsg. Walter Hückel, Weinheim 1953: Verlag Chemie. Band 35: Theoretische Organische Chemie, Teil II, Hrsg. Walter Hückel, Weinheim 1953: Verlag Chemie. Band 39: Biochemie, Teil I, Hrsg. Richard Kuhn, November 1947. Band 40: Biochemie, Teil II, Hrsg. Richard Kuhn, Weinheim 1953: Verlag Chemie. Band 41: Biochemie, Teil III, Hrsg. Richard Kuhn, Weinheim 1953: Verlag Chemie. Band 42: Biochemie, Teil IV, Hrsg. Richard Kuhn, Weinheim 1953: Verlag Chemie. Band 43: Chemotherapie, Hrsg. Fritz Schönhöfer, Dezember 1948.

Niehans, Paul, Die Zellulartherapie, München und Berlin 1954: Urban und Schwarzenberg.

Northrop, John, Crystalline Enzymes, New York 1939: Columbia Univ. Press.

Nye, Mary Jo, Philosophies of Chemistry since the Eigtheenth Century. In: Seymour H. Mauskopf (ed.), Chemical Sciences in the Modern World. Philadelphia 1993: Univ. of Pennsylvania Press.

Ochoa, Severo, The Pursuit of a Hobby, Annual Review of Biochemistry 49, 1–30, 1980.

Olby, Robert, DNA before Watson-Crick, Nature 248, 782–785, 1974.

Ders., The Path to the Double Helix. The Discovery of DNA (1974) New York 1994: Dover Publications.

Olff-Nathan, Josiane (ed.), La Science sous le Troisième Reich, Paris 1993: Editions du Seuil.

Ostwald, Grete, Wilhelm Ostwald. Mein Vater, Stuttgart 1953: Berliner Union GmbH.

Ostwald, Wolfgang, Die Welt der vernachlässigten Dimensionen, Dresden und Leipzig 1915: Verlag Th. Steinkopff.

Ders., Kolloide und Ionen, Kolloid-Zs. 32, 1–12, 1923.

Ders., Über den Begriff der „Eukolloide", Kolloid-Zs. 67, 330–333, 1934.

Ders., Über die Erklärung für das kolloide Verhalten der Eiweißkörper, Die Naturwissenschaften 11, 523–525, 1923.

Ott, Hugo, Martin Heidegger. Unterwegs zu einer Biographie, Frankfurt 1992: Campus.

Papineau, David, Science and Truth, Inaugural Lecture, King's College London, London 1992.

Pätau, Klaus, Eine statistische Bemerkung zu Moewus' Arbeit »Die Analyse von 42 erblichen Eigenschaften der Chlamydomonas-eugametos-Gruppe. III.«, Zs. f. induktive Abstammungs- und Vererbungslehre 80, 317–319, 1941.

Pauling, Linus, Fifty Years of Progress in Structural Chemistry and Molecular Biology, Daedalus 99, No. 4 (1970), 988–1014.

Ders., The Nature of the Chemical Bond and the Structure of Molecules and Crystals, London 1939: Cornell Univ. Press.

Perutz, Max, I Wish I'd Made you Angry Earlier: Essays on Science, Scientists, and Humanity, Cold Spring Harbor 1998: Cold Spring Harbor Press.

Peters, H. F., Zarathustras Schwester, München 1983: Kindler.

Philip, Ursula und JBS Haldane, Relative Sexuality in Unicellular Algae, Nature 143, 334, 1939.

Pieroth, Ingrid, Penicillinherstellung. Von den Anfängen zur Großproduktion. Stuttgart 1992: Wissenschaftliche Verlagsanstalt.

Planck, Max, Persönliche Erinnerung aus alten Zeiten, Die Naturwissenschaften 33, 230–235, 1946.

Plötze, E. und H. Person, Die Kristallitorientierung in Fasercellulosen, Zs. physikalische Chem. (B) 45, 193–200, 1940.

Polanyi, Michael, Personal Knowledge. Towards a Post-Critical Philosophy, Chicago 1958: University of Chicago Press.

Ders., The Tacit Dimension, Garden City 1967: Doubleday & Co.

Ders., The Potential Theory of Adsorption, Science 141, 1010–1013, 1963.

Pötsch Winfried R., Annelore Fischer, Wolfgang Müller. Unter Mitarbeit von Heinz Cassebaum, Lexikon bedeutender Chemiker, Bibliographisches Institut Leipzig 1988: VEB Bibliographisches Institut.

Portugal, Franklin H. und Jack S. Cohen, A Century of DNA, Cambridge 1977: The MIT Press.

Preston, David Lawrence, Science, Society, and the German Jew: 1870–1933, Ph. D. University of Illinois 1971.

Priesner, Claus: H. Staudinger, H. Mark, K. H. Meyer. Thesen zur Größe und Struktur der Makromoleküle, Weinheim 1980: Verlag Chemie.

Ders., Hermann Staudinger und die makromolekulare Chemie in Freiburg. Dokumente zur Hochschulpolitik 1925–1955, Chemie in unserer Zeit 21, 151–160, 1987.

Pringsheim, Hans, Abbau und Aufbau der Polysaccharide, Ber. Dtsch. Chem. Ges. 59, 3008–3018, 1926.

Proctor, Robert, The Nazi War on Cancer, Princeton University Press: 1999.

Pulzer, Peter, Jews and the German State. The Political History of a Minority, 1948–1933, Oxford, UK, Cambridge, USA 1992: Blackwell.

Pummerer, Rudolf, Hilde Nielsen und Wolfgang Gündel, Kryoskopische Molekulargewichts-Bestimmung des Kautschuks, Ber. Dtsch. Chem. Ges. 60, 2167–2175, 1927.

Pummerer, Rudolf: Richard Willstätter. Aus meinem Leben, Angewandte Chemie 61, 1949, S. 395.

Rabkin, Yakov M., The Interaction of Scientific and Jewish Cultures: An Historical Overview, in: Yakov Rabkin and Ira Robinson, The Interaction of Scientific and Jewish Cultures in Modern Times, Jewish Studies Vol. 14, Lewinston 1995: The Edwin Mellon Press.

Rasmussen, Charles und Rick Tilman, Jacques Loeb. His Science and Social Activism and Their Philosophical Foundations, Philadelphia 1998: American Philosophical Society.

Reinhardt, Carsten und Anthony Travis, Heinrich Caro and the Creation of Modern Chemical Industry Dordrecht 2000: Kluwer Academic Publishers.

Reinhardt, Carsten, Basic Research in Industry: Two Case Studies at I. G. Farbenindustrie AG in the 1920s and 1930s, in A. S. Travis/H. G. Schröter, E. Homburg, Determinants in the Evolution of the European Chemical Industry, 1900–1939: New Technologies, Political Frameworks, Markets and Companies, Dordrecht 1998: Kluwer.

Ders., Über Wissenschaft und Wirtschaft. Fritz Habers Zusammenarbeit mit der BASF 1908–1911, in: Helmuth Albrecht (Hrsg.), Naturwissenschaft und Technik in der Geschichte, Stuttgart 1993: GNT-Verlag, S. 287–315.

Reiter, Wolfgang L., The Year 1938 and its Consequences for the Sciences in Austria, in: Stadler, Friedrich, Peter Weibel (Hrsg.), Vertreibung der Vernunft. The Cultural Exodus from Austria, Wien/New York 1995, 188–203: Springer-Verlag.

Remane, Horst, Conrad Weygand (1890–1945) – Ein Vertreter der »Deutschen Chemie«, in: Gerhard Pohl (Hrsg.), Naturwissenschaften und Politik. Tagungsband der Vortragstagung der Gesellschaft österreichischer Chemiker an der Universität Innsbruck, 12. und 13. April 1996.

Renner, Otto, Auch etwas über Franz Moewus, *Forsythia* und *Chlamydomonas*, Zs. f. Naturforschung 13b, 399–403, 1958.

Richarz, Monika, Der Eintritt der Juden in die akademischen Berufe, Dissertation Freie Universität Berlin 1970.

Dies., Die Entwicklung der jüdischen Bevölkerung, in: S. Lowenstein, P. Mendes-Flohr, P. Pulzer und M. Richarz (Hrsg.), Deutsch-jüdische Geschichte in der Neuzeit. Dritter Band, München 1997: Beck, S. 13–38.

Richtzenhain, Hermann, Enzymatische Versuche zur Entstehung des Lignins, II. Mitteil.: Die Dehydrierung des 5–Methyl-pyrogallol-1,3–dimethyläthers, Ber. Dtsch. Chem. Ges. 77, 409–417, 1944.

Ritter, Heinrich und Werner Zerweck, Arthur von Weinberg. 1860–1943, Chem. Berichte 89, XIX-XLI, 1956.

Rocke, Alan J., The Quiet Revolution. Hermann Kolbe and the Science of Organic Chemistry, Berkeley/Los Angeles/London 1993: University of California Press.

Rosenfeld, Alvin H., Primo Levi: The Survivor as Victim, in: James S. Pacy and Alan P. Wertheimer (eds.), Perspectives on the Holocaust. Essays in Honor of Raul Hilberg, Boulder, Colorado 1995: Westview Press, S. 123–144.

Rosenheim, Otto und H. King, The Ring-System of Sterols and Bile Acids, J. of the Society of Chemical Industry 51, 464–466, 954–956, 1932.

Rosenheim, Otto und Thomas Arthur Webster, The Parent Substance of Vitamin D, Biochemical Journal 21, 389–397, 1927.

Rotter, K., Beitrag zur therapeutischen Verwendung von Abwehrfermenten, Fermentforschung 17, 340–343, 1942–1945,

Ruske, Walter, 100 Jahre Deutsche Chemische Gesellschaft, Weinheim 1967: Verlag Chemie.

Ryle, A. P., F. Sanger, L. F. Smith, und R. Kital, Biochem. J. 60, 541–556, 1955.

Sachsse, Hans, Fritz Haber 1868–1934, Chemie in unserer Zeit 2, 145–148, 1968.

Saidel, Rochelle G. and Guilherme Ary Plonski, How Scientists Fleeing Nazi Europe Contributed to Brazil's New Universities in 1933–1945. Ibero-Amerikanisches Archiv, 1995.

Dies., Shaping Modern Science and Technology in Brazil. The Contribution of Refugees from National Socialism after 1933. Leo Baeck Institute, Year Book 39, 257–270, 1994.

Sanger, Frederick, The Arrangement of Amino Acids in Proteins, Advances in Protein Chemistry 7, 1–67, 1952.

Santesmases, María Jesús, Severo Ochoa and the Biomedical Sciences in Spain under Franco, 1959–1975, Isis 91, 2000.

Sapp, Ian, Where the Truth Lies. Franz Moewus and the Origins of Molecular Biology, Cambridge 1989: Cambridge Univ. Press.

Schimanski, Michael, Die Tierärztliche Hochschule Hannover im Nationalsozialismus, Dissertation an der Tierärztlichen Hochschule Hannover, Medizinische Fakultät, 1997.

Schmidt, Werner, Leben an Grenzen. Autobiographischer Bericht eines Mediziners aus dunkler Zeit, Frankfurt 1993: Suhrkamp.

Schmidt-Thomé, Josef und Hilke Augustin, Über eine titrimetrische Mikrobestimmung des Cholesterins mit Hilfe der Blutkörperchenhämolyse, Hoppe-Seyler's Zs. f. physiol. Chemie 275, 190–207, 1943.

Schneider, Friedhelm, Günther Weitzel. 10. Mai 1915 – 29. Juni 1984. Leben, Persönlichkeit und Werk, Biol. Chem. Hoppe-Seyler's Zs. f. physiol. Chemie 366, 609–616, 1985.

Schoenheimer, Rudolf and David Rittenberg, Studies in Protein Metabolism, J. of Biological Chemistry 127, 285–290, 1939.

Schönheimer, Rudolf and Fritz Breusch, Synthesis and Destruction of Cholesterol in the Organism, J. of Biological Chemistry 103, 439–448, 1933.

Schoenheimer, Rudolf, The Dynamic State of Body Constitutents, New York 1942, reprinted 1964.

Schrader, Bernhard und Andreas Otto, Hans Stammreich, Bunsen-Magazin 2, 120–122, 2000.

Schulz, Günther und Elfriede Husemann, Über eine langperiodische Struktur des Cellulosemoleküls und der aus Cellulose aufgebauten Pflanzenfasern, Zs. f. Naturforschung 1, 268–280, 1946.

Dies., Vergleichende osmotische und viskosimetrische Molekulargewichtsbestimmungen an fraktionierten und unfraktionierten Nitrocellulosen, Zs. physikalische Chem. Abt. B 52, 1–22, 1943.

Dies., Über die Verteilung der Molekulargewichte in abgebauten Cellulosen und ein periodisches Aufbauprinzip im Cellulosemolekül, Zs. physikalische Chem. Abt. B 52, 23–49, 1943.

Schulz, Günther V., Ein erfülltes Forscherleben. Lebens- und Arbeitserinnerungen eines deutschen Wissenschaftlers in den Wirren des 20. Jahrhunderts, unveröffentlichtes Manuskript.

Schwarz, W. H. E., D. Andrae, S. R. Arnold, J. Heidberg, H. Hellmann jr., J. Hinze, A. Karachalios, M. A. Kovner, P. C. Schmidt, L. Zülicke, »Hans G. A. Hellmann (1903–1938). I. Ein deutscher Pionier der Quantenchemie in Moskau.« Bunsenmagazin 1, 10–21, 1999.

Schwarz, W. H. E., A. Karachalios, S. R. Arnold, L. Zülicke, P. C. Schmidt, M. A. Kovner, J. Hinze, H. Hellmann jr., J. Heidberg, D. Andrae, »Hans G. A. Hellmann (1903–1938) II. Ein deutscher Pionier der Quantenchemie in Moskau.« Bunsenmagazin 2, 60–70, 1999.

Seils, Markus, Auftrag: Die planmäßige ideologische Umgestaltung der Universitäten, Schwerin 1996: Der Landesbeauftragte für Mecklenburg-Vorpommern für die Unterlagen des Staatssicherheitsdienstes.

Servos, John W., Physical Chemistry from Ostwald to Pauling. The Making of a Science in America, Princeton (NJ) 1990: Princeton University Press.

Shrowder Pickles, Samuel, The Constitution and Synthesis of Caoutchouc, Journal Chem. Soc. 97, 1085–1090, 1910.

Signer, Rudolf, Torbjörn Caspersson und E. Hammersten, Molecular Shape and Size of Thymonucleic Acid, Nature 141, 122, 1938.

Sime, Ruth Lewin, Lise Meitner, A Life in Physics, Berkeley 1996: Univ. of California Press.
Singer, E., Alexander Schönberg 1892–1985, Chem. Ber. 120, S. I-XIX, 1987.
Sonderhoff, Robert und Heinz Thomas, Die enzymatische Dehydrierung der Trideuteroessigsäure, Liebigs Annalen der Chemie 530, 195–213, 1937.
Staab, Heinz, Richard Kuhn. 1900–1967, Chemie in unserer Zeit 2, 26–31, 1968.
Staudinger, Hermann, H. Johner, R. Signer, G. Mie und J. Hengstenberg, Der polymere Formaldehyd, ein Modell der Cellulose, Zs. physikalische Chem. 126, 1927, S. 425–448.
Staudinger, Hermann und H. Warth, Über die Konstitution von hochpolymeren Kunststoffen. 247. Mitteilung über makromolekulare Verbindungen, J. f. praktische Chemie 155, 261–298, 1940.
Staudinger, Hermann und Schmidt, Über Makromolekulare Verbindungen. 241. Mitteilung. Über Polyester, J. f. praktische Chemie 155, 129–162, 1940.
Staudinger, Hermann und A. W. Sohn, Über Fehlerstellen im Cellulosemolekül, Die Naturwissenschaften 27, 548–549, 1939.
Staudinger, Hermann und F. Zapf, Über makromolekulare Verbindungen. 255. Mitteilung. Über das Cellulosexanthogenat, J. f. praktische Chemie 156, 261–284, 1940.
Staudinger, Hermann und Magda Staudinger, Die Makromolekulare Chemie und ihre Bedeutung für die Protoplasmaforschung, Wien 1954: Springer.
Staudinger, Hermann, Arbeitserinnerungen, Heidelberg 1961: Dr. Alfred Hüthig Verlag.
Ders., Der erste Weltkrieg unter technischen Gesichtspunkten, veröffentlicht 1919 in: »Zukunft« XXXVII, Nr. 56, S. 341, abgedruckt in H. Staudinger, Vom Aufstand der technischen Sklaven, S. 45–55.
Ders., Die hochmolekularen organischen Verbindungen – Kautschuk und Cellulose, Berlin 1932: Springer.
Ders., Technik und Krieg, veröffentlicht 1917 in der Friedenswarte XIX, Zürich, abgedruckt in: Hermann Staudinger, Vom Aufstand der technischen Sklaven, Essen 1947: Verlag Dr. Hans v. Chamier, S. 20–34.
Ders., Über die Konstitution der Hochpolymeren. 13. Mitteil., Ber. Dtsch. Chem. Ges. 61, 2427–2431, 1928.
Ders., Über die Konstitution der hochmolekularen Stoffe, Die Naturwissenschaften 17, 1929, 141–144, 1929.
Ders., Über die Konstitution des Kautschuks (6. Mitteilung über Isopren und Kautschuk), Ber. Dtsch. Chem. Ges. 57, 1203–1208, 1924.
Ders., Über hochpolymere Verbindungen, 140. Mitteil.: Zur Entwicklung der makromolekularen Chemie. Zugleich eine Antwort auf die Entgegnung von K. H. Meyer und A. van der Wyk, Ber. Dtsch. Chem. Ges. 69, 1168–1185, 1936.
Ders., Über Polymerisation, Ber. Dtsch. Chem. Ges. 53, 1073–1085, 1920.
Ders., Vom Aufstand der technischen Sklaven, Essen 1947: Verlag Dr. Hans v. Chamier.
Stent, Gunther S. and Richard Calendar, Molecular Genetics (2nd ed.), San Francisco 1978: Freeman and Co.
Stern, Fritz, Freunde im Widerspruch. Haber und Einstein, in: R. Vierhaus und B. v. Brokke (Hrsg.), Forschung im Spannungsfeld von Politik und Gesellschaft – Geschichte und Struktur der Kaiser-Wilhelm-/Max-Planck-Gesellschaft, Stuttgart 1990: DVA.
Steudel, Hermann, Untersuchungen über die Nucleinsäuren der Pankreasdrüse, Hoppe-Seyler's Zs. f. physiol. Chemie 249, 84–92, 1936.
Stoltzenberg, Dietrich, Fritz Haber. Chemiker, Nobelpreisträger, Deutscher, Jude, Weinheim 1994: VCH.

Strauss, Herbert A., Klaus Fischer, Christhard Hoffmann, Alfons Söllner, Die Emigration der Wissenschaften nach 1933. Disziplingeschichtliche Studien, München 1991: K. G. Saur.

Strauss, Herbert A. und Werner Röder, International Biographical Dictionary of Central European Emigrés 1933–1945, Vol. II, München 1983.

Sühnel, Klaus, 80 Jahre Kolloidchemie – Leben und Werk Wolfgang Ostwalds, Schriftenreihe für Geschichte der Naturwiss., Techn. und Medizin 26: 2, 31–45, 1989.

Sumner, James B., The Isolation of the Enzyme Urease, J. of Biological Chemistry 69, 435–441, 1926.

Svedberg, The und Robin Fahraeus, A New Method for the Determination of the Molecular Weight of Proteins, J. of the American Chemical Society 48, 430–438, 1926.

Svedberg, The, Die Molekulargewichtsanalyse im Zentrifugalfeld, Kolloid-Zs. 67, 2–16, 1934.

Ders., Ultrazentrifugale Dispersionsbestimmungen an Eiweißlösungen, Kolloid-Zs. 51, 10–24, 1930.

Szöllösi-Janze, Margit, Fritz Haber 1868–1934. Eine Biographie, München 1998: Beck.

Dies., Von der Mehlmotte zum Holocaust. Fritz Haber und die chemische Schädlingsbekämpfung während und nach dem Ersten Weltkrieg, in: J. Kocka u. a. (Hrsg.), Von der Arbeiterbewegung zum modernen Sozialstaat, München 1994, S. 658–682.

Dies. (Hrsg.), Science in the Third Reich, Oxford 2001: Berg.

Tansjö, Levi, Die Wiederherstellung von freundschaftlichen Beziehungen zwischen Gelehrten nach dem 1. Weltkrieg. Bestrebungen von Svante Arrhenius und Ernst Cohen, in: Gerhard Pohl (Hrsg.), Naturwissenschaften und Politik, Tagungsband zur Vortragstagung an der Universität Innsbruck, April 1996, S. 71–80.

Tetzner, Ernst, Versuche zur Klärung des negativen Ausfalles der Abderhaldenschen Reaktion mit dem Harn mancher Tumorkranker, Fermentforschung 16, 317–323, 1942.

Theorell, Hugo, Das gelbe Ferment: Seine Chemie und Wirkungen, Ergebnisse der Enzymforschung 6, 111–138, 1937.

Ders., Reindarstellung (Kristallisation) des gelben Atmungsfermentes und die reversible Spaltung desselben, Biochemische Zs. 272, 155–156, 1934.

Ders., Über die Wirkungsweise des gelben Ferments, Biochem. Zs. 275, 37, 1935.

Ders., The Nature and Mode of Action of Oxidation Enzymes. In: Festschrift für Prof. Dr. Arthur Stoll zum siebzigsten Geburtstag 8. Januar 1957. Arbeiten aus dem Gebiet der Naturstoffchemie, Basel 1957: Birkhäuser.

Thomas, Karl und Günther Weitzel, Über die Eignung des Kunstfettes aus Kohle als Nahrungsmittel, Deutsche medizinische Wochenschrift 71, 18, 1942.

Travis, Anthony S., »Ambitious and Glory Hunting … Impractical and Fantastic: »Heinrich Caro at BASF«, Technology and Culture 39, 1998, S. 105–115.

Ders., The Rainbow Makers. The Origins of the Synthetic Dyestuffs Industry in Western Europe, Bethlehem 1993: Lehigh University Press und London and Toronto 1993: Associated University Presses.

Trendelenburg, U., Otto Krayer (22.10.1899 bis 18.3.1982) und das ›Gesetz zur Wiederherstellung des Berufsbeamtentums‹ (April 1933), DGPT Mitteilungen Nr. 16, Februar 1995, S. 33–34.

Ubisch, Gerta v., Lebenserinnerungen, 1955, unveröffentlichtes Manuskript, Universitätsbibliothek Heidelberg.

Vaupel, Elisabeth, Carl Graebe (1841–1927) – Leben, Werk und Wirken im Spiegel seines brieflichen Nachlasses, Dissertation der Fakultät für Chemie und Pharmazie der Ludwig-Maximilians-Universität München, 1987.

Verwey, E. J. W. und J. Th. G. Overbeck, Theory of the Stability of Lyophobic Colloids. The Interaction of Particles Having an Electric Double Layer, New York, Amsterdam 1948: Elsevier.

Vierhaus, Rudolf und Bernhard v. Brocke (eds.), Forschung im Spannungsfeld von Politik und Gesellschaft, Geschichte und Struktur der Kaiser-Wilhelm-/Max-Planck-Gesellschaft, Stuttgart 1990: DVA.

Volkov, Shulamit, Die Juden in Deutschland, 1780–1918, München 1994: Oldenbourg.

Dies., Jüdisches Leben und Antisemitismus im 19. und 20. Jahrhundert, München 1990: C. H. Beck. 2. Auflage 2000 unter dem Titel: Antisemitismus als kultureller Code.

Vonderau, Markus, ›Deutsche Chemie‹. Der Versuch einer deutschartigen, ganzheitlich-gestalthaft schauenden Naturwissenschaft während der Zeit des Nationalsozialismus, Dissertation im Fachbereich Pharmazie und Lebensmittelchemie der Philipps-Universität Marburg, 1994.

Wagner-Jauregg, Theodor, Die Endotoxine der Bakterien, Angewandte Chemie 53, 319–321, 1939.

Ders., Die neueren biochemischen Erkenntnisse und Probleme der Chemotherapie, Die Naturwissenschaften 31, 335, 1943.

Wald, S., OECD, An Exploratory Study. Industry, Science, University in Israel, National Council for Research and Development, Jerusalem, Dezember 1992.

Waldschmidt-Leitz, Ernst und E. Kofrányi, Die komplexe Natur des »kristallisierten Pepsins«, Die Naturwissenschaften 21, 206–207, 1933.

Waldschmidt-Leitz, Ernst und Fritz Turba, Verfahren zur Trennung von Peptidgemischen, J. praktische Chemie 156, 55–64, 1940.

Waldschmidt-Leitz, Ernst und Karl Mayer, Über sterische Auslese durch Peptidasen in normalen und carcinomatösen Seren, Hoppe-Seyler's Zs. f. physiol. Chemie 262, IV-V, 1940.

Walker, Mark, Die Uranmaschine. Mythos und Wirklichkeit der deutschen Atombombe, Berlin 1990: Siedler.

Walter, Bruno, Thema und Variationenen. Erinnerungen und Gedanken, Frankfurt/M 1963: Fischer.

Walter, W. und Bernd Eistert, Fritz Arndt 1885–1969, Chem. Berichte 108, I-XLIV, 1975.

Warburg, Otto und Walter Christian, Über das neue Oxydationsferment, Die Naturwissenschaften 20, 980–981, 1932.

Warburg, Otto, Beiträge zur Physiologie der Zelle, insbesondere über die Oxydationsgeschwindigkeit in Zellen, Ergebnisse der Physiologie 14, 253–337, 1914.

Ders., Chemische Konstitution von Fermenten, Ergebnisse der Enzymforschung 7, 210–245, 1938.

Ders., Über die Rolle des Eisens in der Atmung des Seeigeleis nebst Bemerkungen über einige durch Eisen beschleunigte Oxydationen, Hoppe-Seyler's Zs. f. physiol. Chemie 92, 231–256, 1914.

Ders., Untersuchungen über die Oxydationsvorgänge in Zellen (II), Münchner Medizinische Wochenschrift 59, 2550–2553, 1912.

Wehefritz, Valentin, Weltbürger im Reich der Chemie: Prof. Dr. Walter Fuchs (1881–1957): Ein deutsches Gelehrtenschicksal im 20. Jahrhundert, Dortmund 1996: Universitätsbibliothek Dortmund.

Weingart, Peter, Jürgen Kroll und Kurt Bayertz, Rasse, Blut und Gene. Geschichte der Eugenik und Rassenhygiene in Deutschland, Frankfurt 1988: Suhrkamp.

Weingart, Peter und Matthias Winterhager, Die Vermessung der Forschung – Theorie und Praxis der Wissenschaftsindikatoren, Frankfurt: Campus, 1984.

Weiss, Burghard, Höchste Spannung. Fritz Haber, Hartmut Kallmann und das »Tandem-Prinzip«. Ein frühes Kapitel der Beschleuniger-Geschichte, Kultur und Technik 1, 42–49, 1997.

Werner, Petra: Otto Warburg. Von der Zellphysiologie zur Krebsforschung, Berlin 1988: Verlag Neues Leben.

Westenbrink, H. G. K., Biochemistry, Part IV of Chemistry in Wartime in the Netherlands. A Review of the Scientific Work Done by Dutch Chemists in the Years 1940–1945, Published under the Auspices of the Netherlands Chemical Society by Centen's Uitgevers Maatschappij Amsterdam.

Westphal, Otto, Dorothea v. Gontard, Fritz Bister und Annelise Winkler, Zs. f. Naturforschung 2b, 25–29, 1947.

Westphal, Otto, Elisabeth Reiche und Ernst Krah, Aufbau eines künstlichen Vollantigens der menschlichen Blutgruppe A, Die Naturwissenschaften 32, 40–41, 1944.

Westphal, Otto, Nachruf auf R. Kuhn, Angewandte Chemie 80, 501–519, 1968.

Ders., Neuere Ergebnisse der Immunchemie, Die Chemie (Angewandte Chemie) 57, 57, 1944.

Wieland, Heinrich und Bernhard Witkop, Über die Giftstoffe des Knollenblätterpilzes. V. Zur Konstitution des Phalloidins, Liebigs Annalen der Chemie 543, 171–183, 1940.

Wieland, Heinrich und Eisabeth Dane, Untersuchungen über die Konstitution der Gallensäuren. Zur Konstitution der 12–Oxycholansäure, Hoppe-Seyler's Zs. f. physiol. Chemie 210, 268–281, 1932.

Wieland, Heinrich und Friedr. Jos. Weil, Über das Krötengrift, Ber. Dtsch. Chem. Ges. 46, 3315–332, 1913.

Wieland, Heinrich und R. Hallermayer, Über die Giftstoffe des Knollenblätterpilzes. VI. Amanitin, das Hauptgift des Knollenblätterpilzes, Liebigs Annalen der Chemie 548, 1–18, 1941.

Wieland, Heinrich und Robert Sonderhoff, Über den Mechanismus der Oxydationsvorgänge. XXXII. Die enzymatische Oxydation von Essigsäure durch Hefe, Liebigs Annalen der Chemie 499, 213–228, 1932.

Wieland, Heinrich und Wilhelm Schulenburg, Untersuchungen über Gallensäuren. X. Mitteilung. Der weitere Abbau der Desoxycholsäure, Hoppe-Seyler's Zs. f. physiol. Chem. 114, 167–191, 1921.

Wieland, Theodor und M. Bodanszky, The World of Peptides. A Brief History of Peptide Chemistry, Berlin/Heidelberg 1991: Springer.

Wieland, Theodor und Wolfgang Paul, Bestimmung von l- und d- Glutaminsäure im Hydrolysat von Brown-Pearce-Tumoren mit 15N-Glutaminsäure, Ber. Dtsch. Chem. Ges. 77, 34–44, 1944.

Wieland, Theodor, Peptides of Poisonous Amanita Mushrooms, New York, Berlin 1986: Springer.

Wiesen, Jonathan, The Richard Willstätter Controversy: The Legacy of anti-Semitism in the West German Chemical Industry: John E. Lesch (ed.), The German Chemical Industry in the Twentieth Century, Dordrecht 2000: Kluwer Academic Publishers.

Willstätter, Richard und Margarethe Rohdewald, Über die Amylasen der Leukozyten, Die Naturwissenschaften 19, 745–746, 1931.

Willstätter, Richard und Arthur Stoll, Untersuchungen über Chlorophyll, Berlin 1913.

Willstätter, Richard, Über Isolierung von Enzymen, Ber. Dtsch. Chem. Ges. 55, 3601–3623, 1922.

Ders., Zur Frage der protein-artigen Natur der Saccharase, Ber. Dtsch. Chem. Ges. 59 II, 1591–1594, 1926.

Ders., Aus meinem Leben. Von Arbeit, Muße und Freunden, Weinheim 1949.

Windaus, Adolf und C. Roosen-Runge, Zur Konstitution des Dihydro-vitamins D_2 und D_3, Hoppe-Seyler's Zs. f. physiol. Chemie 260, 181–184, 1939.

Windaus, Adolf und F. Holtz, Die experimentelle Rachenrachitis und ihre Beziehung zum Ergosterin, Nachr. Gesellschaft Wiss. Göttingen, Math. Phys. Kl., 1–9, 1927.

Windaus, Adolf und K. Neukirchen, Die Umwandlung des Cholesterins in Cholansäure, Ber. Dtsch. Chem. Ges. 52, 1915–1919, 1919.

Windaus, Adolf, Hans H. Inhoffen und S. v. Reichel, Über die Konstitution des Ergosterins, Liebigs Annalen der Chemie 510, 248–259, 1934.

Windaus, Adolf, K. Dithmar und E. Fernholz, Über das Lumisterin, Liebigs Annalen der Chemie 493, 259–271, 1932.

Windaus, Adolf, R. Tschesche, H. Ruhkopf, F. Laquer und F. Schulz, Die Darstellung von krystallisiertem antineuritischem Vitamin aus Hefe, Hoppe-Seyler's Zs. f. physiol. Chemie 204, 123–128, 1932.

Windaus, Adolf, Über die Konstitution des Cholesterins und der Gallensäuren, Hoppe-Seyler's Zs. f. physiol. Chemie 213, 147–187, 1932.

Ders., Untersuchungen über die Konstitution des Colchicins, Liebigs Annalen der Chemie 439, 59–75, 1924.

Winkler, Annelise und Otto Westphal, Über den zeitlichen Verlauf der Antigen-Antikörper-Bindung, Zs. f. Immunitätsforsch. u. exp. Therapie 105, 154–164, 1945.

Winnacker, Karl, Nie den Mut verlieren. Erinnerungen an Schicksalsjahre der deutschen Chemie, Düsseldorf 1974: Econ.

Wise, Norton, Pascual Jordan: Quantum Mechanics, Psychology, National Socialism, in: M. Renneberg and M. Walker, Science, Technology, and National Socialism, Cambridge 1994: Cambridge Univ. Press.

Witkop, Bernhard, Erinnerungen an Heinrich Wieland (1877–1957), Liebigs Annalen der Chemie, I-XXXII, 1992.

Ders., Heinrich Wieland Centennial: His Lifework and His Legacy Today, Angewandte Chemie Int. Ed. 16, 559–572, 1977.

Ders., Heinrich Wieland hundert Jahre: Sein Werk und Vermächtnis heute, Angewandte Chemie 89, 575–589, 1977.

Ders., Remembering Heinrich Wieland (1877–1957). Portrait of an Organic Chemist and Founder of Modern Biochemistry, Medicinal Research Reviews 12, 1992.

Witt, Peter-Christian, Wissenschaftsfinanzierung zwischen Inflation und Deflation: Die Kaiser-Wilhelm-Gesellschaft 1918/19 bis 1934/35, in: Vierhaus/Brocke, Forschung im Spannungsfeld, S. 579–656.

Wolf, Karl Lothar, Theoretische Chemie. Eine Einführung vom Standpunkt einer gestalthaften Atomlehre, Teil 1, Leipzig 1941: J. A. Barth-Verlag.

Zeile, Karl und Hildegard Meyer, Zum synthetischen Aufbau des Vitamins A, I. Mitteil.: Über ungesättigte Abkömmlinge des 3–Methyl-hexans, Ber. Dtsch. Chem. Ges. 82, 267–275, 1949.

Ziegler, Karl, H. v. Wartenberg zum 70. Geburtstag, Angewandte Chemie 62, 179, 1950.

Zierold, Kurt, Forschungsförderung in drei Epochen. Deutsche Forschungsgemeinschaft, Geschichte, Arbeitsweise, Kommentar, Wiesbaden 1968: Steiner.

Zloczower, A., Career Opportunities and the Growth of Scientific Discovery in 19th Century Germany. With Special Reference to Physiology, in: Occasional Papers in Sociology, The Hebrew University of Jerusalem 1967.

Personenregister

A

Aaron 470
Abderhalden, Emil 47, 163, 230, 246, 257, 258, 262, 273, 277, 284, 287, 289, 333, 336, 337, 341, 357, 358, 359, 360, 361, 362, 363, 364, 365, 366, 367, 368, 369, 370, 371, 372, 377, 512, 513
Abderhalden, Rudolf 358, 361, 367, 368
Abel, Emil 115, 118, 197
Abel, John J. 272
Abraham, E.P. 310
Achelis, Johann 222
Ackermann, Dankwart 245, 283, 349, 443
Adair 261
Adenauer, Konrad 484
Adickes, Franz 444
Albers, Henry 440
Alder, Kurt 140, 212, 228, 230, 431, 440, 505, 508, 509
Alfrey, Turner 184
Ambros, Otto 422, 445, 486
Améry, Jean 492, 495
Ammon, Robert 306, 439
Andreß, Karl 436
Anschütz, Ludwig 443
Antonesco (General) 423
Antropoff, Andreas v. 435, 443
Antweiler, Hermann Josef 435
Ardenne, Manfred v. 234, 235, 291, 314
Arendt, Hannah 451, 462
Arndt, Fritz 115, 118, 139, 151, 152, 153, 154, 187, 198, 481, 483
Arrhenius, Svante 36, 42, 43, 44, 45, 151, 247, 372, 381, 392
Aschoff, Ludwig 82, 176, 177, 179, 282, 322
Asinger, Friedrich 446
Asmus, Erik 440
Astbury, William T. 264, 265, 285, 286, 290, 291, 292
Atlas, Sheldon 186
Augustin, Hilke 314
Avery, Oswald T. 274, 298, 324
Avogadro, (Lorenzo Romano) Amedeo 1, 417

B

Bach 347
Bachér, Franz 183, 210, 434
Bachmann, Prof. 383
Bader, Alfred 192, 193
Baer, Erich 133, 134
Baeyer, Adolf v. 26, 36, 84, 128, 200, 201, 244, 267, 509
Bahn 257
Baker, Thomas 189, 190, 198
Bamann, Eugen 289, 441
Bancroft, Wilder 374
Barrenscheen, Hermann K. 77, 121, 284, 322, 347
Baumann 318, 319
Baur, E. 273
Bayer, Rosa 331
Beadle, George W. 332
Beck, Christoph 486
Beck, Walter 134, 137
Becke-Göhring, Margot 439
Becker, Karl 224
Behrens, Martin 437
Behrens, Otto 339, 341

Beischer, Dietrich 214, 232, 234, 235, 445, 446
Beling, Rudolf W. 435
Belousov 376
Ben Gurion, David 168, 170, 171
Bennewitz, Kurt 443
Berenblum, Isaac 345
Berg, Otto 210
Berg, Wieland 369
Bergel, Franz 118
Bergel, Friedrich 197
Bergmann, Chani 169, 170, 171
Bergmann, Ernst David 13, 118, 139, 163, 167, 168, 169, 170, 171, 172, 201, 202
Bergmann, Felix 82, 162, 163, 168
Bergmann, Max 56, 57, 58, 77, 110, 113, 114, 135, 139, 141, 174, 175, 187, 198, 244, 252, 257, 258, 286, 287, 503, 506, 510
Berl, Ernst 115, 118, 189, 190
Berliner, Arnold 60, 61, 126
Bernal, John Desmond 143, 194, 195, 265, 269, 270, 290, 506
Bernays, Jacob 30, 31
Bernhauer, Konrad 284, 312, 442
Bersin, Theodor 99, 283, 288, 365, 446, 481
Berson, Jerome 158
Bertho, Alfred 441
Berve 88
Berzelius, Jöns Jacob 1, 276, 417
Bethe, Albrecht 49
Bethe, Hans 49
Beutler, Hans 63, 82, 118, 189
Beyer, Hans 438
Bickenbach, Otto 327, 351, 352, 354, 355, 356
Bieling, R. 327
Bier, Gerhard 86, 398, 412, 413
Bierich, Robert 348
Biermann, Wolf 137
Biesalski, Ernst 434
Bikerman, Jacob J. 118, 189, 197
Biltz, Heinrich 151
Binz, A. 405, 406
Birch, Arthur J. 334, 336
Birkofer, Leonhard 143, 330, 331, 419, 421, 423, 424, 439
Bister, Fritz 326
Bittner, Karl 96
Blaschko, Hermann K. F. 118, 139, 194, 281
Bleyer 350
Bloch, Konrad 82, 116, 118, 139, 142, 144, 180, 318, 507
Blome, Kurt 338, 339
Bockemüller, Wilhelm 444
Bode, G. 306
Bode, Hans 438
Bodendorf, Kurt 439
Bodenstein, Max 63, 80, 82, 126, 140, 191, 210, 211, 219
Boehm, Laetitia 106
Bohr, Niels 145, 147, 198, 450
Bois-Reymond, Emil du 246
Bonhoeffer, Dietrich 65
Bonhoeffer, Frau 447
Bonhoeffer, Karl-Friedrich 63, 65, 73, 74, 87, 88, 92, 100, 103, 140, 164, 166, 202, 219, 383, 385, 435, 437, 447, 469
Bormann, Martin 209
Born, Max 69, 77
Borst, Max 360
Bosch, Carl 55, 100, 102, 210, 224, 464, 470
Böttger, I. 299
Bouhler, Philipp 111, 426
Brackier (Brakier?) 492, 493, 494
Bragg, William Henry 264
Bragg, William Lawrence 264, 290
Brandt, Erwin 258
Brandt, Karl 353, 422, 426
Braß, Kurt 444
Brauer, Georg 393, 437
Braun, Julius v. 77, 115, 118
Braune 438
Brauner, Leo 481
Bredereck, Hellmuth 298, 442
Bredig, Georg 66, 77, 115, 118, 260, 377, 393
Bresslau, Harry 31
Breusch, Friedrich 481

Breusch, Fritz 177
Briegleb, Günther 443
Brill, Rudolf 143, 241, 285, 290, 291, 445, 446
Brintzinger, Herbert 232, 442
Briske, Heinz 90, 92
Brock 347
Brockmann, Hans 305, 311, 366, 437
Bücher, Theodor 80, 144, 276, 290, 340, 440
Buchholz, Karl 328
Buchner, Eduard 248, 272, 278
Büchner, Franz 450, 451
Bumm, Erwin 435
Bünger 350
Bünning, Erwin 460
Bunzl, Max 183
Bürger 349
Burk, Dean 281, 317, 339
Bütefisch, Heinrich 447, 486
Butenandt, Adolf 77, 110, 123, 125, 134, 143, 145, 188, 228, 230, 232, 234, 236, 239, 272, 283, 304, 305, 306, 307, 310, 324, 329, 341, 344, 345, 346, 347, 363, 364, 370, 372, 430, 442, 448, 449, 450, 469, 471, 472, 473, 474, 475, 476, 504, 505, 506, 509
Byk, A. 126

C
Calendar, Richard 275
Campbell, Donald 485
Cannizarro, Stanislao 1, 417
Caro, Heinrich 28, 32, 201
Carothers, Wallace 255, 404, 410
Caspersson, Torbjörn 298
Cassel, Hans 118, 189
Chadwick, Sir James 146
Chain, Ernst Boris 22, 106, 116, 118, 139, 142, 144, 194, 201, 282, 308, 309, 310, 313
Chargaff, Erwin 68, 107, 116, 118, 139, 142, 177, 180, 185, 265, 298, 300, 482, 506
Chibnall, Albert Charles 286
Chomse, Heinz 435
Christian, Walter 290, 302
Clark, Ronald W. 201
Clarke, Hans T. 144, 177, 178, 179, 180, 198, 305
Clingestein, Heinz 97
Clusius, Klaus 77, 119, 212, 340, 446, 448, 449
Coates, J.E. 92, 102
Cohen, Avner 171
Cohen, Ernst 432
Cohen, Hermann 29
Cohn, Mildred 339
Conant, James 188
Cook, James W. 344
Cordes, Heinrich 214, 218, 219, 220, 221, 433, 436, 443
Cori, Carl F. 461
Coster, Dirk 145
Crick, Francis 178, 300
Criegee, Rudolf 77, 121, 439
Crowfoot-Hodgkin, Dorothy 143, 290, 506

D
Dadieu, Armin 232, 234
Dahm, Rektor Univ. Halle 221
Dane, Elisabeth 85, 270, 306, 308, 323, 441
Dann, Otto 330, 423, 427, 436
Dannenberg, Heinz 345
D'Ans, J. 103
de Crinis, Max 338
de Rudder 363, 364
Debye, Peter 140, 157, 381
Delbrück, Max 100
Denk, Georg 75
Derjagin, Boris 381
Deuticke, Hans-Joachim 280, 283, 321, 437
Dibelius, Otto 465
Diels, Otto 140, 228, 230, 431, 505, 508, 509
Diemair, Willibald 350
Dietzel, Richard 443
Dilthey, Walter 435
Dimroth, Karl 305, 440, 512
Dirac, Paul 157

Dirscherl, Wilhelm 283, 308, 435
Ditmar, R. 375
Doisy, Edward A. 272
Dollfuss, Engelbert 53, 183
Domagk, Gerhard 304, 310
Donnan, Frederick G. 387
Donovan 334
Dore, W. H. 181
Dornow, Alfred 301, 438
Dostal, H. 183
Doty, Paul M. 184
Dressel 265
Drucker, Carl 118
Druckrey, Hermann 232, 236, 346, 347, 348, 437
Duden, Paul 95, 97, 98, 210
Duisberg, Carl 40, 41, 65, 66, 183, 293, 377, 378, 488, 489
Duisberg, Walter 489
Dunn, William 309
Dürrfeld, Walter 486
Dworzak, Rudolf 439
Dyckerhoff, Hanns 232, 235, 236, 283, 349, 352, 353, 355, 356, 444

E

Ebert, Ludwig 77, 119, 123, 225, 232, 234
Eggleton, G.P. 280
Eggleton, P. 280
Ehrenberg, Maria 109
Ehrenberg, Rudolf 109, 118, 437
Ehrlich, Felix 115, 118
Ehrlich, Paul 36, 47, 97, 314, 324
Einstein, Albert 22, 23, 46, 60, 77, 162, 172, 260, 388, 508
Eirich, Frederick R. 118, 183, 184, 186
Eisendraht, Jack 193
Eisner, Hans 101, 118
Eisner, Thomas 101
Eistert, Bernd 151, 152, 153, 157
Eliel, Ernest 188
Ellinger, Philipp 80
Elöd, E. 284, 292
Embden, Gustav 47, 77, 112, 113, 115, 117, 118, 126, 138, 141, 246, 247, 278, 280, 283, 315, 316, 500, 506
Emmert, Bruno 443
Engle, E.T. 307
Engler, Karl 36
Epstein, Friedrich 118
Erbacher, Otto 440
Erbring, Hans 394
Erlanger, Bernard F. 258
Errera, Jacques 192
Erxleben, Hanni 339, 341, 344, 511
Eschenbacher, F. 334
Esser, K. 334, 335
Estermann, Immanuel 118, 149, 189, 190, 200
Ettisch, Georg 118
Eucken, Arnold 74, 140, 230, 383, 384, 433, 437
Euler, Hans v. 241, 273, 319, 367
Evans, H. M. 306
Evola, Julius 371
Eyring, Henry 189

F

Fajans, Kasimir 77, 109, 115, 118, 189
Fankuchen, Isidor 184
Faraday, Michael 259
Farkas, Adalbert 164
Farkas, Ladislaus 13, 59, 118, 164, 165, 166, 172
Feder, G. 382
Feher, Franz 440
Feigl, Fritz 118, 188, 390, 391
Felix, H. 325, 326
Felix, Kurt 77, 119, 283, 350, 367, 437
Fermi, Enrico 146
Fernholz, Marie-Elisabeth 328
Feuer, Lewis 21
Feulgen, Robert 265, 266, 283, 437
Feyrter 323
Fieser, Louis 188, 193
Fildes 310
Finkelnburg, Wolfgang 220, 221
Fischbeck, Kurt 444
Fischer, Albert 317
Fischer, Emil 36, 40, 56, 58, 106, 133, 135, 141, 151, 174, 175, 244, 247, 252, 256, 257, 265, 267, 273, 275, 277, 285, 294, 359, 467, 506, 509

Fischer, Eugen 100
Fischer, Franz 349, 482
Fischer, Gottwalt 298, 299, 443
Fischer, Hans 82, 140, 230, 232, 236, 268, 300, 301, 321, 433, 482, 506
Fischer, Hermann O. L. 133, 134, 135, 467
Fischer, Martin 374, 375, 394
Fischer, Rudolf 192
Fischer, Werner 438
Fiske 280
Fitzgerald 23
Fleischmann, Rudolf 351, 354, 355
Fleming, Alexander 22, 309, 310, 313
Fletcher, C.M. 310
Florey, Howard W. 22, 308, 309, 310, 313
Florkin, Marcel 263
Flory, Paul J. 149
Flössner, Otto 349, 350
Flury, Ferdinand 40, 41, 353
Fodor, Andor 163, 164, 273
Folin, Otto 179
Forman, Paul 149
Förster, Bernhard 28
Förster, Herbert 333, 334
Förster, Theodor 438
Fraenkel, Walter 118
Fraenkel-Conrat, Heinz 175
Franck, James 39, 63, 69, 82, 162, 458
Frank, Hans 87, 450
Franke, Wilhelm 276, 312, 440
Frankel, Max 167, 169
Fränkel, Sigismund 118
Freud, Sigmund 23
Freudenberg, Carl 56, 57
Freudenberg, Karl 57, 230, 251, 252, 253, 254, 255, 284, 294, 296, 297, 307, 324, 407, 409, 439, 506
Freund, Ernst 118
Freundlich, Herbert 40, 42, 59, 63, 82, 114, 118, 189, 195, 260, 375, 377, 378, 379, 381, 393, 458
Fricke, Robert 232, 234, 442
Friedländer, Erich 118
Friedländer, Paul 40, 201
Friedmann 246
Friedrich-Freksa, Hans 291, 328, 345, 442
Fries, Jakob Friedrich 279
Fries, Karl 134, 135
Friese, Hermann 349, 436
Frisch, Otto Robert 505
Fröhlich, Hermann 118
Frommer, Leopold 59, 118
Fruton, Joseph 175, 248
Fuchs, Walter 77, 105, 115, 120, 434, 450, 482, 483
Fuller 310
Funk 473
Funk, Herbert 438
Fürth, Otto 77, 115, 120, 246, 284, 322

G
Gaffron, Hans 110, 134
Galle, E. 240
Gardner, A.D. 310
Gaus, W. K. Friedrich 183
Geib, Frau 447
Geib, Karl Hermann 446, 447
Geiger, Hans 39
Geiler 464
George, Stefan 221
Gerischer, Heinz 88
Gerlach, Walther 200
Gerngroß, Otto 120
Gessler, Albert E. 474, 475
Gibbs, Josiah W. 381, 510
Gibson 192, 387
Gierer, Alfred 376
Gierth, Martin 56
Gill, Manfred 129
Gilon, Chaim 21, 169, 170
Gleu, Karl 437
Glücksohn-Waelsch, Salome 82, 162
Glum, Friedrich 54, 55, 57, 58, 59, 76, 457, 458
Goebbels, Joseph 88, 216
Goecke, Marianne 87
Goethe, Johann Wolfgang v. 28, 29, 30, 222
Goetsch, Walter 367
Göggel, Dr. 103

Goldbaum, Dr. 492, 493, 494
Goldfinger, Paul 120
Goldhagen, Daniel 68
Goldschmidt, Lewin 25
Goldschmidt, Richard 45, 69, 332
Goldschmidt, Stefan 45, 77, 115, 120, 441, 482
Goldschmidt, Theo 97
Goldschmidt, Viktor 45
Goldstein, Eugen 126
Gomberg, Moses 159
Gontard, Dorothea v. 326
Göring, Hermann 111, 224
Goubeau, Josef 442
Goudsmit, Samuel 450, 452, 485
Graebe, Carl 28
Graham, Thomas 259, 260, 375
Grassmann, Wolfgang 58, 77, 119, 143, 283, 288, 441
Graue, Georg 295
Grewe, Robert 439
Grewe, Rudolf 304
Grimm, Hans Georg 210, 211
Groscurth, Georg 136, 137
Groß, Philipp 120, 183
Groth, Wilhelm 435
Grubitsch, Heribert 447, 448
Grundmann, Christoph 435, 446, 448
Guggenheimer, Kurt 120
Gumbel, Emil Julius 105
Gundlach, Albert 97
Günther, Paul 123, 137, 439
Günther, Paul-Ludwig 444
Guth, Eugen 184
Guthmann, Heinrich 219, 221
György, Paul 302

H
Haagen, Eugen 326, 327
Haas, Erwin 112, 120, 277, 289, 290, 321
Haas, R. 327
Haber, Clara 63
Haber, Fritz 13, 26, 36, 37, 38, 39, 40, 41, 42, 54, 55, 58, 59, 60, 61, 62, 63, 64, 65, 66, 67, 73, 74, 77, 82, 83, 92, 93, 94, 95, 96, 97, 98, 99, 100, 101, 102, 103, 106, 109, 115, 120, 138, 139, 140, 145, 162, 164, 167, 171, 172, 181, 193, 200, 201, 202, 210, 214, 263, 379, 393, 397, 432, 458, 470, 484, 501, 503, 508
Haber, Heinz 446
Haber, Hermann 63, 92
Haber, Margarethe 92
Haborth 87
Hacker, Willy 440
Haeckel, Ernst 36, 42, 43
Haeußler, Herbert 444
Hagen 492, 494
Hahn, Amandus 283, 441
Hahn, Friedrich 120
Hahn, Georg 301
Hahn, Otto 40, 65, 66, 90, 92, 93, 99, 100, 228, 230, 294, 295, 296, 404, 430, 454, 455, 457, 458, 468, 470, 505
Haldane, John B. S. 332
Haldane, John B.S. 309, 332
Halden, Wilhelm 323
Hall Lipmann, Freda 101
Hallermayer, R. 288
Hamm-Brücher, Hildegard 84, 85
Hammarsten, Einar 266, 298, 299, 312
Hammett, Louis Plack 158
Hamperl, Prof. 347
Hanisch, Günther 345
Hanson, Frank Blair 180
Hanson, Horst 438
Hanson, Wesley T. 192
Happe, W. 87
Hardy, William B. 260
Harms, Helmut 444
Harnack, Adolf 49
Harrer, Gerhart 364, 365
Harries, Carl 249
Harteck, Paul 61, 65, 73, 74, 75, 77, 125, 219, 438, 446, 448, 449, 469
Hartmann, Hellmut 436
Hartmann, Hermann 437
Hartmann, Max 329, 333, 334, 335
Hartshorne, Edsall 107, 208
Hauffe, Karl 438
Haul, Robert 447, 448

Haurowitz, Felix 120, 139, 198, 328
Hauser, Ernst A. 385, 386
Havemann, Robert 13, 80, 136, 137, 435
Haworth, Walter 305
Heatley, N. G. 310
Hecht, Dr. 391
Hecker, Erich 346
Heckmann, Otto 69
Hegel, Georg Wilhelm Friedrich 29
Heidegger, Martin 177, 395, 397, 398, 451
Heilbron, John L. 190, 200
Hein, Franz 439
Heine, J. 89
Heisenberg, Werner 69, 87, 88, 200, 430, 449, 450, 460, 484, 485
Heitler, Walter 154, 156, 157, 189, 510
Helberger, Johann 446, 448
Helferich, Burckhardt 87, 97, 191, 210, 211, 214, 230, 240, 289, 436
Heller, Kurt 134
Heller, Wilfried 120
Hellmann, Hans 154, 155, 156, 157, 159, 189, 510
Hellmann, Heinrich 324, 345
Hellmann-Bernstein, Viktoria 154
Helmholtz, Hermann v. 23, 179
Hengstenberg, J. 410
Henkel, Konrad 423
Henseleit, Kurt 282
Henze, Martin 284, 316
Herken, H. 344
Herre, Wolf 362
Hertel, Eduard 440
Herzfeld, E. 273
Herzog, Reginald Oliver 40, 110, 114, 120, 127, 181, 252, 404
Hess 96
Hess, Alfred F. 268
Hess, Kurt 186, 230, 241, 252, 254, 284, 293, 294, 295, 296, 402, 403, 404, 406, 407, 408, 438, 443
Heß, Rudolf 209
Hesse, Gerhard 436
Heubner, Wolfgang 81, 100, 136, 137, 343, 346, 347
Heusner, Alex 312
Hevesy, Georg v. 77, 106, 115, 120, 139, 145, 146, 147, 177, 178, 179, 198, 201, 210, 215, 282, 398, 507
Heymann, Erich 120
Heyns, Kurt 438
Hieber, Walter 441
Hill, Archibald V. 78, 79, 191, 280, 387, 388
Hillmann, Günther 337, 338, 363, 364
Hilpert, Richard S. 446
Himmler, Heinrich 224, 296, 339, 353
Hindenburg, Paul von Beneckendorff 53
Hinsberg, Karl 228, 232, 236, 283, 337, 338, 363, 436
Hirsch, Frl. 76
Hirt, August 339, 352, 353, 354, 355
Hitler, Adolf 53, 62, 66, 68, 69, 73, 79, 80, 111, 161, 173, 183, 209, 216, 224, 387, 413, 414, 422, 423, 426, 452, 458, 459, 466, 469, 485, 486, 494
Höber, Rudolf 49, 379
Hofer 265
Hoffer, Max 120
Hoffmann, Dieter 102
Hoffmann, Roald 23, 156, 172, 199, 500
Hoffmann-Wülfing 126
Hofmann, August Wilhelm v. 26, 27, 29, 256, 501
Hofmann, Karl Andreas 94, 406
Hofmann, Ulrich 232, 234, 436
Hofmeister, Franz 257, 261, 285
Hohenstein, Peter 184
Holde, David 105, 120
Holleck, Ludwig 434
Hollinger, David 31
Hollmann 88
Holluta, Josef 439
Holmes, Frederick L. 320
Holtfreter, Johannes 299
Holtz, Friedrich 232, 354, 355, 438
Holtz, Peter 283, 308, 437
Holzapfel, Luise 435
Hönigschmid, Otto 433
Hopkins, Frederick G. 177, 194, 244, 245, 260, 309

Hoppe-Seyler, Felix 244, 246, 248, 265, 276, 278
Hoppe-Seyler, Felix Adolf 283, 322
Horecker, Bernie 321
Hörlein, Heinrich 239, 295, 326, 327, 406, 448, 449, 488, 489, 490
Horner, Leopold 437
Houssy, B. A. 367
Houwink, Roelof 183, 410
Huber, Kurt 86
Hückel, Erich 152, 153, 156, 157, 158, 189, 381, 510
Hückel, Walter 99, 151, 154, 230, 442
Huisgen, Rolf 158, 159
Humboldt, Alexander von 18
Humperdinck, Engelbert 36
Hund, Friedrich 87, 156, 157, 158, 189, 201, 510
Hunger 116
Husemann, Elfriede 87, 292, 293, 401, 414
Hüttel, Rudolf 441

I
Ingold, Christopher K. 152, 153, 158
Inhoffen, Hans Herloff 269, 305, 436
Isler, O. 306
Iwasaki, Ken 281

J
Jacobsohn, Kurt 120
Jaenicke, Johannes 100, 103
Jaenicke, Walther 68, 87, 88, 158, 159, 509
Jahr, Karl-Friedrich 434
Jander, Gerhart 74, 100, 210, 214, 218, 434
Jander, Wilhelm 77, 119, 210, 214
Jantzen, Ernst 438
Jaspers, Karl 465
Jenckel, Ernst 434
Jennings, M.A. 310
Jens, Walter 451
Jensen, Johannes Daniel 155
Jerchel, Dietrich 330, 423
John, Hanns 134
John, Walter 306
Johner, H. 410
Johnson, Paul 24
Johnson, W. A. 320
Johnson, William A. 319, 320
Jorpes, Eric 266
Jortner, Joshua 166
Josephson, K. 273
Jost, Hans 284, 316, 444
Jost, Wilhelm 155, 156, 159, 212, 219, 436
Just, Felix 434
Juza, Robert 240, 440

K
Kabelitz, G. 349
Kallmann, Hartmut 63, 82, 102, 120, 458, 483, 484
Kandel 492, 493, 494
Kangro, Walther 232, 236, 436
Kant, Immanuel 29, 279
Kapfhammer, Joseph 283, 350, 437, 482
Kaplan, Reinhard 333
Karlson, Peter 312, 372
Karrer, Paul 252, 254, 303, 304, 306
Kast, Ludwig 82
Katz, Bernard 387
Katz, Bernhard 79
Katzir, Ephraim 164, 169, 170
Kaufmann, Carl 345
Kausche, Georg 362
Kautsky, Hans 87, 440
Kautz, Siegfried 292, 401
Keilin, David 276, 289
Kellermann, Karl 77, 121
Keppler, Wilhelm 349
Kerber 397
Kern, Werner 440
Kerschbaum, F. 40
Kiesselbach, Anton 354, 355
Kindler, Karl 438
King, H. 270
Kirk, Raymond 184, 185, 198
Kisch, Bruno 77, 115, 120
Klages, Friedrich 441
Klarer, Josef 310
Klee, Ernst 351, 355
Klein 49

Klein, Joseph 170
Kleinfellner, Hans 440
Klemenc, Alfons 134, 240
Klemm, Wilhelm 240, 441
Klemperer, Victor 78
Klenk, Ernst 77, 121, 283, 323, 440
Klingmüller, Volker 348
Knoop, Franz 141, 143, 144, 245, 246, 247, 277, 278, 283, 315, 319, 320, 323, 506
Knorr, Carl-Angelo 445
Kobb, Liselotte (=Liselotte Moewus) 331
Kobel, Maria 110
Koch, Robert 324, 326, 360
Koeth, Joseph 99
Kofrányi, E. 274
Kögl, Fritz 339, 340, 341, 342, 344, 511, 512
Kohler, Robert 153
Kohlschütter 405
Kohlschütter, Hans W. 436
Kohn, Moritz 120
Kolbe, Hermann 26, 27, 28
König, Adolf 439
König, F. 378
Kopfermann, Hans 149
Koppel, Ivan 120
Kordes, Ernst 439
Kornberg, Arthur 321
Kornfeld, Gertrud 120, 189, 191
Kortüm, Gustav 442
Kossel, Albrecht 244, 248, 265, 286
Kossel, Walther 151
Kraft, Kurt 444
Krah, Ernst 325
Kränzlein, Georg 295, 398, 399, 400, 402, 403, 404, 405, 406, 407, 408, 409
Kratky, Otto 143, 183, 230, 232, 233, 236, 284, 291, 296
Krauch, Carl 223, 447, 486, 488
Krause (DFG) 360
Krause, Eckart 206
Krayer, Otto 13, 80, 81, 134, 135, 163, 501
Krebs, Hans 116, 120, 139, 142, 143, 177, 197, 201, 246, 247, 276, 282, 309, 317, 319, 320, 462
Krebs, Karl 506
Krehl, Ludolf 68, 277, 279
Kretschmar, Hermann 490
Kretschmer, Ernst 364
Kretschmer, H. 97
Kröger, Carl 434, 443
Kröger, Martin 445
Krollpfeiffer, Friedrich 437
Kröner, Peter 500
Kronfeld, Artur 461
Kröpelin, Hans 120, 436, 482
Kubaschewski, Oswald 447, 448
Kubelka, Paul 447, 448
Kubowitz, Fritz 277, 290
Kudszus, Helmut 345
Kühn, Alfred 69, 329
Kuhn, Richard 1, 14, 68, 75, 76, 99, 140, 143, 145, 216, 225, 228, 230, 232, 236, 244, 267, 276, 289, 302, 303, 304, 310, 325, 329, 330, 331, 332, 333, 335, 336, 340, 350, 351, 359, 370, 418, 419, 420, 421, 423, 424, 426, 427, 439, 457, 463, 466, 467, 505, 506, 509, 512, 513
Kuhn, Werner 134, 135, 138, 139, 149, 150, 410
Kühnau, Joachim 367, 438
Kühne, Willy 246
Kunitz, Moritz 274
Kunz, Karl 436
Kurtenacker, Albin 115, 120
Kutscher, Waldemar 439

L

Ladenburg, Albert 34
Ladenburg, Rudolf 42, 65
Lambert, Robert A. 174
Landau, Lev 381
Landsteiner, Karl 324, 325, 327
Landt, Erhard 77, 442
Lange, Erich 436
Lange, Willy 120
Langenbeck, Wolfgang 438
Langmuir, Irving 74, 151, 285
Lapworth, Arthur 153
Laquer, F. 269
Laqueur, Ernst 272

Laser, Hans 110, 120, 194
Laue, Max v. 41, 62, 63, 103, 126, 264, 435, 457, 458, 459, 468
Lautsch, Willy 434, 435
Lavoisier, Antoine Laurent 1, 417
Lavon, Pinhas 171
LeBlanc, Max 382, 383
Lederer, Edgar 120, 267, 302
Lehmann, Ernst 109
Lehmann, Franz 438
Lehmann, Hermann 76, 110, 120, 194
Lehnartz, Emil 117, 119, 315, 316, 441
Leibowitz, Yeshayahu 22, 163, 172
Leipelt, Hans 86
Lemberg, Rudolf 120, 139
Lenard, Philipp 36, 46, 458
Leonhardt 97
Leonhardt, August 32
Lettré, Hans 327, 328, 439
Leuchs, Hermann 94, 406, 433
Leupold 397
Levene, Phoebus 257, 265, 266
Levi, Hilde 120
Levi, Primo 452, 490, 491, 492, 493, 494, 495, 496, 497, 502
Levine, Raphael 166
Levinstein, Ivan 32
Lewin, Ralph 332
Lewis, Gilbert N. 151, 153, 189
Lieb, Hans 284
Lieben, Fritz 120
Liebermann, Carl 201
Liebermann, Hans 120, 126
Liebermann, Max 36
Liebig, Justus 1, 417
Liebknecht, Otto 134
Liesegang, Raphael 376
Lieser, Theodor 232, 293
Lindner, S.E. 260
Lintzel, Wolfgang 283
Lipmann, Fritz 48, 50, 120, 138, 139, 142, 144, 175, 201, 263, 276, 281, 282, 317, 318, 320, 339, 344, 478, 506
Lipschitz (Lindley), Werner 115, 122
Lissner, Anton 437
Loeb, Jacques 36, 43, 44, 45, 47, 48, 49, 50, 247, 262, 263, 264, 373, 374, 379, 380, 381, 393
Loeser, Arnold 441
Loewenstein, Aharon 167
Loewi, Otto 115, 122, 139, 173, 174
Löhmann 96
Lohmann, Karl 110, 143, 144, 212, 230, 280, 281, 283, 314, 315, 317, 348, 435
Löhnert, Peter 129
Lommel, Dr. 39
London, Fritz 154, 157, 162, 189, 510
Lorentz, Hendrik Antoon 23
Lorenz, Konrad 485
Lorenz, Rudolf 434
Lottermoser, Alfred 378, 379, 386
Löw, Irmentraut 331, 333, 335
Löwenbein, Adalbert 122
Lowenstein, Steven M. 23
Lowry, Thomas Martini 153
Lundsgaard, Einar 281, 317
Lüttke, W. 87
Lüttringhaus, Arthur 437
Lux, Hermann 441
Lwoff, André 350, 481
Lynen, Feodor 142, 144, 145, 180, 230, 244, 317, 318, 323, 348, 441, 448, 478, 506

M

Maas, Werner 480
Mach, Ernst 23
MacLeod 275
Macy, Josiah 177
Madelung, W. 39
Maetzig 88
Magnes, Judah Leon 162
Magnus, Gustav 34
Mahr, Carl 440
Maier, Else 397
Maimonides 29
Mainx, Felix 331, 335
Mall, Gerhard 364, 365
Mangold, Hilde 299
Margaretha, Herbert 183, 184

Mark, Herman(n) 13, 100, 115, 122, 132, 139, 149, 150, 178, 181, 182, 183, 184, 185, 186, 194, 195, 201, 202, 253, 254, 255, 265, 293, 296, 404, 407, 408, 409, 410, 503, 506, 510
Marr, Wilhelm 24
Marshall, George C. 429
Martin, Archer J. 286
Martin, Hans 440
Martius, Carl 142, 143, 144, 319, 320, 442, 446, 448, 506
Marvel, Carl S. 185
Marx, Walter 122
Mattauch, Josef 441
May, Eduard 347, 353, 354, 355
May, Friedrich 283, 436
Mayer, Erich 96
Mayer, Fritz 122
Mayer, Karl 341
McCarty 275
Mecke, Reinhard 87, 210, 211, 437
Meerwein, Hans 157, 158, 440, 505, 507, 509
Mehrtens, Herbert 513
Meinhardt, Hans 376
Meinzer, Lothar 491
Meitner, Lise 100, 110, 186, 295, 404, 443, 458, 481, 505
Melchers, Georg 100, 328
Mendelssohn, Moses 17
Mendelssohn-Bartholdy, Paul 32
Mengele, Josef 363, 364
Menten, Maud 272
Mentzel, Rudolf 111, 214, 217, 218, 224, 226, 295, 363, 411, 412, 514
Mertens (Behringwerke) 313
Merton, Robert K. 200
Merz, Kurt W. 437
Metternich, Klemens v. 18
Meuwsen, Alwin 436
Meyer, Ferdinand 491, 492, 493, 494, 495, 496
Meyer, Hildegard 321, 322
Meyer, Julius 444
Meyer, Karl 122, 281
Meyer, Kurt H. 181, 182, 253, 254, 255, 265, 284, 293, 402, 403, 404, 405, 406, 407, 408, 409, 501, 506
Meyer, Richard 122
Meyer, Victor 33
Meyerhof, Gottfried 467
Meyerhof, Otto 29, 46, 48, 49, 50, 55, 65, 76, 78, 112, 113, 114, 122, 139, 141, 144, 173, 193, 201, 244, 246, 247, 276, 278, 279, 280, 281, 283, 291, 314, 315, 350, 432, 449, 454, 455, 457, 458, 460, 461, 462, 463, 464, 465, 466, 467, 481, 482, 501, 503, 506
Mez, Carl 362
Michaelis, Leonor 46, 47, 48, 49, 50, 138, 139, 141, 245, 246, 247, 262, 272, 275, 361, 371, 377, 482
Micheel, Fritz 305, 348, 441
Mie, G. 410
Miescher, Friedrich 248, 265, 266
Mietzsch, Fritz 310
Millikan, Robert 507
Mirsky, Arthur 285
Mittasch, Alwin 486
Moewus, Franz 283, 329, 330, 331, 332, 333, 334, 335, 336, 512, 513
Moewus, Liselotte 329, 330, 333, 335
Möhle, W. 315
Möller, Ernst Friedrich 420, 421
Molter, H. 324
Mommsen, Theodor 26, 30
Mond, Ludwig 32, 201
Mond, Rudolf 438
Moore, Stanford 175, 287
Morawetz, Herbert 184, 186
Morell 426
Morgenthau, Henry 430
Motz, Hans 184
Mrugowsky, Joachim 313
Müller (= Ferdinand Meyer) 491
Müller, A. 375
Müller, Ernst 443
Müller, Eugen 442
Müller, Hans Aurel 345
Müller, Otto 97
Müller, Rolf-Dieter 420

Müller, Wolf-Johannes 134, 135
Müller-Hill, Benno 76, 364, 372
Mulliken, Robert S. 156, 189
Münz, Ferdinand 129
Muralt, Alexander v. 281

N
Nachmansohn, David 139, 281, 282, 449
Nachtsheim, Hans 364
Nägeli, Carl 261
Naumann, Friedrich 36
Neciullah, Nevhiz 317, 318
Negelein, Erwin 277, 290
Neisser, Klaus 83, 84
Nelson, Leonard 278, 279
Nernst, Walther 36, 39, 40, 41, 188, 247
Netter, Hans 322, 440
Neuberg, Carl 63, 77, 110, 112, 113, 114, 122, 134, 139, 141, 162, 163, 168, 172, 173, 246, 278, 283, 306, 448, 449, 454, 458, 467, 468, 469, 470, 471, 472, 473, 474, 475, 476, 481, 506
Neufeld, Geh.Rat 360
Neumann, Kurt 437
Neumann, Wilhelm 443
Neunhoeffer, Otto 125, 435
Niedeggen, Hans 96
Niemann, Carl 286, 291
Nietzsche, Friedrich 29
Niklas 350
Noddack, Ida (s. Ida Tacke) 398
Noddack, Walter 77, 121, 210, 211, 215, 398, 434
Nonnenbruch, Wilhelm 350
Nord, Friedrich Franz 100, 101
Northrop, John 274, 277
Nowotny, H. 292

O
Oberdörffer, Manfred 313, 314
Oberhauser, Ferdinand 134, 137
Ochoa, Severo 139, 281, 320, 321
Oesper, P. 281
Oesterlin, Hubert 445
Ohle, Heinz 306
Ohlmeyer, Paul 110, 314, 315, 442, 462
Ollenhauer, Dr. 378
Oppenheim, Alphons 25
Oppenheimer, Carl 122, 127, 141
Oppenheimer, Franz 279
Orr-Ewing, J. 310
Orthner, Hermann 437
Osborne 260
Ostern 461
Ostwald, Grete 42, 394
Ostwald, Helene 394
Ostwald, Wilhelm 36, 37, 42, 43, 44, 45, 188, 372, 373, 376, 387, 392, 394, 510
Ostwald, Wolfgang 14, 99, 252, 261, 262, 263, 372, 373, 374, 375, 376, 377, 378, 379, 380, 381, 382, 383, 384, 385, 386, 387, 388, 389, 390, 391, 392, 393, 394, 404
Ott, Erwin 442
Ott, Hugo 398
Overbeck, Theo 381

P
Paneth, Fritz 65, 77, 115, 122, 145, 188, 483
Pannwitz 492, 493, 494
Paranowski 461
Parnas, Jacob O. 278, 315, 461
Paschen, Friedrich 191
Pasteur, Louis 1, 280, 417, 481
Patai, Saul 161
Patat, Franz 183
Pätau, Klaus 332
Paul, Wolfgang 339, 340
Pauli, Wolfgang 153, 157
Pauli, Wolfgang Josef 115, 122, 189, 379, 393
Pauling, Linus 157, 158, 182, 189, 285, 290, 291
Peres, Shimon 171
Perrin, Jean 260, 381
Perutz, Max 122, 139, 143, 194, 195, 197, 290, 311, 506
Pestemer, Max 444
Petersen, A. 100

Peterson, Agnes 135
Pfeiffer, Gustav 436
Pfleiderer, Gerhard 144, 145
Pflücke, Maximilian 435
Pflüger, Eduard 246
Philip, Ursula 332
Pichler, Helmut 446
Pick, H. 40
Pickles, Samuel 250
Picton, Harald W. 260
Pier, Matthias 486
Planck, Max 36, 41, 55, 58, 60, 61, 65, 66, 69, 92, 93, 94, 99, 200, 201, 368, 430, 445, 467, 471, 472, 474, 475, 476, 501, 511
Plattner, Friedrich 447, 448
Platzhoff 87
Ploetz, Theodor 439, 444
Pohl, Oswald 351, 354
Pohl, Robert 269
Poincaré, Henri 23
Polanyi, Michael 42, 59, 63, 82, 102, 122, 181, 195, 197, 265, 484, 508
Pollak, Jacob 122, 125
Pongratz, Alfred 232
Poppenburg, Otto 40
Porod 296
Poschmann, Lieselotte 345
Prandtl, Wilhelm 77, 105, 109, 122
Priesner, Claus 250
Pringsheim, Hans 122, 130, 252, 254
Proskauer, Eric 185
Pschorr, Robert 255
Pummerer, Rudolf 97, 241, 251, 404, 436, 486, 488, 489
Pütter, August 49

Q

Quadbeck 423

R

Rabel, Ernst 55
Rabi, Isidor 149
Rabkin, Yakov 199
Radbruch, Gustav 465
Rammelsberg, Karl Friedrich 34
Ramsauer, Rembert 221
Raoult, Francois Marie 260
Raper, J. B. 334, 335
Rascher, Sigmund 339
Ratner, Sarah 179
Raudnitz, Harry 122
Redlich, Otto 122, 189
Reiche, Elisabeth 325
Reichel, Ludwig 435
Reichert, Ernestine 318
Reichstein, Tadeusz 305
Reid 261
Reiff, Ferdinand 439
Reihlen, Hans 240
Rein, Hermann 109
Reinhardt, Max 36
Reis, Alfred 122, 189
Reitberger, Alois 331
Reiter, Hans 338
Remy, Heinrich 438
Renner, Otto 334, 335
Rennkamp, F. 323
Rheinboldt, Heinrich 122
Richarz, Monika 31, 114
Richtzenhain, Hermann 297, 444
Rieche, Alfred 446
Rienäcker, Günther 441
Riesenfeld, Ernst 77, 122
Ringsdorf, Helmut 150, 186, 187, 414, 415
Rittenberg, David 178, 179, 341
Robinson, Sir Robert 153
Rohdewald, Margarethe 274
Röhm 206
Rona, Peter 47, 122, 127, 245, 257, 263, 282, 308, 309, 374, 377, 379
Röntgen, Wilhelm 36
Roosen-Runge, C. 305
Rosen, Boris 122
Rosenberg, Alfred 209
Rosenfeld, Alvin 497
Rosenheim, Arthur 67, 122
Rosenheim, Otto 270
Rosenmund, Karl 440
Rössler, Prof. 347
Rostock 311
Rothschild, Paul 122
Rotter, K. 365

Royen, Paul 437
Rubner, Max 179
Rudy, Hermann 303
Ruff, Otto 97, 214, 377
Ruhemann, Siegfried 287
Ruhkopf, H. 269
Ruska, Ernst 234, 235
Ruska, Helmut 292, 293
Russell, Bertrand 508
Rust, Bernhard 66, 90, 93, 94, 209, 217, 218, 224, 399, 400
Rutherford 74
Rutherford, Ernest 74, 145, 146
Ruzicka, Leopold 471
Ryan, Francis 333, 334, 335

S

Sadat, Anwar El 483
Samec, Prof. 394
Sanders, A.G. 310
Sanger, Frederick 257, 258, 286, 287
Sapp, Ian 330, 331, 334, 335, 336
Sauer, Eberhard 442
Sauerbruch, Ferdinand 225, 360, 361
Schäfer, Harald 442
Schäfer, Klaus 439
Schäfer, Werner 442
Schäffner, Anton 342
Schatz, Albert 311
Scheele, Carl Wilhelm 1, 417
Scheer, Min. Rat 347
Scheibe, Günther 441
Scheibler, Helmut 434
Schenck, Ernst-Günther 350, 351
Schenck, Günther 437
Schenck, Martin 440
Schenck, Rudolf 232, 240
Schenk, Peter 444
Scherrer, Paul 250
Schieber, Walter 97, 98, 350
Schiemann, Elisabeth 100
Schiemann, Günther 122
Schilling, Ernst 283
Schleede, Arthur 434
Schleich, Hans 122
Schleinzer, Beate 337
Schlenk, Wilhelm 63, 167, 168, 170, 181, 308
Schlubach, Hans 438
Schmahl, Norbert 434
Schmalfuss, Hans 232, 445
Schmeisser, Martin 441
Schmid, Gerhard 440
Schmid, Hans 134
Schmidt, Erich 441
Schmidt, Hans 313, 315, 325
Schmidt, O. 153
Schmidt, Otto 439
Schmidt, Werner 89
Schmidt-Ott, Friedrich 42, 58, 59, 100, 224, 400
Schmidt-Thomé, Josef 313, 314, 442
Schmitt-Maass 492, 496
Schmitz, Ernst 283
Schmitz, Hermann 486
Schmitz-Dumont, Otto 436
Schneider, Christian 486
Schnitzler, Georg von 447
Schöberl, Alfons 289, 438
Schoeller, Walter 111
Scholder, Rudolf 439
Schönberg, Alexander 122, 132, 133, 187, 198, 483
Schönheimer, Rudolf 13, 82, 122, 139, 142, 143, 144, 162, 175, 176, 177, 178, 179, 180, 244, 282, 322, 506, 507
Schöpf, Clemens 301, 436
Schrader, Gerhard 421, 422
Schramm, Gerhard 328, 329, 442
Schröder, Wilhelm 444
Schrödinger, Erwin 154, 155, 189, 510
Schulenburg, Wilhelm 270
Schultze, Friedrich 369
Schultze, Georg R. 438
Schulz, F. 269
Schulz, Günther-V. 150, 230, 232, 236, 241, 292, 293, 393, 401, 440
Schulze, Werner 447, 448
Schumacher, Hans-Joachim 219, 232, 447, 448
Schumann, Erich 217
Schuschnigg, Kurt v. 53

Schütte, Ernst 434
Schwab, Georg Maria 109, 122, 441, 482
Schwabe, Kurt 436
Schwarz, Klaus 420
Schwarz, Robert 77, 123, 434
Seel, Hans 232, 235, 236, 338, 339, 435, 441
Seelmann-Eggebert, Walter 447, 448
Seidel, Felix 122
Seith, Wolfgang 441
Sekora, Aurelie 291
Seligsberger, Ludwig 122
Selmi, Francesco 259
Servos, John W. 374, 392
Seybold, August 331
Sidgwick, N. V. 192
Sidgwick, Nevil Vincent 153
Siedel, Walter 301, 444
Siedentopf, H. 260
Sieff, Daniel 164, 169
Sievers, Wolfram 353, 354
Signer, Rudolf 298, 410
Sime, Ruth 481
Simha, Robert 183, 184
Simon 92, 126
Simon, Arthur 436
Simon, Ernst Eytan 122
Simon, Franz/Sir Francis 77, 115, 122, 195, 202
Singer, Erich 483
Skita, Aladar 232
Skraup, Siegfried 124, 125, 443
Slotta, Karl Heinrich 124
Soergel, W. 398
Söllner, Karl 124, 189
Sonderhoff, Robert 143, 144, 281, 316, 318
Sonneborn, Tracy 332, 333
Sonnenschein, Franz Leopold 34, 201
Sörensen, Sören P. 247, 261, 262
Spalek, John 192
Späth, Ernst 230
Speakman 292
Specht, Minna 279
Speer, Albert 225, 422
Spemann, Friedrich Wilhelm 460, 461
Spemann, Hans 69, 299, 460
Speyer, Edmund 124
Speyer, Georg 314
Spiegelman, Sol 332
Spiro, Prof. 246
Sponsler, O. L. 181
Spreti, Graf 128
Staab, Heinz 302
Stackelberg, Mark v. 132, 133, 436
Stalin, Josef 67, 514
Stamm, Helmuth 444
Stammreich, Hans 124
Stanley, Wendell M. 274
Stantien, Kurt 97, 98
Stare 318, 319
Stark, Johannes 41, 215, 224, 383, 398, 401, 458
Starke, Kurt 447, 448
Stary, Zdenko 284
Staude, Herbert 440
Staudinger, Hans 396, 397
Staudinger, Hermann 40, 86, 140, 149, 150, 183, 185, 186, 215, 230, 232, 236, 241, 249, 251, 253, 254, 255, 284, 292, 293, 294, 295, 379, 380, 394, 395, 396, 397, 398, 399, 400, 401, 402, 403, 404, 405, 406, 407, 408, 409, 410, 411, 412, 413, 414, 415, 431, 437, 506, 507, 510
Staudinger, Magda 150, 398
Stauff, Joachim 232
Stein, Gabriel 166, 167
Stein, Johannes 351, 354
Stein, William H. 175, 286, 287
Steiner, Werner 124
Steinkopf 39, 40
Stent, Gunther S. 275
Stern, Abraham 18
Stern, Adolf 124
Stern, Kurt G. 184, 289
Stern, Otto 73, 74, 75, 77, 115, 124, 138, 139, 148, 149, 162, 189, 190, 200, 201, 502
Steudel, Hermann 283, 315
Stock, Alfred 41, 210
Stöcker, Adolf 24, 29
Stockstrom, E. 305, 512

Stoll, Arthur 267, 486, 488, 490
Strack, Erich 440
Stranski, Iwan 435
Straßmann, Fritz 13, 80, 89, 90, 100, 440, 441, 481, 501, 505
Straßmann, Maria 90
Straub, Josef 334, 335
Straus, Fritz 115, 124, 125, 188
Strauss, Richard 473
Ströbele, Rudolf 303
Stumpf, W. 297
Sturtevant, Alfred 332
SubbaRow 280
Suess, E. 184
Suess, Hans 446, 448
Suhrmann, Rudolf 77, 123, 436
Sumner, James B. 264, 274, 277, 289, 506
Suranyi, J. 281
Süß (Rektor in Freiburg) 86
Süvern, Karl 96
Svedberg, The 249, 255, 260, 263, 264, 286, 377, 384, 506, 508, 510
Swiatkowski, Hans 293
Synge, Richard L. 286
Szent-György, Albert 391
Szent-Györgyi, Albert 318, 319

T
Tacke, Ida 210, 398
Tamann, Gustav 214
Tatum, Edward L. 332
Taub, Ludwig 129
Taub, William 129
Teller, Edward 157
Telschow, Ernst 55, 457, 458, 464, 472
ter Meer, Fritz 486
Terres, Ernst 134, 439
Tetzner, Ernst 336
Theilacker, Walter 442
Theiler, Max 326
Theorell, Hugo 274, 276, 290, 303
Thiele, Heinrich 440
Thiessen 296
Thiessen, Peter Adolf 74, 77, 121, 207, 210, 214, 215, 216, 217, 218, 219, 220, 225, 226, 231, 232, 234, 235, 241, 288, 295, 296, 298, 379, 384, 398, 401, 446, 447
Thilo, Erich 435
Thirring, Hans 183
Thomas, Heinz 316, 318
Thomas, Karl 176, 283, 348, 349, 438
Tiede, Erich 94
Tobolsky, A. V. 184
Todt, Fritz 95, 96, 97, 98, 225
Traube, Isidor 105, 124, 126, 130, 131, 132, 374
Traube, Moritz 276
Traube, Wilhelm 115, 124, 126
Trautz, Max 232
Travis, Anthony S. 32
Treibs, Alfred 441
Treibs, Wilhelm 440
Treitschke, Heinrich v. 25, 26, 29, 30
Troll, Wilhelm 222
Tropsch, Hans 349
Truttwin, Hans 447
Tschesche, Rudolf 269, 304, 305, 438
Tscheulin, Emil 400
Tswett 267
Tubandt, Carl 77, 124
Turba, Fritz 288, 342
Tyndall, John 260

U
Ubbelohde, Leo 232, 383
Überreiter, Kurt 435
Überschaar 382
Urey, Harold 178, 179

V
van't Hoff, Jacobus Henricus 42, 247, 260, 372, 392
Vaupel, Elisabeth 28
Verschuer, Otmar v. 362, 363, 364, 485
Verwey, Evert 381
Vierthaler 347
Vigneaud, Vincent du 258, 307
Virchow, Rudolf 26
Vogel 350
Vögler, Albert 296
Volmer, Frau 91

Volmer, Max 13, 64, 90, 91, 140, 383, 384, 406, 435, 446, 501
Voltaire 24

W

Wacek, Anton 183, 184
Wacker, Otto 224, 399
Waelsch, Heinrich B. 124, 478
Wagenseil, Ferdinand 89
Wagner, Carl 140, 212, 219, 230, 446
Wagner, H. 364
Wagner, René 355
Wagner, Richard 97
Wagner-Jauregg, Theodor 302, 314, 445, 446
Waksman, Selman G. 310, 311, 482
Walch, Hans 324
Wald, S. 166
Walden, Paul 158
Waldmann, Hans 445
Waldschmidt-Leitz, Ernst 274, 287, 288, 341, 342, 343, 344, 350, 441, 512, 513
Walker, Mark 513
Wallenfels, Kurt 298, 419, 437
Walter, Bruno 473
Wander, Georg 445
Warburg, Otto 50, 55, 111, 113, 126, 141, 143, 201, 228, 230, 244, 247, 257, 275, 276, 277, 279, 280, 283, 289, 290, 302, 303, 304, 321, 340, 370, 435, 503, 505, 506
Wartenberg, Hans v. 53, 109, 116, 124
Wassermann, Albert 110, 124, 194
Watson, James D. 178, 300, 332
Weber, Hans Hermann 212, 283, 291, 442, 462
Weber, Max 200
Wegmann, Theodor 307
Wegscheider, Rudolf 183
Weidel, Wolfhard 329
Weidenhagen, Rudolf 444
Weidlich, Hans Adolf 444
Weigert, Fritz 124
Weil, E. 325, 326
Weiler, Max 129
Weimarn, Peter v. 250
Weinberg, Arthur v. 32, 100, 128, 293
Weinreich, Max 485
Weiss, Joseph J. 124, 139, 166, 195
Weissberger, Arnold 188, 191, 192, 124
Weitzel, Günther 349
Weizmann, Chaim 63, 162, 164, 166, 168, 169, 171, 185, 198
Weizsäcker, Carl-Friedrich v. 460, 484
Wenderoth, Hermann 300, 301
Wendt, Gerhard 304, 330
Wertheimer, Ernst 124, 163
Wessely, Friedrich 194
Westenbrink, H.G.K. 341
Westphal, Kurt 304
Westphal, Otto 86, 304, 305, 313, 324, 325, 326, 335, 340, 341, 366, 419, 444, 445
Westphal, Ulrich 307, 442
Westphal, W. 39
Wettstein, Fritz v. 110, 134
Weygand, Conrad 221
Weygand, Friedrich 241, 302, 351, 352, 353, 354, 355, 356, 419, 442
Weyl, Hermann 157
Weyl, Waldemar 110
Wiberg, Egon 77, 86, 123, 441
Wicke, Ewald 437
Wieland, Heinrich 13, 40, 57, 58, 64, 80, 84, 85, 140, 143, 158, 180, 230, 244, 252, 253, 267, 268, 269, 270, 271, 276, 281, 288, 312, 316, 317, 318, 319, 320, 340, 348, 418, 441, 468, 469, 470, 472, 475, 483, 501, 506, 511
Wieland, Theodor 144, 158, 159, 230, 288, 304, 339, 340, 418, 427, 437
Wien, Wilhelm 36
Wienhaus, Heinrich 436
Wiese, Lutz 333, 334
Wigner, Eugene 63, 82, 458
Wilamowitz-Möllendorff, Ulrich v. 36
Wille, Franz 441
Williams, Charles G. 249
Williams, Robert R. 305
Willstätter, Richard 26, 36, 40, 41, 45, 61, 63, 67, 78, 84, 97, 100, 115, 116, 124, 125, 139, 162, 172, 198, 200,

244, 247, 252, 267, 270, 273, 274, 275, 287, 295, 300, 302, 391, 486, 488, 489, 490, 500, 504, 506, 510, 513
Wimmer 354, 355
Windaus, Adolf 13, 41, 64, 80, 83, 84, 140, 143, 176, 177, 180, 188, 230, 244, 268, 269, 270, 271, 293, 294, 295, 304, 305, 306, 311, 468, 469, 470, 471, 501, 504, 506, 511
Winkel, August 232, 233
Winkler, Annelise 326
Winkler, H. 364
Winnacker, Karl 502
Winterstein, Alfred 134
Wintgen, Robert 241, 377, 440
Wirth, Wolfgang 137
Witkop, Bernhard 84, 85, 86, 288, 483
Witt, Otto N. 28
Witt, Peter-Christian 55
Witte, Helmut 436
Wittig, Georg 87, 230, 442
Witzmann, Hans 438, 443
Wizinger-Aust, Robert 134, 135, 136
Woehler, Lothar 77
Wohl, Alfred 26, 67, 94, 115
Wohl, Kurt 82, 124, 189
Wöhler, Friedrich 1, 417
Wöhler, Lothar 115, 124
Wohl,l Alfred 124
Wolf, Hans 96, 97
Wolf, Karl Lothar 28, 77, 125, 221, 222, 223, 240, 445
Wolf, Leopold 440
Wolf, Ludwig 124
Wolff, Alexander 345
Wolffenstein, Andrea 90
Wommer, M. 379
Woods 310
Woodward, Robert Burns 270, 301
Wrinch, Dorothy 285
Wüst, Walther 84
Wyk, A. van der 405

Z
Zahn, H. 292
Zechmeister, László 391
Zeile, Karl 276, 306, 321, 322, 444
Zerbe, Carl 440
Zervas, Leonidas 111, 134, 137, 174, 258, 259, 506
Zeynek, Richard 284
Zhabotinsky 376
Ziegler, Karl 140, 157, 186, 212, 230, 232, 236, 431, 441
Zimen, Karl Erik 447, 448
Zimm, B. H. 184
Zimmermann, Kurt 96, 98
Zintl, Eduard 77, 125, 398
Zloczower, A. 245
Zocher, Hans 124
Zorn, Bernhard 439
Zsigmondy, Richard 214, 215, 260, 375, 377, 383, 385
Zwergel, Edgar 129